热 处 理 手 册

第 4 卷

热处理质量检验和技术数据

第 5 版

组　　编　中国机械工程学会热处理分会
总 主 编　徐跃明
本卷主编　单智伟　李　俏　周根树

机 械 工 业 出 版 社

本手册是一部热处理专业的综合工具书，共 4 卷。本卷是第 4 卷，共 13 章，内容包括：硬度检验、表面硬化层深度测定、材料化学成分的检验、宏观组织检验与断口分析、显微组织分析与检验、热处理金相检验与评级、力学性能试验、无损检测、残余应力的测定、合金相分析及相变过程测试、金属腐蚀与防护试验、热处理常用基础数据、热处理常用工艺数据。本手册由中国机械工程学会热处理分会组织编写，内容系统全面，具有一定的权威性、科学性、实用性、可靠性和先进性。

本手册可供热处理工程技术人员、质量检验和生产管理人员使用，也可供科研人员、设计人员、相关专业的在校师生参考。

图书在版编目（CIP）数据

热处理手册. 第 4 卷，热处理质量检验和技术数据/中国机械工程学会热处理分会组编；徐跃明总主编. —5 版. —北京：机械工业出版社，2023.7

ISBN 978-7-111-73121-4

Ⅰ.①热… Ⅱ.①中… ②徐… Ⅲ.①热处理-手册②热处理-质量控制-手册③热处理-检验-手册 Ⅳ.①TG15-62

中国国家版本馆 CIP 数据核字（2023）第 079639 号

机械工业出版社（北京市百万庄大街 22 号 邮政编码 100037）
策划编辑：陈保华　　　　责任编辑：陈保华　贺　怡
责任校对：张晓蓉　张　薇　　封面设计：马精明
责任印制：刘　媛
北京中科印刷有限公司印刷
2023 年 7 月第 5 版第 1 次印刷
184mm×260mm · 46 印张 · 2 插页 · 1577 千字
标准书号：ISBN 978-7-111-73121-4
定价：199.00 元

电话服务　　　　　　　　网络服务
客服电话：010-88361066　机　工　官　网：www.cmpbook.com
　　　　　010-88379833　机　工　官　博：weibo.com/cmp1952
　　　　　010-68326294　金　　书　　网：www.golden-book.com
封底无防伪标均为盗版　机工教育服务网：www.cmpedu.com

前　言

《中国热处理与表层改性技术路线图》指出，热处理与表层改性赋予先进材料极限性能，赋予关键构件极限服役性能。热处理与表层改性是先进材料和机械制造的核心技术、关键技术、共性技术和基础技术，属于国家核心竞争力。践行该路线图应该结合我国经济发展的大环境变化和制造转型升级的发展要求，以关键构件的可靠性、服役寿命和结构重量三大问题为导向，以“绿色化、精密化、智能化、标准化”为着力点，通过关键构件热处理技术领域的创新，助推我国从机械制造大国迈向机械制造强国。

热处理作为机械制造工业中的关键工艺之一，对发挥材料潜力、延长关键零部件服役寿命和推动整体制造业的节能减碳和高质量发展起着关键作用。为了促进行业技术进步，交流和推广先进经验，指导工艺操作，1972 年，第一机械工业部机械科学研究院组织国内从事热处理的大专院校、研究院所和重点企业的专业技术人员，启动了《热处理手册》的编写工作，手册出版后深受广大读者欢迎。时至今日，《热处理手册》已修订四次。

在第 4 版《热处理手册》出版的十几年间，国内外热处理技术飞速发展，涌现出许多先进技术、装备，以及全过程质量管理方法和要求，因此，亟须对《热处理手册》进行再次修订，删除陈旧过时的内容，补充先进典型技术，满足企业生产和行业技术发展的需要，切实发挥工具书的作用。鉴于此，中国机械工程学会热处理分会组织国内专家和学者自 2020 年 5 月起，按照实用性、系统性、先进性和高标准的原则开展修订工作，以求达到能正确指导生产、促进技术进步的目的。

本次修订，重点体现以下几方面：

在实用性方面，突出一个“用”字，做到应用为重，学用结合。体现基础理论、基础工艺、基础数据、基本方法、典型案例、先进标准的有机结合。

在系统性方面，突出一个“全”字，包括材料、组织、工艺、性能、应用，材料热处理、零件热处理，质量控制与质量检验、质量问题与分析，设备设计、选用、操作、维护，能源、安全、环保，标准化等，确保体系清晰，有用好用。

在先进性方面，突出一个“新”字，着重介绍新材料、新工艺、新设备、新理念、新标准、新零件、前沿理论与技术。

在高标准方面，突出一个“高”字，要求修订工作者以高度的责任感、使命感总结编写高质量、高水平、高参考价值的技术资料。

此次修订的体例与前 4 版保持了一定的继承性，但在章节内容上根据近年来国内新兴行业的发展和各行业热处理技术发展状况，结合我国热处理企业应用的现状做了符合实际的增删，增加了许多新内容，其中的技术信息主要来自企业和科研单位的实用数据，可靠真实。修订后的手册将成为一套更加适用的热处理工具书，对机械工业提高产品质量，研发新产品起到积极的作用。

本卷为《热处理手册》的第 4 卷，与第 4 版相比，主要做了以下变动：

由第 4 版的 11 章修订为 13 章。将第 4 版“热处理质量管理”和“热处理过程中的质量控制”两章合并移至第 2 卷。将原来“第 6 章 力学性能试验”中的“硬度试验”部分移出，修订为“第 1 章 硬度检验”，重点介绍了各类硬度试验方法及选用原则。新增了“第 2 章 表面硬化层深度测定”，该章介绍了渗碳、渗氮硬化层及表面淬火硬化层深度的概念及测定方法；新增了“第6章 热处理金相检验与评级”，纳入了低、中碳钢和中碳合金钢、热作模具钢、高碳高合金冷作模具钢、高速工具钢、感应淬火、渗碳淬火回火、渗氮层、渗硼层和渗金属金相检验及组织评级等内容。考虑到原来的“热处理常用数据”一章篇幅较大，为了便于读者查阅，将该章分为了“第12章 热处理常用基础数据”和“第13章 热处理常用工艺数据”两章。对其他章节内容进行了修订，并重新编写了“第9章 残余应力的测定”。

本手册由徐跃明担任总主编，本卷由单智伟、李俏、周根树担任主编，参加编写的人员有：杨祯、王迪、胡小丽、刘国永、孙明正、陈忠颖、陆慧、董婷、席生岐、何斌锋、高圆、任颂赞、韩永珍、李枝梅、付琴琴、牛靖、潘希德、姜传海、杨传铮、柳永宁、薛玉娜、任颖、朱嘉、苏苗。

第5版手册的修订工作得到了各有关高等院校、研究院所、企业及机械工业出版社的大力支持，在此一并致谢。同时，编委会对为历次手册修订做出贡献的同志表示衷心的感谢！

中国机械工程学会热处理分会
《热处理手册》第5版编委会

目　录

第1章 硬度检验

北京机电研究所有限公司 李俏
西安福莱特热处理有限公司 杨祯
西安文理学院 王迪

1.1 硬度试验方法分类与选用原则

1.1.1 硬度试验方法分类

硬度是材料力学性能中常用的性能指标之一，是表征材料在表面局部体积内抵抗变形或破裂的能力。硬度不是一个单纯的物理量，而是反映材料的弹性、塑性、强度和韧性等的一个综合性能指标，能间接反映材料表面及其局部范围内的组织状态和力学性能。因此，硬度值对于表征材料冷热加工工艺质量有重要的参考意义。

硬度试验方法大致可分为压入法、回跳法、刻划法3类。压入法主要有布氏硬度、洛氏硬度、维氏硬度、显微硬度及努氏硬度；回跳法包括肖氏硬度和里氏硬度；刻划法主要为莫氏硬度。不同硬度试验方法与适用范围见表1-1。

表1-1 不同硬度试验方法与适用范围（GB/T 38751—2020）

试验方法	相关标准	适用范围
布氏硬度	GB/T 231.1	布氏硬度一般适用于检验退火件、正火件及调质件的硬度值,特殊条件下也用于检验钢铁零件其他热处理后的硬度值,一般不大于500HBW。其检验用球统一用不同直径的硬质合金球,不再使用钢球 对于铸铁件,硬质合金球的直径一般为2.5mm、5mm和10mm。现场检验可用便携式或锤击式硬度计
洛氏硬度	GB/T 230.1	洛氏硬度有A、B、C、D、E、F、G、H、K、N和T等多种标尺 A标尺适于检验高硬度淬火件、较小与较薄件的硬度,以及具有中等厚度硬化层零件的表面硬度 B标尺适于检验硬度较低的退火件、正火件及调质件 C标尺适于检验经淬火、回火等热处理后零件的硬度,以及具有较厚硬化层零件的表面硬度 D标尺适用于采用高频感应淬火、化学渗碳、渗氮、碳氮共渗等工艺进行表面硬化处理的中等厚度的表面硬化钢 E标尺和K标尺多用于小断面上没有足够面积作为布氏硬度试验的工件及中等硬度的铝合金和镁合金等 F标尺用于较软较薄板材的各种退火钢、中等硬度的铝合金及退火黄铜或纯铜 H标尺常用于1.2~3.2mm的锌板、软的铝合金或纯铝 N标尺适于检验薄件、小件的硬度,以及具有浅或中等厚度硬化层零件的表面硬度;晶粒粗大且组织不均的零件不宜采用 T标尺适用于类似洛氏硬度HRB、HRF和HRG测试的硬度范围
维氏硬度	GB/T 4340.1	维氏硬度是将正四棱锥体金刚石压头用一定的试验力压入试样表面,有3种试验力 1)试验力 $F \geqslant 49.03$N,硬度符号≥HV5,称为维氏硬度试验 2)试验力 $1.961\text{N} \leqslant F < 49.03$N,硬度符号HV0.2~<HV5,称为小力值维氏硬度试验 3)试验力 $0.09807\text{N} \leqslant F < 1.961$N,硬度符号HV0.01~<HV0.2,称为显微维氏硬度
肖氏硬度	GB/T 4341.1 GB/T 13313	主要用于较高硬度和高硬度大件的表面硬度现场检验,检验范围为5~105HS,分为C型(目测型)和D型(指示性)。各种辊类件的硬度检验常用此法
里氏硬度	GB/T 17394.1	里氏硬度适用于各类金属材料不同处理工艺后较宽范围内的硬度检测。该检验方法具有多种检验冲击装置,主要为带有D、DC、S、E、D+15、DL、C和G型冲击装置
努氏硬度	GB/T 18449.1	努氏硬度主要用于检验微小件、极薄件和显微组织的硬度,以及具有极薄或极硬硬化层零件的表面硬度,试验力值范围为0.09807~19.614N,适用于压痕对角线长度≥0.02mm

1.1.2　硬度试验方法选用原则

常用热处理件的硬度范围及试验方法见表1-2。不同工艺热处理后零件硬度试验方法及选用原则见表1-3。选定试验方法后，如果试样的硬度范围、厚度、大小等允许，应选用较大的试验力进行检验。对于硬度值小于450HBW的金属工件，可选用布氏硬度试验方法。

表1-2　常用热处理件的硬度范围及试验方法

工件材料	热处理工艺	热处理后硬度范围	试验方法
优质碳素结构钢	热轧	131~302HBW	布氏硬度
	退火	140~255HBW	
	等温正火	150~180HBW	
合金结构钢	退火	140~269HBW	布氏硬度
碳素工具钢	退火	140~217HBW	布氏硬度
	淬火后	≥62HRC	洛氏硬度
合金工具钢	钢厂交货状态	140~268HBW	布氏硬度
	淬火	45~64HRC	洛氏硬度
高速工具钢（高速钢）	钢厂交货状态	≤285HBW	布氏硬度
	淬火+回火	63~66HRC	洛氏硬度
轴承钢	退火	170~207HBW	布氏硬度
	淬火+回火	58~66HRC	洛氏硬度
弹簧钢	热轧	≤321HBW	布氏硬度
	淬火+中温回火	≤50HRC	洛氏硬度
灰铸铁	—	150~280HBW	布氏硬度
球墨铸铁	—	130~320HBW	布氏硬度
可锻铸铁(黑心)	—	120~290HBW	布氏硬度
可锻铸铁(白心)	—	≤230HBW	布氏硬度
耐热铸铁	—	160~364HBW	布氏硬度
铁基粉末冶金	烧结	160~364HBW	布氏硬度
	渗碳淬火或碳氮共渗淬火	60~83HRA	洛氏硬度
马氏体不锈钢	退火	≤230HBW	布氏硬度
	淬火或固溶+回火或时效	≤520HBW	
奥氏体型不锈钢	淬火或固溶+回火或时效	≤300HBW	布氏硬度
沉淀硬化型	淬火或固溶+回火或时效	30~50HRC	洛氏硬度
铸造铝合金	固溶+时效	≤321HBW	布氏硬度

表1-3　不同工艺热处理后零件硬度试验方法及选用原则

热处理工艺	检验方法及相关标准	选用原则
正火与退火	洛氏硬度,GB/T 230.1 布氏硬度,GB/T 231.1 维氏硬度,GB/T 4340.1	一般按GB/T 231.1检验,当硬度低225HBW时,可按GB/T 230.1(B标尺)或GB/T 4340.1检验
淬火与回火 调质处理	洛氏硬度,GB/T 230.1 布氏硬度,GB/T 231.1 维氏硬度,GB/T 4340.1 肖氏硬度,GB/T 4341.1 里氏硬度,GB/T 17394.1	淬火与回火件一般按GB/T 230.1(C标尺)方法检验;对调质处理件可按GB/T 231.1方法检验;对小件、薄件按GB/T 230.1(A标尺或15N标尺)或GB/T 4340.1方法检验;对大件可选GB/T 4341.1或GB/T 17394.1方法检验
感应淬火与火焰淬火	洛氏硬度,GB/T 230.1 维氏硬度,GB/T 4340.1 肖氏硬度,GB/T 4341.1 里氏硬度,GB/T 17394.1 努氏硬度,GB/T 18449.1	检验表面硬化层深度时,按GB/T 4340.1或GB/T 18449.1方法检验;表面硬度可按GB/T 230.1方法检验;对大件可按GB/T 4341.1或GB/T 17394.1方法检验
渗碳与碳氮共渗	洛氏硬度,GB/T 230.1 维氏硬度,GB/T 4340.1 肖氏硬度,GB/T 4341.1 里氏硬度,GB/T 17394.1	对硬化层深度(CHD)可按GB/T 4340.1方法检验;当CHD≥0.65mm时,表面硬度可按GB/T 230.1方法检验;对大件可按GB/T 4341.1或GB/T 17394.1方法检验

（续）

热处理工艺	检验方法及相关标准	选用原则
渗氮与氮碳共渗	洛氏硬度，GB/T 230.1 维氏硬度，GB/T 4340.1 肖氏硬度，GB/T 4341.1 里氏硬度，GB/T 17394.1	检验渗氮层深度（NHD）时按 GB/T 4340.1 方法检验，试验力为 2.94N（0.3kgf）；脆性评级时按 GB/T 4340.1 方法检验，试验力为 98.07N；表面硬度可按 GB/T 230.1 方法检验；对大件可按 GB/T 4341.1 或 GB/T 17394.1 方法检验
其他渗非金属件	维氏硬度，GB/T 4340.1 洛氏硬度，GB/T 230.1 里氏硬度，GB/T 17394.1	表面硬度一般按 GB/T 4340.1 方法检验；基体硬度按 GB/T 230.1 方法检验，对大件可按 GB/T 17394.1 方法检验

1.2　硬度试验方法

1.2.1　布氏硬度试验

1. 试验原理

如图 1-1 所示，对一定直径 D 的碳化钨合金球施加试验力 F 压入试样表面，经规定保持时间后，卸除试验力，测量试样表面压痕的直径 d。布氏硬度与试验力除以压痕表面积的商成正比。压痕被看作是卸载后具有一定半径的球形，压痕的表面积通过压痕的平均直径和压头直径按照表 1-4 中的公式计算得到。

2. 表示方法

布氏硬度 HBW 表示方法如下：

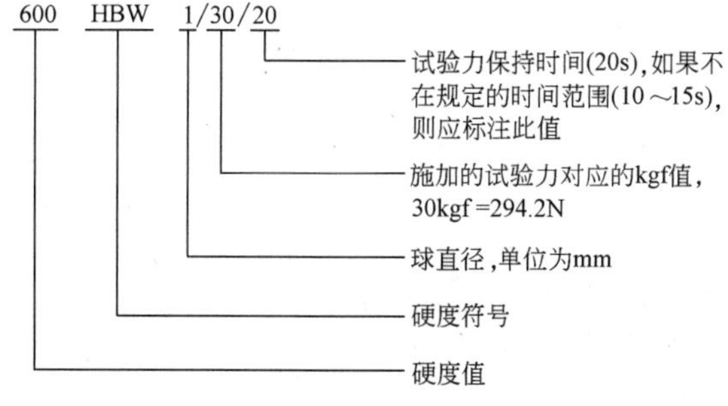

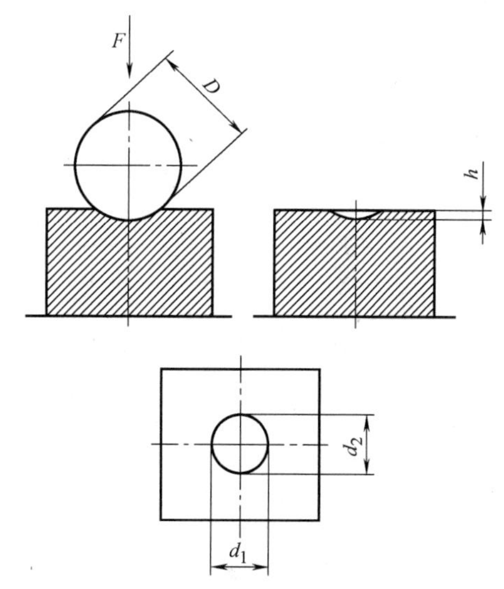

图 1-1　布氏硬度试验原理

3. 试样要求

被测试样表面需要磨平或抛光。试样厚度应大于压痕深度的 8 倍。试样的最小厚度与压痕平均直径的关系见表 1-5。试验一般在 10～35℃室温下进行，对于温度要求严格的试验，温度为 23℃±5℃。试验后，试样背部不应出现可见变形。

表 1-4　布氏硬度相关符号说明及计算公式

符　号	说　明	单　位
D	球直径	mm
F	试验力	N
d_1、d_2	在两相互垂直方向测量的压痕直径	mm
d	压痕平均直径，$d=\dfrac{d_1+d_2}{2}$	mm
h	压痕深度，$h=\dfrac{D-\sqrt{D^2-d^2}}{2}$	mm
HBW	布氏硬度=常数×$\dfrac{试验力}{压痕表面积}$=0.102×$\dfrac{2F}{\pi D(D-\sqrt{D^2-d^2})}$	
$0.102\times F/D^2$	试验力-球直径平方的比率	N/mm^2

注：常数=1/9.80665≈0.102，9.80665 是从 kgf 到 N 的转换因子。

表 1-5 试样的最小厚度与压痕平均直径的关系 （单位：mm）

压痕平均直径 d	试样的最小厚度			
	$D=1$	$D=2.5$	$D=5$	$D=10$
0.24	0.12			
0.3	0.18			
0.4	0.33			
0.5	0.54			
0.6	0.80	0.29		
0.7		0.40		
0.8		0.53		
0.9		0.67		
1.0		0.83		
1.1		1.02		
1.2		1.23	0.58	
1.3		1.46	0.69	
1.4		1.72	0.80	
1.5		2.00	0.92	
1.6			1.05	
1.7			1.19	
1.8			1.34	
1.9			1.50	
2.0			1.67	
2.2			2.04	
2.4			2.45	1.17
2.6			2.92	1.38
2.8			3.43	1.60
3.0			4.00	1.84
3.2				2.10
3.4				2.38
3.6				2.68
3.8				3.00
4.0				3.34
4.2				3.70
4.4				4.08
4.6				4.48
4.8				4.91
5.0				5.36
5.2				5.83
5.4				6.33
5.6				6.86
5.8				7.42
6.0				8.00

4. 试验力

布氏硬度检验时不同条件下的试验力见表 1-6。有特殊要求时，采用其他试验力和试验力-球直径平方的比率。

试验力的选择应保证压痕直径在 $0.24D \sim 0.60D$ 之间。如果压痕直径超出了上述区间，应在试验报告中注明压痕直径与压头直径的比值 d/D。试验力-压头球直径平方的比率（$0.102F/D^2$）应根据材料和硬度值选择，见表 1-7。为了保证在尽可能大的有代表性的试样区域试验，应尽可能地选取大直径压头。

5. 布氏硬度值表

布氏硬度值可通过 GB/T 231.4—2009《金属材料 布氏硬度试验 第4部分：硬度值表》给出的布氏硬度值表（见表 1-8）直接查得。

表 1-6　不同条件下的试验力

硬度符号	硬质合金球直径 D/mm	试验力-压头球直径平方的比率 $0.102F/D^2$/(N/mm^2)	试验力的标称值 F/N
HBW10/3000	10	30	29420
HBW10/1500	10	15	14710
HBW10/1000	10	10	9807
HBW10/500	10	5	4903
HBW10/250	10	2.5	2452
HBW10/100	10	1	980.7
HBW5/750	5	30	7355
HBW5/250	5	10	2452
HBW5/125	5	5	1226
HBW5/62.5	5	2.5	612.9
HBW5/25	5	1	245.2
HBW2.5/187.5	2.5	30	1839
HBW2.5/62.5	2.5	10	612.9
HBW2.5/31.25	2.5	5	306.5
HBW2.5/15.625	2.5	2.5	153.2
HBW2.5/6.25	2.5	1	61.29
HBW1/30	1	30	294.2
HBW1/10	1	10	98.07
HBW1/5	1	5	49.03
HBW1/2.5	1	2.5	24.52
HBW1/1	1	1	9.807

表 1-7　不同材料推荐的试验力-压头球直径平方的比率

材料	布氏硬度 HBW	试验力-压头球直径平方的比率 $0.102F/D^2$/(N/mm^2)
钢、镍基合金、钛合金	—	30
铸铁[①]	<140	10
	≥140	30
铜和铜合金	<35	5
	35~200	10
	>200	30
轻金属及其合金	<35	2.5
	35~80	5
		10
		15
	>80	10
		15
铅、锡	—	1
烧结金属	依据 GB/T 9097	

① 对于铸铁，压头的名义直径应为 2.5mm、5mm 或 10mm。

表 1-8 布氏硬度值表（GB/T 231.4—2009）

硬质合金球直径 D/mm				试验力-压头球直径平方的比率					
				30	15	10	5	2.5	1
				试验力 F/kN					
10				29.42	14.71	9.807	4.903	2.452	980.7
	5			7.355	—	2.452	1.226	612.9	0.2452
		2.5		1.839	—	0.6129	0.3065	0.1532	0.06129
			1	0.2942	—	0.09807	0.04903	0.02452	0.009807
压痕的平均直径 d/mm				布氏硬度 HBW					
2.40	1.200	0.6000	0.240	653	327	218	109	54.5	21.8
2.41	1.205	0.6024	0.241	648	324	216	108	54.0	21.6
2.42	1.210	0.6050	0.242	643	321	214	107	53.5	21.4
2.43	1.215	0.6075	0.243	637	319	212	106	53.1	21.2
2.44	1.220	0.6100	0.244	632	316	211	105	52.7	21.1
2.45	1.225	0.6125	0.245	627	313	209	104	52.2	20.9
2.46	1.230	0.6150	0.246	621	311	207	104	51.8	20.7
2.47	1.235	0.6175	0.247	616	308	205	103	51.4	20.5
2.48	1.240	0.6200	0.248	611	306	204	102	50.9	20.4
2.49	1.245	0.6225	0.249	606	303	202	101	50.5	20.2
2.50	1.250	0.6250	0.250	601	301	200	100	50.1	20.0
2.51	1.255	0.6275	0.251	597	298	199	99.4	49.7	19.9
2.52	1.260	0.6300	0.252	592	296	197	98.6	49.3	19.7
2.53	1.265	0.6325	0.253	587	294	196	97.8	48.9	19.6
2.54	1.270	0.6350	0.254	582	291	194	97.1	48.5	19.4
2.55	1.275	0.6375	0.255	578	289	193	96.3	48.1	19.3
2.56	1.280	0.6400	0.256	573	287	191	95.5	47.8	19.1
2.57	1.285	0.6425	0.257	569	284	190	94.8	47.4	19.0
2.58	1.290	0.6450	0.258	564	282	188	94.0	47.0	18.8
2.59	1.295	0.6475	0.259	560	280	187	93.3	46.6	18.7
2.60	1.300	0.6500	0.260	555	278	185	92.6	46.3	18.5
2.61	1.305	0.6525	0.261	551	276	184	91.8	45.9	18.4
2.62	1.310	0.6550	0.262	547	273	182	91.1	45.6	18.2
2.63	1.315	0.6575	0.263	543	271	181	90.4	45.2	18.1
2.64	1.320	0.6600	0.264	538	269	179	89.7	44.9	17.9
2.65	1.325	0.6625	0.265	534	267	178	89.0	44.5	17.8
2.66	1.330	0.6650	0.266	530	265	177	88.4	44.2	17.7
2.67	1.335	0.6675	0.267	526	263	175	87.7	43.8	17.5
2.68	1.340	0.6700	0.268	522	261	174	87.0	43.5	17.4
2.69	1.345	0.6725	0.269	518	259	173	86.4	43.2	17.3
2.70	1.350	0.6750	0.270	514	257	171	85.7	42.9	17.1
2.71	1.355	0.6775	0.271	510	255	170	85.1	42.5	17.0
2.72	1.360	0.6800	0.272	507	253	169	84.4	42.2	16.9
2.73	1.365	0.6825	0.273	503	251	168	83.8	41.9	16.8
2.74	1.370	0.6850	0.274	499	250	166	83.2	41.6	16.6
2.75	1.375	0.6875	0.275	495	248	165	82.6	41.3	16.5
2.76	1.380	0.6900	0.276	492	246	164	81.9	41.0	16.4
2.77	1.385	0.6925	0.277	488	244	163	81.3	40.7	16.3
2.78	1.390	0.6950	0.278	485	242	162	80.8	40.4	16.2
2.79	1.395	0.6975	0.279	481	240	160	80.2	40.1	16.0
2.80	1.400	0.7000	0.280	477	239	159	79.6	39.8	15.9

（续）

硬质合金球直径 D/mm				试验力-压头球直径平方的比率					
				30	15	10	5	2.5	1
				试验力 F/kN					
10				29.42	14.71	9.807	4.903	2.452	980.7
	5			7.355	—	2.452	1.226	612.9	0.2452
		2.5		1.839	—	0.6129	0.3065	0.1532	0.06129
			1	0.2942	—	0.09807	0.04903	0.02452	0.009807
压痕的平均直径 d/mm				布氏硬度 HBW					
2.81	1.405	0.7025	0.281	474	237	158	79.0	39.5	15.8
2.82	1.410	0.7050	0.282	471	235	157	78.4	39.2	15.7
2.83	1.415	0.7075	0.283	467	234	156	77.9	38.9	15.6
2.84	1.420	0.7100	0.284	464	232	155	77.3	38.7	15.5
2.85	1.425	0.7125	0.285	461	230	154	76.8	38.4	15.4
2.86	1.430	0.7150	0.286	457	229	152	76.2	38.1	15.2
2.87	1.435	0.7175	0.287	454	227	151	75.7	37.8	15.1
2.88	1.440	0.7200	0.288	451	225	150	75.1	37.6	15.0
2.89	1.445	0.7225	0.289	448	224	149	74.6	37.3	14.9
2.90	1.450	0.7250	0.290	444	222	148	74.1	37.0	14.8
2.91	1.455	0.7275	0.291	441	221	147	73.6	36.8	14.7
2.92	1.460	0.7300	0.292	438	219	146	73.0	36.5	14.6
2.93	1.465	0.7325	0.293	435	218	145	72.5	36.3	14.5
2.94	1.470	0.7350	0.294	432	216	144	72.0	36.0	14.4
2.95	1.475	0.7375	0.295	429	215	143	71.5	35.8	14.3
2.96	1.480	0.7400	0.296	426	213	142	71.0	35.5	14.2
2.97	1.485	0.7425	0.297	423	212	141	70.5	35.3	14.1
2.98	1.490	0.7450	0.298	420	210	140	70.1	35.0	14.0
2.99	1.495	0.7475	0.299	417	209	139	69.6	34.8	13.9
3.00	1.500	0.7500	0.300	415	207	138	69.1	34.6	13.8
3.01	1.505	0.7525	0.301	412	206	137	68.6	34.3	13.7
3.02	1.510	0.7550	0.302	409	205	136	68.2	34.1	13.6
3.03	1.515	0.7575	0.303	406	203	135	67.7	33.9	13.5
3.04	1.520	0.7600	0.304	404	202	135	67.3	33.6	13.5
3.05	1.525	0.7625	0.305	401	200	134	66.8	33.4	13.4
3.06	1.530	0.7650	0.306	398	199	133	66.4	33.2	13.3
3.07	1.535	0.7675	0.307	395	198	132	65.9	33.0	13.2
3.08	1.540	0.7700	0.308	393	196	131	65.5	32.7	13.1
3.09	1.545	0.7725	0.309	390	195	130	65.0	32.5	13.0
3.10	1.550	0.7750	0.310	388	194	129	64.6	32.3	12.9
3.11	1.555	0.7775	0.311	385	193	128	64.2	32.1	12.8
3.12	1.560	0.7800	0.312	383	191	128	63.8	31.9	12.8
3.13	1.565	0.7825	0.313	380	190	127	63.3	31.7	12.7
3.14	1.570	0.7870	0.314	378	189	126	62.9	31.5	12.6
3.15	1.575	0.7875	0.315	375	188	125	62.5	31.3	12.5
3.16	1.580	0.7900	0.316	373	186	124	62.1	31.1	12.4
3.17	1.585	0.7925	0.317	370	185	123	61.7	30.9	12.3
3.18	1.590	0.7950	0.318	368	184	123	61.3	30.7	12.3
3.19	1.595	0.7975	0.319	366	183	122	60.9	30.5	12.2
3.20	1.600	0.8000	0.320	363	182	121	60.5	30.3	12.1

（续）

硬质合金球直径 D/mm				试验力-压头球直径平方的比率					
				30	15	10	5	2.5	1
				试验力 F/kN					
10				29.42	14.71	9.807	4.903	2.452	980.7
	5			7.355	—	2.452	1.226	612.9	0.2452
		2.5		1.839	—	0.6129	0.3065	0.1532	0.06129
			1	0.2942	—	0.09807	0.04903	0.02452	0.009807
压痕的平均直径 d/mm				布氏硬度 HBW					
3.21	1.605	0.8025	0.321	361	180	120	60.1	30.1	12.0
3.22	1.610	0.8050	0.322	359	179	120	59.8	29.9	12.0
3.23	1.615	0.8075	0.323	356	178	119	59.4	29.7	11.9
3.24	1.620	0.8100	0.324	354	177	118	59.0	29.5	11.8
3.25	1.625	0.8125	0.325	352	176	117	58.6	29.3	11.7
3.26	1.630	0.8150	0.326	350	175	117	58.3	29.1	11.7
3.27	1.635	0.8175	0.327	347	174	116	57.9	29.0	11.6
3.28	1.640	0.8200	0.328	345	173	115	57.5	28.8	11.5
3.29	1.645	0.8225	0.329	343	172	114	57.2	28.6	11.4
3.30	1.650	0.8250	0.330	341	170	114	56.8	28.4	11.4
3.31	1.655	0.8275	0.331	339	169	113	56.5	28.2	11.3
3.32	1.660	0.8300	0.332	337	168	112	56.1	28.1	11.2
3.33	1.665	0.8325	0.333	335	167	112	55.8	27.9	11.2
3.34	1.670	0.8350	0.334	333	166	111	55.4	27.7	11.1
3.35	1.675	0.8375	0.335	331	165	110	55.1	27.5	11.0
3.36	1.680	0.8400	0.336	329	164	110	54.8	27.4	11.0
3.37	1.685	0.8425	0.337	326	163	109	54.4	27.2	10.9
3.38	1.690	0.8450	0.338	325	162	108	54.1	27.0	10.8
3.39	1.695	0.8475	0.339	323	161	108	53.8	26.9	10.8
3.40	1.700	0.8500	0.340	321	160	107	53.4	26.7	10.7
3.41	1.705	0.8525	0.341	319	159	106	53.1	26.6	10.6
3.42	1.710	0.8550	0.342	317	158	106	52.8	26.4	10.6
3.43	1.715	0.8575	0.343	315	157	105	52.5	26.2	10.5
3.44	1.720	0.8600	0.344	313	156	104	52.2	26.1	10.4
3.45	1.725	0.8625	0.345	311	156	104	51.8	25.9	10.4
3.46	1.730	0.8650	0.346	309	155	103	51.5	25.8	10.3
3.47	1.735	0.8675	0.347	307	154	102	51.2	25.6	10.2
3.48	1.740	0.8700	0.348	306	153	102	50.9	25.5	10.2
3.49	1.745	0.8725	0.349	304	152	101	50.6	25.3	10.1
3.50	1.750	0.8750	0.350	302	151	101	50.3	25.2	10.1
3.51	1.755	0.8775	0.351	300	150	100	50.0	25.0	10.0
3.52	1.760	0.8800	0.352	298	149	99.5	49.7	24.9	9.95
3.53	1.765	0.8825	0.353	297	148	98.9	49.4	24.7	9.89
3.54	1.770	0.8850	0.354	295	147	98.3	49.2	24.6	9.83
3.55	1.775	0.8875	0.355	293	147	97.7	48.9	24.4	9.77
3.56	1.780	0.8900	0.356	292	146	97.2	48.6	24.3	9.72
3.57	1.785	0.8925	0.357	290	145	96.6	48.3	24.2	9.66
3.58	1.790	0.8950	0.358	288	144	96.1	48.0	24.0	9.61
3.59	1.795	0.8975	0.359	286	143	95.5	47.7	23.9	9.55
3.60	1.800	0.9000	0.360	285	142	95.0	47.5	23.7	9.50

（续）

硬质合金球直径 D/mm				试验力-压头球直径平方的比率					
				30	15	10	5	2.5	1
				试验力 F/kN					
10				29.42	14.71	9.807	4.903	2.452	980.7
	5			7.355	—	2.452	1.226	612.9	0.2452
		2.5		1.839	—	0.6129	0.3065	0.1532	0.06129
			1	0.2942	—	0.09807	0.04903	0.02452	0.009807
压痕的平均直径 d/mm				布氏硬度　HBW					
3.61	1.805	0.9025	0.361	283	142	94.4	47.2	23.6	9.44
3.62	1.810	0.9050	0.362	282	141	93.9	46.9	23.5	9.39
3.63	1.815	0.9075	0.363	280	140	93.3	46.7	23.3	9.33
3.64	1.820	0.9100	0.364	278	139	92.8	46.4	23.2	9.28
3.65	1.825	0.9125	0.365	277	138	92.3	46.1	23.1	9.23
3.66	1.830	0.9150	0.366	275	138	91.8	45.9	22.9	9.18
3.67	1.835	0.9175	0.367	274	137	91.2	45.6	22.8	9.12
3.68	1.840	0.9200	0.368	272	136	90.7	45.4	22.7	9.07
3.69	1.845	0.9225	0.369	271	135	90.2	45.1	22.6	9.02
3.70	1.850	0.9250	0.370	269	135	89.7	44.9	22.4	8.97
3.71	1.855	0.9275	0.371	268	134	89.2	44.6	22.3	8.92
3.72	1.860	0.9300	0.372	266	133	88.7	44.4	22.2	8.87
3.73	1.865	0.9325	0.373	265	132	88.2	44.1	22.1	8.82
3.74	1.870	0.9350	0.374	263	132	87.7	43.9	21.9	8.77
3.75	1.875	0.9375	0.375	262	131	87.2	43.6	21.8	8.72
3.76	1.880	0.9400	0.376	260	130	86.8	43.4	21.7	8.68
3.77	1.885	0.9425	0.377	259	129	86.3	43.1	21.6	8.63
3.78	1.890	0.9450	0.378	257	129	85.8	42.9	21.5	8.58
3.79	1.895	0.9475	0.379	256	128	85.3	42.7	21.3	8.53
3.80	1.900	0.9500	0.380	255	127	84.9	42.4	21.2	8.49
3.81	1.905	0.9525	0.381	253	127	84.4	42.2	21.1	8.44
3.82	1.910	0.9550	0.382	252	126	83.9	42.0	21.0	8.39
3.83	1.915	0.9575	0.383	250	125	83.5	41.7	20.9	8.35
3.84	1.920	0.9600	0.384	249	125	83.0	41.5	20.8	8.30
3.85	1.925	0.9625	0.385	248	124	82.6	41.3	20.6	8.26
3.86	1.930	0.9650	0.386	246	123	82.1	41.1	20.5	8.21
3.87	1.935	0.9675	0.387	245	123	81.7	40.9	20.4	8.17
3.88	1.940	0.9700	0.388	244	122	81.3	40.6	20.3	8.13
3.89	1.945	0.9725	0.389	242	121	80.8	40.4	20.2	8.08
3.90	1.950	0.9750	0.390	241	121	80.4	40.2	20.1	8.04
3.91	1.955	0.9775	0.391	240	120	80.0	40.0	20.0	8.00
3.92	1.960	0.9800	0.392	239	119	79.5	39.8	19.9	7.95
3.93	1.965	0.9825	0.393	237	119	79.1	39.6	19.8	7.91
3.94	1.970	0.9850	0.394	236	118	78.7	39.4	19.7	7.87
3.95	1.975	0.9875	0.395	235	117	78.3	39.1	19.6	7.83
3.96	1.980	0.9900	0.396	234	117	77.9	38.9	19.5	7.79
3.97	1.985	0.9925	0.397	232	116	77.5	38.7	19.4	7.75
3.98	1.990	0.9950	0.398	231	116	77.1	38.5	19.3	7.71
3.99	1.995	0.9975	0.399	230	115	76.7	38.3	19.2	7.67
4.00	2.000	1.0000	0.400	229	114	76.3	38.1	19.1	7.63

（续）

硬质合金球直径 D/mm				试验力-压头球直径平方的比率					
				30	15	10	5	2.5	1
				试验力 F/kN					
10				29.42	14.71	9.807	4.903	2.452	980.7
	5			7.355	—	2.452	1.226	612.9	0.2452
		2.5		1.839	—	0.6129	0.3065	0.1532	0.06129
			1	0.2942	—	0.09807	0.04903	0.02452	0.009807
压痕的平均直径 d/mm				布氏硬度 HBW					
4.01	2.005	1.0025	0.401	228	114	75.9	37.9	19.0	7.59
4.02	2.010	1.0050	0.402	226	113	75.5	37.7	18.9	7.55
4.03	2.015	1.0075	0.403	225	113	75.1	37.5	18.8	7.51
4.04	2.020	1.0100	0.404	224	112	74.7	37.3	18.7	7.47
4.05	2.025	1.0125	0.405	223	111	74.3	37.1	18.6	7.43
4.06	2.030	1.0150	0.406	222	111	73.9	37.0	18.5	7.39
4.07	2.035	1.0175	0.407	221	110	73.5	36.8	18.4	7.35
4.08	2.040	1.0200	0.408	219	110	73.2	36.6	18.3	7.32
4.09	2.045	1.0225	0.409	218	109	72.8	36.4	18.2	7.28
4.10	2.050	1.0250	0.410	217	109	72.4	36.2	18.1	7.24
4.11	2.055	1.0275	0.411	216	108	72.0	36.0	18.0	7.20
4.12	2.060	1.0300	0.412	215	108	71.7	35.8	17.9	7.17
4.13	2.065	1.0325	0.413	214	107	71.3	35.7	17.8	7.13
4.14	2.070	1.0350	0.414	213	106	71.0	35.5	17.7	7.10
4.15	2.075	1.0375	0.415	212	106	70.6	35.3	17.6	7.06
4.16	2.080	1.0400	0.416	211	105	70.2	35.1	17.6	7.02
4.17	2.085	1.0425	0.417	210	105	69.9	34.9	17.5	6.99
4.18	2.090	1.0450	0.418	209	104	69.5	34.8	17.4	6.95
4.19	2.095	1.0475	0.419	208	104	69.2	34.6	17.3	6.92
4.20	2.100	1.0500	0.420	207	103	68.8	34.4	17.2	6.88
4.21	2.105	1.0525	0.421	205	103	68.5	34.2	17.1	6.85
4.22	2.110	1.0550	0.422	204	102	68.2	34.1	17.0	6.82
4.23	2.115	1.0575	0.423	203	102	67.8	33.9	17.0	6.78
4.24	2.120	1.0600	0.424	202	101	67.5	33.7	16.9	6.75
4.25	2.125	1.0625	0.425	201	101	67.1	33.6	16.8	6.71
4.26	2.130	1.0650	0.426	200	100	66.8	33.4	16.7	6.68
4.27	2.135	1.0675	0.427	199	99.7	66.5	33.2	16.6	6.65
4.28	2.140	1.0700	0.428	198	99.2	66.2	33.1	16.5	6.62
4.29	2.145	1.0725	0.429	198	98.8	65.8	32.9	16.5	6.58
4.30	2.150	1.0750	0.430	197	98.3	65.5	32.8	16.4	6.55
4.31	2.155	1.0775	0.431	196	97.8	65.2	32.6	16.3	6.52
4.32	2.160	1.0800	0.432	195	97.3	64.9	32.4	16.2	6.49
4.33	2.165	1.0825	0.433	194	96.8	64.6	32.3	16.1	6.46
4.34	2.170	1.0850	0.434	193	96.4	64.2	32.1	16.1	6.42
4.35	2.175	1.0875	0.435	192	95.9	63.9	32.0	16.0	6.39
4.36	2.180	1.0900	0.436	191	95.4	63.6	31.8	15.9	6.36
4.37	2.185	1.0925	0.437	190	95.0	63.3	31.7	15.8	6.33
4.38	2.190	1.0950	0.438	189	94.5	63.0	31.5	15.8	6.30

（续）

硬质合金球直径 D/mm				试验力-压头球直径平方的比率					
				30	15	10	5	2.5	1
				试验力 F/kN					
10				29.42	14.71	9.807	4.903	2.452	980.7
	5			7.355	—	2.452	1.226	612.9	0.2452
		2.5		1.839	—	0.6129	0.3065	0.1532	0.06129
			1	0.2942	—	0.09807	0.04903	0.02452	0.009807
压痕的平均直径 d/mm				布氏硬度　HBW					
4.39	2.195	1.0975	0.439	188	94.1	62.7	31.4	15.7	6.27
4.40	2.200	1.1000	0.440	187	93.6	62.4	31.2	15.6	6.24
4.41	2.205	1.1025	0.441	186	93.2	62.1	31.1	15.5	6.21
4.42	2.210	1.1050	0.442	185	92.7	61.8	30.9	15.5	6.18
4.43	2.215	1.1075	0.443	185	92.3	61.5	30.8	15.4	6.15
4.44	2.220	1.1100	0.444	184	91.8	61.2	30.6	15.3	6.12
4.45	2.225	1.1125	0.445	183	91.4	60.9	30.5	15.2	6.09
4.46	2.230	1.1150	0.446	182	91.0	60.6	30.3	15.2	6.06
4.47	2.235	1.1175	0.447	181	90.5	60.4	30.2	15.1	6.04
4.48	2.240	1.1200	0.448	180	90.1	60.1	30.0	15.0	6.01
4.49	2.245	1.1225	0.449	179	89.7	59.8	29.9	14.9	5.98
4.50	2.250	1.1250	0.450	179	89.3	59.5	29.8	14.9	5.95
4.51	2.255	1.1275	0.451	178	88.9	59.2	29.6	14.8	5.92
4.52	2.260	1.1300	0.452	177	88.4	59.0	29.5	14.7	5.90
4.53	2.265	1.1325	0.453	176	88.0	58.7	29.3	14.7	5.87
4.54	2.270	1.1350	0.454	175	87.6	58.4	29.2	14.6	5.84
4.55	2.275	1.1375	0.455	174	87.2	58.1	29.1	14.5	5.81
4.56	2.280	1.1400	0.456	174	86.8	57.9	28.9	14.5	5.79
4.57	2.285	1.1425	0.457	173	86.4	57.6	28.8	14.4	5.76
4.58	2.290	1.1450	0.458	172	86.0	57.3	28.7	14.3	5.73
4.59	2.295	1.1475	0.459	171	85.6	57.1	28.5	14.3	5.71
4.60	2.300	1.1500	0.460	170	85.2	56.8	28.4	14.2	5.68
4.61	2.305	1.1525	0.461	170	84.8	56.5	28.3	14.1	5.65
4.62	2.310	1.1550	0.462	169	84.4	56.3	28.1	14.1	5.63
4.63	2.315	1.1575	0.463	168	84.0	56.0	28.0	14.0	5.60
4.64	2.320	1.1600	0.464	167	83.6	55.8	27.9	13.9	5.58
4.65	2.325	1.1625	0.465	167	83.3	55.5	27.8	13.9	5.55
4.66	2.330	1.1650	0.466	166	82.9	55.3	27.6	13.8	5.53
4.67	2.335	1.1675	0.467	165	82.5	55.0	27.5	13.8	5.50
4.68	2.340	1.1700	0.468	164	82.1	54.8	27.4	13.7	5.48
4.69	2.345	1.1725	0.469	164	81.8	54.5	27.3	13.6	5.45
4.70	2.350	1.1750	0.470	163	81.4	54.3	27.1	13.6	5.43
4.71	2.355	1.1775	0.471	162	81.0	54.0	27.0	13.5	5.40
4.72	2.360	1.1800	0.472	161	80.7	53.8	26.9	13.4	5.38
4.73	2.365	1.1825	0.473	161	80.3	53.5	26.8	13.4	5.35
4.74	2.370	1.1850	0.474	160	79.9	53.3	26.6	13.3	5.33
4.75	2.375	1.1875	0.475	159	79.6	53.0	26.5	13.3	5.30
4.76	2.380	1.1900	0.476	158	79.2	52.8	26.4	13.2	5.28
4.77	2.385	1.1925	0.477	158	78.9	52.6	26.3	13.1	5.26

（续）

硬质合金球直径 D/mm				试验力-压头球直径平方的比率					
				30	15	10	5	2.5	1
				试验力 F/kN					
10				29.42	14.71	9.807	4.903	2.452	980.7
	5			7.355	—	2.452	1.226	612.9	0.2452
		2.5		1.839	—	0.6129	0.3065	0.1532	0.06129
			1	0.2942	—	0.09807	0.04903	0.02452	0.009807
压痕的平均直径 d/mm				布氏硬度　HBW					
4.78	2.390	1.1950	0.478	157	78.5	52.3	26.2	13.1	5.23
4.79	2.395	1.1975	0.479	156	78.2	52.1	26.1	13.0	5.21
4.80	2.400	1.2000	0.480	156	77.8	51.9	25.9	13.0	5.19
4.81	2.405	1.2025	0.481	155	77.5	51.6	25.8	12.9	5.16
4.82	2.410	1.2050	0.482	154	77.1	51.4	25.7	12.9	5.14
4.83	2.415	1.2075	0.483	154	76.8	51.2	25.6	12.8	5.12
4.84	2.420	1.2100	0.484	153	76.4	51.0	25.5	12.7	5.10
4.85	2.425	1.2125	0.485	152	76.1	50.7	25.4	12.7	5.07
4.86	2.430	1.2150	0.486	152	75.8	50.5	25.3	12.6	5.05
4.87	2.435	1.2175	0.487	151	75.4	50.3	25.1	12.6	5.03
4.88	2.440	1.2200	0.488	150	75.1	50.1	25.0	12.5	5.01
4.89	2.445	1.2225	0.489	150	74.8	49.8	24.9	12.5	4.98
4.90	2.450	1.2250	0.490	149	74.4	49.6	24.8	12.4	4.96
4.91	2.455	1.2275	0.491	148	74.1	49.4	24.7	12.4	4.94
4.92	2.460	1.2300	0.492	148	73.8	49.2	24.6	12.3	4.92
4.93	2.465	1.2325	0.493	147	73.5	49.0	24.5	12.2	4.90
4.94	2.470	1.2350	0.494	146	73.2	48.8	24.4	12.2	4.88
4.95	2.475	1.2375	0.495	146	72.8	48.6	24.3	12.1	4.86
4.96	2.480	1.2400	0.496	145	72.5	48.3	24.2	12.1	4.83
4.97	2.485	1.2425	0.497	144	72.2	48.1	24.1	12.0	4.81
4.98	2.490	1.2450	0.498	144	71.9	47.9	24.0	12.0	4.79
4.99	2.495	1.2475	0.499	143	71.6	47.7	23.9	11.9	4.77
5.00	2.500	1.2500	0.500	143	71.3	47.5	23.8	11.9	4.75
5.01	2.505	1.2525	0.501	142	71.0	47.3	23.7	11.8	4.73
5.02	2.510	1.2550	0.502	141	70.7	47.1	23.6	11.8	4.71
5.03	2.515	1.2575	0.503	141	70.4	46.9	23.5	11.7	4.69
5.04	2.520	1.2600	0.504	140	70.1	46.7	23.4	11.7	4.67
5.05	2.525	1.2625	0.505	140	69.8	46.5	23.3	11.6	4.65
5.06	2.530	1.2650	0.506	139	69.5	46.3	23.2	11.6	4.63
5.07	2.535	1.2675	0.507	138	69.2	46.1	23.1	11.5	4.61
5.08	2.540	1.2700	0.508	138	68.9	45.9	23.0	11.5	4.59
5.09	2.545	1.2725	0.509	137	68.6	45.7	22.9	11.4	4.57
5.10	2.550	1.2750	0.510	137	68.3	45.5	22.8	11.4	4.55
5.11	2.555	1.2775	0.511	136	68.0	45.3	22.7	11.3	4.51
5.12	2.560	1.2800	0.512	135	67.7	45.1	22.6	11.3	4.51
5.13	2.565	1.2825	0.513	135	67.4	45.0	22.5	11.2	4.50
5.14	2.570	1.2850	0.514	134	67.1	44.8	22.4	11.2	4.48
5.15	2.575	1.2875	0.515	134	66.9	44.6	22.3	11.1	4.46
5.16	2.580	1.2900	0.516	133	66.6	44.4	22.2	11.1	4.44
5.17	2.585	1.2925	0.517	133	66.3	44.2	22.1	11.1	4.42
5.18	2.590	1.2950	0.518	132	66.0	44.0	22.0	11.0	4.40
5.19	2.595	1.2975	0.519	132	65.8	43.8	21.9	11.0	4.38

（续）

硬质合金球直径 D/mm				试验力-压头球直径平方的比率					
				30	15	10	5	2.5	1
				试验力 F/kN					
10				29.42	14.71	9.807	4.903	2.452	980.7
	5			7.355	—	2.452	1.226	612.9	0.2452
		2.5		1.839	—	0.6129	0.3065	0.1532	0.06129
			1	0.2942	—	0.09807	0.04903	0.02452	0.009807
压痕的平均直径 d/mm				布氏硬度　HBW					
5.20	2.600	1.3000	0.520	131	65.5	43.7	21.8	10.9	4.37
5.21	2.605	1.3025	0.521	130	65.2	43.5	21.7	10.9	4.35
5.22	2.610	1.3050	0.522	130	64.9	43.3	21.6	10.8	4.33
5.23	2.615	1.3075	0.523	129	64.7	43.1	21.6	10.8	4.31
5.24	2.620	1.3100	0.524	129	64.4	42.9	21.5	10.7	4.29
5.25	2.625	1.3125	0.525	128	64.1	42.8	21.4	10.7	4.28
5.26	2.630	1.3150	0.526	128	63.9	42.6	21.3	10.6	4.26
5.27	2.635	1.3175	0.527	127	63.6	42.4	21.2	10.6	4.24
5.28	2.640	1.3200	0.528	127	63.3	42.2	21.1	10.6	4.22
5.29	2.645	1.3225	0.529	126	63.1	42.1	21.0	10.5	4.21
5.30	2.650	1.3250	0.530	126	62.8	41.9	20.9	10.5	4.19
5.31	2.655	1.3275	0.531	125	62.6	41.7	20.9	10.4	4.17
5.32	2.660	1.3300	0.532	125	62.3	41.5	20.8	10.4	4.15
5.33	2.665	1.3325	0.533	124	62.1	41.4	20.7	10.3	4.14
5.34	2.670	1.3350	0.534	124	61.8	41.2	20.6	10.3	4.12
5.35	2.675	1.3375	0.535	123	61.5	41.0	20.5	10.3	4.10
5.36	2.680	1.3400	0.536	123	61.3	40.9	20.4	10.2	4.09
5.37	2.685	1.3425	0.537	122	61.0	40.7	20.3	10.2	4.07
5.38	2.690	1.3450	0.538	122	60.8	40.5	20.3	10.1	4.05
5.39	2.695	1.3475	0.539	121	60.6	40.4	20.2	10.1	4.04
5.40	2.700	1.3500	0.540	121	60.3	40.2	20.1	10.1	4.02
5.41	2.705	1.3525	0.541	120	60.1	40.0	20.0	10.0	4.00
5.42	2.710	1.3550	0.542	120	59.8	39.9	19.9	9.97	3.99
5.43	2.715	1.3575	0.543	119	59.6	39.7	19.9	9.93	3.97
5.44	2.720	1.3600	0.544	118	59.3	39.6	19.8	9.89	3.96
5.45	2.725	1.3625	0.545	118	59.1	39.4	19.7	9.85	3.94
5.46	2.730	1.3650	0.546	118	58.9	39.2	19.6	9.81	3.92
5.47	2.735	1.3675	0.547	117	58.6	39.1	19.5	9.77	3.91
5.48	2.740	1.3700	0.548	117	58.4	38.9	19.5	9.73	3.89
5.49	2.745	1.3725	0.549	116	58.2	38.8	19.4	9.69	3.88
5.50	2.750	1.3750	0.550	116	57.9	38.6	19.3	9.66	3.86
5.51	2.755	1.3775	0.551	115	57.7	38.5	19.2	9.62	3.85
5.52	2.760	1.3800	0.552	115	57.5	38.3	19.2	9.58	3.83
5.53	2.765	1.3825	0.553	114	57.2	38.2	19.1	9.54	3.82
5.54	2.770	1.3850	0.554	114	57.0	38.0	19.0	9.50	3.80
5.55	2.775	1.3875	0.555	114	56.8	37.9	18.9	9.47	3.79
5.56	2.780	1.3900	0.556	113	56.6	37.7	18.9	9.43	3.77
5.57	2.785	1.3925	0.557	113	56.3	37.6	18.8	9.39	3.76
5.58	2.790	1.3950	0.558	112	56.1	37.4	18.7	9.35	3.74
5.59	2.795	1.3975	0.559	112	55.9	37.3	18.6	9.32	3.73
5.60	2.800	1.4000	0.560	111	55.7	37.1	18.6	9.28	3.71
5.61	2.805	1.4025	0.561	111	55.5	37.0	18.5	9.24	3.70

（续）

硬质合金球直径 D/mm				试验力-压头球直径平方的比率					
				30	15	10	5	2.5	1
				试验力 F/kN					
10				29.42	14.71	9.807	4.903	2.452	980.7
	5			7.355	—	2.452	1.226	612.9	0.2452
		2.5		1.839	—	0.6129	0.3065	0.1532	0.06129
			1	0.2942	—	0.09807	0.04903	0.02452	0.009807
压痕的平均直径 d/mm				布氏硬度　HBW					
5.62	2.810	1.4050	0.562	110	55.2	36.8	18.4	9.21	3.68
5.63	2.815	1.4075	0.563	110	55.0	36.7	18.3	9.17	3.67
5.64	2.820	1.4100	0.564	110	54.8	36.5	18.3	9.14	3.65
5.65	2.825	1.4125	0.565	109	54.6	36.4	18.2	9.10	3.64
5.66	2.830	1.4150	0.566	109	54.4	36.3	18.1	9.06	3.63
5.67	2.835	1.4175	0.567	108	54.2	36.1	18.1	9.03	3.61
5.68	2.840	1.4200	0.568	108	54.0	36.0	18.0	8.99	3.60
5.69	2.845	1.4225	0.569	107	53.7	35.8	17.9	8.96	3.58
5.70	2.850	1.4250	0.570	107	53.5	35.7	17.8	8.92	3.57
5.71	2.855	1.4275	0.571	107	53.3	35.6	17.8	8.89	3.56
5.72	2.860	1.4300	0.572	106	53.1	35.4	17.7	8.85	3.54
5.73	2.865	1.4325	0.573	106	52.9	35.3	17.6	8.82	3.53
5.74	2.870	1.4350	0.574	105	52.7	35.1	17.6	8.79	3.51
5.75	2.875	1.4375	0.575	105	52.5	35.0	17.5	8.75	3.50
5.76	2.880	1.4400	0.576	105	52.3	34.9	17.4	8.72	3.49
5.77	2.885	1.4425	0.577	104	52.1	34.7	17.4	8.68	3.47
5.78	2.890	1.4450	0.578	104	51.9	34.6	17.3	8.65	3.46
5.79	2.895	1.4475	0.579	103	51.7	34.5	17.2	8.62	3.45
5.80	2.900	1.4500	0.580	103	51.5	34.3	17.2	8.59	3.43
5.81	2.905	1.4525	0.581	103	51.3	34.2	17.1	8.55	3.42
5.82	2.910	1.4550	0.582	102	51.1	34.1	17.0	8.52	3.41
5.83	2.915	1.4575	0.583	102	50.9	33.9	17.0	8.49	3.39
5.84	2.920	1.4600	0.584	101	50.7	33.8	16.9	8.45	3.38
5.85	2.925	1.4625	0.585	101	50.5	33.7	16.8	8.42	3.37
5.86	2.930	1.4650	0.586	101	50.3	33.6	16.8	8.39	3.36
5.87	2.935	1.4675	0.587	100	50.2	33.4	16.7	8.36	3.34
5.88	2.940	1.4700	0.588	99.9	50.0	33.3	16.7	8.33	3.33
5.89	2.945	1.4725	0.589	99.5	49.8	33.2	16.6	8.30	3.32
5.90	2.950	1.4750	0.590	99.2	49.6	33.1	16.5	8.26	3.31
5.91	2.955	1.4775	0.591	98.8	49.4	32.9	16.5	8.23	3.29
5.92	2.960	1.4800	0.592	98.4	49.2	32.8	16.4	8.20	3.28
5.93	2.965	1.4825	0.593	98.0	49.0	32.7	16.3	8.17	3.27
5.94	2.970	1.4850	0.594	97.7	48.8	32.6	16.3	8.14	3.26
5.95	2.975	1.4875	0.595	97.3	48.7	32.4	16.2	8.11	3.24
5.96	2.980	1.4900	0.596	96.9	48.5	32.3	16.2	8.08	3.23
5.97	2.985	1.4925	0.597	96.6	48.3	32.2	16.1	8.05	3.22
5.98	2.990	1.4950	0.598	96.2	48.1	32.1	16.0	8.02	3.21
5.99	2.995	1.4975	0.599	95.9	47.9	32.0	16.0	7.99	3.20
6.00	3.000	1.5000	0.600	95.5	47.7	31.8	15.9	7.96	3.18

6. 锤击式布氏硬度测试方法

对于不易采用台式或门式布氏硬度计检测的工件，可用锤击式布氏硬度检测方法作为辅助检测方法。锤击式布氏硬度换算值见表 1-9。

表 1-9 锤击式布氏硬度换算值

标准块压痕直径/mm	试样压痕直径/mm																																							
	1.6	1.7	1.8	1.9	2.0	2.1	2.2	2.3	2.4	2.5	2.6	2.7	2.8	2.9	3.0	3.1	3.2	3.3	3.4	3.5	3.6	3.7	3.8	3.9	4.0	4.1	4.2	4.3	4.4	4.5	4.6	4.7	4.8	4.9	5.0	5.1	5.2	5.3	5.4	5.5
	布氏硬度 HBW																																							
1.6	202	160	131	111	97																																			
1.7	229	202	164	134	115	99																																		
1.8	257	229	202	164	139	121	105																																	
1.9	292	255	227	202	164	139	142	105																																
2.0	321	283	252	224	202	166	166	123	109	97																														
2.1	361	307	279	250	224	202	202	142	126	109	97																													
2.2	401	348	307	276	247	224	221	166	145	129	115	101																												
2.3	450	391	340	301	270	244	240	202	170	148	131	115	105																											
2.4	509	429	375	331	295	267	264	221	202	170	148	131	118	107																										
2.5	578	479	412	364	321	290	287	240	218	202	174	152	134	121	107	97																								
2.6		505	456	398	352	315	304	261	238	218	202	174	152	136	123	109	99																							
2.7		605	509	435	388	343	334	279	255	235	218	202	177	154	136	123	111	101																						
2.8			571	484	420	375	364	304	279	255	235	218	202	177	154	139	126	115	105	97																				
2.9				540	461	406	396	331	301	276	252	235	218	202	177	157	142	129	118	107	97																			
3.0				596	512	441	426	355	321	295	270	252	232	218	202	177	157	142	129	118	107	99																		
3.1					566	488	467	386	345	315	292	270	250	232	215	202	177	157	142	131	121	109	101																	
3.2						537	509	415	375	340	310	287	267	250	232	215	202	177	160	145	131	121	109	101	97															
3.3						590	564	447	403	366	334	307	283	264	247	229	215	202	177	160	145	134	123	111	105	97														
3.4							605	488	432	394	358	328	301	282	261	244	229	215	202	181	160	148	136	126	115	107	99													
3.5								534	470	420	382	352	321	299	279	261	244	229	215	202	181	164	148	136	126	118	109	101												
3.6								580	508	452	406	376	345	319	296	277	256	240	226	214	202	182	164	148	136	129	118	109	101	97										
3.7									558	490	438	401	368	339	313	293	273	254	240	226	212	202	182	164	152	139	129	121	111	105	97									
3.8									602	533	472	426	392	362	333	307	291	273	254	240	226	212	202	182	164	152	139	129	121	111	105	99								
3.9										576	510	458	414	386	356	327	303	287	271	252	238	224	212	202	182	164	152	139	131	123	115	107	99							
4.0											558	492	444	406	376	346	321	301	283	266	252	238	224	212	202	186	166	154	141	131	123	115	107	101	97					
4.1											596	530	474	429	398	366	340	319	299	282	264	250	231	224	212	202	186	166	154	141	133	125	117	109	101	97				
4.2												573	509	461	420	391	361	334	313	295	279	264	250	234	224	212	202	186	166	154	141	133	125	117	109	105	99			
4.3													549	492	446	412	382	357	331	309	293	277	260	246	234	224	212	202	186	166	154	141	133	125	117	111	107	101	97	
4.4														527	476	432	400	376	352	327	307	291	277	256	246	234	224	212	202	186	166	154	145	135	129	121	111	107	101	97

表 1-9 列出了标准块硬度为 202HBW 时的换算值，若所用标准块硬度值不为 202HBW，则须将表 1-9 中查出的硬度值乘以系数 K，K 值可由表 1-10 查得。此方法简单方便，但精度低（误差为 7%～10%），须用标准硬度块经常校准。

表 1-10 锤击式布氏硬度试验中系数 K 的数值

标准块硬度 HBW	系数 K
150	0.742
152	0.752
154	0.762
156	0.772
158	0.782
160	0.792
162	0.802
164	0.812
166	0.822
168	0.832
170	0.842
172	0.851
174	0.861
176	0.871
178	0.881
180	0.891
182	0.901
184	0.911
186	0.921
188	0.931
190	0.941
192	0.950
194	0.960
196	0.970
198	0.980
200	0.990
202	1.000
204	1.010
206	1.020
208	1.030
210	1.040

7. 布氏硬度试验特点及注意事项

布氏硬度因其压痕面积较大，能反映金属表面较大范围内各组成相综合平均的性能数值。与其他硬度检测方法相比，对灰铸铁、粗大晶粒或粗大组成相材料的硬度值测量较为准确。

高硬度材料进行布氏硬度测试时，由于压头球本身的变形，会使测量结果不准确，因此一般对硬度大于 500HBW 的材料不能使用。由于布氏硬度的测量压痕较大，会影响成品件的表面外观。

布氏硬度试验过程中应注意以下事项：

（1）试样厚度　试样厚度应大于压痕深度的 8 倍，在压痕相对的一面，不应出现影响加载的弧面等形状。压痕深度 t（mm）按式（1-1）计算：

$$t=\frac{0.102F}{\pi D\times \text{HBW}} \tag{1-1}$$

式中　F——试验力（N）；

D——压头球直径（mm）

（2）试验表面　圆弧表面应打磨出大于 15mm×40mm 的平整表面。

（3）压痕间距　为了保证测量精度，压痕中心到工件任一边缘的距离应大于压痕直径的 3 倍，相邻压痕的中心间距也应大于压痕直径的 3 倍。

（4）表面粗糙度　布氏硬度的精度与压痕直径的测量精度密切相关，表面应当经过切削、研磨或抛光，清除表面脱碳层或硬化层。

（5）砧座　放置工件的砧座平面与受力方向垂直误差小于 2°。

1.2.2 洛氏硬度试验

1. 洛氏硬度和表面洛氏硬度试验原理

洛氏硬度试验是目前应用最广的试验方法，它与布氏硬度不同，不是测定压痕的直径，而是以压头压入试件表面深度来标定硬度值。其试验方法是用一个顶角为 120° 的金刚石圆锥体或直径为 1.5875mm、3.175mm、6.35mm、12.7mm 的钢球（参见 ASTM E18 中其他标尺所使用的压头），在一定载荷下压入被测材料表面，由压痕深度求出材料的硬度，以 0.002mm 作为一个硬度单位，可在表盘上直接读出洛氏硬度值。

洛氏硬度采用不同的压头和不同的试验力，组成 9 种不同的洛氏硬度标尺，见表 1-11。

表 1-11 洛氏硬度标尺

洛氏硬度标尺	硬度符号	压头类型	总试验力 F/kN	标尺常数 S/mm	全量程常数 N	适用范围
A	HRA	金刚石圆锥	0.5884	0.002	100	20～95HRA
B	HRBW	直径 1.5875mm 钢球	0.9807	0.002	130	10～100HRBW
C	HRC	金刚石圆锥	1.471	0.002	100	20～70HRC
D	HRD	金刚石圆锥	0.9807	0.002	100	40～77HRD
E	HREW	直径 3.175mm 钢球	0.9807	0.002	130	70～100HREW

（续）

洛氏硬度标尺	硬度符号	压头类型	总试验力 F/kN	标尺常数 S/mm	全量程常数 N	适用范围
F	HRFW	直径 1.5875mm 钢球	0.5884	0.002	130	60~100HRFW
G	HRGW	直径 1.5875mm 钢球	1.471	0.002	130	30~94HRGW
H	HRHW	直径 3.175mm 钢球	0.5884	0.002	130	80~100HRHW
K	HRKW	直径 3.175mm 钢球	1.471	0.002	130	40~100HRKW

当遇到材料较薄，试样较小，表面硬化层较浅或测试表面镀覆层时，可用表面洛氏硬度试验。表面洛氏硬度的 N 标尺类似洛氏硬度的 HRC、HRA 和 HRD，T 标尺类似洛氏硬度的 HRB、HRF 和 HRG，见表 1-12。

洛氏硬度相关符号说明及计算公式见表 1-13。

表 1-12　表面洛氏硬度标尺

表面洛氏硬度标尺	硬度符号	压头类型	初始试验力 F_0/N	总试验力 F/N	标尺常数 S/mm	全量程常数 N	适用范围
15N	HR15N	金刚石圆锥	29.42	147.1	0.001	100	70~94HR15N
30N	HR30N	金刚石圆锥	29.42	294.2	0.001	100	42~86HR30N
45N	HR45N	金刚石圆锥	29.42	441.3	0.001	100	20~77HR45N
15T	HR15TW	直径 1.5875mm 钢球	29.42	147.1	0.001	100	67~93HR15TW
30T	HR30TW	直径 1.5875mm 钢球	29.42	294.2	0.001	100	29~82HR30TW
45T	HR45TW	直径 1.5875mm 钢球	29.42	441.3	0.001	100	10~72HR45TW

表 1-13　洛氏硬度相关符号说明及计算公式

符　号	说　明	单　位
F_0	初始试验力	N
F_1	主试验力（总试验力减去初试验力）	N
F	总试验力	N
S	给定标尺的标尺常数	mm
N	给定标尺的全量程常数	—
h	卸除主试验力，在初始试验力下压痕残留的深度（残余压痕深度）	mm
HRA、HRC、HRD	洛氏硬度 $=100-\dfrac{h}{0.002}$	—
HRBW HREW HRFW HRGW HRHW HRKW	洛氏硬度 $=130-\dfrac{h}{0.002}$	—
HRN HRTW	表面洛氏硬度 $=100-\dfrac{h}{0.001}$	—

2. 表示方法

洛氏硬度的表示方法示例：

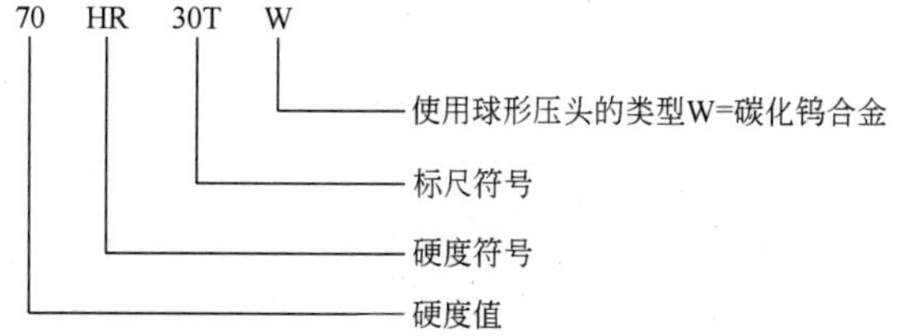

3. 试样要求

试样检测表面应平坦光滑，不应有氧化皮及外来污物，不应有油脂。

试样与砧座（含 V 形槽或其他支撑结构）接触面应打磨出基体金属面。

试验一般在 10~35℃ 的室温下进行。当试验温度不在 10~35℃ 范围内时，应记录并在报告中注明。

4. 试验方法

试样应放置在刚性支承物上，并使压头轴线和加载方向与试样表面垂直。圆形或其他异形工件应放置在洛氏硬度值不低于 60HRC 的带有定心 V 形槽或双圆柱的试样支撑台，压头、试样、定心 V 形槽与硬度计支座中心对中。长工件一端硬度检测时，另一端应支撑在辅助支架上。

初始试验力 F_0 的加载时间不超过 2s，保持时间 1~4s；主试验力 F_1 的加载时间 1~8s；总试验力 F 的保持时间为 2~6s；卸除主试验力 F_1，初始试验力 F_0 保持 1~5s 后，读取硬度数值。

两相邻检测点中心距离应大于压痕直径的 3 倍，压痕中心距试样边缘大于压痕直径的 2.5 倍。

洛氏硬度的试验过程可用图 1-2 表示。

5. 曲面洛氏硬度试验

采用洛氏硬度试验方法测定曲率较大的弯曲面或柱面的硬度时，应按表 1-14 进行修正。

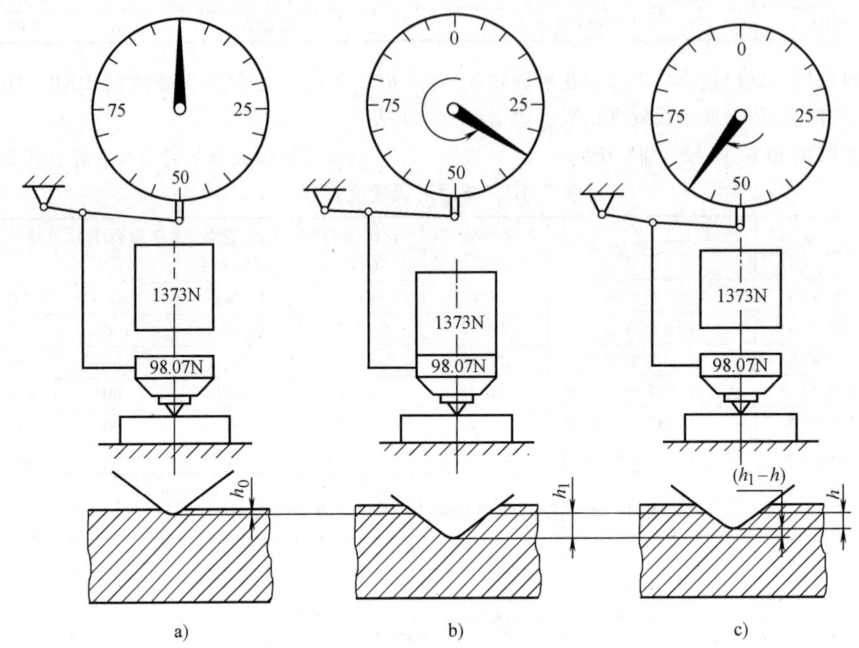

图 1-2 洛氏硬度试验过程示意图

a）加初始试验力 b）加主试验力 c）卸除主试验力

表 1-14 曲面零件实测硬度修正表

(1)在圆柱体上测定 HRC 的数值修正值																	
圆柱直径/mm	测定的硬度值 HRC																
	15~20	>20~25	>25~30	>30~33	>33~35	>35~38	>38~40	>40~43	>43~45	>45~48	>48~50	>50~53	>53~55	>55~58	>58~60	>60~63	>63~64
	应补加的修正值 HRC																
3~4	6.5	6.0	5.5	5.0	4.5	4.0	4.0	3.5	3.5	3.0	3.0	3.0	2.5	2.5	2.0	2.0	1.5
>4~5	6.0	5.5	5.0	4.5	4.0	4.0	3.5	3.5	3.0	3.0	3.0	2.5	2.5	2.0	2.0	1.5	1.5
>5~6	5.5	5.0	4.5	4.0	4.0	3.5	3.5	3.0	3.0	2.5	2.5	2.5	2.0	2.0	1.5	1.5	1.5
>6~7	5.0	4.5	4.0	4.0	3.5	3.5	3.0	3.0	2.5	2.5	2.5	2.0	2.0	1.5	1.5	1.5	1.0
>7~8	4.5	4.0	4.0	3.5	3.0	3.0	3.0	2.5	2.5	2.0	2.5	1.5	1.5	1.5	1.5	1.0	1.0
>8~9	4.0	4.0	3.5	3.5	3.0	3.0	2.5	2.5	2.0	2.0	2.0	1.5	1.5	1.5	1.0	1.0	1.0
>9~10	3.5	3.5	3.0	3.0	2.5	2.5	2.0	2.0	2.0	1.5	1.5	1.5	1.5	1.0	1.0	1.0	0.5
>10~11	3.0	3.0	2.5	2.5	2.0	2.0	2.0	1.5	1.5	1.5	1.5	1.0	1.0	1.0	1.0	0.5	0.5
>11~12	2.5	2.5	2.5	2.0	2.0	2.0	1.5	1.5	1.5	1.5	1.0	1.0	1.0	1.0	0.5	0.5	0.5
>12~13	2.5	2.0	2.0	1.5	1.5	1.5	1.5	1.5	1.5	1.0	1.0	1.0	1.0	0.5	0.5	0.5	0.5
>13~15	2.0	2.0	1.5	1.5	1.5	1.5	1.0	1.0	1.0	1.0	1.0	1.0	0.5	0.5	0.5	0.5	0.5
>15~17	2.0	1.5	1.5	1.5	1.5	1.0	1.0	1.0	1.0	1.0	1.0	0.5	0.5	0.5	0.5	0.5	0.5
>17~20	1.5	1.5	1.5	1.5	1.0	1.0	1.0	1.0	1.0	1.0	0.5	0.5	0.5	0.5	0.5	0.5	—
>20~25	1.5	1.5	1.5	1.0	1.0	1.0	1.0	0.5	0.5	0.5	0.5	0.5	0.5	0.5	0.5	—	—
>25~30	1.0	1.0	1.0	1.0	1.0	1.0	1.0	0.5	0.5	0.5	0.5	0.5	0.5	0.5	—	—	—

（续）

(2)在圆柱体上测定 HRB 的数值修正值																
圆柱直径/mm	测定的硬度值 HRB															
	20~25	>25~30	>30~35	>35~40	>40~45	>45~50	>50~55	>55~60	>60~65	>65~70	>70~75	>75~80	>80~85	>85~90	>90~95	>95~100
	应补加的修正值 HRB															
>3~4	18	17	16	15	14	13	12	11	10	9.5	8.5	7.5	7	6.5	5.5	5
>4~5	14	13	12	11	10	9.5	9	8.5	7.5	7	6.5	6	5.5	5	4.5	4
>5~6	12	11	10	9	9	8.5	8	7.5	7	6.5	6	5.5	5	4.5	4	3.5
>6~7	10.5	10	9.5	9	8.5	7.5	7	6.5	6	6	5.5	5	4.5	4	3.5	3
>7~8	9	8.5	8	7.5	7	6.5	6	5.5	5	5	4.5	4.5	4	3.5	3	2.5
>8~9	8	7.5	7	6.5	6	5.5	5	4.5	4.5	4	4	3.5	3.5	3	2.5	2
>9~10	7	6.5	6	5.5	5	5	4.5	4	4	3.5	3.5	3	3	2.5	2	2
>10~11	6	5.5	5	5	4.5	4	3.5	3.5	3.5	3	3	2.5	2.5	2	2	1.5
>11~12	5.5	5	4.5	4.5	4	3.5	3.5	3	3	2.5	2.5	2	2	1.5	1.5	1.5
>12~13	5	4.5	4	3.5	3	3	3	2.5	2.5	2	2	2	1.5	1.5	1.5	1.5
>13~15	4	3.5	3.5	3	2.5	2.5	2.5	2.5	2	2	2	1.5	1.5	1.5	1.5	1
>15~17	3.5	3	3	2.5	2.5	2	2	2	2	1.5	1.5	1.5	1.5	1	1	1
>17~20	3	2.5	2.5	2.5	2	2	2	2	1.5	1.5	1.5	1.5	1	1	1	1
>20~25	2.5	2	2	2	2	2	1.5	1.5	1.5	1.5	1	1	1	1	1	1
>25~30	2	2	1.5	1.5	1.5	1.5	1.5	1	1	1	1	1	1	0.5	0.5	0.5

(3)在球面上测定 HRC 的数值修正值												
圆球直径/mm	测定的硬度值 HRC											
	50~53	>53~54	>54~55	>55~56	>56~57	>57~58	>58~59	>59~60	>60~61	>61~62	>62~63	>63~64
	应补加的修正值 HRC											
3~4	6.0	6.0	5.5	5.0	5.0	4.5	4.0	4.0	3.5	3.5	3.0	3.0
>4~5	5.5	5.5	5.0	5.0	4.5	4.0	4.0	3.5	3.5	3.0	3.0	2.5
>5~6	5.0	5.0	4.5	4.5	4.0	4.0	3.5	3.5	3.0	2.5	2.5	2.0
>6~7	4.5	4.5	4.0	4.0	3.5	3.5	3.0	3.0	2.5	2.5	2.0	2.0
>7~8	4.0	4.0	3.5	3.5	3.0	3.0	2.5	2.5	2.0	2.0	2.0	1.5
>8~9	4.0	3.5	3.5	3.0	3.0	2.5	2.5	2.0	2.0	2.0	1.5	1.5
>9~10	3.5	3.5	3.0	3.0	2.5	2.5	2.0	2.0	2.0	1.5	1.5	1.0
>10~11	3.5	3.0	3.0	2.5	2.5	2.0	2.0	2.0	1.5	1.5	1.0	1.0
>11~12	3.0	3.0	2.5	2.5	2.0	2.0	2.0	1.5	1.5	1.0	1.0	1.0
>12~13	3.0	2.5	2.5	2.0	2.0	2.0	1.5	1.5	1.0	1.0	1.0	0.5
>13~15	2.5	2.5	2.0	2.0	1.5	1.5	1.5	1.0	1.0	0.5	0.5	0.5
>15~17	2.0	2.0	2.0	1.5	1.5	1.5	1.0	1.0	0.5	0.5	0.5	0.5
>17~20	2.0	1.5	1.5	1.5	1.0	1.0	1.0	0.5	0.5	0.5	0.5	0.5
>20~25	1.5	1.5	1.0	1.0	1.0	1.0	0.5	0.5	0.5	0.5	0.5	—
>25~30	1.0	1.0	1.0	0.5	0.5	0.5	0.5	0.5	0.5	0.5	—	—

注：当零件直径 D>10mm 时，硬度>60HRC 可不考虑修正值；当零件直径 D>15mm 时，硬度>70HRC 可不考虑修正值。

1.2.3　维氏硬度和努氏硬度试验

1. 维氏硬度试验

（1）试验原理　维氏硬度测定原理基本上与布氏硬度相同，也是根据单位压痕凹陷面积上所受的试验力计算硬度值，所不同的是维氏硬度采用了锥面夹角为 136°的金刚石四棱锥体作为压头（见图 1-3）。此外，要求试样表面粗糙度 Ra 应不大于 0.2μm，两面应平行，试样的厚度应不小于压痕对角线的 1.5 倍。

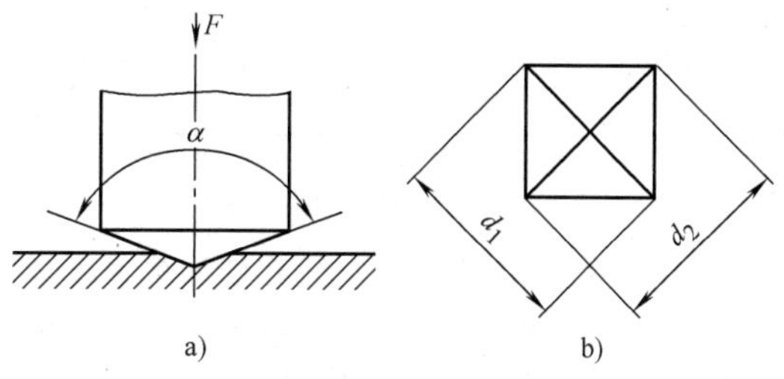

图 1-3　维氏硬度压头与压痕

a）压头（金刚石四棱锥体）　b）维氏硬度压痕

这时由于压入角 α 恒定不变，使得试验力改变时，压痕的几何形状相似。因此，在维氏硬度试验中，试验力可以任意选择，而所得硬度值相同，这是维氏硬度试验最主要的特点，也是最大的优点。四棱锥之所以选取 136°，是为了所测数据与布氏硬度值能得到最好的配合。

此外，采用金刚石四棱锥体为压头，压痕为清晰的正方形轮廓，在测量压痕对角线长度 d_1、d_2 时误差小，不存在压头变形问题，适用于任何硬度的材料。维氏硬度相关符号说明及计算公式见表 1-15。

表 1-15　维氏硬度相关符号说明及计算公式

符　　号	说　　明	单　　位
α	金刚石压头顶部两相对面夹角(136°)	(°)
F	试验力	N
d	两压痕对角线长度 d_1 和 d_2 的算术平均值	mm
HV	维氏硬度符号 $维氏硬度=常数\times\frac{试验力}{压痕表面积}=0.102\times\frac{2F\sin\frac{136°}{2}}{d^2}\approx0.1891\times\frac{F}{d^2}$	

注：常数 = 1/9.80665≈0.102，9.80665 是从 kgf 转换成 N 的转换因子。

由表 1-15 中维氏硬度计算公式可以看出，只要量出压痕对角线长度 d，即可求出维氏硬度 HV 值，或通过 GB/T 4340.4—2022《金属材料　维氏硬度试验　第 4 部分：硬度值表》查得维氏硬度值。

在球面、柱面或其他曲面上测定维氏硬度时，应按 GB/T 4340.1—2009《金属材料　努氏硬度试验　第 1 部分：试验方法》查得的修正值进行修正。

（2）表示方法　维氏硬度用 HV 表示，符号之前为硬度值，符号之后按如下顺序排列：

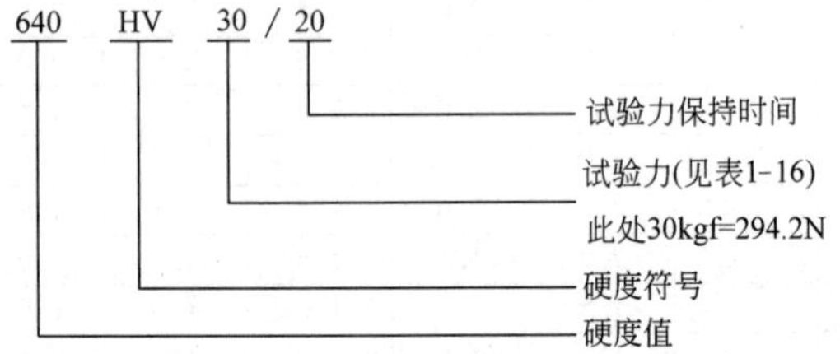

（3）维氏硬度试验的试验力　维氏硬度试验的试验力见表 1-16，常用的试验力范围为 49.03～980.7N。使用时，应视零件厚度及材料的预期硬度，尽可能选取较大的试验力，以减小压痕尺寸的测量误差。

测定金属箔的硬度、极薄表面层的硬度、合金中各种组成相的硬度，应进行显微维氏硬度试验。

GB/T 4340.1—2009 中针对所采用的试验力，规定压痕对角线的长度范围为 0.020～1.400mm。当对角线小于 0.020mm 时，需要考虑增加不确定度。通常试验力越小，测试结果的分散性越大，对于小力值维氏硬度和显微维氏硬度尤为明显。这种分散性主要是由测量压痕对角线长度引起的。对于显微维氏硬度来说，对角线的测量误差一般很难控制在±0.001mm 之内。

表 1-16　维氏硬度试验力

维氏硬度试验		小力值维氏硬度试验		显微维氏硬度试验	
试验力标称值/N	硬度符号	试验力标称值/N	硬度符号	试验力标称值/N	硬度符号
49.03	HV5	1.961	HV0.2	0.09807	HV0.01
98.07	HV10	2.942	HV0.3	0.1471	HV0.015
196.1	HV20	4.903	HV0.5	0.1961	HV0.02
294.2	HV30	9.807	HV1	0.2452	HV0.025
490.3	HV50	19.61	HV2	0.4903	HV0.05
980.7	HV100	29.42	HV3	0.9807	HV0.1

注：1. 维氏硬度试验可使用大于 980.7N 的试验力。
2. 显微维氏硬度试验的试验力为推荐值。

（4）维氏硬度的优缺点　维氏硬度试验法的优点是不存在布氏硬度试验时要求试验力 F 和压头直径 D 所规定条件的约束，以及压头变形问题，也不存在洛氏硬度法硬度值无法统一的问题；不仅试验力可以任意选取，而且材质不论软硬，测量数据稳定可靠，精度高。唯一的缺点是硬度值须通过测量对角线长度后才能计算（或查表）得到，因此测量效率不及洛氏硬度试验高。

2. 努氏硬度试验

（1）试验原理　努氏硬度试验与维氏硬度一样，只是压头采用了对棱角为 172.5°及 130°的金刚石四棱锥（见图 1-4），在被测试样表面得到长对角线比短对角线长度大 7.11 倍的菱形压痕（见图 1-5）。努氏硬度相关符号说明及计算公式见表 1-17。

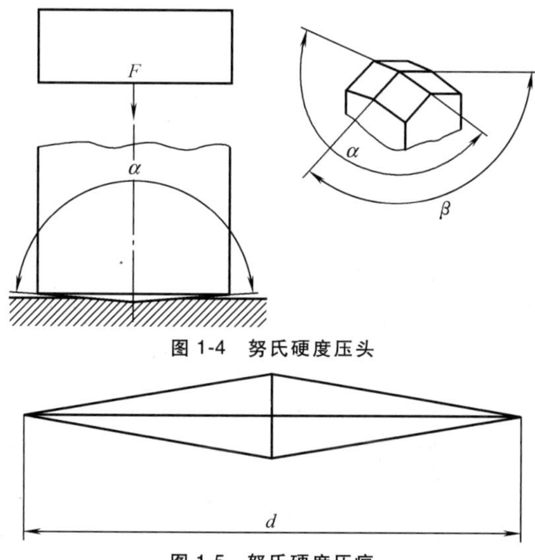

图 1-4　努氏硬度压头

图 1-5　努氏硬度压痕

表 1-17　努氏硬度相关符号说明及计算公式

符号	说　明
F	试验力，单位为 N
d	压痕长对角线长度，单位为 mm
c	压头常数，与用长对角线长度的平方计算的压痕投影面积相关 $c=\dfrac{\tan\dfrac{\beta}{2}}{2\tan\dfrac{\alpha}{2}}$，$c=0.7028$ α 及 β 是相对棱边之间的夹角，如图 1-4 所示。
HK	努氏硬度符号 $\text{努氏硬度}=\text{常数}\times\dfrac{\text{试验力}}{\text{压痕投影面积}}=0.102\times\dfrac{F}{d^2c}$ $=0.102\times\dfrac{F}{0.7028d^2}=1.451\times\dfrac{F}{d^2}$

注：常数 = 1/9.80665≈0.102，9.80665 是从 kgf 转换成 N 的转换因子。

（2）表示方法　努氏硬度的表示方法示例：

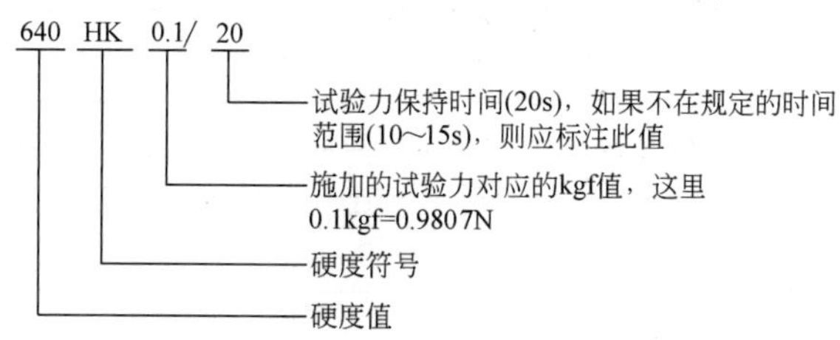

（3）试验力　努氏硬度一般采用轻载荷，试验力 F 在 0.09807～19.614N 之间。

努氏硬度由于压痕细长，只需测量长对角线的长度 d，因而精度高（见图 1-6）。努氏硬度值与维氏硬度值大致相等，但如果载荷在 1N 以下，两者会出现较大的差别（见图 1-7）。努氏硬度值与洛氏硬度值的关系如图 1-8 所示。

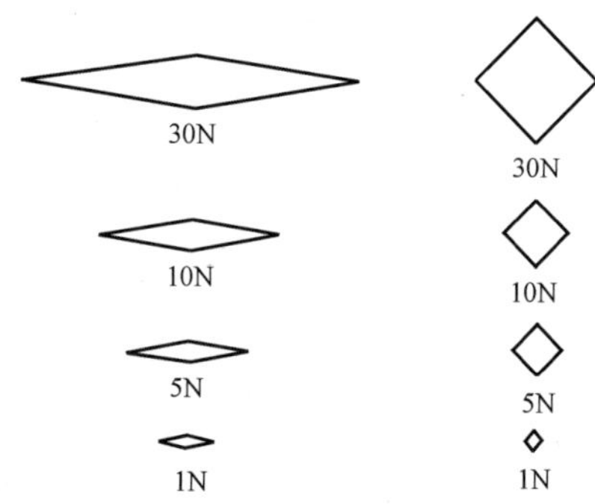

图 1-6　努氏硬度与维氏硬度压痕对比图

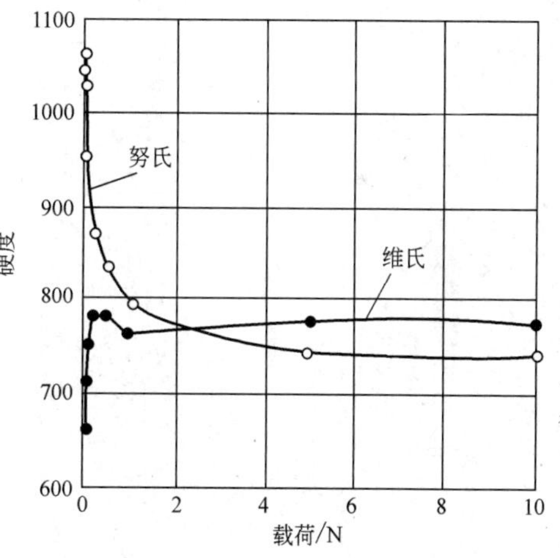

图 1-7　努氏、维氏硬度值与载荷的关系

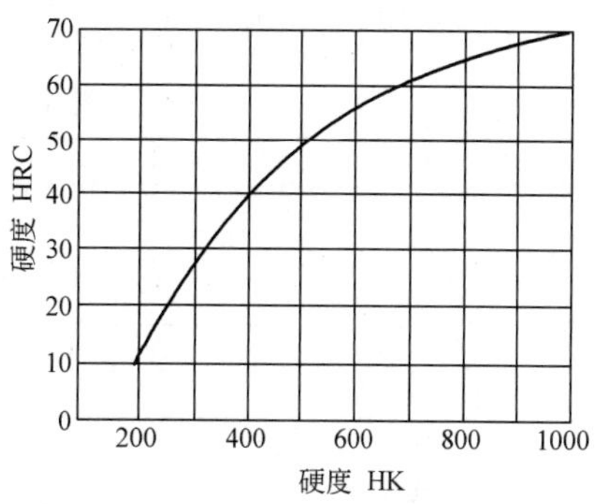

图 1-8　努氏硬度值与洛氏硬度值的关系

努氏硬度试验法一般用于薄层（表面淬火层或化学渗镀层）和合金中组成相的检测，如图1-9、图1-10所示。各种相的努氏硬度值见表1-18。

图1-11给出了超薄件进行努氏硬度试验时所要求的最小厚度，也给出了最小厚度对应的硬度和试验力的关系。

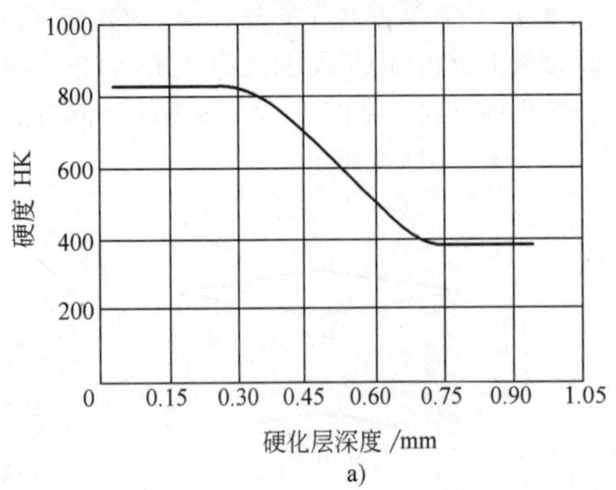

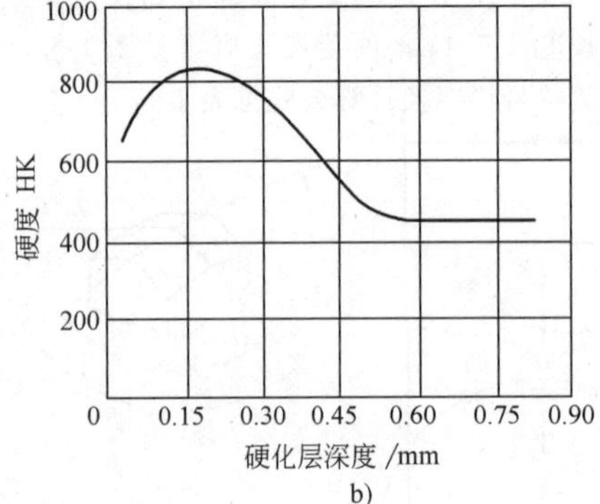

图1-9 渗碳硬化层深度和努氏硬度值的关系

a）表层不存在残留奥氏体 b）表层存在残留奥氏体

图1-10 淬火回火工具钢中两种组织的努氏硬度压痕

注：白色为Cr、V合金碳化物（1930HK），暗色体（810HK）为基体。

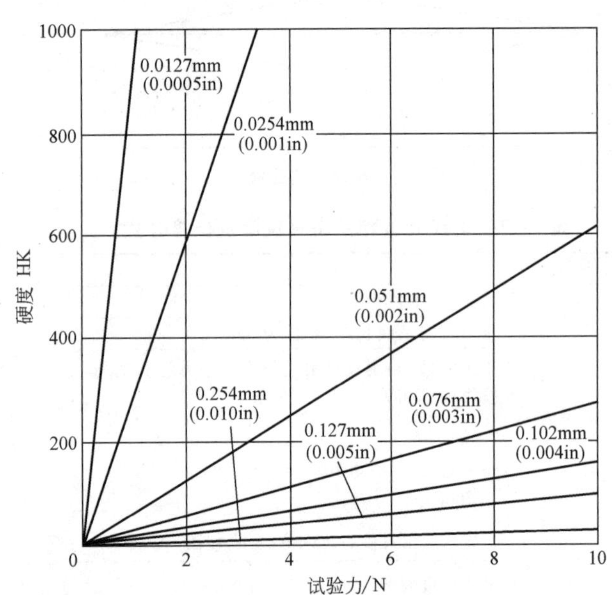

图1-11 努氏最小厚度曲线图

表1-18 各种相的努氏硬度值

相	试验力/10^{-3}N	努氏硬度 HK
(1)钢铁材料		
渗碳体	250	790~1150
	1000	1168
铁素体	—	135
含Si铁素体	—	207
马氏体	500	700~720
珠光体	1000	300
屈氏体(托氏体)	1000	570

（续）

相	试验力/10^{-3}N	努氏硬度 HK
	(2)铝合金	
Al_2Cu	500	450
AlCu	500	550
$Al_7(CrFe)$	500	506
Al_3Fe	500	526~755
β(Al-Fe-Si)	500	486
Al_3Mg_2	500	168
初生 Si 相	500	901
	(3)碳化物	
BC	10000	2230
	1000	2800
SiC	1000	1875~3980
TiC	1000	2470
WC	1000	1880
VC	—	2080
	(4)硼化物	
CrB	300	2135
NbB_2	300	2594
TaB_2	300	2537
TiB_2	300	3370
WB_2	300	2663
VB_2	300	2077
ZrB_2	300	2252
	(5)氮化物	
TiN	300	2160
	1000	1770
ZrN	300	1983
	1000	1510
TaN	300	3236

1.2.4 肖氏硬度试验

1. 试验原理

用规定形状的金刚石冲头从规定高度自由落下冲击试样表面，以冲头第一次回跳高度 h 与冲头落下高度 h_0 的比值计算肖氏硬度值，见式（1-2）。

$$HS=Kh/h_0 \quad (1\text{-}2)$$

式中 K——常数，C 型仪器 K 为 104/65，D 型仪器 K 为 140。

在实测中一般不用公式计算，可直接目测或从表盘显示的数值得出。

肖氏硬度是以完全淬硬的高碳钢作为标准试样，以回跳的平均高度定为 100 单位，把刻度盘等分为 100 度，考虑到比此钢的硬度值更高的材料试验，从 100 再向上向外推到 140。

肖氏硬度计有目测式（C 型）及表盘自动记录式（D 型）两种，其技术参数见表 1-19。肖氏硬度最佳的测量范围为 20~90HS，即相当于自 112HBW（72HRB）开始直到 65HRC 范围内的各种金属材料的硬度。

表 1-19 各种肖氏硬度计的技术参数

项 目	C 型	D 型
冲头的质量/g	2.50	36.2
落下高度/mm	254	19
冲头顶端球面半径/mm	1	1
冲击速度/(m/s)	2.33	0.61
100HS 的回跳高度/mm	165	12.35
读数方法	目测	表盘

2. 试样要求

试样的试验面一般为平面，对于曲面试样，其试验面的曲率半径不应小于 32mm。试样的质量应至少在 0.1kg 以上。试样应有足够的厚度，以保证测量的硬度值不受试台硬度的影响。试样的厚度一般应在 10mm 以上。试样的试验面积应尽可能大，并且试样两相邻压痕中心距离不应小于 1mm，压痕中心距试样边缘的距离不应小于 4mm。对于肖氏硬度小于 50HS 的试样，表面粗糙度 Ra 不大于 1.6μm；肖氏硬度大于 50HS 时，表面粗糙度 Ra 不大于 0.8μm。试样的表面应无氧化皮及外来污物，尤其不应有油脂。试样不应带有磁性。

肖氏硬度计是一种轻便手提式硬度计，便于流动性工作和巡回检测，而且操作方便，结构简单，测试效率高，特别适用于很多大型冷轧辊与大的冷硬铸铁辊、曲轴等高硬度大零件的硬度测试。但肖氏硬度误差来源多，试验结果准确性较差，对于弹性模量相差大的材料，其试验结果不能相互比较。对于大型零件，因难以保证零件的表面粗糙度和冲头垂直下落，试验误差较大。肖氏硬度试验方法在 GB/T 4341.1—2014《金属材料　肖氏硬度试验　第 1 部分：试验方法》中有详细规定。

1.2.5　里氏硬度试验

1. 试验原理

里氏硬度的试验方法是一种动态硬度试验法，用规定质量的冲击体在弹簧力作用下以一定速度垂直冲击试样表面，以冲击体在距试样表面 1mm 处的回弹速度（v_R）与冲击速度（v_A）的比值来表示材料的里氏硬度。

里氏硬度 HL 按式（1-3）计算：

$$HL=\frac{v_R}{v_A}\times 1000 \tag{1-3}$$

里氏硬度计的冲击装置结构如图 1-12 所示。冲击装置类型有 D 型、DC 型、S 型、E 型、D+15 型、DL 型、C 型和 G 型。其中，支承环应牢固安装到冲击装置的底部。除了 DL 型的冲击装置，支撑面应带有橡胶涂层，防止测试过程中冲击装置出现移动。

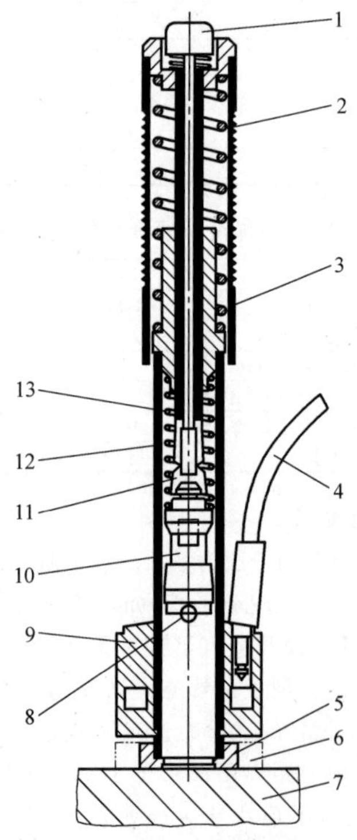

图 1-12　里氏硬度计的冲击装置结构

1—释放按钮　2—加载弹簧　3—加载套　4—导线　5—小型支承环　6—大型支承环　7—试件　8—冲击体顶端球面冲头　9—线圈部件　10—冲击体　11—安全卡盘　12—导管　13—冲击弹簧

不同材料或不同热处理工艺的试样，其里氏硬度值可通过与静载硬度值（布氏、洛氏、维氏硬度）的对比进行标定，其测量范围见表 1-20。

表 1-20　里氏硬度试验测量范围

测量范围	HL(D 型)	相当的静载硬度
钢	300~800	80~650HBW
	300~890	80~940HV
	510~890	20~68HRC
铝铸件	200~560	30~160HBW
铸铁	360~660	90~380HBW
黄铜	200~550	40~170HBW
铜合金	200~690	45~315HBW

2. 试样要求

支承环应与测试位置的表面轮廓相匹配，冲击速度矢量应垂直于要测试的局部表面区域。对曲面试样进行测量时，应使用与曲面相匹配的支承环。对于 G 型冲击装置，测试位置的曲率半径应不小于 50mm；对于其他型式的冲击装置，曲率半径应不小于 30mm。

根据试件的刚度（通常由局部厚度决定）与试件的质量，选择冲击装置类型与其相适应的硬度计，试样的质量和厚度要求见表 1-21。

表 1-21　试样的质量和厚度要求

冲击装置类型	最小质量/kg	最小厚度（未耦合）/mm	最小厚度（耦合）/mm
D、DC、DL、D+15、S、E	5	25	3
G	15	70	10
C	1.5	10	1

对于不同类型的冲击装置，试样测试位置的表面粗糙度 *Ra* 的最大值应符合表 1-22 的规定。

表 1-22　试样测试位置的表面粗糙度 *Ra* 的最大值

冲击装置类型	试样表面粗糙度 *Ra* 的最大允许值/μm
D、DC、DL、D+15、S、E	2.0
G	7.0
C	0.4

3. 里氏硬度的优点

1）携带方便，测量头很小，适用于各种大型、重型工件和工件内壁（曲率半径大于 30mm 的曲面）

的硬度检测。

2）操作简便，可对试样不同方位的表面进行里氏硬度测量，主观因素造成的误差小。

里氏硬度试验方法在 GB/T 17394.1—2014《金属材料里氏硬度试验　第 1 部分：试验方法》中有详细规定。

1.2.6　超声接触阻抗法

1. 试验原理

超声接触阻抗（UCI）法是一种非直接测量压痕的动态压入法。端部镶有特定压头（如正四棱锥体金刚石压头）的振动杆受到激励做纵向超声振动，用一定的试验力将压头压入试验表面，振动杆的纵向振动将受到阻抗，谐振频率发生变化。其变化量与压痕表面积和系统的有效弹性模量成函数关系，硬度值由频率变化量得到，并换算成维氏硬度表示。

换算的维氏硬度值表示方法示例：

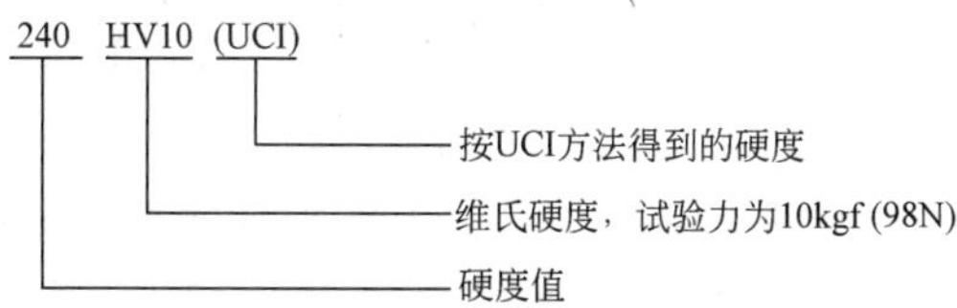

2. 试验设备

超声硬度计（以下简称硬度计）是利用超声接触阻抗法进行硬度测量的仪器，通常包括 5 个部分：UCI 探头（见图 1-13）、激振装置、振动检测装置、数据处理电路和硬度指示装置。

硬度计的试验力应在 1～98N 范围内，试验力允许偏差为±8%，重复性不大于 3%。UCI 方法与试验力关系的典型使用情况见表 1-23。

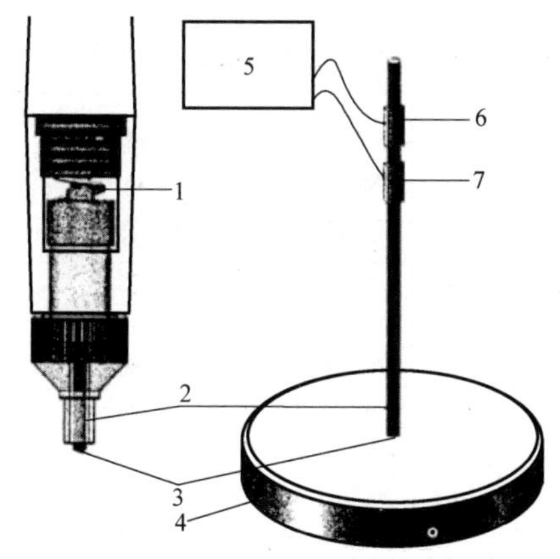

图 1-13　UCI 探头

1—施加试验力的金属弹簧　2—振动杆　3—压头　4—试样　5—共振增强器　6—接收器　7—发射器

表 1-23　UCI 方法与试验力关系的典型使用情况

试验力/N	典型使用情况
98	锻件、焊缝及热影响区
50	机床零部件的感应淬硬层、渗碳层，如凸轮轴、透平、焊缝及热影响区
20	法兰盘、齿轮、冲压件、模具、曲轴、涡轮转子等
10	冲压模具的离子渗氮层、锻件
8	精密件、减速器和轴承转动环
3	涂（镀）层，如气缸的铜和铬涂（镀）层（$t \geqslant 0.040$mm），低压缸的涂层、淬硬层
1	薄层、抛光表面

3. 试样要求

试验表面可以是平面、曲面，只要探头可达且压头能够垂直压入试验表面即可。试样包括金属产品或金属产品的一部分，如锻件、管材、镀层等。当试验表面是曲面时，建议采用合适的支承座。

试验表面应平坦光滑，试验表面粗糙度应不超过压痕深度的 30%。最大允许的表面粗糙度 *Ra* 见表 1-24。压痕深度、试验力和硬度的关系见式（1-4）。

$$h = 0.062 \times \sqrt{\frac{F}{\mathrm{HV}}} \tag{1-4}$$

式中　h——压痕深度（mm）；

F——试验力（N）；

HV——UCI 维氏硬度值。

表 1-24　最大允许的表面粗糙度 *Ra*

试验力[①]/N	最大允许的表面粗糙度 Ra/μm
98	15
50	10
10	5
3	2.5

① 1N、8N、20N 可参照其他试验力的要求，由相关方协商确定。

试样厚度一般不小于 5mm 且质量不小于 300g，对于厚度为 2～5mm 的试样建议用耦合或粘接方式，涂（镀）层和表面硬化层等的厚度不应小于压痕深度的 10 倍。当试样质量小于 300g 时，如果试样发生自振，对试验结果会有影响。最小可检验的弯管半径约为 3mm。

超声接触阻抗法在 GB/T 34205—2017《金属材料　硬度试验　超声接触阻抗法》中有详细规定。

1.3　硬度检测前工件或试样的氧化脱碳层处理

1. 表面氧化脱碳现象

脱碳是指在一定温度下当炉内气氛的碳势低于钢

表面碳含量时，发生碳化物的分解和碳原子向炉内气氛中扩散，致使钢铁表面碳含量降低，淬火时造成表面硬度降低。

表面氧化是指钢铁表面碳元素、铁元素及其他合金元素在加热过程中被氧化，形成疏松的氧化皮，影响淬火中的冷却和组织转变。

在钢铁材料的热处理过程中，脱碳和氧化是同时进行的。当钢表面氧化速度小于碳从内层向外层扩散速度时发生脱碳；反之，当氧化速度大于碳从内层向外层扩散的速度时发生氧化。因此，氧化作用相对较弱的氧化气氛中容易产生较深的脱碳层。脱碳层包括全脱碳和部分脱碳两部分，全脱碳层显微组织特征为全部铁素体，部分脱碳层是指全脱碳层的内边界至钢含碳量正常的组织处。

2. 氧化脱碳层去除

硬度检测前需要去除工件或试样表面氧化脱碳层，通常使用砂纸或砂轮进行打磨。在空气介质中热处理后，钢铁工件检测硬度时表面脱碳层的打磨深度见表 1-25。

表 1-25　钢铁工件检测硬度时表面脱碳层的打磨深度　（单位：mm）

钢种	热处理温度/℃							
	650~900				900~1200			
	热处理时间/h							
	<1	1~2.5	2.5~4	4~6	<1	1~2.5	2.5~4	4~6
弹簧钢	0.30	0.35	0.40	0.50	0.50	0.55	0.60	0.80
碳素钢(碳钢)	0.25	0.30	0.35	0.40	0.50	0.55	0.80	1.00
合金工具钢	0.20	0.25	0.3	0.35	0.50	0.55	0.80	1.00
不锈钢	0.15	0.20	0.25	0.30	0.50	0.55	0.65	0.80
高速钢	0.10	0.15	0.15	0.20	0.50	0.60	0.70	1.00

1.4　硬度与强度及各种硬度之间的换算关系

材料的强度指标是机械设计的重要依据，相当程度上决定了材料的使用价值。由于硬度值测试简便迅速、不破坏零件，若能由硬度值推算强度值，即便是近似的，也具有十分重要的实用价值，因此长期以来受到人们重视。

根据大量的试验研究，人们得到了一些经验公式，例如布氏硬度与抗拉强度 R_m 有以下的近似关系：

$$R_m = K \times \text{HBW} \tag{1-5}$$

对钢铁材料，$K=3.3\sim3.6\approx10/3$；对铜及铜合金和不锈钢，$K=4.0\sim5.5$。

对于钢铁材料的旋转弯曲疲劳极限 σ_{-1} 相当于 R_m 的一半，因此有如下的近似关系：

$$\text{HBW} = 0.3R_m = 0.6\sigma_{-1} \tag{1-6}$$

这样只要测得硬度值 HBW，便可粗略地推知钢铁材料的抗拉强度与疲劳极限。

表 1-26 为各种钢的硬度与强度换算值，表 1-27 为低碳钢的硬度与强度换算值，表 1-28 为肖氏与洛氏硬度换算值。

表 1-26　各种钢的硬度与强度换算值（GB/T 1172—1999）

硬度								抗拉强度 R_m/MPa								
洛氏		表面洛氏			维氏	布氏 ($F/D^2=30$)		碳钢	铬钢	铬钒钢	铬镍钢	铬钼钢	铬镍钼钢	铬锰硅钢	超高强度钢	不锈钢
HRC	HRA	HR15N	HR30N	HR45N	HV	HBS①	HBW									
20.0	60.2	68.8	40.7	19.2	226	225		774	742	736	782	747		781		740
20.5	60.4	69.0	41.2	19.8	228	227		784	751	744	787	753		788		749
21.0	60.7	69.3	41.7	20.4	230	229		793	760	753	792	760		794		758
21.5	61.0	69.5	42.2	21.0	233	232		803	769	761	797	767		801		767
22.0	61.2	69.8	42.6	21.5	235	234		813	779	770	803	774		809		777
22.5	61.5	70.0	43.1	22.1	238	237		823	788	779	809	781		816		786
23.0	61.7	70.3	43.6	22.7	241	240		833	798	788	815	789		824		796
23.5	62.0	70.6	44.0	23.3	244	242		843	808	797	822	797		832		806
24.0	62.2	70.8	44.5	23.9	247	245		854	818	807	829	805		840		816
24.5	62.5	71.1	45.0	24.5	250	248		864	828	816	836	813		848		826
25.0	62.8	71.4	45.5	25.1	253	251		875	838	826	843	822		856		837

（续）

硬　　度								抗拉强度 R_m/MPa								
洛氏		表面洛氏			维氏	布氏（$F/D^2=30$）		碳钢	铬钢	铬钒钢	铬镍钢	铬钼钢	铬镍钼钢	铬锰硅钢	超高强度钢	不锈钢
HRC	HRA	HR15N	HR30N	HR45N	HV	HBS[①]	HBW									
25.5	63.0	71.6	45.9	25.7	256	254		886	848	837	851	831	850	865		847
26.0	63.3	71.9	46.4	26.3	259	257		897	859	847	859	840	859	874		858
26.5	63.5	72.2	46.9	26.9	262	260		908	870	858	867	850	869	883		868
27.0	63.8	72.4	47.3	27.5	266	263		919	880	869	876	860	879	893		879
27.5	64.0	72.7	47.8	28.1	269	266		930	891	880	885	870	890	902		890
28.0	64.3	73.0	48.3	28.7	273	269		942	902	892	894	880	901	912		901
28.5	64.6	73.3	48.7	29.3	276	273		954	914	903	904	891	912	922		913
29.0	64.8	73.5	49.2	29.9	280	276		965	925	915	914	902	923	933		924
29.5	65.1	73.8	49.7	30.5	284	280		977	937	928	924	913	935	943		936
30.0	65.3	74.1	50.2	31.1	288	283		989	948	940	935	924	947	954		947
30.5	65.6	74.4	50.6	31.7	292	287		1002	960	953	946	936	959	965		959
31.0	65.8	74.7	51.1	32.3	296	291		1014	972	966	957	948	972	977		971
31.5	66.1	74.9	51.6	32.9	300	294		1027	984	980	969	961	985	989		983
32.0	66.4	75.2	52.0	33.5	304	298		1039	996	993	981	974	999	1001		996
32.5	66.6	75.5	52.5	34.1	308	302		1052	1009	1007	994	987	1012	1013		1008
33.0	66.9	75.8	53.0	34.7	313	306		1065	1022	1022	1007	1001	1027	1026		1021
33.5	67.1	76.1	53.4	35.3	317	310		1078	1034	1036	1020	1015	1041	1039		1034
34.0	67.4	76.4	53.9	35.9	321	314		1092	1048	1051	1034	1029	1056	1052		1047
34.5	67.7	76.7	54.4	36.5	326	318		1105	1061	1067	1048	1043	1071	1066		1060
35.0	67.9	77.0	54.8	37.0	331	323		1119	1074	1082	1063	1058	1087	1079		1074
35.5	68.2	77.2	55.3	37.6	335	327		1133	1088	1098	1078	1074	1103	1094		1087
36.0	68.4	77.5	55.8	38.2	340	332		1147	1102	1114	1093	1090	1119	1108		1101
36.5	68.7	77.8	56.2	38.8	345	336		1162	1116	1131	1109	1106	1136	1123		1116
37.0	69.0	78.1	56.7	39.4	350	341		1117	1131	1148	1125	1122	1153	1139		1130
37.5	69.2	78.4	57.2	40.0	355	345		1192	1146	1165	1142	1139	1171	1155		1145
38.0	69.5	78.7	57.6	40.6	360	350		1207	1161	1183	1159	1157	1189	1171		1161
38.5	69.7	79.0	58.1	41.2	365	355		1222	1176	1201	1177	1174	1207	1187	1170	1176
39.0	70.0	79.3	58.6	41.8	371	360		1238	1192	1219	1195	1192	1226	1204	1195	1193
39.5	70.3	79.6	59.0	42.4	376	365		1254	1208	1238	1214	1211	1245	1222	1219	1209
40.0	70.5	79.9	59.5	43.0	381	370	370	1271	1225	1257	1233	1230	1265	1240	1243	1226
40.5	70.8	80.2	60.0	43.6	387	375	375	1288	1242	1276	1252	1249	1285	1258	1267	1244
41.0	71.1	80.5	60.4	44.2	393	380	381	1305	1260	1296	1273	1269	1306	1277	1290	1262
41.5	71.3	80.8	60.9	44.8	398	385	386	1322	1278	1317	1293	1289	1327	1296	1313	1280
42.0	71.6	81.1	61.3	45.4	404	391	392	1340	1296	1337	1314	1310	1348	1316	1336	1299
42.5	71.8	81.4	61.8	45.9	410	396	397	1359	1315	1358	1336	1331	1370	1336	1359	1319
43.0	72.1	81.7	62.3	46.5	416	401	403	1378	1335	1380	1358	1353	1392	1357	1381	1339
43.5	72.4	82.0	62.7	47.1	422	407	409	1397	1355	1401	1380	1375	1415	1378	1404	1361
44.0	72.6	82.3	63.2	47.7	428	413	415	1417	1376	1424	1404	1397	1439	1400	1427	1383
44.5	72.9	82.6	63.6	48.3	435	418	422	1438	1398	1446	1427	1420	1462	1422	1450	1405
45.0	73.2	82.9	64.1	48.9	441	424	428	1459	1420	1469	1451	1444	1487	1445	1473	1429
45.5	73.4	83.2	64.6	49.5	448	430	435	1481	1444	1493	1476	1468	1512	1469	1496	1453
46.0	73.7	83.5	65.0	50.1	454	436	441	1503	1468	1517	1502	1492	1537	1493	1520	1479
46.5	73.9	83.7	65.5	50.7	461	442	448	1526	1493	1541	1527	1517	1563	1517	1544	1505
47.0	74.2	84.0	65.9	51.2	468	449	455	1550	1519	1566	1554	1542	1589	1543	1569	1533
47.5	74.5	84.3	66.4	51.8	475		463	1575	1546	1591	1581	1568	1616	1569	1594	1562
48.0	74.7	84.6	66.8	52.4	482		470	1600	1574	1617	1608	1595	1643	1595	1620	1592
48.5	75.0	84.9	67.3	53.0	489		478	1626	1603	1643	1636	1622	1671	1623	1646	1623

（续）

硬度								抗拉强度 R_m/MPa								
洛氏		表面洛氏			维氏	布氏 ($F/D^2=30$)		碳钢	铬钢	铬钒钢	铬镍钢	铬钼钢	铬镍钼钢	铬锰硅钢	超高强度钢	不锈钢
HRC	HRA	HR15N	HR30N	HR45N	HV	HBS[①]	HBW									
49.0	75.3	85.2	67.7	53.6	497		486	1653	1633	1670	1665	1649	1699	1651	1674	1655
49.5	75.5	85.5	68.2	54.2	504		494	1681	1665	1697	1695	1677	1728	1679	1702	1689
50.0	75.8	85.7	68.6	54.7	512		502	1710	1698	1724	1724	1706	1758	1709	1731	1725
50.5	76.1	86.0	69.1	55.3	520		510		1732	1752	1755	1735	1788	1739	1761	
51.0	76.3	86.3	69.5	55.9	527		518		1768	1780	1786	1764	1819	1770	1792	
51.5	76.6	86.6	70.0	56.5	535		527		1806	1809	1818	1794	1850	1801	1824	
52.0	76.9	86.8	70.4	57.1	544		535		1845	1839	1850	1825	1881	1834	1857	
52.5	77.1	87.1	70.9	57.6	522		544			1869	1883	1856	1914	1867	1892	
53.0	77.4	87.4	71.3	58.2	561		552			1899	1917	1888	1947	1901	1929	
53.5	77.7	87.6	71.8	58.8	569		561			1930	1951			1936	1966	
54.0	77.9	87.9	72.2	59.4	578		569			1961	1986			1971	2006	
54.5	78.2	88.1	72.6	59.9	587		577			1993	2022			2008	2047	
55.0	78.5	88.4	73.1	60.5	596		585			2026	2058			2045	2090	
55.5	78.7	88.6	73.5	61.1	606		593								2135	
56.0	79.0	88.9	73.9	61.7	615		601								2181	
56.5	79.3	89.1	74.4	62.2	625		608								2230	
57.0	79.5	89.4	74.8	62.8	635		616								2281	
57.5	79.8	89.6	75.2	63.4	645		622								2334	
58.0	80.1	89.8	75.6	63.9	655		628								2390	
58.5	80.3	90.0	76.1	64.5	666		634								2448	
59.0	80.6	90.2	76.5	65.1	676		639								2509	
59.5	80.9	90.4	76.9	65.6	687		643								2572	
60.0	81.2	90.6	77.3	66.2	698		647								2639	
60.5	81.4	90.8	77.7	66.8	710		650									
61.0	81.7	91.0	78.1	67.3	721											
61.5	82.0	91.2	78.6	67.9	733											
62.0	82.2	91.4	79.0	68.4	745											
62.5	82.5	91.4	79.4	69.0	757											
63.0	82.8	91.7	79.8	69.5	770											
63.5	83.1	91.8	80.2	70.1	782											
64.0	83.3	91.9	80.6	70.6	795											
64.5	83.6	92.1	81.0	71.2	809											
65.0	83.9	92.2	81.3	71.7	822											
65.5	84.1				836											
66.0	84.4				850											
66.5	84.7				865											
67.0	85.0				879											
67.5	85.2				894											
68.0	85.5				909											

① HBS 为采用钢球压头所测布氏硬度值。

表 1-27　低碳钢的硬度与强度换算值

硬度							低碳钢抗拉强度 R_m/MPa
洛氏	表面洛氏			维氏	布氏 HBS[①]		
HRB	HR15T	HR30T	HR45T	HV	$F/D^2=10$	$F/D^2=30$	
60.0	80.4	56.1	30.4	105.0	102.0		375.0
60.5	80.5	56.4	30.9	105.0	102.0		377.0
61.0	80.7	56.7	31.4	106.0	103.0		379.0
61.5	80.8	57.1	31.9	107.0	103.0		381.0
62.0	80.9	57.4	32.4	108.0	104.0		382.0
62.5	81.1	57.7	32.9	108.0	104.0		384.0

（续）

硬度							低碳钢抗拉强度 R_m/MPa
洛氏	表面洛氏			维氏	布氏		
HRB	HR15T	HR30T	HR45T	HV	HBS①		
					$F/D^2=10$	$F/D^2=30$	
63.0	81.2	58.0	33.5	109.0	105.0		386.0
63.5	81.4	58.3	34.0	110.0	105.0		388.0
64.0	81.5	58.7	34.5	110.0	106.0		390.0
64.5	81.6	59.0	35.0	111.0	106.0		393.0
65.0	81.8	59.3	35.5	112.0	107.0		395.0
65.5	81.9	59.6	36.1	113.0	107.0		397.0
66.0	82.1	59.9	36.6	114.0	108.0		399.0
66.5	82.2	60.3	37.1	115.0	108.0		402.0
67.0	82.3	60.6	37.6	115.0	109.0		404.0
67.5	82.5	60.9	38.1	116.0	110.0		407.0
68.0	82.6	61.2	38.6	117.0	110.0		409.0
68.5	82.7	61.5	39.2	118.0	111.0		412.0
69.0	82.9	61.9	39.7	119.0	112.0		415.0
69.5	83.0	62.2	40.2	120.0	112.0		418.0
70.0	83.2	62.5	40.7	121.0	113.0		421.0
70.5	83.3	62.8	41.2	122.0	114.0		424.0
71.0	83.4	63.1	41.7	123.0	115.0		427.0
71.5	83.6	63.5	42.3	124.0	115.0		430.0
72.0	83.7	63.8	42.8	125.0	116.0		433.0
72.5	83.9	64.1	43.3	126.0	117.0		437.0
73.0	84.0	64.4	43.8	128.0	118.0		440.0
73.5	84.1	64.7	44.3	129.0	119.0		444.0
74.0	84.3	65.1	44.8	130.0	120.0		447.0
74.5	84.4	65.4	45.4	131.0	121.0		451.0
75.0	84.5	65.7	45.9	132.0	122.0		455.0
75.5	84.7	66.0	46.4	134.0	123.0		459.0
76.0	84.8	66.3	46.9	135.0	124.0		463.0
76.5	85.0	66.6	47.4	136.0	125.0		467.0
77.0	85.1	67.0	47.9	138.0	126.0		471.0
77.5	85.2	67.3	48.5	139.0	127.0		475.0
78.0	85.4	67.6	49.0	140.0	128.0		480.0
78.5	85.5	67.9	49.5	142.0	129.0		484.0
79.0	85.7	68.2	50.0	143.0	130.0		489.0
79.5	85.8	68.6	50.5	145.0	132.0		493.0
80.0	85.9	68.9	51.0	146.0	133.0		498.0
80.5	86.1	69.2	51.6	148.0	134.0		503.0
81.0	86.2	69.5	52.1	149.0	136.0		508.0
81.5	86.3	69.8	52.6	151.0	137.0		513.0
82.0	86.5	70.2	53.1	152.0	138.0		518.0
82.5	86.6	70.5	53.6	154.0	140.0		523.0
83.0	86.8	70.8	54.1	156.0		152.0	529.0
83.5	86.9	71.1	54.7	157.0		154.0	534.0
84.0	87.0	71.4	55.2	159.0		155.0	540.0
84.5	87.2	71.8	55.7	161.0		156.0	546.0
85.0	87.3	72.1	56.2	163.0		158.0	551.0
85.5	87.5	72.4	56.7	165.0		159.0	557.0
86.0	87.6	72.7	57.2	166.0		161.0	563.0

（续）

硬度							低碳钢抗拉强度 R_m/MPa
洛氏	表面洛氏			维氏	布氏 HBS①		
HRB	HR15T	HR30T	HR45T	HV	$F/D^2=10$	$F/D^2=30$	
86.5	87.7	73.0	57.8	168.0		163.0	570.0
87.0	87.9	73.4	58.3	170.0		164.0	576.0
87.5	88.0	73.7	58.8	172.0		166.0	582.0
88.0	88.1	74.0	59.3	174.0		168.0	589.0
88.5	88.3	74.3	59.8	176.0		170.0	596.0
89.0	88.4	74.6	60.3	178.0		172.0	603.0
89.5	88.6	75.0	60.9	180.0		174.0	609.0
90.0	88.7	75.3	61.4	183.0		176.0	617.0
90.5	88.8	75.6	61.9	185.0		178.0	624.0
91.0	89.0	75.9	62.4	187.0		180.0	631.0
91.5	89.1	76.2	62.9	189.0		182.0	639.0
92.0	89.3	76.6	63.4	191.0		184.0	646.0
92.5	89.4	76.9	64.0	194.0		187.0	654.0
93.0	89.5	77.2	64.5	196.0		189.0	662.0
93.5	89.7	77.5	65.0	199.0		192.0	670.0
94.0	89.8	77.8	65.5	201.0		195.0	678.0
94.5	89.9	78.2	66.0	203.0		197.0	686.0
95.0	90.1	78.5	66.5	206.0		200.0	695.0
95.5	90.2	78.8	67.1	208.0		203.0	703.0
96.0	90.4	79.1	67.6	211.0		206.0	712.0
96.5	90.5	79.4	68.1	214.0		209.0	721.0
97.0	90.6	79.8	68.6	216.0		212.0	730.0
97.5	90.8	80.1	69.1	219.0		215.0	739.0
98.0	90.9	80.4	69.6	222.0		218.0	749.0
98.5	91.1	80.7	70.2	225.0		222.0	758.0
99.0	91.2	81.0	70.7	227.0		226.0	768.0
99.5	91.3	81.4	71.2	230.0		229.0	778.0
100.0	91.5	81.7	71.7	233.0		232.0	788.0

① HBS 为采用钢球压头所测布氏硬度值。

表 1-28　肖氏与洛氏硬度换算值

HRC	HS	HRC	HS	HRC	HS	HRB	HS
68.0	97	57.3	77	37.9	51	96.4	33
67.5	96	56.0	75	36.6	50	94.6	32
67.0	95	54.7	73	35.5	48	93.8	31
66.4	93	53.5	71	34.3	47	92.8	30
65.9	92	52.1	70	33.1	46	91.9	29
65.3	91	51.0	68	32.1	45	90.0	28
64.7	90	49.6	66	30.9	43	89.0	27
64.0	88	48.5	65	28.8	41	86.8	26
63.3	87	47.1	63	27.6	40	85.0	25
62.5	86	45.7	61	26.6	39	80.8	23
61.7	84	44.5	59	25.4	38	78.7	22
61.0	83	43.1	58	24.2	37	76.4	21
60.0	81	41.8	56	22.8	36	72.0	20
59.2	80	40.4	54	21.7	35	69.8	19
58.7	79	39.1	52	20.5	34	67.6	18
						65.7	15

注：表中数值摘自 ASTM 标准，所列洛氏硬度基准和我国采用的略有差别，使用时应予以注意。

参考文献

[1] 黄明志，石德珂，金志浩. 金属力学性能［M］. 西安：西安交通大学出版社，1986.

[2] 机械工程手册电机工程手册编辑委员会. 机械工程手册：第 4 卷［M］. 北京：机械工业出版社，1996.

[3] 全国热处理标准化技术委员会. 热处理件硬度检验通则：GB/T 38751—2020［S］. 北京：中国标准出版社，2020.

[4] 石德珂，金志浩. 材料力学性能［M］. 西安：西安交通大学出版社，1998.

[5] 郑修麟. 工程材料的力学行为［M］. 西安：西北工业大学出版社，2004.

[6] 钢铁研究总院. 金属力学及工艺性能试验方法标准汇编［G］. 2 版. 北京：中国标准出版社，2005.

第2章　表面硬化层深度测定

北京机电研究所有限公司　胡小丽
上海轨道交通检测认证（集团）有限公司　刘国永

通过化学热处理（渗碳淬火、碳氮共渗淬火、渗氮等）或表面热处理（感应淬火、火焰淬火、电子束淬火等），以及渗金属、渗非金属可使金属零件表面获得一定深度的硬化层以适应服役需求。在确定硬化层定义的前提下，硬化层深度的测定，可采用硬度梯度法，当硬化层与基体有较明显界面时也可采用金相法。

2.1　表面硬化层深度测定通则

对于具体工艺条件下获得的硬化层深度的测定，应按相关检测标准及技术协议要求进行。

2.1.1　试样选取及试样制备

表面硬化层深度测定的试样，应在具体工艺完成后的零件中抽取，抽取的区域及数量应按工艺文件规定，也可按规定选用随炉试样。

表面硬化层深度的测定应在垂直硬化层的截面上进行，测试面应包括全部硬化层及部分心部组织，且尽可能处于零件的轴线方向或按技术协议规定的区域。

对于薄层硬化层样品，可采用楔形试样，如图2-1所示。确定表面硬化层深度的界限时还可使用台阶试样。台阶试样各台阶高度为0.05mm或0.10mm，其表面及各台阶面必须研磨加工，如图2-2所示。

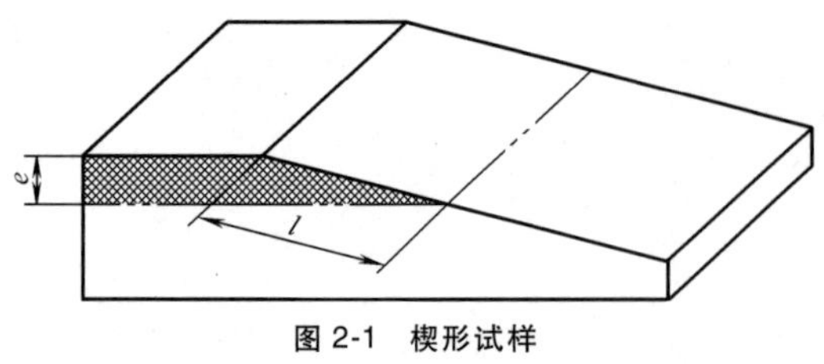

图2-1　楔形试样

l—测试距离　e—实际深度

注：测量距离应按斜率（e/l）进行调整。

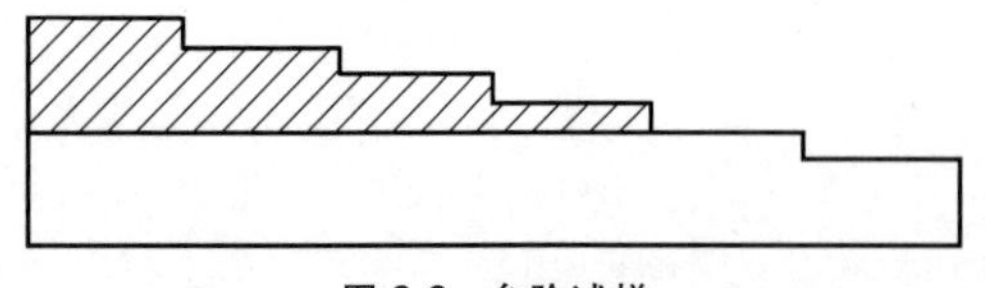

图2-2　台阶试样

对于试样的制备，应按照金相试样制备的常规要求（参见第5章5.1节）进行。要求对试样进行镶嵌，以保护试样表层边缘不被倒角；要求对试样进行正常侵蚀，以用于金相法检测，或用于硬度法时对硬度层分布的了解。测定硬度时，推荐在抛光态下进行。

2.1.2　硬度梯度的测定

用硬度法测定表面硬化层深度，是以由表及里的硬度梯度曲线为基础的。

硬度梯度的测定通常采用维氏硬度计，在协议双方同意的条件下也可采用努氏硬度计。试验力的适用范围均可为0.9807~9.807N（0.1~1kgf）。

硬度梯度的测定是在经协议双方同意后的两个或以上部位进行的，每个部位测定结果都应绘制一条相对于表面距离的硬度变化曲线。

硬度测量的位置如图2-3所示，在宽度W为1.5mm范围内，在与表面垂直的一条或多条平行线上测定维氏硬度。这些平行线之间的距离应符合维氏硬度测试标准要求。每两相邻压痕之间的距离（Δd）应不小于压痕对角线的3倍。逐次相邻压痕中心至表面的距离差（d_2-d_1）不应该超过0.1mm。测量压痕中心至表面的距离精度应在±25μm的范围内。

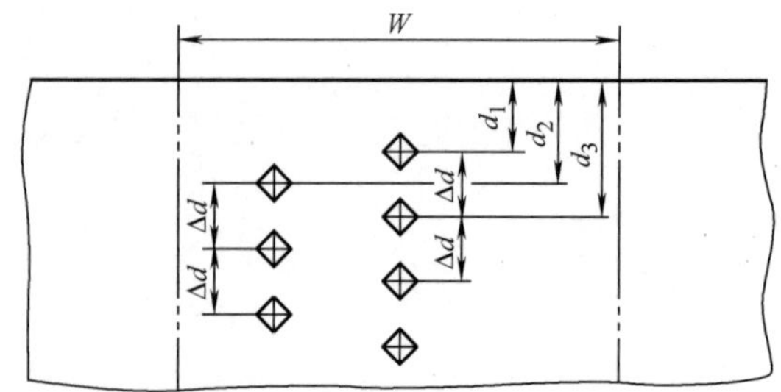

图2-3　硬度测量的位置

表面第一个压痕（d_1）的中心至表面距离至少应为维氏硬度压痕对角线的2.5倍。

根据测得的数据，可绘制出图2-4所示曲线，并根据对各类硬化层深度的定义，求得相应的硬化层深度。

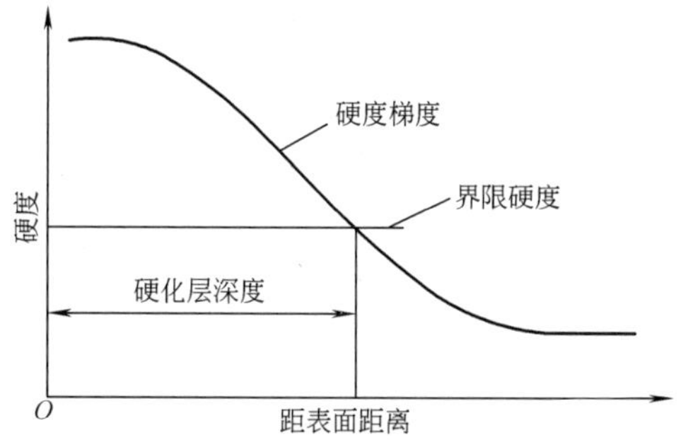

图 2-4　确定硬化层深度的硬度梯度曲线

2.2　钢件渗碳或碳氮共渗淬火硬化层深度测定

钢件渗碳或碳氮共渗淬火硬化层深度（大于 0.3mm）的测定，一般采用 GB/T 9450—2005《钢件渗碳淬火硬化层深度的测定和校核》规定的方法，该方法也是唯一仲裁方法。

2.2.1　渗碳淬火硬化层深度的定义

GB/T 9450—2005 规定从零件表面到维氏硬度值为 550HV1 处的垂直距离为渗碳淬火硬化层深度，该 550HV1 称为界限硬度值。该定义适用于工件经渗碳或碳氮共渗淬火后，距表面 3 倍于淬火硬化层深度处（定义为心部）硬度值小于 450HV。当该处高于 450HV，应选择大于 550HV（以 25HV 为一级）的某一特定值作为界限硬度。如该处心部硬度值为 470HV，则界限硬度值应定为 575HV。若另有技术协议，则按协议规定执行。

2.2.2　硬度法测定硬化层深度

采用 0.9807～9.807N（常用 0.9807～2.942N）载荷按 2.1 节介绍的方法测定由表及里的硬度梯度曲线。一般应在供需双方约定的位置上测得两条或更多条硬度曲线。根据每条曲线确定硬度值为定义值（如 550HV 或相应努氏硬度值）处至工件表面的距离，如图 2-4 所示。当各数值差小于或等于 0.1mm 时，则取平均值为硬化层深度。若差值大于 0.1mm，则应重复试验。

在渗碳淬火硬化层深度已大致确定的条件下，可采用内插法校核。在距表面距离小于估计确定硬化层深度的距离 d_1 及大于估计确定硬化层深度 d_2 的位置（d_2-d_1 不应超过 0.3mm）上至少各测 5 个硬度值（取平均值），分别为$\overline{H}_1$、$\overline{H}_2$，可按内插公式（2-1）求得硬化层深度（CHD）：

$$\mathrm{CHD}=d_1+\frac{(d_2-d_1)(\overline{H}_1-H_\mathrm{S})}{\overline{H}_1-\overline{H}_2} \tag{2-1}$$

式中　d_1——小于硬化层深度的距表面距离；

d_2——大于硬化层深度的距表面距离；

$\overline{H}_1$、$\overline{H}_2$——d_1 和 d_2 处的硬度测量值的算术平均值，如图 2-5 所示；

H_S——界限硬度值（一般为 550HV1）。

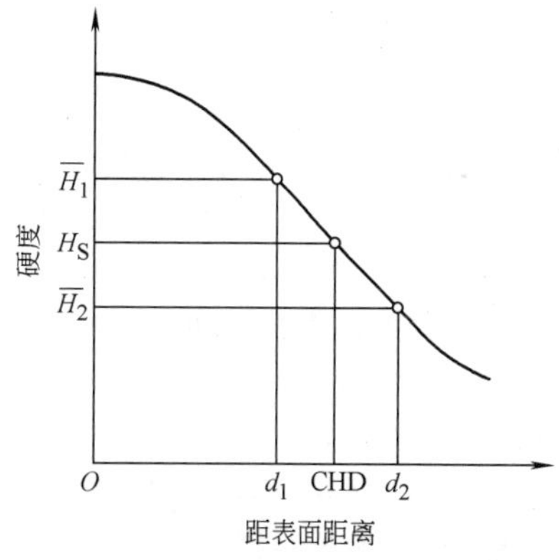

图 2-5　内插法测定渗碳淬火硬化层深度

2.2.3　渗碳淬火硬化层深度测定结果表示方法

根据硬度测试条件，渗碳淬火硬化层深度的表示方法如下：

1）CHD=$x$mm（界限硬度值为 550HV）。

2）CHD600HV1=$x$mm（界限硬度值为 600HV1）。

3）CHDHV0.3=$x$mm（界限硬度值为 550HV0.3）。

4）CHDHK0.3=$x$mm（界限硬度值为 550HK0.3）。

2.2.4　金相法测定渗碳淬火硬化层深度

用金相法测定硬化层深度时，推荐使用硬化层深度占 1/3～2/3 视场的金相显微镜。

金相法一般在缓冷（平衡态）条件下，在渗碳试样的法向截面的金相试面上进行测定，具体的渗碳淬火硬化层深度计算方法无严格统一的行业标准，一般按原材料（碳素钢、合金钢）及工艺可分为 3 种方法，见表 2-1。

表 2-1　渗碳淬火硬化层深度计算方法

钢种、工艺	渗碳淬火硬化层深度计算方法	参考标准
碳素结构钢渗碳或碳氮共渗后缓冷（平衡状态）	从表面垂直测至过渡区的 1/2 处，即过共析层+共析层+1/2 过渡层	JB/T 5944—2018《工程机械热处理件通用技术条件》

（续）

钢种、工艺	渗碳淬火硬化层深度计算方法	参考标准
合金钢渗碳或碳氮共渗后缓冷（平衡状态）	从表面垂直测至心部组织，即过共析层+共析层+过渡层	JB/T 5944—2018《工程机械热处理件通用技术条件》
08F、Q235AF、10、20、20Cr、20CrMnMo 等低碳和低合金钢的工件经碳氮共渗或渗碳层深度小于或等于 0.3mm 时（平衡状态）	从表面垂直测至心部组织	JB/T 7710—2007《薄层碳氮共渗或薄层渗碳钢件显微组织检测》

在确保工件有足够深的高碳区域的同时，一般还要求渗层过渡区的碳浓度梯度不能太大，以减缓渗层与基体间的应力突变。因此，一般还要求过共析层、共析层之和约占总渗层的 50%~75%。

2.2.5　浅渗碳硬化层深度测定

对于渗碳（碳氮共渗）硬化层深度在 0.3mm 以下的工件，上述方法不适用，而要采用 GB/T 9451—2005《钢件薄表层总硬化层深度或有效硬化层深度的测定》规定的方法。该标准规定，从工件表面垂直方向测量到规定的显微硬度值的硬化层距离称为有效硬化层深度，测量到显微硬度值无明显变化的硬化层的距离称为总硬化层深度。

具体测定方法、表示方法均与 GB/T 9450—2005 相同，但维氏硬度测试用的载荷一般应为 1.97N（0.2kgf）及 2.94N（0.3kgf）。

2.3　钢件渗氮层深度测定

钢件渗氮（氮碳共渗）层深度测定一般按 GB/T 11354—2005《钢铁零件　渗氮层深度测定和金相组织检验》进行。具体测定方法有硬度法、金相法以及断口法。其中硬度法是仲裁方法。

2.3.1　渗氮层深度的定义

渗氮（氮碳共渗）层深度是表层化合物层和扩散层之和。

用硬度定义：从试样表面测至比基体维氏硬度值高出 50HV 处的垂直距离为渗氮层深度。

对于碳钢或低碳低合金钢的渗氮层硬度变化很平缓的零件，其渗氮层深度可定义为从表面沿垂直表面方向维氏硬度比基体维氏硬度高出 30HV 处的距离。若另有技术协议，则按协议规定执行。

2.3.2　硬度法测定渗氮层深度

硬度法测定渗氮层深度，按标准采用维氏硬度（也可采用努氏硬度），试验力为 0.9807~9.807N，通常采用 0.9807~2.942N。

渗氮层深度是以零件的基体硬度为基点的。要求在距表面 3 倍渗氮层深度处测的 3 点硬度值的平均值（精准至 10 位）为实测的基体硬度值。

按 2.1 节介绍的方法测得硬度梯度曲线，在曲线上找到与渗氮层深度定义的硬度值对应的距表面距离即为渗氮层深度（NHD）。

根据硬度测试条件，渗氮层深度的表示方法：

1）NHD400HV0.3=$x$mm（心部硬度为 350HV0.3）；

2）NHD300HK=$x$mm（心部硬度为 250HK）。

2.3.3　金相法测定渗氮层深度

按 2.2 节介绍的方法，制备具有代表性金相试样。金相试样经侵蚀显示后，在放大 100 倍或 200 倍显微镜下，从试样表面沿垂直方向测至与基体心部组织有明显分界处的距离，即为渗氮层深度，包括化合物层及扩散层。渗氮层的显示常用侵蚀方法，还有薄膜沉积法及热处理法等。

侵蚀显示法是常用方法，适用于合金钢、中碳钢、轴承钢等。

薄膜沉积显示法主要利用渗层与心部组织二者之间的化学特性差异，应用加热染色或化学着色等方法，使渗层与心部组织区产生不同厚度的薄膜，从而提高二者间的对比度。具体可采用加热染色或硒酸着色。

热处理显示法通过相应热处理后的析出物或相变产物以区分渗氮层与心部组织。具体有回火法（适用于铁素体为基体的低碳钢）和淬火法（适用于 38CrMoAl 等钢种）。

2.4　钢件表面淬火硬化层深度的测定

钢件表面淬火硬化层深度的测定主要采用维氏硬度法，也可用金相法。对于球墨铸铁表面淬火硬化层深度测定，更适宜用金相法。

相关标准主要有 GB/T 5617—2005《钢的感应淬火或火焰淬火后有效硬化层深度的测定》。该标准适用于硬化层深度大于 0.3mm 的零件。

2.4.1　表面淬火硬化层深度的定义

表面硬化层深度（也可称为有效硬化层深

度），为从零件表面到维氏硬度值等于极限硬度的垂直距离。其中，极限硬度（HV_{HL}）为零件表面最低硬度（HV_{MS}）的函数：$HV_{HL}=AHV_{MS}$（A 通常为 0.8，也可协商运用其他数值）。表 2-2 为推荐的极限硬度值。该定义适用于经表面淬火后的零件，同时在离表面 3 倍硬化层深度处的硬度必须比极限硬度低 100HV。若不满足该条件，需经协议双方商定。

表 2-2　推荐的极限硬度值

表面最低硬度　HV	极限硬度　HV	表面最低硬度　HV	极限硬度　HV
300~330	250	580~605	475
335~355	275	610~635	500
360~385	300	640~665	525
390~420	325	670~705	550
425~455	350	710~730	575
460~480	375	735~765	600
485~515	400	770~795	625
520~545	425	800~835	650
550~575	450	840~865	675

由金相法定义表面淬火硬化层深度，一般规定自表面测至 50%马氏体处。

2.4.2　硬度法测定表面淬火硬化层深度

硬度法采用维氏硬度试验，也可采用努氏硬度试验。试验力采用 0.9807~9.807N，通常采用 0.9807~2.942N。

零件表面所要求的最低硬度（HV_{MS}），应依据有关技术文件，一般应换算成维氏硬度值，如感应淬火后表面硬度要求为 56~60HRC，则 HV_{MS} 按 GB/T 33362—2016《金属材料　硬度值的换算》由 56HRC 换算为 615HV。

根据硬度测试条件，表面淬火硬化层深度（SHD）的表示方法：

1）SHD450HV0.3 = $x$mm（界限硬度为 450HV，试验力为 2.942N）。

2）SHD450HV1 = $x$mm（界限硬度为 450HV，试验力为 9.807N）。

2.4.3　金相法测定表面淬火硬化层深度

用金相法测量硬化层深度，一般规定由表面起测至 50%马氏体处。如果 50%马氏体处铁素体含量大于 20%，则测至 20%铁素体处。这种方法在实际生产中曾长期应用。但是由于中碳钢在感应淬火前一般采用正火处理，组织为珠光体及铁素体。而中碳合金钢在感应淬火前采用调质处理，组织为回火索氏体。两种原始组织不同，经感应淬火后，奥氏体的均匀程度也有所不同。原始组织为珠光体及铁素体的，经感应加热后过渡区域往往比较宽，50%的马氏体界限比较难以准确测出。而预先调质处理的回火索氏体组织，感应淬火后过渡区又往往比较窄。总之，采用金相法测定感应淬火硬化层深度误差往往较大，因此对于钢铁件已较少采用。

对于球墨铸铁，由于其硬化层过渡区域窄，界限组织明显，用金相法能清晰显示出零件硬化层分布。因此，JB/T 9205—2008《珠光体球墨铸铁零件感应淬火金相检验》中，金相法仍为球墨铸铁感应淬火硬化层深度测定的方法之一。

2.5　钢件渗金属渗层深度的测定

钢铁零件经渗铬、渗铝、渗锌、渗钒、渗钛、渗铌等处理后，其硬化层即为渗层，与基体有明显分界，故一般均用金相法测定渗层深度。

2.5.1　渗层深度及渗层界面线

渗层深度：自渗层表面至渗层界面的距离。

渗层界面线：金相试样在相应侵蚀剂作用下，显示出渗层与基体金属的分界线。有关的侵蚀剂及其适用范围见表 2-3。

表 2-3　侵蚀剂及其适用范围

编号	组　　成	使用条件	适用范围
1	硝酸（密度为 1.42g/L）2~3mL 无水乙醇 97~98mL	浸入，擦拭	钢铁基体材料及渗锌层、渗钛层、渗铌层

（续）

编号	组 成	使用条件	适用范围
2	铁氰化钾 10~20g 氢氧化钾 10~20g 水 100mL	60~70℃，1~2min 浸入	渗铬层、渗钒层
3	高锰酸钾 4g 氢氧化钠 4g 水 100mL		
4	柠檬酸 10g 水 90mL	擦拭	清洗渗钒层、渗铬层
5	硝酸（密度为 1.42g/L）3mL 氢氟酸 3~10mL 无水乙醇 97mL		渗铝层
6	氢氧化钠 25g 苦味酸 2g 水 100mL	加水五倍稀释浸入	渗锌层
7	戊醇 50mL 硝酸（密度为 1.42g/L）0.2mL	每次 5s，多次侵蚀	渗锌层
8	2%~5%（体积分数）硝酸乙醇溶液	浸入，擦拭	渗硼层

2.5.2 渗金属层深度金相测定法

按 2.2 节介绍方法制备金相试样，并选择表 2-3 中适当的侵蚀剂侵蚀，以显示金属渗层。

用带显微标尺目镜的显微镜，在适当倍率下测量自金属渗层表面至渗层界面线的距离，即为渗层深度。

2.6 钢铁材料渗硼层深度的测定

按 2.2 节制备相关金相试样，经 4%（体积分数）硝酸乙醇水溶液侵蚀，在显微镜下测定该试样的渗硼层深度。

渗硼层形貌有 6 类，且渗层界面大多呈指形状。为了较客观地测定渗层深度，JB/T 7709—2007《渗硼层显微组织、硬度及层深检测方法》按渗硼层类型规定了 3 种测量层深方法，见表 2-4。

界面线较平整时，可直接测量，测量 3~5 点，取算术平均值。界面线呈波浪状时，将一个视场进行 6 等分，在 5 个中间点上测量深度，取算术平均值。

表 2-4 不同类型渗硼层深度测量方法（JB/T 7709—2007）

适用类型	基体碳含量（质量分数，%）	形貌特征	示意图及计算公式
Ⅰ Ⅱ	≤0.35	渗层呈指状，峰谷相差很大	$h=\frac{1}{5}(谷_1+谷_2+谷_3+谷_4+谷_5)$
Ⅲ Ⅳ	0.35~0.60	渗层呈指状，峰谷明显	$h=\frac{1}{5}\left(\frac{峰_1+谷_1}{2}+\frac{峰_2+谷_2}{2}+\frac{峰_3+谷_3}{2}+\frac{峰_4+谷_4}{2}+\frac{峰_5+谷_5}{2}\right)$

（续）

适用类型	基体碳含量（质量分数,%）	形貌特征	示意图及计算公式
V	>0.60	渗层整齐呈齿状,峰谷不明显	h_1 h_2 $h=\frac{1}{5}(h_1+h_2+h_3+h_4+h_5)$

注：试样测试面在 200~300 倍下，将视场进行 6 等分，在 5 个等分点上测量深度，根据以上要求计算算术平均值。

参 考 文 献

[1] 任颂赞，叶俭，陈德华. 金相分析原理及技术［M］. 上海：上海科学技术文献出版社，2013.

[2] 全国热处理标准化技术委员会. 金属热处理标准应用手册［M］. 3 版. 北京：机械工业出版社，2016.

第3章　材料化学成分的检验

上海材料研究所有限公司　孙明正　陈忠颖

在进行金属热处理的时候，首先应当知道材料的化学成分。成分分析方法包括化学检验和物理检验。本章介绍钢的火花检验和仪器检验的原理、特点、功能以及适用范围，对部分分析方法还附加了实例，供热处理工作者在适当的场合下应用。

3.1　钢的火花检验

3.1.1　火花的形成及结构

钢的火花检验是根据钢件在砂轮机上磨削出的火花特征推定或鉴别具体钢种的。钢的火花检验适用于碳钢、合金钢等，能鉴别出常见的合金元素，但对S、P、Cu、Al、Ti等元素则无法进行火花检验。

火花束由流线、节点、苞花、爆花、花粉和尾花等组成。

（1）流线　试件在高速砂轮上磨削的颗粒，在高温下运行的轨迹就是流线。流线分为直线形、断续形、波纹形和断续波纹形，其中波纹形不常见。碳钢的流线是直线形的，铬钢、钨钢、高合金钢和灰铸铁的流线呈断续形。图3-1所示为火花流线形状。

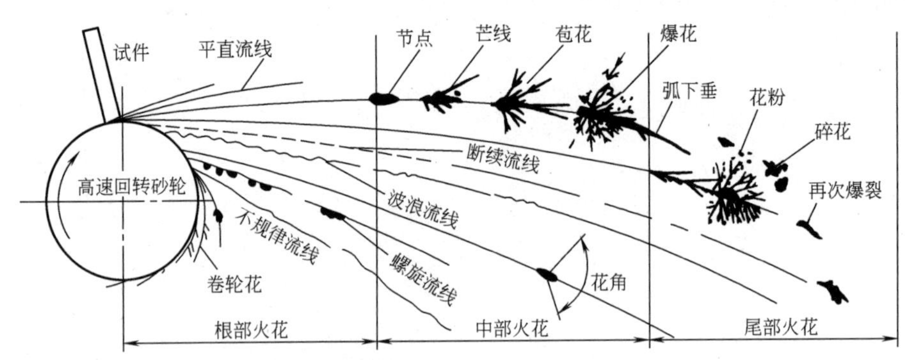

图3-1　火花流线形状示意图

（2）节点与苞花　流线上明亮又较粗的点称为节点和苞花。节点是含Si的特征，苞花是含Ni的特征。

（3）爆花　爆花分布在流线上，是钢中含碳元素所特有的火花特征。爆花形态随钢中碳含量的不同而变化，粉碎状的花粉随碳含量的增高而增加。爆花在火花鉴别中占有重要地位。

钢样磨削颗粒沿砂轮旋转的切线方向被抛射。此时磨削颗粒处于高温状态，表面被强烈氧化，形成一层FeO薄膜。钢中的碳在高温下极易与氧发生反应使FeO还原：$FeO+C \rightarrow Fe+CO$。被还原的Fe将再次被氧化，然后再次还原。这种氧化还原的过程循环进行，当颗粒表面的氧化膜不能约束反应生成的CO时，就有爆裂现象发生。粉碎的颗粒外逸时的火花称为“爆花”。磨削颗粒经一次爆裂后，在碎粒中若仍残留有未参加反应的Fe、C，将继续发生反应，则可能出现二次、三次或多次爆花。这时，随着爆花次数的增加（反应物减少），火花亮度也随之降低。图3-2所示为爆花的各种形式。

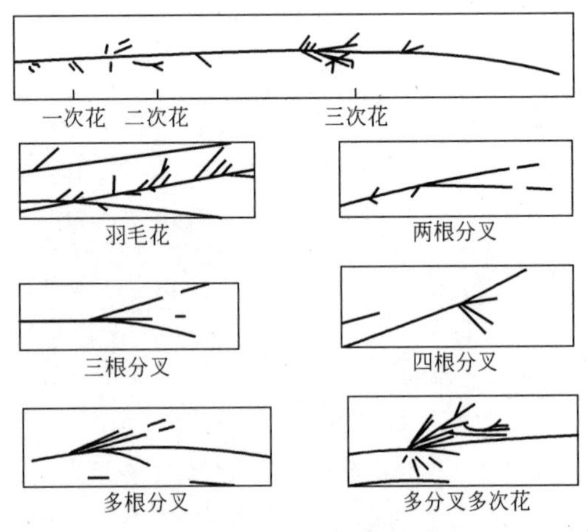

图3-2　爆花的各种形式

由爆花爆裂而产生的若干聚集的短线称为芒线。随钢中碳含量增加，芒线又有两根分叉、三根分叉、四根分叉及多根分叉的不同。

（4）尾花　尾花是流线末端特征，有狐尾尾花和枪尖尾花两种。狐尾尾花一般是钢中含钨的特征，其亮度和粗细程度比流线其他部位更明亮、更粗一些，狐尾尾花的数量及长度与钢中含钨量成反比。枪尖尾花一般认为是钢中含钼的火花特征，但也不是在所有的含钼钢中都能看到，有时在一些不含钼的钢中也能见到枪尖尾花。

（5）色泽　火花颜色的明暗表明了颗粒运行的温度，火花为亮的黄白色、亮白色表明温度高，暗红色则是温度低。颗粒的亮暗与 CO 形成、合金元素含量、颗粒的氧化性能及氧化程度有关。

3.1.2　检验设备与操作

可选用手提式电动砂轮或台式砂轮。手提砂轮携带方便，且可使火花束散开，利于观察单条火花形象。台式砂轮磨出来的火花与人观察的视角不相适应，较不方便。手提式砂轮功率为 0.1～0.3kW，台式砂轮的功率为 0.5～1.0kW，转速为 3000r/min，砂轮片为普通氧化铝质，不宜使用碳化硅或白色氧化铝。手提式砂轮直径为 200～300mm，厚度为 20～25mm，粒度为 46～60 目，中等硬度。可备已知钢种试样，作为校核之用。

操作的环境应明亮程度适中，以能清晰辨别火花形状与色泽为准。试样与砂轮接触压力要适中，注意手感力，并与火花形态相结合。检验碳含量较高的钢的火花时，应打磨成单一流线火花形态，以利于观察多次爆裂特征，较准确判断钢的碳含量。

3.1.3　钢的成分与火花特征

1. 碳钢火花特征

碳钢的火花特征见表 3-1。主要考虑流线长短、粗细、色泽及爆花数量多少等。纯铁火花流线短而粗，量较少，无爆花。随铁的纯度不同，花束中也杂有两三根分叉，但强度较弱，角度较小，爆花芒线较细。

表 3-1　碳钢的火花特征

w(C)(%)	流线					火花分叉				手感度
	颜色	亮度	长度	粗细	数量	形状	大小	数量	花粉	
<0.05	橙色	暗	长	粗	少	无火花分叉但有刺				软
0.05						2 分叉	小	少	无	
0.10						3 分叉			无	
0.15						多分叉			无	
0.20						3 分叉 2 次花			无	
0.30										
0.40						多分叉 2 次花			开始产生	
0.50		明	长	粗		多分叉 3 次花	大		少	
0.60										
0.70										
0.80										
>0.80	红色	暗	短	细	多	复杂	小	多	多	硬

w(C) 为 0.05%～0.10% 的碳钢，其流线较粗，呈弧形，长度中等，数量较少，具有草黄带红的色泽，爆花数量较少，呈现三四根分叉的一次爆花形式，爆裂强度较弱，爆花位于流线的中尾部之间，流线与爆花清晰无杂乱现象，芒线粗且长。

w(C) 为 0.15%～0.20% 的碳钢，火花流线仍较粗，量多而稍长，略带弧形，整个火花束为草黄且带有微红色。在爆花的芒线上有明显呈直线脱离的枪尖尾花，呈现一次多分叉单花形式，爆花角度较大，芒线粗长并有明亮的节点，不时地出现一二枝二次爆花的芒线。

w(C) 为 0.40%～0.50% 的碳钢，火花流线比较细长且多，色泽黄较明亮。爆花有分叉，多为二次爆花，在流线尾部及中尾部有节点，爆裂强劲，大爆花甚多，伴随有二三层枝状爆花，爆花量较多且密集，附有少量花粉，根部有小型爆花与稍暗的流线交织，芒线较细且长。

w(C) 为 0.60% 的碳钢，火花流线细长而量多，挺直而强劲，尖端分叉，大型爆花多在流线尾端，其后有较强的枝状爆花。芒线细长有较多花粉，呈明黄色。

w(C) 为 0.7%～0.8%的碳钢，流线可分为明显的三部分，总体来看是短、细、直、量多。爆花为多分叉、多次花形式，量多且密集，大型爆花减少，枝状爆花增多。芒线间花粉较多，但细而疏，色泽呈黄亮色。

w(C) 超过 0.8%的碳钢，随着碳含量增加而流线增多的趋势减慢，流线逐渐细化，长度逐渐缩短。爆花和花粉缓慢增多，花形逐渐变小。整个火花束的色泽由橙黄变成暗橙。

2. 合金元素对火花特征的影响

合金元素加入后，钢的火花特征发生变化。部分合金元素对碳钢火花特征的影响见表 3-2。

表 3-2　部分合金元素对碳钢火花特征的影响

影响区别	合金元素	流线				爆花				手动感觉	特征	
		颜色	亮度	长度	粗细	颜色	形状	数量	花粉		形状	位置
助长碳火花分叉	Mn	黄白色	明	短	粗	白色	复杂,细树枝状	多	有	软	花粉	中央
	低 Cr	黄白色（低 C）	不变	长	不变	橙黄色（高 C）	菊花状（高 C）	不变	有（高 C）	硬	菊花状（高 C）	尾部
		橙黄色（高 C）	暗	短	细							
	V	变化少				变化少	细	多	—	—	—	—
阻止碳火花分叉	W	暗红色	暗	短	细波状断续	红色	小滴狐狸尾	少	无	硬	狐狸尾	尾部
	Si	黄色	暗	短	粗	白色	白玉	少	无	—	白玉	中央
	Ni	红黄色	暗	短	细	红黄色	膨胀闪光	少	无	硬	膨胀闪光	中央
	Mo	橙黄带红	暗	短	细	橙黄带红	箭头	少	无	硬	箭头	尾部
	高 Cr	黄色	暗	短	细	—	—	少	无	硬	—	—

合金元素对火花的影响可分为：抑制爆花元素（如 Ni、Si、Mo、W 等）和助长爆花元素（如 Mn、V 等）两类。

（1）钨　对爆花产生的抑制作用最强。钨在一般钢中形成碳化物，其熔点高，导热性差，导致磨削钢粒在离开砂轮瞬间 CO 反应受阻。w(W) = 1%时，爆花显著减少；w(W) >2.5%时，爆花呈秃尾状。随着钨含量的增加，也使火花色泽变暗，当 w(W) = 5%时，可完全抑制爆花的产生，火花束呈暗红色。钨对爆花抑制作用大小，还与钢中碳含量有关，低碳钢中 w(W) 为 4%～5%时，完全可以抑制爆花发生。钨钢中碳含量越高，越是呈暗红色火花。

（2）钼　具有较强的抑制爆花作用，能细化芒线和加深火花色泽。钼钢火花不明亮，钼含量较高时火花呈深橙色。有没有枪尖尾花，取决于钼、碳含量，碳含量低枪尖明显，钼钢中 w(C) 为 0.5%时，就不易出现枪尖。

（3）硅　对爆花有较强的抑制作用。w(Si) 为 2%～3%时，抑制作用较明显，它能使爆裂芒线缩短。如观察 w(Si) 为 4%～5%、w(C) 为 0.1%的硅钢片的火花，只能在火花束间发现 1～2 根单芒线爆花，并出现明亮的闪点。硅锰弹簧钢火花呈橙红色，流线粗而短，芒线粗且少。

（4）镍　对爆花有较弱的抑制作用，能使火花不整齐和缩小，流线较碳钢细。随着镍含量的增加，流线的数量变少、长度变短及色泽变暗。

（5）铬　对火花的影响比较复杂。在低铬、低碳钢中，铬助长火花爆裂作用，增加流线的数量及长度，火花束呈亮白色，爆花为一二次花，花型较大。在含碳较高的低铬钢中，铬助长爆裂作用不明显，有时观察不到枝状爆花，虽然火花束仍然显得很明亮，但流线短而少。随着铬含量的增加，爆裂强度、流线长度、流线数量等均有所减少，色泽也将变暗。铬钢中若含有其他抑制爆裂或助长爆裂的合金元素，则火花现象表现复杂，需较丰富的经验才能鉴别。

（6）锰和钒　锰和钒等元素有助长火花爆裂的作用。锰钢的火花爆裂强度比碳钢强，爆花位置比碳钢离砂轮远。当钢中锰含量稍高时，火花比较“整齐”，色泽也比碳钢黄亮，碳含量较低的锰钢呈白亮色，爆花核心有大而白亮的节点，花型较大，芒线细少且长。碳含量较高的锰钢，爆花有较多花粉。低锰钢的流线粗而长，且量较多。高锰钢流线短粗且量少。由于锰是助长爆裂元素，因此有时会把钢的碳含量估计过高，试验时应仔细观察。

图 3-3～图 3-16 所示为一些钢种的火花照片（摘

自 JB/T 11807—2014《热处理钢件火花试验方法》，　图中各元素含量为质量百分数）。

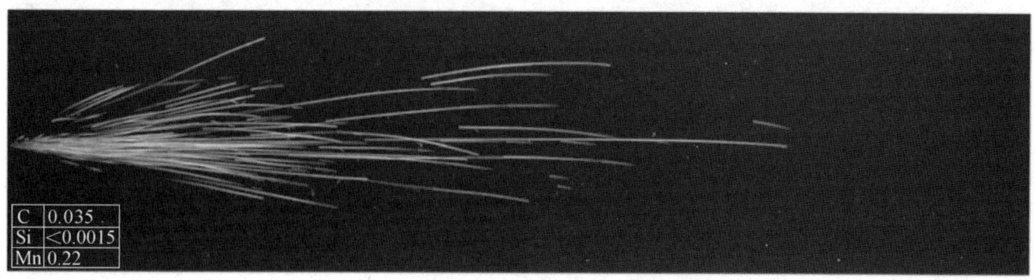

图 3-3　w(C) = 0.035%钢的火花照片

注：几乎只有流线，较粗大，可见少量毛刺。

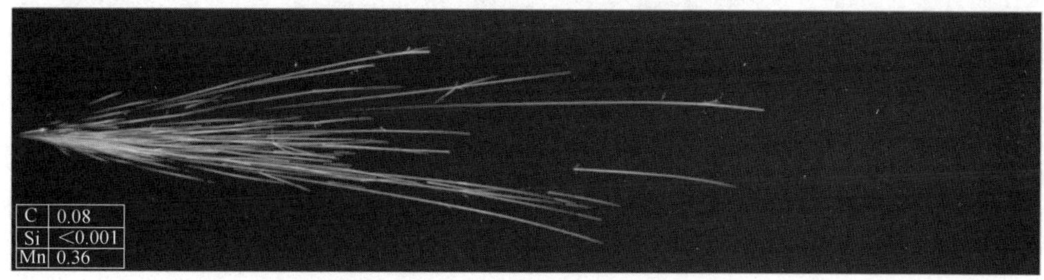

图 3-4　w(C) = 0.08%钢的火花照片

注：以流线为主，有少量二分叉及三分叉的爆花。

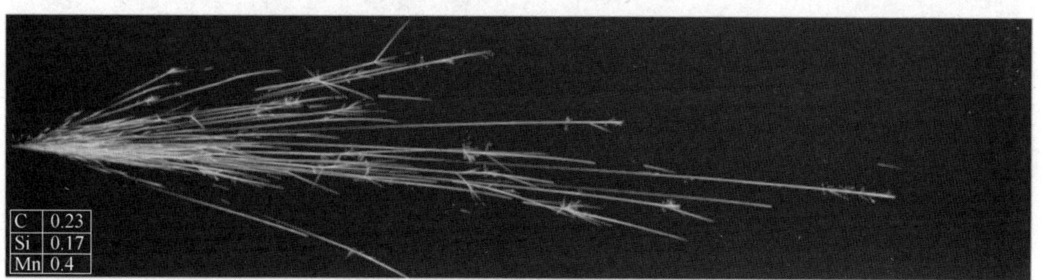

图 3-5　w(C) = 0.23%钢的火花照片

注：爆花中出现三分叉及二次花。

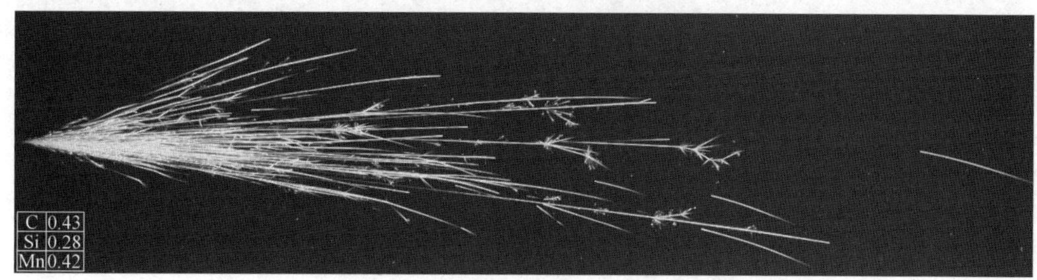

图 3-6　w(C) = 0.43%钢的火花照片

注：相对明亮些，爆花中出现三次分叉花。

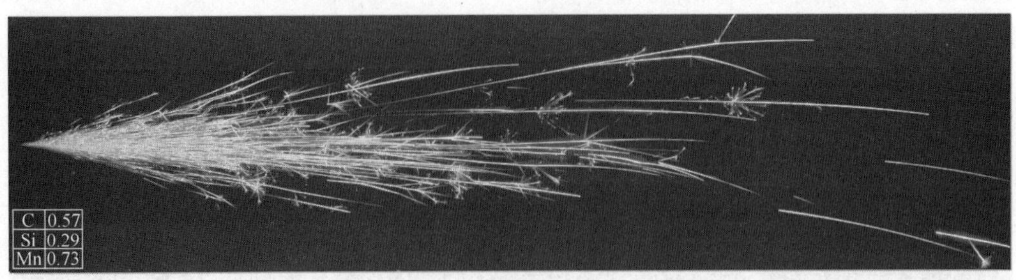

图 3-7　w(C) = 0.57%钢的火花照片

注：流线多而亮，爆花分叉长，带有花粉。

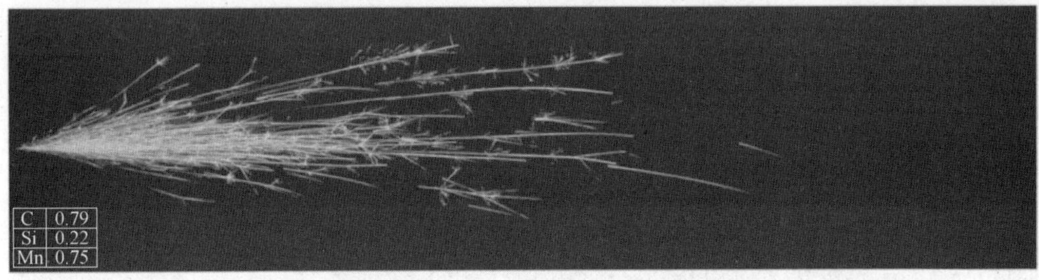

图 3-8　w(C) = 0.79%钢的火花照片

注：流线相对短些，暗些带红，爆花多但较小。

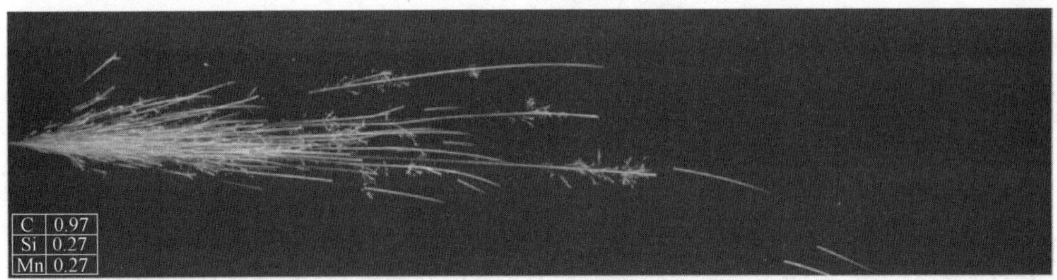

图 3-9　w(C) = 0.97%钢的火花照片

注：流线偏短，趋红色，爆花小。

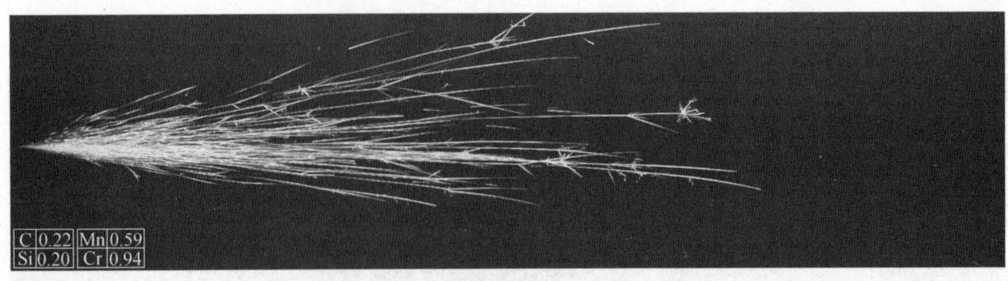

图 3-10　20Cr 钢的火花照片

注：花根区火花类似 20 钢，色泽略为明亮。

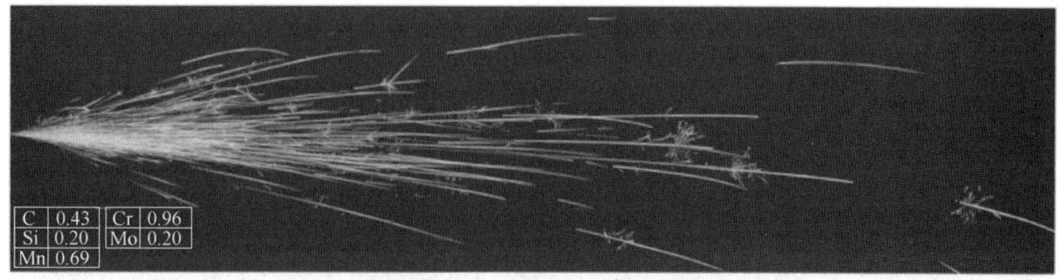

图 3-11　42CrMo 钢的火花照片

注：除有 $w(C)=0.45\%$ 钢的火花特征外，隐约可见 Mo 的箭头状特征。

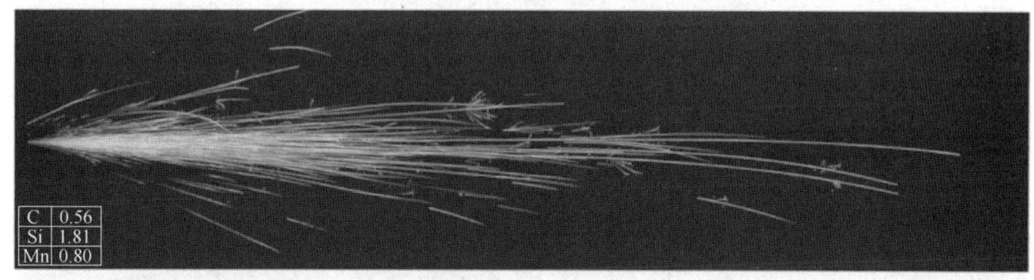

图 3-12　60Si2Mn 钢的火花照片

注：流线呈金黄色，有 60 钢的特征，但由于 Si 的抑制作用，爆花相对较小，隐约可见 Si 的苍白果实状特征花样。

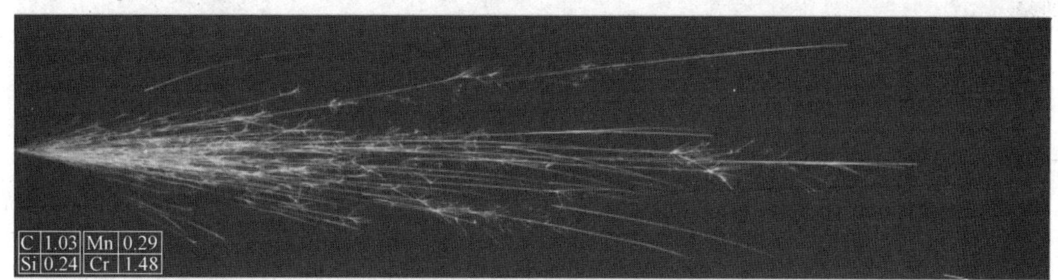

图 3-13　GCr15 钢的火花照片

注：火花流线较细，爆花多、分叉多，中央及尾端都有花粉，根部爆花也较明显。

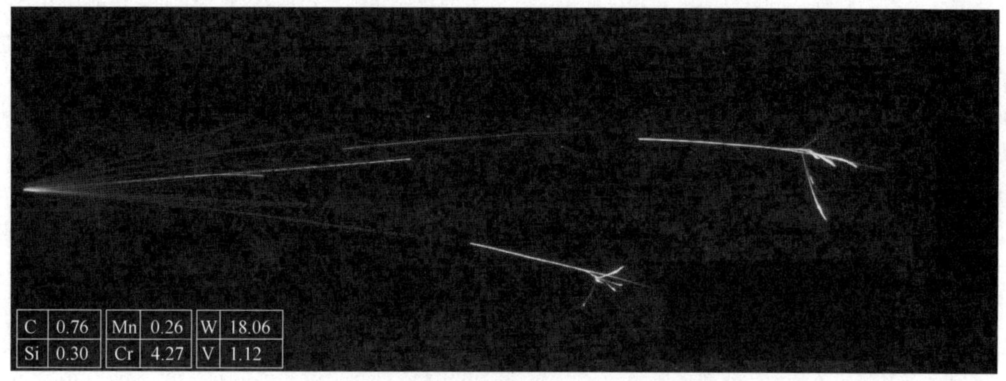

图 3-14　W18Cr4V 钢的火花照片

注：流线极暗，断续暗红色，尾部膨胀下垂，形成点状狐尾花（W 特征），无明显爆花。

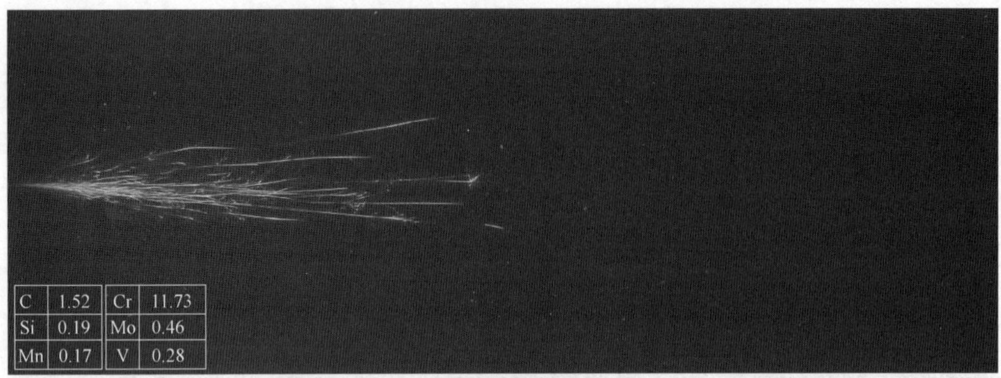

图 3-15　C12MoV 钢的火花照片

注：流线细而短，根部密集，尾段可见大量菊花状爆花。

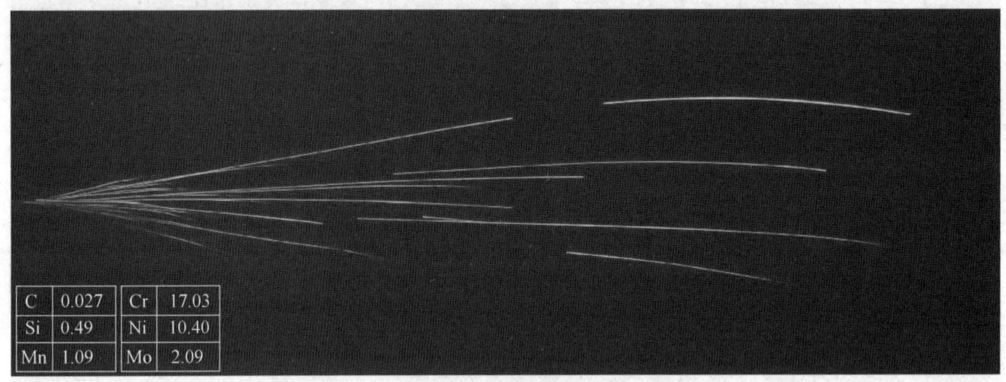

图 3-16　06Cr17Ni12Mo2 钢的火花照片

注：流线少，部分趋暗红，偶有断续，无爆花、毛刺，隐约可见因 Ni 的尾段膨胀。

3.2　光谱分析

3.2.1　原子吸收光谱分析

原子吸收光谱分析法，又称原子吸收分光光度法，是基于从光源发出的被测元素特征辐射通过原子蒸气时被其基态原子吸收，由辐射的减弱程度测定元素含量的一种现代仪器分析方法。

原子吸收光谱法具有检出限低（火焰原子吸收光谱法可达到 ng/mL 量级，石墨炉原子吸收光谱法可以达到 10^{-11} ~ 10^{-14}g），选择性好，精密度高，用样量少，应用范围广（可分析 70 多种元素）等优点。可采用联用技术进行元素的形态、价态分析，还可以进行同位素分析。利用间接原子吸收光谱法可以分析有机化合物。

原子吸收光谱仪多采用 Czerny-Turner 光栅分光系统，通过改变光栅转角的方法调置所需的波长，分光系统的入射缝取相同的共轭宽度。

原子吸收光谱测量的特点：

1）部分元素分析灵敏度不高。原子化过程产生了基态原子和激发态原子，虽然激发态原子所占比例较小，但不同元素转变为基态原子的数目不同，即原子化效率不同，造成各种元素的分析灵敏度不同。

2）可测定同位素含量。由原子核自旋及同位素引起谱线超细结构的分裂，有的元素可分为三条，甚至更多，或者多数谱线因分裂较小而合并在一起，使谱线轮廓变宽，因此可测同位素含量。

3）在火焰或石墨炉吸收光谱中，原子化基态吸收线宽度为 3~6pm（0.003~0.006nm）。

目前，用于原子吸收光谱分析的标准液分为金属子标准溶液和金属有机化合物标准溶液。能测定的元素有：Ag、Al、As、Au、B、Ba、Be、Bi、Ca、Cd、Co、Cr、Cs、Cu、Dy、Er、Eu、Fe、Ga、Gd、Ge、Hf、Hg、Ho、In、Ir、K、La、Lu、Mg、Mn、Mo、Na、Nb、Nd、Ni、Os、P、Pb、Pd、Pr、Pt、Rb、Re、Rh、Ru、Sb、Sc、Se、Si、Sm、Sr、Ta、Tb、Te、Th、Ti、Tl、Tm、U、V、W、Y、Zn、Zr 等。

3.2.2　原子荧光光谱分析

通过测量原子在辐射激发下所发射出的荧光强度，进行定量分析的方法称为原子荧光光谱法。

原子荧光是一种光致发光现象，与分子荧光的区别在于：分子荧光是受激发态分子产生的，而原子荧光则是受激发态原子产生的。物质在气态自由原子状态下，吸收该物质原子的特征波长辐射后，被激发跃迁到能级较高的激发态，由于处于激发态的原子很不稳定，又以各种不同方式放出吸收的能量而回到基态，若以辐射形式放出能量，这个辐射便是原子荧光。它与原子发射光谱相比，原子发射光谱的原子激发属于热激发，而原子荧光则是气态自由原子经激发光源照射后的激发，是属于光激发。

由于各种元素都具有特定的原子荧光光谱，根据各种原子荧光的强度与其浓度成正比的关系就可以用于样品的各种不同原子含量的定量分析。按原子荧光产生的机理，原子荧光通常可以分为共振荧光、非共振荧光、敏化荧光、双光子荧光等。

与原子发射光谱及原子吸收光谱相比，原子荧光光谱法的谱线相对简单，元素间谱线重叠较少，所以光路系统无需色散系统。另一方面，原子荧光光谱法的检测灵敏度很高，某些元素已经接近 ICP-MS 的检测能力。原子荧光光谱法尤其擅长 As、Pb、Se、Bi、Hg 等有害元素的检测。原子荧光光谱法已在材料科学、冶金、地质、燃料、化工、生物试样及环境科学等方面得到广泛应用。

3.2.3　原子发射光谱分析

根据量子化学，原子光谱的产生源于原子外层电子在不同能级之间的跃迁，由于原子内部不存在振动能级，因此电子跃迁产生的是线状光谱，它出现在电磁波的紫外线、可见光和红外线区域。利用原子发射的光谱线来测定物质化学组成的方法就称为原子发射光谱分析法。

发射光谱仪由激发光源、分光系统（色散系统）及检测器三部分组成，如图 3-17 所示。

其中激发光源有：火焰、电激发光源以及电感耦合等离子体光源（Inductively Coupled Plasma，ICP）等。电感耦合高频等离子体炬焰的外观与火焰相似（但它的结构与火焰截然不同），具有电子密度很高，测定碱金属时电离干扰很小，无极放电，没有电极污染，载气流速很低（通常 0.5～2L/min），耗样量也少，有利于试样充分激发的中央通道等特点。以氩气作为工作气体，由此产生的等离子体温度较高，光谱

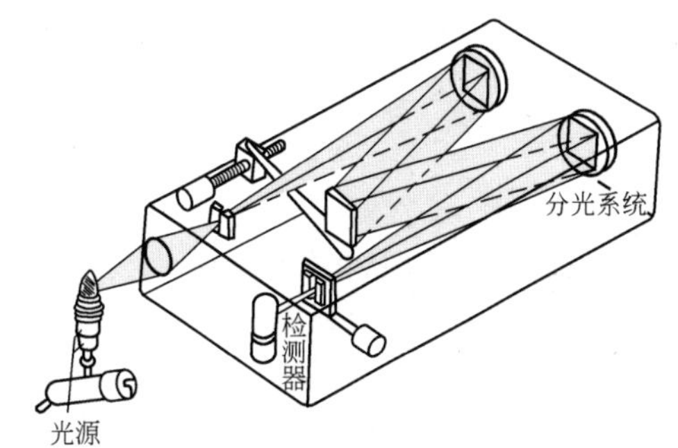

图 3-17　发射光谱仪的原理

背景低，干扰较少，使得电感耦合等离子体原子发射光谱（ICP-AES）具有灵敏度高、检测限低（10^{-9}～10^{-11}g/L）、精密度好（相对标准偏差一般为 0.5%～2%）、工作曲线性动态范围宽等优点，可应用于常量至痕量元素的分析。电感耦合等离子体光源也是当前发射光谱分析中发展迅速、极受重视的一种新型光源。几种光源的比较见表 3-3。

表 3-3　几种光源的比较

光源	蒸发能力	激发温度/K	稳定性	应用范围
化学火焰	略低	1000～3000	好	碱金属、碱土金属、溶液
直流电弧	高(阳极)	4000～7000	较差	矿物、纯物质、难挥发元素的定量和定性分析
交流电弧	中	4000～7000	中	低含量组分定量分析
火花	低	5000～10000	好	金属、合金、难激发元素的定量分析
ICP	很高	6000～8000	很好	各种金属、从低含量到高含量、溶液

（1）原子发射光谱法的特点

1）既可用于定量分析又可用于定性分析。每种元素的原子被激发后，都能发射出各自的特征谱线，所以根据其特征谱线就可以准确无误的判断元素的存在。因此原子发射光谱是迄今为止进行元素定性分析最好的方法。元素周期表中 70 余种元素都可以用发射光谱法测定。

2）分析速度快。可多元素同时测定，若用光电直读光谱仪，则可在几分钟内同时做几十个元素的定量测定，如钢厂炉前分析等。

3）选择性好。原子光谱是元素的固有特征，对于一些化学性质极相似的元素的分析有很好的效果，如铌和钽、锆和铪等稀土元素的分析。

4）检出限低。一般可达 0.1～1μg/g，绝对值可

达 10^{-8}~10^{-9}g。

5）线性动态范围宽。用 ICP 光源时，线性范围可达 4~6 个数量级，可同时测定高、中、低含量的不同元素。

6）试样用量少。

（2）原子发射光谱法存在的问题

1）基体效应。需要通过基体匹配的方法，消除基体成分对测定的影响。

2）光谱干扰是发射光谱分析的主要干扰。由于元素谱线的多重性，存在谱线重叠干扰。要求仪器的分光系统具有足够的分辨率，以减少谱线的重叠干扰。

3）含量（浓度）较大时，准确度较差。

4）只能用于元素分析，不能进行结构、形态的测定。

3.2.4　X 射线荧光光谱分析

X 射线荧光光谱（XRF）分析法可用于各种材料中主量、少量和痕量元素的分析，具有可分析元素范围广（^{4}Be~^{92}U），可分析浓度范围宽（10^{-4}%~100%），制样方法简单，分析精度高等特点。作为一种无损检测技术，可直接应用于现场分析、原位分析及活体分析。

X 射线荧光光谱仪根据分光方式不同，可分为波长色散 X 射线荧光光谱仪和能量色散 X 射线荧光光谱仪。

波长色散 X 射线荧光光谱仪有多道和顺序式 X 射线荧光光谱仪之分。顺序式荧光光谱仪通过改变分光晶体的衍射角来获取全范围光谱信息，具有很强的灵活性；多道光谱仪采用固定道，可同时获得多元素信息，快速简便，氮灵活性不够。通常波长色散 X 射线荧光光谱仪主要由 X 射线光管、准直器、分光晶体、探测器以及样品室，测角仪、计数电路和计算机组成。常用分光晶体的 2d 值及适用范围见表 3-4。为了有效测量波长的谱线，设计了一些多层模拟晶体，其 2d 值可以达到数纳米以上，可以用于分析超轻元素。

表 3-4　常用晶体的 2d 值及适用范围

晶体	2d 值/nm	适用范围	
		K 系列	L 系列
LiF(200)	0.403	Te~Ni	U~Hf
LiF(220)	0.285	Te~V	U~La
LiF(420)	0.180	Te~K	U~In
Ge(111)	0.653	Cl~P	Cd~Zr
InSb(111)	0.748	Si	Nb~Sr
PE(002)	0.874	Cl~Al	Cd~Br
TlAP(100)	2.575	Mg~O	—

X 射线荧光光谱分析中的主要局限之一是检出限不够低，主要问题的来源是因为样品散射产生的高背景。为了克服这一缺点，人们提出了全反射 X 射线荧光光谱分析概念。全反射 X 射线荧光分析是一种灵敏度很高而操作又相当简便的分析技术，通常采用均匀、表面光滑且无限厚的衬底作样品的载体，如抛光的硅片和石英玻璃。它具有如下特点：①灵敏度高，检出限低至 10^{-9}~10^{-12}g；②样品用量少；③基体效应一般可忽略，定量分析较简单；④液体试样制作简单；⑤可对光滑的硅片直进行测定，全反射 X 射线荧光分析已经成为半导体工业不可缺少的分析测试手段。

3.2.5　红外光谱分析

电磁辐射中由可见光至微波之间的波长区域称为光谱的红外区域。物质分子在同红外辐射相作用时，吸收特定波长，以辐射的波数为横坐标，以 $T\%$（透光率）或 A（吸光度）为纵坐标，可得到红外吸收光谱图。它采用组成分子的官能团和原子的总体结构来表征，按波数范围可以分为近红外、中红外和远红外三个红外区域。中红外区域对应于分子基频的振动吸收，绝大多数化合物的振动基频都出现在这个区域，因此它是整个红外波段中信息最丰富、最有用的区域。

红外光谱仪，即红外分光光度计，按其分光原理的不同可分为色散型和傅里叶变换两种。显微镜技术和微光红外技术相结合的傅里叶变换红外光谱仪（fourier transform infrared spectrophotometer，FTIR）微区测量技术可大大提高检测灵敏度。使用红外显微镜附件可以对微小样品进行分析。

红外显微镜有透射式和反射式两种。图 3-18 所示为能用于透射、反射测量的 FTIR 显微镜结构图。

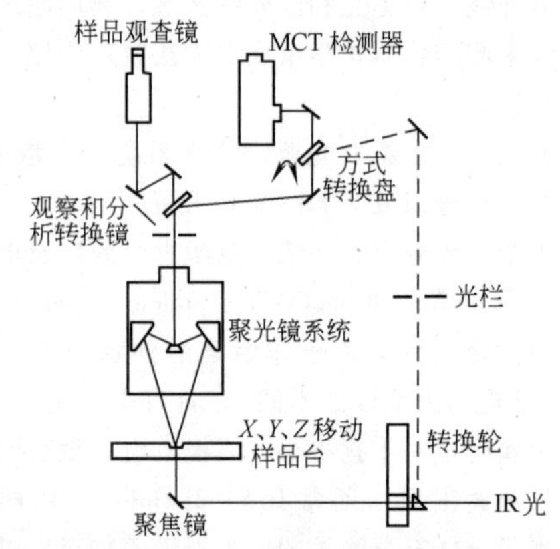

图 3-18　用于透射、反射式测量的 FTIR 显微镜结构

由于红外光束被聚焦在样品微小的面积上，使得测量灵敏度大大提高，一般检测都在 ng 级，对吸收系数较大的物质能检测到 pg 级，不需特殊的制样技术，且具有无损测量的特点。

红外光谱分析技术已经应用于钢铁中碳含量测定、金属腐蚀机理的研究，钢铁渗碳、渗氮、碳氮共渗等表面处理后的样品表面层分析，以及钢铁磷化、缓蚀的研究。

3.3 微区化学成分分析

3.3.1 X 射线能量色散谱分析

X 射线能量色散谱仪（energy dispersive X-ray spectroscopy，EDS），简称能谱仪，是扫描电子显微镜（简称扫描电镜）和透射电子显微镜（简称透射电镜）的基本配置。应用能谱仪可以对材料的化学成分进行定性和定量分析，利用电子通道效应可以分析原子在有序晶体中的晶格位置。分析型透射电子显微镜的重要附件还包括电子能量损失谱仪（electron-energy-loss spectroscopy，EELS）。与 X 射线能量色散谱分析功能比较，电子能量损失谱更适合材料中轻元素的定性和定量分析，可以利用电子能量损失谱电离峰近边结构和广延能量损失精细结构分析材料中元素的电子结构、化学价态，以及配位原子数和相邻原子结构信息。能量选择成像系统的不断发展，不但使人们可以得到电子能量损失谱元素面分析和化学键分布，还可以提高透射电子显微镜电子衍射花样和衍射图像的质量。分析型电子显微镜通常具有很高的空间分辨率，应用 X 射线能量色散谱和电子能量损失谱可以对材料在纳米尺度小区域进行分析。

对于样品产生的特征 X 射线，可以有两种成谱方法：一种是 X 射线能量色散谱方法，由于探测效率高，扫描电子显微镜（简称扫描电镜）和透射电子显微镜中均采用这种方法；另一种为 X 射线波长色散谱方法（wavelength dispersive X-ray spectroscopy），通常和扫描电子显微镜连用组成电子探针。图 3-19 所示为分析型透射电子显微镜中 X 射线探测器示意图。为了保证探测器的稳定性，该仪器采用液氮进行冷却。窗口是能谱仪的一个重要组成部分，起着隔离探测器和镜筒的作用，并保持探测器的高度真空度。以往探测器通常采用铍作为窗口材料，由于铍对低能 X 射线的吸收，无法分析原子序数 11（Na）以下的元素。采用沉积铝的有机膜超薄窗口，可以将分析元素扩展到原子序数 6（C）以上。

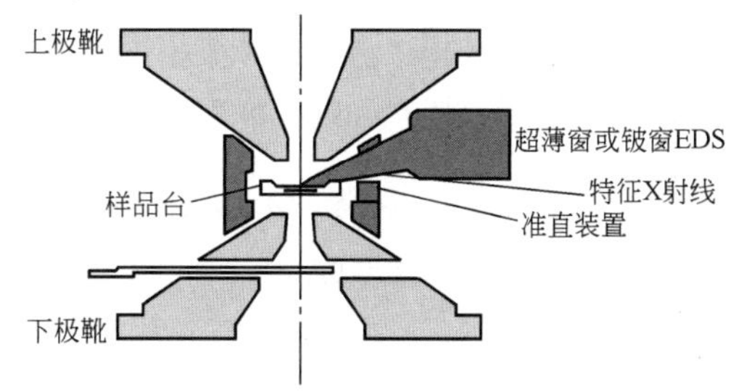

图 3-19 分析型透射电子显微镜中 X 射线探测器示意图

透射电子显微镜 X 射线能量色散谱进行元素分析的最小检出量与该元素产生特征 X 射线的特性、探测器效率、计数时间以及电子束流强度等因素有关。计数时间和电子束流的提高有利于获得尽量低的最小检出量。一般透射电子显微镜 X 射线能谱色散分析的最小检出量为 5×10^{-20}g 左右。最小质量分数（MMF）表示在多种元素同时存在的情况下，检测出某一元素的灵敏度，可以表示为

$$MMF = 1/[(P/B)P\tau]^{1/2}$$

式中 P——元素的计数；

P/B——峰背比；

τ——计数时间。

延长计数时间可以提高最小质量分数，但过度增加计数时间，会因电子束流的稳定性、样品的漂移和污染问题，导致分析结果出现偏差。另外通过提高电子束流强度和加速电压，可以增加峰的计数和提高峰背比，从而提高元素检测的最小质量分数。

3.3.2 俄歇电子能谱分析

当原子内壳层电子因电离激发而留下一个空位时，由较外层电子向这一能级跃迁使原子能量释放的过程中，可以发射一个具有特征能量的 X 射线光电子，或者也可以将这部分能量传给另外一个外层电子引起进一步的电离，从而发射一个具有特征能量的俄歇电子。这个过程称为俄歇过程。

俄歇电子的能量一般为 50~1500eV，它在固体中平均自由程非常短，一般来说，能够逸出表面的俄歇电子信号主要来自样品表层 2~3 个原子层，即 0.5~2.0nm。因此，俄歇电子信号特别适合于表面分析，通过对俄歇电子能量和强度的检验，可以得到有关表层化学成分的定性和定量信息。随着超高真空技术的发展和应用，配合能谱分析技术，俄歇谱仪已经成为一种重要的表面分析手段。

俄歇电子产生的过程：A 壳层电子电离，B 壳层

电子向 A 壳层空位跃迁，导致 C 壳层电子发射，即俄歇电子。考虑到 A 电子的电离引起原子库仑电场的改组，使 C 壳层能级由 $E_C(Z)$ 变成 $E_C(Z+D)$，其特征能量为

$$E_{ABC}(Z)=E_A(Z)-E_B(Z)-E_C(Z+D)-E_W$$

式中　E_W——样品材料逸出功；

D——修正值。

例如原子发射一个 KL_2L_2 俄歇电子，其能量为 $E_{KL_2L_2}=E_K-E_{L_2}-E_{L_2}-E_W$，引起俄歇电子发射的电子跃迁多种多样，有 K 系、L 系、M 系等。俄歇电子与特征 X 射线是两个相互关联和竞争的发射过程。各种元素在不同跃迁过程中发射的俄歇电子能量如图 3-20 所示。平均俄歇电子产额 $\overline{\alpha}$ 随原子序数的变化如图 3-21 所示。$Z<15$ 时，无论 K、L、M 系，俄歇发射占优势，因而对轻元素，用俄歇电子谱分析具有较高灵敏度。通常 $Z\leqslant 14$ 的元素，采用 KLL 电子；$14<Z<42$ 的元素，采用 LMM 电子；$Z\geqslant 42$ 的元素，采用 MNN、MNO 电子。

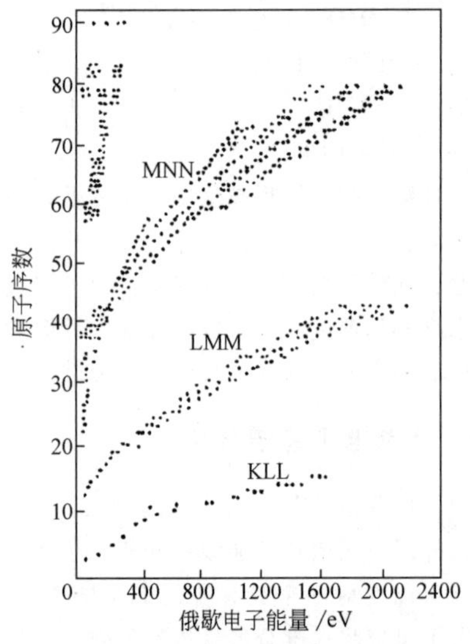

图 3-20　各种元素的俄歇电子能量

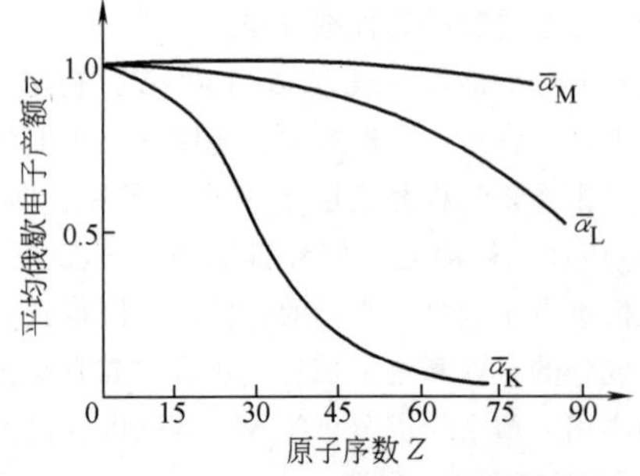

图 3-21　平均俄歇电子产额$\overline{\alpha}$随原子序数的变化

利用俄歇峰的能量可进行元素定性分析，根据峰高度可进行半定量和定量分析，主要应用在研究金属和合金的晶界脆断以及压力加工和热处理后的表面偏析。图 3-22 所示为某合金钢［w(C)＝0.39%，w(N)＝3.5%，w(Cr)＝1.6%，w(Sb)＝0.06%］的俄歇电子能谱图。表 3-5 给出了俄歇谱仪与电子探针、离子探针检测方法的比较。

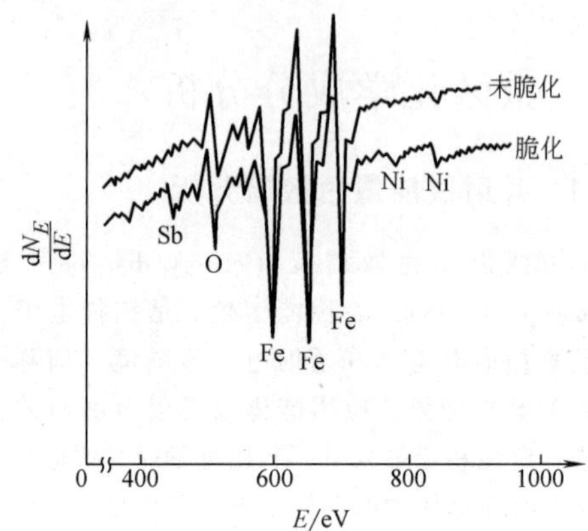

图 3-22　俄歇电子能谱图实例

表 3-5　俄歇谱仪与电子探针、离子探针检测方法的比较

分析性能	电子探针	离子探针	俄歇谱仪
可分析元素	$Z\geqslant 5$ $Z\leqslant 11$ 时灵敏度差	全部(对 He、Hg 等灵敏度较差)	$Z\geqslant 3$
定量精度［w(C)＞10%］	±(1~5)%	—	—
真空度要求/Pa	1.33×10^{-3}	1.33×10^{-6}	1.33×10^{-8}
对样品的损伤	对非导体损伤大，一般情况下无损伤	损伤严重，属消耗性分析，但可进行剥层	损伤少
定点分析时间/s	100	0.05	1000

3.3.3　X 射线光电子能谱分析

X 射线光电子能谱（XPS）也称为化学分析用电子能谱（ESCA）。该方法是在 20 世纪 60 年代由瑞典科学家 Kai Siegbahn 教授发展起来的。由于在光电子能谱的理论和技术上的重大贡献，1981 年，Kai Siegbahn 获得了诺贝尔物理奖。

现在，X 射线光电子能谱无论在理论上和实验技术上都已获得了长足的发展。XPS 已从刚开始主要用来对化学元素的定性分析，业已发展为表面元素定

性、半定量分析及元素化学价态分析的重要手段。XPS 的研究领域也不再局限于传统的化学分析，而扩展到现代迅猛发展的材料学科。目前该分析方法在日常表面分析工作中的份额约 50%，是一种最主要的表面分析工具。

X 射线光电子能谱基于光电离作用，当一束光子辐照到样品表面时，光子可以被样品中某一元素的原子轨道上的电子所吸收，使得该电子脱离原子核的束缚，以一定的动能从原子内部发射出来，变成自由的光电子，而原子本身则变成一个激发态的离子。

在普通的 X 射线光电子能谱仪中，一般采用的 MgK 和 AlK X 射线作为激发源，光子的能量足够促使除氢、氦以外的所有元素发生光电离作用，产生特征光电子。由此可见，XPS 技术是一种可以对所有元素进行一次全分析的方法，这对于未知物的定性分析是非常有效的。经 X 射线辐照后，从样品表面出射的光电子的强度是与样品中该原子的浓度有线性关系，可以利用它进行元素的半定量分析。鉴于光电子的强度不仅与原子的浓度有关，还与光电子的平均自由程、样品的表面粗糙度、元素所处的化学状态、X 射线源强度以及仪器的状态有关。因此，XPS 技术一般不能给出所分析元素的绝对含量，仅能提供各元素的相对含量。由于元素的灵敏度因子不仅与元素种类有关，还与元素在物质中的存在状态，仪器的状态有一定的关系，因此不经校准测得的相对含量也会存在很大的误差。还须指出的是，XPS 是一种表面灵敏的分析方法，具有很高的表面检测灵敏度，可以达到 10^{-3} 原子单层，但对于体相检测灵敏度仅为 0.1%左右。XPS 是一种表面灵敏的分析技术，其表面采样深度为 2.0~5.0nm，它提供的仅是表面上的元素含量，与体相成分会有很大的差别。而它的采样深度与材料性质、光电子的能量有关，也同样品表面和分析器的角度有关。

X 射线光电子能谱仪主要由五部分组成：激发源、样品、电子能量分析器、检测系统（含电子倍增器）和超高真空（UHV）系统，如图 3-23 所示。

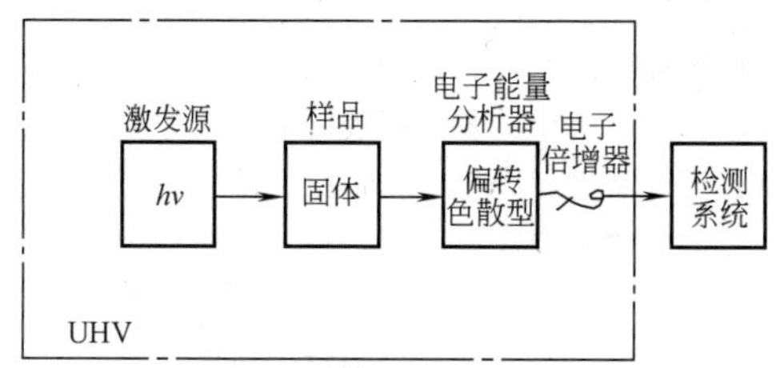

图 3-23　X 射线光电子能谱仪原理框图

激发源辐照样品，使之发射出按不同能量分布的电子，然后经电子能量分析器分析，由检测系统给出测试结果。整个系统需要一个超高真空系统。

3.3.4　探针显微分析

1. 电子探针显微分析

电子探针 X 射线显微分析就是利用聚焦电子束与试样作用时产生的特征 X 射线对试样中某个（某些）微区的化学成分进行分析。它是在电子光学和 X 射线光谱学原理的基础上发展起的一种高效率分析仪器。

其原理是：用聚焦电子束轰击试样表面的待测微区；使试样原子的内层电子跃迁，释放出特征 X 射线；用波谱仪或能谱仪进行展谱分析，得到 X 射线谱；根据特征 X 射线的波长/能量进行元素的定性分析；根据特征 X 射线的强度进行元素的定量分析。

电子探针仪的结构如图 3-24 所示，可以分为三大部分：镜筒、样品室和信号检测系统。其镜筒部分构造和 SEM 相同，检测部分使用 X 射线谱仪，用来检测 X 射线的特征波长（波谱仪）和特征能量（能谱仪），以此对微区进行化学成分分析。要使同一台仪器兼具形貌分析和成分分析功能，往往将扫描电镜和电子探针组合在一起。

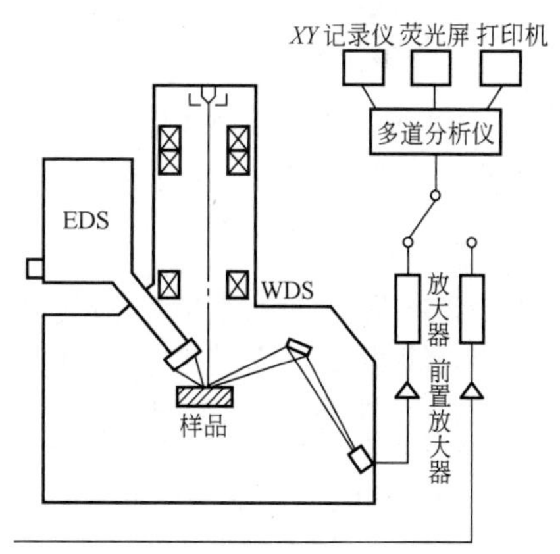

图 3-24　电子探针仪的结构

（1）波谱仪（WDS）　X 射线波谱仪的谱仪系统，即 X 射线的分光和探测系统由分光晶体、X 射线探测器和相应的机械传动装置构成。根据晶体及探测器运动方式，可将波谱仪分为直进式波谱仪和回转式波谱仪等。

直进式波谱仪的特点：分光晶体从点光源向外沿着一直线运动，X 射线出射角不变，晶体通过自转改变衍射角。聚焦圆的中心 O 在以试样为中心的圆周上运动，如图 3-25 所示。

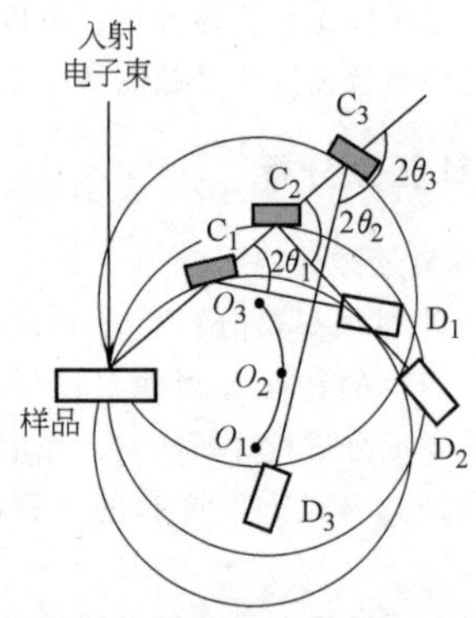

图 3-25 直进式波谱仪工作原理

$D_1 \sim D_3$—探测器 $C_1 \sim C_3$—分光晶体

$2\theta_1 \sim 2\theta_3$—衍射角

回转式波谱仪的特点：聚焦圆的中心 O 固定，分光晶体和检测器在圆周上以 1∶2 的角速度运动来满足布拉格衍射条件，如图 3-26 所示。

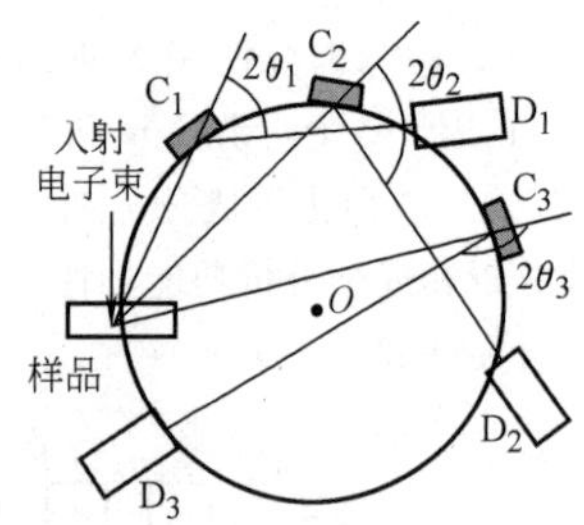

图 3-26 回转式波谱仪工作原理

$D_1 \sim D_3$—探测器 $C_1 \sim C_3$—分光晶体

$2\theta_1 \sim 2\theta_3$—衍射角

这种谱仪结构简单，但由于分光晶体转动而使 X 射线出射方向变化很大，在样品表面平面度误差较大的情况下，由于 X 射线在样品内行进的路线不同，往往会造成分析上的误差。

分光晶体是专门用来对 X 射线起色散（分光）作用的晶体，它应具有良好的衍射性能、强的反射能力和好的分辨率。在 X 射线谱仪中使用的分光晶体还必须能弯曲成一定的弧度，在真空中不发生变化等。各种晶体能色散的 X 射线波长范围，取决于衍射晶面间距 d 和布拉格角 θ 的可变范围，对波长大于 $2d$ 的 X 射线则不能进行色散。表 3-6 给出了几种常用分光晶体的参数。

（2）能谱仪（EDS） 利用不同元素 X 射线光子特征能量的不同特点进行成分分析的仪器称为能谱仪。锂漂移硅能谱仪 Si(Li) 框图如图 3-27 所示。Si(Li) 是厚度为 3~5mm、直径为 3~10mm 的薄片，它是 p 型 Si 在严格的工艺条件下漂移进 Li 制成。

表 3-6 常用分光晶体的参数

常用晶体	供衍射用的晶面	$2d$/nm	适用波长 λ/nm
LiF	(200)	0.40267	0.08~0.38
SiO_2	(1011)	0.66862	0.11~0.63
PET	(002)	0.874	0.14~0.83
RAP	(001)	2.6121	0.20~1.83
KAP	(1010)	2.6632	0.45~2.54
TAP	(1010)	2.59	0.61~1.83
硬脂酸铅	—	10.08	1.70~9.40

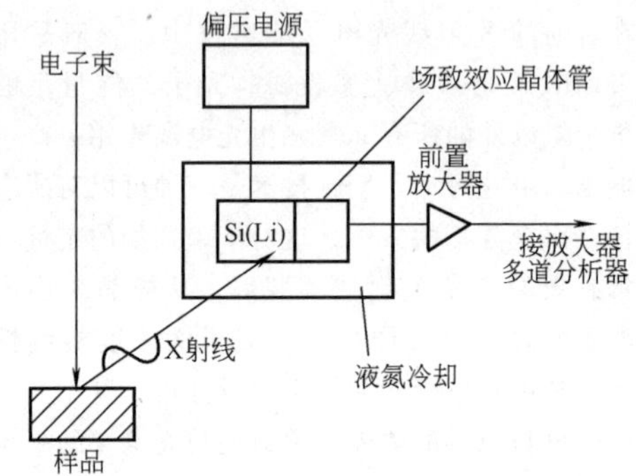

图 3-27 锂漂移硅能谱仪 Si(Li) 框图

Si(Li) 探测器实际上是一个 p-I-n 型二极管，镀金的 p 型 Si 接高压负端，n 型 Si 接高压正端和前置放大器的场致效应晶体管相连接。Si(Li) 探测器处于真空系统内，其前方有一个 7~8μm 的铍窗，整个探头装在与存有液氮的杜瓦瓶相连的冷指内。漂移进去的 Li 原子在室温很容易扩散，因此探头必须一直保持在液氮温度下。Be 窗口使探头密封在低温真空环境之中，它还可以阻挡背散射电子以免探头受到损伤。低温环境还可降低前置放大器的噪声，有利于提高探测器的峰-背底比。

（3）波谱仪（WDS）与能谱仪（EDS）的比较 波谱仪分析的元素范围广，探测极限小，分辨率高，适用于精确的定量分析。其缺点是要求试样表面平整光滑，分析速度较慢，需要用较大的束流，从而容易引起样品和镜筒的污染。

能谱仪虽然在分析元素范围、探测极限、分辨率等方面不如波谱仪，但其分析速度快，可用较小的束流和微细的电子束，对试样表面要求不如波谱仪那样严格，因此特别适合于与扫描电镜配合使用。

目前扫描电镜与电子探针仪可同时配用能谱仪和波谱仪，构成扫描电镜-波谱仪-能谱仪系统，使两种谱仪优势互补，是非常有效的材料研究工具。

2. 电子探针仪的分析方法及应用

电子探针分析有三种基本分析方法：定点分析、

线扫描分析和面扫描分析。准确的分析对实验条件有两大方面的要求：一是对样品有一定的要求，如良好的导电性、导热性，表面平整度等；二是对工作条件有一定的要求，如加速电压、计数率和计数时间、X 射线出射角等。

1）定点定性分析是对试样某一选定点（区域）进行定性成分分析，以确定该点区域内存在的元素。其原理如下：用光学显微镜或在荧光屏显示的图像上选定需要分析的点，使聚焦电子束照射在该点上，激发试样元素的特征 X 射线。用谱仪探测并显示 X 射线谱。根据谱线峰值位置的波长或能量确定分析点区域的试样中存在的元素。图 3-28 所示为 SUS436L 不锈钢点腐蚀坑腐蚀产物的能谱分析结果。

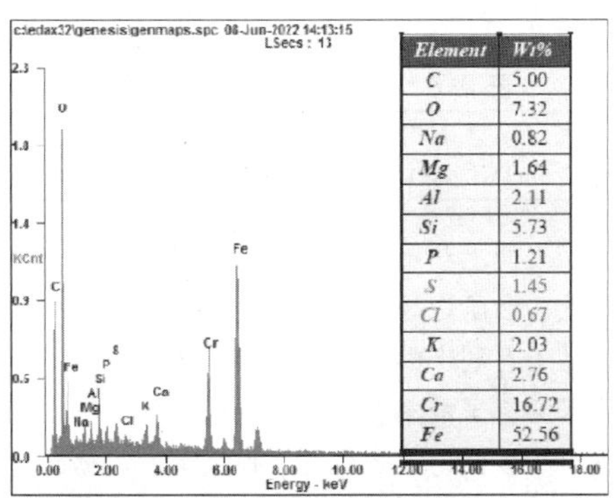

Element	Wt%
C	5.00
O	7.32
Na	0.82
Mg	1.64
Al	2.11
Si	5.73
P	1.21
S	1.45
Cl	0.67
K	2.03
Ca	2.76
Cr	16.72
Fe	52.56

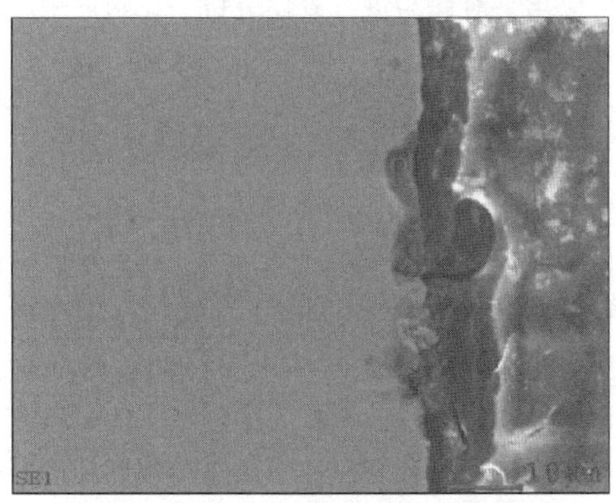

图 3-28　SUS436L 不锈钢点腐蚀坑腐蚀产物的能谱分析结果

2）线扫描分析是使聚焦电子束在试样观察区内沿一选定直线（穿越粒子或界面）进行慢扫描，X 射线谱仪处于探测指定元素特征 X 射线状态。显像管射线束的横向扫描与电子束在试样上的扫描同步，用谱仪探测到的 X 射线信号强度（计数率）调制显像管射线束的纵向位置就可以得到反映该元素含量变化的特征 X 射线强度沿试样扫描线的分布。图 3-29 所示为奥氏体不锈钢+铝+马氏体不锈钢复合钢板的线扫描分析结果。

3）面扫描分析是聚焦电子束在试样上做二维光栅扫描，X 射线谱仪处于能探测指定元素特征 X 射线状态，用谱仪输出的脉冲信号调制同步扫描的显像管亮度，在荧光屏上得到由许多亮点组成的图像，称为 X 射线扫描像或元素面分布图像。试样每产生一个 X 光子，探测器输出一个脉冲，显像管荧光屏上就产生一个亮点。若试样上某区域该元素含量多，荧光屏图像上相应区域的亮点就密集。根据图像上亮点的疏密和分布，可确定该元素在试样中分布情况。图 3-30 所示为 Ni-430-Ni 复合钢板剖面的面分布成分分析。

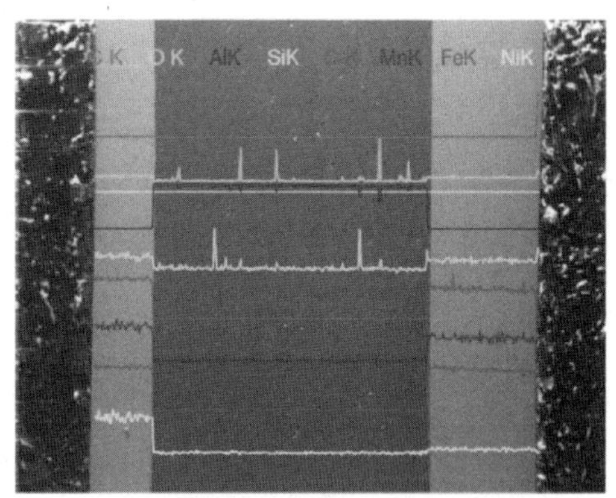

图 3-29　奥氏体不锈钢+铝+马氏体不锈钢复合钢板的线扫描分析结果

a)　　b)

图 3-30　Ni-430-Ni 复合钢板剖面的面分布成分分析

a）形貌图　b）Ni 元素的 X 射线面分布图像

3. 离子探针显微分析

离子探针仪利用电子光学方法把惰性气体等初级离子加速并聚焦成细小的高能离子束轰击样品表面，使之激发和溅射二次离子，经过加速和质谱分析，分析区域可降低到 1~2μm 直径和<5nm 的深度，因而可大大改善表面成分分析的功能。不同元素的离子具有不同的荷质比 e/m，据此可描出离子探针（Ion Microprobe）的质谱曲线，因此离子探针可进行微区成分分析。

离子探针的结构如图 3-31 所示。圆筒形电容器式静电分析器的作用是使由径向电场产生的向心力将能量比较分散的离子聚焦。其中，电场产生的向心力 $F=mv^2/r'$；离子轨迹半径 $r'=mv^2/F$；扇形磁铁（具

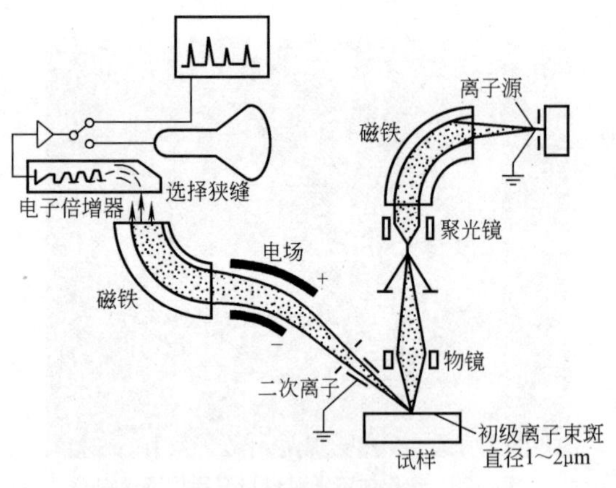

图 3-31　离子探针的结构

有均匀磁场）的作用把离子按荷质比（e/m）进行分类；在加速电压为 U 时，离子的动能 $eU=mv^2/2$；由磁场产生的偏转及磁场内离子轨迹半径 $r=\sqrt{2Um/(eB^2)}\propto 1/\sqrt{e/m}$。

分析过程包括以下几个步骤：①初级离子的产生与聚焦，即离子源产生的离子经过扇形磁铁偏转后进入电磁透镜聚焦形成细小的初级离子束；②初级离子与样品的相互作用，即初级离子束轰击样品产生等离子体，并有样品的二次离子从样品表面逸出；③二次离子分类、记录，即二次离子采用静电分析器和偏转磁场组成的双聚焦系统对离子分类、记录。典型的离子探针质谱分析结果如图 3-32 所示。

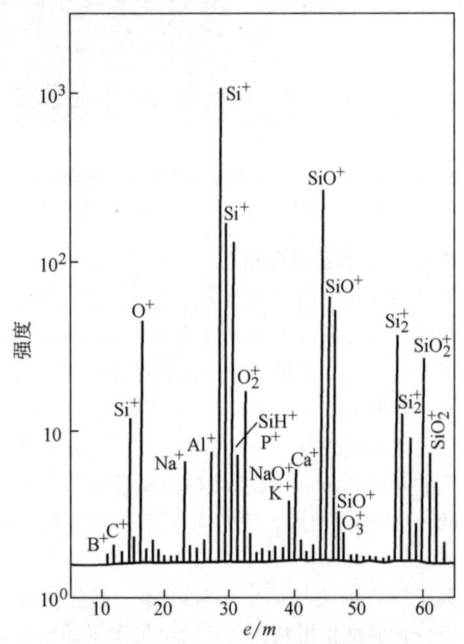

图 3-32　典型的离子探针质谱分析结果

注：采用 18.5keV 氧离子（O^-）轰击硅半导体。

离子探针质谱分析方法有两种：一种是剖面分析（利用初级离子轰击溅射剥层，可获得元素浓度随其从工件表面到心部的变化情况）；另一种是元素面分布分析（与电子探针类似，离子探针可以分析从氯到铀的元素，补充了电子探针元素分析范围有限及灵敏度偏低的不足）。离子探针可进行表面分析、近浅表面的深度分析、体积分析和图像分析，但定量分析的精度不如电子探针。

4. 原子探针显微分析

（1）场致蒸发现象　在场离子显微镜中，如果场强超过某一个临界值，将发生场致蒸发，即样品尖端处的原子以正离子形式被蒸发，并在电场的作用下射向荧光屏。E_e 是临界场致蒸发场强，某些金属的蒸发场强 E_e 见表 3-7。

表 3-7　某些金属的蒸发场强

金属	难熔金属	过渡族金属	Sn	Al
E_e/(MV/cm)	400～500	300～400	220	160

由于表面上凸出的原子具有较高的位能，总是比那些不处于台阶边缘的原子更容易发生蒸发，因此它们也正是最有利于引起场致电离的原子。当一个处于台阶边缘的原子被蒸发后，与它挨着的一个或几个原子将突出于表面，并随后逐个地被蒸发。据此，场致蒸发可以用来对样品进行剥层分析，显示原子排列的三维结构。

（2）原子探针的结构和工作原理　场致蒸发现象的一个应用就是所谓的原子探针。原子探针-场离子显微镜是 1967 年 E. W. Muller 在他发明的场致发射显微镜（简称 FEM，1936 年）和场离子发射显微镜（简称 FIM，1951 年）的基础上发展而成的。它的特点是能以原子尺度（0.2～0.3nm）的空间分辨率直接显示样品表面凸位原子排列的图像；能以检测单离子的灵敏度和百万分之一原子质量单位的精度对样品表面粒子的化学成分进行分析；并能通过控制场蒸发使样品表面的粒子逐个、逐圈、逐层剥落，在维持超高真空的条件下，获得清洁完整的样品表面及逐层地对样品的结构和成分进行分析。它是材料表面和微区体结构研究和成分分析的有力工具。其结构如图 3-33 所示。

（3）三维原子探针　原子探针的类型有直线式高压脉冲原子探针、能量补偿式高压脉冲原子探针（简称 EC HVPAP）、成像原子探针（简称 IAP）、脉冲激光原子探针（简称 PLAP）、位置灵敏原子探针（简称 POSAP）和三维原子探针。其中三维原子探针是发展最晚的，也体现了现代材料科学的发展。三维

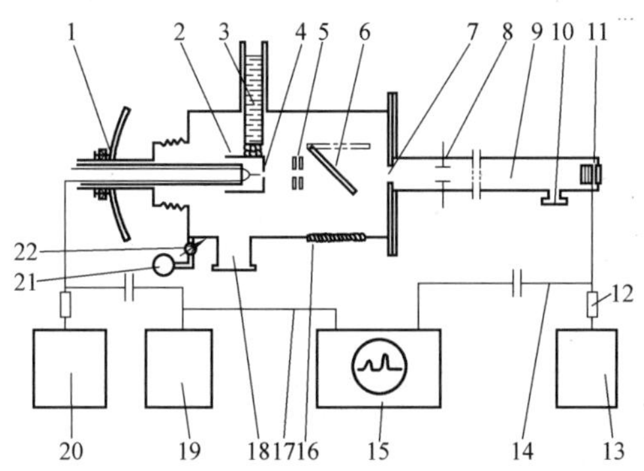

图 3-33　直线式高压脉冲原子探针-场离子显微镜的结构

1—样品转动机构　2—冷罩　3—液氮冷指　4—样品　5—中心穿孔图像增强器　6—可转动反射镜　7—探测孔（兼作气压差分孔）　8—静电透镜　9—飞行管道　10—真空泵接口　11—离子探测器　12—探测器高压电源　13—负载　14—信号　15—示波器或电子计时器　16—观察窗　17—计时触发信号　18—主真空泵接口　19—高压脉冲电源　20—直流高压电源　21—气瓶　22—针阀

原子探针大约是在 1995 年推向市场的新型分析仪器，是在原子探针的基础上发展而来的：在原子探针样品尖端叠加脉冲电压使原子电离并蒸发，用飞行时间质谱仪测定离子的质量/电荷比来确定该离子的种类，用位置敏感探头确定原子的位置（见图 3-34）。它可以对不同元素的原子逐个进行分析，并给出纳米空间中不同元素原子的三维分布图形，分辨率接近原子尺度，是目前最微观且分析精度较高的一种定量分析方法。用三维原子探针可以直接观察到溶质原子偏聚在位错附近形成的科氏气团，可以分析界面处原子的偏聚，研究沉淀相的析出过程、非晶晶化时原子扩散和晶体成核的过程，分析各种合金元素在纳米晶材料不

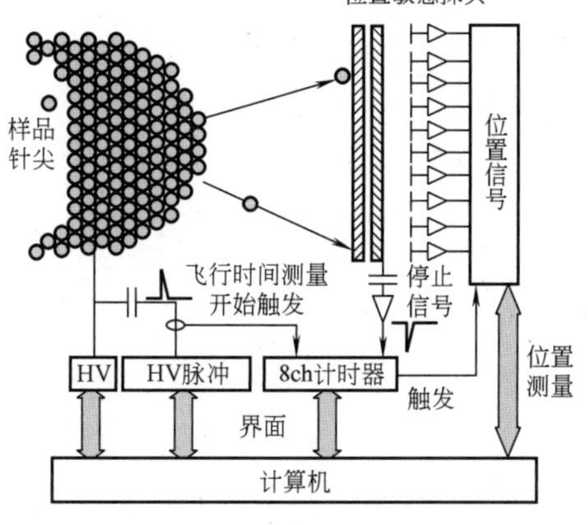

图 3-34　三维原子探针的结构

同相及界面上的分布等。三维原子探针的广泛应用，必将推动材料科学研究工作的发展。

3.3.5　穆斯堡尔谱分析

穆斯堡尔效应指的是原子核 γ 射线的无反冲共振吸收或共振散射，由于是 1957 年德国物理学家穆斯堡尔首先发现的，故此得名。这一效应的发现使长期难以实现的原子核 γ 射线共振吸收有了根本性的突破，同时由于观察到的谱线线宽接近于能级的自然宽度，具有极高的能量分辨率（这是其他物理方法所不能相比的），因而很快地发展成为一种具有特色的谱学方法并广泛应用于物理学、化学、生物学、地质学、冶金学、材料科学和环境科学等许多领域，甚至在考古和艺术方面也得到了重要的应用。目前，人们已经在固体和黏稠液体中实现了穆斯堡尔效应，样品的形态可以是晶体、非晶体、薄膜、固体表层、粉末、颗粒、冷冻溶液等等，涉及 40 余种元素 90 余种同位素的 110 余个跃迁。然而大部分同位素只能在低温下才能实现穆斯堡尔效应，有的需要使用液氮甚至液氦对样品进行冷却。在室温下只有 57Fe、119Sn、151Eu 三种同位素能够实现穆斯堡尔效应。其中 57Fe 的 14.4keV 跃迁是人们最常用的、也是研究最多的谱线。

穆斯堡尔谱仪比较简单，其结构如图 3-35 所示。

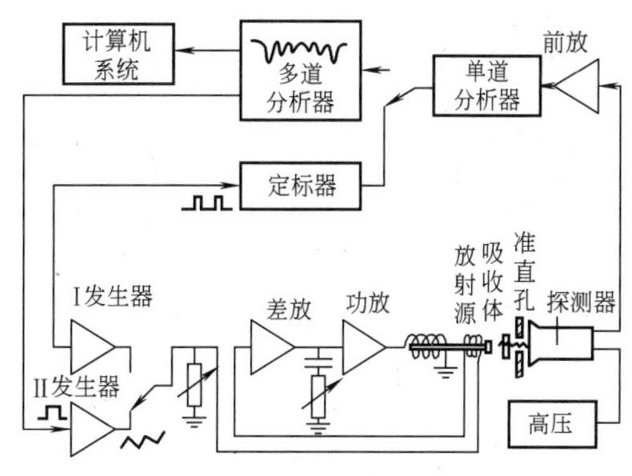

图 3-35　穆斯堡尔谱仪的结构

穆斯堡尔谱分析方法作为一种材料结构测试的手段，具有其独特的优点：首先，具有极高的能量分辨率，对共振原子所处的状态以及周围环境的微小变化非常敏感，因此通过穆斯堡尔谱线的特征和变化，可以很好地分析和研究材料的微观结构以及相应的机制；其次，它对探测原子具有选择性，只对穆斯堡尔原子灵敏，因此它能研究多组元复杂材料中特定材料的性质，而且对相应原子处于何种状态没有限制，既可研究没有完整结构的晶体，也适用于研究超细颗粒

和非晶态；此外，它作为一种微观探针，相比于其他手段，测量方法要简单得多，不需要真空，不需要保护，对样品没有破坏性。穆斯堡尔谱分析方法也有它的局限性，目前大多数工作主要限于^{57}Fe、^{119}Sn、^{151}Eu等少数几个穆斯堡尔核的使用，同时它的样品必须是固体，采集数据所花的时间也较长。

目前，穆斯堡尔谱分析方法的应用十分广泛，表3-8介绍了穆斯堡尔谱效应在物理冶金学中的应用概况。

应用穆斯堡尔谱分析方法可以进行物相鉴别、相的定量分析、表面分析（金属腐蚀、表面淬火、离子注入、表面镀层、气相吸附以及催化反应等）、磁结构和磁弛豫分析。

表3-8　穆斯堡尔谱效应在物理冶金学中的应用

谱信息			起源	探讨问题
超精细结构	谱线位移	化学位移	原子核处电荷密度的静电相互作用	合金的电子结构，金属间化合物的键性质，相互转变
		温度位移	二次多普勒效应	晶格振动
	谱线分裂	磁分裂	核处有效磁场的塞曼效应	原子核处的有效磁场，原子核磁矩，电子自旋密度，磁转变
		四极分裂	核四极矩和电场梯度的相互作用	合金中微观结构的对称性
	谱线形状	谱线加宽	共振条件和局域变化或随时间而变化	试样不均匀性，合金的无序、扩散运动及弛豫过程
		偏洛伦兹曲线	谱线重叠	复杂体系的分析，相和晶格位置的差别
强度	总强度	—	主要由晶格振动决定	F因子，各向异性
	相对强度	—	各向异性和极化效应，谱重叠	晶体中磁定向，晶体各向异性复杂体系的定量分析

参考文献

[1]　徐祖耀，黄本立，鄢国强．中国材料工程大典：第26卷　材料表征与检测技术［M］．北京：化学工业出版社，2006.

[2]　桂立丰，唐汝钧．机械工程材料测试手册：物理金相卷［M］．沈阳：辽宁科学技术出版社，1999.

[3]　桂立丰，吴诚．机械工程材料测试手册：化学卷［M］．沈阳：辽宁科学技术出版社，1996.

[4]　全国热处理标准化技术委员会．热处理钢件火花试验方法：JB/T 11807—2014［S］．北京：机械工业出版社，2014.

第4章 宏观组织检验与断口分析

上海材料研究所有限公司 孙明正 陆慧 董婷

4.1 宏观检验

宏观检验指低倍检验，又称宏观分析，它是通过肉眼或放大镜（20倍以下）来检验金属制品的宏观组织和缺陷的方法。宏观检验的试样面积大、视域宽、范围广，检验方法、操作技术以及所需要的检验设备简单，能较快、较全面地反映出材料或产品的质量。因此，宏观检验在工厂中得到广泛的应用。

金属在冶炼或热加工过程中，由于某些因素（如存在非金属夹杂物、气体，以及工艺选择或操作不当等）造成的影响，致使钢的内部或表面产生缺陷，从而严重地影响材料或产品的质量，有时还将导致材料或产品报废。钢材中疏松、气泡、缩孔残余、非金属夹杂物、偏析、白点、裂纹以及各种不正常的断口缺陷等，均可以通过宏观检验来发现。宏观检验通常有酸蚀试验、硫印试验、磷印试验、塔形试验、断口检验等，在生产检验中，可根据检验的要求来选择适当的宏观检验方法。

4.1.1 酸蚀检验

酸蚀试验是显示钢铁材料低倍组织的试验方法。这种方法设备简单，操作方便，能清楚地显示钢铁材料中存在的各种缺陷，如裂纹、夹杂、疏松、偏析及气孔等。

酸蚀试验是利用酸液对钢铁材料各部分侵蚀程度的不同，从而清晰地显示出钢铁的低倍组织及其缺陷。根据低倍组织的分布以及缺陷存在的情况，可以知道钢材的冶金质量；通过推断缺陷的产生原因，在工艺上采取切实可行的措施，可以达到提高产品质量的目的。

钢的酸蚀检验方法可按照GB/T 226—2015《钢的低倍组织及缺陷酸蚀检验法》进行。

1. 试样的选取

酸蚀试样必须取自最易发生各种缺陷的部位。按照钢的化学成分、锭模设计、冶炼及浇注条件、加工方法、成品形状和尺寸的不同，钢中的宏观缺陷有不同的种类、大小和分布情况。鉴于检验目的不同，试样的选取也有所不同，一般可按照下述原则选取。

1）检验钢材表面缺陷时，如淬火裂纹、磨削裂纹、淬火软点等缺陷，应选取钢材或零件的外表面进行酸蚀试验。

2）检验钢材质量时，应在钢材的两端分别截取试样。对于有些冶金产品，应在其缺陷严重部位取样，如钢锭，应在其头部取样，这样就可以最大限度地保证产品质量。

3）在解剖钢锭及钢坯时，应选取一个纵向剖面和两个或三个（钢锭或钢坯的两端头或上、中、下三个部位）横截面试样。钢中白点、偏析、皮下气泡、翻皮、疏松、残余缩孔、轴向晶间裂纹、折叠裂纹等缺陷，在横截面试样上可清楚地显示出来；而钢中的锻造流线、应变线、条带状组织等，则能在纵向试样上显示出来。

4）在做失效分析或缺陷分析时，除了在缺陷处取样外，还应在有代表性的部位选取一个试样，以便与缺陷处做比较。

2. 试样的制备

取样可用热锯、冷锯、火焰切割、剪切等方法截取。试样加工时，必须除去由取样造成的变形和热影响区。

试样表面距切割面的参考尺寸为：

1）热锯切割时不小于20mm。

2）冷锯切割时不小于10mm。

3）火焰切割时不小于25mm。

加工后试样检验面表面粗糙度 Ra 应符合下列要求：

1）热酸腐蚀：$Ra \leqslant 1.6\mu m$。

2）冷酸腐蚀：$Ra \leqslant 0.8\mu m$。枝晶腐蚀：机械加工磨光 $Ra \leqslant 0.1\mu m$，磨光后的试样进行机械抛光或手动抛光 $Ra \leqslant 0.025\mu m$。

3）电解腐蚀：$Ra \leqslant 1.6\mu m$。

试样表面不得有油污和加工伤痕，酸蚀前应预先清除。

试样的厚度一般为20~30mm。纵向试样的长度一般为边长或直径的1.5倍。钢板检验面的尺寸一般长为250mm，宽为板厚。连铸板坯可取全截面或大于宽度之半的半截面横向试样，方坯、圆坯、异型坯取横向全截面试样。

GB/T 226—2015中规定了检验钢的低倍组织及

缺陷的热酸腐蚀法、冷酸腐蚀法和电解腐蚀法，适用于钢的低倍组织及缺陷的检验。仲裁检验时，若技术条件无特殊规定，以热酸腐蚀法为准。

3. 热酸蚀试验

酸蚀属于电化学腐蚀范畴。由于试样的化学成分不均匀，物理状态的差别及各种缺陷的存在等因素，造成了试样中许多不同的电极电位，组成了许多微电池。微电池中电位较高的部位为阴极，电极电位较低的部位为阳极，阳极部位发生腐蚀，阴极部位不发生腐蚀。当酸液加热到一定温度时，这种电极反应更加速进行，因此加快了试样的腐蚀。

（1）试验设备　热酸蚀试验所需的设备有：酸蚀槽、加热器、碱水槽、流水冲洗槽、电热吹风机等。

（2）热酸蚀溶液和试验规范　热酸蚀溶液和试验规范见表 4-1。

表 4-1　热酸蚀溶液和试验规范

<table>
<tr><th>分类</th><th>钢　种</th><th>酸蚀时间/min</th><th>热酸蚀溶液成分</th><th>温度/℃</th></tr>
<tr><td>1</td><td>易切削钢</td><td>5~10</td><td rowspan="4">1∶1（体积比）工业盐酸水溶液</td><td rowspan="4">70~80</td></tr>
<tr><td>2</td><td>碳素结构钢、碳素工具钢、硅钢、弹簧钢、铁素体型、马氏体型、双相不锈钢、耐热钢</td><td>5~30</td></tr>
<tr><td>3</td><td>合金结构钢、合金工具钢、轴承钢、高速工具钢</td><td>15~30</td></tr>
<tr><td rowspan="2">4</td><td rowspan="2">奥氏体型不锈钢、奥氏体型耐热钢</td><td>20~40</td></tr>
<tr><td>5~25</td><td>盐酸 10 体积份，硝酸 1 体积份，水 10 体积份</td><td>70~80</td></tr>
<tr><td>5</td><td>碳素结构钢、合金钢、高速工具钢</td><td>15~25</td><td>盐酸 38 体积份，硫酸 12 体积份，水 50 体积份</td><td>60~80</td></tr>
</table>

（3）试验操作过程　首先将配制好的酸液放入酸蚀槽内，并在加热炉上加热，将已加工好的试样，用蘸有四氯化碳和乙醇的棉花擦洗干净，随后用塑料导线将试样绑扎好，并将试样的腐蚀面向上，置于酸蚀槽内进行热酸蚀。达到温度后开始计算侵蚀时间，到达规定的时间后将试样从酸液中取出。大型试样可先放入碱溶槽里做中和处理，小型试样可直接放入流动的清水中冲洗。

试样表面上的腐蚀产物可用尼龙刷在流动的清水中刷掉。用沸水喷淋试样，并快速用干净且无颜色的热毛巾将试样立即吸干，随后再用电热风机吹干试样表面上的残余水渍。

如果试样表面上存在水渍或其他污垢，应放回浸蚀槽中略行侵蚀，然后再取出重新冲洗吹干。

经过上述操作的试样即可用肉眼或放大镜进行检验，必要时可立即照相。如果以后要进行复查或用作其他用途，则将试样放在干燥器中，或在试样表面上涂上一层防锈油，以防生锈。

4. 冷酸蚀试验

冷酸蚀也是显示钢的低倍组织和宏观缺陷的一种简便方法。由于这种试验方法不需要加热设备和耐热的盛酸容器，因此特别适合于不能切割的大型锻件和外形不能破坏的大型机器零件。冷酸蚀对试样表面质量的要求比热酸蚀高一些，一般要求表面粗糙度 Ra 不大于 0.80μm。冷酸蚀分为浸蚀和擦蚀两种方法，侵蚀的时间，以准确、清晰地显示出钢的低倍组织及宏观缺陷组织为准。

冷酸蚀法可直接在现场进行，比热酸蚀法有更大的灵活性和适应性，唯一缺点是，显示钢的偏析缺陷时，其反差对比度较热酸蚀效果差一些，因此评定结果时，要比热酸蚀法低 1 级。除此以外，其他宏观组织及缺陷的显示与热酸蚀法无多大差别。表 4-2 为几种常用的冷酸蚀溶液。

表 4-2　常用的冷酸蚀溶液

<table>
<tr><th>编号</th><th>冷酸蚀溶液成分</th><th>适用范围</th></tr>
<tr><td>1</td><td>盐酸 500mL，硫酸 35mL，硫酸铜 150g</td><td rowspan="3">钢与合金</td></tr>
<tr><td>2</td><td>氯化高铁 200g，硝酸 300mL，水 100mL</td></tr>
<tr><td>3</td><td>盐酸 300mL，氯化高铁 500g 加水至 1000mL</td></tr>
<tr><td>4</td><td>10%~20%（体积分数）过硫酸铵水溶液</td><td rowspan="4">碳素结构钢、合金钢</td></tr>
<tr><td>5</td><td>10%~40%（体积分数）硝酸水溶液</td></tr>
<tr><td>6</td><td>氯化高铁饱和水溶液加少量硝酸（每 500mL 溶液加 10mL 硝酸）</td></tr>
<tr><td>7</td><td>100~350g 工业氯化铜铵，水 1000mL</td></tr>
</table>

（续）

编号	冷酸蚀溶液成分	适用范围
8	盐酸 50mL，硝酸 25mL，水 25mL	高合金钢
9	硫酸铜 100g，盐酸和水各 500mL	合金钢、奥氏体不锈钢
10	氯化高铁 50g，过硫酸铵 30g，硝酸 60mL，盐酸 200mL，水 50mL	精密合金、高温合金
11	盐酸 10mL，乙醇 100mL，苦味酸 1g	不锈钢和高铬钢
12	盐酸 92mL+硫酸 5mL+硝酸 3mL	铁基合金
13	硫酸铜 1.5g+盐酸 40mL+无水乙醇 20mL	镍基合金

（1）冷酸蚀法的操作过程　首先用蘸有四氯化碳或乙醇的药棉清洗试样，然后将试样置入冷酸蚀溶液中，试样表面向上且被冷酸蚀溶液浸没。

浸蚀时要不断地用玻璃棒搅拌溶液，使试样受蚀均匀。试样从冷酸蚀溶液中取出后，置于流动的清水中冲洗，与此同时，用软毛刷洗刷试样表面上的腐蚀产物。如果试样表面上的低倍组织和缺陷未被清晰显示，试样仍可再次置入冷酸蚀溶液中继续腐蚀，直至显示出清晰的低倍组织和宏观缺陷为止。

清洗后的试样用沸水喷淋，并用无颜色的干净毛巾包住吸水，然后再用电热吹风机吹干。经上述处理的试样就可用肉眼或低倍放大镜来仔细观察其低倍组织或宏观缺陷组织，并按照相应的评级标准进行评级。

（2）冷酸擦蚀法的操作过程　冷酸擦蚀法特别适用于现场腐蚀和不能破坏的大型机件，具体操作过程如下：

试样表面的清洗方法如前所述，清洗后取出一团干净棉花并蘸吸冷酸蚀溶液，不断地擦蚀试样表面，直至清晰地显示出低倍组织和宏观缺陷为止。随后用稀碱液中和试样面上的酸液，并用清水进行冲洗。最后用乙醇喷淋试样表面，使其迅速干燥，即可通过肉眼和低倍放大镜对试样进行检验和评定。

5. 电解腐蚀试验

电解腐蚀试验具有操作简便，酸的挥发性和空气污染小等特点，特别适用于钢厂大型试样的批量检验。

（1）电解腐蚀的简单原理　钢在电解液中的腐蚀过程，实际上也是一种电化学反应。从本质上讲，由于钢材在结晶时产生的偏析、夹杂、气孔、组织上的变化及析出第三相等，使得金属表面各部分的电极电位不同，电解液中这些不均匀性便构成了一种复杂和多极的微电池。试样在外加电压的条件下，试样表面上各部位的电极电位有了改变，试样表面上电流密度也随之改变，这样便加快了腐蚀速度，达到了电解腐蚀的目的。

（2）电解腐蚀装置　电解腐蚀设备主要由变压器（输出电压≤36V）、电极钢板、电解液槽、耐酸增压泵等组成。

电解液槽用耐蚀的硬塑料制成，为了有效地保存和使用酸液，在电解液槽底下再安装一个盛酸液的储存槽。使用时，通过增压泵将下面储存槽内的酸液压入上面的电解液槽内。

电解液槽内安装两块普通碳素钢为阴极，其大小及厚薄视电解液槽和被电解腐蚀的试样（阳极）大小而定。电解腐蚀设备如图 4-1 所示。

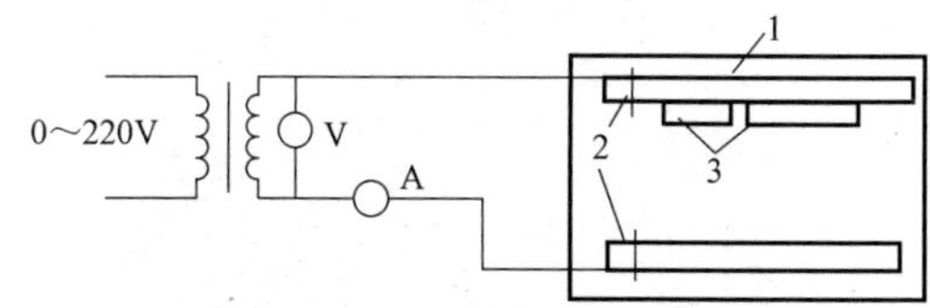

图 4-1　电解腐蚀设备

1—电解液槽　2—电解钢板　3—试样

（3）电解腐蚀操作过程　配制 15%～30%（体积分数）的工业盐酸水溶液，电解液的温度为室温。使用电压小于 36V，电流小于 400A。电解腐蚀时间以准确显示钢的低倍组织及缺陷为准，一般为 5～30min。

将试样放在两阴极板中间，沿阴极板可排成数行，试样的腐蚀面要平行于阴极板，试样面间距不小于 20mm。

试样放置完毕，酸液经增压泵进入电解液槽，直到酸液完全淹没试样为止。

通电，试样即可腐蚀；切断电源，反应即停止。如果试样电蚀过浅，可继续通电进行。

经电解腐蚀后的试样放在清水中冲洗，并用软刷子清除试样表面上的腐蚀产物。随后用乙醇喷淋试样表面，最后用电热风机吹干，进行检验和评定。

6. 低倍组织缺陷的评定

钢的低倍组织和缺陷评定范围及评定规则可参照 GB/T 1979—2001《结构钢低倍组织缺陷评级图》。该标准适用于碳素结构钢、合金结构钢、弹簧钢钢材（锻、轧坯）横截面试样的缺陷评定。该评级图有六套，分别适用于不同尺寸钢材的低倍组织和缺陷。

评级图一：适用于直径或边长小于40mm钢材。

评级图二：适用于直径或边长为40～150mm钢材。

评级图三：适用于直径或边长为150～250mm钢材。

评级图四：适用于直径或边长大于250mm钢材。

评级图五：适用于连铸圆、方钢材。

评级图六：适用于所有规格、尺寸的钢材。

钢中常见的宏观缺陷及评定原则如下：

（1）一般疏松（见图4-2） 在酸蚀试片上表现为组织不致密，呈分散在整个截面上的暗点和空隙。暗点多呈圆形或椭圆形。空隙在放大镜下观察多为不规则的空洞或圆形针孔。它是因为金属凝固时在树枝晶主次轴之间的间隙处聚集了低熔点物、气体或非金属夹杂物，经酸蚀后出现了疏松状态。

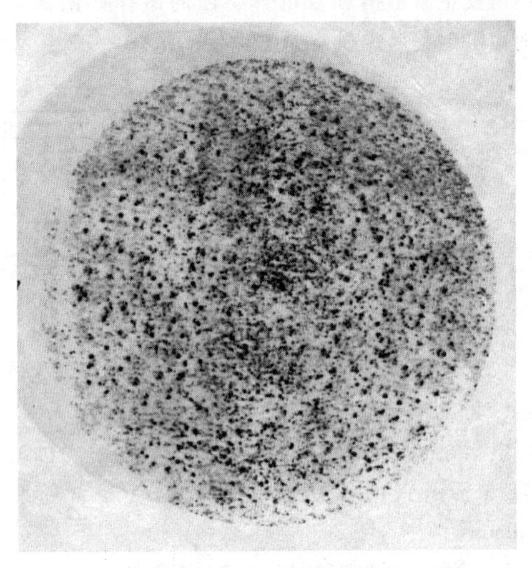

图4-2 一般疏松

评定原则：根据分散在整个截面上的暗点和空隙的数量、大小及分布状态，并考虑树枝晶的粗细而定，分为四个级别。

（2）中心疏松（见图4-3） 它与一般疏松的主要区别在于暗点和空隙集中于试块中心部位，而不是分散在整个试块上。它是由钢液凝固时体积收缩引起的组织疏松及钢锭中心部位因最后凝固使气体析集和夹杂物聚集较为严重所致。

评定原则：以暗点和空隙的数量、大小及密集程度而定，分为四个级别。

（3）锭型偏析（见图4-4） 在酸蚀试片上呈腐蚀较深的、由暗点和孔隙组成的框带，一般为方形。它是在钢锭结晶过程中由于结晶规律的影响，柱状晶区与中心等轴晶区交界处的成分偏析和杂质聚集所致。

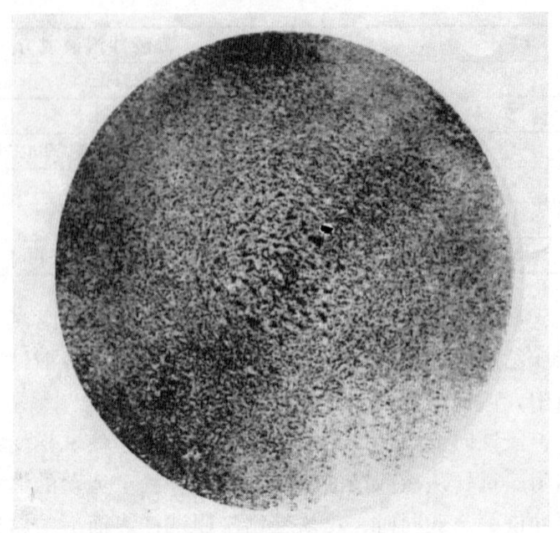

图4-3 中心疏松

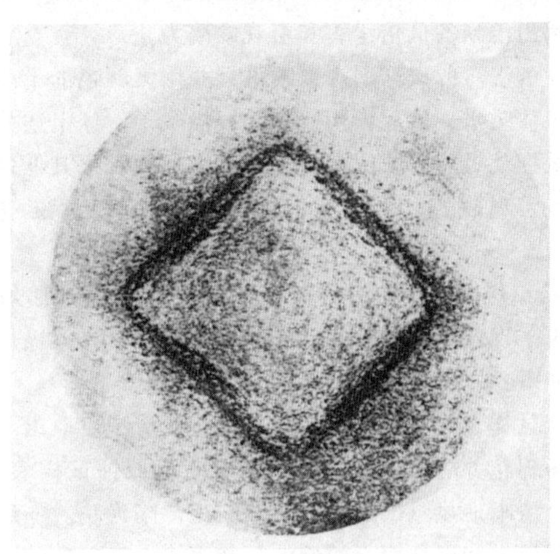

图4-4 锭型偏析

评定原则：根据框形区域的组织疏松程度和框带的宽度进行评定。必要时，可测量偏析框边距试片表面的最近距离。

（4）斑点状偏析 在酸蚀试片上呈不同形状和大小的暗色斑点。当斑点分散分布在整个截面上时称为一般斑点状偏析（见图4-5）；当斑点存在于试片边缘时称为边缘斑点状偏析。通常在结晶条件不良时，钢液在结晶过程中冷却较慢才产生这类成分偏析。当气体和夹杂物大量存在时，斑点状偏析加重。

评定原则：以斑点数量、大小和分布状况而定。

（5）白亮带 在酸蚀试片上呈现抗腐蚀能力较强、组织致密的亮白色或浅白色框带。连铸坯在凝固过程中由于电磁搅拌不当，钢液凝固前沿温度梯度减小，凝固前沿富集溶质的钢液流出而形成白亮带。

评定原则：需要评定时，可记录白亮带框边距试

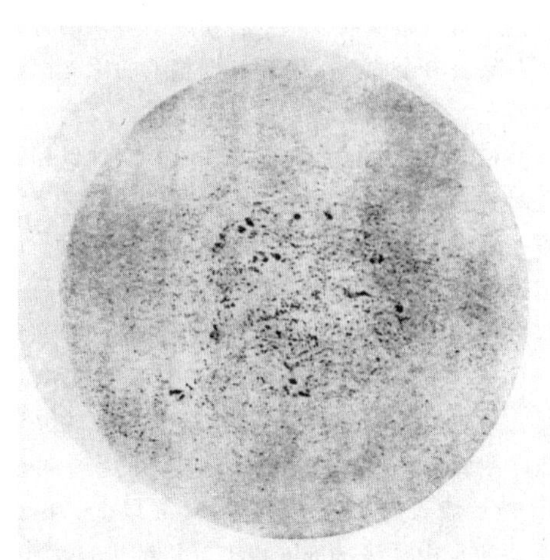

图 4-5　一般斑点状偏析

片表面的最近距离及框带的宽度。

（6）中心偏析　在酸蚀试片上的中心部位呈现腐蚀较深的暗斑，有时暗斑周围有灰白色及疏松。它是钢液在凝固过程中，由于结晶的影响及连铸坯中心部位冷却较慢而造成的成分偏析。

评定原则：根据中心暗斑的面积大小及数量来评定。

（7）冒口偏析　在酸蚀试片的中心部位呈现发暗的、易被腐蚀的金属区域。它是由于靠近冒口部位含碳的保温填料对金属的增碳作用所致。

评定原则：根据发暗区域的面积大小来评定。

（8）皮下气泡　在酸蚀试片上，于钢材（坯）的皮下呈分散或成簇分布的细长裂缝或椭圆形气孔。细长裂缝多数垂直于钢材（坯）的表面。它是由于钢锭模内壁清理不良和保护渣不干燥等原因造成。

评定原则：测量气泡离钢材（坯）表面的最远距离。

（9）残余缩孔　在酸蚀试片的中心区域（多数情况）呈现不规则的折皱裂缝或空洞，在其上或附近常伴有严重的疏松、夹杂物（夹渣）和成分偏析等。由于钢液在凝固时发生体积集中收缩产生的缩孔并在热加工时因切除不尽而部分残留。

评定原则：以裂缝或空洞大小而定。

（10）翻皮　在酸蚀试片上有的呈亮白色弯曲条带或不规则的暗黑线条，并在其上或周围有气孔和夹杂物；有的是由密集的空隙和夹杂物组成的条带。它是由于在浇注过程中表面氧化膜翻入钢液中，凝固前未能浮出所造成。

评定原则：测量翻皮离钢材（坯）表面的最远距离及翻皮长度。

（11）白点（见图 4-6）　在酸蚀试片上除边缘区域外的部分表现为锯齿形的细小发纹，呈放射状、同心圆形或不规则形态分布。在纵向断口上依其位向不同呈圆形或椭圆形亮点或细小裂缝。它是由于钢中氢含量较高，经热加工变形后在冷却过程中析出氢分子产生巨大的内应力而产生的裂缝。

评定原则：以裂缝长短、条数而定。

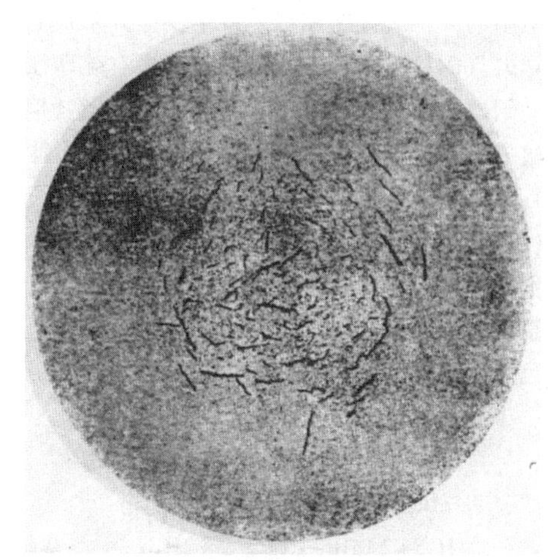

图 4-6　白点

（12）轴心晶间裂缝　此种缺陷一般出现于高合金不锈钢和耐热钢中，在酸蚀试片上呈三岔或多岔的、曲折、细小、由坯料中心向各方取向的蜘蛛网形的条纹。关于轴心晶间裂纹缺陷的成因一直尚无定论，有一部分确定是心部开裂，有的也是由于夹杂物堆积而成。

评定原则：级别随裂纹的数量与尺寸（长度及其宽度）的增大而升高。

（13）内部气泡　在酸蚀试片上呈直线或弯曲状的长度不等的裂缝，其内部较为光滑，有的伴有微小可见的夹杂物。它是由于钢中含有较多气体所致。

（14）非金属夹杂物（目视可见）及夹渣　在酸蚀试片上呈不同形状和颜色的颗粒。

评定原则：有时出现许多空隙或空洞，如目视这些空隙或空洞内未发现夹杂物或夹渣，应不评为非金属夹杂物或夹渣。但对质量要求较高的钢种（指有高倍非金属夹杂物合格级别规定者），建议进行高倍补充检验。

（15）异金属夹杂物　在酸蚀试片上颜色与基体组织不同，无一定形状的金属块。有的与基体组织有明显界限，有的界限不清。它是由于冶炼操作不当，合金料未完全熔化或浇注系统中掉入异金属所致。

4.1.2　印痕法检验

钢中的硫、磷是有害的杂质元素，对钢的性能影响较大，要检验硫、磷在钢材截面上的分布情况，必须借助印痕法。它对检验材料或失效构件中硫、磷的分布，进一步分析材料产生缺陷的原因有很大帮助。印痕法是用涂有试剂的相纸紧贴在试样表面上，使试剂和钢中的某一成分在相纸上发生反应并形成具有一定色彩斑点的检验方法。常用的印痕法有硫印法和磷印法。钢的硫印试验可按 GB/T 4236—2016《钢的硫印检验方法》规定的方法进行。

1. 硫印法

(1) 原理　试剂中的稀硫酸与硫化物发生反应而产生硫化氢气体，再使硫化氢气体与印在相纸上的溴化银作用，生成棕色的硫化银沉淀物，相纸上显有的棕色印痕便是硫化物所在之处。其化学反应式如下：

$$FeS+H_2SO_4 \rightarrow FeSO_4+H_2S\uparrow$$

$$MnS+H_2SO_4 \rightarrow MnSO_4+H_2S\uparrow$$

$$H_2S+2AgBr \rightarrow Ag_2S\downarrow+2HBr\uparrow$$

试样所含硫化物较多时，该化学反应进行较剧烈，相纸上的印痕颜色深而多。若相纸上出现大点子的棕色印痕，则表示试样的硫偏析较为严重和硫含量较高；若呈分散的棕色小点，则表示硫偏析较轻，而且硫含量也较低。硫印试验是一种定性试验，仅以硫印试验结果来估计钢的硫含量是不恰当的。

(2) 取样与制备　试验可在产品或从产品切割的试样上进行。通常对如棒材、钢坯和圆钢等产品试样，一般从垂直于轧制方向的截面切取或由双方协商确定合适的表面。产品标准中未规定时，取样的数量和位置应由双方协商。一般采用刨、车、铣或研磨的方法对试样表面进行加工。加工后试样表面粗糙度 $Ra \leqslant 3.2\mu m$。

(3) 材料和试剂　试验需要采用绸面相纸和光面相纸，通常采用硫酸、柠檬酸或乙酸试剂。硫印试验用试剂的种类和浓度见表 4-3。

表 4-3　硫印试验用试剂的种类和浓度

编号	钢中硫含量（质量分数，%）	试剂（体积分数，%）
1	0.005~0.015	硫酸 5~10
2	0.015~0.035	硫酸 2
3	0.10~0.40	硫酸 0.2~0.5，柠檬酸或乙酸 10~15

(4) 试验程序　在室温下将相纸浸入体积足够的酸液中抖动，以确保相纸上的酸液浸泡均匀。取出相纸时，应用脱脂棉或吸水纸将相纸上多余的稀酸液去除。在除去多余的酸溶液后，把相纸的感光面贴到受检表面上。若试样较小，也可用把试样放到事先已经浸泡的相纸上的办法。用此方法时，应确保相纸与试样之间紧密接触而不发生任何滑动，如有必要可用重物压住试样以利于接触。为确保良好的接触，可以使用辊子、刮刀或海绵，小心地将气泡移出样品的边缘，此过程相纸不能发生移动。根据被检试样的现有资料（如化学成分）与待检缺陷的类型预先确定接触时间，一般为 3~5min，实际接触时间以能够清晰显示硫印图像为宜。揭掉相纸放到流动的水中冲洗约 10min，然后放入定影液中浸泡 10min 以上，再取出放入流动的水中冲洗 30min 以上。相纸可自然干燥，也可用相纸烘干机进行快速干燥。图 4-7 所示为 45 钢曲轴部分剖面的硫印照片。

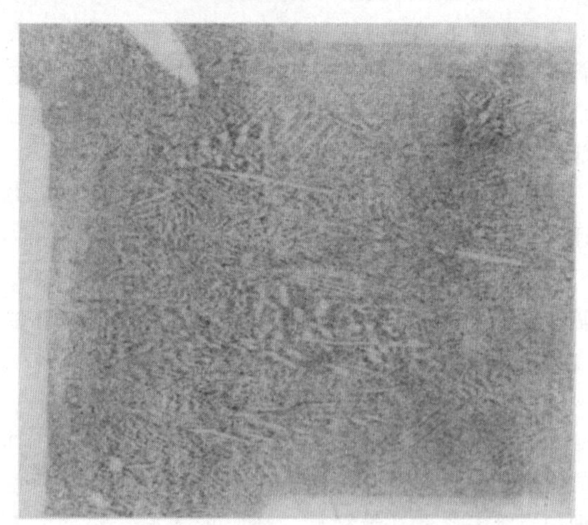

图 4-7　45 钢曲轴部分剖面的硫印照片

2. 磷印法

显示磷的偏析可采用铜离子沉淀法、硫代硫酸钠法等。这里主要介绍硫代硫酸钠法。

(1) 原理　此法与硫印法相似，所不同的是试样须先进行浸蚀，即采用含有焦亚硫酸钾的饱和硫代硫酸钠溶液对试样进行浸蚀，然后将经浸过盐酸溶液的相纸贴于试样表面，使其发生化学反应，在相纸上显示出彩色斑痕。

(2) 试验程序　先将试样表面用四氯化碳清洗去净油污，然后将试样置于加有 1g 焦亚硫酸钾（$K_2S_2O_5$）的 50mL 饱和的硫代硫酸钠（$Na_2S_2O_3$）溶液中浸蚀 8~10min。取出试样，经水洗、乙醇冲洗后吹干，再将经 3%（质量分数）盐酸溶液浸透过的相纸贴于试样表面上。其他操作与硫印法相同。此时相纸上较深的褐色斑痕处即为磷含量低的区域，颜色较浅或白色区域即为磷偏析处。

4.1.3　着色渗透检验

酸蚀法与印痕法为破坏性试验，一般均在被切取的试样上进行，即需要破坏被检验的零件。在工业生产中，往往要求对半成品乃至成品进行非破坏性的宏观检验，以了解在加工过程中是否产生了缺陷（如裂纹等），对于这种缺陷的检查可采用无损检测，如磁粉检测、超声检测等，但这些检测均需一整套仪器设备，操作也较繁杂。而采用着色渗透法则极为简便，几乎不需要什么专用设备，且检验结果能直观明了地显示出清晰的缺陷形貌，即在缺陷处取样，进行微观检测，从而判断缺陷的性质。因此，近年来该方法在工业中得到广泛应用，尤其是在失效分析及对半成品、成品的检验中往往能提供重要信息。相关标准有JB/T 9218—2015《无损检测　渗透检测方法》。以下简单介绍渗透检测方法中着色渗透剂在金相检验方面的作用。

（1）原理　利用液体的毛细管作用，使液体着色渗透剂渗入试样表面不易被眼睛觉察的开口缺陷中，通过显示，在日光下观察出缺陷的形貌。

（2）应用范围　可广泛应用于各种金属材料的铸件、锻件、焊接件，以及非金属材料中的陶瓷、塑料、玻璃制件等。凡开口缺陷（如裂纹、折叠、分层、疏松、未熔合等）均能清晰显示。对于电真空器件的慢漏气、高压密封情况也能取得良好效果。

（3）着色渗透剂的特点　着色渗透剂由渗透液、显示液、洗净液和荧光显示液等组成。产品种类有多种，如红色溶剂去除型和绿色疏水性水洗型。其不同点为：红色溶剂去除型适用于光洁的表面，灵敏度高，可以检测1μm以下的缺陷，它由渗透液、显示液、洗净液和荧光显示液组成；绿色疏水性水洗型适用于表面粗糙的试样，可以检测3~6μm的缺陷，它由渗透液及显示液组成。渗透剂有一定黏度，不易流失，可在10~50℃条件下使用，显示迅速，反差大，色泽鲜艳，不易褪色，试验重复性好。其中，红色溶剂去除型试剂一次渗透后，既可用作颜色显示，又可用作荧光显示，便于相互验证；绿色疏水性水洗型试剂不溶于水，但可用水冲洗，渗透速度快（最长1min），对显示铸件、锻件、焊接件的缺陷尤为方便。

（4）渗透液的性能　化学稳定性好，不发生沉淀、分解现象，在pH值5.1~7.35范围内，洗涤性能良好，对试样无腐蚀现象。

（5）显像剂的种类　显像剂有干粉、水溶性、水悬浮多种，它与渗透剂配套使用，根据产品的具体使用范围来进行选择。

（6）操作方法

1）清洗被检验面。着色渗透是否成功，很大程度上取决于被检验工件的清洁程度，不允许表面存在铁锈、氧化皮及其他表面膜、水分及灰尘等。可使用机械的或化学的方法仔细清洗，以去除污染物。

2）施加渗透液。用喷或涂敷方法将渗透液加到工件表面上，渗透时间为5~60min。

3）清洗多余的渗透液。用清洗液，洗去未渗入缺陷中多余的渗透液，擦净、吹干。

4）显示方法如下：

干粉显像剂：采用喷粉、静电喷射、聚束极、流化床或喷粉枪等技术，均匀地将干粉显像剂施加到被检表面上，应在被检表面形成一薄层覆盖，不允许出现局部堆积。

水悬浮显像剂：通过浸没在搅动的悬浮液中或使用适当的设备喷射来施加此类显像剂，并在被检表面得到一均匀薄层。

溶剂型显像剂：应喷射至稍微湿润的被检表面，并得到一均匀薄层。在去除多余渗透剂后尽快施加显像剂。

使用上述显示方法时，工件的表面温度不应超过50℃。

（7）着色渗透法的若干实例

1）钢球表面缺陷的显示。图4-8所示直径为3mm滚珠（钢球），因原材料中存在大量夹杂物，使其表面产生显微剥落和细小裂纹。

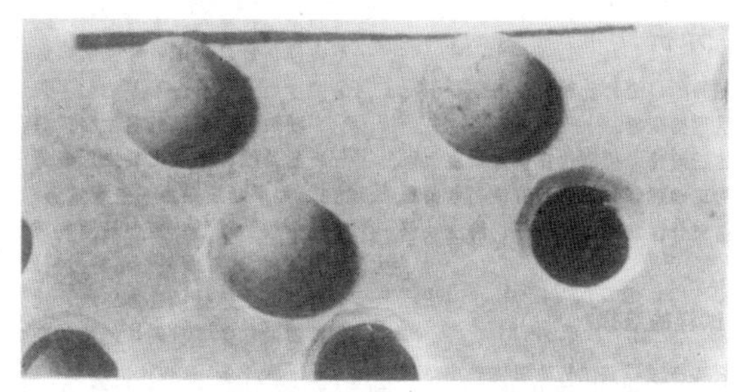

图4-8　直径为3mm滚珠表面缺陷的着色渗透显示

2）仪表游丝轧辊表面磨削裂纹的显示。精密仪表游丝轧辊在制造过程中，因磨削工艺不当造成磨削裂纹。图4-9所示为轧辊表面磨削裂纹的着色渗透显示。

3）丝锥淬火裂纹的着色渗透显示。丝锥淬火温度过高又未及时回火，在螺纹尖角处易形成裂纹。图4-10所示为丝锥上应力裂纹的着色渗透显示。

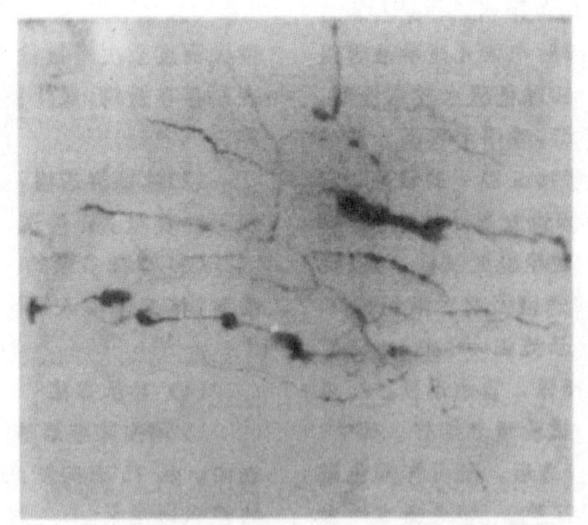

图 4-9 轧辊表面磨削裂纹的着色渗透显示

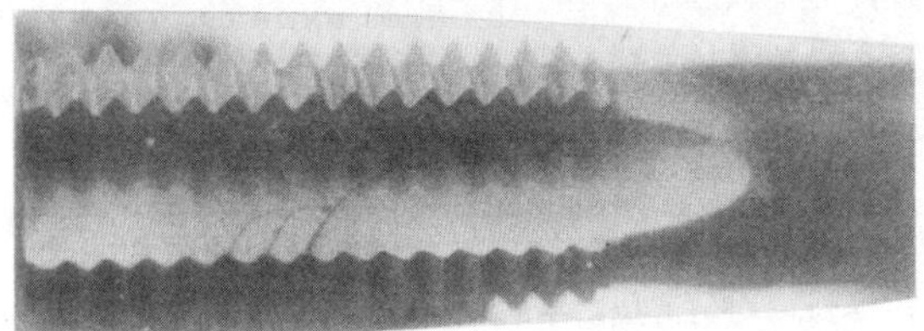

图 4-10 丝锥上应力裂纹的着色渗透显示

4.2 断口分析

对断裂构件的断口进行分析，可以为判断引起断裂的原因提供重要依据。断口分析的正确性、可靠性在很大程度上取决于断口试样的正确选择和断口的清洁与新鲜程度。因此，必须充分注意断口的选择、清洗及保存。

4.2.1 断口试样的选择

在分析断裂构件时，必须从断裂构件中选取断口样品。这不仅是为了缩小检查范围，更重要的是为了选择最先开裂的断裂部位。另外，在取样时不得损伤断口表面，并使断口保持干燥，防止污染。断裂包括裂纹的萌生与扩展过程，断裂失效分析的目的在于找出裂纹形成的原因、部位及扩展方式。如果断裂是由一条裂纹引起的，则根据断口宏观形貌，就能比较容易地判断裂纹源的位置及扩展方向。如果断裂是由许多裂纹引起的，如压力容器破裂或爆炸成许多碎块，则必须从中确定首先开裂的部位，找到该部位的断口。

一般来说，在构件上出现许多裂纹时，这些裂纹的形成在时间上是有先有后的。确定裂纹形成的方法很多，以下介绍几种常用的检验方法。

1. 主裂纹的判别方法

构件断裂大多数是在运行过程中发生的，经常是一个构件断裂后，其碎片会击断或碰伤其他构件。例如汽轮机组运行时，若一个叶片发生断裂，断叶将会击断或碰伤其他叶片，造成大的断裂事故。又如构件上产生一条裂纹后，又会陆续引发几条二次裂纹。因此，在断裂失效分析中，必须进行主裂纹与二次裂纹的判别。

(1) T 形法 图 4-11 所示为在一个构件上产生了两条裂纹，并构成 T 形裂纹；或断裂成几个碎片，碎片合拢后构成 T 形裂纹。在通常情况下，可认为裂纹 *A* 为首先开裂，且 *A* 裂纹阻止了 *B* 裂纹的扩展；换言之，在 *B* 裂纹的扩展受到 *A* 裂纹的阻止时，*A* 裂纹为主裂纹，*B* 裂纹为二次裂纹。裂纹扩展方向平行于 *A* 裂纹，裂源位置可能在 *O* 或 *O′*处。

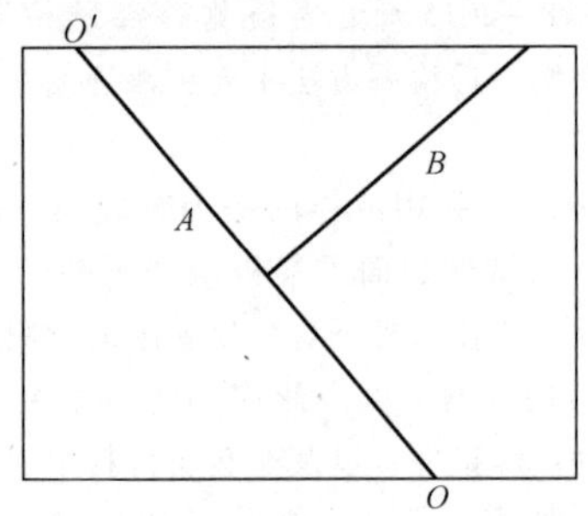

图 4-11 T 形法判别主裂纹示意图

A—主裂纹 *B*—二次裂纹 *O* 或 *O′*—裂纹源

(2) 分叉法 构件在断裂过程中，一条裂纹往往会产生很多分叉，如图 4-12 所示。一般情况下，裂纹分叉方向即为裂纹的扩展方向，其反向则指向裂纹源的位置 *O* 点。也就是说，分叉裂纹为二次裂纹，汇合裂纹为主裂纹。

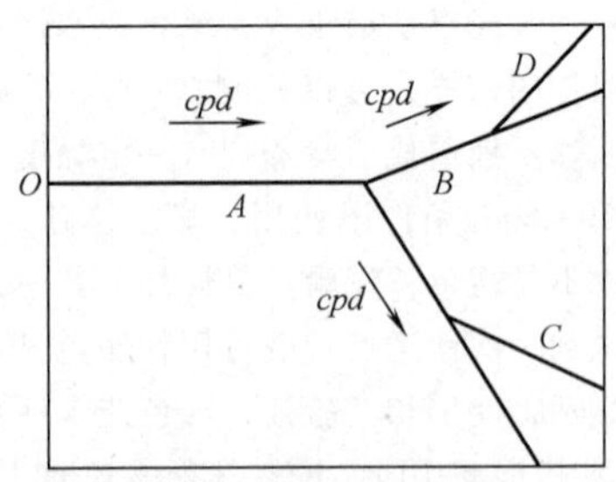

图 4-12 分叉法判别主裂纹示意图

A—主裂纹 *B*、*C*、*D*—二次裂纹 *O*—裂纹源

cpd—裂纹扩展方向

(3) 变形法 具有一定几何形状的构件，在断裂过程中发生变形，并且断裂成几个碎块。图 4-13 所示的是一个圆环形的构件，在发生断裂时断裂成

三块。在判别主裂纹时，要将断片合拢，检查各个部位的变形量的大小。变形量大的部位为主裂纹，其他部位为二次裂纹，裂纹源在主裂纹所形成的断口上。

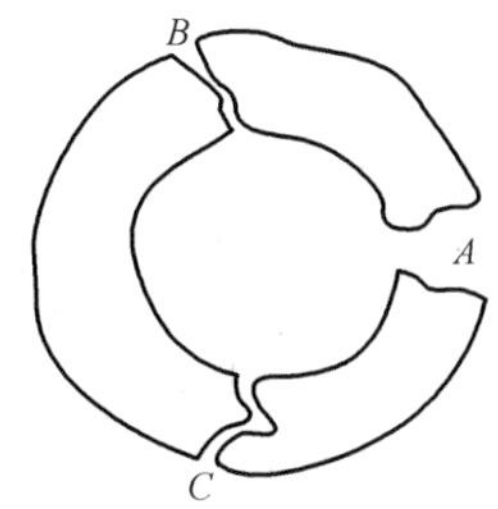

图 4-13　变形法判别主裂纹示意图

A—主裂纹　*B*、*C*—二次裂纹

（4）氧化法　氧化法主要是利用金属或合金材料在环境介质中会发生氧化或腐蚀并随着时间的延长而严重的现象，判断裂纹扩展方向。图 4-14 所示为氧化法判别主裂纹示意图。由于主裂纹（这里指形成断口的裂纹）开裂的时间比二次裂纹开裂的时间早，所以主裂纹断口上的氧化或腐蚀程度比二次裂纹形成的断口上的氧化或腐蚀程度严重。由此可见，氧化或腐蚀比较严重的部位是主裂纹的部位，而氧化或腐蚀比较轻的部位是二次裂纹部位。裂纹源在主裂纹的表面处。

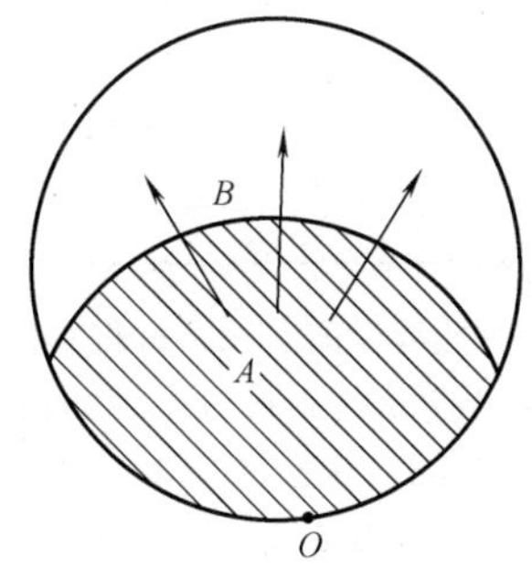

图 4-14　氧化法判别主裂纹示意图

A—主裂纹形成的断口部分　*B*—二次裂纹形成断口部分　*O*—裂纹源　→—裂纹局部扩展方向

对于实际的断裂事故，应根据各种断裂的具体条件，对裂纹的扩展规律、断口形貌特征、断口表面的颜色、各部位相对变形量的大小、构件散落的部位及其分布等进行综合分析，才能准确无误地判别主裂纹与二次裂纹。一般来说，脆性断裂失效时，常常使用 T 形法和分叉法来判别主裂纹；韧性断裂失效时，经常利用变形法来判断主裂纹；环境断裂时，常使用氧化法来判别主裂纹；疲劳断裂时，常常应用断口宏观形貌特征来识别裂纹源的位置及其裂纹扩展方向。

2. 断口试样的截取方法

对大多数开裂的构件来说，失效分析主要依靠断口形貌特征来进行分析。为了进行这种分析，必须使构件沿裂纹扩展方向发生断裂，即所谓打开裂纹，才能对断口进行清洗和观察。

打开一个裂纹常常要求对有裂纹的构件进行部分破坏。对于这种情况，在打开裂纹之前应对构件进行必要的检查及测量，以确定部件的形态。常用的方法是对构件的开裂部位画出轮廓草图或进行照相等。另外，也可用复印的方法，将构件裂纹区域的表面形态刻印下来，但采用这种方法时要注意复印材料的选择。

打开裂纹的方法很多，如拉开、扳开、压开等。但无论是哪一种方法，都必须根据裂纹源的位置及裂纹的扩展方向来选择受力点。一般情况下，都是沿垂直于裂纹的扩展方向加力，使带有裂纹的构件形成断口（见图 4-15）。

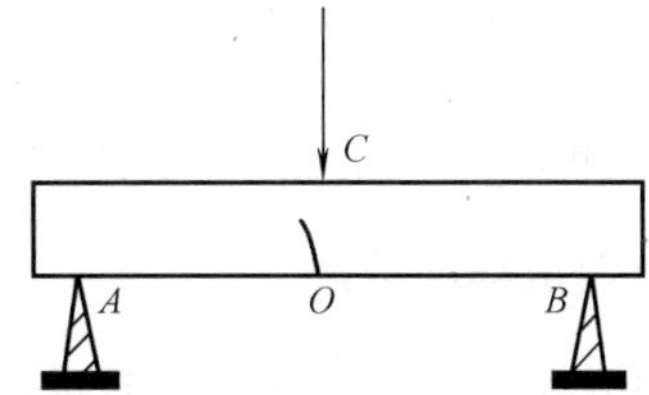

图 4-15　三点弯曲选取断口试样的示意图

A、*B*—支承点　*C*—受力作用点　*O*—裂纹源

在断裂失效分析时，经常遇到较大的断口试样，如船用柴油机曲轴断口、轧钢机轧辊断口等。如果进行扫描电镜观察或进行复型透射电镜观察，都必须将大块的构件断口切割成小块试样。常用的切割方法有火焰切割、锯削、砂轮片切割、线切割及电火花切割等。在应用这些方法时，应注意不能使断口试样的显微组织及断口形貌特征发生变化，切口与被观察部位间还要留有一定的距离。在选择切割用冷却剂时，注意不能使冷却剂腐蚀断口表面。另外，除了注意防止热损伤或化学腐蚀外，还必须注意防止机械损伤。

3. 二次裂纹

在金属材料的内部或表面存在的不连续的空间部分称之为裂纹。二次裂纹是指初始裂纹或主裂纹形成之后所产生的裂纹。从时间上来看，二次裂纹形成的时间迟于主裂纹形成的时间。它们之间没有严格的界线，只是相对而言。广义地讲，主裂纹只有一个，而以后产生的裂纹，均称之为二次裂纹。从形成机理上看，二次裂纹也可以理解为是由于裂纹的形成或扩展不是在一个平面内而形成的。二次裂纹基本上有下列三种类型：

（1）分叉或分枝的二次裂纹　它是主裂纹在扩展过程中所形成的，与主裂纹相连接。

（2）横向二次裂纹　它可能与主裂纹相通，也可能与主裂纹不相通。相通的二次裂纹的扩展受到主裂纹的阻止。这种二次裂纹均垂直于主裂纹。

（3）独立的二次裂纹　它与主裂纹不相通。这种二次裂纹的萌生与扩展均是独立进行的，其裂纹走向往往与主裂纹平行。裂纹的萌生及其扩展机理基本上与主裂纹相近。

在断裂失效分析中，通常是在主裂纹碎片上选择断口试样进行分析。但是，在主裂纹断口受到严重的机械擦伤或化学腐蚀时，只能检查及研究二次裂纹的断口试样。另外，在高温条件下，主裂纹的断口表面氧化或腐蚀较严重，断口表面被较致密的氧化膜所覆盖，很难进行断口的形貌特征分析，此时只能分析研究二次裂纹断口，因为它的氧化或腐蚀比较轻些。在分析研究断口形貌细节时，也需要采用二次裂纹断口试样，因为二次裂纹断口受到机械擦伤的影响比较小，常常保存有断口形貌的精细结构。二次裂纹可供分析研究断裂机理、断裂过程及断裂影响因素等用。

4.2.2　断口试样的清洗

在进行断口观察，尤其是电子显微镜观察时，其中最主要的是断口表面的状态。在一般情况下，断口表面均受不同程度的化学损伤和机械损伤，其中化学损伤更为严重。因此，需要对断口试样进行清洗，除掉断口表面上的灰尘、污垢及腐蚀产物，否则很难观察到真实的断口形貌特征。

1. 清洗前的检查

失效过程中的全部残片，在进行清洗之前，都应经过充分的外观检查、拍照及绘制草图等。检查的表面可能受到积垢的污染，如油脂、腐蚀产物、氧化物等。对于这些积垢进行仔细检查分析，可从中获得有关断裂失效的重要信息，常能为判别失效原因或确定失效分析程序等提供有力证据。例如，在断口表面的某个部位上发现有油漆痕迹，这就可能表明在失效之前，构件表面已经存在裂纹，使表面油漆进入裂纹。

外观检查应从肉眼观察开始，要特别注意对断口表面和裂纹轨迹的检查。构件的初步检查应尽量地彻底、认真，切不可马虎。

另外，在清洗之前，要注意对断口表面附着积垢物的分析研究。通常，化学损伤是由于环境介质所引起的，它主要是水和氧的影响。

为了弄清断口上的腐蚀产物对断裂失效的影响，必须分析腐蚀产物的性质及结构，尤其是环境断裂失效分析，对腐蚀产物的分析研究更为重要。这是因为断口表面腐蚀产物可以直接提供断裂环境的影响情况，如氢脆断裂，往往在断口上富积了氢离子，因此在清洗断口之前，必须分析氢离子浓度及其分布情况。若在氯离子环境中发生断裂失效，其断口表面会有氯离子富积现象。

对断口表面上富积的微量或痕量元素的分析，常常应用俄歇电子谱仪、离子探针等表面分析仪器。但是，当腐蚀产物用复型萃取下来时，也可以应用电子衍射或电子探针等方法进行分析研究。

2. 断口试样的清洗方法

清除断口表面积垢或油脂等附着物的方法有气球吹洗法、毛刷刷洗法、物理复型法、化学试剂清洗法、超声波清洗法及电解清洗法等。其中最常用的是毛刷刷洗法和物理或空白复型法。在使用硬毛刷刷洗时，要与有机清洗试剂一起使用，如用非金属毛刷可蘸石油溶剂进行清洁。清洗各种断口常用的化学试剂见表 4-4。

表 4-4　清洗各种断口常用的化学试剂

金属材料	试剂的种类	避免使用的试剂
铸铁、碳钢、合金钢	有机试剂或 1%（质量分数）碱溶液	酸、水
铝、镁及其合金	有机试剂	氢氧化钠溶液
铜及其合金	有机试剂或肥皂水	酸、氨水

根据断口腐蚀程度的不同，可将断口试样浸泡在化学试剂（这里指的是有机试剂，如丙酮、三氯乙烯等）中 10～15min，并根据具体情况，选用软毛刷刷洗或用较弱的超声波清洗，以促进反应，取得快速除掉积垢的效果。

所有的酸性溶液都会迅速浸蚀钢件，故断口表面除锈时应小心。有时根本不允许采用这种方法，而用电解除锈方法。但应注意，使断口试样为阴极，以保证在断口表面锈层清除后完全不受腐蚀。

在一般情况下，电解清洗法均采用中性或弱碱性溶液，尽量少用酸性溶液。若断口表面生成较致密的氧化层或形成高温氧化膜，可采用酸性电解液进行阴极清洗或者使用酸性溶液化学清洗。

下面介绍几种常用的电解清洗剂及化学试剂的配方。

1）采用 NaCl 500g、NaOH 500g、H_2O 5000mL

配制的电解液，电流为 4A，电压约为 15V，用不锈钢做阳极，进行阴极电解清洗。使用时应注意对电解时间的控制。

2）采用 NaCN 6g、Na_2SO_3 6g、H_2O 100mL 配制的电解液，用不锈钢板做阳极。这种电解液不仅可除掉锈层，而且不会出现过度酸蚀现象。即便是在裂纹内部有一层高温形成的氧化物的困难条件下，用这种电解清洗剂仍可有效地清除掉。但值得注意的是，这种电解液毒性较大，要求使用的电流与除锈面积成正比，除锈的时间要掌握适当。此外，还要处理好废电解液，防止环境污染。

3）采用 Na_2CO_3 30g、Na_2SO_3 20g、Na_3PO_4 20g、NaOH 10g、H_2O 1000mL 及少量的表面活性剂水溶液配制的电解液。在室温下，电流密度为 2～5A/cm^2，用不锈钢板做阳极，电解时间要控制在 1～5min 范围之内，可清洗掉断口表面上锈层等物。

4）采用 HCl520mL、H_2O480mL，再加入适当缓蚀剂（如乌洛托品等）配制电解液。将待除锈的断口试样在常温条件下浸泡，最好与超声波清洗器联合使用，其效果更理想。当构件断口较大，不能放入超声波清洗槽内时，可将上述化学清洗剂用软毛刷轻轻刷洗断口表面，再用空白复型清洗，这样交替多次清洗，可达到除掉致密氧化层或高温下形成的氧化膜的目的。

经过化学或电化学方法清洗，可将较厚的氧化膜除掉，但是只能识别这个断口是脆性断裂还是韧性断裂，而对断口上的较细的结构（如疲劳断裂过程中产生的显微断裂形貌特征——疲劳辉纹）可能还看不清楚，仅呈现出模糊状或断续状的辉纹。这时，只有使用化学有机试剂和多次物理或空白复型才能奏效。图 4-16 所示为经清洗后的沿晶断口形貌。图 4-17 所示为经清洗后的疲劳断口形貌。

图 4-16　经清洗后的沿晶断口形貌

图 4-17　经清洗后的疲劳断口形貌

4.2.3　断口试样的保存

由于断口表面忠实地记录了断裂全过程，因此对断口表面必须保护得非常完好。在取样及存放过程中，严防损伤断口表面的任何原始状态，尤其是在断口初检及清洗时，不能随意用手去摸弄断口表面，或者是将两个匹配断面对接碰撞，以避免断口表面产生人为的损伤。在整个断口分析的过程中，要十分注意对断口试样的保护。

1. 断口试样保存方法简介

为了防止断口表面生锈或腐蚀现象发生，可在断口表面涂抹一层极易溶去且不腐蚀的保护材料，例如防锈漆、环氧树脂、醋酸纤维丙酮溶液等，也可以将清洗完毕的试样浸泡在无水乙醇中，或放入干燥器里。

目前，经常采用乙酸纤维素（质量分数）为 7%～8% 的丙酮溶液，在使用时将它倒在断口表面上，并使溶液均匀分布，待干后即可。另外，还可采用三氯乙烯溶液能清洗掉的透明胶作为断口表面的保护材料。

2. 断口试样保存时应注意的事项

（1）断口要保持干燥　断口试样在选取、清洗及传递的过程中应避免受潮，禁止用水洗涤断口表面。对于沾污了腐蚀介质（如海水等）的断口试样需要彻底清洗。用水洗后，立即用丙酮或乙醇溶液漂洗，干燥后放入干燥器皿中存放。

（2）断口表面严防机械擦伤　构件断裂失效大多数是在运行过程中发生的，不可避免地在断口表面产生不同程度的机械损伤，这是事先无法防止的。但是，在断口取样、存放、制备电镜试样过程中，要严防人为机械擦伤，特别要注意不得使两个匹配面相互咬合或碰击。

（3）断口表面不能用酸性溶液清洗　用酸性溶液清洗断口，不仅会使断口形貌失真，而且还会在断口上显示出材料的显微组织。只有需要显示组织形态之间的对应关系或者是在分析研究断口形貌特征与显微组织之间的对应关系时，才能应用酸性溶液清洗断口。一般应避免使用酸性溶液接触断口表面。

4.3 宏观断口分析

断口分析技术是由宏观断口分析和显微断口分析所组成的，两者是相辅相成缺一不可的。宏观断口分析是借助肉眼及放大镜对金属材料及其构件断裂的断面进行的形貌观察与分析。通过宏观断口分析，可以判断断裂的性质及断裂事故的全过程，为进一步开展显微断口分析提出目标和任务。宏观断口分析是显微断口分析的前提和基础。

4.3.1 断裂分类

断裂类型根据断裂的分类方法不同而有很多种。对断裂的研究虽然很多，但到目前为止，国内外对其分类的看法仍很不统一。下面介绍几种常用的断裂分类方法。

1. 按断裂性质分类

根据材料或构件断裂前所产生的宏观塑性变形量的大小，可将断裂类型分为韧性断裂与脆性断裂。

（1）韧性断裂　材料断裂前有明显的宏观塑形变形，一般塑性变形量在5%以上的断裂称为韧性断裂，又称延性断裂。韧性断裂在断裂之前均有一定的变形，容易被发现，一般不会造成较大的危害。

韧性断裂的断口呈纤维状，色泽灰暗，边缘有剪切唇，断口附近有宏观的塑性变形。大多数多晶体金属拉伸试验的韧性断裂有三个明显的阶段。首先，试样开始出现局部“缩颈”，并在“缩颈”区域产生小的分散的空穴；接着这些小空穴不断增加和扩大并聚合成微裂纹，裂纹方向一般垂直于拉应力方向；最后，裂纹沿剪切面扩展到试件表面，剪切面方向与拉伸轴线近似呈45°角。这三个阶段就构成了通常所见的典型的杯锥状断口。图4-18a所示杯状断口的杯底与图4-18b所示锥状断口的锥顶的中心区均属于纤维状断口，断口周围部分均为典型的剪切断口，有时也称之为剪切唇。

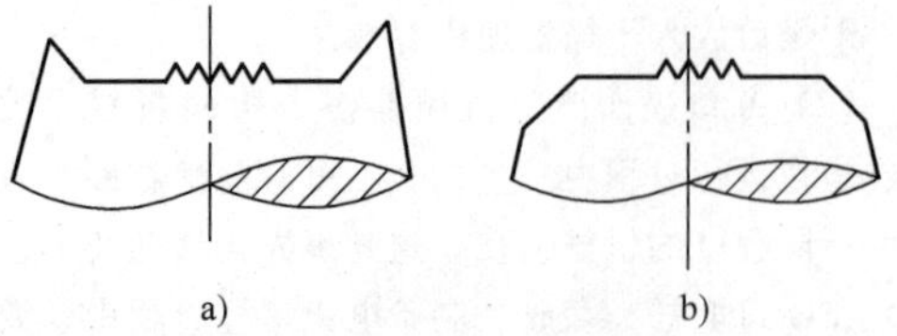

图4-18　杯锥状断口示意图

a）杯状断口　b）锥状断口

（2）脆性断裂　材料断裂前无明显的宏观塑性变形，一般塑性变形量小于3%的断裂均可称为脆性断裂。脆性断口形貌较平整，用肉眼或放大镜观察不到宏观变形量，但是在电子显微镜下可观察到局部的塑性变形。脆性断裂是一种突然发生、没有明显征兆的断裂，因而危害性很大。

脆性断裂的特点是：

1）脆性断裂时承受的工作应力很低，往往低于材料的屈服强度。

2）温度降低，脆性断裂倾向增加。对一般材料而言，如中低强度钢，若在-80℃时断裂，其断口具有明显的脆性断裂特征。当温度降低到-160℃时，表征塑性断裂的纤维状断口及剪切唇均消失，断口呈放射状条纹。

3）脆性断口具有放射状或人字条纹等形貌特征。

4）断口表面粗糙程度随载荷增加而增加。当然与材质也有关系，例如铸钢或铸铁断口较粗糙。

5）高强钢或超高强钢的脆性断口较光滑，断口形貌特征不大明显等。

2. 按断裂路径分类

依裂纹扩展路径的不同，可把断裂分为穿晶断裂和沿晶断裂，也有二者兼而有之的混合型。

（1）穿晶断裂（见图4-19a）　多晶金属的断裂

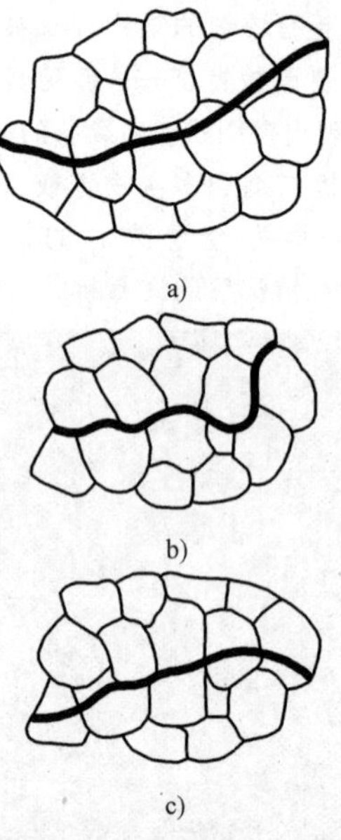

图4-19　按断裂路径分类

a）穿晶断裂　b）沿晶断裂　c）混合断裂

若是以裂纹穿过晶粒内部的途径发生的，则称为穿晶断裂。大多数金属材料在常温下的断裂均为穿晶断裂。穿晶断裂可能是韧性的，也可能是脆性的。若断裂是穿过晶体沿解理面断开，但并无明显的塑性变形时为脆性断裂；若穿晶断裂时出现明显的塑性变形则为韧性断裂。

从结晶学角度出发，又可将穿晶断裂分为结晶学断裂与非结晶学断裂两种。结晶学断裂是指沿一定的结晶学平面发生的断裂。其断口形貌特征与结晶学有着特定的位向关系，如解理断裂、穿晶应力腐蚀断裂等。非结晶学断裂是指断裂时发生较大的塑性变形，此时在材料内部将形成显微孔洞与孔洞的聚集并导致分离，断裂表面为非结晶学断口，如韧窝断口。在电子显微镜下观察，这种断口具有明显的韧窝形貌特征。

（2）沿晶断裂（见图 4-19b）　多晶金属的断裂若是以裂纹沿着晶界扩展的方式发生的，则称为沿晶断裂。发生沿晶断裂的一个明显的原因是晶界上存在着特殊的第二相，例如不锈钢中的晶界碳化物 $Cr_{23}C_6$ 会导致沿晶断裂。沿晶断裂也会在晶界上并无第二相存在时发生，例如合金钢中沿原奥氏体晶界发生断裂的回火脆性现象。

沿晶断裂多数属于脆性断裂，但也有属于韧性断裂的。若断裂是沿晶进行，但晶粒无明显的塑性变形的属于脆性断裂，如钢中因回火脆性后的断口、应力腐蚀断口、氢脆断口等。若沿晶界断裂，而晶粒又可见塑性变形即为韧性断裂，这是由于在晶界上发生显微孔洞的形成和聚集而导致的断裂。其断口在电子显微镜下可观察到比较浅且小的韧窝花样，如蠕变断裂等。

（3）混合断裂（见图 4-19c）　在多晶金属材料的断裂过程中，很少只发生一种由穿晶断裂机制或沿晶断裂机制所控制的断裂过程，多数情况下是由混合断裂机制所控制的断裂，其断裂路径既有穿晶断裂，又有沿晶断裂。例如，回火马氏体材料的瞬时断裂就属于这种类型。穿晶断裂将有 50% 的面积沿原奥氏体晶界和 50% 的面积沿解理面发生混合断裂，沿晶断裂将有较多的面积是沿原奥氏体晶界断裂与一定数量的准解理断裂。

3. 按断裂方式分类

按断裂面所受外力类型不同，可分为正断断裂、切断断裂及混合断裂三种类型。

（1）正断断裂　由正应力引起的断裂称为正断断裂。断口表面垂直于最大正应力方向，常见于解理断裂或形变约束较大的场合，如平面应变条件下的断裂。断口的宏观形貌较平整，微观形貌有韧窝花样、河流花样等特征。例如，等轴韧窝花样的断裂方式便是典型的正断断裂。

（2）切断断裂　由切应力引起的断裂称为切断断裂。宏观断面的取向与最大切应力方向相一致，而与最大正应力约呈 45°角，常发生于滑移形变不受约束或约束较小的情况。断口的宏观形貌较平滑，微观形貌为抛物线状的韧窝花样。

（3）混合断裂　由正断断裂与切断断裂混合而成的断裂称为混合断裂，如韧性材料圆柱试样拉伸获得的杯锥状断口是混合断裂的典型例证。混合断裂是最常见的。

4. 按断裂机理分类

金属材料按断裂机理分类可分为解理断裂和剪切断裂。

（1）解理断裂　解理断裂是金属材料在一定条件下（如体心立方金属、密排六方金属与合金处于低温、冲击载荷作用），当外加正应力达到一定数值后，以极快速度沿一定晶体学平面的穿晶断裂。解理断裂无明显塑性变形，沿解理面分离，解理面一般是低指数或表面能最低的晶面。通常，解理断裂总是脆性断裂，但脆性断裂不一定是解理断裂，两者不是同义词，它们不是一回事。

（2）剪切断裂　剪切断裂是金属材料在切应力作用下，沿滑移面分离而造成的滑移面分离断裂，它又分为滑断（又称切离或纯剪切断裂）和微孔聚集型断裂。纯金属尤其是单晶体金属常发生滑断。钢铁等工程材料多发生微孔聚集型断裂，如低碳钢拉伸所致的断裂即为这种断裂，这是一种典型的韧性断裂。

5. 按其他形式分类

（1）按应力状态分类　可分为静载断裂（如拉伸断裂、剪切断裂、扭转断裂）和动载断裂（如冲击断裂、疲劳断裂）等。

（2）按断裂环境分类　可分为低温断裂、室温断裂、高温断裂、应力腐蚀开裂及氢脆断裂等。

（3）按断裂时所需要的能量分类　可分为高能断裂、中能断裂与低能断裂三种类型。它与按结晶学关系分类基本上是相呼应的。低能断裂相当于结晶学断裂，高能断裂相当于非结晶学断裂，中能断裂相当于结晶学与非结晶学混合断裂。

（4）按裂纹扩展速度分类　可分为快速断裂、缓慢断裂及延迟断裂类型。例如，拉伸断裂、冲击断裂等为快速断裂，疲劳断裂为缓慢断裂。

上述断裂现象均对应着一定的断口特征，断口分类与断裂分类基本上是对应的。

4.3.2　各类断口形貌特征

1. 韧性断口

韧性断口的宏观形貌特征是呈纤维状和剪切唇。

（1）纤维状形貌特征　纤维状形貌是韧性断口最突出的标记，纤维状区域在光滑圆形拉伸试样断口的中央部位。一般情况下，纤维状区域呈现凹凸不平及灰暗色的宏观外貌。

纤维状形貌特征不仅在拉伸断口中出现，也会在冲击断口中出现。通常，冲击断口在缺口处呈半圆形区域；塑性较好的材料，往往在冲击断口中可能出现两个纤维状区域。

（2）剪切唇形貌特征　剪切唇为倾斜断裂面。一般情况下，剪切唇与拉伸轴呈45°角。剪切唇形貌较光滑，与鹅毛状近似，往往在断口的边缘出现，是构件断裂最后分离的部位。

2. 解理断口

解理断口为脆性断口，断裂时不产生或产生较小的宏观塑性变形。解理断口的两个最突出的宏观特征是小刻面和放射状条纹。

（1）小刻面　解理断口上的结晶面，在宏观上呈无规则取向，当断口在强光下转动时，可见到闪闪发光的特征。一般称这些发光的小平面为小刻面，即解理断口是由许多小刻面所组成的。根据这个宏观形貌特征，很容易判别解理断口。

（2）放射状或人字条纹　解理断口的另一个宏观形貌特征是具有人字条纹或放射状条纹。图4-20所示为实际失效分析中拍摄的弹簧断口形貌。由该图可见明显的放射条纹，放射纹条纹的收敛位置为断裂源区。人字条纹指向裂纹源，其反向即倒人字条纹方向为裂纹的扩展方向。因此，可根据人字条纹的取向，很容易判断裂纹扩展方向及裂纹源的位置。放射状条纹的收敛处为裂纹源，其放射方向为裂纹的扩展方向。另外，其他断口也可能出现放射状或人字条纹形貌。

图4-20　弹簧断口形貌

3. 疲劳断口

疲劳断裂是损伤积累的结果，大多数疲劳断口为穿晶型断裂，属于脆性断裂的范畴。疲劳断裂处一般无明显塑性变形，断裂面和主应力方向垂直，两断裂面可良好吻合。疲劳断口由平滑的疲劳断裂区和凹凸不平的最终断裂区组成。疲劳断裂区域的晶粒比较细小，有时呈现一种发亮的研磨面。最终断裂区（也称为瞬断区）在韧性金属中为纤维状，而在脆性金属中则为粗糙的结晶状。疲劳断裂区是疲劳裂纹渐进式扩展，即裂纹缓慢扩展形成的，而最终断裂区（即静载断裂区）则是裂纹快速扩展，在一个或几个载荷循环内使构件完全断裂而形成的。疲劳断口的这两个区域可以从宏观上明显地看出，如图4-21所示。

图4-21　疲劳断口宏观形貌特征

下面仅就这两个区域以及疲劳断口上的最突出的宏观标记来介绍其宏观形貌特征。

（1）平滑区　严格地讲，疲劳的平滑区包括疲劳裂纹的萌生及扩展两部分。但在一般情况下，疲劳断口上的疲劳裂纹萌生部分不太明显，区域较小（0.10~0.25mm范围），宏观上不易分辨出来。这里讲的平滑区仅指疲劳裂纹的稳定扩展区域。

1）疲劳裂纹扩展方向。平滑区是裂纹缓慢扩展形成的，通常呈脆性的细瓷状宏观外貌。裂纹扩展方向与最大拉应力方向垂直，在平滑区中用肉眼或放大镜观察时，可以观察到“年轮”或称“贝壳状”“海滩状”等宏观标记。年轮线与裂纹方向垂直，根据年轮条纹的变化，可以判别裂纹的扩展方向及裂纹源位置。

有时在疲劳断口的平滑区上分布着很多疲劳台阶或放射状条纹，它们所指引的方向，均表示裂纹的局部扩展方向。

2）磨光标记。由于机械零部件的疲劳断口常常是在运行过程中形成的，因此两个断面在运行过程中相互摩擦很严重，往往在平滑区中出现磨光的宏观特征，特别是在裂纹源附近，其磨光的程度更为突出。

3）疲劳扩展区的颜色。疲劳裂纹扩展区与最终断裂区相比，前者形成时所需的时间比后者长，加之疲劳裂纹源常常在表面或次表面形成，因此疲劳裂纹扩展区常与外界相通。断口表面受到空气、水、水蒸气及其他介质的氧化或腐蚀，以致在断口上常呈现黑色或褐色。

有时疲劳裂纹扩展区无明显颜色，这表示裂纹与外界相隔绝，空气、水等介质未能进入裂纹腔体。这时的疲劳源常在表面或表面之下。

4）疲劳台阶。在多源疲劳断裂中，各个裂纹源不是在同一个平面上。随着裂纹的扩展，裂纹连接时，在不同平面之间的连接处形成台阶、折纹等标记。台阶愈多，表示材料所受的应力或应力集中愈大，疲劳源的数目愈多。裂纹源附近的疲劳台阶通常称为一次疲劳台阶，其他的称为二次疲劳台阶。

5）“棘轮”标记。对于一些轴类构件，多源疲劳断口的台阶常构成“棘轮”标记，它表示所受的扭转应力或应力集中较大。

（2）“年轮”条纹　疲劳“年轮”，又称为“贝壳状”或“海滩状”条纹，它是疲劳断口最突出的宏观形貌特征。如果在宏观断口上观察到“年轮”条纹，就可判为疲劳断口。

1）“年轮”的产生。“年轮”表示裂纹前沿在间歇扩展时的依次位置，它是机器在开机、停机或负荷变动较大时造成的，故“年轮”也称为疲劳“前沿线”。轮纹间尺寸较大，用肉眼或放大镜就可以看到。在实验室试验的试样中，往往不出现或出现很少这种宏观条纹，因为此时在裂纹扩展过程中并无大的干扰存在。

2）“年轮”的形状。若“年轮”条纹绕着裂纹源成为向外凸起的同心圆状，则表示材料对缺口不敏感（如低碳钢）；相反，若围绕裂纹成凹杯状时，则表示材料对缺口敏感（如高碳钢）。“年轮”之所以形成凸状或凹状，是由于疲劳裂纹在材料的外缘和内部的扩展速率不相同所致。例如，对缺口敏感的材料，裂纹沿外缘的扩展速率较内部为大，故“年轮”形成凹杯状，如图 4-22a 所示。对于缺口不敏感的材料，外缘的扩展速率较内部小，故“年轮”围绕裂纹源呈现同心圆，如图 4-22b 所示。

此外，材料的热处理状态、受力状态、晶粒大小及环境介质等，对疲劳裂纹扩展速率均有一定的影响。

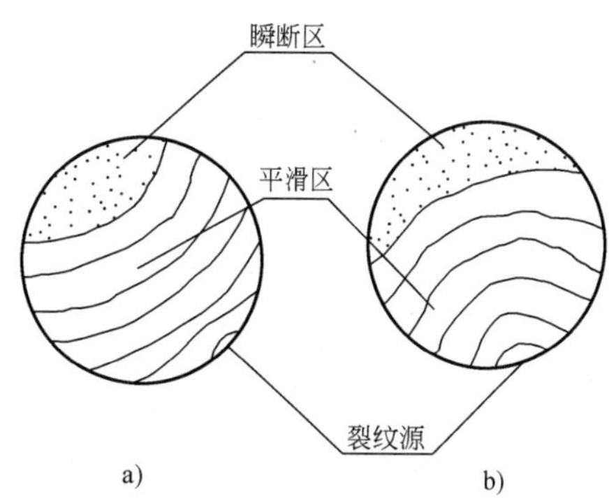

图 4-22　疲劳“年轮”形状与材料缺口敏感性的关系示意图
a）缺口敏感的材料　b）缺口不敏感的材料

3）“年轮”的变化。若“年轮”的间距是规则的，则表示所受应力的变化是规则的；若“年轮”的间距不规则，则表示所受应力的变化也不规则。“年轮”间距较小时，表明材料较韧，疲劳裂纹扩展速率较缓慢。“年轮”在软的材料中容易出现，而在硬的材料中则不易出现。

另外，应力状态也会改变“年轮”的形态，例如拉-压疲劳，疲劳源及“年轮”仅在一侧产生及扩展，而在反复弯曲应力作用下的疲劳断裂，疲劳源及“年轮”可能在两侧产生及扩展。

（3）最终断裂区　它是由于疲劳裂纹扩展到一定程度，使截面缩小，材料强度不够所引起的瞬时超载断裂造成的。它具有裂纹快速断裂特征，断口形貌凹凸程度较大。此区域有时称为瞬时断裂区，简称为瞬断区或静断区。

1）瞬断区的大小。疲劳断口的瞬断区由纤维状、剪切唇及放射状三个部分组成。瞬断区的大小取决于载荷的大小、材料的优劣及环境介质等因素。在通常情况下，瞬断区面积较大时，表示所受载荷较大或材料较脆；相反，瞬断区面积较小时，表示载荷较小或材料韧性较好。

2）瞬断区的位置。瞬断区的位置越处于断面中心部位，表示所受外力越大；瞬断区的位置若处于自由表面，则表示构件所受外力较小。此外，瞬断区的位置还与应力状态有关。

3）瞬断区的形貌特征。疲劳裂纹的瞬断区处于疲劳裂纹的失稳断裂阶段。因此，在通常情况下，瞬断区的形貌特征具有断口三要素的全部形貌特征。不过，有时断裂条件发生变化，断口三要素也要发生变化，可能只出现一种或两种形貌特征。其中，应力状态对瞬断区形貌的影响更为显著。

4. 环境介质断裂

环境介质断裂主要是指金属材料在应力和腐蚀介质、温度、环境等联合作用下，产生沿晶或穿晶脆性断裂的现象。经常接触到的环境断裂有腐蚀疲劳、应力腐蚀、氢脆断裂等。不同类型的断裂有各自的断口特征。

（1）腐蚀疲劳断口　腐蚀疲劳断口的形貌特征与一般疲劳断口形貌相类似，不同的是由于腐蚀环境的影响，形成了一些独特的形貌。在断口上既能观察到疲劳断口的形貌特征，同时又能观察到腐蚀或应力腐蚀断口的形貌特征。

1）腐蚀疲劳的裂纹源多起源于材料表面上的腐蚀坑或表面缺陷处。在裂纹源附近可能存在着几个腐蚀坑，即腐蚀疲劳均为多源疲劳。

2）腐蚀疲劳断口的二次裂纹较多，且在腐蚀坑的底部能看到较集中的二次裂纹分布情况。

3）腐蚀疲劳断口有沿晶断裂的形貌，也有穿晶断裂或混合断裂的形貌。

4）由于受介质的影响，腐蚀疲劳断口的条纹会腐蚀溶解，因此断口上的条纹呈模糊状。

（2）应力腐蚀断口　应力腐蚀断裂是在一定的腐蚀环境和一定的拉应力作用下引起的早期脆性断裂，其断口称为应力腐蚀断口。

应力腐蚀裂纹源常常发生于金属材料的表面，由于化学腐蚀作用往往在裂纹源处形成腐蚀坑。在一般热处理质量控制和检验情况下，应力腐蚀裂纹源经常是多源的，这些裂纹在扩展过程中发生合并，形成台阶或放射状条纹。裂纹的扩展部分具有明显的放射条纹，其汇聚处为裂纹源，其放射方向为裂纹的扩展方向，如图 4-23 所示。

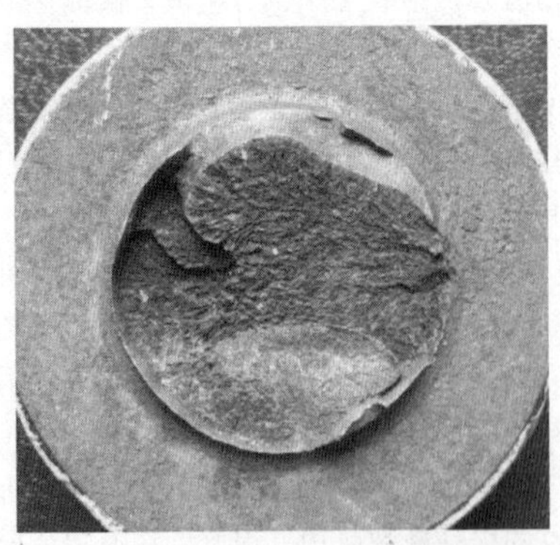

图 4-23　螺栓应力腐蚀开裂的宏观断口形貌

（3）氢脆断裂　材料中由于氢含量较高而引起的断裂称为氢脆。氢脆断裂方式可能是穿晶的，也可能是沿晶的。氢脆本身不是一种独立的断裂机制，氢的存在往往有助于某种机制的断裂，如氢引起的解理断裂或沿晶断裂等，如图 4-24 所示。一般情况下，钢材在环境介质的作用下吸收氢，将产生沿晶脆性断裂；而在冶金过程中吸收氢，将产生穿晶脆性断裂。

图 4-24　船用输出齿轮氢脆等原因引起开裂的断口宏观形貌

4.3.3　裂纹源位置及裂纹扩展方向的判别

在断口分析或失效分析中，必须掌握判别裂纹源位置及裂纹扩展方向的方法。由于这个方面的内容比较多，故不能一一叙述，这里仅对用断口的宏观形貌特征来判别裂纹源位置及裂纹扩展方向的方法进行简述。

1. 裂纹源位置的判别

裂纹萌生的位置通常称为裂纹源。一般来说，由于使用的检验方法不同，裂纹源大小的含义也不相同。在工程技术中，通常指用肉眼或放大镜能够观察到的尺寸为裂纹源的大小，一般为 0.25mm 或几个晶粒尺寸。

机械零部件断裂时，裂纹源往往在表面或应力集中处萌生，如尖角、油孔等。各种不同情况下的裂纹源可判断如下：

1）放射状条纹或人字条纹的收敛处为裂纹源。

2）纤维状区域的中心处为裂纹源。

3）裂纹源处无剪切唇形貌特征。

4）裂纹源位于断口的平坦区域。

5）疲劳前沿线或“年轮”条纹线曲率半径的最小处为裂纹源。

6）环境断裂的机械零部件的裂纹源位于腐蚀或氧化最严重的表面处。

2. 裂纹扩展方向的判别

在断裂分析中，当裂纹源位置确定后，裂纹的宏观扩展方向也可随之确定，即指向裂纹源的相反方向为裂纹的宏观扩展方向。不同情况下的裂纹扩展方向有以下几种：

1）由纤维状区域到剪切唇区域的方向为裂纹的宏观扩展方向。

2）放射状条纹的发散方向为裂纹的宏观扩展方向。

3）与疲劳前沿线或“年轮”条纹线相垂直的方向为裂纹的宏观扩展方向。

4）在疲劳断口中，疲劳宏观台阶方向为裂纹的扩展方向。

5）在环境断裂分析中，腐蚀或氧化严重区域指向未腐蚀或氧化区域的方向为裂纹的宏观扩展方向。

4.4　显微断口分析

用显微镜分析研究断口形貌特征的方法称为显微断口分析。

4.4.1　显微断口分析方法

早在 17 世纪初，人们就开始使用光学显微镜进行金属材料断口分析，并取得了较显著的成就，尤其是对脆性解理断口和疲劳断口等的观察与分析更引人注目。到了现代，电子显微镜的出现进一步促进了断口分析技术的发展，形成了显微断口分析技术，或称显微断口分析方法。

断口的高倍观察（即显微观察），基本上是用电子显微镜来实现的。用透射电子显微镜（简称透射电镜）研究断口时，必须掌握断口的复型技术，因为透射电镜不能直接观察断口试样。应用透射电镜观察复型时的分辨能力受到复型技术的限制，一般均低于仪器本身的分辨能力，为 5~15nm。使用透射电镜观察断口试样时，经常使用的倍率为 2000~30000。

由于透射电镜采用复型技术来分析研究断口形貌时，很难将所观察到的部位与实际断口试样上的位置或方向一一对应起来，所以给分析带来很大困难；再者，因为铜网的网格占去了很大的面积，使断口被观察到的范围很窄。因此，目前广泛采用扫描电子显微镜（简称扫描电镜）来分析研究断口的形貌特征。

扫描电镜是一种介于透射电镜和光学显微镜之间的一种观察手段。新式的扫描电镜的分辨率可以达到 1nm，放大倍数可以达到 30 万倍及以上连续可调。此外，扫描电镜和其他分析仪器相结合，可以做到观察微观形貌的同时进行物质微区成分分析。从电子图像的成像质量及清晰程度来看，虽然扫描电镜达不到透射电镜的水平，但是扫描电镜可以省掉复杂的复型技术，直接观察断口实物。不过，扫描电镜所观察断口试样的尺寸是有限的，必须将其断口切割成适当的尺寸。若不允许切割，可用乙酸纤维膜（即 AC 纸）复型后再喷上碳或金属，然后放入扫描电镜中观察。

由此可见，透射电镜与扫描电镜同是进行断口分析的主要工具，各有优缺点。目前的电子显微断口学，就是以这两种电子显微镜为基础建立起来的。

1. 断口复型技术

由于电子束的穿透能力比较低，用投射电子显微镜分析的样品非常薄，根据样品的原子序数大小不同，一般在 5~500nm 之间。要制成这样薄的样品必须通过一些特殊的方法，复型法就是其中之一。所谓复型，就是样品表面形貌的复制，是一种间接（或部分间接）的分析方法。通过复型制备出来的样品是真实样品表面形貌组织结构细节的薄膜复制品。复型材料本身必须是非晶态材料，而且复型材料的粒子尺寸必须很小。此外，复型材料还应具备耐电子轰击的性能，在电子束照射下能保持稳定，不发生分解和破坏。一般采用塑料及真空蒸发沉积碳与重金属作复型材料。在断口分析中，通常使用的是一次复型和二次复型。一次复型又称萃取复型。它有两种类型，即一次塑料复型和一次碳复型。二次复型是以一次塑料复型作为中间复型（或负型），然后再进行第二次复型——碳-铬蒸发复型（或正型）。利用复型技术观察断口时，应注意识别各种假象。在复型上出现的假象多半是在复型制备过程中产生的，尤其是对断口表面清洗不干净时，最容易产生假象。这是因为在断口上有一些积垢或油污等物被复型粘取下来，或者是它们的痕迹或轮廓被复印下来，形成了与断口显微形貌特征无关的假象。断口保存不当时也能产生假象。

2. 扫描电镜简介

扫描电镜是进行断口分析的有力工具。扫描电镜是利用扫描线圈使经聚焦的电子束在试样表面上扫描，引起二次电子发射，经过接收、放大，输入显像管。对显像管进行调整，使显像管荧光屏上形成二次电子图像。扫描电镜的结构如图 4-25 所示。

扫描电镜具有以下一些特点：

1）可以直接观察较大的样品。

2）放大倍数可连续增大。

3）景深大，立体感强，可清晰显示断口的凸凹形貌。

4）除二次电子图像外，还可给出吸收电子图像、背反射电子图像、X 射线特征像及阴极发光等信息。

5）可测定样品微区化学成分，确定晶体取向。

6）可进行动态试验、动态观察。

有的扫描电镜还可兼做透射电镜、电子衍射仪和电子探针等仪器的工作。目前，扫描电镜的应用范围还在不断扩大。

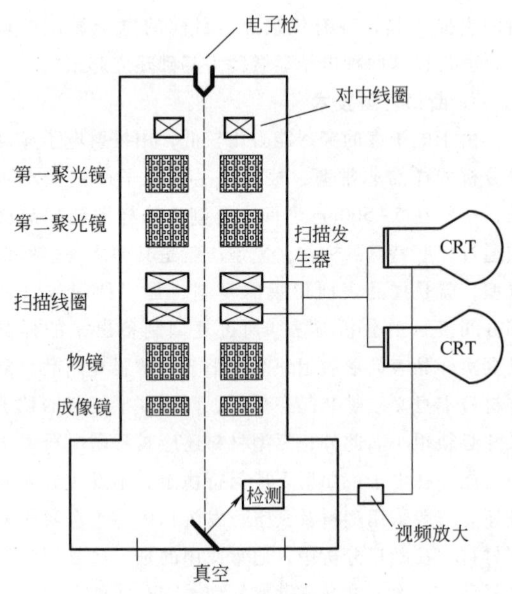

图 4-25 扫描电镜的结构

4.4.2 断口显微形貌特征

断口的显微形貌特征丰富多彩，下面对其进行简单介绍。

1. 韧窝断口

韧窝断口在没有用电子显微镜观察时，对其显微形貌特征的了解是不够清楚的。通过电子显微镜的观察，才发现韧窝断口是由于显微空穴或微孔的萌生及聚集而形成的一种断口显微形貌特征——韧窝花样。

（1）韧窝的形状 韧窝花样的形状主要是由所受的应力状态所决定的，一般可出现三种不同形状的韧窝花样，即正交韧窝（见图 4-26a）、剪切韧窝（见图 4-26b）、撕裂韧窝。

韧窝的形状是相对于局部断裂而言的。当宏观断裂形态与显微形态不一致时，各个不同的局部位置存在着与其各自的显微形态相适应的韧窝花样。在通常情况下，各种形状的韧窝是混合在一起的。在实际的金属材料中，等轴韧窝与抛物线韧窝是规则而交替分布的，且常常观察到抛物线韧窝包围着等轴韧窝。

（2）韧窝的大小 韧窝尺寸用韧窝的宽度和深度来度量。韧窝宽度是指等轴球体或抛物线旋转体的大圆直径，韧窝的深度是从断面到韧窝底部的距离。

韧窝的大小与下列因素有关：

1）显微空洞或微孔的大小。

2）显微空洞聚合前发生的塑性变形量。

3）夹杂物的尺寸、间距。

4）材料的塑性变形能力等。

通常，当断裂条件相同时，韧窝尺寸越大，则材料的塑性越好。

（3）韧窝的数量 韧窝的数量取决于显微空洞的数目。材料含有第二相颗粒或夹杂物时，第二相颗粒或夹杂物往往存在于韧窝的底部，如图 4-27 所示。

（4）卵形韧窝 卵形韧窝是指在大韧窝的自由表面上又生成的小韧窝或二次韧窝。

（5）韧窝花样的类型 韧窝花样有穿晶型，还有沿晶型。

2. 解理断口显微形貌特征

（1）解理台阶 金属及合金的解理断裂是很少沿一个晶面开裂的，而是跨越几个相互平行的解理面，并以不连续的方式断裂。如果解理裂纹是沿两个互相平行的解理面扩展，则在两个平行的解理面之间可能产生解理台阶。

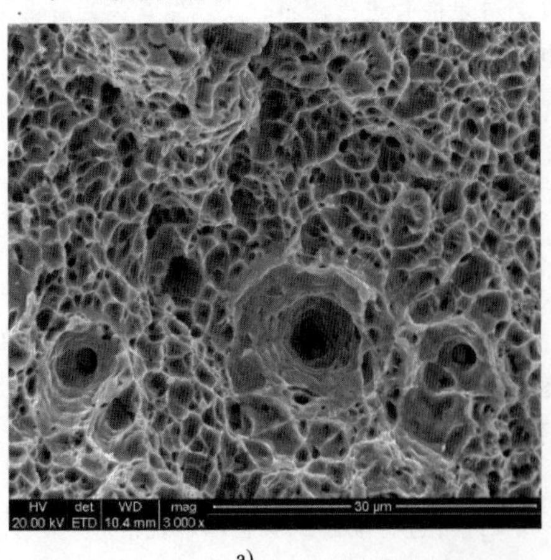

a)

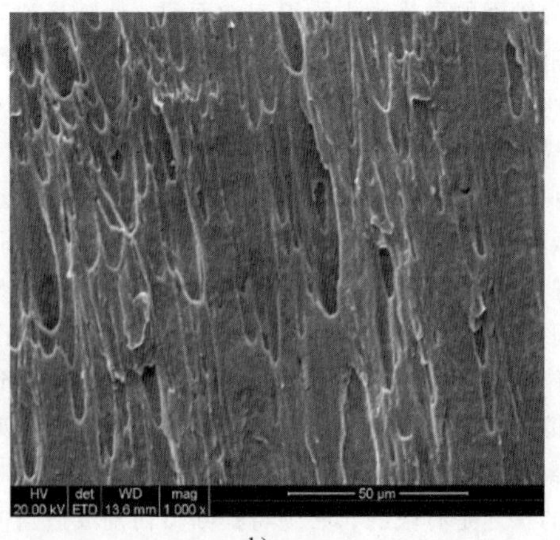

b)

图 4-26 不同形状的韧窝
a）正交韧窝 b）剪切韧窝

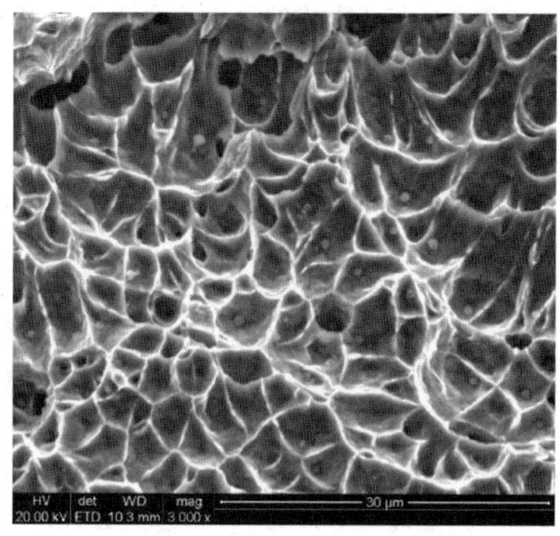

图 4-27　韧窝中的第二相颗粒

（2）河流花样　解理台阶与局部塑性形变形成的撕裂脊线组合成的条纹，其形状类似地图上的河流，故称之为河流花样。图 4-28 所示为典型的解理断口上的河流花样。

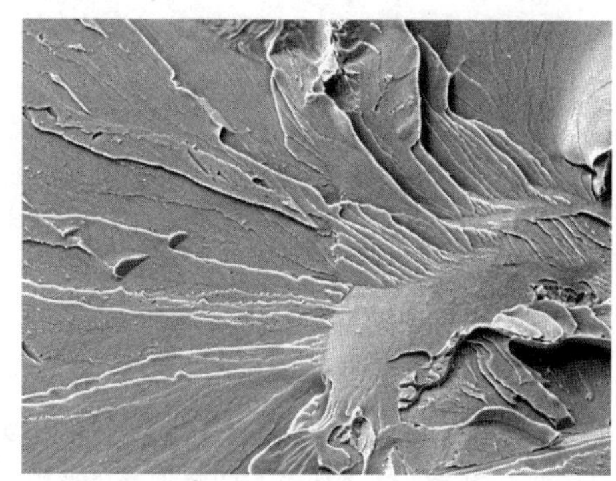

图 4-28　解理断口上的河流花样　600×

（3）舌状花样　解理断口的另一个显微形貌特征，就是舌状花样。舌状花样一般在钢铁材料中的解理面上可观察到，其形状像舌头，故称为舌状花样。

除此之外，解理断口显微形貌特征还有扇形花样、羽毛花样、青鱼骨花样、互纳线花样和晶体生长线花样等。

3. 疲劳断口显微形貌特征

（1）疲劳辉纹　在光学显微镜或电子显微镜下，疲劳断口上有很细小的、相互平行的、具有规则间距的并与裂纹局部扩展方向垂直的条纹，称之为疲劳辉纹，如图 4-29 所示。它与宏观特征条纹“年轮”或“贝壳状”条纹不同。

疲劳辉纹是疲劳断口显微形貌特征的重要标志。

（2）轮胎压痕　疲劳断口上的另一重要特征花样是轮胎压痕，由于其形貌类似车胎压痕，故称之为轮胎压痕花样，如图 4-30 所示。

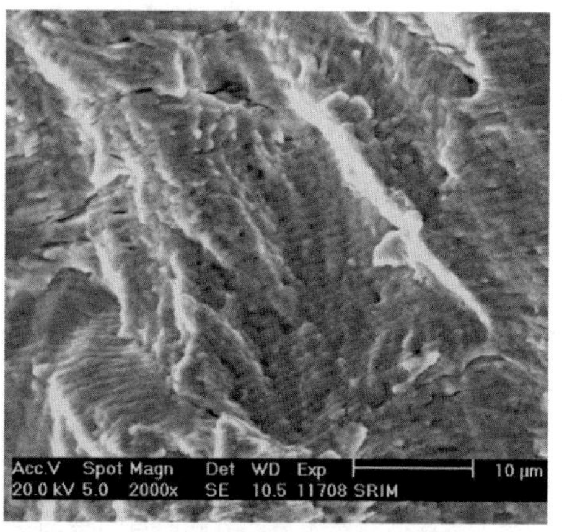

图 4-29　疲劳辉纹形貌　2000×

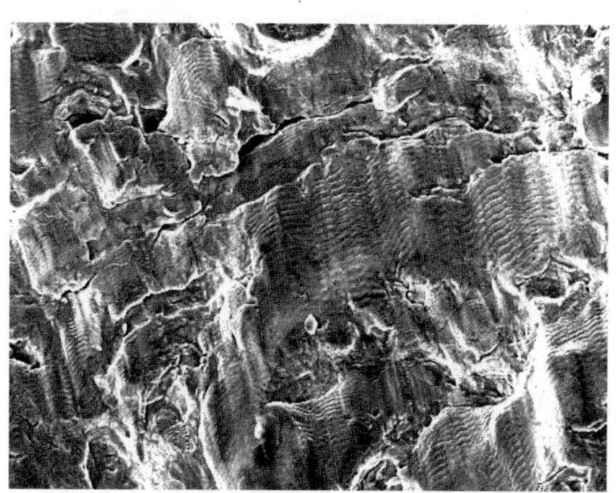

图 4-30　“轮胎压痕花样”形貌　300×

轮胎压痕间距随着裂纹的扩展而增大，这是因为疲劳裂纹在扩展过程中，其断面间距往往连续变大。

除此之外，疲劳断口的显微形貌特征还有疲劳台阶、二次裂纹等。

4. 应力腐蚀断口显微形貌特征

应力腐蚀断裂方式可能是沿晶型，也可能是穿晶型，由材料与腐蚀环境所决定。

通常碳钢及低合金钢的应力腐蚀断口大部分是沿晶开裂，裂纹沿着大致垂直于应力方向的晶界延伸。应力腐蚀穿晶断裂时，其裂纹也大致垂直于应力方向。

应力腐蚀断裂方式不仅与材料有密切关系，而且还与介质有关。此外，应力腐蚀断口还具有腐蚀坑、二次裂纹、泥状花样及块状花样等显微形貌特征。

5. 氢脆断口显微形貌特征

氢脆断口分为沿晶氢脆断口与穿晶氢脆断口两种类型。

由环境氢引起氢脆断裂的断口均为沿晶氢脆断

口，而由冶金因素产生的氢脆断裂的断口均为穿晶氢脆断口。

下面主要简介沿晶氢脆断口显微形貌的主要判别特征。

1）一般情况下，氢脆裂纹源不在材料的表面上产生，而是在材料的次表面成核。

2）具有明显破裂的晶界表面。

3）断口上分布“爪”形发纹。

4）出现显微孔洞。

5）氢脆断口中还可能观察到平行条纹等显微形貌特征。

事实上氢脆断口除了沿晶氢脆断口与穿晶氢脆断口外，还有准解理断口、滑移分离断口、沿晶断口、蠕变断口、过热或过烧断口等显微形貌特征，在此不一一阐述。

4.4.3 断口显微形貌与显微组织的关系

在断裂过程中，合金的各组成相将按照各自的特有机制断裂，断口形貌特征将反映出不同的组织形态特点，因此应根据不同的断口显微形貌特征进行显微组织的鉴别与分析。

1. 显微组织鉴别

（1）铁素体与奥氏体的区别 对铁素体与奥氏体双相钢的显微组织，可利用断口显微形貌特征进行鉴别。铁素体在低温条件下容易产生解理断裂；而奥氏体在低温下，一般不发生解理断裂，常常出现韧窝断裂的显微形貌特征。因此，可借助这两种截然不同的断口形貌特征来鉴别铁素体与奥氏体双相钢的显微组织及其分布情况。图4-31所示为06Cr18Ni11Ti奥氏体不锈钢在-196℃条件下冲断的电子断口形貌。图4-31中狭长的解理断口的河流花样所对应的显微组织为铁素体，而韧窝花样所对应的显微组织为奥氏体。

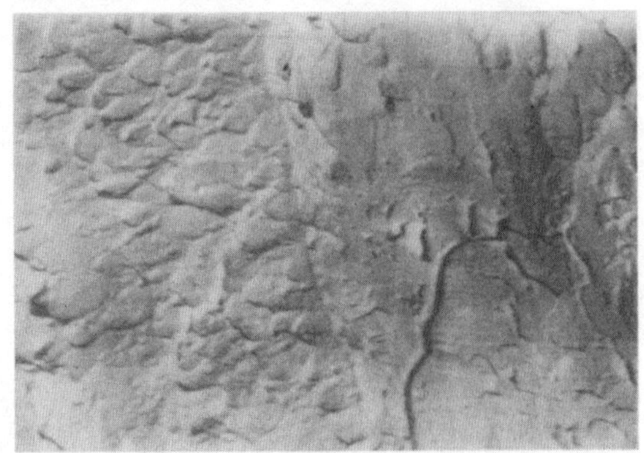

图4-31 06Cr18Ni11Ti奥氏体不锈钢在-196℃条件下冲断的电子断口形貌 4000×

（2）铁素体与马氏体的鉴别 由铁素体与马氏体所组成的双相钢，在-196℃下断裂时，两个相均呈现解理断裂特征，但是它们的解理花样有着明显的区别。马氏体组织的解理河流花样通常为不规则花样，其解理面含有同一方向的小刻面特征，这可能是与每一个马氏体针叶所形成的小刻面有关。铁素体组织的解理面较平整，其解理河流较规则。因此，根据两者解理断裂形貌特征的差别，可鉴别这种显微组织。图4-32所示为20Cr13钢淬火状态下冲断的电子断口形貌。图4-32中解理面较光滑且较平整的部分所对应的显微组织为铁素体；解理小刻面呈现出有一定的方向，而河流花样不规则的部分所对应的显微组织是马氏体。

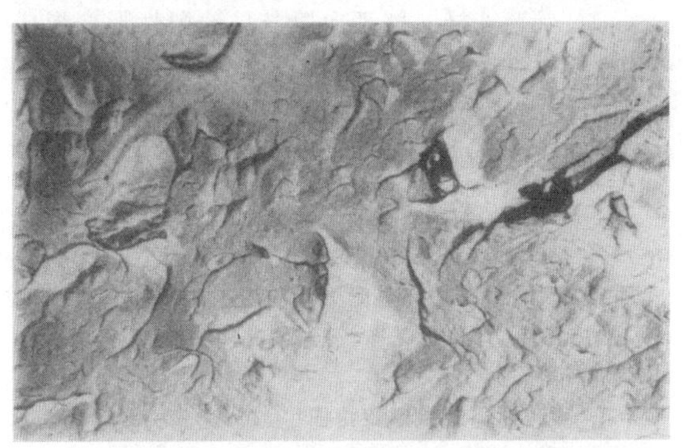

图4-32 20Cr13钢淬火状态下冲断的电子断口形貌 4000×

（3）铁素体与珠光体的区别 由铁素体与珠光体所组成的双相钢，铁素体组织的解理断口形貌特征如上所述；珠光体组织的解理断口的解理面往往不光滑，并且呈现出锯齿状，或者显现出渗碳体片层的痕迹，或者反映出珠光体组织条纹等形貌特征。图4-33所示为42Mn2钢在-40℃条件下冲断的电子断口形貌。图4-33中具有锯齿状条纹的部分为珠光体；解理面较光滑，河流花样又规则的区域所对应的显微组织为铁素体。

（4）其他显微组织的断口形态 贝氏体组织的解理断口，除存在着一些呈现弯曲状的河流花样之外，还存在着许多狭长的解理小刻面，其小刻面边缘呈现出不规则形态。此外，在断口上还可以观察到按一定规律析出的碳化物相的轮廓形貌。断裂路径往往在贝氏体边界改变方向，但有时也有穿过贝氏体晶粒的情况。

回火贝氏体组织的解理断裂与未回火贝氏体组织的解理断裂相比较，前者断口相对光滑些，并且有少数阶梯形花样，还可以观察到有沿晶断裂的形态。

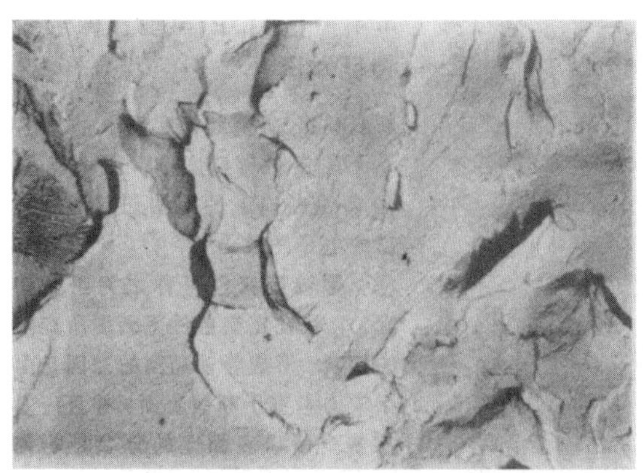

图 4-33　42Mn2 钢在-40℃条件下冲断的电子断口形貌　4000×

马氏体组织的解理断裂，其解理刻面比较细小，并且有相当数量的锯齿状特征，在低温或室温脆断时，大约有 50% 的断口面积为穿晶型的解理断裂，另外 50%的断口面积为沿原奥氏体晶界的断裂。回火马氏体组织的脆性断裂，其大部分呈现准解理断裂，存在着较多的断裂脊线及韧窝等形貌特征，有时也可能观察到锯齿形状。总之，回火状态的显微组织与未经回火的显微组织相比较，前者的组织单元较细小，因此材料的抗脆断性能也较高。

2. 夹杂物的判别

在工业用钢中一般都含有 Si、Mn、S、P 等元素，以及微量的气体元素 N、H、O 等，它们在钢中往往形成 TiN、MnS、FeO 等夹杂物。由于裂纹的萌生及扩展常常在这些夹杂物处，因此在断口上经常出现这些夹杂物。用复型方法可将其萃取下来，经电子衍射可以鉴定出它们的属性及结构。图 4-34 所示为从奥氏体不锈钢板中萃取下来的夹杂物形状及其分布。经电子衍射证实，这类夹杂物为 TiN。图 4-35 所示为从锅炉钢板中萃取下来的 MnS 夹杂物形状及其分布。

图 4-34　奥氏体不锈钢板中的 TiN 夹杂物形状及其分布　5000×

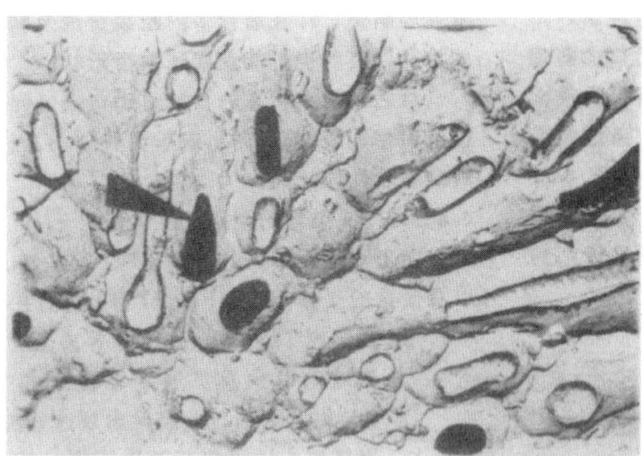

图 4-35　锅炉钢板中的 MnS 夹杂物形状及其分布　5000×

3. 断口的显微组织显示

断口剖面技术只是反映出断口形貌及其侧面的显微组织，它不能在断口表面上同时显示断口形貌及其一一对应的显微组织。如果在断口表面直接腐蚀出显微组织，就可达到这个目的。一般是采用在断口上直接腐蚀的方法来进行。

所采用的腐蚀试剂，基本上与一般金相侵蚀剂相同。在腐蚀断口表面显示显微组织时，腐蚀要浅，不能过深（与金相样品显示显微组织时正常的腐蚀程度相比），否则达不到同时显示断口形貌与显微组织的目的。如果显示第二相，腐蚀可深一些。图 4-36 所示为 42Mn2 钢在-40℃条件下的冲击断口。采用 2%（质量分数）硝酸乙醇溶液腐蚀后，即显示出珠光体和铁素体组织形态。另外，在断口上还可以观察到河流花样、解理台阶等形貌标志。图 4-37 所示为 4340 钢（相当于 45CrNiMoV 钢）的沿晶断口及回火马氏体组织形态。

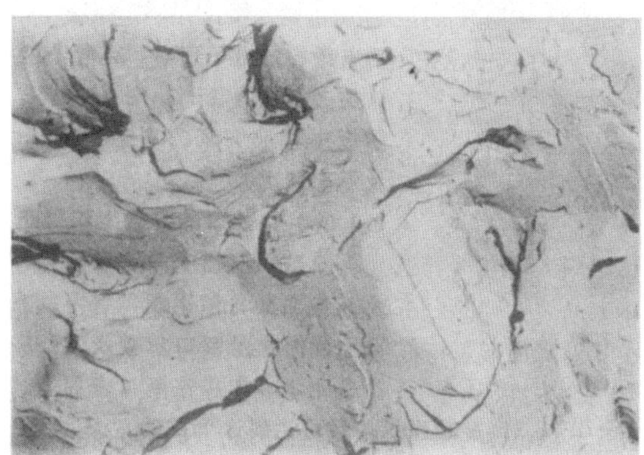

图 4-36　42Mn2 钢在-40℃条件下的冲击断口　5000×

4.4.4　断口的典型显微形貌特征举例

1. 韧窝断口实例

（1）等轴韧窝实例　图 4-38 所示为 50 钢断口上

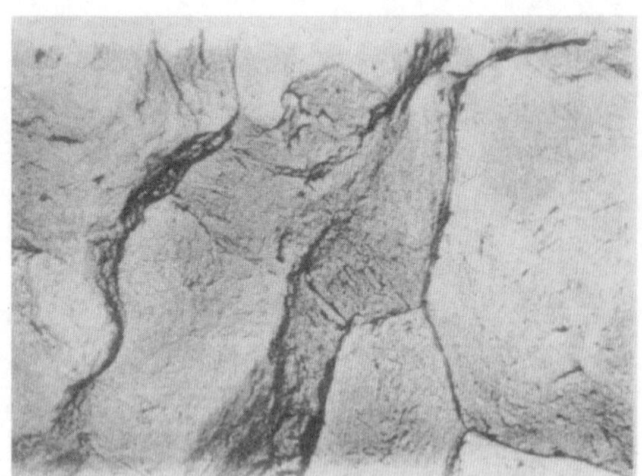

图 4-37　4340 钢的沿晶断口及回火马氏体组织形态　5000×

的等轴韧窝形貌特征的电子图像。

等轴韧窝也可称为正交韧窝，它是在正交条件下断裂所产生的韧窝。由于应力垂直于断裂表面，并且应力在整个断口表面上的分布是均匀的，而裂纹的扩展速度是较缓慢的，因此在垂直于应力的平面上，显微空洞在各个方向上的长大速率是相等的，故形成圆形等轴韧窝。

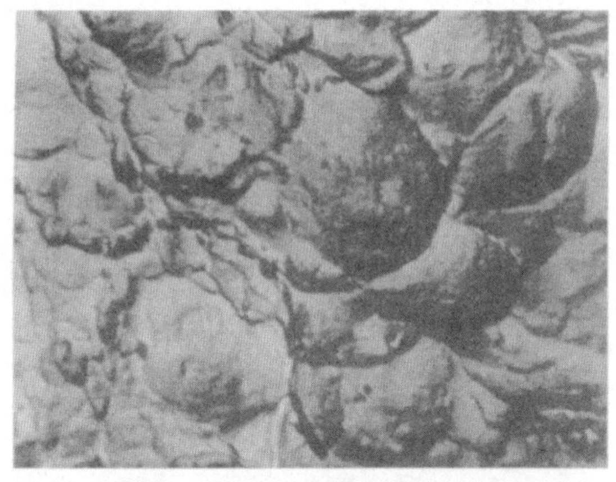

图 4-38　50 钢断口上的等轴韧窝形貌特征的电子图像　5000×

（2）抛物线韧窝实例　图 4-39 所示为合金钢断口上撕裂韧窝的电子图像，从图中可以看到呈现抛物线状韧窝的形貌特征。当金属材料中的裂纹在平面应变条件下进行扩展时，其断口的显微形貌特征也可形成抛物线状韧窝。剪切韧窝也是抛物线状的韧窝，两者的韧窝形态基本相同，所不同的是匹配断口的抛物线韧窝的方向不一样。两个成匹配断口的抛物线韧窝方向若相同则为撕裂韧窝，相反则为剪切韧窝。

（3）沿晶韧窝实例　图 4-40 所示为 PCrNi3Mo 钢过热产生的沿晶韧性断裂电子图像，从图中可看出韧窝大而浅，在大韧窝周围包围着非常小的韧窝群。

图 4-39　合金钢断口上撕裂韧窝的电子图像　5000×

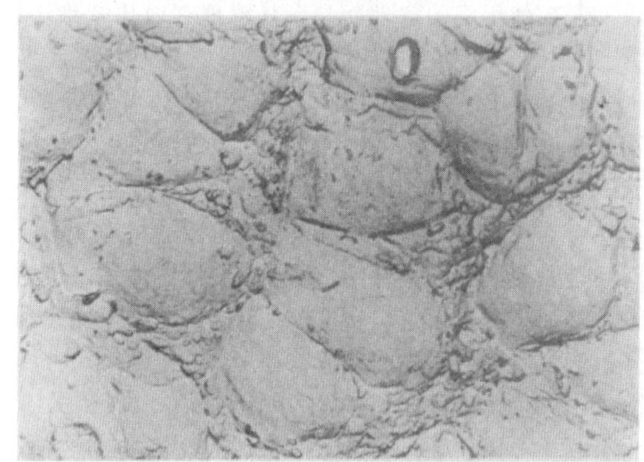

图 4-40　PCrNi3Mo 钢过热产生的沿晶韧性断裂电子图像　5000×

2. 解理断口实例

图 4-41 所示为 30CrMnSiA 钢解理断口的电子图像，从图中可以看出河流花样、舌状花样等形貌特征。图 4-41 中 R 表示河流花样，T 表示舌状花样，箭头所指示的方向表示解理裂纹局部扩展的方向。

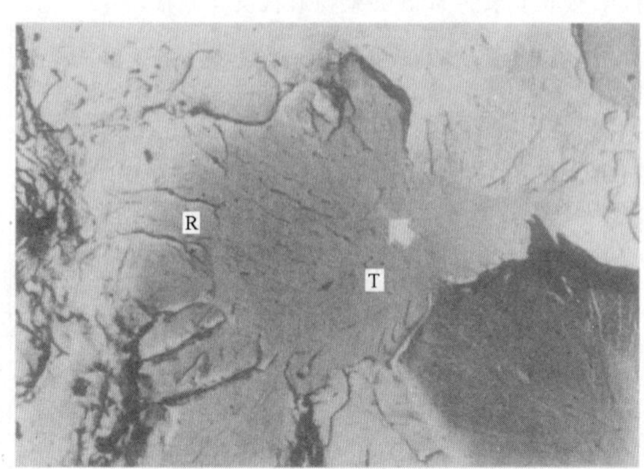

图 4-41　30CrMnSiA 钢解理断口的电子图像　5000×

3. 疲劳断口实例

图 4-42 所示为 7A04 铝合金飞机翼梁疲劳断口的电子图像，从图中可以看出明显的疲劳辉纹及疲劳台阶等形貌特征。图 4-42 中，细小的弯曲条纹为疲劳辉纹，黑色穿越图面的条纹为疲劳台阶，箭头所指示的方向为疲劳裂纹局部扩展方向。

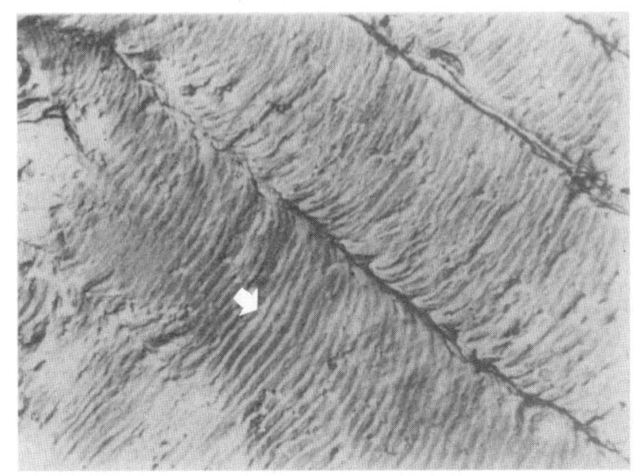

图 4-42　7A04 铝合金飞机翼梁疲劳断口的电子图像　5000×

图 4-43 所示为 20Cr13 钢疲劳断口的电子图像。图中具有轮胎压痕花样，间隔逐渐增大的方向为疲劳裂纹局部扩展方向。

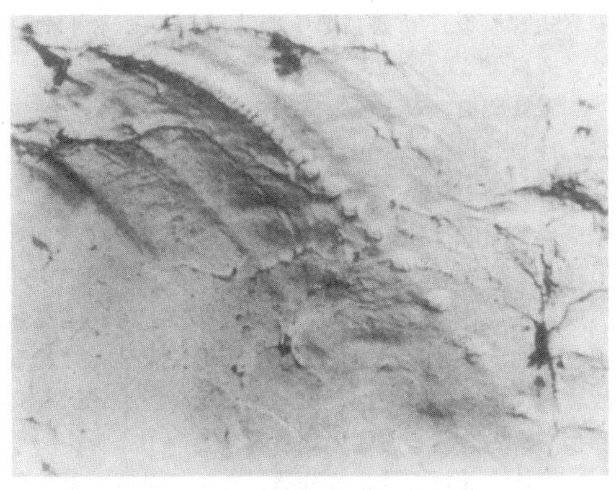

图 4-43　20Cr13 钢疲劳断口的电子图像　5000×

4. 环境介质断裂实例

图 4-44 所示为 34CrNi3Mo 钢电站叶轮应力腐蚀断口的电子图像。图中呈现沿晶脆性断裂的形貌特征。另外，可观察到具有明显的腐蚀或氧化的痕迹。

图 4-45 所示为 12Cr13 钢化工容器节流阀阀头断口的电子图像。图中具有沿晶氢脆断裂的形貌特征，并且具有明显的发纹形貌特征。

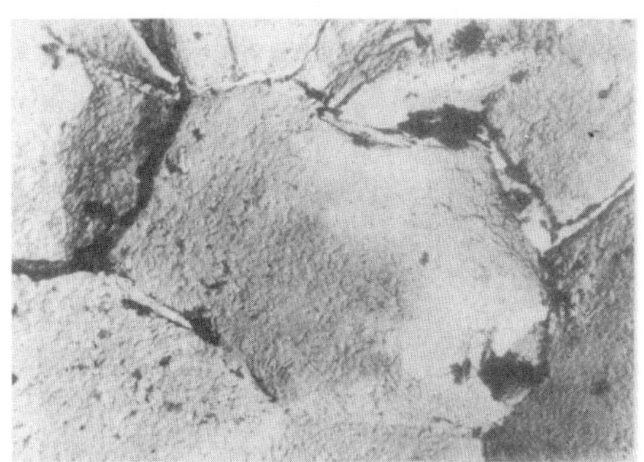

图 4-44　34CrNi3Mo 钢电站叶轮应力腐蚀断口的电子图像　5000×

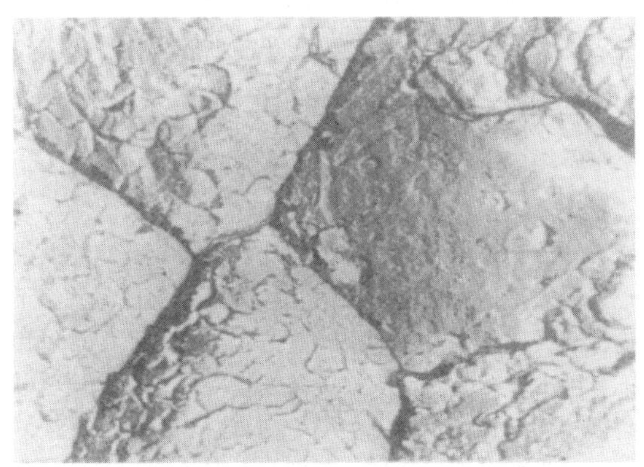

图 4-45　12Cr13 钢化工容器节流阀阀头断口的电子图像　5000×

4.5　失效分析

为提高机械产品的质量与安全可靠性，人们做了长期不懈的努力，但是机械产品在使用过程中仍常常发生断裂、变形、磨损及腐蚀等失效现象。为了防止或延缓这些失效现象的发生，找出失效原因并提出改进措施，必须开展失效分析的研究。

失效分析具有两个显著的特点：第一是综合性，即它涉及多学科领域和技术门类；第二是实用性，即它有很强的生产应用背景，与国民经济建设有极其密切的关系。

4.5.1　失效的定义与类型

1. 失效的定义

失效是指产品丧失其规定的功能，对可修复产品，通常也称为故障。零件由于某种原因，导致其尺寸、形状、材料的组织、性能发生变化而不能圆满地完成指定的功能即为失效。

常见的机械装备失效形式可分为：变形失效（弹性、塑性变形失效）、破断或断裂失效、表面损伤失效（腐蚀、磨损）和材料性能变化引起的失效（冶金的、化学的、核辐射的）。

机械或机械零部件的失效通常包括一种或几种原因引起的腐蚀、磨损、变形和断裂等失效类型。

2. 失效的类型

失效分类比较复杂，本手册按失效机理将失效分为：断裂失效、变形失效、磨损失效及腐蚀失效四种主要类型。

（1）断裂失效　断裂是指金属、合金材料或机械产品的一个具有有限面积的几何表面的分离过程。它是个动态的变化过程，包括裂纹的萌生及扩展。

断裂失效是指机械构件由于断裂而引起的机械设备不能完好地完成原设计所指定功能的现象。

断裂失效类型有：韧性断裂失效、脆性断裂失效、疲劳断裂失效。

1）韧性断裂失效。当构件所承受的实际应力大于材料的屈服强度时，将产生塑性变形，应力进一步增大，就会产生断裂，称为韧性断裂失效。蠕变断裂也属于塑性断裂的一种方式，但其断裂机理与室温下韧性断裂不同。蠕变断裂是在高温和载荷共同作用下，随着作用时间增大而逐渐发生变形，最后导致断裂。韧性断口微观形态主要为韧窝。

通常情况下引起韧性断裂是由于外应力超过材料的屈服强度所致。

2）脆性断裂失效。脆性断裂失效前几乎不产生显著的塑性变形。脆性断裂是一种危险的突发事故，危害性很大，脆性断裂按裂纹扩展的路径可分为穿晶脆性断裂和沿晶脆性断裂。

3）疲劳断裂失效。机械零件在循环交变应力的作用下引起的断裂称为疲劳断裂。在机械构件的断裂失效中，疲劳断裂所占的比例最高，达70%以上。

疲劳断裂的类型较多，常见的疲劳断裂主要有高周疲劳断裂、低周疲劳断裂、热疲劳断裂、接触疲劳断裂、腐蚀疲劳断裂、微振疲劳断裂等。

（2）变形失效　金属构件在外力作用下产生形状和尺寸的变化称为变形，当变形达到一定程度后，构件完全或部分丧失其规定的功能称为变形失效。在室温下的变形失效主要有弹性变形失效和塑性变形失效，高温下的变形失效主要有蠕变失效和高温松弛失效。

1）弹性变形失效。弹性变形过量，虽表面未发现任何损伤痕迹，但弹性性能已达不到原设计要求，这时就发生了弹性变形失效。例如弹簧，经长期使用后松弛性能降低导致不能起缓冲作用。

2）塑性变形失效。零件在使用过程中塑性变形逐渐增大，以致变形量超过一定极限后就不能再使用了，即发生了塑性变形失效。例如，长期运转后的汽轮机叶片逐渐伸长至与壳体相碰触时，导致了汽轮机不能正常运行。

3）蠕变变形失效。零件长期在一定温度和压力作用下工作，即使应力小于屈服强度也会缓慢地产生塑性变形，这种现象称为蠕变。当蠕变变形量超过规定数值后就会发生失效，甚至产生蠕变断裂。

4）高温松弛失效。零件在高温下失去弹性功能而导致失效称为高温松弛失效。例如，蒸汽轮机的高温紧固螺栓经长期使用发生松弛，使汽轮机不能正常工作。

（3）磨损失效　磨损是指摩擦副间的接触表面由于发生相对运动，在接触应力的作用下，表面发生损伤，导致材料流失的过程。在微观范围内，金属表面是不存在完全光滑平面的，它们总是粗糙的。当两个金属表面在很小的压力作用下使两面直接接触时，面与面之间只有少数的凸出质点或线接触。在发生相对运动时，一个面上的凸出质点首先要碰到另一个面上的凸出质点，这时容易变形的部分就会沿着运动方向变形或被挤出。

磨损失效是指由于磨损现象的发生使机械零部件不能达到原设计功效，即不能达到原设计水平的现象。磨损失效的类型有：黏着磨损失效、磨粒磨损失效、腐蚀磨损失效、变形磨损失效、接触疲劳磨损失效、冲击磨损失效及微动磨损失效等。

（4）腐蚀失效　金属与其表面接触的介质发生反应而造成的损坏称为腐蚀。腐蚀失效的特点是失效形式众多，失效机理复杂。腐蚀失效占金属机械构件失效事故的比例较高，仅次于疲劳断裂。尤其是在化工、石油、电站、冶金等工业领域中，腐蚀失效的事故较多，造成的损失巨大。因此，对腐蚀失效的研究和预防在失效分析工作中是非常重要的工作。

腐蚀失效按腐蚀机理分类，有化学腐蚀、电化学腐蚀和物理溶解腐蚀；按腐蚀形态分类，有全面腐蚀、局部腐蚀和应力作用下腐蚀；按腐蚀环境分类，有自然环境下腐蚀和工业环境下腐蚀。

4.5.2 失效分析的目的

失效分析是指分析研究机械构件的断裂、变形、磨损和腐蚀等失效过程中的特征或规律，并从中找出失效的原因及预防措施的一项分析技术，也称事故分析或故障分析等。

失效分析的目的如下：

（1）防止同类失效现象重复发生　通过对失效机械产品的分析研究，可以测定机械产品的失效原因及其影响因素，并且根据这些测定结果制定改进措施，以防同类失效现象的重复发生。

例如，通过对汽轮机第一级动叶片断裂失效分析，可确定动叶片断裂是由于共振现象所引起的，所以要改进动叶片的激振频率，使之不落入动叶片的自振频率范围之内。这样改进后的动叶片就不会发生由共振所引起的断裂失效，从而确保汽轮机组的安全运行。

（2）失效分析是改进机械产品设计及制造工艺的依据　失效分析在整个机械产品生产过程中占有重要地位，尤其是机械产品的设计、制造、加工、选材、装配及使用条件等的确定，均可从失效分析中得到依据。

有关失效分析与机械产品的设计及制造等因素的关系如图 4-46 所示。

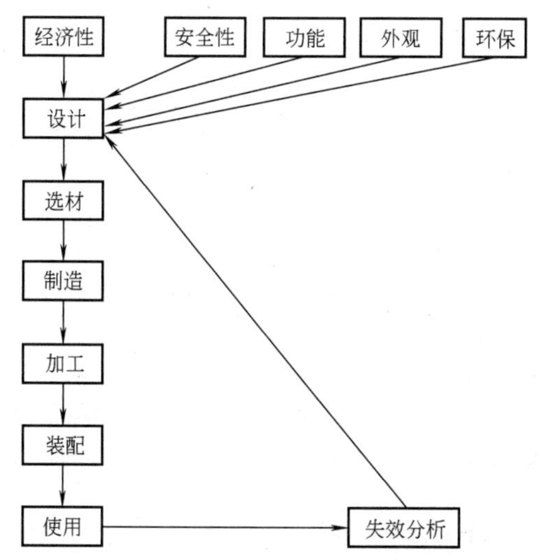

图 4-46　失效分析与机械产品的设计及制造等因素的关系

（3）消除隐患并确保机械产品安全可靠　失效分析可以及时发现产品的缺陷，并且将隐患消除在事故的萌芽阶段，特别是利用“故障树”对预测系统的安全性和可靠性更为有利。“故障树”是失效分析中的一种方法，它主要由各种可能引起系统失效的事故和连接这些事故的逻辑门所组成，并显示出它们之间的相互关系。

（4）失效分析可以提高机械产品的信誉　机械产品的信誉主要是由产品的质量、寿命及可靠性等指标来保证的，同时也要求产品价廉物美，经久耐用。因此，要提高产品的信誉必须使产品达到质量好、寿命长、可靠性高。失效分析不仅可以提高产品的质量和延长产品的使用寿命，而且还能进行技术反馈，提高企业的经济效益。

提高机械产品的信誉与失效分析的关系如图 4-47 所示。

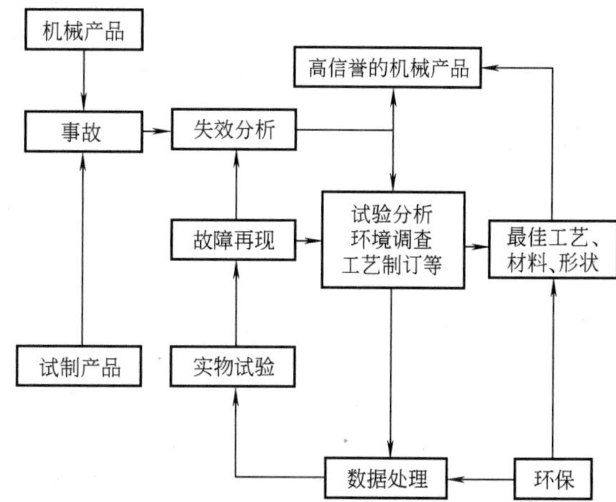

图 4-47　提高机械产品的信誉与失效分析的关系

另外，失效分析还能为产品的仲裁、索赔，编制指令性文件等提供重要依据，对质量控制、材料的发展及规划、仪器设备的正确维护和使用等也可提供合理化意见。

4.5.3　失效分析方法

因为机械构件多数是在运行过程中发生断裂失效的，因此每当一个零部件断裂损坏时，它和别的零部件、周围环境和操作等均有着十分密切的关系。查找原因时，要从设计水平、材料质量、加工状态、维修情况、装配精度、工作环境、服役条件和操作方法等因素中找出造成损坏的主要原因，并根据损坏的原因、机理、类型和阶段进行分析判断，提出改进措施。

由于断裂过程是个动态变化过程，因此对断裂直接进行观察分析是比较困难的。断口是断裂的静态反映，对断口进行仔细观察和分析，就能找出断裂的原因、机理等。由于断口如实地反映了机械构件断裂的全过程，即机械构件裂纹的萌生与扩展过程，故断口分析是机械构件断裂失效分析的一个重要手段。

为了取得更好的分析效果，还必须辅以无损检测、力学性能试验、金相检验、化学分析、X 射线分析、断裂韧度试验、电子能谱分析及模拟试验等检验方法，最后还须将上述分析和试验的结果与数据进行综合分析，并提出改进措施，写出失效分析报告。

1. 原始资料的收集

原始资料系指构件服役前的全部经历、构件的服役历史和断裂时的现场情况等。此外，还要从散落的失效残骸中，选择并收集有分析价值的断口和可供其他检测用的试样材料。

(1) 构件服役前的经历　首先要了解构件的设计依据、参数和图样技术要求，其次是了解构件的制造和加工工艺，再次是了解构件的物理性能、力学性能和化学成分分析的检验报告，最后还要了解构件的安装情况和试运行情况等。

(2) 构件的服役历史　查阅并了解操作人员的工作记录、构件的实际运行情况、构件所处的环境状况。实际上人们是很难知道构件的全部服役历史的。这就必须从零星的使用情况综合分析构件服役时的负载变化，尽量从使用条件中得到一些分析依据。

(3) 现场记录及残骸的收集　断裂失效现象发生后，分析人员要亲临现场，深入了解失效发生时的各种条件和事故过程。对散落的碎片，均应观察其所处的位置、环境和取向，经详细记录或摄影后才可移动。同时，还应注意损坏构件与其他构件之间的关系，并予以记录。

收集的碎片应尽可能齐全，尤其是首先断裂的部分。除沾着的腐蚀性介质应清洗去掉外，对断口上的其他沉积或黏附物质，甚至砂粒或污物等，一般均暂不清除，待进行细致的断口观察后再做处理。这是因为这些物质对断裂原因的分析常常能够提供有用的线索。

2. 断口分析技术

在机械构件断裂事故中，一般都要形成断口，因此断口分析是断裂失效分析中最重要的分析过程。在断口分析技术中，最关键的两项工作是断口的选择和断口的观察。对于断裂原因的正确分析及断口形貌的正确解释，在很大程度上依赖于断口样品的正确选择及断口形貌的清晰程度。

断口观察包括宏观观察和微观观察。断口宏观观察主要是确定裂纹源的位置及裂纹的扩展方向；断口微观观察是在宏观观察的基础上，对裂纹源区、裂纹扩展区及最终断裂区进行检验。应用电子显微镜、电子探针、离子探针及俄歇谱仪等工具可观察或检查微观形貌特征、微量或痕量元素对断裂的影响等，从而进一步判断和证实断裂的性质和方式。在断口分析中，必须注意宏观观察和微观观察两者的结合。

(1) 断口的宏观观察　断口的宏观观察是指用肉眼、放大镜、光学显微镜及扫描电子显微镜进行的低倍观察。首先，用肉眼和放大镜观察断裂构件的外貌，应特别注意观察构件碎片的表面，看看是否有加工缺陷（如刀痕、折叠、变形、缩颈及弯曲等），是否存在产生应力集中的薄弱环节（如夹角、油孔等）及表面损伤（如化学腐蚀、机械磨损等）。

接着，根据断口的宏观特征来确定裂纹源及裂纹的扩展方向，并在此基础上将断口按裂纹源区、裂纹缓慢扩展区和裂纹快速扩展区进行光学显微镜或扫描电子显微镜的低倍观察，特别是裂纹源区要用双筒立体显微镜进行反复观察，因为裂纹源往往与材料缺陷有联系。

(2) 断口的微观观察　断口的微观观察通常是应用电子显微镜并在断口宏观观察的基础上来进行的。通过对断口的微观观察，除将进一步澄清断裂的路径、断裂的性质、环境对断裂的影响等因素外，还将找出断裂的原因及其断裂机理等因素。

在进行微观观察时，要注意防止片面性，不能仅从局部的特征就轻易地做出结论，必须进行反复的观察。对于各种显微形貌特征，要有数量的概念或统计的概念，并且还要与宏观观察的情况结合起来，才能得出正确的判断。

断口的微观观察除做定性的分析研究之外，还可以做定量的分析研究。例如，分析研究断口的显微参量与断裂力学参数之间的定量关系等。

应用透射电子显微镜不能直接检查断口表面，需要制作塑料-碳复型，且用重金属投影增强反差。用于萃取复型的一个有效的辅助方法，是通过电子衍射技术鉴别第二相粒子或者腐蚀产物等。

应用扫描电子显微镜可直接检查实物断口表面，并可以连续放大观察，而且电子图像立体感强，其分辨能力可达 15nm 左右。它是断裂失效分析的最有力的工具。

3. 其他检验分析

在失效分析中，为更好地获得分析结果，除了进行断口分析之外，还必须进行化学、力学、物理等试验分析。

(1) 化学分析　在失效分析中，为了查明材料是否符合规定要求，必须进行化学成分分析。然而，实际使用的材料成分与规定成分稍有偏差，在失效分析中并不太重要，因为只有很少数的服役失效是由于材料使用不当或者有缺陷而引起的。因此，从化学成分分析的结果去找失效的原因是很少的。但是，在某些特殊失效分析中，特别是包含着腐蚀和应力腐蚀的失效案例，却很有必要对腐蚀表面沉积物、氧化物或者腐蚀产物，以及与被腐蚀材料接触的介质进行化学分析，以利于初步确定失效的原因。

化学分析包括常规的、局部的、表面的和微区的化学分析。在分析中，应当注意常规成分报告中那些没有规定限量的有害元素，例如砷、锑、铅、锡、铋等是否超过限量。另外，还要注意气体含量，例如氢、氧、氮等也不能超过一定的限量。

在失效分析中，经常使用电子探针、俄歇谱仪、离子探针等仪器来检测腐蚀产物、表面化学元素组成、化学成分的局部偏析、微量及痕量元素等。

（2）金相检验　金相检验在构件断裂失效分析中也是经常应用的一种重要手段，有些损坏构件往往只需做金相检验就可以查明损坏的原因。例如，由加工工艺、材质缺陷和环境介质等因素所导致的损坏，均可通过金相检验来判别损坏原因。

金相检验的内容主要有晶粒的大小、组织形态、第二相粒子的大小及分布、晶界的变化，以及夹杂物、疏松、裂纹、脱碳等缺陷。特别应注意晶界的检验，以及是否有析出相、腐蚀等现象的发生。

检查裂纹时，往往能从试样的裂纹尖端得到最有价值的信息。由于它受环境介质的影响较小，容易判别裂纹扩展路径的方式——穿晶型或沿晶型。

（3）物相分析　断口上经常有夹杂物、第二相、腐蚀产物等析出或生成，它们对构件断裂尤其是沿晶断裂影响显著。因此，采用 X 射线衍射仪、电子显微镜、电子衍射仪、离子质谱仪等进行物相分析，对确定其结构及化学组成是很有必要的。

（4）断裂力学分析　断裂力学在金属材料的研究、机械构件的设计、构件安全寿命的预测及剩余寿命的估算等方面，均起着重要的作用。在机械构件设计时，不能单纯追求材料的强度指标，尤其是大截面或零部件处于平面应变条件下时，必须认真考虑构件的应力强度因子 K_{I} 和材料的断裂韧度 K_{IC} 值的大小。如果构件处于腐蚀介质环境中，还需要考虑应力腐蚀临界应力强度因子 K_{ISCC} 值，才能确定构件安全使用所能允许的裂纹尺寸，以及确定含有裂纹构件的剩余寿命等。

目前，常用的评价断裂韧度的方法有：平面应变断裂韧度测试、动态撕裂测试、J 积分断裂判据、裂纹张开位移及动态断裂韧度测试等。

（5）模拟试验　所谓模拟试验，是指把在已知条件下断裂的断口形貌与未知条件下的断裂者进行比较（也有人称之为对比试验），即通过试验的方法再现失效构件断口，从而对失效原因做出初步判断或分析。

在失效分析进入最后阶段时，可能需要对被确认为导致失效的失效因素进行模拟试验。但是，模拟试验往往不是全部能办到的，因为需要复杂的设备，而且即使可行，所有的服役条件也不可能是十分清楚和容易模拟的。例如，腐蚀失效就很难在试验室再现。

要想对实际失效现象进行全部模拟是很难实现的，但是对其中一个或两个参数或参量进行模拟还是可以办到的，如温度、介质浓度等环境因素对失效影响的模拟等。

4. 综合分析

失效分析进行到一定阶段，需要对从各种检查和试验所获得的结果和基本试验数据进行全面的分析研究。如果遇到失效原因捉摸不定的情况，可查阅已发表的同类实例报告，有助于获取新的线索。

一般而言，可以从各种检验结果、试验数据和记录的综合分析中，得出失效的一种或几种主要原因，并且提出改进措施。

失效分析报告应该写得清晰、简练和合乎逻辑，其具体内容如下：

1）失效构件的描述。

2）失效时的服役条件。

3）失效前的服役条件。

4）失效构件的制造及热处理过程。

5）失效构件材料的冶金质量评定。

6）各种物理、化学、力学试验。

7）失效的主要原因及其影响因素。

8）预防措施及改进建议等。

事实上，并不是每一个报告都要包括上述全部内容，而是要从实际情况出发。此外，长篇报告的开始应附有摘要。在写报告时，应尽可能避免使用怪癖难懂的技术术语。

参考文献

[1]　吴连生. 失效分析技术［M］. 成都：四川科学技术出版社，1985.

[2]　吴连生，等. 机械装备失效分析图谱［M］. 广州：广东科技出版社，1990.

[3]　王荣. 失效分析应用技术［M］. 北京：机械工业出版社，2019.

第5章　显微组织分析与检验

西安交通大学　席生岐　高圆

西安文理学院　何斌锋

显微组织分析是用光学显微镜或电子显微镜观察金属内部的组成相及组织组成物的类型，以及它们的相对量、大小、形态及分布等特征。材料的性能取决于内部的组织状态，而组织又取决于化学成分及加工工艺，热处理是改变组织的主要工艺手段，因此显微组织分析是材料及热处理质量检验与控制的重要方法。

5.1　金相试样的制备

金相试样的制备包括取样、制样及组织显示三个步骤。

5.1.1　取样

1. 取样部位及尺寸

材料不同部位、不同方向上的显微组织往往不同，所以应根据检验目的有针对性地在被检材料或零件上选取试样。对于常规检验，GB/T 13298—2015对所取试样的部位、形状、数量、尺寸及截面方向等都有明确的规定。在分析零件失效原因时应从断裂或开始失效的部位取样。研究冷加工变形组织、带状组织或定向凝固组织时应着重观察纵向截面。在测定表面处理层深时，截面应垂直于表面，如果层深很浅，则可以选取斜截面试样，使层深的测量更为精确，组织的变化也更为清晰。

试样的尺寸以磨制方便为宜，检验面面积小于400mm^2，过大使磨样时间过长，过小则磨面不易保持平面。试样高度以15~20mm（小于横向尺寸）为宜。

2. 取样方法

试样的切取方法很多，有砂轮切割、电火花线切割、机械加工（车、铣、刨、磨）、手锯及剪切等，检验者可因地制宜选取合适的方法，但无论何种方法都必须保证试样表面的显微组织不因切割而发生变化，必要时应采取冷却措施。目前工厂中使用最多的方法是砂轮片切割，它适用于各种硬度的金属材料，表面也比较光洁。切割用砂轮有两种类型：一种是以碳化硅或氧化铝为磨料，用树脂黏结起来制成厚度为0.5~1.5mm的砂轮片，切割时转速为1450r/min；另一种是用适当粒度的金刚石磨料黏结在金属圆盘的刃部，厚度为0.15~0.38mm，在低速下（≈150r/min）进行切割。不论选用何种切割方法，切割后都会在表面或多或少地留下变形层，在以后的磨制过程中必须将其磨掉。图5-1所示为不同切割方法产生的变形层深度。由该图可以看出，使用低速金刚石砂轮片切割时试样的变形层最浅。此外，以立方氮化硼或氮化硅磨料黏结的低速砂轮片的切割效率更高，变形层更薄。

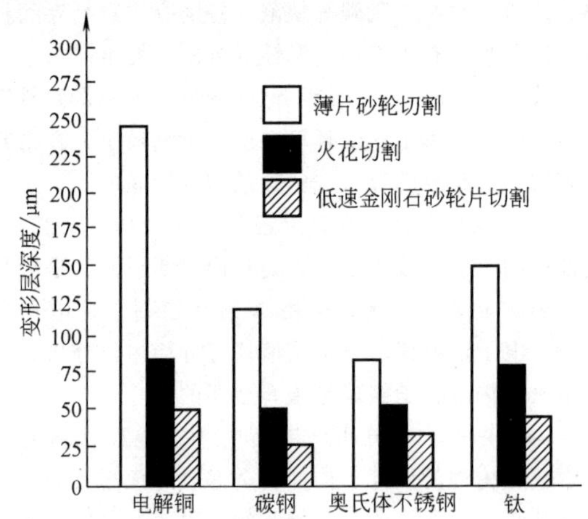

图5-1　不同切割方法产生的变形层深度

5.1.2　制样

1. 镶嵌

对于形状不规则、过软、过小、易碎或边缘是主要观察部位的试样及其他难以磨制的试样，应镶嵌后进行磨制。

（1）常用镶嵌方法

1）机械镶嵌法。将试样用螺栓、螺钉固定在合适的夹具内（见图5-2）。夹具的硬度及成分应与试样相近，以减小试样研磨和抛光时对边缘产生磨圆作用，或避免形成原电池反应影响腐蚀效果。

2）热镶法。热镶法主要以热固性树脂和热塑性树脂作为镶嵌材料，把树脂与试样置于模具中，在压力机上加热至135~170℃，待塑料熔融后在17~29MPa的压力下固化5~12min即可。该方法的优点

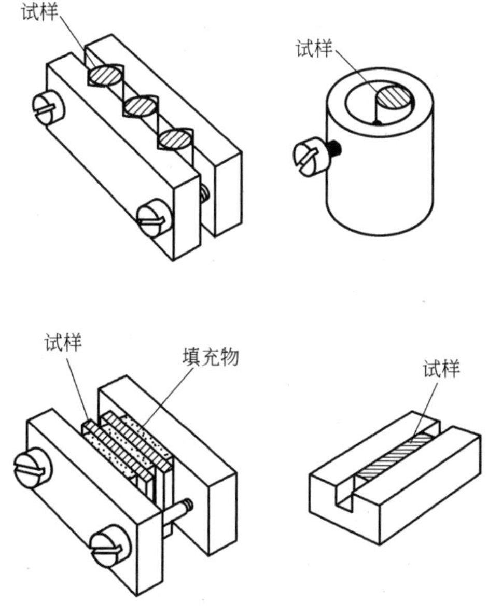

图 5-2　机械镶嵌法夹具

是镶嵌材料的硬度高，与试样结合牢固，但必须保证试样不会在此温度和压力下发生组织变化。操作时，如果加热温度过高，则会因过量收缩形成试样边缘缩孔；如果压力不够或保温时间不足，则会发生镶嵌材料爆裂或熔合不良等现象。

3）冷镶法。试样检验面朝下放入合适的冷镶模具中，将树脂和固化剂（胺类化合物）按合适比例充分搅拌，注入模具内（故又称浇注镶嵌），在室温或烘箱内固化。冷镶材料有环氧树脂、丙烯酸树脂、聚酯树脂等，也可使用牙托粉和牙托水，最常用的材料是环氧树脂，其特点是：①环氧树脂的流动性好，可流入气孔或裂纹，适用于失效分析或粉末冶金试样的镶嵌。②不需要专门设备，对试样的尺寸及形状没有限制。③可在原料中加入填料（如氧化铝、邻苯二甲酸二酚酯），以提高环氧树脂的硬度和韧性。

冷镶嵌的几种常见缺陷及纠正方法见表 5-1。

（2）特殊试样的镶嵌　如果要观察箔材或表面的极薄层组织，用常规镶嵌方法难以取得满意效果时，可采用图 5-3 所示的方法。先用圆棒将环氧树脂敷于试样表面（环氧树脂中可添加填料使之增硬增韧），通过圆棒滚辗可避免气泡混入（见图 5-3a）；然后在试样上、下加上护板（见图 5-3b）；经 0.5h 固化后，稍稍加压将多余环氧树脂挤出（见图 5-3c）；再在上方施加适当重量的金属块，于室温下保持 24h 使其固化（见图 5-3d）；必要时，可在夹层外另浇注环氧树脂制成规则形状的试样（见图 5-3e）。采用此法可使镶嵌后试样的边缘磨制得十分平整（见图 5-3f）。

表 5-1　冷镶嵌的几种常见缺陷及纠正方法

缺陷形式	形成原因	纠正方法
开　裂	1）烘箱固化前在空气中固化不足 2）烘箱固化温度太高 3）树脂与固化剂比例不当	1）增加空气中的固化时间 2）降低烘箱固化温度 3）调整树脂与固化剂比例
气　泡	在混合树脂及固化剂时搅拌过快	慢慢地搅拌，以防止空气进入
剥　落	1）树脂与固化剂比例不当 2）固化剂已氧化	1）调整两者的比例 2）注意容器的密封性
软镶嵌	1）树脂与固化剂比例不当 2）树脂与固化剂混合不足	1）调整两者的比例 2）充分地混合

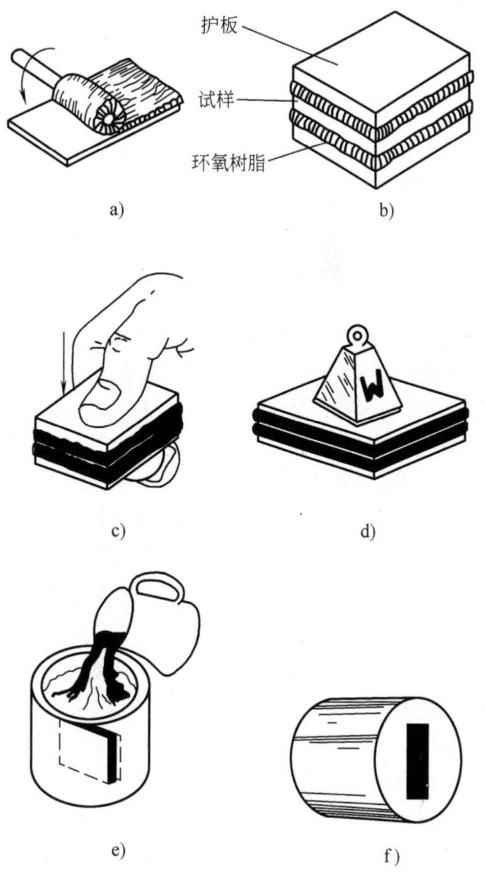

图 5-3　箔材试样的冷镶嵌步骤
a）滚碾　b）加护板　c）加压　d）固化
e）浇注　f）镶嵌后的试样

镶嵌金属丝材的方法有：①将金属丝置于厚壁的派热克斯（Pyrex）毛细管，把它们加热使毛细管熔化后将金属丝包在内部，该法易引起组织变化，适用于高熔点金属钨丝等。②将金属丝置于内径略大于丝径的细管内，随后在真空下进行冷镶嵌，使环氧树脂吸入缝隙中。③将线材在金属棒上绕成弹簧状，然后镶嵌。用此法可以观察纵、横两个截面的组织。

粉末冶金试样中有很多气孔，磨制时磨料常嵌入孔内，使表面划痕难以消除；腐蚀时腐蚀剂容易钻入孔内，使腐蚀效果不好。试样以镶嵌后磨制为宜，最佳的方法为真空冷镶嵌，以保证环氧树脂渗透到孔内，要求高的试样可在粗磨后再进行第二次真空镶嵌。若要用金相显微镜检验粉末的尺寸及形状，先用分散剂使粉末分开，然后用少量环氧树脂与金属粉充分混合，均匀分布于模具底部，其余部分再以环氧树脂填充，固化后用常规方法磨制即可。

2. 机械磨光与抛光

磨光是将切下的试样经砂轮打平，再依次在一系列由粗到细的金相砂布或砂纸上磨平；抛光则是将磨平的试样在织物上抛亮。根据磨料及抛光织物的粗细又可分为粗磨、细磨及粗抛与细抛，粗、细之间并无明确的界线。

（1）磨料及抛光织物　磨料应具有高的硬度，不易破碎且颗粒均匀，以保证良好的切削性能。常用磨料的性能及用途见表 5-2。目前金刚石磨料在金相制样中受到重视，已制成粒度从粗到细的系列产品，如 W0.5、W1、W1.5……W40（数字表示微粒的平均尺寸，W1.5 表示尺寸为 1.5μm，一般 W12 以下用于抛光，W15 以上用于磨光），有微粉状、膏剂、喷雾剂及悬浮液等，可供制样磨、抛需要，且其磨、抛速度快，质量好。

对抛光织物的要求是纤维要柔软、坚韧耐磨。根据织物绒毛的长短可以分为三类，它们的特性见表 5-3。

（2）磨、抛的注意事项　磨、抛的质量是试样制备成功与否的关键，磨、抛不仅要消除磨痕、得到光亮的抛光面，还必须保证去除试样表面由切割及各道磨制留下的变形扰乱层。不正确的磨、抛操作使组织模糊，甚至出现假象。为得到满意的表面质量，磨抛时应注意以下方面：

1）每一道工序必须彻底去掉前一道磨制的变形层，因此在把前一道的磨痕完全消除后仍要持续片刻。为便于检查上道磨痕是否消除，更换砂纸时试样应旋转 90°。

2）尽量采用湿磨。湿磨可防止试样温升，减少摩擦力，使变形层减至最小，并可及时把磨屑冲走，以免嵌入试样表面。

表 5-2　常用磨料的性能及用途

磨料	莫氏硬度	特　点	适用范围
氧化铝	9.1	白色，α-Al_2O_3 外形呈多角形，γ-Al_2O_3 呈薄片状，易压碎	磨光与抛光
氧化镁	8.0	白色，粒度细而均匀，外形呈八面体，棱角锐利	适用软金属及钢中非金属夹杂物检验的抛光
氧化铬	9	绿色，抛光能力略低于氧化铝	适用于钢、铁及钛合金的抛光，对灰铸铁尤佳，石墨不易脱落
氧化铁	8.0	红色，颗粒圆，抛光速度慢，但表面光亮，容易产生变形层	适用于光学零件的抛光，以及较软材料的抛光
碳化硅	9.5~9.75	绿色，颗粒较粗	适用于磨光和粗抛光
金刚石	10	外形锐利，磨削作用极佳，切削效率高，寿命长，变形层薄	适用于各种材料的磨光和抛光，是理想的磨料，成本较高

表 5-3　抛光织物的特性

织　物	特　性
长毛类（丝绒、天鹅绒等）	能储存较多磨料，摩擦作用大，磨面光亮，适于精抛光。夹杂物及石墨第二相易脱落，造成曳尾现象，试样表面易形成浮凸
无毛类（丝绸、尼龙、涤纶等）	磨料与试样表面接触概率高，切削效率高，试样表面无浮凸，适用于粗抛光，以及适用于组织中存在硬度差悬殊的两相材料
短毛类（法兰绒、毛呢、帆布）	性能介于长毛和无毛两者之间，坚固耐用，是最常用的抛光织物，适用于粗、细抛光

3）对于软金属（如 Al、Zn、Mg、Pb 等）磨制时表面极易产生变形层，且磨料容易嵌入试样表面，划痕难以去除。为改善试样质量可采取下列措施：①尽量在低速下（300～550r/min）进行抛光。②选用短毛抛光织物。③配用粒度较细的氧化物磨料。④抛光时添加油性乳化剂作润滑剂。⑤采用抛光、腐蚀交替进行的方法，以减少表面变形层。对于容易氧化的材料在抛光过程中可滴入少许抗氧化剂（如抛光铝合金时滴入少量乙酸铵水溶液，抛光铜合金时滴入低浓度氨水溶液），甚至可以用乙醇等有机溶剂取代水作为磨料的“载体”。

4）对于硬质合金及复合材料，组织中存在着硬度相差悬殊的两个相，磨、抛时容易产生浮凸，故抛光时宜采用硬度高的金刚石或碳化硅磨料，抛光织物应选用短毛或无毛类。

（3）自动抛光与振动抛光　用手工进行抛光的效率很低，且抛光的质量取决于操作者的水平，为此开发了半自动和全自动的抛光设备。将试样装在特殊的夹具上（夹具能适应各种尺寸及形状的试样）。抛光时试样与抛光盘间的压力可以根据需要在一定范围内调节，并按一定方式加入磨料和冷却剂。抛光过程中，试样在抛光盘上进行周向的相对运动，也可以沿着抛光盘径向不断运动，有的还能进行自转，或者在抛光臂带动下按一定的轨迹在盘上运动。由于能进行多重运动，因此减少了抛光缺陷。抛光时转速一般较低，但由于同时装夹的试样多，故抛光效率仍很高。该抛光方法适用于大批量金相检验或放射性材料的金相试样制备。

振动抛光是通过弹簧片和电磁铁产生振动，带动抛光盘产生交替的向上螺旋运动和向下螺旋运动。抛光时将试样置于盘上并加上一定的载荷，当抛光盘振动时试样也跟着起落。在某一段位置内试样与抛光盘接触并产生相对运动，对试样起抛光作用，试样的抛光效率与盘的振幅有关。振动抛光的特点是：①抛光作用是非连续的，其间隙伴有侵蚀作用。用水作悬浮液时抛光速率虽快，但会产生严重的蚀坑，若改用水和甘油的混合液，则可获得适中的抛光速率和满意的抛光质量。黄铜抛光时如氨水用量过大，两相间会产生浮雕。②振动抛光的重要参数为磨料和液体的配比及试样上的载荷，当这些参数优化并设定后，既能保证抛光质量好，又有很好的重复性。③抛光速度慢，适用于最后的精抛光，特别是一些抛光质量难以控制的 Cu 合金、Al 合金及不锈钢等材料，以及用于定量金相分析的试样。

3. 电解抛光与化学抛光

（1）电解抛光　电解抛光是将试样作为阳极，通过电解液中的阳极溶解来实现抛光目的的。图 5-4 所示为电解抛光装置。阳极、阴极位置可以根据实际条件自行布置，通过对电压、时间及温度等参数的正确控制，即可得到平整而光洁的表面。

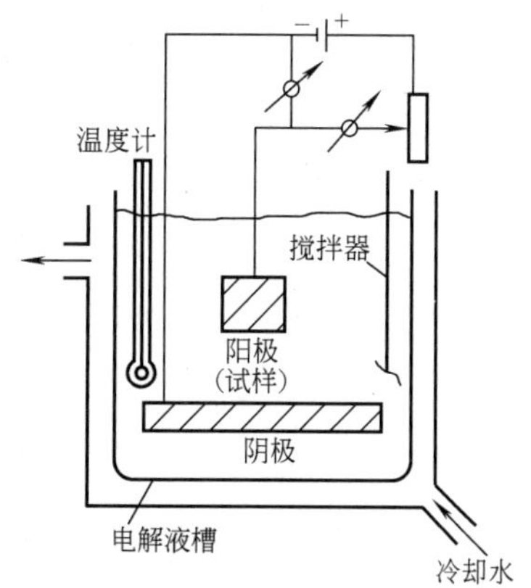

图 5-4　电解抛光装置

1）电解抛光的优点及局限性：①表面质量好、无划痕，适用于 Al、Cu、Mg、Pb 等软金属。②完全消除了表面变形层，奥氏体不锈钢经机械抛光后组织中常出现由于磨、抛光变形而形成的剪切带和马氏体针，采用电解抛光则显示出清晰的奥氏体晶粒，无其他组织假象。③速度快，一旦调整好参数，抛光效率高。④夹杂物及某些细微第二相容易脱落，微孔和裂纹容易扩大，两相合金中由于两个相的电位差异会引起明显的浮凸效应。⑤试样边缘的溶解速度快，不适于表面组织的观察。⑥配制和使用电解液时应注意安全，如高氯酸溶液使用时可能因试样表面附近的局部温升过高而引起爆炸，故必须充分搅拌并采取冷却措施。⑦成本高。

2）电解液成分。制备金相试样的电解液一般为高氯酸、磷酸、硫酸及硝酸等酸液与蒸馏水、乙酸、乙醇溶液的混合物。有时加入甘油、乙二醇等提高电解液的黏度。常用电解液的配方、适用范围及工作参数见表 5-4。

3）电解抛光的缺陷及纠正方法见表 5-5。

表 5-4　常用电解液的配方、适用范围及工作参数

序号	电解液成分	适用合金	阴极材料	电压/V	时间/s	温度/℃
1	乙醇 800mL 蒸馏水（非必需）140mL 高氯酸 60mL	铝及硅含量<2%（质量分数）的铝合金	不锈钢	30~80	15~60	<25
		碳钢、合金钢、不锈钢		35~65	15~60	
		Pb、Pb-Sn、Pb-Sn-Cd、Pb-Sn-Sb		12~35	15~60	
		Zn、Zn-Sn-Fe、Zn-Al-Cu		20~60	—	
		Mg 及高 Mg 合金				
2	乙醇 700mL 蒸馏水 120mL 丁氧基乙醇 100mL 高氯酸 80mL	钢、铸铁、Al、Al 合金、Ni、Sn、Ag、Be、Ti、Zr、U 及耐热合金	镍	30~65	15~60	—

（续）

序号	电解液成分	适用合金	阴极材料	电压/V	时间/s	温度/℃
3	乙醇 700mL 蒸馏水 120mL 甘油 100mL 高氯酸 80mL	不锈钢、合金钢、高速钢 Al、Fe、Fe-Si、Pb、Zr	镍	15~50	15~60	<25
4	乙酸 940mL 高氯酸 60mL	Cr、Ti、U、Zr、Fe、铸铁、碳钢、合金钢、不锈钢	铝或不锈钢	20~60	1~5min	<25
5	乙酸 800mL 高氯酸 200mL	U、Zr、Ti、Al、钢、超合金	不锈钢	40~100	1~15min	<25
6	蒸馏水 300mL 磷酸 700mL	不锈钢、黄铜、铜及铜合金（除 Sn 青铜外）	铜	1.5~1.8	5~15min	—
7	蒸馏水 600mL 磷酸 400mL	α 及 α+β 黄铜、Cu-Fe、Cu-Co、Co、Cd	铜或不锈钢	1~2	1~15min	—
8	蒸馏水 500mL 乙醇 250mL 磷酸 250mL	Cu 及 Cu 基合金	铜	—	1~5min	—
9	焦磷酸 400g 加乙醇至 1000mL	不锈钢、奥氏体耐热合金	不锈钢或镍	—	10min	略高于 38
10	蒸馏水 220mL 甘油 200mL 硫酸 580mL	不锈钢、Al 合金	镍	1.5~12	1~20min	<35
11	甲醇（100%） 660mL 硝酸 330mL	Ni、Cu、Zn、蒙乃尔合金、黄铜、不锈钢、Ni-Cr		40~70	10~60	—

注：1. 序号 2、3、4 是很好的通用电解液。

2. 序号 11 电解液的使用效果很好，配制时应注意安全，混合时应把硝酸逐渐加入甲醇中。

表 5-5 电解抛光的缺陷及纠正方法

缺陷	可能的原因	纠正方法
试样心部受到较深的侵蚀	试样的心部没有形成抛光薄膜	增加电压，减少搅拌，降低电解液的流动性
在试样边缘出现麻点或受蚀现象	电解液黏度过高或膜过厚	降低电压，增加搅拌，提高电解液的流动性
产生较多的蚀坑	抛光时间过长，电压过高	改善抛光前试样表面质量，降低电压，减少时间
试样表面形成厚的沉积物	产生不溶性阳极产物	试用其他电解液，提高温度，增加电压
表面粗糙无光泽	没有形成抛光膜或抛光膜过薄	增加电压，采用较黏的电解液
表面呈波纹状	时间过短，不适当的搅拌	增加电压，减少时间，改善抛光前的试样制备
抛光表面生锈	抛光电流停止后，电解液腐蚀表面	在通电下移开试样，采用腐蚀性较低的电解液
表面有圆形未被抛光的斑点	气泡	增加搅拌，降低电压
相间有明显的浮雕	抛光薄膜过薄	增加电压，减少时间，改善抛光前的磨光

（2）化学抛光 化学抛光是靠化学试剂的溶解作用而得到光亮的抛光表面。操作时将试样浸在抛光液中进行适当的搅动，或用棉花蘸抛光液擦拭表面，操作简单，不需任何仪器设备，试样只要经粗磨后即可化学抛光，化学抛光兼有化学侵蚀的作用，抛光后同时显示了显微组织，可直接观察，它完全消除了表面变形层。常用材料的化学抛光溶液见表 5-6。

化学抛光的缺点是溶液的利用率低，只能抛光有限数量的试样，且必须现用现配，抛光质量的控制也比较困难。抛光液的最佳配方常因材料而异，应在实践中不断摸索。

表 5-6　常用材料的化学抛光溶液

材料	溶液	配方	说　明
铝	H_3PO_4	70mL	100~120℃侵蚀 2~6min，适用多种铝合金
	HNO_3	3mL	
	乙酸	12mL	
	水	15mL	
铝	H_3PO_4	80mL	磨到 03~04 号砂纸，95℃侵蚀 4min
	H_2SO_4	15mL	
	HNO_3	5mL	
α 黄铜	HNO_3	17mL	50℃侵蚀 30~120s
	H_3PO_4	17mL	
	乙酸	66mL	
碳钢	草酸	7 质量份	磨到 0 号砂纸，35℃侵蚀 15min，最佳成分随碳含量而变化
	H_2O_2	1 质量份	
	水	2 质量份	
低碳钢	H_2O_2	90mL	25℃侵蚀 2~5min
	水	10mL	
	H_2SO_4	15mL	
中碳钢	H_2O_2	10 体积份	室温
	水	10 体积份	
	HF	1 体积份	

5.1.3　显微组织的显示

抛光后的试样表面在显微镜下只能看到夹杂物、石墨孔洞及裂纹等。要观察内部组织，必须进行适当的侵蚀，使组织充分显示。常用方法有化学显示、电解显示及着色显示。

1. 化学显示

将抛光好的试样表面在侵蚀剂[⊖]中浸蚀或用蘸有侵蚀剂的棉球擦拭抛光表面（称擦蚀），直至表面失去镜面光泽为止。化学侵蚀剂显示组织的原理是化学溶解或电化学溶解，晶内和晶界、不同相之间的电位不同。在侵蚀剂作用下电位较负的区域优先溶解，从而显示了晶界及组织。常用的侵蚀剂很多，应根据材料成分及观察目的选择合适的侵蚀剂。在本章 5.5 节中将介绍各种材料的常用侵蚀剂。

在侵蚀过程中应掌握以下技术要点：

1）适度侵蚀，以刚好能显示组织的细节为度。如掌握不好时，可先轻度侵蚀，经观察后如发现细节尚未显示，再逐次加深，如侵蚀过度应重新抛光后再进行侵蚀。

2）侵蚀中止后，应立即用清水冲洗，再用乙醇冲洗试样表面以去除水分，最后用吹风机吹干。操作不好时容易在表面留下水渍，影响制样质量，如采用热水浴冲洗效果更好。

3）侵蚀后的试样应立即观察，或置于干燥瓶中，否则容易引起试样表面氧化，产生假象。

4）高倍观察时的侵蚀程度应比低倍观察的略浅一些。

5）同一组织采用不同的侵蚀剂，显示效果不同，使用前应了解侵蚀剂的性质。

2. 电解显示

电解显示的装置及操作过程与电解抛光相同，只是前者使用的电压较低。很多电解抛光液可以作为电解显示液使用，操作时只要在电解抛光后期把电压降至工作电压的 1/10 左右，再电解数秒或稍长时间即可显示组织。当然也有很多电解液只适用于显示而不能进行抛光。不少电解液对试样中某些组成相或晶界进行选择性侵蚀，所以电解显示对于相的鉴别十分有用，现已广泛用于不锈钢的检验中。

3. 着色显示

着色显示的基本原理是依靠薄膜干涉而增加各相之间的衬度或者使之具有不同的色彩，故着色显示是在抛光表面形成一层薄膜，薄膜的形成过程因方法而异，可以采用真空镀（气相沉积），或者在不同条件下介质与试样表面相互作用而形成薄膜。一般来说，由于不同的相其成分结构不同，薄膜的生长速率不同，因此层厚也不同。当光线照射时由薄膜外表面反射的光束与从薄膜和试样表面交界处反射的光束之间相互干涉，层厚不同干涉的程度也不同，使各相间的衬度提高，如采用白光照射则呈现丰富的色彩。

着色显示主要应用于相鉴别或混合组织的显示，如钢中的多种碳化物 MC、$M_{23}C_6$ 等，或者当奥氏体、δ 铁素体、σ 相共存，或存在马氏体与贝氏体混合组织时，采用普通侵蚀法往往难以确切区分，而着色显示能把各相区分开来。此外，由于具有较好的衬度差异，十分适合于定量金相分析。

几种常用的着色显示法的原理、方法及作用见表 5-7。

4. 其他显示方法

在实际工作中还采用一些其他的显示方法，如热蚀法、恒电位侵蚀法及磁蚀法，它们适用于一些特殊的材料或侵蚀需要。还可以使用光学法使试样抛光后不经处理直接显示显微组织。其他显示方法介绍见表 5-8。

⊖ 英语中显微组织的显示用“etching”表示，在化学显示中有两种操作方法：浸入（immersing）和擦拭（swabbing）。目前我国没有统一的译名，本章将上述三个词分别译为“侵蚀”“浸蚀”“擦蚀”。

表5-7　几种常用的着色显示法的原理、方法及作用

名　　称	原理、方法及作用
热染法	将抛光好的试样置于加热的金属板或铅浴中，抛光面朝上，在空气中加热后表面形成氧化物膜，不同相的膜厚不同，从而得到黑白衬度或彩色衬度。该方法操作简单，但难以实现精确的温度控制，重现性较差。该方法适用于高合金钢、硬质合金、钛合金及磷共晶鉴别
阳极氧化显示法	经电解抛光后，在较高的电压下，试样表面由于本身氧化形成薄膜，不同取向的晶粒或不同的相膜厚不同，从而显示组织。该方法主要用于Al、Ti、U及Zr等金属及合金，在偏振光下有极佳的显示效果
化学着色法	将试样浸入含偏亚硫酸盐（$X_2S_2O_2$）或其他溶液中，除有轻微腐蚀作用外，主要通过化学置换反应或沉积，在试样表面形成一层硫化物或氧化物薄膜而显示组织
真空镀膜法（气相沉积法）	采用锌盐（ZnSe、ZnTe、ZnS）等在真空（0.1～0.001Pa）下蒸发，沉积于样品抛光表面上，形成均匀薄膜，扩大各相反光能力的差别，增加衬度。该方法可用于显示钢铁、铝合金等组织中的各相
气态离子覆层（气体离子蒸镀或气体侵蚀）	在专用的气体-离子反应室中进行。试样为阳极，Fe（或Pb）为阴极，阳极与阴极间距≤10mm，先抽真空到$133×10^{-4}$Pa，再充以反应气体（如氧），由于气态离子与试样表面的相互作用或沉积，形成一层氧化物薄膜，增加了各相之间的衬度

表5-8　其他显示方法介绍

名　　称	方法及适用范围
热蚀法	将抛光好的试样置于空气、真空或惰性气体介质中加热至高温（或随炉加热），由于晶界或相界原子挥发较快，出现热蚀沟，以此显示内部组织。该方法适用于陶瓷材料，也可用于显示奥氏体晶粒尺寸
恒电位侵蚀法	保持阳极电位恒定的电解侵蚀法。为实现恒电位，在体系中引入一个参比电极以补偿阳极电位在电解过程中的偏离，保持恒定的阳极电位。通过改变恒电位值，参考已知的各相极化曲线，鉴别钢及合金中各组成相及组织，重现性好，鉴别准确可靠
磁蚀法	利用铁磁性现象显示内部组织，试样要精心制备，以去除内应力，最好用电解抛光。将一滴磁性氧化铁胶体滴在试样表面，在磁场作用下，氧化铁微粒重新排列，可显示内部磁畴，磁粉应尽可能细，能鉴别奥氏体钢中少量铁磁相和顺磁相
光学法	用不同组织对光线不同的反射强度和色彩来区分显示显微组织。试样可不经其他处理直接观察或利用显微镜上的偏振光、微分干涉等附件来观察

5.1.4　制样中常见缺陷及其消除措施

金相试样在制备过程中由于环节多、影响因素多，若操作不规范，就会产生各种类型的制样缺陷。在观察金相样品的显微组织时，应学会分析和判断常见的缺陷组织，并按照正确的方法进行操作来消除制样缺陷。

1. 划痕

在显微镜视野内，划痕是指呈现黑白的直道或弯曲道痕，穿过一个或若干晶粒。粗大的、直的道痕是磨制过程留下的痕迹，抛光未完全除去。深划痕（见图5-5a）因磨制产生，切口的深度和宽度由研磨颗粒的尺寸、研磨颗粒与试样表面的角度、载荷以及其他因素决定。此外，还可以见到浅划痕（见图5-5b）或弯曲道痕，这是抛光不当产生的，可能是抛光用力过大或抛光布上引入了粗磨粒。

消除措施：试样磨制过程中，每更换一道砂纸时，必须将上一道砂纸产生划痕消除掉，并保持操作过程的清洁。每换一道细砂纸时应清洗手、试样和设备，同时抛光之前应用水冲洗手和试样，以避免将上一道粗砂纸的粗砂粒带入下一道砂纸或抛光布上。

2. 水迹与污染

水迹是显微组织图像上出现的串状水珠或局部有色彩区域（见图5-6a），是乙醇未将水彻底冲洗干净所致。污染是残留在试样表面的污染物（见图5-6b），产生原因可能是抛光时试样和研磨颗粒的交互作用，污染物会聚集在第二相颗粒周围、孔洞或缝隙中；或者由于不规范的清洁或干燥，抛光或腐蚀过程中的污染物残留在试样表面。

消除措施：保持抛光布的清洁，使用一段时间后就要充分清洗抛光布。试样干燥前，用乙醇充分冲洗试样金相面，然后用冷风斜向吹干试样表面。在试样表面未充分干燥前，不要反转试样，以免其他部位的水流至金相面上。同时，清洁到干燥环节的衔接要迅速。

3. 变形层

若试样制备不当，试样表面将出现变形层，导致出现假象。抛光也会产生轻微变形层，特别是对较软的金属，在抛光过程中压力过大，时间过长，变形层

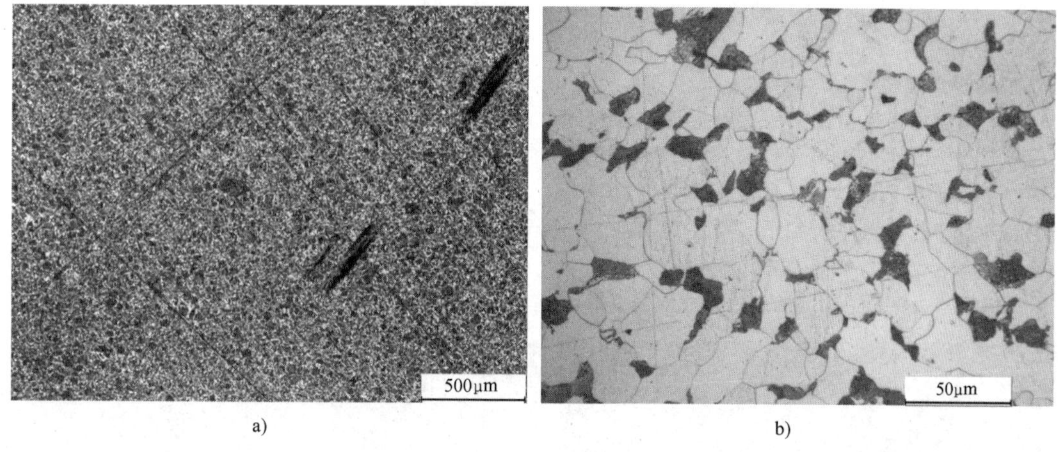

图 5-5　划痕

a）20 钢磨制时操作不当产生的深划痕　100×　b）20 钢抛光时操作不当产生的浅划痕　500×

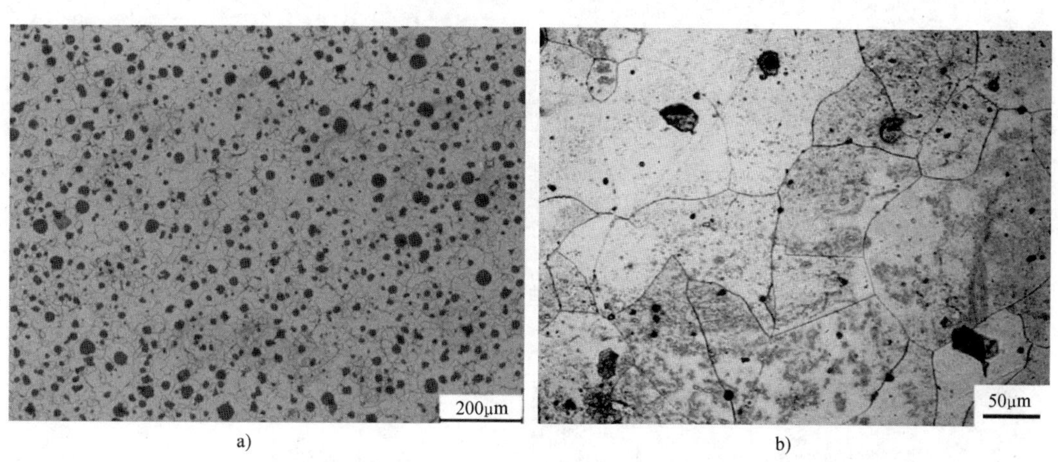

图 5-6　水迹与污染

a）球墨铸铁水迹　b）纯铁退火污染

会变深，这会使显微组织受到影响或出现不真实的模糊现象，有时也会降低组织衬度。有时磨制未将取样时产生的变形层完全去除掉，也会在显微组织中观察到变形层。

消除措施：对于磨面表层的变形层，可采用化学浸蚀+机械抛光交替进行的方法消除。试样需要经过多次浸蚀、抛光交替操作，前几次采用深浸蚀，浸蚀后抛光成光亮镜面，再观察变形层去除的程度，至消除为止。一般试样要经过 4~5 次交替浸蚀、抛光操作。硬度较低的材料，如铜、铝、锌、铅等金属磨制时容易产生变形层，采用该方法能有效消除变形层。对于变形层较厚的，需要重新磨制，磨制时施加的力要小。

4. 麻坑

麻坑如图 5-7 所示，在显微组织图像上呈现许多黑点状特征，是抛光液太浓太多或抛光时间过长所致。

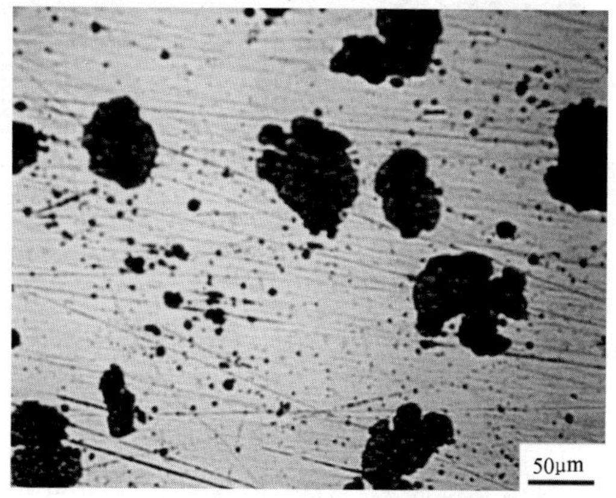

图 5-7　球墨铸铁抛光不当产生的麻坑

注：图中还有划痕缺陷。

消除措施：抛光时的用力、抛光液用量、抛光时间都要控制适中。

5. 腐蚀过深或过浅

腐蚀剂浓度过高或腐蚀时间过长会使组织腐蚀过深，显微组织图像失去部分真实的组织细节，如图 5-8a 所示；而腐蚀剂浓度过低或腐蚀时间过短会使组织腐蚀过浅，显微组织细节没有完全显示，如图 5-8b 所示。

消除措施：选择合适浓度的腐蚀剂或控制合适的腐蚀时间。

6. 拖尾

试样上有硬颗粒、孔洞或硬度较低的相（石墨等）时，在抛光过程中一直沿单一方向抛光，显微组织图像上出现方向性拉长现象称为拖尾，如图 5-9 所示。硬颗粒可能是非金属夹杂或氮化物等。

消除措施：抛光过程中不断变换抛光方向，避免单向抛光；或使用质地较硬的无绒抛光布，降低载荷。

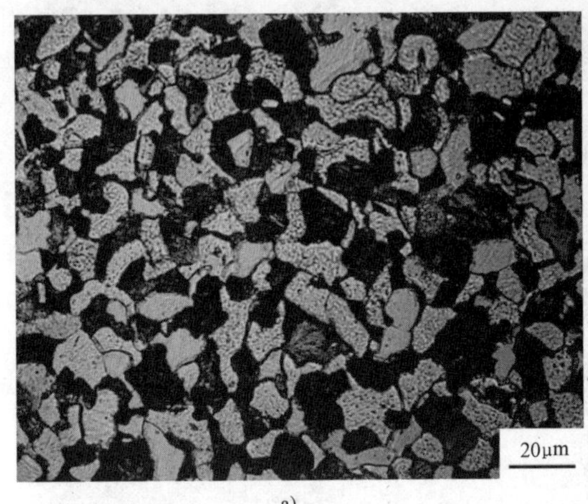

a)

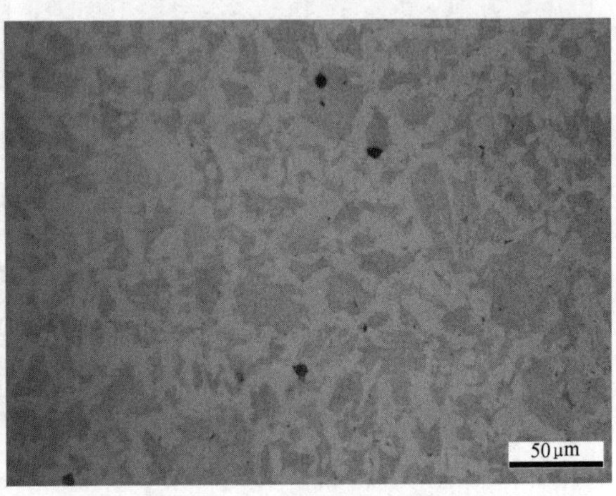

b)

图 5-8　腐蚀过深或过浅

a）40 钢腐蚀过深　b）40 钢腐蚀过浅

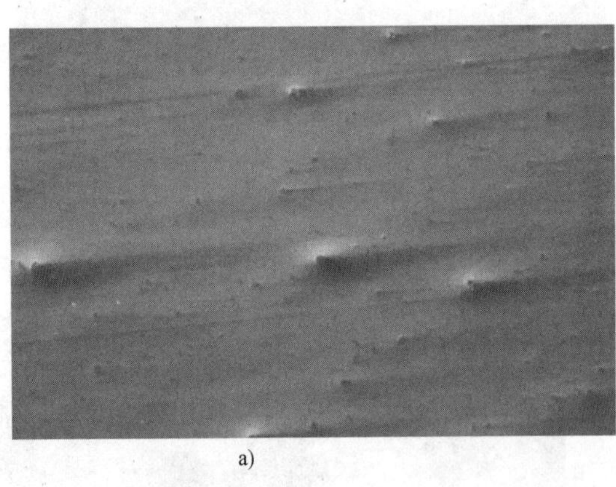

a)

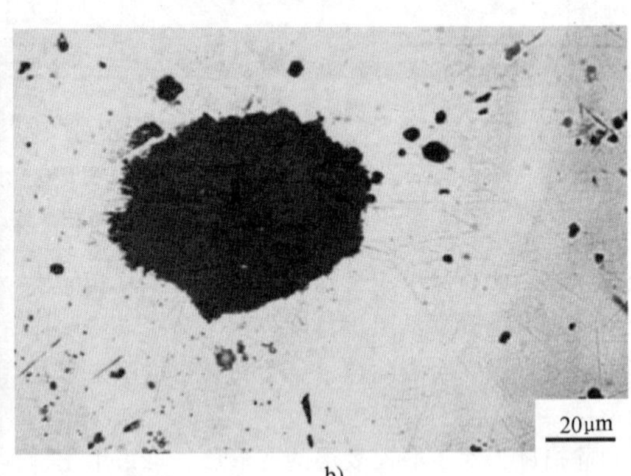

b)

图 5-9　拖尾及其他

a）拖尾　b）球墨铸铁中的拖尾+污染+划痕

5.2　光学显微镜与电子显微镜的应用

5.2.1　光学显微镜的应用

光学显微镜是分析显微组织最简单、最常用的重要工具，是靠光学透镜——物镜及目镜，获得显微组织放大像的仪器。

1. 光学显微镜的分辨率及有效放大倍数

光学显微镜的分辨率主要取决于物镜的分辨率，由于物镜的分辨率是有限的，故简单地利用增加目镜的放大倍数来提高显微镜的放大倍数是没有意义的。在使用显微镜时应注意有效放大倍数，其意义是指把物镜能分辨开的两点之间的最小距离 d 放大到人眼在明视距离（250mm）处的分辨率（0.15～0.30mm）的倍数。

根据光学理论推导，物镜的分辨率 d 满足以下关系

$$\frac{\lambda}{NA} \geqslant d \geqslant \frac{0.5\lambda}{NA}$$

式中　λ——光的波长；

NA——物镜的数值孔径（反映物镜张角的指标，其值在物镜镜筒上标出）。

对于白光，其平均波长为 550nm。设人们在明视距离内的分辨率为 0.2mm，则显微镜的有效放大倍数为（500～1000）NA。以物镜的最高 NA 值为 1.4 计算，显微镜的有效放大倍数为 700～1400 倍，能分辨的最短距离为 0.4～0.2μm。然而在有些条件下，人眼的分辨率可以提高，例如在暗场或偏振光的最佳使用条件下可以在显微镜观察到 0.006μm 的小颗粒，所以把有效放大倍数估计为（500～1000）NA 是偏于保守的，在较好的使用条件下可达到 2200NA。但是，如显微镜的放大倍数选得很大，对试样的平整度要求极高，否则效果也并不理想，故通常光学显微镜的最高放大倍数只选在 1000～1500 倍。

2. 光学显微镜的主要工作方式

（1）明场照明　明场照明是最主要的观察方式，图 5-10a 所示为明场照明的光路行程。光源的光线经过平面玻璃垂直转向，经物镜后光线垂直地或以较小的角度照射到试样表面，从试样反射回来的光线又经物镜进入目镜，试样上的显微组织呈黑色影像衬映在明亮的视野内。根据入射光与试样的角度，明场照明又可分为垂直照明和斜照明两种方式。

1）垂直照明。光线垂直而均匀地照射在试样表面，得到的影像清晰平坦，能真实地反映各组成相的形貌及相对量，但缺乏立体感。目前显微镜的垂直照明器大多采用平面玻璃，三棱镜垂直照明器已逐渐淘汰（其像的衬度虽好但鉴别率较低）。

2）斜照明。新型金相显微镜的孔径光阑的中心位置是可以调整的，当孔径光阑中心偏离光轴中心时，光线从直射照明变为斜射照明。斜照明使组织的凸起部位产生阴影，成像后增加了像的立体感及衬度，并提高了显微镜的分辨能力。但是光线的斜射角不宜过大，过大会造成像的失真。此外，斜照明可能引起视野的半明半暗，此时可通过移动光源位置使之重新均匀分布。

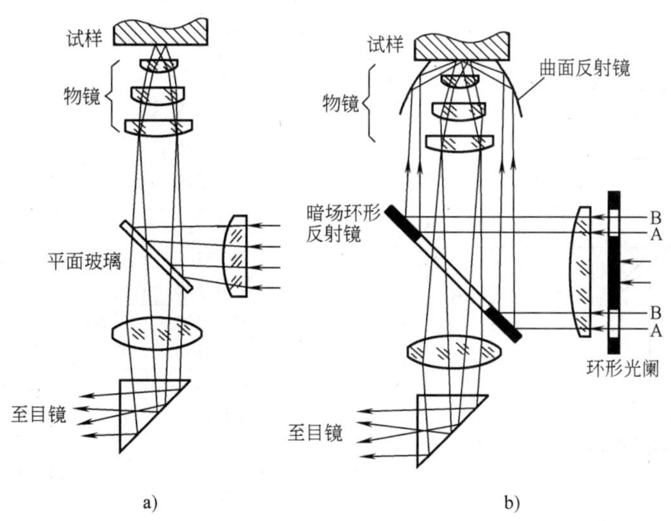

图 5-10　显微镜照明的光路行程

a）明场照明　b）暗场照明

（2）暗场照明　暗场照明的光路行程如图 5-10b 所示。来自光源的平行光经过环形光阑后，中心部分的光被挡去，成为环形管道状，经过环形反射镜反射后照到装于物镜外面的金属曲面反射镜，再以极大的倾斜角入射到试样表面上。若试样无任何组织特征，则入射光全部以同样的角度反射离开试样表面。它们不会通过物镜，故目镜中漆黑一片，如试样表面有组织细节（如晶界、夹杂物及第二相）时，则因漫散射效应会有部分光线通过物镜，在黑暗的背底上显示出组织细节。

暗场照明的主要特点是：①由于试样反射至物镜的光束的倾斜角很大，充分利用了物镜的数值孔径，故明显提高了显微镜的分辨率，同时暗场增加了像的衬度，于是一些在明场下不易观察到的微细组织在暗

场下清晰可见。②暗场照明有利于显示透明第二相的固有色彩，这种色彩在明场下被基体的强反射光所掩盖。如氧化铜在白光照射的明场下呈淡蓝色，但在暗场下却显示宝石红色，故暗场观察有利于鉴别夹杂物的性质。③暗场观察宜采用强光源，照相时要选用长的曝光时间。④暗场下对制样缺陷特别敏感，试样要精心制备。

3. 偏振光在显微分析中的应用

自然光的光波在垂直于光传播方向的平面上的任何方向都发生振动，当自然光通过某些晶体后则变为直线偏振光，即光波的振动限制在垂直于光传播方向的平面内的某一特定方向上（或者说只能沿着某一特定平面振动传播，故又称平面偏振光）。不同性质的材料（各向同性或异性，透明或不透明）对直线偏振光产生不同的效应，因此偏振光在显微分析中具有重要的应用价值。

进行偏振光分析时，只要在显微镜中装入起偏镜和检偏镜即可，它们的相对位置如图5-11所示。起偏镜的作用是把来自光源的自然光变为直线偏振光，而检偏镜的作用是检验从金属磨面上反射出来的偏振光状态，利用载物台旋转360°过程中光强的变化，可以判断被检物的性质。

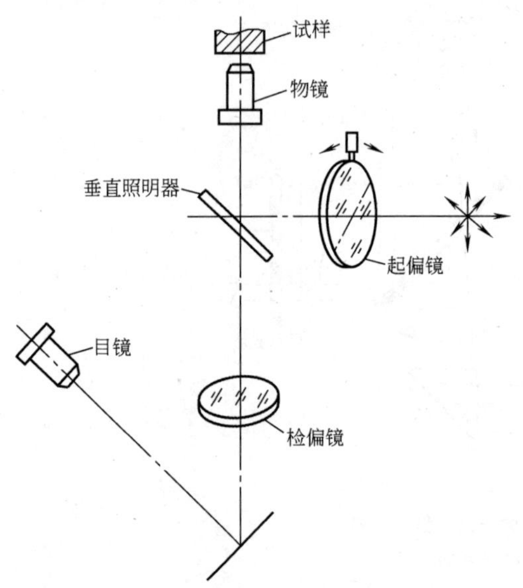

图5-11　起偏镜和检偏镜在光路中的位置

（1）偏振光装置的调整　偏振光分析时，起偏镜和检偏镜两者之间必须处于正交位置，即起偏镜的偏振平面和检偏镜的偏振平面互相垂直。

调整方法为：①先只插入起偏镜，将一个抛光未经侵蚀的不锈钢试样置于载物台，聚焦后在目镜中观察随起偏镜转动而引起的明暗程度变化，取光线最明亮的位置为起偏镜的正确位置，这一位置在以后的检验中不再变化。②插入检偏镜，在目镜下检查随检偏镜转动而引起的明暗变化，取完全消光的位置为检偏镜的正确位置。此时起偏镜和检偏镜的偏振光振动方向垂直，即两者处于正交状态。③在显微镜下找到待检查的目的物，同时调整载物台的中心位置，使载物台在转动360°的过程中目的物不离开视域。

（2）偏振光的应用

1）显示各向异性金属的晶粒。当直线偏振光入射到各向异性单晶体时，如载物台（即试样）旋转360°，在目镜中将观察到四次明亮和四次消光的情况。对于各向异性的多晶体，由于各晶粒取向不同（相当于各晶粒处于单晶体的不同载物台位置），在检偏镜下呈现出不同的亮度以显示晶粒组织（观察时可不必对试样进行侵蚀）。光源为单色光时产生晶粒间的黑白衬度，光源为白光则得到彩色衬度。各向异性的Sb、Sn、Mg、Be、Zn、Zr等金属采用偏振光观察时均取得良好效果，特别对于难以侵蚀的Be、U、Zr等金属，偏振光分析更有意义。

2）检验夹杂物的性质。夹杂物也有各向同性及各向异性之分，它们在正交偏振光下的表现同上。球状透明玻璃态夹杂物在正交偏振光下呈现独特的黑十字和同心环现象，黑十字现象是由球形特征引起的，与晶体类型无关。不同夹杂物在正交偏振光下的特征归纳于表5-9中。

表5-9　夹杂物在正交偏振光下的特征

夹杂物的类型	特　征
不透明的各向同性夹杂物	在正交偏振光下呈黑色，转动360°无变化
不透明的各向异性夹杂物	载物台转动360°时，夹杂物出现四次明暗交替变化
透明的各向同性夹杂物	可观察到与暗场相同的色彩，转动载物台无变化
透明的各向同性球形夹杂物	除显示透明及固有的色彩外，还出现黑十字和同心环现象，在载物台旋转360°过程中，黑十字的位置静止不动
透明的各向异性夹杂物	表现出一定的色彩，转动载物台360°，光的强度有四次明暗变化

3）合金的相分析。以下情况可以应用偏振光进行相分析：①两相中有一相为各向异性时极易用偏振光予以鉴别，例如钛合金中的α相和β相。②各向同性金属（如Al及Al合金）经表面阳极化处理后，由于各个相或各个晶粒氧化膜厚度不同，偏振光下能清晰显示组织。③两相均为各向同性，但受蚀程度不

同时，偏振光下也能鉴别两相。如钢中马氏体和贝氏体混合组织中贝氏体容易受侵蚀，不同位向的贝氏体与试样表面交于不同的角度，在偏振光下显示不同的亮度，而马氏体则一片黑暗（见图 5-12）。又如 α+β 两相黄铜，在普通光照明时仅能分辨两个相，而不能显示 β 相的晶界，但在正交偏振光下，α 相因轻微受蚀仍然平坦，呈消光的暗色，β 相则显示明暗不同的晶粒。

a)

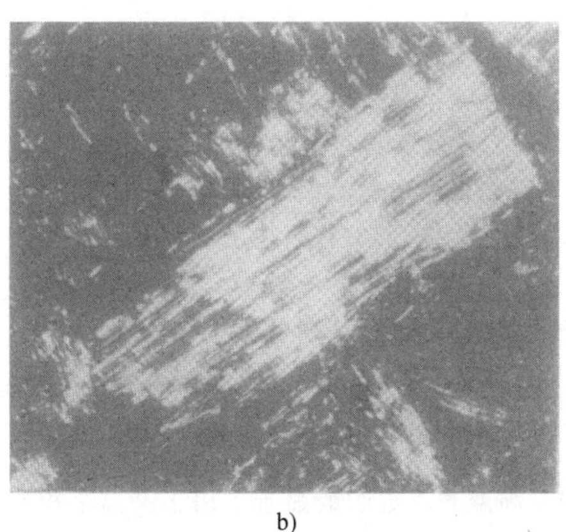

b)

图 5-12　60Si2Mn 贝氏体、马氏体混合组织　800×
a）明场照明　b）偏振光照明

4）晶体织构的测定。多晶体形成织构后各晶粒具有一致的光轴，在正交偏振光下的行为接近单晶体，整个视域的明暗程度趋于一致。试样在观察前先经较深的侵蚀，在偏振光下逐渐转动载物台，同时用光度计记录反射光的总强度，根据载物台在转动 360°过程中视域内明暗程度的差异可判断织构程度。

5）涂层厚度的测定。某些合金的表面涂层很薄（如 Al 合金的阳极氧化膜），难以在明场下精确测定层深，而偏振光下则成为一亮带，测量方便且精确。如果有多个涂层，各个层一般显示不同的衬度而易于区分。立方晶系金属的表面镀 Zn 层也可用偏振光方法有效地测量层深。

4. 相衬方法及微差干涉衬度在显微分析中的应用

一般金相显微镜是靠反射光的强弱来鉴别组织中的各个相。但是，当两相的反光能力相近，且受蚀程度差异不大时，它们在显微镜下的色差（即衬度）很小，鉴别它们比较困难。相衬及微差干涉衬度是利用特殊的光学装置，将试样表面微小高度差所造成的光程差转化为人眼能感受的强度差。

（1）相衬金相方法　光线入射试样表面后会产生反射和衍射，两者的强度之和等于入射光的强度。反射光以确定的角度反射回物镜，衍射光则向各方向散射。衍射光的强度取决于受蚀程度，受蚀严重或表面凹凸不平时衍射光的强度明显增加。当两个相受蚀轻微且程度相差不大时，衍射光的强度远低于反射光，反射光成为支配因素，因此两个相的衬度很小。相衬照明中采取以下措施可提高像的衬度：

1）降低反射光的相对强度。在聚光透镜的前焦面安置环形遮板（见图 5-13），使其在物镜的后焦面上成像。同时将一块形状与遮板相同而颜色衬度正好相反的相板置于物镜的后焦面，于是反射光只限制于从相板的相环处通过。再加上相环上喷镀了一层能吸收光的金属膜，因此反射光的强度大大降低。

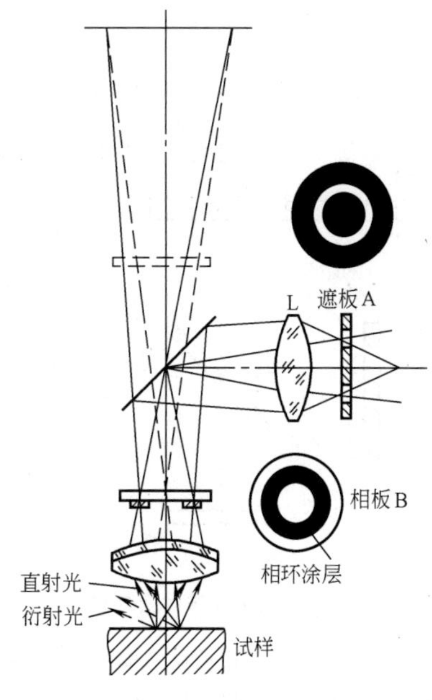

图 5-13　相衬显微镜的结构

2）改变反射光的相位。通常反射光与衍射光具有 π/2 的相位差。由于相环的厚度比相板的其余部分薄（或者厚）λ/2，因而改变了反射光的位相，使反射光和衍射光的位相差略大于 π（正相衬）或趋于零（负相衬），于是衍射光可以有效地削弱或加强反射光的强度，从而增大相间衬度。

相衬照明适用于有微小高度差的两相组织的分析，如铁素体和渗碳体、碳化物与马氏体、马氏体与奥氏体、时效析出相及晶内偏析等。凸起相在正相衬中呈亮色，而凹下相呈暗色（负相衬则正好相反），显著地改善两相色差，使分辨率明显优于明场观察，对于金相摄影及定量金相尤为重要。不过，相衬金相法对制样的要求高，一些明场下不易觉察的划痕在相衬下可清晰显示。试样的侵蚀程度应偏浅，过深时效果不好。

（2）微差干涉衬度　这是靠干涉作用提高衬度的方法，光源通过起偏镜得到偏振光，再经渥拉斯顿棱镜分成两束角度很接近（角度差小于 0.5′）的偏振光，它们可以满足相干条件成为相干光源。当两束光通过相同的路径照射试样表面时，由于存在微小的光程差而发生了干涉现象（但不会产生干涉条纹），试样上高度略有差别的两个相的干涉程度不同，因而产生明显的组织衬度。

微差干涉衬度装置如图 5-14 所示，图中的起偏镜和渥拉斯顿棱镜是为了得到相干光源。检偏镜的作用是把这两束偏振光都投影到同一平面上以满足相干条件，产生稳定的干涉衬度。

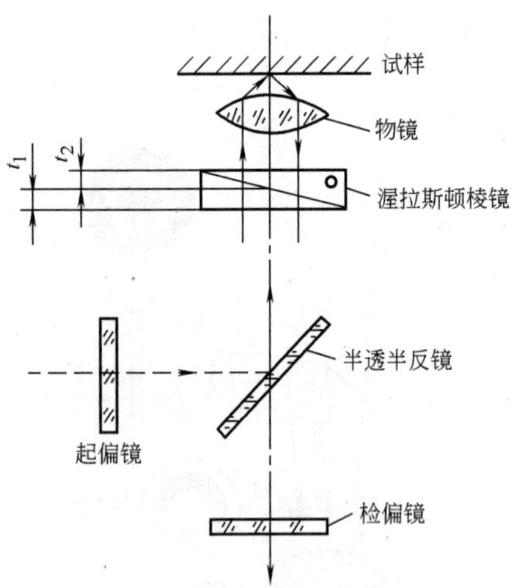

图 5-14　微差干涉衬度装置

干涉衬度的应用场合和相衬照明相似，用于提高组织衬度，效果比相衬照明更佳，特别适用于定量金相分析。

5. 高温和低温光学显微镜

（1）高温光学显微镜

1）结构。在大型光学显微镜上配用高温台及专用物镜等附件，即可进行高温下组织观察。

高温台由放置试样的空腔，加热、冷却和测温系统，真空或充氩系统所组成。加热方法有利用试样自身电阻的直接加热和通过加热元件的间接加热，改变电流大小可控制加热速度。试样的冷却可通过降低电流或直接通惰性气体来实现。为了防止试样在加热过程中的氧化、脱碳，应在 10^{-2} ~ 10^{-5}Pa 的真空下加热。但试样在真空下加热时表面会发生挥发，并在石英观察窗上沉积，使图像蒙上一层灰雾。为克服这一矛盾，常采用两个观察窗口，一个是靠近试样表面的观察窗，它可以移动；另一个是照相的专用窗口。移去第一个观察窗再照相可以保证质量。保护试样的最好办法是通入高纯度惰性气体（压力必须达到 6.65×10^4Pa）后加热，可防止试样挥发，得到较高质量的图像。

由于试样磨面上方必须留有一定空间装观察窗，因此应采用长工作距离的专用物镜。最广泛采用的是在标准物镜前面加入一个弧形反射镜（见图 5-15），这样可使物镜的工作距离增加 20 倍。

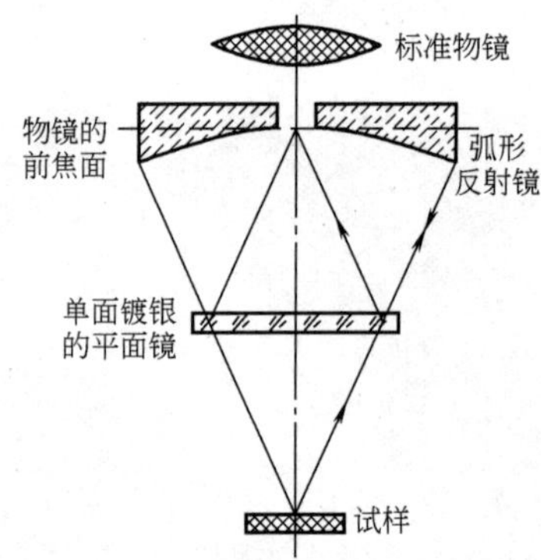

图 5-15　长工作距离物镜的结构原理

2）高温光学组织的显示。用于高温金相研究的试样一般不经侵蚀，组织的显示主要依靠加热和保温过程中表面原子选择性挥发而形成的热蚀沟，或者由于相变时母相与生成相比体积不同导致膨胀系数不同而形成的表面浮凸。即使要在显微镜下记录原始组织，也只能进行很浅的侵蚀，因为侵蚀的残余物将影响高温台内腔的真空度，从而降低图像质量。

3）高温光学显微镜的应用及局限性：①研究晶粒长大和再结晶现象。加热过程中试样表面会留下晶界变化的痕迹，利用这些痕迹，能够分析晶粒长大的规律是随温度升高呈跳跃式长大还是连续长大，也可研究晶粒的长大速率。②研究金属的相变，包括凝固、熔化及各种固态相变。③高温下金属受载及断裂过程的研究，如蠕变过程。④受物镜工作距离的限制，放大倍数不可能很高。⑤所得的信息局限于试样表面，与试样内部的组织变化有一定差异，这是由于两者的原子扩散能力及成分差异而引起的。

（2）低温光学显微镜　主要用于观察材料在低温下的组织变化。低温台的结构与高温台相似，甚至可用高温台改装而成。可采用制冷剂（如液氮等）冷却温台，即通过改变制冷剂的量来控制温度。但低温时试样表面及观察窗上容易结露，因此必须保证介质绝对干燥，或在真空下进行研究。

低温显微镜应用较少，这是由于低温下反应很慢，以致难以在显微镜下观察并记录到内部的组织变化。

6. 数字金相技术

目前，光学显微摄影开始应用数码技术，它省略了传统摄影中烦琐的胶片感光、暗房冲洗及印制等过程，可快捷地获得优质的金相照片，且便于储存、网上传送，实现信息化和自动化。

（1）系统组成　显微照相和常规照相原理不同，前者是将微观组织放大后成像，后者则以取远镜为主，把正常的物体加以缩小，故数字金相技术不能简单地将数字照相机和显微镜对接，否则将降低光学分辨率及显微放大作用，使成像质量不尽如人意。为此，必须对显微镜的照相系统进行改造和重新安装，其系统组成如下：

显微镜上安装中间镜（光学机器接口）→电荷耦合器（CCD）→A/D（模/数）转换器→数字采集处理系统将图像显示、打印、输出。

CCD 实际上是图像传感器，物镜（及中间镜）成像在 CCD 芯片上，将图像上的光信号转化为模拟电信号。A/D 转换器再将 CCD 的模拟信号转换为数字信号，并传送到数字信号处理器进行处理，还原为图像。这些过程都在计算机内完成，常为各公司独有的机密的图像处理技术。

（2）数字金相的分辨率和放大倍数

1）分辨率。数字金相的分辨率除了与物镜有关外，还取决于 CCD 的质量、显示屏、图像尺寸及打印机的质量。

CCD 成像芯片的分辨率是数字技术最主要的性能指标，通常用像素表示，即指芯片上面的像是由多少点加以记录的。像素越高，分辨率越好。目前 CCD 上单个像元的尺寸已降至几微米或更小，像素可达数百万，乃至上千万。像素并非越高越好，随分辨率的提高，一幅图像的文件增大，计算机处理的速度放慢，对内存和硬盘的容量及相应的软件要求提高，可存储的照片数量减少。普通数字照相机为了降低成本，并达到小型化、轻量化，都倾向采用小面积的 CCD 芯片。而金相显微镜则希望采用尽可能大的 CCD 尺寸，再配合中间镜（光学机械接口）可以采集到大的图像区域，充分发挥物镜的分辨率。

2）放大倍数。显微镜传统摄影的放大倍数是物镜和目镜放大倍数的乘积。数字金相的放大倍数还和 CCD、监视器和图像大小有关，总放大倍数为物镜放大倍数与数字系统放大倍数的乘积。通过计算机处理和标尺的标定可以得到输出图像和物镜倍数间的关系，并直接将放大倍数标在图像上，便于使用。

（3）传统胶片摄影和数字摄影的对比　两种摄影方法各项指标的对比见表 5-10。虽然 CCD 方法的清晰度、取像面积及像差等指标稍不及胶片摄影，但总体而言，它有更好的应用前景。

表 5-10　胶片摄影与数字摄影各项指标的对比

指　　标	感光体	
	CCD	胶片
感光颗粒尺寸/μm	>3	<1
灵敏度	高	低
清晰度	低	高
取像面积	小	大
像差	大	小
可调性	强	弱
存储方式	数据	底片
工作环境	好	差
劳动强度	小	大
耗材	同等	同等
应用前景	好	差

5.2.2　电子显微镜的应用

电子显微镜以波长很短的电子束作为光源，故具有很高的分辨率和放大倍数，已成为材料显微分析的重要工具。

下面简单介绍透射电镜和扫描电镜两种电子显微镜的应用。

1. 透射电镜（TEM）

透射电镜的结构及成像原理与光学显微镜基本相同，如图 5-16 所示，只是用电子束代替了可见光，用电磁透镜代替了光学透镜。由电子枪发射的电子束经加速后，通过聚光镜会聚成一束很细的高能量电子束斑，电子束穿过试样，将其上的细节通过由物镜、中间镜及投影镜组成的成像系统成像，成像最终投射在荧光屏上形成可见的图像供观察或照相。透射电镜的辅助系统比较复杂，包括真空、稳压、气动循环、控制及计算机等系统。

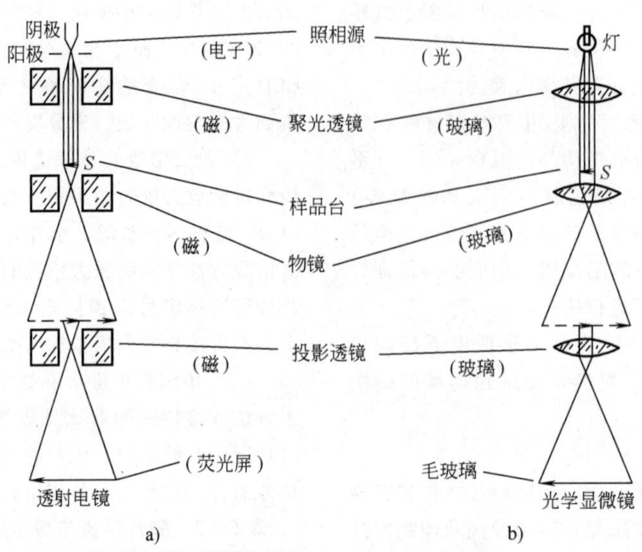

图 5-16 透射电镜与光学显微镜的对比

a）透射电镜系统 b）光学显微镜系统

由于金属表面对电子的反射能力较差，故透射电镜不能像光学显微镜那样采用反射成像；又由于电子束穿透金属的能力有限，故透射电镜不能简单地用金相样品进行观察。不同的透射电镜研究方法，需采用不同的制样技术，成像原理也有所不同。

（1）复型及萃取复型技术 复型是把金相样品的表面复制下来，在透射电镜下观察复型的组织。复型的方法在第4章中已做过介绍。

萃取复型是一种特殊的复型技术，它先在制备好的金相试样上蒸发沉积一层稍厚的碳膜，再通过第二次侵蚀将基体侵蚀掉一层，使碳膜与基体分离并萃取出第二相。

金相组织上的凹凸不平在复型上会形成不同厚度的薄膜，如果是萃取复型，还会有第二相黏附在薄膜上。电子束穿过薄膜时，由于膜的厚度不同或原子序数不同，散射及透射的程度也不同，于是显示明暗不同的组织，这一显示原理称为质量厚度衬度。

普通复型的优点是不破坏原始样品表面，制备方法简单，图像直观易于观察，对电子束透射能力要求较低。萃取复型的优点是图像中第二相的反差大，易分辨；既能显示第二相的分布特征，又能对它做电子衍射分析，确定其晶体结构。复型技术的缺点是不能揭示基体组织的亚结构，从而不能有效发挥电子显微镜高分辨率的优越性。

（2）金属薄膜技术

1）薄膜的制备。用透射电镜进行显微分析的关键是要制得使电子束能穿透的薄膜试样。其步骤为：①利用电火花切割或低速砂轮切割等方法，从大块试样上切下厚度为0.2～0.4mm的金属薄片。②从薄片两侧均匀地磨掉切割损伤层，直至厚度约为0.1mm。③将预减薄试样最终减薄至100～200nm。其方法一种是，采用专用的抛光装置（见图5-17）进行双喷电解减薄。抛光前将预减薄试样冲成ϕ3mm的小圆片，夹在塑料夹具内作阳极，电解液从两侧以一定的速度喷向试样，侵蚀后会在薄片中心形成具有楔形边缘的小孔。在刚出现小孔时其边缘厚度很薄，对电子束常是透明的，可供透射电镜观察。另一种方法是离子减薄，即利用高速离子轰击试样表面进行减薄。该法获得的薄膜薄区面积大，表面质量好，但速度慢，需几十小时以上才能完成，一般用于半导体、氧化物及陶瓷等材料。

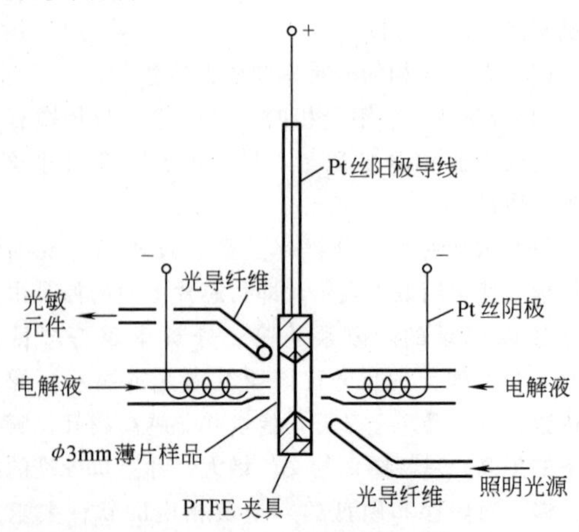

图 5-17 双喷电解减薄装置

2）成像原理。金属薄膜技术的成像原理是衍衬成像。当平行的电子束穿过薄膜时，会在某些晶面上发生衍射，且取向不同的晶粒、不同的相及亚结构发生衍射的程度不同。如果物镜光阑把衍射束挡去，只让透射束通过，那么各晶粒或不同的相即显示不同的衬度。衍射程度较大的则亮度较暗，而不发生衍射的晶粒让电子束全部透过，像的亮度就最高。

薄膜透射电镜还提供了与晶体学特性有关的信息。被测相的透射和衍射电子束分别通过物镜聚焦在后焦面上，可形成中心斑点及衍射斑点，构成电子衍射花样。衍射花样反映了被测材料的结构特征，对衍射斑点进行标定后可以判断物相的结构及其在空间的取向。

利用衍射花样可在透射电镜下得到明场像和暗场像。当处于物镜后焦面位置的物镜光阑套住中心斑点成像时（见图 5-18a），衍射束全部挡去，形成常规观察的明场像。而当物镜光阑套住衍射花样的某一强斑点时（见图 5-18b），透射束被挡去。由于衍射束的强度远低于透射束，故像的亮度很暗，称暗场像。像中只有那些晶面（hkl）发生强衍射的晶粒、相及亚结构才显得较亮，这样在明场像中不太清晰的细节可在暗场下显得很明显，从而有效地鉴别微细相及亚结构。

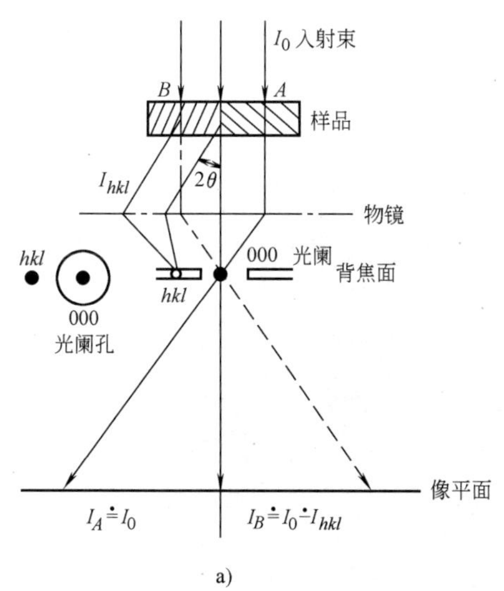

a)

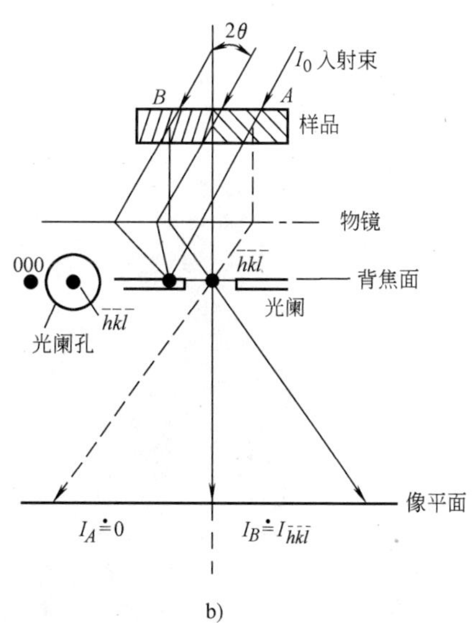

b)

图 5-18　金属薄膜成像原理

a）明场像　b）暗场像

（3）透射电镜在显微检验中的应用　透射电镜分辨率高，在光学显微镜下无法确认的组织（如钢中的极细珠光体，上、下贝氏体，马氏体回火组织及过饱和固溶体时效分解的第二相等）在电子显微镜下都能得到可靠的辨认。

此外，金属薄膜透射技术还能观察晶体的缺陷，如位错、孪晶、层错等亚结构的数量及分布特征，为深入研究金属塑性变形机制及热处理组织提供了条件。例如，根据马氏体内的亚结构可以区分出位错马氏体和孪晶马氏体，为分析组织与性能的关系提供可靠的依据。图 5-19 所示为 Co40 合金时效处理的组织。该图中清晰地显示了尺寸为几十纳米的析出第二相，以及它们与位错、层错等亚结构的关系。

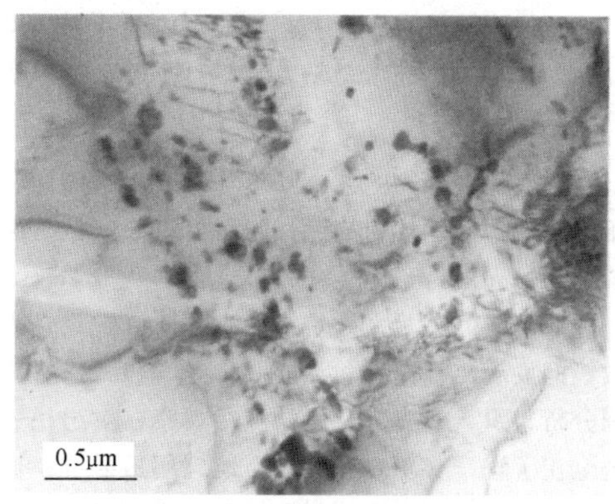

图 5-19　Co40 合金时效处理的组织

金属薄膜技术的另一特点是能进行选区电子衍射分析，把微观形态观察与晶体结构分析结合起来。例如，低碳马氏体回火后在板条间有一层间断分布的薄膜相（见图 5-20a），为确定该相性质，可对基体相和薄膜相同时进行选区电子衍射分析，发现有两套衍射斑点，经标定后确认它们分别为 α 相和碳化物。图 5-20b 所示为衍射花样及其标定；图 5-20c 所示为

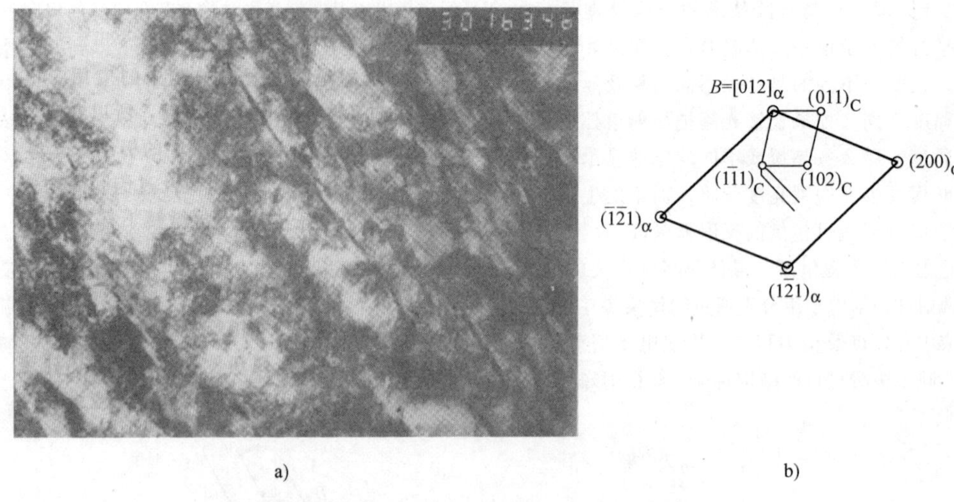

a)　　　　b)

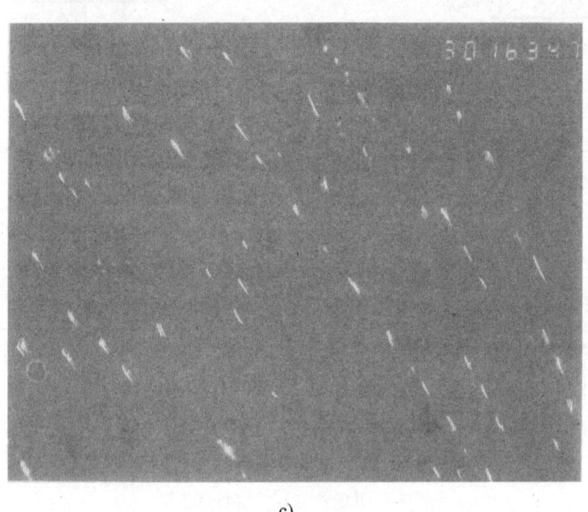

c)

图 5-20　利用选区电子衍射确定板条间薄膜相的性质

a）明场像（板条间有暗色的断续分布的薄膜相）　b）衍射花样及其标定（马氏体与碳化物）

c）物镜光阑套住碳化物某强斑点所做的暗场像

物镜光阑套住碳化物的某个强斑点所成的暗场像，薄膜相成亮色，而基体为暗色，因而可以断定板条间的薄膜相为回火后析出的碳化物。

透射电镜的不足之处是视域小，所以它只是光学显微镜的发展与补充，并不能取代光学显微镜。为了正确分析组织，应先进行光学金相观察，对组织先有一个全貌了解，必要时有针对性地应用透射电镜进行研究。此外，透射电镜的制样复杂，成本高，也限制了它的应用。

2. 扫描电镜（SEM）

扫描电镜的结构、成像原理见本卷第 4 章。

（1）扫描电镜的特点

1）放大倍数可在 20 倍到数万倍范围内连续调节。

2）分辨率高，在较好的情况下分辨率可达 5~7nm。

3）景深大，成像立体感强。

4）可提供多种电子图像，如二次电子像、吸收电子像及背散射电子像等，从而获得样品表面的形貌衬度、原子序数衬度及成分分布等信息。

5）配备能谱仪、波谱仪后可进行微区成分分析。

（2）扫描电镜在显微分析中的应用

1）可进行显微组织观察。扫描电镜几乎能代替光学显微镜的全部分析工作（色泽与透明度鉴别除外），可将大块试样直接置于电镜下观察，制样方法与光学金相相同，侵蚀程度应适当加深。由于成像原理与光镜不同，故像的衬度有所差异。大多是利用二次电子像观察组织，此时钢中铁素体呈暗色，而碳化物及晶界为白亮色。如利用背散射电子成像，可显示较好的成分衬度，原子序数较高的区域图像为亮色，而轻元素区域呈暗色，因而从图像上可定性判断各区的成分分布。但是，背散射电子像的清晰度较差。扫描电镜的分辨率高，能显示光学显微镜难以分辨的微细组织。

2）可进行特殊试样的观察。扫描电镜是研究微粉、细丝或薄膜表面形态的极好工具，只要把试样置于载物台，用导电胶固定后即可在扫描电镜下观察。此外，表面涂覆的试样磨制时容易边角倒圆，在光学显微镜下观察效果不好，但扫描电镜对平整度没有要求，可清晰显示表面各层组织。

3）可进行成分分析。应用能谱仪或波谱仪可在观察组织的同时，半定量地给出成分。微区成分分析的扫描方式有：①点扫描，分析被测试样中某一特征点的化学成分，点的尺寸为 0.2～2μm。②线扫描，分析试样上某迹线位置上的成分分布，可直接描绘出与组织变化相对应的成分分布特征，对显示成分偏析及合金相内的成分梯度和研究化学热处理有重要作用。③面扫描，可对视域内逐点扫描后得出整个视域的平均成分，也可以使能谱仪固定接收其中某一元素的特征 X 射线信号，得到该元素的 X 射线扫描像，图像中较亮的区域就是该元素在组织中的分布特征。图 5-21 所示为 Cu-10%Co 铸造合金在扫描电镜下的显微组织。由该图可见，合金元素 Co 主要分布在树枝的主干上。

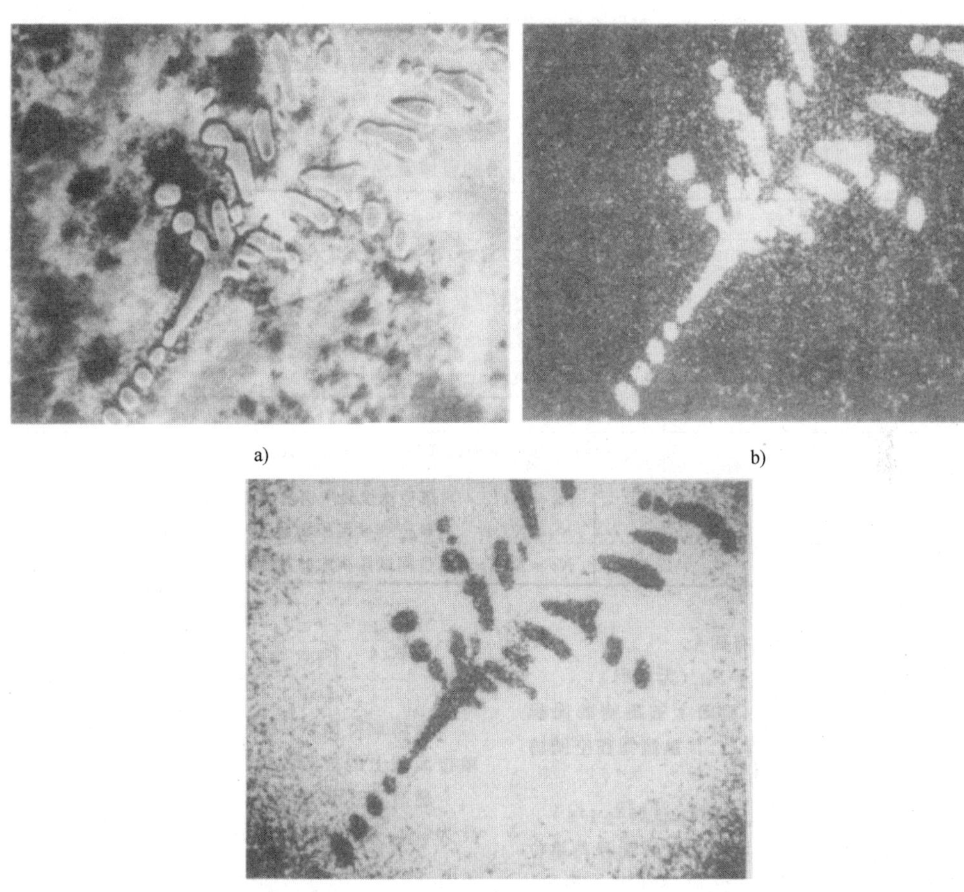

图 5-21　Cu-10%Co 铸造合金在扫描电镜下的显微组织

a）二次电子像抛光态未侵蚀 400×　b）Co 元素的 K_{α}X 射线扫描像 400×

c）Cu 元素的 K_{α}X 射线扫描像 400×

4）可进行动态分析。在扫描电镜中附加拉伸动态模拟装置后，可以观察试样受载时金相组织的变化，研究其变形机制。

5.3　定量金相方法

材料科学不断发展，已逐渐揭示了组织与性能的定量关系，因此显微组织参量的定量测定就成为了检验者的重要任务。定量金相方法是在试样上测定其组织参量，并运用体视学的基本关系推断材料在三维空间的组织参量。

5.3.1 定量金相的标准符号及基本公式

定量金相是利用点、线、面和体积等要素来描述显微组织的定量特征的。表5-11列出了国际体视学会规定的定量金相采用的基本符号和组合符号。

定量金相的基本公式有四个：

公式1 $V_V=A_A=L_L=P_P$（无量纲）

它表示通过试样任一截面上被测物的面积比、长度比和点数比是相等的，且被测物在空间的体积比也等于这一数值。

公式2 $S_V=(4/\pi)L_A=2P_L$（量纲为$1/L$）

它将单位测试体积内被测相的界面积与单位测试面积内被测相的长度或单位长度测试线上被测相的数目联系起来。

公式3 $L_V=2P_A$（量纲为$1/L^2$）

它表示了单位测试体积内线性特征物的长度与测量面积上特征物数目之间的关系。

公式4 $P_V=\frac{1}{2}L_VS_V=2P_AP_L$（量纲为$1/L^3$）

它将单位体积中被测相的点数和单位长度及单位面积上的被测相的测定值联系起来。

通过上述公式，可将试样上测定的组织参量转化为材料在三维空间的组织参数。

表5-11 定量金相采用的基本符号和组合符号

基本符号	组合符号
P—点的数目	$P_P=P/P_T$，特征物落在测试点上的点分数 $P_L=P/L_T$，单位长度测试线上特征物的数目 $P_A=P/A_T$，单位测量面积上特征物的数目 $P_V=P/V_T$，单位测试体积内特征物的数目
L—线的长度	$L_L=L/L_T$，单位长度测试线上特征物所占的长度 $L_A=L/A_T$，单位测试面积内特征物的长度 $L_V=L/V_T$，单位测试体积内特征物的长度
A—抛光面上的面积（平面）	$A_A=A/A_T$，单位测试面积内特征物所占的面积
S—三维空间内的界面积（曲面）	$S_V=S/V_T$，单位测试体积内特征物的界面积
N—特征物的数目	$N_L=N/L_T$，与单位测试线所遇的特征物数目 $N_A=N/A_T$，与单位测试面积交截的特征物数目 $N_V=N/V_T$，单位测试体积内的特征物的数目

5.3.2 测量方法

1. 基本方法

（1）计点法 又称网格数点法，主要测试工具为标准试验网格（见图5-22a）。测试时，可将网格装入目镜内，目镜下使用的网格点为9（3×3）、16（4×4）或25（5×5）个。也可将网格直接覆在投影屏或照片上，此时网格点数可多一点，如16、25、49、64或100。测试时，将网格点正好落在被测相内的计作1，落在被测相边界上的计作1/2，从而测定P_P、P_A、N_L及N_A等参量。

（2）网格截线法（也称线分析法） 显微组织中含有线性特征物（如晶界、相界等）时，可采用网格截线法。测试工具有各种类型的已知长度的测试线（见图5-22b、c）。将已知长度的测试线任意置于被测物上，数出与单位长度测试线相交的被测物点数

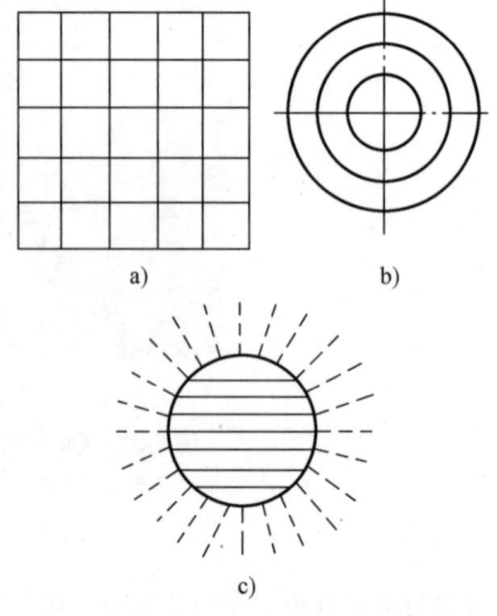

图5-22 定量金相测试工具

a）16点（4×4）标准网格 b）、c）测试线的类型

N_L，或者测出测试线与被测物界面的交点数 P_L。也可以在目镜内利用有标度的直线直接读出单位测量线上被测物所占的截线长度 L_L。

（3）面积分析法　用求积仪求出被测相的总面积，或在照片上剪下被测相，用称重法求出被测相所占的面积，用以测定 A_A。

在 GB/T 15749—2008 中，对定量金相手工测定方法做了具体规定，可作为日常检验的依据。

2. 举例

图 5-23 所示为将 10×10 网格覆在带有球形第二相 α 的组织上，用上述方法测定基本参量，其结果为

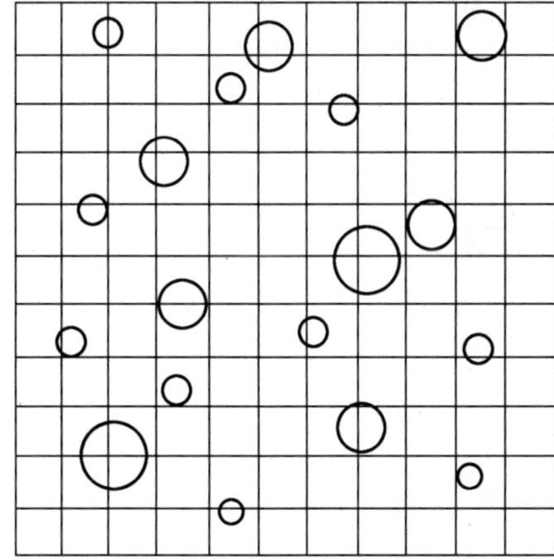

图 5-23　测定基本参量的实例

注：该网格为 10×10，故总面积 $A_T=12100\text{mm}^2$，总点数 $P_T=100$，总长度 $L_T=2200\text{mm}$。

$$P_P=\frac{\Sigma P}{P_T}=\frac{\text{测试点落在 α 相内的数目}}{\text{总点数}}$$

$$=\frac{5+3\times\frac{1}{2}}{100}=0.065 \quad \text{（计点法）}$$

$$P_L=\frac{\Sigma P}{L_T}=\frac{\text{与测试线相交的点数}}{\text{总长度}}=\frac{40+13\times\frac{1}{2}}{2200\text{mm}}$$

$$=0.02114/\text{mm} \quad \text{（截线法）}$$

$$N_L=\frac{\Sigma N}{L_T}=\frac{\text{与测试线相截的粒子数}}{\text{总长度}}$$

$$=\frac{20+5\times\frac{1}{2}}{2200\text{mm}}$$

$$=0.01022/\text{mm} \quad \text{（截线法）}$$

$$P_A=N_A=\frac{\Sigma N}{A_T}=\frac{\text{面积内 α 相的粒子数}}{\text{总面积}}$$

$$=\frac{18}{12100\text{mm}^2}$$

$$=0.001487/\text{mm}^2 \quad \text{（计点法）}$$

$$L_L=\frac{\Sigma L_\alpha}{L_T}=\frac{\text{测试线上 α 相所占的长度}}{\text{总长度}}$$

$$=\frac{152.3}{2200}$$

$$=0.069 \quad \text{（截线法）}$$

$$A_A=\frac{\Sigma A_\alpha}{A_T}=\frac{\text{α 相所占的面积}}{\text{总面积}}$$

$$=\frac{884.75}{12100}$$

$$=0.073 \quad \text{（面积法）}$$

3. 注意事项

1）视域的选取及测试工具的放置必须是随机的。

2）在能分辨测试工具和被测物的相对位置条件下，应尽量选用较低的放大倍数。

3）当组织均匀性较差时，应选取更多的视域，而不必在同一视域内进行多次测量。

5.3.3　定量金相数据的统计分析

任何一个物理量的测定不可避免地带有偏差，即测量值 x 与真值 μ 之间有一定的差值，定量金相也不例外。因此，在给出测定值时，应该同时对试验数据进行统计处理。

1. 统计分析基础

高斯误差函数描述了测量数据的分布特点，其表达式为

$$f(\delta)=\frac{h}{\sqrt{\pi}}e^{-h^2\delta^2} \tag{5-1}$$

式中　δ——测量偏差值，$\delta=x-\mu$；

h——精确度指数，$h=\frac{1}{2\sqrt{\sigma}}$，其中 σ 为标准偏差。

高斯误差函数的图形像钟形（见图 5-24a），这种分布又称正态分布。高斯误差函数具有下述性质：

1）钟形曲线所包围的面积为 1，故在钟形曲线的任意区间下方的面积表示测量偏差落在该区间内的概率。由该曲线可知：出现大偏差的概率比小偏差的低，正、负偏差概率相同。

2）曲线具有拐点，拐点的位置在 ±σ 处。不同 σ 值下钟形曲线的形态如图 5-24b 所示。由该图可见：σ 大时曲线较为平坦，即数据比较分散。

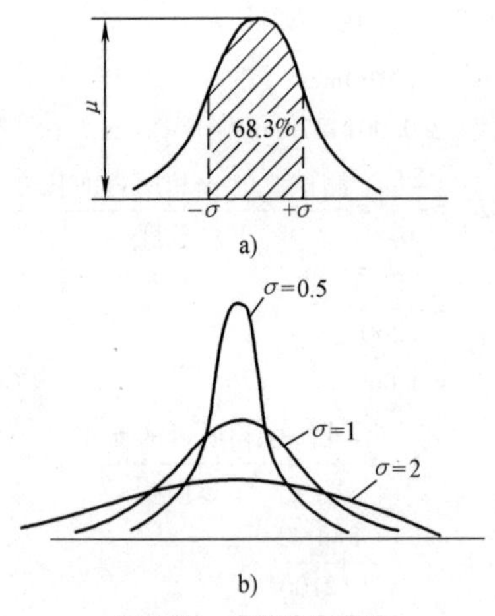

图 5-24　高斯分布曲线

a）高斯分布曲线及落在拐点±σ 区间内的概率

b）不同 σ 值下的高斯分布曲线

3）测量偏差的区间（置信区间）与数据在该区间内出现的概率（置信概率，又称置信度）有确定的关系。不同测量偏差区间（置信区间）的置信度见表 5-12。由该表可见：测量偏差落入±2σ 区间内的概率为 95.4%，即有 95.4%的数据的偏差值不大于±2σ。

表 5-12　不同测量偏差区间（置信区间）的置信度

置信区间	±0.67σ	±1.0σ	±1.96σ	±2.0σ	±3.0σ
置信度(%)	49.7	68.3	95.0	95.4	99.7

2. 数据处理

作为完整的报告，一般要给出以下数据：

（1）算术平均值 $\bar{x}$　$\bar{x}$ 是多次测量的平均值，即

$$\bar{x}=\frac{x_1+x_2+x_3+\cdots+x_n}{n}=\frac{1}{n}\sum_{i=1}^{n}x_i \quad (5\text{-}2)$$

平均值仍是随机参量，当测量次数足够多时，它可以近似作为被测参量的真值。

（2）标准偏差 σ　在有限测量次数下，标准偏差为

$$\sigma=\left[\frac{\sum_{i=1}^{n}(x_i-\bar{x})^2}{n-1}\right]^{\frac{1}{2}} \quad (5\text{-}3)$$

由式（5-3）可见：σ 的量纲与 $\bar{x}$ 相同，但它并不是测量的具体误差，而是说明了数据的分散性，σ 越大数据越分散。

（3）离差系数（或相对标准偏差）C_V　其计算公式为

$$C_V=\frac{\sigma}{\bar{x}} \quad (5\text{-}4)$$

式中的 C_V 是无量纲量，其意义与 σ 相近，但反映的是测量数据波动的相对量，C_V 值越小，则相对波动越小。

（4）测量精度　精度常以误差的大小表示。绝对误差 Δ 是指算术平均值与真值的差，但真值并不可知。根据统计分析推导得知：绝对误差 Δ 与测量次数 n 及标准偏差 σ 有关（n 越大、σ 越小则精度越高），同时也与人们对试验数据所要求的置信度有关。通常所要求的置信度为 95%，在该置信度下测量的绝对误差约为

$$\Delta=\frac{t\sigma}{(n-1)^{1/2}} \quad (5\text{-}5)$$ ㊀

式中的 t 是随测量次数而变的系数（在有限次数测量时，测量次数服从 t 分布），t 值可从表 5-13 中查得。实际工作中难以根据绝对误差的值来判断两组数据的优劣，因此更多采用相对精度（或相对误差）ε 来表示测量精度。

表 5-13　置信度为 95%时的 t 值

测量次数	t
3	4.303
4	3.182
5	2.776
6	2.571
7	2.447
8	2.365
9	2.306
10	2.262
12	2.201
14	2.160
20	2.093

$$\varepsilon=\frac{\Delta}{\bar{x}} \quad (5\text{-}6)$$

根据式（5-5）和式（5-6），可求得测量精度，反之，也可根据所要求的精度确定应该测量的次数。

5.3.4　常用显微组织参数测定举例

1. 晶粒大小的测定

晶粒大小常以晶粒度级别来表示，它是材料重要的显微组织参量，在 GB/T 6394—2017 中规定，测定晶粒度的方法有比较法、面积法和截点法。

（1）比较法　实际工作中常采用在 100 倍的显微镜下与标准评级图对比来评定晶粒度。标准图是按单位面积内的平均晶粒数来分档的，晶粒度级别指数 G 和平均晶粒数 N 的关系为

㊀ 不同参考书提供的计算公式不同，但结果差别不大，计算时也可采用其他公式。

$$N = 2^{G+3} \tag{5-7}$$

式中的 N 为放大 100 倍时每 $1mm^2$ 面积内的晶粒数。

在 GB/T 6394—2017 中备有四个系列的评级图，包括无孪晶晶粒（浅腐蚀）、有孪晶晶粒（浅腐蚀）、有孪晶晶粒（深腐蚀）和钢中奥氏体晶粒（渗碳法）。实际评定时应选用与被测晶粒形貌相似的标准评级图，否则将引入视觉误差。当晶粒尺寸过细或过粗，即在 100 倍下超过了标准图片所包括的范围时，可改用在其他放大倍数下参照同样标准予以评定，再利用表 5-14 查出材料的实际晶粒度。

表 5-14　不同放大倍数下晶粒度的关系表

图像的放大倍数	与标准评级图编号相同图像的晶粒度级别									
	No. 1	No. 2	No. 3	No. 4	No. 5	No. 6	No. 7	No. 8	No. 9	No. 10
25	-3	-2	-1	0	1	2	3	4	5	6
50	-1	0	1	2	3	4	5	6	7	8
100	1	2	3	4	5	6	7	8	9	10
200	3	4	5	6	7	8	9	10	11	12
400	5	6	7	8	9	10	11	12	13	14
800	7	8	9	10	11	12	13	14	15	16

若试样中有明显的晶粒不均匀现象，则应当计算不同级别晶粒在视场中各占面积的百分比。若占优势的晶粒度不低于视场面积的 90%，则只记录一种晶粒的级别号，否则应同时记录两种晶粒度及它们所占的面积，如 6 级 70%～4 级 30%。

比较法简单直观，适用于评定完全再结晶或铸态材料的晶粒大小。但比较法精度较低，为提高精度，可把标准图画在透明纸上，再覆在金相组织上进行比较。

（2）面积法　面积法是通过计算给定面积内的晶粒数来测定晶粒度的，具体方法为：

1）在透明纸上画一个给定面积（$5000mm^2$）的圆形（$d=\phi79.8mm$）或矩形（50mm×100mm），覆在金相组织上，调节组织的放大倍数，使至少有 50 个晶粒（但不超过 100 个晶粒）出现于给定面积上。

2）数出完全处于该面积内的晶粒数 n_1 和处于边界上的晶粒数 n_2，算出 $n_1+n_2/2$。

3）求出 $1mm^2$ 内的晶粒数 N_A：

$$N_A = f\left(n_1+\frac{n_2}{2}\right)$$

其中的 $f=M^2/5000$（M 为放大倍数）。

4）将 N_A 换算为相应的晶粒度级别：

$$G=\frac{\lg N_A}{\lg 2}-2.95$$

或

$$G=-2.95+3.32\lg N_A \tag{5-8}$$

（3）截点法（也称线分析法）　截点法是在给定长度测试线上测出与晶界相交的点数来测量晶粒大小的，是应用最广的方法。它速度快，精度高，一般进行 5 次测量即可得到满意的结果，所以在有争议时可作为仲裁方法。具体步骤为：

1）采用一根或一组已知长度的直线或曲线，调节放大倍数，使测试线能与 50～150 个晶粒相交截。GB/T 6394—2017 推荐的测量线如图 5-25a 所示，图中包含了两组测试线，其一为三个同心圆，它们的直径（mm）分别为 ϕ79.58、ϕ53.05、ϕ26.53，周长总和为 500mm；其二为四条直线，总长度也是 500mm。放大倍数可根据粗略估计的晶粒度级别从图 5-25b 中选定，如晶粒度 4～6 级时可选 100 倍。

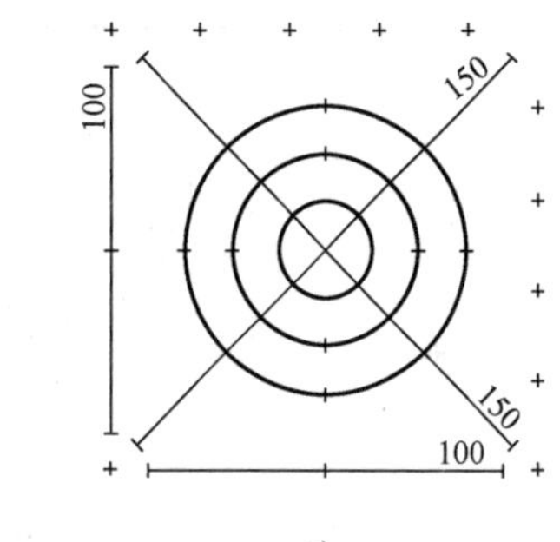

a)

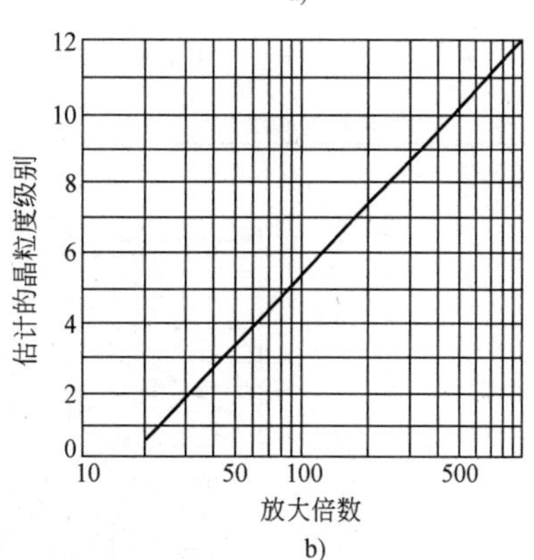

b)

图 5-25　用截点法测量晶粒的大小

a）GB/T 6394—2017 推荐的 500mm 测量线
b）使 500mm 测量线能与 100 个晶粒相截的推荐放大倍数

2）数出和测试线相交的晶界数 P，与晶界相交计作 1，与晶界相切计作 1/2，与三个晶粒的交会点相交计 3/2。也可以数出与测试线相交的晶粒数 N，将线的端点落在晶粒内部的计作 1/2。

3）求出与单位长度测试线相截的晶界数 P_L 或晶粒数 N_L（1/mm）：

$$P_L=\frac{P}{L_T/M}\quad 或\quad N_L=\frac{N}{L_T/M}$$

式中的 M 为放大倍数，L_T 为测试线总长。如采用 500mm 长的测试线则有

$$N_L=P_L=\frac{NM}{500}$$

4）求出晶粒的平均截距 $\overline{L}_3$（mm）：

$$\overline{L}_3=\frac{1}{N_L}=\frac{1}{P_L}$$

5）按下式换算为相应的晶粒度等级：

$$G=-3.28-6.64\lg\overline{L}_3 \tag{5-9}$$

$$G=-9.86-6.64\lg\overline{L}_3 \tag{5-10}$$

式（5-9）中 $\overline{L}_3$ 单位为 mm，式（5-10）中 $\overline{L}_3$ 单位为 cm。

6）数据处理及结果表示。报告中除给出晶粒的平均截距 $\overline{L}_3$、晶粒度等级 G 外，还应给出标准偏差 σ、离差系数 C_V，有时还要求给出置信度为 95%时的精确度 ε。通常上述结果连同原始数据应在报告中一并给出，表 5-15 是一种推荐的报告格式。测定晶粒大小的精确度既可用计算求得，也可从计算公式的图解形式（见图 5-26）中查得。

最后要说明的是，晶粒均匀度也会影响结果的精度。对于混合晶粒而言，尽管其平均晶粒尺寸或计算的晶粒度与均匀晶粒的试样相近，但是两者的标准偏差 σ、离差系数 C_V 可能相差很大。混合晶粒的 σ 及 C_V 往往比均匀晶粒的大一倍，精确度也下降一半，所以也可根据定量计算结果来判断晶粒尺寸分布的均匀性。

表 5-15　晶粒度测量报告的一种推荐格式

样品号＿＿＿＿＿＿＿＿材料及处理状态＿纯铁、再结晶退火＿

放大倍数＿200×＿取样方向＿＿＿＿＿＿＿＿

次　数 (i)	(a) N_i	(b) $N_i-\overline{N}$	(c) $(N_i-\overline{N})^2$	
1	110	+5	25	$C_V=\frac{\sigma}{\overline{N}}=\frac{6.08}{105}$
2	100	−5	25	$C_V=0.058$
3	98	−7	49	置信度为 95%的精确度
4	105	0	0	$\varepsilon=5\%$
5	112	7	49	
$\Sigma=525$ $\overline{N}=\frac{525}{5}$ $\overline{N}=105$ 平均晶粒尺寸 $\overline{L}_3=\frac{50}{\overline{N}M}\times10^4\mu m=23.8\mu m$ 晶粒度等级＝7.3 级			$\Sigma=148$ $\sigma^2=\frac{148}{5-1}$ $\sigma=\sqrt{37}$ $\sigma=6.08$	

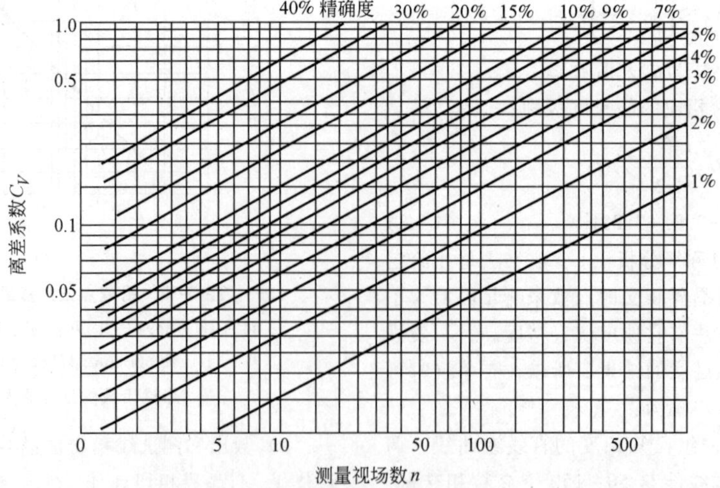

图 5-26　置信度为 95%时，离差系数 C_V、测量视场数 n 与精确度之间的关系

2. 第二相相对量的测定

当测量要求不高时，可简单地采用目测近似估计，但误差较大。如采用与标准图比较，测量精度可相对提高。图 5-27 中提供了一套不同相对量的标准图，应该注意，当第二相的尺寸、形状以及两相的衬度差异与标准图不符时，会增加误差。当要求测量精度较高时应采用定量金相方法。

（1）面积法　利用 $V_V = A_A = \Sigma A_\alpha / A_T$，测定被测相 α 的面积后即可求得。面积法费时，且不适用于被测相尺寸比较小的情况。

（2）截线法　利用 $V_V = L_L = \Sigma L_\alpha / L_T$，测出被测相在测试线上所占的长度分数后即可求得。此法工作量大，且测量精度较低。

（3）计点法　利用 $V_V = P_P = \Sigma P_\alpha / P_T$，测出第二相所占的点分数即可。测试时应注意落在每个第二相粒子上的测试点不应超过一个。正确选择网格的点数很重要，第二相相对量较低时建议采用 100 点网格，相对量较高时宜采用 25 点网格。选择的网格间距和第二相的尺寸要对应，网格点太多太密时容易出现人为误差。对于不均匀组织，以采用低的网格点数为好。

计点法简便有效，速度快，数据重复性好，是测定第二相相对量的最佳方法，一般进行 10～20 次测量即可获得满意的精度。测量结果的数据处理如前所述，应给出算术平均值、标准偏差、离差系数以及某一置信度（一般为 95%）下的精确度，如精度达不到要求，则可增加测量次数。

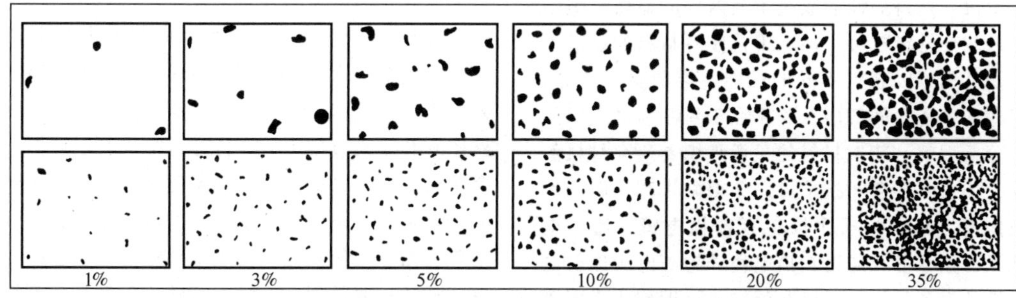

图 5-27　第二相相对量的标准图（根据第二相尺寸大小，分为两套标准图）

3. 第二相间距的测量

（1）粒子间距的测量　粒子间距与力学性能有直接的联系，是重要的组织参量。描述粒子间距的参数有平均自由程 λ（指任意方向上从粒子边界到相邻粒子边界的平均距离），平均粒子间距 σ（粒子中心到相邻粒子中心的平均距离），以及晶粒的平均截距 $\overline{L}_3$ 等，如图 5-28 所示。这些参数可按下式算出：

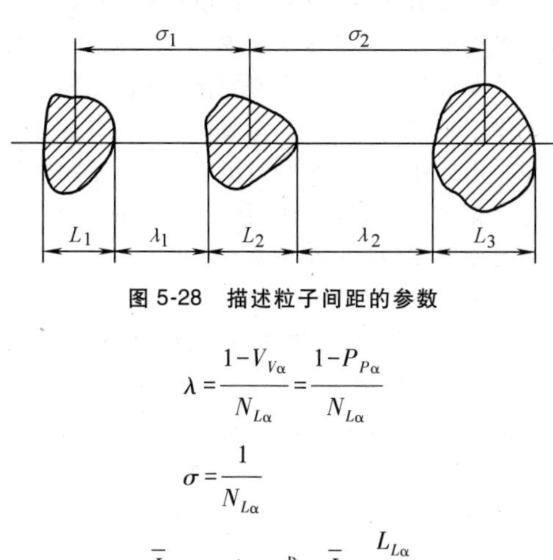

图 5-28　描述粒子间距的参数

$$\lambda = \frac{1 - V_{V\alpha}}{N_{L\alpha}} = \frac{1 - P_{P\alpha}}{N_{L\alpha}}$$

$$\sigma = \frac{1}{N_{L\alpha}}$$

$$\overline{L}_3 = \sigma - \lambda \quad 或 \quad \overline{L}_3 = \frac{L_{L\alpha}}{N_L}$$

式中　$P_{P\alpha}$ 与 $V_{V\alpha}$——α 相粒子的点分数与体积分数；

$N_{L\alpha}$——与单位长度测试线交截的粒子数。

利用上述公式对图 5-23 的组织示意图进行计算可得 $\lambda = 91.98\text{mm}$，$\sigma = 1/N_L = 97.85\text{mm}$，$\overline{L}_3 = 6.1\text{mm}$。这些数据是从放大的金相组织中求得的，实际值应除以放大倍数。数据处理方法与前述相同。若测量精度要求高时应增加测量次数或有足够的测量点数。

（2）片间距测量　片间距的测量比粒子间距的测量复杂，因为片间距还受到截面相对位置的影响。测定片间距的常用方法如下：

1）最小片间距测量法。在光学显微镜或电子显微镜下找到片间距最小的区域，测出其片间距 s_{min}。根据统计学关系，片层平均间距 s_0 可由下式算出：

$$s_0 = 1.65 s_{min} = 1.65 \times \frac{d_c}{nM}$$

式中　d_c——所测片层在垂直方向上的总距离；

n——d_c 距离内的层片数；

M——放大倍数。

此法取决于是否确实找到了最小片间距，容易产生误差。

2）平均任意间距测定方法。将测试线任意地置于被测组织上，数出测试线与片层相交的数目，求出 N_L，可得片层的任意间距 $\overline{\sigma}_r = 1/N_L$，根据体视学的研究，片间的真实间距 $\overline{\sigma}_t$ 与任意间距 $\overline{\sigma}_r$ 间的关系为

$$\overline{\sigma}_t = \frac{\overline{\sigma}_r}{2}$$

利用此式可方便地求出真实片间距，是比较好的测定方法。为了保证精度，至少应该选择 15 个视域。若精度要求较高，则应增加测试次数。

5.3.5　金相组织的数字图像及其处理技术

1. 金相组织分析与数字图像

在材料研究领域，显微组织分析是一个基本的和常用的手段。材料的性能取决于其内部的显微组织结构，通过改变材料成分、加工工艺使得材料的显微组织改变，从而可以获得不同的性能。弄清材料成分、加工工艺和性能之间的内在关系在于对其显微组织的认识和分析理解。获取材料的显微组织是研究材料的经常性工作。除了金相技术可以获得微米和亚微米尺度的组织外，现代分析手段包括扫描电镜、透射电镜、原子力显微镜、隧道扫描电镜、超高电压透射电镜等先进的设备手段，可以获得纳米尺度到原子团簇等更为深入的材料内部组织细节。无论是一般的金相分析，还是现代的电子分析手段，对于显微组织分析而言，都是首先获得一张组织图像照片，而后进行定性或定量的特征分析。

在数字图像处理技术普及以前，显微组织照片是通过照相机先获取一张曝光合适、组织细节清晰的底片，然后进行底片冲洗、放大印像，最终得到一张印在相纸上的图像照片。这种通过照相底片冲洗印制所得的照片，获取过程烦琐，不便长期保存，也不方便进行交流。现在数字照相机技术成熟并普遍应用，获取数字照片已很容易，在金相显微镜和电子显微镜上配接数字图像采集系统，金相显微组织图像照片可以直接以数字图像方式采集存储起来，即使以前的普通照相机所得照片，也可通过高分辨率的扫描仪使其数字化，保存在计算机中，以供进一步分析使用。图像数字化技术的成熟与普及为金相组织的计算机分析创造了条件。

2. 图像与数字图像

视觉是人类从自然界中获取信息的最主要手段。图像是观测客观世界获得的作用于人眼产生的视觉实体，它代表了客观世界中某一物体的生动的图形表达，包含了描述其所代表物体的信息。例如，一张图书馆大楼的照片就包含了人眼所看到的真实大楼的全部形象化信息，即它的外形、构成、颜色、尺寸等。就材料研究而言，图像是指由各种材料表征手段（如光学和电子显微镜、光谱、能谱等）所获得的有关材料结构的各种影像。

图像就是单个或一组对象的直观表示。图像处理就是对图像中包含的信息进行处理，使它具有更多的用途。一般光学图像、照相图像（照片）、电视图像（显示器显示的图像）都属于连续的模拟图像，不能直接适用于计算机处理。可供计算机处理的图像是所谓的数字图像。数字图像是将连续的模拟图像经过离散化处理后得到的计算机能够辨别的点阵图像。严格地讲，数字图像是经过等距离矩形网格采样，对幅度进行等间隔量化的二维函数，因此，数字图像实际上就是被量化的二维采样数组。

通常，一幅数字图像都是由若干个数据点组成的，每个数据点称为像素（pixel）。比如一幅图像的大小为 256×512，就是指该图像是由水平方向上 256 列像素和垂直方向上 512 行像素组成的矩形图。每一个像素具有自己的属性，如灰度和颜色等。颜色和灰度是决定一幅图像表现能力的关键因素。其中，灰度是单色图像中像素亮度的表征，量化等级越高，表现力越强，一般常用 256 级。同样，颜色量化等级包括单色、4 色、16 色、256 色、24 位真彩色等，量化等级越高，则量化误差越小，图像的颜色表现力越强。当然，随着量化等级的提高，图像的数据量将剧增，导致图像处理的计算量和复杂程度相应增加。

数字化图像按记录方式分为矢量图像和位图图像。矢量图像用数学的矢量方式来记录图像，以线条和色块为主。其记录文件所占的容量较小，比如一条线段的数据只需要记录两个端点的坐标、线段的粗细和色彩等，数据量小。这种图像很容易进行放大、缩小及旋转等操作，不失真，可制作 3D 图像。但其缺点是不易制成色调丰富或色彩变化很多的图像，绘制出来的图形不很逼真，无法像照片一样精确地描绘自然景象，因此在材料的金相组织中一般不采用这种矢量图像来记录，更多的是采用位图图像来记录。位图方式就是将图像的每一个像素点转换为一个数据，如果以 8 位来记录，便可以表现出 256 种颜色或色调（$2^8 = 256$），使用的位元素越多所能表现出的色彩也越多，因此位图图像能够制作出色彩和色调变化丰富的图像，可以逼真地表现自然景色图像。通常使用的颜色有 16 色、256 色、增强 16 位和真彩色 24 位。这种位图图像记录文件较大，对计算机的内存和硬盘空间容量需求较高。

对于数字图像，除了像素和位这两个常用的术语

外，还有分辨率这一概念。一幅数字图像是由一组像素点以矩阵的方式排列而成的，像素点的大小直接与图形的分辨率有关。图像的分辨率越高，像素点越小，图像就越清晰。一个图像输入设备（如扫描仪、数字摄像头等）的分辨率高低常用每英寸（1in = 25.4mm）的像素值来表示，即 ppi（pixel per inch），它决定了图像的根本质量，反映了图像中信息量的大小。如一幅 1024ppi×768ppi 图像的质量远高于 254ppi×512ppi 的图像，当然它们所包含的信息量也相差甚大。而对于图像输出设备（如打印机、绘图仪等）的分辨率则用每英寸上的像素点 dpi（dot per inch）来表示，这一数值越高，对于同一图像输出效果越好。但是，图像的根本质量取决于采集输入时所用设备的分辨率大小，一幅本质粗糙的图像，不会因为使用一台高 dpi 的输出设备而变得细腻。除通过输出打印外，计算机处理图像还主要通过屏幕显示来观察效果，计算机屏幕的分辨率是指显示器上最大可实现的像素数的集合，通常用水平和垂直方向的像素点来表示，如 1024×600 等。显示器的像素点越多，分辨率越高，显示的图像也越细腻。

对于金相组织图像，现在一般采用高分辨率的数字摄像头获取，其像素值达上千万，图像品质几乎可达到眼睛在目镜中所观察到的效果。在采用数字金相显微镜获取的图像保存于计算机后，图像中的组织组成物的大小可根据图像的大小和放大倍数来进行标定，但最好是在摄取时就根据放大倍数，带上标尺标注在图像中。计算机中保存的图像文件，在操作系统下可通过在图像文件上右击获取属性来查看图像的分辨率和大小。图 5-29 所示为 T12 钢淬火后低温回火组织的数字照片，采用数字金相显微镜获取，物镜放大倍数 40×/0.65，CCD 为 13mm（1/2in）的 800×600 感光器，当照相目镜不再放大时，其拍摄的视场为试样上的 0.254mm×0.191mm 区域（当照相目镜再放大时，则实际视场按照相目镜放大倍数再缩小）。该图片用 T12 文件名以 bmp 格式保存。查看文件的属性可看到，该图像原始大小为 800（像素宽）×600（像素高），代表在 500×下所看到的图像 127mm×95.5mm。

计算机采集的图片文件一般要在 Word 文档中进行处理使用。对于不同的照相目镜放大倍数，CCD 拍摄到的大小始终是 0.4in×0.3in = 10.16cm×7.62cm。以 800×600 像素在计算机显示器上显示才和 CCD 拍摄的一致。显示器采用其他分辨率时，相当于按照一定的比率对其缩放。将计算机以 800×600 像素分辨率采集的图像保存后，代表着实际感光器上 10.16cm×7.62cm 大小的图像，因此在 Word 中使用时，应当将 800×600 像素的图片尺寸定为 10.16cm×7.62cm 大小，才可和在实际显微镜下的放大倍数一致。

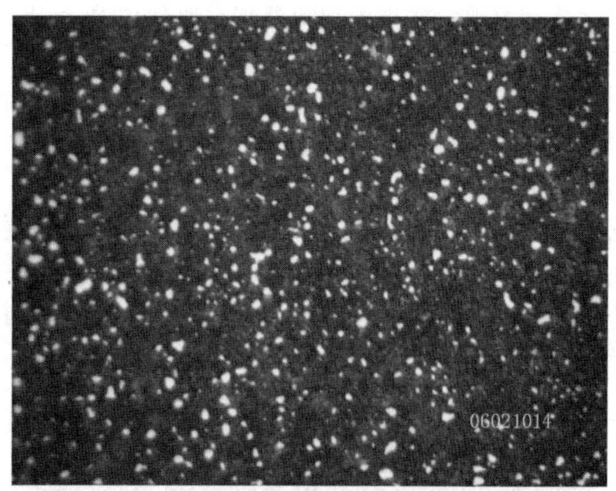

图 5-29　T12 钢淬火后低温回火组织的数字照片

与模拟图像相比，数字图像具有精度高、处理方便和重复性好的优势。目前的计算机技术可以将一幅模拟图像数字化为任意的二维数组，也就是说，数字图像可以有无限个像素组成，其精度使数字图像与彩色照片的效果相差无几。而数字图像在本质上是一组数据，所以可以使用计算机对其进行任意方式的处理，如放大、缩小，复制、删除某一部分，提取特征等，处理功能多而且方便。数字图像以数据的方式储存起来，不像模拟图像如照片，会随时间流逝而褪色变质，数字图像在保存和交流过程中，重复性好。

3. 数字图像的处理技术及软件介绍

数字图像处理就是用计算机进行的一种独特的图像处理方法。对于数字图像，根据特定的目的，可采用计算机通过一系列的特定操作来“改造”图像。

常见的数字图像处理技术有图像变换、图像增强与复原和图像压缩与编码，这些操作技术主要针对图像的存储和质量要求而处理。当然，一般的数字图像很难为人所理解，需要将数字图像从一组离散数据还原为一幅可见的图像，这一过程就是图像显示技术。对于数字图像及其处理效果的评价分析，图像显示技术是必需的。

对材料的组织分析而言，更多的还会用到所谓的图像分割技术和图像分析技术。它们是将图像中有意义的特征（即研究所关心的特征组织）提取出来，并进行量化描述和解释。图像分割是数字图像处理中的关键技术，它是进一步进行图像识别、分析和理解的基础。图像有意义的特征主要包括图像的边缘、区域等。

此外，还有图像的识别、图像隐藏等技术。不同的图像处理技术应用于不同的领域，发展出许多不同的分支学科。

对于上述的图像处理功能，许多通用软件和专业软件都可实现。常用的图像处理专业软件 Photoshop 就具有强大的图像处理功能，如路径、通道、滤镜、增强、锐化、二值化等。对于材料研究中图像处理常常进行的材料聚集结构单元的测量，可利用这一软件中的图像二值化来分离出目标颗粒，并消除背景干扰，如图 5-29 中的白色渗碳体，可利用这一软件通过二值化进行图像分离提取后（见图 5-30），再进行统计分析。这一软件对于材料研究图像处理而言，可作为辅助工具使用。

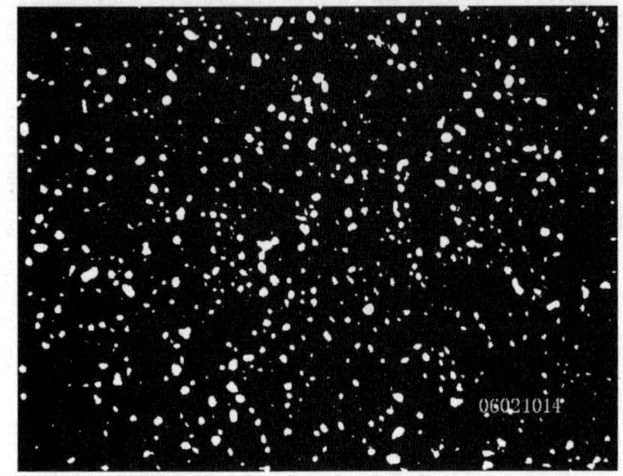

图 5-30　采用 Photoshop 二值化处理后的 T12 钢组织照片

除常用的 Photoshop 软件外，较为专业的 MATLAB 软件中的图像处理工具箱在图像的处理与分析方面，特别是在图像的分割、特征提取和形态运算方面具有强大的功能，许多专业图像分析软件都是在 MATLAB 图像处理工具基础上开发的。

MATLAB 是世界流行的高级科学计算与数学处理软件，其本意是所谓矩阵实验室（Matrix Laboratory），是一种以矩阵为基本变量单元的可视化程序设计语言，是进行数据分析与算法开发的集成开发环境。在时间序列分析、系统仿真、控制论，以及图像信号处理等产生大量矩阵及其他计算问题的领域，MATLAB 为人们提供了一个方便的数值计算平台，得到了广泛的应用。

MATLAB 又是一个交互式的系统，具备图形用户界面（GUI）工具，用户可以将其作为一个应用开发工具来使用。除基本部分外，根据各专门领域中的特殊需要，MATLAB 还提供了许多可选的工具箱，这些工具箱由各领域的专家编写例程，代表了该领域的最先进的算法。MATLAB 的图像处理工具箱就是为图像处理工程师、科学家和研究人员提供的直观可靠的一体化开发工具。利用这一图像处理工具箱可完成以下工作：

1）图像采集与导出。

2）图像的分析与增强。

3）高层次图像处理。

4）数据可视化。

5）算法开发与发布。

对于金相组织分析工作，MATLAB 的图像处理工具箱提供的大量函数用于采集图像和视频信号，并支持多种的图像数据格式，如 JPEG、TIFF、AVI 等。尤为重要的是，该工具箱提供了大量的图像处理函数，利用这些函数，可以方便地分析图像数据，获取图像细节信息，进行图像的操作与变换。该工具箱中还提供了边缘检测的各种算法和众多的形态学函数，便于对灰度图像和二值图像进行处理，可以快速实现边缘监测、图像去噪、骨架抽取和粒度测定等算法，为金相组织的特征提取与分析提供了多种强有力的手段，成为各种专业图像处理软件的编程基础。

Image-ProPlus 是一款功能强大的 2D 和 3D 图像处理、增强和分析软件，可以轻松获取图像、计算、测量和分类对象，并使工作自动化。该软件提供显微镜控制、图像捕获、测量、计数/尺寸和宏开发工具。它包含了异常丰富的增强和测量工具，并允许用户自行编写针对特定应用的宏和插件。精确的图像分析从采集开始，利用易于使用的捕获工具，充分利用捕获设备的精度，Image-ProPlus 支持各种数字照相机、图像采集卡和其他设备，通过以预定义的间隔采集图像来研究样本或材料随时间的变化。

ImageJ 是一个基于 Java 的公共的图像处理软件，是美国国家心理健康研究所（National Institute of Mental Health）开发的免费科学图像分析工具，可运行于 Windows、Mac OS、Mac OSX、Linux 和 Sharp Zaurus PDA 等多种平台。它基于 Java 的特点，使得它编写的程序能以 applet 等方式分发。ImageJ 能够显示、编辑、分析、处理、保存和打印 8 位、16 位、32 位的图片，支持 TIFF、PNG、GIF、JPEG、BMP、DICOM、FITS 等多种格式。ImageJ 支持图像栈（stack）功能，即在一个窗口里以多线程的形式层叠多个图像，并行处理。只要内存允许，ImageJ 能打开任意多的图像进行处理。除了基本的图像操作，比如缩放、旋转、扭曲、平滑处理外，ImageJ 还能进行图片的区域和像素统计、间距、角度计算，能创建柱状图和剖面图，进行傅里叶变换。ImageJ 软件可计算选定区域内分析对象的一系列几何特征，分析指标包括：长度、角度、周长、面积、长轴、短轴、圆度、最佳椭圆拟合、最小外接矩形拟合以及质心坐标等。此外，ImageJ 是一个开放结构的软件，支持用户自定义插件和宏。ImageJ 自带编辑器，并且导入了 Java 的编译器，实现了简单的集成开发环境（IDE）功能。

5.3.6　显微组织软件定量分析举例

1. 显微组织相对含量测定

这里以退火态 40 钢为例，其光学组织形貌如图 5-31 所示，采用图像分析软件 Image-ProPlus 或 ImageJ 分析珠光体的面积百分含量。将采集好的数字图像导入专业的图像处理软件，就可以使用图像处理技术进行定量分析。处理的基本步骤为：读入原始图像→转为灰度图像→灰度自动色阶→调整亮度、对比度→二值化处理，得到黑白分明的灰度图像。若图像为灰度图像，直接进行阈值分割提取待测物相；若图像为彩色图像，可直接进行阈值分割提取待测物相，也可图像彩色灰度化后进行阈值分割提取待测物相。退火态 40 钢显微组织相对含量分析结果如图 5-32 所示。

2. 颗粒组织的定量表征分析

表征颗粒组织的大小除面积（area）外，可用于比较的常常是一个颗粒的当量直径。常用的当量直径有投影面直径 d_a（与颗粒投影面积相同的圆的直径）和周长直径 d_c（与颗粒投影外形周长相同的圆的直径）。表示颗粒大小分布则常用大小范围来表示，有矩形图和累计百分率频率分布图示法。这些在 MATLAB 软件中都很容易实现。

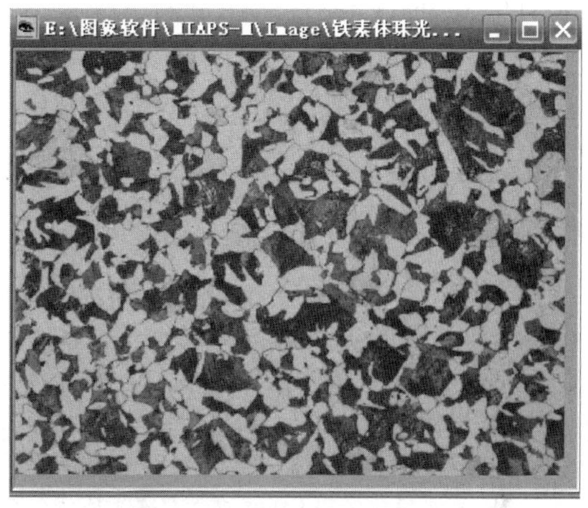

图 5-31　40 钢退火态组织（P+F）

以 T12 钢的淬火后低温回火组织为例，其中的渗碳体对性能有重要影响，对图 5-30 组织（图像）中的渗碳体进行分离与分析计算。以下为采用 MATLAB 图像工具处理箱进行分析的 M 文件。

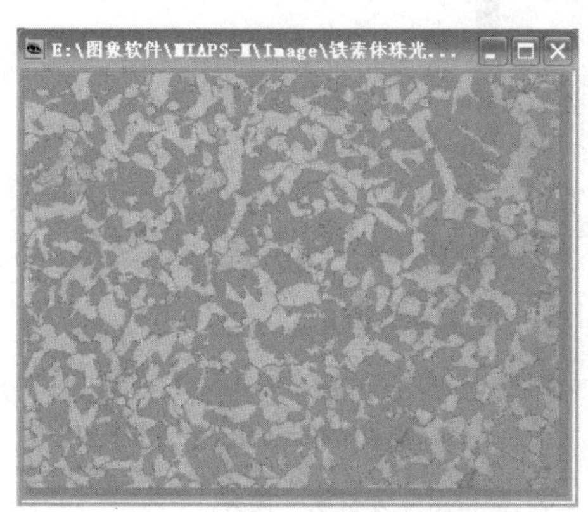

a)

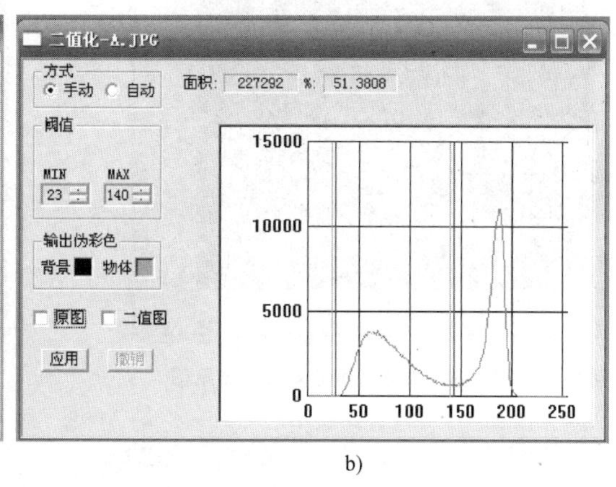

b)

图 5-32　采用图像分析软件分析退火态 40 钢组织相对含量

a）图像灰度值阈值分割后提取珠光体面积　b）珠光体面积百分含量结果

```
%Read image and display it.                  读入和显示图片
I=imread('T12.bmp');                         读入文件名为"T12.bmp"的图片
imshow(I)                                    显示该图片
%bw                                          对灰度值进行阈值分割
level=graythresh(I);                         定义灰度阈值
bw=im2bw(I,level);                           根据阈值分割
imshow(bw)                                   显示阈值分割后的图片
%label                                       标记
[labeled,numObject]=bwlabel(bw,4);           标记进行阈值分割后的区域
numObject                                    统计数量
```

```
%particle                                   对颗粒进行定量分析
particledata=regionprops(labeled,'basic');  定义标记的颗粒
allparticles=[particledata.Area];           统计标记颗粒总面积
A1=max(allparticles)                        统计最大颗粒面积
A2=Mean(allparticles)                       统计最小颗粒面积
hist(allparticles,20)                       根据颗粒面积作柱状统计分析图
%canny                                      调用 canny 算子
I1=im2double(bw);                           把图像数据类型转换为 double 类型
BW=edge(I1,'canny');                        调用 canny 算子进行边缘识别
figure,imshow(BW)                           重新显示颗粒组织
```

首先读入数字照片图 T12. bmp，然后进行阈值分割，得到图 5-33 所示的结果图。对图中的渗碳体（白色）进行标注，并统计数 numObject=762。对所有渗碳体计算面积，找出最大面积为 362 和平均面积为 38.8，并进行统计直方图描绘，得到图 5-34 所示的结果图。最后尝试使用 Canny 算子对渗碳体进行边缘分割提取，得到图 5-35 所示的结果图。对于这张组织照片中的渗碳体也可利用图像处理专业软件，如 Image-ProPlus6.0，进行分析处理。同样，利用这一软件时，先读入组织照片文件 T12. bmp，在增强处理（Enhance 下拉菜单）中利用对比度（Contrasthancement）将黑白对比度拖到最大（100）。在测量（Measure）下拉菜单中，使用计数/尺寸（Count/Size）功能统计白色目标图像的面积、当量直径和周长，得到的结果如图 5-36 所示。

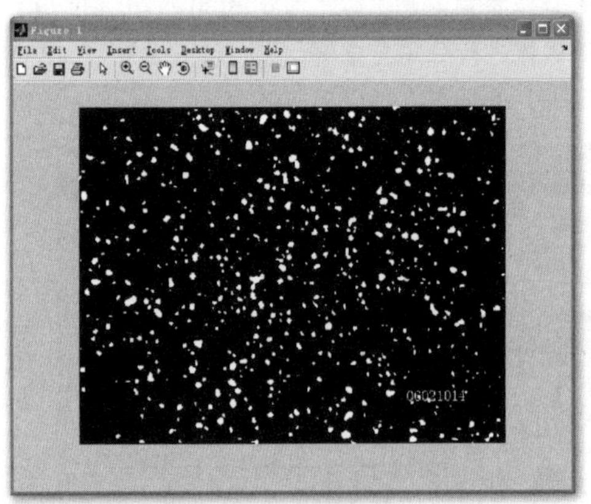

图 5-33　T12 钢渗碳体阈值分割分离结果图

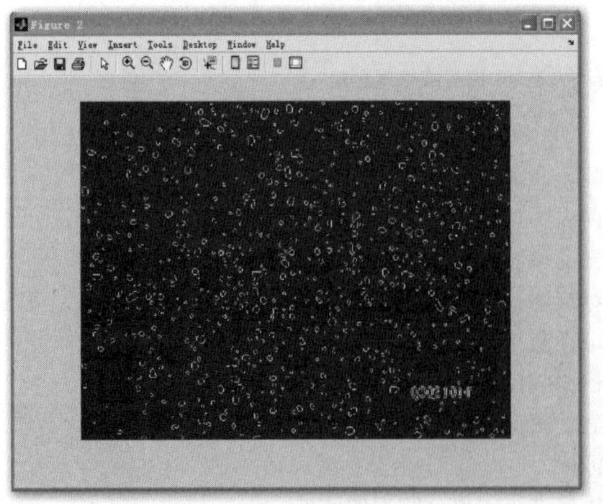

图 5-34　Canny 法分割提取渗碳体标注图

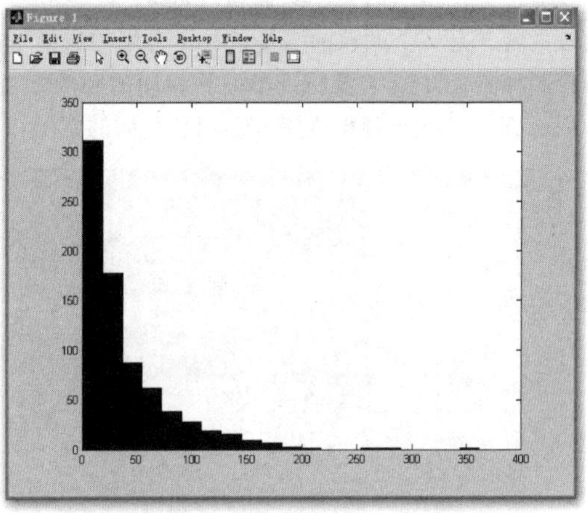

图 5-35　组织组成物渗碳体统计分析直方图

3. 金相图像分析软件简介

金相图像分析软件是为金相检验专门开发的一套计算机软件系统。它的基本原理是：经过金相显微镜和计算机采集到材料组织图像后，通过此软件对该组织图像照片依据金相检验相关标准进行处理和分析，得到相关检验结果。这类软件可配合各种金相显微镜使用，完成金相图像的采集、处理、分析、报告生成等功能；同时具备查看图库、几何测量、定倍打印、图像拼接、图像对比、共聚焦（景深融合）等功能。

该软件包含 8 个大类、100 多个检验标准（主要包括国家标准、行业标准、ISO 标准、ASTM 标准、JIS 标准等）、470 多个金相图像分析模块。

下面以工业纯铁的晶粒度评级为例，介绍金相图

像分析软件的分析流程。

（1）模块选择 选择需要分析的金相图像模块，如图 5-37 所示。

（2）比较法评级 将采集下来的金相图片与图库中的标准图谱进行对比，人工确定级别，如图 5-38 所示。

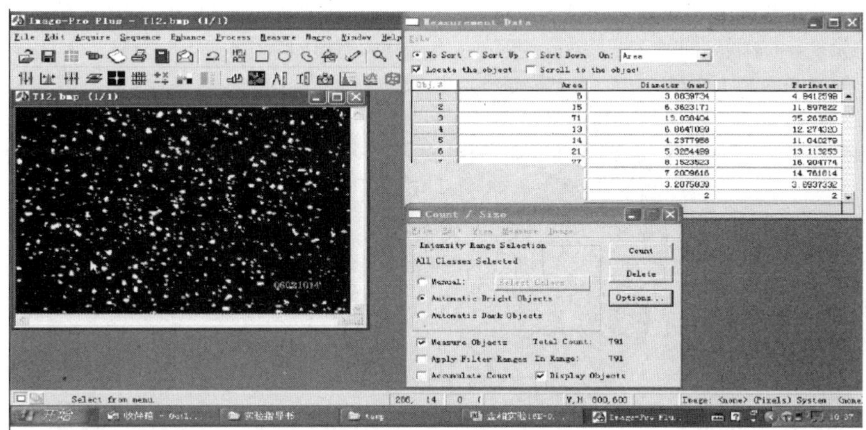

图 5-36 Image-ProPlus6.0 处理结果截图

【模块】	模块名称	标准
【001】	金属平均晶粒度_面积法	GB/T 6394—2017(8.2) & JIS G 0551:2005
【002】	金属平均晶粒度_截点法	GB/T 6394—2017(8.3)
【003】	金属平均晶粒度_比较法	GB/T 6394—2017(8.1)
【004】	其他金属和合金平均晶粒度检测的详细信息	ASTM_E930_99(2007)
【005】	双重晶粒尺寸特征化试验方法标准_面积分数评定比较图	ASTM_E1181_2002
【006】	双重晶粒尺寸特征化试验方法标准_A1.双重晶粒尺寸类型显微照片	ASTM_E1181_2002
【007】	双重晶粒尺寸特征化试验方法标准_X1.双重晶粒尺寸类型显微照片	ASTM_E1181_2002
【008】	双重晶粒尺寸特征化试验方法标准_X2.统计学确定晶粒尺寸分布程序应用	ASTM_E1181_2002
【009】	钢.表观晶粒尺寸的显微测定(面积法)	EN ISO 643:2019
【010】	钢.表观晶粒尺寸的显微测定(截线法)	EN ISO 643:2019
【011】	钢中非金属夹杂物含量的测定标准评级图显微检验法	GB/T 10561—2005 / ISO 4967: 2013 / JIS G 0555:2003
【012】	钢中夹杂物含量的评定方法_方法A（最差视场法）	ASTM_E45_2018a
【013】	钢中夹杂物含量的评定方法_方法D（低夹杂物含量法）	ASTM_E45_2018a
【014】	钢中夹杂物含量的评定方法_方法E	ASTM_E45_2018a
【015】	金相检验方法.用金相图对优质钢的非金属杂质作显微检查	DIN_50602_1985
【016】	贵金属氧化亚铜金相检验	GB/T 3490—1983
【017】	钢的脱碳层深度测定法	GB/T 224—2019
【018】	低碳钢冷轧薄板铁素体晶粒度测定法_晶粒延伸度	GB/T 4335—2013
【019】	不锈钢中α-相面积含量金相测定法	GB/T 13305—2008
【020】	灰铸铁金相检验_石墨分布形状	GB/T 7216—2009(4.1)
【021】	灰铸铁金相检验_石墨长度（手动分析）	GB/T 7216—2009(4.2)
【022】	灰铸铁金相检验_石墨长度（自动分析）	GB/T 7216—2009(4.2)
【023】	灰铸铁金相检验_珠光体数量	GB/T 7216—2009(4.3)
【024】	灰铸铁金相检验_碳化物数量	GB 7216—2009(4.4)
【025】	灰铸铁金相检验_磷共晶数量	GB 7216—2009(4.5)
【026】	灰铸铁金相检验__共晶团数量测定	GB/T 7216—2009(4.6)
【027】	灰铸铁金相检验_磷共晶类型	GB 7216—2009(附录A)
【028】	定量金相测定方法	GB/T 15749—2008
【029】	游离渗碳体	GB/T 13299—2022(5)
【030】	珠光体	GB/T 13299—2022(6)
【031】	魏氏组织	GB/T 13299—2022(7)
【032】	汽车渗碳齿轮金相__马氏体针叶长度评级	QC/T 262-1999
【033】	汽车渗碳齿轮金相__碳化物评级	QC/T 262-1999

图 5-37 典型金相图像分析模块

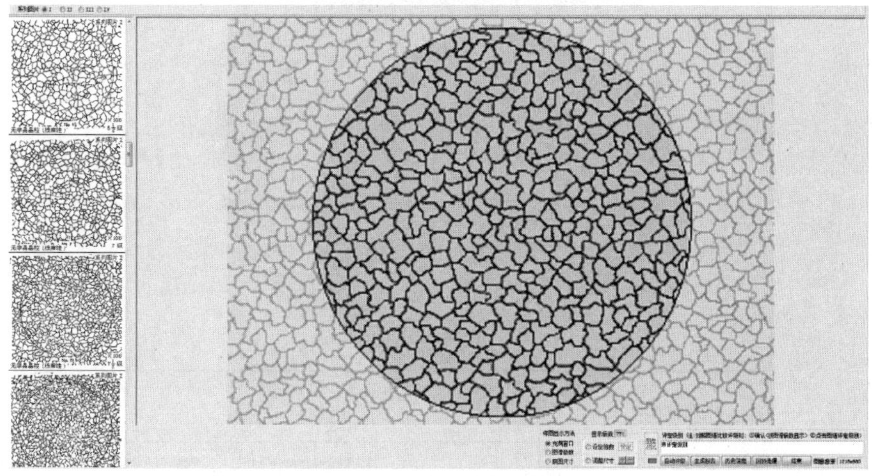

图 5-38 晶粒度比较法评级

（3）自动评级　软件自动算出周长、面积、长轴、短轴、等效圆直径、宽高比、相面积百分比等几何形态参数，然后套用级别计算公式，算出级别，如图 5-39 所示。只有金相标准具备级别计算公式的情况下，才能做自动评级。

（4）生成报告　评级完成后，可生成图文并茂的检验报告，如图 5-40 所示。该报告可以直接打印，也可保存为 Word、Excel、PDF 文档。

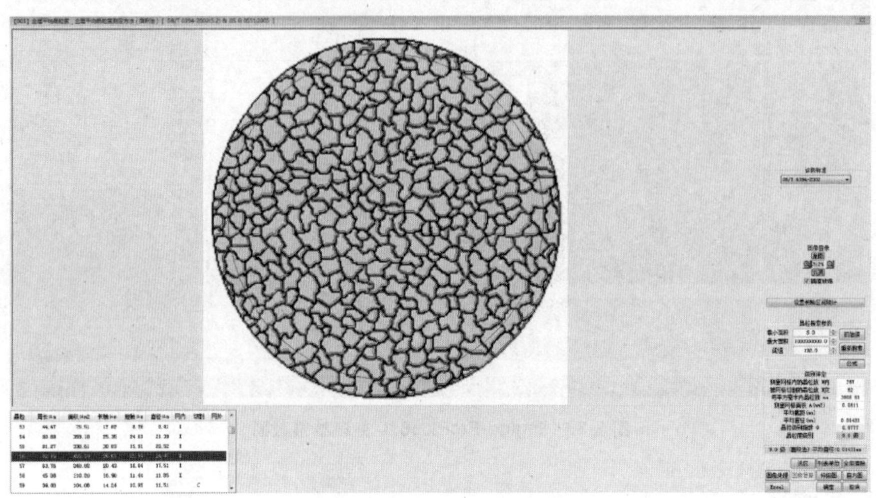

图 5-39　晶粒度自动评级

{报告名称}

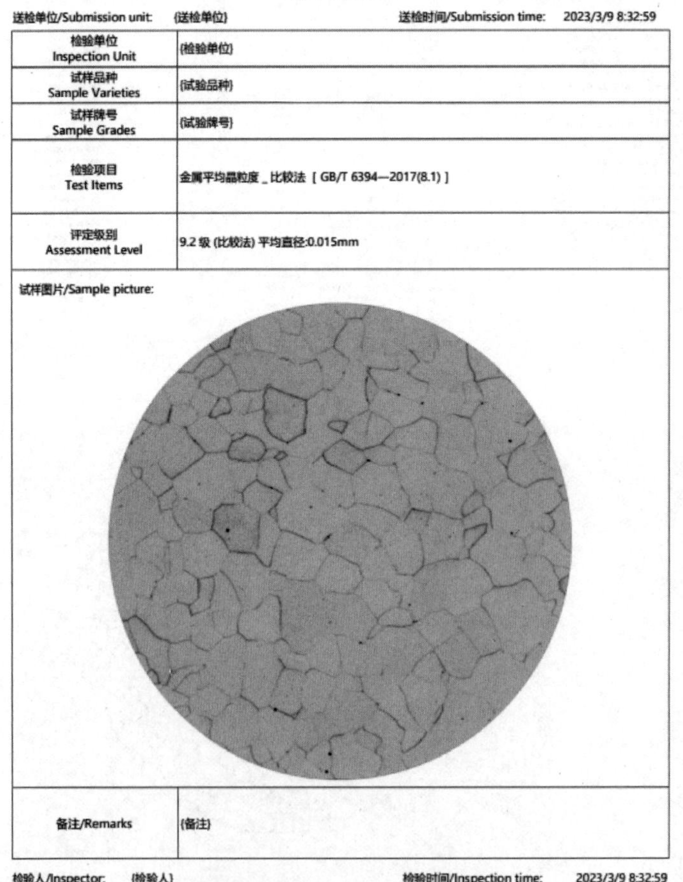

送检单位/Submission unit:　{送检单位}　　送检时间/Submission time:　2023/3/9 8:32:59

检验单位 Inspection Unit	{检验单位}
试样品种 Sample Varieties	{试验品种}
试样牌号 Sample Grades	{试验牌号}
检验项目 Test Items	金属平均晶粒度 _ 比较法 [GB/T 6394—2017(8.1)]
评定级别 Assessment Level	9.2 级 (比较法) 平均直径:0.015mm
试样图片/Sample picture:	
备注/Remarks	{备注}

检验人/Inspector:　{检验人}　　检验时间/Inspection time:　2023/3/9 8:32:59

图 5-40　晶粒度评级检验报告

5.4　彩色金相技术

常规黑白金相是依据灰度差进行显微分析的，由于色调的单调性，难以对多相合金进行全面而准确的显微分析。彩色金相技术是使多相合金中的各相显示不同的色彩，从而提高了显微分析的鉴别能力。

5.4.1　彩色成像的基本原理

1. 互补色的概念

不同波长的光在人的视觉中反映为不同颜色，随波长的增加依次得到红、橙、黄、绿、青、蓝、紫七色，其中红、绿、蓝是三种基本色，不同比例的红、绿、蓝叠加可以配出各种自然色彩。

已知白色光是由从红色到紫色的连续光谱组合而成。试验还证明，白光也可以由两种不同波长的单色光混合而成，如红+青、黄+蓝、绿+紫以及橙+青蓝等以一定比例混合都可产生白光的感觉，通常把两种相互配合后能产生白光的色光称为互补色。显然，如果从白光中除去一种波长的单色光，剩余光则显示出该单色光的补色，即白-红=青色、白-蓝=黄色等。互补色的概念在金相试样彩色成像以及彩色摄影中均有重要的意义。

2. 金相试样彩色衬度的获得

常规金相试样的侵蚀只是使抛光表面产生凹凸不平，从而显示组织。由于组织中各个相的反光能力往往相差不大，故灰度差较小。用于彩色金相分析的试样，必须在表面形成一层透明薄膜，该膜改变了光的反射特征，使入射到抛光表面的光线通过两个界面（空气/薄膜、薄膜/金属）发生反射（见图 5-41）。这两束光的传播方向相同，如满足一定条件则可能发生干涉。当入射光为一束由连续光谱组成的白光时，其中必定有某一波长的光正好满足消光干涉的位相条件而被减弱，这时的反射光不再是白色，而是该相干波长所对应的补色。对于多相合金，不同的相上所形成的膜厚往往是不均匀的，使各个相上两束反射光的光程差不同，从而引起位向差的不同。于是，各个相发生消光干涉的波长有所差异，它们呈现不同的补色，形成了色调丰富的彩色图像。即使两相的膜厚相同，也同样会由于各相上膜的性质不同，或各相的光学常数不同而改变消光干涉的波长，从而得到彩色图像，只是彩色衬度不如非均厚膜试样的鲜明。

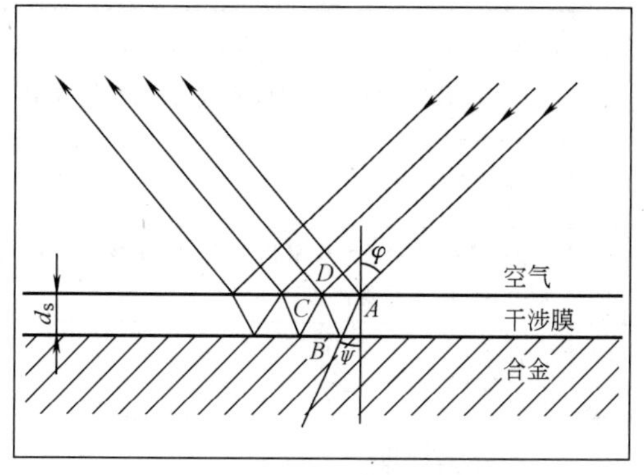

图 5-41　光在覆有薄膜的金属表面上的反射特征

已知膜的厚度对于发生消光干涉的波长有直接的影响，随着膜厚的增加所显示的补色呈现周期性变化，相应地产生 0 级干涉、1 级干涉、2 级干涉……发生 0 级干涉的膜厚范围很窄，工艺上很难控制，而 2 级以上干涉时，各种干涉色又互相重叠，使颜色变得灰暗。因此，膜厚应控制在一级干涉带附近，对应的膜厚约 100nm。此外，为了使补色具有丰富多变的色调，一定要使消光干涉的波长处于绿色波段中。在制膜过程中可以采用下述方法予以控制：当颜色变到紫色或蓝色（随膜厚的增加，用肉眼观察试样表面的颜色变化由黄→红→品红→紫→蓝→青）时，应立即终止制膜。此时各相的消光波长大致都进入一级干涉的绿色波段，显微观察时各相具有丰富的色调。

5.4.2　干涉膜形成方法

干涉膜的形成方法主要有化学成膜方法和物理成膜方法。

1. 化学成膜方法

其薄膜的形成主要依赖于金属表面与试剂（或介质）之间的化学或电化学反应，反应速度和反应产物都受到金属显微区域中成分和组织结构的影响，因此在不同相的表面形成不同性质和不同厚度的薄膜，故具有优良的彩色衬度。

最常用的化学成膜方法是将试样置于特殊的试剂中浸蚀而形成薄膜，大多数试剂能形成硫化物、硫酸盐、钼酸盐、铬酸盐、亚硫酸盐、氧化物膜及含硒、铅、铬的复杂薄膜，并依据干涉膜在金属试样上沉积部位的不同，分为阳极试剂、阴极试剂和复合试剂三类。其中阴极试剂主要用于区分不同类型的碳化物；复合试剂则对阳极、阴极均起作用，应用面比较广泛。表 5-16~表 5-18 分别列出了三类试剂的常用配方及用途。其他的化学成膜方法有表 5-8 中介绍的恒电位侵蚀法、表 5-7 中介绍的热染法和阳极氧化法，阳极氧化法在铝合金中应用最广泛。

2. 物理成膜方法

物理成膜方法主要用于化学稳定性极高的陶瓷材

料以及化学性质相差悬殊的组合材料（如复合材料、硬质合金、涂层、双金属等），它们难以采用化学方法成膜，只能选用物理方法把选定的物质镀在金相试样表面。主要成膜方法有真空蒸发镀膜和离子溅射镀膜。前者是采用锌盐或其他盐类在真空下蒸发，沉积于抛光表面；后者则以试样为阳极，靶子材料（如Fe等）为阴极，抽真空后充以反应气体（如氧），从而使靶子材料溅射出的原子发生氧化，在样品表面形成氧化膜。一般来说，物理成膜方法得到的干涉膜厚度不受基体组织结构的影响，是均厚膜，故组织中颜色的变化不如化学法敏感。此外，物理成膜需要昂贵的设备，故只在特殊需要下采用。

表 5-16 阳极试剂配方及用途

序号	试剂配方	使用条件	用　途
1	亚硫酸 3~4mL，乙醇或水 100mL	室温侵蚀 10s~1min	淬火钢及铸铁组织
2	焦亚硫酸钾 1~3g，水 100mL	室温侵蚀	碳钢或合金钢
3	焦亚硫酸钠 15~25g，水 100mL	25%（质量分数）硝酸乙醇预蚀	铁镍合金
4	焦亚硫酸钾 3g，氨磺酸 1g，水 100mL	室温侵蚀	铸铁、碳钢、合金钢、锰钢
5	焦亚硫酸钾 3g，氨磺酸 1~2g，氟化氢铵 0.5~1g，水 100mL	室温侵蚀	铁素体不锈钢、马氏体不锈钢
6	焦亚硫酸钾 3g，氟化氢铵 20g，水 100mL		奥氏体不锈钢及焊件
7	焦亚硫酸钾 1~3g，按需要加适量盐酸，氟化氢铵 2g，水 100mL		碳钢、合金钢、工具钢中贝氏体与马氏体的鉴别
8	焦亚硫酸钾 3g，盐酸水溶液（质量比）1：5、1：1、2：1，水 100mL 氯化铁 1~3g，或氯化铜 1g，或氟化氢铵 2~10g		Fe、Ni、Co 基耐热合金
9	饱和硫代硫酸钠 50mL，焦亚硫酸钠 1~5g		Mn 钢，Mn-Cr 钢，Mn，Cr 偏析，Cu 及 Cu 合金
10	焦亚硫酸钾 3g，硫代硫酸钠 10g，水 100mL	苦味酸-乙醇溶液预蚀 1~2min	Fe-Mn 合金，Fe-C 合金中的化学与物理的不均匀性
11	硫代硫酸钠 240g，乙酸铅 24g，柠檬酸 30g，水 100mL	室温侵蚀，过硫酸铵预蚀	铜及铜合金
12	硫代硫酸钠 240g，氯化镉 20~25g，柠檬酸 30g	滤去硫沉淀后，硝酸乙醇预蚀，室温侵蚀	铸铁与铸钢
13	铁氰化钾 10g、40g、50g 氢氧化钾 10g、40g、50g 水 100mL	新配制，20~25℃侵蚀	区别钢中碳化物与氮化物
14	溴水 4g，氢氧化钠 2g，水 100mL	新配制，通风侵蚀	磷化铁着色
15	高锰酸钾 4g，氢氧化钠 1~4g，水 100mL	煮沸侵蚀	高速钢

表 5-17 阴极试剂配方及用途

序号	试剂配方（质量分数）	使用条件	用　途
1	盐酸（35%）2mL，硒酸 0.5mL，乙醇（95%）100mL	室温侵蚀，硝酸乙醇预蚀	铸钢、钢及其渗层组织中的碳化物、氮化物等
2	盐酸（35%）5~10mL，硒酸 1~3mL，乙醇（95%）100mL		各种不锈钢
3	盐酸（35%）20~30mL，硒酸 1~3mL，乙醇（95%）100mL	室温侵蚀，试样要清洁，并蘸浸	铁碳基、镍基、钴基耐热合金，碳化物与一次γ相着色，基体不着色
4	钼酸钠 1g 溶于 100mL 水中，用硝酸酸化至 pH=2.5~3	硝酸乙醇预蚀	铸铁
5	钼酸钠 1g，氟化氢铵 100~500mg 溶于 100mL 水中，用硝酸酸化至 pH=2.5~3	硝酸乙醇预蚀	碳钢和合金钢

表 5-18 复合试剂配方与用途

序号	试剂配方	使用条件	用途
1	$240gNa_2S_2O_3+24gPb(CH_3COO)_2 \cdot 3H_2O+30gC_6H_8O_7 \cdot H_2O$+1000mL 蒸馏水	过硫酸铵预侵蚀	铜及铜合金
2	试剂“1”1000mL+$200gNaNO_3$	2%(体积分数)硝酸乙醇预侵蚀	铸铁和钢:磷化物呈黄—棕色,硫化物显光亮,其余相染蓝—紫色
3	$240gNa_2S_2O_3+30gC_6H_8O_7 \cdot H_2O+20\sim25gCdCl_2 \cdot 2.5H_2O$+1000mL 蒸馏水	2%(体积分数)硝酸乙醇预侵蚀	铸铁和钢:短时间浸蚀只有铁素体染红或紫色,较长时间所有相染色
4	$200gCrO_3+20gNa_2SO_4$+17mLHCl(质量分数为 35%)+$1000mLH_2O$		铜合金及铝合金

除了上述化学与物理成膜方法外，还有光学法。光学法是指利用光学显微镜配备的各种光学附件（如偏振光、微差干涉装置等），使组织得到彩色显示。

5.4.3 彩色显微摄影

用于彩色显微摄影的金相显微镜，其光学系统的球差和色差必须经过校正，应选用消色差物镜和补偿目镜相配合成像。

为了保证组织的色彩的正确还原，严格地讲，还要配备色度计和光平衡滤色片。色度计用于测量光源的色温，金相显微镜常用光源的色温见表 5-19。

表 5-19 金相显微镜常用光源的色温

光源	色温/K
6V 带状钨丝灯	3000
6V 环状钨丝灯	3100
100W 环状钨丝灯	3100
300~750W 环状钨丝灯	3200
钨—卤素灯	3200
锆弧灯	3200
超压强闪光灯	3400
炭弧灯	3700
氙弧灯	5500

目前，胶卷摄影已被数字摄影取代，数字彩色摄影的印像方法大致有以下几种：

1）喷墨打印。

2）热成像打印机打印照片。将三色染料用激光分层打印到相纸上，得到色彩还原的照片。

3）将数字照片通过光学投影到相纸上，并冲洗完成。

4）将数字像素信息通过激光逐行打印在相纸上，使相纸曝光，再用传统冲洗方法将照片还原。

5.4.4 彩色金相在显微检验中的应用㊀

常规金相方法主要根据灰度和形貌特征去区分组织，有些情况下不能满足检验的需要，彩色金相技术用颜色衬度弥补了这一不足。下面介绍在实际检验中的应用。

1. 钢铁材料

中碳钢淬火后获得的板条马氏体和针片状马氏体混合组织，在黑白金相中不易把两者区分；而经彩色显示后，两种马氏体常呈现不同色彩，可以鲜明地分开。又如高速钢铸态组织，若用黑白金相技术，其中的莱氏体、屈氏体及马氏体三种组织仅以灰度差相区别，而渗碳体和马氏体都显示白亮色，只能借助形貌区分。采用彩色显示后使三种组织呈现不同的色彩，如可使图 5-42 中莱氏体呈黄绿色，屈氏体呈深棕色，马氏体为土黄色，可以明显地区分。图 5-43 所示为 QT700-2 铸态组织，经热染后在偏振光下观察，使珠光体呈现橘黄色和浅黄色以及绿色和浅黄色相间的色彩，铁素体为浅黄色，石墨球呈绿色加紫色。此外，彩色显示使钢中的马氏体、贝氏体和残留奥氏体易于区分，如下贝氏体与马氏体形态相似，黑白金相中难以截然分开，在中、低碳钢中残留奥氏体也很难显示出来，而在彩色显示后它们呈现不同的色调。彩色金相对于区分不同类型的碳化物也十分有效，常规金相试剂下碳化物不受蚀，各种类型碳化物均呈白色。然而采用彩色显示的阴极试剂或复合试剂时，则在不同碳化物相上沉积的薄膜厚度不一致，从而显示不同色彩，把各相区分开来。这一技术在高速钢及其他高合金工具钢检验中有重要的实用价值。

㊀ 本节图 5-43~图 5-47 分别由第二汽车厂铸造一厂夏建元，北京理工大学伊秀珍，东北电业职工大学刘瑞琦、祝普礼，上海铁道学院徐国基，中国科学院金属研究所刘文川、李敏军提供，在此一并致谢。

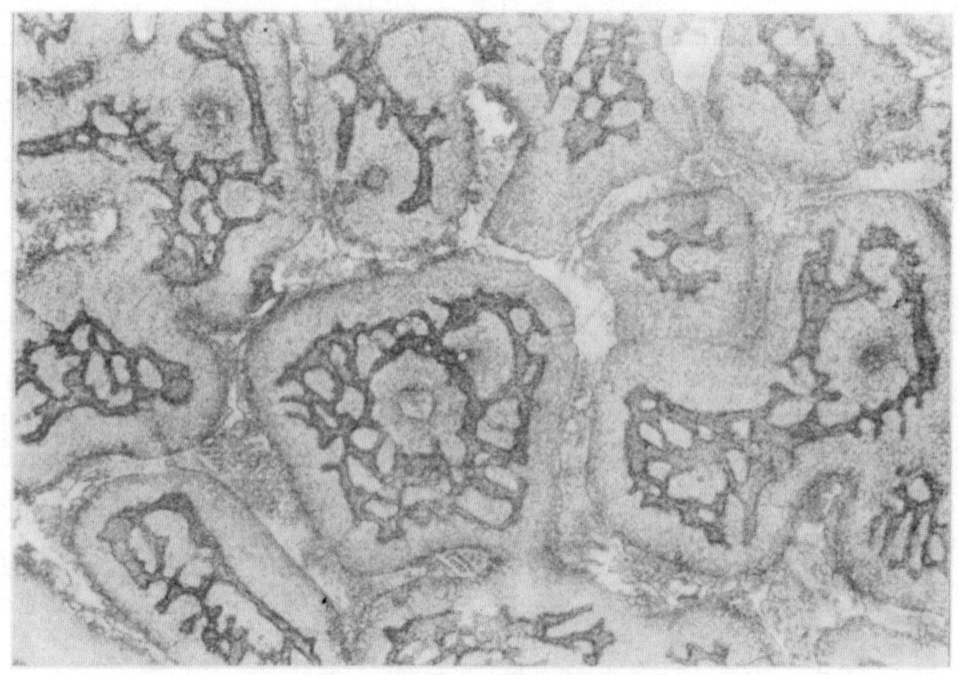

图 5-42　W18Cr4V 钢铸态组织（化学染色）　53×

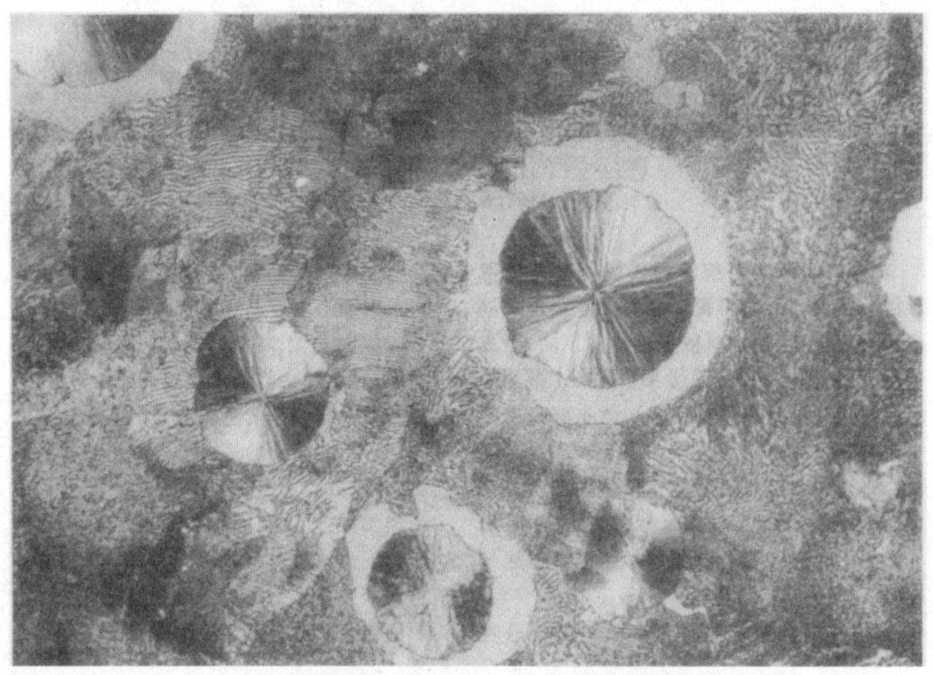

图 5-43　QT700-2 铸态组织（热染+偏振光）　500×

2. 非铁合金

非铁合金中合金相的类型比钢铁材料更多更复杂，单纯依靠黑白衬度常无法鉴别，彩色金相则提供了有力的工具。以铝合金为例，铸造铝硅活塞合金组织中有多种第二相：Mg_2Si、Si、Al_3N 及 Al-Si-Mg-Fe-Ni 复合多元相，由于各相灰度差不明显，而它们的形貌又往往随截面不同而异，因此用黑白金相进行区分很不可靠。如采用彩色金相技术，用钼酸铵复合试剂（属阴极试剂）侵蚀，在各化合物表面沉积了不同厚度的薄膜，得到鲜明的颜色衬度，再配合电子探针，可以把各相清晰地区分开来。铜合金经化学染色后也可得到鲜明的色差。图 5-44 所示为 H62 两相组织，经化学染色后，α 相呈深蓝色和浅蓝色，而 β 相则呈现品黄色。

图 5-44　H62 两相组织（化学染色）　27×

3. 表层组织

表层组织的传统检验是依据组织形貌和灰度，有时再配以显微硬度测定来进行分析的。彩色显示可使渗层依据成分的不同，染成各种色彩，分析更为可靠。例如，图 5-45 所示为 38CrMoAl 钢渗氮组织，用化学染色方法使各个组织层呈现不同色彩，表层 ε 相为亮黄色，次层品红色、黄色、青色为氮含量不同的索氏体加脉状氮化物，心部组织则为棕色。在其他的表面处理中（如镀铬、激光处理等），彩色金相照片均能清晰地显示各层组织。

图 5-45　38CrMoAl 钢渗氮组织（化学染色）　66×

4. 晶体位向的彩色显示

多晶体中各晶粒取向不同，在抛光表面上它们的化学及光学性质都有差异，因此形膜后显示不同色彩。图5-46所示为高锰钢固溶处理后拉伸变形组织，经化学染色+偏振光，各晶粒及形变孪晶都得到清晰显示。

5. 复合材料彩色显示

图5-47所示为C/C复合材料组织，用物理法溅射镀膜后碳纤维为绿色，颗粒状沉积热解碳则呈黄色，复合形态十分清晰。

图5-46 高锰钢固溶处理后拉伸变形组织（化学染色+偏振光） 300×

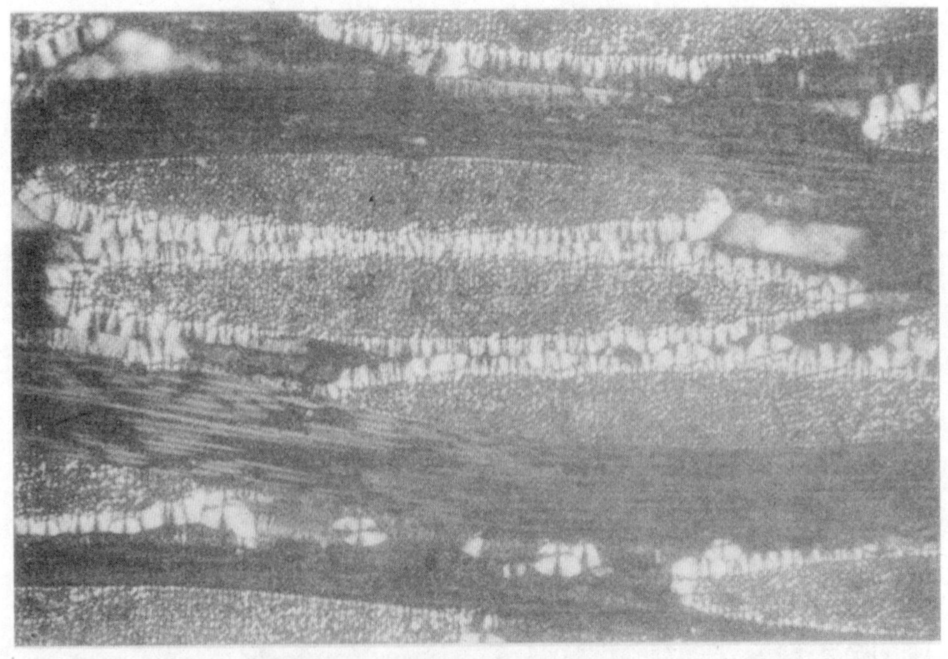

图5-47 C/C复合材料组织（溅射镀膜） 200×

最后要指出的是，彩色金相获得的颜色不是固定不变的，而是随膜厚而变化的。不同的成膜工艺所得的颜色不同，即使是同一工艺，不同的操作者所得到的结果也不尽相同。同样，各次操作也不能得到颜色的完全再现。因此，分析组织时不能把某种固定色调作为鉴定组织的依据。尽管如此，彩色金相还是可以把不同的相或组织鲜明地衬托出来，其作用是黑白金相所不能替代的。

5.5　典型工程材料的显微组织检验

5.5.1　结构钢与工具钢的显微组织检验

1. 常用侵蚀剂

结构钢与工具钢是最常用的工程材料，也是显微组织检验的主要对象。钢的组织十分复杂，随成分及热处理工艺的不同可在很大幅度内变化。钢的磨、抛性良好，制样容易。表 5-20 给出了结构钢与工具钢的常用侵蚀剂，其中硝酸乙醇溶液是常规检验中最常用的侵蚀剂。

2. 基本组织及检验

钢的基本组织组成物包括铁素体、珠光体、马氏体、贝氏体、碳化物及奥氏体等。

（1）铁素体与珠光体　低碳钢近于平衡状态的组织为铁素体和珠光体，以铁素体为主，两者的相对量取决于碳含量及冷却速度。铁素体和珠光体的分布随工艺条件而异。在热轧正火或退火条件下，铁素体及珠光体均为等轴状，两者均匀分布（见图 5-48a）。如果原奥氏体晶粒粗大，冷却速度又较快，铁素体则会沿着奥氏体的某些晶面析出，形成具有一定位向的铁素体片，常称为魏氏组织铁素体，铸态或热变形过热时常常出现这类组织（见图 5-48b）。有时铸造经退火后，由于枝晶偏析未被消除，铁素体及珠光体的分布呈明显的树枝状（见图 5-48c）。因此，根据两种组织组成物的分布特征可以判断试样的加工状态。

表 5-20　结构钢与工具钢的常用侵蚀剂

序号	成　分	使 用 说 明
1	硝酸　1~10mL 乙醇　90~99mL （硝酸体积分数为 2%~3%的侵蚀剂最常用）	是最重要、最常用的侵蚀剂，适用于所有结构钢与工具钢，室温下浸蚀或擦蚀
2	苦味酸　2~5g 乙醇　100mL	也是通用侵蚀剂，作用与 1 号试剂相似，但更易显示 F/Fe_3C 相界，对 F 晶界的显示不敏感，必要时可先用 1 号预侵蚀
3	苦味酸　2~5g NaOH　25g 水　100mL	使 Fe_3C 染黑，F 不变，可有效地显示工具钢晶界上的细网状 Fe_3C。也可显示渗硼层组织，FeB 为浅蓝色，Fe_2B 为黄色 试样在沸腾水溶液中煮 5~10min
原奥氏体晶粒大小侵蚀剂		
4	苦味酸　1g 盐酸　5mL 乙醇　100mL	Vilella 试剂，可以显示回火马氏体的原奥氏体晶粒尺寸，轻微回火的效果更好，一般通过晶粒之间的衬度差显示，有时也显示晶界。试剂也可显示组织细节
5	苦味酸　10g 水　150mL 烷基磺酸钠　适量 （作浸润剂用，可用洗涤剂代替）	能显示大多数钢种的奥氏体晶粒度，如试剂对试样表面不起作用时，可滴入几滴至几十滴盐酸，使用时把试剂加热至 40~60℃进行操作，把表面形成的膜用棉花擦去后观察
6	三氯化铁　5g 水　100mL 盐酸　数滴	作为钢铁材料的一般侵蚀剂，有时也能显示中碳钢回火马氏体的原奥氏体晶粒尺寸
7	盐酸　50mL 硝酸　25mL 氯化铜　1g 水　150mL	适用于显示 $w(Ni)$ 为 18%的马氏体时效钢的奥氏体晶粒

（续）

序号	成 分	使用说明
		双相钢侵蚀剂
8	硫酸铵 2g 氢氟酸 2mL 乙酸 50mL 水 150mL	马氏体呈暗黑色，残留奥氏体与铁素体不受蚀，但残留奥氏体颜色更浅
9	a）焦亚硫酸钠 1g 水 100mL b）苦味酸 4g 乙醇 100mL	使用前混合等量a）、b）溶液，腐蚀7～12s，表面呈橙蓝色，显微组织中贝氏体呈黑色，铁素体呈棕黄色，马氏体呈白色
10	硫代硫酸钠饱和水溶液 50mL 焦亚硫酸钾 1g	Klemm Ⅰ号试剂，在20℃下浸蚀40～100s，铁素体呈深蓝色，马氏体呈黑褐色，残留奥氏体呈白色。可用硝酸溶液预侵蚀
		高合金工具钢侵蚀剂
11	NaOH 4g $KMnO_4$ 10g 水 85mL	将溶液加热至沸腾，试样浸入溶液中1～10min，可区分碳化铬（呈黑色）和碳化钒（亮色）
12	氯化铜 5g 盐酸 100mL 乙醇 100mL	室温下侵蚀，使铁素体优先侵蚀，碳化物不受蚀，残留奥氏体不明显受蚀，用以鉴别各相
13	硝酸 10mL 乙酸 10mL 盐酸 15mL 甘油 2～5滴	室温下使用，浸蚀或擦蚀，几秒至几分钟，对钢中碳化物有很好的显示作用
14	三氯化铁 2g 盐酸 5mL 水 30mL 乙醇 60mL	在室温下将试样浸入溶液几分钟，对高碳高铬工具钢特别有效，能显示钢中的碳化物、铁素体、珠光体等
		其他用途的侵蚀剂
15	硫酸 10mL 硝酸 10mL 水 80mL	化学侵蚀30s，用棉花擦去腐蚀产物，重复三次，再将试样轻度抛光。过热时晶界呈黑色网络，过烧时呈白色晶界网络
16	成分同10号试剂	浸蚀45～60s，显示过烧与过热，晶界衬度与15号试剂相反
17	重铬酸钾 30g 蒸馏水 225mL	显示铅夹杂物，使用时将溶液加热后，再加入30mL乙酸，在室温下使用，抛光试样浸没在试剂中10～20s，热水冲洗，吹干，在偏振光下铅微粒呈黄色或金色，钢基体不受蚀
18	CrO_3 16g 蒸馏水 145mL NaOH 80g	显示中碳含镍合金钢的晶界氧化，在沸腾溶液中煮10～30min，清洗后吹干。NaOH应慢慢加入，不断搅拌

随着钢中碳含量增加，铁素体相对量减少，分布也发生变化，铁素体沿着原奥氏体晶界成核生长，呈网状。

珠光体是奥氏体共析转变的产物，是铁素体和渗碳体的两相混合物，一般呈片状。粗片状珠光体可在光镜下分辨，细珠光体（索氏体）可在高倍光学显微镜下分辨，而极细珠光体（屈氏体）只能在电子显微镜下分辨，但熟练的检验者也能根据晶团的外形及衬度从光学显微镜中判断是否为极细珠光体。

经球化退火后可得粒状珠光体，渗碳体以颗粒状分布于铁素体基体上。对工模具钢必须评定碳化物级别，检验可依据GB/T 1299—2014《工模具钢》进行。低中碳钢在某些加工工艺下（如冷镦、冷挤压等）也要求进行球化退火，以获得良好的塑性。30钢球化退火的组织如图5-49所示，检验标准为GB/T 38770—2020《低、中碳钢球化组织检验及评级》。

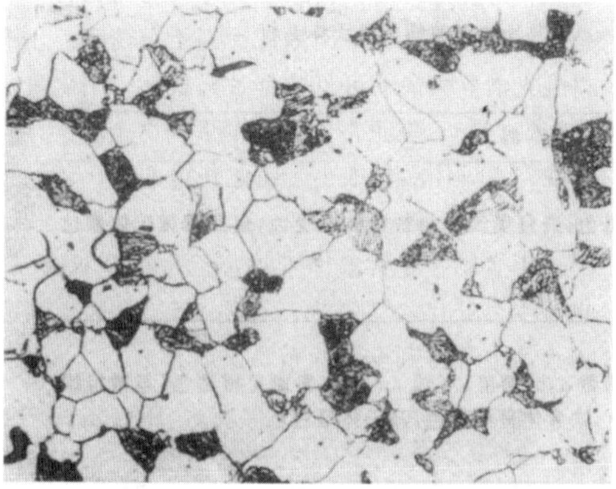

a)

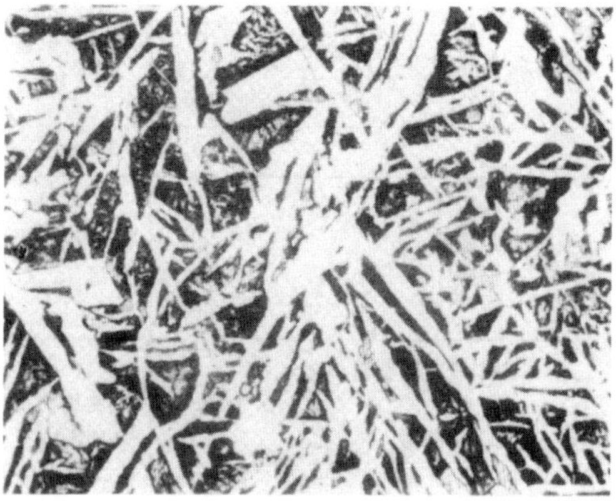

b)

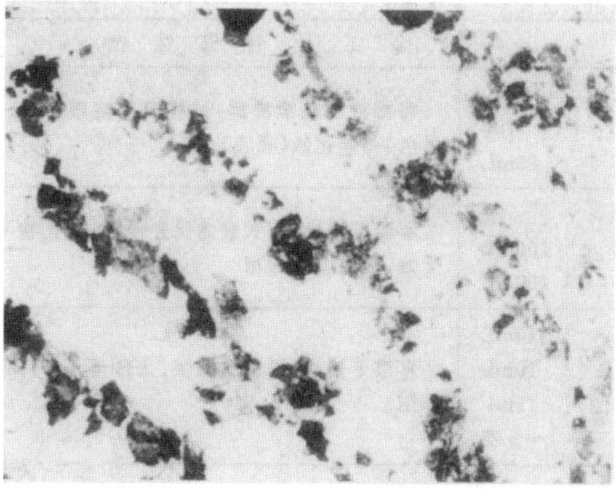

c)

图 5-48　低碳钢中铁素体与珠光体的几种分布特征

a）热轧正火或退火态，两种组成物均匀分布　200×　b）热变形终锻温度过高，呈魏氏组织铁素体　250×

c）铸造退火态，两者呈树枝状分布　100×

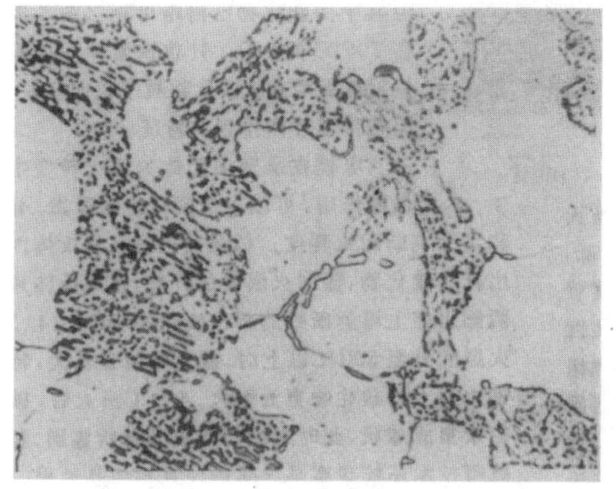

图 5-49　30 钢的球化退火组织　750×

（2）碳化物　网状碳化物会恶化钢的性能，所以碳素工具钢及低合金工具钢在球化退火前必须先进行正火，并且对正火后的网状碳化物进行检验。当网很细时，用硝酸乙醇溶液浸蚀时不易分辨，改用苦味酸乙醇溶液则效果较好，它对 F/Fe_3C 相界的显示更为敏感。在实际工作中常常需要测定球化退火态中碳化物的总量，如采用 1 号、2 号试剂，虽然能显示相界，但不适合用图像分析，碳化物的测定值常常明显偏高。这种情况下可改用有染色作用的侵蚀剂。3 号试剂使 Fe_3C 染黑，而 10 号试剂则使铁素体基体染黑，这两种试剂使组织衬度明显增大（见图 5-50），在定量金相分析中都能取得良好效果。

（3）马氏体及其回火组织　钢淬火后得到马氏体，按其形态可以分为两大类——板条马氏体和针片状马氏体。

低碳钢淬火后得到板条马氏体。如图 5-51 所示，在一个奥氏体晶粒内常包含几个不同位向的板条束群，在每一束群内又由许多相互平行的、细长的条状马氏体组成。由于形成温度高，有自发回火现象，故易被浸蚀而呈现较深的颜色，不同取向的马氏体表现出不同衬度。

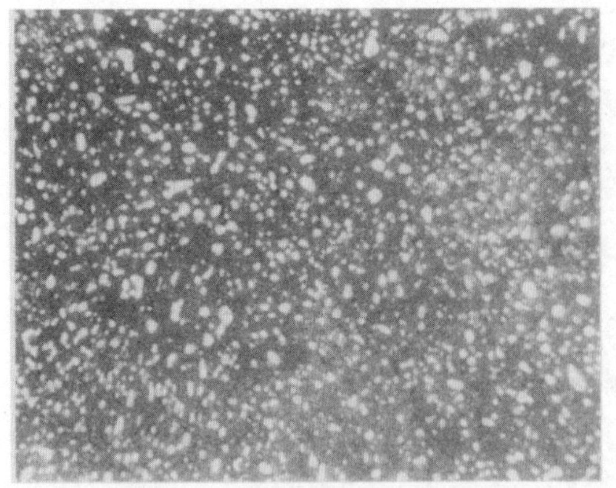

图 5-50　工具钢球化退火的显微组织

注：先用苦味酸乙醇溶液浸蚀，再用10号试剂使铁素体基体染黑。

图 5-51　低碳钢淬火后的板条马氏体　100×

高碳钢在较高温度下淬火可得到针片状马氏体，在光学显微镜下如竹叶状。针片状马氏体形成温度低，不易发生自回火，故淬火态下常难以浸蚀，衬度较浅，稍经回火，马氏体针片则十分清晰。生产中如得到光学显微镜下可见的针片马氏体，则属疵病组织（淬火过热）。在正常淬火温度下，由于未溶碳化物的存在，奥氏体晶粒细小，因此获得的马氏体针极为细小，在光学显微镜下不易分辨，故称为隐晶马氏体。

中碳钢在正常温度下淬火后主要是板条马氏体，也有少量针片状马氏体（见图 5-52），而经高温加热淬火后也可得到全部板条马氏体。

图 5-52　中碳钢的马氏体形态　1000×

注：图中 P 所指为针片状马氏体。

典型的板条马氏体和针片状马氏体在光学显微镜下尚可鉴别，然而实际生产条件下的奥氏体晶粒细小，不易从形貌上区分，深入研究时必须依据电子显微镜下的内部亚结构予以鉴别。两者亚结构的主要差异是：板条马氏体内有很高的位错密度，位错相互缠结构成胞块结构（见图 5-53a），所以板条马氏体又

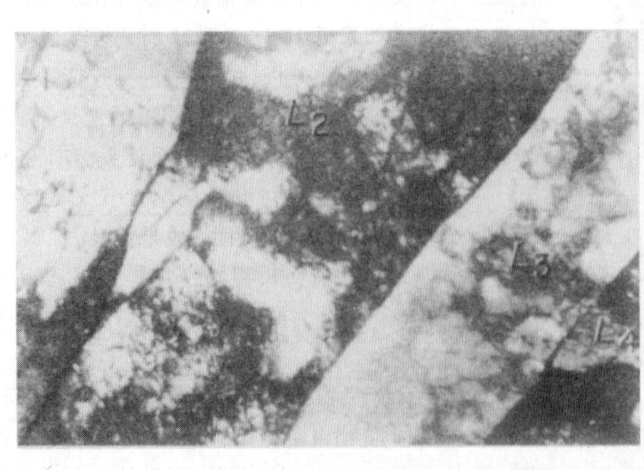

a)

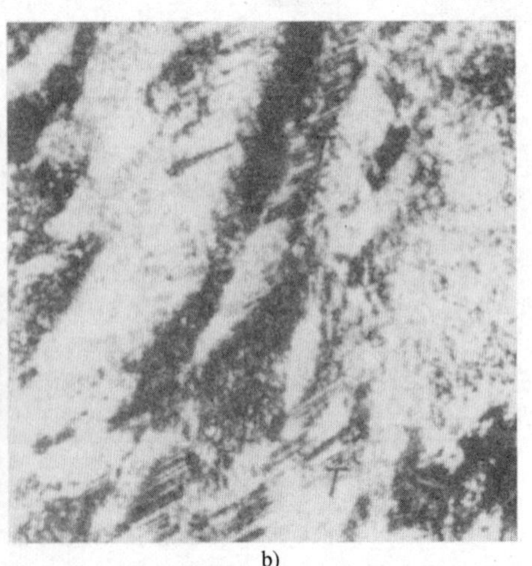

b)

图 5-53　板条马氏体及针片状马氏体的内部亚结构

a）板条马氏体中缠结的位错胞块　26000×　b）针片状马氏体中的孪晶亚结构　26000×

称位错马氏体；而针片状马氏体中可发现很多均匀分布的极细平行条纹（见图 5-53b），厚度仅为 5～90nm，经暗场及衍射花样标定证实为孪晶亚结构，故针片状马氏体又称孪晶马氏体。在相同强度级别下，位错马氏体的韧性明显优于孪晶马氏体。

除了马氏体形态外，评定马氏体的尺寸在生产检验中十分重要，它直接影响了钢件的服役性能。评定检验可依据 JB/T 9211—2008 或其他相关标准进行。

马氏体在较低温度下回火时，内部的变化有碳原子偏聚、碳化物析出及残留奥氏体转变。这些变化在光学显微镜下无法鉴别，唯一能觉察的是马氏体回火后容易浸蚀发黑，所以检验者只能凭经验再配合硬度值来估计回火的程度。只有当回火温度升高到基体发生回复、再结晶和碳化物聚集长大，才能为高倍光学显微镜所鉴别。一般的碳钢、低合金钢在 600℃ 回火时，基体仍隐约保留马氏体针形边界，但其中的碳化物已清晰可见（见图 5-54）。在 700℃ 回火后，针状铁素体才被等轴铁素体所取代，碳化物粒子也明显长大，但仍保留片间排列的特征。

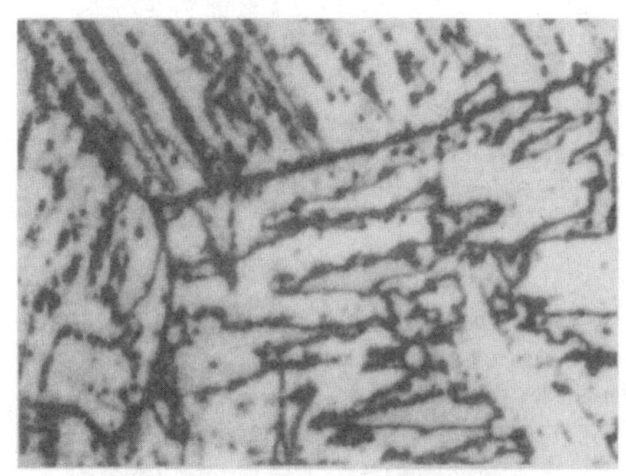

图 5-54　$w(C)=0.18\%$的钢淬火后经 600℃回火（10min）的显微组织　1000×

电子显微镜在研究马氏体的回火转变中有重要作用，可以根据碳化物的形态、分布和尺寸判断回火程度。低温回火只在马氏体内析出杆状碳化物，随回火温度的升高，在马氏体片的两侧边界上可见断续的析出碳化物（见图 5-20）。回火温度升至 500℃ 以上时，碳化物明显长大，特别是边界上的碳化物更为粗大。600℃ 回火后，碳化物聚集成球状，此时组织已能被光学显微镜所鉴别。

（4）贝氏体　奥氏体在珠光体转变区以下马氏体转变区以上转变为贝氏体，它也属于铁素体与渗碳体两相混合组织。钢中贝氏体的形态很多，随相变温度及钢的成分而异。对于碳含量大于 0.15%（质量分数）的钢而言，贝氏体形态大致可分为无碳贝氏体、上贝氏体和下贝氏体，在某些条件下还形成粒状贝氏体。贝氏体的类型、形成条件及组织特征见表 5-21，钢中上、下贝氏体在光学显微镜下的典型特征如图 5-55 所示。

各类贝氏体在光学显微镜下虽有一定的特征，但可靠地鉴别还要依靠电子显微镜，如下贝氏体和回火马氏体两者的形貌很相似，但电子显微镜下片内的碳化物分布不同。下贝氏体的碳化物只有一个取向，与片的长度方向成 55°，而回火马氏体有两个以上不同取向的碳化物分布（见图 5-56）。

3. 混合组织的检验

热处理时常得到混合组织，如贝氏体和马氏体、细珠光体和马氏体等。检验混合组织时，首先应了解试样的处理工艺，结合各类组织的形态及分布特点，并配合浸蚀程度的变化予以鉴别，必要时应借助电子显微镜。

上贝氏体与马氏体共存时，上贝氏体常分布于原奥氏体晶界，通常上贝氏体的衬度明显深于马氏体，且上贝氏体受蚀比较均匀，不像低碳马氏体各板条束间呈现衬度差。

细珠光体、上贝氏体和马氏体共存时，细珠光体和上贝氏体均是沿奥氏体晶界分布。细珠光体最先析出，常在晶界呈球团状，其轮廓比较清晰，衬度较上贝氏体略深。上贝氏体呈平行片状，马氏体则分布于晶内呈基体，其衬度最浅。

表 5-21　贝氏体的类型、形成条件及组织特征

类　型	形成条件及组织特征
无碳贝氏体	在低、中碳合金钢的贝氏体形成温度范围的高温区域内形成 从奥氏体晶界形核，形成一束平行的板条，每个板条较宽，在光学显微镜下清晰可见。铁素体内基本不含碳，与魏氏组织相似，只是尺寸更细一些。铁素体针片之间为珠光体或马氏体，或者是两者的混合
上贝氏体 （羽毛状贝氏体）	转变温度略低于无碳贝氏体，平行的铁素体片自晶界向晶内生长，片两侧有短杆状的不连续碳化物析出，其杆的方向平行于铁素体片。由于尺寸细小，在光学显微镜下难以分辨片及片间碳化物，只见到粗糙的边界，犹如羽毛。浸蚀后颜色较深 含硅较高的钢种，由于硅抑制了碳化物析出，铁素体片间为富碳奥氏体，失去了典型的羽毛状特征，组织比较明亮

（续）

类　　型	形成条件及组织特征
下贝氏体（针状贝氏体）	形态与回火马氏体相似，光学金相特征为黑色针状，不是成束平行排列，而是任意取向。片内过饱和的 w(C)为 0.15%左右，碳化物大都集中在片内，呈短杆状，与片的长度方向的夹角约为 55° 低碳合金钢的下贝氏体与其他钢种不同，片的形貌与上贝氏体相同，并成束平行排列，但碳化物特征与一般下贝氏体相同，在片内呈 55°方向排列
粒状贝氏体	在低、中碳合金钢中存在，在慢冷条件下形成，形成温度范围为贝氏体转变的上限温度。在光学显微镜下由块状外形的铁素体和铁素体内的岛状第二相构成，岛状第二相高温下为富碳奥氏体，冷却后分解为($F+Fe_3C$)，或者(M+A′)，也可以保持稳定的富碳奥氏体

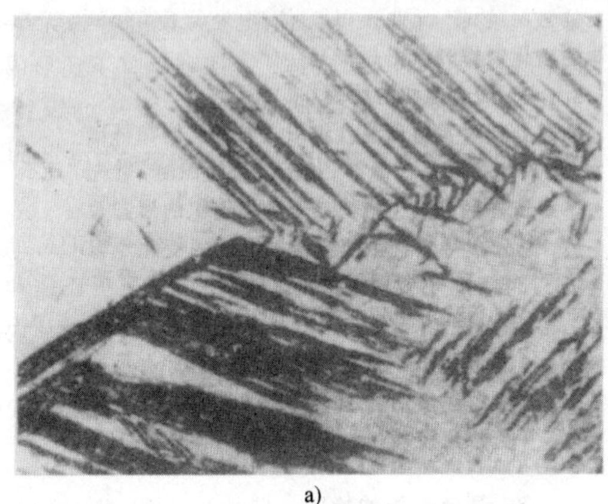

a)

b)

图 5-55　钢中的贝氏体形态（基底为马氏体，黑色为贝氏体）

a）40Cr 钢，1000℃加热 10min，420℃等温 30s，水淬　800×

b）40Cr 钢，900℃加热 10min，300℃等温 30s，水淬　500×

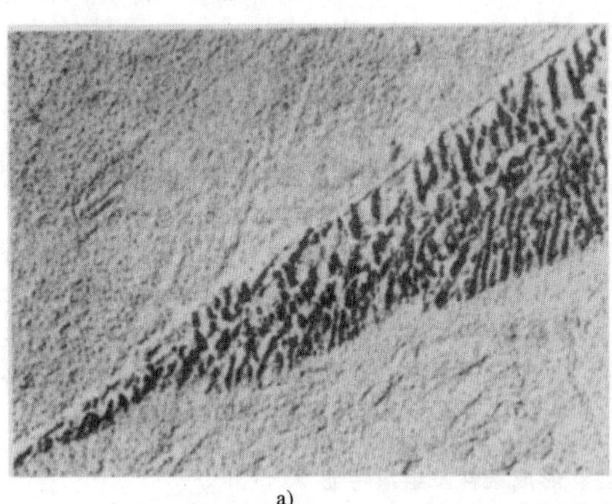

a)

b)

图 5-56　不同基体中的碳化物分布

a）下贝氏体中的碳化物分布　10000×　b）低温回火马氏体中的碳化物分布　15000×

下贝氏体和回火马氏体共存时，两者较难区分。在高倍下下贝氏体的针片呈不均匀黑色，似依稀可见的两相组织，而高碳马氏体则呈均匀的灰黑色。

上、下贝氏体共存，且在转变完成的情况下，光学显微镜难以做出肯定的判断。一般可结合硬度值来鉴别，中碳合金结构钢硬度在 40HRC 以上，高碳钢在 45HRC 以上，经等温处理的试样内部组织一般以下贝氏体为主。

结构钢经亚温淬火可得到 M+F 或 M+F+A 混合组织，采用常规侵蚀技术后，在光学显微镜下可以鉴别各相的形态及分布特点，但由于衬度差异较小，照相及定量分析时不能得到满意的结果。表 5-16 推荐了几种具有着色作用的化学侵蚀剂，对不同的相染上或显示不同的颜色或衬度，效果十分理想。

4. 钢的原始奥氏体晶粒度显示方法

钢的性能对于原奥氏体晶粒大小很敏感，而奥氏体经相变后其晶粒尺寸难以清晰显示，为此发展了很多奥氏体晶粒尺寸的间接显示或直接侵蚀技术（见表 5-22）。间接方法应用范围有一定的局限性，直接侵蚀可不经任何处理而显示淬火、回火态的原始晶粒尺寸，结果比较可靠。但是没有一种侵蚀剂能显示所有钢种的晶界。表 5-16 介绍了几种侵蚀剂，在使用中可根据实际情况改变温度、时间参数，适当调整配方，或对试样进行 350℃或 550℃的补充回火，以改善效果。

表 5-22　原奥氏体晶粒大小的显示方法

显示方法	试验步骤
渗碳法	适用于渗碳钢。将试样装于固体渗碳介质中，加热至 930℃，保温 6h，缓慢冷却至室温。试样组织中的渗碳体网显示了奥氏体晶粒大小
氧化法	适用 $w(C)=0.35\%\sim0.60\%$ 的碳钢和合金钢。将抛光好的试样置于空气加热炉中［$w(C)<0.35\%$ 时，炉温选在 900℃；$w(C)>0.35\%$ 时，炉温选在 860℃］，抛光面朝上，保温 1h，水冷，再在抛光盘上轻抛，即可显示
网状铁素体法	适用于亚共析钢。加热温度选择同氧化法，保温 30min 以上，空冷。在金相试样上根据铁素体网测定奥氏体晶粒大小
网状渗碳体法	适用于过共析钢。在 820℃加热 30min，缓慢冷却，金相试样上的网状渗碳体显示了奥氏体晶粒
网状珠光体法	适用于淬透性不大的碳钢和低合金钢，可将试样一端淬于水中，另一端暴露于空气中。金相试样过渡区中的黑色屈氏体网显示了奥氏体晶粒
腐蚀直接显示法	适用于直接淬火硬化钢。加热温度的选择同氧化法，保温 1h 后淬水冷却，制成金相试样，再用合适的侵蚀剂直接将奥氏体晶界显示出来，如将试样在 550℃回火 1h，效果更佳。常用的侵蚀剂为饱和苦味酸水溶液加少量环氧乙烷聚合物

5. 有效晶粒尺寸

在板条马氏体和贝氏体组织中，通常认为同一板条束内各板条间的晶体位向差很小，而相邻板条束之间有较大的位向差。因此，有人曾提出以板条束作为一个组织单元，束界的作用相当于晶界，可有效地阻止裂纹扩展，故可把板条束大小作为有效晶粒尺寸。

近年来，背散射电子衍射新技术（EBSD）为有效晶粒尺寸的研究提供了手段。其原理是把透射电镜中的电子衍射与扫描成像结合起来，利用试样表面发射出的背散射电子所产生的衍射花样，经计算机处理直接转换成各晶粒的位向差信息，最终在扫描电镜下得到与晶体学相关的组织图像。如相邻晶粒（或板条束）之间的位向差较小（小于某一规定的门槛角度），则它们将显示出相接近的组织衬度，只有当位向差大于门槛角度时才呈现不同的组织衬度。

研究表明，在低碳针状或板条型组织中，板条束几何形貌上的取向差和晶体学位向差是两个截然不同的概念。两个互不平行的板条束仍可能具有低的位向差，且概率很高，故把一个板条束作为一个有效晶粒的概念是不全面的，一个有效晶粒至少包括一两个以上的板条束。这与断口形貌和显微组织对应关系的研究结论一致。大量试验观察表明，有效晶粒尺寸至少是板条束宽度的 1.3 倍以上。

在控制轧制的铁素体-珠光体钢中、纯铝与铝合金及其他非铁金属中也发现了显微组织中的晶界并非能有效阻止裂纹扩展，此时从组织中测得的晶粒尺寸并不能代表有效晶粒尺寸。

5.5.2　钢中非金属夹杂物的检验

鉴定夹杂物的方法有金相法、X 射线衍射法及电子探针、扫描电镜等技术。金相法的优点是简单、直观，应用不同的放大倍数及各种照明技术就可基本确定夹杂物的类型以及它们的数量、大小、形状及分布特征，所以金相法是夹杂物检验的首选方法。金相法的缺点是不能确定夹杂物的成分和晶体结构，对于一些复杂及微细的夹杂物也难以鉴别。目前电子显微镜技术已广泛用于夹杂物的鉴定，经深浸蚀的金相试样在扫描电镜下可直接观察夹杂物的立体形态，同时用电子探针确定复杂夹杂物内各相的组成，做到形貌和成分分析的结合。夹杂物的类型可用 X 射线或电子衍射法确定，先用电解法把夹杂物分离出来，再进行结构分析。

1. 非金属夹杂物的金相鉴定方法

（1）试样制备　对形变后材料应截取纵向试样，以观察夹杂物的变形能力。观察夹杂物的试样应精心制备，使夹杂物完整保留，无剥落或拖尾现象。试样表面必须平整，无划痕、水迹或黏附的抛光磨料。试样在未经浸蚀条件下进行检验。

（2）明场观察　主要记录夹杂物的大小、形状、分布、颜色及可塑性、可磨性。

1）尺寸。在相同倍数下可把夹杂物粗略地分为极粗大、粗大、中等、细小、极细小等不同等级。若同类夹杂物有不同大小时，应注明多数夹杂物的尺寸。

2）形状。各类夹杂物常具有特殊的形状，有的为规则的几何形状，如长方形（TiN 或 ZrN）、三角形、方形等；有的则为不规则外形，如卵形、椭圆形（FeO · MnO、稀土类夹杂物等）。夹杂物的形态是判断其类型的依据之一。

3）分布。有任意分布（TiN）、串状或链状分布（Al_2O_3）、晶界分布（如低熔点共晶体 FeS+Fe）等。

4）颜色。透明夹杂物在明场下颜色较暗；不透明夹杂物则呈不同的浅色，如 TiN 为金黄色，ZrN 为柠檬黄色，MnS 为浅灰色。

5）可塑性。观察夹杂物是否沿变形方向伸展或破碎。

6）可磨性。有的夹杂物极易剥落（如 α-Al_2O_3），容易形成拖尾现象，有的夹杂物脆性小，磨制时能完整保留。

（3）暗场观察　暗场观察主要观察夹杂物的固有色彩和透明度，是鉴别夹杂物类型的重要依据。透明夹杂物在暗场下发亮，并显示本身颜色，如硅酸铁锰透明并带有亮红色彩，而铝酸盐虽透明但色彩不丰富。不透明夹杂物在暗场下呈暗黑色，有时能看到一亮边。暗场对透明度鉴别的灵敏度优于偏振光。

（4）偏振光观察　偏振光观察主要鉴别夹杂物是各向同性或异性。不同类型夹杂物在偏振光下的特征见表 5-9。偏振光虽能显示夹杂物的透明度和固有色彩，但效果不如暗场。偏振光能鉴别复相夹杂物中的各相。

（5）常见夹杂物的特征　表 5-23 列出了常见夹杂物在光学显微镜下的特征，可供鉴别时参考。表中还收集了稀土钢中稀土夹杂物的特征。

表 5-23　常见夹杂物在光学显微镜下的特征

名称及化学式	存在形态及分布特征	光学特征			晶型
		明　场	暗　场	偏振光	
氧化亚铁 FeO 及 FeO · MnO	一般呈球形，变形后呈椭圆形，分布无规律	FeO 为灰色，随 Mn 含量增加由灰色到灰紫色	FeO 不透明，随 MnO 含量增加，透明度增加，颜色呈白红色	各向同性	立方晶系
氧化铝 Al_2O_3（刚玉）	大多数情况下呈不规则形状的细小颗粒，成群聚集分布，热轧后呈链串状	暗灰色	透明	弱各向异性	六方晶系
玻璃质 SiO_2	呈各种尺寸的圆球，不变形	黑色	闪光，很透明	各向同性，有黑十字特征	非晶态
铝酸盐，铁尖晶石 FeO · Al_2O_3	规则的立方形，颗粒不变形，易碎裂	暗灰色		各向同性，透明，灰绿色	立方晶系
铝酸钙 CaO · nAl_2O_3	不规则球形，变形后破碎呈链串状分布	灰色	透明，亮黄色	弱各向异性	单斜、六方晶系
铁硅酸盐 2FeO · SiO_2，铁锰硅酸盐 nFeO · mMnO · $P$$SiO_2$	铸态下呈球形，易变形，热变形后沿变形方向拉长	暗灰色	透明，由亮红色到暗黑色，随成分而改变	各向异性	正交晶系
铝硅酸盐 $3Al_2O_3$ · $2SiO_2$	呈三棱形和针状，无规律，不变形	深灰色	透明无色	各向异性	正交晶系
钙硅酸盐 CaO · SiO_2	球状，不易变形，无规律分布	暗灰色，有粗糙表面	透明发亮	各向同性	三斜、六方晶系

（续）

名称及化学式	存在形态及分布特征	光学特征			晶　型
		明　场	暗　场	偏振光	
硫化铁 FeS	晶内或沿晶界分布，变形后沿着受力方向拉长	亮黄色	不透明，沿周边有亮线	各向异性，淡黄色	六方晶系
硫化锰及其固溶体 MnS 或 MnS-FeS		灰蓝色，随 MnS 含量减少逐渐变至亮黄色	稍透明或不透明	各向同性	立方晶系
其他硫化物 TiS、ZrS_2、CrS、Al_2S_3	铸态下呈针状沿晶界分布，变形性差	不同程度黄色	不透明	各向异性	六方晶系
氮化钛或氮碳化钛 TiN 或 Ti（NC）	几何外形规则，常成群出现，变形后呈串链状分布	金黄色，随溶碳量增加逐渐变为紫色	不透明	各向同性	立方晶系
氮化锆 ZrN		柠檬黄色	不透明	各向同性	立方晶系
氮化钒 VN		粉红色	不透明	各向同性	立方晶系
氮化铌 NbN		亮黄色			
氮化铝 AlN	规则形状，不变形，成群分布	紫灰色	不透明	强各向异性	六方晶系
稀土硫化物 RES	细小颗粒，成群分布	金红色	不透明，有亮边	各向同性	面心立方
稀土硫化物 β-RE_2S_3	圆球或椭球状，分散分布，有时呈短串	淡灰色	黑红色	弱各向异性	正交
稀土硫化物 γ-RE_2S_3	呈圆球状，分散分布	淡灰色	不透明	各向同性	体心立方
稀土硫氧化物 RE_2O_2S	颗粒状，易于成群分布	中灰色	深黄色、橙黄色	各向异性	六方
稀土氧化物 RE_2O_3	稍变形的条状和块状，聚集分布	中灰色	浅黄色、黄红色	各向异性	六方
$REAlO_3$	不规则颗粒，呈串链状	深灰色	灰黄带绿	弱各向异性或各向同性	立方
α-(Mn,RE)S	沿加工方向延伸的长条状	浅灰色	不同程度的黄色	各向同性	立方

稀土夹杂物的共同特征如下：

1）除 RES 外，在明场下均呈灰色，并且颜色较浅，其灰色程度按以下顺序增加：α-(Mn，RE)S、RE_2S_3、RE_2O_2S、RE_2O_3、$REAlO_3$。

2）塑性差，除 α-(Mn，RE) S 外，几乎都是不变形或稍有变形能力的，稀土铝酸盐则属脆性夹杂物。

3）暗场下均有鲜艳的色彩。

2. 钢中非金属夹杂物含量的测定

钢中非金属夹杂物含量测定标准（GB/T 10561—2005）主要适用于压缩比大于或等于 3 的钢种。根据经常见到的夹杂物形态和分布，标准图谱将夹杂物分为 A、B、C、D 和 DS 五大类。

A 类（硫化物类），具有高的延展性，为单个拉长的灰色夹杂物，端部呈圆形。

B 类（氧化铝类），大多数没有变形，带角的黑色或蓝色颗粒，沿轧制方向呈链状分布。

C 类（硅酸盐类），比硫化物具有更好的延展性，端部呈锐角，为黑色或深灰色。

D 类（球状氧化物），不变形，带角或圆形，呈黑色或带蓝色，与 B 类不同的是呈无规则的分散分布。

DS 类（单颗粒球状类），为直径≥13μm 的圆形夹杂。

对于非传统类型的夹杂，评定时可将其形状与上述五类进行比较，并注明其化学特征。例如：球状硫化物可作为 D 类夹杂物评定，但试验报告中应加注一个下标（如 D_{sulf}）。球状硫化钙以 D_{cas} 表示，D_{RES} 表示球状稀土硫化物，D_{DUP} 表示球状复相夹杂物，如硫化钙包围着氧化铝。对于沉淀相类的硼化物、碳化物、氮化物等的评定也可按相似的方法评定。

标准图谱中又根据夹杂物的厚度或直径的不同分为粗系和细系两个系列，各含六个级别，级别 i 从 0.5 级到 3 级。评级一般应在最恶劣的视场下评定。图 5-57 所示为夹杂物评级方法示意图。先将各类夹杂物区分开后，再对各类夹杂物分别评级，结果按下列方法表示：在每类夹杂物类别字母后标以级别数，用字母 e 表示出现了粗系夹杂物，s 表示出现了超尺寸夹杂物，如 A2、B1e、C3、D1、B2. 5s 等。

对于含铅易切削钢，铅夹杂物的形貌和色泽常与其他夹杂物混淆而造成误判，可选用表 5-20 中的 17 号侵蚀剂进行浸蚀，把铅夹杂物清晰地区分开来。

如需要对夹杂物含量提供精确的定量数据，可依据定量金相方法对各类夹杂物进行手工测定。

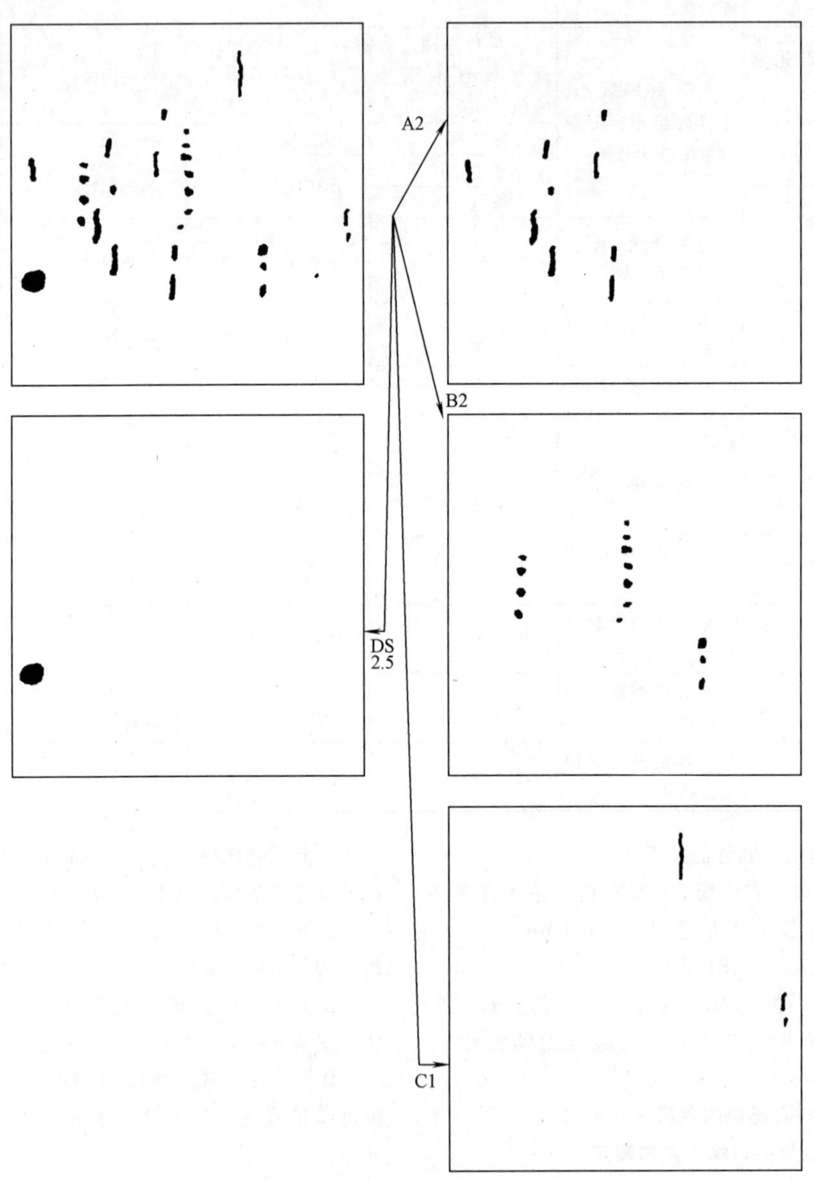

图 5-57 夹杂物评级方法示意图

注：视场中观察到的夹杂物可分为 A、B、C 和 DS 四类，对各类夹杂物分别评级后，结果可表示为：A2、B2、C1 和 DS2. 5。

5.5.3　不锈钢与高锰钢的显微组织检验

1. 不锈钢试样的磨制

除了马氏体不锈钢外，其他各类不锈钢的硬度都较低。用常规方法磨制试样时，由于表面塑性变形而产生扰乱层，使组织模糊不清，有时在磨制过程中还可能发生马氏体相变，出现假象。为保证质量，制备不锈钢试样可采取下列措施：

1）从粗磨起每一道磨光应当尽量轻磨。

2）采用反复的浸蚀抛光，将扰乱层去除。

3）条件许可时，可采用振动抛光或电解抛光（见表 5-4）。

2. 不锈钢试样的组织显示

不锈钢试样的浸蚀比磨制难度更大，原因是：①不锈钢的耐蚀性好，显示基体的晶界比较困难，特别是奥氏体不锈钢、超低碳不锈钢等，常难以显示完整的晶界。②不锈钢的组织类型很多，除了不同的基体相外，还常出现 δ 铁素体，少量的碳化物、σ 相及金属间化合物，它们对钢的性能有重要影响。由于各个相的形态没有明显的特点，所以用一般的侵蚀剂常难以鉴别。为了适应检验工作的需要，不锈钢的显示技术不断更新。表 5-24 给出了不锈钢的常用侵蚀剂。

表 5-24　不锈钢的常用侵蚀剂

序号	成　分	使用方法及适合范围
1	苦味酸 1g HCl 5mL 乙醇 100mL	Vilella 试剂。常温下使用，浸蚀或擦蚀少于 1min。适用于所有不锈钢，对马氏体不锈钢、铁素体不锈钢特别适用。可显示碳化物、σ 相、δ 铁素体等组织的边界
2	HNO_3 10mL HCl 20~50mL 甘油 30mL	先将 HCl 和甘油彻底混合均匀，再加入 HNO_3，浸蚀或擦蚀少于 1min。适用于所有的不锈钢显示晶界，还可使 σ 相受蚀，显示碳化物边界。新鲜配用。可用水代替甘油，浸蚀速度更快。HCl 量高时可减少蚀坑
3	$K_3Fe(CN)_6$ 10g KOH 10g 或 NaOH 7g 水 100mL	Murakami 试剂。常温下浸蚀 15~60s 可显示碳化物，3min 后可使 σ 相稍受蚀。在 80℃ 至沸腾的溶液中浸蚀 2~60min 后，碳化物呈暗色，σ 相呈蓝色，铁素体呈黄褐色，奥氏体不受蚀
4	$K_3Fe(CN)_6$ 10~20g KOH 10~30g 水 100mL	改进的 Murakami 试剂。60~90℃ 使用，使 σ 相着色为红褐色，铁素体为暗灰色，碳化物为黑色，奥氏体不受蚀。若在室温下使用，优先受蚀的是 σ 相，碳化物变化不大
5	草酸 10g 水 100mL	6V，阴极与阳极间隔 25mm，6s 后显示出 σ 相边界，15~30s 显示碳化物，45~60s 显示晶界
6	NaOH 20g 水 100mL	20V，20℃，阴极为不锈钢，5s 显示 δ 铁素体边界，并染成棕褐色，效果极佳。在 σ 相和碳化物中，后者优先受蚀
7	KOH 56g 水 60~100mL	1.5~3V，3~5s 显示 σ 相（红棕色）和铁素体（浅蓝色）。对奥氏体沉淀硬化钢可以使用 2V、5s，铁素体和 σ 相呈暗棕色，α′相由棕色至浅蓝色，能显示 Ni(Al,Ti) 的边界，$M_{23}C_6$ 为浅黄色，奥氏体不受蚀
8	HNO_3 60mL 水 40mL	直流 1.1V，0.075~0.14A/cm²，120s 电解侵蚀后显示奥氏体晶界，但不显示孪晶界，用于奥氏体不锈钢的晶粒度测定

下面对不锈钢的显示技术做几点说明：

1）化学侵蚀时浸蚀、擦蚀均可采用，但擦蚀效果更好，能获得均匀的显示效果。

2）当奥氏体不锈钢的晶界难以完整显示时，可采用 650℃、1h 的敏化处理，有利于显示晶界。

3）采用某些化学侵蚀剂时，应严格控制浸蚀条件，例如以铁氰酸盐为主的 Murakami 试剂在奥氏体不锈钢鉴别中可使不同的相着上不同的颜色，但相的色彩会随侵蚀剂成分、温度、浸蚀时间而改变。用标准的 Murakami 试剂（表 5-24 中 3 号侵蚀剂）及改进型试剂（表 5-24 中 4 号侵蚀剂）在不同温度下进行浸蚀时，其着色效果不同。

4）电解侵蚀在不锈钢检验中十分重要，无论是晶界的显示或相的鉴别，效果都明显优于化学侵蚀。例如，用表 5-24 中 8 号试剂电解侵蚀时可清晰显示晶界，却不显示奥氏体内的孪晶界。用电解侵蚀剂做相鉴定，选择性、重现性及清晰度都十分好，在奥氏体及双相不锈钢中广泛应用。最常用的电解侵蚀液为 10%（质量分数）草酸水溶液（表 5-24 中 5 号试剂），不同相的显示顺序见表 5-24。质量分数为 20% 的 NaOH 溶液常用于显示马氏体不锈钢或奥氏体不锈钢中的 δ 铁素体。在 20V 的直流电源下，电解侵蚀 5s 可使铁素体呈棕褐色，并清晰显示其边界（见图 5-58），非常适合于定量分析，这是化学侵蚀无法代替的。

5）热染法在不锈钢检验中有很好的使用价值。试样先用表 5-24 中 1 号试剂化学侵蚀显示边界，然后在空气中加热至 500~700℃（最好是 650℃），保温 20min 后即可使各相呈现不同的颜色，奥氏体着色比铁素体快，碳化物着色最慢。奥氏体呈蓝绿色，σ 相呈橘黄色，铁素体呈淡奶色，碳化物无色。在相鉴别的同时，各晶粒也产生一定颜色衬度，因而显示晶粒组织。应该说明，热染法获得良好效果的前提是表面应有高的抛光质量。

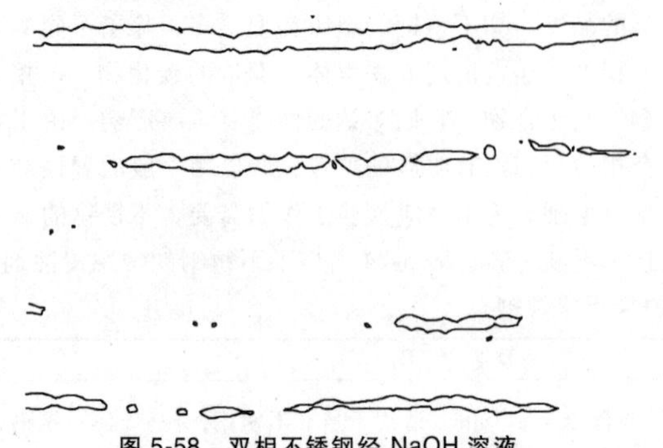

图 5-58　双相不锈钢经 NaOH 溶液电解侵蚀后的组织　320×

6）奥氏体不锈钢若采用叠加侵蚀可有效地区分各个相。例如，先用表 5-24 中 1 号侵蚀剂，将各相的边界显示出来；然后用 10mol/L KOH 溶液（表 5-24 中 7 号侵蚀剂）在 3V 的直流电压下侵蚀 0.4s，使 σ 相轻微着色，但所有的碳化物不着色；最后采用浓的 NH_4OH 溶液在 6V 的直流电压下电解 30s，可使很多碳化物受蚀。

3. 高锰钢

高锰钢也称奥氏体锰钢，其组织状态应为介稳定奥氏体。

高锰钢检验的一个重要内容是测定奥氏体晶粒尺寸。由于奥氏体是在凝固过程形成的，冷却时不发生重结晶，故晶粒尺寸取决于液体金属的过热程度和冷却速度，热处理并不会引起明显的晶粒长大，只是使晶界形态更加规则。一般情况下，高锰钢的晶粒尺寸很粗大，而且对铸件的截面尺寸很敏感，因此检验晶粒尺寸及分布特征最好用宏观法。测定时可采用对比法，在低倍下（如 25×）把晶粒与标准评级图（GB/T 6394—2017）对比，再依据表 5-14 转换为规定放大倍数的晶粒度。也可直接测定每个晶粒的平均直径，再计算晶粒度。高锰钢的晶粒度一般为负值，如 -3.8 级。

高锰钢的试样制备与常规材料相同，表 5-25 中介绍了几种高锰钢的侵蚀剂。显微组织中除奥氏体外，晶界上常有碳化物及小的珠光体晶团等析出物，它们也可能分布在晶内的树枝间，析出物的数量及尺寸随铸件的壁厚增加而增多、增大。韧化处理能使大多数碳化物溶解，但晶界仍会有残留的碳化物。显微组织对铸件尺寸极为敏感，由于高合金钢的导热性差，在厚截面处冷却速度往往不足，加上原始的偏析严重，这里的晶界及树枝间碳化物残留较多，所以在检验高锰钢显微组织时要特别注意取样部位。GB/T 13925—2010《铸造高锰钢金相》中对未溶碳化物、析出碳化物及其他检验项目都有标准图片，供评级参考。高锰钢经变形或使用后，奥氏体内会出现大量形变孪晶。

表 5-25　高锰钢的侵蚀剂

序号	成　分		使 用 说 明
1	水 HCl H_2O_2	2 体积份 2 体积份 1 体积份	宏观分析侵蚀剂，显示晶粒大小。浸蚀或擦蚀 15～25s，侵蚀时表面形成一层黑膜，在自来水中冲洗，并尽快用软毛刷去除黑膜，用乙醇冲洗，吹干，可喷一层快干的清漆，以保护表面，改善衬度
2	φ(HCl)为 50%的盐酸		60～70℃浸蚀，再在水中冲洗擦净。宏观分析，显示晶粒大小及其他缺陷组织
3	HNO_3 乙醇	1～6mL 99～94mL	室温下浸蚀与擦蚀数秒，如表面形成浅的黄褐色薄膜，用棉球擦去或者浸于 φ(HCl)为 10%的盐酸中。显示常规组织
4	苦味酸 HCl 乙醇	1g 5mL 100mL	用棉球擦蚀，如形成表面薄膜可浸于 φ(HCl)为 10%的盐酸中。显示常规组织
5	Na_2CrO_4 丙乙酸	80g 420mL	电解侵蚀液，0.03～0.05A/cm^2，5～10V，5～10min，如表面出现波纹状，可选用较高的电流密度及较短的时间。显示晶界及退火、变形孪晶

5.5.4　铸铁的显微组织检验

1. 石墨相的检验

由于石墨的形状、大小和分布对冷速十分敏感，所以取样时应注意试样在铸件中的部位、壁厚及离开表面的距离，并在报告中记录取样情况。磨、抛时应防止石墨相的脱落。一般可在抛光液中加入少量铬酸酐，起化学浸蚀抛光作用，不仅提高抛光速度，还能保持石墨的完整性。

铸铁包括灰铸铁、可锻铸铁和球墨铸铁等，国际上采用统一的标准 ISO 945-1：2019，而我国对各类铸铁仍有独立的检验标准：GB/T 7216—2009《灰铸铁金相检验》、GB/T 9441—2021《球墨铸铁金相检验》等。

（1）石墨的形状　标准中列出了六种类型的石墨（见图 5-59），代表了铸铁中可能存在的基本石墨形态，分别以罗马数字Ⅰ～Ⅵ表示。其中片状（Ⅰ型）、团絮状（Ⅴ型）、球状（Ⅵ型）分别是灰铸铁、可锻铸铁及球墨铸铁中石墨相的典型形态，其余则为一些过渡形态，如厚片状（Ⅲ型）常是球化不良的结果，现在已发展成独立的一类铸铁（蠕墨铸铁）。对石墨形状的检验是衡量灰铸铁质量的重要检验项目。

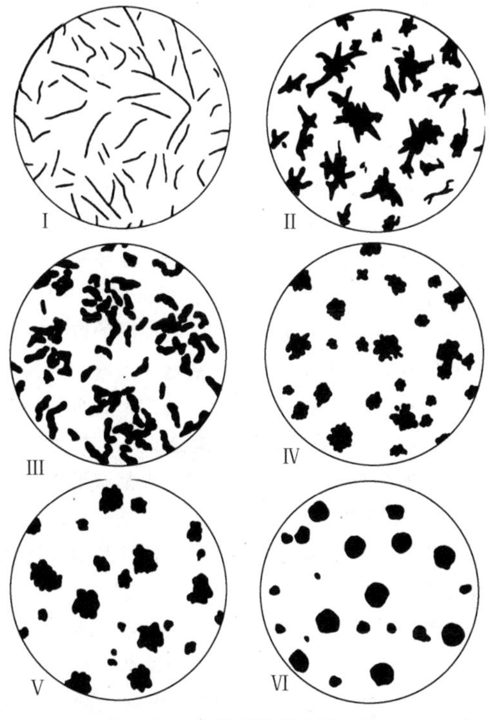

图 5-59　六种类型的石墨形状

（2）石墨的分布　片状石墨（Ⅰ型）有六种不同分布方式（见图 5-60）：A 型，无方向的均匀分布；B 型，片状及细小卷曲的石墨片聚集成菊花状分布；C 型，初生的粗大直片状；D 型，细小卷曲的石墨片在枝晶间呈任意分布；E 型，石墨在枝间的二次分枝呈定向分布；F 型，初生的星状（或蜘蛛状）石墨。

各类片状石墨的形成条件与性能见表 5-26。

（3）石墨的大小　石墨片过粗过长使强度下降；而过细则储油率下降，对耐磨性及减振性不利。可根据铸件的大小和用途，规定石墨长度的允许范围。例如，一般厚铸件允许中等长度石墨片（100 倍下长 20～45mm），薄铸件石墨片可短一些。石墨长度级别可参阅灰铸铁金相标准。对球墨铸铁主要要求力学性能，故石墨应细小、圆整、分布均匀。球化率是指Ⅴ型和Ⅵ型石墨占石墨总量的相对分数。GB/T 9441—2021 中有球化率和石墨球尺寸的评级图。

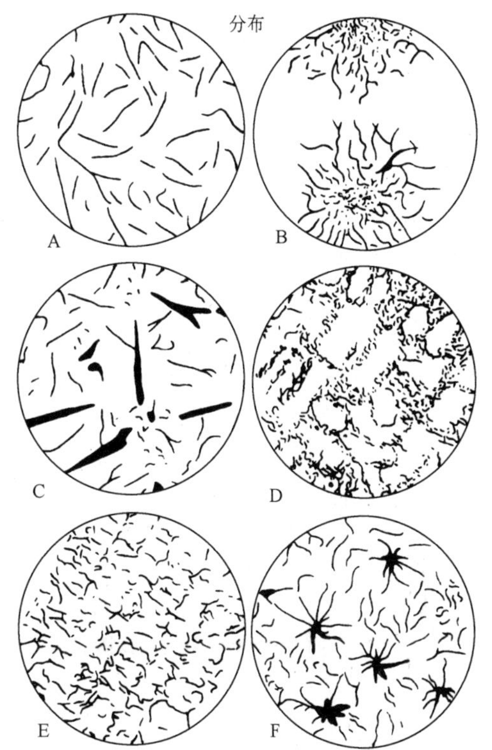

图 5-60　片状石墨的六种不同分布方式

表 5-26　各类片状石墨的形成条件与性能

分布类型	形成条件与性能
A	亚共晶成分，过冷度不大（如壁厚大于 15mm）的砂型铸件。力学性能良好
B	接近共晶的亚共晶成分，过冷度较大，开始时细小的共晶石墨生长较快，呈辐射状，后因结晶潜热的放出使石墨片长大。由于石墨聚集，强度有所下降
C	过共晶成分，冷却较慢。力学性能显著恶化
D	碳、硅含量较低，冷却较快，石墨片虽然细小，但密集分布，对强度不利
E	形成条件与 D 型大致相同，只是石墨分布更具方向性，性能不如 D 型分布
F	过共晶成分，过冷度较大，具有一定的耐磨性，对活塞环等属正常的组织

2. 基体组织的检验

（1）共晶晶团的显示　在同一共晶团内，石墨相常是连续的，因此灰铸铁的耐磨性、抗压强度随共晶团的细化而提高。由于共晶团晶界上存在着成分偏析，碳化物形成元素及磷的浓度较高，采用合适的侵蚀剂可使共晶团边界发亮而显示共晶团的尺寸。表 5-27 中介绍了几种化学侵蚀剂。

表 5-27　铸铁的化学侵蚀剂

序号	成　分	使用方法及适用范围
1	$CuCl_2$ 1～10g $MgCl_2$ 4g HCl 2mL 乙醇 100mL	浸蚀，用于显示灰铸铁的共晶晶团，速度较慢，有时要浸蚀 2～3h
2	Cu_2SO_4 4g HCl 2ml 水 20mL	浸蚀，用于显示灰铸铁的共晶团尺寸
3	5%（质量分数）硝酸乙醇溶液或 4%（质量分数）苦味酸乙醇溶液	通用的显微侵蚀剂，显示铸铁的基体组织，如珠光体、铁素体、马氏体等
4	$K_3Fe(CN)_6$ 10g KOH 10g 水 100mL	加热 70℃浸蚀，如用于鉴别磷共晶采用 10～30s，使 Fe_3P 染黑，而 Fe_3C 不变。如用于 $w(Cr)=30\%$ 的铸铁 2～3min
5	苦味酸 2g NaOH 25g 水 100mL	加热至沸腾状态下使用，使 Fe_3C 染黑，10s～2min，鉴别磷共晶
6	$FeCl_3$ 10g 水 100mL	浸蚀 3～20s，适用于奥氏体铸铁
7	HNO_3 10mL HF 20mL 甘油 40mL	浸蚀 10～40s，适用于 $w(Si)=14\%～16\%$ 的高硅铸铁
8	HNO_3 10mL HCl 20mL 甘油 30mL	浸蚀，最多 20s，适用于高铬铸铁

（2）磷共晶及游离碳化物的显示　铸铁中的磷共晶有下列几种类型：

1）二元磷共晶（在 Fe_3P 的基体上分布着粒状铁素体或珠光体）。

2）三元磷共晶（除在 Fe_3P 的基体上分布着粒状铁素体或珠光体外，还有条状或针状的碳化物）。

3）复合磷共晶（在二元、三元磷共晶中分布着大块碳化物）。

磷共晶的熔点很低，是最后凝固的产物，一般沿奥氏体晶界分布，呈边缘内凹的块状，数量多时呈晶界网络状分布。少量均匀分布的二元、三元磷共晶不影响强度，且有利于提高耐磨性。但是粗大的、集中分布的复合磷共晶，由于降低了强韧性，且使用时容易剥落，形成磨料而加速磨损。金相检验主要是鉴别各类磷共晶，确定它们的相对量及分布特征。

应从形态上区分各类磷共晶：二元磷共晶是 Fe_3P 基体上均匀分布着细小的第二相粒子，而三元磷共晶的基体上除细小粒子外常可见细条状 Fe_3C，复合磷共晶则有大块碳化物。此外，也可以使用染色法进一步分清各类磷共晶，所用侵蚀剂及具体操作见表 5-27。

磷共晶的数量及形态可按上述国家标准 GB/T 7216—2009 和 GB/T 9441—2021 予以评定。

（3）珠光体与碳化物的评定　铸铁中铁素体及珠光体的相对量应予以控制，铸铁的相关标准中有各类铸铁在 100 倍下的珠光体数量评级图。

灰铸铁组织，特别是球墨铸铁中会有一定数量的碳化物，可参阅相关标准进行评级。铸铁中自由碳化物大致有四种形状：针条状、网状、块状及莱氏体类型碳化物。有些碳化物外形与磷共晶相似，可采用染色法确定其中是否有 Fe_3P 相，以区别两者。

球墨铸铁常常要进行热处理，如退火、正火、调质及等温淬火等，球墨铸铁经等温淬火后综合性能较好。等温温度较高时得到以残留奥氏体和上贝氏体为主的奥贝球铁，其韧性很佳；当等温温度较低时可获得以高硬度的下贝氏体为主的组织。应该指出：球墨铸铁的组织对热处理加热温度及保温时间十分敏感。这是因为加热参数的变化会影响石墨碳的溶解，从而改变基体碳含量及组织形态。从这一点看，铸铁热处理的组织分析比钢更为复杂。在 JB/T 6051—2007《球墨铸铁热处理工艺及质量检验》中，对铸件热处理温度、加热时间及显微组织检验等都做了规定。

3. 特殊铸铁

特殊铸铁包括抗磨铸铁、耐热铸铁和耐蚀铸铁等具有特殊性能铸铁。

这类铸铁中一般都含有大量合金元素，如 Al、Si、Cr、Ni 等，因此显示组织的侵蚀剂与普通铸铁不同，表 5-27 中列出了特殊铸铁所用的侵蚀剂。抗磨铸铁包括高韧性白口铸铁、中锰球墨铸铁、高铬白口铸铁等。总的要求是硬度高且组织均匀，基体组织可以为莱氏体、贝氏体、马氏体及残留奥氏体等。耐热铸铁对金相组织的要求是防止表面形成片状石墨，以消除氧化性气氛渗入内部的通道，理想的组织中碳应以渗碳体（白口）或球状石墨形式存在，且组织应致密而细小，基体最好为单相铁素体。如果是含有碳化物的多相组织，应该是稳定的合金碳化物相。

5.5.5　铝及铝合金的显微组织检验

1. 金相组织特点

工业上应用的铝合金都为共晶系合金，且大多数合金元素在铝中的溶解度随温度下降而降低。因此，铸态铝合金中一般均包括初生晶、共晶体，以及少量从固溶体中析出的二次相及夹杂物等。通常，初生晶是以铝为基的固溶体，呈树枝状。二元共晶为两相弥散的混合物，其形态有粗大针片状、细层状或粒状、分枝状等。粗片共晶使力学性能降低，生产中常进行变质处理，可明显改善弥散度。很多铝合金中共晶体的相对量较少，此时共晶体常呈离异态，其中的 α 相与基体相连，而另一相则单独沿树枝间分布，如图 5-61 所示。

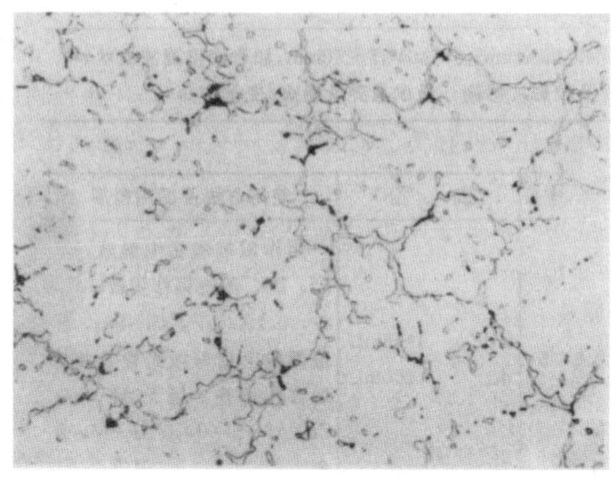

图 5-61　Al-Mg 合金铸态组织　100×

注：共晶离异，Mg_2Al_3 相分布于树枝间呈网状。

变形铝合金中铸态的组织特征已消失，第二相破碎后以颗粒状分布于基体上，所以各种铝合金的组织特征相似。

铝合金经固溶处理后，原则上第二相应基本溶解，实际上由于成分偏析，当第二相完全溶解时已出现过热或过烧现象。时效处理后析出的细小第二相能否被光学显微镜鉴别，取决于合金成分及时效程度。

2. 常用侵蚀剂

表 5-28 列出了铝及铝合金的常用侵蚀剂。

3. 晶粒大小的显示及评定

（1）晶粒大小的显示　通常铝及铝合金的晶界不易被显示，特别当合金含量较低时，化学侵蚀后往往只有浮凸感，在晶界处隐约形成台阶，但不能清晰显示晶界。此时只有选用阳极氧化显示技术（表 5-28 中 5 号侵蚀剂），在平面偏振光下观察，使各晶粒呈现不同的黑白衬度（见图 5-62）。观察时如加入 1/4 波片则效果更好。当合金元素含量较高时有可能采用化学侵蚀直接显示晶粒，显示的原理是：①利用合金中适量的晶界析出相显示晶界，如析出物过密，分布又均匀时（如退火态、热变形态），晶界就难显示。②对 $w(Cu)$ >1%合金浸蚀时容易产生蚀坑，并在表面沉积一层铜薄膜，于是产生晶粒的颜色衬度。应该注意：显示晶界所需的侵蚀程度往往是最重的，因此这一项目的检验应安排在其他金相分析工作都完成后再进行。

表 5-28　铝及铝合金的常用侵蚀剂

序号	成　分	使用方法及适用范围	序号	成　分	使用方法及适用范围
1	HF　1mL 水　200mL	擦蚀约 15s，侵蚀 40～50s。通用侵蚀剂，更适用于纯 Al 系列合金	5	HBF　4～5mL 水　200mL	用作阳极氧化电解液，以 Al、Pb、不锈钢作阴极，20V，直流，0.2A/cm^2，40～80s，在显微镜下用偏振光检查效果后再做调整。用于 Al-Si-Cu、Al-Si-Mg、Al-Mg 合金
2	NaOH　1g 水　100mL	擦蚀 5～10s，适用于 Al-Mg-Si 系列合金晶界共晶相，显示晶界局部熔化现象	6	HNO_3　25mL 水　75mL	70℃下侵蚀 45～60s，适用于显示 Al-Cu 合金固溶处理态的过热，晶界上微弱的析出物能被辨认
3A	HF　2mL HCl　3mL HNO_3　5mL 水　190mL	Keller 试剂。侵蚀 8～15s，不要从表面去除腐蚀产物显示 Al-Cu、Al-Zn 合金的晶界或晶粒衬度	7	H_2SO_4　20mL 水　80mL	70℃下侵蚀 30s，鉴别第二相，特别是工业纯铝中 $FeAl_3$ 等
3B	3A 侵蚀剂　20mL 水　80mL	稀释的 Keller 试剂。使用前新鲜配用，侵蚀 5～10s，用于 Al-Zn 合金第二相鉴别及过热组织	8	H_3PO_4　10mL 水　90mL	50℃下侵蚀 1min 或 3～5min，鉴别第二相（Al-Cu、Al-Si 合金）
4	HF　2mL HCl　3mL HNO_3　20mL 水　175mL	新型 Keller 试剂。侵蚀 10～60s，不要从表面去除腐蚀产物。用于 Al-Zn 合金，鉴别其热处理状态，在固溶处理时（T4）晶界线及晶粒的衬度差比时效态（T6）明显	9	NaOH　2g NaF　5g 水　93mL	侵蚀 2～3min，显示晶界或晶粒衬度（Al-Cu、Al-Zn 合金），区分固溶处理态与时效态，前者更易使晶粒发暗，失去衬度

（2）晶粒大小的测定　由于变形铝的退火往往是不完全的，因此铝的晶粒尺寸常是非等轴的，或是再结晶晶粒与变形晶粒共存，在评定晶粒尺寸时难以用

常规的晶粒度等级来表达，而是采用单位面积的晶粒数表示晶粒大小。其次必须对空间三维的标准截面进行测定，给出数据，或者应该标明晶粒的长宽比。

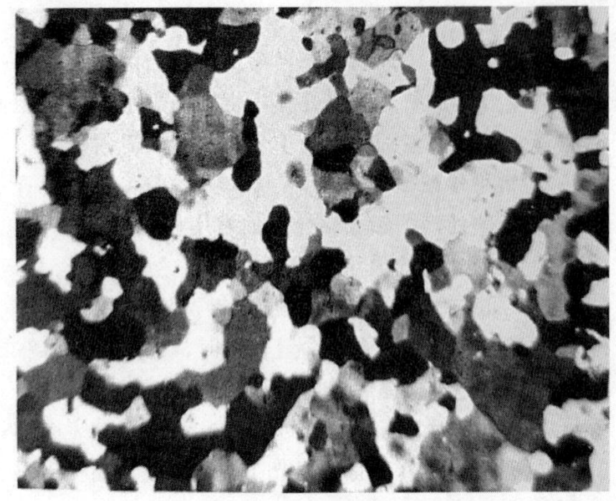

图 5-62 阳极氧化显示的超纯铝晶粒组织

4. 第二相的鉴别

铝合金中有多种第二相，其中有些相对合金性能有重要影响。鉴别这些相，了解它们的数量、形态及分布对于控制铝合金的质量十分重要。尽管电子探针已能准确地测定它们的成分，但工厂中大量的相鉴定还是利用光学显微镜，并借助各种侵蚀剂进行分析。相鉴别工作主要在铸态下进行。分析时先在抛光态下观察其固有色彩及抛光后产生的浮凸（它反映了第二相的硬度），然后再用侵蚀剂区分它们。侵蚀剂的作用有以下几种情况：①对基体及第二相均无作用。②对基体及第二相的浸蚀速度不等，因而显示第二相，但不改变颜色。③第二相表面产生蚀坑，造成表面粗糙而发暗，在极端情况下第二相完全分解，留下黑洞。④在第二相上形成失去光泽的薄膜，使之完全改变颜色。

铝合金中常见相的金相鉴别见表 5-29。

表 5-29 铝合金中常见相的金相鉴别

相及其代号	能溶入相中的元素	外形	侵蚀前的特点	有助于鉴别的侵蚀方法
Si	—	一次晶为多边形，共晶为片状、细片状或分枝状	浅蓝灰色	未经腐蚀下最易鉴别，1号侵蚀剂（擦蚀）能使颜色变淡
Mg_2Si	—	共晶形成分枝状，加热时易粗化	浅蓝色，较Si略深，有时呈亮蓝、黑或其他颜色	未腐蚀态易鉴别，酸性侵蚀剂下严重受蚀，并发生分解
$MgZn_2$ 或η(Mg-Zn)	与Cu、Mg、Al互溶	一次晶呈圆形或不规则状，共晶呈层状	白灰色抛光后无浮凸出现	3B侵蚀剂下获得均匀的深灰到黑色
$CrAl_7$	Fe、Mn能置换Cr原子	一次晶为伸长的多边形	浅的金属灰色	在所有侵蚀剂下不发生变化
$CuAl_2$ θ(Al-Cu)	—	除固溶体析出相外，呈圆形或不规则形	浅粉红色	在1号、3A及8号(1min)侵蚀剂下保持明亮和清晰，6号侵蚀剂使之变深，宜用于鉴别微细晶界相
$FeAl_3$	Cr、Mn、Cu能置换Fe原子	共晶体呈长片状或星形偏聚态，不易粗化	浅金属灰，较$FeSiAl_{12}$稍暗	7号侵蚀剂使之溶解、变黑；在高Cu合金中，8号侵蚀剂(1min)使之呈深褐到蓝黑色；在Al-Cu-Mg-Zn合金中，3B侵蚀剂使之呈中等褐色或灰色，粗糙
$FeAl_6$	介稳定相（当不存在Mn、Cu时出现）	仅在高的冷却速度下得到，呈细片状共晶	尺寸过细，不易识别	7号侵蚀剂下不受蚀，1号侵蚀剂擦蚀后变深
Mg_2Al_3或Mg_5Al_8 β(Al-Mg)	—	呈圆形或不规则形	白色，比基体淡，也可变成黄色或棕褐色，无浮凸	碱性侵蚀剂下无作用，酸性侵蚀剂下形成蚀坑
$MnAl_6$	Fe可置换Mn原子	一次晶或粗的共晶为空心或实心的平行四边形，细共晶呈分枝状	淡金属灰	8号侵蚀剂对该相无作用
$Cr_2Mg_3Al_8$ T(Al-Cr-Mg) E(Al-Cr-Mg)	—	通常从固溶体中析出，或从$CrAl_7$包晶反应中析出	很淡的金属灰	6号、7号侵蚀剂使之强烈受蚀

（续）

相及其代号	能溶入相中的元素	外　　形	侵蚀前的特点	有助于鉴别的侵蚀方法
Cu_2FeAl_7 β(Al-Cu-Fe) N(Al-Cu-Fe)	—	在共晶中呈长片状	很浅的金属灰，仅略深于 $CuAl_2$	3B 与 8 号侵蚀剂（1min）侵蚀时能显示，但无颜色衬度，故可与其他同时出现的富 Fe 相鉴别开来
$CuMgAl_2$ 或 $Cu_2Mg_2Al_5$ S(Al-Cu-Mg)	—	与 $CuAl_2$ 很相似	比 $CuAl_2$ 略灰，抛光时容易失去光泽，呈褐色或黑色	3B 与 8 号侵蚀剂（1min）使之粗糙变暗；3A 侵蚀剂使此相变暗，但 $CuAl_2$ 不变；6 号侵蚀剂可使之显示晶界析出
$CuMg_4Al_5$ T(Al-Cu-Mg) C(Al-Cu-Mg)	—	不规则圆形	很浅的黄色	与其他富 Mg 相相同，在酸性侵蚀剂下很快受蚀，碱性侵蚀剂无作用
$Fe_2Si_2Al_9$ 或 $FeSiAl_5$ β(Al-Fe-Si)	—	共晶为片状，形变合金中保留片状	浅的金属灰色	1 号侵蚀剂使之受蚀变暗，7 号侵蚀剂使之受蚀并分解
$Cu_2Mg_8Si_6Al_5$ Q(Al-Cu-Mg-Si) λ(Al-Cu-Mg-Si) η(Al-Cu-Mg-Si)	—	四元相，共晶体中呈不规则片状	浅金属灰，比 $CuAl_2$ 略暗	8 号侵蚀剂（1min）侵蚀无作用，与 $CuAl_2$ 的衬度差与未侵蚀时相同
$FeMg_3Si_6Al_8$ θ(Al-Fe-Mg-Si) π(Al-Fe-Mg-Si) η(Al-Fe-Mg-Si)	—	四元相，共晶体中呈不规则片状	很浅的金属灰，浮凸不明显	1 号侵蚀剂无作用，因此可与 $Fe_2Si_2Al_9$ 区分
CuMgAl	同 $MgZn_2$			
$Mg_3Zn_3Al_2$	同 $CuMg_4Al_5$			

注：本表中所用的侵蚀剂编号与表 5-28 相同。

5.5.6　铜及铜合金的显微组织检验

1. 金相组织特点

黄铜和青铜是工业上用量最多的铜合金。

黄铜可分为单相及双相两大类。单相 α 黄铜在铸态下常有树枝偏析，经形变退火后偏析消除，成为有退火孪晶的均匀晶粒组织。α+β′两相黄铜中 α 相是在冷却过程中从 β 相中析出的，其形态与工艺条件有关。铸态时，α 相是粗大的魏氏组织；热加工缓冷后 α 相是均匀的等轴晶粒；快冷时则形成细针状的魏氏组织。各种侵蚀剂，除 NH_4OH 和 H_2O_2 水溶液外，都优先侵蚀 β 相，使其变黑，而 α 相仍保留白亮色。

锡青铜、铝青铜及铍铜组织有共同特点，均以 α 固溶体为主加上少量共晶或共析体：锡青铜为 α+(α+δ) 共析体，铝青铜为 $\alpha+(\alpha+\gamma_2)$ 共析体，铍铜为 α+(α+β) 共析体，锡磷青铜为 α+（$\alpha+Cu_3P$）共晶体+($\alpha+\delta+Cu_3P$) 共析体。锡青铜的另一特点是偏析严重，组织与相图差别大。这是由于：①相图的液、固线间隔大。②锡的扩散很慢。铝青铜则偏析很轻微，低倍观察时组织形貌与两相黄铜相近，在高倍时才可看到（$\alpha+\gamma_2$）共析体。铍铜一般都在固溶处理后的时效态使用，固溶处理后呈均匀的单相组织。经时效后在晶内或晶界上析出 CuBe 第二相，它们的尺寸很细，光学显微镜下能隐约见到点状第二相沿滑移线排列的迹象，众多的第二相使组织显得模糊不清，其细节只能在电子显微镜下分辨。

2. 常用侵蚀剂

铜及铜合金的常用侵蚀剂见表 5-30。

3. 夹杂物检验

对夹杂物类型及特征的分析，在铜及铜合金显微检验中逐渐受到重视，因为夹杂物直接影响了铜的成形性和加工性。夹杂物的检验可以在抛光态下进行，也可用氢氧化铵溶液（表 5-30 中 1 号侵蚀剂）短时擦拭一下抛光表面，使夹杂物显示更为清晰。

硫和氧都能在铜中形成 $Cu+Cu_2S$ 和 $Cu+Cu_2O$ 共晶体，Cu_2S 和 Cu_2O 均为脆性化合物，冷加工时易破裂，因此对铜中的氧、硫含量有严格的规定。除了化学分析外，用金相法可以大致了解铜中杂质的含量。在普通光照明时，氧化铜和硫化铜不能区分，均呈蓝灰色；但在偏振光照明时，氧化铜呈鲜艳的红宝石色，从而把两者分开。在铸态时可与不同氧含量的标准金相图片对比，以评定铜的氧含量。

表 5-30 铜及铜合金的常用侵蚀剂

序号	成 分		使用方法及适用范围
1	NH_4OH H_2O H_2O_2	20mL 0~20mL 8~20mL	擦蚀,小于1min。它是纯铜和黄铜最常用的侵蚀剂,对α黄铜有明显的晶粒反差
2	$FeCl_3$ HCl 水	5g 0~50mL 100mL	适用于所有铜合金,使黄铜中的β相呈暗色。对于Cu-Pb合金(包括高Sn的青铜),盐酸宜采用50mL
3	$K_2Cr_2O_7$ H_2SO_4 NaCl饱和水溶液 水	2g 8mL 4mL 100mL	适用于很多铜合金,对铜合金的钎焊或其他焊接结构的检验很有效,必要时可叠加其他侵蚀剂的侵蚀,NaCl水溶液可以用几滴盐酸取代
4	CrO_3 的饱和水溶液 (每100mLH_2O约60g)		能显示铜及各种铜合金的组织,侵蚀5~30s
5	过硫酸铵 H_2O	10g 100mL	用于铜及铜合金的通用侵蚀剂,侵蚀3~6s,显示晶界

铜中微量铋与铅能与铜形成Cu+Bi或Cu+Pb共晶体，其中铅与铋均与共晶离异，但分布的形态不同。铋在晶界呈网状分布，从而导致明显的热脆，而微量铅在晶界连续分布的趋势不如铋严重，如在凝固前进行搅拌可使Pb以微粒状分布于基体上，故少量铅可作为合金元素改善切削加工性能。

5.5.7 钛及钛合金的显微组织检验

1. 金相组织特点

纯钛有同素异构转变，低温为密排六方的α-Ti，高温则转变为体心立方的β-Ti，所以钛合金的组成相基本为α和β相。钛合金的组织类型有三类：α相钛合金、α+β相钛合金、β相钛合金。尽管钛合金的相组成简单，但组织形态却是多变的，对于同一成分的钛合金而言，其组织也会随热加工工艺参数（加热温度、变形量、冷却方式等）而变化。分析组织时，首先要分辨α相的两种形态：等轴α相及针、片状α相。这两种α相的形成机理不同，对性能的影响也不同。等轴α相是在加热及保温时形成的，如α相在高温下经热变形或再结晶过程，以及在加热温度下未溶的α相均呈等轴状。相反，在冷却过程中由β相转变而得的α相则呈针片状，类似魏氏组织的形态，又称二次α相或转变α相。针片的粗细取决于冷却条件，空冷较炉冷的针片更细，有时以一定的角度分布呈“筐篮”结构。掌握了两种α相的形态后，β相就容易分辨了。β相通常作为基体相，其上分布着针片状的α相，呈两相混合组织，通常又称为转变的β相基体。图5-63所示为钛合金的组织，图5-63a

a)

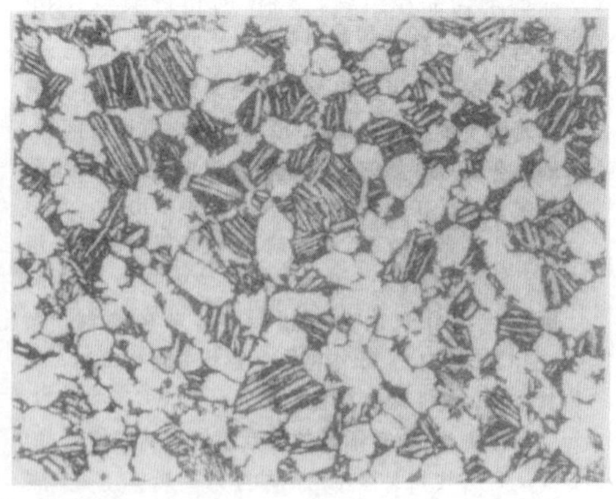

b)

图 5-63 钛合金的组织

a）α相钛合金（TA7）于1170℃加热30min空冷后的组织 100×

b）α+β型钛合金经α+β两相区内锻造后的组织 375×

所示组织为细针状，故是加热至高温 β 相区空冷而得的单相 α 钛组织；而图 5-63b 所示组织为等轴状 α 及转变的 β 基体，故该合金为 α+β 型，加热至 α+β 相区进行热加工而得。两相钛合金组织检验方法的相关标准是 GB/T 5168—2020。

如对 α+β 型合金加热后进行水淬，β 相可能发生马氏体相变而得到马氏体。其外形与针状 α 相相似，只是针更细，边界更直。若与 α 相难以区分时可进行回火处理，这样可使过饱和固溶体中第二相析出，从而使针状马氏体颜色变暗。

2. 钛合金的组织显示

钛合金的组织显示比较容易，表 5-31 中列出了钛合金的常用侵蚀剂，大多数侵蚀剂是 HF 和 HNO_3 的水（或甘油）溶液，其中 HF 起侵蚀作用，而 HNO_3 使表面发亮。最常用的为表 5-31 中 1 号侵蚀剂，即 Kroll 试剂，它可显示组织细节，以擦蚀效果为佳，必要时可加入 H_2O_2，以减慢侵蚀速度，得到更好的效果。

表 5-31　钛合金的常用侵蚀剂

序号	成　分		使用方法及适用范围
1	HF HNO_3 水	1~3mL 2~6mL 1000mL	Kroll 试剂，是钛合金最常用的侵蚀剂，效果最佳。擦蚀 3~10s 或浸蚀 10~30s
2	HF HNO_3 水	2~5mL 10~12mL 85mL	钛合金的通用侵蚀剂
3	NaOH H_2O H_2O_2	6g 60mL 10mL	先将 NaOH 水溶液加热至 80℃，再加入 H_2O_2。能使 α 及 β 相产生好的反差，适用于多数钛合金
4	KOH H_2O_2 H_2O	10mL 5mL 20mL	能使 α 相染黑
5	HF HNO_3 H_2O	2mL 4mL 94mL	显示 Ti-13V-11Cr-3Al 合金的时效组织

由于 α 相是密排六方，对偏振光敏感，而体心立方的 β 相在偏振光下始终为暗色，因而利用正交偏振光对 α+β 型钛合金进行相分析的效果很好。

5.5.8　镁及镁合金的显微组织检验

1. 金相组织特点

根据镁合金的成分和生产工艺特点，镁合金可以分为铸造镁合金和变形镁合金两大类。在铸造镁合金中，按其化学成分可分为五类：Mg-Al 系合金、Mg-Zn 系合金、Mg-Mn 系合金、Mg-Si 系合金、Mg-Al-Zn 系合金。变形镁合金成分大致与铸造镁合金相仿。

对于 Mg-Al 系二元合金，当铝的质量分数超过 2.3%时，镁基合金中在凝固时应先析出游离的 δ 固溶体，然后至共晶温度时析出共晶体 δ+γ。但根据显微组织的观察结果，合金内并不出现共晶组织，而仅在晶界上出现 γ（Mg_4Al_3），γ 相的数量随合金中铝含量的增加而增加。铝的质量分数在 9%以下的合金，在经过淬火（415℃保温 16h）处理后，其组织由单相的 δ 固溶体所组成。经淬火的合金如再做时效处理（175℃保温 16h），则固溶体将分解出细密分布的 γ（Mg_4Al_3）相。

对于 Mg-Zn 系二元合金，镁和锌均属六方晶系，但并不形成连续固溶体。锌在固态镁中的溶解度最大可达 8.4%（在共晶温度 340℃时）；随着温度下降，其溶解度也相应地减少，至 150℃时为 1.7%。因此 Mg-Zn 合金和 Mg-Al 合金一样可以进行淬火与时效的热处理。镁和锌可以形成稳定的化合物 $MgZn_2$（锌的质量分数为 84.32%），或称为 β 相，其熔点为 590℃。合金中锌的质量分数为 54%时，其组织皆由 Mg+MgZn 共晶体所组成。由于锌在镁中的溶解度很大（最大值可达 8.4%），所以在工业镁合金中，当锌的质量分数不大于 3%时，一般是看不到 MgZn 相的。当锌的质量分数大于 8.4%时，在显微组织中出现针状 MgZn 化合相。

对于 Mg-Mn 系二元合金，锰的质量分数一般不大于 2.5%。锰在镁中的溶解度是随温度下降而急剧减少的。在 500℃时锰的溶解度为 0.8%，而在 200℃时锰在镁中几乎完全不能溶解。液相（L）与 β（Mg_9Mn）相在 653℃时进行包晶反应，这时锰在镁内的最大溶解度为 3.5%。

2. 镁合金组织显示方法

表 5-32 列出了镁及镁合金的常用侵蚀剂。

表 5-32　镁及镁合金的常用侵蚀剂

序号	成分		使用方法及试用范围
1	乙酸 水	10mL 90mL	镁的宏观组织显示
2	硝酸 乙酸 乙二醇 水	1mL 20mL 60mL 19mL	镁合金显微组织显示，浸入法和擦拭法
3	硝酸 水	5mL 95mL	纯镁和大多数镁合金，也适用于铸态和锻态，浸蚀数秒至数分钟
4	柠檬酸 水	5~10mL 100mL	显示变形镁锰合金和镁铜合金，擦拭法(5~15s)

5.5.9　锌及锌合金的显微组织检验

1. 金相组织特点

(1) 纯锌的金相组织　纯锌是比较软的材料，它的金相组织为等轴晶粒，有时呈双晶。由于纯锌较软，在外力作用下易发生塑性变形，同时纯锌的再结晶温度又较低，如经强烈变形后，在室温开始再结晶，终了温度约为 100℃，所以在制作金相试样时，用一般的切割、研磨、抛光等操作极易使纯锌表面产生变形层，使显微组织呈现假象（如胞状组织和变形层等），影响检验结果，因此制样过程应特别予以注意。

(2) 锌-铝合金的金相组织　从 Zn-Al 二元合金相图可知，它有一个共晶点［共晶温度为 382℃，化学成分为 $w(\mathrm{Al})=5\%$，$w(\mathrm{Zn})=95\%$］和一个共析点［共析温度为 275℃，化学成分为 $w(\mathrm{Al})=22\%$，$w(\mathrm{Zn})=78\%$］。共晶成分的合金凝固结束时，组织为初生富锌枝晶固溶体（β 相）和呈层状分布的（富铝 α 相+锌）共晶组织，富铝 α 相在 275℃ 要进行共析分解。实际上，由于铸造时的冷却速度较大，得到的是非平衡组织。因为在正常情况下，铸件从铸型中取出时，温度还比较高，然后迅速冷至室温，这样共析分解及过饱和固溶体的沉淀都在室温下进行，整个过程基本上要 30 天才完成。最后的组织由沉淀强化的初生锌固溶体枝晶+层状的共晶体组成。

(3) 锌-铝-铜合金的金相组织　$w(\mathrm{Al})=11\%$，$w(\mathrm{Cu})=2\%$的锌-铝-铜合金约在 385℃ 开始结晶，析出 α_1 相和剩余液相（L_r），随着温度下降两者均向富锌减铜靠近，直至 382℃ 与共晶线相遇，发生共晶反应直至合金完全凝固，此时组织为 α_2+（α_2+Zn）+$CuZn_3$ 共晶体。温度再下降，达到共析转变时发生 $\alpha_2 \rightarrow \alpha_1$+Zn 反应。至室温时，原来的 α_2 转变为（α_1+Zn）共析体，共晶体中的 α_2 也发生共析转变。因此，合金的室温组织为 $(\alpha_1+\mathrm{Zn})_P+[(\alpha_1+\mathrm{Zn})_P+\mathrm{Zn}+\mathrm{CuZn_3}]_E$（下标 P 表示共析，E 表示共晶）。$\alpha_2$ 分解的共析产物一般呈现片状，类似钢中的珠光体。

2. 锌及锌合金的组织显示

锌及锌合金的常用侵蚀剂见表 5-33。

表 5-33　锌及锌合金的常用侵蚀剂

序号	成分	使用方法及试用范围
1	铬酐 200g 硫酸钠 15g 蒸馏水 100mL	锌及锌合金，浸蚀 1～5s 后用铬酐 20g+水 100mL 溶液冲洗
2	铬酐 50g 硫酸钠 4g 蒸馏水 100mL	压铸锌合金，浸蚀 1～2s 后用铬酐 20g+水 100mL 溶液冲洗
3	硫代硫酸钠饱和溶液 50mL 焦亚硫酸钾 1g	锌和低合金化锌的着色浸蚀，浸蚀 30s
4	氢氧化钠 10g 蒸馏水 100mL	工业纯锌，Zn-Cu、Zn-Co 低合金化锌合金，浸蚀 1～5s
5	盐酸 1～5mL 蒸馏水 100mL	锌及锌合金，浸蚀数秒～3min

5.5.10　镍及镍合金的显微组织检验

1. 金相组织特点

蒙乃尔合金的化学成分为 $w(\mathrm{Ni})=67\%\sim69\%$，$w(\mathrm{Cu})=28\%$，$w(\mathrm{Fe})=1.5\%\sim2.5\%$和 $w(\mathrm{Mn})=1\%\sim2\%$，该合金是强度很高同时塑性很好的合金。铸造状态的蒙乃尔合金也像所有其余的工业镍合金一样具有树枝状组织特征，这种组织经过热的和冷的机械加工并且退火之后就为具有多量孪晶的多边形组织所代替。

$w(\mathrm{Ni})=5\%\sim35\%$及 $w(\mathrm{Zn})=13\%\sim45\%$的铜-镍-锌合金属于典型的固溶体，其镍锌比例使合金获得均一的 α 固溶体。镍与铬的合金或 Fe-Ni-Cr 合金统称为镍铬合金。

镍基和钴基合金通过添加一些合金元素能在合金中产生具有复杂的金属间化合物或碳化物等强化相的不均匀组织，可用作 700～800℃ 时的耐热结构材料。镍基耐热合金的典型代表是镍木尼克型合金，这是一种 $w(\mathrm{Ni})=62\%\sim75\%$，$w(\mathrm{Cr})=18\%\sim20\%\mathrm{Cr}$，$w(\mathrm{Al})=0.7\%\sim2\%$和 $w(\mathrm{Ti})=61.5\%\sim3\%$的特殊镍铬合金。镍木克型合金在高温时（超过 1000℃）是均匀的固溶体，只在高温回火（700～750℃）时析出来分散的强化质点才成为不均匀的组织。只单独加铝形成化合物 Ni_3Al 就可大大提高合金的耐热性。单独加钛也形成化合物 Ni_3Ti，其作用弱得多。同时加铝和钛，当形成钛在 Ni_3Al 点阵中的复杂固溶体时得到最大的效果。

2. 镍及镍合金的组织显示

镍及镍合金的常用侵蚀剂见表 5-34。

5.5.11　轴承合金的显微组织检验

滑动轴承可以由单一金属组成，也可由双层或三层金属材料复合组成。除了钢背以外，轴承材料都较软，适合作轴承材料的有铅基、锡基的巴氏合金，铜铅合金以及各类青铜、铝锡合金等。制备轴承合金金相试样时应注意：

表 5-34　镍及镍合金的常用侵蚀剂

序号	成分	使用方法及试用范围
1	氯化高铁 3g 乙醇 100mL	纯镍,侵蚀法或擦拭法
2	硝酸 20mL 盐酸 5mL 乙酸 30mL 蒸馏水 45mL	镍及镍合金,侵蚀法
3	盐酸 5mL 硫酸铜 5g 蒸馏水 50mL	镍及镍合金,侵蚀法
4	氯化铜 2g 盐酸 40mL 乙醇 80mL	镍及镍合金,KALLINGS 试剂,擦蚀 5s
5	氯化铜 12.5g 氯化亚铁 12.5g 硝酸 50mL 盐酸 200mL 加水至 500mL	镍及镍合金,NiMoNiC 试剂,擦蚀 5s
6	磷酸 4 体积份 水 3 体积份	镍及镍合金,电侵蚀 3V,30s
7	磷酸 12mL 硫酸 47mL 硝酸 41mL	镍及镍合金,电侵蚀 0.2~0.3A/cm^2
8	草酸 10g 水 90mL	镍及镍合金,电侵蚀 0.2~0.5A/cm^2

1）对于有钢背的试样，由于两种材料硬度相差悬殊，软材料极易磨去，为减少软层磨损量，磨制试样时磨、抛方向应垂直于界面，并从钢的一侧磨向软金属。切样时，应尽量减少钢背的相对厚度。

2）为减少磨痕，精抛后不要用磨料，且要把抛光布的磨料在温水中洗净。应尽量缩短抛光时间，以防止铅微粒在抛光时脱落，同时也可减轻硬、软材料间的浮凸。

3）轴承材料所用的侵蚀剂与常规材料相近，如铜铅或青铜类可采用 NH_4OH 和 H_2O_2 水溶液，铝合金用 0.5%（体积分数）HF 水溶液，铅基、锡基采用 5%（体积分数）硝酸乙醇溶液。

轴承合金的显微检验项目大致有：

1）锡基、铅基合金中硬质相的尺寸及分布。由于硬质相很脆，如尺寸粗大，在工作过程中容易剥落，增加轴颈和轴瓦的磨损，一般硬质相的边长应控制在 0.08~0.15mm 范围内，形状以规则为宜，分布应均匀。此外，为防止重力偏析，常在合金中加入 Cu，形成星形的骨架，它也是脆性相，要求它们在基体上呈细而短的针状，均匀分布。

2）铜铅合金中主要检验铅的形态及分布。粉末冶金试样中的铅多呈粒状，但铸态下铅有点块状、树枝状和网状三种形态，取决于铅含量、浇注温度和冷却速度。当铅呈连续网状分布时极易剥落，应该避免。

3）合金层与轴瓦底材的结合。如结合不良，在轴瓦受到冲击时容易剥落，这一现象在采用双金属轧制工艺成形时特别容易出现。应该注意：由于两层硬度差异，再加上磨、抛时间过长，使界面呈现浮凸，低倍光学显微镜下呈一条黑的粗线，容易误判为结合不良，应在高倍下仔细观察结合特征。

5.5.12　粉末冶金材料与硬质合金的显微组织检验

粉末冶金材料的显微检验方法及分析思路与常规材料基本相同，但也存在一些特殊性。

1. 粉末冶金材料

（1）试样的制备　由于存在着气孔，增加了制样的难度，为获得良好的金相试样，制样时应注意以下几方面：

1）取样。粉末冶金材料比较疏松或软硬不均，用普通砂轮切割容易黏砂轮或使材料破损，最好采用手锯或车床切割，条件许可时采用低速金刚石砂轮片切割更好。此外，由于制品中空隙分布不均匀，故应注意切取试样的部位。

2）清洗。要仔细地去除试样空隙中的异物，如金属微粒、油污或磨料等，清洗方法可用超声波清洗器。

3）充蜡与镶嵌。制备高质量试样时应进行充蜡处理，把试样浸泡在 175℃ 左右的熔融蜡液中 2~4h，最好先在真空下保持 30min，使气孔中的空气逐渐在蜡液中排除，然后再在常压下保证蜡液流入气孔中，冷却后除去表面蜡层即可进行镶嵌和磨制。充蜡处理可以防止磨料、侵蚀剂及水分在制样过程钻入气孔，从而保证良好的制样质量。

4）细磨、抛光。宜采用短毛或无毛的布料（如尼龙等），抛光时间不宜过长，否则容易改变气孔的真实形态，使之变圆、变大。抛光时，应经常旋转试样，以防止顺着磨制方向产生拖尾现象。此外，在磨、抛初期有的气孔轮廓往往被闭合，为显示真实的气孔外形，可在细磨时用侵蚀剂浸蚀试样表面，然后继续磨抛，即采用侵蚀和磨、抛交替进行的操作。

5）组织的显示。侵蚀方法和侵蚀剂与常规材料大致相同，例如钢、铁制品采用硝酸乙醇溶液或苦味酸乙醇溶液，不锈钢采用硝酸、盐酸的甘油溶液（表 5-24 中的 2 号侵蚀剂），青铜采用 4%（质量分数）三氯化铁水溶液或重铬酸钾水溶液（表 5-30 中的 2 号、3 号侵蚀剂），黄铜采用氢氧化铵、过氧化氢水溶液。然而由于气孔的存在使侵蚀速度明显增快，所以可将溶液浓度适当降低。侵蚀时应掌握好程度，如过度侵蚀会使组织中的表观气孔率明显增高，从而导致不正确的分析结果。

（2）显微组织的检验　对显微组织的检验有以下内容：

1）气孔。粉末冶金材料与常规材料的最大差别是存在着气孔，气孔在抛光态下检验。气孔的数量、大小、形状及分布，对粉末冶金制品的性能有重要的影响。气孔的特征主要取决于：①原始粉末的形状、尺寸、尺寸分布、变形能力等性质。②压坯方法及压力大小。③烧结气氛、温度、时间及加热速度。④低熔点组元的数量等。

气孔明显降低了制品的力学性能，因此气孔的数量要少、尺寸要小、分布应均匀。理想的气孔形态是颗粒状的，尽可能避免月牙形或棱角形。图 5-64 所示为 $w(Cu)=31.5\%$的 Cu-Ni 合金粉末冶金制品的组织，多数气孔呈球形。但对于另一类制品，如含油轴承或过滤材料，气孔是极为重要的组成体，应有足够的数量并且应相互连通，如青铜的过滤器，孔隙度高达 28%，采用球形粉末烧结而成。还有一些制品是用液相烧结工艺制成，烧结时低熔点粉末填充在高熔点粉末周围，故最终组织不再存在气孔，如 Fe-Cu 合金、硬质合金、难熔金属等，这将明显地改善制品的强度和韧性。

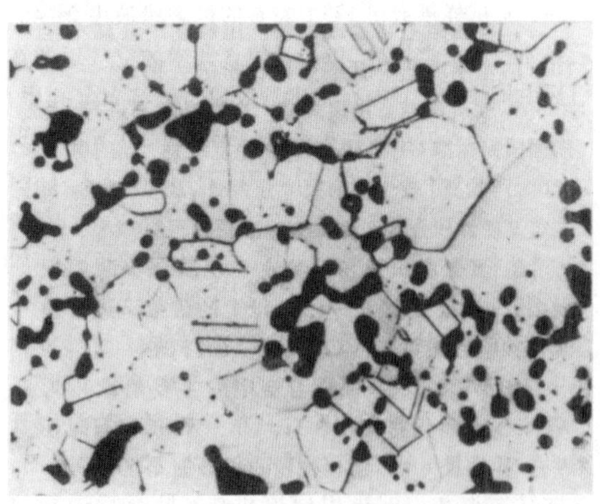

图 5-64　$w(Cu)=31.5\%$的 Cu-Ni 合金粉末冶金制品的组织　150×

注：压坯密度为 8.5g/cm³（95%理论密度），在 1175℃的氢气中烧结 20min。

2）颗粒的结合程度。如烧结不足会存在较多的原始粉末颗粒的边界，这一边界与晶界的特征不同，边界常常是不连续的，且常伴有第二相。对于铁基材料在 200 倍视域下，不允许发现 5 条原始粉末的颗粒边界。通常颗粒结合程度是考核烧结工艺的重要参量。

3）组织的均匀性。烧结时如扩散不充分，会导致颗粒的表面和心部组织不均匀。例如，青铜制品中原始 Cu 颗粒的心部或者局部区域会呈现红色，且晶粒大小也明显不均匀。

4）外来颗粒的检查。如有较多的与组织无关的外来颗粒，表明原料粉的纯度不够。

5）检验烧结后的金相组织是否与所期望的组织及成分一致。例如，钢制品中的化合碳（即 Fe_3C）、珠光体、石墨、铁素体等。

6）对于液相烧结应检查低熔点组元的填充程度，即润湿的好坏。

2. 硬质合金的检验

（1）试样制备　由于硬质合金材料非常硬，故磨痕难以消除，制样难度大。首先要仔细地进行磨样，为了确保合金的真实组织，应有足够的磨削量，磨料应选用金刚石粉。通常经细金刚石砂轮细磨后，再在细毛毡盘或纸盘上用粒度逐渐减小至 1μm 的金刚石研磨膏或金刚石粉进行抛光。

（2）孔隙度或非化合碳测定　在抛光态下进行，可依据国家标准 GB/T 3489—2015 评定级别，在放大 100 倍或 200 倍下检查。按气孔的尺寸分为 A、B、C 三组，每一组又按体积分数评级，有标准图片可供参考。

（3）显微组织及相的鉴定　硬质合金的组织很细，一般要在 1000~1500 倍的倍数下进行检验，检验方法可依据 GB/T 3488.1—2014、GB/T 3488.2—2018、GB/T 3488.3—2021 和 GB/T 3488.4—2022 进行。

在 WC-Co 系硬质合金中的主要组成相为 WC、复合碳化物（Ta、Ti、Nb、W）C，有时还存在 W_2C 及 η 相。金相检验的任务就是区分各个相，测定碳化物相的形状、尺寸及数量，以及黏结剂的相对量。鉴定各个相的原理是基于各相对侵蚀剂的反应速度不一致。硬质合金最常用的侵蚀剂为 Murakami 试剂（表 5-35 中 1 号侵蚀剂），不同相对该试剂的反应速度按下列顺序依次增快：Co→WC→（Ta、Ti、Nb、W）C→W_2C→η。鉴定时推荐如下的步骤：

1）用 Murakami 试剂进行 3s 的短时侵蚀，通过观察是否有 η 相很快受蚀，从而可以确定试件中有无 η 相。η 相是硬质合金脱碳的产物，应该避免。

表 5-35　硬质合金的侵蚀剂

序号	配　方	使用说明
1	$K_3Fe(CN)_6$ 10g NaOH 10g H_2O 100mL	Murakami 试剂擦蚀试样 120s 显示 WC；30s 显示 (Ta、Ti、Nb、W)C；3s 显示 η 相；0.3s 显示 W_2C
2	$FeCl_3$ 3g H_2O 100mL	新鲜配用，擦蚀试样 10s
3	H_2O_2 20mL H_2O 80mL	新鲜配用，适用于 TiC-Ni 硬质合金

2）用同样的试剂侵蚀 2min，可显示组织的全貌，Co 黏结基体未受蚀，呈白亮色；WC 和复合碳化物受蚀，两者受蚀速度相差不大，但形态不同，WC 为规则的多边形状，而复合碳化物略带圆形。如果有条件采用扫描电镜分析组织则效果更好。W_2C 是 WC 粉末生产过程的中间产物，W_2C 对 Murakami 试剂极为敏感。为检验原料粉末中是否混有 W_2C，应将试剂稀释至原始浓度的 1/10，如有 W_2C 存在，则经 10s 短时侵蚀即可显示，30s 的浸蚀已可将该相完全溶解。Murakami 虽可显示硬质合金的组织，但 WC 晶粒与黏结相之间的色差很小，用这种图像做定量分析不理想，故在测定 Co 黏结相的体积分数时应改用 $FeCl_3$ 饱和水溶液，使 Co 相优先受蚀，呈现黑色，这样便与硬质相可完全区分开来。

对于用 Ni-Co 做黏结相、TiC 为硬质相的合金而言，如采用 Murakami 试剂时，表面会留下一层反应产物，影响观察效果，建议采用表 5-35 中 3 号侵蚀剂。

5.6　热处理显微组织检验的相关标准

材料经热加工，特别是热处理后，其内部的显微组织将发生变化，这常常是判断热加工及热处理质量的重要依据。金相检验的内容和项目十分广泛，如热处理后晶粒大小的评定、球化退火后粒状珠光体的评定、加热缺陷组织的评定、偏析组织的评定、化学热处理层深及组织的评定、组织中两相相对量的评定等。具体的检验项目取决于材料的种类及技术要求。为了适应检验工作的需要，已制定了一系列国家标准、行业标准作为检验的依据。表 5-36 列出了热处理显微组织检验的部分相关标准。

表 5-36　热处理显微组织检验的相关标准

标准号	标准名称
GB/T 15749—2008	定量金相测定方法
GB/T 13298—2015	金属显微组织检验方法
GB/T 13299—2022	钢的游离渗碳体、珠光体和魏氏组织的评定方法
GB/T 13302—1991	钢中石墨碳显微评定方法
GB/T 13305—2008	不锈钢中 α-相面积含量金相测定法
GB/T 11354—2005	钢铁零件渗氮层深度测定和金相组织检验
GB/T 10561—2005	钢中非金属夹杂物含量的测定标准评级图显微检验法
GB/T 9451—2005	钢件薄表面总硬化层深度或有效硬化层深度的测定
GB/T 9450—2005	钢件渗碳淬火硬化层深度的测定和校核
GB/T 3480.5—2021	直齿轮和斜齿轮承载能力计算　第 5 部分：材料的强度和质量
GB/T 6394—2017	金属平均晶粒度测定法
GB/T 5617—2005	钢的感应淬火或火焰淬火后有效硬化层深度的测定
GB/T 5168—2020	钛及钛合金高低倍组织检验方法
GB/T 14979—1994	钢的共晶碳化物不均匀度评定法
GB/T 9943—2008	高速工具钢
GB/T 1299—2014	工模具钢
JB/T 9986—2013	工具热处理金相检验
GB/T 224—2019	钢的脱碳层深度测定法
JB/T 9204—2008	钢件感应淬火金相检验
JB/T 9211—2008	中碳钢与中碳合金结构钢马氏体等级
JB/T 9205—2008	珠光体球墨铸铁件感应淬火金相检验
GB/T 18592—2001	金属覆盖层　钢铁制品热浸镀铝技术条件
JB/T 8420—2008	热作模具钢显微组织评级
JB/T 7713—2007	高碳高合金钢制冷作模具显微组织检验
JB/T 7709—2007	渗硼层显微组织、硬度及层深检测方法
JB/T 6051—2007	球墨铸铁热处理工艺及质量检验
JB/T 5074—2007	低、中碳钢球化体评级
JB/T 5069—2007	钢铁零件渗金属层金相检验方法

5.7　热处理缺陷组织检验

5.7.1　偏析与带状组织检验

1. 结构钢

金属材料在凝固过程中难免会形成树枝偏析，经热加工后树枝偏析变成条带偏析，即杂质元素和合金元素的浓度在相邻的条带内分布不均匀。这既影响了各条带的转变温度，又使各条带的淬透性不同，因此奥氏体化后的冷却过程中，各条带的转变产物不同，形成带状组织。不同冷却速度下带状组织的类型及程度也有所差异，慢冷时铁素体和珠光体的条带分布十分明显；正火有相同的带状组织类型，但带状程度有所减轻；淬火得到另一种类型的带状组织，如马氏体和铁素体或马氏体和（马氏体+屈氏体）的带状组织。带状组织会恶化钢的切削加工性能，也造成钢材纵、横向上性能的差异。结构钢的带状组织检验可依据 GB/T 34474.1—2017、GB/T 34474.2—2018 进行，主要是针对铁素体和珠光体型带状组织的情况，按碳含量的不同划分为 A~E 五个系列[$w(C)<0.10\%$，$w(C)=0.10\%\sim0.19\%$，$w(C)=0.20\%\sim0.29\%$，$w(C)=0.30\%\sim0.39\%$，$w(C)=0.40\%\sim0.60\%$]，主要以铁素体或珠光体条带宽度、连续性及视域下的贯穿程度而分成不同级别。

2. 工具钢（包括轴承钢）

工具钢的偏析主要表现为碳化物的不均匀性。

对碳素工具钢、低合金工具钢及轴承钢的碳化物不均匀性有以下两种类型：

（1）网状碳化物　如球化退火前正火的加热温度不够或冷却速度不足，则会在原奥氏体晶界处形成半网状或网状碳化物。它们使钢的韧性大幅度下降，热处理时也容易开裂，所以在退火状态应严格控制网状碳化物，并按 GB/T 1299—2014 进行检验。

（2）带状碳化物　合金工具钢如浇注工艺不当、锭型不合理会使凝固偏析加剧而出现共晶碳化物，又称液析碳化物，经热变形后破碎为不规则块状，呈带状分布。它的危害性很严重，粗大的碳化物使钢变得很脆，容易引起淬火开裂，也使轴承钢的耐磨性和接触疲劳性能下降。

高速钢及其他高合金工模具钢铸态下存在大量共晶碳化物，热加工虽然能打碎共晶莱氏体，但仍存在不同程度的碳化物不均匀性，并含有较大的共晶碳化物颗粒。其分布特征为沿加工方向呈带状，有时甚至还保留原始共晶体的网状。影响碳化物分布的主要因素是热加工工艺，其次是钢的化学成分。钨系高速钢的碳化物不均匀性比钨钼系严重。GB/T 14979—1994 中规定了金相试样应取在纵截面上的直径方向（或对角线方向）的 1/4 处，在 100 倍下评定。标准提供了六套评级图，各按碳化物带宽及网的完整程度分为 8 个等级。六套评级分别适用于合金工具钢、高温轴承钢、高碳铬不锈钢以及不同尺寸和不同压力加工工艺与钨系和钨钼系高速钢。此外，在 GB/T 9943—2008 中也列出了钨系和钨钼系高速钢大块碳化物的评级图。

最后应说明的是，各类工具由于形状、尺寸及工作条件的不同，对碳化物不均匀性的级别控制也不同，各厂可有自己的企业标准。

5.7.2　过热与过烧组织检验

过热与过烧是金属材料热加工及热处理时的常见缺陷，过热引起晶粒过分长大，过烧则产生局部熔化。过热会明显降低钢的力学性能，过烧使零件报废。下面介绍不同材料过热与过烧的特征。

1. 结构钢

结构钢的过热有以下两种情况：

1）当结构钢热处理加热温度过高，或锻造时终锻温度偏高（在 1000℃以上），而锻造变形量不大、锻后冷却又较慢时，晶粒很快长大。对碳钢而言，空冷时会出现粗大的魏氏组织铁素体与珠光体。在 GB/T 13299—2022 中推荐了过热魏氏组织的评级标准，它是依据针状铁素体数量、尺寸和铁素体网所确定的奥氏体晶粒大小来评定的，包括了不同碳含量（质量分数为 0.15%~0.30%、0.31%~0.50%）的两套评级标准。对一些低合金钢，过热后空冷会局部出现较粗的贝氏体和马氏体，在最终热处理淬火时过热引起粗大的马氏体针。对于过热组织可以采用热处理纠正。如果是普通碳钢用一次正火（正火温度约为 950℃）即可，对出现粗大贝氏体或马氏体组织的合金结构钢最好采用退火。

2）如果锻造加热温度过高（≈1350℃），这时不仅引起奥氏体晶粒粗大，还会引起夹杂物 MnS 在加热时的溶解，所以冷却时 MnS 便沿着奥氏体晶界重新析出，呈微粒状。这类过热使试样冲击值大为降低，且难以通过热处理完全纠正，只能部分减轻其危害。纠正的热处理过程比较复杂，把过热的钢件重新加热到很高温度（≈1375℃），使硫化物完全溶解，然后以慢的冷却速度（≈3℃/min）冷至 1250℃空冷。出现这类过热时，用常规的侵蚀剂无法显示沿晶界析出的 MnS，故难以鉴别，如采用表 5-20 中 15 号、16 号侵蚀剂则可显示这类过热特征。最有效的方法是采用饱和硝酸铵水溶液进行电解浸蚀（电压为 6V，电流密度为 0.1A/cm^2，不锈钢为阴极，间距为 2cm，不超过 3min），如晶界呈白色网状，表明出现了这类过热。该方法对于热处理钢在回火后达到最大韧性时有最佳的浸蚀效果。出现这类过热后，宏观断口呈无光泽的暗灰色，在扫描电镜下为沿晶断口，并可看到大量的晶界 MnS 微坑。

当钢加热至更高温度时会出现过烧现象，其原因是晶界区硫的偏析降低了固相线，使晶界区局部熔化形成富硫液体；同时由于磷在液相中的溶解度明显高于固溶体，使磷原子不断向液相扩散，于是晶界上形成富硫、磷的液体。在随后的冷却过程中，晶界上产生不同形态的 MnS（微粒状或树枝状），同时晶界上伴随着严重的磷偏析，严重时甚至存在 FeP 薄膜。过烧时，如有氧渗入则造成明显的晶界氧化。出现氧化后过烧的检验比较容易，如过烧尚未引起晶界氧化，其显微组织特征与过热的不易区分，都伴有严重的魏氏组织。为鉴别过烧现象，也可以用表 5-20 中 15 号、16 号侵蚀剂侵蚀，或者用饱和硝酸铵水溶液电解浸蚀。由于过烧时晶界处有磷的偏析或 FeP 析出，故衬度与过热态正好相反。出现过烧后使钢的拉伸塑性、冲击韧性严重下降，只能判废。

2. 高速钢

高速钢的淬火加热温度很高，很容易发生过热，且其特征与结构钢不同，不一定与硫偏析相联系。高速钢过热的主要特征是：

1）出现网状或半网状碳化物。这是由于淬火加热温度过高，碳化物大量溶解，使奥氏体碳含量明显增高，因此在冷却时就会在晶界形成网状、半网状碳化物。

2）碳化物角状化。W 系高速钢在淬火温度到达 1300℃以上时，碳化物聚集长大形成角状碳化物，它十分稳定。高速钢的过热组织如图 5-65 所示。

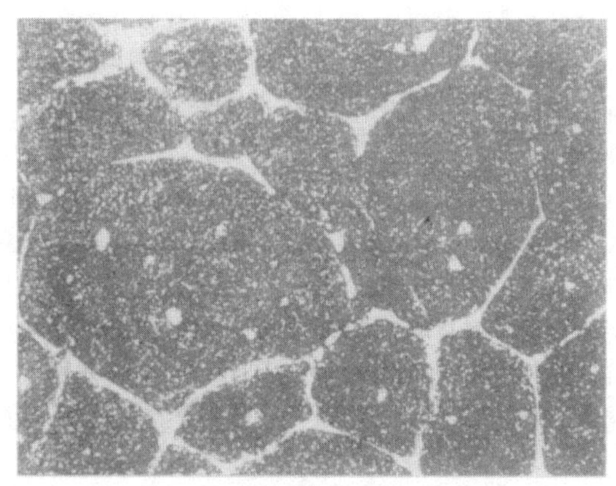

图 5-65　高速钢的过热组织　500×

过热使高速钢脆性明显增大，使用时极易崩刃。因此，在 JB/T 9986—2013 中对高速钢过热的检验十分重视，如一般对碳素钢或低合金工具钢制造的刃具产品只规定了淬火、回火马氏体的晶粒度要求，而对高速钢制品除了晶粒度要求外，还制定了钨系及钨钼系高速钢过热程度的标准图，对不同刃具制品允许的过热级别做出了明确的规定。

应该说明：高速钢经正常淬火温度淬火及 560℃回火后，如未经过中间退火便继续再在正常温度下进行重新淬火、回火处理，可能出现萘状断口。萘状断口同高速钢的过热现象并没有必然的联系，它仅是由于重复淬火引起的晶粒粗大现象，是碳化物在二次淬火加热时不均匀溶解导致的晶粒不均匀长大或不连续长大，不存在上述过热的基本特征。

当淬火加热温度更高时，会出现局部熔化现象，且冷却后呈铸态组织，晶界上有网状的莱氏体，晶内出现黑色组织。这就是高速钢的过烧组织，出现过烧时刃具只能判废。

影响高速钢过热与过烧的因素除了加热温度外，还有原始的碳化物偏析程度。若原始偏析严重，大量共晶碳化物堆积，使局部区域的熔点下降，这样即使在正常温度下淬火也会出现过热，温度稍高就会出现过烧现象。

3. 铝合金

铝合金的淬火温度范围很窄，若淬火温度偏低，则强化相溶解不足，降低了力学性能；若淬火温度偏高，则容易发生过烧，特别是铝合金存在偏析时这一倾向更为严重。过烧时，表面金属氧化、烧损，使之呈现暗斑，失去光泽，有时还出现气泡，并有“结瘤”现象，这是低熔点共晶体熔化的结果。在显微组织中，过烧的特征是铸态下晶界共晶体重熔，冷却后形成连续的网状组织（见图 5-66），有时出现复熔共晶球，晶界变粗或呈现三角形相，严重时晶界氧化。应该注意：在过烧初期由于固溶充分，合金化程度高，使析出相增加，故抗拉强度还略有升高，但已经影响了疲劳性能，因此判断铝合金是否过烧不能只凭力学性能，而应进行金相检验。JB/T 7946.2—2017 中，将铸造铝硅合金组织分为：正常、过热、轻微过烧、

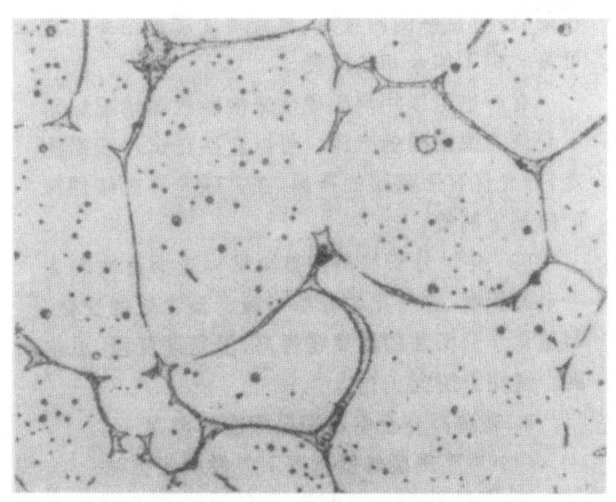

图 5-66　铸态 Al-Mg 合金的过烧组织　500×

注：形成带有花边的网状组织及玫瑰花状的 Mg_2Al_3 相。

过烧、严重过烧五个等级，可供检验时参考。

5.7.3　脱碳组织检验

在氧化性介质中，加热时常常会引起钢件表面脱碳，从而降低了钢的表面硬度、耐磨性及疲劳强度等。测定脱碳层深度已成为质量检验的重要内容。

1. 碳钢及低合金钢脱碳层深度的测定

在 GB/T 224—2019 中规定了这类钢脱碳层深度的测定方法，其中有金相法、显微硬度法及碳含量测定法。

（1）金相法　在光学显微镜下观察试样从表面至中心的组织变化，从而确定碳含量的变化。金相法主要是在退火态下估计碳含量的，把全部铁素体区定义为全脱碳，而总脱碳层深则为从表面测量至铁素体（或碳化物）相对量不再变化处的垂直距离。也可以在淬火态下测量，从试样边缘测量至马氏体或贝氏体形态不再变化的心部组织处，作为总脱碳层深度。有时可从浸蚀的颜色衬度变化来判断层深，但是在淬火态下测定的精度较差，因此只能在技术条件许可的情况下采用。金相法通常在 100 倍下测定，应该选择在均匀脱碳最严重的视域内进行，在该视域内随机测量 5 个点以上，取平均值为脱碳层深度。磨制试样时边缘不得倒圆或卷边。

（2）显微硬度法　通过测量截面上显微硬度的变化，以从试样边缘到硬度稳定值或技术条件规定的某一界限硬度值之间的垂直距离为脱碳层深度。该方法主要用于脱碳相当深的淬火态（脱碳层应淬上火）。此外，要把测量的分散性估计在内，应有足够的测量点。显微硬度法的结果比较可靠，但不如金相法简便。

（3）碳含量测定法　该方法通过测定碳含量在垂直试样表面方向上的分布梯度来测定脱碳层深度。其方法包括化学分析法、直读光谱分析法、电子探针分析法、辉光光谱分析法。

2. 高碳高合金钢脱碳层深度的测定

（1）高速钢　脱碳层有以下测定方法：

1）等温淬火法。它是利用钢的马氏体转变开始温度 *Ms* 与碳含量有关的原理。高速钢经奥氏体化后，在 180～200℃（略高于 *Ms*）的等温槽内等温 10min，再在 560℃回火 10min，然后空冷。由于表面碳含量低，*Ms* 较高，在等温时先发生马氏体转变，回火后呈黑色针状，而心部则为马氏体加残留奥氏体，呈白亮色。用此法测定时脱碳层界限分明，但热处理操作复杂，且显示的脱碳层深度与所选择的等温温度有关。若等温温度过高，则测定的脱碳层偏浅，所以应选用 2～3 个等温温度进行测定。

2）退火态测定法。过去推荐采用 4%（体积分数）硝酸乙醇溶液进行浸蚀，然后在 80～100 倍显微镜下观察碳化物数量的变化来确定脱碳层深。此法虽然简便，但脱碳层的界限不够分明。现在有资料介绍，利用颜色的变化确定脱碳层深度，此法可操作性较好。试样在 4%（体积分数）硝酸乙醇溶液中浸蚀的开始 30s 内，宏观表面从灰色变化为紫蓝色，大约在 60s 时，颜色突然变化为蓝绿色，此时应立即停止浸蚀。在显微镜下观察时，试样从边缘到内部按下列顺序变化：颜色由浅棕色→褐→紫→蓝→蓝绿→绿黄。在完全淬上火的样品上，蓝色区的硬度相当于 820HV，从边缘到蓝绿色与绿黄色的分界处为总脱碳层深度。使用此法前，先要在已知结果的试样上进行仔细的测量与校正。

3）显微硬度法。该方法是在金相试样的表面向内逐点打硬度（间隔为 0.05mm 左右），得到硬度分布曲线。一般以试样边缘到心部（硬度曲线中水平部分的起点处）的距离为脱碳层深度。

（2）高锰钢　对于 w(C) 为 1.2%～1.4%、w(Mn) 为 12%～14%的高锰钢，若表面脱碳后，在固溶处理后将得到与心部结构不同的过饱和体心立方 α 相和密排六方 ε 相。采用 3%（体积分数）硝酸乙醇溶液做 3s 的短时浸蚀后，再用 20%（质量分数）焦亚硫酸钠染色浸蚀即可显示这一组织，从而确定脱碳层深度。为更精确地测定层深，可再将试样在 575℃加热 30min，在心部碳含量高于 1.16%（质量分数）的区域中碳化物沉淀析出，采用硝酸乙醇或苦味酸乙醇浸蚀就可看到心部的碳化物网，使脱碳层的界限更为清晰（见图 5-67）。试验表明：α 马氏体和 ε 相区的边界碳含量为 0.48%±0.03%（质量分数），而碳化物沉淀区的开始处碳含量为 1.16%±0.03%（质量分数）。

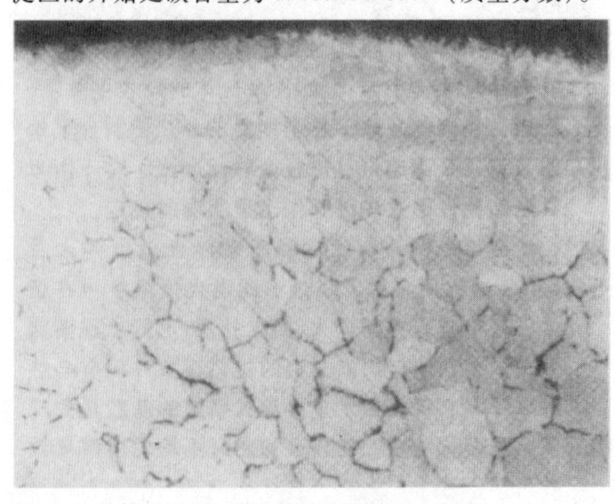

图 5-67　高锰钢脱碳层的显示　50×

参 考 文 献

[1] VANDER VOORT G F. Metallography Principles and Practice [M]. NewYork: McGraw-Hill, 1984.

[2] ASM INTERNATIONAL. ASM Handbook: Vol9 Metallography and Microstructures [M]. Russell County: ASM International, 2004.

[3] 全国热处理标准化技术委员会. 金属热处理标准应用手册 [M]. 3 版. 北京: 机械工业出版社, 2016.

[4] 沈桂琴. 光学金相技术 [M]. 北京: 北京航空航天大学出版社, 1992.

[5] 任怀亮. 金相实验技术 [M]. 北京: 冶金工业出版社, 1985.

[6] 《彩色金相技术》编写组. 彩色金相技术: 应用图册 [M]. 北京: 国防工业出版社, 1991.

[7] 张德堂, 施炳弟. 钢中非金属夹杂物图谱 [M]. 北京: 国防工业出版社, 1980.

[8] 褚幼义, 赵琳. 钢中稀土夹杂物鉴定 [M]. 北京: 冶金工业出版社, 1985.

[9] 张菊水. 钢的过热与过烧 [M]. 上海: 上海科学技术出版社, 1984.

[10] 秦国友. 金相图谱 [M]. 成都: 四川科学技术出版社, 1987.

[11] 杨桂应. 金相图谱 [M]. 西安: 陕西科学技术出版社, 1988.

[12] 李炯辉. 金属材料金相图谱: 上册 [M]. 北京: 机械工业出版社, 2006.

[13] 李炯辉. 金属材料金相图谱: 下册 [M]. 北京: 机械工业出版社, 2006.

[14] 石德珂, 王红洁. 材料科学基础 [M]. 北京: 机械工业出版社, 2021.

[15] 沈莲. 机械工程材料 [M]. 北京: 机械工业出版社, 2020.

[16] 谈育煦, 胡志忠. 材料研究方法 [M]. 北京: 机械工业出版社, 2011.

[17] 刘国权. 材料科学与工程基础 [M]. 北京: 高等教育出版社, 2015.

[18] 席生岐, 高圆. 金相技术与材料组织分析 [M]. 西安: 西安交通大学出版社, 2021.

[19] 朱张校, 姚可夫. 工程材料学 [M]. 北京: 清华大学出版社, 2012.

[20] 胡庚祥, 蔡珣, 戎咏华. 材料科学基础 [M]. 上海: 上海交通大学出版社, 2019.

[21] 葛利玲. 材料科学与工程基础实验教程 [M]. 2 版. 北京: 机械工业出版社, 2019.

第6章 热处理金相检验与评级

上海轨道交通检测认证（集团）有限公司 任颂赞
北京机电研究所有限公司 韩永珍 李枝梅

6.1 低、中碳钢球化体评级

低碳、低合金钢，中碳、中碳合金钢等亚共析钢，为使钢件在拉伸、挤压、轧、镦等冷变形过程中表现出良好塑性，一般采用球化退火工艺。亚共析钢球化退火评级可按照 GB/T 38770—2020《低、中碳钢球化组织检验及评级》的有关规定评级，适用钢种为低碳碳素结构钢、低碳合金结构钢、中碳碳素结构钢、中碳合金结构钢。

该标准按珠光体球化率进行球化组织分级。珠光体球化率按面积百分比计算，即

$$球化率=\frac{\sum A_{球状碳化物}}{0.22\sum A_{片状珠光体}+\sum A_{球状碳化物}+\sum A_{未球化碳化物}}\times100\% \tag{6-1}$$

式中 $A_{球状碳化物}$——球状碳化物面积（mm^2）；

$A_{未球化碳化物}$——长、宽之比大于等于5的独立碳化物面积（mm^2）；

$A_{片状珠光体}$——片状珠光体团的面积（mm^2）。

珠光体及碳化物面积测定统计可按相应定量金相方法进行。当放大倍数为500倍时，在直径为 ϕ75mm 的视场或不小于该面积的视场内，按 GB/T 15749—2008《定量金相测定方法》统计珠光体及碳化物的面积。对视场边界切割的片状珠光体团，按界内实际面积计算；被视场边界全覆盖的球状碳化物不计；未被完全覆盖的球状碳化物计入总量。

该标准将球化组织按球化率大小分为6级。亚共析钢按化学成分划分为3类，每类钢球化级别的球化率划分不尽相同，3类钢的各级具有各自的组织特征，低碳碳素结构钢及低碳合金结构钢、中碳碳素结构钢和中碳合金结构钢的球化组织分级见表6-1～表6-3。日常检测中常采用500倍或1000倍下的标准图谱比较评级方法。相应的球化组织分级标准图谱如图6-1～图6-3所示。

表 6-1 低碳碳素结构钢及低碳合金结构钢球化组织分级

级别/级	球化率	组织特征	图号
1	<5%	铁素体+珠光体	图 6-1
2	5%～30%	铁素体+珠光体及少量球化体	
3	>30%～60%	铁素体+球化体及珠光体	
4	>60%～75%	铁素体+球化体及少量珠光体	
5	>75%～95%	铁素体+点状球化体及少量珠光体	
6	>95%	铁素体+球化体	

表 6-2 中碳碳素结构钢球化组织分级

级别/级	球化率	组织特征	图号
1	<5%	珠光体+铁素体	图 6-2
2	5%～30%	珠光体及少量球化体+铁素体	
3	>30%～60%	球化体及珠光体+铁素体	
4	>60%～80%	点状球化体及少量珠光体+铁素体	
5	>80%～95%	点状球化体及少量珠光体+铁素体	
6	>95%	均匀分布球化体+铁素体	

表 6-3 中碳合金结构钢球化组织分级

级别/级	球化率	组织特征	图号
1	<5%	珠光体+铁素体	图 6-3
2	5%～30%	珠光体及少量球化体+铁素体	
3	>30%～55%	球化体及珠光体+铁素体	
4	>55%～75%	点状球化体及少量珠光体+铁素体	
5	>75%～95%	球化体+点状球化体+铁素体	
6	>95%	均匀分布球化体+铁素体	

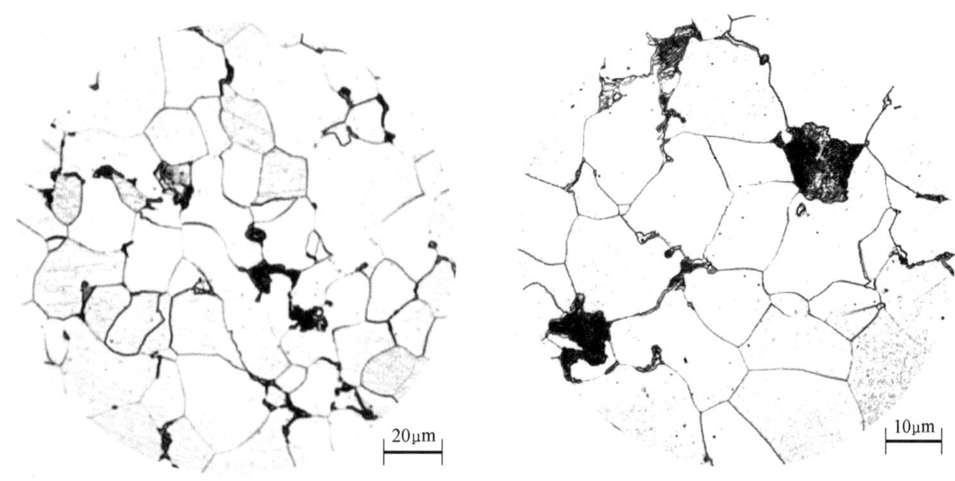

1级(铁素体+珠光体，球化率＜5%)

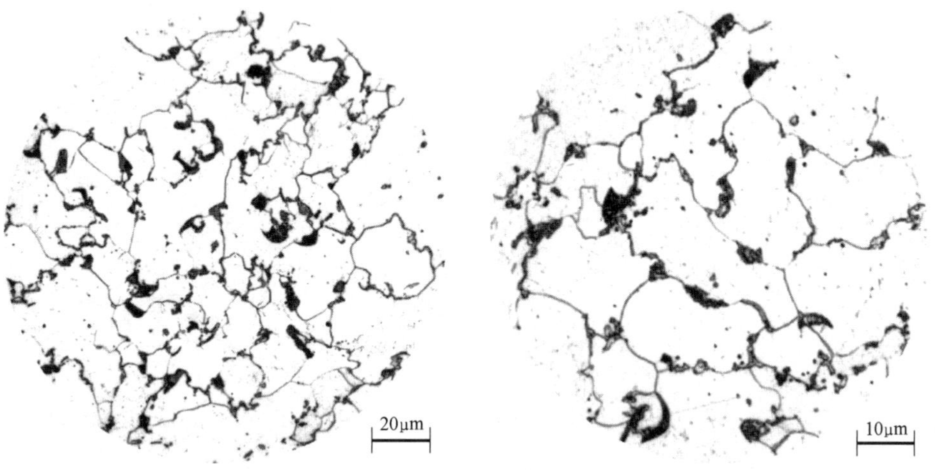

2级(铁素体+珠光体及少量球化体，球化率为5%～30%)

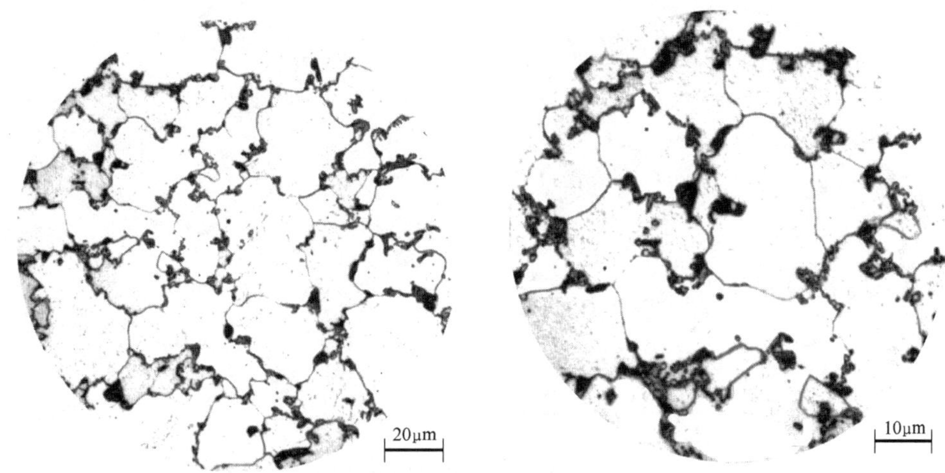

3级(铁素体+球化体及珠光体，球化率＞30%～60%)

图 6-1　低碳碳素结构钢及低碳合金结构钢球化组织分级标准图谱

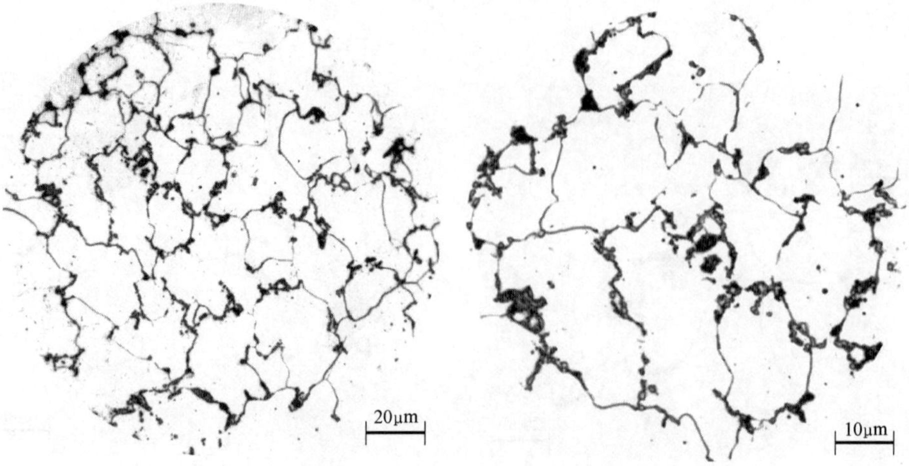

4级（铁素体+球化体及少量珠光体，球化率＞60%～75%）

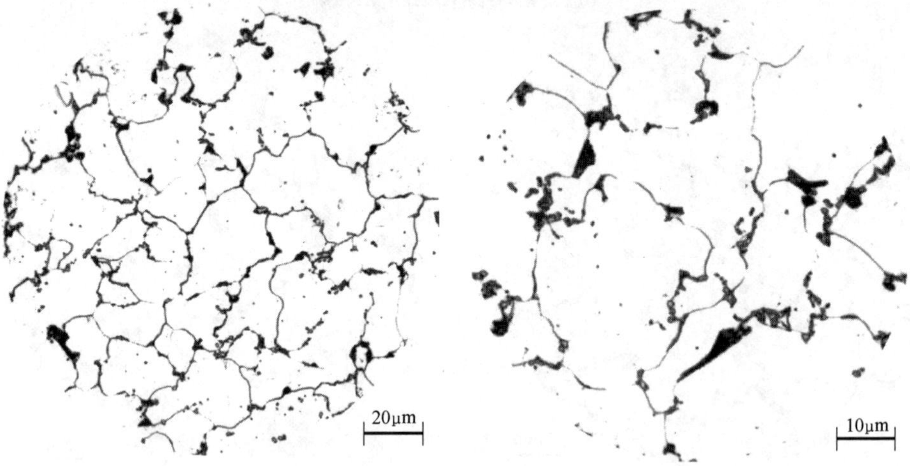

5级（铁素体+点状球化体及少量珠光体，球化率＞75%～95%）

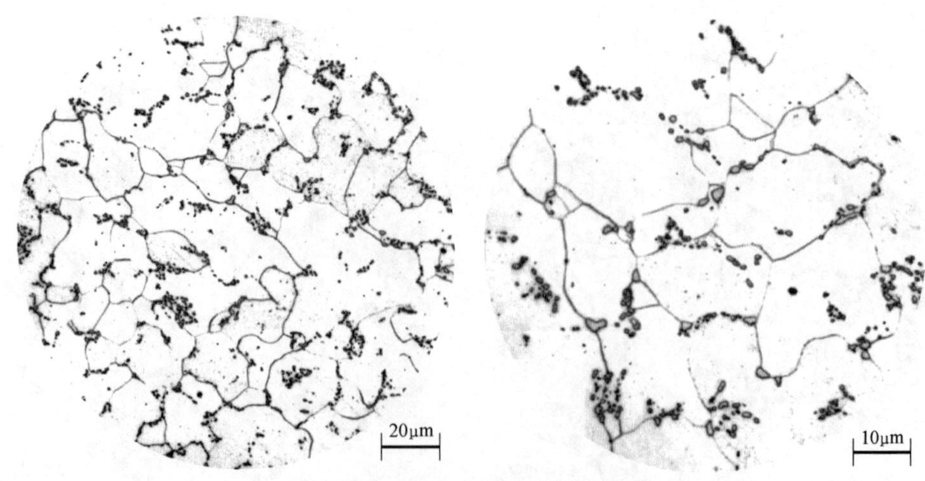

6级（铁素体+球化体，球化率＞95%）

图 6-1　低碳碳素结构钢及低碳合金结构钢球化组织分级标准图谱（续）

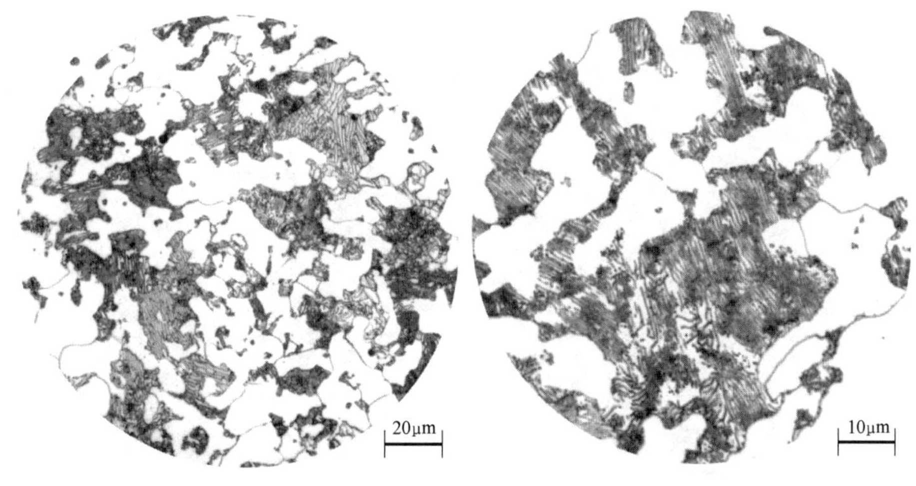

1级（珠光体+铁素体，球化率<5%）

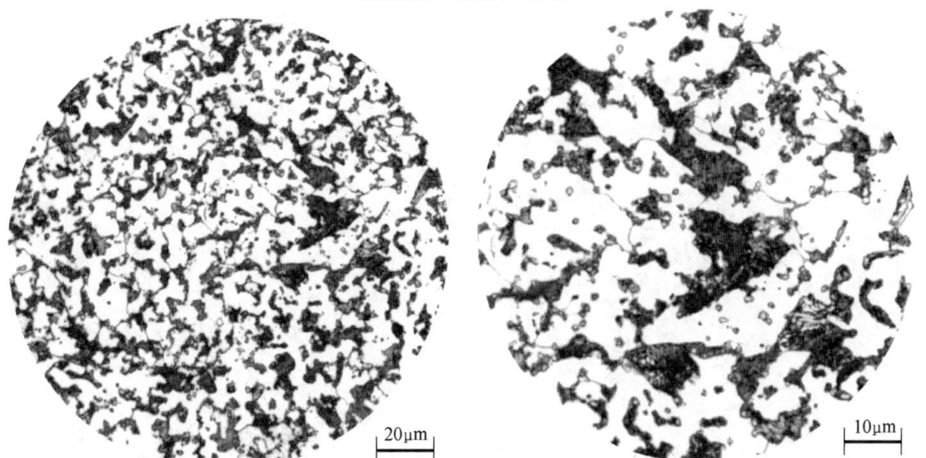

2级（珠光体及少量球化体+铁素体，球化率为5%～30%）

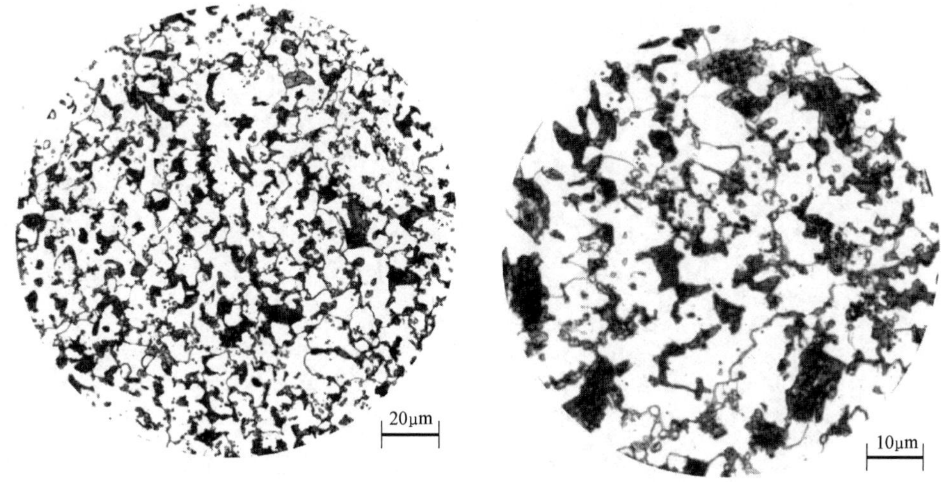

3级（球化体及珠光体+铁素体，球化率>30%～60%）

图 6-2　中碳碳素结构钢球化组织分级标准图谱

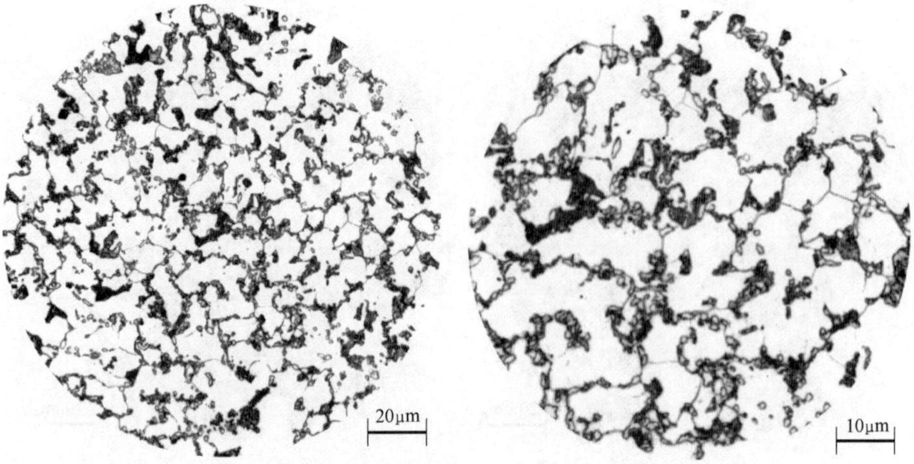

4级(点状球化体及少量珠光体+铁素体，球化率＞60%～80%)

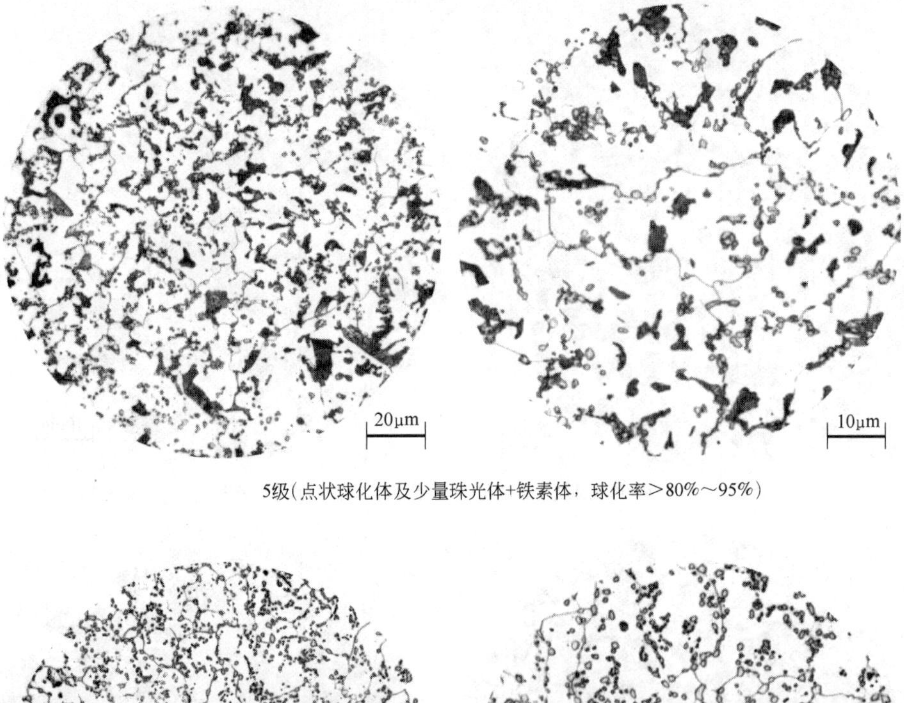

5级(点状球化体及少量珠光体+铁素体，球化率＞80%～95%)

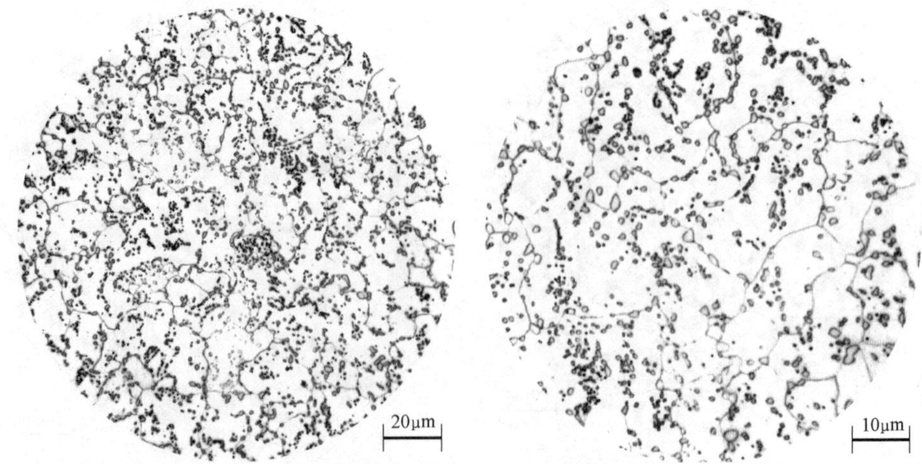

6级(均匀分布球化体+铁素体，球化率＞95%)

图 6-2　中碳碳素结构钢球化组织分级标准图谱（续）

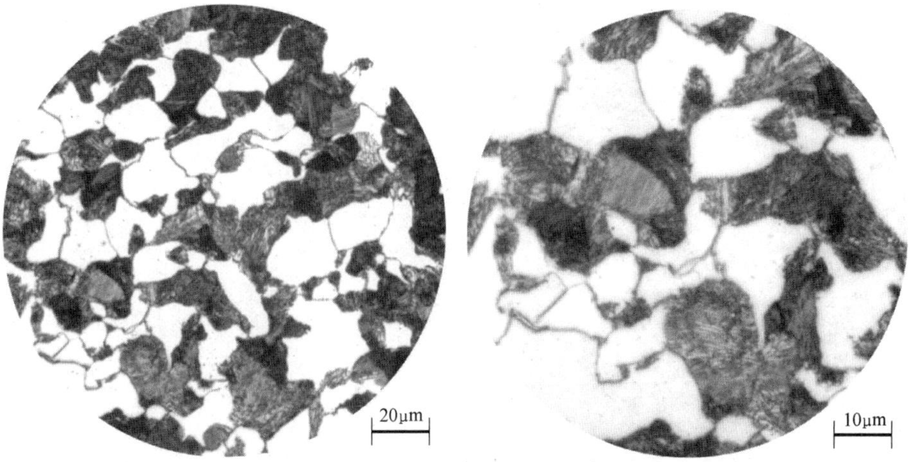

1级（珠光体+铁素体，球化率＜5%）

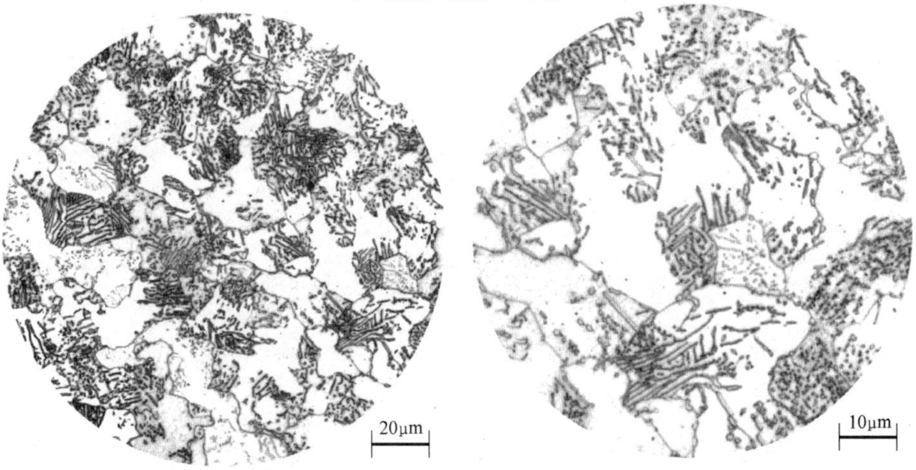

2级（珠光体及少量球化体+铁素体，球化率为5%～30%）

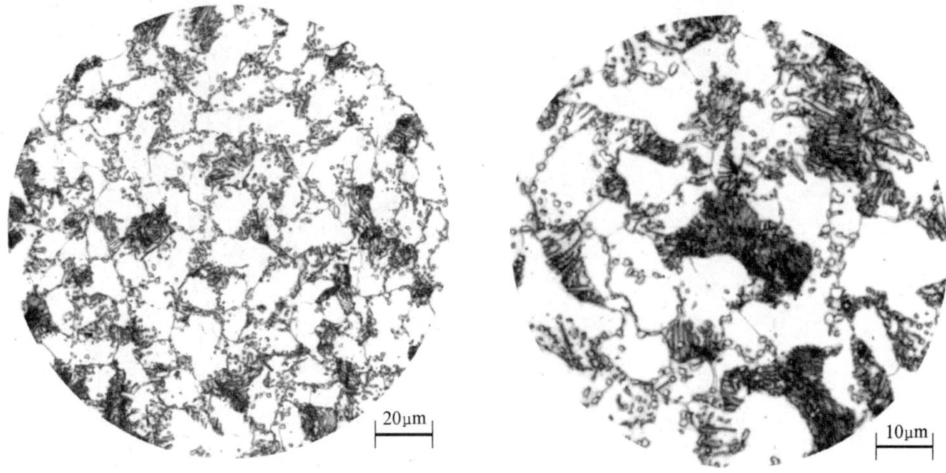

3级（球化体及珠光体+铁素体，球化率＞30%～55%）

图 6-3　中碳合金结构钢球化组织分级标准图谱

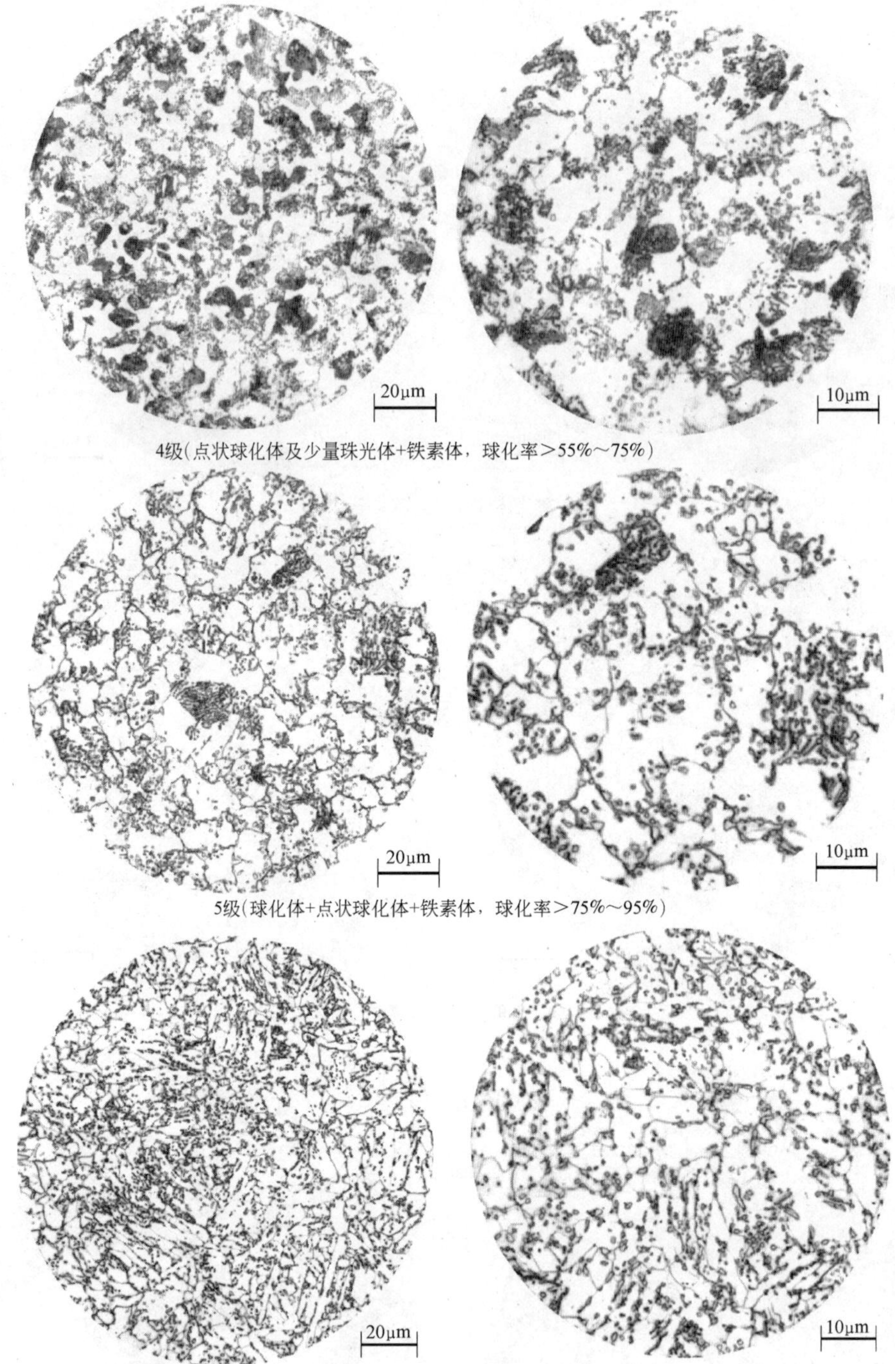

4级（点状球化体及少量珠光体+铁素体，球化率＞55%～75%）

5级（球化体+点状球化体+铁素体，球化率＞75%～95%）

6级（均匀分布球化体+铁素体，球化率＞95%）

图 6-3　中碳合金结构钢球化组织分级标准图谱（续）

6.2　中碳钢和中碳合金钢马氏体评级

结构钢采用淬火+低温回火工艺主要为获得较高的强度和硬度，适用于高强和超高强结构钢。

低碳结构钢经正常淬火+低温回火后的金相组织为回火马氏体，形态呈板条状，但当基体中碳的质量分数大于 0.30%以后，会出现少量针状马氏体，碳含量越高，针状马氏体数量会越多。同时常会有一定量的残留奥氏体和碳化物。马氏体形态还与淬火温度有关，当中碳合金结构钢用较高淬火温度时，基体组织基本为板条状马氏体。板条状马氏体具有明显的束，束是决定钢性能的基本组织单位。奥氏体晶粒越细，束径就越小，钢的强韧性就越好。GB/T 38720—2020《中碳钢与中碳合金结构钢淬火金相组织检验》规定了中碳碳素结构钢与中碳合金结构钢淬火+低温回火后的显微组织评定方法。该标准把显微组织分为 10 级，1 级为板条马氏体+粗针状马氏体，10 级为马氏体含量小于 80%。淬火+低温（180℃）回火、淬火+中温（450℃）回火和淬火+高温（600℃）回火显微组织的标准图谱分别如图 6-4~图 6-6 所示。

1级(板条马氏体+粗针状马氏体，马氏体针长≥44.9μm)

2级(板条马氏体+针状马氏体，31.8μm≤马氏体针长<44.9μm)

3级(板条马氏体+针状马氏体，22.5μm≤马氏体针长<31.8μm)

4级(板条马氏体+细针状马氏体，15.9μm≤马氏体针长<22.5μm)

5级(细针状马氏体+板条马氏体，7.9μm≤马氏体针长<15.9μm)

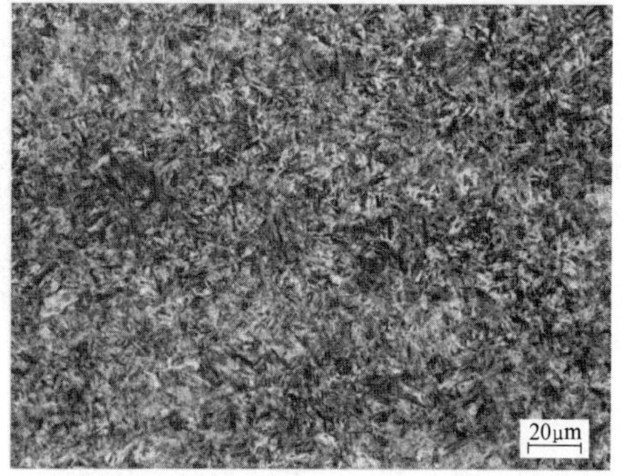

6级[隐针马氏体(马氏体针长<7.9μm)+细针状马氏体(7.9μm≤马氏体针长<15.9μm)+铁素体(铁素体含量<5%)]

图 6-4　淬火+低温（180℃）回火显微组织的标准图谱

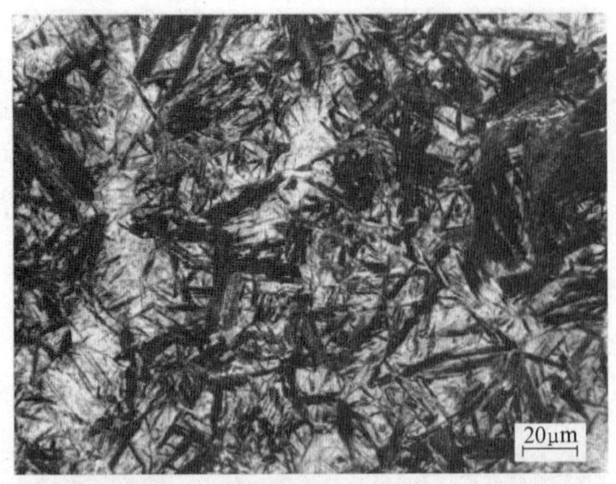

7级[马氏体+少量铁素体(5%≤铁素体含量<10%)]

8级[马氏体+条块状铁素体(铁素体含量≥10%)]

9级(马氏体+网状屈氏体)

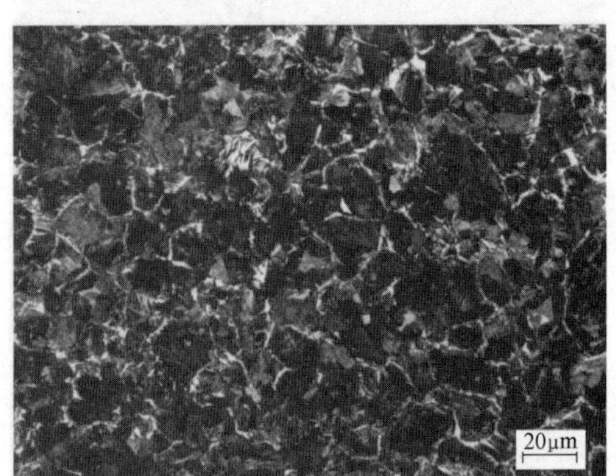

9级(马氏体+网状铁素体)

10级(马氏体含量<80%)

图 6-4　淬火+低温（180℃）回火显微组织的标准图谱（续）

评定时，在 500 倍下，同一试样随机选 5 个以上代表性视场，与标准图片对比评定。

在淬火过程中，若加热不足或冷却速度过慢，在金相组织中会出现铁素体。当加热不足时，出现块状未溶铁素体；当冷却速度过慢时，则会出现网状分布的铁素体。

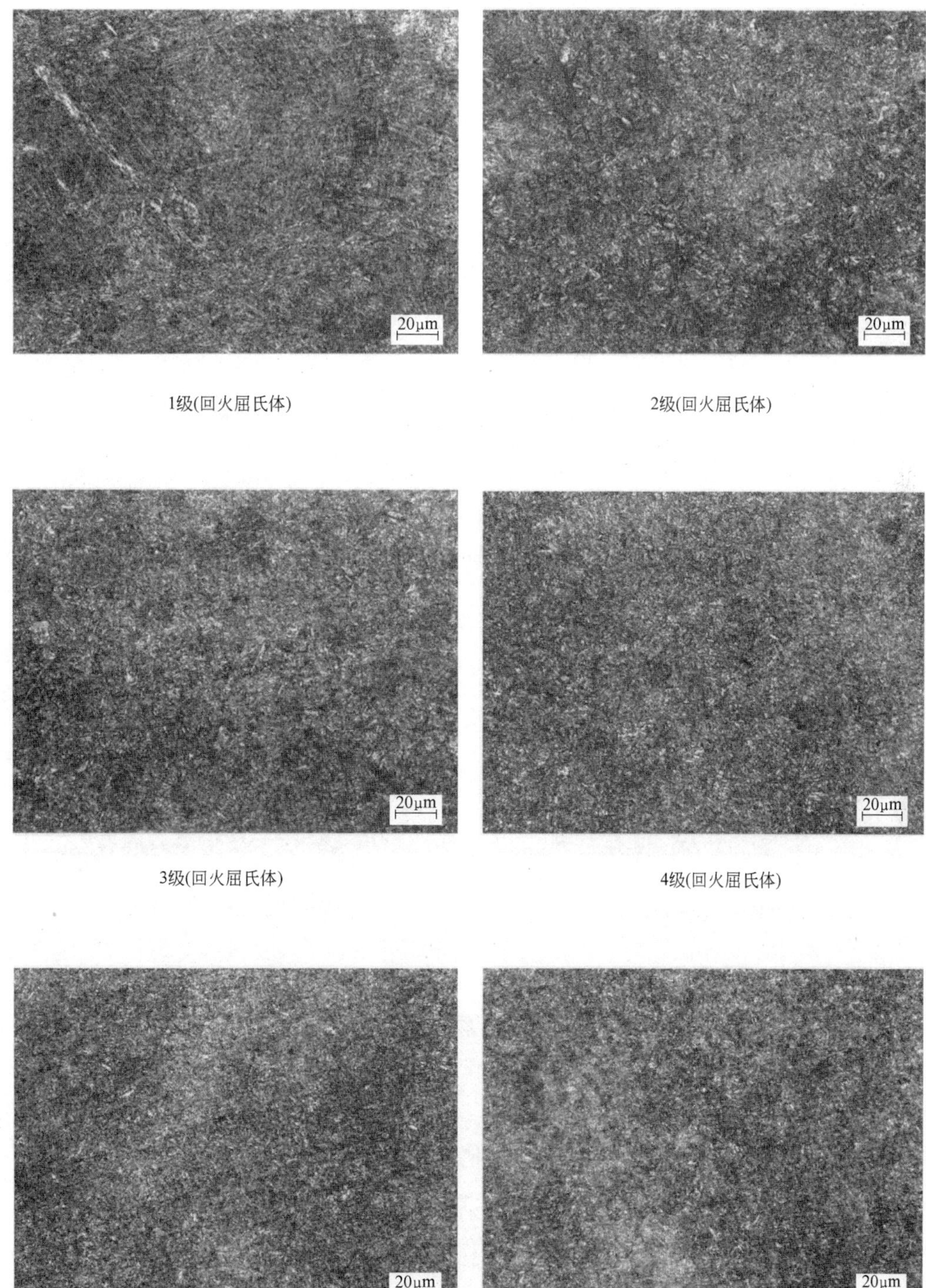

1级(回火屈氏体)　2级(回火屈氏体)

3级(回火屈氏体)　4级(回火屈氏体)

5级(回火屈氏体)　6级[回火屈氏体+铁素体(铁素体含量<5%)]

图 6-5　淬火+中温（450℃）回火显微组织的标准图谱

7级[回火屈氏体+少量铁素体(5%≤铁素体含量<10%)]

8级[回火屈氏体+条块状铁素体(铁素体含量>10%)]

9级(回火屈氏体+网状屈氏体)

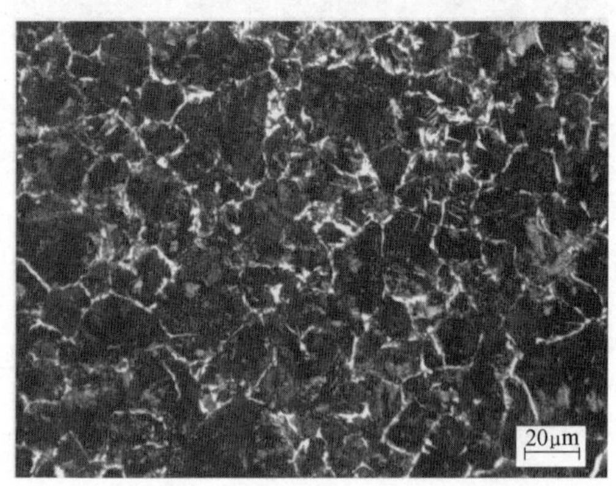

9级(回火屈氏体+网状铁素体)

10级(回火屈氏体+条块状铁素体+贝氏体+珠光体)

图6-5　淬火+中温（450℃）回火显微组织的标准图谱（续）

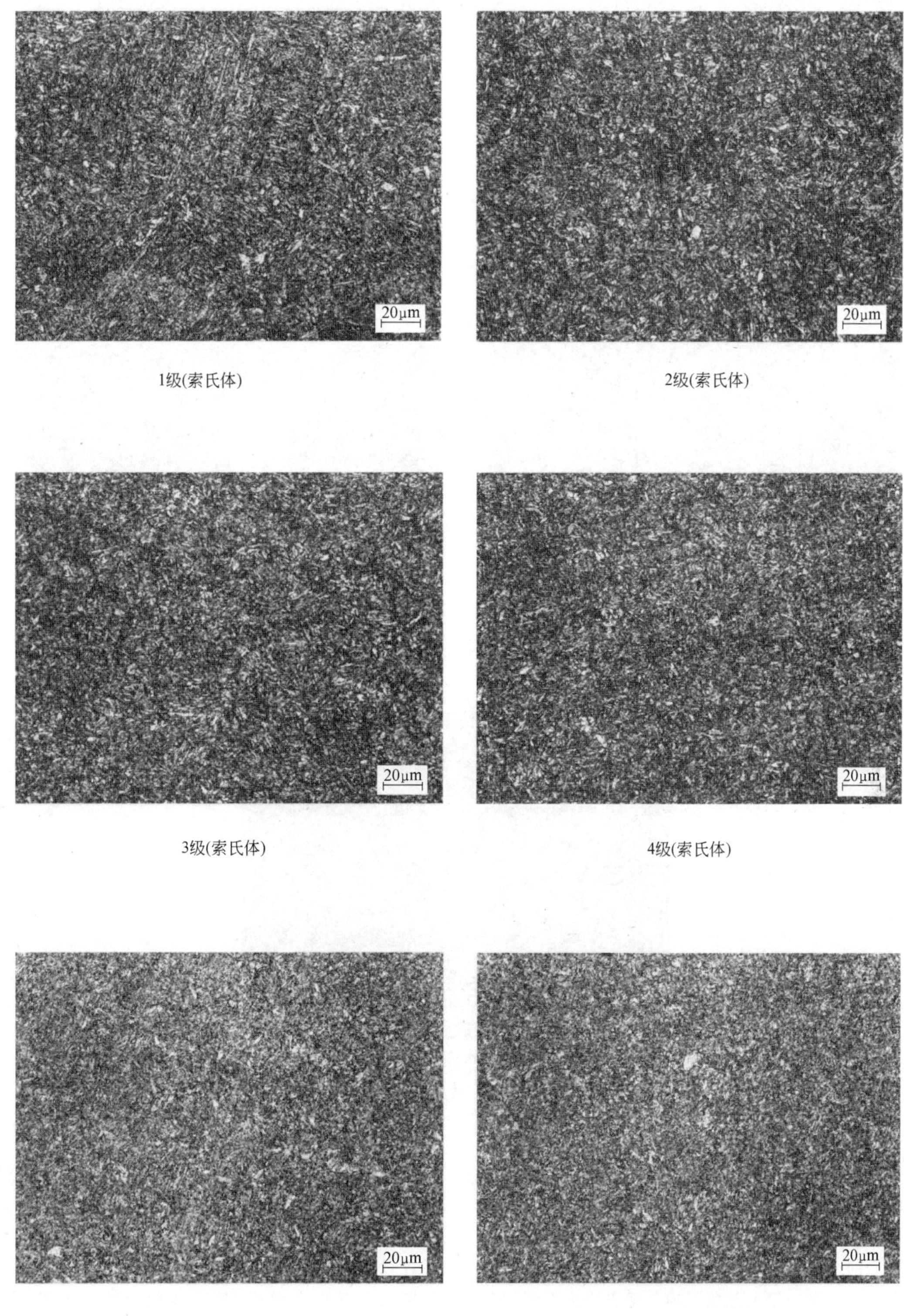

1级(索氏体)　2级(索氏体)

3级(索氏体)　4级(索氏体)

5级(索氏体)　6级[索氏体+铁素体(铁素体含量＜5%)]

图 6-6 淬火+高温（600℃）回火显微组织的标准图谱

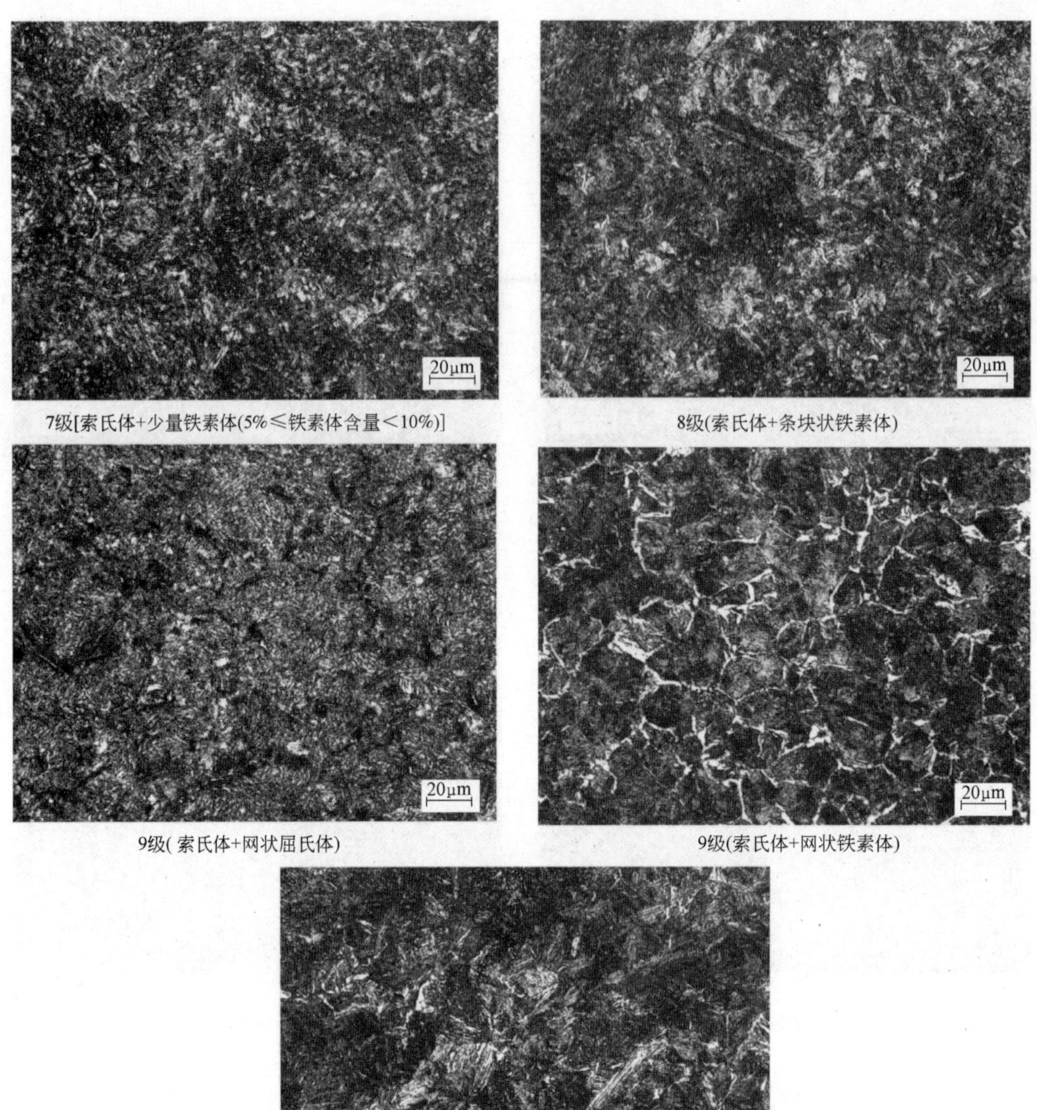

7级[索氏体+少量铁素体(5%≤铁素体含量<10%)]　　8级(索氏体+条块状铁素体)

9级(索氏体+网状屈氏体)　　9级(索氏体+网状铁素体)

10级(索氏体+条块状铁素体+贝氏体+珠光体)

图 6-6　淬火+高温（600℃）回火显微组织的标准图谱（续）

6.3　热作模具钢马氏体评级

低合金高韧性热作模具钢淬回火后的组织一般为马氏体+残留奥氏体；共析或过共析类的热作模具钢淬回火后的组织一般为马氏体+残留奥氏体+不同数量的碳化物。在一定工艺范围内，随着淬火温度的升高，基体组织会变粗大，马氏体针变长。JB/T 8420—2008《热作模具钢显微组织评级》中将5CrNiMo、3Cr2W8V 等 6 类钢种的淬火组织，按各自的显微组织特征和马氏体针长度各分为 6 个级别。

热作模具钢马氏体评级图如图 6-7～图 6-12 所示。以金相比较法评定，检验不得少于 3 个视场，在 500 倍下，取马氏体针最长的视场对照相应的钢种类的评级图进行评定。有争议时，可测马氏体针的最大长度或晶粒度。推荐 4%（体积分数）硝酸乙醇溶液，或用乙醇 80mL+硝酸 10mL+盐酸 10mL+苦味酸 1g 的溶液作为浸蚀剂。通常热作模钢的马氏体级别以 2～4 级为宜，晶粒度级别以 7～8 级为宜。

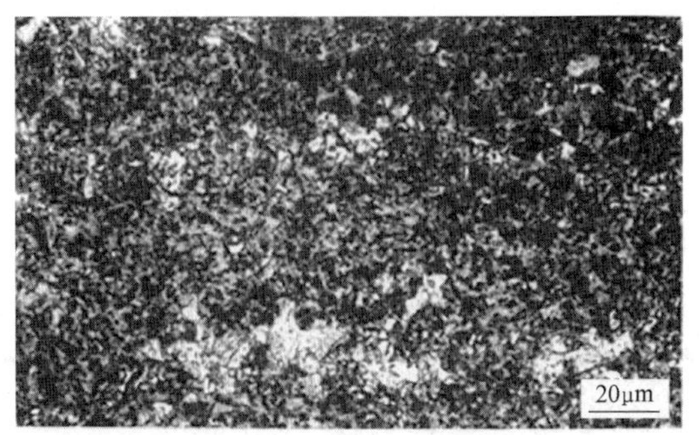

1级（马氏体+细珠光体+铁素体，马氏体针最大长度0.006mm）

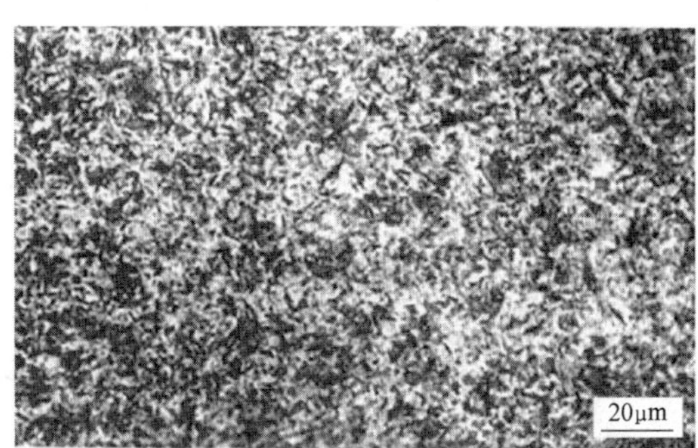

2级（隐针马氏体+极少量残留奥氏体，马氏体针最大长度0.008mm）

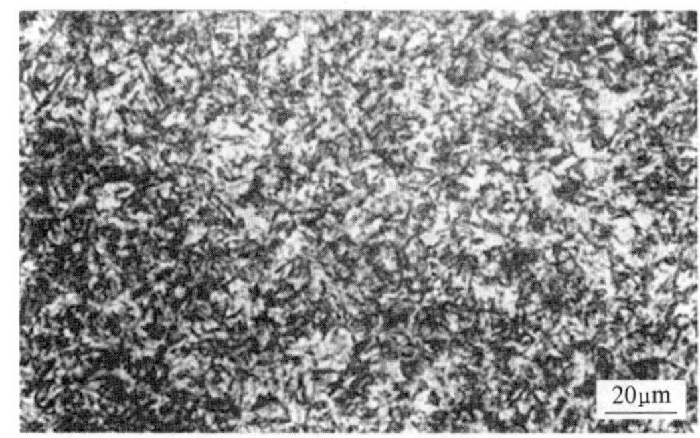

3级（细针马氏体+少量残留奥氏体，马氏体针最大长度0.014mm）

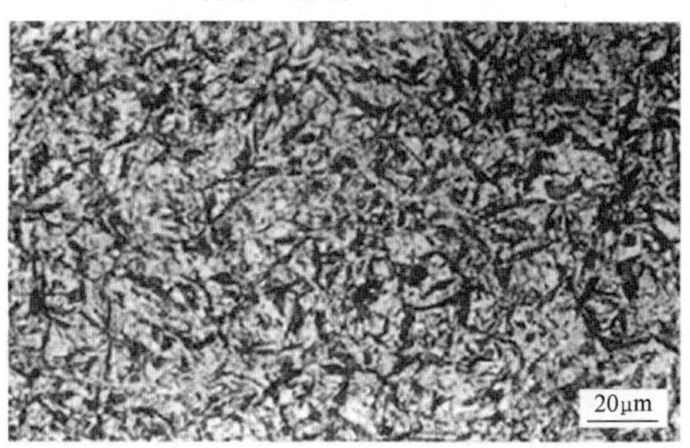

4级（针状马氏体+残留奥氏体，马氏体针最大长度0.018mm）

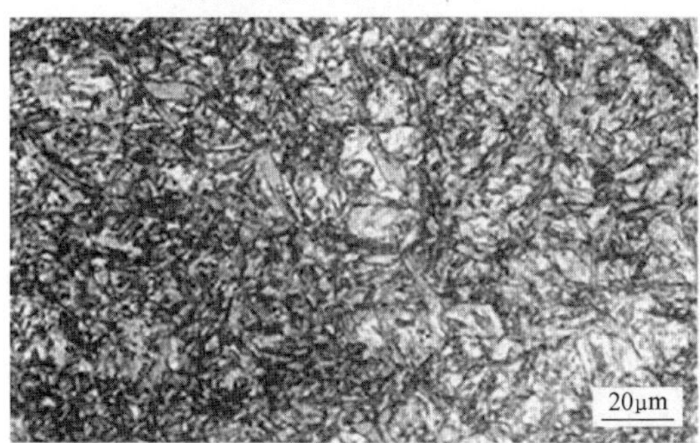

5级（较粗大针状马氏体+较多残留奥氏体，马氏体针最大长度0.024mm）

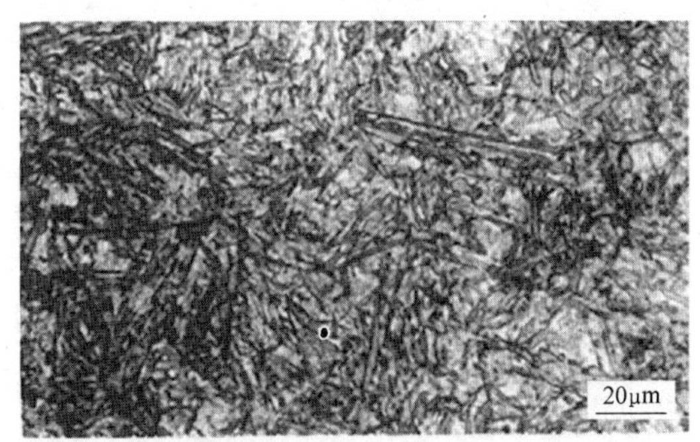

6级（粗大针状马氏体+大量残留奥氏体，马氏体针最大长度0.040mm）

图 6-7　5CrNiMo 钢马氏体评级图

1级（马氏体+细珠光体+少量碳化物，马氏体针最大长度0.003mm）

2级（隐针马氏体+极少量残留奥氏体+碳化物，马氏体针最大长度0.004mm）

图 6-8　5Cr4W5Mo2V 钢马氏体评级图

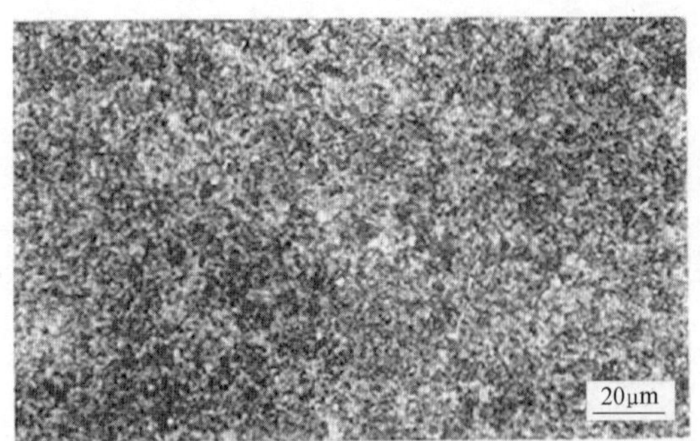

3级（细针马氏体+少量残留奥氏体+碳化物，马氏体针最大长度0.010mm）

4级（针状马氏体+残留奥氏体+碳化物，马氏体针最大长度0.016mm）

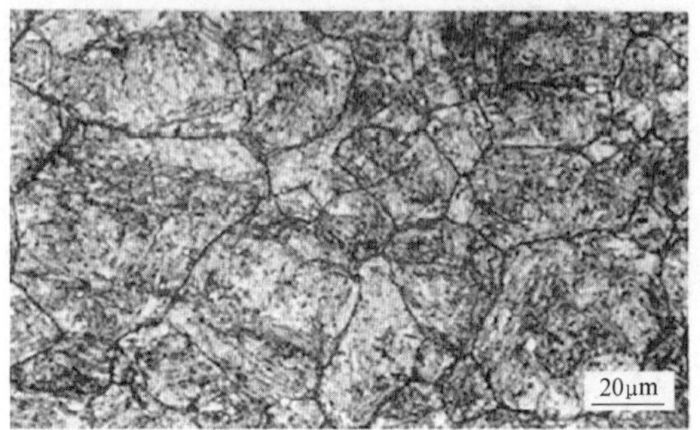

5级（较粗大针状马氏体+较多残留奥氏体+碳化物，马氏体针最大长度0.030mm）

6级（粗大针状马氏体+大量残留奥氏体+碳化物，马氏体针最大长度0.036mm）

图 6-8　5Cr4W5Mo2V 钢马氏体评级图（续）

1级（马氏体+细珠光体+少量碳化物，马氏体针最大长度0.003mm）

2级（隐针马氏体+极少量残留奥氏体+碳化物，马氏体针最大长度0.004mm）

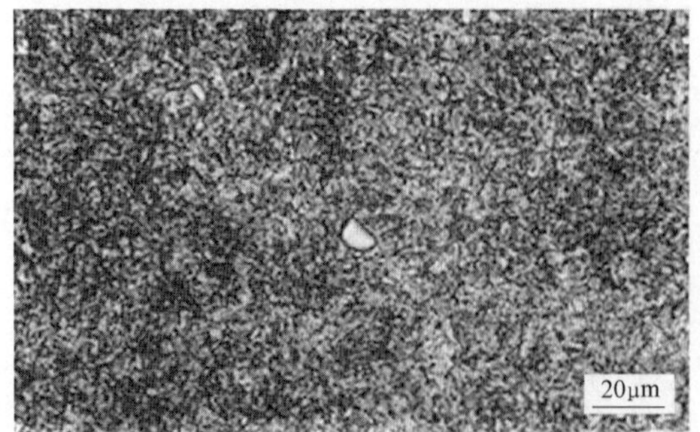

3级（细针马氏体+少量残留奥氏体+碳化物，马氏体针最大长度0.010mm）

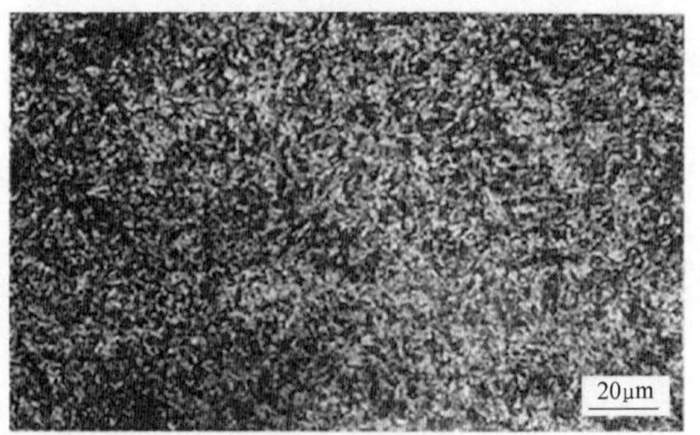

4级（针状马氏体+残留奥氏体+碳化物，马氏体针最大长度0.016mm）

图 6-9　3Cr2W8V 钢马氏体评级图

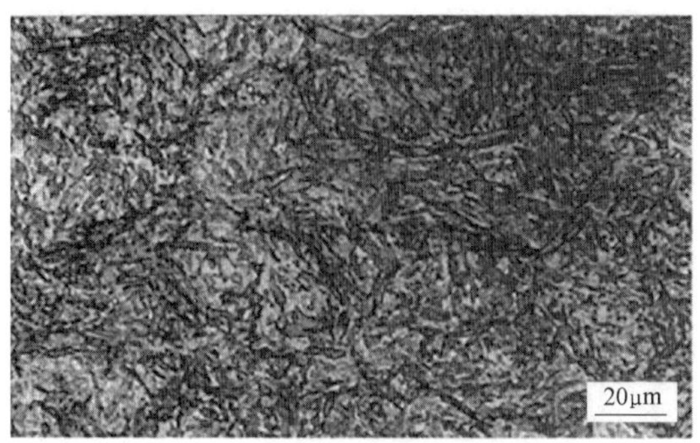

5级（较粗大针状马氏体+较多残留奥氏体+碳化物，
马氏体针最大长度0.030mm）

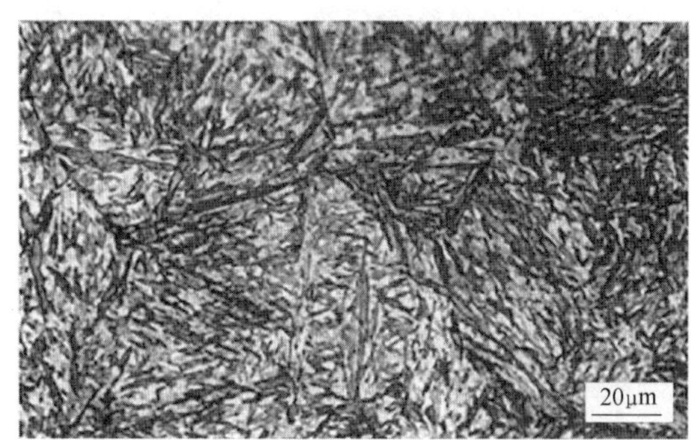

6级（粗大针状马氏体+大量残留奥氏体+碳化物，
马氏体针最大长度0.036mm）

图 6-9　3Cr2W8V 钢马氏体评级图（续）

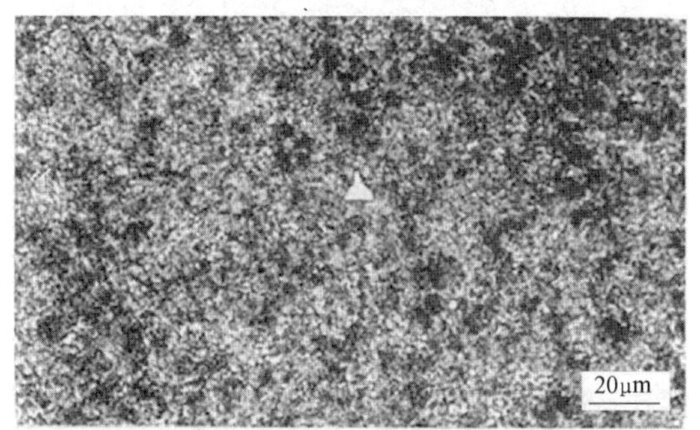

1级（马氏体+细珠光体+少量碳化物，
马氏体针最大长度0.003mm）

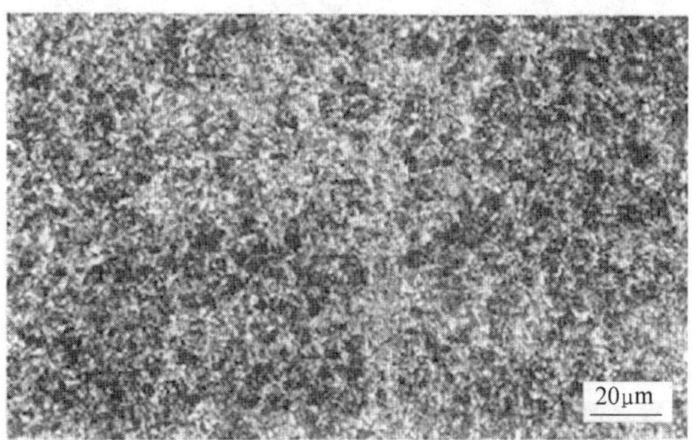

2级（隐针马氏体+极少量残留奥氏体+少量碳化物，
马氏体针最大长度0.004mm）

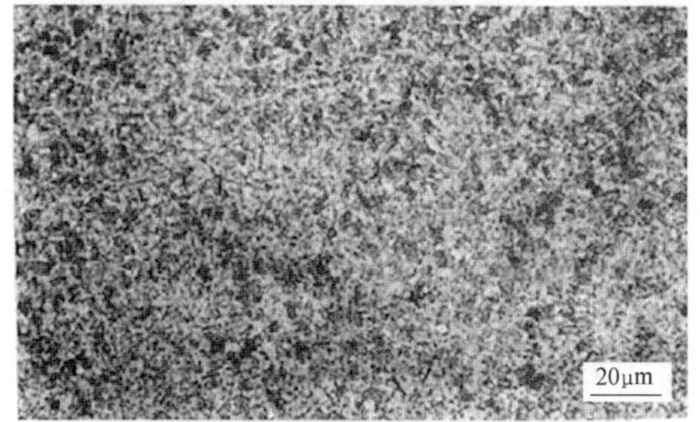

3级（细针马氏体+少量残留奥氏体+少量碳化物，
马氏体针最大长度0.010mm）

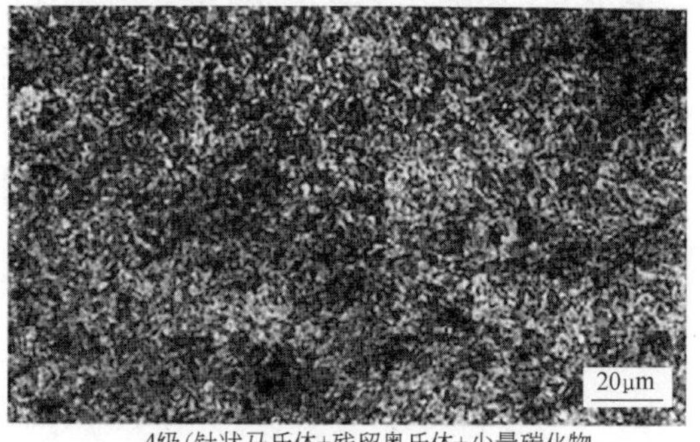

4级（针状马氏体+残留奥氏体+少量碳化物，
马氏体针最大长度0.016mm）

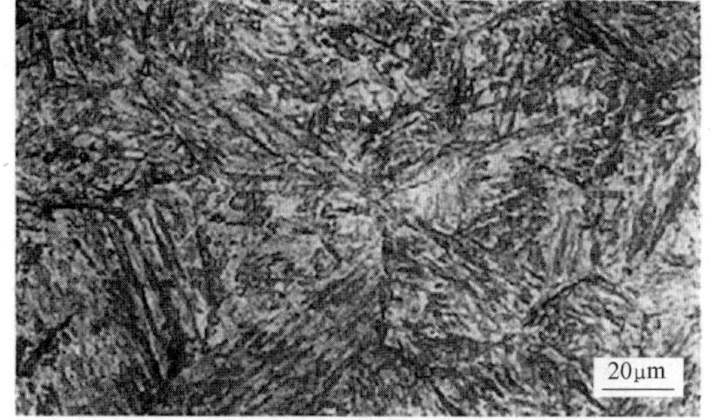

5级（较粗大针状马氏体+较多残留奥氏体+极少量碳化物，
马氏体针最大长度0.030mm）

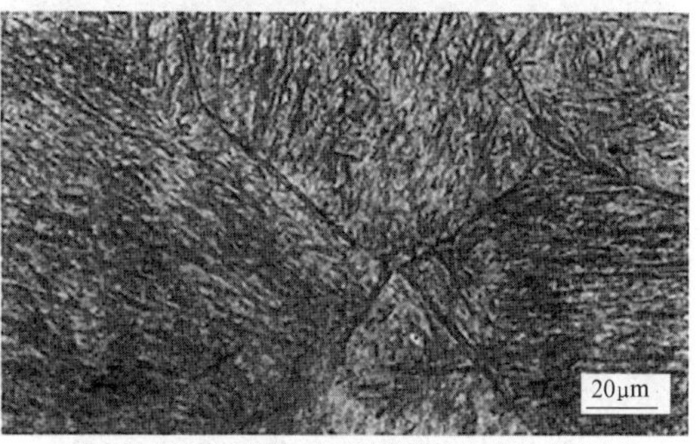

6级（粗大针状马氏体+大量残留奥氏体+极少量碳化物，
马氏体针最大长度0.036mm）

图 6-10　4Cr3Mo3W2V 钢马氏体评级图

1级（马氏体+上贝氏体，马氏体针最大长度0.003mm）

2级（隐针马氏体+极少量残留奥氏体，马氏体针最大长度0.004mm）

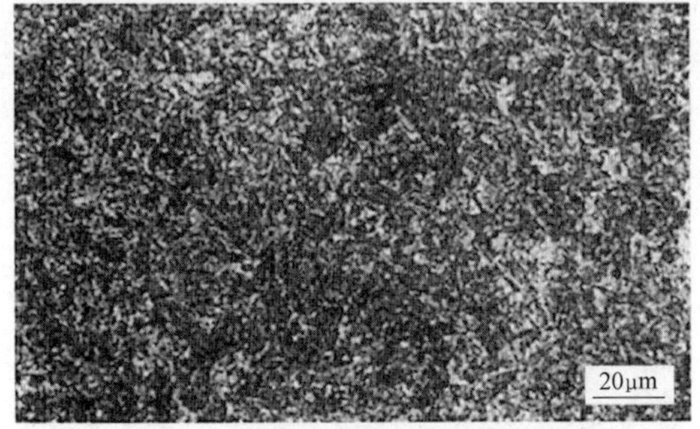

3级（细针马氏体+少量残留奥氏体，马氏体针最大长度0.010mm）

4级（针状马氏体+残留奥氏体，马氏体针最大长度0.016mm）

5级（较粗大针状马氏体+较多残留奥氏体，马氏体针最大长度0.030mm）

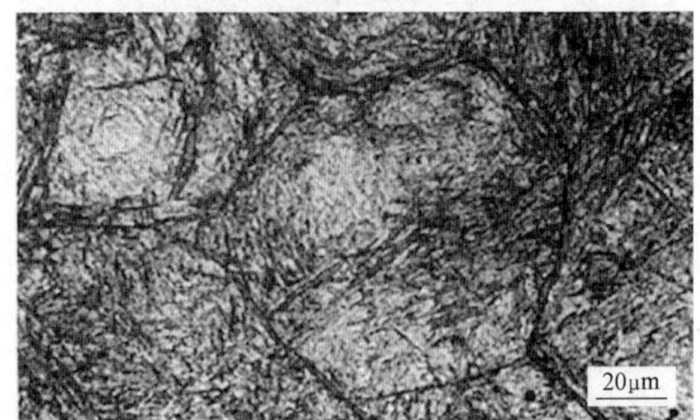

6级（粗大针状马氏体+大量残留奥氏体，马氏体针最大长度0.036mm）

图6-11　4Cr5MoSiV钢马氏体评级图

1级（马氏体+细珠光体+针状铁素体+少量碳化物，马氏体针最大长度0.003mm）

2级（隐针马氏体+极少量残留奥氏体+碳化物，马氏体针最大长度0.004mm）

图6-12　4Cr3Mo2NiVNbB钢马氏体评级图

3级(细针马氏体+少量残留奥氏体+碳化物，马氏体针最大长度0.010mm)

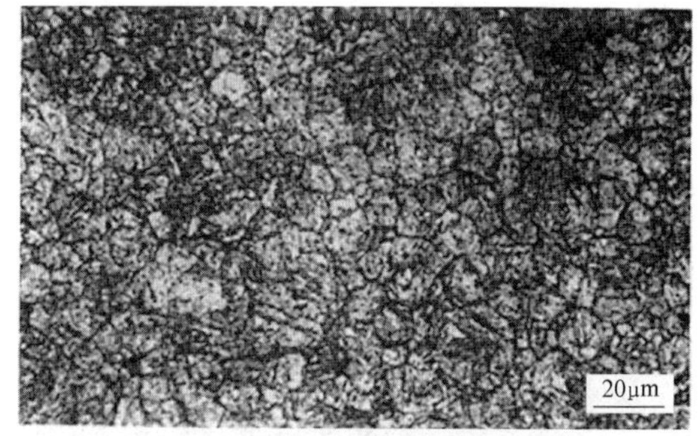

4级(针状马氏体+残留奥氏体+碳化物，马氏体针最大长度0.016mm)

5级(较粗大针状马氏体+较多残留奥氏体+碳化物，马氏体针最大长度0.030mm)

6级(粗大针状马氏体+大量残留奥氏体+碳化物，马氏体针最大长度0.036mm)

图6-12　4Cr3Mo2NiVNbB钢马氏体评级图（续）

6.4　高碳高合金冷作模具钢金相检验与评级

6.4.1　Cr12系列钢金相检验与评级

Cr12系列钢为高碳高铬钢，因含有大量共晶碳化物，其淬火后的显微组织中，碳化物总残留量可达13%～20%（体积分数），故又称为莱氏体钢。钢中的铬大部分集中在M_7C_3型共晶碳化物中。部分铬和其他合金元素溶于基体中，起提高钢的淬透性和回火稳定性的作用。

Cr12系列钢主要包括Cr12钢和Cr12MoV钢等，其中以Cr12MoV钢综合性能相对最好。

Cr12系列钢各钢种的淬火组织中有共晶碳化物、颗粒状二次碳化物、马氏体及残留奥氏体。其中共晶碳化物大小、分布由原材料确定（热处理可影响碳化物尖角的形态），其他各相组织状态，如马氏体粗细（晶粒大小）、二次碳化物残留量以及残留奥氏体数量均受热处理工艺参数的影响。其中马氏体的粗细更为重要，在JB/T 7713—2007《高碳高合金钢制冷作模具显微组织检验》中列为了评定项目。该标准中把马氏体组织按形态和马氏体针的最大长度分为5个级别，见表6-4，并配有标准级别图（见图6-13），测试条件为放大500倍，检测视场不少于3个，取最劣（粗大）视场对照评定。若有争议，则直接按马氏体针测得的最大长度评定。

表6-4　Cr12系列钢马氏体级别

级别/级	显微组织	马氏体针最大长度/mm	部分评级图
1	隐针马氏体+残留奥氏体+碳化物	0.003	图6-13
2	细针马氏体+残留奥氏体+碳化物	0.006	
3	针状马氏体+残留奥氏体+碳化物	0.010	
4	较粗大针状马氏体+残留奥氏体+碳化物	0.014	
5	粗大针状马氏体+残留奥氏体+碳化物	0.018	

图6-14所示为Cr12钢980℃淬火后的组织，白色基体为淬火马氏体及残留奥氏体，白色块状为共晶碳化物，颗粒状为二次碳化物，晶界清晰可见。Cr12系列钢由于合金含量高，淬火马氏体在常温下用4%（体积分数）硝酸乙醇溶液浸蚀难以显现。一般可在加热条件下浸蚀，也可采用三酸乙醇溶液（饱和苦味酸20%+硝酸10%+盐酸20%+乙醇50%，各百分数为体积分数）浸蚀。

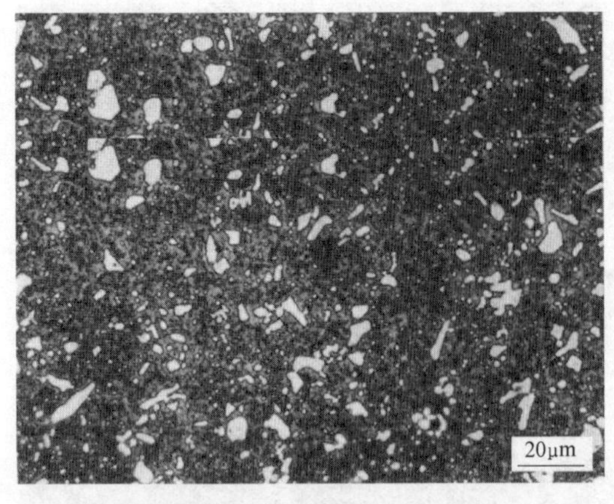

1级(隐针马氏体+残留奥氏体+碳化物)

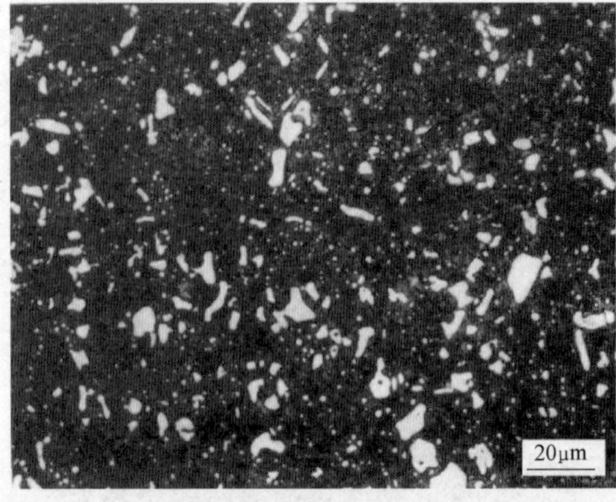

2级(细针马氏体+残留奥氏体+碳化物)

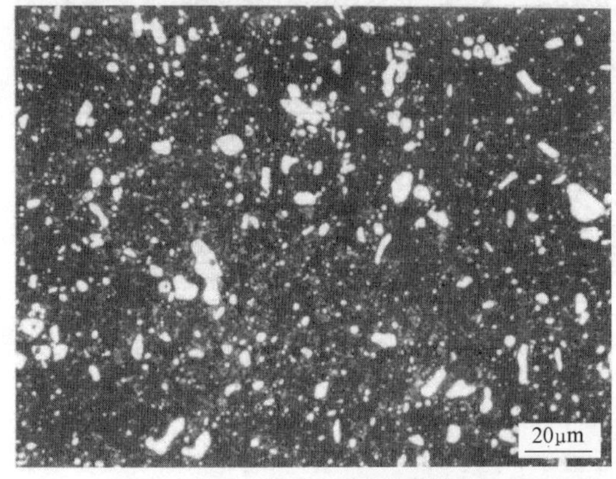

3级(针状马氏体+残留奥氏体+碳化物)

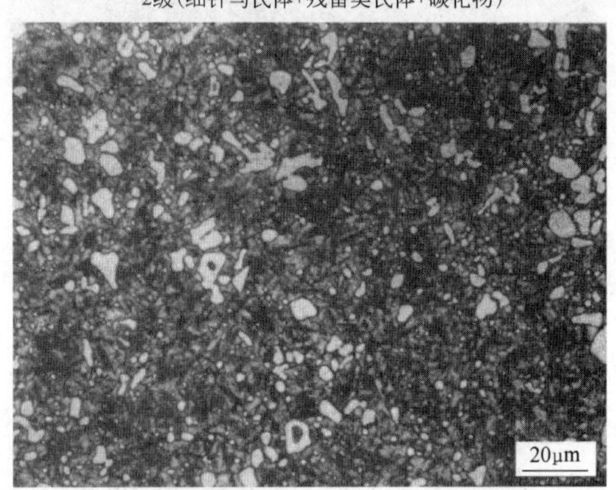

4级(较粗大针状马氏体+残留奥氏体+碳化物)

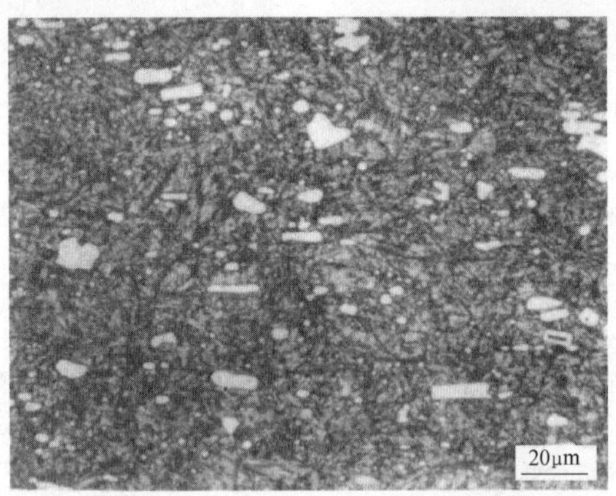

5级(粗大针状马氏体+残留奥氏体+碳化物)

图 6-13 Cr12 系列钢淬火回火马氏体级别图

对马氏体级别的评定，一般均在回火条件下进行，JB/T 7713—2007 推荐的浸蚀剂为三氯化铁(5g) +盐酸 (15mL) +乙醇 (100mL) 溶液，也可用 4% (体积分数) 硝酸乙醇溶液或苦味酸盐酸水溶液浸蚀。Cr12 钢淬火并回火后组织的晶界一般较难显示，除与浸蚀剂、浸蚀条件有关外，还与淬火温度有关，一般淬火温度偏高时容易显示出晶界。

6.4.2 CrWMn 钢金相检验

CrWMn 钢属高强韧低合金模具钢，钢中含有质量分数约为 1%的锰及铬，1.2%~1.6%的钨。其性能与 GCr15 钢相近，但淬透性强于 GCr15 钢。钨和铬都

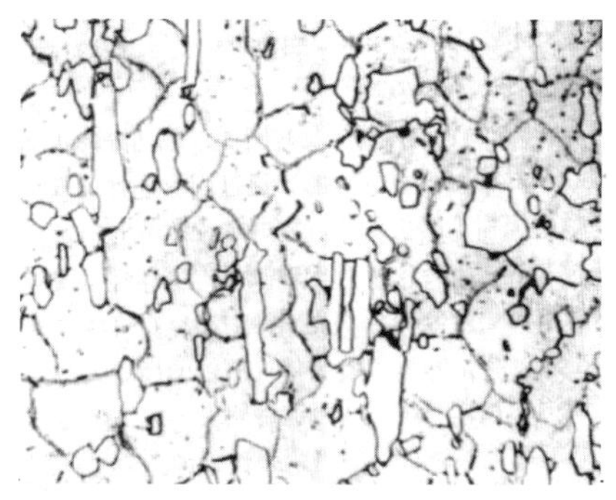

图 6-14　Cr12 钢 980℃淬火后的组织　500×

是碳化物形成元素，因此工件淬火回火后有较多的剩余碳化物，硬度高，耐磨性好。但是其碳化物不均匀性也比较严重，大直径钢材的中心很难避免出现二次碳化物网、碳化物带状偏析和液析，这些常常是工件产生脆裂、崩刃和剥落的主要原因。

1. CrWMn 钢淬火回火处理后金相组织

CrWMn 钢的淬火温度一般采用 820～840℃，也有选用 870℃的，淬火冷却介质常选用热油。该钢的回火稳定性较好，经 260℃回火后的硬度仍可大于 60HRC，但在 250～300℃回火会出现回火脆性。

由于碳化物粒度及分布不均匀，CrWMn 钢的淬火组织有类似 GCr15 钢那样的黑白区，但不甚明显。图 6-15a 所示为 CrWMn 钢 820℃加热后淬入热油的组织。其组织为隐针状马氏体+残留奥氏体+粒状碳化物，其中马氏体针细小，针长小于 0.003mm，组织较均匀，晶粒很细，但由于淬火温度偏低，碳化物溶入量少，剩余碳化物增多，故相应白色区较少。图 6-15b 所示为 CrWMn 钢 870℃加热淬入油后的组织。其组织为细针状马氏体+残留奥氏体+粒状碳化物，其中马氏体针长达 0.006mm，白色区相对多些，为轻度过热组织，但却较适于大中型模具。

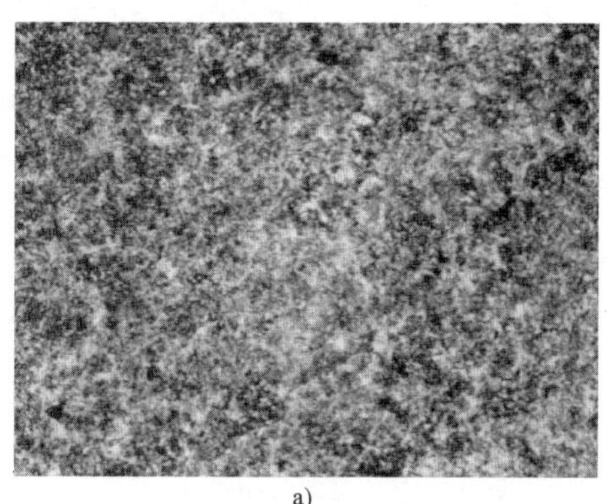

a)

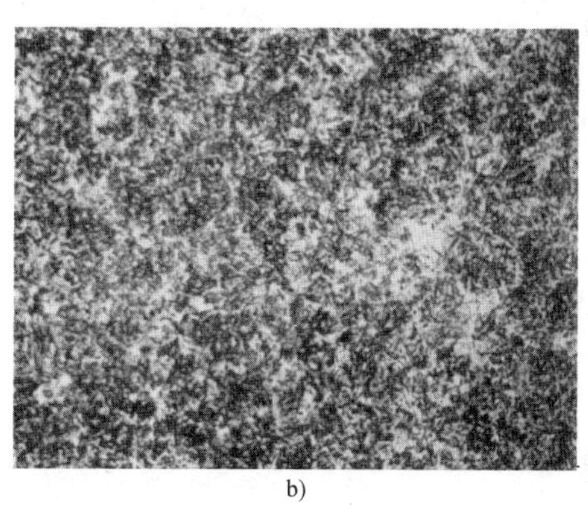

b)

图 6-15　CrWMn 钢加热淬入热油后组织　500×

a）820℃　b）870℃

图 6-16 所示为 CrWMn 钢超细化处理+低温淬火后组织。其组织为隐针状马氏体+少量碳化物，无明显的黑白区。

2. CrWMn 钢等温淬火处理后金相组织

对于 CrWMn 钢的基体组织，若有 50%（体积分数）左右的下贝氏体分布在高强度马氏体基体上，可提高强韧性，各项力学性能指标可达最佳配合。

图 6-16　CrWMn 钢超细化处理+低温淬火后组织　500×

图 6-17 所示为 CrWMn 钢 860℃加热，280℃等温

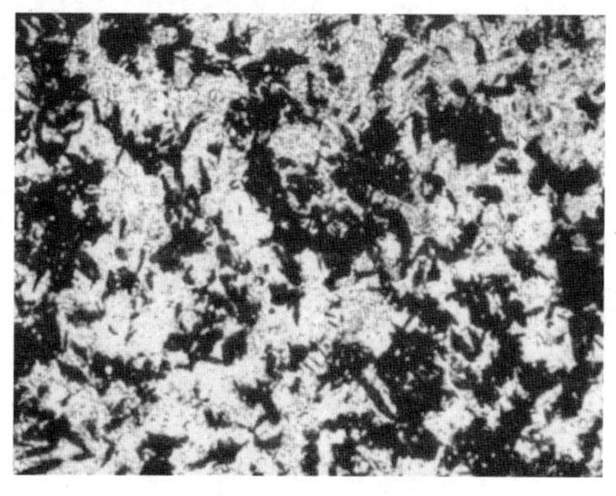

图 6-17　CrWMn 钢 860℃加热，280℃等温 30min 后油冷的组织　500×

30min 后油冷的组织。其组织为黑色的下贝氏体呈草丛状分布（体积分数约为 50%）+灰色马氏体+残留碳化物。

6.5 高速工具钢金相检验与评级

6.5.1 淬火晶粒度评级

高速工具钢淬火后的组织为隐针状马氏体、碳化物及大量的残留奥氏体（体积分数约为 30%）。残留奥氏体和隐针状马氏体都不易被浸蚀，一般情况下，显示不出马氏体的针叶，但是能够看到淬火组织中的奥氏体晶界及碳化物颗粒。

通过对高速工具钢奥氏体的晶粒度评级，可以判别淬火温度高低，以控制热处理质量。

奥氏体晶粒度的测定方法依据的标准是 GB/T 6394—2017《金属平均晶粒度测定法》。

实际生产中，国内各工具厂的产品一般都控制在 9~10.5 级晶粒。图 6-18 所示为 W-Mo 系高速工具钢淬火晶粒度。

JB/T 9986—2013《工具热处理金相检验》对高速工具钢刃具产品热处理合格级别做了规定，见表 6-5。

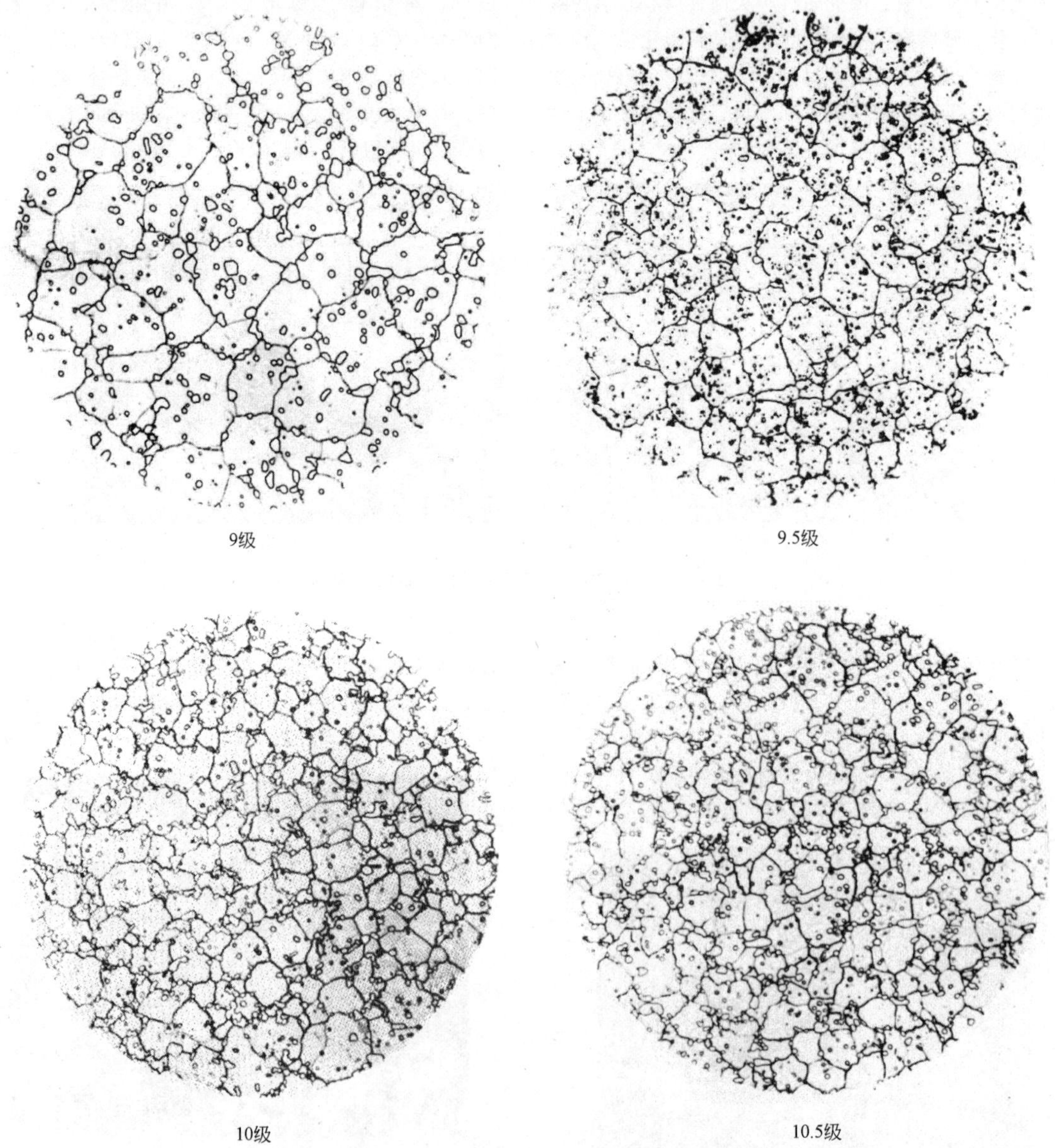

图 6-18 W-Mo 系高速工具钢淬火晶粒度 500×

表 6-5　高速工具钢刀具产品热处理合格级别

产品		淬火晶粒度/级		过热程度合格级别/级	回火程度合格级别/级
名称	规格尺寸/mm	W-Mo 系	W 系		
直柄钻头	直径≤3	10~12	10~11.5	≤1	
	3<直径≤20	9.5~11	9.0~10.5	≤2①	
中心钻		10~11.5	9.5~11	≤1	
锥柄钻头	直径≤30	9.5~11	9.0~10.5	≤2①	
	直径>30	9.0~10.5	8.5~10		
切口及锯片铣刀	厚度≤1	10~11.5	9.5~11	≤1	
	厚度>1			≤2	≤2
铣、铰刀类		9.5~11	9.0~10.5	≤2①	
车刀	≤16×16	8.5~10.5	8~10	≤2	
	>16×16			≤3	
齿轮刀具		9~11	9.0~10.5	≤2②	
螺纹刀具		10~11.5	9.5~11	≤1	
拉刀		9~11	9.0~10.5	≤1	

注：粉末冶金高速工具钢过热程度小于或等于 1 级；粉末冶金高速工具钢淬火晶粒度小于或等于 10 级，晶粒度评级时，因晶粒细小，可按 S-G 晶粒度进行评级，M42 和 M35 等高性能高速工具钢回火程度为 1 级。

① 钻头、键槽铣刀和立铣刀过中心的刃口碳化物堆积处过热程度级别可小于或等于 3 级。

② 剃齿刀不应过热。

6.5.2　淬火回火后过热程度评级

高速工具钢如果淬火温度过高，晶粒长大，其过热程度也可从回火后碳化物析出的网状趋势的程度来确定。

各种高速工具钢的碳含量及合金成分不同，所以其过热敏感性也不同。一般 W-Mo 系高速工具钢比 W 系高速工具钢容易过热。W-Mo 系高速工具钢真空淬火温度范围窄，在晶粒度小于 9 级时，大晶粒内部会出现黑色组织，如图 6-19 所示。

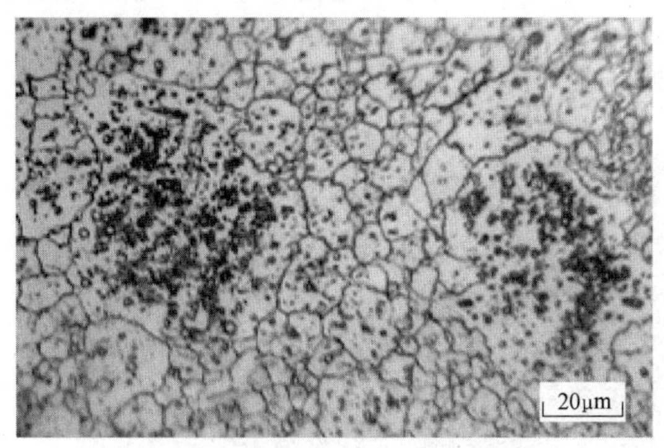

图 6-19　W-Mo 系高速工具钢真空淬火出现的部分大晶粒及黑色组织

过热刀具的强度降低，脆性增加。过热程度是判断高速工具钢刀具金相组织是否正常的依据，也是判别该刀具是否报废的条件。

高速工具钢淬火过热程度按 JB/T 9986—2013 评定共分 5 级，分 W-Mo 系、W 系、粉末冶金高速工具钢及低合金高速工具钢四个级别图，具体评级说明见表 6-6。极轻度过热时，碳化物发生变形，趋向角化，如图 6-20a 所示；轻度过热时，碳化物角化后产生拖尾，如图 6-20b 所示；随着过热程度的增加，碳化物将呈现线段状、半网状以及网状分布的严重过热组织形态，如图 6-20c 所示。按 JB/T 9986—2013 规定，高速工具钢淬火过热程度检查时，应观察 3~10 个视场，并以最劣视场判定级别。

表 6-6　高速工具钢淬火过热程度评级说明

过热程度/级	W-Mo 系及 W 系高速工具钢	粉末冶金高速工具钢	低合金高速工具钢
1	碳化物变形，轻微角化	碳化物有粘连倾向	碳化物发生变形并有拖尾产生
2	碳化物角化，粘连，并轻微拖尾	碳化物粘连	碳化物沿晶界呈线段状
3	碳化物拖尾呈线段状	碳化物拖尾	碳化物呈现半网状
4	碳化物拖尾呈半网状	碳化物产生网角	碳化物沿晶界呈现大半网状
5	碳化物拖尾接近全网状	碳化物形成半网状	碳化物呈现封闭网状，并有过烧组织（次生莱氏体）出现

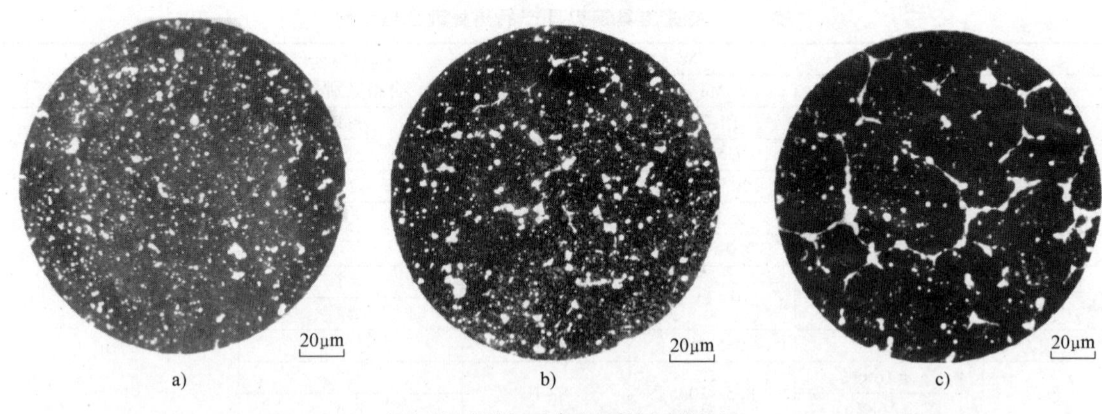

图 6-20　W-Mo 系高速工具钢过热组织

a）极轻度过热组织（1 级）　b）轻度过热组织（2 级）　c）严重过热组织（5 级）

高速工具钢刀具一般不允许有明显的过热。因为过热时晶粒粗大，碳化物在晶界析出，不但严重影响刀具的力学性能和切削寿命，而且还会引起刀具较大变形，严重者出现皱皮、弯曲，甚至报废。但是有些刀具如车刀、锥柄钻头等允许适度过热，以获得较高的硬度和热硬性。JB/T 9986—2013 对高速工具钢制造的刀具产品过热程度合格级别做了规定。

6.6　钢件感应淬火金相检验与评级

钢件感应淬火后金相检验的主要内容是对表层淬火组织进行评定。JB/T 9204—2008《钢件感应淬火金相检验》适用于中碳碳素结构钢和中碳合金钢制造的工件，经感应淬火后的金相组织的检验。

上述工件经感应淬火、低温（≤200℃）回火后，表层金相组织在 400 倍下进行组织评定。该标准把马氏体针大小分为 10 级，如图 6-21 所示。

感应淬火层组织 1 级、2 级图片为粗和较粗马氏体组织，是感应加热时温度过高引起的，是不合格组织。3 级为中等马氏体组织，是淬火温度偏高的结果，该级组织可勉强合格，但不是理想的组织。4 级、5 级为细马氏体，是感应淬火的正常组织。6 级是微细马氏体，是感应淬火理想的组织，通常在原始组织为索氏体时才能获得。感应淬火理想的组织是 4~6 级。7 级是碳含量不均匀的组织，是由于加热温度或加热时间不足所造成的。铁素体未能充分地溶解于奥氏体，奥氏体碳含量呈不均匀分布。此类组织虽然允许，但也需要进一步调整。8 级的铁素体未完全溶解，组织严重不均匀，尚存在少量屈氏体网络。9 级和 10 级有大量未溶铁素体和网状极细珠光体，都是因加热不足所造成的。标准规定图样标定感应淬火工件表面硬度下限≥55HRC 时，淬硬层金相组织 3~7 级为合格，而工件表面硬度<55HRC 时，则淬硬层金相组织 3~9 级为合格。

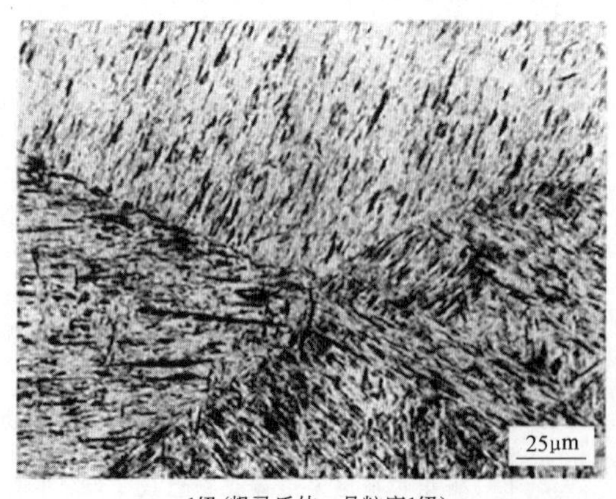

1级(粗马氏体，晶粒度1级)

2级(较粗马氏体，晶粒度3级)

图 6-21　钢件感应淬火回火后组织级别图

3级（马氏体，晶粒度6～7级）

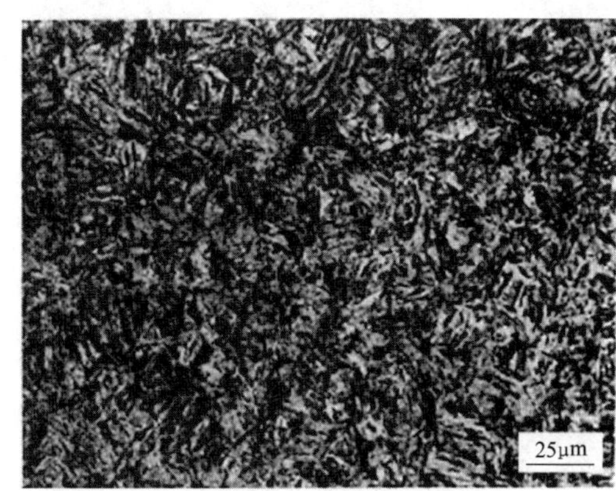

4级（较细马氏体，晶粒度8～9级）

5级（细马氏体，晶粒度9～10级）

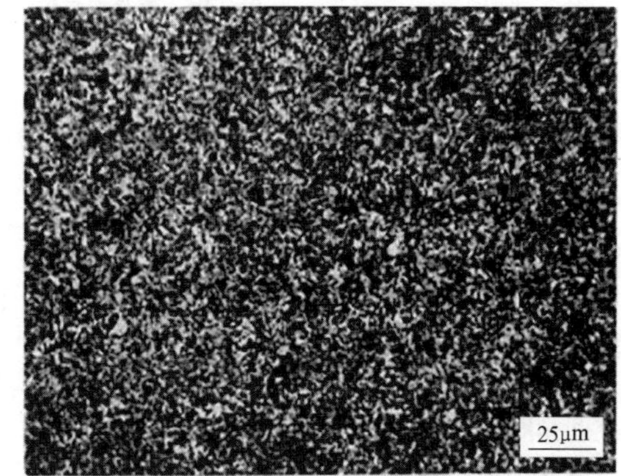

6级（微细马氏体，晶粒度10级）

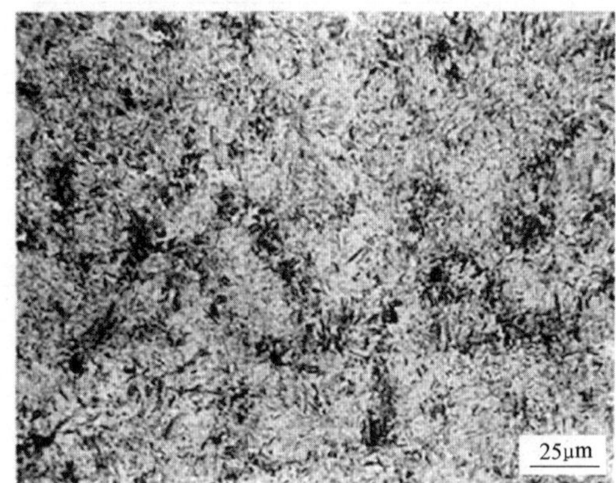

7级（微细马氏体，其碳含量不均匀，晶粒度10级）

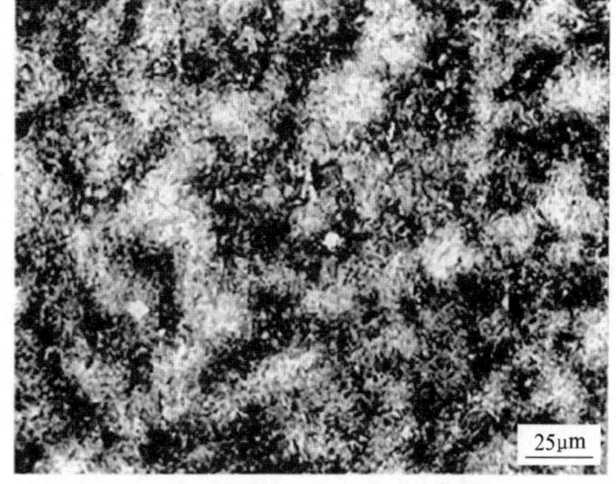

8级[微细马氏体，其碳含量不均匀，并有少量极细珠光体（屈氏体）+少量铁素体（<5%），晶粒度10级]

图 6-21　钢件感应淬火回火后组织级别图（续）

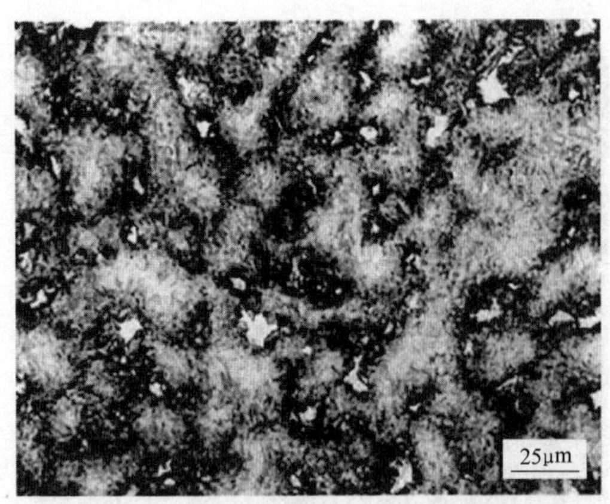

9级[微细马氏体+网状极细珠光体(屈氏体)+未溶铁素体(≤10%)，晶粒度10级]

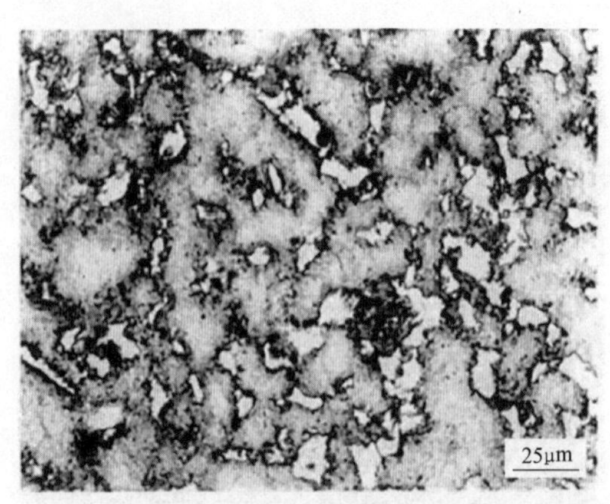

10级[微细马氏体+网状极细珠光体(屈氏体)+大块状未溶铁素体(>10%)，晶粒度10级]

图 6-21　钢件感应淬火回火后组织级别图（续）

6.7　珠光体球墨铸铁件感应淬火金相检验与评级

球墨铸铁件若要进行感应淬火处理，必须是珠光体基体，且珠光体含量不低于 75%（面积分数），才有实用价值。球墨铸铁中的球状石墨，在短时间的感应加热过程中，除少量石墨碳扩散到牛眼状的铁素体组织外，其形态基本没有变化。其组织组成比钢复杂，但也有相似之处，如基体组织仍以马氏体为主。

JB/T 9205—2008《珠光体球墨铸铁零件感应淬火金相检验》适用于珠光体含量不低于 75%（面积分数）的球墨铸铁件经高、中频感应淬火低温回火（回火温度≤200℃）后的硬化层金相组织及硬化层深度的检验。

该标准把珠光体球墨铸铁件经感应淬火回火后硬化层中马氏体组织分为 8 个级别，其分级说明见表 6-7。其中 1~2 级属于过热形成的粗马氏体，是不合格组织；7~8 级为加热不足形成的微细马氏体和未溶珠光体、铁素体组织；3~6 级为合格组织。标准评级图如图 6-22 所示。

表 6-7　珠光体球墨铸铁件感应淬火回火硬化层组织分级说明

级别/级	组织特征	图例	参　考		
			热处理状况	表面硬度 HRC	硬化层深/mm
1	粗马氏体、大块状残留奥氏体、莱氏体、球状石墨	图 6-22	过烧	53.0	6.30
2	粗马氏体、大块状残留奥氏体、球状石墨		过热	53.0	6.00
3	马氏体、块状残留奥氏体、球状石墨		正常	51.0	4.40
4	马氏体、少量残留奥氏体、球状石墨		正常	52.0	3.00
5	细马氏体、球状石墨		正常	52.0	2.63
6	细马氏体、少量未溶铁素体、球状石墨		正常	52.0	1.68
7	微细马氏体、少量未溶珠光体、未溶铁素体、球状石墨		不足	31.5	1.13
8	微细马氏体、较多量未溶珠光体、未溶铁素体、球状石墨		不足	30.0	0.85

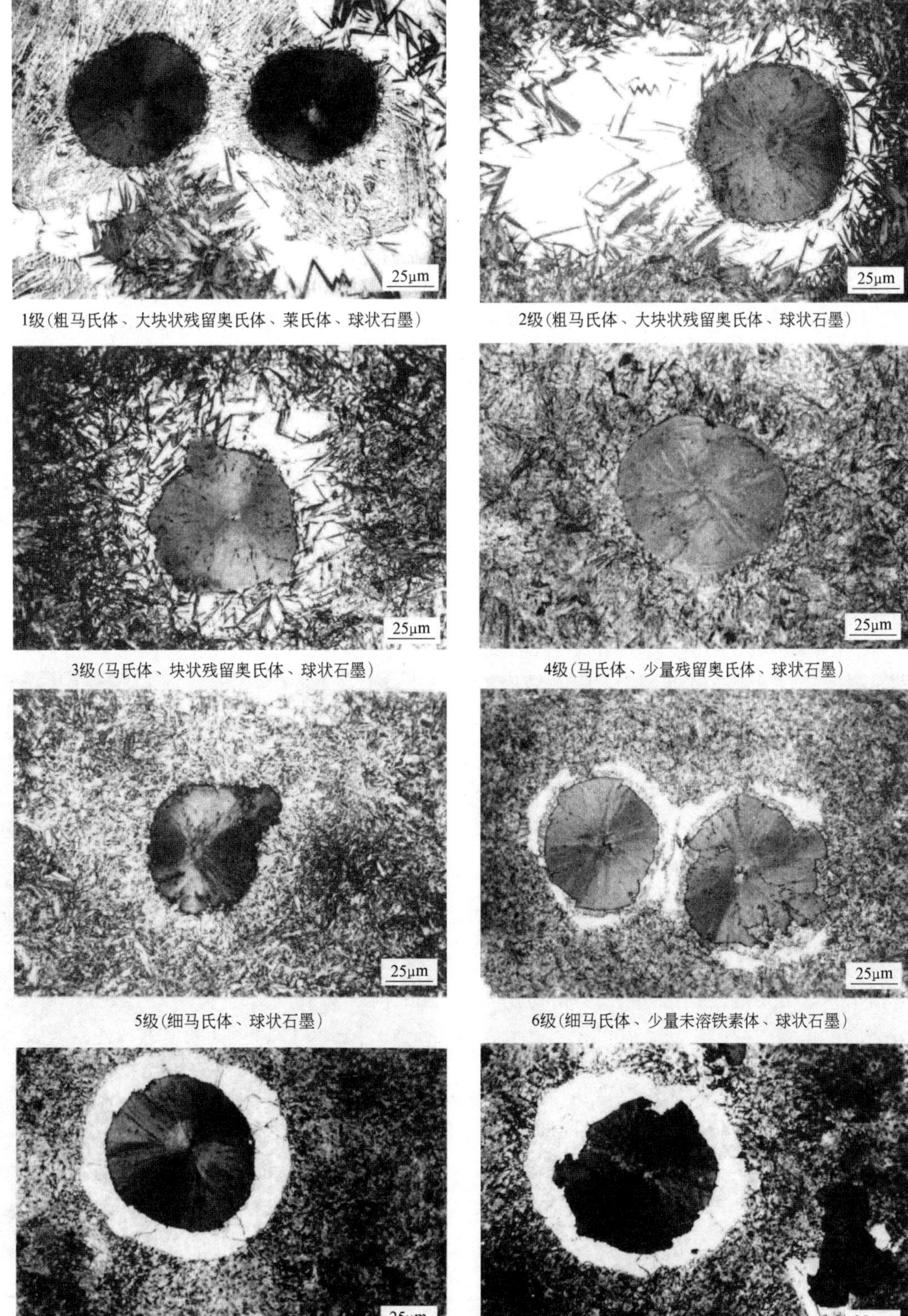

1级（粗马氏体、大块状残留奥氏体、莱氏体、球状石墨）

2级（粗马氏体、大块状残留奥氏体、球状石墨）

3级（马氏体、块状残留奥氏体、球状石墨）

4级（马氏体、少量残留奥氏体、球状石墨）

5级（细马氏体、球状石墨）

6级（细马氏体、少量未溶铁素体、球状石墨）

7级（微细马氏体、少量未溶珠光体、未溶铁素体、球状石墨）

8级（微细马氏体、较多量未溶珠光体、未溶铁素体、球状石墨）

图 6-22　珠光体球墨铸铁件感应淬火回火硬化层组织评级图

6.8　钢件渗碳淬火回火金相检验与评级

钢件渗碳过程仅在表面渗层发生组织转变，其金相分析主要考查渗碳工艺；而淬火回火后其心部组织也要发生转变，该状态下表层及心部组织、性能直接影响工件的服役性能。

相对于钢件渗碳的平衡态下过共析→共析渗层组织，淬火回火后其组织依次转变为针状马氏体+少量碳化物+残留奥氏体→针状马氏体+少量残留奥氏体→马氏体；心部组织为低碳马氏体，对于淬透性较小的钢种或大尺寸工件，心部还可能出现屈氏体或贝氏体或铁素体。此外，渗碳表层还可能出现内氧化现象。

由于钢件渗碳淬火后的组织直接影响其性能，因此有必要按 GB/T 25744—2010《钢件渗碳淬火回火金相检验》对其组织进行评定。

6.8.1　渗碳层中马氏体评级

渗碳层中的马氏体在光学显微镜下呈黑色针状分布。由马氏体针叶的大小可反映出工件渗碳后淬火温度的高低。GB/T 25744—2010 中采用量化方式划分级别，将马氏体按针长评级分为 6 级，并采用独立标准评级图，如图 6-23 所示。

6.8.2　渗碳层中残留奥氏体评级

由钢铁材料加热及冷却转变特点可知，渗碳层中残留奥氏体的数量与钢材成分有关，也与淬火及回火工艺有关。渗碳层中存在一定量的残留奥氏体有利于渗碳层综合性能的提高，但具体的最佳“量”目前说法不一，各国各行业有各自的标准。

残留奥氏体数量的控制可通过降低淬火温度，提高回火温度，尤其是通过冷处理来实现。残留奥氏体含量的测定常用 X 射线衍射法，但在生产中一般采用金相比较法。在光学显微镜下，浸蚀后的视场内呈白色的区域主要是残留奥氏体，但不全是残留奥氏体，仔细观察还可见部分浮凸的马氏体。因此，评定残留奥氏体时，浸蚀程度要偏深些，尤其是用定量金相软件自动检测时。

GB/T 25744—2010 中把残留奥氏体按含量（体积分数）划分为 6 个级别，如图 6-24 所示。

1级（马氏体针长标称值≤3μm，马氏体针长范围≤3μm）

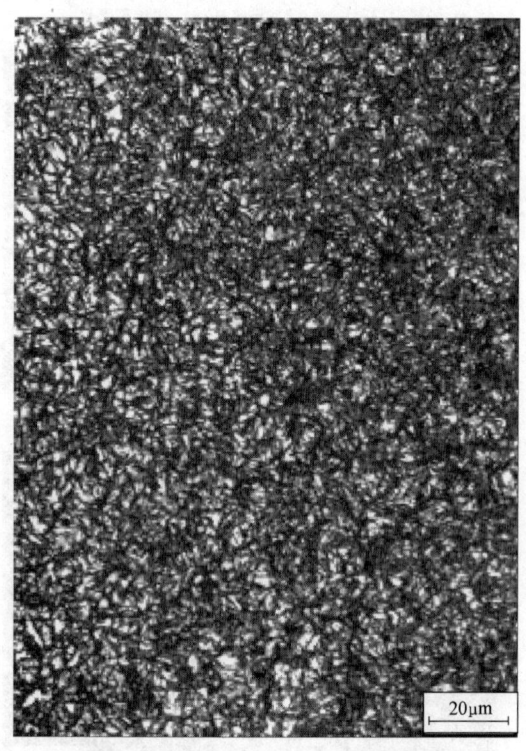

2级（马氏体针长标称值5μm，马氏体针长范围>3～5μm）

图 6-23　马氏体评级图

3级（马氏体针长标称值8μm，马氏体针长范围＞5～8μm）

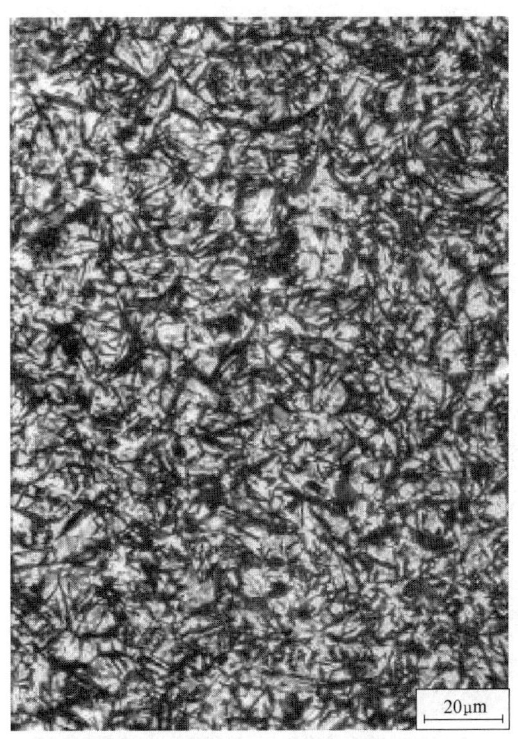

4级（马氏体针长标称值13μm，马氏体针长范围＞8～13μm）

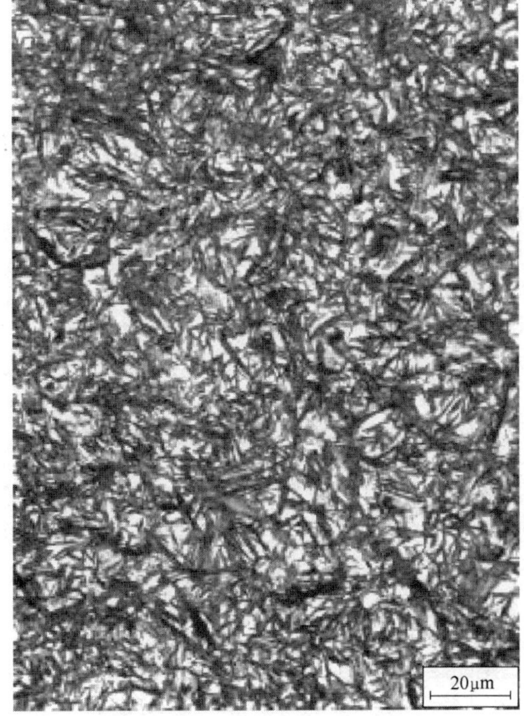

5级（马氏体针长标称值20μm，马氏体针长范围＞13～20μm）

6级（马氏体针长标称值30μm，马氏体针长范围＞20～30μm）

图 6-23　马氏体评级图（续）

1级（残留奥氏体标称含量≤5%，残留奥氏体含量范围≤5%）

2级（残留奥氏体标称含量10%，残留奥氏体含量范围＞5%～10%）

3级（残留奥氏体标称含量18%，残留奥氏体含量范围＞10%～18%）

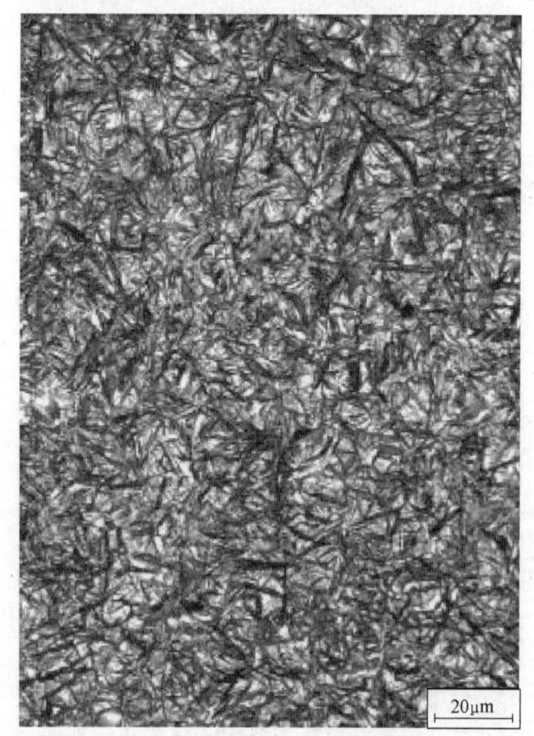

4级（残留奥氏体标称含量25%，残留奥氏体含量范围＞18%～25%）

图 6-24　残留奥氏体级别图

5级(残留奥氏体标称含量30%，残留奥氏体含量范围＞25%～30%)

6级(残留奥氏体标称含量40%，残留奥氏体含量范围＞30%～40%)

图 6-24　残留奥氏体级别图（续）

6.8.3　渗碳层中碳化物评级

渗碳层中的碳化物在提高渗层的硬度、耐磨性方面起着主要作用，但若碳化物过多且成网状，呈大块分布则会导致渗层的脆性并引发渗层剥落、开裂等。碳化物的“利”“弊”之间在于其分布、大小、形态及数量。

GB/T 25744—2010 中采用两个系列：以网状分布的碳化物和以粒状块状分布的碳化物，并将碳化物分为 6 级，如图 6-25 所示。由于渗层内碳浓度是递减的，碳化物的分布也是渐变的，所以评定视场一般规定按最严重处评定。

1级(无或极少量细颗粒状碳化物)

2级(网系，细颗粒状碳化物加趋网状分布的细小碳化物)

2级(粒块系，细颗粒状碳化物加稍粗的粒状碳化物)

图 6-25　碳化物级别图

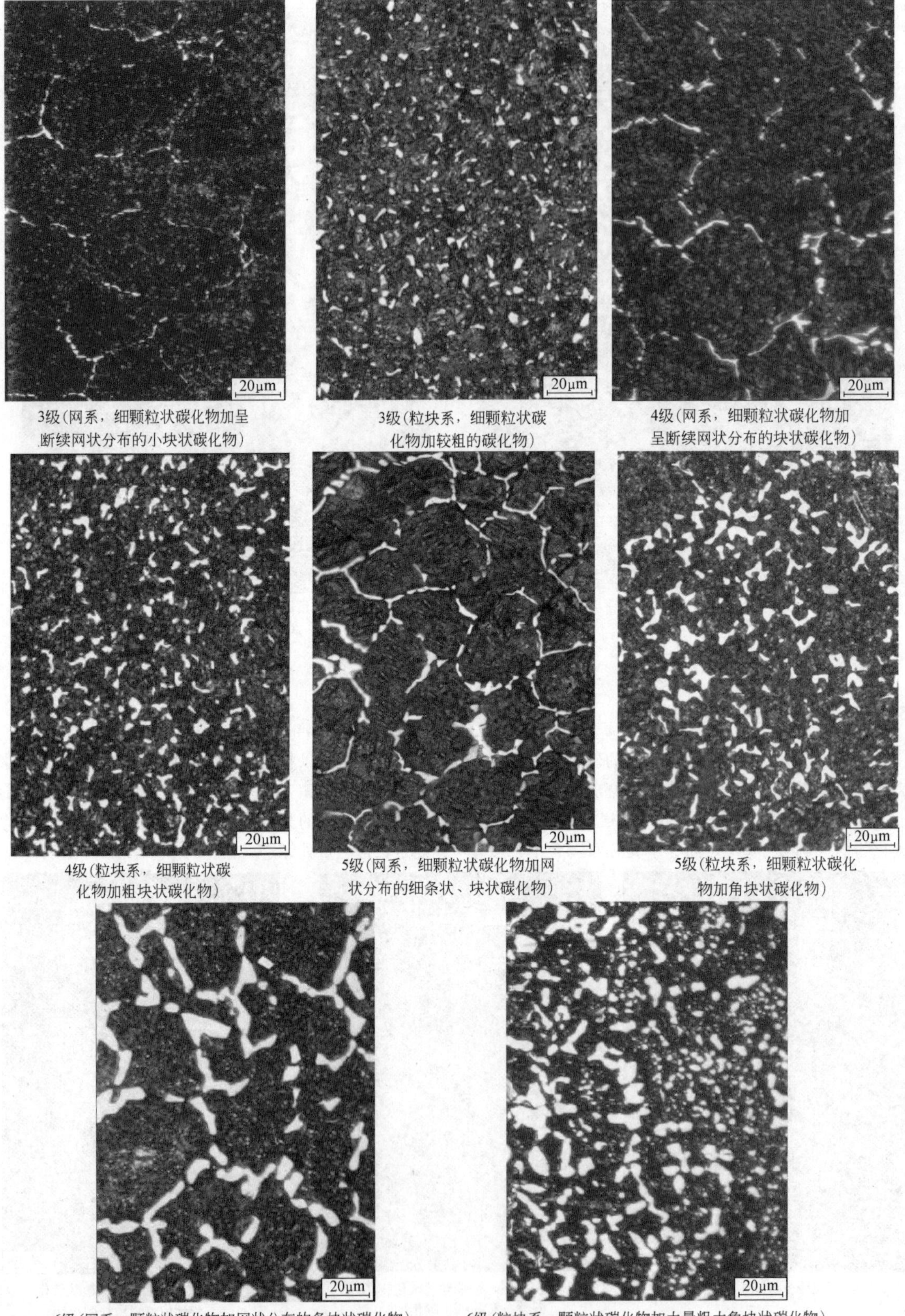

3级（网系，细颗粒状碳化物加呈断续网状分布的小块状碳化物）

3级（粒块系，细颗粒状碳化物加较粗的碳化物）

4级（网系，细颗粒状碳化物加呈断续网状分布的块状碳化物）

4级（粒块系，细颗粒状碳化物加粗块状碳化物）

5级（网系，细颗粒状碳化物加网状分布的细条状、块状碳化物）

5级（粒块系，细颗粒状碳化物加角块状碳化物）

6级（网系，颗粒状碳化物加网状分布的条块状碳化物）

6级（粒块系，颗粒状碳化物加大量粗大角块状碳化物）

图 6-25　碳化物级别图（续）

6.8.4　渗碳件心部组织评级

渗碳件的心部组织对工件的使用性能起着重要的作用，包括对渗碳层起着支撑作用，一般常考核心部的硬度。但硬度并不能完全反映其他性能，如疲劳性能、冲击性能等，因此对于工艺质量控制应关注心部的具体组织。

渗碳件的心部在淬火冷却时由于冷却相对缓慢，而且碳含量相对低，因此出现非马氏体组织的概率较高，如贝氏体、索氏体，尤其是铁素体，一般要按其分布数量分级控制。心部组织级别图如图 6-26 所示。

1级（铁素体体积分数0%）

2级（铁素体体积分数≤0.5%）

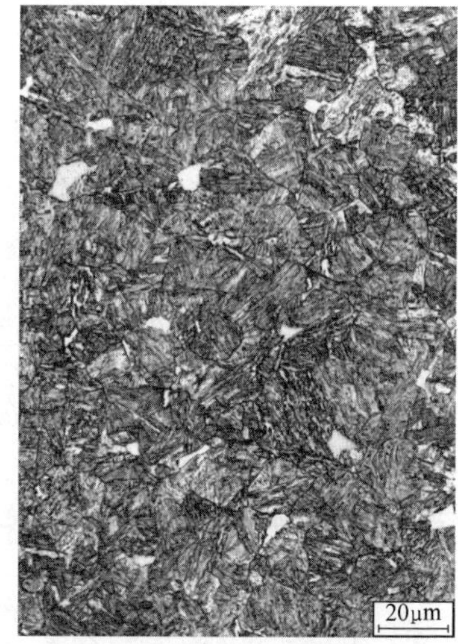

3级（铁素体体积分数>0.5%~3%）

4级（铁素体体积分数>3%~5%）

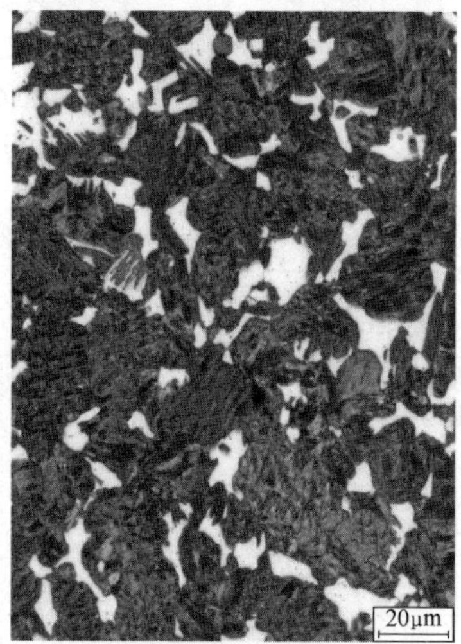

5级（铁素体体积分数>5%~12%）

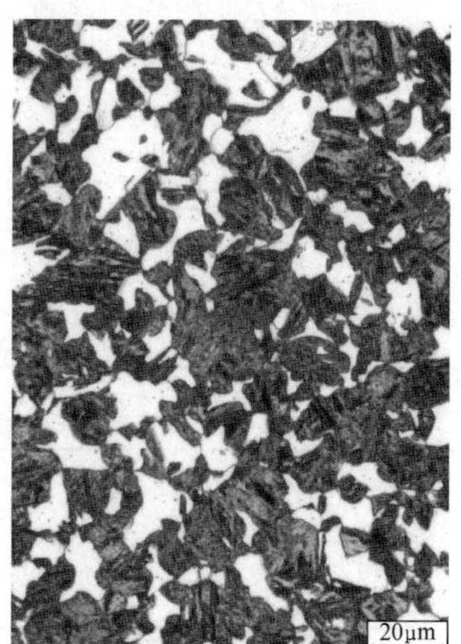

6级（铁素体体积分数≥25%）

图 6-26　心部组织级别图

6.8.5　渗碳表层内氧化评级

在金属的次表层形成氧化物称为内氧化，内氧化是钢在渗碳与碳氮共渗时经常发生的现象。内氧化的本质是加热介质的氧势还不足以使基体金属氧化，但氧被工件表面吸收且能溶解在基体金属中，它在向内扩散过程中，遇到与氧的亲和力强的合金元素时，形成氧化物质点，分散地分布于次表层内，尤其沿晶界趋网状分布，如图 6-27 所示。

渗碳件表层内氧化在抛光表面就能观察到，呈灰色或黑色网格分布，次表面相对宽大，往往贯穿至外表面。这些氧化网破坏了材质的连续性，且较脆弱，极易成为疲劳开裂的萌生区。因此作为缺陷组织要予以控制。按内氧化层深度分级，内氧化层级别与特征说明见表 6-8。

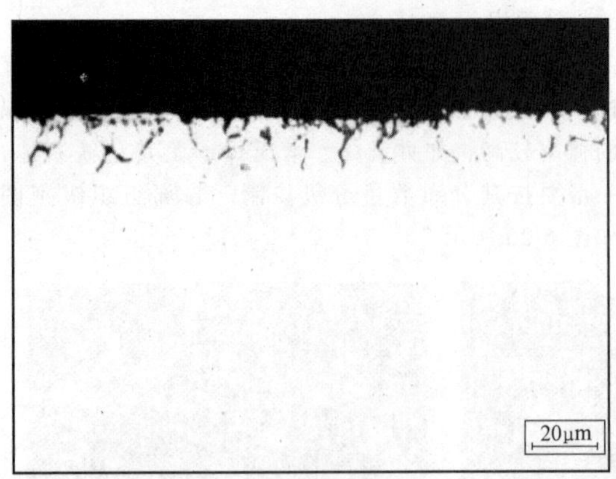

图 6-27　内氧化形貌（未侵蚀）

表 6-8　内氧化层级别与特征说明

级别/级	特 征 说 明
1	表层未见沿晶界分布的灰色氧化物，无内氧化层
2	表层可见沿晶界分布的灰色氧化物，内氧化层深度≤6μm
3	表层可见沿晶界分布的灰色氧化物，内氧化层深度>6~12μm
4	表层可见沿晶界分布的灰色氧化物，内氧化层深度>12~20μm
5	表层可见沿晶界分布的灰色氧化物，内氧化层深度>20~30μm
6	表层可见沿晶界分布的灰色氧化物，内氧化层深度>30μm，最深处深度用具体数字表示

6.9　渗氮层金相检验与评级

6.9.1　渗氮层脆性评级

经气体渗氮的零件必须进行渗层的脆性检验。渗氮层脆性级别按维氏硬度压痕边角碎裂程度分为 5 级，按 GB/T 11354—2005《钢铁零件　渗氮层深度测定和金相组织检验》，渗氮层脆性分级及说明见表 6-9。检验渗氮层脆性时，在渗氮件表面采用维氏硬度计进行检验，试验力规定一般用 98.07N（10kgf）。

标准规定一般零件 1~3 级为合格，重要零件 1~2 级为合格。对于渗氮后留有磨量的零件，也可在磨去加工余量后的表面上测定。这种用压痕检验渗氮层脆性的方法实际上难以正确地反映渗氮层的真实脆性，脆性较大的渗氮层用这种方法所测定的等级往往是很小的。而用静态扭转试验更能表征渗氮层脆性的大小，它是用试样静态扭转时，渗层中出现第一条裂纹的扭转角大小表示的。但压痕法简便易行，有一定实用性，故仍被广泛采用。

6.9.2　渗氮层疏松评级

经氮碳共渗处理的零件必须进行渗层的疏松检验。渗氮层疏松级别按表面化合物层内微孔的形状、数量、密集程度分为 5 级。渗氮层疏松制样浸蚀时应避免渗氮化合物层受腐蚀。渗氮层疏松在显微镜下放大 500 倍检验，取其疏松最严重的部位，参照图 6-28 所示渗氮层疏松级别图进行评定。标准规定一般零件 1~3 级为合格，重要零件 1~2 级为合格。

表 6-9　渗氮层脆性分级及说明

级别/级	脆性级别图 ［维氏硬度压痕，试验力为 98.07N（10kgf），100 倍］	渗氮层脆性级别说明
1		压痕边角完整无缺
2		压痕一边或一角碎裂
3		压痕二边或二角碎裂

（续）

级别/级	脆性级别图 ［维氏硬度压痕，试验力为 98.07N（10kgf），100 倍］	渗氮层脆性级别说明
4	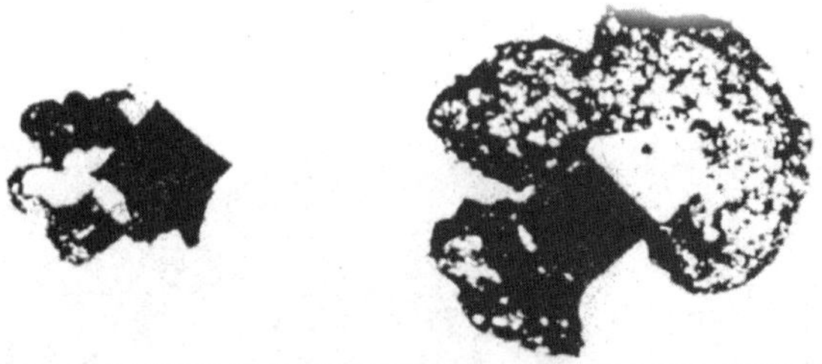	压痕三边或三角碎裂
5	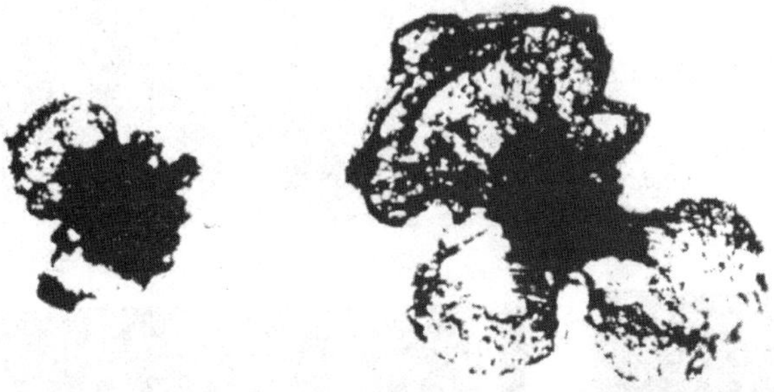	压痕四边或四角碎裂

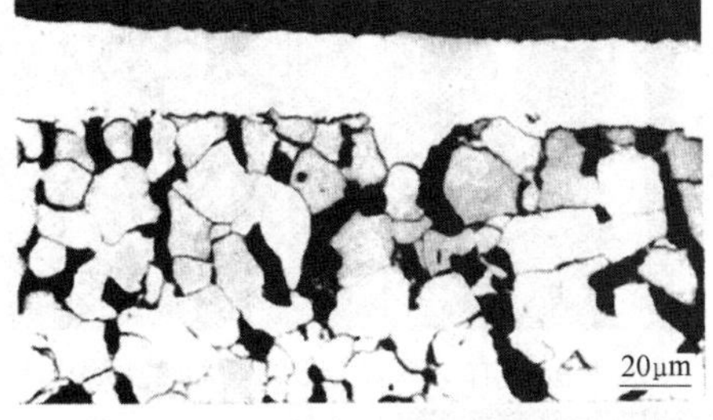

1级（化合物致密，表面无微孔）

2级（化合物层较致密，表面有少量细点状微孔）

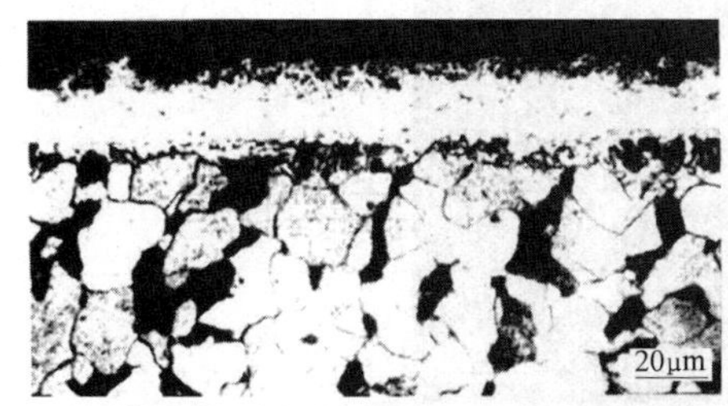

3级（化合物层微孔密集成点状孔隙，由表及里逐渐减少）

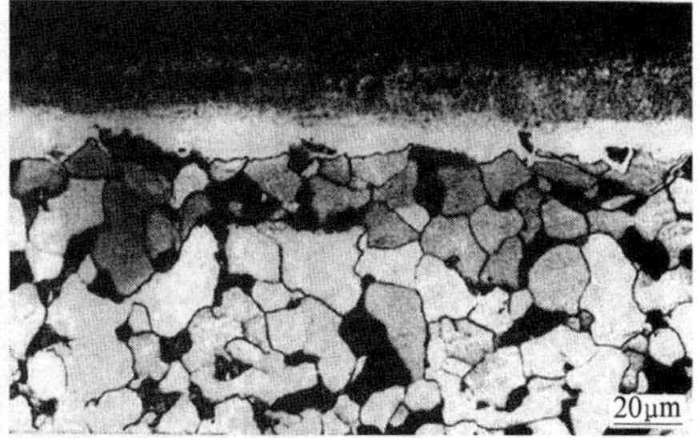

4级（微孔占化合物层2/3以上厚度，部分微孔聚集分布）

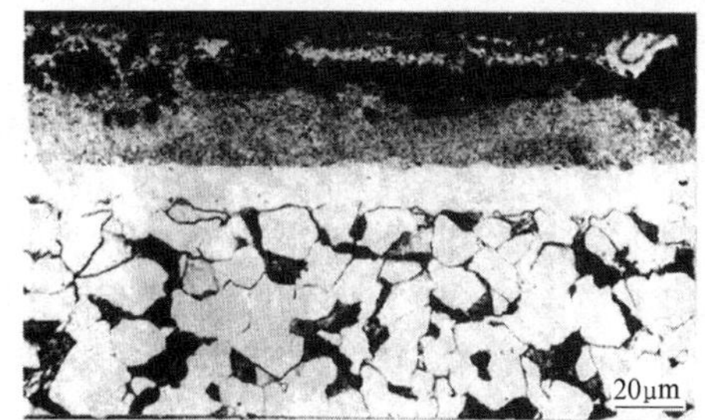

5级（微孔占化合物层3/4以上厚度，部分呈孔洞密集分布）

图 6-28　渗氮层疏松级别图

6.9.3　渗氮层中氮化物评级

经气体渗氮或离子渗氮的零件必须进行氮化物检验。渗氮层氮化物级别按扩散层中氮化物的形态、数量及分布情况分为5级，渗氮扩散层中氮化物级别图如图6-29所示。按规定取样、制样，渗氮扩散层中氮化物在显微镜下放大500倍进行检验，取其组织最差的部位，参照图6-29所示渗氮扩散层中氮化物级别图进行评定。标准规定一般零件1~3级为合格，重要零件1~2级为合格。

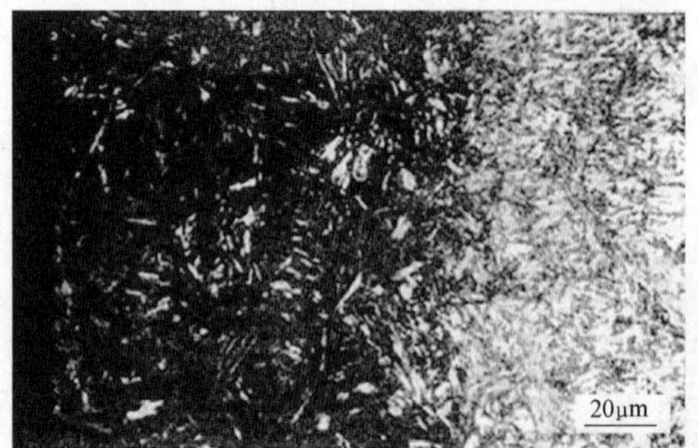

1级(扩散层中有极少量呈脉状分布的氮化物)

2级(扩散层中有少量呈脉状分布的氮化物)

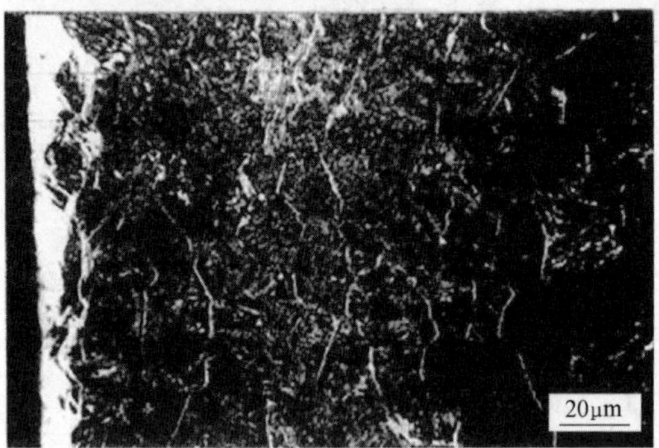

3级(扩散层中有较多呈脉状分布的氮化物)

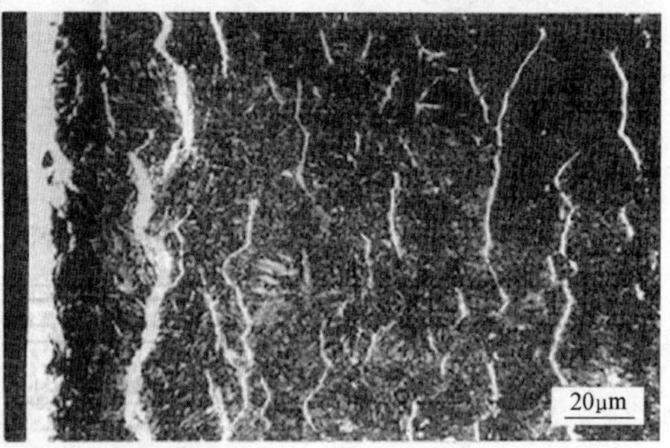

4级(扩散层中有较严重脉状和少量断续网状分布的氮化物)

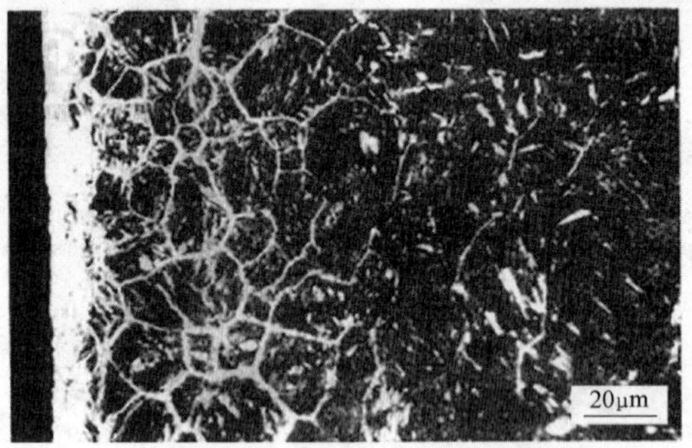

5级(扩散层中连续网状分布的氮化物)

图6-29　渗氮扩散层中氮化物级别图

6.10　渗硼层金相检验与评级

渗硼层一般由FeB或Fe_2B双相组成，也可以由Fe_2B单相组成。FeB、Fe_2B两种硼化物的性能、相对量、形态、分布对渗层的性能有很大的影响。JB/T 7709—2007《渗硼层显微组织、硬度及层深检测方法》中，根据渗硼后获得的单相（Fe_2B)、双相（FeB、Fe_2B)、相对数量、指状和齿状等不同形态，将渗硼层分为6类，如图6-30所示。这种分类为工业生产中的渗硼提供了评定的依据。高硼相FeB有很高的硬度，但脆性较大，在使用中没有实际意义，因此在零件上希望得到硬度较高、与基体结合良好且脆性较小的“指状”单相Fe_2B。另外，在双相层中只要FeB的量不多，不连续分布，就不会对使用性能

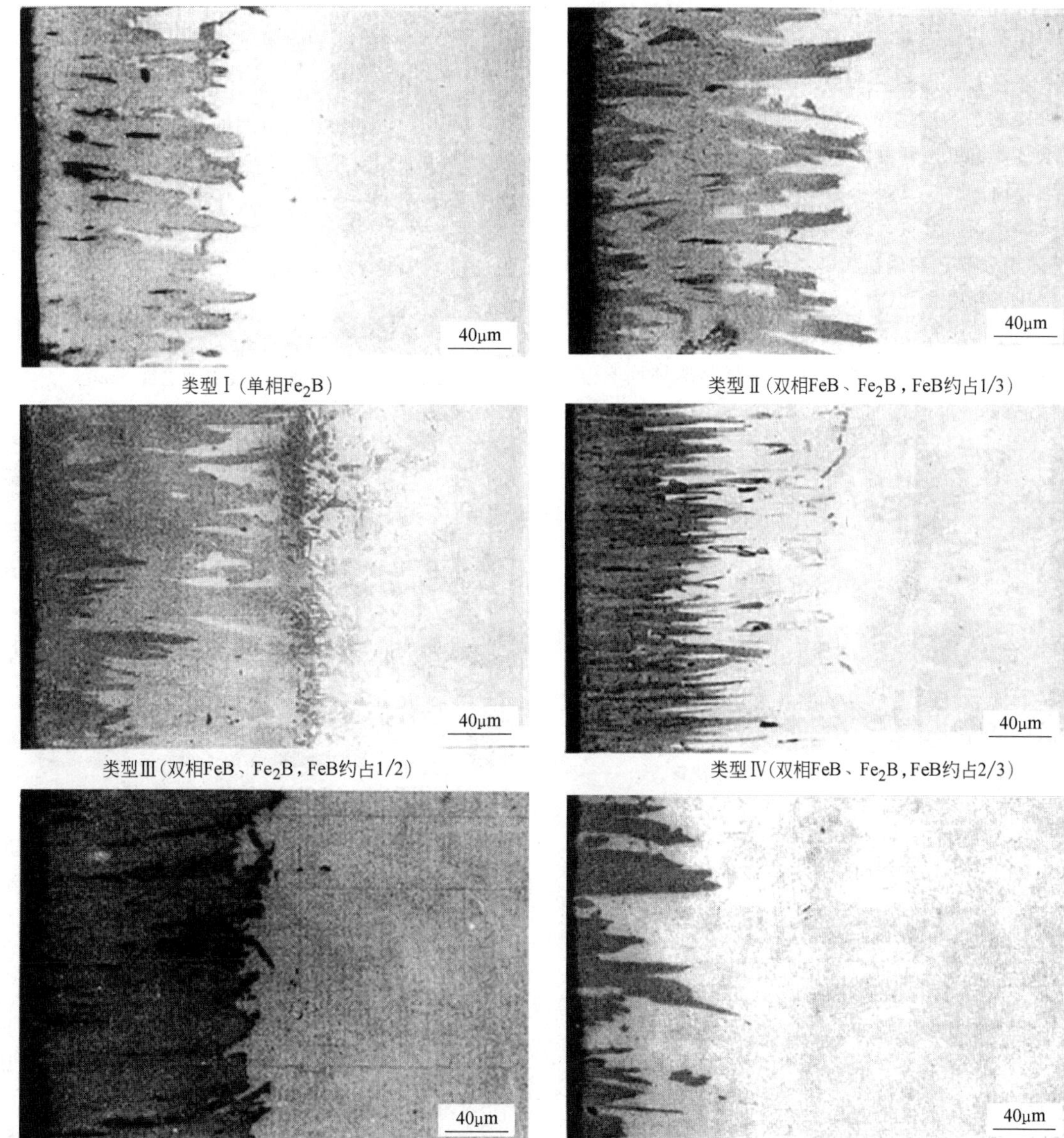

类型Ⅰ(单相Fe_2B)　类型Ⅱ(双相FeB、Fe_2B，FeB约占1/3)　类型Ⅲ(双相FeB、Fe_2B，FeB约占1/2)　类型Ⅳ(双相FeB、Fe_2B，FeB约占2/3)　类型Ⅴ(齿状渗层)　类型Ⅵ(不完整渗层)

图 6-30　渗硼层形貌类型评定

有很大的影响。因此，渗硼层金相检验不仅应说明组织，还应评定渗硼层类型。

6.11　渗金属金相检验

6.11.1　渗铬层的金相检验

在钢铁材料渗铬过程中，铬渗入工件后，使表层奥氏体中的铬浓度增加，降低了碳在奥氏体中的溶解度，从而析出（Cr，Fe)$_7C_3$型碳化物，变成γ+（Cr，Fe)$_7C_3$区。析出的（Cr，Fe)$_7C_3$碳化物在表面聚集和生长，使碳化物层不断增厚。同时由于奥氏体不断析出铬碳化物（Cr，Fe)$_7C_3$，使奥氏体中的碳趋于贫乏，因此基体中的碳不断地向奥氏体中扩散，从而在γ+（Cr，Fe)$_7C_3$区与基体之间形成贫碳区。如果渗铬时间较长，渗剂中有足够的铬原子不断向内扩散，使表层碳化物变成高铬低碳的（Cr，Fe)$_{23}C_6$，这时渗层中有两层碳化物，外层为（Cr，Fe)$_{23}C_6$化合物，内层为（Cr，Fe)$_7C_3$和（Cr，Fe)$_3$C碳化物。

纯铁或低碳钢经渗铬处理后的金相检验，用双钾试剂［（10~20g）铁氰化钾+（5~15g）氢氧化钾+100mL 水］浸蚀，能有效地显示渗层组织，但在化合物层上会有一层棕色的膜，可以用 10%（质量分数）柠檬酸水溶液清洗，就能显示渗层的边界。若要显示基体组织，可再用 4%（体积分数）的硝酸乙醇溶液浸蚀。图 6-31 所示为 10 钢经 1050℃、6h 粉末渗铬，炉冷后的组织。渗层用二钾试剂浸蚀，基体用 4%（体积分数）的硝酸乙醇浸蚀。渗层组织表面薄的连续化合物层为（Cr，Fe）$_{23}$C$_6$ 相，第二层为 α 柱状晶，α 柱状晶内有针状及块状碳化物析出，晶界上也有（Cr，Fe）$_7$C$_3$ 碳化物析出，渗层与基体间有一条重结晶线。

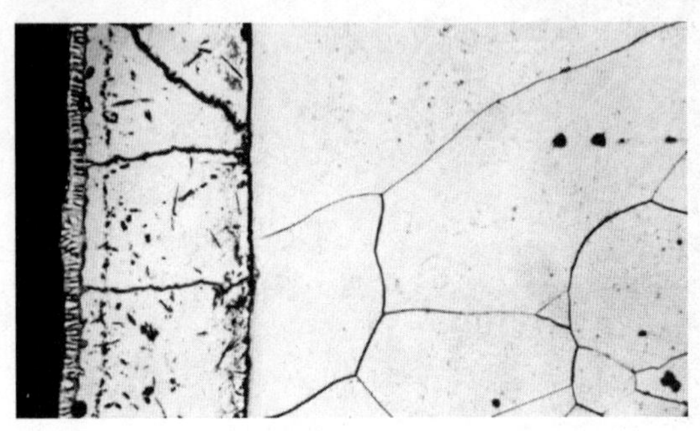

图 6-31 10 钢经 1050℃、6h 粉末渗铬，炉冷后的组织 320×

中、高碳钢经表面渗铬处理后的渗层组织通常会有 3 层，最表层为 Cr$_2$（C，N），第二、第三层与低碳钢的渗铬层类似。这是由于渗层的碳化物类型的形成与渗铬剂介质及基体的碳含量有关，当基体材料碳含量增加，碳与铬会形成较多的铬碳化物，同时由于渗剂中的氯化铵在渗铬过程中有活性氮原子产生，所以在最表层会形成 Cr$_2$（C，N）的渗层。图 6-32 所示为 35Mn 钢粉末渗铬的组织。其化合物层分三层，均呈柱状晶分布，最表层为 Cr$_2$（C，N），次表层为（Cr，Fe）$_{23}$C$_6$，第三层为（Cr，Fe）$_7$C$_3$。化合物层下有一层共析组织，化合物层与共析区之间有条状和网状（Cr，Fe）$_3$C 相。由于材料中锰元素的影响，基体次表层有一层较宽的贫碳层。

图 6-33 所示为 T8 钢粉末渗铬的组织。其渗层同样有三层，渗层碳化物构成类似于上述 35Mn 钢的渗层组织。由于基体材料碳含量高，所以渗层底下的贫碳现象未出现，但仍可见该区域的珠光体有别于基体区的现象。

6.11.2 渗铝层的金相检验

普碳钢渗铝层通常有二层：第一层为富铝层，其成分与铝液的接近；第二层为铝铁合金层，其主要组

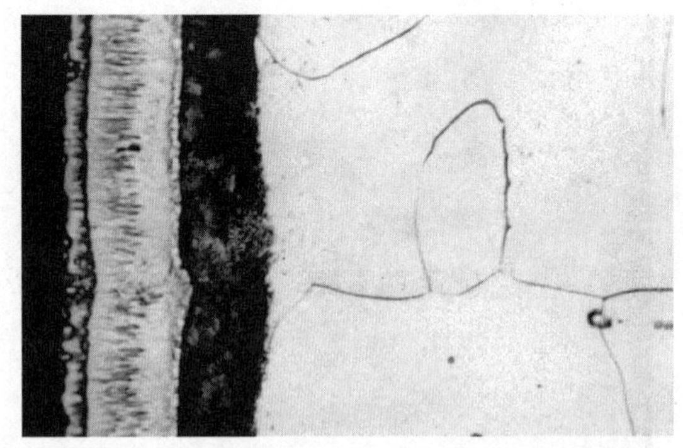

图 6-32 35Mn 钢粉末渗铬的组织 320×

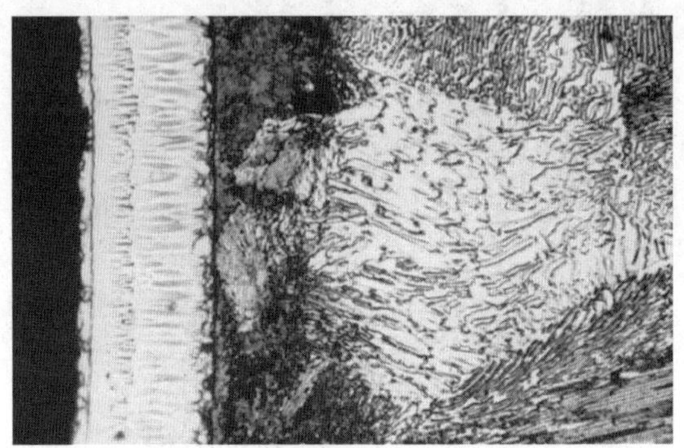

图 6-33 T8 钢粉末渗铬的组织 500×

成是 η（Fe$_2$Al$_5$）金属间化合物相，同时含有少量的 Q（FeAl$_3$）相。η（Fe$_2$Al$_5$）相性能硬而脆，强度较差，使渗层的韧性及黏附强度降低，所以在渗铝过程中要设法抑制 η（Fe$_2$Al$_5$）相的生长，一般将 η（Fe$_2$Al$_5$）相层控制在渗铝层的 1/10 左右。

热浸铝层组织最表层为纯铝晶粒，呈等轴晶形貌，内层为"犬齿状"η（Fe$_2$Al$_5$）相，一般可采用体积分数 1%的氢氟酸水溶液或 3%的硝酸乙醇浸蚀显示渗层形貌。因为 η（Fe$_2$Al$_5$）相的斜方晶体结构，具有各向异性特点，所以可在偏振光下得到晶粒的形貌。这是由于晶体学位向不同引起晶粒显色发生差异，故使晶粒形貌易于显示。

热浸渗铝层经扩散退火处理后，在 η（Fe$_2$Al$_5$）相层会出现 Q（FeAl$_3$）和 α-Fe（Al）固溶体相，可用硫代硫酸盐为基的复合试剂来显示渗层的层次。

图 6-34 所示为 20 钢经预热后，在 690~700℃ 的铝液中浸 2min 处理后的热浸渗铝组织。其最外层为液铝成分的纯铝层，固溶有极微量的铁；其内层为铝铁合金 η（Fe$_2$Al$_5$）相层，因为晶粒沿斜方晶 c 轴择优生长，形成垂直于表面的（犬齿）状结构，楔入基体表面；其基体组织为铁素体+珠光体。

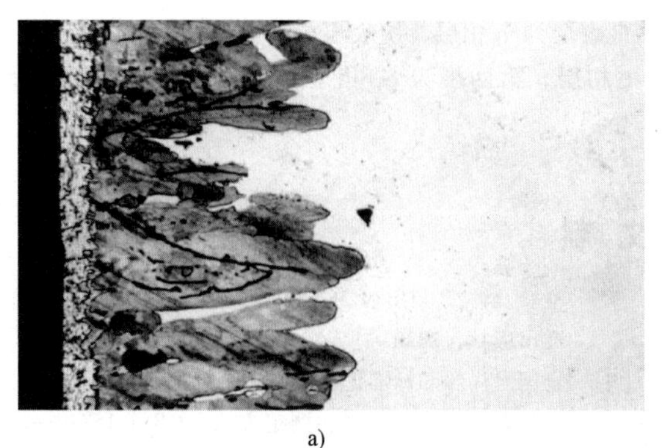

a)

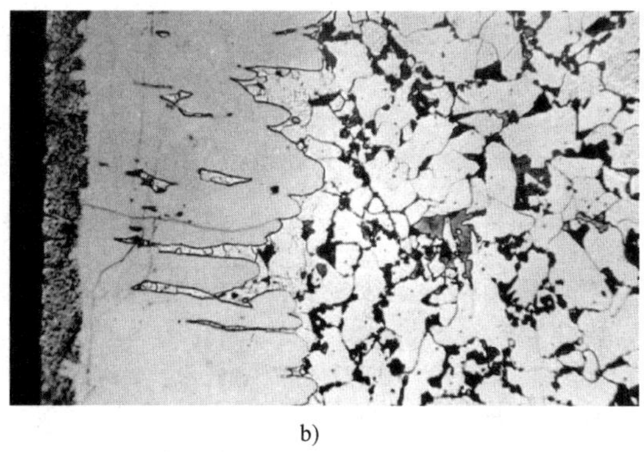

b)

图 6-34　20 钢的热浸渗铝组织

a）经 1%（体积分数）的氢氟酸水溶液浸蚀　320×　b）经 3%（体积分数）的硝酸乙醇浸蚀　200×

图 6-35 所示为 T8 钢经 850℃、7h 粉末渗铝的组织，用 3%（体积分数）的硝酸+10%（体积分数）的氢氟酸乙醇溶液浸蚀，可以把渗层及基体组织都显示出来。其组织中的表层白亮区①为 ξ（$FeAl_2$）相；次表灰色层②为固溶体 $β_2$（FeAl）相，$β_2$ 相上有基本平行的杆状（Al_4C_3）夹杂物；再向内③为 α 固溶体+针状 $β_1$（Fe_3Al）层，图中深色线④为“重结晶线”，越过线下之后⑤为贫碳 α 区；再向内为珠光体区的基体组织。

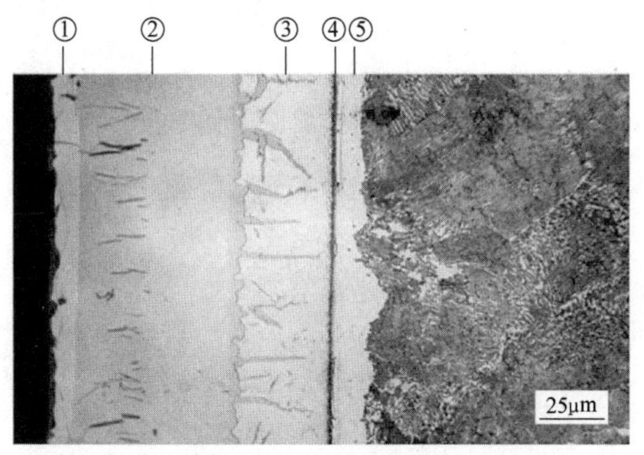

图 6-35　T8 钢粉末渗铝的组织

6.11.3　渗锌层的金相检验

渗锌钢件在金相制样过程中，用常规方法进行抛光，抛光液对锌层会产生腐蚀作用，锌层会出现凹陷，腐蚀物覆盖在锌层表面使锌层变黑，这样对渗层组织的显示及测量都会产生困难。这是由于锌是两性金属，它在酸、碱溶液中都会发生腐蚀。因此，抛光时间越长，则锌损失越多，凹陷越明显，而使基体与锌层的交界呈台阶状。如在抛光液中（三氧化二铝）加入三乙醇胺并将溶液 pH 值控制在 11 左右，它的穿蚀率最低，也就是腐蚀最少。渗锌层中各相可用苦味酸水溶液（0.075g 苦味酸+13mL 乙醇+30~60mL 水），在室温下浸蚀 10~20s，η 相呈黄色，δ 相呈浅蓝色，ξ 相呈浅红色。

常用的金相浸蚀剂为碱性苦味酸水溶液（25g 氢氧化钠+2g 苦味酸+100mL 水，使用时用 5 倍水稀释）。

10 钢粉末渗锌的组织如图 6-36a 所示。该工件在的锌粉、氧化铝、氧化锌（质量分数分别为 50%、30%、20%）渗剂中，经 440℃、3h 粉末渗锌处理后，

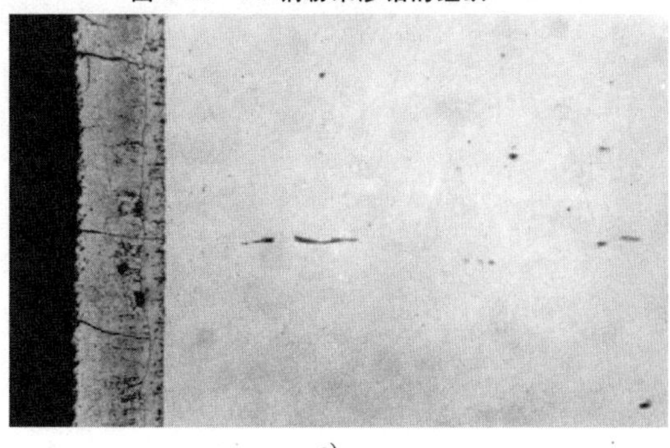

a)

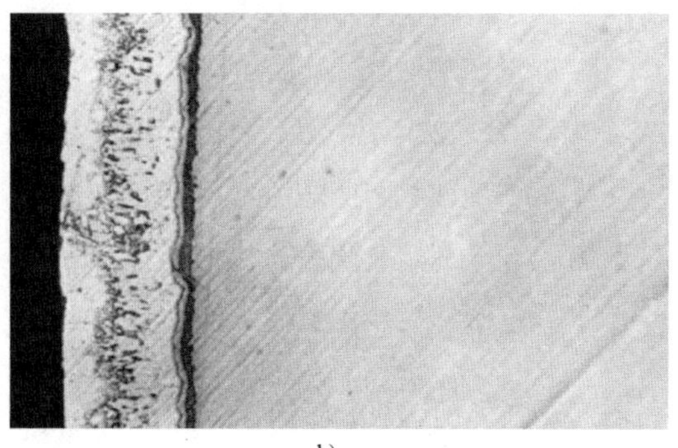

b)

图 6-36　10 钢粉末渗锌组织

a）粉末渗锌的组织　200×　b）热浸渗锌的组织　400×

其金相组织中表层较厚的为 δ_1 相层，次表层为 Γ 相层。

10 钢热浸渗锌的组织如图 6-36b 所示。该工件在锌浴中，经 450℃、1min 浸锌处理后，其金相组织中最表层为 η 相层，次表层为（η+ξ）相层，第三层为 ξ 相层，第四层为 δ_1 相层，基体与渗层交界处为 Γ 相层。

参 考 文 献

[1] 全国热处理标准化技术委员会. 金属热处理标准应用手册［M］. 3 版. 北京：机械工业出版社，2016.

[2] 沈庆通，梁文林. 现代感应热处理技术［M］. 北京：机械工业出版社，2015.

[3] 任颂赞，叶俭，陈德华. 金相分析原理及技术［M］. 上海：上海科学技术文献出版社，2013.

[4] 王忠诚，王东. 热处理常见缺陷分析与对策［M］. 2 版. 北京：化学工业出版社，2012.

[5] 潘建生，胡明娟. 热处理工艺学［M］. 北京：高等教育出版社，2009.

[6] 任颂赞，张静江，陈质如，等. 钢铁金相图谱［M］. 上海：上海科学技术出版社，2003.

[7] 蔡美良，丁惠麟. 新编工模具钢金相热处理［M］. 北京：机械工业出版社，2000.

[8] 全国热处理标准化技术委员会. 低、中碳钢球化组织检验及评级：GB/T 38770—2020［S］. 北京：中国标准出版社，2020.

[9] 全国海洋船舶标准化技术委员会船用材料应用工艺分技术委员会. 定量金相测定方法：GB/T 15749—2008［S］. 北京：中国标准出版社，2009.

[10] 全国热处理标准化技术委员会. 中碳钢与中碳合金结构钢淬火金相组织检验：GB/T 38720—2020［S］. 北京：中国标准出版社，2020.

[11] 全国钢标准化技术委员会. 金属平均晶粒度测定法：GB/T 6394—2017［S］. 北京：中国标准出版社，2017.

[12] 全国刀具标准化技术委员会. 工具热处理金相检验：JB/T 9986—2013［S］. 北京：机械工业出版社，2014.

第 7 章　力学性能试验

西安交通大学　单智伟　付琴琴

7.1　静拉伸试验

7.1.1　静拉伸试验的特点

静拉伸试验是一种最简单的力学性能试验，在测试的范围（标距）内，受力均匀，应力应变及其性能指标测量稳定、可靠，理论计算方便。通过静拉伸试验，可以测定材料弹性变形、塑性变形和断裂过程中最基本的力学性能指标（如弹性模量 E、下屈服强度 R_{eL} 或规定塑性延伸强度 R_p、抗拉强度 R_m、断后伸长率 A 及断面收缩率 Z 等）。静拉伸试验中获得的力学性能指标（如 E、$R_{p0.2}$、R_{eL}、R_m 和 A、Z 等）是材料固有的基本属性和工程设计中的重要依据。

7.1.2　试样

静拉伸试样分为比例试样与非比例试样两种。比例试样系按公式 $L_o = k\sqrt{S_o}$ 计算而得到的试样尺寸，式中的 L_o 为标距长度；S_o 为试样原始截面积；系数 k 通常为 5.65 和 11.3，前者称为短试样，后者称为长试样。据此，短、长圆试样的标距长度 L_o 分别为 $5d_o$ 和 $10d_o$（d_o 为圆试样直径）。除圆形截面试样外，还有板状试样，常用的拉伸试样有六种形式，如图 7-1 所示。灰铸铁和球墨铸铁拉伸试样如图 7-2 所示，尺寸见表 7-1 和表 7-2。

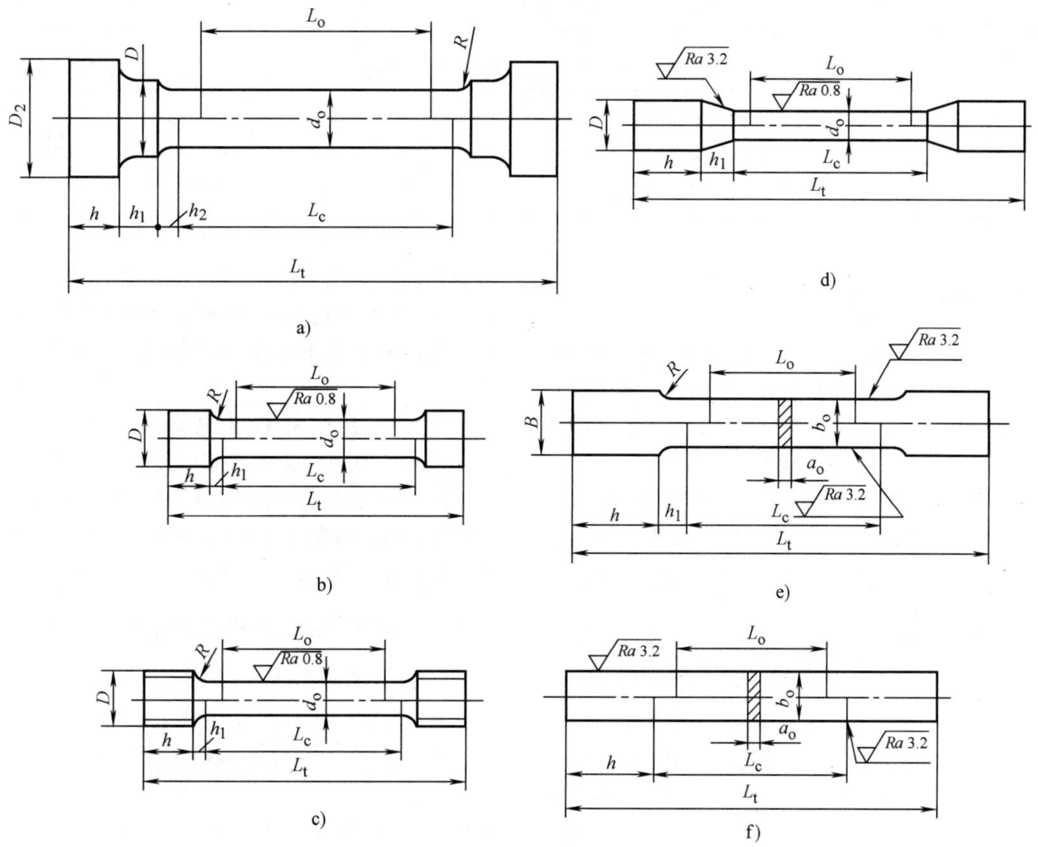

图 7-1　常用的拉伸试样

a)～d）圆形拉伸试样　e)、f）板状拉伸试样

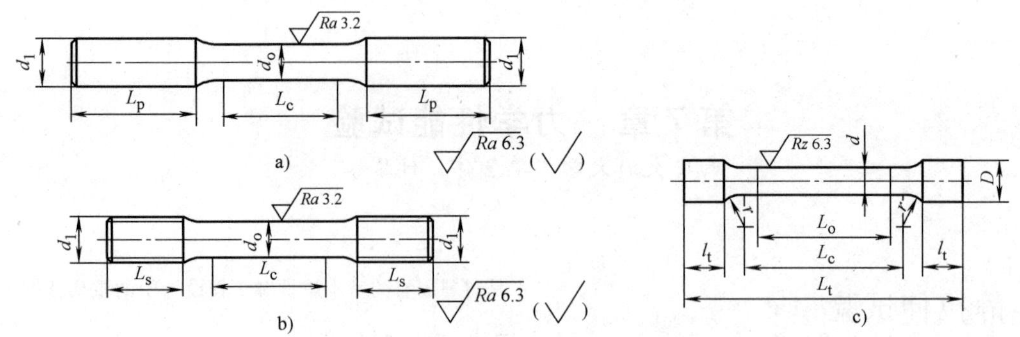

图 7-2　灰铸铁和球墨铸铁拉伸试样

a)、b) 灰铸铁拉伸试样　c) 球墨铸铁拉伸试样

表 7-1　灰铸铁拉伸试样尺寸　（单位：mm）

名　称			尺　寸	加工公差
最小的平行段长度 L_c			60	—
试样直径 d_o			20	±0.25
圆弧半径 R			25	+5 0
夹持端	圆柱状	最小直径 d_1	25	—
		最小长度 L_p	65	—
	螺纹状	螺纹直径与螺距	M30×3.5	—
		最小长度 L_s	30	—

表 7-2　球墨铸铁拉伸试样尺寸　（单位：mm）

d	L_o	L_c ≥	d	L_o	L_c ≥
5±0.1	25	30	**14±0.1**	**70**	**84**
7±0.1	35	42	20±0.1	100	120
10±0.1	50	60			

注：表中黑体字表示优先选用的尺寸。

7.1.3　拉伸试验机

拉伸试验机一般由机身、加载机构、测力机构、载荷伸长记录装置和夹持机构五部分组成。其中加载机构和测力机构是试验机的关键部位，这两部分的灵敏度及精度的高低能反映试验机质量的优劣。

常用的拉伸试验机有电子拉伸试验机和自动试验机。电子拉伸试验机采用电子技术，对载荷和变形进行精确测控和自动记录，大多数采用带有电阻应变法载荷传感器的测力装置和差动变压器引伸仪或以自整角机同步伺服方式测量变形。这种试验机载荷范围和加荷速度范围都很宽，由于载荷测量系统跟踪速度很高，能够消除一般摆锤式测力计因惯性较大而引起的测量误差。自动试验机是将计算机用于电子拉伸试验机上，可以自动测量试样直径、安装试样，同时自动测定数据并将结果打印出来，实现全部试验过程的自动化。

在液压试验机上，采用灵敏度和精度都很高的电液伺服控制系统，可以精确控制载荷和变形，试样性能的非线性变化也能自动补偿。这种试验机可保证在选定的载荷状态下或按一定的载荷变形程序进行试验。

试验机上夹头的对中偏差一般不应超过±0.5mm，以免产生附加弯矩而影响试验结果。为了在试样拉伸过程中自动调节上下夹头的同心度，一般试验都有带球面支座的夹头，使用时，在球面接触部位须涂以润滑脂，以保证活动自如。

7.1.4　应力-应变曲线和力学性能指标

1. 应力-应变曲线

典型的静拉伸试样采用标距长度为 L_o、截面积为 S_o 的光滑圆柱试棒进行轴向拉伸试验，低碳钢载荷 F 与变形 ΔL 曲线如图 7-3 所示。由图 7-3 可得应力（$R=F/S_o$）-应变（$e=\Delta L/L_o$）曲线（见图 7-4）。

具有铁素体加珠光体组织或回火索氏体组织的各种碳素结构钢、低合金结构钢的应力-应变曲线均具

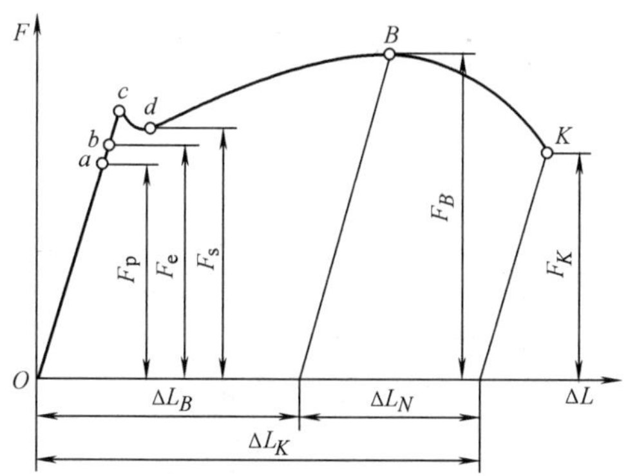

图 7-3　低碳钢载荷变形曲线

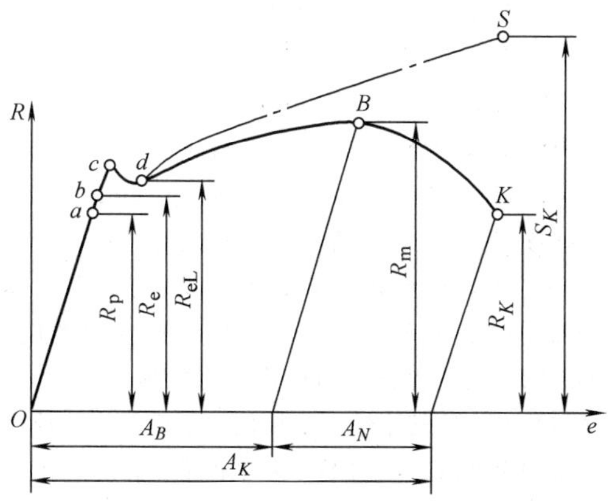

图 7-4　低碳钢应力-应变曲线

有类似于上述曲线的形状。硬化程度较高的钢变形时没有物理屈服行为，如图 7-5a 中的曲线所示。经过冷变形的钢、低中温回火的结构钢、高温回火或退火的高碳钢大都属于这种类型。受到强烈硬化的材料（如经大变形量冷拔过的钢丝）出现图 7-5b 所示的曲线。对于典型的脆性材料（如淬火高碳钢等）出现

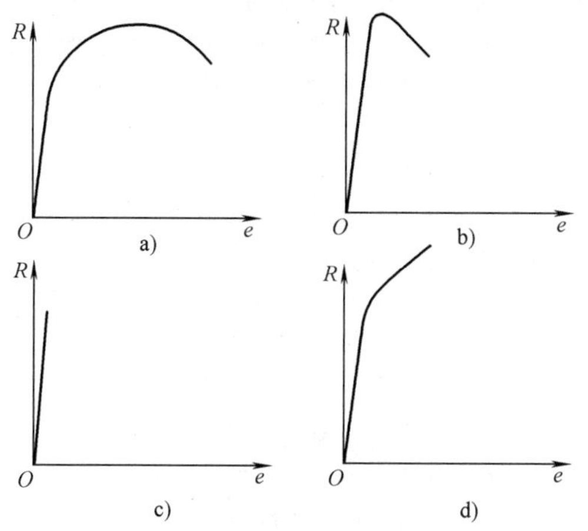

图 7-5　几种类型的应力-应变曲线

图 7-5c 所示的曲线，即在拉伸过程中不产生明显的塑性变形，弹性变形后立即断裂。对于形变强化很强的钢（如高锰耐磨钢等）会出现图 7-5d 所示的曲线，即断裂前不形成缩颈。

2. 力学性能指标

现对图 7-4 所示的典型静拉伸应力-应变曲线中各个阶段的力学性能指标分别进行介绍。

（1）弹性模量　弹性模量 E 的计算公式为

$$E = \Delta R / \Delta e \tag{7-1}$$

式中　ΔR——在弹性范围内应力的变化；

Δe——在弹性范围内延伸率的变化。

E 代表材料产生单位弹性变形所需应力的大小，它代表了材料刚度的大小。弹性模量 E 反映了材料原子间结合能力（或键合力），因此一般合金化、热处理、冷热加工等强化手段对 E 影响不大。它是一个对成分、组织、状态不敏感的力学性能指标。

对空间飞行器用材料，不仅要考虑刚度，还要考虑密度，通常使用比弹性模量，即

$$比弹性模量 = \frac{弹性模量}{密度}$$

几种常用结构材料的比弹性模量列于表 7-3。由表 7-3 可以看出，大多数金属材料的比弹性模量值相差不大，只有铍特别大。一些陶瓷材料的比弹性模量也很大，这是近年来陶瓷在空间技术中被广泛应用的原因之一。

表 7-3　几种常用结构材料的比弹性模量

材　料	Cu	Mo	Fe	Ti	Al	Be	Al_2O_3	SiC
比弹性模量/10^8cm	1.3	2.7	2.6	2.7	2.7	16.8	10.5	17.5

弹性模量的测定可通过精确和放大的应力-应变曲线来确定。但是，一般采用动力学方法（如声学共振法）来测定。动力学方法与静拉伸试验测定结果相差大约只有 0.5%。

（2）屈服强度　有屈服效应（或称物理屈服现象）的材料，在拉伸过程中载荷不增加或有所下降，而试样继续变形的最小载荷所对应的应力称为下屈服强度 R_{eL}（见图 7-6）。不采用载荷开始下降的上屈服强度 R_{eH} 的原因，在于上屈服强度与拉伸试样的圆角过渡大小、试样轴线与力轴的重合性、试样的表面粗糙度等均有关系。在正常试验条件下，下屈服强度再现性比较好，由于屈服应变较大，观测比较方便。

屈服强度按照定义应该是材料开始塑性变形的应力。只有单晶体的屈服强度才有物理意义，它对应着使位错源开动，开始滑移的临界应力。而在实际多晶

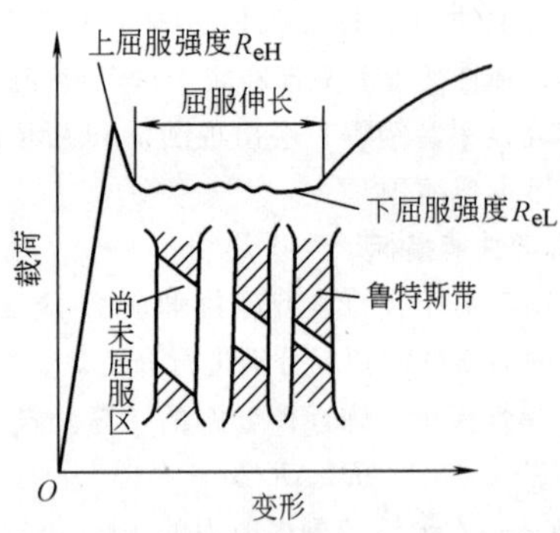

图 7-6　物理屈服现象与上、下屈服强度

体中，由于晶体位向的差别，使各个晶粒不可能同时发生塑性变形。当只有少数晶粒开始塑性变形时，其宏观性能并未显示出屈服，只有较多的晶粒产生塑性变形时，在宏观的应力-应变曲线上才能显示出来。因此，工程上常用的屈服标准有三种：

1）比例极限，即应力-应变曲线上符合线性关系的最高应力，超过该应力时即认为开始屈服。

2）弹性极限，即试样加载后再卸载，以不出现残留的永久变形为标准，材料能够完全弹性恢复的最高应力，应力超过该应力时即认为材料开始屈服。

工程上之所以要区别它们，原出于实用目的。例如，枪炮材料要求有高的比例极限来保证弹道的准确性，弹簧材料要求有高的弹性极限以保证其可靠性。

3）规定塑性延伸强度（R_p），以规定发生一定的残留变形为标准，如通常以 0.2%残留变形的应力作为屈服强度，符号为 $R_{p0.2}$。

这三种标准在实际测量上都是以残留变形为依据，只不过规定的残留变形量不同。另外，根据测量方法的不同，国家标准还包括以下两种屈服强度规范：

1）规定残余延伸强度（R_r），即试样在卸载后，其标准部分的残余伸长达到规定比例时的应力，常用 $R_{r0.2}$ 表示。

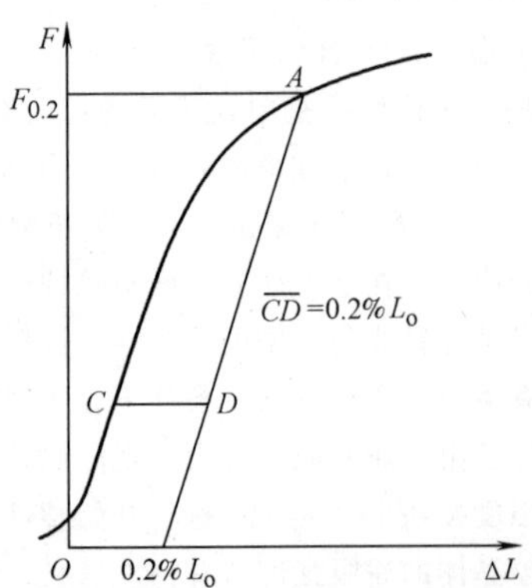

图 7-7　用作图法求条件屈服强度

2）规定总延伸强度（R_t），即试样标准部分的总伸长（弹性伸长加塑性伸长）达到规定比例时的应力，如 $R_{t0.5}$。这时应注意 R_p 和 R_t 是在试样加载时直接从 R-e（F-ΔL）曲线上测量的（见图 7-7），而 R_r 要求卸载测量。之所以规定了一种 R_t 的测定方法，一方面是为了测量方便，另一方面是有些材料（灰铸铁、黄铜等）的应力-应变曲线中本来就没有直线部分，所以用 R_t 表示其屈服强度。

屈服强度对材料的成分、组织、状态、温度和加载速度等因素均十分敏感，通过合金化、热处理、冷热加工等手段可以大幅度地加以改变。

屈服强度是机械设计中对材料最重要的性能指标之一。对塑性材料，强度设计以屈服强度为标准，规定许用应力 $[R]=R_p/n$，n 为安全系数，一般取 2 或更大。屈服强度不仅直接用于机械设计，在工程上也是材料的某些力学行为和工艺性能的大致度量。例如材料屈服强度增高，对应力腐蚀和氢脆就敏感；材料屈服强度低，冷加工成形性能和焊接性就好。

（3）断后伸长率与断面收缩率　断后伸长率 A 与断面收缩率 Z 表示断裂前金属塑性变形的能力。材料的塑性是工程材料的重要性能指标。这是因为：①材料具有一定的塑性，当构件偶尔遭受到过载荷时能发生塑性变形，它与形变强化相配合，保证了构件的安全而避免突然断裂。②由于机械构件不可避免地存在截面过渡、油孔、沟槽及尖角等，加载后这些地带出现应力集中，具有一定塑性的材料可以通过应力集中处局部塑性变形来削减应力峰，使之重新分配，从而保证构件不致早期断裂。③材料具有一定的塑性，有利于某些成形工艺（如冲压、冷弯、矫直等）、修复工艺和装配的顺利完成。④塑性指标还是金属生产的质量标志，它反映出材料的冶金质量好坏（纯净度、加工质量与热处理水平）。

断后伸长率表示断裂后试样标距的残余伸长与原始标距之比，用百分数表示，其计算公式为

$$A=\frac{L_u-L_o}{L_o}\times 100\% \tag{7-2}$$

断面收缩率表示断裂后试样横截面积的最大缩减量与原始横截面面积之比，用百分数表示，其计算公式为

$$Z=\frac{S_u-S_o}{S_o}\times 100\% \tag{7-3}$$

L_o、S_o、L_u、S_u 分别为试样试验前的原始标距长度、原始横截面积、断裂后标距长度和截面积。

由图 7-8 可以看出，静拉伸变形过程可以分为均匀变形（即标距内试样截面均匀变化）和局部集中

收缩变形两部分。缩颈前均匀变形阶段的最大相对伸长可以表示为

$$A_B=\frac{\Delta L_B}{L_o} \tag{7-4}$$

局部集中变形阶段的相对伸长可以表示为

$$A_N=\frac{\Delta L_N}{L_o} \tag{7-5}$$

故总断后伸长率为

$$A_K=A_B+A_N \tag{7-6}$$

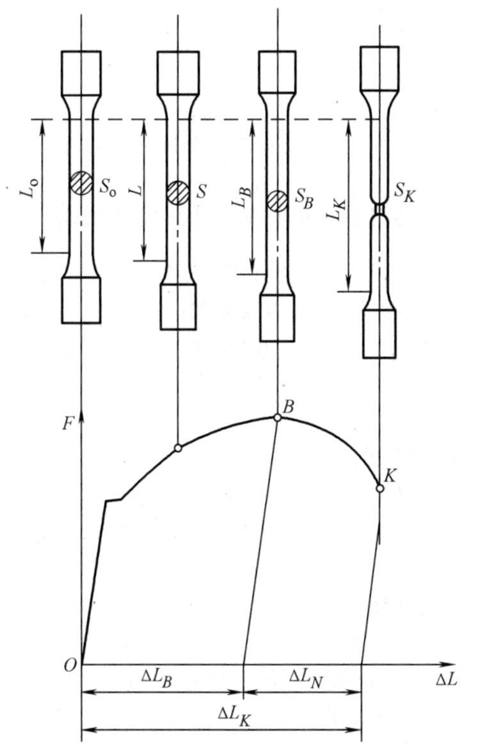

图 7-8　拉伸过程中截面变形情况

在一般工程手册与资料中，断后伸长率用 A 表示，但由于断后伸长率不仅与试样标距长度 L_o 有关，还与试样横截面积有关。因此，国际上规定，$L_o/\sqrt{S_o}$ 的比值为一常数时，测得的断后伸长率才可相互比较。我国规定 $L_o/\sqrt{S_o}=5.65$ 或 11.3，它们分别代表 $L_o=5d_o$ 和 $L_o=10d_o$ 两种圆形试样，求出的断后伸长率分别用 A 和 $A_{11.3}$ 来表示。由于试样局部集中变形的程度远大于均匀变形，因此在总断后伸长率中，随着标距长度缩短，局部集中变形引起相对伸长 A_N 所占的比例增大，故一般 A 大于 $A_{11.3}$。对于不同材料，只有 A 和 A 比较或 $A_{11.3}$ 和 $A_{11.3}$ 比较才是正确的。

同样，断面收缩率也可以看成由两部分组成，即

$$Z=Z_B+Z_N \tag{7-7}$$

研究表明，均匀变形阶段的 Z_B 主要决定于金属基体相的状态，它反映了基体相已被强化的程度大小（见图 7-9）。Z_N 代表金属集中塑性变形能力的大小，第二相的数量等因素对它有明显影响（见图 7-10）。

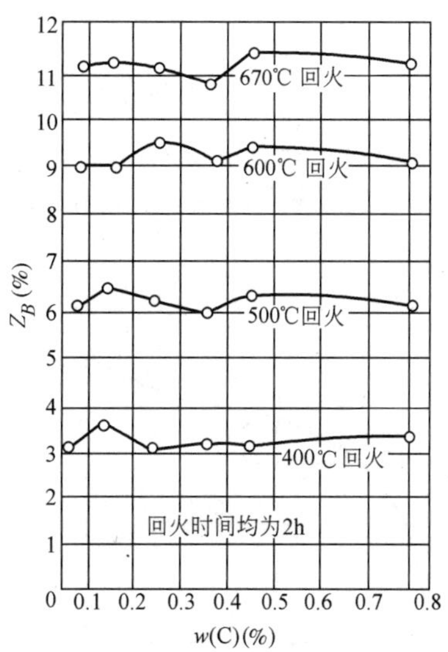

图 7-9　不同碳含量碳钢淬火、不同温度回火后的 Z_B 值

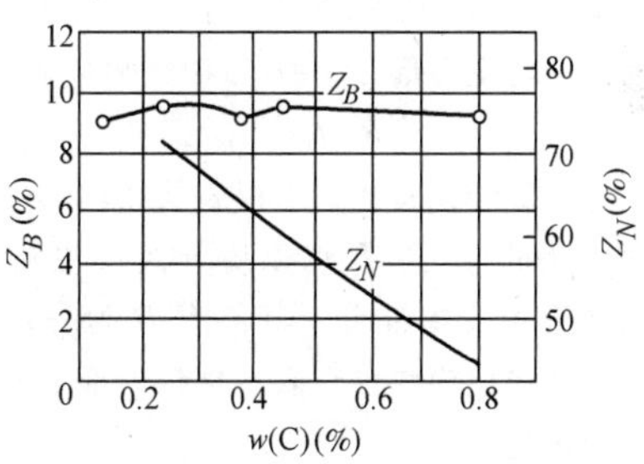

图 7-10　不同碳含量钢淬火、600℃回火后 Z_B 和 Z_N 值的变化

在长试样条件（$L_o=10d_o$）下，断后伸长率 A_K 中，A_B 占的比例大于 A_N，因此它主要反映了材料均匀变形的能力；而断面收缩率 Z_K 中，Z_N 所占的比例远大于 Z_B，故它主要反映了材料局部集中变形的能力。

7.1.5　正应力-应变曲线

正应力为

$$R=\frac{F}{S} \tag{7-8}$$

式中　S——当试样受载荷 F 作用时的横截面积。

应变以相对伸长 e 或断面收缩率 Z_e 表示。它们的定义如下，若长度为 L_o 的试样受力 F 作用后伸长至 L，当 F 有一增量 dF 时，试样长度相应变化 dL，所以 $de=dL/L$，故相对伸长为

$$e=\int_{L_o}^{L}\frac{dL}{L}=\ln\frac{L}{L_o} \tag{7-9}$$

同理

$$Z_e=\int_{S_o}^{S}\frac{dS}{S}=\ln\frac{S}{S_o} \tag{7-10}$$

为了避免出现负号，通常用 $-Z_e$ 表示。

正应力-应变曲线（R-e 曲线）如图7-11所示。

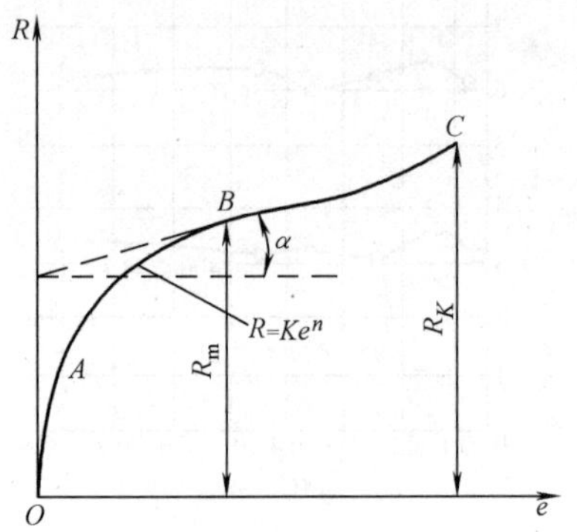

图7-11 正应力-应变曲线（R-e 曲线）

1. 形变强化指数与形变强化模数

图7-11中，OA 段是弹性变形部分，AB 段是产生缩颈前的均匀变形部分，AB 段曲线可以表示为

$$R=Ke^n \tag{7-11}$$

式中的 n 为形变强化指数，可以表征在均匀变形阶段金属形变强化的能力。B 点以后开始产生缩颈，BC 段表示局部集中变形部分，其斜率 D 为一常数，称为材料的形变强化模数，它表示材料局部集中变形阶段的形变强化能力。

2. 抗拉强度

抗拉强度（又称强度极限）R_m 是在试验过程试样所承受的最大载荷 F_B 与试样原始截面积 S_o 的比值，即 $R_m=F_B/S_o$。它代表最大均匀变形的抗力。对于无缩颈的脆性材料，它还表示材料的断裂抗力。由于它表征着一定截面的材料所能承受的最大载荷，故它有着重大的实用价值。

3. 热处理对材料拉伸性能的影响

以钢铁材料为例，其性能高度依赖热处理工艺，图7-12所示为40钢经过不同热处理后的应力-应变曲线。由图7-12可以看出，淬火后得到马氏体组织，此时材料抗拉强度高但是塑性差；经不同温度回火处理后，随着回火温度的提高，马氏体组织逐渐软化，应变量逐渐增大，抗拉强度逐渐降低；经过退火后，应变量明显增大，但是屈服强度较低。

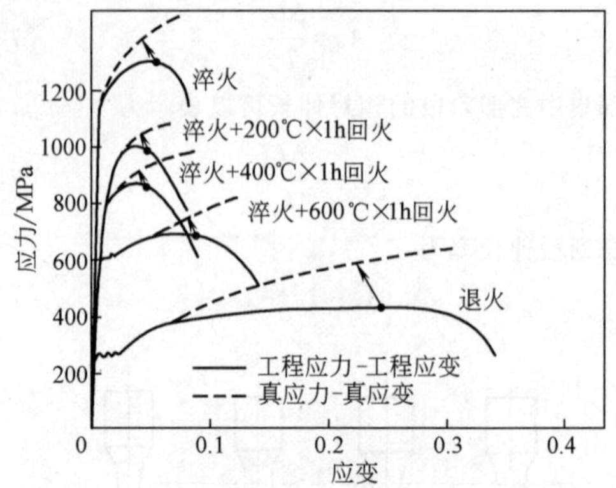

图7-12 不同热处理后40钢的应力-应变曲线

7.1.6 缺口拉伸与缺口偏斜拉伸试验

生产上绝大多数构件都不是截面均匀、无变化的光滑体，而是存在截面变化的，如键槽、油孔、台阶、螺纹及退刀槽等，这种截面的变化可以简称为缺口。由于缺口的存在，会使静拉伸时的力学行为发生变化。

1. 缺口效应

由于缺口的存在会引起以下一些效应：

1）缺口引起应力集中，使缺口顶端的最大应力大于该截面上的平均应力，如图7-13所示。图7-13中 R_l 为轴向应力，R_t 为切向应力，R_r 为径向应力。为了描写应力集中情况，采用缺口截面上的最大轴向应力 R_{lmax} 和该截面积的平均应力 R_m 之比，称为应力集中系数 K_l，即

$$K_l=R_{lmax}/R_m \tag{7-12}$$

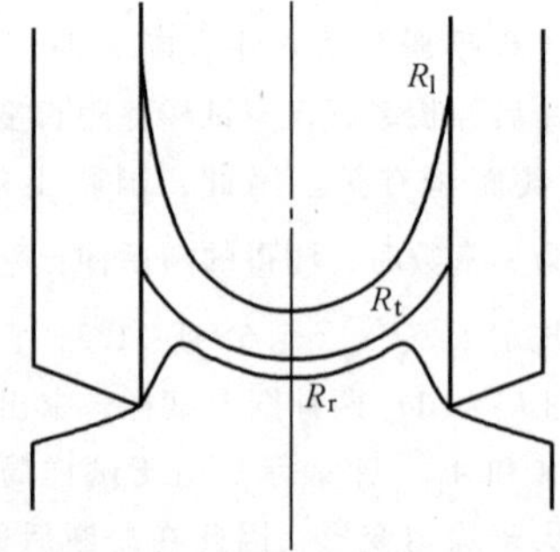

图7-13 缺口试样拉伸时最小截面上的应力分布

2）缺口的存在引起多轴应力状态。由图7-13可以看出，缺口拉伸时，不仅存在轴向应力，还存在切向应力和径向应力，即出现所谓多轴应力状态。由于

这种多轴应力的存在，使抗拉强度升高，并使材料向脆性状态转化。

3）缺口处局部应变速率增大。由于缺口的存在，使应变集中于缺口最小截面处很窄的范围内，而不是像光滑试样那样均匀地发生在整个标距的长度范围内，当试验机夹头移动速度恒定时，缺口处的应变速率远大于光滑试样。这种应变速率的增加也会导致材料向脆性状态转化。

2. 缺口静拉伸试验

为了测定金属材料在静拉力下对缺口的敏感程度，要进行缺口拉伸试验。常用的缺口形状如图 7-14 所示。

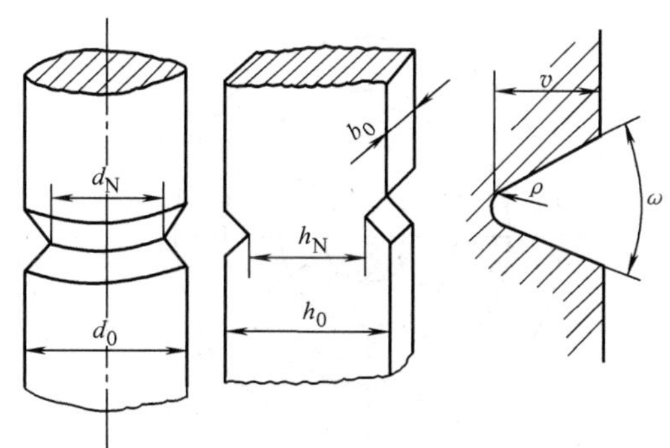

图 7-14　常用的缺口形状

缺口试样在拉伸过程中，在弹性状态下的应力分布如图 7-13 所示。当发生塑性变形后，其应力分布如图 7-15 所示。随着塑性变形的发展，塑性变形区逐步向中心发展，在塑性区与中心弹性区交界处出现最大应力，当这个最大应力超过材料断裂强度时，便在该处发生断裂。不难看出，若不发生塑性变形或很少发生塑性变形便断裂，则断裂起源于缺口根部表面。塑性越好，断裂源越向中心移动。

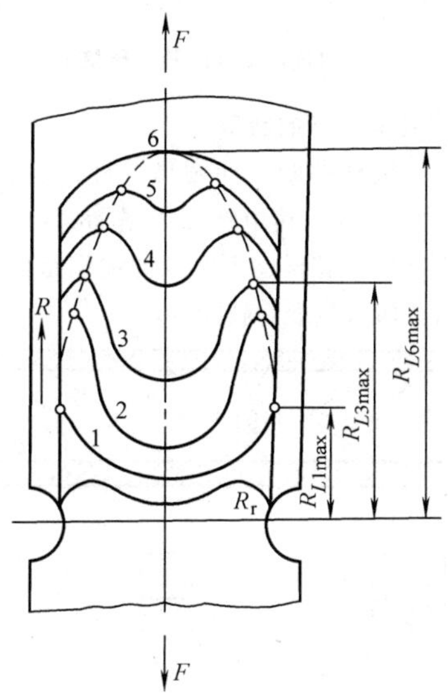

图 7-15　缺口试样塑性变形时的应力分布

通常用缺口强度比 NSR 作为衡量静拉伸下缺口敏感指标，即

$$NSR = \frac{R_{mN}}{R_m} \tag{7-13}$$

式中　R_{mN}——缺口拉伸试样的抗拉强度。

通常的缺口拉伸试样形状如图 7-16 所示。

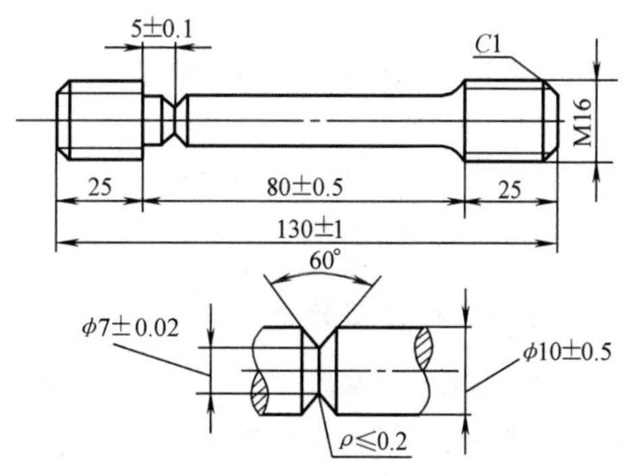

图 7-16　缺口拉伸试样

一般认为，NSR<1，即 $R_{mN}<R_m$，说明材料对缺口敏感。事实上表现为这种情况的金属并不多，大多数为已知的所谓脆性材料，如铸铁、淬火加低温回火的高碳工具钢。绝大多数金属 NSR>1，这是因为只要缺口处发生少量塑料变形就可使 NSR>1，但这并不能说明金属对缺口不敏感。因此，单凭缺口拉伸试验，按 NSR>1 来选材和制定工艺是不可靠的。

3. 缺口偏斜拉伸试验

对于一些重要的承载螺钉，在制造、安装和使用过程中，不可避免地存在因偏斜影响带来的附加弯曲。为此应当进行图 7-17 所示的缺口偏斜拉伸试验。

图 7-17 中垫圈 4 为具有一定倾斜角 φ 的垫圈，只要改变垫圈的角度即可改变试样偏斜角度。最常用的偏斜角度为 $\varphi=4°$或 8°。

缺口偏斜拉伸试验可以更好地反映其服役条件与缺口偏斜拉伸试验条件相近的（如螺钉这类零件）静载缺口敏感度的差异。

7.1.7　高/低温拉伸试验

材料的静态拉伸力学性能指标是其工程应用的重要指标之一，除了常温拉伸试验外，在普通拉伸试验机上安装一个高/低温箱便可进行高/低温拉伸试验，

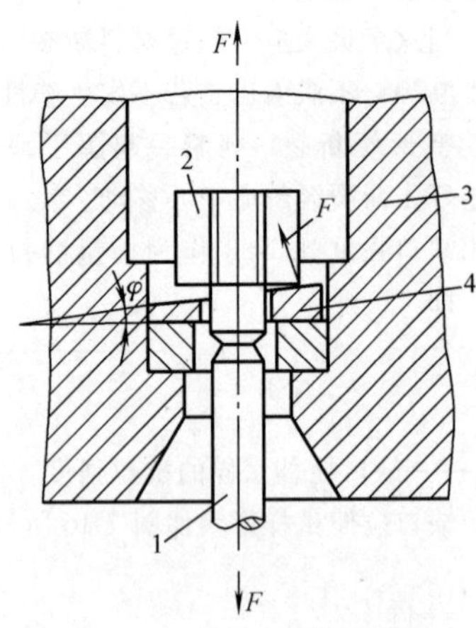

图 7-17　缺口偏斜拉伸试验装置

1—试样　2—螺纹夹头

3—试验机上夹头　4—垫圈

用于研究材料在高/低温环境下服役时的性能。

7.1.8　拉伸试样断口分析

1. 光滑圆试样的拉伸断口

典型的光滑圆试样的拉伸断口如图 7-18 所示。断口由三部分组成，即中心纤维区、放射区和剪切唇。断裂起源于中心纤维区（它呈粗糙纤维状、暗灰色、环状），当纤维区达到一定尺寸（即临界尺寸）后，裂纹开始快速扩展形成放射区，最后断裂时形成剪切唇（剪切唇表面较光滑，与拉伸应力轴的交角约 45°）。中心纤维区和剪切唇是材料韧性断裂的宏观特征，而放射区是脆性断裂的宏观特征。

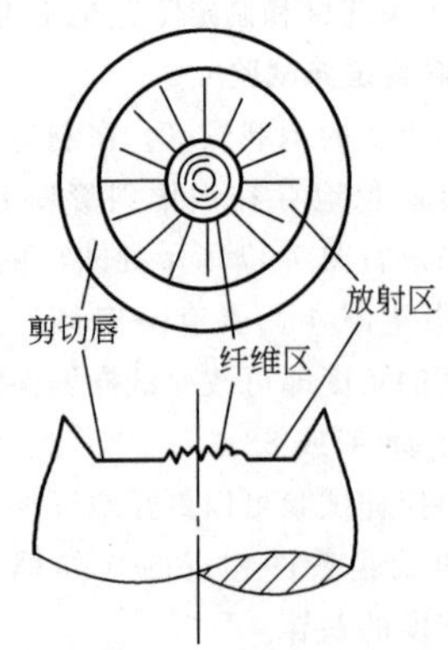

图 7-18　典型的光滑圆试样的拉伸断口

放射区的特征是有放射花样，每根放射花样称为放射元。放射方向与裂纹扩展方向相平行，而垂直于裂纹前沿的轮廓线，并逆指向裂纹源。放射元是一种剪切撕裂脊，撕裂时的塑性变形量越大，撕裂功也越大，其放射元将越粗大；反之，撕裂时塑性变形量越小，则撕裂功也越小，其放射元也越细。所以随温度降低、强度提高及塑性降低，放射元将由粗变细，对于极脆的材料，则放射花样消失。

2. 带缺口的圆形拉伸试样断口

带缺口的圆形拉伸试样，由于缺口处的应力集中，故裂纹直接在缺口或缺口附近产生。此时，其纤维区不是在试样断口中央而是沿圆周分布，而后向内部扩展（见图 7-19）。若缺口较钝，则裂纹仍可能首先在试样中心形成。缺口裂纹也可能以不对称方式扩展，形成较为复杂的断口形貌。

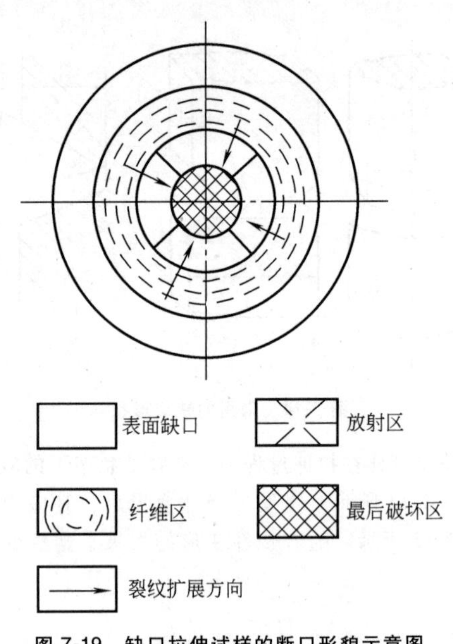

图 7-19　缺口拉伸试样的断口形貌示意图

3. 矩形拉伸试样的断口

矩形拉伸试样的断口同圆形一样，也有三个区域，如图 7-20 所示。其中纤维区呈椭圆形，放射区则出现“人字纹”花样，人字纹的尖端指向裂纹源，靠近表面的剪切唇为最后破断区。

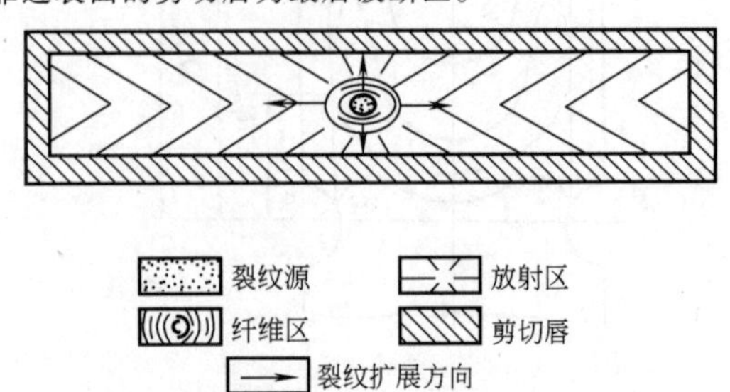

图 7-20　矩形拉伸试样断口形貌及示意图

一般来说，断口都可能有三个区域，但随温度降低，材料强度增高或塑性下降，缺口尖锐度增大或应力状态变硬、加载速度增大，则脆性特征区（放射区）增大，而韧断特征区（纤维区和剪切唇）缩小；反之，则出现相反的情况。有时可能只出现脆断特征花样，有时也可能只出韧断特征花样。

带缺口或带表面缺陷的矩形试样的断口如图 7-21 所示。裂纹不再发生在中心部位，而发生在缺口根部或表面缺陷处。

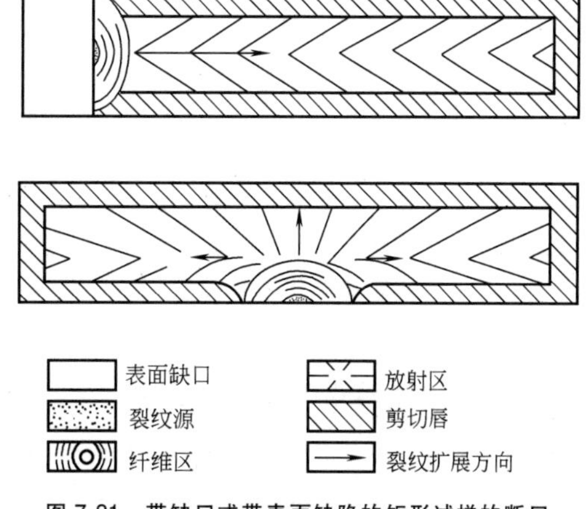

图 7-21　带缺口或带表面缺陷的矩形试样的断口

7.1.9　几种常用钢材的静拉伸数据

静拉伸试验可以得到材料最基本的力学性能指标（如强度、塑性等指标），现把几种常用钢材的静拉伸数据列于表 7-4。

表 7-4　几种常用钢材的静拉伸数据

牌　号	热处理工艺	$R_{p0.2}$/MPa	R_m/MPa	A(%)	Z(%)
20	890℃淬火+200℃回火	875	1010	10	65
20Mn	880℃淬火+200℃回火	1260	1500	6.7	43
20MnVB	淬火+200℃回火	1240	1480	7	55
20CrMnSi	淬火+200℃回火	1315	1575	8	54
45	840℃淬火+600℃回火	550	750	15	50
40Cr	840℃淬火+670℃回火	725	810	16	68
40CrNiMo	850℃淬火+500℃回火	1170	1210	15(δ_5)	55
40MnB	840℃淬火+620℃回火	710	790	18	66
45CrNiMoV	860℃淬火+460℃回火	1330	1470	7	35
T8	770℃淬火+300℃回火	1500	1700	5.4	28

7.1.10　影响拉伸试验性能数据的主要因素

单向拉伸试验是应用最广的一种力学性能试验，试验可以得到材料最主要的一系列性能数据，如弹性模量、泊松比、屈服强度、抗拉强度、断后伸长率与断面收缩率等。这些数据是控制生产过程中材料质量，评价新材料和机械设计的主要依据。因此，保证试验数据测定准确十分重要。

1. 试样取样位置与方向的影响

热加工和机械加工过程不同，材料不同部位和方向的显微组织不同，这些都对性能测定有较大的影响。如从铸件上取样时，铸件表面冷却速度大，近表面取样强度就比较大。金属轧制时，经常出现晶体织构现象和夹杂物的纤维化，沿纤维方向的强度高于垂直方向。

2. 试样形状与尺寸的影响

圆形试样和方形或矩形截面试样，其塑性指标（断后伸长率和断面收缩率等）是不同的，两者没有可比性。由于圆形截面的试样在拉伸加载时，截面自由收缩，不出现多向约束（或多向应力），变形相对比较自由。尺寸不同（截面积不同和长度不同）的试样，其强度和塑性数据也不尽相同，同样截面尺寸的短棒拉伸试样的断后伸长率明显高于长试样。过大截面的试样，由于应力状态发生了变化，容易形成多向应力状态，难以自由变形。因此试样尺寸不同其性能是不同的，两者不可比较，必须严格按国家标准（GB/T 228.1—2021）规定的试样尺寸进行试验。

3. 应变速率、表面粗糙度和材料脆性的影响

应变速率是材料生产、制造和试验的重要依据，常规的拉伸试验只规定应变速率的上限。对大多数材料来说，在较高的变形速率下强度趋于增加，对塑性和延性影响较小。对应变速率影响最敏感的是屈服强度（或流量应力），随着应变速率增高，屈服强度明显增高。

表面粗糙度对拉伸试验数据会产生影响。表面粗糙度值高或表面存在刀痕或碰伤，形成局部应力集中，使强度和塑性有所下降。这一趋势对于塑韧性较差的高强度或超高强度钢，或陶瓷材料等显得特别敏感，会大幅度降低其强度值。因此，该类材料进行拉伸试验时，要特别注意试样的表面粗糙度。

如果对塑韧性很差的材料（如工模具钢、硬质合金、陶瓷等）进行拉伸试验，其数据分散、误差大，难以得到准确的数据。这是因为，对于这类脆性材料，要求试验机上下夹头对中心十分严格，一般情况下难以满足，往往因上下夹头轴线不同心而引起附加弯矩，使测定值大幅度下降。在这种情况下，与其采用拉伸试验测定材料的力学性能，不如采用弯曲试验。弯曲试验测试的数据相对拉伸而言，分散性小、数据集中。

7.1.11　拉伸试验中的计算机控制

利用计算机技术，可以大大加强电子拉伸试验机的各种功能。通过各种传感器、测量通道与计算机连接，使试验机具有载荷、位移、应变等多种控制模式。同一试验的不同阶段可以采用不同控制模式工作，可进行多种控制模式间的无冲击转换，完成多种复杂试验。利用计算机，还可使试验机具有安全保护功能（如上、下限位，位移限制，过载保护，急停等）、开机自诊断功能、错误处理功能、自动化标定和储存功能。

通过计算机控制，不仅使试验机能完成拉伸、压缩、弯曲、剪切、剥离、撕裂和等速度变形，恒试验力、恒变形等速率试验力循环、等速率变形循环等试验，还能完成各种试验数据分析、处理、输出等功能。

这种拉伸试验机不仅可以实现多功能的自动控制，还能对试验结果进行自动采集、数据处理和存储，以及打印报告、检索试验结果。

图 7-22 所示为拉伸试验机的计算机控制框图。

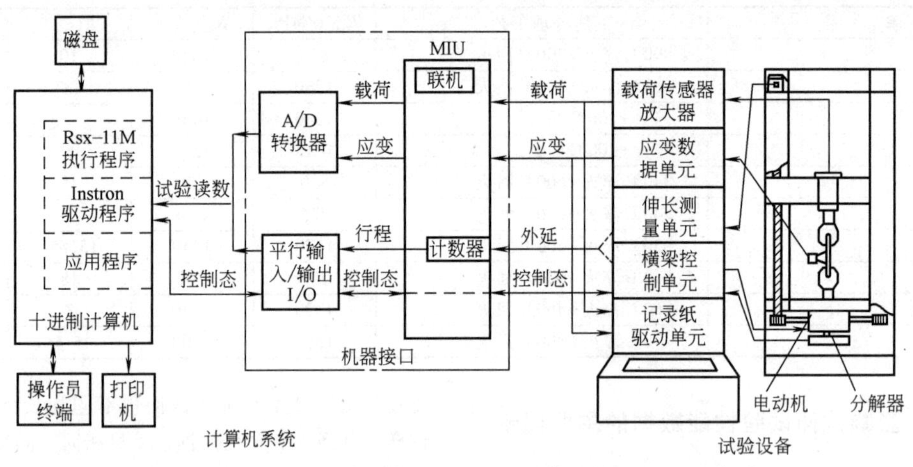

图 7-22　拉伸试验机的计算机控制框图

7.2　冲击试验

7.2.1　冲击试验的特点

冲击试验是把要试验的材料制成规定形状和尺寸的试样，在冲击试验机上一次冲断，根据冲断试样所消耗的能量或试样断口形貌特点，经过整理得到规定定义的冲击性能指标。例如，冲击吸收能量、纤维断面率及侧膨胀值等。冲击试验所得性能指标没有明确物理意义，所得性能数值也不能用于对所测性能做定量评价或设计计算，但冲击试验简单方便，是最容易获得的材料动态性能的试验方法，迄今已积累了大量的冲击试验数据和评价这些数据的经验。冲击试验对材料使用中至关重要的脆性倾向问题和材料冶金质量、内部缺陷情况极为敏感，是检查材料脆性倾向和冶金质量的非常方便的办法。因此，这种试验方法在产品质量检验、产品设计和科研工作中仍然得到了广泛的应用。自 20 世纪 60 年代以来，断裂力学和断裂金属学的飞速发展表明，冲击试验得到的冲击试验值与断裂韧度有比较密切的关系，可用简单的冲击试验值来估计断裂韧度，或直接用冲击试验的方法来测量材料动态断裂韧度和止裂韧度；还发展了带有冲击示波装置和计算机的冲击试验机，用以显示和记录冲击变形过程中弹性变形、塑性变形、裂纹萌生和裂纹扩展诸阶段的能量分配，对于测定材料断裂性能和研究断裂过程具有重要意义。

7.2.2　冲击试验与冲击试验机

我国采用的冲击试验标准为 GB/T 229—2020《金属材料　夏比摆锤冲击试验方法》。冲击试验所用试样尺寸一般是 10mm×10mm×55mm 正方形试样，中间单面加工出 V 型或 U 型缺口，如图 7-23 所示。

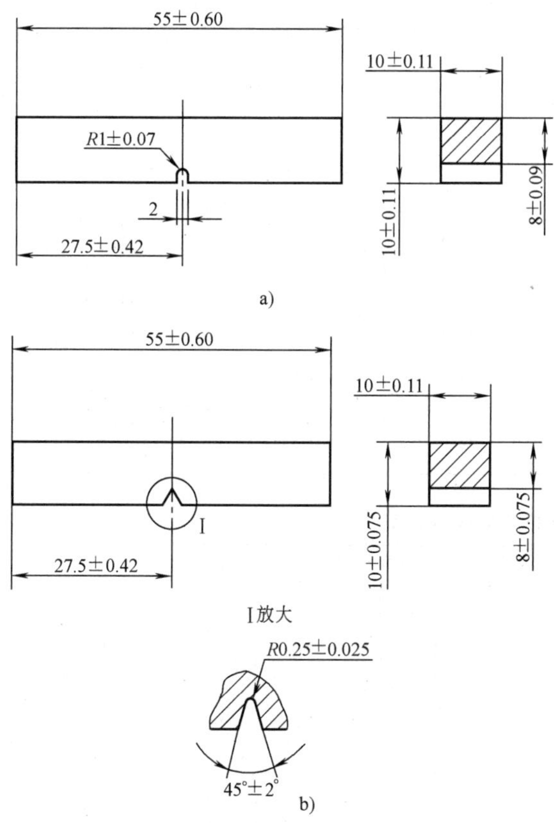

图 7-23　试样种类及尺寸

a）U 型缺口试样　b）V 型缺口试样

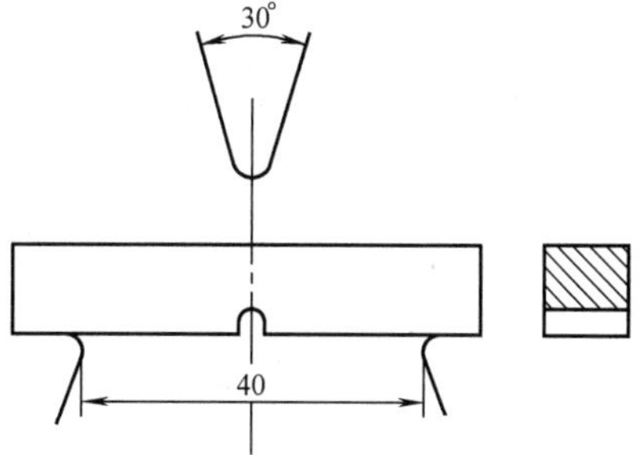

图 7-24　试样支座、摆放位置及摆锤锤刃

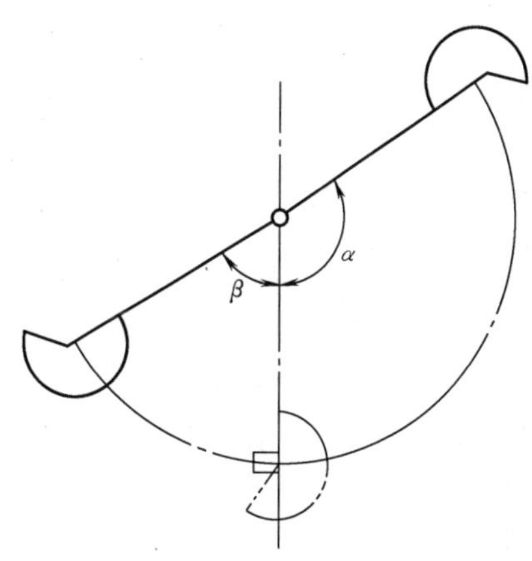

图 7-25　冲击试样所消耗的能量的计算

所用试验机为摆锤式，摆锤摆动的最低位置为放试样处，试样支座、摆放位置及摆锤锤刃如图 7-24 所示。将试样放在距离为 40mm 的试验机支座上，将扬起的摆锤释放，摆锤落下时，通过最低位置打断试样，继续摆动到一定位置停下，则试样被冲断所吸收的能量为

$$K=M(\cos\beta-\cos\alpha) \tag{7-14}$$

式中的 M 为摆动常数，即摆锤重量乘以摆动半径（摆锤重心到旋转中心的距离）。试验机表盘上，依 β 值大小刻出了相应的冲击吸收能量 K。图 7-25 所示为冲击试样所消耗的能量的计算。

对于 U 型缺口和 V 型缺口试样，规定了如下性能指标：

冲击吸收能量 KV 或 KU，是试样被冲断时所吸收的能量，单位为 J 或 N · m，并有下标数字 2 或 8，表示摆锤锤刃半径，如 KV_2。GB/T 229—2020 规定了 KU_2、KU_8、KV_2、KV_8 等冲击吸收能量指标。

现在，国际上和国内比较广泛采用的是 V 型缺口试样，美国标准中冲击吸收能量常用 CV 或 CVN 表示。过去在苏联工业中应用较多的是 U 型缺口试样的冲击试验，用 a_K 或 a_{KU} 表示，我国也用过较长时间，现已应用较少。

对于较薄的原材料或从实物上取样，或由于别的原因，取 10mm×10mm×55mm 有困难，允许采用 7.5mm×10mm×55mm 或 5mm×10mm×55mm 的试样。GB/T 700—2006《碳素结构钢》规定，采用 5mm×10mm×55mm 小尺寸试样进行冲击试验，其冲击值应不小于规定值的 55%。美国石油学会标准 API Spec5CT 规定了不同尺寸冲击试样的吸收能量递减系数，设 10mm×10mm×55mm 标准尺寸递减系数为 1，则对 10mm×7.5mm×55mm 的试样，递减系数为 0.8，对 10mm×5mm×55mm 的试样，递减系数为 0.55。

各国标准中，对试样和缺口部分的尺寸与公差有明确规定，因此在进行冲击试验或参看资料时，必须注意执行的是什么标准。表 7-5 列出了关于 V 型缺口试样尺寸及公差的规定，表 7-6 列出了夏比冲击试验机主要技术参数。试验机技术参数不同，特别是摆锤锤刃参数不同，所得试验结果会有一定差异，不能互比。

表 7-5 关于 V 型缺口试样尺寸及公差规定

类别	缺口角度/(°)	缺口半径/mm	缺口底部高度/mm	试样高度/mm	试样宽度/mm	试样长度/mm
国际标准	45±2	2 或 8 0.25±0.025	8±0.11	10±0.11	10±0.11	55±0.60 27.5±0.42
英国标准	45±2		8±0.11	10±0.11	10±0.11	55±0.60 27.5±0.30
美国标准	45±1		8±0.025	10±0.025	10±0.025	$55^{+0.0}_{-2.5}$
德国标准	45±2		8±0.10	10±0.10	10±0.10	55±0.60 27.5±0.40
俄罗斯标准	45±2		8±0.05	10±0.10	10±0.11	55±0.60
日本标准	45±2		8±0.05	10±0.05	10±0.05	55±0.60 27.5±0.40
中国标准	45±2		8±0.075	10±0.11	10±0.11	55±0.60 27.5±0.42

表 7-6 夏比冲击试验机主要技术参数

类别	锤刃角度/(°)	锤刃半径/mm	支座间距/mm	支座半径/mm	打击速度/(m/s)	支座斜度
国际标准	30±1	2~2.5	$40^{+0.5}_{-1.0}$	1~1.5	5~5.5 (4.5~7)	1∶5
英国标准	30±1	2~2.5	$40^{+0.5}_{-0.0}$	1~1.5	5~5.5	78°~80°
美国标准	30±2	8	40±0.05	1	3~6	80°±2°
德国标准	30±1	2~2.5	$40^{+0.5}_{-0.0}$	1~1.5	5~5.5	11°±1°
俄罗斯标准	30±1	2~2.5	$40^{+0.5}_{-0.0}$	1~1.5	5±0.5	1∶5
日本标准	30±1	2~2.5	$40^{+0.5}_{-0.0}$	1~1.2	5~5.5	10°±1°
中国标准①	30±1	2~2.5（2mm 锤刃） 8±0.05（8mm 锤刃）	$40^{+0.5}_{0}$	1~1.5	4~7	11°±1°

① 试验机应按 GB/T 3808—2018《摆锤式冲击试验机的试验》进行安装及检验。

7.2.3 冲击试验的应用

1. 表示材料抵抗冲击载荷能力

到现在为止，冲击试验是工程上获得材料动态强度和变形能力最方便、最简单的方法，所以习惯上用冲击值来表示材料抵抗冲击载荷能力的大小。冲击抗力有明显的体积效应和波传导特点，与载荷和变形速度有很大关系。因冲击试验是在特定试验条件（加载速度、试样尺寸和缺口形状）下获得的，所以冲击试验得到的冲击值大，并不一定是实际结构件冲击抗力也大；冲击试样的韧脆转变温度并不一定是实际结构件的韧脆转变温度。另外，冲击值是一个能量概念，它包含着强度和塑性两方面的贡献。强度高塑性低些的材料可以有较高的冲击值，强度差些而塑性较好的材料也可以有较高的冲击值。对于前一种情况，虽然冲击值不低，但零件在服役过程中，仍然会有不能忽视的脆性倾向。因此，用冲击值表示冲击抗力和脆性倾向，不能用于定量计算，有很大的条件性，并且具有明显的经验性质。

2. 检验材料的品质、内部缺陷及工艺质量等

经验表明，冲击试验在检验材料的品质、内部缺陷及工艺质量等方面非常敏感。例如，疏松、夹杂、流纹、白点、过烧、过热，以及变形时效、回火脆性等，都可以从冲击值大小明显反映出来。例如，中碳结构钢 40MnB 硼含量极微，但对淬透性有重大影响。硼含量稍微过量，将有脆性“硼相”自晶界析出，大大降低冲击值，图 7-26 所示为硼含量对 40MnB 钢冲击值的影响。晶粒大小对冲击值和韧脆转变温度有重大影响，图 7-27 所示为纯铁和 $w(\mathrm{Ni})$ 为 36% 的铁晶粒尺寸对韧脆转变温度 t_K 的影响。不同处理方式，

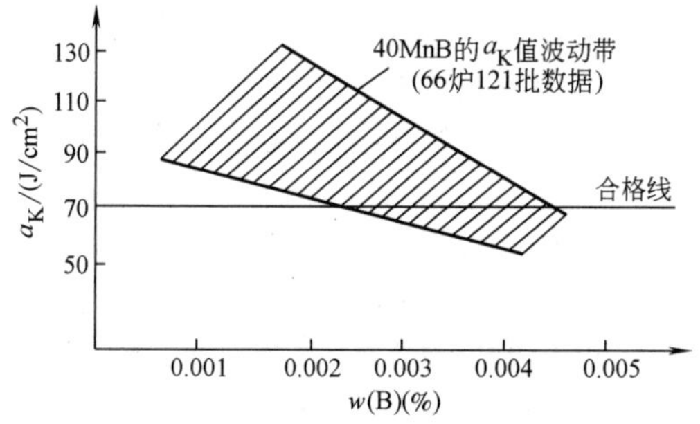

图 7-26　硼含量对 40MnB 钢冲击值的影响

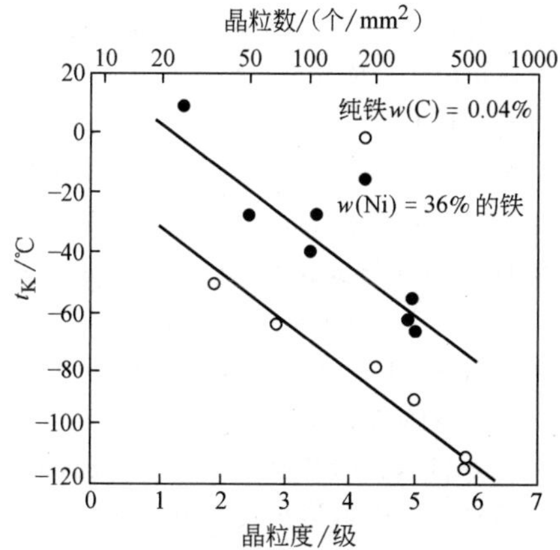

图 7-27　晶粒尺寸对韧脆转变温度 t_K 的影响

对冲击值也有明显影响。图 7-28 所示为 30CrMnSi 钢 370℃等温淬火和淬火+500℃回火不同试验温度的冲击值，其强度水平基本相同（R_m = 1260 ~ 1270MPa）条件下的冲击值有明显差别。18CrNiW 钢 890℃加热，油冷得到低碳马氏体，炉冷得到粒状贝氏体，空冷得到低碳马氏体与粒状贝氏体混合组织，不同回火温度，室温 15℃冲击吸收能量 *KV* 及韧脆转变温度 t_K 曲线如图 7-29 所示。

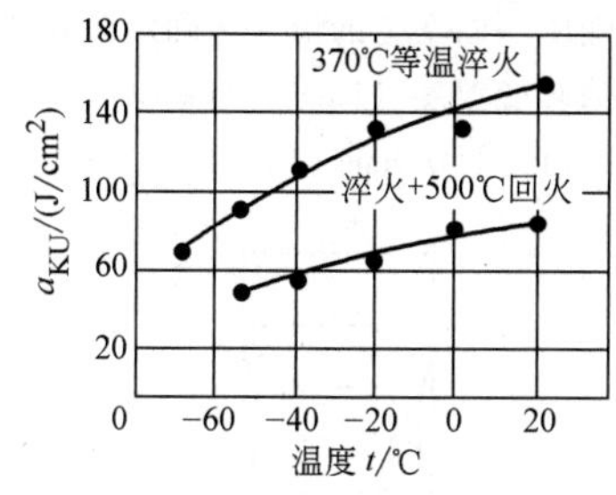

图 7-28　30CrMnSi 钢 370℃等温淬火和淬火+500℃回火不同试验温度的冲击值

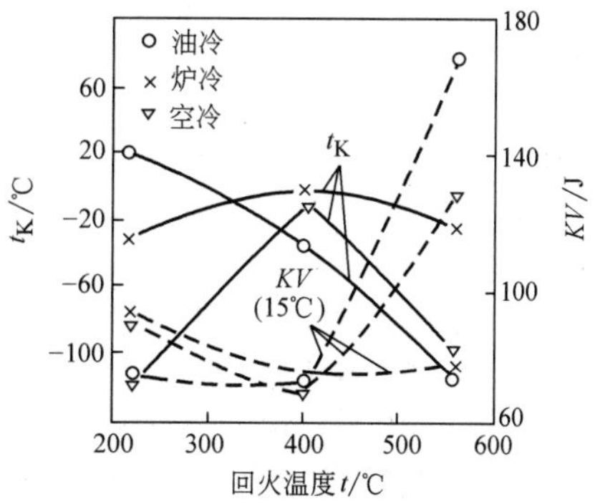

图 7-29　18CrNiW 钢油冷、炉冷、空冷三种冷却方式，不同回火温度的冲击吸收能量 *KV* 和韧脆转变温度 t_K 曲线

对钢来讲，随试验温度变化，在某些温度范围，材料冲击吸收能量急剧下降（见图 7-30）。常用冲击试验来检验材料脆性发展情况（如冷脆、蓝脆、重结晶脆、红脆等现象），冷脆现象将在下面文中专门论述。

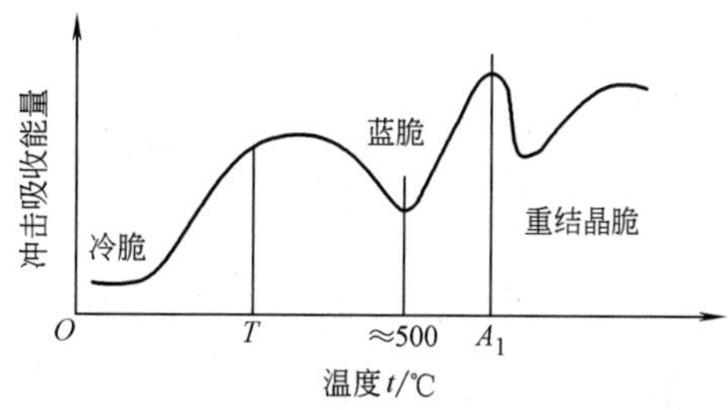

图 7-30　钢的几个脆性温区

蓝脆现象是指钢在加热到 500℃左右时，出现冲击值急剧下降的现象，这时表面氧化色呈蓝色，因此称为蓝脆。在 Ac_1 ~ Ac_3 温度区间，钢中为 α 与 γ 两相混合组织，冲击值较低，称为重结晶脆。在更高温度，若钢中硫含量较高时，会在晶界上产生 FeS-Fe 的共晶液体，使冲击值下降，称为红脆。

上述脆性都是指正在该温度时出现的脆性现象，当温度下降离开该温度区时，这种脆性不再存在。但有些脆性现象却是在某一温度加热后，直至冷却到室温仍然保留，如第一类、第二类回火脆性。此外，在大致相当蓝脆温度长期停留（几百至几千小时），冷到室温仍然存在脆性，称为热脆。热脆现象研究对在蓝脆温区使用的锅炉、压力容器及管道等很重要。

3. 低温脆性问题

面心立方点阵以外的金属材料（如常用的珠光体、铁素体类型的结构钢及铸铁等），随温度下降可能发生由韧性向脆性的转变，即低温脆性或冷脆

(见图 7-30)。冷脆现象对车辆、桥梁、舰船、低温工作的容器、管道和其他金属结构相当重要。测定表明材料低温韧脆转变行为的韧脆转变曲线以及韧脆转变温度 t_K 的试验，称为系列冲击试验。GB/T 229—2020 中规定了系列冲击试验法，试验时将试样浸入盛有低温介质的容器中，对于-78℃以上的温度，可用不同比例的固态二氧化碳（干冰）与乙醇混合作为低温介质；对于更低的温度，可用不同比例的液氮与氟利昂或乙醇混合获得。低温介质的温度须比试验温度低 2~3℃，以补偿试样从取出到冲断这段时间的温度回升。用低温温度计测量温度，到温后保温 15min，用绝热性能好的夹钳（如竹夹子）将试样迅速夹持到试验机支座上对正摆好，释放摆锤，将试样冲断。标准规定从试样离开低温介质到冲断，这段时间不得超过 5s，以防止试样温度有过多的回升。更精细一点，须做出试件离开低温介质后，随时间增加温度回升的曲线，对实际冲击试验温度进行校正。

确定韧脆转变温度的方法有下面几种。

（1）能量准则　如图 7-31、图 7-32 所示，有以下四种表示方法：

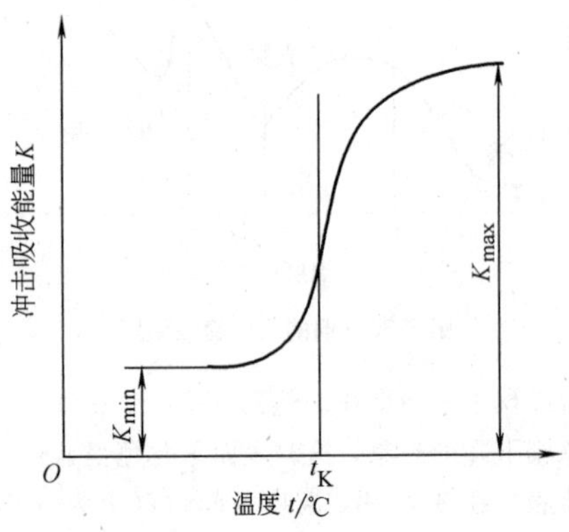

图 7-31　韧脆转化曲线

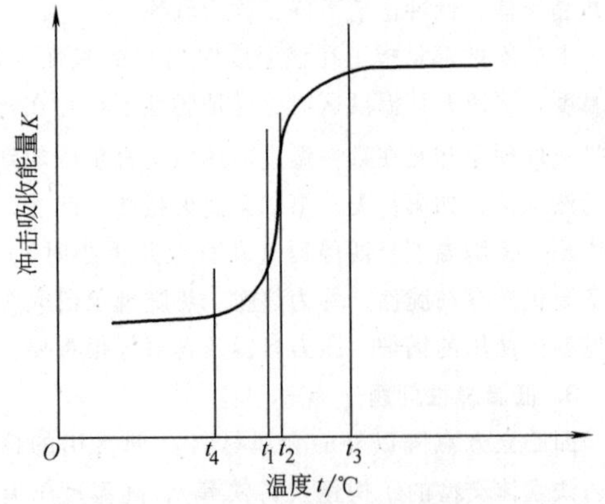

图 7-32　用能量准则确定韧脆转变温度 t_K

1）用一定 K_{max} 所对应的温度为韧脆转变温度 t_K，如 50%K_{max} 对应的 t_1。

2）用上平台与下平台之间能量的一定百分数 n 的相当温度表示，如与（$K_{max}+K_{min}$）/2 相当的温度 t_2。

3）用完全塑性撕裂的韧性开裂最低温度，即与达到上平台 K_{max} 的起始温度相应的温度作 t_K，如 t_3。

4）用完全晶状断面脆性开裂的最高温度，即与保持下平台的 K_{min} 最高温度相对应的温度作 t_K，如 t_4。

至于选用哪一种能量准则，与所要求的保证不发生脆性断裂的期望值大小有关，也与构件服役过程中发生脆性断裂时，所承受的应力与材料屈服强度的比和构件中存在的缺陷情况等有关。此外，还要依经济效果等因素综合考虑。

（2）断口特征准则　一些钢制件、大型铸锻件及焊接件，现在常根据断口上晶状断裂面积与纤维状断裂面积的比 FA%与试验温度的关系来建立韧脆转变曲线，并以一定的 FA%值来确定转变温度，即断口形貌转变温度（fracture apperance transition temperature，FATT）。例如常用 50%（面积分数）晶状断口与 50%（面积分数）纤维状断口下的相应温度作为韧脆转变温度，即断口形貌转变温度 $FATT_{50}$。经验表明，用断口形貌所做的转化曲线的转化温度位置，与用断裂韧度 K_{IC} 所做的转化曲线的韧脆转化温度位置比较一致，而用能量准则所做转化曲线与 K_{IC} 转化曲线差别较大。

GB/T 12778—2008《金属夏比冲击断口测定方法》规定了冲击断口测定方法。断口形貌可用测量显微镜进行测量，测量试样断口中心结晶状断口区域的宽度和高度（$A \times B$，见图 7-33），然后依标准中所附的测量用表查出相应的 FA%。另一种方法是卡片法，标准中附有一系列不同 FA%的卡片，选用与断口上 FA%相当的卡片直接得出相应的 FA%值。还有一种断口特征准则，是依据试样冲断后受压一面变宽的情况来确定韧脆转变温度，叫作侧膨胀值转变温度（lateral expansion transition temperature，LETT），如 0.9mm。

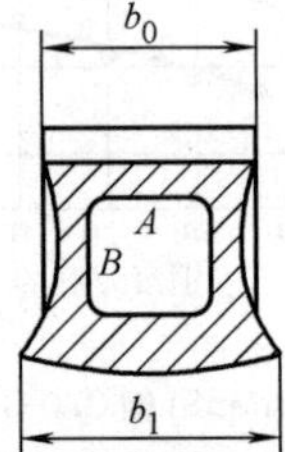

图 7-33　FATT 试验中 FA%确定方法

（3）经验准则　对于某种产品，依据大量使用的经验和统计资料，得出当冲击值达到某一数值时而不至于发生某种类型的脆性断裂事故。例如，第二次世界大战期间，出现脆断事故的焊接油轮的统计表明，如果船板的夏比冲击吸收能量 *KV* 大于 20.5J 的话，将不致发生脆断事故，因此在造船工业中广泛使用 20.5J 准则。但是，随着造船工业的发展，更高强度级别钢板的使用，这个准则不能可靠地保证安全，我国相关船舶材料试验规范规定，焊接破冰船用 12mm 以上钢板，在 -40℃ 做冲击试验时，冲击韧度 a_{KU} 不应小于 29.4J/cm^2。

一般用冲击吸收能量 ETT_n、脆性断面率 $FATT_n$ 和侧向膨胀值 LETT 三种方式表征韧脆转化温度。脆性断面率和侧膨胀值按 GB/T 12778—2008 测定。

常用国产钢铁材料典型热处理工艺的冲击值见表 7-7。

表 7-7　常用国产钢铁材料典型热处理工艺的冲击值（常温）

材　料	热处理工艺	R_{eL}/MPa	R_m/MPa	冲　击　值	
				a_{KU}/(J/cm^2)	*KV*/J
45	淬火+500℃回火	870	960	145	—
T8	淬火+300℃回火	1530	1720	30	
45Cr	淬火+200℃回火	1460	1970	37	
	淬火+550℃回火	940	1010	117	
40MnB	淬火+500℃回火	867	916	123	
40CrNiMo	淬火+200℃回火	1627	2000	70	
	淬火+520℃回火	1122	1138	131	
5CrNiMo	860℃加热，320℃等温+320℃回火	1650	2200	—	22[25%（体积分数）下贝氏体+马氏体]
	860℃淬火+220℃回火	1750	2180		15
	860℃淬火+500℃回火	1300	1400		45
20SiMn2MoV	900℃淬火+250℃回火	1240	1490	100	—
25Si2Mn2MoV	900℃淬火+300℃回火	1452	1765	89	46
12CrNi2	860℃淬火+200℃回火	900	1045	148	—
QT600-3	880℃正火+540℃去应力	—	70	20.5	

7.2.4　几种接近实际服役条件的冲击试验

上述冲击试验所得试验结果只能表明材料脆性倾向大小，不能代表结构或构件实际韧脆状态和实际韧脆转变温度。在实验室条件下，能够获得比较真实的冷脆转变行为的方法是断裂力学和断裂韧度方法。为与断裂力学方法平行，还发展了一系列能够良好地表明实际结构冷脆转变行为的工程实用方法。其中，主要的有，从断裂形式转变温度出发的落锤试验（DWT）、从试样冲断吸收能量转变温度出发的动态撕裂试验（DT）和从断口形貌形式转变温度出发的落锤撕裂试验（DWTT）。这些试验中均用了较大尺寸的试样。这些试验主要用于舰船、管道、容器以及其他金属构造物的冷脆转变性质评定。

1. 铁素体钢的无塑性转变温度落锤试验（DWT）与断裂分析图

随着试验温度从低到高，铁素体、珠光体类型的钢板件断裂形式将从宏观上不显示塑性变形的低应力弹性断裂到逐渐显示塑性变形的断裂，以至完全韧性断裂，具体可分为如下四种类型：

1）低温下完全弹性脆断。这时材料的屈服强度高，断裂时的应力尚不能使材料产生屈服，发生这种破裂的最高温度称为无塑性转变温度（nil-ductility transition，NDT）。

2）起裂部位先经过塑性变形，然后解理起裂，但是裂纹仍然可以延伸到未经过塑性变形的弹性区，即仍然可在应力低于屈服强度的弹性区中传播。这种破裂形式的最高温度称为弹性断裂转变温度（fracture transition elastic，FTE）。

3）试验板中心先发生塑性变形，然后解理起裂，并且裂纹只在经过塑性变形的区域中传播，不再扩展到周围的弹性区中去，即不再发生低于屈服应力的脆性开裂。发生这种断裂形式的最高温度称为塑性断裂转变温度（fracture transition plastic，FTP）。

4）在出现塑性开裂后，只出现纤维撕裂（剪切）的裂口，裂口上无解理开裂形貌。

NDT、FTE、FTP 就成为几种断裂形式的温度界限。为了测定材料的 NDT，发展了落锤试验。经验表明，对一般厚度在 50mm 以下的钢板，NDT 与 FTE、FTP 有一简单关系，即

$$FTE = NDT + 33℃ \tag{7-15}$$

$$FTP = NDT + 67℃ \tag{7-16}$$

因此，用落锤试验测定 NDT 后，即可推知 FTE、FTP。

GB/T 6803—2008《铁素体钢的无塑性转变温度落锤试验方法》规定落锤试验是将一定厚度（标准规定厚度为 16~25mm）板件加工成试样，在试样宽度中心沿长度方向堆焊一脆性焊道，在焊道中间开一缺口，使试样在承受落锤冲击时，缺口处形成裂纹源。试样形状如图 7-34 所示，其尺寸见表 7-8。

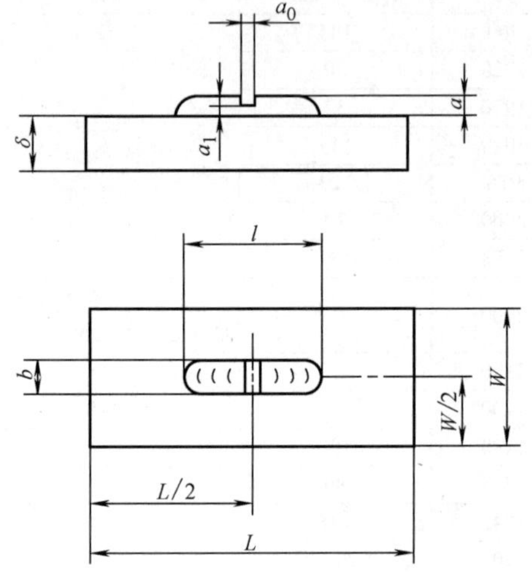

图 7-34　落锤试验用试样

表 7-8　落锤试验试样尺寸

（单位：mm）

名　　称	试样型号		
	P-1	P-2	P-3
试样厚度 δ	25±2.5	20±1.0	16±0.5
试样宽度 W	90±2.0	50±1.0	50±1.0
试样长度 L	360±10	130±10	130±10
焊道长度 l	40~85	20~65	20~65
焊道宽度 b	12~16	12~16	12~16
焊道高度 a	3.5~5.5	3.5~5.5	3.5~5.5
缺口宽度 a_0	≤1.5	≤1.5	≤1.5
缺口底高 a_1	1.8~2.0	1.8~2.0	1.8~2.0
支承台跨距 S	305	100	100
终止台挠度 f	7.6	1.5	1.9

以乙醇、氟利昂等作冷却介质，以干冰或液氮作冷源，将试样放在盛有低温介质的容器中降温，到温后，将试样取出放在落锤试验机的试样支座上，将试样冲断。试样支座如图 7-35 所示。依不同试样型号，试样支座有一定跨距。跨距中间有限制试样弯曲挠度的终止台。终止台的高度要使试样在受冲击挠曲到与终止台接触时，受拉一面的应力恰好达到屈服强度。因此，试样在试验时，如果断裂，则是未经屈服的无塑性断裂，这样得到的最高温度，即为无塑性转变温度 NDT。若发生屈服，则试样不断。

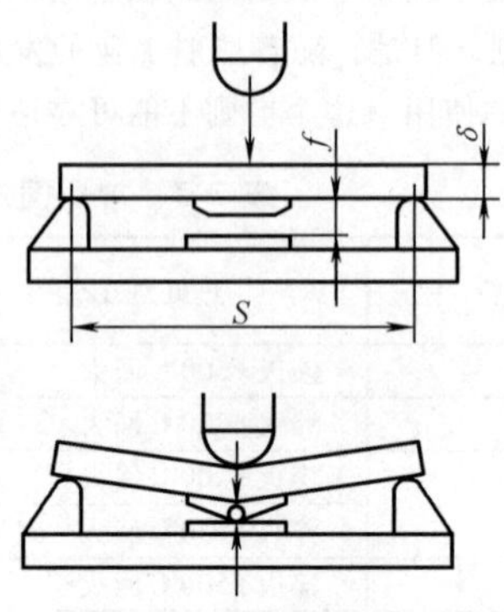

图 7-35　落锤试验机的试样支座

测得了 NDT 后，依式（7-15）和式（7-16）推知材料的 FTE 和 FTP，依 NDT、FTE 和 FTP 可建立工作应力、缺陷尺寸和温度三个因素综合作用断裂形式的断裂分析图，如图 7-36 所示。图 7-36 的横坐标是温度，纵坐标是外加应力与屈服应力的比，它明确地表示了钢板裂纹起裂、传播和止裂等破坏形式和与之相当的应力水平、缺陷尺寸和温度的条件。建立此图只需知道无塑性转变温度 NDT、不同温度下的屈服强度 R_{eL} 和抗拉强度 R_m，因而比较方便，它在防止不同程度脆性破坏的设计和评价材料方面有重要参考价值。

对于厚板（如厚度增大到 75mm 的板），其转变温度将扩大为

$$FTE = NDT + 72℃ \tag{7-17}$$

$$FTP = NDT + 94℃ \tag{7-18}$$

2. 动态撕裂试验

GB/T 5482—2007《金属材料动态撕裂试验方法》中规定的动态撕裂试验（DT）所用试样及支承情况如图 7-37 所示。

常用试样尺寸为 t×40mm×180mm。试验时，试样承受三点弯曲冲击载荷，支承支座跨距为（165±0.8）mm。试样下表面受拉一方开有缺口，缺口深度使试样韧带尺寸保持（28.5±0.2）mm，缺口先用铣削或线切割方法加工，然后用硬度不低于 60HRC 的压刀压制缺口顶端。厚度大于 16mm 的样坯，可以加工成 16mm 厚的试样；取自板厚为 5~16mm 的试样，保留原轧制表面。厚度等于或大于 25mm 的 DT 试样

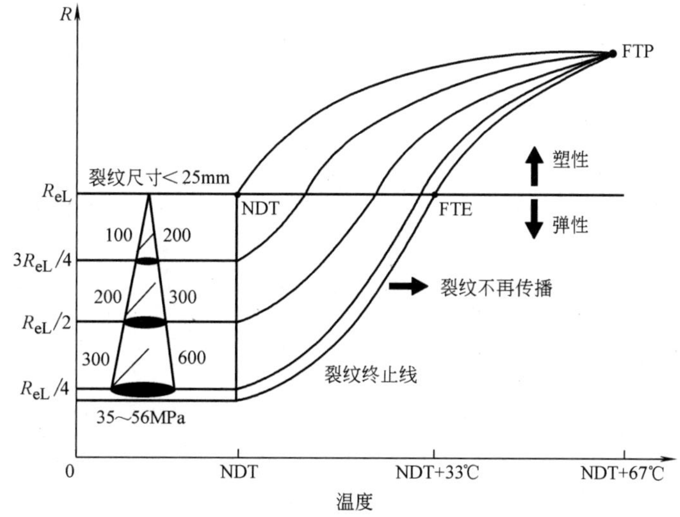

图 7-36　断裂分析图

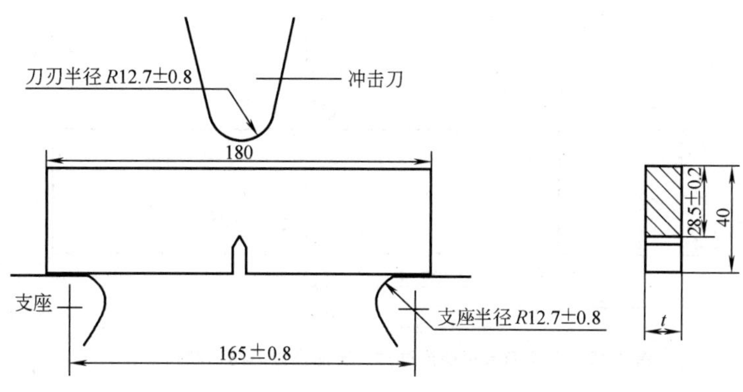

图 7-37　DT 的试样与支承

及其制备在标准中专门有规定。

试样在落锤式或摆锤式冲击机上一次冲断，记录试验温度 t 与冲击能量 ΔE，绘成 ΔE-t 曲线。图 7-38 所示为 R_{eL} 为 980MPa 的高强度的 Ni-Cr-Mo-V 钢焊缝金属的 CVN（夏比 V 型冲击试验）和 DT 的温度曲线，可见其 CVN 数据分散带很宽，而 DT 数据集中，转化温度明确。图 7-39 所示为 2.25Cr-1Mo 钢经淬火回火处理的 CVN 和 DT 温度曲线，从曲线图上看出，CVN 转化温区完全在 DT 转化温区以下，而 CVN 曲线上平台温度却相当于 DT 试验的 NDT(-20℃)。

3. 落锤撕裂试验（DWTT）

落锤撕裂试验是将一定尺寸的板状试样，用工具钢刃形压头在试样一边压出尖锐缺口，以便在冲击时形成裂纹源，冷至不同温度，在摆锤式或落锤式试验机上将试样一次冲断，测量断口上剪切断口所占面积的百分比 SA%。测量时，从缺口根部向里，将相当于试样厚度的一段距离的断口表面和缺口对面相当于试样厚度的一段距离的断口表面略去不计。GB/T 8363—2018《钢材　落锤撕裂试验方法》规定试样、支座及锤刃的形状尺寸如图 7-40 所示，所得典型断口如图 7-41 所示。标准中给出了计算 SA%的公式和图表。将 SA%与试验温度的关系绘成曲线，得出 DWTT 转化曲线。图 7-42 所示为某种管道用钢的 CVN 和 DWTT 温度曲线的对比，DWTT 曲线转化温区明确，曲线很陡，CVN 转化曲线平缓，转化温度不明确，且偏低。试验表明 50%（体积分数）DWTT 剪切面积转化温度约相当于材料的 FTE。因 DWTT 试样宽度很大，远比夏比试样宽，并在计算剪切面积时，除去了缺口附近的裂纹萌生部分和摆锤接触的影响部分，所以 DWTT 试验还表明了结构裂纹长程扩展的韧脆转化行为，这是其他试验方法所不具备的。

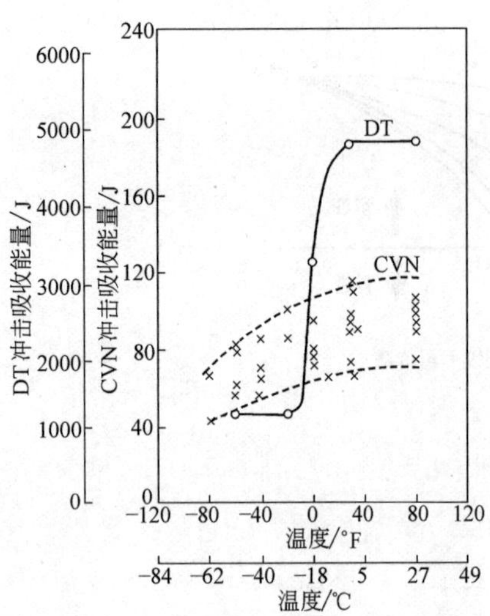

图 7-38　一种 Ni-Cr-Mo-V 钢焊缝金属 CVN 和 DT 的温度曲线

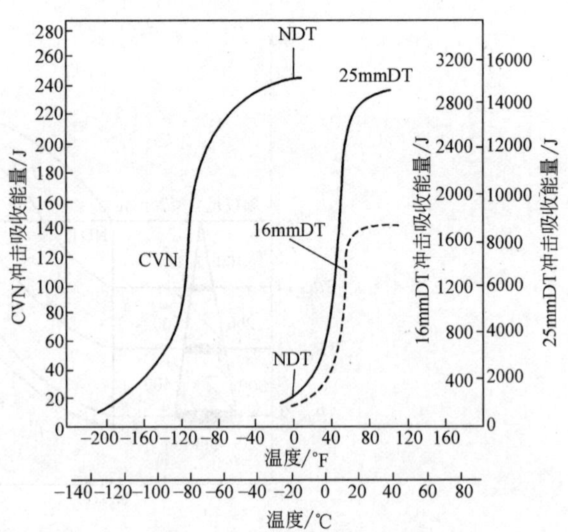

图 7-39　2.25Cr-1Mo 钢经淬火回火处理的 CVN、DT 温度曲线

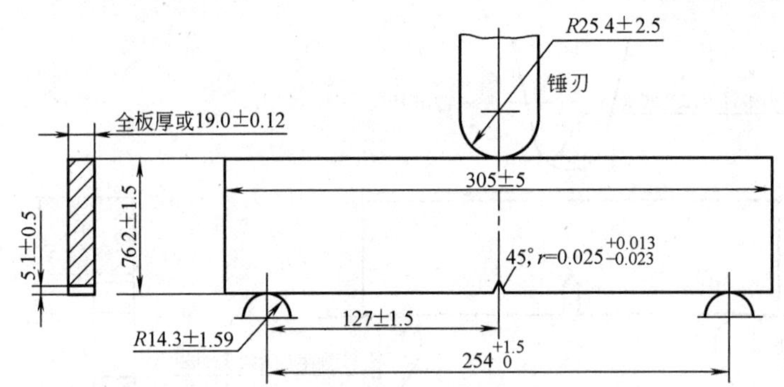

图 7-40　落锤撕裂试验的试样、支座及锤刃的形状尺寸

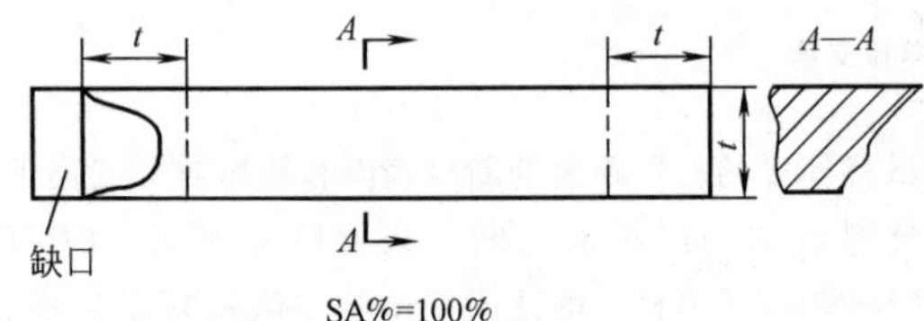

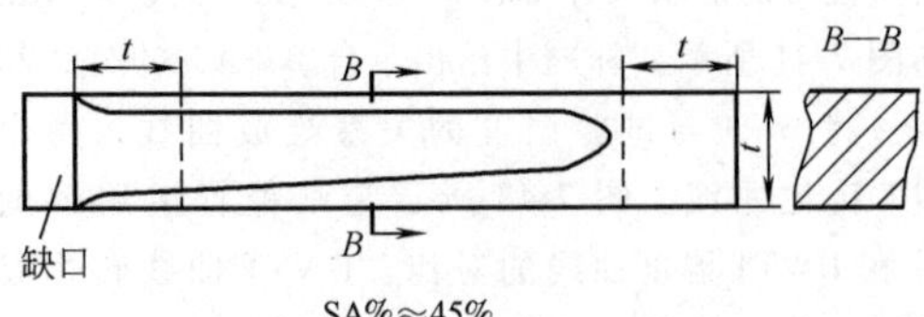

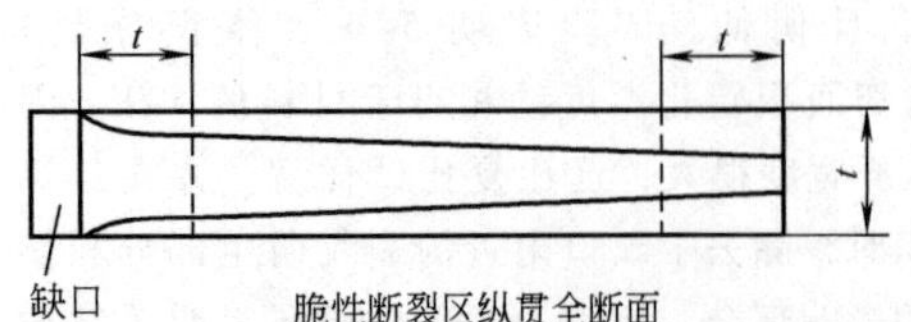

图 7-41　落锤冲击试验典型断口

t—板厚

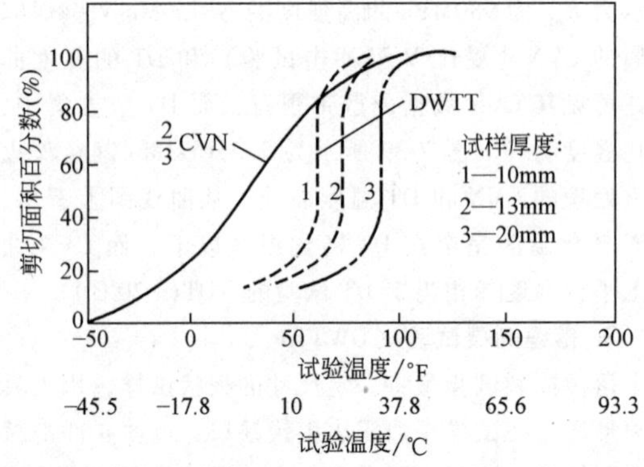

图 7-42　某种管道用钢的 CVN 与 DWTT 温度曲线

7.3　疲劳试验

7.3.1　疲劳失效的特点

在交变载荷作用下机器零件的断裂称为疲劳失效。统计表明，失效的机器零件约 80% 毁于疲劳。疲劳损坏具有如下特点：

1）导致疲劳破坏的应力水平低，疲劳极限低于抗拉强度，甚至低于屈服强度，并且须经过多次应力循环，一般须经历数千次以至数百万次后才失效。

2）疲劳断裂后，不显示宏观塑性变形，典型疲劳断口上一般可观察到三个部分，如图 7-43 所示的疲劳源、疲劳裂纹扩展区（一般呈细致的瓷状，有时可看到平行裂纹前沿的海滩状线条）和静断区（裂纹发展到一定深度后，剩下的面积在一次或很少几次循环中断开，形成粗糙的静断区，呈纤维状或结晶状）。

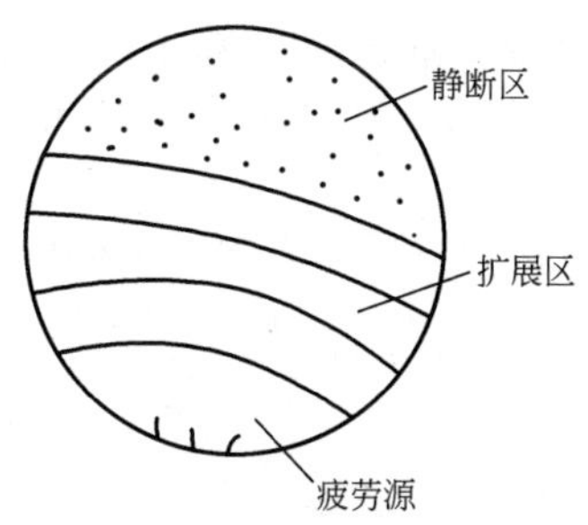

图 7-43　典型疲劳断口的分区

3）疲劳破坏对缺陷具有很大的敏感性，疲劳裂纹一般起源于零件高度应力集中的部分或表面缺陷处，如表面裂纹、软点、夹杂、突变的转角处及刀痕等。

用应力-时间（σ-t）的变化曲线来描述零件或试样所承受的循环载荷特点，如图 7-44 所示。图中的 T 为循环周期；σ_{max} 为循环应力最大值；σ_{min} 为循环应力最小值；σ_a 为应力半幅，$\sigma_a=(\sigma_{max}-\sigma_{min})/2=\Delta\sigma/2$；$\sigma_m$ 为平均应力，$\sigma_m=(\sigma_{max}+\sigma_{min})/2$。另外

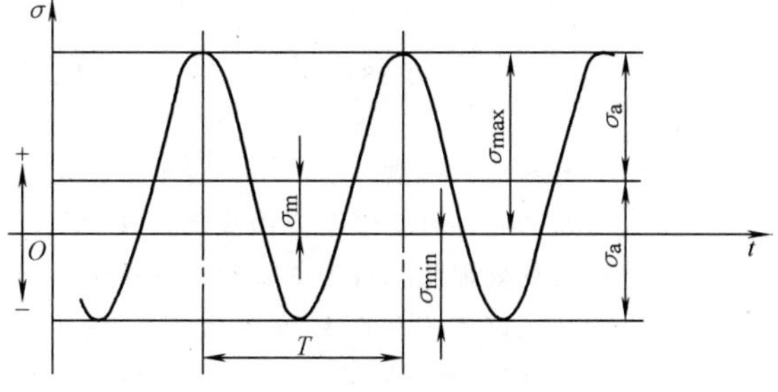

图 7-44　应力循环参数

定义 $r=\sigma_{min}/\sigma_{max}$ 为对称系数。如果是对称循环，则 $r=-1$；如果是脉动循环，则 $r=0$。

7.3.2　疲劳性能指标

最常用的表明零件或材料疲劳抗力性质的方法是疲劳曲线，即所加应力 σ 与断裂前循环周次 N（疲劳寿命）之间的关系曲线，通常用 σ-lg$N$ 表示，如图 7-45 所示。

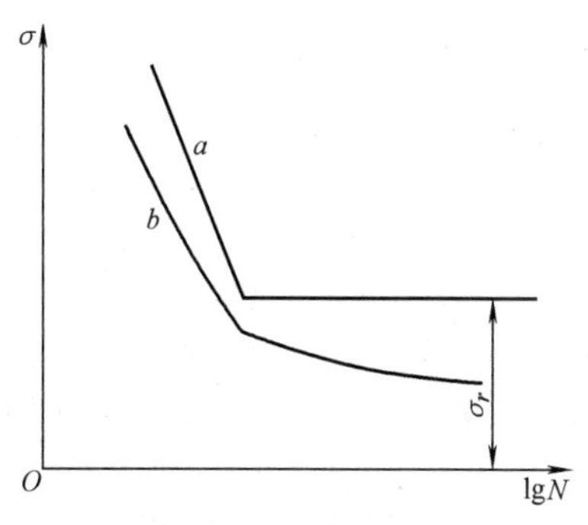

图 7-45　疲劳曲线

1. 疲劳极限与过载持久值线

疲劳曲线表明，应力水平 σ 高时，疲劳寿命 N 短；σ 低时则 N 长。当应力低到某一定值时，虽经历很长的循环周次，也不再发生疲劳断裂，如图 7-45 中曲线 a 这样的应力称为疲劳极限，用 σ_{-1} 表示（下标-1 表示对称循环）；如果不是对称循环，则依对称系数 r 写成疲劳极限为 σ_r。应力循环经过 10^7 次不发生疲劳断裂，即认为不再断裂，故 10^7 为一般疲劳试验的基数。对于高强度钢、铜、铝等金属材料，在腐蚀介质下，以及大截面试件，无明确的疲劳极限，这时规定经历 5×10^6、10^7 或 10^8 次循环而不断的最高应力为条件疲劳极限，如图 7-45 中曲线 b 所示。疲劳极限是对要求无限寿命的零件进行疲劳设计的重要依据。最常做的疲劳试验是平面弯曲、旋转弯曲和轴向拉压加载的疲劳试验。如未注明，则疲劳极限数据是在对称循环、旋转弯曲加载试验条件下得到的。

材料的疲劳极限 σ_{-1} 与抗拉强度 R_m 之间有较好的相关性，不进行试验，σ_{-1} 可用 R_m 近似估算。

碳钢和合金钢的对称弯曲疲劳极限 σ_{-1}，一般可用下面形式的公式近似计算：

$$\sigma_{-1}=a+bR_m \tag{7-19}$$

对 $R_m<1400$MPa 的碳钢和合金钢，推荐使用如下关系式：

$$\sigma_{-1}=38\text{MPa}+0.43R_m \tag{7-20}$$

还有一些更精细的经验公式：

正火和退火碳钢　$\sigma_{-1}=8.4\text{MPa}+0.454R_m$　　(7-21a)

淬火、回火碳钢　$\sigma_{-1}=-24\text{MPa}+0.515R_m$　(7-21b)

淬火、回火合金结构钢　$\sigma_{-1}=94\text{MPa}+0.383R_m$　(7-21c)

σ_{-1} 与 R_m 的关系，也可写成如下形式：

$$\sigma_{-1}=cR_m \tag{7-22}$$

c 称为疲劳比。常用金属材料的疲劳比见表 7-9。

表 7-9　常用金属材料的疲劳比

材　料	钢	铸　铁	铝合金	镁合金	铜合金	镍合金	钛合金
c	0.35～0.60	0.30～0.50	0.25～0.50	0.30～0.50	0.25～0.50	0.30～0.50	0.30～0.60

σ-lg$N$ 曲线的斜线部分，称为过载持久值线，可用下式表达：

$$\sigma^m N=c \tag{7-23}$$

通常在 σ-lg$N$ 或 lgσ-lg$N$ 坐标中用直线段来近似表达。它表示对有限寿命的疲劳抗力，是对要求有限寿命零件的疲劳设计依据。对于要求无限寿命的零件，在工作过程中，也有超载运行的情况，过载持久值线则表明材料承受这种偶然超载运行的能力。过载持久值所表示的过程是疲劳裂纹萌生、扩展以至断裂的过程，现在已广泛采用断裂力学方法来表示材料疲劳裂纹扩展行为，这部分内容在本节疲劳累积损伤一段中还要提到。

2. p-σ-N 曲线

由于疲劳试验数据的分散性，试样的疲劳寿命与应力水平间的关系，并不是一一对应的单值关系，而是与存活率 p 有关系。用常规方法做出的 σ-N 曲线，只能代表中值疲劳寿命与应力水平间的关系。要想全面表达各种存活率下的疲劳寿命与应力水平间的关系，必须使用 p-σ-N 曲线。

在利用对数正态分布或威布尔分布求出不同应力水平下的 p-N 曲线以后，将不同存活率下的数据点分别相连，即可得到一族 σ-N 曲线，其中的每一条曲线分别代表某一不同存活率下的应力寿命关系。这种以应力为纵坐标，以存活率 p 的疲劳寿命为横坐标，所绘的一族存活率-应力-寿命曲线，称为 p-σ-N 曲线，如图 7-46 所示。在进行疲劳设计时，即可根据所需存活率 p，利用与其对应的 σ-N 曲线进行设计。

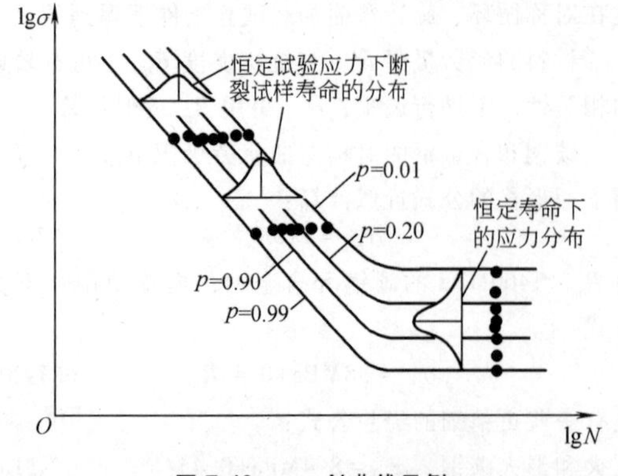

图 7-46　p-σ-N 曲线示例

3. 疲劳缺口系数 K_f

由于机器零件大都具有截面变化，例如键槽、油孔、轴肩及螺纹等，因此会产生应力集中，使疲劳极限降低。为表明应力集中对疲劳极限的影响程度，定义 K_f 为疲劳缺口系数，亦称有效应力集中系数。

$$K_f=\frac{\sigma_{-1}}{\sigma_{-1n}} \tag{7-24}$$

式中的 σ_{-1} 是光滑试样疲劳极限；σ_{-1n} 是缺口试样疲劳极限。K_f、σ_{-1n} 当然与缺口的具体形状，如缺口深度、缺口根部圆角半径等参数有关。由于缺口形状变化复杂，为避免大量的试验工作，工程上常采用一些公式计算 K_f。

现在常用的 K_f 计算式有 Neuber 公式：

$$K_f=1+\frac{K_t-1}{1+\sqrt{\rho'/\rho}} \tag{7-25}$$

和 Peterson 公式：

$$K_f=1+\frac{K_t-1}{1+\alpha/\rho} \tag{7-26}$$

式中　K_t——理论应力集中系数；

ρ——缺口根部曲率半径；

ρ' 和 α——材料常数（在接近疲劳极限的长寿命区），取决于材料的强度和塑性，$\sqrt{\rho'}$ 值可由图 7-47 查出；α 值依 Peterson 的资料，对回火钢为 0.0635，对正火钢为 0.254，对铝合金为 0.635。

郑州机械研究所赵少汴等人得出的 K_f 计算式，与多钢种、宽范围的 K_t 值的试验结果符合良好。

$$\frac{K_t}{K_f}=0.88+AQ^b \tag{7-27}$$

式中　Q——相对应力梯度（mm^{-1}），对于常见几何形状零件可使用表 7-10 中的公式计算；

b、A——与热处理状态有关的常数，常用结构钢正火态 A 为 0.423，b 为 0.279；热轧态 A 为 0.336，b 为 0.345；淬火后回火态 A 为 0.290，b 为 0.152。

表 7-10　某些常见应力集中情况的相对应力梯度 Q 值

零　　件		弯　　曲	拉　　压
	$\frac{H}{h} \geqslant 1.5$	$Q=\frac{2}{r}+\frac{2}{h}$	$Q=\frac{2}{r}$
	$\frac{H}{h} < 1.5$	$Q=\frac{2(1+\varphi)}{r}+\frac{2}{h}$	$Q=\frac{2(1+\varphi)}{r}$
	$\frac{D}{d} \geqslant 1.5$	$Q=\frac{2}{r}+\frac{2}{d}$	$Q=\frac{2}{r}$
	$\frac{D}{d} < 1.5$	$Q=\frac{2(1+\varphi)}{r}+\frac{2}{d}$	$Q=\frac{2(1+\varphi)}{r}$
	$\frac{H}{h} \geqslant 1.5$	$Q=\frac{2.3}{r}+\frac{2}{h}$	$Q=\frac{2.3}{r}$
	$\frac{H}{h} < 1.5$	$Q=\frac{2.3(1+\varphi)}{r}+\frac{2}{h}$	$Q=\frac{2.3(1+\varphi)}{r}$
	$\frac{D}{d} \geqslant 1.5$	$Q=\frac{2.3}{r}+\frac{2}{d}$	$Q=\frac{2.3}{r}$
	$\frac{D}{d} < 1.5$	$Q=\frac{2.3(1+\varphi)}{r}+\frac{2}{d}$	$Q=\frac{2.3(1+\varphi)}{r}$
	—	—	$Q=\frac{2.3}{r}$

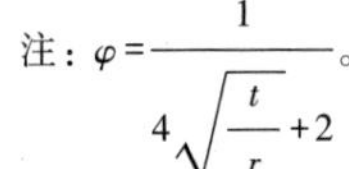

注：$\varphi=\frac{1}{4\sqrt{\frac{t}{r}}+2}$。

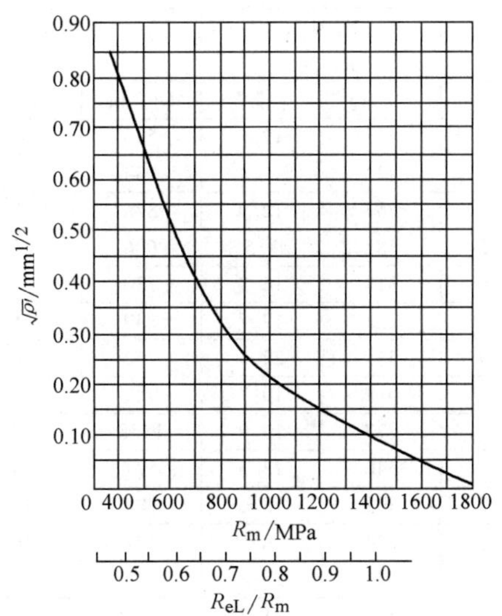

图 7-47　Neuber 参数图

4. 不对称应力循环的疲劳图

如图 7-44 所示，不对称应力循环可分解成恒定应力 σ_m 和对称循环应力 σ_a 两部分。可将不同平均应力 σ_m 情况下的疲劳极限 σ_{max} 以及相应的 σ_{min} 绘成如图 7-48 所示的不对称循环疲劳图 ABF。AB 和 FB 线从试验得出，可能是粗线所示的直线关系（Goodman 直线），也可能是细线所示的抛物线关系（Gerber 抛物线），当应力超过屈服强度 R_{eL}（或规定塑性延伸强度 $R_{p0.2}$）时，以 R_{eL}（或 $R_{p0.2}$）作为设计应力，则得到 $ACDEF$。

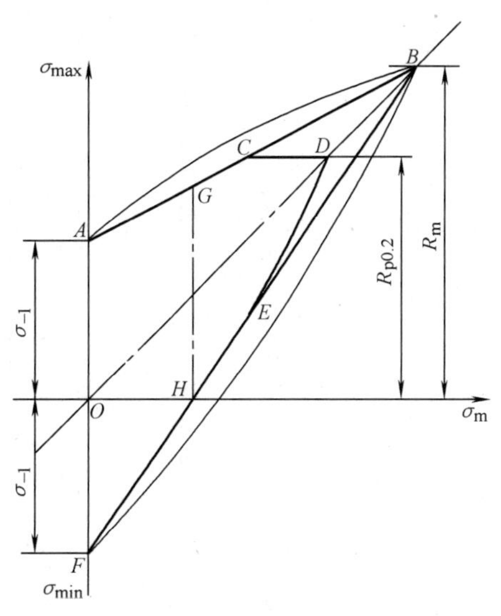

图 7-48　不对称循环疲劳图

实用中还常用 σ_a-σ_m 曲线表示不对称循环疲劳图，如图 7-49 所示。

如果要求表示的不是与无限寿命相当的疲劳极限，而是与一定有限寿命相当的不对称循环疲劳性质，则可绘制如图 7-50 所示的等寿命曲线图。

表 7-11 所示为 7 种国产钢不同应力比下的拉-压疲劳极限。

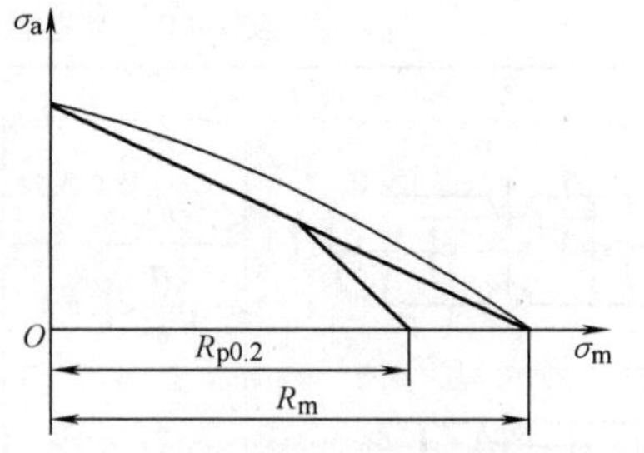

图 7-49　用 σ_a-σ_m 曲线表示的不对称循环疲劳图

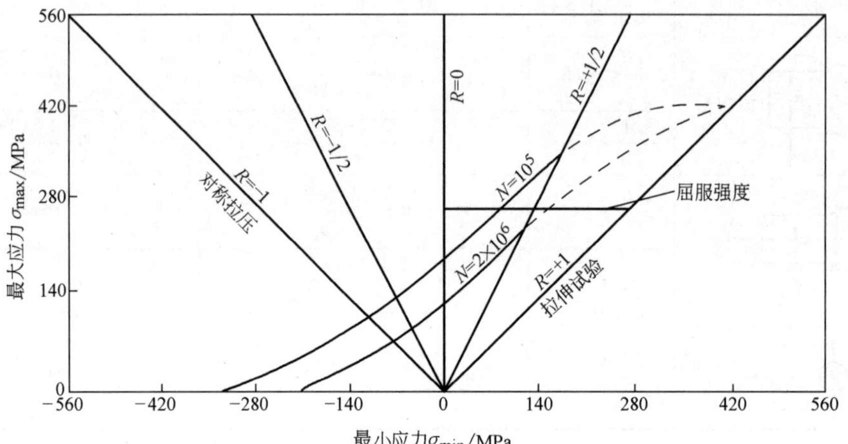

图 7-50　等寿命曲线图

表 7-11　7 种国产钢不同应力比下的拉-压疲劳极限　　（单位：MPa）

材料	K_t	应力比 $R=-1$		应力比 $R=0$		应力比 $R=0.3$		应力比 $R=1$	
		均值	标准差	均值	标准差	均值	标准差	均值	标准差
Q345(16Mn)（热轧）	1	269	9.4	377	23.1	431	17.5	533	6.7
	2	169	5.7	327	7.6	421	11.4	734	15.3
	3	109	3.2	218	8.5	257	12.2	875	7.2
35 钢（正火）	1	177	9.4	291	11.2	388	7.5	606	10.0
	2	131	6.6	243	10.6	313	16.3	730	7.8
	3	96	4.8	192	5.9	252	12.7	839	15.5
45 钢（调质）	1	269	8.6	436	13.4	517	22.5	762	36.7
	2	173	7.1	334	12.3	418	19.7	922	32.8
	3	103	4.4	187	8.5	277	13.9	1178	43.7
45 钢（正火）	1	219	8.9	346	9.2	346	23.3	577	24.8
	2	165	5.7	313	12.2	399	18.6	782	14.8
	3	121	4.1	208	8.2	274	5.0	871	10.3
40Cr（调质）	1	345	17.3	629	44.7	671	25.3	855	21.4
	2	257	8.5	431	18.0	555	21.2	1209	34.6
	3	163	1.6	257	6.0	337	8.3	1358	38.3
40CrNiMo（调质）	1	499	4.5	805	18.7	856	31.0	1001	74.6
	2	276	4.8	490	20.7	599	14.6	1139	26.4
	3	188	5.9	322	14.3	439	17.2	1383	18.9
60Si2Mn（淬火后中温回火）	1	487	26.3	749	33.8	1118	29.0	1442	31.4
	2	338	14.8	527	21.0	701	24.3	1777	71.5
	3	215	10.4	356	20.7	468	33.0	2041	70.5

5. 疲劳累积损伤

大多数零件都是在变幅载荷下工作。变幅载荷下的疲劳破坏，是不同频率、不同幅值的载荷所造成的损伤逐渐积累的结果。每一循环所造成的损伤可以认为是在此载荷幅值下循环寿命 N 的倒数 $1/N$，这种损伤是可以积累的。n 次恒幅载荷循环所造成的损伤等于其循环比 $c=n/N$。变幅载荷循环所造成的损伤 D 等于其循环比之和，即 $D=\sum_{i=1}^{l}\frac{n_i}{N_i}$（其中 l 为变幅载荷的应力水平级数，n_i 为第 i 级载荷的循环次数，N_i 为第 i 级载荷下的疲劳寿命）。当 D 达到临界值 D_C 时，发生疲劳破坏。

现在工程上有很多种估算变幅疲劳累积损伤的方法，通用的是 Miner 法则，即

$$D_C=\sum_{i=1}^{l}\frac{n_i}{N_i}=1 \tag{7-28}$$

精确的研究表明，D_C 值并不等于 1，通过一些实际零件变幅循环疲劳破坏的统计，得到不等于 1 的更为符合实际的 D_C 值 a 时，则称为修正的 Miner 法则，有的文献推荐，a 值取为 0.7，其寿命估算结果比 Miner 法则安全，寿命估算精度比 Miner 法则有所提高。

6. 低周疲劳

桥梁、容器、船舰、车辆和飞机等的构件在工作过程中，除正常的较低应力幅的应力循环外，还常常受到较大应力幅的循环。这样的应力幅往往接近或超过材料的屈服强度，使构件某些局部甚至整体产生较大的反复塑性变形。这种由于反复循环塑性变形造成的疲劳破坏使其寿命比通常应力较低的疲劳寿命短，循环周次为 10^2~10^6，称为低周疲劳，也称高应变疲劳或塑性疲劳。

在讨论低周疲劳时，首先要提到循环载荷作用下材料的应力与应变的关系，即循环应力-应变曲线。金属在弹性范围加载，其应力与应变是可逆的；当加载超过弹性范围时，应变落后于应力，形成应力与应变滞后回线。在循环加载初期，应力与应变回线并不封闭，它的形状随循环次数而变，只有经过一定周次循环后，才形成封闭的稳定的滞后回线。将应变幅控制在不同的水平上，可以得到一系列大小不同的稳定的滞后回线，将其顶点连接起来，则可得到材料的循环应力-应变曲线。循环应力-应变曲线，是不同应变或应力幅情况下滞后回线顶点的轨迹，如图 7-51 所示。

循环应力-应变曲线可以高于或低于单调加载的应力-应变曲线。高于单调加载的应力-应变曲线称为

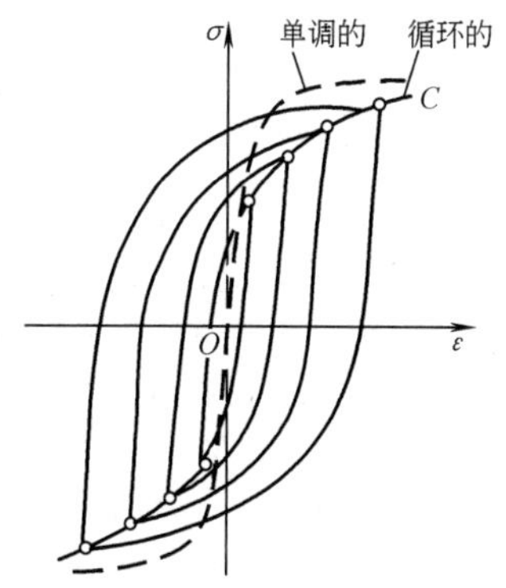

图 7-51　循环应力-应变曲线

循环硬化，反之称为循环软化。

循环应力-应变曲线也可用如下形式的公式表示，即

$$\sigma=K'(\varepsilon_p)^{n'} \tag{7-29}$$

$$\varepsilon=\frac{\sigma}{E}+\left(\frac{\sigma}{K'}\right)^{\frac{1}{n'}} \tag{7-30}$$

式中　σ——正应力（MPa）；
ε_p——塑性应变；
K'——循环强度系数（MPa）；
n'——循环应变硬化指数，$n'=0.10$~0.20；
ε——正应变（总应变）；
E——模性模量。

在低周疲劳试验研究中，常把应变选为控制变量，建立应变范围 $\Delta\varepsilon_t$ 和循环断裂周次 N_f 之间的曲线，称为应变幅-寿命曲线。考虑到一个循环中包括载荷的两次“反向”，故低周疲劳中常把总寿命记为 $2N_f$，$2N_f$ 即反向数。典型的应变幅 $\Delta\varepsilon_t/2$-循环断裂反向次数 $2N_f$ 曲线绘成双对数形式，如图 7-52 所示。

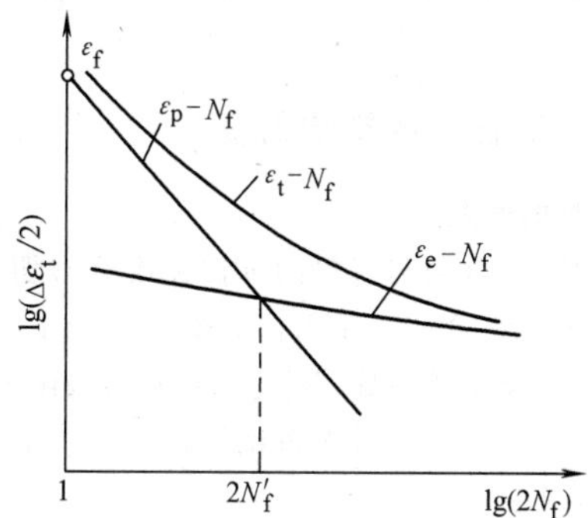

图 7-52　低周疲劳应变幅-寿命曲线

应变幅 $\Delta\varepsilon_t$ 可分为弹性部分 $\Delta\varepsilon_e$ 和塑性部分 $\Delta\varepsilon_p$，整个曲线又可分解为 $\Delta\varepsilon_e/2-2N_f$ 和 $\Delta\varepsilon_p/2-2N_f$ 两条直线，其数学表达式分别为

$$\frac{\Delta\varepsilon_e}{2}=\frac{\sigma_f'}{E}(2N_f)^b \qquad (7\text{-}31)$$

$$\frac{\Delta\varepsilon_p}{2}=\varepsilon_f'(2N_f)^c \qquad (7\text{-}32)$$

式中　σ_f'——疲劳强度系数，与静拉伸正断裂应力 σ_f 接近，可近似地认为 $\sigma_f'=\sigma_f$；

b——疲劳强度指数，对软金属其绝对值不超过0.12，随强度增高，b 值略有下降，最小值不低于0.05；

ε_f'——疲劳塑性系数，$\varepsilon_f'=\ln[1/(1-Z)]$，$Z$ 为静拉伸的断面收缩率，也可取 $\lg(\Delta\varepsilon_p/2)$-$\lg 2N_f$ 曲线上，$2N_f=1$ 时的应变值；

c——疲劳塑性指数，对于一般金属材料，c 在0.5~0.7之间，一般可取0.6。

工程上常假定对所有材料 $\Delta\varepsilon_e$-N_f 和 $\Delta\varepsilon_p$-N_f 曲线的斜率都是共同的，得出通常所说的“通用斜率方程”为

$$\Delta\varepsilon_t=3.5\frac{R_m}{E}N_f^{-0.12}+D^{0.6}N_f^{-0.6} \qquad (7\text{-}33)$$

式中　D——断裂伸长率，可用静拉伸真实断裂伸长率 ε_f 表示。

这样就可根据静拉伸性能和循环应变计算低周疲劳断裂寿命。

低周疲劳试验，要求能够有充分可调整的频率范围，可变化的加载波形，精确的应变、应力或行程的控制和测量系统，以及复杂的程序控制加载、记录和数据处理系统。近代发展起来的电液伺服疲劳试验机可以满足这些需要，使低周疲劳的试验工作得到很大推进。

表7-12所列是某些钢铁材料的单调与循环应变特性。

7.3.3　疲劳性能的影响因素

1. 强度的影响

材料的疲劳极限与材料的抗拉强度有密切关系，且随抗拉强度 R_m 的升高而升高。图7-53所示是碳钢和低、中碳合金钢不同处理状态弯曲疲劳极限 σ_{-1} 与抗拉强度 R_m 的关系。对光滑试样，σ_{-1} 与 R_m 有如下的近似关系：

$$\sigma_{-1}=(0.37\sim0.52)R_m \qquad (7\text{-}34)$$

2. 热处理的影响

图7-54所示为45钢疲劳极限与回火温度的关系。

图7-55所示为稀土镁球墨铸铁珠光体含量与疲劳极限的关系。

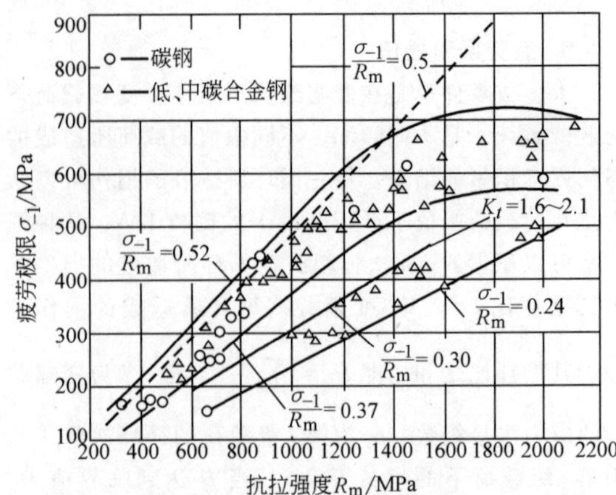

图7-53　弯曲疲劳极限 σ_{-1} 与抗拉强度 R_m 的关系

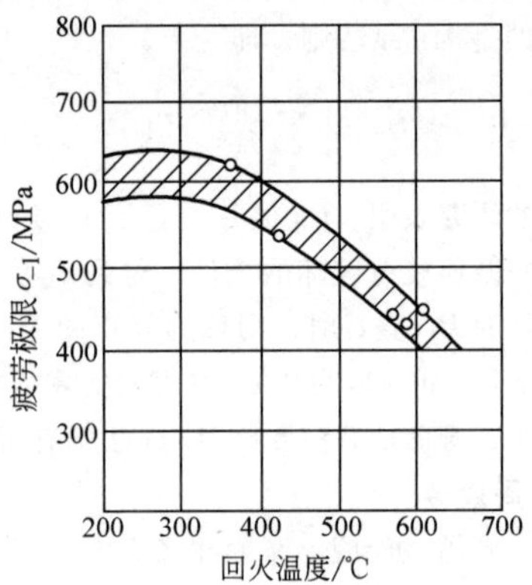

图7-54　45钢疲劳极限与回火温度的关系

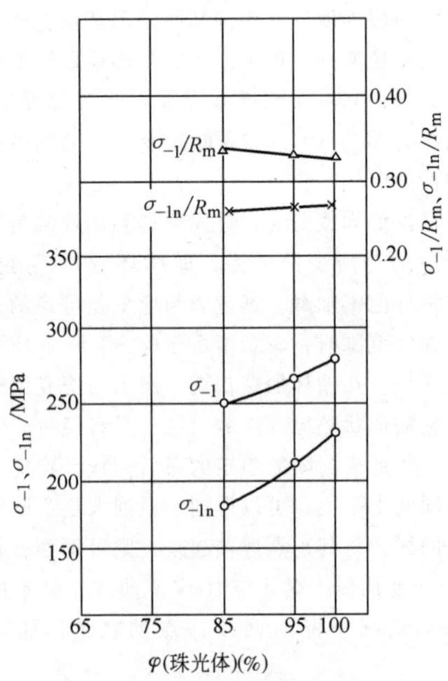

图7-55　稀土镁球墨铸铁珠光体含量与疲劳极限的关系

表 7-12　某些钢铁材料的单调与循环应变特性

材料	热处理	R_m/MPa	R_{eL}/R_m	K/K'/(MPa/MPa)	n/n'	$\varepsilon_f/\varepsilon_f'$	σ_f/σ_f'/(MPa/MPa)	b	c	E/MPa	循环硬化（软化）特性
Q235A	轧态	470.4	0.69	928.2/969.6	0.2590/0.1824	1.0217/0.2747	976.4/658.8	-0.0709	-0.4907	198753.4	循环硬化
Q345(16Mn)	轧态	572.5	0.63	856.1/1164.8	0.1813/0.1871	1.0729/0.4644	1118.3/947.1	-0.0943	-0.5395	200741	循环硬化
45	调质	897.7	0.91	928.7/1112.5	0.0369/0.1158	0.8393/1.5048	1511.7/1041.4	-0.0704	-0.7338	193500	循环软化
40Cr	调质	1084.9	0.94	1285.1/1228.9	0.0512/0.0903	0.7319/0.3809	1264.7/1385.1	-0.0789	-0.5765	202860	循环软化
60Si2Mn	淬火后中温回火	1504.8	0.91	1721.2/1925.0	0.0350/0.0906	0.4557/0.3203	2172.4/2690.6	-0.1130	-0.5826	203395	循环软化
ZG270-500	正火	572.3	0.64	1218.1/1267.5	0.2850/0.2220	0.2383/0.1813	809.4/781.5	-0.0988	-0.5063	204555.4	循环硬化
QT450-10①	铸态	498.1	0.79	-/1127.9	-/0.1405	-/0.1461	-/856.9	-0.1027	-0.7237	166108.5	循环硬化
QT600-3②	正火	748.4	0.61	1439.9/1039.8	0.1996/0.1165	0.0760/0.3725	856.5/885.2	-0.0777	-0.7104	154000	循环硬化
QT600-3①	正火	677.0	0.77	1621.5/979.3	0.1834/0.0876	0.0377/0.0271	888.8/1109.8	-0.1056	-0.3393	150376.5	循环硬化
QT800-2②	正火	913.0	0.64	1777.3/1437.7	0.2034/0.1470	0.0455/0.1684	946.8/1067.4	-0.0830	-0.5792	160500	循环硬化

① ϕ30mm 棒料。
② Y 形试块。

复合组织（以高强度马氏体为基，带有一定形状、数量分布的残留奥氏体、铁素体、贝氏体等第二相）是钢材强韧化的新途径。图 7-56 所示为 5CrNiMo 钢不同马氏体、下贝氏体比值的复合组织疲劳曲线。

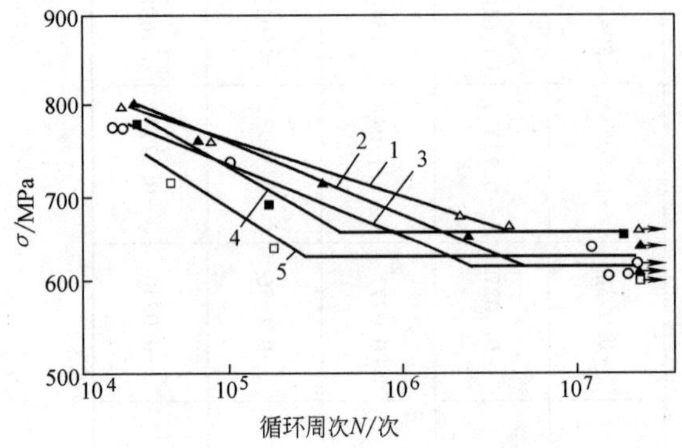

图 7-56　5CrNiMo 钢不同马氏体、下贝氏体比值复合组织的疲劳曲线

1—25%（体积分数）下贝氏体+马氏体　2—10%（体积分数）下贝氏体+马氏体　3—全马氏体　4—40%（体积分数）下贝氏体+马氏体　5—80%（体积分数）下贝氏体+马氏体

注：试样均在 200℃ 回火。

等温淬火与淬火回火比较，在相同静强度（硬度）条件下，有较高的疲劳极限。图 7-57 所示为 30CrMnSi 钢两种处理方法的疲劳极限的比较。

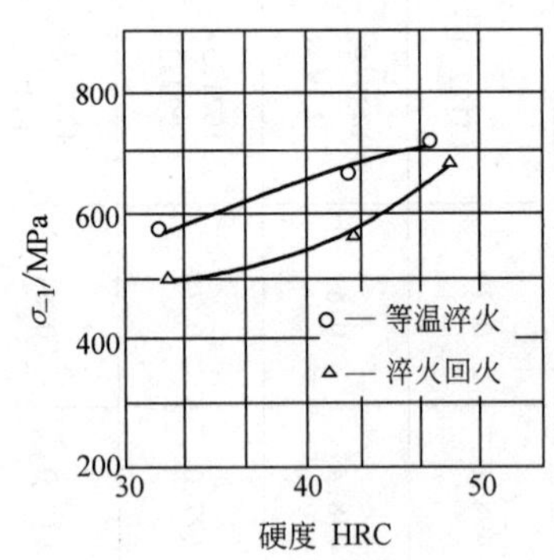

图 7-57　30CrMnSi 钢等温淬火与淬火回火疲劳极限的比较

3. 材料性能对过载持久值的影响

疲劳极限主要决定于材料强度，而过载持久值部分则与材料的强度和韧性均有密切关系，如图 7-58 所示。

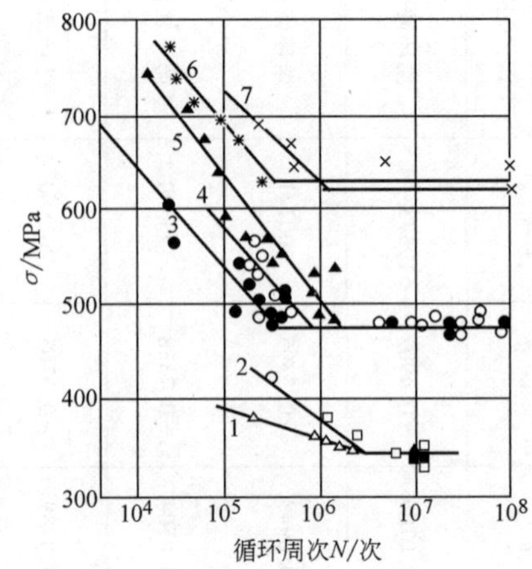

序号	标号	材　料	R_m/MPa	a_K/(J/cm²)
1	△	w(C)=0.58%碳钢	786	30.4
2	□	Cr–Mo钢	796	75.5
3	●	w(C)=1.2%碳钢	954	7.0
4	○	w(C)=0.5%碳钢	922	22.6
5	▲	Cr–Ni钢	956	122.6
6	*	w(C)=1.2%碳钢	1239	6.0
7	×	$w(\mathrm{N_i})$=3.5%钢	1190	68.6

图 7-58　强度和韧性对过载持久值的影响

4. 表面强化工艺的影响

常用的表面强化工艺有渗碳、渗氮、氮碳共渗、感应淬火、喷丸、滚压等，以及这些工艺的复合处理。图 7-59～图 7-63 所示为各种表面强化工艺对疲劳极限的影响。

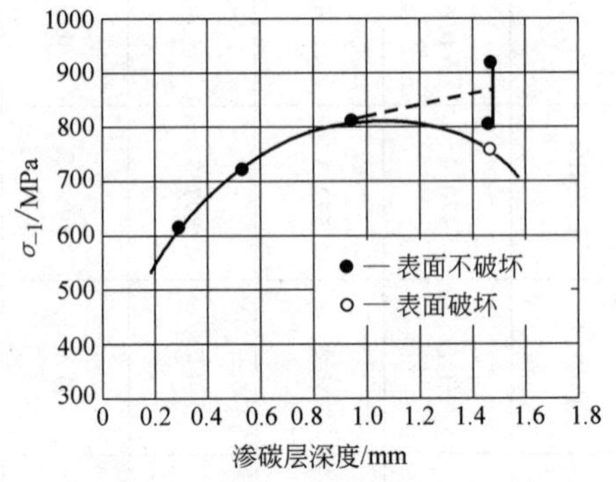

图 7-59　疲劳极限与渗碳层深度的关系

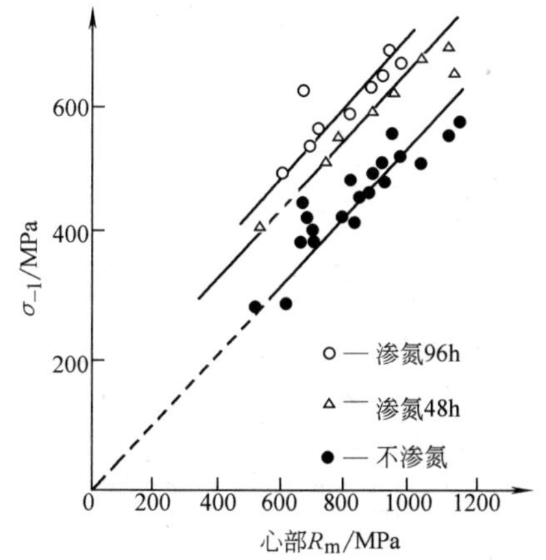

图 7-60　表面渗氮对疲劳极限的影响

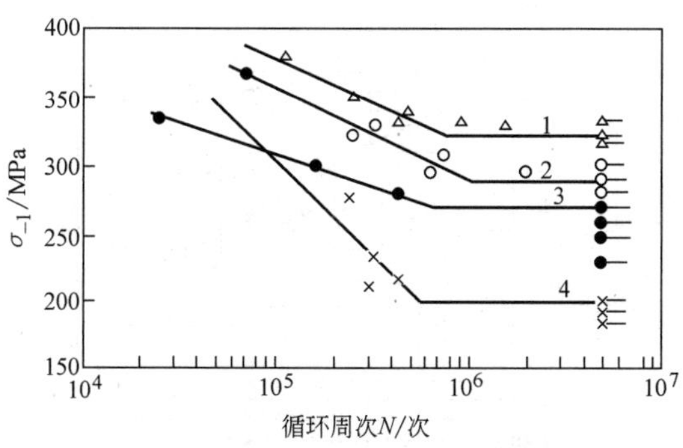

图 7-61　氮碳共渗、氮碳共渗+高频感应淬火对球墨铸铁疲劳极限的影响

1—氮碳共渗+高频感应淬火　2—高频感应淬火　3—氮碳共渗　4—正火

注：缺口试样外径为 ϕ10mm，内径为 ϕ8mm，缺口半径为 1mm，长为 80mm。

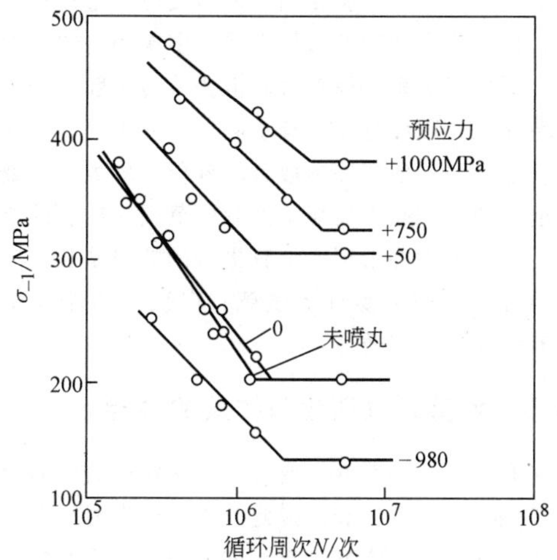

图 7-62　55SiMnVB 汽车板簧不同预应力喷丸提高疲劳极限效果（平均应力 σ_m = 700MPa）

注：板簧试样宽为 75mm，厚为 9mm，在受拉一面有两道深为 4.5mm，宽为 13mm 的槽沟。

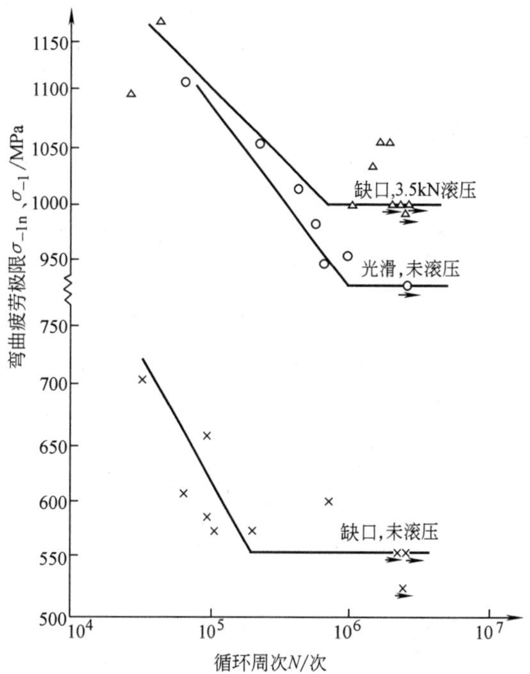

图 7-63　25MnTiBRE 渗碳，滚压前后的疲劳极限

注：光滑试样 ϕ6mm，缺口试样 ϕ8mm，带 R = 1mm 半圆缺口。

7.3.4　多次冲击抗力试验

对一些承受冲击载荷的零件（如凿岩机活塞、锻锤锤杆、锻模、火车车轮与钢轨轨头等）习惯上认为可以用一次冲击所得到的冲击性能来表明这类零件承受冲击载荷的抗力，但是一次冲击试验是大能量一次冲断的过程，而上述承受冲击载荷的零件却是小能量多次冲断的过程，二者破断过程不同，因而具有不同的性质。小能量多次冲击试验，一般是用一定直径和长度的圆柱形试样，经三点或四点冲击弯曲加载或拉伸冲击加载，用冲击能量 A 和相应的破断周次 N 绘成 A-N 曲线来表示材料抗多次冲击加载的能力。多次冲击弯曲试验如图 7-64 所示，所得典型 A-N 曲线如图 7-65 所示。由图 7-65 可看出：①35 钢 200℃ 回火时强度高，塑性低；500℃ 回火时强度低，塑性高。②二者的多次冲击曲线有一交点，交点以左，塑性高的多次冲击抗力高；交点以右，强度高的多次冲击抗力高。由此表明交点左右，决定多次冲击抗力的主导因素发生了转移。对大量强塑配合不同的材料进行试验，表明交点位置仅仅在大约几百次到几万次之间变化。即使此时，试样单位体积所承受的冲击能量也是远远超过上述承受冲击零件单位体积所承受的冲击能量，因而对一般承受冲击载荷的零件，主要的是应该要求较高的强度，而不是较大的一次冲击性能。用这样的观点来改进锤杆、凿岩机活塞、钎尾、钎杆的材料和工艺，使零件寿命得到了成倍和几倍的提高。

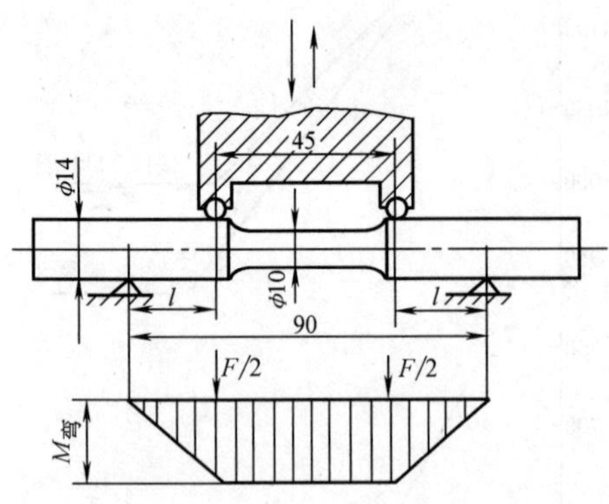

图 7-64　多次冲击弯曲试验

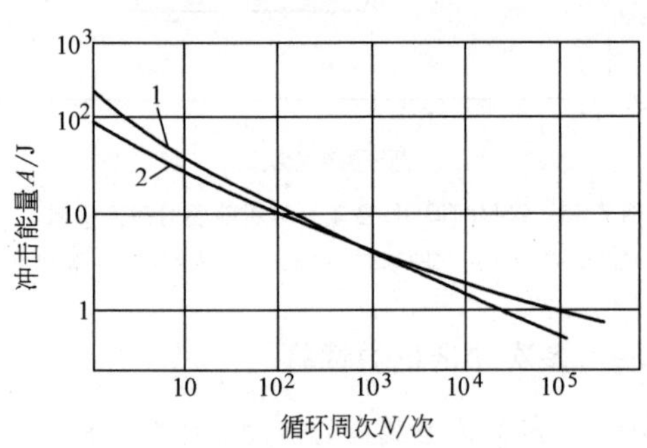

图 7-65　典型多次冲击 *A-N* 曲线（35 钢）
1—500℃回火　2—200℃回火

多次冲击试验还表明，不同冲击能量要求一定的强度和塑性配合。图 7-66 所示为 50 钢不同温度回火时，不同冲击能量下，其冲击破断周次的变化。由该图可见，冲击破断周次随回火温度变化出现了峰值，并且随冲击能量增加，峰值向较高回火温度转移。该现象表明随冲击能量增加，为得到最佳多次冲击抗力，需要有较高的塑性和韧性与之配合；并且，当冲击能量相当高，其破断周次仅 100~200 次时，其最佳回火温度是 450℃，并非通常惯用的高温调质。多次冲击试验的另一重要结果是，冲击韧度 a_{KU} 对多次冲击抗力的影响与材料强度水平有关。图 7-67 所示为合金结构钢在同强度水平条件下，一次冲击韧度 a_{KU} 与多次冲击破坏次数 *N* 的关系。在低强度水平时，如 $R_m<$ 1000MPa，这时塑性、韧性已较高，所以再增加塑性、韧性、对多次冲击抗力影响甚微；而当强度水平较高时，如$R_m>$1500MPa，这时因塑性、韧性已较低，所以适当提高塑性、韧性对提高多次冲击抗力影响甚为显著。

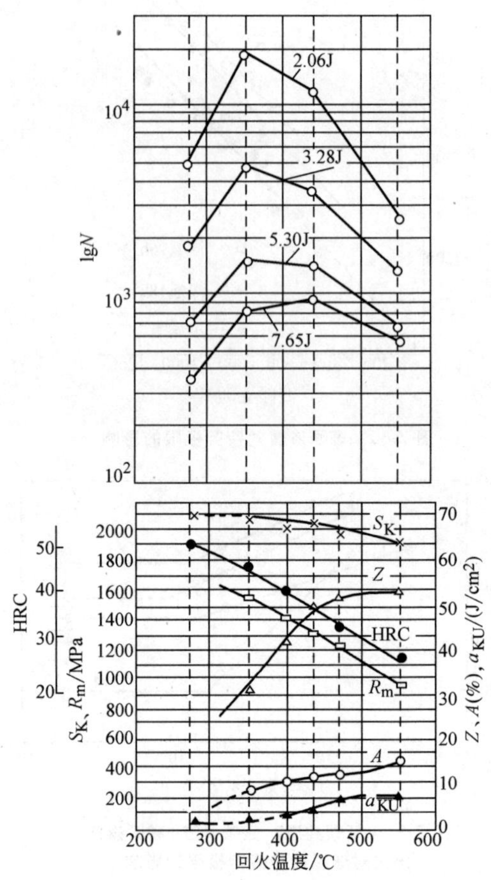

图 7-66　50 钢不同回火温度情况下不同冲击能量与破断周次的关系曲线

上述多次冲击试验相当于冲击疲劳的过载持久值部分，如用应力和应变参量表示，多次冲击规律大致符合低周疲劳关系。但多次冲击疲劳与一般非冲击加载疲劳比，其破坏过程仍有不同。研究表明，多次冲击载荷速度比一般非冲击疲劳的载荷速度大两个数量级，前者缺口或裂纹尖端塑性变形范围比后者的要小得多，因而多次冲击情况下有更大的缺口系数；多次冲击情况下对回火脆性更敏感；多次冲击是能量载荷，有明显的体积效应。

7.3.5　疲劳裂纹萌生与扩展的性能

对有限寿命的零件，疲劳寿命是疲劳裂纹萌生寿命与扩展寿命二者之和。因此，工程上有时需要开展实际零件或与实际零件具有相同应力集中系数的试件疲劳裂纹萌生试验和寿命估算，以及具有裂纹的试件的疲劳裂纹扩展试验与寿命估算。

1. 疲劳裂纹萌生试验与寿命估算

通常是用具有与零件相当的理论应力集中系数

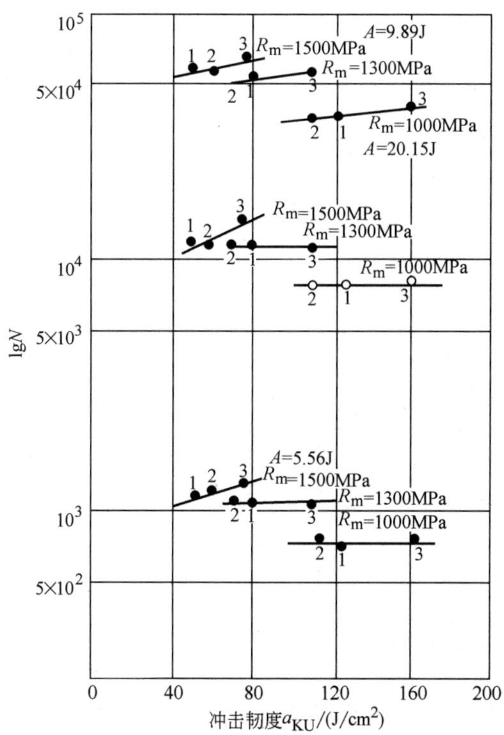

图 7-67　合金结构钢在同强度水平条件下，一次冲击韧度 a_{KU} 与多次冲击破坏次数 N 的关系

1—40 钢　2—40MnB　3—40CrNiMoA

K_t 的试样进行疲劳试验，得出一定 K_t 情况下循环应力 $\Delta\sigma$-疲劳裂纹萌生寿命曲线。图 7-68a、b 所示分别为 35CrMo 钢 870℃ 油淬，600～620℃ 回火和 w(C) 为 0.26%、w(Mn) 为 1.37% 的铸钢 860℃ 油淬，620℃ 回火的情况下（不同 K_t），三点弯曲加载的循环应力 $\Delta\sigma$-疲劳裂纹萌生寿命 N_i 曲线。

对不同应力集中条件，需要分别进行试验，工作量很大，研究者提供出了各种不同应力集中条件下疲劳裂纹萌生寿命的估算方法。

（1）断裂力学法　Rolfe 等人以缺口顶端最大应力范围 $\Delta\sigma_{max}$ 作为缺口试样疲劳裂纹萌生的控制因素。$\Delta\sigma_{max}=(2/\sqrt{\pi})(\Delta K_I/\sqrt{\rho})$，因此以 $\Delta K/\sqrt{\rho}$ 作为描述缺口最大应力范围的参量，式中 ΔK 是把缺口深度 D 当成裂纹长度确定的应力强度因子，ρ 为缺口曲率半径。图 7-69 所示为 35CrMo 钢的 $\Delta K_I/\sqrt{\rho}$-N_i 曲线，可见不同 K_t 的曲线并不能很好地用一条曲线来表示，但作为工程应用要求的精度，还是有很好的参考价值。

（2）局部应变法　局部应变法的出发点（即相同的应变幅）将导致相同的疲劳损伤，如果缺口根部的局部应变幅能够确定，那么缺口构件的疲劳寿命就可以根据光滑试样的低周疲劳数据来估算。

缺口根部的应变幅 $\Delta\varepsilon$ 可根据 Neuber 法则求解，或用有限元方法求解，求得 $\Delta\varepsilon$ 后，可根据低周疲劳式(7-31)～式(7-33)计算构件寿命。

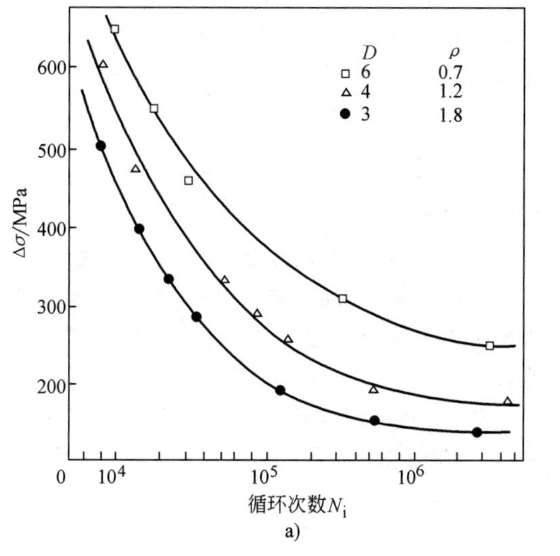

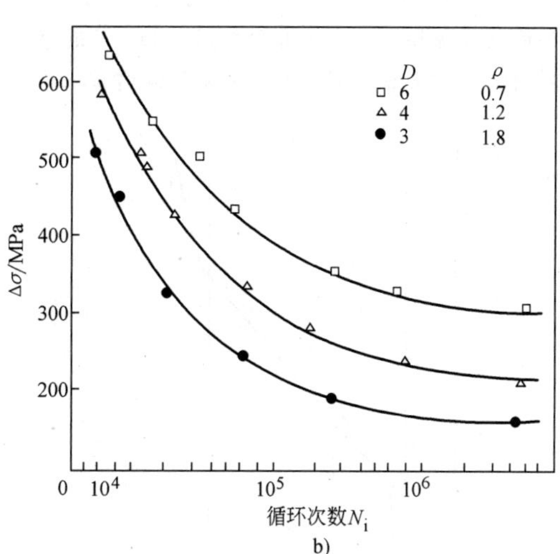

图 7-68　循环应力 $\Delta\sigma$-疲劳裂纹萌生寿命 N_i 曲线

a）35CrMo　b）试验用铸钢

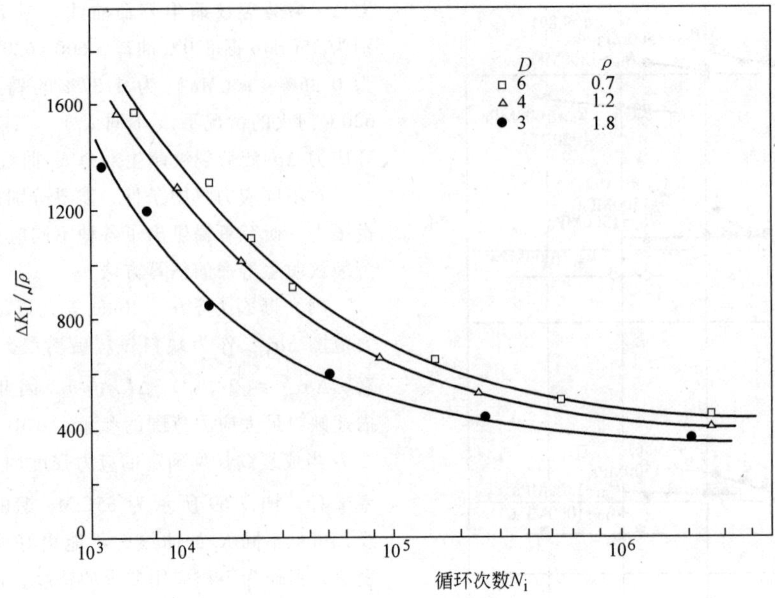

图 7-69　35CrMo 钢的 $\Delta K_I/\sqrt{\rho}$-N_i 曲线

2. 疲劳裂纹的扩展

大型铸锻件及焊接件中，缺陷不能完全避免，机器零件在运行过程中也会产生裂纹。有了缺陷和裂纹之后，零件的剩余寿命就取决于疲劳裂纹扩展速率 $\mathrm{d}a/\mathrm{d}N$ 和极限裂纹长度 a_C。裂纹扩展速率 $\mathrm{d}a/\mathrm{d}N$ 与外加应力强度因子范围 ΔK 有比较明显的关系，典型的 $\mathrm{d}a/\mathrm{d}N$ 与 ΔK 的关系曲线如图 7-70 所示。ΔK 比较低时，即裂纹扩展初始阶段（第Ⅰ阶段），$\mathrm{d}a/\mathrm{d}N$ 随 ΔK 增加而增长很快；进入第Ⅱ阶段后，$\mathrm{d}a/\mathrm{d}N$ 的增长转趋平稳；当 ΔK 很大时，$\mathrm{d}a/\mathrm{d}N$ 又急剧增长，这

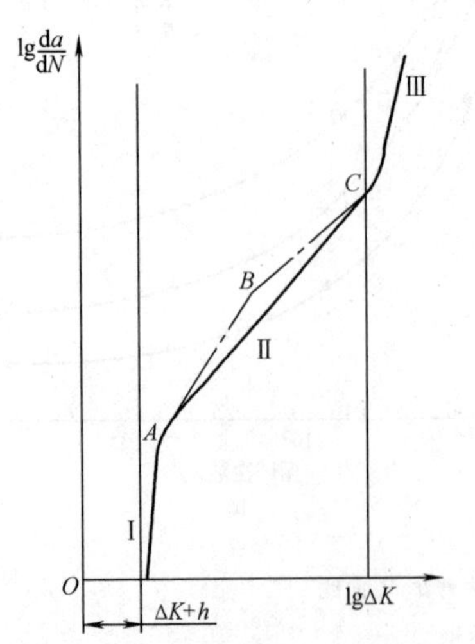

图 7-70　典型的 $\mathrm{d}a/\mathrm{d}N$ 与 ΔK 关系曲线

时已进入疲劳破坏的后期，为第Ⅲ阶段。第Ⅱ阶段为机件疲劳裂纹扩展的主要过程，第Ⅲ阶段只有很少扩展周次，意义不大。第Ⅱ阶段的 $\mathrm{d}a/\mathrm{d}N$ 与 ΔK 可用下式（称为 Paris 公式）表示

$$\frac{\mathrm{d}a}{\mathrm{d}N}=c(\Delta K)^n \tag{7-35}$$

式中的 c、n 为材料常数。对结构钢，指数 n 在 2～4 之间变化；对铝合金，指数 n 在 2～7 之间变化。

式（7-35）可转化成

$$N=\int_{a_0}^{a_C}\frac{\mathrm{d}a}{c(\Delta K)^n} \tag{7-36}$$

式中的 a_0 为裂纹初始长度，a_C 为裂纹极限长度，可依材料的 K_{IC} 或 K_{fC} 算出（K_{fC} 特指疲劳断裂时相当的应力强度因子），依此式可估算零件剩余寿命。

式（7-36）是在应力强度因子比（$R=K_{min}/K_{max}$）比较小时得出的，当 R 比较大时，R 对 $\mathrm{d}a/\mathrm{d}N$ 有较大影响，则

$$\frac{\mathrm{d}a}{\mathrm{d}N}=\frac{A'\Delta K^{n'}}{(1-R)K_C-\Delta K} \tag{7-37}$$

式中　A'、n'——由材料性质决定；

K_C——相应厚度下材料的断裂韧度。

式（7-37）称为 Forman 公式。

当 ΔK 降低到临界值 ΔK_{th} 时，疲劳裂纹扩展速率变得特别慢，GB/T 6398—2017《金属材料　疲劳试验　疲劳裂纹扩展方法》定义裂纹扩展速率为 10^{-7}mm/次的 ΔK 为 ΔK_{th}，即存在疲劳裂纹不发生扩展的应力强度因子值，称为疲劳裂纹扩展门槛值，简称疲劳门槛值。对于钢，ΔK_{th} 一般小于 13MPa · $m^{\frac{1}{2}}$；对于铝合金，则小于 4MPa · $m^{\frac{1}{2}}$。

依 ΔK_{th} 值，可计算在所承受载荷下，可能的非扩展裂纹长度。

还可将 ΔK_{th} 值写成如下形式：

$$\Delta K_{th} = Y\Delta\sigma_{th}\sqrt{\pi a} \tag{7-38}$$

式中　$\Delta\sigma_{th}$——临界应力范围，其最大值 σ_{thmax} 相当于包含非扩张裂纹 a 的疲劳极限。

3. 典型材料疲劳裂纹扩展速率和门槛值

几种国产结构钢疲劳裂纹扩展速率见表 7-13。

表 7-13　几种国产结构钢的疲劳裂纹扩展速率

牌　号	热　处　理	裂纹扩展速率/(mm/次)	备　注
40	860℃正火	$1.032\times10^{-12}(\Delta K)^{3}$	ΔK 为 19~51MPa · $m^{\frac{1}{2}}$
30CrMnSiNi2A	910℃油淬,250℃回火	AB 段 $3.2\times10^{-14}(\Delta K)^{4}$ BC 段 $1.71\times10^{-8}(\Delta K)^{1.5}$	B 点处 ΔK=19.8MPa · $m^{\frac{1}{2}}$
	910℃油淬,450℃回火	AB 段 $3.78\times10^{-14}(\Delta K)^{4}$ BC 段 $1.67\times10^{-8}(\Delta K)^{1.5}$	B 点处 ΔK=18.5MPa · $m^{\frac{1}{2}}$
	910℃油淬,550℃回火	AB 段 $4.147\times10^{-14}(\Delta K)^{4}$ BC 段 $1.65\times10^{-8}(\Delta K)^{1.5}$	B 点处 ΔK=17.6MPa · $m^{\frac{1}{2}}$
40CrNiMo	860℃淬火,560℃回火	$(4.16\sim7.6)\times10^{-11}(\Delta K)^{2.6}$	ΔK 为 26~96MPa · $m^{\frac{1}{2}}$
14MnMoNbB	920℃淬火,620℃回火	$8.12\times10^{-11}(\Delta K)^{2.5}$	ΔK 为 32~64MPa · $m^{\frac{1}{2}}$
30Cr2MoV	940℃空冷,680℃炉冷	$6.62\times10^{-11}(\Delta K)^{2.44}$	f=10000 次/min,$\Delta K\geqslant$12MPa · $m^{\frac{1}{2}}$
		$1.54\times10^{-9}(\Delta K)^{2.08}$	f=0.7 次/min,$\Delta K\geqslant$28MPa · $m^{\frac{1}{2}}$
5CrNiMo	淬火,220℃回火	$1.008\times10^{-18}(\Delta K)^{6.25}$	—
	马氏体+10%(体积分数)下贝氏体,220℃回火	$1.078\times10^{-12}(\Delta K)^{3.41}$	—
	马氏体+25%(体积分数)下贝氏体,220℃回火	$6.837\times10^{-14}(\Delta K)^{2.55}$	—
	马氏体+40%(体积分数)下贝氏体,220℃回火	$1.019\times10^{-10}(\Delta K)^{2.45}$	—

注：AB 段、BC 段、B 点见图 7-70。

几种国产结构钢疲劳裂纹扩展门槛值见表 7-14。

表 7-14　几种国产结构钢的疲劳裂纹扩展门槛值

牌　号	状　态		$\Delta K_{th}/MPa \cdot m^{\frac{1}{2}}$
42CrNi3A	1050℃油淬,600℃回火		7.33
	870℃油淬,600℃回火		5.80
20Cr2Ni4	600℃回火		6.5
	300℃回火		4.7
	200℃回火		4.4
20CrMnSiMoV	600℃回火		6.5
	500℃回火		5.4
	300℃回火		5.0
	200℃回火		4.8
35CrMo	600℃回火		6.8
	400℃回火		4.8
Q345(16Mn)	热轧	R0.2	9.6
		R0.6	6.7
	焊趾	R0.2	8.14
		R0.6	4.40
Q345(16MnRE)	热轧	R0.8	3.85
		R0.7	3.91
		R0.5	4.62
		R0.2	5.22
45Cr	600℃回火		4.7
	500℃回火		5.15
	400℃回火		6.27
	200℃回火		5.0
5CrNiMo	淬火,全马氏体,220℃回火		3.96
	马氏体+10%(体积分数)下贝氏体,220℃回火		4.16
	马氏体+25%(体积分数)下贝氏体,220℃回火		5.03
	马氏体+40%(体积分数)下贝氏体,220℃回火		5.54

7.3.6　疲劳试验技术

1. 疲劳曲线和疲劳极限的测定

GB/T 3075—2021《金属材料　疲劳试验　轴向力控制方法》和 GB/T 4337—2015《金属材料　疲劳试验　旋转弯曲方法》是常用的疲劳曲线和疲劳极限测定方法。GB/T 4337—2015 规定旋转弯曲疲劳试验可以是悬臂梁式加载，也可以是试样两端均有支承的四点加载。四点弯曲加载的试样受载情况如图 7-71 所示。图中还示意表示出试样沿断面所受弯矩 M 和弯应力 σ，以及力臂 L_1 或 L_2。

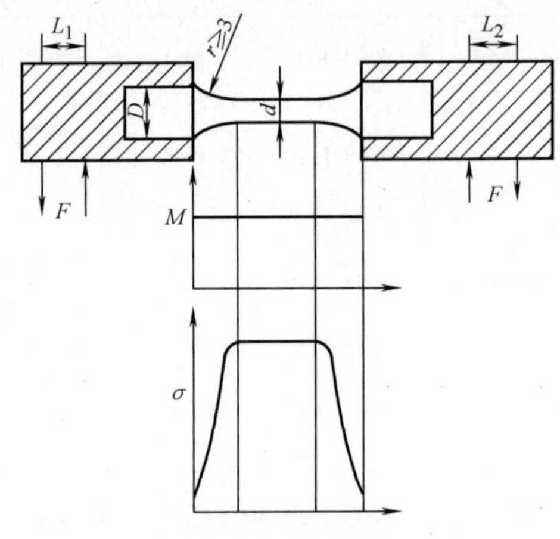

图 7-71　圆柱形试样四点弯曲加载

推荐的试样形状及尺寸如图 7-72 所示，其直径 d 为 5~10mm，d 的极限偏差为±0.02mm，夹持端直径 $D \geqslant 2d$。

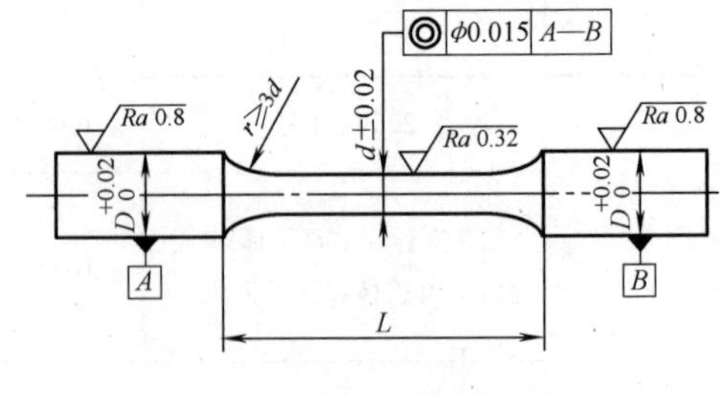

图 7-72　圆柱形光滑试样

测定疲劳极限可采取升降法，其步骤是取试样 13~16 根，根据已有的资料，对疲劳极限作一粗略估计，应力增量 $\Delta\sigma$ 一般选为预计疲劳极限的 3%~5%，试验一般在 3~5 级应力水平下进行。第一根试样的应力水平略高于预计疲劳极限，如果在达到规定疲劳极限循环数（如 10^7）不断，则下一根试样再升高 $\Delta\sigma$ 进行（反之，则降低 $\Delta\sigma$ 进行），这样直至完成全部试验。图 7-73 所示为升降法测疲劳极限，由 16 个点组成。处理数据时，在第一对出现相反结果以前的数据均舍去。图中点 3 和 4 是第一对出现的相反结果，因此点 1 和 2 舍去，而第一次出现相反结果的点 3 和 4 的平均应力值 $(\sigma_2+\sigma_3)/2$，就是单点试验法给出的疲劳极限值。如此把所有邻近出现相反结果的数据点均配成对子，即 7 和 8，10 和 11，12 和 13，15 和 16，最后，对于不能直接配对的数据点 9 和 14 也凑成一对，总共有 7 个对子，由这 7 个对子求得的 7 个疲劳极限值的平均值，即可作为疲劳极限精确值 σ_{-1}。

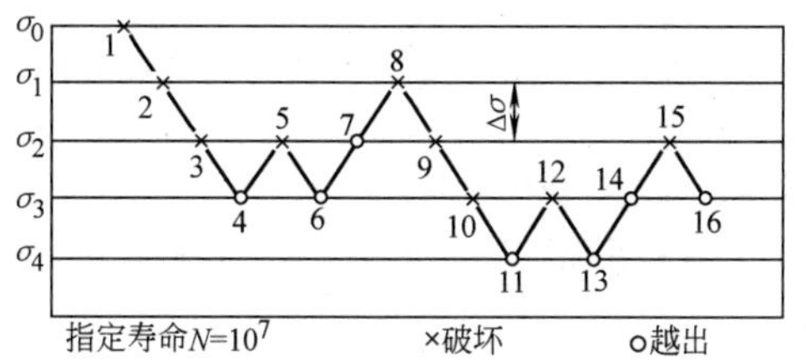

图 7-73　升降法测疲劳极限

$$\sigma_{-1}=\frac{1}{7}\left(\frac{\sigma_2+\sigma_3}{2}+\frac{\sigma_2+\sigma_3}{2}+\frac{\sigma_1+\sigma_2}{2}+\frac{\sigma_3+\sigma_4}{2}+\frac{\sigma_3+\sigma_4}{2}+\frac{\sigma_2+\sigma_3}{2}+\frac{\sigma_2+\sigma_3}{2}\right)$$

$$=\frac{1}{14}(\sigma_1+5\sigma_2+6\sigma_3+2\sigma_4) \tag{7-39}$$

还可写成普遍式：

$$\sigma_{-1}=\frac{1}{n}(V_1\sigma_1+V_2\sigma_2+\cdots+V_m\sigma_m)$$

$$=\frac{1}{n}\sum_{i=1}^{m}V_i\sigma_i \tag{7-40}$$

式中　V_i——在第 i 级应力 σ_i 下进行的试验次数；

n——试验总次数；

m——应力水平的级数。

故疲劳极限是以试验次数为 n 的加权应力平均值。

这样求得的疲劳极限存活率为 50%。如果需要，可对试验结果用数理统计方法进行数据处理，求出任一存活率下的条件疲劳极限。

疲劳曲线的测定，须至少取 4～5 级应力水平，用升降法测得疲劳极限作 σ-N 曲线的低应力水平点；其他 3～4 级较高应力水平的试验，则采用成组法，每组试样数量取决于试验数据的分散度和所要求的置信度，通常一组需 5 根左右试样。以最大应力或对数最大应力为纵坐标，以对数疲劳寿命为横坐标，将试验数据一一标在单对数或双对数坐标纸上，用直线进行最佳拟合，即成旋转弯曲疲劳试验曲线（σ-N 曲线），如图 7-74 所示。

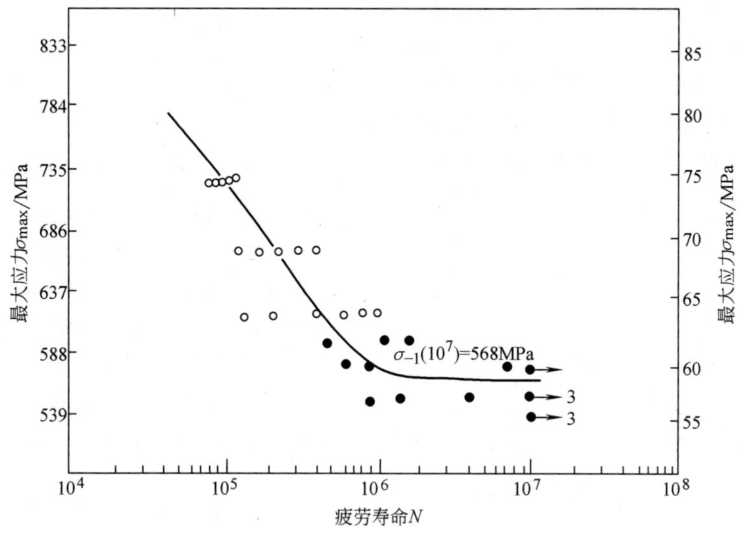

图 7-74　40Cr 钢旋转弯曲疲劳试验曲线

注：R_m = 1176MPa，试样直径为 ϕ75mm。

2. 疲劳门槛值 ΔK_{th} 和裂纹扩展速率 da/dN 的测定

GB/T 6398—2017《金属材料　疲劳试验　疲劳裂纹扩展方法》规定，测定疲劳门槛值 ΔK_{th} 可用三点弯曲试样、紧凑拉伸试样或中心裂纹试样等，形状尺寸与平面应变断裂韧度 K_{IC} 试样相同。试样先预制裂纹（与 K_{IC} 试样预制裂纹的要求相同），预制裂纹最大载荷 F_{max} 不能大于测定 ΔK_{th} 时初始的 F_{max}。现在国内常用电磁振荡式高频疲劳试验机或电液伺服疲劳试验机，采用降载法测定 ΔK_{th}，即先在较高的 ΔF 下循环，裂纹有明显的增长，则降低 ΔF 数值，da/dN 也相应减慢；这样一级一级地降载，da/dN 也逐步减慢，直到裂纹停止扩展的最大 ΔK，即为 ΔK_{th}。定义循环 10^6 周次，裂纹扩展小于 0.1mm，即 $da/dN<10^{-7}$mm 时的 ΔK 为 ΔK_{th}。为了避免上一级 ΔK 对下一级 ΔK 的裂纹扩展所产生的过载停滞作用和残余应力作用，一方面两级 ΔK 之差不要太大（不大于 10%）；另一方面，在每一级 ΔK 时，要经过一定长度的裂纹扩展量 Δa 再进行 da/dN 测定，规定 Δa 要大于上一级塑性区宽度 r_y 的 4～6 倍。其中，$r_y=a\ (K_{max}/R_{p0.2})^2$，对平面应力，$a=1/(2\pi)$；对平面应变，$a=1/(6\pi)$。

裂纹长度的测量常用的方法有显微镜测量法，交、直流电位法（外加电流直接通过试样或另外粘贴断裂片）等。一些试验机附有自动分析处理数据的软件。

可用同一试样，测出其 ΔK_{th} 后接着测量 da/dN。在裂纹扩展过程中，隔一段时间测量一次裂纹扩展量 Δa，并记录相应的循环周次 N，得出裂纹长度 a 与循环周次 N 的记录曲线，如图 7-75 所示。试验完毕后，依载荷及相应裂纹长度计算应力强度因子范围 ΔK，并用割线法、图解微分法或递增多项式法计算相应的 da/dN。

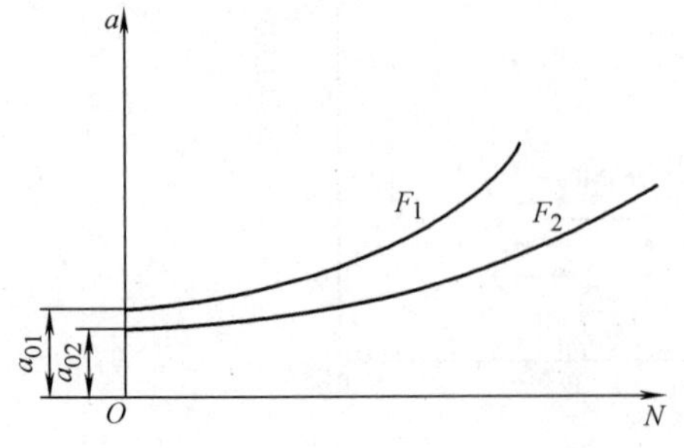

图 7-75　裂纹长度 a 与相应循环周次 N 的记录曲线

3. 低周疲劳试验

低周疲劳试验的任务主要是测得材料的如图 7-52 所示的 ε_t-N_f 曲线，以及组成这个曲线的 ε_p-N_f 和 ε_e-N_f 曲线。通常用圆棒形试样轴向加载，在电液伺服疲劳试验机上进行。试验时，根据要求确定应变-时间波形、应变振幅和加载频率。低周疲劳试验一般选用三角波，以使循环过程中应变速率恒定，加载频率通常随应变振幅减小而提高，这样可使长寿命和短寿命试验的试样应变速率大体相同。低周疲劳试验循环频率较低，一般在 0.1～1Hz 范围。对大多数金属材料，应变振幅选在±2.0%和±0.2%之间，就可得到较好的低周疲劳曲线。为测得一条良好的低周疲劳曲线，需 10～15 根试样。

试验过程中，要测量和记录如下数据：

（1）循环应力应变滞环　低周疲劳试验中将出现应力应变滞环，如图 7-76 所示。从应力应变滞环记录中，可观察到如下内容：

1）材料在循环受载条件下是循环硬化还是循环软化。

2）依滞环面积和形状，计算每一循环中弹性应变成分大小和塑性应变成分大小，以及其在总应变中占的比例。

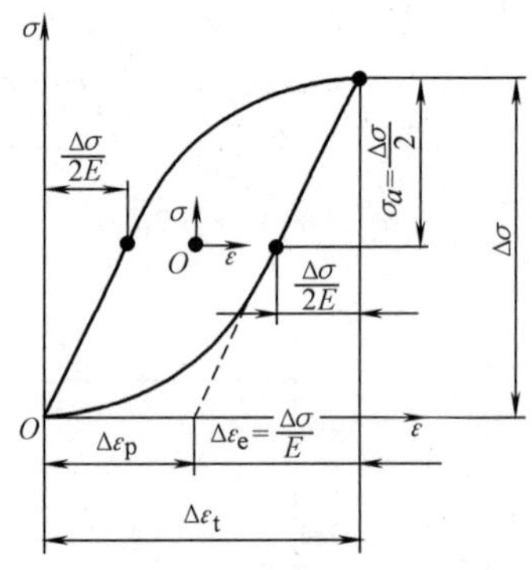

图 7-76　应力应变滞环

3）在试验后期，可从滞环形状变化看出裂纹是否出现。裂纹出现时，应力幅将下降。所以在试验开始阶段和最后阶段，滞环要连续记录，中间阶段可隔一定循环记录一次。因低周疲劳变形速率不高，可用一般 X-Y 记录仪记录滞环。

（2）应力随循环次数变化曲线　记录应力变化曲线，可确定材料应力循环是硬化还是软化，到试验后期，可预知裂纹出现情况。裂纹出现时，加载过程中应力将下降，卸载过程中，裂纹闭合时，卸载曲线将发生突然转折，称为拐点。可用条带记录仪记录之。

（3）应变速率　试验中用条带记录仪记录波形-时间，以计算应变速率 $\dot{\varepsilon}=d\varepsilon/dt$。

（4）失效循环寿命数（即疲劳寿命）　循环过程

中出现裂纹，在卸载曲线上出现拐点。裂纹越深、越长，出现拐点的应力水平越高，试验中以拐点出现的规定的应力水平所对应的循环周次来定义失效循环寿命数（疲劳寿命）。

7.3.7　疲劳试验机

疲劳试验机有机械传动、液压传动、电磁谐振以及电液伺服等类型，机械传动类中有重力加载、曲柄连杆加载、飞轮惯性式、机械振荡等形式。以下简述几种常用的疲劳试验机。

1. 旋转弯曲疲劳试验机

这种试验机的历史最久，是积累数据最多、迄今仍在广泛应用的疲劳试验设备。它是从模拟轴类工作条件发展起来的。图7-77所示为旋转弯曲疲劳试验机的结构。试样5与左右弹簧夹头连成一个整体的转梁，用左右两对滚动轴承四点支承在一对转筒4内，电动机8通过计数器7、活动联轴器6带动试样在转筒内转动，加载砝码1通过吊杆2和横梁3作用在转筒4上，从而使试样承受一个恒弯矩。吊重不动，试样转动，则试样截面上承受对称循环弯曲应力。当试样疲劳断裂时，转筒4落下触动停车开关，计数器记下循环断裂周次 N。这样的试验机转速一般在3000~10000r/min。

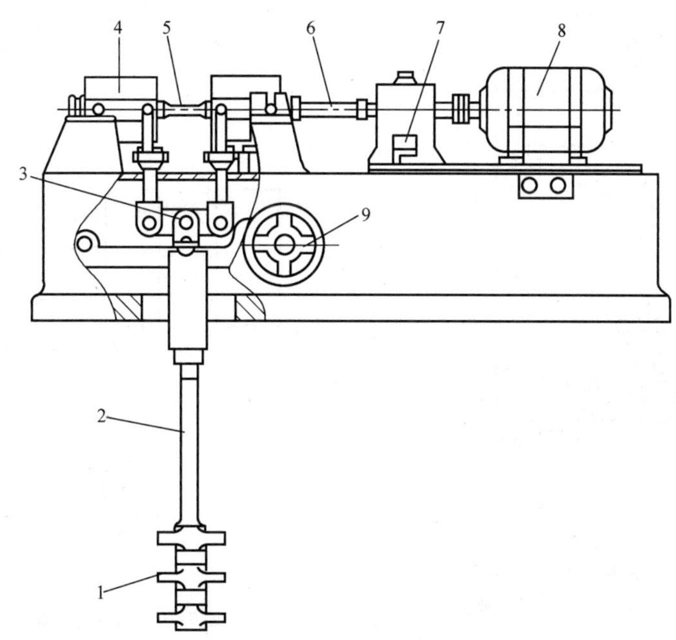

图7-77　旋转弯曲疲劳试验机的结构

1—砝码　2—吊杆　3—横梁　4—转筒　5—试样　6—活动联轴器　7—计数器　8—电动机　9—加载卸载手轮

2. 电磁谐振疲劳试验机

Roell-Amsler公司的HFP5100型电磁谐振高频疲劳试验机，是多功能的、得到广泛应用的疲劳试验机，经过许多年的改进，结构和性能都更加合理完善，其结构如图7-78所示。该试验机基本上是由激振质量（可调节）M_2、预载弹簧 C_2、上横梁 M_1、试样 C_1、基础质量 M_0 和基础弹簧 C_0 等串联组成的机械式振动系统。

振动体系有一极微的振动经传感器得到一与之相应的同位相同频率的振动电势，放大得到与之相应的同位相同频率的强大电流通入激振磁铁F，由磁铁对试样施加同位相同频率的循环作用力，使试样以系统固有频率经受循环载荷而进行疲劳试验。

频率由上述诸M和C决定，其中 C_2、M_1、M_0 和 C_0 都是机器本身确定不变的，C_1 则由试样形状尺寸和材料决定。为了改变频率，可改变试样形状尺寸，还可改变激振质量 M_2。M_2 由4个质量块组成，可以有5种不同组合方式。

试样的平均载荷（静载荷部分）可通过一个直流式伺服电动机P驱动一个无间隙的丝杠T移动下横梁L，通过预载弹簧 C_2 施加给试样 C_1。

下横梁移动还可改变装置试样的空间以安装不同

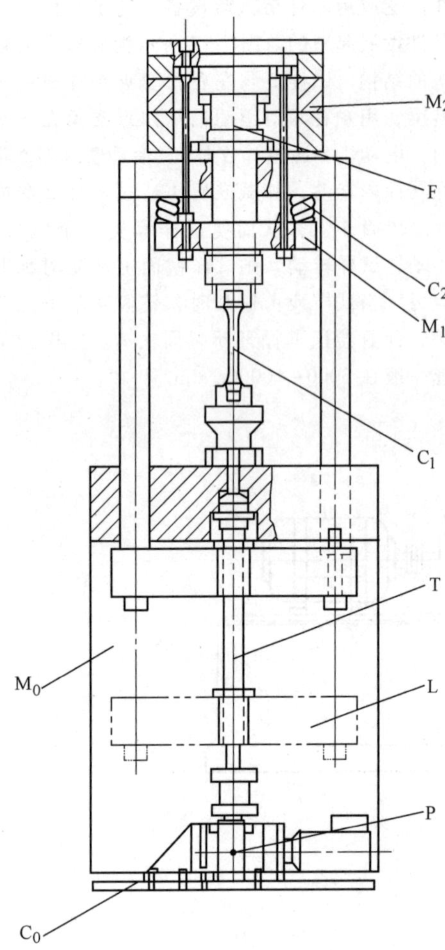

图 7-78　HFP5100 型电磁谐振高频疲劳试验机的结构

C_0—基础弹簧　C_1—试样　C_2—预载弹簧
M_0—基础质量　M_1—上横梁（固定）
M_2—激振质量　F—激振磁铁　T—丝杠
L—下横梁（可移动）　P—直流式伺服电动机

高度的试样。

3. 电液伺服疲劳试验机

计算机控制的电液伺服疲劳试验机是现代最为完善、最为先进的材料试验机，对低周疲劳、随机疲劳、断裂力学的各项试验开展有了很大的推动。电液伺服疲劳试验机的准确性、灵敏性和可靠性比其他类型的试验机都要高，可以实现载荷控制、位移控制或应变控制的任何一种方式，可在裂纹扩展过程中保持恒定，可以测出试样的应力应变关系、应力应变滞后回线随周次的变化，可任意选择应力循环波形；配用计算机后，可进行复杂的程序控制加载、数据处理分析以及打印、显示和绘图；可以通过伺服阀与执行器的各种配置，加上适当的泵源，组成频率范围为 0.0001～300Hz 的各种系统。吨位容量范围为 1～3000t，适用于试件及各种结构。

图 7-79 所示为世界范围广泛应用的 Instron 和 MTS 电液伺服疲劳试验机的原理。输入单元Ⅰ通过伺服控制器Ⅱ将控制信号给到伺服阀 1，用控制信号来控制从高压液压源Ⅲ来的高压油推动动作器 2 变成机械运动作用到试样 3 上。同时，载荷传感器 4、应变传感器 5 和位移传感器 6 又把力、应变、位移转化成电信号，其中一路反馈到伺服控制器中与给定信号比较，将差值信号送到伺服阀，调整动作器位置，并不断反复此过程，最后使试样上承受的力（应变、位移）达到要求精度；而力、位移、应变的另一路信号通入读出器单元Ⅳ上，实现显示记录功能。

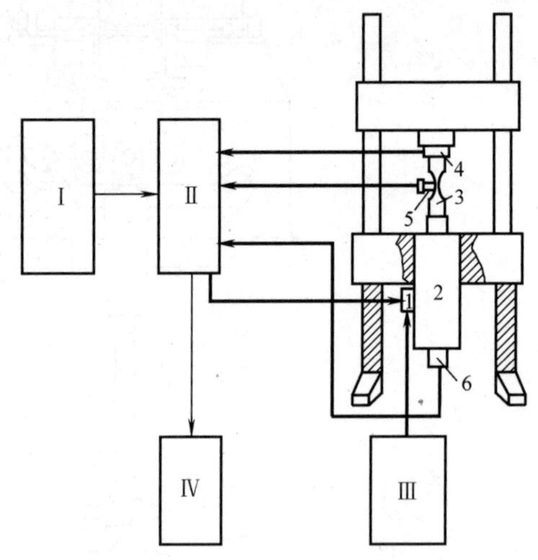

图 7-79　电液伺服疲劳试验机的原理

Ⅰ—输入单元：函数发生器、计算机程序、任意程序器、带式记录仪、随机信号发生器等
Ⅱ—伺服控制器：载荷、冲程、应变
Ⅲ—高压液压源
Ⅳ—读出器：数字电压表、示波器、记录仪、计算机系统
1—伺服阀　2—动作器　3—试样　4—载荷传感器
5—应变传感器　6—位移传感器

7.4　磨损试验

由于摩擦导致的磨损是机器零部件失效的主要原因之一。据统计，工程中约有一半左右的零件失效是由磨损引起的。摩擦磨损与金属材料的化学成分、组织状态及力学性能等有密切关系。利用热处理，特别是化学热处理可以大幅度提高材料的耐磨性。

按照运动状态，摩擦分为静摩擦和动摩擦，动摩擦又可分为滑动摩擦与滚动摩擦。根据润滑状态可以分为干摩擦、液体摩擦、边界摩擦及混合摩擦。

材料的磨损是在摩擦力作用下，其表面形状、尺寸发生损伤，组织与性能发生变化的过程。通常磨损过程分为三个阶段，如图 7-80 所示。

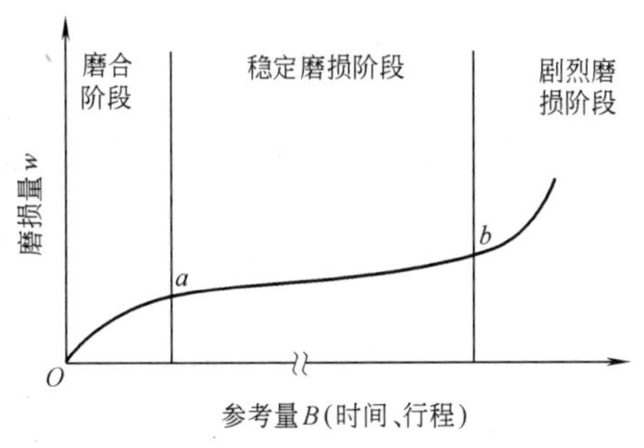

图 7-80　磨损曲线

(1) 磨合阶段（图中 Oa 段）　摩擦开始时表面具有一定的表面粗糙度，真实接触面积较小，故磨损速率很大，随着表面逐渐被磨平，真实接触面积增大，磨损速率减慢。

(2) 稳定磨损阶段（ab 段）　经过磨合，接触表面进一步平滑，磨损稳定，即磨损量很低、磨损速率不变。该阶段是机件正常工作时期。

(3) 剧烈磨损阶段（b 点以后）　随时间或行程增加，接触表面之间的间隙逐渐扩大，磨损速率急剧增加，精度丧失，最后导致机件失效。

材料的耐磨性除与其自身特性有关外，还与材料的服役或试验条件有关，例如介质种类、润滑条件及温度高低等。因此，材料的磨损是十分复杂的问题，许多问题至今尚不清楚，甚至对磨损的分类仍不统一。现根据多数常用的分类方法，将磨损分为五类，分述如下。

7.4.1　磨损分类

按照磨损机理可将磨损分为：磨料磨损、黏着磨损、接触磨损、腐蚀磨损及微动磨损等。

在这些磨损形式中，磨料磨损最普遍，约占磨损事例的 50%；其次是黏着磨损，约占 15%；微动磨损是复合磨损。

1. 磨损失效特征

各种磨损失效特征见表 7-15。

磨损常常是多种形式同时发生的，并非单一类型，并且在运转过程中磨损类型还可能发生转化。图 7-81 所示为在压力一定时滑动速度与磨损量的关系。

表 7-15　各种磨损失效特征

磨损形式	表面特征	磨削特征	典型零件
磨料磨损	表面有划痕或犁沟	条状或切削状	挖掘机斗齿、矿机零件、犁铧与农机
黏着磨损	表面有细条痕，严重时有“挂蜡”现象（金属转移）	片状或层状	蜗轮蜗杆、凸轮顶杆、缸套活塞环
接触疲劳	表面有麻坑	块状	滚动轴承、齿轮
腐蚀磨损	表面有反应膜，较光亮	碎片或粉末	化工机械零件
微动磨损	表面有反应氧化物	粉末状	摩擦片、轴颈轴肩、紧固连接件

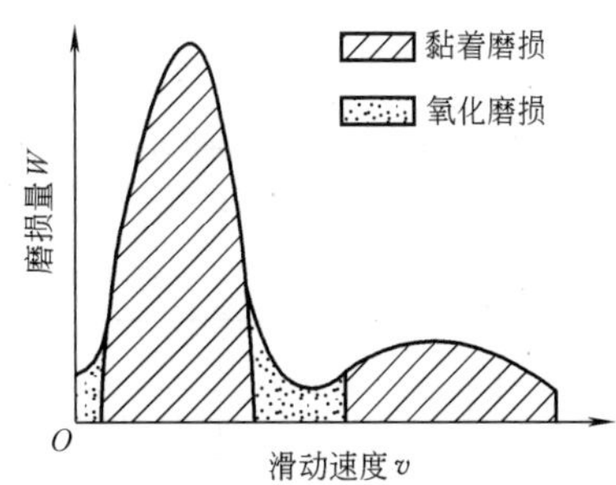

图 7-81　压力一定时滑动速度与磨损量的关系

当滑动速度很低时，摩擦在表面氧化膜间进行，此时产生的磨损为氧化磨损，磨损量小。随滑动速度增大，氧化膜破裂，便转化为黏着磨损，磨损量也随之增大。滑动速度再增加，因摩擦热增大而使接触表面温度升高，使氧化过程加快，出现了黑色氧化铁粉末，从而又转化为氧化磨损，其磨损量又变小。如果滑动速度再继续增大，将再次转化为黏着磨损，磨损剧烈，导致零件失效。

因此，在实际工作中应努力找出磨损的主导形式，再采取措施，提高零件的耐磨性。

2. 磨料磨损

一对摩擦副之间存在有硬质颗粒时，零件表面产生的磨伤称为磨料磨损。这些硬质颗粒很像许多把微小切削刀具在金属表面切削，导致表面损伤。例如矿山机械、农业机械、工程机械、建筑机械等零部件常与泥沙、矿石、渣滓等接触，发生的磨损大都是磨料磨损。

影响磨料磨损的因素，一是材料自身的特性，二是试验条件或零件服役的环境。

（1）材料的硬度 硬度越高，耐磨性越好。图 7-82 所示为一些纯金属和工具钢的硬度与相对耐磨性的关系。相对耐磨性 ε 可用下式表示：

$$\varepsilon=\frac{\text{标准试样磨损量}}{\text{试样磨损量}}$$

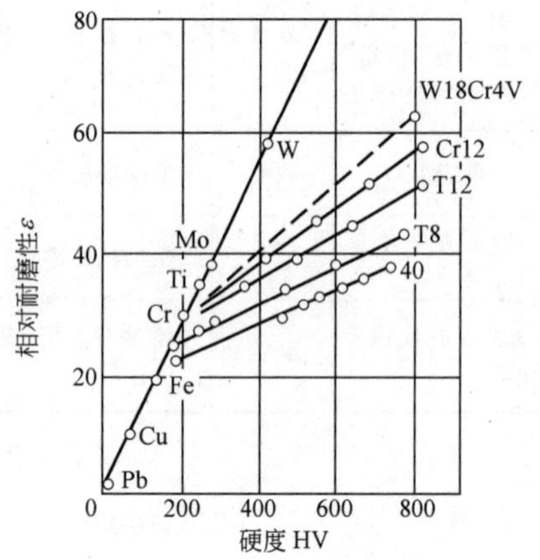

图 7-82 一些纯金属和工具钢的硬度与相对耐磨性的关系

（2）化学成分 钢中碳含量越高，硬度也越高，耐磨性越好。以固溶状态存在的合金元素对耐磨性作用不大，形成碳化物时能显著提高耐磨性。

（3）显微组织 钢中组织对磨料磨损影响显著，耐磨性依铁素体、珠光体、贝氏体和马氏体顺序递增。而片状珠光体又优于球状珠光体。在相同硬度下，等温淬火得到组织的耐磨性又比回火马氏体要好。钢中残留奥氏体也影响磨损抗力，在低应力磨损条件下且残留奥氏体较多时，将降低耐磨性。在高应力条件下，残留奥氏体因能显著加工硬化而改善耐磨性。用 Al_2O_3 做磨料时，钢中不同组织与磨料磨损关系见表 7-16。

试验还表明，对低应力磨料磨损，淬火马氏体的耐磨性与碳含量有关系。图 7-83 所示为马氏体中碳含量对耐磨性的影响。由该图可以看出，当 w(C) 低于 1%时，随马氏体中碳含量增加，耐磨性增加；w(C) 高于 1%时，随马氏体中碳含量增加，耐磨性降低。

表 7-16 钢中不同组织与磨料磨损关系

组织状态	硬度 HRC		相对耐磨性 ε	
	w(C) = 0.47%	w(C) = 0.82%	w(C) = 0.47%	w(C) = 0.82%
淬火马氏体	58.5	64	1.69	1.83
淬火马氏体 100℃回火	57.5	64	1.68	2.33
淬火马氏体 200℃回火	55.0	58	1.60	1.85
淬火马氏体+屈氏体	53.5	—	1.56	—
400℃回火(屈氏体)	40	43.5	1.16	1.35
淬火索氏体	21	—	1.11	—
600℃回火索氏体	24	28.5	1.06	1.15
珠光体	—	97HRB	—	1.1
珠光体+铁素体	90HRB	—	1.0	—

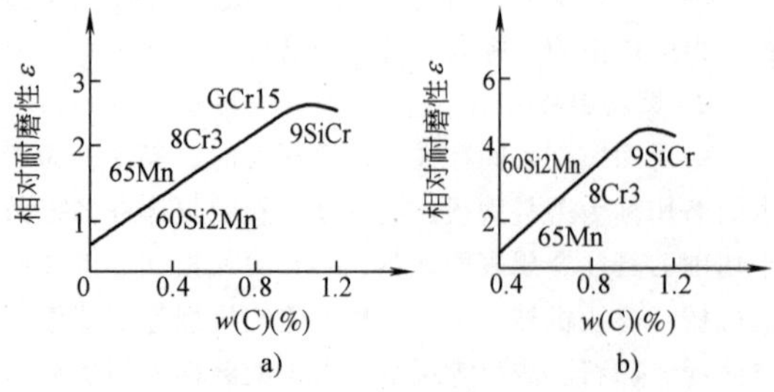

图 7-83 马氏体中碳含量对耐磨性的影响
a）用 Al_2O_3 作磨料 b）用 SiO_2 作磨料

钢中碳化物对耐磨性有显著影响。在软基体上（例如铁素体等）存在碳化物，可显著提高耐磨性；但是在硬基体中（例如马氏体），碳化物像缺口一样，对提高耐磨性不但无益，反而有害。因此，只有碳化物硬度比基体硬度高得多时，才能提高耐磨性。

（4）加工硬化 图 7-84 所示为加工硬化对低应力磨损试验时耐磨性的影响。由该图可以看出，因塑性变形而加工硬化的材料虽然提高了材料的硬度值，但却没有使耐磨性增加。所以在低应力磨损时，并不能依靠加工硬化来提高表面耐磨性。如果是在高应力冲击加载条件下，表面会因加工硬化而使硬度升高，其耐磨性也随之增加。高锰钢的耐磨性就是这样，这种钢水韧处理后为软的奥氏体组织，在低应力磨损的场合，它的耐磨性不好；而在高应力带冲击磨损的场合，它具有特别高的耐磨性。这是由于奥氏体的加工硬化率很高，同时还发生了诱发马氏体转变之故。高锰钢用作碎石机的锤头、颚板可呈现很好的耐磨性，而用作拖拉机履带板或犁铧时耐磨性却不高，就是两种情况下工作应力不同所致。

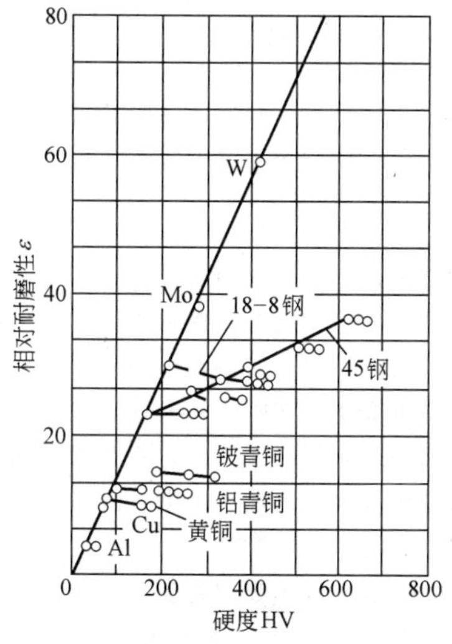

图 7-84　加工硬化对低应力磨损试验时耐磨性的影响

（5）试验条件　磨料硬度越高，钢的磨损率越大；当硬度超过一定值后，钢的磨损量大小与磨料硬度无关。磨料尺寸及形状与钢的磨损有关系，尺寸大，磨损增加；磨料尺寸达到一定值后钢的磨损反而减缓。磨料越锐利，钢的磨损量越大，磨料碰撞角对钢的磨损量也有影响。

3. 黏着磨损

一对摩擦副在摩擦力作用下，接触面的表层发生塑性变形，表面的氧化膜等被破坏，露出新鲜金属表面，由于分子力的作用使两个表面黏着（或焊合）起来。当外力小于这个黏着力时，摩擦副的相对运动被迫停止，便发生“咬住”或“咬死”现象。当外力大于黏着力时，结合处被切断；如果切断是在原来两个接触表面之间，则不发生磨损；如果发生在强度低的一侧时，强度较高的一侧表面上将黏附有软金属，此称之为金属转移现象。这些黏附金属在反复滑动过程中可能由金属表面脱落下来成为磨屑。

黏着磨损磨损量 $Q(\mathrm{mm}^3)$ 表达式为

$$Q=K\frac{F}{H}L \tag{7-41}$$

式中　K——磨损系数；

F——接触压力；

H——硬度；

L——摩擦滑动距离。

K 实质上反映了配对材料黏着力的大小。试验测出的各种材料的 K 值范围很大，但对于每对材料有一特定值。如低碳钢/低碳钢，$K=7.0\times10^{-3}$；70 黄铜/工具钢，$K=1.7\times10^{-4}$；62 黄铜/工具钢，$K=6\times10^{-4}$，工具钢/工具钢，$K=1.3\times10^{-4}$；钨碳化物/低碳钢，$K=4.0\times10^{-6}$。

式（7-41）表示的磨损量与接触压力的关系只适合有限载荷范围内，如图 7-85 所示。当摩擦面压力低于布氏硬度值 1/3 时，K 值保持不变，压力超过材料布氏硬度 1/3 时，K 值将急剧增长，就会发生严重的磨损或“咬死”（而材料布氏硬度值的 1/3，相当于材料的抗拉强度 R_m），式（7-41）所示的关系便不复存在。

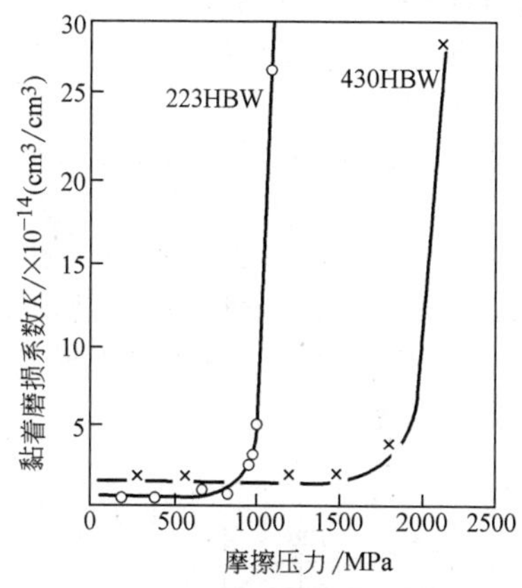

图 7-85　不同硬度的钢，黏着磨损系数与摩擦面承受压力的关系

影响黏着磨损的因素如下：

（1）金属间互溶性　互溶性好，黏着倾向大，磨损大。同种材料互溶性好，所以磨损量大。元素周期表中位置靠近的元素互溶性好，较远的互溶性不好，例如 Cu、Ni 可以形成完全互溶合金，它们之间黏着磨损倾向大。

（2）点阵类型　面心立方金属黏着倾向大，密排六方最小。

（3）组织　单相组织比多相组织磨损倾向大；粗晶粒比细晶粒大；固溶体比化合物大；下贝氏体的耐磨性比马氏体好；残留奥氏体增加了钢的耐磨性，碳化物增加钢的耐磨性。

（4）硬度　为了使零件表面有良好润滑能力，

零件的表面应稍软些，次表层、再里层应有一缓慢过渡区　亚表层的高硬度区起支撑作用。

(5) 试验环境或零件工作环境　在易氧化环境中，由于氧化膜的存在，防止了金属纯净表面的直接接触，从而避免或减轻了黏着现象的发生。在高真空环境下，由于不会发生氧化，在润滑难以保持时，易发生黏着现象。

4. 腐蚀磨损

在磨损过程中，金属与介质同时发生化学或电化学反应，使零件表面发生尺寸和重量损失的现象称为腐蚀磨损。氧化磨损是腐蚀磨损中最典型、最多见的一种。

一般机器零件都是在含氧环境中工作的，表面会形成一层氧化膜。当摩擦副相对运动时，氧化膜被刮伤或被压碎会露出新鲜金属，随后又会形成一层新的氧化膜，再被刮伤或压碎，这种现象称为氧化磨损。氧化物夹在摩擦表面之间，可能起磨料作用，露出的金属表面可能被黏着，因而氧化磨损可能导致黏着磨损和磨料磨损。不发展成黏着磨损和磨料磨损的氧化磨损是最轻微的磨损。

氧化磨损与金属零件表层塑性变形抗力、滑动速度、接触应力、介质氧含量、氧化膜的硬度、润滑条件等因素有关。提高表层塑性变形抗力是提高材料氧化磨损的主要措施。图 7-86 和图 7-87 所示分别为常用结构钢和工具钢氧化磨损量与硬度的关系（$p=1.47\text{MPa}$，$v=1.56\text{m/s}$）。

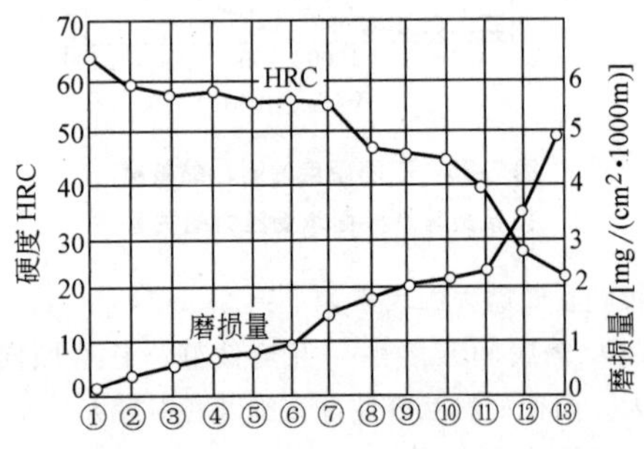

图 7-86　结构钢氧化磨损量与硬度关系

①—18CrMnTi 钢渗碳　②—12CrNi3 钢渗碳　③—18CrNiW 钢渗碳　④—20Cr 钢渗碳　⑤—T8 钢淬火　⑥—40Cr 钢淬火　⑦—45 钢淬火　⑧—18CrNiW 钢调质　⑨—30CrMnSi 钢低温回火　⑩—40CrNiMo 钢调质　⑪—37CrNi3 钢调质　⑫—30CrMnSi 钢调质　⑬—45 钢正火

5. 接触疲劳

一些零件，如齿轮副、凸轮副、滚动轴承、钢轨与轮箍、凿岩机活塞与钎尾的打击端部等，它们的接触面在滚动摩擦或滚动与滑动复合摩擦时，在接触应力反复作用下，引起的表面疲劳破坏现象，称为接触疲劳。零件产生接触疲劳时接触表面上产生许多针尖状或痘状凹坑，称之为“麻点”或“点蚀”，有的凹坑很深，呈贝壳状。在刚开始出现少数麻点时仍可继续工作，但随时间延长，麻点将不断增多和扩大，磨损加剧，发生较大的附加冲击力，噪声增大，甚至使零件折断。

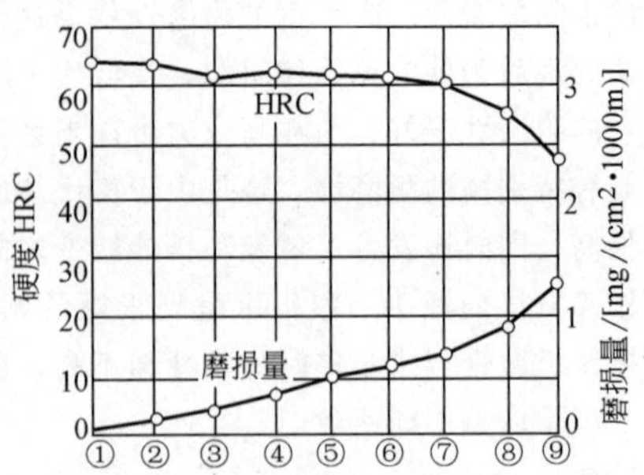

图 7-87　工具钢氧化磨损量与硬度关系

①—W18Cr4V　②—CrWMn　③—Cr12Mo　④—GCr15　⑤—T12　⑥—T10　⑦—T8A　⑧—9SiCr　⑨—5CrNiMo

影响接触疲劳的主要因素如下：

(1) 非金属夹杂物　轴承钢中非金属夹杂物有塑性的、脆性的和不变形（球状）的三种类型。其中，塑性夹杂物对接触疲劳寿命影响较小，球状夹杂物（钙硅酸盐和铁锰硅酸盐）次之，危害最大的是脆性夹杂物（氧化物 Al_2O_3、氮化物、硅酸盐和氮化物等），这是因为它们无塑性并且与基体的弹性模量不同，容易在和基体交界处引起高度应力集中，二者的膨胀系数差别对应力集中影响很大，从而成为影响疲劳寿命的重要因素。氧化物等夹杂膨胀系数小于基体，界面产生残余拉应力，使得疲劳强度降低；硫化物膨胀系数大于基体，在界面形成残余压应力，不仅不降低疲劳强度，反而有利。硫化物的有利作用还有可能是由于将氧化物包住，形成共生夹杂物。图 7-88 所示为轴承钢中氧化铝、硅酸盐和硫化物夹杂含量对接触疲劳寿命的影响。

(2) 马氏体碳含量　对轴承钢的研究表明，在剩余碳化物相同的条件下，马氏体中碳含量 $w(\text{C})$ 为 0.4%～0.5%时，接触疲劳寿命最高，出现峰值，如图 7-89 所示。

(3) 剩余碳化物颗粒大小和数量　研究表明，轴承钢中的剩余碳化物颗粒细小的比粗大的接触疲劳寿命高。此外，碳化物分布要均匀，形状要圆。如果不是为了提高耐磨性，最好不要有剩余碳化物，因为

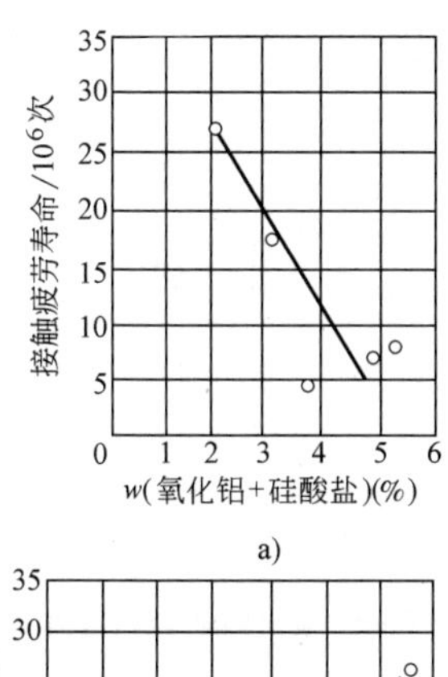

a)

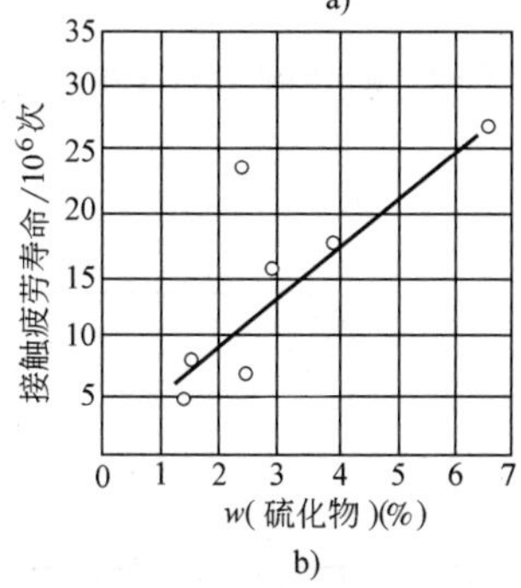

b)

图 7-88　轴承钢中氧化铝、硅酸盐和硫化物夹杂含量对接触疲劳寿命的影响

a）氧化铝+硅酸盐　b）硫化物

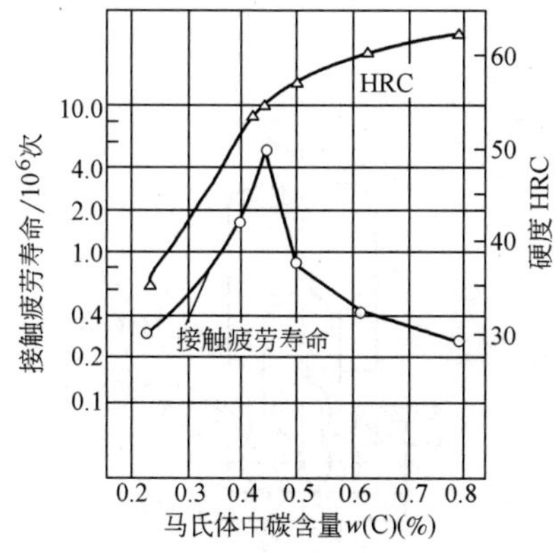

图 7-89　马氏体中碳含量与接触疲劳寿命关系

试验观察到的裂纹都是在碳化物和马氏体界面上传播的。至少也要使剩余碳化物数量调整到 6%（体积分数）以下，否则对接触疲劳无好处。

（4）硬度　在中低硬度范围内，零件的表面硬度愈高，接触疲劳抗力愈大，但在高硬度范围，则并无这样的关系。图 7-88 所示为大量轴承钢接触疲劳试验结果。对一般静态接触轴承，最佳接触疲劳寿命的对应硬度约为 62HRC；对含有冲击性质载荷的接触疲劳，最佳对应硬度可略低，为 58～60HRC。同时，还要注意配对件间适当的硬度差，如软面齿轮，小齿轮比大齿轮硬度高出 30～50HBW 为宜。

6. 微动磨损

微动磨损是一种典型的复合磨损，一般是由黏着磨损、磨料磨损和氧化磨损等过程结合在一起，有时还和接触疲劳相联系。它是在一对摩擦副表面之间由于振幅很小（1mm 以下）的相对振动而产生的磨损。如果磨损过程中两个表面之间化学反应起主要作用时，可称之为微动腐蚀磨损。轴颈与滚动轴承内圈，涡轮叶片的榫与轮盘的榫槽，以及螺母、螺栓与紧固的连接件接合面等，都可能出现微动磨损。

微动磨损主要特征是摩擦表面上存在大量磨损产物——磨屑。这些磨屑由大量氧化物组成，对铁基材料来说，出现的是红褐色粉末氧化铁（α-Fe_2O_3）。这些磨屑往往不易排出，留在接触区周围。

图 7-90 所示为微动磨损对疲劳强度的影响。该图表明，微动磨损不仅使疲劳强度降低 30%～40%，而且使应力—循环次数曲线上不存在极限值。

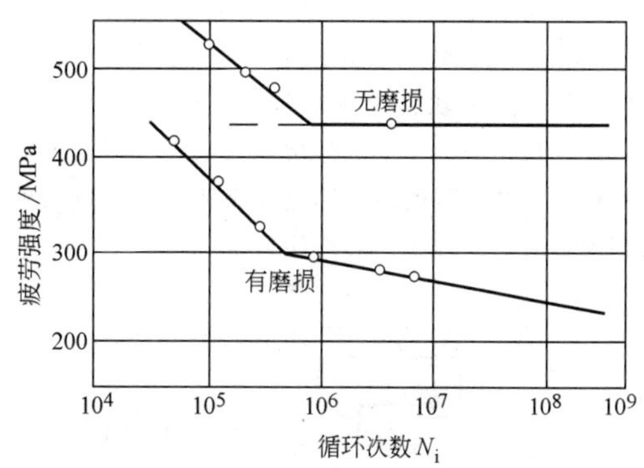

图 7-90　微动磨损对疲劳强度的影响

注：钢的化学成分（质量分数）：C0.25%，Cr0.25%，Ni0.25%，Mn1.0%。

材料抗微动磨损能力与抗黏着磨损能力有关，提高表面硬度（例如渗碳、渗氮）和表面涂覆保护层，以及添加润滑剂等均可提高微动磨损抗力。冷作硬化对提高微动磨损抗力有明显效果，轴肩及轴颈经滚压或喷丸处理后微动磨损抗力可提高 2～3 倍。设计中常在两接触面间采用加垫衬方法，或镀铜、磷化等处理，以改变接触条件，这是防止微动磨损的有效措施，如锻锤锤头与锤杆之间配合处，油井钻杆螺纹连接处等。

7.4.2　磨损试验机

磨损试验机因受试验条件（压力、滑动和滚动速度、介质及润滑条件、温度、配对材料性质及表面状态等）影响很大，因此试验条件必须尽可能接近零件实际工作条件，并且除在试验机上进行试样试验外，必要时还要进行中间台架试验和实物装机试验。

现在常用的试验机形式有如下几种：

（1）滚子式磨损试验机 图7-91所示滚子式磨损试验机为模拟齿轮啮合、火车车轮与钢轨类的摩擦形式，现在发展为可进行滚动摩擦、滑动摩擦、滚动与滑动复合摩擦、冲击摩擦以及接触疲劳等试验，用途很广泛。

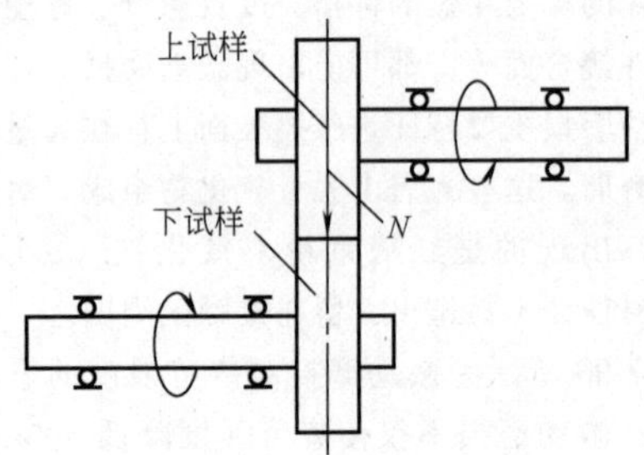

图7-91 滚子式磨损试验机

（2）切入式磨损试验机 图7-92所示为切入式磨损试验机。方块形上试样固定，圆盘形下试样转动，在载荷作用下，下试样切入上试样，用读数显微镜测量切入磨痕宽度后，通过计算体积磨损量，可快速测定材料及处理工艺的性质。

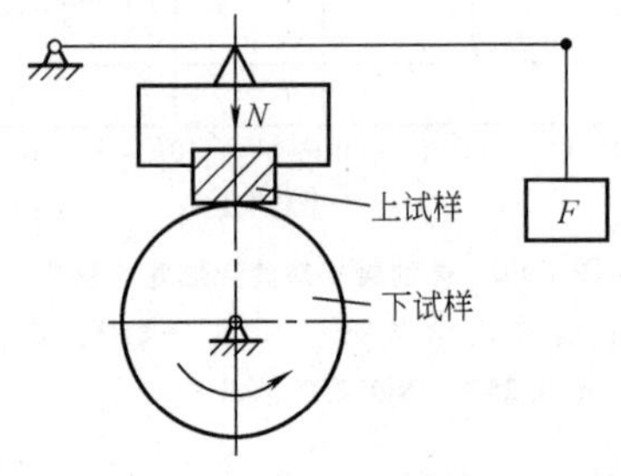

图7-92 切入式磨损试验机

（3）旋转圆盘-销式磨损试验机 图7-93所示的试验机，上试样销子固定，下试样圆盘旋转，试验精度高，易实现高速摩擦，便于进行低温与高温的摩擦、磨损试验。

（4）往复式磨损试验机（见图7-94） 该试验机适用于导轨、缸套、活塞环等摩擦副的试验。

（5）四球式摩擦磨损试验机（见图7-95） 下面的三个钢球有滚道支承，试验球则支承在三个球上，试验时主动轴带动试验球自转，试验球带动支承球自转与公转。可用之测定摩擦因数及进行接触疲劳试验。还有的将四球改为五球或把下边三球改为圆柱体，上面的球改为圆锥体的改型机。

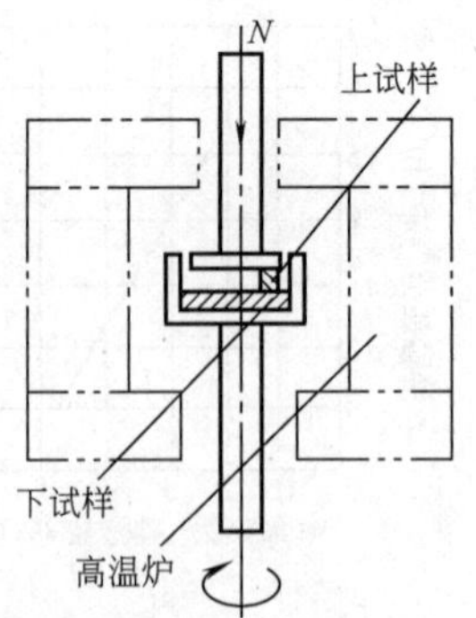

图7-93 旋转圆盘-销式磨损试验机

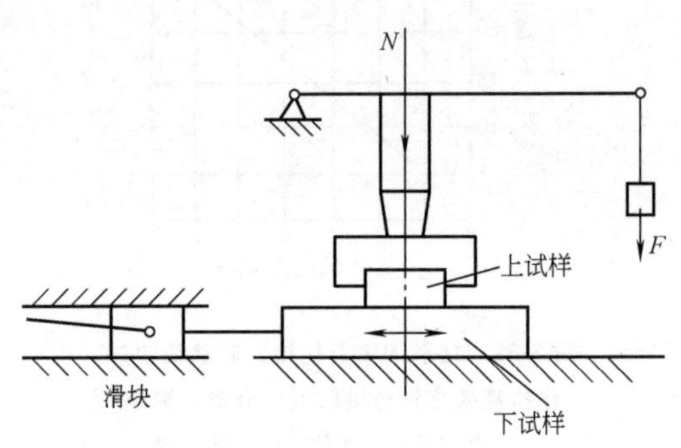

图7-94 往复式磨损试验机

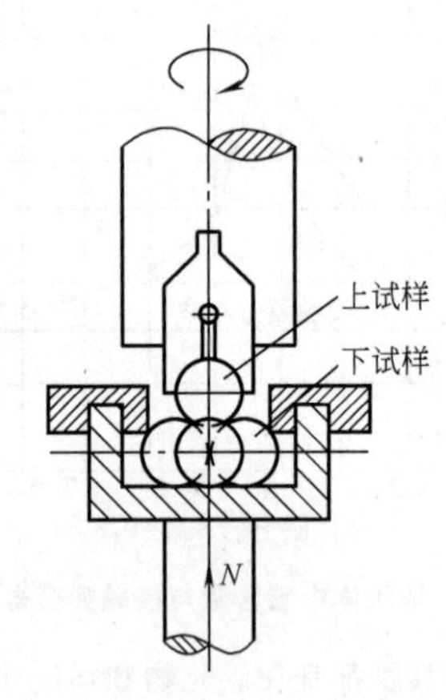

图7-95 四球式摩擦磨损试验机

（6）ZYS-6型接触疲劳试验机（见图7-96） 该试验机主要用于轴承钢接触疲劳试验。

（7）湿式磨料磨损试验机（见图7-97） 该试验机主轴带动旋转体旋转，12片试样安装在旋转体周围。试验时，试样在砂与水的混合物中旋转，可模拟犁铧、砂泵以及水轮机叶片的工作条件。

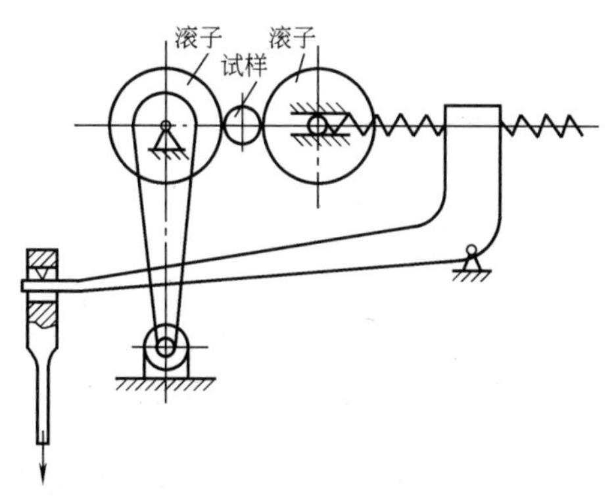

图 7-96　ZYS-6 型接触疲劳试验机

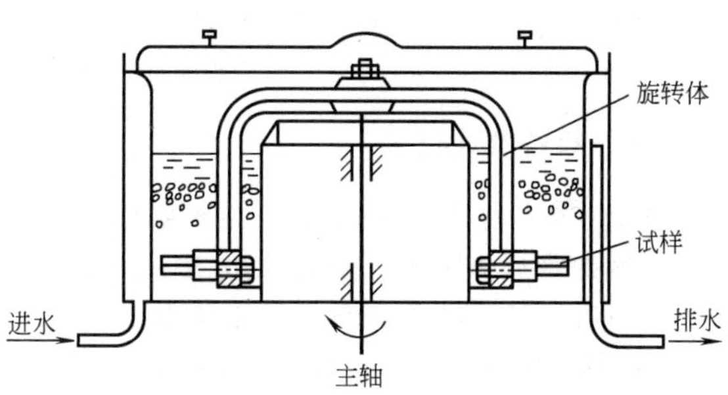

图 7-97　湿式磨料磨损试验机

7.4.3　磨损量的测量及表示方法

1. 磨损量的测量方法

常用磨损量的测量方法有：

（1）称重法　测量磨损试验前后试样重量的变化。试验时依试验要求的不同，在不同精密度的天平上进行。

（2）测长法　测量试验前后磨损表面法向尺寸的变化。常用千分尺、千分表、读数显微镜等。

（3）人工测量基准法　包括以下几种方法：

1）台阶法：在摩擦表面的边缘加工一凹陷台阶，并以此作为测量基准。

2）划痕法：在摩擦表面上划一凹痕，测量磨损试验前后凹痕深度的变化。

3）压痕法：用硬度计压头压出印痕，测量印痕尺寸在试验前后的变化。

4）切槽法或磨槽法：用刀具或薄片砂轮在磨损表面加工出一月牙形凹痕，测量试验前后凹痕的变化。

（4）化学分析法　测定润滑剂中的磨损产物量，或测量磨损产物的组成。

（5）放射性同位素法　试样经镶嵌、辐照、熔炼等方法使之具有放射性，只要测量磨屑的放射性强度，即可换算出磨损量。

2. 磨损量的表示方法

表示磨损量的指标有以下几种：

（1）线磨损　原始尺寸减去磨损后尺寸。

（2）质量磨损　原始质量减去磨损后质量。

（3）体积磨损　失重/密度。

（4）磨损率　磨损量/摩擦路程，或磨损量/摩擦时间。

（5）磨损系数　试验材料的磨损量/对比材料的磨损量。

（6）相对耐磨性　磨损系数的倒数。

7.5　剪切试验

剪切试验主要有双剪切试验、单剪切试验及冲压剪切试验等，如图 7-98 和图 7-99 所示。

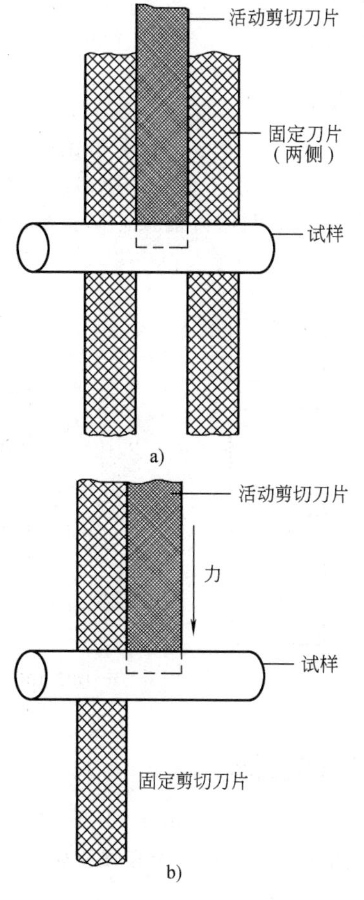

图 7-98　双剪切和单剪切试验

a）双剪切试验　b）单剪切试验

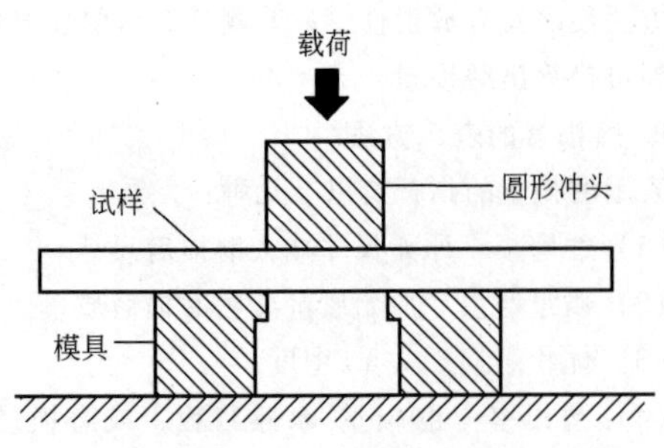

图 7-99 冲压剪切试验

剪切试验数据主要用于紧固体（螺钉、铆钉等）、焊接体、胶接件、复合材料及轧制板材等抗剪强度的设计。

7.5.1 双剪切试验

双剪切试验如图 7-98a 所示，它是以剪断圆柱状试样中间段的方式来实现的，两侧支承距离应大于等于中间被切断部分直径的 1/2，上下刀口形状如图 7-100 所示。

双剪切试验的特点是有两个处于垂直状态下的剪切刀片。下刀片（厚度为被剪切试样直径大小）平行地放置在上方，上下刀片都做成孔状，孔径等于试样直径，利用万能拉伸试验机便可开展双剪切试验。

进行双剪切试验时，刀片应当平行、对中，剪切刀刃不应当有擦伤、缺口或不平整的磨损。

7.5.2 单剪切试验

单剪切试验夹具使用两个剪切刀片，刀片中间带孔，当一个刀片固定不动，另一个刀片在图 7-98b 所示平行面内移动时产生单剪切作用，剪断试样。单剪切试验适合于测定长度太短不能进行双剪切的那些紧固件的剪切值，这包括杆长小于直径 2.5 倍的紧固杆体。单剪切试验的准确度低于双剪切试验值，但非常接近，若发现单剪切值有问题时，可以用双剪切值作比较。

单剪切试验的注意事项类似于双剪切试验，重要的是要保持清洁，剪切边缘有适当半径的圆弧，刀片的接触面要对正，并注意切口的磨损影响锋锐度。

7.5.3 冲压剪切试验

剪切试验中更简单的方法是利用冲头-模具法直接从板材或带材中冲出一小圆片的方法，如图 7-99 所示。这种方法主要用于剪切铝工业中小于等于 1.8mm 厚度的材料。冲压剪切试验值低于双剪切试验值。

冲压剪切试验时要注意，冲头和凹模孔之间的径向间隙为薄板厚度的 12%～14%，才能获得规则的剪切边缘。

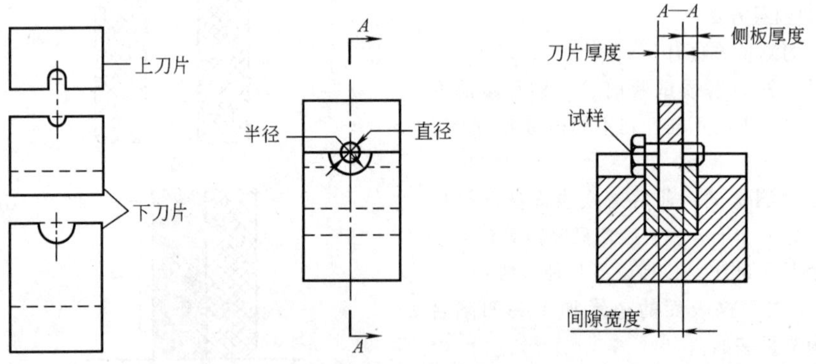

图 7-100 双剪切试验夹具刀口形状

7.6 静扭转试验

金属室温静扭转试验在 GB/T 10128—2007《金属材料 室温扭转试验方法》中有详细规定。静扭转试验具有以下特点：

1）扭转时应力状态较软，在拉伸试验中表现为脆性的材料（如淬火后低温回火的工具钢和某些结构钢）有可能处于韧性状态，便于进行各种力学性能指标的测定和比较。

2）用圆柱形试样进行扭转试验时，试样始终保持均匀圆柱形，其截面和工作长度基本上保持原有大小不变，这样便有可能很好地测定高塑性材料直至断裂前的形变能力和变形抗力。图 7-101 所示为退火低碳钢的扭矩 T 和扭角 φ 的关系曲线。

3）对于低塑性材料，扭转试验对反映其缺陷，特别是表面缺陷很敏感。如渗碳淬火低温回火后检验

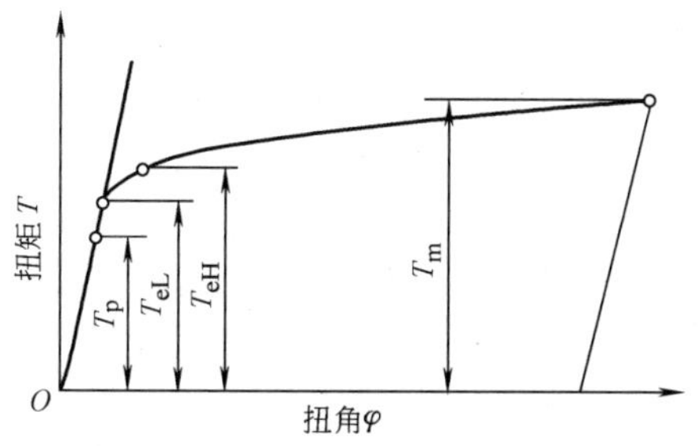

图 7-101　退火低碳钢的扭矩 T 和扭角 φ 关系曲线

T_p—规定非比例扭矩　T_{eH}、T_{eL}—上、下屈服扭矩　T_m—最大扭矩

表面渗碳质量，淬火低温回火工具钢检验其表面微裂纹等。

4）扭转试验时截面上的应力分布不均匀，在表面处最大，愈往心部愈小。对于显示金属体积性缺陷，特别是心部缺陷不敏感。

扭转试验的试样一般为圆柱形（见图 7-102），实心圆柱形试样的缺点是断面上应力分布不均匀，影响切应力的测定。因此可采用薄壁空心圆筒扭转试样（见图 7-103），以减小内外壁之间的应力变化的差别，壁厚应尽可能地减小；但直径与壁厚之比不应大于 20，否则将会产生失稳扭曲。空心圆柱体试样扭转变形如图 7-104 所示。实心扭转试样的几种断口形式如图 7-105 所示。

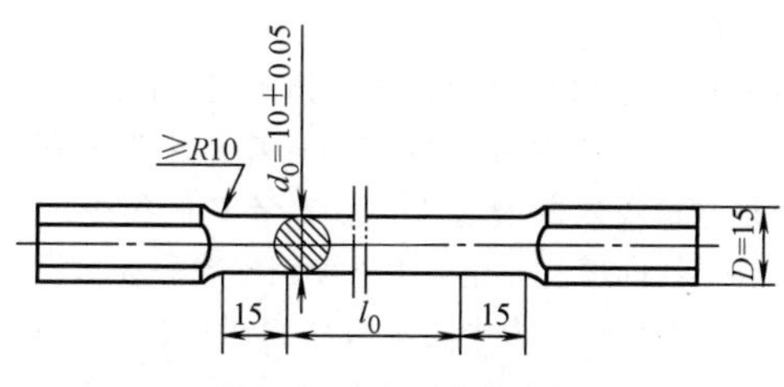

图 7-102　标准扭转试样

注：长试样的标距 $l_0=100\text{mm}$，短试样的标距 $l_0=50\text{mm}$。

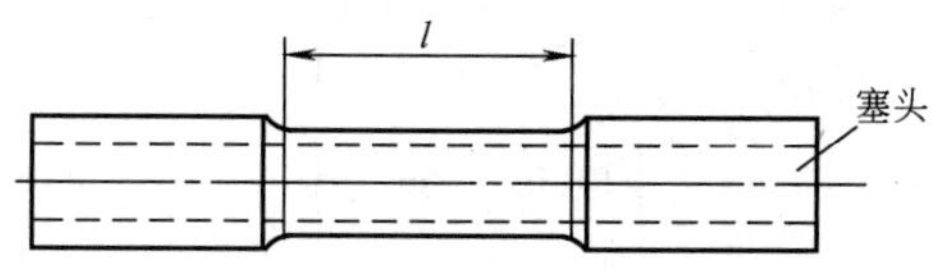

图 7-103　薄壁空心圆筒扭转试样

注：管形试样的平行长度 l 应为标距 l_0 加上两倍外直径。

扭转性能指标，可以根据图 7-102 所示的直径（d_0）、标距长度（l_0）的实心圆柱试样上测得的 T-φ 曲线求出。

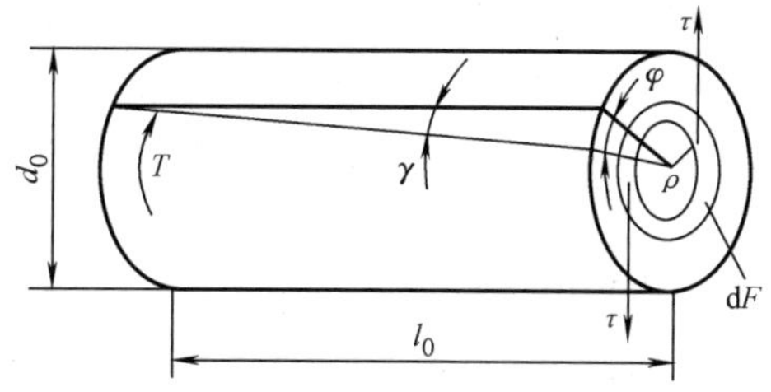

图 7-104　空心圆柱体试样扭转变形

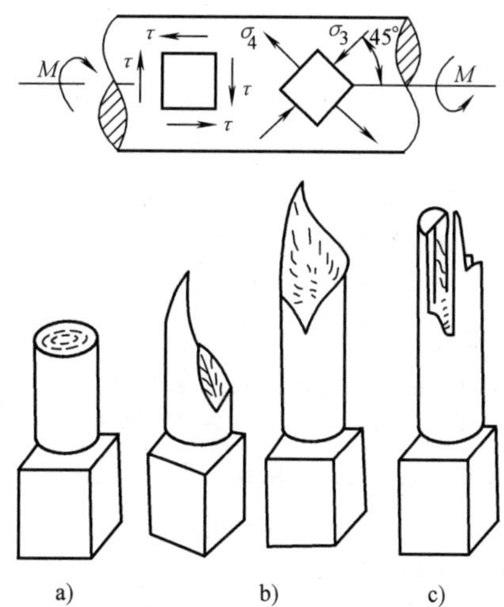

图 7-105　实心扭转试样的几种断口形式

扭转载荷下的切应力 τ 和切应变 γ 分别为

$$\tau=\frac{T}{W};\gamma=\frac{\varphi d_0}{2l_0}\tag{7-42}$$

式中　T——扭矩（N · mm）；

W——截面系数（mm^3）。

对于实心圆柱：$W=\frac{\pi}{16}d_0^3$；对于空心圆柱（内径为 d_1，外径为 d_0）：$W=\frac{\pi}{16}d_0^3\ (1-d_1^4/d_0^4)$。

对于实心圆柱，剪切模量：　$G=\tau/\gamma=\dfrac{32Tl_0}{\pi\varphi d_0^4}$　(7-43)

规定非比例扭转强度 τ_p 为

$$\tau_p=\frac{T_p}{W}\tag{7-44}$$

式中　T_p——规定非比例扭矩（N · mm）。

上、下屈服强度 τ_{eH}、τ_{eL} 为

$$\tau_{eH}=\frac{T_{eH}}{W};\tau_{eL}=\frac{T_{eL}}{W}\tag{7-45}$$

式中　T_{eH}、T_{eL}——上、下屈服扭矩（N · mm）。

抗扭强度 τ_m 为

$$\tau_m = \frac{T_m}{W} \tag{7-46}$$

式中 T_m——最大扭矩（N · mm）。

7.7 断裂韧度试验

7.7.1 断裂过程和断裂力学的一般概念

断裂是机器零件服役过程中最严重的和最后的损坏形式。断裂通常可分为两种类型，一种是韧性断裂，另一种是脆性断裂。

传统的防止脆性断裂的设计方法，是在选择材料时除要求零件工作过程中承受的应力小于许用应力外，还要求材料必需具有一定大小的塑性 A、Z 和冲击吸收能量 K。但工作过程中需要多大的 A、Z 和 K，无法计算，只能凭经验估计，所以这样的设计方法并不能确保零件工作安全。

断裂力学认为，造成低应力脆断的主要原因是零件或结构中存在裂纹。裂纹可能是冶炼和加工过程中产生的缺陷，也可能是在服役过程中产生的。对于具体的材料，在一定的力学条件下，这些裂纹将发展并导致零件或结构的断裂。

断裂力学的任务之一，就是提出含裂纹零件或结构（裂纹体）受载的合理的力学参量，以及裂纹体断裂时，力学参量达到的临界值，即断裂判据。断裂判据一方面是力学条件，一方面是材料抵抗断裂的能力，这种表明材料抵抗断裂能力的性能指标即为断裂韧度（K_{IC}、δ_C、J_{IC} 等）。

当含裂纹物体断裂时，如果整个物体受力基本上处在线弹性状态，即只在裂纹尖端有很小的塑性区，且塑性区对裂纹尖端附近的应力应变分布影响可以忽略，这样的断裂问题叫作“线弹性断裂”问题。对于低温、高速加载或包含裂纹且断面尺寸很厚的零件，达到平面应变条件及材料本身强度高、韧性低的情况，就容易发生线弹性断裂。线弹性断裂的特点是当达到断裂的临界条件时，立即失稳断裂，试样无明显的塑性变形，断裂是脆性的。

当裂纹尖端塑性区较大，塑性区对裂纹尖端附近的应力应变的分布影响不能忽略时，裂纹尖端附近应力应变处于弹塑性状态，这样的问题叫作“弹塑性断裂”问题。对于非低温、非高速加载的试验条件和含裂纹断面尺寸较小，满足平面应力条件以及材料本身韧度较好、强度不高时，常易发生弹塑性断裂。弹塑性断裂的特点是裂纹起裂后，经历一段缓慢的稳定扩展过程，然后达到失稳扩展，断裂后有较明显的塑性变形，断裂是韧性的。

断裂力学对上述裂纹体线弹性断裂和弹塑性断裂问题，都提出了相应的描述受载过程的力学参量，达到裂纹起裂或失稳扩展的判据，以及表明材料抗断裂能力的性能指标（如 K_{IC}、δ_C、J_{IC} 等）。解决实际工程断裂问题的程序是，用查手册或计算的办法，寻求实际含裂纹零件或结构的断裂力学参量；从手册上或用实验的方法确定材料抗断裂性能指标，然后对比力学参量与断裂抗力的大小，进行零件安全设计或估计零件与结构在服役过程中的安全与寿命。

7.7.2 应力强度因子 K 和平面应变断裂韧度 K_{IC}

1. 应力强度因子 K 的定义

线弹性断裂问题的力学参量，最早是从能量平衡的角度提出的，叫作裂纹扩展的弹性能释放率或裂纹扩展力，用符号 G 表示。定义是裂纹开裂的一个微量受载裂纹体内储弹性变形能的释放数量，即

$$G = -\frac{\partial U}{\partial a} \tag{7-47}$$

式中 U——受载裂纹体内储弹性变形能；

a——裂纹长度。

对于一般裂纹体，其通常的表达形式为

$$G = -\frac{\partial U}{\partial a} = F\frac{R^2 \pi a}{E} \tag{7-48}$$

式中 F——形状因子，决定于裂纹体的形状尺寸、加载形式等；

R——名义应力；

E——正弹性模量。

当 G 达到一定数量时，裂纹开始扩展，这时 G 达到临界值 G_C。由于能量平衡不易计算，并且这个参量未能很好地反映断裂过程，故参量 G 已很少用。现在，线弹性问题主要用应力强度因子 K 来表示。

图 7-106 所示为半无限板状物的单位厚度单元，有侧边裂纹长为 a，当远处均匀作用着应力 R 时，裂纹尖端附近一点的坐标为（r，θ），其应力与位移诸分量的关系为

$$R_x = \frac{K}{\sqrt{2\pi r}}\cos\frac{\theta}{2}\left[1-\sin\frac{\theta}{2}\sin\frac{3\theta}{2}\right] \tag{7-49a}$$

$$R_y = \frac{K}{\sqrt{2\pi r}}\cos\frac{\theta}{2}\left[1+\sin\frac{\theta}{2}\sin\frac{3\theta}{2}\right] \tag{7-49b}$$

$$\tau_{xy} = \frac{K}{\sqrt{2\pi r}}\sin\frac{\theta}{2}\cos\frac{\theta}{2}\cos\frac{3\theta}{2} \tag{7-49c}$$

$$u = \frac{K}{4G}\sqrt{\frac{r}{2\pi}}\left[(2k-1)\cos\frac{\theta}{2}-\cos\frac{3\theta}{2}\right] \tag{7-50a}$$

$$v = \frac{K}{4G}\sqrt{\frac{r}{2\pi}}\left[(2k+1)\sin\frac{\theta}{2}-\sin\frac{3\theta}{2}\right] \tag{7-50b}$$

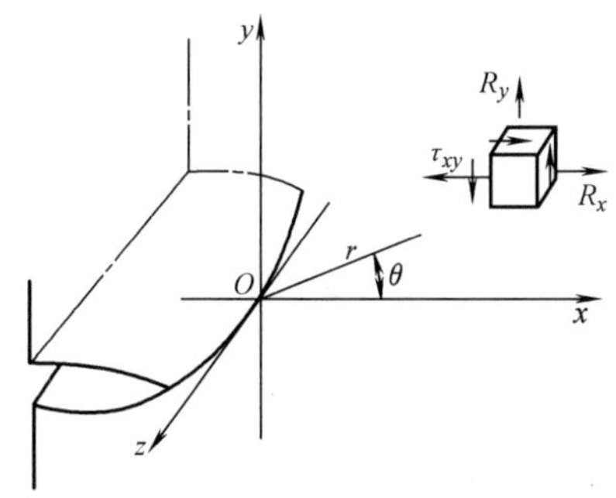

图 7-106　裂纹尖端附近一点的应力的表示

对平面应力情况(薄件或厚件表面处)

$$k=\frac{3-\nu}{1+\nu} \tag{7-51a}$$

$$\omega=-\frac{\nu}{E}(R_x+R_y)d_z \tag{7-51b}$$

$$R_z=0 \tag{7-51c}$$

对平面应变情况（厚件中心部分）

$$k=3-4\nu \tag{7-52a}$$

$$R_z=\nu(R_x+R_y) \tag{7-52b}$$

$$\omega=0 \tag{7-52c}$$

式中　G——切变弹性模量；

ν——泊松比。

从以上诸式可看出，γ、θ 是所讨论点的坐标，G、k 是材料弹性性质，故所讨论点的应力和位移决定于 K，所以称 K 为应力强度因子，K 的表达式为

$$K=YR\sqrt{\pi a} \tag{7-53}$$

式中　R——名义应力；

a——裂纹长度；

Y——形状因子，决定于裂纹体形状尺寸、加载形式及裂纹部位等。

当 R 固定，a 增大；或 a 固定，R 增大，并达到一定程度时，裂纹扩展，零件失稳断裂，K 达到临界值 K_C（K_C 为材料性质，称为断裂韧度）。

G 与 K 间存在简单的关系，即

$$G=\frac{K^2}{E}\quad（平面应力） \tag{7-54}$$

$$G=\frac{K^2}{E}(1-\nu^2)\quad（平面应变） \tag{7-55}$$

K 中包含了 R 和 a。当已知 R 时，可依据 K_C 估算允许缺陷 a；或依据已知的 a 估算承载能力 R。K 的单位是 $MPa\cdot m^{\frac{1}{2}}$（$MN/m^{\frac{3}{2}}$），G 的单位是 MN/m。

任意方向的作用力对裂纹面可分成如图 7-107 所示的三种类型。外作用力正好垂直于裂纹面，称为Ⅰ型，裂纹面内剪切为Ⅱ型，裂纹面外剪切为Ⅲ型。Ⅰ型称张开型，Ⅱ型称滑开型，Ⅲ型称撕开型。相应的应力强度因子有 K_{I}、K_{II} 和 K_{III} 三个分量，其中以Ⅰ型受力最为危险，故实际应用时着重讨论Ⅰ型问题，K_{I} 应用最多。

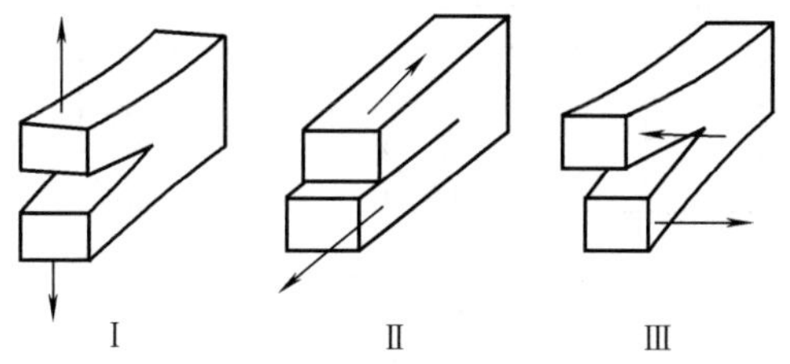

图 7-107　裂纹受载三种类型

K_C 值大小与裂纹所在面的厚度 B 值有关，如图 7-108 所示。随 B 增大，K_C 值降低；当 B 大到一定值后，K 值成恒定，此时的厚度达到平面应变程度。称平面应变条件下的Ⅰ型 K_C 值为 K_{IC}，此时具有Ⅰ型和平面应变双重意思。

估计厚度是否达到平面应变条件，可采用如下经验公式：

$$B\geqslant 2.5\left(\frac{K_{IC}}{R_{p0.2}}\right)^2 \tag{7-56}$$

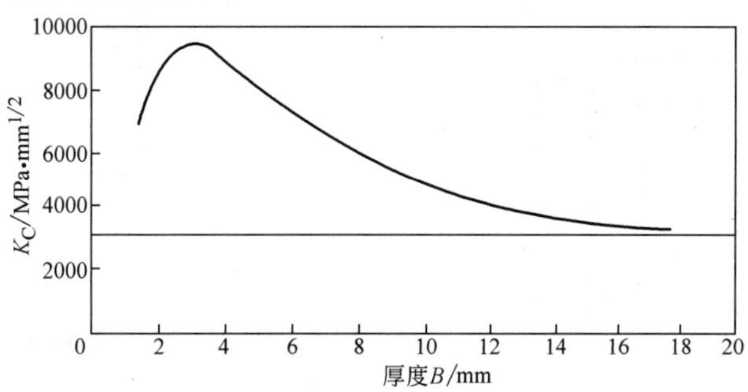

图 7-108　K_C 值与厚度 B 的关系

注：30CrMnSiNi2 钢，加热至 900℃，230℃ 等温，200℃ 回火。

2. 常见的应力强度因子举例

下面列举零件和结构中几种常见裂纹的应力强度因子表达式，对材料内部和表面缺陷（如铸造裂纹、锻造裂纹、焊缝裂纹、淬火裂纹、白点、夹渣等）也可参考。复杂的情况可查相关文献或计算。

（1）三点弯曲断裂韧度试样（见图 7-109）的应力强度因子　其表达式为

$$K=\frac{FS}{BW^{3/2}}\times\frac{1}{2(1+2a/W)\left(1-\frac{a}{W}\right)^{3/2}}\times 3\left(\frac{a}{W}\right)^{\frac{1}{2}}\left[1.99-\left(\frac{a}{W}\right)\left(1-\frac{a}{W}\right)\times\left(2.15-3.93\frac{a}{W}+2.7\frac{a^2}{W^2}\right)\right] \quad (7\text{-}57)$$

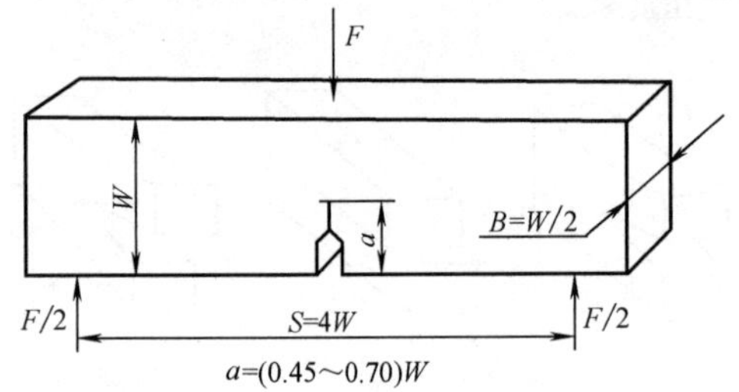

图 7-109　三点弯曲断裂韧度试样

（2）紧凑拉伸试样（见图 7-110）的应力强度因子　其表达式为

$$K=\frac{F}{BW^{\frac{1}{2}}}\times\frac{1}{\left(1-\frac{a}{W}\right)^{3/2}}\times\left(2+\frac{a}{W}\right)\times\left[0.886+4.64\frac{a}{W}-13.32\left(\frac{a}{W}\right)^2+14.72\left(\frac{a}{W}\right)^3-5.6\left(\frac{a}{W}\right)^4\right] \quad (7\text{-}58)$$

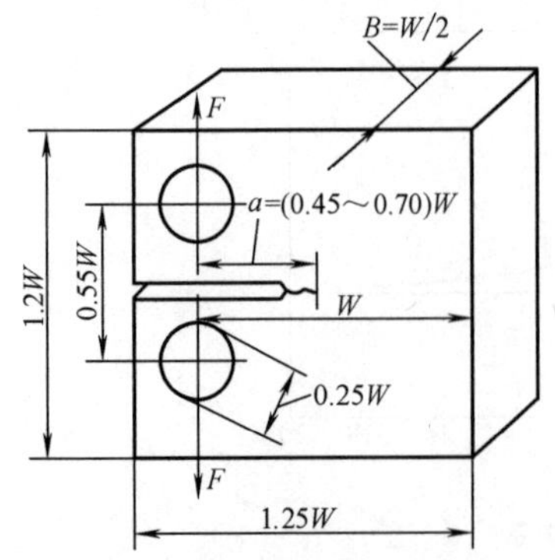

图 7-110　紧凑拉伸试样

（3）板件侧边裂纹（见图 7-111）的应力强度因子　其表达式为

$$K=1.12R\sqrt{\pi a}\quad\left(\text{当}\frac{a}{W}\text{很小时}\right) \quad (7\text{-}59)$$

或
$$K=\left[1.99-0.41\left(\frac{a}{W}\right)+18.7\left(\frac{a}{W}\right)^2+38.48\left(\frac{a}{W}\right)^3+53.85\left(\frac{a}{W}\right)^4\right]R\sqrt{a} \quad (7\text{-}60)$$

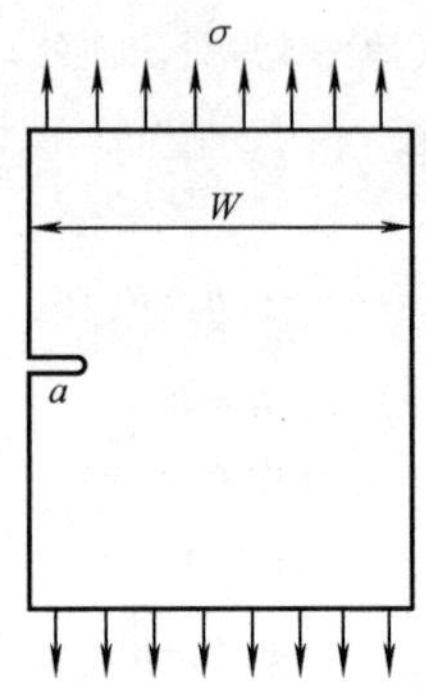

图 7-111　板件侧边裂纹

（4）板的双边均有裂纹（见图 7-112）的应力强度因子　其表达式为

$$K=1.12R\sqrt{\pi a}\quad\left(\text{当}\frac{a}{W}\text{很小时}\right) \quad (7\text{-}61)$$

或
$$K=\left[1.99+0.76\left(\frac{a}{W}\right)-8.48\left(\frac{a}{W}\right)^2+27.36\left(\frac{a}{W}\right)^3\right]R\sqrt{a} \quad (7\text{-}62)$$

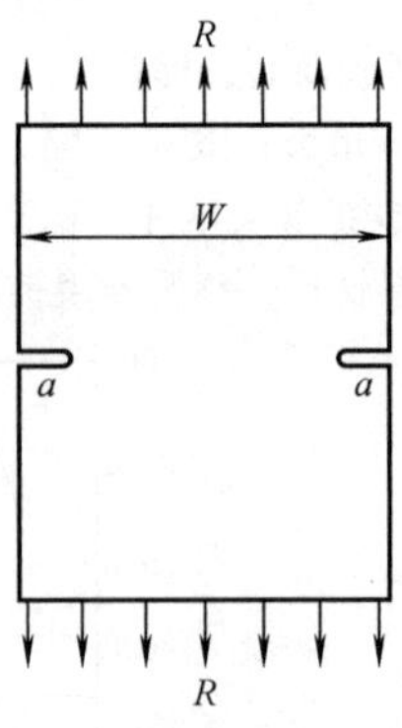

图 7-112　双边均有裂纹的板

（5）连续裂纹（见图 7-113）的应力强度因子　其表达式为

$$K=R\sqrt{\pi a}\left[\frac{2b}{\pi a}\tan\frac{\pi a}{2b}\right]^{\frac{1}{2}} \quad (7\text{-}63)$$

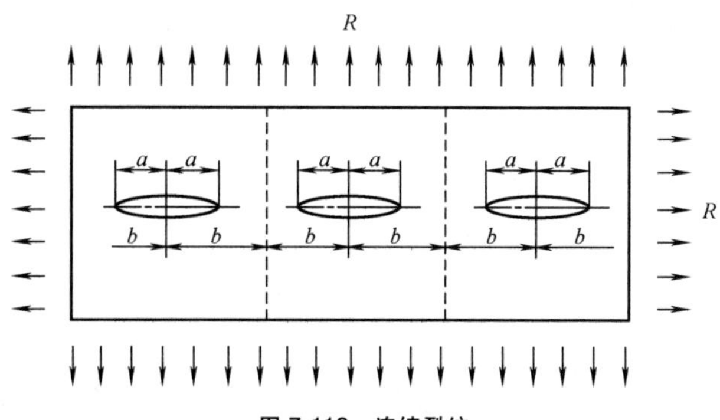

图 7-113　连续裂纹

（6）宽板中心裂纹（见图 7-114）的应力强度因子　其表达式为

$$K=R\sqrt{\pi a}\left(当\frac{a}{W}很小时\right) \quad (7\text{-}64)$$

或

$$K=R\sqrt{\pi a}\left[\frac{W}{\pi a}\tan\frac{\pi a}{W}\right]^{\frac{1}{2}} \quad (7\text{-}65)$$

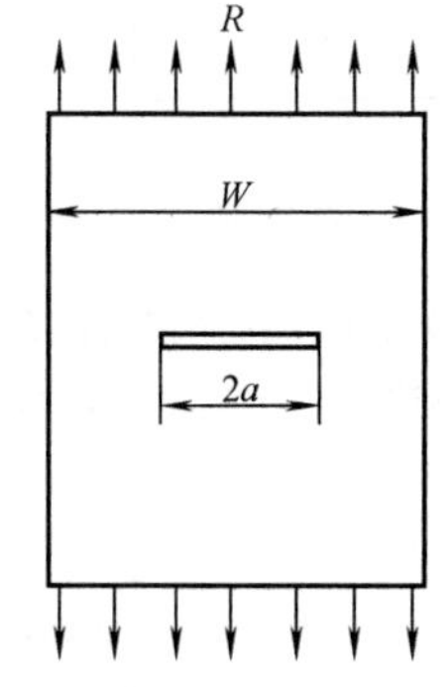

图 7-114　宽板中心裂纹

（7）无限体中含椭圆片裂纹（见图 7-115）的应力强度因子　其表达式为

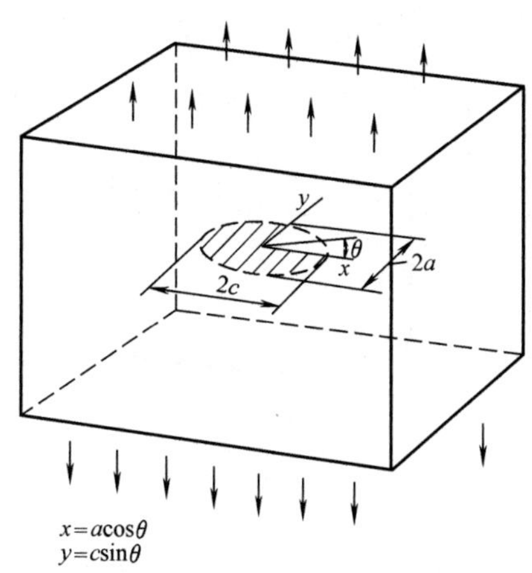

图 7-115　无限体中含椭圆片裂纹

$$K=\frac{R\sqrt{\pi a}}{\Phi_0}\left[\sin^2\theta+\frac{a^2}{c^2}\cos^2\theta\right]^{\frac{1}{4}} \quad (7\text{-}66)$$

式中　Φ_0——完整的第二类椭圆积分，其计算式为

$$\Phi_0=\int_0^{\frac{\pi}{2}}\left[\sin^2\theta+\left(\frac{a}{c}\right)^2\cos^2\theta\right]^{\frac{1}{2}}\mathrm{d}\theta$$

当$\frac{a}{c}=1$时，$\Phi_0=\frac{\pi}{2}$，$K=\frac{2}{\pi}R\sqrt{\pi a}$，为圆盘形裂纹。

（8）表面裂纹（裂纹最深处 A 点，见图 7-116、图 7-117）的应力强度因子　其表达式为

$$K=M_K\frac{R\sqrt{\pi a}}{\sqrt{Q}} \quad (7\text{-}67)$$

式中　$Q=\Phi_0^2-0.212\left(\frac{R}{R_{\mathrm{eL}}}\right)^2$，　$\Phi_0=\int_0^{\pi/2}\left[\sin^2\theta+\left(\frac{a}{c}\right)^2\cos^2\theta\right]^{1/2}\mathrm{d}\theta$，$M_K$ 如图 7-117 所示。

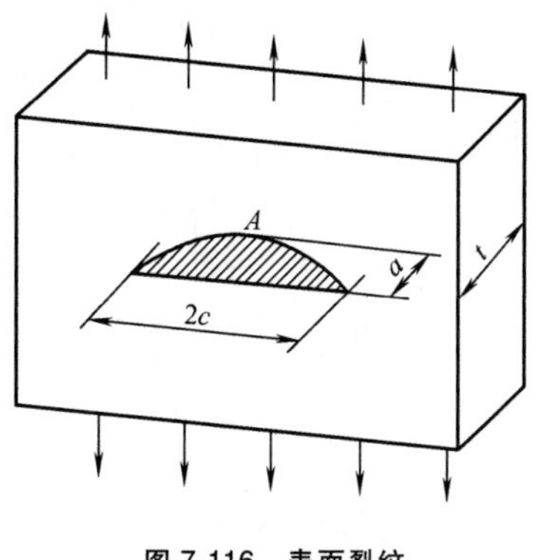

图 7-116　表面裂纹

（9）具有周边裂纹的圆柱杆（见图 7-118）的应力强度因子　其表达式为

$$K=\frac{F}{D^{\frac{3}{2}}}\left[1.72\left(\frac{D}{d}\right)-1.27\right] \quad (7\text{-}68)$$

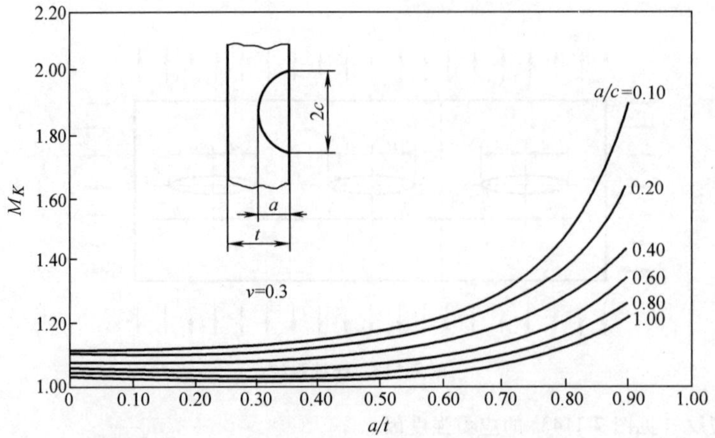

图 7-117　表面半穿透裂纹应力强度因子几何系数 M_K 与裂纹深度及板厚比 a/t 的关系曲线

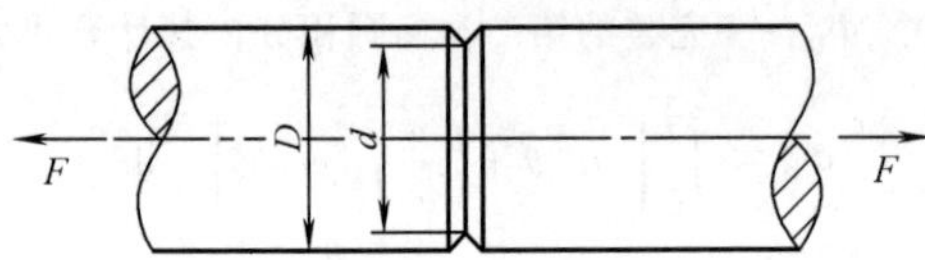

图 7-118　具有周边裂纹的圆柱杆

（10）含有一圆片裂纹的圆柱杆（图 7-119）的应力强度因子　其表达式为

$$K_{\mathrm{I}}=\left[F_p\left(\frac{a}{b}\right)F+F_M\left(\frac{a}{b}\right)\frac{4M_a}{b^2+a^2}\right]\times\frac{\sqrt{\frac{c}{b}}}{\pi(b^2-a^2)}\times\sqrt{a} \tag{7-69}$$

式中　$F_p\left(\frac{a}{b}\right)=\frac{2}{\pi}\left[1+\frac{1}{2}\left(\frac{a}{b}\right)-\frac{5}{8}\left(\frac{a}{b}\right)^2\right]+0.268\left(\frac{a}{b}\right)^3$

$$F_M\left(\frac{a}{b}\right)=\frac{4}{3\pi}\left[1+\frac{1}{2}\left(\frac{a}{b}\right)+\frac{3}{8}\left(\frac{a}{b}\right)^2+\frac{5}{16}\left(\frac{a}{b}\right)^3-\frac{93}{128}\left(\frac{a}{b}\right)^4+0.483\left(\frac{a}{b}\right)^5\right]$$

$$K_{\mathrm{II}}=0$$

$$K_{\mathrm{III}}=F_T\left(\frac{a}{b}\right)\times\frac{2T_a\sqrt{\frac{c}{b}}}{\pi\ (b^4-a^4)}\sqrt{a} \tag{7-70}$$

式中　$F_T\left(\frac{a}{b}\right)=\frac{4}{3\pi}\left[1+\frac{1}{2}\left(\frac{a}{b}\right)+\frac{3}{8}\left(\frac{a}{b}\right)^2+\frac{5}{16}\left(\frac{a}{b}\right)^3-\frac{93}{128}\left(\frac{a}{b}\right)^4+0.038\left(\frac{a}{b}\right)^5\right]$

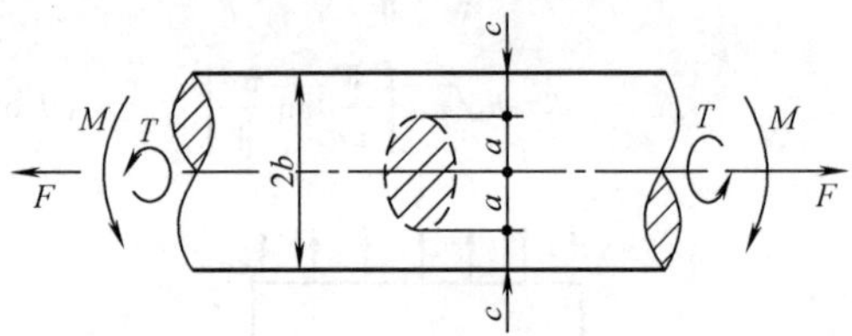

图 7-119　含有一圆片裂纹的圆柱杆

3. 材料与热处理工艺对钢的断裂韧度的影响

（1）回火温度对断裂韧度的影响　图 7-120 所示为 40CrNiMo 钢淬火、不同温度回火的断裂韧度及其

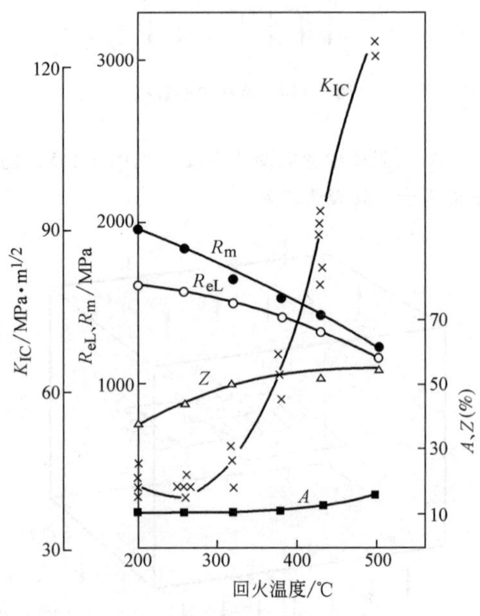

图 7-120　40CrNiMo 钢淬火、不同温度回火的断裂韧度及其他力学性能曲线

他力学性能曲线。由该图可见，低温回火时，强度高而断裂韧度低；高温回火时，断裂韧度高而强度降低。图 7-121 所示为低碳马氏体钢 20SiMn2MoV 淬火、不同温度回火的断裂韧度及力学性能曲线。由图 7-121 可见，在低温回火时，可以在具有高强度的同时，具有良好的断裂韧度，这是降低钢中碳含量所得到的明显优点。

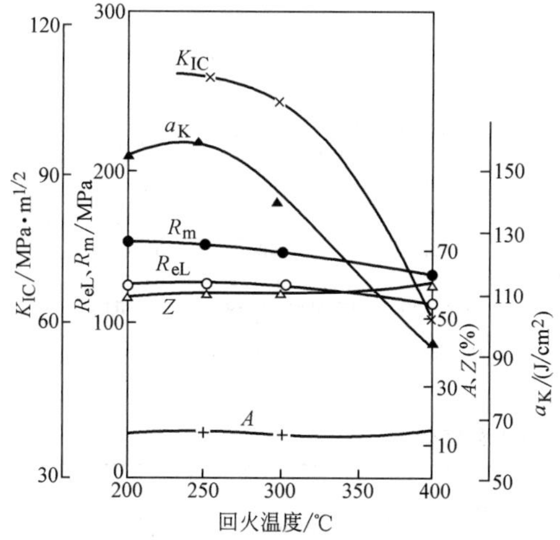

图 7-121　20SiMn2MoV 淬火、不同温度回火的断裂韧度及力学性能曲线

（2）等温淬火对断裂韧度的影响　等温淬火是改善材料断裂韧度的有效措施之一。图 7-122 所示为等温淬火对 K_{IC} 的影响，图 7-123 所示为 45Cr 等温淬火与淬火回火状态断裂韧度的比较。若得到下贝氏体组织，则断裂韧度最佳；若得到马氏体和下贝氏体混合组织及上贝氏体组织，则断裂韧度都不好。

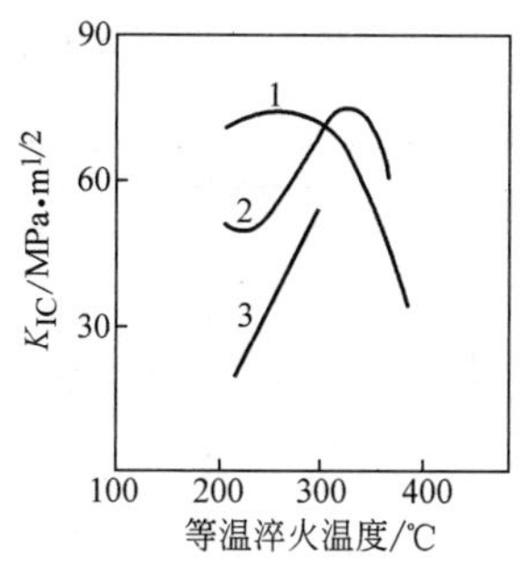

图 7-122　等温淬火对 K_{IC} 的影响

1—30CrMnSiNi2　2—32SiMnMoV
3—球墨铸铁

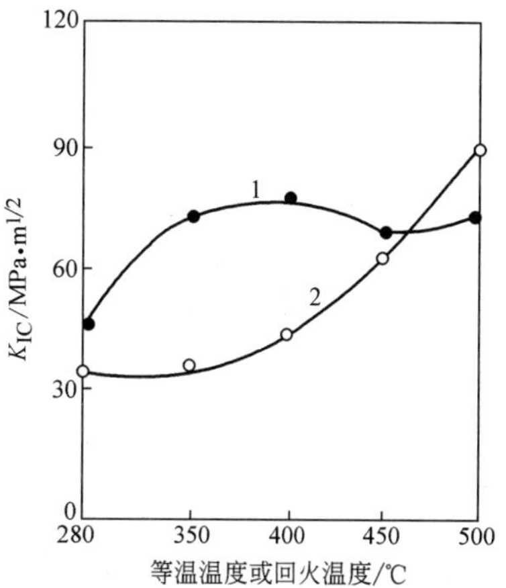

图 7-123　45Cr 等温淬火与淬火回火状态的断裂韧度比较

1—等温淬火　2—淬火回火

（3）淬火温度对断裂韧度的影响　图 7-124 所示为 40SiMnCrNiMoV 钢在不同温度淬火、260℃ 回火的 K_{IC} 随淬火温度升高而升高的曲线。但也有相反的情况，如基体钢 65Cr4W3Mo2VNb 的 K_{IC} 随淬火温度升高而降低。淬火温度升高，虽然 K_{IC} 有所增大，但晶粒长大，强度降低，韧性也降低。

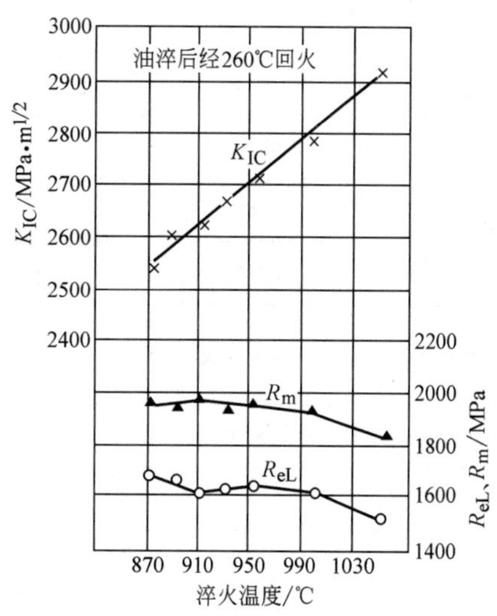

图 7-124　40SiMnCrNiMoV 钢淬火温度与 K_{IC} 的关系（260℃ 回火）

4. 断裂韧度 K_{IC} 与冲击吸收能量类指标之间的经验关系

断裂韧度与冲击吸收能量类指标本质上有共同之

处，工程上常建立两者之间的经验关系，以用简单的冲击试验结果来估计材料的断裂韧度。图 7-125 所示为 40CrNiMo 钢淬火、不同回火温度 K_{IC} 与 KV 和 a_{KV} 的关系。由该图可见，它们之间有较密切的关系。二者之间有如下经验关系式：

$$\left(\frac{K_{IC}}{R_{eL}}\right)^2=0.64\left(\frac{KV}{R_{eL}}-0.01\right) \tag{7-71}$$

加拿大 Shell 公司建立的油井钻柱材料断裂韧度 K_{IC} 与 7.5mm×10mm×55mm 冲击试样夏比冲击吸收能量 KV 的相关性为

$$K_{IC}=(0.5172KVR_{eL}-0.0022R_{eL}^2)^{\frac{1}{2}} \tag{7-72}$$

美国材料性能委员会（MPC）的公式为

$$K_{IC}=\frac{1}{1000}\sqrt{650KVE} \tag{7-73}$$

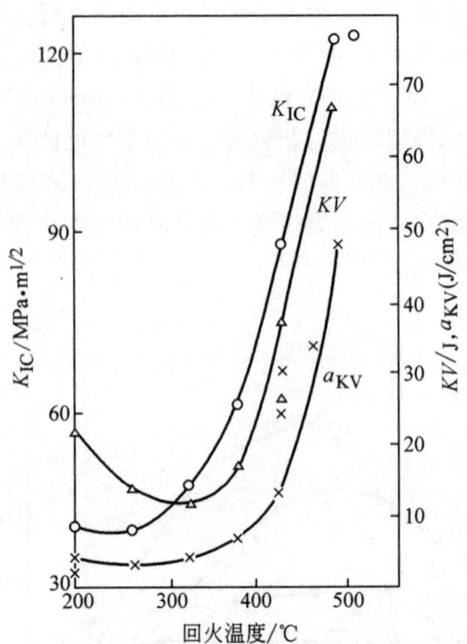

图 7-125　40CrNiMo 钢淬火、不同回火温度的 K_{IC} 与 KV 和 a_{KV} 的关系

5. 几种钢铁材料的断裂韧度（表 7-17）

表 7-17　几种钢铁材料的断裂韧度

材料及热处理		R_{eL}/MPa	R_m/MPa	K_{IC}/MPa·$m^{\frac{1}{2}}$	备　注
18Ni,840℃空冷+480℃空冷		1746	1795	128	马氏体时效钢
20SiMn2MoV,900℃油淬+250℃回火		1214	1481	113	高强度低碳马氏体钢
40CrNiMo,860℃淬油	200℃回火	1579	1942	42	高强度中碳合金结构钢
	380℃回火	1383	1486	63	
	430℃回火	1334	1392	90	
30Cr2MoV,940℃空冷+680℃空冷		549	686	140～155	大型汽轮机转子用钢
18MnMoNiCr,880℃空冷+680℃空冷		461	586	280	厚壁压力容器用钢
45 钢,正火		513	804	≈100	大尺寸机车曲轴
球墨铸铁,正火		—	—	34～36	大尺寸机车曲轴
W18Cr4V	1200℃淬火+560℃三次回火	—	—	16	高速钢
	1250℃淬火+560℃三次回火	—	—	15	
65Cr4W3Mo2V,1070℃淬火+540℃二次回火		—	硬度为 62HRC	17	基体钢
65Cr4W3Mo2VNb[w(Nb)=0.26%],处理 65Cr4W3Mo2V		—	硬度为 58.5HRC	25.6	含 Nb 基体钢

7.7.3　裂纹尖端张开位移 CTOD 和 J 积分

当裂纹尖端塑性变形区域范围较大时，线弹性处理问题的办法已不适用，需要寻找适合弹塑性条件的新参量，这样的新参量须在线弹性和弹塑性情况下都有效，并且便于计算测量。现在应用比较广泛的弹塑性断裂力学参量是裂纹尖端张开位移 CTOD（或用符号 δ 表示）和围绕裂纹尖端与路径无关的线积分，即"J 积分"。相应地，断裂韧度指标则是其临界值 δ_C 和 J_{IC}。

1. 裂纹尖端张开位移 CTOD 的概念

裂纹体承受 Ⅰ 型载荷，裂纹尖端首先是弹性张开，随载荷增大，裂纹尖端发生塑性变形而钝化，钝化到一定程度，裂纹开裂，如图 7-126 所示。研究表明，裂纹尖端张开位移 CTOD（或 δ）能反映裂纹尖端的变形场强度，并且开裂瞬时的裂纹尖端张开位移 CTOD 表征材料性质与试样尺寸无关，因而可用之作为变形过程的参量和判据。对塑性区范围较大的情况，裂纹体开裂时，不满足平面应变条件，起裂后不马上失稳，而有一稳定扩张过程，CTOD 继续增大。然而，只有起裂时的 CTOD 才能表征材料性质，稳定扩展过程中的 CTOD 以及失稳时的 CTOD 不是材料恒定的性质。

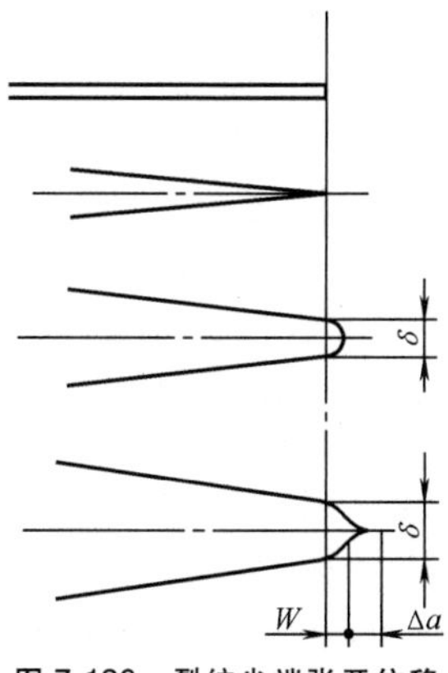

图 7-126　裂纹尖端张开位移

下面介绍在不同情况下的 CTOD 的表达式和相互关系。

（1）线弹性和小范围屈服下的 CTOD　利用线弹性下的位移表达式，可计算受载时裂纹尖端上下表面两点沿垂直裂纹面的方向（Y 方向）的位移，即裂纹尖端张开位移 δ。

平面应力时

$$\delta=\frac{4K_{\mathrm{I}}^{2}}{\pi ER_{\mathrm{p0.2}}}=\frac{4G_{\mathrm{I}}}{\pi R_{\mathrm{p0.2}}} \tag{7-74a}$$

平面应变时

$$\delta=\frac{4K_{\mathrm{I}}^{2}}{\pi ER_{\mathrm{p0.2}}}(1-2\nu)(1-\nu^{2})=\frac{4(1-2\nu)}{\pi R_{\mathrm{p0.2}}}G_{\mathrm{I}} \tag{7-74b}$$

这里建立了 δ 与 K_{I} 和 G_{I} 的关系，表明三个参量是一致的。

（2）大范围屈服下的 CTOD　大范围屈服条件下，线弹性条件已不适用，现在通用的是 Dugdale 提出的 D-M 模型的近似解，如图 7-127 所示。假定无限大平板，中间开长为 $2a$ 的裂纹，远处作用着均匀拉应力 R，在平面应力条件下，无形变硬化时得出裂纹尖端张开位移为

$$\delta=\frac{8aR_{\mathrm{p0.2}}}{\pi E}\ln\sec\frac{\pi}{2}\times\frac{R}{R_{\mathrm{p0.2}}} \tag{7-75}$$

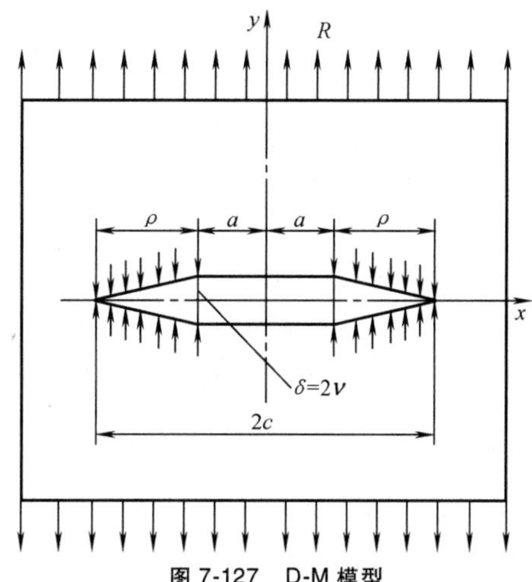

图 7-127　D-M 模型

$R/R_{\mathrm{p0.2}}$ 趋于 1 时，即构件接近全面屈服时，δ 趋于∞，D-M 模型失效，一般认为 $R/R_{\mathrm{p0.2}}\leqslant 0.8$ 时，计算结果与试验结果符合较好。

（3）全面屈服情况下的 CTOD　D-M 模型不再适用，例如压力容器接管或焊接结构未经退火的焊缝区，均可能有这样的情况，现在还没有很好地适合全面屈服时的 CTOD 的力学模型，比较广泛使用的是英国焊接学会提出的公式，即 Wells 公式：

$$\delta=2\pi ea \tag{7-76}$$

式中　e——屈服区名义应变。

英国焊接学会进行了不同尺寸，不同裂纹长度的宽板拉伸试验，来验证上述经验公式，得出如图 7-128 所示结果。图中用 e/A_e 为横坐标，$\Phi=\delta/(2\pi A_e a)$ 为纵坐标，A_e 为与规定塑性延伸强度 $R_{\mathrm{p0.2}}$ 相当的应变。由图 7-128 可见，试验数据分散在一条宽的分散带中，而 $\Phi=e/A_e$ 直线处在分散带上方，可见以 Wells 公式作为全面屈服的设计依据是过于保守了，后来改用下式：

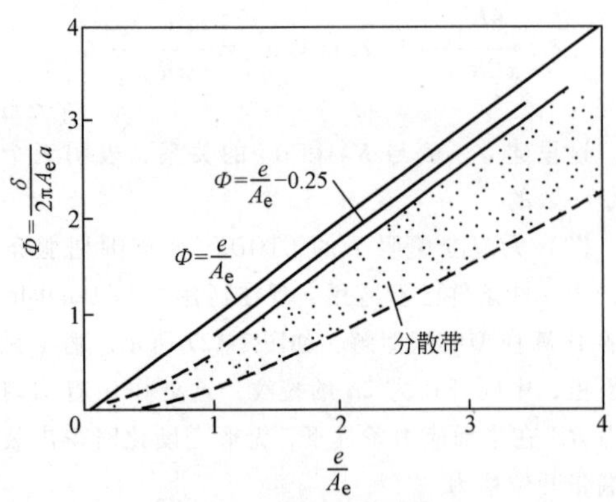

图 7-128　宽板拉伸试验结果

$$\Phi=\frac{e}{A_e}-0.25 \qquad (7\text{-}77)$$

作为设计线，即

$$\delta=2\pi A_e a\left(\frac{e}{A_e}-0.25\right) \qquad (7\text{-}78)$$

利用此式设计仍有一定的安全裕度，现在设计中常参考此线。

2. *J* 积分的定义和性质

J 积分是对受Ⅰ型载荷的裂纹体，在裂纹尖端沿任意指定的路径从裂纹下表面逆时针方向到裂纹上表面对给定函数所进行的积分，如图 7-129 和式 (7-79) 所示。

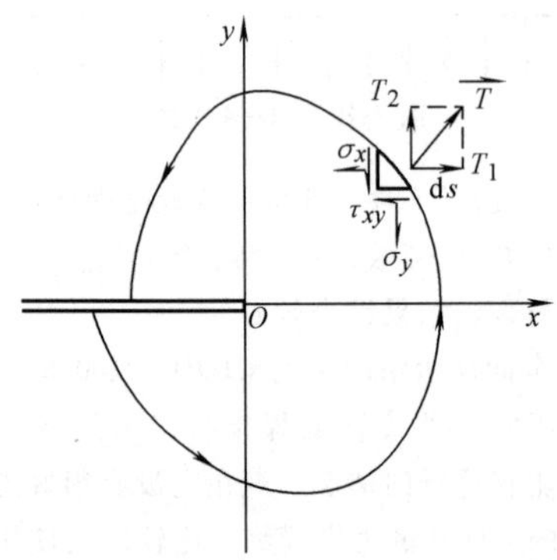

图 7-129　*J* 积分定义

$$J=\int_{\Gamma}\left(W\mathrm{d}y-\boldsymbol{T}\times\frac{\partial \boldsymbol{u}}{\partial x}\mathrm{d}s\right) \qquad (7\text{-}79)$$

式中　W——应变能密度，$W=\sum R_{ij}e_{ij}$；

Γ——围绕（即包含）裂纹尖端的积分路径；

ds——路径的增量；

$\boldsymbol{T}$——ds 上外张力矢量；

$\boldsymbol{u}$——ds 处的位移矢量；

x、y——直角坐标。

J 有如下主要性质：

1）积分回路 Γ 是任意的，*J* 积分数值与积分回路所取路径无关。

2）*J* 积分表示了裂纹尖端地区的应力应变场强度，裂纹尖端附近地区任意点的应力应变可用下式表示

$$R_{ij}(r,\theta)=\left(\frac{J}{\alpha I}\right)^{\frac{n}{1+n}}r^{-\frac{n}{1+n}}\tilde{R}_{ij}(\theta) \qquad (7\text{-}80)$$

$$e_{ij}(r,\theta)=\alpha\left(\frac{J}{\alpha I}\right)^{\frac{1}{1+n}}r^{-\frac{1}{1+n}}\tilde{e}_{ij}(\theta) \qquad (7\text{-}81)$$

式中　n 和 α——材料的硬化指数与硬化系数；

I——硬化指数 n 的函数；

$\tilde{R}_{ij}$ 和 $\tilde{e}_{ij}$——θ 角的函数。

以上各式中只有 *J* 决定了应力应变场强度，因而 *J* 可作为裂纹尖端应力应变场参量，从而 *J* 的极限值可作为断裂判据。

3）*J* 的形变功率定义：*J* 积分另有与上述式子等效的定义，即

$$J=-\frac{\partial u}{\partial a} \qquad (7\text{-}82)$$

这表明，在线弹性条件下，$J=G$，即 *J* 与 *G* 一样，为裂纹微量扩展时，受载裂纹体系统弹性能释放率。但是在弹塑性情况下，裂纹向前扩展，裂纹后面将发生卸载。对于 *J* 积分计算时所用的塑性力学全量理论，不允许有卸载情况发生，故 $\partial u/\partial a$ 的意思不再是裂纹扩展微量时受载裂纹体系统弹性能释放率，而是两个尺寸形状完全相同且受载条件也完全相同的裂纹体（试样，只是裂纹尺寸相差 da），在受载过程中内储弹性能的差异。这样的定义，对 *J* 积分试验测定有很大的方便，奠定了 *J* 积分的试验基础。

J 积分的单位与 *G* 一样为 kN/m。

4）用 J_{IC} 换算平面应变断裂韧度 K_{IC}，应力强度因子 K_I 和平面应变断裂韧度 K_{IC} 只适合线弹性，而 *J* 既适合线弹性，也适用于弹塑性，故可用在弹塑性情况下测定的 J_{IC} 来换算线弹性下的 K_{IC}。研究表明，对一般结构钢（试样厚度为 6~7mm）受载时，裂纹前缘起裂处即属平面应变起裂，故可用很小尺寸试样取得 J_{IC} 值，以换算需要很大尺寸试样才可满足平面应变的直接测试的 K_{IC} 值。平面应变情况下，依式 (7-83) 有

$$K_I=\sqrt{\frac{E}{1-\nu^2}\times J_I} \qquad (7\text{-}83)$$

对于钢，$E=2\times10^5$MPa，$\nu=0.3$，则 $K_I=470\sqrt{J_I}$。K_I 的单位为 MPa·$m^{\frac{1}{2}}$ 或 MN/$m^{\frac{3}{2}}$，*J* 单位为 MN/m。

用 J_{IC} 换算 K_{IC} 与试验 K_{IC} 的比较见表 7-18。

表 7-18　用 J_{IC} 换算 K_{IC} 与试验 K_{IC} 的比较

材　料	状　态	$J_{IC}/(MN/m)$	换算 $K_{IC}/(MN/m^{\frac{3}{2}})$	实测 $K_{IC}/(MN/m^{\frac{3}{2}})$
45 钢	余热淬火 600℃回火	0.0425～0.0465	95.6～100	97～104
30CrMoA	—	0.035～0.041	86.8～94	83.7～96.7
14MnMoNbB	920℃淬火 620℃回火	0.11～0.114	154～156.6	156～166

实际工作中，常用小试样测得 J_{IC} 以换算 K_{IC}，但须两者断裂形式相同。

GB/T 19624—2019《在用含缺陷压力容器安全评定》对于实际含缺陷构件线弹性和弹塑性受力状态的安全评定做了全面的规定。

7.7.4　断裂韧度测试技术

1. 平面应变断裂韧度 K_{IC} 的测试

断裂韧度 K_{IC} 的测试过程，就是把试验材料制成一定形状尺寸的试样，并预制出相当于缺陷的裂纹（人工缺陷），然后把试样加载。裂纹尖端应力强度因子 K 的表达式已事先确定。加载过程中，连续记录载荷 F 与相应的裂纹嘴张开位移（CMOD）V，裂纹嘴张开位移 V 的变化表示了裂纹尚未起裂、已经起裂、稳定扩展或失稳扩展的情况。当裂纹起裂失稳扩展时，记录下载荷 F_Q，再将试样压断，测得预制裂纹长度 a，代入 K 表达式中得到临界 K 值，暂记作 K_Q。然后依一些规则判断 K_Q 是不是真正的 K_{IC}，如果不符合判别要求，则 K_Q 仍不是 K_{IC}，需要重做。

GB/T 4161—2007《金属材料　平面应变断裂韧度 K_{IC} 试验方法》规定了三点弯曲、紧凑拉伸、C 形拉伸和圆形紧凑拉伸四种试样，主要使用的是三点弯曲和紧凑拉伸两种，试样尺寸及 K 表达式见图 7-109、图 7-110 和式（7-57）、式（7-58）。

（1）试样尺寸确定　首先确定试样种类，然后依照平面应变要求［见式（7-57）］，确定试样厚度 B。当 K_{IC} 尚无法预估时，可参考类似钢种的数据，标准中还规定了参照 R_{eL}/E 选择试样尺寸的办法。B 确定后，则可依试样图确定试样其他尺寸和裂纹长度 a 及韧带尺寸 W-a。

（2）试样制备　依试样尺寸准备试样毛坯，毛坯可以从实物上取（此时须注意所要求的取样方向），也可专门制备。毛坯经铣刨等粗加工，然后热处理、磨削，再按规定开缺口。一般用钼丝切割方法开缺口，并在疲劳试验机上或专门装置上预制疲劳裂纹。预制疲劳裂纹开始阶段加力可以大些，以加快引发速度，但到最后阶段，循环应力不能太大，此时所加应力强度因子最大值 K_{max} 不得大于 60%K_{IC}，以免裂纹尖端尖锐度降低，并形成较大塑性区，使测得的 K_Q 偏高。疲劳裂纹从机加工缺口顶端扩展至少 1.3mm。

（3）断裂试验　制备好试样，用专门制作的夹持装置在一般万能材料试验机或电子拉伸试验机上进行试验，图 7-130 所示为三点弯曲断裂韧度试验。在试验机上装上专门支座，试样放在支座上，机器液压缸下装载荷传感器 3 并连接压头，试样 2 下边装夹式引伸计 1。加载过程中，载荷传感器传出载荷 F 的信号，夹式引伸计传出裂纹嘴张开量 V 的信号，将信号 F、V 通过放大器 4，输入 X-Y 函数记录仪 5，记录 F-V 曲线。然后依 F-V 曲线确定裂纹失稳扩展临界载荷 F_Q，依 F_Q 和试样压断后实测的裂纹长度 a 代入 K 值以求 K_Q。

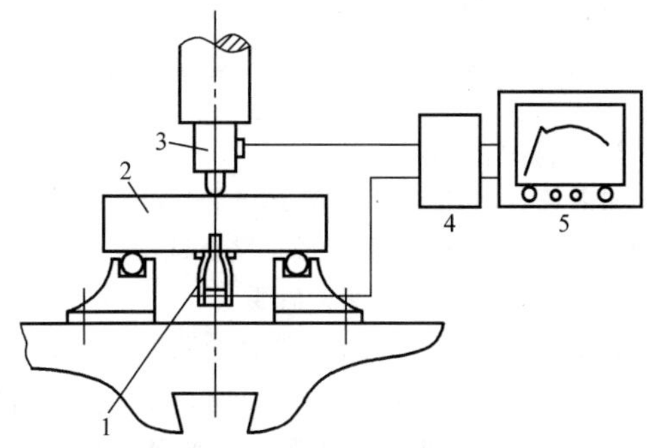

图 7-130　三点弯曲断裂韧度试验
1—夹式引伸计　2—试样　3—载荷传感器
4—放大器　5—记录仪

测得的 F-V 曲线有图 7-131 所示三种形式。对强度高塑性低的材料，加载初始阶段 F-V 呈直线关系，当载荷大到一定程度，试样突然断裂，曲线突然下降，得到曲线Ⅲ，这时曲线上最大载荷就是计算 K_{IC} 的 F_Q。对韧性较好的材料，曲线首先依直线关系上升，到一定值后突然下降，出现“突进”点后旋又上升，直到某一更大载荷，试样才完全断裂，如曲线

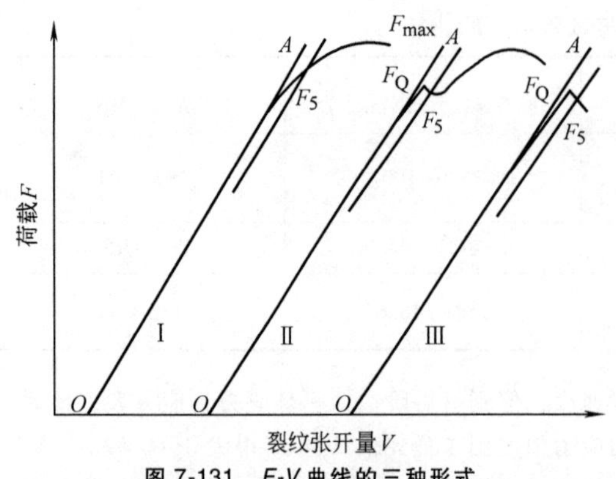

图 7-131　F-V 曲线的三种形式

Ⅱ所示。韧性更好的材料，得到 F-V 曲线Ⅰ。GB/T 4161—2007 规定：对Ⅱ、Ⅲ两种曲线，从坐标原点做比试验曲线斜率低 5%的直线与试验曲线相交，得一点 F_5，如交点 F_5 以左有载荷点高于 F_5，则以 F_5 以左的最高载荷为 F_Q；如 F_5 以左无载荷点高于 F_5，则以 F_5 为 F_Q。对Ⅰ型曲线，F_5 即 F_Q。

F_Q 确定后，将试样压断，测量预制裂纹的长度 a，将 F_Q、a、B、W、V 等代入应力强度因子表达式以计算 K_Q。注意，断口上预制裂纹线并不是一平直的线，而是一弧形线。GB/T 21143—2014《金属材料　准静态断裂韧度统一试验方法》中规定了测量裂纹长度 a 值的办法。

（4）K_{IC} 有效性判别　GB/T 4161—2007 规定，测得的 K_Q 是否有效，须进行如下判断：

1）是否符合 $\delta \geqslant 2.5\left(\dfrac{K_Q}{R_{p0.2}}\right)^2$ 条件。

2）$F_{max}/F_Q \leqslant 1.1$。

如果符合上述条件，K_Q 即 K_{IC}；如不符合，则 K_Q 不是 K_{IC}，须加大试样尺寸，重新试验。

2. CTOD 与 J 积分测试概要

CTOD 和 J 测试都是 K_{IC} 测试的延伸，测试中沿用了与 K_{IC} 相近的一些做法，例如采用了三点弯曲加载的带裂纹试样。也可采用紧凑拉伸及拱形弯曲试样，但 CTOD 和 J 积分测试主要采用三点弯曲试样，都是采用载荷传感器和位移传感器在测试过程中绘出 F-V(对 CTOD) 或载荷 F-载荷作用点垂直位移 Δ（对 J）曲线，然后对曲线进行分析，以求出 CTOD 或 J。当然 K_{IC} 测试与 CTOD 与 J 测试也有一些重要不同之点，以下对几个主要不同之点（如测试的临界状态问题、试样尺寸问题，以及开裂点测量问题等）予以说明。

（1）关于测试的临界状态　平面应变断裂韧度 K_{IC} 试验是裂纹一开始起裂，立即达到沿裂纹全面失稳开裂；而 CTOD 和 J 试验却是允许有亚临界稳定扩展的试验，只要求在试样厚度中间部分呈平面应变起裂，定义起裂时的 J 和 δ，即 J_i 和 δ_i 作为临界的 δ_C 和 J_C。

（2）关于试样尺寸　对 CTOD 试样，采用结构所用材料全厚来进行试验，在没有必要用全厚或有困难的情况下，可用厚度至少 5mm 的试样进行试验；CTOD 三点弯曲试样宽度与厚度之比 $W/B=1.0\sim4.0$，推荐 $W/B=2.0$，加载跨度 $S\geqslant4.6W$，平均裂纹长度 $a=(0.45\sim0.70)W$。$W/B=2$，$a_0/W=0.5\sim0.75$。也可采用为其他值的试样，只要满足 $B>25J_{IC}/R_{p0.2}$ 的要求即可。对无法估计 J_{IC} 值的情况，建议中低强度钢选用 $B=20$mm，铝、钛合金选用 $B=15$mm。

（3）CTOD 的计算公式　三点弯曲试样受载时，绘制 F-V 曲线，如图 7-132 所示。原始裂纹尖端张开位移计算式如下：

$$\delta=\delta_e+\delta_p=\frac{K_I^2(1-\nu^2)}{2R_{eL}E}+\frac{r_p(W-a)V_p}{r_p(W-a)+a+z} \tag{7-84}$$

式中　δ_e——δ 的弹性部分；

δ_p——δ 的塑性部分。

$$K_I=Y\frac{F}{BW^{\frac{1}{2}}}$$

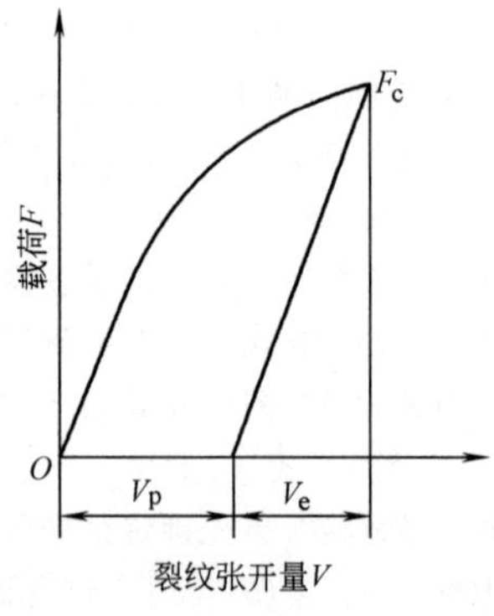

图 7-132　CTOD 试验的 F-V 曲线

δ_p 部分可以从图 7-133 所示的相似三角形关系推导，其中 r_p 为转动因子，$r_p=0.45$ 或实测。

（4）计算 J 的公式　三点弯曲试样受载时，绘制载荷 F-施力点垂直位移 Δ 曲线（见图 7-134），曲线下面积为变形能量 U，F-Δ 曲线可用下式表示：

$$F=\varphi(\Delta)\delta(W-a)^2 \tag{7-85}$$

积分得 U，再对 a 微分得

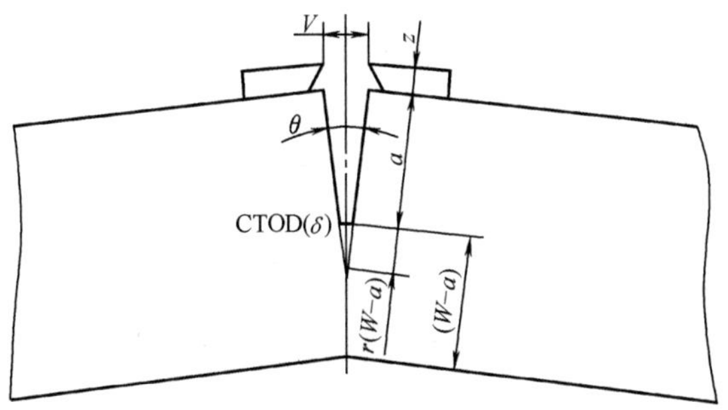

图 7-133　δ_p 推导示意图

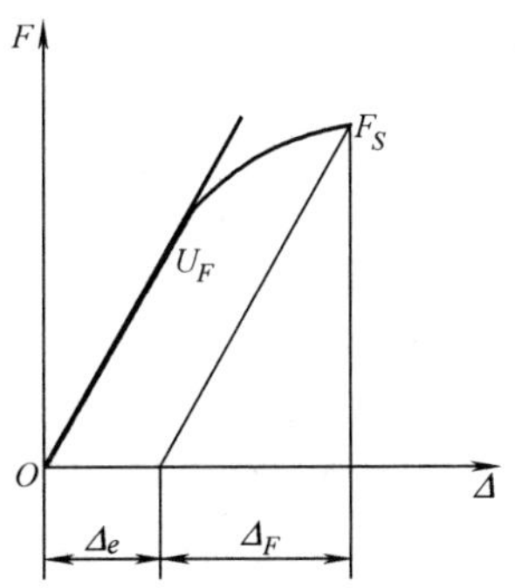

图 7-134　J 试验 F-Δ 曲线

$$J = -\frac{1}{\delta}\left(\frac{\partial U}{\partial a}\right)_{\Delta} = \frac{2U}{\delta(W-a)} \qquad (7\text{-}86)$$

这样，就可用单一试样求 J。

曲线下面积可分为弹性部分和塑性部分，即

$$J = J_e + J_p = \frac{1-\nu^2}{E}\left[\frac{P_s}{\delta W^{\frac{1}{2}}}Y\left(\frac{a}{W}\right)\right]^2 + \frac{2U}{\delta(W-a)} \qquad (7\text{-}87)$$

（5）关于开裂点及 J_i、δ_i 的测量　试验过程中，在 X-Y 记录仪上绘出 F-V（对 CTOD 测量）或 F-Δ（对 J 测量）曲线后，要在曲线上确定与预制裂纹开裂点相对应的 δ_i 或 J_i。可采用阻力曲线方法进行开裂点的测量，也可用声发射、电位法和柔度法等物理检测方法。阻力曲线法的原理是用多个试样预制疲劳裂纹后进行断裂试验。

如图 7-135 所示，对试样加载到一定程度（如 F_1）时，停机卸载并取下试样，然后将试样进行二次疲劳，再次制造疲劳裂纹，最后将试样压断。测量试验前预制的疲劳裂纹与试验后二次疲劳裂纹之间的间距，即加载到 1 点裂纹开裂的宽度 Δa_1 如图 7-136 所示。依 F-V（对 CTOD）或 F-Δ（对 J）和 Δa_1 计算 δ_1 或 J_1。

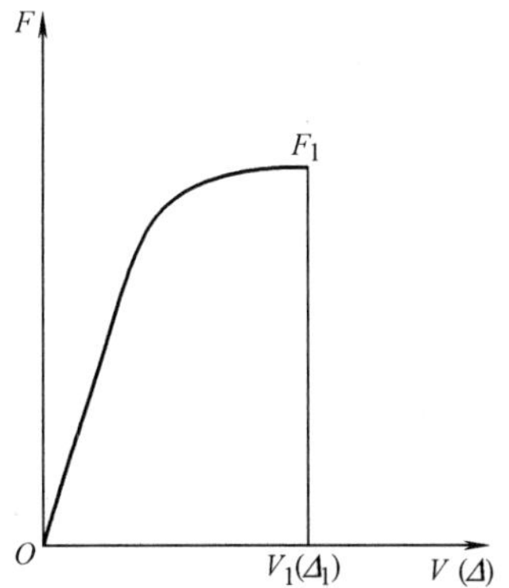

图 7-135　J、δ 试验时，加载到某点 F_1，停机卸载

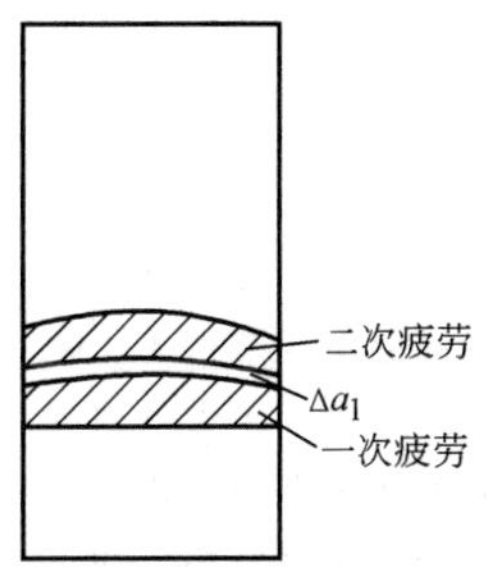

图 7-136　测量裂纹开裂宽度

同样再用另外的试样，得到 J_2、J_3、J_4（δ_2、δ_3、δ_4）等，并测得相应的 Δa_2、Δa_3、Δa_4 等。将这些数据绘在 J（δ）-Δa 坐标中（见图 7-137），连成曲线外推到裂纹起裂处，就得到裂纹起裂的 J_i 或 δ_i。曲线外推以确定 J_i 和 δ_i 时，要注意到试样受载时，由于裂纹尖端钝化，裂纹尖端已向前扩展了 Δa，故外推时应将其扣除。

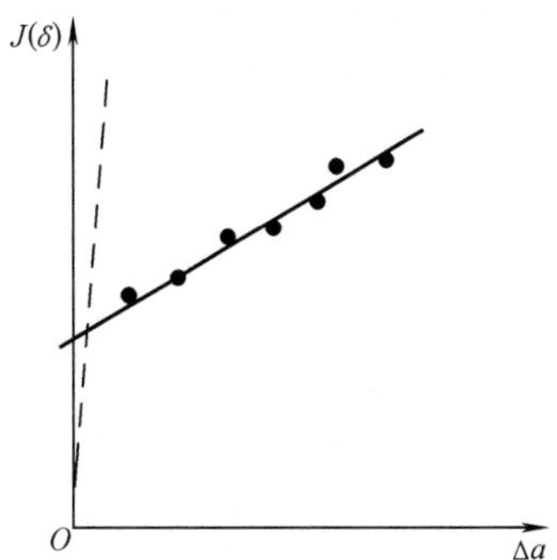

图 7-137　数据点外推以确定 J_i 或 δ_i

CTOD 相关的几个特征值：

1）条件起裂 CTOD 值 δ_i：回归曲线上与 $\Delta a = 0.2\text{mm}$ 所对应的 CTOD 值。

2）表观起裂 CTOD 值 $\delta_{0.05}$：回归曲线上与 Δa=0.05mm 所对应的 CTOD 值。

3）脆性起裂 CTOD 值 δ_C：稳定裂纹扩展量 Δa<0.2mm 脆性失稳断裂点或突进点所对应的 CTOD 值。

4）脆性失稳 CTOD 值 δ_u：稳定裂纹扩展量 Δa>0.2mm 脆性失稳断裂点或突进点所对应的 CTOD 值。

5）最大载荷 CTOD 值 δ_m。

J 有两个特征值：

1）表观起裂韧度 J_i：回归曲线与钝化线交点相应的 J 值。

2）延性断裂韧度 J_{IC}：平行于钝化线做偏置 0.2mm 的偏置线，偏置线与回归曲线交点相应的 J 值，如果符合标准规定的有效性，即为延性断裂韧度 J_{IC}。

7.8　高温力学性能试验

金属材料在高温下的力学性能与室温下有很大不同，影响因素比室温下复杂得多。室温下材料的力学性能与载荷保持时间关系不大，但是高温下材料的性能与时间有很大关系。高温下金属材料的组织可能发生变化，从而使性能也发生明显变化。随着温度的升高，材料受环境介质的腐蚀作用加剧，也影响了材料性能。

金属材料的高温力学性能主要包括高温蠕变、松弛、高温疲劳、高温短时拉伸性能及高温硬度等。

7.8.1　高温蠕变

1. 蠕变现象

金属在一定温度和一定应力作用下，随着时间的增加，塑性变形缓慢地增加的现象称为蠕变。

图 7-138 所示为典型的蠕变曲线（ε-t 曲线），它可划分为三个区域（或三个阶段）。

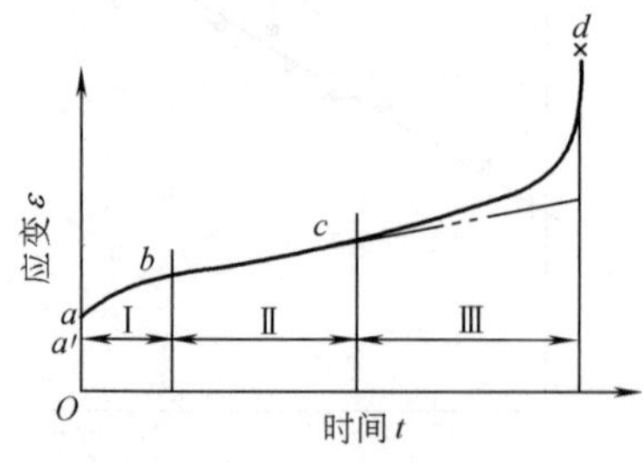

图 7-138　典型的蠕变曲线

区域Ⅰ（ab）为第一阶段，是减速蠕变阶段。加载后蠕变速度（$\dot{\varepsilon}=\mathrm{d}\varepsilon/\mathrm{d}t$）逐渐减少，如图 7-139 所示。

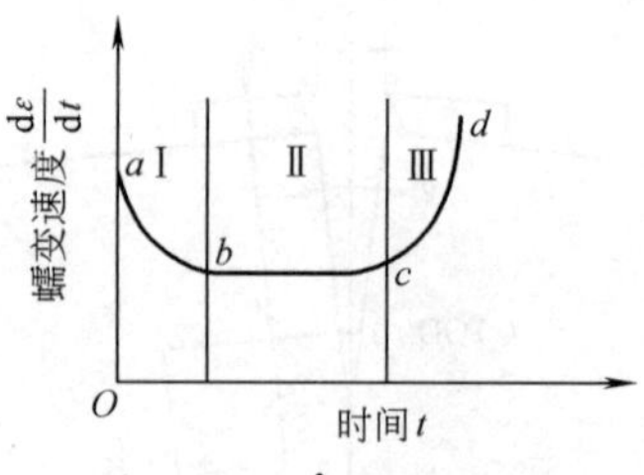

图 7-139　$\dot{\varepsilon}$-t 关系曲线

区域Ⅱ（bc）即第二阶段，是恒速蠕变阶段。这一阶段应变速度几乎恒定，相对Ⅰ、Ⅲ阶段而言，此时蠕变速度最小。通常所说的蠕变速度都是指恒速蠕变阶段速度。

区域Ⅲ（cd）即第三阶段，是加速蠕变阶段。当变形达到 c 以后，蠕变速度迅速增加，达到 d 时试样断裂。

当在恒定温度下改变应力或在恒定应力下改变温度时，所得的蠕变曲线（见图 7-140、图 7-141）都保持这三个阶段。但当应力较小或温度较低时，则其第二阶段（即等速蠕变阶段）可以延续得很长；相反当应力较大或温度较高时，则第二阶段可能很短甚至消失，这时蠕变就只有第一、第三阶段，试样将在短时间内断裂。

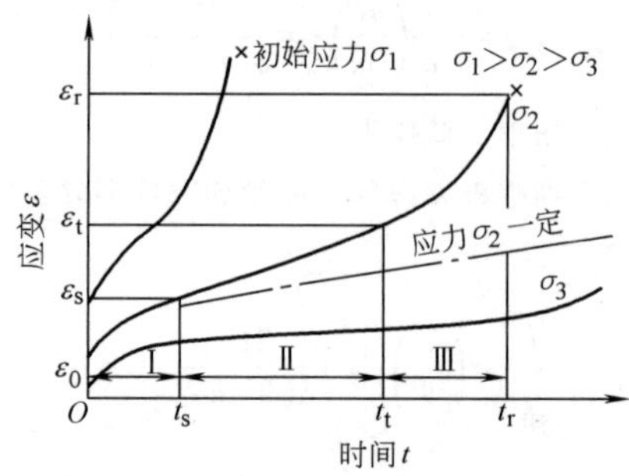

图 7-140　应力对蠕变曲线的影响（温度一定）

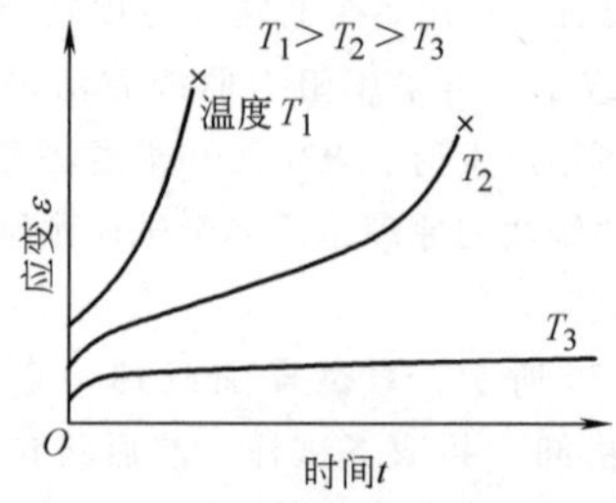

图 7-141　温度对蠕变曲线的影响

［载荷（初始应力）一定］

蠕变曲线所表示的 ε-t 关系常采用下式表示：

$$\varepsilon=\varepsilon_0+\beta t^n+kt \tag{7-88}$$

右边第一项是瞬时应变，包括起始弹性和塑性形变

（这个值随加载方法、形变的测定方法和精度等的不同，可能带来不同的误差），第二项是减速蠕变引起的应变，第三项是恒速蠕变引起的应变。

将式（7-88）对时间求导，则得

$$\dot{\varepsilon}=\beta n t^{n-1}+k \tag{7-89}$$

式中，n 为小于 1 的正数。

当 t 很小时，右边第一项起决定作用。随着时间增加，应变速度逐渐减小，它表示第一阶段蠕变。当时间继续增大时，第二项开始起主要作用，此时应变速度接近恒定值，即表示第二阶段蠕变。

2. 蠕变极限及其测定方法

材料的蠕变极限是根据蠕变曲线来确定的。确定蠕变极限有两种方法。第一种方法：在一定温度下，当蠕变第二阶段内的蠕变速度恰好等于某一规定值时，把对应的应力值定义为条件蠕变极限。为了清楚起见，把这种条件下的蠕变极限记为 $\sigma_{\dot{\varepsilon}}^{T}$（MPa）[其中 T 表示试验温度（℃），$\dot{\varepsilon}$ 为第二阶段的蠕变速度（%/h）]，例如 $\sigma_{1\times10^{-5}}^{600}=60\text{MPa}$ 表示温度为 600℃，蠕变速度为 1×10^{-5}%/h 条件下的蠕变极限。第二种方法为：在一定温度下，在规定的时间内，恰好产生某一允许的总变形量，把对应的应力值定义为条件蠕变极限，这种条件下的蠕变极限记为 $\sigma_{\delta/t}^{T}$（MPa）[其中 δ/t 表示在规定时间 t 内，使试样产生蠕变变形量 δ（%）]，例如 $\delta_{1/10^5}^{500}=10\text{MPa}$ 表示材料在 500℃温度下，10 万 h 后变形量为 1% 的蠕变极限为 10MPa。

这种条件蠕变极限可以这样来确定：首先在一定温度 T_1、恒定应力 σ_1 下做蠕变试验（见图 7-140）。这时无须花费很多时间做出整条蠕变曲线，只须进行到蠕变第二阶段若干时间后，便可从 σ-ε-t 曲线上确定此时的第二阶段的平均蠕变速度 $\dot{\varepsilon}_1$。同样若保持温度 T_1 而改变应力为 σ_2，便可得 $\dot{\varepsilon}_2$……这样可得到 T_1 温度下与一系列不同应力 σ 相应的 $\dot{\varepsilon}$，可做出图 7-142 所示的 $\lg\sigma$-$\lg\dot{\varepsilon}$ 曲线。因在双对数坐标上表现为一直线，故该曲线可用下述经验公式表示：

$$\dot{\varepsilon}=a\sigma^{b} \tag{7-90}$$

式中　a、b——与试验温度、材料及试验条件有关的常数。

如果在动力工程中（如燃气轮机、电站等）规定，在 T_1 温度下 $\dot{\varepsilon}_e=10^{-6}$%/h，则根据 $\dot{\varepsilon}_e$，在 $\lg\sigma$-$\lg\dot{\varepsilon}$ 直线上很容易确定 T_1 温度的蠕变极限 σ_e。

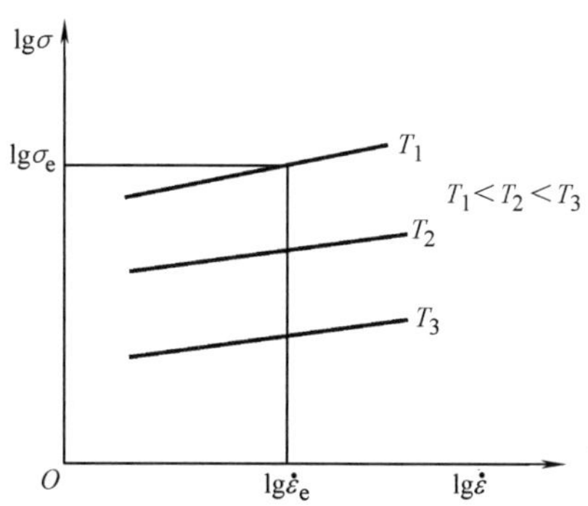

图 7-142　不同温度下 $\lg\sigma$-$\lg\dot{\varepsilon}$ 曲线

另外，根据 $\lg\sigma$-$\lg\dot{\varepsilon}$ 曲线的线性关系可以看出，在采用较大应力，用较短的时间做出几条蠕变曲线后，便可用外推法求出较小蠕变速度下的蠕变极限。这种方法有时并不可靠，使用时要谨慎。

各种 Cr-Mo 钢的蠕变强度随温度的变化曲线如图 7-143 所示。由该图可以看出，随温度升高，蠕变强度明显下降。

采用蠕变试验机测定蠕变极限，蠕变试验机的原理如图 7-144 所示。

3. 持久强度极限、持久塑性及其测定方法

（1）持久强度极限　蠕变极限以考虑变形为主，如汽轮机和燃气轮机叶片在长期运行中，只允许产生一定量的变形，在设计时必须考虑蠕变极限。持久强度极限主要考虑材料在高温长时间使用下的断裂抗力，对某些零件（如锅炉管道、喷气发动机等）的蠕变变形要求不严，但必须保证在使用时不破坏，这就要求用持久强度极限作为设计的主要依据。

持久强度极限是指试样在一定温度和规定的持续时间内，引起断裂的最大应力值，记作 σ_t^T（MPa）。例如 $\sigma_{1\times10^3}^{700}=300\text{MPa}$ 表示某材料在 700℃，经 1000h 后发生断裂的应力（即持久强度极限）为 300MPa。

锅炉、汽轮机等机组的设计寿命为数万至数十万小时。对于长寿命的持久强度极限，可以通过采用增大应力，缩短断裂时间的方法，根据经验公式外推到低应力长时间情况下材料的持久强度极限。下面简要叙述对数外推法。

应用较为普遍的经验公式：

$$t=A\sigma^{-B} \tag{7-91}$$

式中　A、B——与试验温度、材料有关的常数。

对式（7-91）取对数即得

$$\lg t=\lg A-B\lg\sigma \tag{7-92}$$

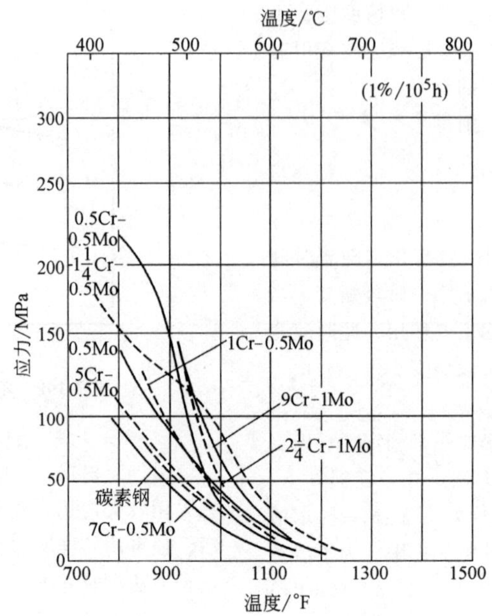

图 7-143　各种 Cr-Mo 钢的蠕变强度

注：图中各种 Cr-Mo 钢（美国锅炉耐热钢）的化学成分如下：

钢种	ASTM	化学成分(质量分数,%)						
		C	Si	Mn	P	S	Cr	Mo
0.5Mo	A204-A,B,C	≤0.28	0.15~0.40	≤0.9	≤0.35	≤0.040	—	0.45~0.60
0.5Cr-0.5Mo	A387-2	0.05~0.21	0.15~0.40	0.55~0.80	≤0.035	≤0.040	0.50~0.80	0.45~0.60
1Cr-0.5Mo	A387-12	0.05~0.17	0.15~0.40	0.40~0.65	≤0.035	≤0.040	0.8~1.15	0.45~0.60
$1\frac{1}{4}$Cr-0.5Mo	A387-11	0.05~0.17	0.5~0.8	0.40~0.65	≤0.035	≤0.040	1.00~1.50	0.45~0.65
$2\frac{1}{4}$Cr-1Mo	A387-22	0.05~0.15	≤0.50	0.30~0.60	≤0.035	≤0.035	2.00~2.50	0.90~1.10
5Cr-0.5Mo	A387-5	≤0.15	≤0.50	0.30~0.60	≤0.040	≤0.03	4.00~6.00	0.45~0.65
7Cr-0.5Mo	A387-7	≤0.15	≤1.00	0.30~0.60	≤0.030	≤0.030	6.00~8.00	0.45~0.65
9Cr-1Mo	A387-9	≤0.15	≤1.00	0.30~0.60	≤0.030	≤0.030	8.00~10.00	0.90~1.10

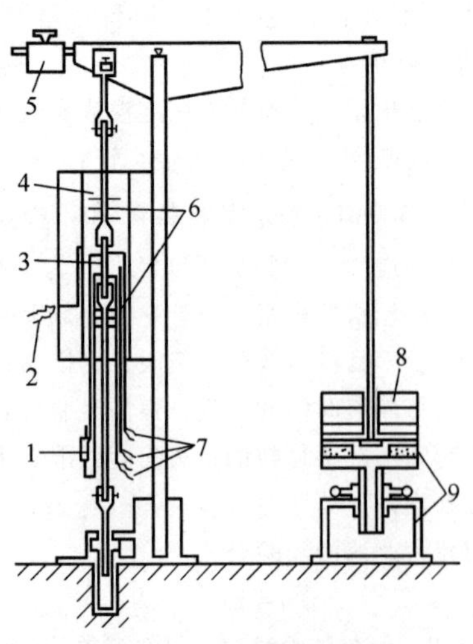

图 7-144　蠕变试验机的原理

1—引伸计　2—炉温控制用白金电阻丝　3—试片　4—电阻炉　5—平衡重锤　6—均热电风扇　7—热电偶　8—重锤　9—重锤支座

式（7-92）表明：断裂时间的对数值（$\lg t$）与应力的对数值（$\lg\sigma$）之间呈线性关系。根据式（7-92），可以从较短时间的试验数据外推出长时间的持久强度极限。通常用 4~8 根试样求出不同应力下的断裂时间，即可进行外推。

但必须注意，上述持久强度极限直接外推法是近似的，试验点并不完全符合线性关系。实际上是一条具有二次转折的曲线（见图 7-145）。对于不同的材料和试验温度，转折的位置和形状各不相同。这种转折与高温加载下钢中组织结构的变化有关。因此，用式（7-92）的线性方式只是近似的方法。对于某些组织不稳定的钢，其转折非常明显，直线外推法就可能带来较大的误差。

在做持久强度试验时，试验点的选取应充分反映曲线的全貌。若单纯选取转折前或转折后的试验点，就可能导致较大的误差。对于某些设计强度容量比较小的

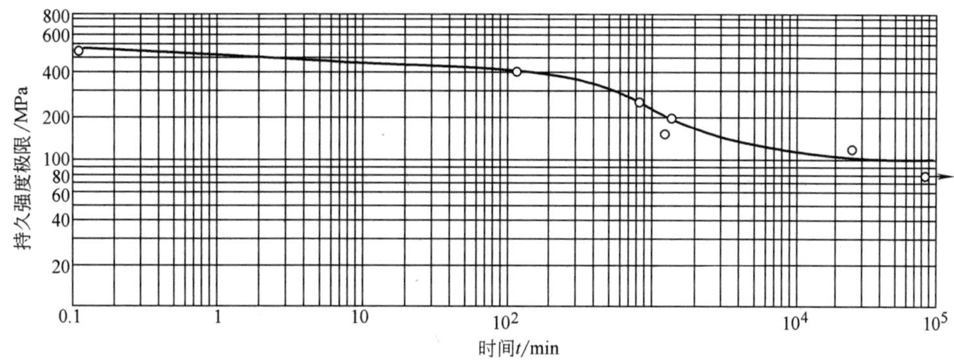

图 7-145　10CrMo910 钢 550℃的持久强度极限曲线

零部件，材料试验时间要适当长一些，例如尽可能做到曲线出现转折以后。若转折出现较迟，也应考虑安排一个甚至几个较长时间的试验点（如 1 万 h 以上）。

（2）持久塑性　持久塑性是在持久强度试验中，用试样在断裂后的伸长率和断面收缩率来表示的。它反映材料在高温长时间作用下的塑性性能，是衡量材料蠕变脆化的一个重要指标。很多材料在高温长时间工作后，伸长率大为降低，往往发生脆性断裂。由于它与缺口敏感性、低周疲劳及裂纹扩展抗力等有关，故近年来材料的持久塑性受到重视。一般要求持久塑性不小于 3%。

金属材料的持久强度与持久塑性的试验测定比较简单，无须测定变形过程中的伸长量，只要测定给定温度和应力下的断裂时间、断裂后的伸长率和断面收缩率。

4. 蠕变断裂机理

金属材料在长时高温载荷作用下的断裂，大多为沿晶断裂。实验观察表明，在不同的应力与温度条件下，晶界裂纹的形成方式有以下两种：

（1）在三晶粒交会处形成楔形裂纹　在高应力和较低温度下，由于晶界滑动在三晶粒交会处受阻，造成应力集中形成空洞，空洞互相连接便形成楔形裂纹。图 7-146 所示为 A、B、C 三晶粒交会处楔形裂纹形成示意图。

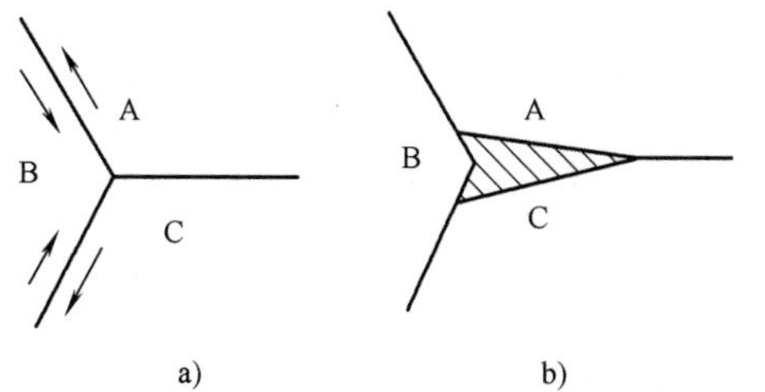

图 7-146　楔形裂纹形成示意图
a）晶界滑动　b）楔形裂纹形成

（2）在晶界上由空洞形成晶界裂纹　在较低应力和较高温度下产生裂纹，这种裂纹出现在晶界上的突起部位和细小的第二相质点附近，由于晶界滑动而形成空洞，如图 7-147 所示。图 7-147a 所示为晶界滑动与晶内滑移带在晶界上交割时形成的空洞；图 7-147b 所示为晶界上存在第二相质点时，当晶界滑动受阻而形成的空洞。这些空洞长大并连接，便形成裂纹。

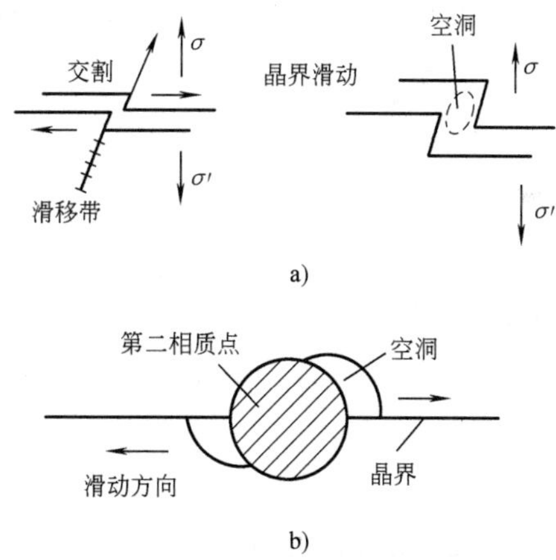

图 7-147　晶界滑动形成空洞示意图
a）晶界滑动与晶内滑移带交割形成的空洞
b）晶界上存在第二相质点形成的空洞

7.8.2　松弛稳定性

1. 应力松弛现象

动力机械中有许多零件，例如汽轮机和燃气机组合转子或法兰的紧固螺栓，高温下使用的弹簧、热压部件等，都是在应力松弛条件下工作的（见图 7-148）。所谓松弛是指零件或材料在高温下总形变不变，但其中所加的应力却随着时间增长而自发地逐渐下降的现象。

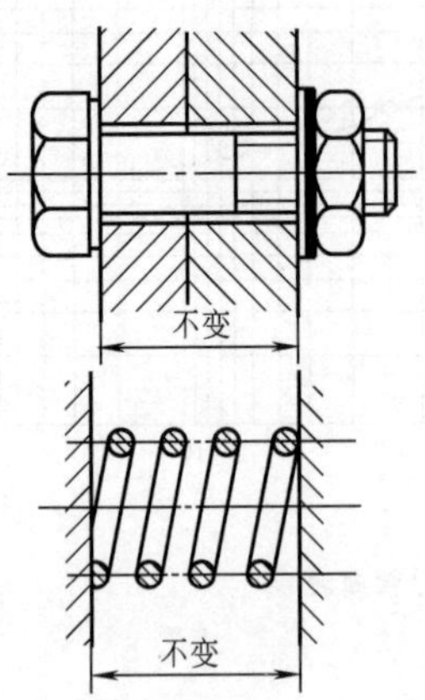

图 7-148　零件高温下使用产生应力松弛

金属材料的高温松弛也是由于蠕变现象引起的。在松弛的试验或工作条件下，总应变 ε_t（包括弹性应变 ε_e 和塑性应变 ε_p）是恒定的，即

$$\varepsilon_t = \varepsilon_e + \varepsilon_p = 常数 \tag{7-93}$$

在高温试验过程中，由于发生蠕变，塑性应变不断增大，则 ε_e 不断降低，随之应力 σ（$=E\varepsilon_e$）也不断降低。

若将蠕变与松弛过程进行比较，如图 7-149 所示，就能搞清楚松弛现象。

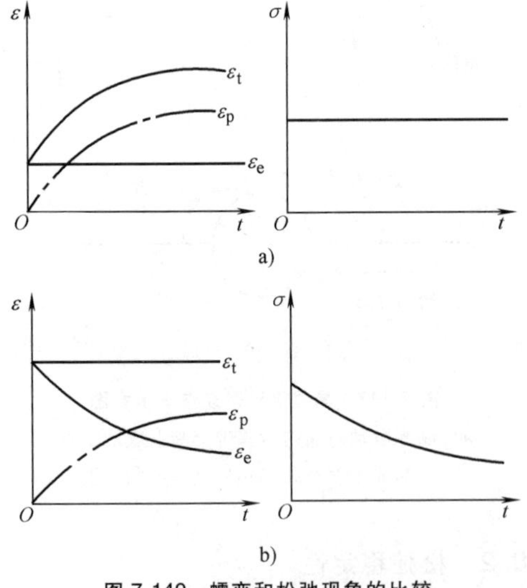

图 7-149　蠕变和松弛现象的比较

a）蠕变　b）松弛

蠕变时，应力保持不变，塑性形变和总形变随时间增长而增大。而松弛时，总形变不变，随时间增大，塑性变形不断地取代弹性形变，使弹性应力不断下降。虽然它们的表现形式不同，但两者在本质上并无区别，因此松弛现象可看作是一种在应力不断减少条件下的蠕变过程，或者说是在总应变量不变条件下的蠕变。蠕变抗力高的材料，应力松弛抗力一般也高，但不能从蠕变的数据直接推算出应力松弛的情况，因此一般蠕变并不能代替应力松弛。

2. 松弛稳定性指标及其测定方法

应力松弛过程可以通过应力松弛曲线来描写。在恒温和总应变恒定的条件下，测定应力时间的关系，可以得到如图 7-150 所示的 σ-t 曲线，这曲线称为应力松弛原始曲线。曲线第一阶段应力随时间急剧降低，第二阶段应力下降逐渐缓慢并趋于恒定。在第二阶段，σ-t 的关系可用下述经验公式来表示：

$$\sigma = \sigma_0' \exp(-t/t_0) \tag{7-94}$$

式中　σ——剩余应力；

σ_0'——第二阶段的初始应力；

t——松弛进行时间；

t_0——与材料有关的常数。

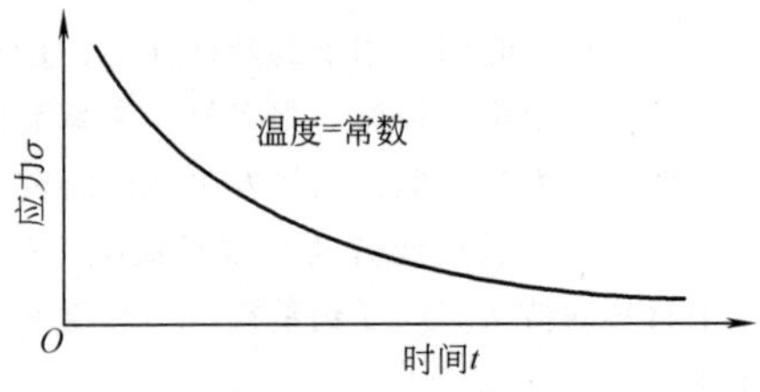

图 7-150　应力松弛原始曲线

若式（7-94）用 $\lg\sigma$-t 半对数坐标作图，则可得如图 7-151 所示的应力松弛曲线。图中明显划分为两个阶段，第二阶段为一直线。因此在第二阶段内，可以通过较短时间的试验后进行外推，从而求得较长时间的剩余应力。

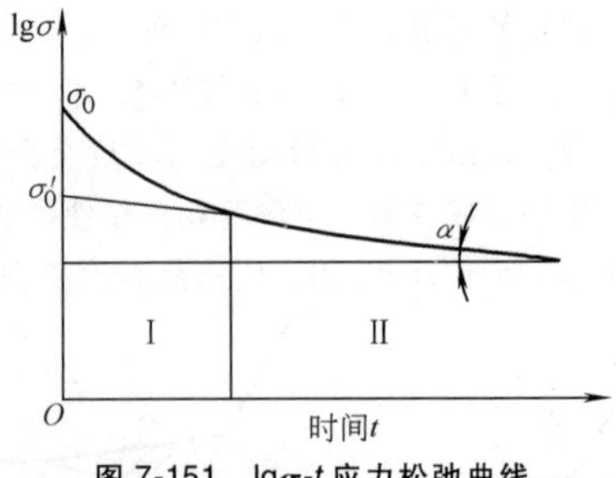

图 7-151　$\lg\sigma$-t 应力松弛曲线

材料抵抗应力松弛的能力称为松弛稳定性。松弛曲线第一阶段中的松弛应力，用 $s_0=\sigma_0'/\sigma_0$ 表示，其中 σ_0 为初应力，σ_0'可由松弛曲线的直线部分与纵坐标的交点来确定。材料第二阶段的松弛应力用 $t_0=1/\tan\alpha$ 表示。

显然，s_0、t_0 值越大，则材料的松弛稳定性越高。同样若式（7-94）用 σ-lg$t$ 半对数坐标表示（见图 7-152），则 σ_0 越大，应力下降速度也越大。经过长时间松弛后，剩余应力相当接近。

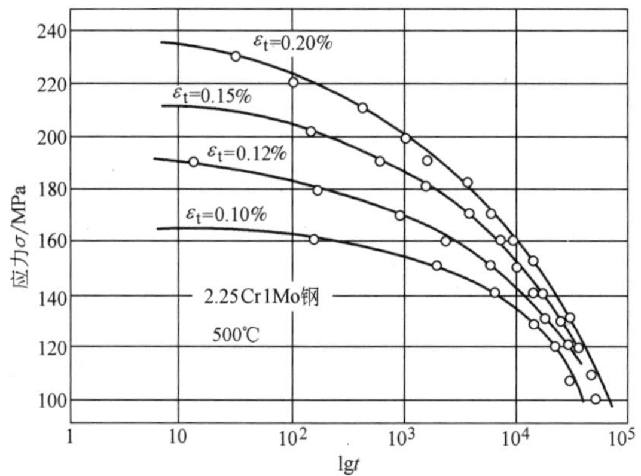

图 7-152　σ-lg$t$ 应力松弛曲线

由式（7-93）得

$$\varepsilon_p=\varepsilon_t-\varepsilon_e=\frac{\sigma_0}{E}-\frac{\sigma}{E}$$

$$\dot{\varepsilon}_p=-\frac{1}{E}\frac{d\sigma}{dt} \tag{7-95}$$

其中，应力下降率 $d\sigma/dt$ 由图 7-151 中曲线求出，代入式（7-95）便可得到 $\dot{\varepsilon}_p$与 σ 的关系（见图 7-153）。

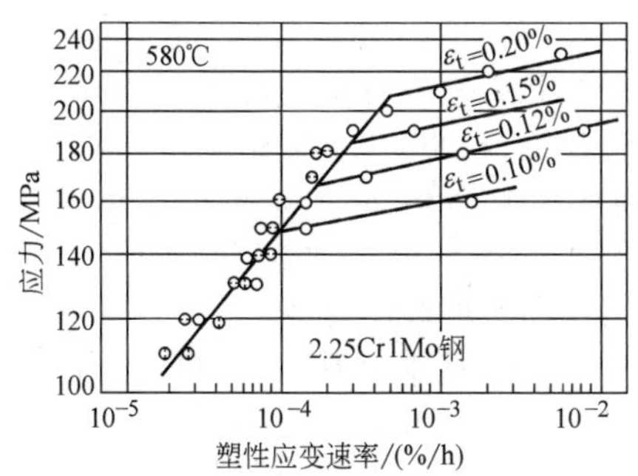

图 7-153　应力-塑性应变速率曲线

图 7-153 所示的曲线也表示应力松弛，它可以分为两个阶段。第一阶段的塑性应变速率 $\dot{\varepsilon}_p$同时取决于应力和塑性应变；而第二阶段几乎与应变没有关系，仅仅取决于应力。已知在蠕变第一阶段的应变速率也取决于应力和塑性应变，而蠕变第二阶段时仅仅取决于应力。这表明应力松弛的第一、第二阶段与蠕变的第一、第二阶段相似的关系。

应力松弛试验若在应力、应变均能自动控制的电子拉伸机上进行，则十分简单（见图 7-154）。一定的温度环境通过电阻炉加热实现；应力、应变通过载荷传感器和引伸机与电子控制系统来实现。可以用引伸仪监控试样标距长度，使其恒定不变。当长度发生变化时，应力便会自动降低，使其标距又回到原来的长度，并能自动记录 σ-t 曲线。

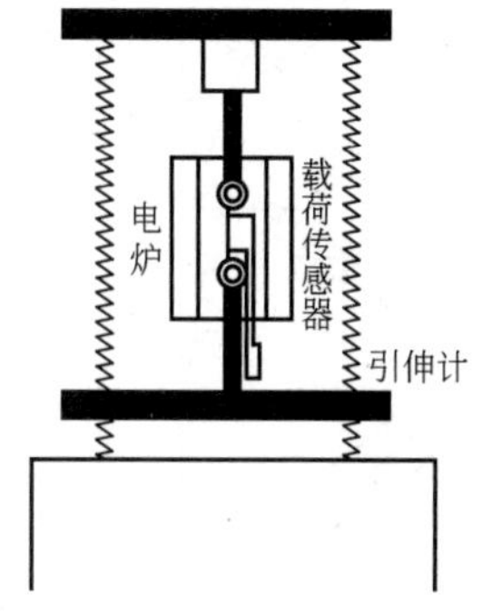

图 7-154　松弛试验

如果没有上述试验机，可采用一般蠕变试验机进行降压法试验（也称 Kobinson 法），如图 7-155 所示。首先施加初始压力，使总应变 ε_t 达到预定的数值之后，适当地减少应力（设为 σ_1），进行恒应力 σ_1 下的蠕变试验。当总应变又达到 ε_t 之后，再重复上述过程，分成不同的应力阶段（σ_1、σ_2、σ_3 等）进行松弛试验。试验表明，这种方法在实用上是可靠的。

也可以采用环形试样进行应力松弛试验，其试样的形状和尺寸如图 7-156 所示。施加载荷时只需将楔子（K）插入开口 C 中即可。由两个偏心圆所形成的试样工作部分（BAB）与等弯矩梁的形状相当，而与间隙相毗邻的非工作部分（BCB）仅为传递外加力矩之用。为了保证刚性，这部分截面较大，以致可将其弹性忽略不计。借助金刚石压锥在试样非工作部分刻出的标记，仔细测量环形试样开口宽度，插入楔子，将试样放入炉中加热，经一定时间后取出冷却并将楔子拿出，然后重新测量开口的宽度。

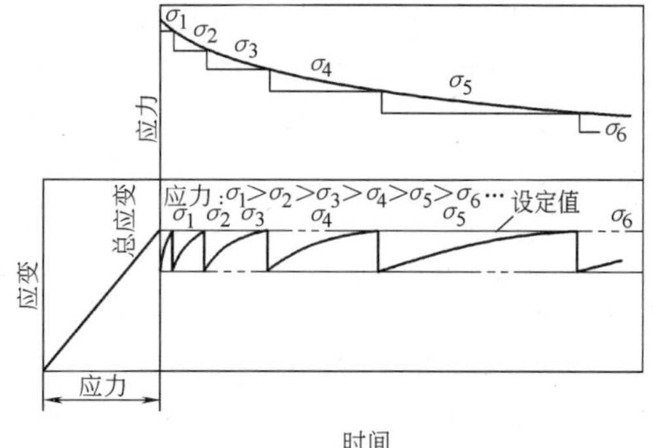

图 7-155　降压法试验的原理

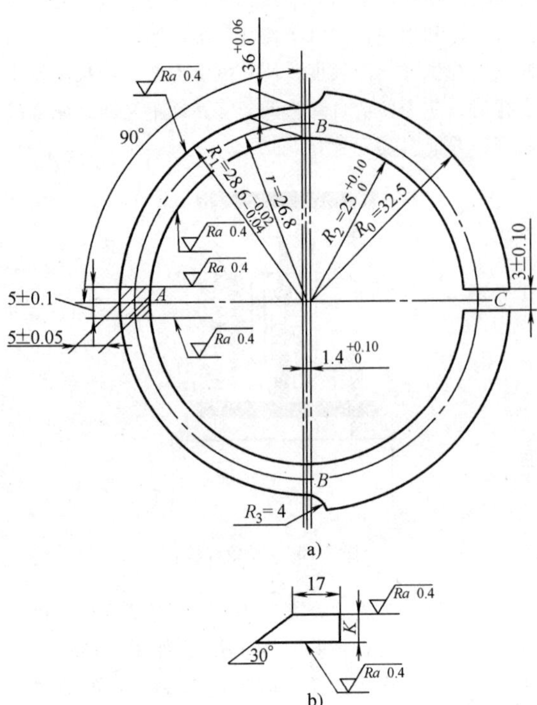

图 7-156　应力松弛试验用环形试样

a）试样　b）楔子

由于试样工作部分塑性变形的增加，开口宽度随时间而增大。按照开口尺寸的改变可以计算应力大小并绘制应力-时间关系曲线。

环形试样加载应力 σ 为

$$\sigma = AE\Delta \tag{7-96}$$

式中　A——系数，对于上述形状尺寸的试样，其数值为 0.000583/mm；

E——试验温度下材料的弹性模量；

Δ——$\Delta = c_2 - c_1$，其中 c_1 为试样间隙原有宽度，随试验时间的延长而逐渐增大，c_2 为楔子插入后的宽度，为一定数。

图 7-157 所示为各种材料经 1000h，总应变约为 0.2%的应力松弛曲线，可供设计参考。

7.8.3　其他高温力学性能

1. 高温短时拉伸性能

评定耐热材料的力学性能时，虽然短时拉伸性能不如蠕变极限和持久强度极限重要，但是如果工作时间很短（例如火箭、导弹中的某些零件），或零件工作温度不高（在 400℃以下使用的钢铁材料），且蠕变现象并不起决定作用，以及检查材料的热塑性等情况时，短时高温拉伸性能有重要的意义。

简单的高温拉伸试验可在普通的拉伸试验机上进行，只需附加加热与测量装置和耐高温的试样夹具及引伸计，即可测定高温的抗拉强度、屈服强度、弹性模量、伸长率和断面收缩率等拉伸性能指标。但高温短时拉伸时，试验温度和载荷持续的时间或拉伸速度对性能有显著影响，特别是加载速度和载荷持续时间及温度波动（例如±5℃）的影响更大。一般高温下的加载时间和持续时间比常温下要长。常温拉伸试验的加载速度通常为 5～10MPa/s，高温短时拉伸加载速度较慢，一般为 2.5～3MPa/s。高温加载持续时间一般以 20～30min 为宜，否则会带来较大误差。

2. 高温硬度

高温硬度用于衡量材料在高温下抵抗塑性变形的能力。对于高温轴承以及某些在高温下工作的工模具材料，高温硬度是重要的质量指标。随着高温合金的开发，特别是高温陶瓷材料的开发，这方面的知识已获得广泛的应用。

高温硬度试验首先遇到的是压头问题。压头的必要条件是在高温下仍能保持足够的硬度并十分稳定，与试样不发生化学反应等。

一般布氏硬度试验采用耐热钢、硬质合金或特殊陶瓷材料制成的压头。

金刚石压头虽经常使用，但必须注意，因被测试样种类的不同，不能应用的场合也不少。例如，600℃附近与钢材发生反应，1000℃时与纯铁发生黏着，在 900℃反复试验几十次后压头便变钝损坏，在 850℃以上易与 Ti 和 Cr 发生化学反应等。

金属试样常用蓝宝石压头，另外作为压头材料的还有 B_4C、SiC 等陶瓷材料。对一部分陶瓷材料，若不发生反应，有时甚至可以在 1500℃使用。

高温硬度测定还必须注意防止氧化脱碳，必须在真空和不活泼气体（如氩、氮等）中进行，但这时要注意与大气压不同带来的影响。另外，用压痕法试验时，在高温下打压痕，冷却至室温测定压痕对角线时，要注意冷却时有没有发生相变，如果发生相变则该法就不能应用。

高温硬度值随载荷保持的时间而变化，保持时间越短，硬度值越高，因此必须在规定时间内进行测定。压头的加载速度一般为 10mm/(15～20s)，炉子加热速度在 10℃/min 以下。达到硬度测定温度后，保持 2～3min 再开始测量。图 7-158 所示高温显微硬度计的试验温度可高达 1600℃，试验力为 500～5000mN。

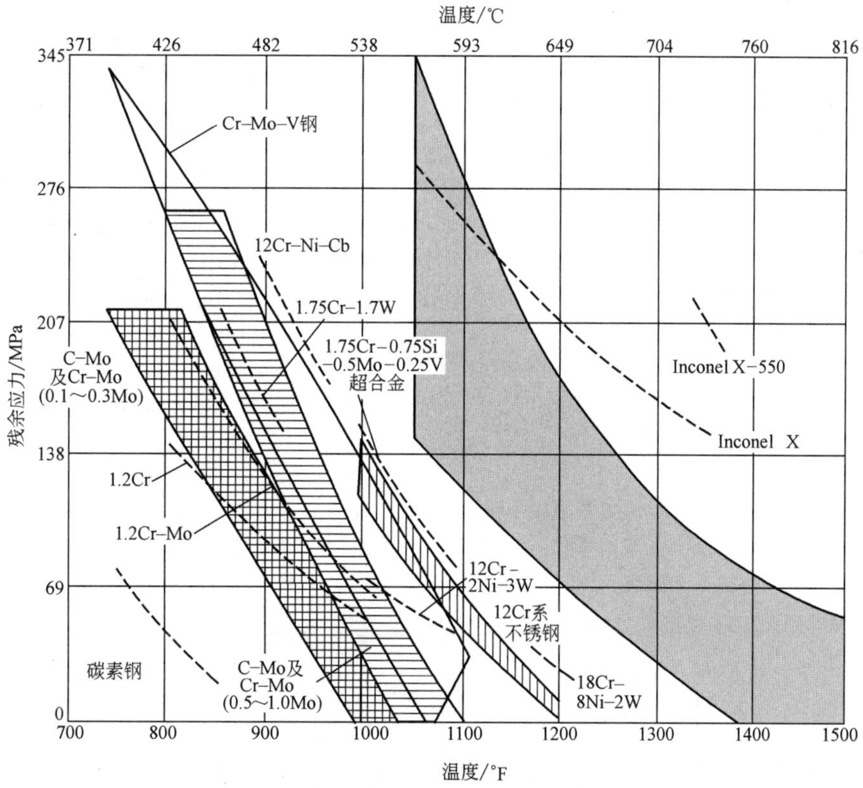

图 7-157　各种材料经 1000h 总应变约为 0.2%的应力松弛曲线

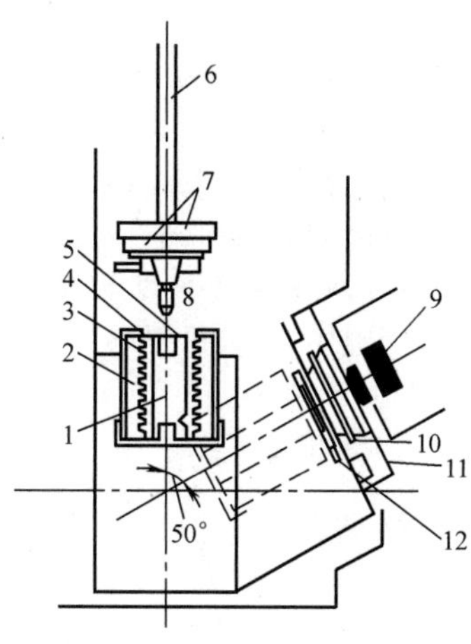

图 7-158　高温显微硬度计

1—试样台　2—电阻炉　3—发热体　4—试样　5—热电偶　6—压头轴　7—砝码　8—压头　9—显微镜　10—玻璃　11—观察用窗　12—快门

3. 高温疲劳、蠕变与疲劳交互作用

在高温、高压下工作的许多动力机械，并不是仅仅受到静载荷作用，而是在交变应力作用下失效的，高温疲劳性能对这些机械零件的设计来说是十分重要的。

金属材料的高温疲劳与常温下的疲劳有其相似之处，也是由裂纹萌生、扩展和最终断裂三个过程组成。裂纹顶端的非弹性应变对上述行为起着决定作用。但是，高温下的疲劳行为有其特殊性，必须考虑高温、时间、环境气氛和疲劳过程中金属组织变化等因素的综合作用，因此它比常温疲劳复杂得多。

（1）温度的影响　一般情况下，随着温度升高，材料的疲劳强度下降。在室温时疲劳曲线上有一水平部分，但在高温下不出现水平部分，疲劳强度不断下降。图 7-159 所示为 GH32［非标牌号，主要化学成分（质量分数）：Cr20.5%～23.0%，Fe17%～20%，Mo8.0%～12.0%，Ni 余量］镍基高温合金在不同温度下的疲劳曲线。在高温时，由于合金组织弱化，疲劳曲线在低应力部分更剧烈地下降，所以在高温下只存在条件疲劳极限。

随着温度升高，在疲劳中蠕变的成分逐步增加，这时必须同时考虑疲劳和蠕变的作用。如图 7-160 所

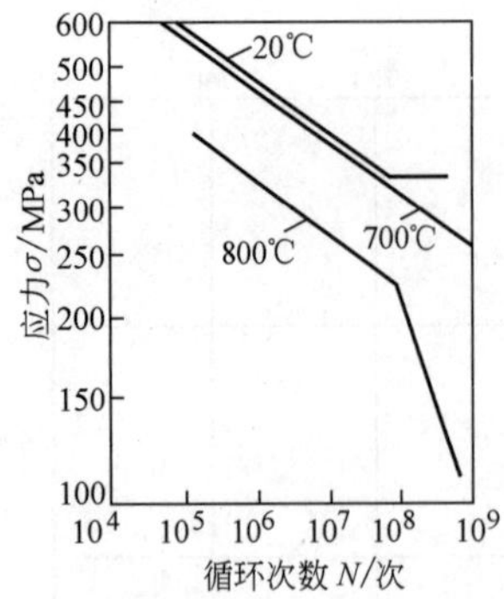

图 7-159　GH32 镍基高温合金在不同温度下的疲劳曲线

示，随温度升高，疲劳强度的下降比持久强度下降得慢，所以它们产生一交点，低于交点的零件以疲劳破坏为主；高于交点的零件以持久断裂为主。不同材料有不同的交点温度。

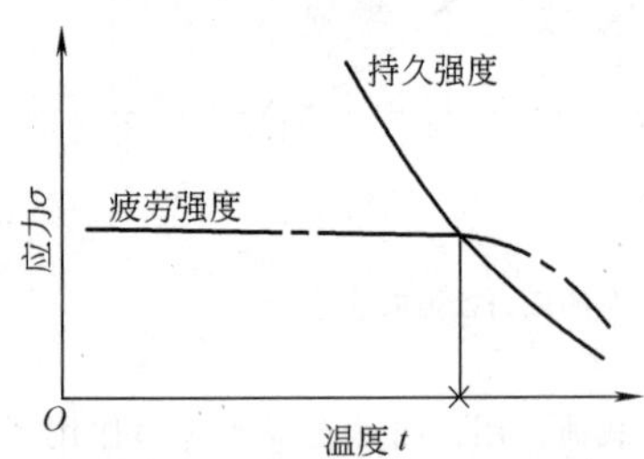

图 7-160　疲劳强度和持久强度的关系

（2）时间的影响　时间的影响包括循环速度（频率）v、应变速度 $\dot{\varepsilon}$、应力和应变波形等。一般在高温下，频率的变化会大大影响裂纹的萌生和扩展的循环周次。图 7-161 所示为频率与温度对不同滑移材料疲劳寿命的影响。

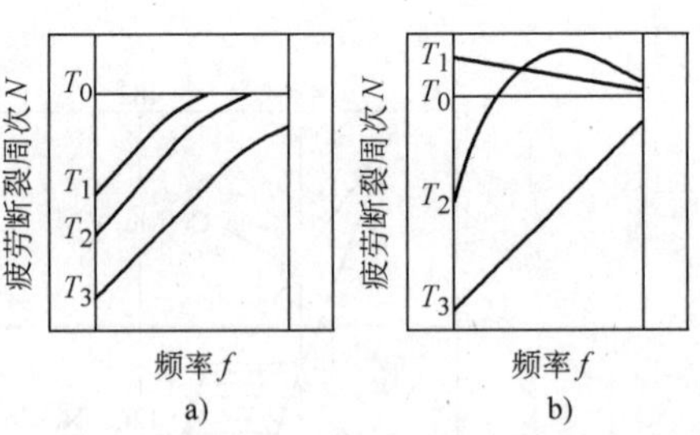

图 7-161　频率与温度对不同滑移材料疲劳寿命的影响（$T_3>T_2>T_1>T_0$）

a）波纹状滑移材料（如低碳钢、镍、铝等）

b）平面状滑移材料（如不锈钢、镍基高温合金、钛等）

图 7-162 所示为加载波形和保持时间对疲劳寿命的影响。由该图可见，在循环拉伸侧保持一段时间，使疲劳寿命下降。实际上，如果要综合考虑温度、时间对高温疲劳的影响，必须同时考虑蠕变与疲劳两者以及它们之间的相互作用，即由两者的综合作用引起的构件失效。

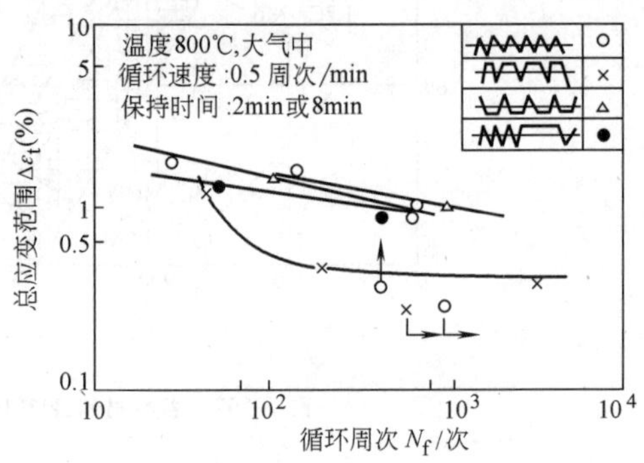

图 7-162　加载波形和保持时间对疲劳寿命的影响

（3）蠕变与高温疲劳的交互作用　在高温下工作的许多实际工程构件，如燃气轮机、核反应堆零部件、化学高温容器等，在工作时虽承受了循环应力或循环应变载荷的作用，但设计时不能仅单一地按疲劳或蠕变的设计准则，必须考虑两者的交互作用。

蠕变与疲劳的相互作用，目前已提出许多理论，如线性损伤累积理论、应变分区理论、塑性耗竭理论等。下面简单介绍线性损伤累积理论。该理论认为：蠕变引起的损伤 ϕ_c 与疲劳引起的损伤 ϕ_f 是独立的，两种损伤可以相互叠加（$\phi_f+\phi_c$），当它们达到材料允许极限损伤 ϕ_r 时，材料便失效。因此设计准则为

$$\phi_f+\phi_c\leqslant\phi_r \tag{7-97}$$

该式可进一步表示为

$$\sum_{i=1}^{p}\left(\frac{n}{N_d}\right)_i+\sum_{k=1}^{q}\left(\frac{t}{T_d}\right)_k\leqslant\phi_r \tag{7-98}$$

式中　N_d 和 T_d——允许的循环次数和允许的蠕变断裂时间；

n——实际循环次数；

t——实际蠕变时间。

式（7-98）是 Palmgrem-Miner 经典损伤法则的表达式。

7.9　双轴拉伸试验

对于薄板材料经常处于双向或多向加载状态下，仅仅依靠单向拉伸试验所进行的力学研究无法满足解决实际问题的需求。因此，为了准确研究这些材料的变形行为，研究材料在不同加载比例下的双向拉伸性能是很有必要的。由于双向拉伸试验与单向拉伸试验相比能更准确地反映复杂载荷条件下的材料性能，所以目前定量评价材料在大载荷平面应力作用下变形特征的方法多利用双轴试验设备对测定材料进行力学试验，获得试件双轴方向真实应力-应变曲线。

双轴拉伸试验有很多不同形式：基于单轴拉伸试验机法、冲模式双向拉伸法、薄膜凸胀法、压力容器法、拉扭组合法、平板双向拉伸法及十字形试样法等。

十字形试样法双轴拉伸试验如图 7-163 所示。由于可以施加双轴方向上的拉伸载荷，使试样中心处于直观的双轴应力状态，所以可以获得任意比例载荷的双轴应力状态。该试验方法是目前最常用的双轴拉伸试验方法，主要有“机械式”和“液压式”两大类。它可通过改变两轴的载荷比或位移比使中心区得到不同的应力状态，也能直接反映板壳的双向受力状态。

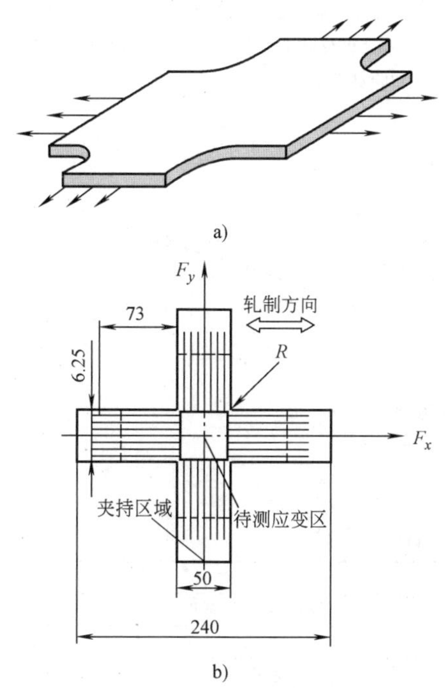

图 7-163　十字形试样法双轴拉伸试验

a）受力情况　b）十字形试样法

由于试验过程中采集的数据为十字臂两方向上的拉伸力和中心区的应变，因此为了使中心区的变形尽可能大，同时中心区应力的计算值更接近于实际情况，应对试件形状的选择及试件尺寸的优化进行研究。十字形试件的形状大致有臂上开缝型、圆角型、中心区减薄型、中心区减薄且开缝型等。

十字形试样安装在四个夹具中，四个伺服电动机输出动力，经由加载链中的各组成零部件传递，最终作用在十字形试样上。十字形试件受到两个正交方向的拉力，中心区域因平面应力影响产生形变，通过位移传感器与力传感器实时记录试件上的力与位移数值，获取相应试验数据。通过分析实验曲线与试验现象，研究试件在双向载荷下的材料力学性能。

其他的双轴试验方法也有各自的优点和特定应用对象，经过长期发展与总结对双轴拉伸试验方法提出了以下几项要求：

1）试样的均匀双轴应力区域要足够大（中心区域足够大）。

2）试件的失效位置应力分布均匀。

3）应力状态可以直接获得而无须另外测量。

4）双向应力中的任一应力分量可以独立控制。

7.10　纳米力学性能试验

当材料的几何外观尺寸减小至微纳米尺度时，其力学性能及内在机理往往会发生剧烈的改变，具有与块体材料截然不同的新机制与新性能。微纳尺度材料具有很小的物理尺寸，传统的测试和表征方法难以观察和测试其变形和损伤行为，因而许多纳米力学测试技术往往需要力学测试仪器配合显微镜进行测试。材料的纳米力学性能试验主要包括纳米压入试验、划痕试验、压缩试验、拉伸试验、弯曲试验等。

7.10.1　纳米压入试验

1. 纳米压入试验的特点与意义

纳米压入试验是随着材料测量特征尺度的不断减小而发展出的力学测试技术，纳米压入测试不仅能够测量材料的硬度，还可以测定其他力学性能参数，如弹性模量等。

2. 纳米压入试样

纳米压入试验适用于包括金属、陶瓷、高分子材料、生物材料、复合材料在内的众多材料，且对试样的尺寸和形状无特殊要求。试样尺寸以便于握持及测试操作为准，试样厚度应大于或等于压入深度的 10 倍或者压痕半径的 6 倍，两者取其较大者。测试涂层时，应将涂层厚度作为试样厚度来考虑。

因为测试过程中压入深度一般在纳米尺度，因此主要要求试样表面粗糙度值尽量低，为使试样测试面表面粗糙度对压入深度不确定度的影响小于5%，压入深度 h 应至少是表面粗糙度 Ra 的20倍。当压入深度小于或等于 0.2μm 时，很难满足这一要求。为了降低试验结果平均值的不确定度，可以增加试验次数。另外，在样品制备过程中抛光时应注意尽量减小试样表面变形层。最后测试表面应保证洁净。

3. 纳米压痕仪的校准

纳米压痕测试因为压入深度较浅，影响其结果的因素很多，因此仪器的校准非常重要。仪器在投入使用前，应采用检验和校准等方式，以确认其是否满足检测分析的要求。仪器在投入使用后，应有计划地实施校准和检验，以确认其是否满足检测分析的要求。纳米压痕仪的检验和校准方法包括仪器主要功能的直接校准方法、仪器整体性能评价的间接检验方法和仪器运行状态的常规检查方法。至少采用两种不同的试验载荷在一块已知材料参数的试样上进行试验。应采用合适的图表记录试验结果。如果结果超出该试样的正常重复性范围，应进行间接检验。

当常规检查结果不符合要求时，应按照制造商的仪器故障检修指南排查原因，然后重复进行常规检查。如果结果仍不符合要求，则仪器的常规检查失败。在进行任何系列试验之前，或者在每次系列试验之间周期性地（例如每天）进行常规检查。推荐每次系列试验之前和之后均进行常规检查。

4. 纳米压痕测定方法

纳米压痕试验是通过连续测量压入试验过程中的载荷和深度确定硬度和材料参数。试验过程可以是载荷控制（dF/dt 为常数）、压入深度控制（dh/dt 为常数）或者压入应变率控制［$(dh/dt)/h$ 为常数］。在整个试验过程中，可以记录载荷 F 及其对应的压入深度 h 和时间 t。

试验直接给出的是载荷随深度变化曲线——载荷-深度曲线，如图7-164所示，再通过载荷-位移曲线获得材料硬度、弹性模量随压痕深度变化的关系。图7-165所示为典型的压痕横截面。纳米压痕常用符号、名称和单位见表7-19。

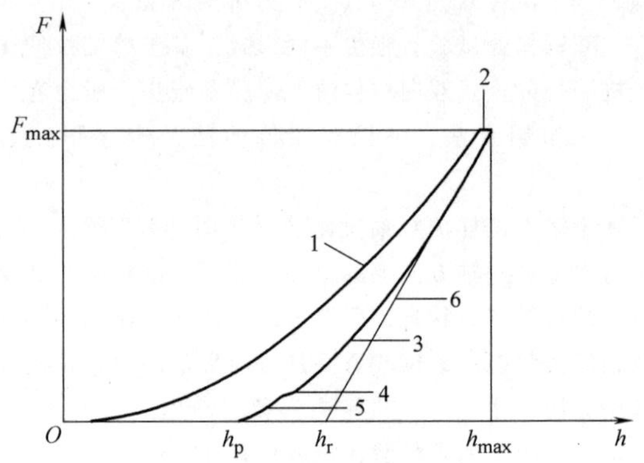

图7-164 载荷-深度曲线

1—施加加载 2—保持载荷 3—卸除载荷
4—卸除90%载荷后保持载荷并计算热漂移率
5—卸除载荷到零 6—曲线3在 F_{max} 处的切线
注：图中符号见表7-19。

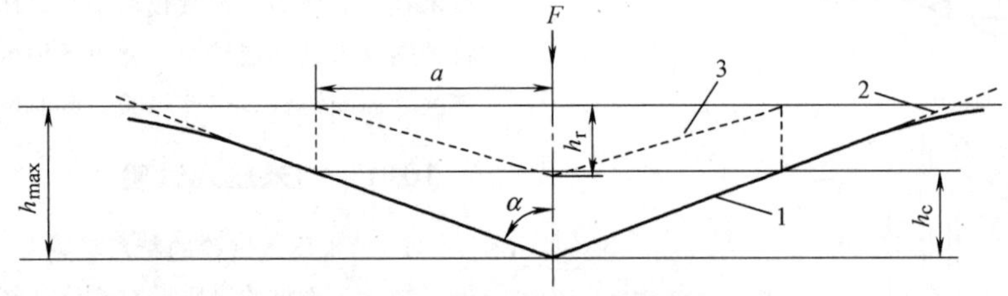

图7-165 典型的压痕横截面

1—接触面积 2—压头 3—残余压痕
注：图中符号见表7-19。

表7-19 纳米压痕常用符号、名称和单位

符号	名称	单位	符号	名称	单位
F	试验载荷	N	A_c	压头与试样的接触投影面积	nm^2
F_{max}	最大试验载荷	N	A_h	深度 h 处的压头表面	nm^2
h	试验载荷作用下的压入深度	nm	a	压头与试样的接触投影半径	nm
h_{max}	试验循环中的最大压入深度	nm	α	角度、压头形状特征角	(°)
h_c	压头与试样接触的深度	nm	R	球形压头半径	nm
h_p	卸载后残余压痕的深度	nm	S	接触刚度	N/nm
h_r	卸载曲线最大载荷处的切线与深度轴的交点	nm	t	相对于零点的时刻	s
			E_{IT}	压入模量	GPa

（续）

符号	名　　称	单位	符号	名　　称	单位
H_{IT}	压入硬度	GPa	W_u	卸载功	N·nm
HM	马氏硬度	GPa	η_{IT}	卸载功与压入总功的比值	%
HM_s	马氏硬度，由递增的载荷-深度曲线的斜率确定	GPa	C_{IT}	压入蠕变率	%
W_t	压入总功	N·nm	R_{IT}	压入松弛率	%

5. 纳米压痕测定力学性能指标

基于载荷-深度数据得到的力学性能指标包括：

（1）压入硬度　压入硬度 H_{IT} 定义为试验载荷 F 除以压头和试样接触的投影面积 A_c。

$$H_{IT}=\frac{F}{A_c} \tag{7-99}$$

（2）压入模量　压入模量 E_{IT} 按式（7-100）和式（7-101）计算。

$$E_{IT}=\frac{1-\nu_s^2}{\frac{1}{E_r}-\frac{1-\nu_i^2}{E_i}} \tag{7-100}$$

$$E_r=\frac{\sqrt{\pi}}{2\beta}\frac{S}{\sqrt{A_c}} \tag{7-101}$$

式中　E_r——压入折合模量；

E_i 和 ν_i——压头的弹性模量和泊松比，金刚石分别取 1140GPa 和 0.07；

ν_s——试样的泊松比；

β——与压头几何形状有关的常数，玻氏压头的 $\beta=1.034$，维氏压头的 $\beta=1.012$。

注意，E_{IT} 和 E_r 是不同的。在确定 E_{IT} 时，如果不知道 ν_s，可以参照公开发表的数据。

上述分析基于弹性接触理论，仅适用于材料的压入凹陷情况，这时的压入模量与弹性模量是可比的。如果材料是压入凸起的，压入模量和弹性模量可能有明显差异。

（3）压入蠕变率　压入蠕变率 C_{IT} 定义为保持载荷不变，测量压入深度随时间的变化。一般用深度的相对变化率表征材料的蠕变行为，见式（7-102）。

$$C_{IT}=\frac{h_2-h_1}{h_1}\times 100\% \tag{7-102}$$

式中　h_1——达到恒载荷 t_1 时刻的深度；

h_2——保持恒载荷结束 t_2 时刻的深度。

注意，蠕变数据可能受到热漂移的强烈影响。

（4）压入松弛率　压入松弛率 R_{IT} 定义为保持压入深度不变，测量载荷随时间的变化。一般用载荷的相对变化率表征材料的松弛行为，见式（7-103）。

$$R_{IT}=\frac{F_2-F_1}{F_1}\times 100\% \tag{7-103}$$

式中　F_1——达到恒定深度 t_1 时刻的载荷；

F_2——保持恒定深度结束 t_2 时刻的载荷。

6. 影响纳米压痕测定的因素

纳米压痕的结果除了受测试方法及参数控制的影响，还会受到测试仪器、样品状态、测试环境、材料性质等方面的影响，具体包括：

1）因为加工缺陷和使用磨损，实际压头的形状和理想压头的形状有一定的差异，因此在测试中需要准确地进行面积函数的校准。

2）样品表面粗糙度值大和存在残余应力，会导致硬度和模量测试数据分散，需要选择合适的抛光方法（机械抛光、电解抛光），仔细抛光。

3）测试环境，推荐温度为（23±5）℃，其波动小于 1℃，相对湿度为 45%±10%，试验时的热漂移速率小于或等于 0.05nm/s。试样温度、设备温度与环境温度尽量保持一致，且试验过程中保持温度湿度稳定。

7.10.2　纳米划痕试验

纳米划痕试验通过纳米划痕仪测量压头作用在试样表面上的法向力、切向力和划入深度随划入位置的连续变化过程，来研究材料摩擦磨损及变形性能。试验后通过测量划痕的深度、宽度、凸起高度等研究材料在接触压力和实际摩擦中的性能。该试验广泛用于各种薄膜材料、磁盘、光学镜头、电子设备屏幕等质量检测。

纳米划痕试验常用的压头形状为三棱锥和球锥。压头形状的轻微变化都会对纳米划痕试验的结果产生明显的影响，因此对压头形状的一致性要求很高。

7.10.3　纳米压缩试验

由于压缩试验应力状态较软（即最大切应力与

最大正应力的比值比拉伸大)，因此宏观压缩试验主要用于脆性材料或低塑性材料的评定。

但在微纳尺度材料力学性能试验中，柱体压缩法由于制样和测试相对简单而得到广泛的应用。纳米压缩的试验原理与纳米压痕试验类似，通过连续测量压缩试验过程中的载荷和位移，结合试样的尺寸得到材料的应力-应变曲线。压缩试验是拉伸试验的反向加载。因此，拉伸试验时所定义的各种性能指标和相应的计算公式对压缩试验都保持相同的形式。

1. 微纳尺度颗粒压缩试验

微纳尺度纳米颗粒由于其尺度小，光学显微镜无法对其进行清晰的观测，传统的力学性能试验手段也无法对其进行测试，可借助基于扫描电镜或透射电镜的纳米力学测试装置，通过平压头对其进行压缩试验，如图7-166所示。

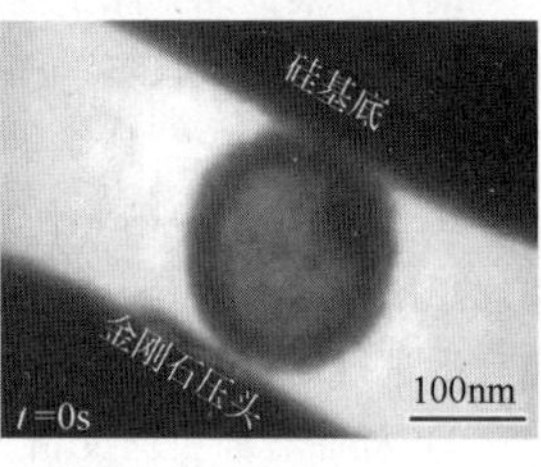

a)　　b)

图7-166　微纳尺度颗粒压缩试验

a）微纳尺度颗粒压缩试验示意图

b）微纳尺度颗粒压缩性能测试图

2. 微纳尺度柱体压缩试验

微纳尺度柱体压缩的试样主要为聚焦离子束加工的圆柱或方柱，如图7-167所示。但是，该方法也具有一定的局限性。例如，柱体压缩法所用的柱体通常都有一定的锥度，这将导致加载过程中应力在样品上的梯度分布和局部化的塑性形变。样品的尺寸越小，锥度的影响越显著。同时，样品和压头之间的摩擦力也会在一定程度上影响压缩结果。

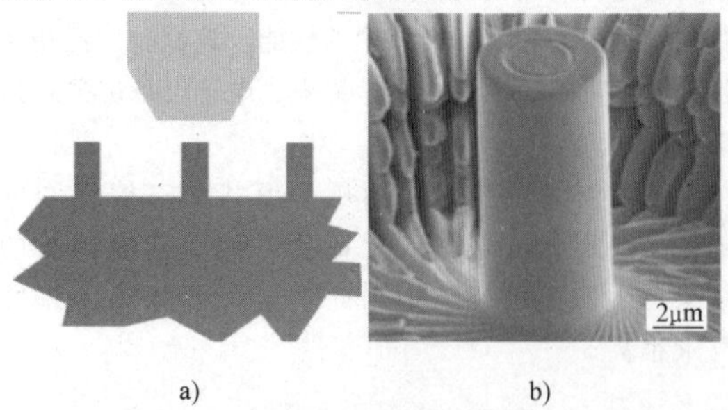

a)　　b)

图7-167　微纳尺度柱体压缩试验

a）微纳尺度柱体压缩试验示意图　b）微纳尺度柱体试样

7.10.4　纳米拉伸试验

相对于压缩试验，单轴拉伸测试可以更加精确地测量材料的弹性模量、泊松比、屈服强度、断裂强度等参数。

1. 纳米线拉伸试验

对于纳米线等低维纳米材料的拉伸试验，难点在于如何固定样品并加载。目前广泛使用的方法是借助聚焦离子束（FIB）中纳米机械手将纳米线转移至拉伸装置的间隙后，通过离子束辅助Pt沉积将纳米线固定在间隙两端，转移固定过程中尽量保证纳米线与间隙垂直。用压头在拉伸装置的活动端施加压力，从而在样品上产生拉应力，如图7-168所示。

a)　　b)

图7-168　纳米线拉伸试验

a）纳米线拉伸试验示意图　b）纳米线拉伸试样

2. 材料微纳尺度拉伸试验

对于块体材料的微纳尺度拉伸试验，首先需要借助FIB将试样加工成“狗骨”状（见图7-169b)，试样的尺寸比例可以参考宏观拉伸试验标准。同时还需要将压头利用FIB加工成图7-169a中浅色部分的形状。试验过程中，在电子显微镜下调整拉头位置以实现对样品的拉伸。在宏观拉伸试验中通常会通过刻线标记拉伸段的标距，但是对于微纳尺度的样品刻蚀标距会在测试中产生显著的应力集中，可以通过在需要标记的位置使用电子束辐照碳沉积制造如图7-169c

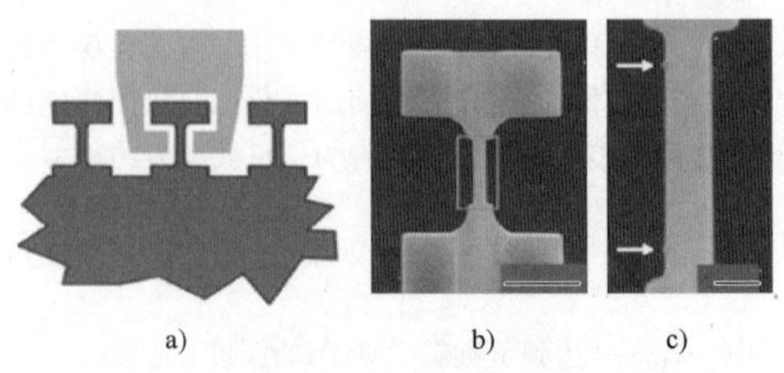

a)　　b)　　c)

图7-169　材料微纳尺度拉伸试验

a）微纳尺度拉伸试验示意图

b）“狗骨”状拉伸试样　c）碳沉积标距

中箭头处的标记。

对于微纳尺度的材料性能研究，除了压缩、拉伸试验，还可以通过 FIB 加工悬臂梁进行弯曲试验（见图 7-170）。通过施加循环载荷研究材料在循环载荷下的变形和损伤行为，借助环境透射电镜，增加热样品杆或电样品杆等实现环境气氛、高温、通电条件下的研究和探索，发展热、力、电、气氛多场耦合下的纳米力学测试技术。

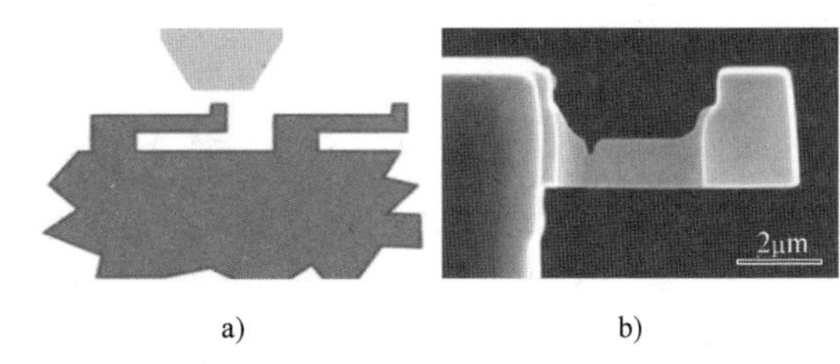

a)　b)

图 7-170　微纳尺度弯曲试验

a）微纳尺度弯曲试验示意图　b）微纳尺度悬臂梁试样

参 考 文 献

[1] 黄明志，石德珂，金志浩. 金属力学性能［M］. 西安：西安交通大学出版社，1986.

[2] 全国钢标准化技术委员会. 金属材料　拉伸试验　第 1 部分：室温试验方法：GB/T 228.1—2021［S］. 北京：中国标准出版社，2021.

[3] 全国钢标准化技术委员会. 金属材料　夏比摆锤冲击试验方法：GB/T 229—2020［S］. 北京：中国标准出版社，2020.

[4] 赫茨伯格 R W. 工程材料的变形与断裂力学［M］. 王克仁，罗力更，姚蘅，等译. 北京：机械工业出版社，1982.

[5] 中国航空研究院. 应力强度因子手册［M］. 北京：科学出版社，1981.

[6] 全国钢标准化技术委员会. 金属材料　疲劳试验　轴向力控制方法：GB/T 3075—2021［S］. 北京：中国标准出版社，2021.

[7] 全国钢标准化技术委员会. 金属材料　疲劳试验　旋转弯曲方法：GB/T 4337—2015［S］. 北京：中国标准出版社，2015.

[8] 戴雄杰. 摩擦学基础［M］. 上海：上海科学技术出版社，1984.

[9] 石德珂，金志浩. 材料力学性能［M］. 西安：西安交通大学出版社，1998.

[10] 邓增杰，周敬恩. 工程材料的断裂与疲劳［M］. 北京：机械工业出版社，1995.

[11] 全国钢标准化技术委员会. 金属材料　准静态断裂韧度的统一试验方法：GB/T 21143—2014［S］. 北京：中国标准出版社，2015.

[12] 赵少汴. 抗疲劳设计手册［M］. 北京：机械工业出版社，2015.

[13] 郑修麟. 工程材料的力学行为［M］. 西安：西北工业大学出版社，2004.

[14] 张泰华. 微/纳米力学测试技术［M］. 北京：科学出版社，2013.

[15] 张哲峰. 材料力学行为［M］. 北京：高等教育出版社，2017.

[16] 单智伟. 聚焦离子束在微纳尺度材料力学性能研究中的应用［J］. 中国材料进展，2013，32（12）：706-715.

第8章 无损检测

西安交通大学 牛 靖 潘希德

无损检测是指以不损害被检物（材料或构件或两者）的方式，对其进行宏观缺陷检测，几何特性测量，化学成分、组织结构和力学性能变化的评定，进而就材料或构件对特定应用的适用性进行评价的一门学科。本章主要包括内部缺陷检测、表面及近表面缺陷检测、材质（坯料、棒材、丝材）和热处理质量检测等内容。

8.1 内部缺陷检测

8.1.1 X射线与γ射线检测技术

1. 射线检测基础

X射线与γ射线都是波长很短的电磁波，习惯上统称为光子。X射线的波长为0.001~0.1nm，γ射线的波长为0.0003~0.1nm。

X射线是由高速运动的电子在真空管（一般称为X射线管）中撞击金属靶产生的。该射线源为X射线机和加速器，其射线能量及强度均可调节。γ射线则是由放射性物质钴60(^{60}Co)、铯137(^{137}Cs)、铱192(^{192}Ir)、铥170(^{170}Tm)、钸75(^{75}Se)内部原子核的衰变而来的，其能量不能调节，衰变速率也是固定的，该射线源为γ射线机。

X射线与γ射线都具有以下性质：

1）不可见，以光速直线传播。

2）不带电，因而不会受电场和磁场的作用。

3）具有可穿透可见光所不能穿透的物质（例如骨骼、金属、非金属等）和在物质中有衰减的特性。

4）可使物质电离，能使胶片感光，也能使某些物质产生荧光。

5）能起生物效应，伤害和杀死生物细胞。

这里没有列出与检测关系不大的反射、干涉等现象。入射到物体的射线，因为一部分能量被吸收、一部分能量被散射而减弱，使其强度发生衰减。实验表明，射线穿透物体时强度的衰减与被穿透物体的性质、厚度及射线的能量有关。单色平行射线入射物体后的衰减规律可用下式表示：

$$I=I_0 e^{-\mu\delta}$$

式中 I——射线穿透厚度为δ物体后的射线强度；

I_0——入射射线强度；

δ——透过物体的厚度；

μ——线衰减系数。

上式表明，射线的强度是呈负指数规律衰减的，它随透过物体的厚度和线衰减系数的增加而增大。线衰减系数μ值与射线的波长（λ）及被穿透物质性质（原子序数Z、密度ρ）有关。对同样的物质，入射射线波长越长，μ值越大；对相同波长（或能量）的入射射线，物质的原子序数越大，密度越大，则μ值也越大。

射线检测的实质是根据被检构件与其内部缺陷介质对射线能量衰减程度不同而引起射线透过构件（材料）后的强度差异，使缺陷能在射线底片或电视屏幕上显示出来。对于工业应用，射线检测技术已形成了一个完整的方法系统，大体上可分为：射线照相检测技术、射线实时成像检测技术、射线层析检测技术（CT）等。其中最主要的有X射线照相检测技术、γ射线照相检测技术、中子射线照相检测技术和CT检测技术。

图8-1所示为射线检测原理。图中射线在构件及缺陷中的线衰减系数分别为μ和μ'。根据衰减定律，透过无缺陷部位x厚的射线强度为

$$I_x=I_0 e^{-\mu x}$$

透过缺陷部分的射线强度为

$$I'=I_0 e^{-\mu x} e^{-(\mu-\mu')\Delta x}$$

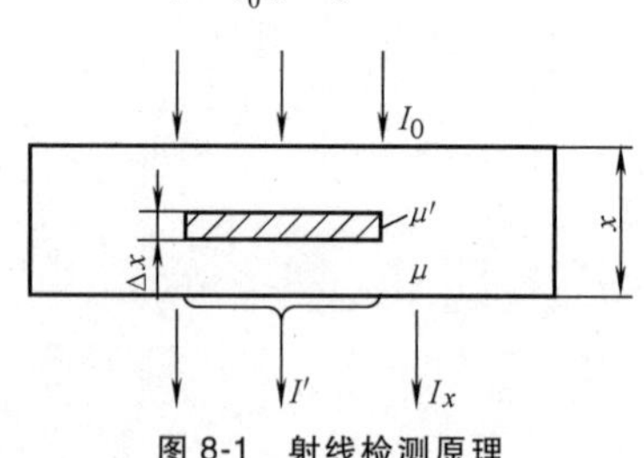

图8-1 射线检测原理

比较这两式可知：

1）当$\mu'<\mu$时，$I'>I_x$，即缺陷部位透过的射线强度大于周围的完好部位。缺陷在射线底片上呈黑色影像，在电视屏幕上呈灰白色影像。

2）当$\mu'>\mu$时，$I'<I_x$，即缺陷部位透过的射线强度小于周围的完好部位。缺陷在射线底片上呈白色影像，在电视屏幕上呈黑色影像。

射线照相法的检测实质是根据被检构件（材料）

与内部缺陷介质对射线能量衰减程度的不同而引起透过后射线强度分布的差异（射线强度分布差异形成射线图像，又称为辐射图像），在感光材料（胶片）上获得缺陷投影所产生的潜影，经暗室处理后获得缺陷影像，再对照有关标准来评定构件的内部质量。

2. 射线照相法检测系统基本组成（见图 8-2）

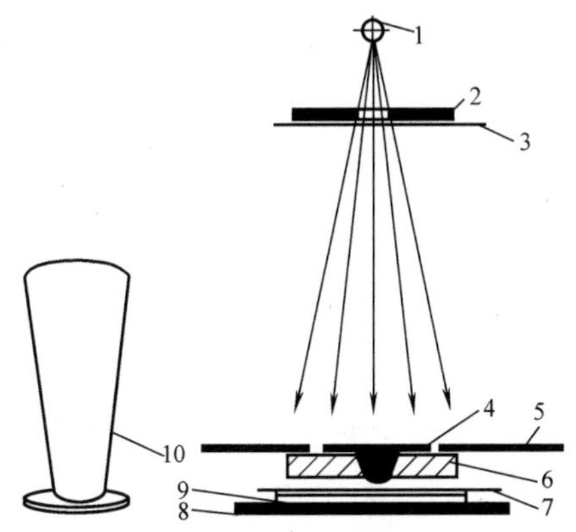

图 8-2 检测系统基本组成

1—射线源 2—铅光阑 3—滤板 4—像质计、标记带 5—铅遮板 6—工件 7—滤板 8—底部铅板 9—暗盒、胶片、增感屏 10—铅罩

（1）射线源 射线源可以是 X 射线机、γ 射线机、加速器等。

（2）射线胶片 它的结构如图 8-3 所示。片基为透明塑料，乳剂层由以极细颗粒的卤化银感光物质均匀分布在明胶层中构成，结合层将乳剂层黏结在片基上，保护层是一层极薄的明胶层。

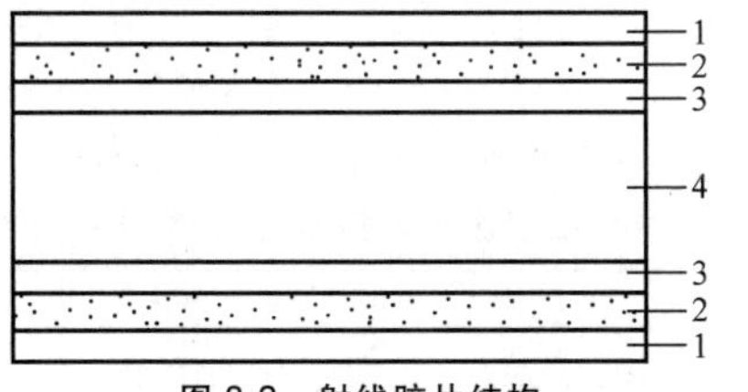

图 8-3 射线胶片结构

1—保护层 2—乳剂层 3—结合层 4—片基

在射线照相中使用的胶片主要有两种类型：增感型胶片、非增感型胶片（直接型胶片）。增感型胶片适于与荧光增感屏一起使用，非增感型胶片适于与金属增感屏一起使用或不用增感屏直接使用。ISO 11699-1 和 EN 584-1 提出将射线胶片分为六类，即 C_1、C_2、C_3、C_4、C_5、C_6。表 8-1 列举了各类胶片的适用范围。

表 8-1 各类胶片适用的射线照相检验范围

类别	主要应用范围
C_1、C_2(T_1)	电子元器件、结构照相、薄壁焊件、复合材料、非金属材料
C_3、C_4(T_2)	电子元器件、轻金属焊件、铸件、钢焊件
C_5(T_3)	钢焊件、铸件、轻金属厚铸件
C_6(T_4)	厚壁钢焊件、铸件

（3）增感屏 射线胶片吸收入射射线的能量很少，一般仅为 1%左右。为了更多地吸收射线的能量，缩短曝光时间，常使用增感屏与胶片一起进行射线照相，利用增感屏吸收一部分射线能量，增加胶片的感光量，达到缩短曝光时间的目的。

某些盐类物质在射线的作用下可以发射荧光，金属在射线作用下可以发射电子，荧光和电子都具有使射线胶片感光的作用，增感屏就是将这些盐类物质（如钨酸钙 $CaWO_4$）涂布在支持物上或将金属箔粘接在支持物上制成的屏。增感屏主要有三种类型：金属增感屏、荧光增感屏、金属荧光增感屏。三种增感屏的主要特点比较见表 8-2。

描述增感屏增感性能的主要指标是增感系数。增感系数是射线照片在达到一定黑度的条件下，不用增感屏时所需的曝光量与用增感屏时所需的曝光量之比。

表 8-2 三种增感屏的主要特点比较

项　目	金属增感屏	荧光增感屏	金属荧光增感屏
主要增感物质	铅合金等金属箔	钨酸钙等荧光物质	钨酸钙等荧光物质
增感机理	二次电子	荧光	荧光
增感系数	低	很高	高
屏不清晰度	无	很大	大

目前在工业射线照相检验中一般只使用金属箔增感。它有前、后屏之分。前屏（覆盖胶片靠近射线源一面）较薄，后屏（覆盖胶片后面）较厚。进行射线照相时应根据工件的特点、照相质量要求、透照条件正确选用增感屏。不同厚度的金属增感屏适用于不同能量的射线。表 8-3 列出了钢、铜和镍基合金射线照相所用胶片的类别和金属增感屏。

（4）像质计 像质计是用来定量评价射线底片影像质量的工具，即用像质计来测定射线底片的射线照相灵敏度。它表示某种特定形状的细节在使用的射

表 8-3　钢、铜和镍基合金射线照相所用胶片类别和金属增感屏

射线种类	穿透厚度 ω/mm	胶片系统类别		金属增感屏类型和厚度/mm	
		A 级	B 级	A 级	B 级
X 射线(≤100kV)	—	C_5	C_3	不用屏或用铅屏(前后)≤0.03	
X 射线(>100~150kV)				铅屏(前后)≤0.15	
X 射线(>150~250kV)			C_4	铅屏(前后)0.02~0.15	
Yb169	<5	C_5	C_3	铅屏(前后)≤0.03 或不用屏	
Tm170	≥5		C_4	铅屏(前后)0.02~0.15	
X 射线(>250~500kV)	≤50	C_5	C_4	铅屏(前后)0.02~0.2	
	>50		C_5	前铅屏 0.1~0.2①,后铅屏 0.02~0.2	
Se75		C_5	C_4	铅屏(前后)0.1~0.2	
Ir192		C_5	C_4	前铅屏 0.02~0.2	前铅屏 0.1~0.2①
				后铅屏 0.02~0.2	
Co60	≤100	C_5	C_4	钢或铜屏(前后)0.25~0.7②	
	>100		C_5		
X 射线(1~4MeV)	≤100	C_5	C_3	钢或铜屏(前后)0.25~0.7②	
	>100		C_5		
X 射线(4~12MeV)	≤100	C_4	C_4	铜、钢或钽前屏≤1③,铜、钢前屏≤1,钽后屏≤0.5③	
	>100~300	C_5	C_4		
	>300		C_5		
X 射线(>12MeV)	≤100	C_4		钽前屏≤1④,钽后屏不用	
	>100~300	C_5	C_4		
	>300		C_5	钽前屏≤1④,钽后屏≤0.5	

① 只要在工件与胶片之间加 0.1mm 附加铅屏，就可以使用前屏≤0.03mm 的真空包装胶片。

② A 级，也可使用 0.5~2mm 铅屏。

③ 经合同各方商定，A 级可用 0.5~1mm 铅屏。

④ 经合同各方商定可使用钨屏。

线照相技术下可被发现的程度，但它不完全等同于同样尺寸的自然缺陷可被发现的程度。广泛使用的像质计主要有线型像质计、阶梯孔型像质计等。射线照相灵敏度的表示方法有两种，一种称为相对灵敏度，另一种称为绝对灵敏度。相对灵敏度以百分比表示，即以射线照片上可识别的像质计的最小细节的尺寸与被透照工件的厚度之比的百分数表示。绝对灵敏度则以射线照片上可识别的像质计的最细小尺寸表示。

1）线型像质计的设计样式如图 8-4 所示。它采用与被透照构件材料相同或相近的材料制作的 7 根金属丝，按直径大小的顺序，以规定的间距平行排列，封装在对射线吸收系数很低的透明材料中。线型像质计按线径（线号）分类在 JB/T 7902—2015《无损检测　射线照相检测用线型像质计》中有明确规定，见表 8-4。检测时，所采用的像质计必须与被检工件材质相同（或相近）。焊缝检测时，应按图 8-5 所示的要求放置，即安放在焊缝被检区长度 1/4 处，钢丝横跨焊缝并与焊缝轴线垂直，且细丝朝外。

表 8-4　线型像质计按线径（线号）分类

线号	1~7	6~12	10~16	13~19
线径/mm	3.20	1.00	0.40	0.20
	2.50	0.80	0.32	0.16
	2.00	0.63	0.25	0.125
	1.60	0.50	0.20	0.100
	1.25	0.40	0.16	0.080
	1.00	0.32	0.125	0.063
	0.80	0.25	0.100	0.050

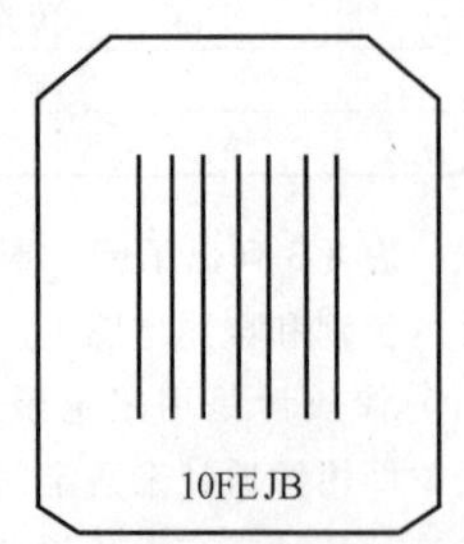

图 8-4　线型像质计设计样式

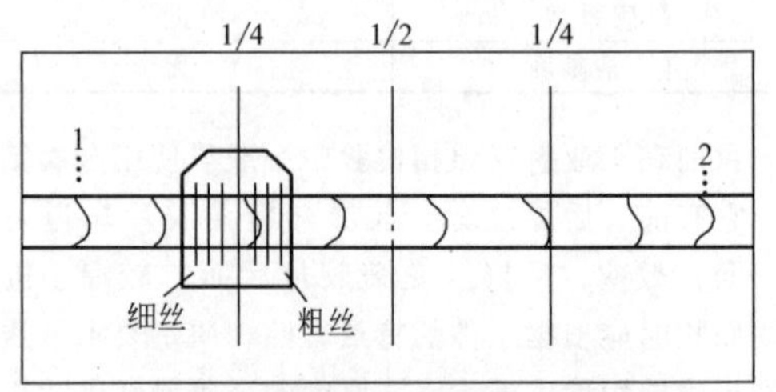

图 8-5　线型像质计安放位置

2）阶梯孔型像质计的基本结构是在阶梯块上钻直径等于阶梯厚度的通孔，孔的中心线垂直阶梯表面，不做倒角。常用的阶梯形状是矩形和正六边形，如图 8-6 所示。

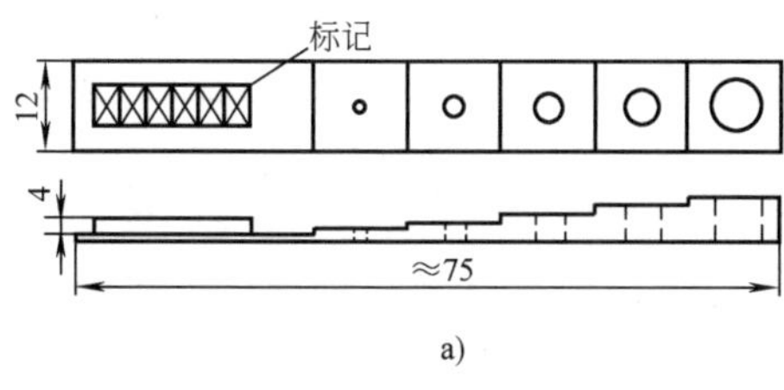

a)

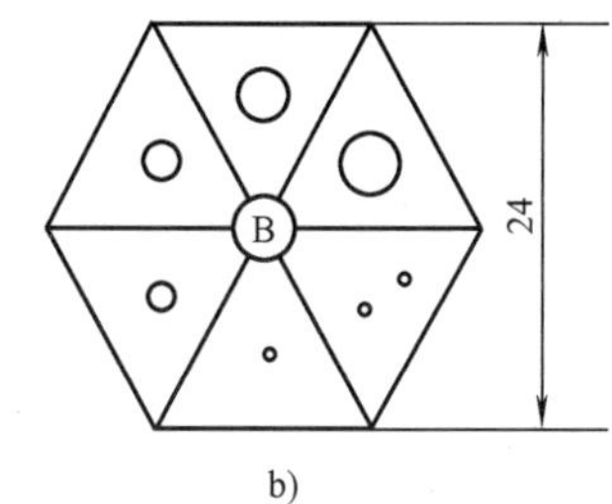

b)

图 8-6　阶梯孔型像质计的典型样式

a）矩形　b）正六边形

（5）铅罩、铅光阑　附加在 X 射线机窗口的铅罩或铅光阑可以限制射线照射区域大小和得到合适的照射量，从而减少来自其他物体（如地面、墙壁、构件非受检区）的散射作用，以避免和减少散射线所导致底片灰雾度的增加。

（6）铅遮板　工件表面和周围的铅遮板，可以有效地屏蔽前方散射线和工件外缘由散射引起的“边蚀”效应。

（7）底部铅板　底部铅板又称为后防护铅板，是屏蔽后方散射线（如来自地面）的铅板。

（8）滤板　滤板的材料通常是铜、黄铜和铅，其厚度应合适。例如，透照钢时所用铜滤板的厚度不大于工件最大厚度的 20%，而铅板则不得大于 3%。

滤板的作用是吸收掉 X 射线中那些波长较大却往往引起散射线的谱线。

（9）暗盒　暗盒用对射线吸收不明显、对影像无影响的柔软塑料带制成。要求它能很好地弯曲和紧贴工件。

（10）标记带　标记带可使每张射线底片与构件被检部位始终能做到一一对照（即实现所谓的可追踪性）。其上的铅质标记有：定位标记（中心标记、搭接标记）、识别标记（工件编号、部位编号、焊缝编号、返修标记）、B 标记等。铅质标记与被检区域同时透照在底片上，它们的安放位置如图 8-7 所示。

3. 射线照相检测条件选择

（1）选择依据

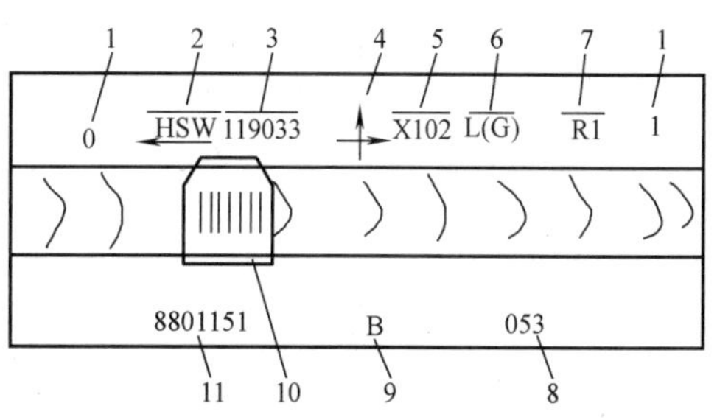

图 8-7　各种标记相互位置

1—定位及分编号（搭接标记）　2—制造厂代号
3—产品令号（合同号）　4—中心定位标记
5—工件编号　6—焊缝类别（如纵、环缝）
7—返修次数　8—操作者代号　9—B 标记
10—像质计　11—检测日期

注：B 标记应贴附在暗盒背面，以检查背面散线防护效果。若在底片上出现“B”的较淡影像，应予重照。

1）射线检测技术质量要求。进行射线照相法检测时，应根据有关规程和标准的要求选择检测条件。例如，透照钢熔化焊焊接接头时应以 GB/T 3323. 1—2019《焊缝无损检测　射线检测　X 和伽玛射线的胶片技术》为依据。它把射线检测技术分为两个级别，即

A 级——基本技术。

B 级——优化技术。

不同的射线检测技术质量要求对射线底片的黑度、灵敏度均有不同的规定。为达到其要求，应从检测器材、方法、条件和程序各方面进行正确选择和合理布置。

照相灵敏度是用丝型像质计中不同直径金属丝所规定的相应编号，即所谓像质值来表示的，见表 8-5。例如：线径 0. 100mm 对应的像质值为 W16，线径 0. 40mm 对应的像质值为 W10。

2）灵敏度。灵敏度是评价射线照相质量最重要的指标，它标志着射线检测中发现缺陷的能力。由于无法预知工件沿射线穿透方向上应识别的最小缺陷尺寸，为此必须采用具有已知尺寸的人工“缺陷”（金属丝、圆孔）的像质计来度量。各种类型的像质计都是用来测定射线照相灵敏度的工具。

利用像质计得到的射线照相灵敏度，仅用于衡量射线照相影像的质量，而不能直接表示可以发现自然缺陷的实际尺寸。在透照灵敏度相同的情况下，由于缺陷性质、取向、内含物的不同，所能发现的实际尺寸不同。所以在达到某一灵敏度时，并不能断定能够发现缺陷的实际尺寸究竟有多大。但它完全可以客观

地评价影像质量。

研究表明，射线照相灵敏度是射线照相对比度（又称为衬度，它指小细节或小缺陷与其周围的黑度差）和清晰度（黑度变化明锐或不明锐程度）两大因素的综合效果。影响射线照相灵敏度的各种因素之间的关系见表 8-6。从表中可以看出，有些因素对对比度和清晰度有双重影响，如射线的质、胶片类型、增感方式和显影条件等。

表 8-5 单壁透照最低像质值

A 级			B 级		
公称厚度 t/mm	应识别的线径/mm	像质值	公称厚度 t/mm	应识别的线径/mm	像质值
$t\leqslant1.2$	0.063	W18	$t\leqslant1.5$	0.050	W19
$1.2<t\leqslant2.0$	0.080	W17	$1.5<t\leqslant2.5$	0.063	W18
$2.0<t\leqslant3.5$	0.100	W16	$2.5<t\leqslant4.0$	0.080	W17
$3.5<t\leqslant5.0$	0.125	W15	$4.0<t\leqslant6.0$	0.100	W16
$5.0<t\leqslant7.0$	0.16	W14	$6.0<t\leqslant8.0$	0.125	W15
$7.0<t\leqslant10$	0.20	W13	$8.0<t\leqslant12$	0.16	W14
$10<t\leqslant15$	0.25	W12	$12<t\leqslant20$	0.20	W13
$15<t\leqslant25$	0.32	W11	$20<t\leqslant30$	0.25	W12
$25<t\leqslant32$	0.40	W10	$30<t\leqslant35$	0.32	W11
$32<t\leqslant40$	0.50	W9	$35<t\leqslant45$	0.40	W10
$40<t\leqslant55$	0.63	W8	$45<t\leqslant65$	0.50	W9
$55<t\leqslant85$	0.80	W7	$65<t\leqslant120$	0.63	W8
$85<t\leqslant150$	1.00	W6	$120<t\leqslant200$	0.80	W7
$150<t\leqslant250$	1.25	W5	$200<t\leqslant350$	1.00	W6
$t>250$	1.60	W4	$t>350$	1.25	W5

表 8-6 影响射线照相灵敏度的因素

射线照相对比度		射线照相清晰度	
主因对比度	胶片衬度	几何不清晰度 u_g	固有不清晰度 u_i
1）工件厚度差 2）射线的质 μ 3）散射比 n 4）缺陷尺寸与性质	1）胶片类型 2）增感方式 3）显影条件 4）底片黑度 5）散射比 n	1）焦点尺寸 2）焦点至工件表面距离 3）工件表面至胶片距离 4）工件厚度变化率 5）增感屏与胶片接触状态	1）胶片类型 2）增感方式 3）射线的质 μ 4）显影条件

3）黑度。底片黑度（或光学密度）D 是指曝光并经暗室处理后的底片黑化程度。黑度定义的数学表示为

$$D=\lg(I_0/I)$$

式中 I_0——入射射线强度；

I——透射射线强度。

射线底片黑度可用黑度计（光密度计）直接在底片的规定部位测量（见图 8-8）。灰雾度 D_0 是指未经曝光的底片经显影处理后获得的微小黑度，它当然也包含了胶片片基本身的不透明度。GB/T 3323.1—2019 规定的各检测技术等级的黑度见表 8-7。

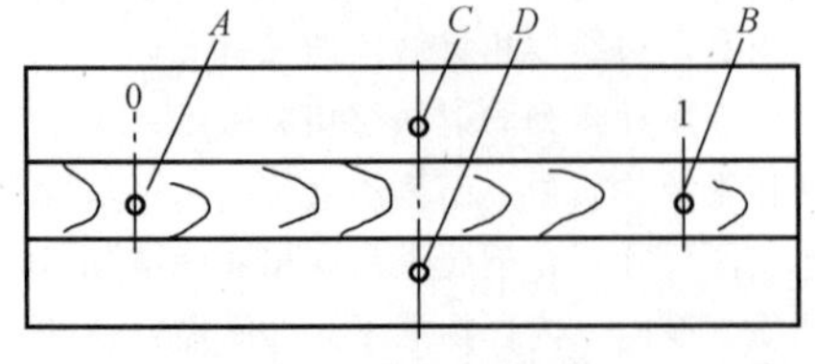

图 8-8 黑度测量部位

A、B—最小处 C、D—最大处

表 8-7 底片的黑度

等 级	黑 度①
A	≥2.0②
B	≥2.3③

① 测量允许误差为±0.1。

② 经合同各方商定，可降为 1.5。

③ 经合同各方商定，可降为 2.0。

（2）射线源选择

1）射线能量。射线能量愈大，其穿透能力愈强，可透照的工件厚度愈大。但同时也带来由于衰减系数的降低而导致的成像质量下降（主要使底片对比度，即底片上相邻二区域的黑度对比度明显下降）。能量选择应在保证穿透的前提下，尽量选择较低的射线能量。在 GB/T 3323.1—2019 中对允许使用的最高管电压和穿透厚度的下限做了规定，见图 8-9 和表 8-8。

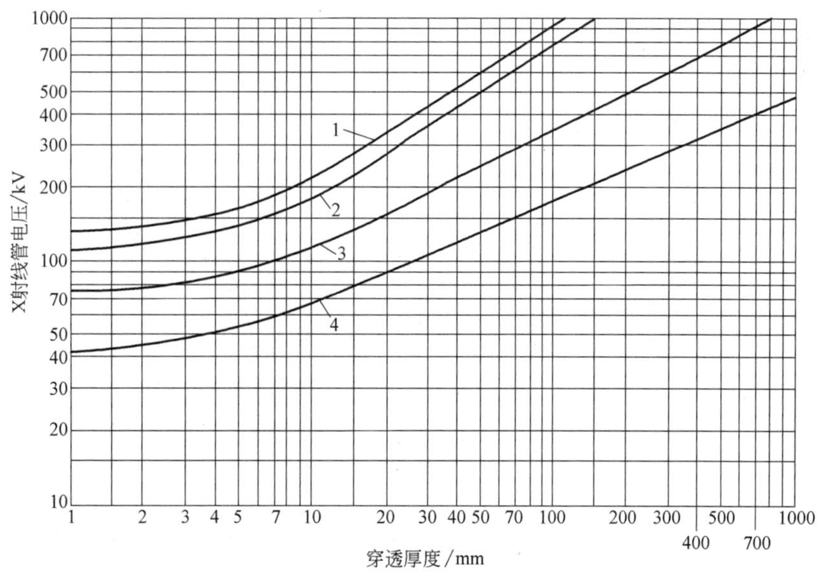

图 8-9　允许使用的最高管电压和穿透厚度

1—铜、镍及其合金　2—钢　3—钛及其合金　4—铝及其合金

表 8-8　γ 射线和 1MeV 以上 X 射线对钢、铜和镍基合金所适用穿透厚度

射线种类	穿透厚度 ω/mm	
	A 级	B 级
Tm170	$\omega\leqslant5$	$\omega\leqslant5$
Yb169①	$1\leqslant\omega\leqslant15$	$2\leqslant\omega\leqslant12$
Se75②	$10\leqslant\omega\leqslant40$	$14\leqslant\omega\leqslant40$
Ir192	$20\leqslant\omega\leqslant100$	$20\leqslant\omega\leqslant90$
Co60	$40\leqslant\omega\leqslant200$	$60\leqslant\omega\leqslant150$
X 射线(1~4MeV)	$30\leqslant\omega\leqslant200$	$50\leqslant\omega\leqslant180$
X 射线(>4~12MeV)	$\omega\geqslant50$	$\omega\geqslant80$
X 射线(>12MeV)	$\omega\geqslant80$	$\omega\geqslant100$

① 对铝和钛的穿透厚度为：A 级时，$10\leqslant\omega\leqslant70$；B 级时，$25\leqslant\omega\leqslant55$。

② 对铝和钛的穿透厚度为：A 级时，$35\leqslant\omega\leqslant120$。

2）射线强度。当管电压相同时，管电流愈大，X 射线源的射线强度愈大，则曝光时间愈短。

3）焦点尺寸。焦点尺寸愈小，照相灵敏度愈高，因此在可能条件下应选焦点小的射线源。

4）辐射角。X 射线的辐射角分为定向和周向两种，分别适用于定向分段曝光（检测）和环焊缝整圈一次周向曝光（检测）。γ 射线的辐射角分为定向、周向和 4π 立体角，分别适用于分段曝光（检测）、周向曝光（检测）和全景曝光（检测）。

（3）几何参数选择

1）焦点尺寸。由于焦点都有一定的几何尺寸而不是点状源，在检测中必然会产生几何不清晰度 u_g（又称为半影）。它使缺陷边缘轮廓变得模糊。如图 8-10 所示，焦点几何尺寸 d 愈大，则几何不清晰度 u_g 愈大。

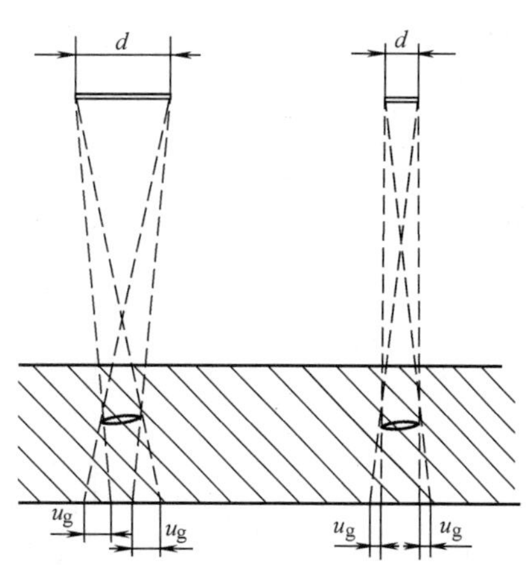

图 8-10　焦点尺寸对几何不清晰度的影响

2）透照距离。透照距离即焦距 F，指的是焦点至胶片的距离。如图 8-11 所示，焦距 F 愈大，则 u_g 愈小。

3）缺陷至胶片距离。如图 8-12 所示，缺陷至胶片距离 h 愈大，u_g 也愈大。

在国内外相关标准中，最小透照距离（最小焦距 F）均依照几何不清晰度原理使用诺模图来确定，如图 8-13 所示。示例：已知 $d=3$mm，$\delta=20$mm，$u_g=0.4$mm，求最小透照距离是多少？在图 8-13 所示的标尺 d 中找到“3”刻度，在标尺 δ 上找到“20”刻

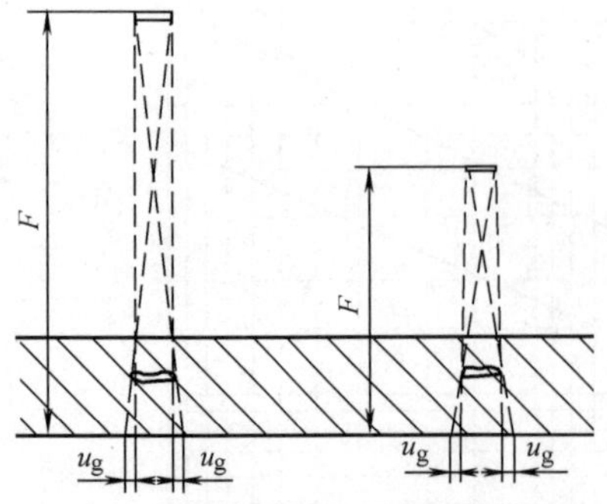

图 8-11　透照距离对几何不清晰度影响

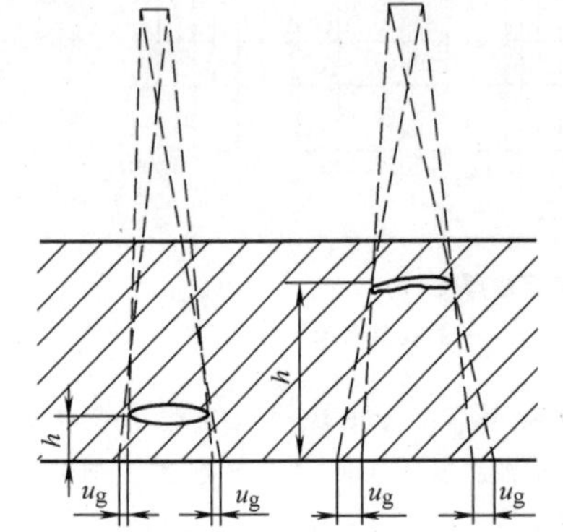

图 8-12　缺陷至胶片距离对几何不清晰度影响

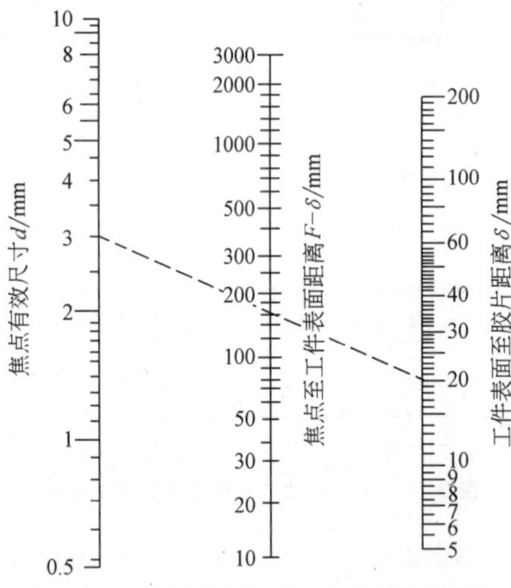

图 8-13　确定焦点至工件表面距离的诺模图

度，用直线连接这两点交于标尺 $F-\delta$ 的“150”刻度，得到射线源焦点至工件表面的距离为 150mm，则最小透照距离 $F_{\min}=150\text{mm}+20\text{mm}=170\text{mm}$。

（4）曝光条件的选择　在一定的检测器材、几何条件和暗室处理等条件下，欲获得规定黑度值的底片，对某一厚度工件应选用的透照参数叫曝光条件，又称为曝光规范。X 射线检测的主要规范参数是管电压、管电流、焦距和曝光时间，γ 射线检测的主要规范参数是焦距和曝光时间。

射线检测中常利用曝光曲线进行曝光参数的选择。图 8-14、图 8-15 所示是 X 射线检测的曝光曲线，图 8-16 所示是 γ 射线检测的曝光曲线。

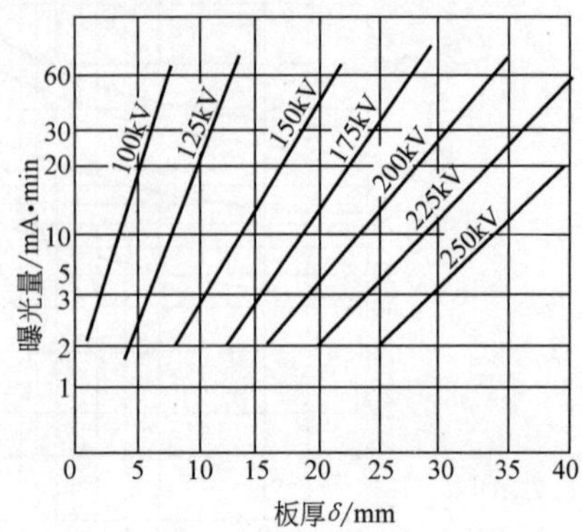

图 8-14　以管电压为参数的 X 射线检测的曝光曲线

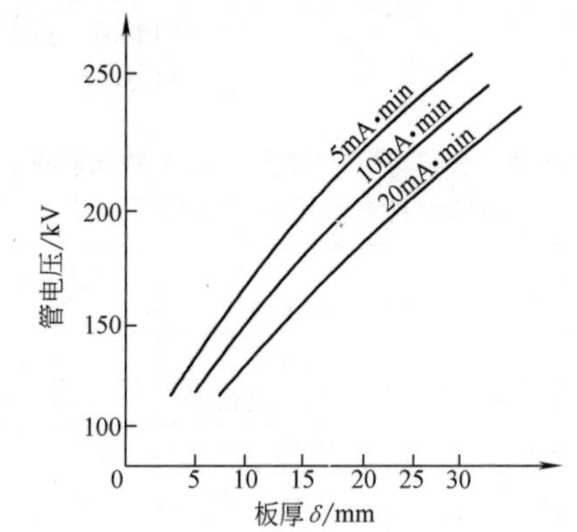

图 8-15　以曝光量为参数的 X 射线检测的曝光曲线

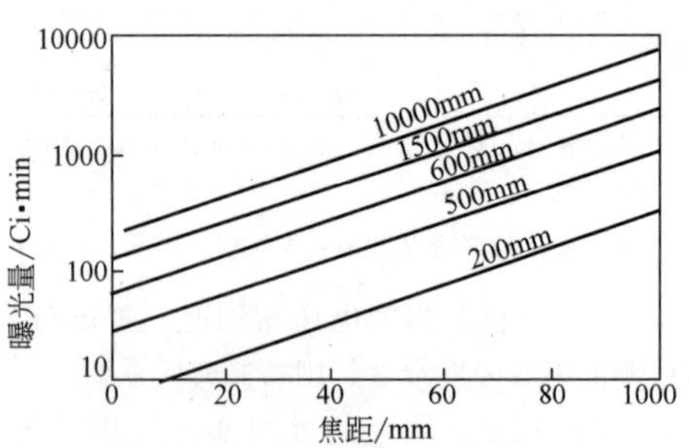

图 8-16　γ 射线检测（Co60）的曝光曲线

由于一张二维坐标图最多只能表示三个相关参数，因此在构成 X 射线曝光曲线时，一般只能选择透照厚度、管电压和曝光量作为可变参数，其他条件相对固定。目前用得较多的是图 8-14 那种。值得注意的是，任何曝光曲线只适用于一组特定条件，只有当实际拍片（检测）所用的所有条件与制作曝光曲线的条件完全一致时，才能从曲线中直接找出所需曝光量。任何条件的改变都应对曝光量进行修正。

（5）散射线的控制　射线检测时，凡受射线照射的物体，无论是工件、暗盒，还是墙壁、地面，甚至是空气都会成为散射源。散射线使底片灰雾度增大，对比度和清晰度下降。其影响程度与散射比 n 有关。

$$n = I_s / I$$

式中　I_s——散射线强度；

I——直接透射的射线强度。

散射比 n 与射线能量、透照厚度 δ 有关。试验表明：射线能量减小，透照厚度 δ 增大，都会使散射比 n 增大，如图 8-17 所示。

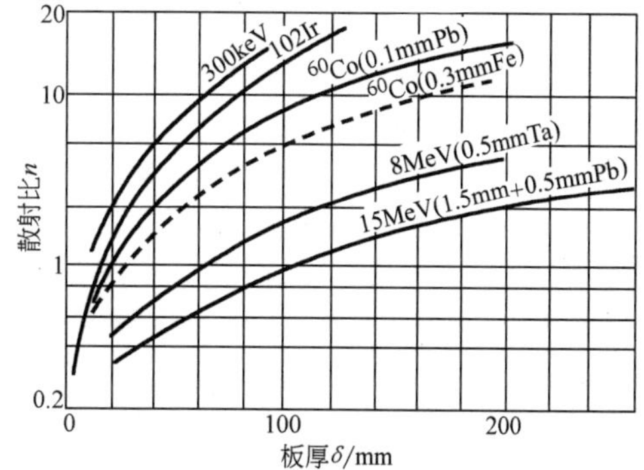

图 8-17　不同射线能量时 n 与 δ 关系（铁）

射线检测时，设置铅罩、铅光阑、铅遮板、底部铅板和滤板都主要是为了减少散射线。另外，金属增感屏也有减少散射线的作用。

（6）透照方法的选择　GB/T 3323.1—2019 规定，按射线源、工件和胶片之间的相互位置关系，焊缝的透照方法分为单壁透照法、单壁外透照法、中心透照法、偏心透照法、双壁双影椭圆透照法、双壁双影垂直透照法、双壁单影透照法和不等厚工件透照法等，其中的部分方法如图 8-18 所示。

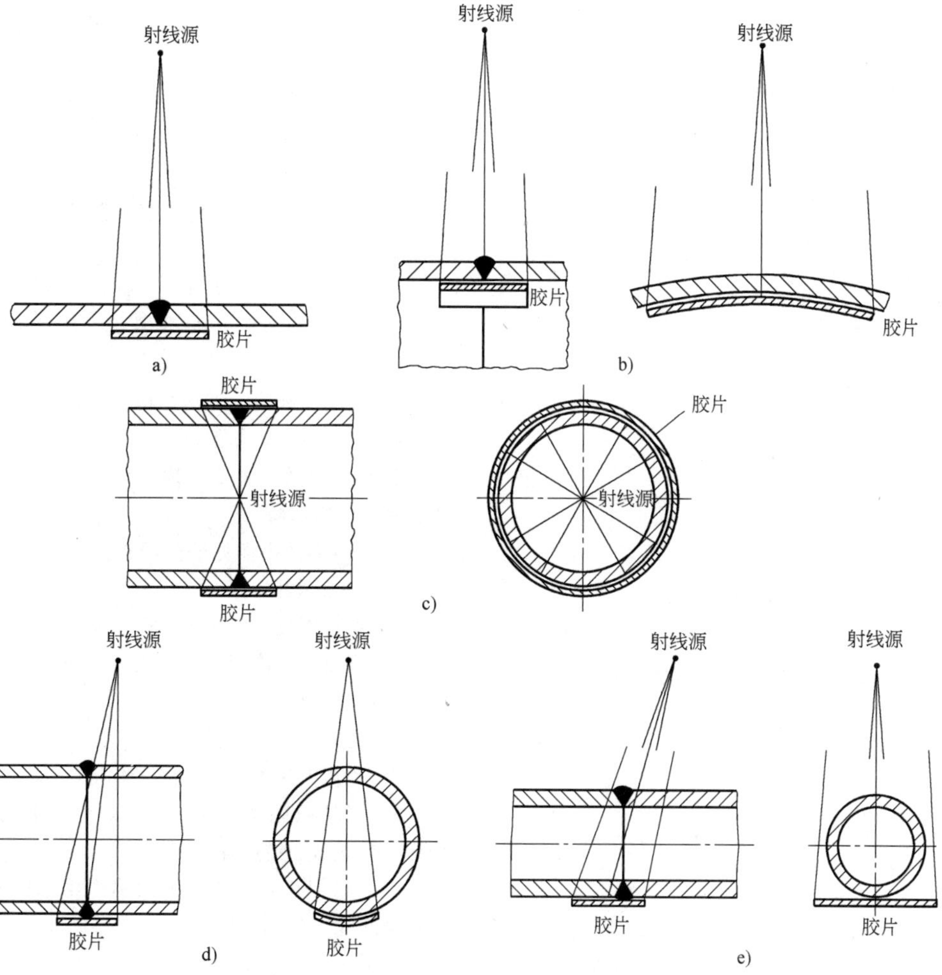

图 8-18　焊缝透照方法

a）纵缝单壁透照法　b）环焊缝单壁外透照法　c）环焊缝周向曝光的透照法

d）环焊缝双壁单影透照法　e）管对接环焊缝双壁双影椭圆透照法

在透照方式确定之后，还应注意以下两点：

1）选择合适的射线入射方向。只有当射线垂直入射工件中缺陷时，胶片上缺陷的图像尺寸和形状才最接近实际。而只有当射线入射方向与裂纹、未熔合等面积型缺陷的延伸方向一致时，胶片上缺陷的影像才最清晰（此时才具有最高检出率）。实践表明：当二者倾角大于 20°时，裂纹漏检的可能性大大增加。如图 8-19 所示，为便于检测出坡口面未熔合缺陷，应选与坡口面相一致（平行）的射线入射方向。

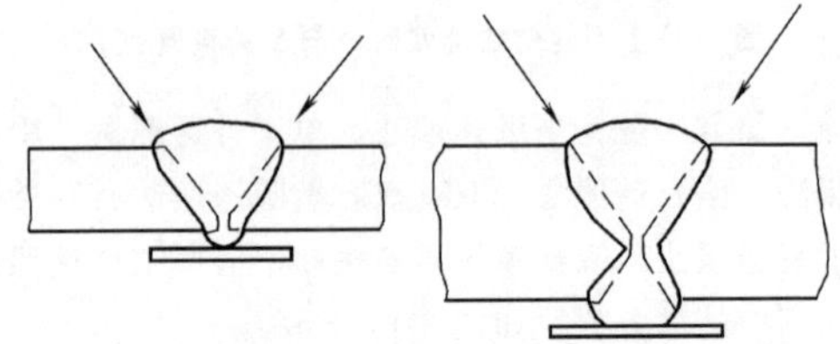

图 8-19　沿坡口方向透照图

2）穿透厚度差的控制。在 X 射线机辐射角 θ 的照射场内，射线强度分布并不是均匀的（见图 8-20），这将造成底片黑度分布不均匀。越靠近边缘，射线强度越弱，黑度越低。如图 8-21 所示，透照工件时，中心射线穿透的工件厚度小于边缘射线穿透的工件厚度，产生了穿透厚度差（$\delta'>\delta$）。这也使底片边缘部位的黑度值低于中间部位的黑度值，降低了底片两端图像的对比度，在胶片两端产生缺陷漏检的可能性将增大。

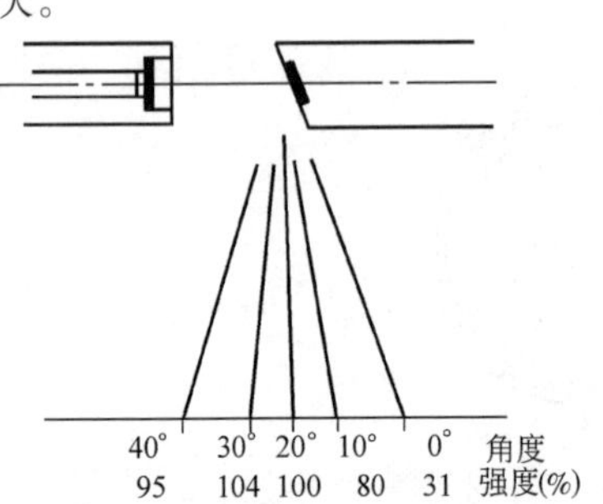

图 8-20　X 射线场内射线强度分布

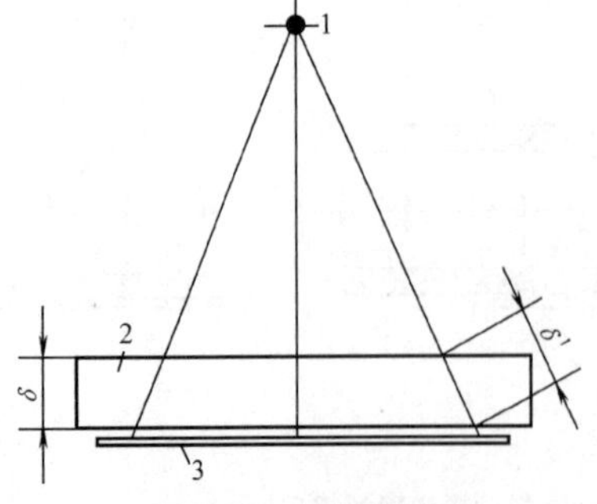

图 8-21　穿透厚度差

1—射线源　2—工件　3—胶片

为此要控制穿透厚度比（见表 8-9）。穿透厚度比 A 定义如下：

$$A=\frac{\delta'}{\delta}$$

式中　δ'——边缘射线穿透厚度；

δ——中心射线穿透厚度。

表 8-9　穿透厚度比控制

透照技术等级	穿透厚度比
A	≥1.2
B	≥1.1

对穿透厚度比 A 的限制，实际表现为对每次透照（检测）长度的控制。对某条长焊缝来说，可以看作该焊缝需要透照多少个段落（检测区段）。

4. 缺陷识别

一般可从以下三个方面对射线检测底片上的影像进行分析、判断：

1）影像几何形状。

2）影像黑度分布。

3）影像位置。

（1）铸件常见缺陷的识别　铸件中常见的内部缺陷有以下四类：

1）孔洞类缺陷，如气孔、针孔、疏松、缩松。

2）裂纹类缺陷，如冷裂纹、热裂纹、白点、冷隔。

3）夹杂类缺陷，如夹杂物、夹渣、砂眼。

4）成分缺陷，如偏析。

表 8-10 是铸件主要缺陷产生原因及其在射线检测底片上的影像特点。

（2）熔焊接头常见缺陷的识别　熔焊接头常见缺陷主要有五类：

1）熔合不良类，如未焊透、未熔合。

2）裂纹类，冷裂纹、热裂纹、再热裂纹、八字裂纹、弧坑裂纹等。

3）孔穴类，如气孔。

4）固体夹杂类，如夹渣、夹钨。

5）形状缺陷类，如咬边、焊瘤、下塌、下垂、烧穿、角变形、错边等。

表 8-11 是熔焊接头主要缺陷产生原因及其在射线检测底片上的影像特点。

（3）常见伪缺陷识别　由于射线照相操作不当、暗室操作不当或胶片本身存在质量问题，在射线底片上可能产生一些非缺陷的影像，常简称为伪缺陷。表 8-12 是射线检测底片上常见的伪缺陷。

表 8-10 铸件主要缺陷产生原因及其在射线检测底片上的影像特点

缺陷类型	产生原因	常见缺陷	影像特点
缩孔类	冷却和凝固过程中合金将发生液态收缩和固态收缩，补缩不足，产生孔洞	缩孔	形状不规则，黑度大，轮廓清晰
		纤维状缩孔	树枝状，黑度大
		海绵状缩松	云雾状，轮廓不清晰
		层状疏松	（镁合金中出现）条纹状，轮廓不清晰
		疏松	细网纹或模糊暗斑
气孔类	在浇注过程中，挥发出的气体、燃烧产生的气体或化学反应产生的气体在铸件中形成气孔	气孔	孤立或成群的圆形、椭圆形、梨形暗斑，轮廓光滑，黑度较大
		针孔	均匀散布的细小点状暗斑
裂纹类	在凝固末期或常温冷却过程中，铸造应力引起开裂	热裂纹	不规则的暗线，常为波折状，可分叉
		冷裂纹	平滑直线状或弯曲平滑线状
夹杂类	混入的异物或各种物理、化学反应的产物	夹渣	在一定范围分布的小颗粒状或片状影像，轮廓比较清晰
		砂眼	影像整体可不规则，黑度具有颗粒状特征

表 8-11 熔焊接头主要缺陷产生原因及其在射线检测底片上的影像特点

缺陷类型	产生原因	常见缺陷	影像特点
熔合不良	焊接过程中，焊接工艺不适当，或焊接操作不正确	未焊透	位于焊缝中心的直暗线
		未熔合	模糊的宽线条影像，黑度较小
裂纹	焊接应力、拘束应力等引起开裂	纵向裂纹	沿焊缝纵向的暗线
		横向裂纹	垂直焊缝的暗线
		弧坑裂纹	星状辐射的暗线
气孔	在熔池结晶过程中未能逸出而残留在焊缝金属中的气体形成的孔洞	孤立气孔	孤立圆形暗斑或条形暗斑（边缘圆滑）
		密集气孔	密集点状暗斑
		链状气孔	线状分布的点状暗斑
		虫孔	人字形规则排列的虫状暗斑
夹杂物	残留的各种非熔焊金属以外的物质	夹钨	黑度远低于焊缝黑度（常透明）的点状或密集点状影像
		点状夹渣	点状暗斑
		密集夹渣	密集点状暗斑
		条状夹渣	沿焊缝分布的条形暗斑（边缘不规则）
成形不良	焊接工艺不当或焊接操作不当，造成焊缝成形不良缺陷	咬边	沿焊缝侧边分布的条形暗斑
		烧穿	低黑度圆环、中心高黑度的暗斑影像

表 8-12 射线检测底片上常见的伪缺陷

类型	产生原因	常见形态	影像特点
擦痕	胶片在操作时受到划伤	线状斑纹	清晰的线状条纹
静电斑纹	胶片与物体摩擦产生静电感光	点状斑纹 冠状斑纹 枝状斑纹	分散或间断的暗点 带有枝状暗线的暗斑 树枝状暗线
压力斑纹	胶片局部受到挤压或弯折	月牙状斑纹	高黑度或低黑度月牙状斑纹
水迹斑纹	水洗不足或干燥环境不清洁	片状斑纹	模糊的形状不规则的暗斑
显影条纹	显影速度较快，搅拌作用不良	条纹	模糊的条纹状暗斑
冲洗条纹	水洗或停显处理不当	条纹	模糊的条纹状暗斑
增感屏斑纹	增感屏损坏、污染或夹带异物，使增感屏局部的增感性能改变	线、点等	黑度或高或低的线、点等
显影斑点	显影前胶片溅上显影液	点状斑纹	高黑度圆形斑纹
定影斑点	显影前胶片溅上定影液	点状斑纹	低黑度（透明）圆形斑纹
温差网纹	暗室处理的相继过程之间，温差过大造成乳剂层破裂	网状斑纹	网状条纹

5. 射线检测设备

(1) X射线机 X射线机按结构形式分为携带式、移动式和固定式三种。携带式X射线机因其体积小、重量轻，适用于施工现场和野外作业的检测工作。移动式X射线机能在生产车间或实验室内移动，适用于中、厚板件的检测。固定式X射线机则固定在确定的工作环境中，靠移动工件来完成检测任务。此外，X射线机也可按射线束的辐射方向分为定向辐射X射线机和周向辐射X射线机两种。其中周向辐射X射线机特别适用于管道、锅炉和压力容器环形焊缝的检测。由于它一次曝光可以检测整条环缝，所以工作效率特别高。此外，还有一些特殊用途的X射线机，例如：软X射线机（管电压在60kV以下），用于检测金属薄件、非金属材料等低原子序数物质的内部缺陷；微焦点X射线机（通常为0.01~0.1mm，微焦点最小为0.005mm），适用于近焦距拍片，用于检测半导体器件、集成电路内部结构及焊接质量。

表8-13列出了几种典型X射线机的主要性能。

表8-13 几种典型X射线机主要性能

分类	型　号	管电压/kV	管电流/mA	焦点尺寸/mm	穿透力(Fe)/mm	管头质量/kg	备　注
携带式	XXQ-2005	200	5	2×2	29	25	定向
	XXQ-2505	250	5	2.1×2.1	40	36	定向
	XXQ-3005	300	5	2.3×2.3	50	49	定向
	XXH-2005	200	5	1.0×3.5	23	25	周向,锥靶
	XXHP-2005	200	5	1.0×3.5	23	25	周向,平靶
	XXH-3005	300	5	1.0×2.6	46	49	周向,锥靶
	XXG-2505	250	5	2×2	38	≤30	定向,波纹陶瓷管
	RF-200EG-SP	200	3	—	23	15.5	日本产
移动式	XYY-2515	250	15(平均值)	4×4	58	135	铅箔增感
	XYT-3010	300	1~10 1~5	4×4 1.5×1.5	78	—	定向,铅箔增感,可配工业电视
	XYD-4010X	400	1~10 1~4	4×4 1.5×1.5	96	—	
固定式	MG450	420	10	4.5×4.5	100	—	定向,铅箔增感,荷兰产
实时成像系统	XG-150	150	1~4	—	—	—	灵敏度:Al为1.5%,Fe为2%;连续工作>8h;噪声<70dB
	XG-400	400	1~4	—	—	—	

(2) γ射线机 γ射线检测具有如下特点：

1) 主要优点有：①穿透力强，最厚可以透照300mm钢材。②透照过程中不用水、电，因而可在野外、高空、高温及水下等场合作业。③设备轻巧、操作简单方便。④射线源体积小，因而可在X射线机和加速器无法达到的狭小部位工作（检测可达性好）。

2) 主要缺点有：①因为射线源时刻在衰变，且有γ射线产生，所以防护要求严。②半衰期短的γ射线源（如Ir192）更换频繁。③对缺陷发现的灵敏度略低于X射线机。

γ射线机按其结构分为携带式、移动式和爬行式三种。携带式γ射线机多采用Ir192、Cs137作射线源，适用于较薄件的检测。移动式γ射线机多采用Co60作射线源，用于厚件检测。爬行式γ射线机用于野外焊接管线的检测。

几种典型的γ射线机主要性能列于表8-14。

(3) 加速器 加速器是带电粒子加速器的简称。它是利用电磁场使带电粒子（电子、质子、氘核、氦核及其他重离子）加速而获得能量的装置。利用加速器加速带电粒子，通过韧致辐射产生高能X射线。

在工业射线照相检测中应用的加速器主要是电子直线加速器、电子感应加速器、电子回旋加速器三种。其中电子直线加速器应用较为广泛。

加速器的特点是射线束能量、强度、方向均可精确控制；能量最高可达35MeV，探测厚度达500mm（钢铁）；焦点尺寸小（电子感应加速器为0.1~0.2mm×2mm，电子直线加速器略大些），探测灵敏度高达0.5%~1%。

几种典型加速器的性能列于表8-15。

(4) 射线检测设备初步选择 初步选择时主要应考虑的因素是：射线可穿透材料的厚度、显像质量、曝光时间、检测装置对位和移动的难易程度等。其中最主要的是射线可穿透材料的厚度。各种射线检测设备使用范围可参照图8-22和表8-3、表8-8。

表 8-14 几种典型的γ射线机主要性能

分类	型号	γ射线源	焦点尺寸/mm	穿透力(Fe)/mm	本体质量/kg	备注
携带式	TI-F	Ir192	3×3	10~80	15	
	S301	Ir192	—	—	20	德国产
	PI-104H	Ir192	2×2	—	21	日本产
移动式	TK-100	Co60	4×4	30~250	140	—
	PC-501	Co60	4.2×5.5	—	585	日本产
爬行式	M10	Ir192	—	—	30	德国产

表 8-15 几种典型加速器性能

类型	型号	最大能量/MeV	剂量率(在1m处)/(R/min)	1m处照射野/mm	焦点尺寸/mm	最大穿透厚度(钢铁)/mm	灵敏度(%)
电子感应加速器	沈变25MeV	25	60	ϕ200	0.1×2	300	0.6
	BR-25-500①	5~25	500	250×300	0.1×2	300	0.4
	KBC-8-25②	25	400	ϕ240	1.5×0.3	560	0.1~0.3
电子直线加速器	ML-3RⅡ①	1.5	50	ϕ300	ϕ1以下	150	1以下
	ML-10R①	8	1500	ϕ300	ϕ1以下	400	1以下
	ML-15RⅡ①	12	7000	ϕ300	ϕ1以下	500	1以下
电子回旋加速器	MД-10②	10	2000	ϕ150	ϕ2~ϕ3	—	—
	PMД-10T②	8/12	1000/2000	ϕ150	—	—	—
	RM-8③	8	1500	—	ϕ2	—	1

① 产地日本。
② 产地俄罗斯。
③ 产地瑞典和芬兰。

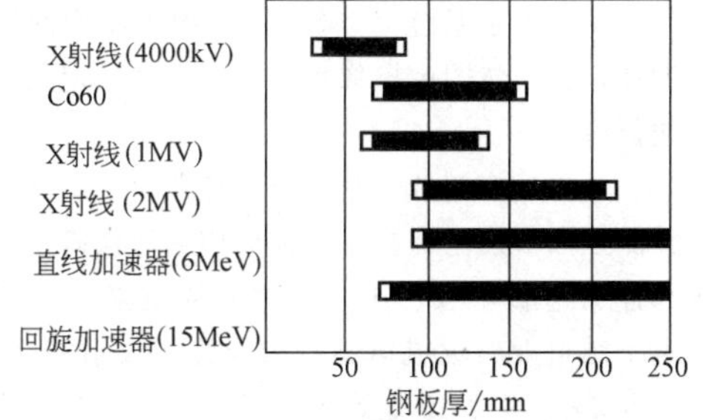

图 8-22 各种射线检测设备使用范围

■—灵敏度 1% □—灵敏度 1%以下

6. 射线实时成像检测技术

X射线实时成像检测技术是从20世纪80年代中期逐渐发展起来的一项无损检测技术。随着计算机技术的快速发展，早期应用比较广泛的胶片技术照相法逐步被实时成像所替代，并且二者可在同一台设备上兼容共存。X射线实时成像检测目前已应用于很多领域，具有较高的空间分辨率和较快速的检测过程等特点。胶片需要费时、费力的处理过程，同时胶片图像效果折中了对比度和动态效果，从而不可能反映高对比度工件在全范围的影像。X射线实时成像检测技术主要是依靠X射线穿过不同密度、厚度的物体后，可以得到不同灰度显示图像的特性，进而对物体内部进行无损评价，是进行产品研究、失效分析、高可靠筛选、质量评价、改进工艺等工作的有效手段。由于计算机数字图像处理技术的发展和微小焦点X射线机的出现，X射线实时成像检测技术已经能够用于金属材料的无损检测。

(1) X射线实时成像检测技术的原理 所谓实时成像检测技术，是指在曝光的同时就可观察到所产生的图像的检测技术。这就要求图像能随着成像物体的变化迅速改变，一般要求图像的采集速度至少达到25帧/s（PAL制）。其工作原理是将光电转换技术与计算机数字图像处理技术相结合，使用图像增强器把不可见的X射线图像转换为可见图像，经摄像机采集输入计算机进行数字处理，提高了检测图像的清晰度和对比度，从而提高了检测图像的灵敏度；经计算机处理后的图像再显示在显示屏上，显示的图像能提供检测材料内部的缺陷性质、大小、位置等信息，在显示屏上直接观察检测结果，从而按照有关标准（GB/T 3323.2—2019或NB/T 47013.2—2015）对检测结果进行缺陷等级评定；图像的产生会有短暂的延迟，这种延迟取决于计算机处理的速度；检测结果储存在计算机内并能转存到CD光盘上；借助计算机程序对检测结果进行计算机辅助评定，大大地提高了检测的速度，使X射线无损检测技术向自动化、数字化迈进了一大步。

X 射线实时成像检测技术的原理如图 8-23 所示。X 射线源发射的 X 射线透照检测样件后被图像增强器所接收，并转换成模拟信号或数字信号，利用半导体传感技术、计算机图像处理技术和信息处理技术，将检测图像还原在显示屏上，再应用计算机程序对检测结果进行缺陷等级评定，最后将静态图像图片或动态录像数据保存到存储介质上。

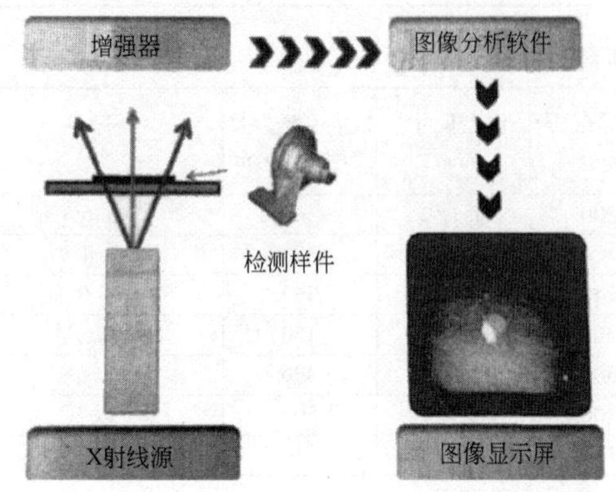

图 8-23　X 射线实时成像检测技术的原理

（2）X 射线实时成像检测技术的优点　相对传统 X 射线照相底片法，X 射线实时成像具有以下特点：

1）易于图像存储。传统胶片保存、管理、查询需花费大量的人力、物力及时间，另外胶片会随着保存时间的增长而逐渐变质，使图像质量下降。而 X 射线实时成像系统生成数字图像，可利用计算机的海量存储及网络化存储，实现远程集中评片，方便快捷集中管理和应用图像。

2）便于图像处理。传统的胶片图像不能进行图像后处理，若图像质量由于各种原因达不到评判要求，则只能重复检测。而数字化成像则可进行边缘增强、灰阶变换等后期处理。

3）环保。X 射线实时成像系统由于不需要利于传统胶片，免去了胶片冲洗中的污染与有害废水的产生，有利于企业对环境的保护。

（3）X 射线实时成像技术设备组成　X 射线实时成像技术设备主要由 X 射线机、图像增强器、摄像机和光学镜头、计算机系统、图像评定系统等组成。

1）X 射线机。对于要求连续检测的作业方式，宜选择直流恒压强制冷却 X 射线机。X 射线管的焦点尺寸对检测图像质量有较大的影响，有条件的情况下应尽可能选用小焦点 X 射线管。随着近年来高钢级、大壁厚钢板生产技术的逐渐完善，普遍使用的都是 225kV 以上的恒压式 X 射线系统，焦点尺寸在 0.8mm×0.8mm 以上。对焦点的要求也不宜过小，如果焦点过小且冷却不好，焦点容易被“烧坏”。

2）图像增强器。X 射线实时成像技术采用图像增强器作为光—电—光转换系统。图像增强器输入屏直径对成像质量有较大的影响，直径较小，则分辨率较高，图像较清晰，且价格较低。焊缝无损检测工艺试验表明，直径 150mm 图像增强器的分辨率比直径 230mm 的高。图像增强器的中心分辨率要求不低于 4.5lp/mm。目前，国产图像增强器的水平已能满足 X 射线实时成像的技术要求。图像增强器一般都配有光学镜头和电视摄像机。

3）摄像机和光学镜头。图像增强器输出端配有一组高清晰度的光学镜头，镜头后面配高清晰度的摄像机。试验表明：CCD 集成块式摄像机的效果比电子管式的摄像机好。CCD 摄像机的摄像靶像素阵列要求不低于 768×576。

4）计算机系统。X 射线实时成像技术之所以能达到目前实用的程度，在很大程度上得益于运用了计算机图像处理技术。如今计算机技术发展日新月异，为 X 射线实时成像技术的发展带来了全新的机遇。从目前计算机硬件水平来看，其基本配置要求主机推荐使用工业控制用微机。软件要求在 Windows 环境下，支持实时成像系统和图像辅助评定程序运行。

5）图像评定系统。通常在图像摄像系统之外，另配一台图像评定系统（计算机），用于图像的计算机辅助评定，当然图像摄像系统也可兼做评定用，只是工效低些。

（4）X 射线实时成像检测技术应用　X 射线实时成像检测技术目前已经被广泛地应用到铸铁铸铝、汽车零部件、轮胎轮毂、压力容器、航空航天、锂电池、电子制造业、集成电路、半导体、太阳能光伏、LED、连接器、公共安全等领域。

铸造企业可以依托 X 射线实时成像技术，促进自身的质量控制和提升。利用实时成像系统中的图像处理模块对图像灰度等级进行算术运算和处理，将所采集的图像数字化处理，提高图像的清晰度，从而提高缺陷检出灵敏度。同时对检测工件灵活编程，设计计算机自动识别图像，更大程度地提高智能化缺陷判定，减少人工肉眼评片的误差，更加精准高速地实现射线实时成像在检测业中的使用优势，为产品质量“保驾护航”。

随着计算机技术、图像处理技术、电子技术的飞速发展，实现数字化、图像化、智能化、实时化的 X 射线实时成像系统的普及将成为 X 射线无损检测的必然趋势。

7. 数字射线检测技术

目前，图像增强器射线实时成像检测的灵敏度已基本上满足了工业检测的需求，在中等厚度范围其灵敏度已接近胶片射线照相水平。而数字射线检测技术（digital radiography，简称 DR）也称数字射线实时成像技术，其图像质量比图像增强器射线实时成像系统的图像质量高得多，灵敏度也高很多，基本达到胶片射线照相的水平。

数字射线检测技术是在计算机和辐射探测器发展的基础上，建立起来的可获得数字化图像的射线检测技术。获得数字射线检测图像是数字射线检测技术的基本特征。数字射线检测技术因其探测效率高、辐射剂量小、成本低等诸多优点而成为未来射线检测技术的发展趋势。

运用数字射线检测技术，可以建立射线检测技术工作。在检验工作现场，完成图像采集并将图像传输到工作站中心。在工作站中心完成检测后期工作，并可与其他工作站或有关部门联系，实现信息交换等。大型高速计算机系统的出现，伴随着功能强大的图像处理软件和固态射线探测器的发展，使得数字图像和实时射线检测更有吸引力和可行性，从而促进了数字射线检测技术在航空航天和其他工业领域的应用。图像对比度的增强、空间滤波和其他的图像处理均通过数字计算的方法来完成，固态射线探测器提供了很宽的动态范围。数字射线检测技术避免了多种胶片照相技术中的弊病和不足。数字射线检测结合功能强大而又灵活的图像处理软件，提供了值得人们注意甚至超过胶片效果的检测图像质量。数字射线图像具有很高的对比灵敏度，它与实时成像检测图像极其相似。对比灵敏度的高低因射线探测器的类型不同而有所改变，目前检测图像的对比度可高达 65000 种级别的灰度。

从 20 世纪 90 年代后，不断进行了数字射线检测技术工业无损检测应用的研究，已经取得了重要成果，一些有关数字射线检测技术的标准相继制定，为工业无损检测应用提供了基础。数字射线检测技术还在发展中，已经出现了适应数字射线检测技术的新型射线管。数字射线检测技术在无损检测领域将获得更广泛的应用。

（1）数字射线检测技术的分类及特点　数字射线检测技术的物理基础没有改变，它仍是以射线吸收规律为基本原理的射线检测技术。对数字射线检测技术，初始检测信号与常规胶片射线照相检验技术相同，仍然是物体对比度。这些关系构成了数字射线检测技术的控制基础。目前在工业无损检测技术中，实际应用的数字射线检测技术主要是直接数字化射线检测技术和间接数字化射线检测技术。直接数字化射线检测技术是指采用分立辐射探测器完成射线检测的技术，这种技术在辐射探测器中同时完成射线探测、转换和图像数字化过程，直接给出数字化的射线检测图像。间接数字化射线检测技术是指图像的数字化过程需要作为单独技术环节完成的射线检测技术。

与常规胶片射线照相检测技术比较，数字射线检测技术采用辐射探测器代替胶片，来完成射线信号的探测和转换；采用图像数字化技术，获得数字检测图像。

由于数字射线检测技术是采用像素尺寸较大的辐射探测器探测和转换射线信号，然后通过图像数字化技术获得数字检测图像，图像的空间分辨率成为必须考虑的质量指标，所以关于图像质量指标必须同时设置对比度与空间分辨率。根据常规线型像质计或阶梯孔型像质计的像质值要求，控制的主要是检测图像的对比度，双丝像质计测定值则要求控制检测图像的空间分辨率（不清晰度）。

最初，比较强调直接获得数字化图像的射线检测技术，但现在，已演变成可获得数字化图像的全部射线检测技术。目前数字射线检测技术可分成三个部分：直接数字化射线检测技术、间接数字化射线检测技术、后数字化射线检测技术。直接数字化射线检测技术是采用分立辐射探测器（DDA）完成的射线检测技术；间接数字化射线检测技术是指图像的数字化过程要采用独立单元，以单独技术环节完成的数字射线检测技术；后数字化射线检测技术是采用图像数字化扫描装置将射线照相底片图像转换为数字图像的技术。当使用缩写“DR”时，通常表示的是直接数字化射线检测技术。此外，可认为 CT 技术、CST 技术（康普顿散射层析成像技术）是特殊的数字射线检测技术，可称为层析数字化射线检测技术，是特殊的直接数字化射线检测技术。

（2）数字射线检测技术的 X 射线接收系统　数字射线检测主要有以下五种类型的 X 射线接收系统：

1）X 射线图像增强系统。X 射线图像增强器（Ⅻ）系统广泛应用于医疗和工业的射线检测等领域。图像增强器系统的真空管利用对 X 射线敏感的荧光屏，将不可见的 X 射线光子图像转换为可见光光子图像，然后通过光电阴极的作用将可见光光子图像转换为相应的电子。该电子通过几千电子伏的电压加速并聚焦于荧光输出屏，从而又形成可见光图像。该图像可通过电视摄像机系统来观察。

2）线阵扫描系统。该系统主要利用 X 射线闪烁体材料，如单晶的 $CdWO_4$ 或 CsI 直接与光电二极管相接触制作而成（LDA）。单晶体被切成很小的小块，形成图像中离散的像素。工件存在于扇形区域内的部分由接收系统进行行扫描，并由计算机重建由行扫描所形成的行一行图像。通过校准扇形/探测器系统能够明显地减少射线的分散程度，并将生成非常精确的图像。

3）光纤 CCD 系统。光纤闪烁体（fiber-optic scintillator，简称 FOS）面板被用于检测 X 射线，它是由若干条发光光纤芯组成的。光纤芯在面板直径方向的尺寸为 10~20mm，目前系统的空间分辨率可达到 221p/mm 以上，动态范围可达 65000：1。X 射线使光纤前端的闪烁体发光，每根光纤将其导入面板表面，形成非常清晰的整合图像，可直接与 CCD 阵列相结合来摄取图像，FOS/CCD 的组合使其具有很高的射线接收率，与典型的线阵扫描系统相比，大大缩短了射线接收时间。这种系统可制作得非常轻便，可应用于扫描检查凹凸不平的大型飞行器的结构部分。

4）非晶硅探测器。非晶硅探测器是一种新的面板式的图像检测设备。其面板本身由 amSi（amorphous silicon）或 amSe（amorphous Selenium）等非晶材料制作而成，在 X 射线辐射场的作用下，这种材料内部本身可直接激发出电子，该电子可直接被收集和处理，或者利用闪烁体材料进一步加强传感器对 X 射线的感应。

由于薄膜型的晶体管阵列的突破性进展，近年来非晶硅探测器，得到了快速发展。先进的非晶硅探测器能够生成比特的图像，具有 65000 种以上的灰度级别，可以达到足够的分辨率水平以满足广大工业领域的需求，已经生产的几种尺寸的探测器的分辨率达到了 51p/mm。非晶硅探测器可应用于在线的印制电路板检查、飞机机身裂纹的检查、管线和焊接领域的无损检测、核废料检测、中子照相，以及 X 射线断层成像（XCT）等。

5）X 射线荧光/真空微光摄像系统。这种系统不需要图像增强装置，对 X 射线敏感的荧光材料也不需要真空管，而是直接制作成射线探测器。通过 Tb 活化 GaO 材料，使荧光屏对 X 射线具有很高的吸收率，从而利用性能优越的摄像机系统来提高整体的性能。该系统可应用分流直像管摄像机。

图像质量是衡量图像处理和图像记录性能的重要指标。数字化射线检测的图像质量可以定义为反映 X 射线在检测工件中衰减的空间分辨能力。实际应用中，多种因素可降低图像质量，这些因素主要包括：射线管的焦点尺寸、几何和空间分辨率、散射线、屏和探测器的吸收和反射效果、工件的稳定性。

（3）数字射线检测技术的应用　与胶片照相术相比，数字射线检测技术不需要胶片的暗室处理，缩短了曝光时间，增大了图像的动态范围并对图像进行数字化，而且在其检测的实时性和对曝光时间的宽容性等方面，都为野外现场作业创造了条件。近年来的应用表明，数字射线检测技术发挥着越来越重要的作用。

目前市场上颇有竞争力的数字射线检测产品主要采用非晶硒和非晶硅平板探测器，两者都能在光电导体材料中直接吸收射线，然后将射线数字化并输入计算机，同时两者都能提供较高的检测效率。

8.1.2 超声检测

1. 超声波产生与接收

产生超声波的方法有机械法、热学法、电动力法、磁滞伸缩法和压电法等。其中压电法最为简单，且用较小功率就能产生很高频率的超声波。另外，利用压电原理制造的探测仪结构灵巧，使用方便，工作频率范围可满足各种检测要求。因此，检测中普遍采用压电法产生超声波。

压电法利用压电晶体来产生超声波。压电晶体具有压电效应。由压电晶体切割成的晶片在受到拉应力或压应力作用而发生体积上变化的同时，会在晶片两表面产生不同极性的电荷，如图 8-24a 所示；晶片受电信号激励，会在厚度方向产生伸缩变形的机械振动，如图 8-24b 所示。前者称为正压电效应，后者称为逆压电效应。

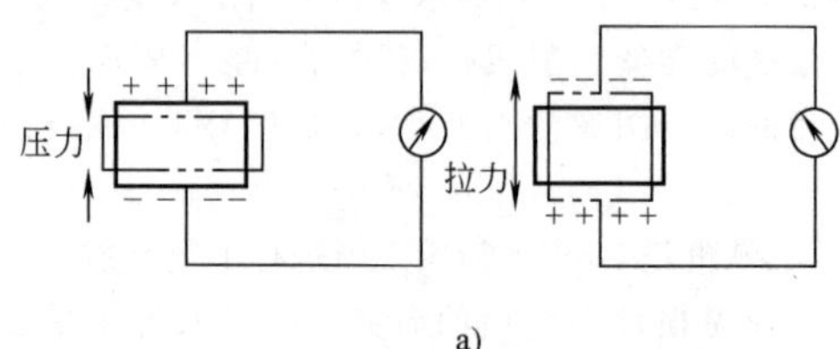

a)

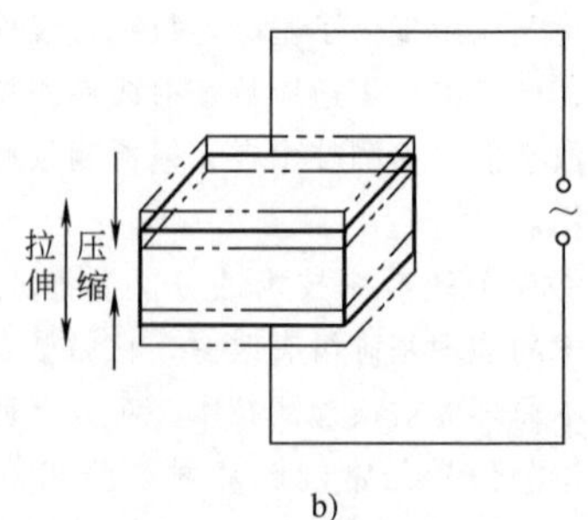

b)

图 8-24　压电效应

a）正压电效应　b）逆压电效应

超声波的产生和接收是利用超声波探头（也称

为换能器）中压电晶片的压电效应来实现的。由超声检测仪产生的电振荡以高频电压的形式加在探头中压电晶片两面电极上，由于逆压电效应晶片在厚度方向产生伸缩变形的机械振动，若压电晶片与被检测物表面有良好耦合，机械振动就以超声波形式传播进入被检工件，这就是超声波的产生。反之，当探头中晶片受超声波（遇到异质界面反射回来的超声波）的作用而发生伸缩变形时，正压电效应又会使晶片两表面产生不同极性电荷，形成超声频率的高频电压，这就是超声波的接收（高频电压以回波电信号形式经超声检测仪的示波屏显示）。

2. 超声波性质

（1）良好的指向性

1）直线性。超声波的波长很短（毫米数量级），它在弹性介质中能像光波一样沿直线传播，并符合几何光学规律。由于声速对固定介质来说是个常数，因此根据传播时间就能求得传播距离，此点为超声检测缺陷定位提供了依据。

2）束射性。声源（压电晶片）产生的超声波能集中在一定区域（超声场）定向辐射。以圆形压电晶片在液体介质中以脉冲波形式发射的纵波超声场为例，如图 8-25 所示。

分析表明：

① 超声波能量主要集中在 2θ 以内的锥形区域内，如图 8-25a 所示。θ(称为半扩散角）愈小，声束指向性愈好。超声波能量愈集中，检测灵敏度愈高，分辨力愈高，定位也愈精确。

$$\theta=\arcsin 1.22(\lambda/D)$$

式中　λ——超声波波长（mm）；

D——压电晶片直径（mm）。

在超声检测中，压电晶片尺寸一般都数倍于波长，因此产生的超声波具有束射性。波长愈短（或超声频率愈高），压电晶片尺寸愈大，则声束指向性愈好。

② 从图 8-25b 可看出：在距压电晶片表面距离 N 内，声源轴线上的声压具有多个极大值，这个区域在声学上被称为声源的近场区。最后一个声压极大值至声源的距离 N 称为近场长度（mm），其值可由下式求得

$$N\approx\frac{D^2}{4\lambda}$$

式中　D——压电晶片直径（mm）；

λ——超声波波长（mm）。

在大于近场区长度以外的区域称为远场区，声压随距离增加而单调减小。

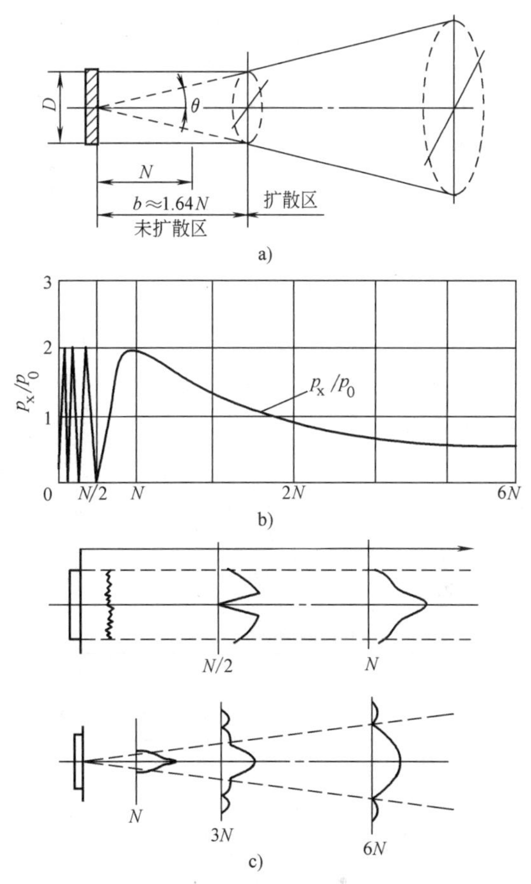

图 8-25　圆盘源超声场

a）声束未扩散区与扩散区（N—近场长度）

b）轴线上声压分布　c）纵截面声压分布

若使用近场区检测，可能会发生即使是小缺陷若正好处于某个声压的极大值下，也会得到较高的反射回波；而大缺陷若正好处于某个声压的极小值下，也只能得到较小的反射回波，甚至会没有回波，这样一来很容易造成缺陷的漏检、误判，所以在超声检测中，近场区不能被用于检测。

③ 在近场区内，声压不仅沿轴线有极小到极大值的交替变化，从图 8-25c 可以看出：声压在声场横截面上的变化也很复杂。在轴线声压为零（如 $x=0.5N$ 处，其中 x 是距压电晶片表面的距离）的横截面上，偏离轴线的各点声压并非都为零，而有一定的起伏变化。在远场区，声压变化比较单纯，各横截面中心声压最高，偏离中心轴线的声压逐渐降低。

④ 未扩散区（图 8-25a 中 $b\approx1.64N$）内，波阵面近似平面，声场可以看成平面波声场，平均声压基本不变。扩散区的主声束可以被看成直径为 D 的截头圆锥体。当 $x\geqslant3N$ 时，声束按球面波规律扩散。

（2）能在弹性介质中传播而不能在真空中传播　超声波通过介质时，按照介质质点振动方向与波的传播方向间相互关系，可分为纵波、横波、表面波和板波等。各种类型超声波的主要特点和常见材料的声学特性及有关物理参数见表 8-16 和表 8-17。

应该注意，由于金属介质中能够通过不同传播速度的不同波型，因此对金属进行检测时必须选择所需超声波类型，否则会使回波信号发生混乱而得不到正确的检测结果。

表 8-16　各种类型超声波的主要特点

<table>
<tr><th colspan="2">波　型</th><th>定　义</th><th>传播介质</th><th>声速 $C/(m/s)$</th><th>主要应用</th></tr>
<tr><td colspan="2">纵波(L)</td><td>质点振动方向与声波在介质中传播方向一致</td><td>固体、液体、气体</td><td rowspan="5">$C_L=\sqrt{\frac{E}{\rho}\frac{1-\nu}{(1+\nu)(1-2\nu)}}$
$C_S=\sqrt{\frac{E}{\rho}\frac{1}{2(1+\nu)}}$
$C_R=\frac{0.87+1.12\nu}{1+\nu}\cdot\sqrt{\frac{E}{\rho}\frac{1}{2(1+\nu)}}$
$C=f\lambda$
$C_L>C_S>C_R$
式中　E——弹性模量(MPa)
ν——泊松比
ρ——密度(g/cm^3)
f——频率(MHz)
λ——波长(mm)</td><td>钢板、锻件、焊缝检测</td></tr>
<tr><td colspan="2">横波(S)</td><td>质点振动方向垂直于声波传播方向</td><td>固体</td><td>焊缝、钢管检测</td></tr>
<tr><td colspan="2">表面波
(瑞利波 R)</td><td>质点作椭圆运动,长轴垂直于声波传播方向,短轴平行于声波传播方向</td><td>固体表面,深度约为一个波长范围</td><td>钢板、钢管、锻件、复杂工件表面检测</td></tr>
<tr><td rowspan="2">板波(兰姆波)①</td><td>对称型
(S 型)</td><td>上下表面质点作椭圆振动且相位相反,中心面上质点作纵向振动</td><td rowspan="2">固体,厚度与波长相当的薄板整体参与传声</td><td rowspan="2">薄板、薄壁钢管(δ<6mm)等检测</td></tr>
<tr><td>非对称型
(A 型)</td><td>上下表面质点作椭圆振动且相位相同,中心面上质点作横向振动</td></tr>
</table>

① SH 波也是板波一种，因应用较少，未列入表中。

表 8-17　常见材料的声学特性及有关物理参数

材料	C_L/(m/s)	C_S/(m/s)	C_R/(m/s)	λ_L/mm			$Z(=\rho C_L)$/[10^2g/(cm^2·s)]	ρ/(g/cm^3)	ν
				1.25MHz	2.5MHz	5MHz			
钢	5880~5950	3230	—	4.7	2.36	1.18	4.53	7.7	0.28
铝	6260	3080	—	5.0	2.53	1.26	1.69	2.7	0.34
有机玻璃	2720	1460	1200	2.18	1.09	0.55	0.321	1.18	0.324
环氧树脂	2400~2900	1100	—	—	—	—	0.27~0.36	1.1~1.25	—
变压器油	1390	—	—	1.11	0.56	0.28	0.133	0.96	—
全损耗系统用油	1400	—	—	—	—	—	0.128	—	—
水玻璃(38%容积)	1720	—	—	—	—	—	0.217	1.26	—
甘油(100%)	1880	—	—	—	—	—	0.238	1.27	—
水(20℃)	1480	—	—	1.18	0.59	0.3	0.148	1.0	—
空气	344	—	—	—	—	—	0.00004	0.0013	—
钢中横波波长 λ_s/mm				2.58	1.29	0.65	—		

超声检测中常把空气当作真空处理，也就是说超声波是不能通过空气传播的。

（3）界面的透射、反射、折射和波型转换　超声波从一种介质入射到另一种介质时，经过异质界面时将会产生以下几种情况：

1）垂直入射异质界面时的透射、反射和绕射。如图 8-26 所示，当超声波从第一种介质垂直入射到第二种介质上时，其能量的一部分被反射而形成与入射波方向相反的反射波，其余能量则透过界面产生与入射波方向一致的透射波。超声波反射能量 $W_{反}$ 与入

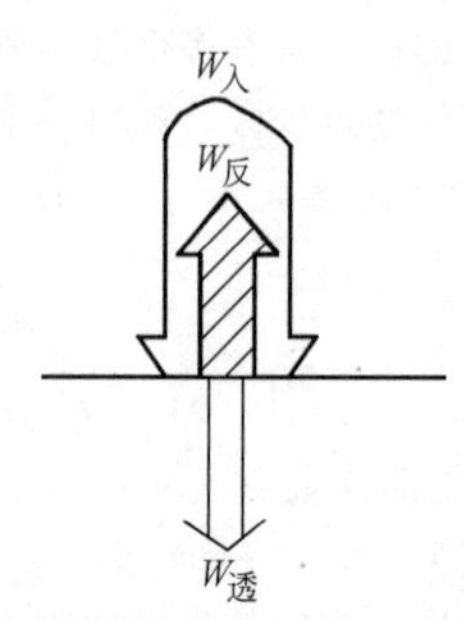

图 8-26　超声波垂直入射异质界

射能量 $W_{入}$ 之比称为超声波能量反射系数，即 $K=W_{反}/W_{入}$。异质界面的反射系数 K 值见表 8-18。

表 8-18　异质界面的反射系数 K

异质界面	K(%)
钢—钢	0
钢—有机玻璃	77
钢—变压器油	81
钢—水	88
钢—空气	100
有机玻璃—变压器油	17
有机玻璃—空气	100

从表 8-18 中可以看出：固—气界面 $K\approx100\%$，因而良好的耦合是超声检测时的一个必要条件。反射系数 K 的大小仅决定于构成异质界面的两种介质声阻抗 Z 之差，差值愈大，K 值愈大，而与哪种介质为第一介质无关。

当界面尺寸 d_f 很小时，超声波将能绕过它继续前进，即产生所谓的绕射，如图 8-27 所示。由于绕射使反射回波减弱，超声检测中能探测到的最小缺陷尺寸为 $d_r=\lambda/2$。显然要探测更小缺陷，就必须提高超声波频率。

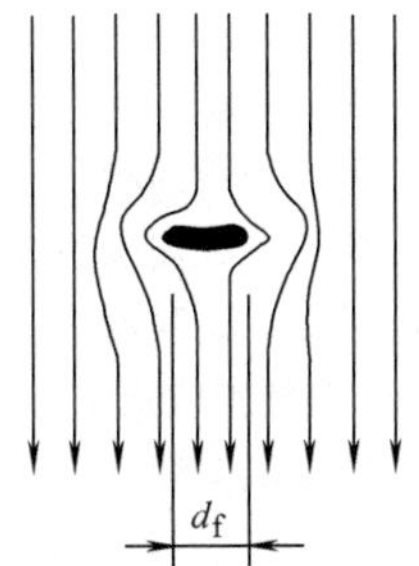

图 8-27　超声波绕射

2）倾斜入射异质界面时的反射、折射、波型转换。超声波由第一种介质倾斜入射到第二种介质时，在异质界面上将会产生波的反射、折射和波形的转换。图 8-28 所示为超声波纵波倾斜入射的反射与折射。不同波型入射角、反射角、折射角的关系遵循几何学原理：

$$\frac{\sin\alpha}{C_L}=\frac{\sin\alpha_L}{C_{L1}}=\frac{\sin\alpha_S}{C_{S1}}=\frac{\sin\gamma_L}{C_{L2}}=\frac{\sin\gamma_S}{C_{S2}}$$

式中　C_L、C_{L1}——介质Ⅰ的纵波声速（m/s）；
C_{S1}——介质Ⅰ的横波声速（m/s）；
C_{L2}——介质Ⅱ的纵波声速（m/s）；
C_{S2}——介质Ⅱ的横波声速（m/s）；
α——纵波入射角（°）；
α_S——横波反射角（°）；
α_L——纵波反射角（°）；
γ_L——纵波折射角（°）；
γ_S——横波折射角（°）。

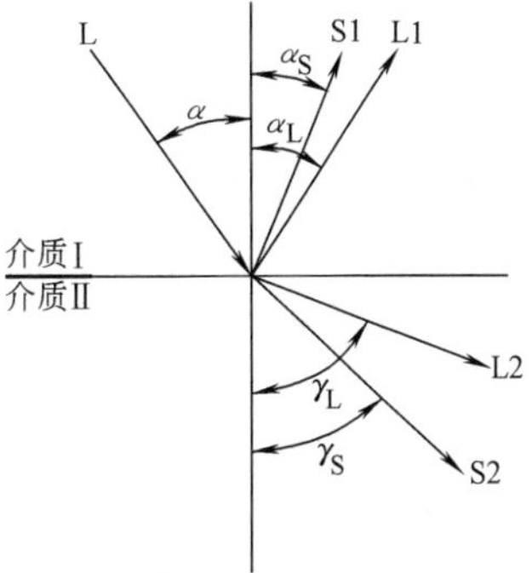

图 8-28　超声波纵波倾斜入射的反射与折射

从上式可以看出：随纵波入射角 α 增大，反射角 α_L、α_S 和折射角 γ_L、γ_S 都增大。在同一种介质中，$C_L>C_S$，所以 $\alpha_L>\alpha_S$。从图 8-28 可看出：随 α 进一步增加到某一角度时，γ_L 可达到 90°，即在第二种介质内只有折射的横波存在。这时的纵波入射角称内第一临界角，记作 α_{1m}。若继续增大 α，则可使 γ_S 达到 90°，这时的纵波入射角称内第二临界角，记作 α_{2m}。此时，在第一介质和第二介质的界面上产生表面波的传播。

由第一临界角和第二临界角物理意义可知：

① 当 $\alpha<\alpha_{1m}$ 时，第二种介质中同时存在折射纵波和折射横波，这在超声检测中不采用。

② 当 $\alpha_{1m}\leqslant\alpha<\alpha_{2m}$ 时，第二种介质中仅存在有折射横波，这是常用超声检测斜探头设计的原理和依据。

③ 当 $\alpha\geqslant\alpha_{2m}$ 时，第二种介质中既无折射纵波也无折射横波，但在第二介质表面存在表面波，这是表面波探头设计的原理和依据。

（4）具有穿透物质和在物质中衰减的特性　超声波的声能（声强）与频率的平方成正比，一般检测用的超声波所用频率常大于 1MHz，所以超声波具有比射线更强的穿透能力，尤其是在钢等金属材料中，传输损失少，传播距离大（一般可达数米远），这是其他检测方法不能比拟的。

超声波在介质中传播衰减的原因有三点：

1）散射引起的衰减。超声波在介质中遇到声阻抗不同的界面（例如不均匀和各向异性的金属晶粒界面），会在界面上产生散乱反射、折射和波型转换，从而损耗声波的能量，这种衰减称为散射衰减。在金属中散射程度取决于晶粒大小与超声波波长之比。晶粒尺寸愈大，频率愈高，散射引起的衰减愈厉害。当波长 λ 与晶粒平均尺寸 d 比值约为 3 时，其衰减量最大。

2）吸收引起的衰减。超声波传播时，介质质点间产生相对运动，相互摩擦使部分声能转化为热能引起衰减。在液体介质中吸收衰减是主要的，但对于金属材料来说，吸收衰减几乎可以略去不计。

3）声束扩散引起的衰减。随超声波传播距离的增加，声束截面增大使单位面积上的声能减小。

在金属材料的超声波检测中，主要考虑散射引起的衰减，其规律为

$$p_x = p_0 e^{-\alpha x}$$

式中　p_x——离压电晶片表面为 x 处的声压（Pa）；

p_0——超声波原始声压（Pa）；

e——自然对数的底；

α——金属材料散射衰减系数（dB/m）；

x——超声波在材料中传播的距离（m）。

上式表明，声压按负指数规律衰减。散射衰减系数 α 与频率 f、晶粒平均尺寸 d 及各向异性系数 F 有关。当 d 远远小于 λ 时，α 与 f^4、d^3 成正比。因此，在检测晶粒较粗大的工件时，为减少散射衰减常选用较低的工作频率。可淬硬钢的焊缝检测也建议在调质热处理晶粒得到细化后进行。

3. 超声检测方法

超声检测方法分类如下：

1）按原理分为脉冲反射法、穿透法、共振法。

2）按回波显示方式分为 A 型、B 型、C 型和 3D 显示。

3）按波型分为纵波法、横波法、瑞利波法。

4）按所用探头个数分为单探头法、双探头法、多探头法。

5）按耦合方式分为直接接触法、液浸法。

（1）脉冲反射法　该方法是超声检测中应用最广的方法。其原理是将一定频率间断发射的超声波（一般称为脉冲波）通过一定介质（一般称为耦合剂）的耦合传入工件。超声波在工件中传播，遇到异质界面（缺陷或工件底面）时，超声波将产生反射，反射波（一般称为回波）被超声检测仪接收并以电脉冲信号形式在检测仪的示波屏上显示出来，由反射回波判断有无缺陷，进而进行缺陷的定位和缺陷的定量。

（2）A 型、B 型、C 型和 3D 显示

1）A 型显示。超声检测仪示波屏上的纵坐标代表反射波回波的振幅，横坐标代表超声波的传播时间（或传播距离）。反射波幅的高低与接收的电信号大小有关，电信号大小取决于接收反射回波声能的大小。反射回波声能大小又与缺陷反射面的尺寸和形状有一定关系，因此可利用反射回波幅度间接对缺陷作出定量评价。由于示波屏上的水平扫描线（横坐标）的长短与扫描电压有关，而扫描电压与时间成正比，因此依据反射回波（缺陷反射回波 F 或工件底面反射回波 B）在扫描线上的位置即能计算出超声波的传播时间，也就是计算出超声波传播距离，对缺陷进行定位。

2）B 型显示为缺陷侧视图像显示。它是脉冲回波超声平面成像的一种。它以亮点显示接收信号，以超声检测仪示波屏面代表由探头在工件检测面上的移动线和声束所决定的截面。纵坐标代表超声波的传播时间（或距离），横坐标代表探头的水平位置。它可以显示缺陷在横截面上的二维特征。完成这种显示的探头动作方式称为 B 扫描。

3）C 型显示为缺陷俯视图像显示。它是脉冲回波超声平面成像的一种。它以亮点或暗点显示接收信号。超声波示波屏面所表示的是被检测工件某一深度上与声束相垂直的一个平面投影像（一幅画面只能显示同一深度上不同位置的缺陷）。完成这种显示的探头动作方式称为 C 扫描。为保证成像精度，一般采用水浸法检测。早期 C 型显示只能检测出缺陷的长度和宽度（水平像），而无法测出其埋藏深度，现改成彩色显示屏则可以用不同颜色表示埋藏深度。

4）3D 显示为缺陷三维图像显示。B 型显示和 C 型显示的不足之处是对于缺陷的深度和空间分布不能一次记录成像，而 3D 技术能把 B 型和 C 型显示相结合产生一个准三维的投影图像，同时能显示出缺陷在空间的特征。

（3）直接接触法　它是使探头直接接触工件进行检测的一种方法。应用直接接触法应在探头和被检工件之间涂一层耦合剂，作为传声介质。常用的耦合剂有全损耗系统用油、变压器油、甘油、化学糨糊、水玻璃和水等。由于探头与工件表面之间的耦合剂很薄，因此可以把探头看作与工件直接接触。直接接触法又分为垂直入射和斜角入射两种基本方法。直接接触法主要采用 A 型（显示）脉冲反射法工作原理。由于操作方便，检测图形简单，判断容易且灵敏度高，因此该方法在实际生产中得到最广泛应用。但该方法对工件探测面的表面粗糙度有较高要求，一般 Ra 在 6.3μm 以下。

1）垂直入射法（简称为垂直法）。由于是采用直探头将纵波垂直入射工件检测面来进行检测，故又称为纵波法，如图 8-29 所示。垂直法检测能发现与检测面平行或近似平行的缺陷，适用于厚材料（如

钢板）和几何形状较简单的轴类、轮类工件。

2）斜角入射法（简称为斜射法）。由于是采用斜探头将折射横波倾斜入射工件检测面来进行检测，故而又称为横波法，如图 8-30 所示。

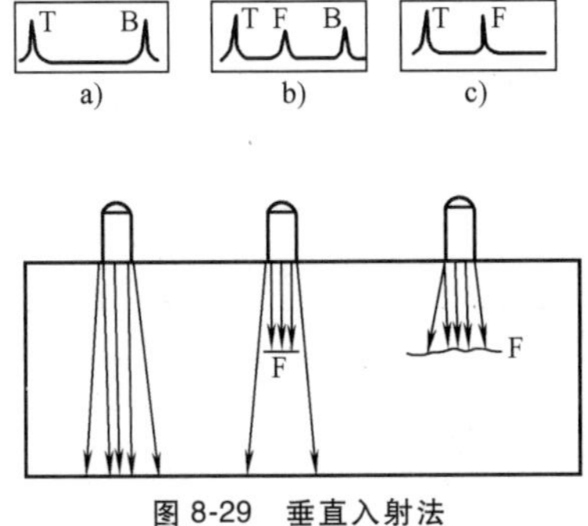

图 8-29　垂直入射法

a）无缺陷　b）小缺陷　c）大缺陷

T—始波（工件与探头接触面反射波）

B—底波（工件底面反射波）　F—缺陷波

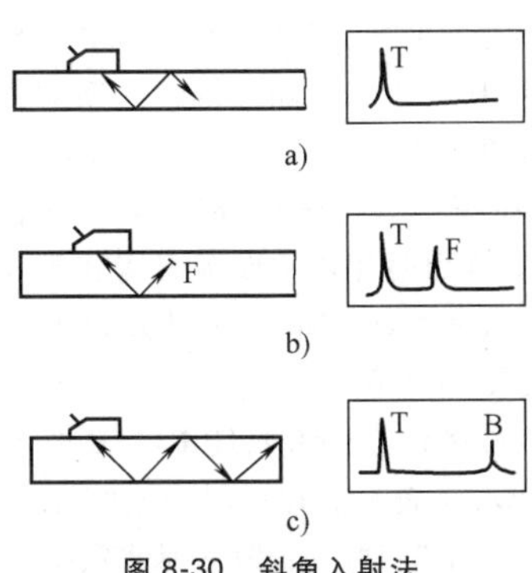

图 8-30　斜角入射法

a）无缺陷　b）有缺陷　c）接近板端

T—始波　B—底波　F—缺陷波

斜角入射法能发现与检测表面成角度的缺陷，常用于焊缝、环形锻件、管材的检测。

（4）液浸法　该方法是将工件和探头头部浸在耦合剂中，探头不接触工件的探测方法。根据工件和探头浸没方式，分为全没液浸法、局部液浸法和喷流式局部液浸法等。液浸法具有探头不磨损、声波的发射和接收比较稳定、易于实现检测过程自动化，以及可明显提高检查速度的优点，常用于坯材、型材自动检测，焊缝的精密检测。液浸法的主要缺点是需要液槽、探头桥架、探头移动操纵装置等辅助设备。用水作耦合剂称为水浸法，探头常用聚焦探头（水浸聚焦超声检测）。

4. 超声检测设备

超声检测仪、探头和试块是超声检测的重要设备。

（1）探头　探头又称为压电超声换能器，是实现电能与声能相互转换的器件。常采用的探头有直探头、斜探头、水浸聚焦探头和双晶探头。

1）直探头。声束垂直于被检工件表面入射的探头称为直探头，可发射与接收纵波，其结构如图 8-31 所示。

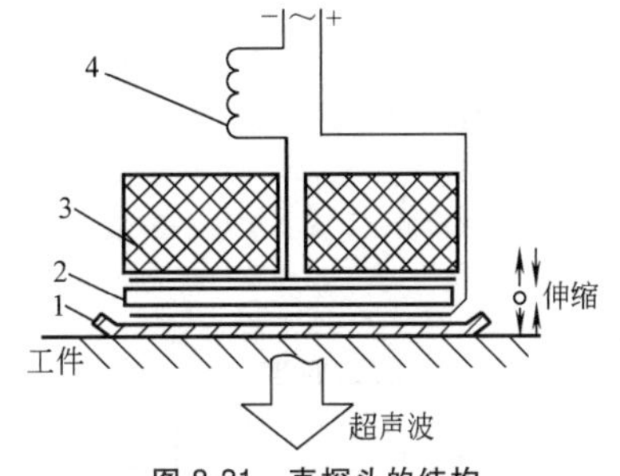

图 8-31　直探头的结构

1—保护膜　2—压电晶片　3—吸收块　4—匹配电感

保护膜的作用是使压电晶片免于和工件直接接触受磨损，材料有耐磨橡胶、塑料、环氧树脂、不锈钢片、刚玉片等。

压电晶片由压电材料切割成薄片制成。材料分单晶（石英、硫酸锂、碘酸锂等）和多晶（钛酸钡、钛酸铅、锆钛酸铅等压电陶瓷）两大类。晶片表面敷有很薄一层银层作电极，“负”极引出导线接检测仪的发射端，“正”极接地。

吸收块又称为阻尼块，由环氧树脂、硬化剂（二乙烯三胺或乙二胺）、增塑剂（邻苯二甲酸二丁酯）、橡胶液和钨粉等组成并浇铸在“负”极上。其作用是吸收杂波，并使晶片在激励电脉冲结束后将声能很快损耗掉而停止振动，以便使晶片很快地能接收反射回波信号。

匹配电感（或电阻）对于压电陶瓷晶片制成的探头十分重要。加入与晶片并联的匹配电感（或电阻）可使探头与检测仪的发射电路匹配，以提高发射效率。

2）斜探头。利用透声斜楔块使声束倾斜于被检测工件表面入射的探头称为斜探头，其结构如图 8-32 所示。

斜楔块用有机玻璃制作，它与工件组成固定倾角的异质界面，使压电晶片发射的纵波的入射角满足 $\alpha_{1m} \leqslant \alpha < \alpha_{2m}$，在工件中仅存在折射横波传播。通常横波斜探头以折射角正切值标称：$K = \tan\gamma = 1.0$、1.5、2.0、2.5、3.0。有时也以折射角标称：$\gamma =$ 40°、45°、50°、60°、70°。

3）水浸聚焦探头。其结构如图 8-33 所示。声透

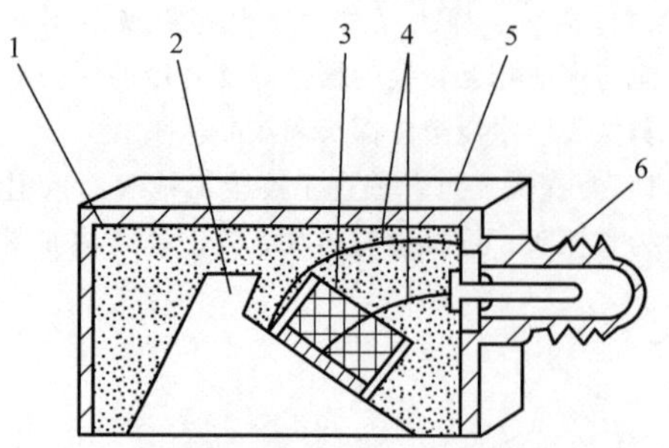

图 8-32　斜探头的结构

1—吸收块　2—斜楔块　3—压电晶片
4—内部电源线　5—外壳　6—接头

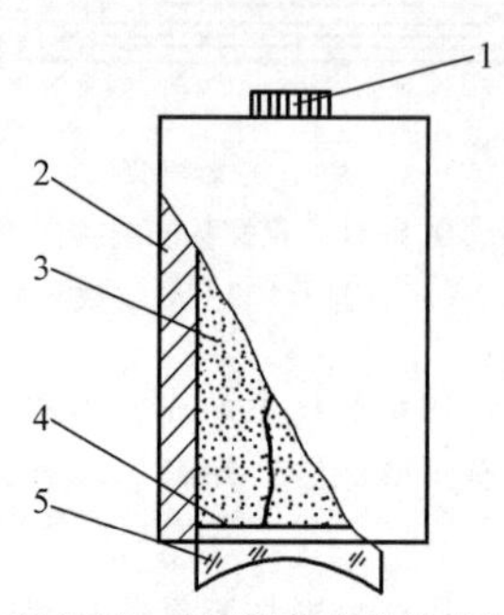

图 8-33　水浸聚焦探头的结构

1—接头　2—外壳　3—阻尼块
4—压电晶片　5—声透镜

镜由环氧树脂浇铸成球形或圆柱形凹透镜，根据声学折射定律可使声束聚成一点或一条线，前者为点聚焦探头，后者为线聚焦探头。

4）双晶探头。双晶探头又称为分割式 TR 探头。它内含两个晶片，分别为发射、接收晶片，中间用隔声层隔开，主要用于近表面检测和测厚。

5）探头型号由五部分组成，用一组数字和字母表示，其排列顺序如下：

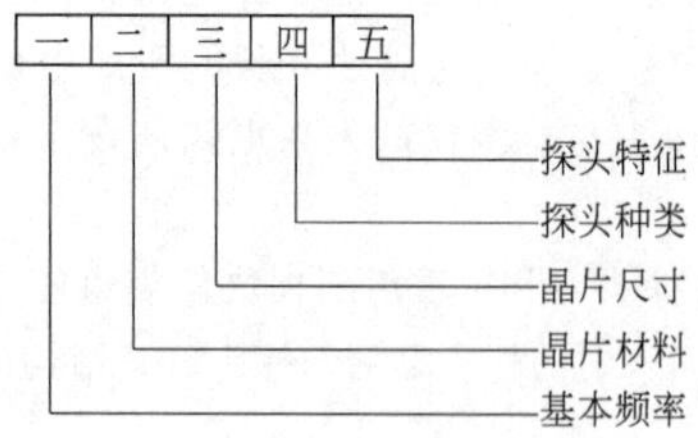

探头型号中，基本频率的单位常用 MHz；常用晶片材料代号见表 8-19；晶片尺寸的单位常用 mm，圆形晶片为晶片直径，方形晶片为晶片长×宽；探头种类用汉语拼音缩写字母表示，探头代号见表 8-20；探头特征：斜探头为 K 值或 γ，分割探头为被探工件中声束交区深度（mm），水浸探头为水中焦距（mm），点聚焦探头为 DJ，线聚焦探头为 XJ。

表 8-19　晶片材料代号

压电材料	代　号
锆钛酸铅陶瓷	P
钛酸钡陶瓷	B
钛酸铅陶瓷	T
铌酸锂单晶	L
碘酸锂单晶	I
石英单晶	Q
其他材料	N

表 8-20　探头代号

探头种类	代　号
直探头	Z
斜探头（用 K 值表示）	K
斜探头（用 γ 表示）	X
分割探头	FG
水浸探头	SJ
表面波探头	BM
可变角探头	KB

探头型号举例 1：2.5B20Z，其中 2.5 表示基本频率为 2.5MHz；B 表示晶片用钛酸钡陶瓷制成；20 表示圆晶片直径为 20mm；Z 表示直探头。

探头型号举例 2：5P6×6K3，其中 5 表示基本频率 5MHz；P 表示晶片用锆钛酸铅陶瓷制成；6×6 表示方形晶片尺寸 6mm×6mm；K 表示以 K 值表示的斜探头；3 表示 $K=3.0$。

探头型号举例 3：6I14SJ10DJ，其中 6 表示基本频率为 6MHz；I 表示晶片材料为碘酸锂单晶；14 表示圆形晶片直径为 14mm；SJ 表示水浸探头；10DJ 表示点聚焦，水中焦距 10mm。

（2）试块　按一定用途设计制作的具有简单形状人工反射体的试件称为试块。它是检测标准的一个组成部分，是判定检测对象质量的重要尺度。根据使用目的和要求，试块分标准试块和对比试块两大类。

1）标准试块是具有规定的材质、表面状态、几何形状与尺寸，可用以评定和校准超声检测设备的试块。标准试块通常由权威机构讨论通过，其特性与制作要求有专门的标准规定，如图 8-34 所示的国际焊接学会 IIW 试块，图 8-35 所示的美国 ASTM 铝合金标准试块。利用这两套试块，可以进行超声检测仪时基线性与垂直线性的测定，斜探头入射点、钢中折射角的测定，探头距离幅度特性和声束特性的测定，仪器探测范围的调整，检测灵敏度的调整等。

2）对比试块是以特定方法检测特定试件时所用的试块。它与受检件或材料声学特性相似，含有意义明确的参考反射体（平底孔、槽等），用以调节超声检测设备的状态，保证扫查灵敏度足以发现所要求尺

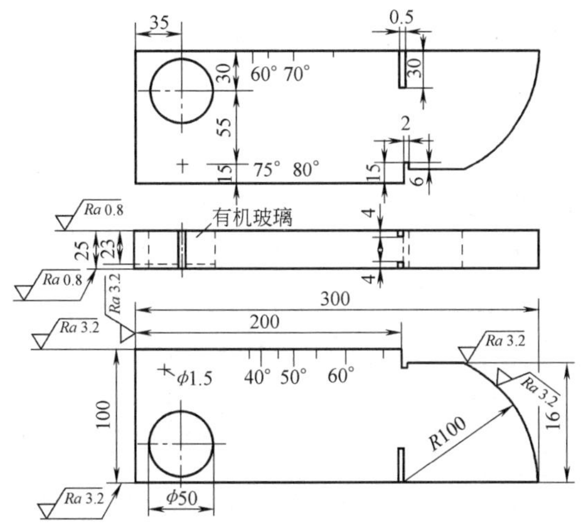

图 8-34　国际焊接学会 IIW 试块

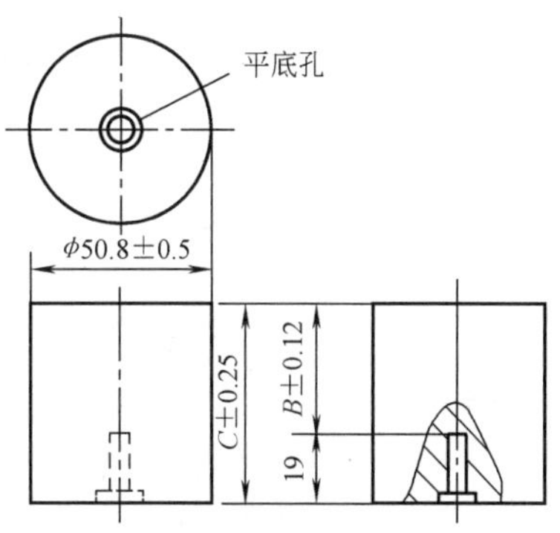

图 8-35　美国 ASTM 铝合金标准试块

寸与取向的缺陷，以及将所检出的缺陷反射信号与已知反射体所产生的信号相比较。图 8-36 所示为一些典型的对比试块。

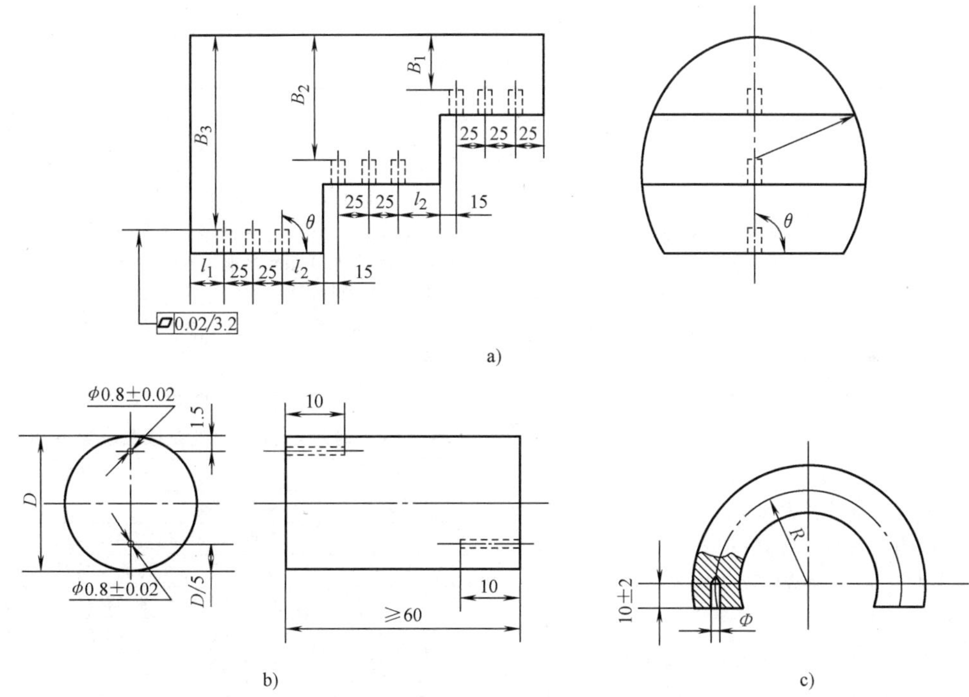

图 8-36　典型的对比试块

a）纵波柱面检验用对比试块　b）横波柱面检验用对比试块　c）圆筒形横波检验用对比试块

（3）超声检测仪　超声检测仪的主要功能是产生超声频率的电振荡，并以此来激励探头发生超声波（频率同电振荡频率）。同时，它又将探头送回的电信号进行放大、处理，并通过一定方式显示出来。

1）超声检测仪按超声波的连续性可分为脉冲波、连续波和调频波检测仪三种。由于后两种检测仪的灵敏度不及脉冲波检测仪的高，故而在焊缝检测中均不采用。

按缺陷显示方式可将探测仪分为 A 型显示、B 型显示、C 型显示和 3D 显示几种。

按超声波的通道数目可将探测仪分为单通道和多通道两种。前者由一个或一对探头工作；后者则由多个或多对探头交替工作，而每一通道相当于一台单通道检测仪，它适合于自动化检测。例如 BCST-9 型双通道超声检测仪和专为中厚钢板自动检测的 CTS-20 型 80 通道穿透式超声检测仪。

用于焊缝检测的超声检测仪有 CTS-22、CTS-26、JTS-5、JTSZ-1、CTS-3、CTS-7 型，它们均是 A 型显

示脉冲反射式单通道超声检测仪。

2）A 型显示脉冲反射式超声检测仪的工作原理如图 8-37 所示。接通电源后，同步电路产生的触发脉冲加至扫描电路并同时也加至发射电路。扫描电路接收触发脉冲后开始工作，产生锯齿波加至示波管水平（x 轴）偏转板上，使电子束发生水平偏转，从而在示波屏上产生一条水平扫描线（又称为时间基线）。与此同时，发射电路接收触发脉冲后产生的高频窄脉冲加至探头，激励探头中压电晶片振动而产生超声波。超声波通过探测表面的耦合剂导入工件并在工件中传播。在传播过程中，遇到异质界面（缺陷或工件底面）会发生反射，回波被同一探头（或一对探头中的接收探头）接收转为电信号（由压电晶片转换），经接收电路放大、检波后加至示波管垂直（y 轴）偏转板上，使电子束发生垂直偏转，在水平扫描线相应位置上产生始波 T、缺陷波 F、底波 B。通过始波 T 和缺陷波 F 之间的距离，便可确定缺陷离工件表面的距离，同时通过缺陷波的幅高可判断缺陷大小。

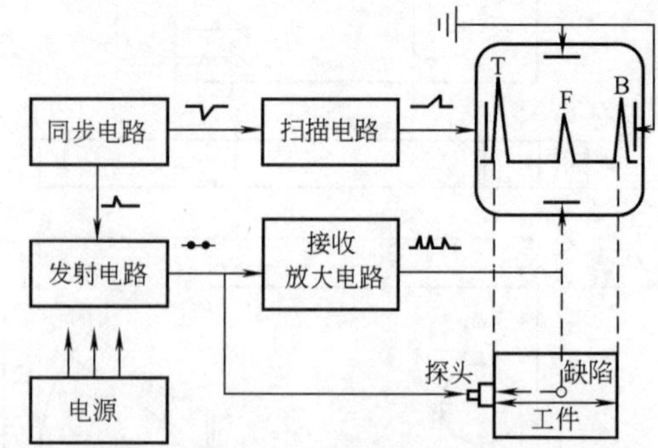

图 8-37　A 型显示脉冲反射式超声检测仪的工作原理

5. 超声检测中共性问题

（1）对受检件的要求　对受检件的要求见表 8-21。

表 8-21　对受检件要求

项目	要求内容
外形	1）一般应在机械加工之前进行检验 2）在不可能对未加工的外形复杂锻件进行最终超声检测的情况下，除对原材料进行检测、可能时对未加工锻件进行初步检测外，通常应在机加工到外形适合检测的各阶段进行必要部位的最终检测
表面状态	1）超声波进入面的表面粗糙度 Ra 一般应为 1.6~6.3μm（根据检验的质量要求而定），加工应采用圆头工具 2）有碍超声检测的任何表面缺陷（裂纹、氧化皮、折叠）或污垢均应采用经批准的方法予以清除 3）必要时应通过增添专门的工序，采用经批准的方法准备超声波检测面
材料状态	1）一般情况下应在供货的热处理状态下进行检测，如有可能，最终检测应在最终热处理之后进行 2）对于变形铝合金产品，应在产品的最终热处理之后进行 3）要求检出的最小缺陷与无关噪声信号的幅度比至少等于 6dB

（2）探头选择

1）探头形式选择。根据工件的形状和可能出现缺陷的部位、方向等选择探头形式，原则上应尽量使声束轴线与缺陷反射面垂直。

2）晶片尺寸选择。晶片尺寸增大，声束指向性好，声能集中，对探测有利。但同时，晶片尺寸大，近场区长度加大，又对探测不利。实际检测中，大厚度工件或粗晶材料检测宜采用大尺寸晶片探头，而较薄工件或表面曲率较大工件的检测，则宜选小尺寸晶片探头。

3）频率选择。频率高，检测灵敏度和分辨力较高且指向性也好，对检测有利；但同时，频率高又使近场区长度增大，衰减大，对检测不利。因此，对于粗晶材料、厚大工件的检测宜选用较低频率；对较细小晶粒材料、薄壁工件的检测，宜选用较高频率。

对于脉冲垂直入射纵波接触法，常用的频率范围见表 8-22。焊缝检测时，一般选用 2~5MHz 频率，推荐采用 2~2.5MHz。

表 8-22　脉冲垂直入射纵波接触法常用频率范围

频率范围/MHz	应　　用
0.025~0.1	粗晶材料
0.2~1	铸件、组织相当粗的材料，如铜、不锈钢
0.4~5	铸件、钢、铝及其他细晶材料
0.2~2.25	塑料和类似材料，如固体火箭燃料
1.25~10	金属的拉拔产品，如棒、管、型材
1~10	金属的锻件
1~5	轧制品，如金属薄板、中厚板、棒材、坯料
2.25~15	陶瓷
1~2.25	金属的焊缝

4）探头 K 值或角度选择。原则上根据工件厚度和缺陷方向选择，应尽可能使声束垂直于缺陷并能探测到整个工件厚度。

薄工件宜采用大 K 值斜探头，大厚度工件宜采用小 K 值斜探头。如果检测垂直于检测面的裂纹，斜探头 K 值愈大，声束轴线与缺陷反射面越接近于垂直，缺陷反射回波声压就越高，即灵敏度愈高。对有些要求比较严格的工件，检测时有必要采用多个具

有不同 K 值的斜探头，以便发现不同取向的缺陷。

（3）影响缺陷波波形的因素

1）耦合剂的影响。所选用的耦合剂种类不同，其声阻抗也不同，将产生不同的反射率和透过率。耦合剂与工件两者的声阻抗越接近，声能透过率越好，反射波越高。

另外，耦合剂的厚度对声波的透射也有很大影响。当耦合剂层厚度为波长的1/2整数倍时，反射波高度达到极大值。

2）工件的影响。工件表面粗糙度、内部组织、化学成分、形状都会影响反射波。

工件表面粗糙度值越低，工件表面越光洁，探头与工件接触越好，声波导入工件的能量就越多。

工件侧面形状对反射波形的影响如图8-38所示。图8-38a所示的情况是侧面反射波出现在底波之后，形成所谓迟到波。图8-38b所示的侧面是斜面，倾斜面对声波的反射降低底波的高度。图8-38c所示因侧面为阶梯形，阶梯的反射波便出现在底波之前。

工件底面形状的影响如图8-39所示。图8-39a所示是正常平底面反射情况。图8-39b所示是斜底面反射情况，由于反射而无底波出现。图8-39c所示是凹弧面反射情况，散射底波高度下降。图8-39d所示是凸弧面，因有聚声作用而使底波高度增加。

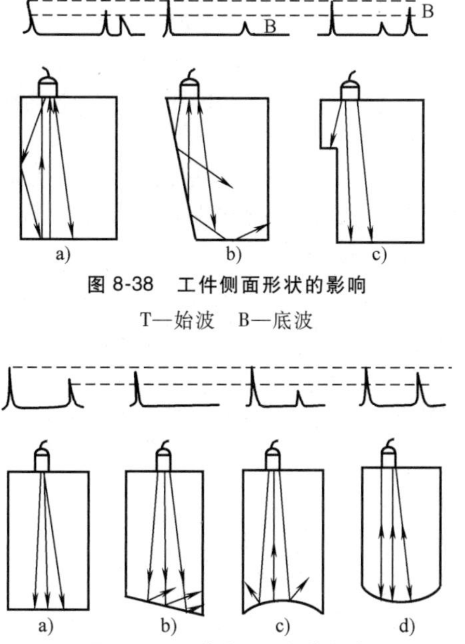

图8-38　工件侧面形状的影响

T—始波　B—底波

图8-39　工件底面形状的影响

工件探测面形状的影响如图8-40所示。当缺陷大小一样、底面和侧面也相同，但探头与工件接触面不同时，其缺陷反射波与底波之比相差很大。

3）缺陷的影响。缺陷反射波高度与缺陷的位置、形状、大小、方向以及内含物有关。①缺陷位置。随缺陷离探测面距离增加，缺陷反射波高度降低。②缺陷形状。在缺陷深度、投影面积相同时，平面比柱面的反射波高，而柱面又比球面的反射波高。超声波探测裂纹等平面状缺陷的灵敏度要高于探测气孔等球状缺陷的灵敏度。③缺陷大小。缺陷在相同深度下，不同大小缺陷其反射波高度变化如图8-41所示。由该图可见，当缺陷大到一定值时，反射波高便饱和，其原因是缺陷尺寸大于声束横截面或缺陷反射强度高于仪器显示能力。④缺陷与声束的相对方向。缺陷的反射面与声束垂直时，反射波最高；若倾斜时，反射波下降，当倾斜角大到一定程度时甚至无反射波存在。⑤缺陷内含物。缺陷包含的物质不同，将会有不同的声阻抗。缺陷的声阻抗与工件的声阻抗差别越大，则缺陷的反射率越大，缺陷反射波越高。气孔、缩孔因声阻抗较大，因而反射波高；夹渣、非金属夹杂的声阻抗与工件材料的声阻抗差较小，故反射波比相同反射面的气孔的反射波低。

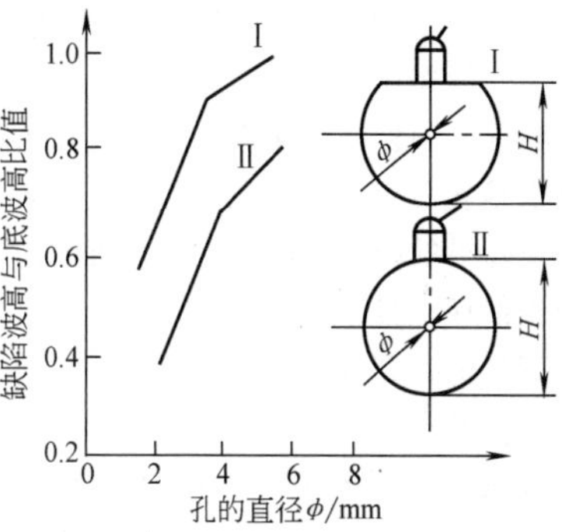

图8-40　工件探测面形状的影响

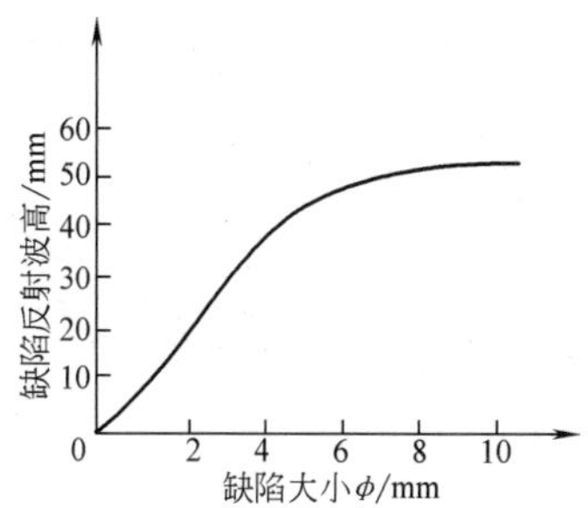

图8-41　缺陷波高度与缺陷大小关系

6. 其他超声检测技术

（1）超声波衍射时差法检测技术

1）TOFD的定义及其发展。超声波衍射时差法（time of flight diffraction，简称TOFD），是一种依靠从待检试件内部结构（主要是指缺陷）的“端角”和“端点”处得到的衍射能量来检测缺陷的方法，用于缺陷的检测、定量和定位。

TOFD 技术于 20 世纪 70 年代由英国哈威尔国家无损检测中心 Silk 博士首先提出，其原理源于 Silk 博士对裂纹尖端衍射信号的研究。在同一时期，中国科学院也检测出了裂纹尖端衍射信号，发展出一套裂纹测试的方法，但并未发展成现在通行的 TOFD 检测技术。

TOFD 技术首先是一种检测方法，但能满足这种检测方法要求的仪器却迟迟未能问世。TOFD 要求探头接收微弱的衍射波时达到足够的信噪比，仪器可全程记录 A 扫描波形，形成 D 扫描图谱，并且可用解三角形的方法将 A 扫时间值换算成深度值。而同一时期工业无损检测的技术水平没能达到可满足这些技术要求的水平。直到 20 世纪 90 年代计算机技术的发展使得数字化超声检测仪发展成熟后，研制便携、成本可接受的 TOFD 检测仪才成为可能。

自 20 世纪 90 年代，我国开始引进 TOFD 检测技术，到 2005 年，中国科学院武汉中科创新技术股份有限公司研发出国产第一台 TOFD 专用检测设备。在 TOFD 系统的发展过程中，计算机和数字技术的应用起到了决定性的作用。早期的常规超声检测使用的都是模拟检测仪，用横波斜探头或纵波直探头做手动扫描，大多数情况采用单探头检测，仪器显示的是 A 扫描波型，扫描的结果不能被记录，也无法作为永久的参考数据保存。自 20 世纪 90 年代起，模拟仪器开始慢慢演变为由计算机控制的数字仪器，随后数字仪器逐渐完善和复杂化，可以配置探头阵列和自动扫描装置，而且能够记录和保存所有的扫描数据用于归档和分析。

TOFD 检测需要记录每个检测位置的完整的未校正的 A 扫信号，可见 TOFD 检测的数据采集系统是一个更先进的复杂的数字化系统，在接收放大系统、数字化采样、信号处理、信息存储等方面都达到了较高的水平。

2）TOFD 检测原理。衍射现象是 TOFD 技术采用的基本物理原理。衍射是波遇到障碍物或小孔后通过散射继续传播的现象。根据惠更斯原理，媒质上波阵面上的各点，都可以看成是发射子波的波源，其后任意时刻这些子波的包迹，就是该时刻新的波阵面。

TOFD 技术采用一发一收两个宽带窄脉冲探头进行检测。发射探头产生非聚焦纵波声束以一定角度入射到被检工件中，其中部分声束沿近表面传播被接收探头接收，部分声束经底面反射后被探头接收。接收探头通过接收缺陷尖端的衍射信号及其时差来确定缺陷的位置和自身高度。

超声波与缺陷端部的相互作用结果会在很大的角度范围内发射衍射波，TOFD 技术正是基于接收这种衍射波进行检测的。衍射波的检出能判断缺陷的存在，而记录的信号传播时差能度量缺陷的埋藏深度及自身的高度，从而实施定位定量测量。TOFD 检测的探头布置如图 8-42a 所示。该方法采用双探头的一发一收形式，为了使缺陷端部能产生利于接收的衍射信号，通常使用指向角度较大的纵波发射探头，这样可以通过一次检测覆盖尽可能大的空间。在 TOFD 检测的时域信号中，第一个信号通常是沿试件表面向下传播的侧向波，在没有缺陷的情况下，第二个到达的信号为底波，这两个接收波作为参考信号。如果忽略波型转换，工件中缺陷产生的信号均在侧向波与底波之间到达。典型的 A 型检测波形如图 8-42b 所示，图中包括侧向波、缺陷的上端衍射波、缺陷的下端衍射波、底面波。侧向波和底波的相位相反，缺陷上、下端部衍射波的相位相反。

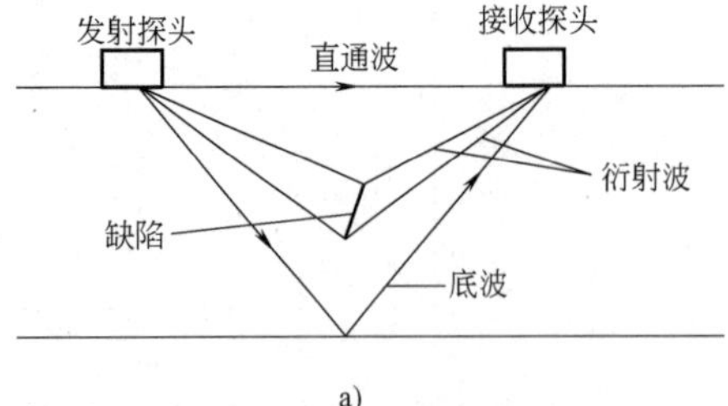

a)

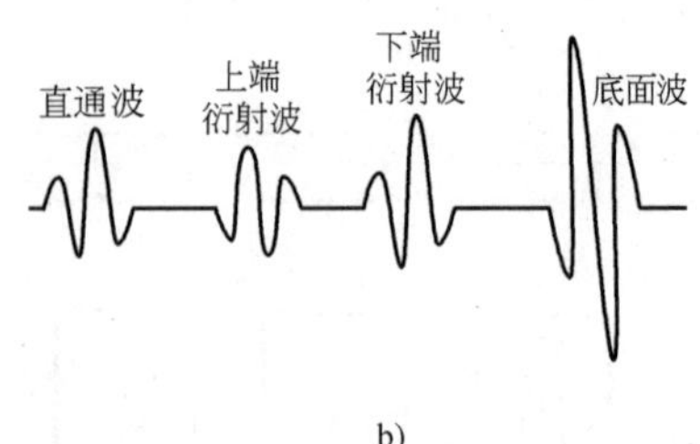

b)

图 8-42 TOFD 检测的探头布置及检测信号

a）TOFD 检测的探头布置 b）A 型检测波形

TOFD 检测可以产生两种类型的图像，即 D 扫描图像和 B 扫描图像，如图 8-43 所示。当两探头相向布置，相对位置保持不变且沿着试件长度方向做扫描—采样—扫描的同步运动时，检测所得为 D 扫描图像。通过一次 D 扫描能够检测一定体积的检测空间。当两探头沿垂直试件长度方向做同步移动扫描时，检测所得为 B 扫描图像。采用 D 扫描方式检测到缺陷后，如需对其进行更加精确的定位时，应使用

B 扫描方式。D、B 图像均由一系列 A 扫描信号依次排列而成，A 扫描信号可以从图像中读取。

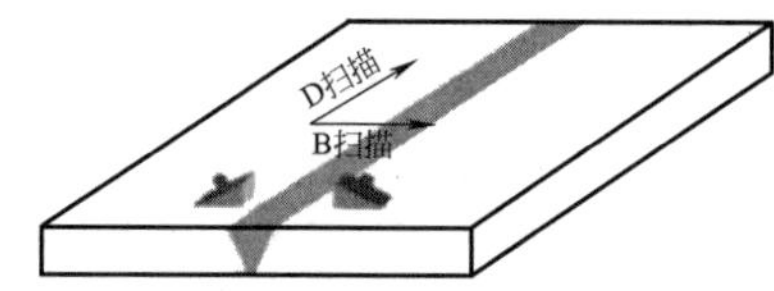

图 8-43　TOFD 检测的扫描方式

TOFD 检测探头辐射的声波穿越楔块，经由楔块和试件之间的固—固界面，以一定折射角度进入试件。入射声波在试件中传播时，一旦遇到缺陷体，将激发衍射波。缺陷衍射波经由固—固界面和楔块，被接收探头接收，其声波传播过程如图 8-44 所示。在 TOFD 检测模式中，在试件中存在多种类型的声场，其中包括侧向波声场、纵波声场、横波声场，以及在时间上延迟于上述声场的波形转换声场。因此，对试件内全部声场的描述是一项烦冗而又困难的工作。

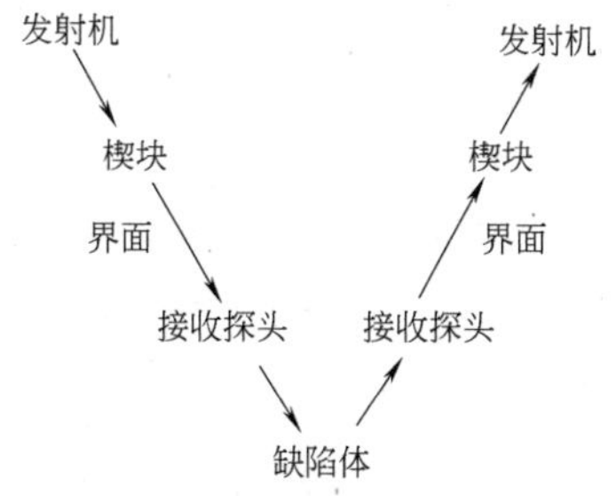

图 8-44　TOFD 检测的声波传播过程

3）TOFD 检测仪的优缺点。TOFD 检测仪是一种用来检测金属缺陷的仪器。

TOFD 检测仪的优点：①可靠性好。②定量精度高。③检测简便快捷，检测效率高。④配有自动或半自动扫描装置，能够确定缺陷与探头的相对位置，TOFD 图像更有利于缺陷的识别和分析。⑤能全过程记录信号，长久保存数据，能高速进行大批量信号处理。⑥除了用于检测外，还可用于缺陷扩展的监控，对裂纹扩展的测量精度可高达 0.1mm。⑦相对于射线检测而言，TOFD 检测技术更环保，无辐射。

TOFD 检测仪的缺点：①工件上、下表面存在盲区。②难以准确判断缺陷性质。③TOFD 图像识别和判读比较难，数据分析需要丰富的经验。④对粗晶材料检测比较困难，其信噪比较低。⑤横向缺陷检测比较困难。⑥复杂几何形状的工件检测比较困难。⑦点缺陷的尺寸测量不够准确。

尽管通过各种软件运算能改善精度，但在估计裂纹长度上，TOFD 技术并不比单独的脉冲回波技术精确。

在超声检测领域，TOFD 只是被建议为其他的检测工具，有时比脉冲回波合适，有时则不然。很多时候结合两种技术是最佳的方案，因为额外的信息常常对缺陷特征是至关重要的。不考虑裂纹的方向性，TOFD 扫描能检测出声束覆盖内的所有裂纹。

4）TOFD 检测的应用。目前，TOFD 技术在国外已经开始由实验研究向现场应用过渡，关于这种技术在理论上的可行性论证已经完成。

TOFD 技术代表着无损检测更快（自动化）、更直观（图像化）、更可靠（高可靠性）的发展方向。从长远来看，我国在引进、消化和吸收这一技术的同时，还应大力开展对 TOFD 技术的基础性研究，如研究影响 TOFD 检测结果的各个因素间的定量关系、缺陷的定性问题，以及开发适合国内应用的数据分析评判软件等。

（2）超声相控阵技术

1）超声相控阵技术的背景、定义。超声相控阵技术的基本思想来自雷达电磁波相控阵技术。相控阵雷达由许多辐射单元排成阵列组成，通过控制阵列天线中各单元的幅度和相位，调整电磁波的辐射方向，在一定空间范围内合成灵活快速的聚焦扫描的雷达声束。超声相控阵换能器由多个独立的压电晶片组成阵列，按一定的规则和时序用电子系统控制激发各个晶片单元，来调节控制焦点的位置和聚焦的方向。

超声相控阵技术初期主要应用于医疗领域，由于其系统的复杂性、固体中波动传播的复杂性及成本费用高等使其在工业无损检测中的应用受限。随着电子技术和计算机技术的快速发展，超声相控阵技术逐渐应用于工业无损检测，特别是在核工业及航空工业等领域，如核电站主泵隔热板的检测、核废料罐电子束环焊缝的全自动检测、薄铝板摩擦焊焊缝热疲劳裂纹的检测。

近几年超声相控阵技术发展尤为迅速，在相控阵系统设计、系统模拟、生产与测试和应用等方面已取得一系列进展，如采用新的复合材料压电换能器改善电声性能，奥氏体焊缝、混凝土和复合材料等的超声相控阵检测。动态聚焦相控阵系统，二维阵列、自适应聚焦相控阵系统，表面波及板波相控阵换能器和基于相控阵的数字成像系统等的研制、开发、应用及完善已成为研究重点。其中，自适应聚焦相控阵技术尤为突出，它利用接收到的缺陷波信息调整下一次激发规则，实现声束的优化控制，提高缺陷（如厚大钛板中的小缺陷或埋藏较深的大缺陷）的检出率。

超声相控阵技术的特点及在众多富有挑战性检测中的成功应用，使之成为超声检测的重要方法之一。

由于它可以灵活而有效地控制声束，使之具有广阔的应用与发展前景，同信号分析与处理、数字成像和衍射等技术结合起来是其主要发展方向。显然，超声相控阵技术的应用将有助于改善检测的可达性和适用性，提高检测的精确性、重现性及检测结果的可靠性，增强检测的实时性和直观性，促进无损检测与评价的应用及发展。

2）超声相控阵检测原理。超声检测时需要对物体内某一区域进行成像，为此必须进行声束扫描。常用的快速扫描方式是机械扫描和电子扫描，两种方式均可获得图像显示，在超声相控阵成像技术中通常结合在一起使用。超声相控阵成像技术是通过控制换能器阵列中各阵元的激励（或接收）脉冲的时间延迟，改变由各阵元发射（或接收）声波到达（或来自）物体内某点时的相位关系，实现聚焦点和声束方位的变化，完成超声成像的技术。由于相控阵阵元的延迟时间可动态改变，所以使用超声相控阵探头检测主要是利用它的声束角度可控和可动态聚焦两大特点。

图 8-45 所示为超声相控阵系统的声束偏转聚焦。超声相控阵中的每个阵元被相同脉冲采用不同延迟时间激发，通过控制延迟时间控制偏转角度和焦点。实际上，焦点的快速偏转使得对试件实施二维成像成为可能。

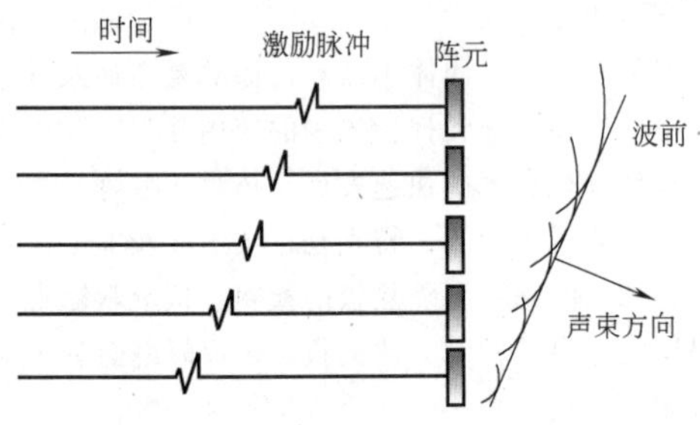

图 8-45　超声相控阵系统的声束偏转聚焦

图 8-46 所示为超声相控阵系统的声束动态聚焦。为实现快速动态聚焦，超声相控阵系统的发射器按声束聚焦定理向每个阵元发射信号。根据互易原理，相控阵接收时的方向控制也用延迟来达到。各阵元回波

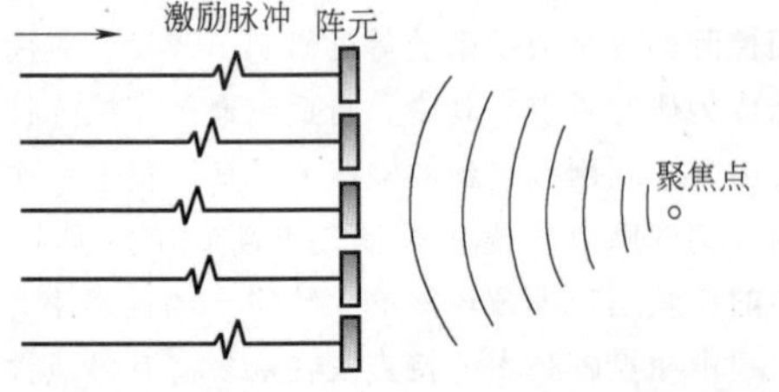

图 8-46　超声相控阵系统的声束动态聚焦

信号经延迟后叠加，即可获得某方向上目标的反射回波，由此形成的图像分辨力可显著提高。

常规的超声检测通常采用一个压电晶片来产生超声波，只能产生一个固定的声束，其波形是预先设计且不能更改的。相控阵探头由多个小的压电晶片按照一定序列组成，使用时相控阵仪器按照预定的规则和时序对探头中的一组或者全部晶片分别进行激活，即在不同的时间内相继激发探头中的多个晶片，每个激活晶片发射的声束相互干涉形成新的声束，声束的形状、偏转角度等可以通过调整激发晶片的数量、时间来控制。常用的相控阵晶片阵列有线阵、矩阵、环阵等。其中一维线形阵列应用最为成熟，如图 8-47a 所示。从控制的角度来说，它们最容易编程控制，并且费用明显少于更复杂的阵列，目前已经有含 256 个晶片的探头，可满足多数情况下的应用。

矩阵列和环形阵列为二维阵列（见图 8-47b、c），可在三维方向实现聚焦，能大幅提高超声成像质量，然而目前复杂的二维阵列还较少应用。这是因为二维阵列制造复杂，对相控阵仪器激发能力要求高且设备昂贵。但是，随着更新型的便携式相控阵仪器的发展，采用复杂的二维阵列将具有更高的速度、更强的数据储存和显示、更小的扫描接触面积以及更大的适应性。

超声相控阵检测仪器可以认为由脉冲重复频率（单位时间内发出的压电脉冲次数，简称 PRF）可调的常规超声检测仪器和相控阵模块组成。其中常规超声部分按设置的 PRF 发出压电脉冲信号并接收返回的脉冲信号，对返回的信号进行处理并显示在面板上。相控阵模块部分则将压电脉冲信号按预置规则分配给将被激发的晶片通道，再给予不同的延时处理后施加到被激活的晶片上，并用电子方式使激活脉冲保持一定时间。对于接收，仪器则有效地完成逆转过程。超声相控阵检测仪器的原理如图 8-48 所示。

操作者按需要对仪器输入声束角度、焦距、激活晶片数量、扫描类型（扇扫、线扫）、扇扫的进步角度等参数进行采集，根据这些参数，利用采集与分析软件计算时间延迟，然后根据计算结果控制硬件模块产生相应的动作，完成完整的相控阵控制。根据以上原理，超声相控阵波能形成三种基本的波形进行扫描，分别是电子扫描、扇形扫描和变深度聚焦扫描，如图 8-49 所示。相控阵控制的波形特性主要包括焦距深度调整、电子线性扫描、声束偏角等，它除了能有效地控制声束的形状和方向外，还可实现复杂的动态聚焦和实时电子扫描。

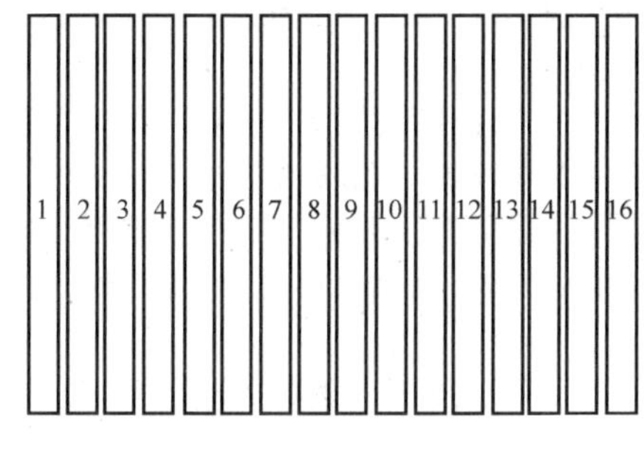

a)

b)

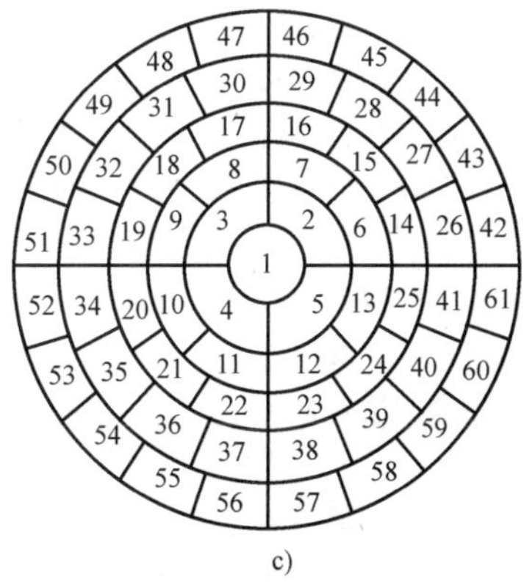

c)

图 8-47　相控阵晶片阵列图

a）一维线形阵列　b）二维矩阵列　c）二维环形阵列

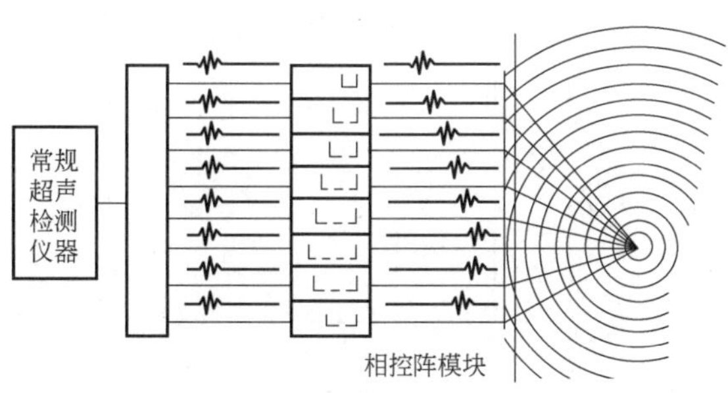

图 8-48　超声相控阵检测仪器的原理

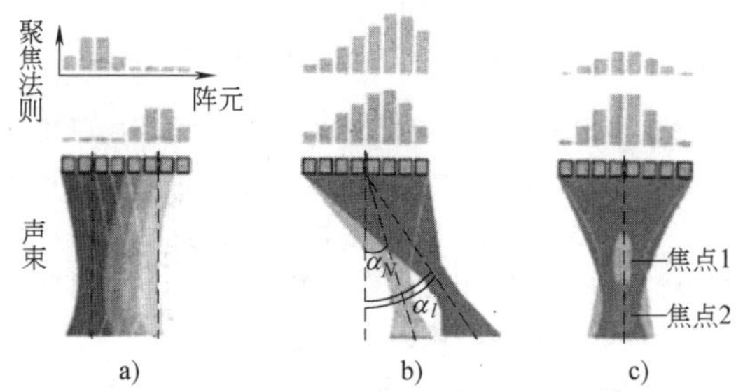

a)　b)　c)

图 8-49　三种基本的波形扫描

a）电子扫描　b）扇形扫描　c）变深度聚焦扫描

由于实现了声束的角度、焦距和焦点尺寸的软件控制，与常规超声检测技术相比，超声相控阵检测技术具有如下特点：①生成可控的声束角度和聚焦深度，实现了复杂结构件和盲区位置缺陷的检测。②通过局部晶片单元组合实现声场控制，可实现高速电子扫描；配置机械夹具，可对试件进行高速、全方位和多角度检测。③采用同样的脉冲电压驱动每个阵列单元，聚焦区域的实际声场强度远大于常规的超声检测技术，从而对于相同声衰减特性的材料可以使用较高的检测频率。

3）超声相控阵检测的应用。超声相控阵检测技术已被成功应用于各种焊缝无损检测，如航空薄铝板摩擦焊缝的微小缺陷检测、核工业和化工领域中的奥氏体焊缝缺陷检测，以及管道环焊缝检测领域。用超声相控阵探头对焊缝进行横波斜检测时，无须像普通单探头那样在焊缝两侧频繁地前后来回移动，焊缝长度方向的全体积扫描可借助于装有超声相控阵探头的机械扫描器，沿着精确定位的轨道滑动完成，以实现高速无损检测。

相控阵超声检测的一个重要用途是进行超声成像，这得益于它很好的声束扫描特性，通过电子控制方式进行发射声束聚焦、偏转，使超声波照射到被检物体的各个区域，然后通过相控接收的方式对回波信号进行聚焦、变孔径、变迹等多种关键技术，就可以得到物体的清晰均匀的高分辨率超声成像，能提供直观的缺陷图像。

随着计算机硬件处理速度的提高和功能的不断完善，对由传感器接收的数据处理也变得越来越快。因而超声相控阵技术开始广泛应用于移动机器人的导航设备和防撞系统中。这些系统的一个最简单的表现就是发现声束范围内的障碍物，并给出障碍物离移动机器人的距离等信息。英国 Nottingham 大学研制了一套相控阵目标定位系统，这套系统能更准确地测出多个目标的距离信息和方位信息。该大学后来又研制了一套集成超声阵列技术和视觉传感器超声探测系统，该系统能实现目标探测、目标识别、目标位置测量等功能。超声阵列和视觉传感器的结合，克服了各自在目标探测方面的缺点，为目标探测提供了完整的三维信息。

对于外形复杂、具有不规则曲面的被检对象，传统的超声检测非常困难。在单探头的情况下，发射的声束的方向无法控制，常常遇到异质界面的反射，需要改变探头的位置方向，定位困难，可行性差。如果采用超声相控阵技术，可以灵活地改变声束传播的方向，调节焦点的深度和位置，在不移动或者少移动探头的情况下，方便地对复杂几何外形的工件进行扫描检测。例如检测火车轮子的车轴。这种大型车轴内部没有空洞，如果不把它分解开，用常规的超声方法很难检测。把相控阵探头放置在车轴不同的连接处的表面，便可以监测到一个很大的范围，而且无须把整个轮轴拆分开来。

8.1.3　声发射检测

1. 声发射检测基础

（1）声发射现象　材料或结构在外力或内力作用下发生变形或断裂时，以弹性波形式释放出应变能的现象称为声发射。换句话说，声发射是材料或结构中局部区域快速卸载使弹性波得以释放的结果，即是一种常见的物理现象。绝大多数金属材料塑性变形和断裂时都有声发射发生，但声发射信号的强度很弱，人耳不能直接听到，须借助灵敏的电子仪器才能检测出来。用仪器检测、分析声发射信号，并利用声发射信号来推断声发射源的技术，称为声发射检测技术。

结构件在受载时，在构件内微观组织不均匀处或缺陷处将产生应力集中，特别是在缺陷的尖锐处更为严重。应力集中是一种不稳定的高能状态，这种状态将以应力集中区域的塑性变形导致微区硬化，最终导致形成裂纹并扩展，因而使应力得到松弛而恢复到稳定的低能状态。与此同时，多余的能量将从塑性变形区或裂纹形成扩展区以弹性波形式释放出来，即发生声发射。

（2）声发射信号的表征参数　目前说明声发射信号的表征参数是针对仪器输出波形而言的。这些参数主要有声发射事件计数、平均事件计数、振铃计数、平均振铃计数、振铃事件比、幅度分布、能量和能量率等。

1）声发射事件计数和平均事件计数。一个声发射脉冲激发传感器，使之振荡并产生如图 8-50a 所示的一个突发型信号波形，包络检波后，波形超过预置的阈值电压 U_i（见图 8-50b）所形成的一个矩形脉冲（见图 8-50c），称作一个事件。在测试中所得到的事件总数称作事件计数。单位时间（通常为每秒）内的事件数称作平均事件数。

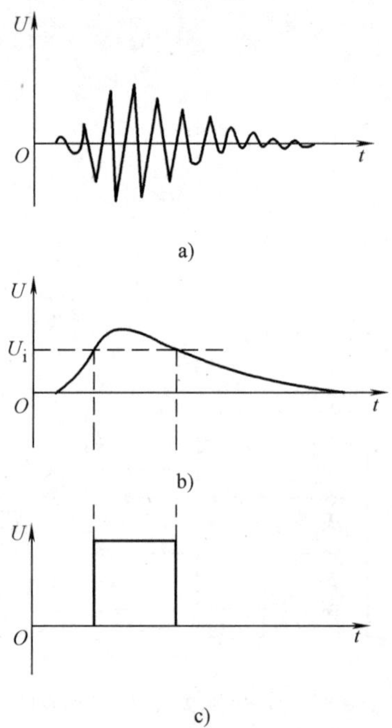

图 8-50　事件计数

a）声发射信号　b）包络检波　c）矩形脉冲

2）声发射振铃计数和平均振铃计数。在所检测到的声发射事件中，超过阈值电压的脉冲状信号称作振铃。图 8-51 所示有 4 个振铃。在试验中所测取的总振铃数称作振铃计数（声发射计数）。单位时间内的振铃数称作平均振铃计数。

3）振铃事件比。单个事件中的振铃数称作振铃事件比。

4）幅度分布。质点振动位移的平方正比于该质点所具有的能量，因此度量声发射信号的幅度就能反映声发射事件所释放的能量。目前，常用下述两种处

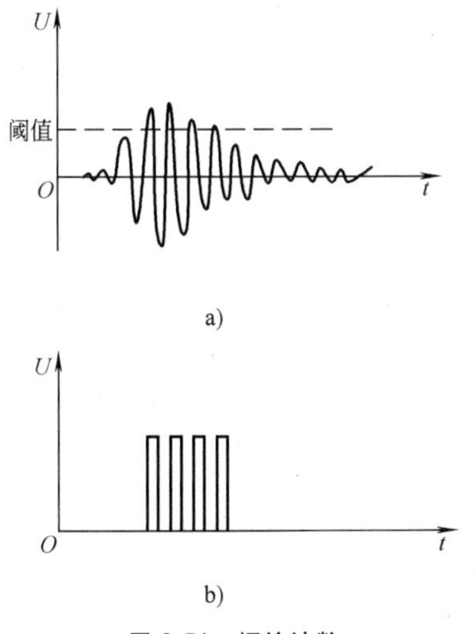

图 8-51 振铃计数

a）声发射信号 b）振铃脉冲

理方法进行幅度分布分析。

一种方法是事件分级幅度分布分析。将接收到的若干事件的声发射信号按其振幅大小分成若干等级，然后将事件数绘成直方图，如图 8-52 所示。

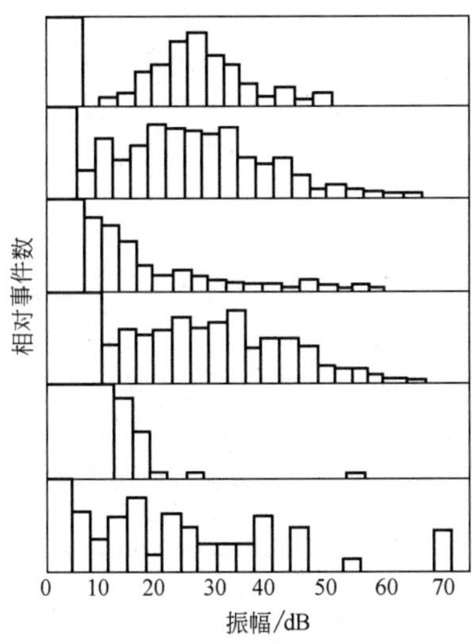

图 8-52 声发射事件直方图

另一种方法是事件累计幅度分布分析。声发射检测系统将声发射的幅度分为若干等级，每一等级有一个低端电压。将声发射事件按越过各低端电压的数目进行累计，这样所得到的事件数随各等级低电压 U_d 变化。其变化规律可表示为

$$\text{累计事件数} \propto U_d^{-b}$$

以 x 轴表示 U_d，也就是幅度等级；y 轴表示累计事件数的对数值，可得一直线，如图 8-53 所示。直线的斜率就是上式中的 b 值。

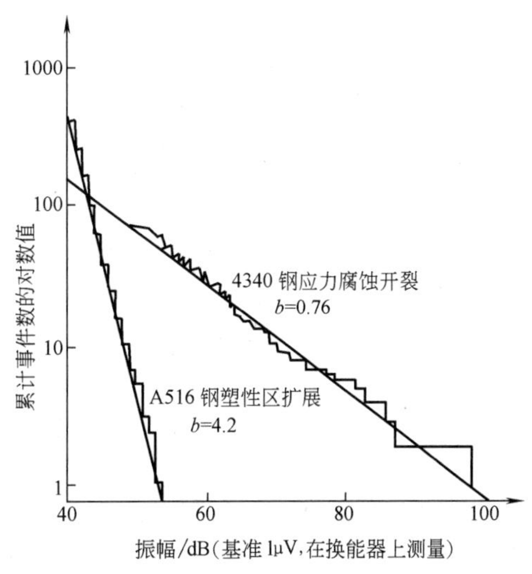

图 8-53 声发射事件累计幅度分布

5）能量和能量率。虽然信号幅度可以代表能量，但在常用的声发射能量测量方法中是把声发射事件所包含的面积作为能量的测量参数。能量参数分为总能量和能量率两种，前者指在试验过程中所测得的累计能量值，后者则是单位时间内的声发射能量。

（3）声发射检测特点　声发射检测是在不使结构发生破坏的力的作用下进行的。在这种力的作用下构件内发生塑性变形、裂纹的形成和扩展，多余的能量以弹性波的形式释放出来。缺陷在检测中主动参与了检测过程，所以它属于一种无损动态检测方法。它与常规的无损检测方法相比有以下特点：

1）声发射检测仪显示和记录那些在力的作用下扩展的危险缺陷。这种检测方法采用了不同于常规无损检测方法按缺陷尺寸评判的方法，而是按缺陷活动性和声发射强度分类评价。

2）声发射检测对扩展中的缺陷有很高的灵敏度，可以探测到零点几微米数量级的裂纹增量。

3）可用若干个声发射传感器固定在构件表面构成几个阵列来检测整个构件，不需要将传感器在构件表面移动，因此声发射检测过程对构件表面状态和加工质量没有过分要求。

4）缺陷尺寸及在构件中的位置和走向不影响声发射检测结果。

5）与射线照相法和超声检测相比，受材料影响小。例如奥氏体钢焊缝的凝固组织裂纹，特别是热裂纹，采用 X 射线和超声检测都有较大困难，但用声发射检测就显示出极大优越性。

2. 声发射检测的应用

（1）压力容器结构完整性　声发射检测技术已

成功应用于役前、在役压力容器结构完整性的检测评定上。

1）在役压力容器结构完整性检测评定。从事故统计和部分压力容器开罐检查结果来看，有相当数量的在役压力容器普遍存在着各种先天性（制造中遗留）和后天性（使用中产生）缺陷没能得到及时检验和处理。若按制造验收标准对检修容器进行100% 的磁粉、射线、超声检测，对超标缺陷一律进行返修处理，这样做不仅检修速度慢，而且费用也高（约 1/3 的容器需报废）。在判定哪些是危险程度大而急需检测的容器上又只能凭主观臆断，这种不科学的做法有可能使真正危险的容器得不到及时检修，影响安全生产。将声发射技术应用于在役压力容器检修水压试验可以解决上述问题。通过布置在水压试验的在役压力容器表面的声发射换能器，发现活动性缺陷（如扩展裂纹）源，定出位置再用常规无损检测方法对活动源进行重点复查。这样不仅大大减少了常规无损检测工作量，加快了检修速度，而且免去了相当数量超标缺陷的返修，降低检修费用，同时也真正确保了压力容器的安全使用。我国在役压力容器检修加载试验声发射检测可按 JB/T 7667—1995《在役压力容器声发射检测评定方法》进行。该标准适用于材料屈服强度小于或等于 800MPa 的钢制压力容器。压力管道也可参考此标准进行。另外，相关的国外标准还有：美国的 ASTM E1139/E1139M—2017《金属压力边界声发射连续监测的标准实施规程》和 ASME BPVC 第 V 卷第 12 章《金属容器加压试验时的声发射检测》、日本的 NDIS 2412：1980《高强钢球形容器声发射试验方法及试验结果的等级分类》等。

在役压力容器声发射检测应在容器加载过程中进行，加载程序一般包括升压、保压过程。最高加载压力最好稍高于原出厂时的水压试验压力，至少不得低于最高使用压力的 1.25 倍。保压至少应在 80% 最高使用压力、最高加载压力、最高水压试验压力三个台阶进行。保压时间一般不少于 5min，最高加载压力保压时间不少于 15min。

声发射传感器一般根据复评射线底片和过去检查的缺陷记录来确定重点检测部位，决定传感器陈列的布置方案。

2）役前压力容器结构完整性检测评定。用声发射技术对役前水压试验的压力容器进行检测，以做到早期发现压力容器内部存在的各种足以造成性能退化而影响其正常使用的活动性危险缺陷，是评价压力容器结构完整性，避免事故，尤其是灾难性事故发生的有效方法。

役前水压试验声发射检测评定方法与在役压力容器检修声发射检测评定方法相同。

3）在役压力容器结构完整性在线检测。对那些工作在高温、高压、有强烈腐蚀性或毒性介质条件下，或带有尚存疑问缺陷的压力容器，采用声发射技术对容器的运行进行监控称作在线检测。这种检测的意义在于监测缺陷的变化，提出停机或检修的最佳时机，避免重大事故的发生。若对在役运行压力容器结构的完整性进行连续检测，则人力物力耗费较大，可采用定期检测。

（2）材料表征　通过对材料表征试验过程的声发射监视，建立声发射、微观机制、力学特性之间的关系，通常能达到两个目的：

1）分析和评价变形、断裂机制与力学行为。

2）为构件的无损评价建立广泛的声发射特性数据库。声发射在材料表征方面的应用见表 8-23。

表 8-23　声发射在材料表征方面的应用

类　型	信　息	主　要　应　用
塑性变形	位错运动、滑移变形、孪晶变形、夹杂开裂与分离	材料试验中，提供对应力-应变曲线的声发射响应图形，用于分析塑性变形机制、行为及材料因素的影响，评价凯塞效应及最大应力历史
断裂力学试验	塑性区、裂纹的起始与扩展	断裂韧度（K_{IC} 或 J_{IC}）试验中，用于起裂点测量，也为构件无损检测建立材料声发射特性数据库
疲劳试验	裂纹的起始、扩展及闭合机制	疲劳试验中，实时提供疲劳损伤过程的时序特征，用于鉴别疲劳损伤的起始、稳定扩展、快速扩展等不同阶段，有时还用来评估裂纹扩展速率
环境裂纹	应力腐蚀与氢脆裂纹	在应力腐蚀、氢脆敏感性试验中，实时提供环境裂纹起始与扩展过程的时序特征，用来鉴别裂纹的起始、潜伏、快速扩展等不同的阶段，有时还用来评估裂纹扩展速率
相变	晶格相变	在晶格相变试验中，用来测定马氏体转变点 Ms 或奥氏体转变点 As，并可作为研究成核机制，求出成长速度的手段
复合材料断裂	纤维断裂、界面分离、基材分离、层间分离	在材料表征试验中，用于损伤起点、剩余强度、损伤的类型及历史、缺陷和质量等的评价
其他		蠕变、腐蚀、残余应力、脆性转变、其他材料

8.2　表面及近表面缺陷检测

表面及近表面缺陷检测方法有磁力检测、涡流检测和渗透检测等。磁力检测是通过对铁磁性材料进行磁化所产生的漏磁场，来发现表面或近表面缺陷的无损检测方法。磁力检测包括磁粉检测、磁敏探头法检测和录磁法检测三种方法。涡流检测是利用电磁感应原理，使金属材料在交变磁场作用下产生涡流，根据涡流的大小和分布检测金属缺陷的无损检测方法。渗透检测是利用带有红色染料（着色法）或荧光染料渗透剂的渗透作用，显示缺陷痕迹的无损检测方法。

8.2.1　磁力检测

1. 磁力检测基础

铁磁性材料的工件被磁化后，在其表面和近表面的缺陷处磁力线发生变形，逸出工件表面形成漏磁场，如图 8-54 所示。用以上所说三种方法之一，将漏磁场检测出来，进而确定缺陷的位置（有时包括缺陷的形状、大小和深度），这就是磁力检测基本原理。

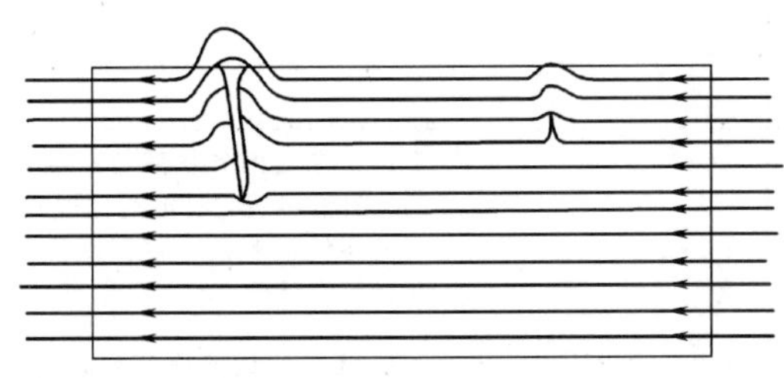

图 8-54　工件表面的漏磁场

漏磁场的大小对缺陷检出灵敏度有很大的影响。影响漏磁场大小的因素有：

1）外加磁场的大小。一般说来，缺陷漏磁通密度随工件磁感应强度的增加而线性增加，当磁感应强度达到饱和值的 80% 左右时，漏磁通密度会急剧上升。

2）工件材料及状态。钢材的磁化曲线是随合金成分、碳含量、加工状态及热处理状态而变化的，因此材料的磁特性不同，缺陷处形成的漏磁场也不同。

3）缺陷位置和形状。同样的缺陷，位于表面时漏磁通增多；若位于距离表面很深的地方，则几乎没有漏磁通泄漏于空间。缺陷的深宽比愈大，漏磁场愈强。缺陷垂直于工件表面时，漏磁场最强；若与工件表面平行，则几乎不产生漏磁通。

2. 磁力检测分类

（1）磁粉检测　在磁化后的工件表面撒上磁粉，磁粉粒子便会吸附在缺陷区域（漏磁场），显示缺陷位置。磁粉有干磁粉和悬浮类型的湿磁粉。磁粉检测可以用于任何形状的被测件，但不能测出缺陷沿板厚方向的尺寸。磁粉检测提供的缺陷分布和数量是直观的，并因其可用光电式照相法将其摄制下来而得到广泛应用。

（2）磁敏探头法检测　用合适的磁敏探头检测工件表面，把漏磁场转换成电信号，就可以用光电指示器加以显示。与磁粉检测相比，用磁敏探头法检测所测得漏磁场大小与缺陷大小之间存在着更明显的关系，因而可对缺陷大小分类。常用磁敏探头法检测有以下几种形式：

1）磁感应线圈。对于交变的漏磁场，感应线圈上的感应电压等于单位时间内磁通的变化率。对于直流产生的漏磁场，由于磁通不变，为了测出直流磁场，必须让测量线圈与工件之间发生相对运动，使磁通发生变化。这样，感应电压的大小就与运动速度有关。如使其做恒速运动，则可根据感应电动势的幅值来确定缺陷的深度。

2）磁敏元件。常用磁敏元件有霍尔元件、磁敏二极管等。工作时将磁敏元件通以工作电流，由于缺陷处漏磁场的作用，使其电性能发生改变，并输出相应电信号。这个输出信号反映了漏磁场的强弱及缺陷尺寸的大小。

3）磁敏探针。由于磁敏探针尺寸制作得很小（1mm 左右），故能实现近似点状的测量。这种微型探头能测量大于 2MHz 的高频交变磁场，且灵敏度极高。

（3）录磁法检测　录磁法检测也称为中间存储漏磁检测。其中以磁带记录法为最主要方法。将磁带覆盖在已磁化的工件表面上时，缺陷的漏磁场就在磁带上产生磁化作用，然后再用磁敏探头测出磁带录下的漏磁，从而确定工件表面缺陷的位置。

3. 磁粉检测

（1）磁粉

1）磁粉的种类和特点。磁粉分类如图 8-55 所示。

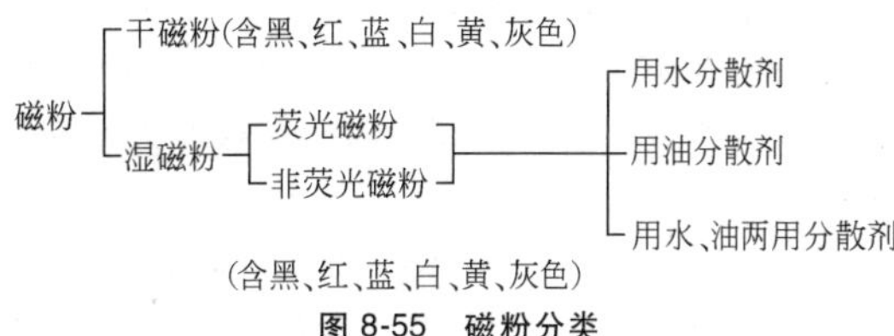

图 8-55　磁粉分类

磁粉由工业纯铁粉、羰基铁粉或磁性氧化铁粉（Fe_2O_3或Fe_3O_4）制成。若在其上包覆一层荧光物质或其他颜料就构成荧光磁粉或有色磁粉。用干磁粉进行检测的方法叫干法。干法广泛地用于大型结构件和大型焊缝局部区域的磁粉检测。湿磁粉是指磁粉按规定浓度悬浮在载液（油或水）中，通过流淌、喷雾或浇注的方法施加到被检工件表面（称为湿法）。湿法比干法具有更高的检测灵敏度，特别适用于检测表面的微小缺陷，常用于大批量工件的检测。荧光磁粉显示的缺陷清晰可见，在紫外线光的激发下呈黄绿色，色彩鲜明易于观察。有色磁粉可以增强磁粉的可见度，提高与被检件表面的衬度，使缺陷容易被发现。

2）磁悬液。将磁粉混在液体介质中形成磁粉的悬浮液，简称为磁悬液。用于悬浮磁粉的液体叫作分散剂（或称载液）。磁悬液分为油磁悬液、水磁悬液和荧光磁悬液。表8-24列出了钢制压力容器焊缝磁粉检测用磁悬液种类、特点和技术要求。

表8-24　钢制压力容器焊缝磁粉检测用磁悬液种类、特点及技术要求

种类		特　点	对载液的要求	湿磁粉含量（100mL沉淀体积）	质量控制试验
油磁悬液		悬浮性好，对工件无锈蚀作用	1）在38℃时，最大黏度不超过$5\times10^{-6}m^2/s$ 2）最低闪点为60℃ 3）不起化学反应 4）无臭味	1.2～2.4mL（若沉淀物显示出松散的聚集状态，应重新取样或报废）	用性能测试板定期检验其性能和灵敏度
水磁悬液		流动性好，使用安全，成本低，但悬浮性较差	1）良好的润湿性 2）良好的可分散性 3）无泡沫 4）无腐蚀 5）在38℃时最大黏度不超过$5\times10^{-6}m^2/s$ 6）不起化学反应 7）呈碱性，但pH值不超过10.5 8）无臭味		1）同油磁悬液 2）对新使用的磁悬液（或定期对使用过的磁悬液）做润湿性能试验
荧光磁悬液	荧光油磁悬液	荧光磁粉能在紫外线光下呈黄绿色，色泽鲜明，易观察	要求油的固有荧光低，其余同油磁悬液对载液的要求	0.1～0.5mL（若沉淀物显示出松散的聚集状态，应重新取样或报废）	1）定期对旧磁悬液与新准备的磁悬液做荧光亮度对比试验 2）用性能测试板定期做性能和灵敏度试验
	荧光水磁悬液		要求无荧光，其余同水磁悬液对载液的要求		1）对新使用的磁悬液（或定期对使用过的磁悬液）做润湿性能试验 2）荧光亮度对比试验和性能、灵敏度试验，如同荧光油磁悬液

（2）灵敏度试片　磁粉检测灵敏度试片用来定期检查系统的全面性能和灵敏度（包括磁粉材料性能、检测设备性能、磁场值等）。在磁粉检测中采用了以下三种试片。

1）性能测试板。性能测试板材料应与被检材料相同，其形状与尺寸如图8-56所示。试板上有10个不同深度的小槽，当用磁轭法和触头法磁化时，通过观察最浅的磁痕来比较和评定磁粉材料的灵敏度及设备性能。试板的厚度、宽度和长度可根据实际需要改变。

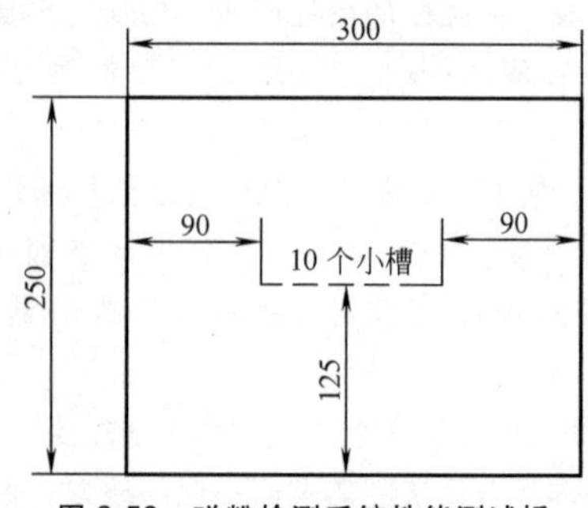

图8-56　磁粉检测系统性能测试板

2）试验环。带有人工近表面缺陷的试验环用于评价中心导体法的磁粉材料和系统灵敏度。其形状和尺寸如图8-57所示。测试时，使用全波整流电，通过直径为32mm的铜质中心导体来对试验环产生周向

磁化。在试验环的外圆柱面上所显示的磁痕数量应达到表8-25、表8-26中的规定值，否则应对所使用的系统（磁粉、设备、方法等）加以检查和修正。

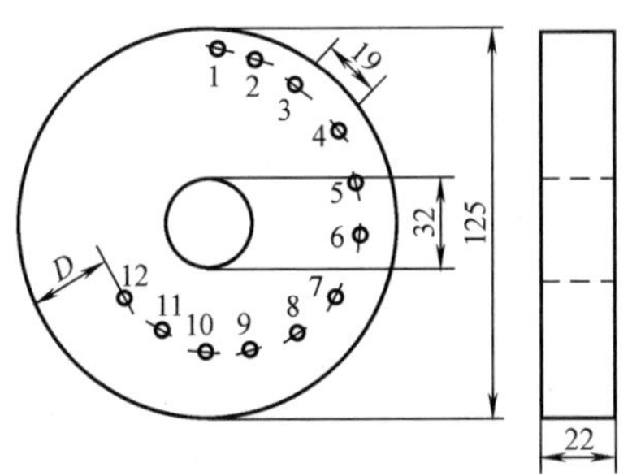

图8-57 带有人工近表面缺陷的试验环

表8-25 湿磁粉环状试块磁痕显示

磁悬液的类型	磁化电流(FWDC)①/A	所显示出近表面孔的最小数目
荧光或非荧光磁粉	1400	3
	2500	5
	3400	6

① FWDC为全波整流直流电。

表8-26 干磁粉环状试块磁痕显示

磁化电流(FWDC)/A	所显示出近表面孔的最小数目
500	4
900	4
1400	4
2500	6
3400	7

3）磁场指示器。磁场指示器可反映试验工件表面场强和方向，但不能作为磁场强度或磁场分布的定量指示。当磁场指示器上没有形成磁痕或没有在所需的方向上形成磁痕时，应改变或校正磁化方法。磁场指示器如图8-58所示。

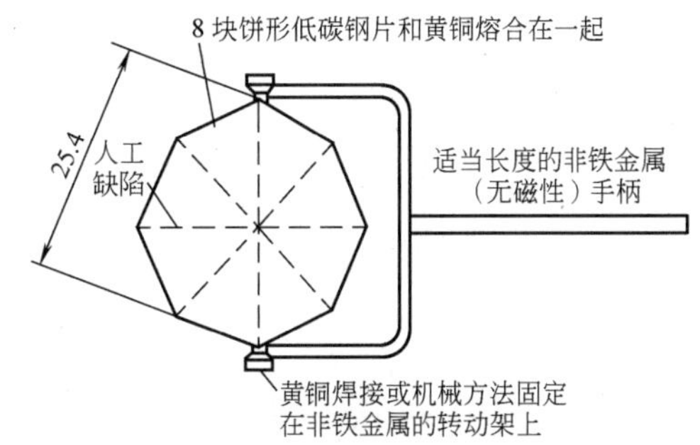

图8-58 磁场指示器

（3）磁粉检测设备　磁粉检测机的分类及特点见表8-27。磁粉检测设备的组成及作用见表8-28。

（4）磁化方法　磁粉检测必须在被检工件内或在周围建立一个磁场。根据建立磁场的方向，磁化方法可分为：

1）周向磁化。给工件直接通电，或者使电流流过贯穿工件中心孔的导体，在工件中建立一个环绕工件并且与工件轴线垂直的闭合磁场，如图8-59所示。周向磁化用于发现与工件轴线（或与电流方向）平行的缺陷。

表8-27 磁粉检测机的分类及特点

分　类	结构特点	应用对象	检测方法
固定式磁粉检测机	尺寸及质量大，安装在固定场合	1）中小型工件 2）需要较大磁化电流的可移动工件	湿法，交、直流
移动式磁粉检测机	置于小车上，便于移动	1）小型工件 2）不易搬动的大型工件（如高压容器）	干、湿法，交、直流
便携式磁粉检测机	体积小，质量小，易于搬动	适于高空、野外等现场及锅炉、压力容器焊缝的局部检测	干、湿法，交、直流
磁轭式旋转磁粉检测机	由电源、磁头组成，体积小，质量小	1）同便携式 2）缺陷分布为任意方向的工件	干、湿法，交流

表8-28 磁粉检测设备的组成及作用

磁粉检测设备	组　成	作　用
磁粉检测机	磁化装置	产生磁场，使工件磁化
	零件夹持装置	支撑被检工件，导通磁化电流
	磁悬液喷洒装置	将磁悬液均匀地喷洒在工件表面上
	观察照明装置	提供观察缺陷的照明光源
	控制部分	实现对磁化电流的调整、磁化方式的转换、夹头的移动、充磁控制和油泵起停控制
	退磁装置	消除工件检验后的剩磁
	磁轭	闭合磁力线，产生旋转磁场或某一确定方向的磁场

（续）

磁粉检测设备	组　成		作　用
磁粉检测用的其他设备	断电相位控制器		用于交流剩磁法检验，使剩磁数值稳定，防止工件漏检
	测磁仪器	高斯计或磁场强度测定仪	通过对霍尔电势差的测量，得到工件表面、窄缝中，以及螺管线圈中的磁感应强度
		磁强计	测量漏磁场的强度
		剩磁测量仪	检查工件退磁后剩磁的大小
	质量控制仪器	照度计	检验工作区的白光强度
		紫外线强度计	测量距紫外灯一定距离的紫外辐射能
		磁性称量仪	测定磁粉磁性
		沉淀管	测定磁悬液浓度

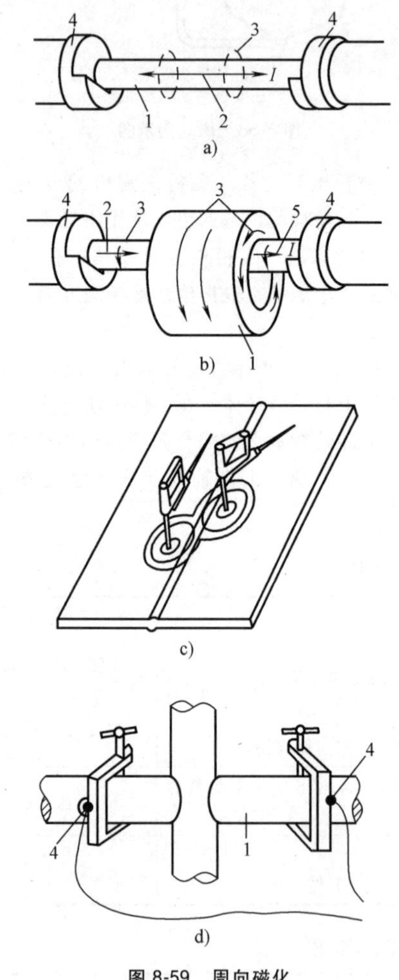

图 8-59　周向磁化

a）两端接触法　b）中心导体感应磁化法

c）触头法　d）夹具通电法

1—工件　2—电流　3—磁力线　4—电极　5—心杆

2）纵向磁化。电流通过环绕工件的线圈，使工件中的磁力线平行于线圈的轴线，如图 8-60 所示。纵向磁化用于发现与工件轴线相垂直的缺陷。

3）复合磁化。将周向磁化和纵向磁化同时作用

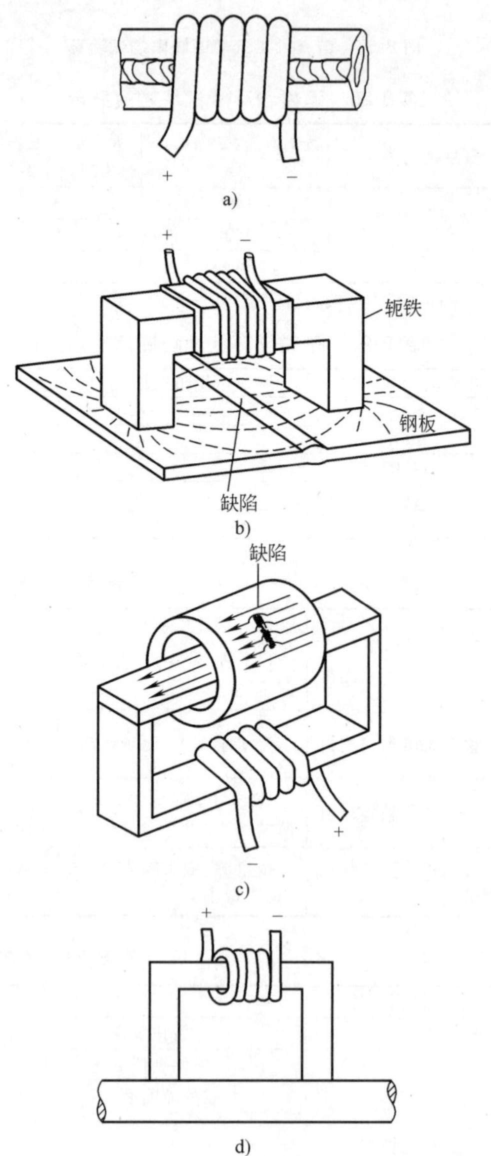

图 8-60　纵向磁化

a）绕电缆法　b）磁轭法　c）空心零件的磁化

d）长轴零件的磁轭法

在工件上，使工件得到由两个相互垂直的磁力线的作用而产生的合成磁场，其指向构成扇形磁化场，如图8-61所示。

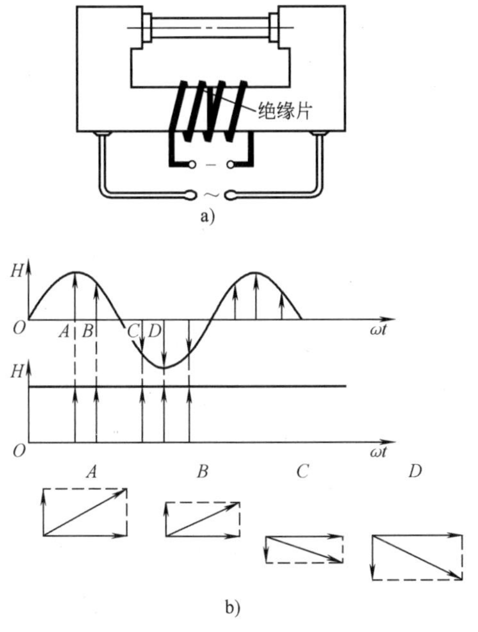

图8-61 复合磁化

a）示意图 b）复合磁场方向

4）旋转磁化。将绕有激磁线圈的Π形磁铁交叉地放置，各激磁线圈通以不同相位的交流电，产生圆形或椭圆形磁场，如图8-62所示。旋转磁化能发现任意方向分布的缺陷。

（5）退磁方法 工件经磁粉检测后留下的剩磁，会影响安装在周围的仪表等计量装置的精度，或吸附铁屑增加磨损。使工件的剩磁回零的过程叫作退磁。退磁方法有以下几种：

1）将工件放在通有交变电流的磁化线圈中，然后缓慢地将工件从线圈中移出。推荐使用5000~10000安匝的线圈。

2）把工件放入磁场中，其位置不变，逐渐减弱交流电流，把磁场降低到规定值。

3）为了使工件内部能获得良好的退磁，可让电流通过工件，并不断地切换电流的方向，同时使电流逐渐衰减至零。

4）将充好电的电容器跨接在退磁线圈上，构成振荡回路。电路以固有的谐振频率产生振荡，并逐渐减弱至零。

（6）磁粉检测程序

1）检测前准备。校验检测设备灵敏度，除去被检测面的油污、铁锈、氧化皮等。

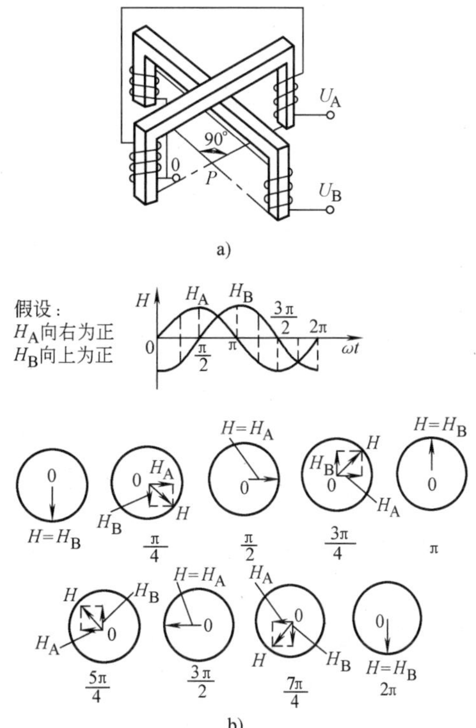

图8-62 旋转磁化

a）交叉磁轭的结构 b）旋转磁场的方向变化

2）确定检测方法。对高碳钢或经热处理（淬火、回火、渗碳、渗氮）的结构钢零件用剩磁法检测（先对工件磁化，去除磁化电流后施加磁粉或磁悬液，利用工件的剩磁进行检测的方法）；对低碳钢、软钢用连续法（先对工件磁化，在不去除磁化电流的同时施加磁粉或磁悬液进行检测的方法）。

3）磁化：①确定磁化方法。②确定磁化电流种类，一般直流电结合干磁粉、交流电结合湿磁粉效果较好。③确定磁化方向，应尽量使磁场方向与缺陷分布方向垂直。④确定磁化电流，磁化电流的选择是影响磁粉检测灵敏度的关键因素。磁化电流的大小是根据磁化方式再由相应的标准或技术文件中给出。⑤确定磁化的通电时间。采用连续法时，应在施加磁粉后再切断磁化电流，使磁悬液在磁悬液停止流动后再通几次电每次时间为0.5~2s；采用剩磁法时，通电时间为0.2~1s。

4）喷撒磁粉或磁悬液。采用干法时，应使干磁粉成雾状；湿法检测时，需充分搅拌，尽量使磁悬液均匀。

5）磁痕观察及评定。对钢制压力容器的检测，须用2~10倍放大镜对磁痕进行观察。为便于观察，应使被检面保持足够的光强。用荧光磁粉检测时，被检表面保持黑光强度不少于 970lx。若发现有裂纹、成排气孔或超标的线性或圆形显示，均判定为不合格。表 8-29 列出了缺陷磁痕的一般特征。表 8-30 列出了伪磁痕的一般特征。

表 8-29　缺陷磁痕的一般特征

缺陷名称	缺陷磁痕的一般特征
裂纹	清晰而浓密的曲折线状
锻造裂纹	磁痕聚集较浓，呈方向不定的曲线状或锯齿状；近表面锻造裂纹产生不规则弥漫状磁痕。出现部位与工艺有关
热处理裂纹	磁痕明显，浓度较高，呈线状，棱角较多且尾部尖细。多出现在棱角、凹槽、变截面等应力集中部位
磨削裂纹	一般与磨削方向垂直，且成群出现，成网状或细平行线状
铸造裂纹	在应力最大的部位裂开较宽后变细
疲劳裂纹	按中间大、两边对称延伸的线状曲线分布，大多垂直于零件受力方向
焊接裂纹	多弯曲，两端有鱼尾状。焊缝近表面裂纹形成较宽弥散状磁痕
白点	在圆的横断面上等圆周部位呈无规则分布的短线状
夹杂与气孔	单个或密集点状或片状，与缺陷具体形状相似
发纹	沿金属流线方向呈直线或微弯曲线状分布。表面发纹磁痕非常细小但轮廓明显

表 8-30　伪磁痕的一般特征

伪磁痕成因	伪磁痕一般特征
局部冷作硬化	一般呈较宽带状，线性度较差
截面急剧变化	宽而模糊，分布不紧凑
流线	沿流线方向成群的平行磁痕，呈不太连续的分散状。往往因磁化电流太大形成
碳化物层状组织	短、散、宽带状分布
焊缝边缘	吸附不紧密，边缘不清晰
无规则局部磁化	无规则的局部磁化——“磁写”痕迹，模糊，退磁后可去掉

6）退磁。

7）清洗、干燥、防锈。

8）记录结果。

4. 磁敏探头法检测

（1）纵向缺陷检测方法　图 8-63 所示是检测焊管纵向缺陷的例子。探头装在 U 形磁轭的两脚之间，被检工件旋转而检测系统不动，可检测管子表面的所有缺陷。

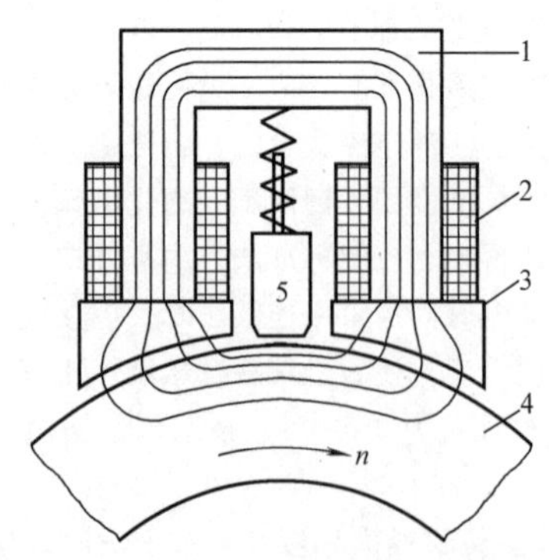

图 8-63　磁敏探头法检测焊管的纵向缺陷

1—磁轭　2—励磁线圈　3—可替换磁触头　4—管材　5—磁敏探头

为了检测直缝管的纵向缺陷，在固定的磁轭内以垂直于焊缝轴线的方向对焊管进行磁化，并使磁敏探头以垂直于焊缝轴线方向来回摆动。

（2）横向缺陷检测方法　在自动探测横向缺陷的设备中，常采用两只串联的线圈进行磁化，磁敏探头放在两线圈之间，如图 8-64 所示。检测时，探头沿管子轴线方向摆，管子沿螺旋方向行走。

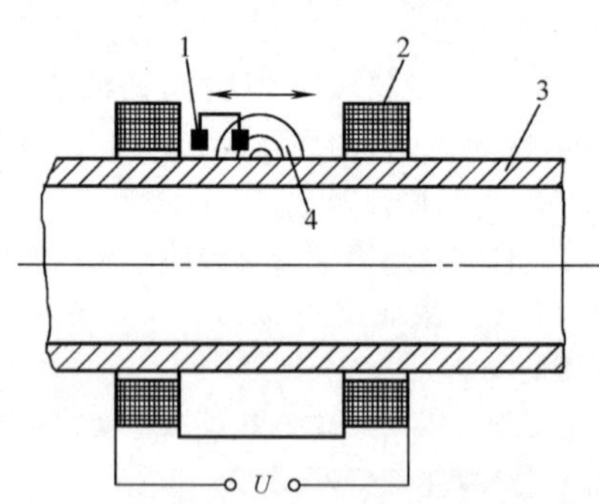

图 8-64　磁敏探头法检测焊管的横向缺陷

1—差动探头　2—磁化线圈　3—工件　4—漏磁场

5. 录磁法检测

录磁法分有连续式和不连续式两种。所谓不连续式是先将被检工件用磁带围住后再通电磁化，而后再通过一个查询装置把磁带上所存的漏磁信息信号查找出来，并用某种记录手段加以记录。在图 8-65 所示的连续式检测中，使用了一种环形磁带设备。环形磁带由一电动机驱动，被检焊缝在磁带下面均速前进。旋转的探头以垂直磁带的方向扫描，探头的测量信号经过鉴别单元传向打标记单元，喷枪在工件表面有缺陷的位置喷上标记，与此同时荧光屏上显示缺陷信号。扫描后的磁带记录随即又被消磁器抹掉，故磁带可重复使用。

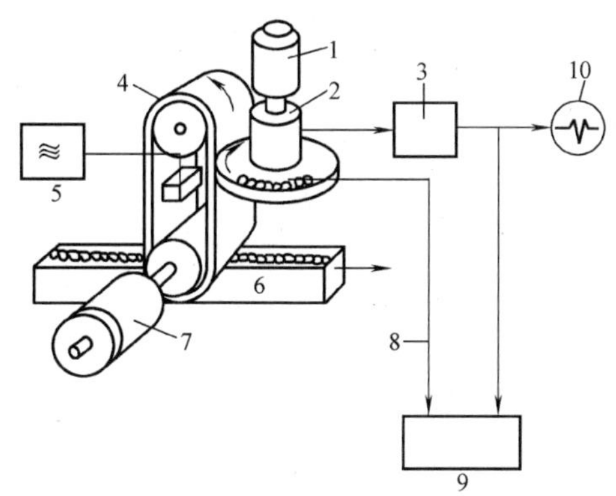

图 8-65　录磁法检测示意图

1—电动机　2—无接触变压器　3—放大器
4—环形磁带　5—消磁振荡器　6—被检工件
7—磁带驱动电动机　8—同步脉冲信号
9—缺陷喷涂单元　10—荧光屏

被检件可用直流电也可用交流电磁化。但应注意：直流磁化时，漏磁场的磁信息是输入到一个未经磁化（或原有磁化信息已被抹掉）的磁带上；而交流磁化时，漏磁场的磁信息是被输入到预先已被磁化到饱和程度的磁带上。也就是说，前者记录的是使磁带磁化的信息，而后者则记录的是使磁带退磁的信息。

8.2.2　涡流检测

1. 涡流检测基础

（1）涡流产生　若给线圈通以交流电，根据电磁感应原理，穿过金属块中若干同心圆截面的磁通量将随交流电电流的变化发生变化，因而会在金属块内感生出交流电，如图 8-66 所示。由于这种感生电流的回路在金属块内呈旋涡状，故称为涡流。由于涡流是由线圈通以交流电而感生出来的，所以涡流也是交流的。同样，交变的涡流也会在周围空间形成另一个交变磁场。

（2）趋肤效应　当直流电通过一圆柱导体时，导体截面上的电流密度均相同，而交流电通过圆柱导体时，横截面上的电流密度不一样，圆柱外表层的电流密度最大，越往中心就越小，这种现象称为电流的趋肤效应。由于涡流是交流，同样有趋肤效应，所以金属块内涡流的渗透深度与激励电流的频率、金属块的电导率和磁导率有直接关系。它表明涡流检测只能在金属材料的表面或近表面处进行。在涡流检测中，应

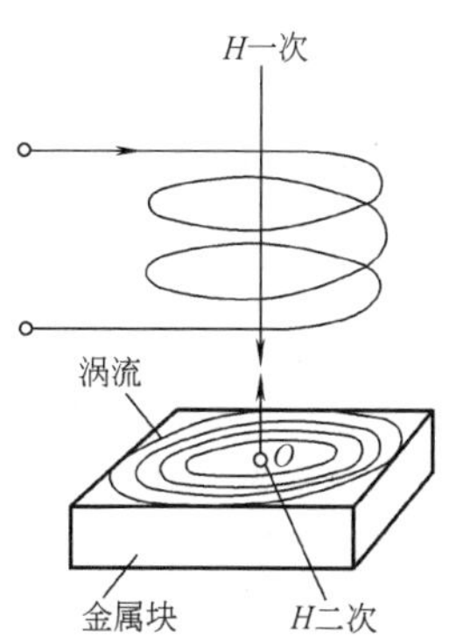

图 8-66　感生涡流的产生

根据检测深度要求来选择激励电流频率。

（3）检测原理　如图 8-66 所示空间中某点的磁场不只是由一次电流产生的磁场，而是一次电流磁场和涡流磁场叠加而形成的合成磁场。涡流磁场的方向由楞次定律确定。显而易见，涡流的大小将影响着激励线圈中电流的大小。涡流的大小和分布取决于激励线圈的形状和尺寸、交流电频率、金属块的电导率、磁导率、金属块与线圈的距离以及金属块表层缺陷等因素。因此，根据一次检测线圈中电流的变化情况就可以取得关于试件材质的情况以及有无表层性缺陷的信息。当试件存在表层性缺陷时，会引起电导率的变化，导致涡流的变化（变小），最终又会影响合成磁通的变化。通过检测线圈检测出这一变化，就能判断试件中有关缺陷的情况。

2. 涡流检测设备

涡流检测设备主要由涡流检验线圈和涡流检测仪等组成。

（1）涡流检验线圈　其作用有两个，一是在试件表面及近表面感生涡流，二是测量合成磁场的变化。实际应用的检验线圈形式多种多样，但常用的是按检验涡流的方式、检验线圈与试件的相互位置以及比较方式来分类，见表 8-31。

表 8-31　涡流检验线圈分类

分类方式	分类	说　明
相互位置	穿过式	试件穿过检验线圈
	内插式	检验线圈插在试件孔内或管材内壁
	探头式	检验线圈放在试件表面
检测方式	自感式	检验线圈既产生激励磁场，又检测涡流反作用磁场
	互感式	检验线圈有两个绕组，一个产生交变磁场，另一个检测涡流反作用磁场
比较方式	自比式	线圈有两个，相距很近
	他比式	两个线圈参数完全相同，它们分别对标准试件和待测试件进行检测

不同形式的检验线圈有着不同的功能，表 8-32 列出了它们的形式及使用特点。

(2) 涡流检测仪　图 8-67 所示是自动涡流检测仪的基本结构。

(3) 对比试样

1) 对比试样作用。对比试样是按照一定要求制作的具有人工缺陷的标准试样。其作用：一是用来设定（或调整）探测装置的灵敏度，或者用来定时校核探测装置的灵敏度，使其维持在规定的水平；二是用作判废标准。但对比试样上人工缺陷的大小并不完全等同于探测仪检出的最小缺陷。

2) 对比试样的制备。用于制备对比试样的钢管（或板材）应与被检测的材质、基本尺寸相同，表面状态及热处理状态一样，且具有相同的电磁特性。对比试样的表面应无氧化皮等影响校准的缺陷。一般对比试样的人工缺陷为两种，即穿过管壁并垂直于钢管表面的孔和平行于钢管纵轴且槽边平行的槽口。对比试样上人工缺陷的位置、尺寸和加工要求，应满足相应标准或其他技术文件的要求。

表 8-32　检验线圈的形式及使用特点

分类		形式	使用特点
穿过式		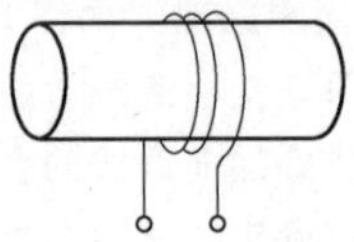	检测速度快，广泛应用于管、棒、线材的自动检测
内插式		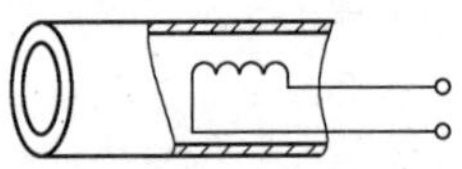	适用于管子内部及深孔部位的检测，试件中心线应与线圈轴线重合
探头式		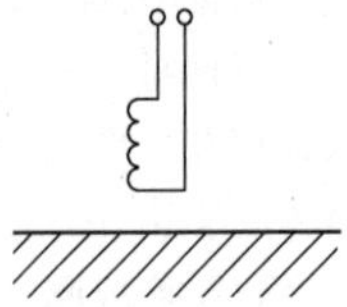	带有磁心，具有磁场聚焦性质，灵敏度高，但灵敏区小，适合于板材和大直径管材、棒材的表面检测
自比式	自感式	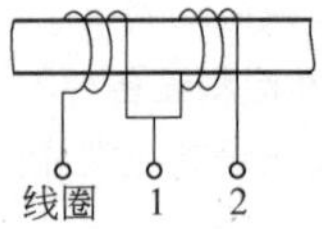 线圈 1 2	采用两个相邻很近的相同线圈，来检验同一试件两个部位的差异，能抑制试件中缓慢变化的信号，能检测缺陷的突然变化。检测时，试件传送时的振动及环境温度对其影响较小。但对试件上从头到尾的长裂纹（假定其深度相同）则无法检出
	互感式	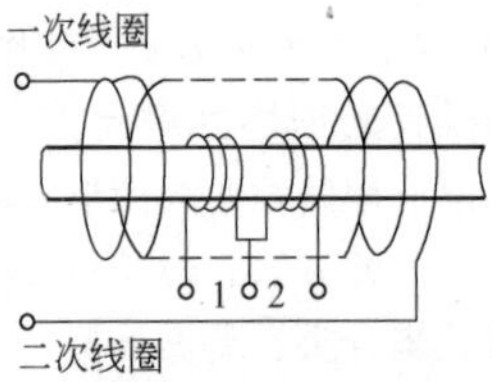 一次线圈 1 2 二次线圈	
他比式	自感式	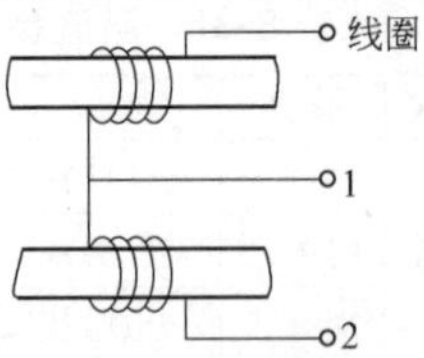 线圈 1 2	检出信号是标准试件与被测试件存在的差异，受试件材质、形状及尺寸变化的影响，但能检出从头到尾深度相等的裂纹，常与自比式线圈结合使用，以弥补其不足。穿过式、内插式、探头式线圈都能接成他比式
	互感式	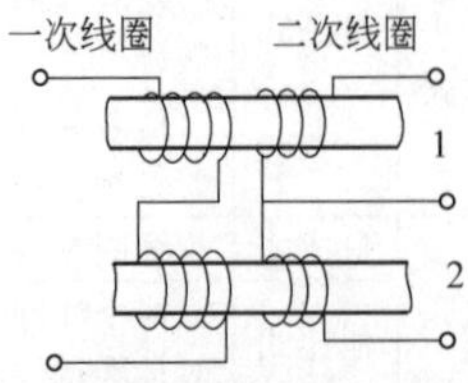 一次线圈 二次线圈 1 2	

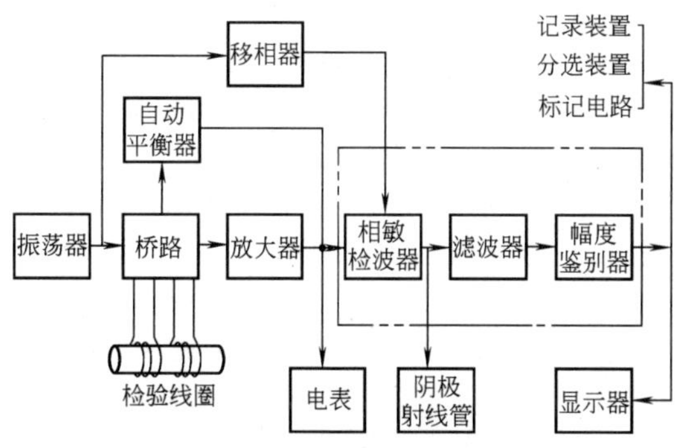

图 8-67 自动涡流检测仪的基本结构

3. 涡流检验技术

（1）检测前准备工作

1）根据被检件的性质、形状、尺寸及欲检出缺陷的种类和大小选择检验方法及设备。对小直径、大批量焊管或棒材的表面检测，大多选用配有穿过式自比线圈的自动检测设备。

2）对被检件进行预处理，除去表面油脂、氧化物及吸附的铁屑等杂物。

3）根据相应技术文件或标准来制备对比试件。

4）检测设备预运行。检测仪通电后，必须稳定运行 10min 以上。

5）调整工件传送装置，使工件通过线圈时无偏心、无摆动。

（2）确定检测规范

1）选择检测频率。检测频率与缺陷检出的灵敏度有很大关系，它将直接影响被检件上涡流的大小、分布和相位。一般是根据透入被检件的深度及缺陷的阻抗变化来选择。其方法是利用阻抗平面图找出由缺陷引起的阻抗变化最大处的频率（或是缺陷与干扰因素阻抗变化之间相位差最大处的频率）作为检测频率。

2）确定工件传送速度

3）调整磁饱和程度。在探测铁磁性材料的工件时，由于工件磁导率的不均匀性引起噪声，故影响检测结果。为了减少磁导率不均匀性的影响，应将被检部位放置在直流磁场中，达到磁饱和状态的 80%左右。

4）相位的调整。装有移相器的探测仪，要调整其相位角，使对比试样上的人工缺陷能够明显地探测出来，而非缺陷的杂乱信号应尽可能地排除。同时，相位的选择也应考虑到使缺陷的种类和位置尽可能地分开。

5）滤波器频率的确定。一般来说，由工件表面缺陷产生的信号是高频成分，且受缺陷尺寸、传送速度的影响，而被检件尺寸、材质和传送振动所产生的干扰信号是低频。外来噪声的频率则更高。通常滤波器的频率调整应从实验中获得。

6）幅度鉴别器的调整。振幅小的干扰信号可以通过幅度鉴别器消除，其调整应在相位、滤波器频率调定之后进行。应注意的是，由于幅度鉴别器调定的程度不同，对同一缺陷会有不同的指示。因此，若仪器的相位、滤波器频率、灵敏度一有变动，则应重新调节幅度鉴别器。

7）平衡电路的调定。桥路的平衡调节是指将无缺陷的对比试样通过检验线圈把桥路的输出调节到零。调节时仪器灵敏度应处在最低位置上，依次反复调节两个平衡旋钮，直到电表或阴极射线管的输出等于零，然后逐步提高仪器灵敏度，再依次反复调节这两个旋钮，直到达到所规定的灵敏度为止。

8）灵敏度的调定。灵敏度的调节是指将对比试样上人工缺陷信号的大小调节到所规定的电平。仪器灵敏度的选择一般是将规定的人工缺陷在记录仪上的指示高度调整到记录仪满刻度的 50%~60%。在调节灵敏度之前，应先确定被检件传送速度、磁饱和装置的磁化电流、检验频率和振荡器的输出，并在相位、滤波器频率、幅度鉴别器的调节完成后进行。

（3）检测 在选定的规范参数下检测。在连续检测过程中，应每隔 2h 或每批检测完毕后，用对比试样校验一次仪器。

（4）探测结果分析 如果对所得到的检测结果有疑问，则应进行重新检测或用目视、磁粉、渗透以及破坏试验方法加以验证。

（5）退磁 铁磁性材料经饱和磁化后应进行退磁处理。

（6）结果评定 对钢管或焊管的检测中，若缺陷显示信号小于对比试样的人工缺陷信号，应判定检测合格。反之，应认定该钢管或焊管为可疑品，对可疑品可进行如下处理：

1）进行重新检测。重新检测后，若缺陷信号小于人工缺陷信号，则判定为合格。

2）对检测后暴露的可疑部位进行修磨，而后重新检测并按上条原则评判。

3）切去可疑部分或判为不合格。

4）用其他无损检验方法检测。

（7）编写检测报告 检测报告内容包括：声发射检测条件、典型图表（记录的声发射曲线）及评定结果等。

4. 阵列涡流检测技术

涡流检测以其检测速度快，操作简便，对表面条件要求低的特点，被列为五大常规无损检测方法之一。但是常规涡流检测对于检测面积较大或者检测面形状比较复杂的被检件来说，操作起来工作量比较大，且涡流有效渗入深度不足。

（1）阵列涡流检测的背景、定义　近年来，随着计算机技术、电子扫描技术以及信号处理技术的发展，阵列涡流检测技术逐渐成熟起来。该技术是通过涡流检测线圈结构的特殊设计，并借助于计算机化的涡流仪器强大的分析、计算及处理功能，实现对材料和零件的快速、有效检测。阵列涡流检测探头在检测过程中，其涡流信号的响应时间极短，只需激励信号的几个周期，而在高频时主要由信号处理系统的响应时间决定。因此，阵列涡流检测探头的单元切换速度可以很快，这一点是传统探头的手动或机械扫描系统所无法比拟的。此外，传感器阵列的结构形式灵活多样，可以非常方便地对复杂表面形状的零件或者大面积金属表面进行检测，而且这种发射/接收线圈的布局模式成倍地提高了对材料的检测渗透深度。因此，阵列涡流传感器的研究成为当前传感器技术研究中的重要内容和发展方向。

随着传感器技术的发展以及加工工艺技术水平的提高，电阵列涡流传感器的研究和应用得到极大的发展，不仅能够对被检工件展开的或封闭的被检面进行大面积的高速扫描检测，而且能用于扫描检测任何固定形状构成的检测面，如各种异型管、棒、条、板材，以及飞机机体、轮毂、外环、涡轮叶片等构件的表面（含近表面）。对被测表面（含近表面）有与传统点探头同样的分辨率，并且不存在对某一走向缺陷和长裂纹的“盲视”问题。目前在美国、德国、加拿大等国，阵列涡流检测技术已成功应用于多个工业领域的无损检测。

我国对于阵列涡流传感器技术的研究始于 20 世纪末。国内某涡流设备研发单位已研制出工作频率为 50kHz~2MHz、有效扫描宽度为 55mm 的双阵列、反射自旋式、用于铝合金板检测的阵列涡流传感器。

目前，国外已经生产出较为成熟的阵列涡流检测设备，该设备能够电子驱动和读取同一个探头中若干个相邻的涡流感应线圈。通过使用多路技术采集数据，能避免不同线圈之间的互感。涡流阵列配置在桥式或发射—接收模式下，可支持 32 个感应线圈（使用外部多路器能最多支持 64 个）。操作频率范围为 20Hz~6MHz，并能选择在同一采集中使用多频。

借助于计算机强大的信息处理功能，通过检测线圈结构特殊设计的阵列涡流检测技术在管道和复杂结构零件的检测方面显示出了抗干扰能力强、检测速度快且灵敏度高的优点。

（2）阵列涡流检测原理　阵列涡流检测仪器由三部分组成：驱动单元、探头、多路复用器。阵列涡流检测探头由多个独立工作的线圈构成，这些探头线圈按特定的结构形式密布在平面或曲面上构成阵列，且激励与检测线圈之间形成两种方向相互垂直的电磁场传递方式。工作时不需要使用机械式探头扫描，只需按照设定的逻辑程序，对阵列单元进行实时/分时切换，并将各单元获取的涡流响应信号通过多路复用器接入仪器的信号处理系统中去，即可完成一个阵列的巡回检测。通过多路复用技术，可以有效避免不同线圈间的互感。阵列涡流检测探头的一次检测过程相当于传统的单个涡流检测探头对部件受检面的反复往返步进扫描的检测过程，如图 8-68 所示，并且能够达到与单个传感器相同的测量精度和分辨率。

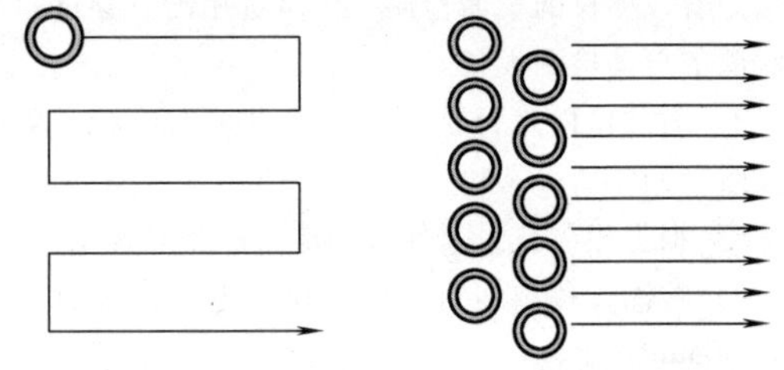

图 8-68　受检面的反复往返步进扫描的检测过程

涡流线圈阵列结构形式的设计，基本上可分为两种类型。一种是基于单线圈检测的阵列涡流，如图 8-69 所示。一般是直接在基底材料上制作多个敏感线圈，布置成矩阵形式的阵列，而且为了消除线圈之间的干扰，相邻线圈之间要保留足够的空间。这种阵列涡流大多用于大面积金属表面的接近式测量，检测部件的位置、表面形貌、涂层厚度以及回转体零件的内外径等，也可以用来检测裂纹等表面缺陷。另外一种是基于双线圈方式的阵列涡流检测，一般设计为一个大的激励线圈加众多小的检测线圈阵列的形式，如图 8-70 所示。它能非常有效地实现大面积金属表面上多个方向缺陷的检测，在无损检测的应用上具有较大的优势。

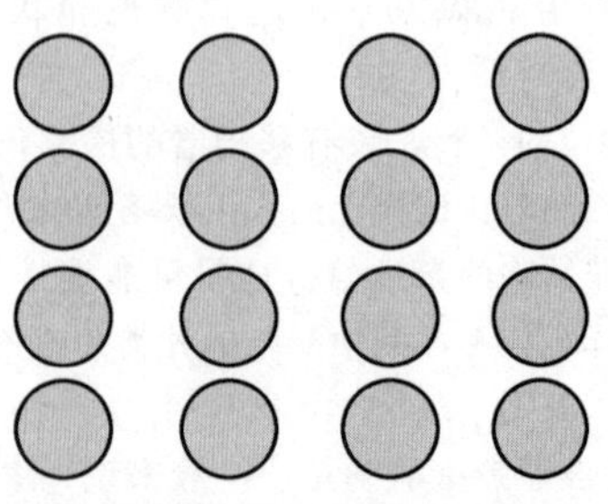

图 8-69　单线圈检测

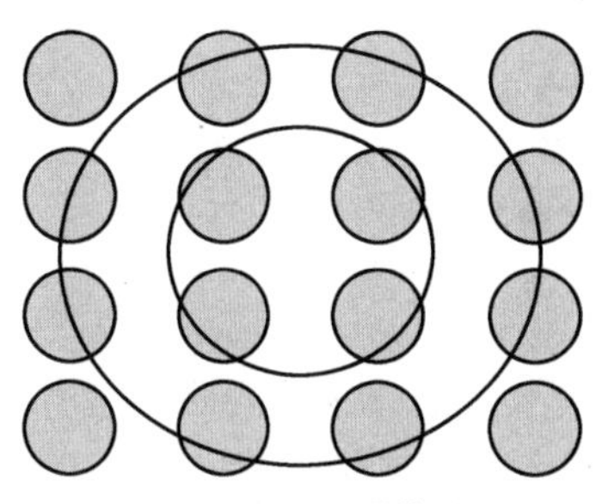

图 8-70 双线圈检测

(3) 阵列涡流检测的主要应用领域

1) 焊缝检测。在焊缝质量检测中，采用传统探头检测常因焊区材质变化无法选定参考点，因而缺陷容易被背景干扰湮没。特殊的单元探头（如采用电扰动法的探头）虽然只对不连续信号敏感，但是常因偏离焊道而产生漏检。采用阵列涡流检测，不仅能正确评价焊道中的裂缝，还可清楚地了解受热区金属材质的变化。因为阵列涡流能给出大量有关焊区质量的数据，因而可从图像中清楚地看出在材质变化的同时存在的微小缺陷（如裂纹等）。

2) 平板大面积检测。许多重要结构的金属板材须进行100%涡流检测，常规的精细扫描需要一套昂贵的二维机械扫描驱动系统且费时间；而阵列涡流检测采用手动操作或简单的直线驱动装置即可实现，工作效率可提高许多倍。对许多用渗透方法检测的试件来说更节省费用和时间。

3) 管、棒、条型材的检测。阵列涡流检测能检测任何走向的短小缺陷和纵向长裂缝，这是传统涡流检测方法不能做到的，而且其不受管、棒、条型材断面形状的限制，也不受直径大小的限制，能以高于传统旋转扫描的速度进行检测。管、棒、条型材的在线阵列涡流检测不需要机械旋转装置，且具有灵敏度高、速度快、噪声小、一次完成整体检测等特点。

4) 飞机轮毂的检测。采用阵列涡流检测技术对飞机轮毂进行检测，是涡流检测在航空领域的新应用。因为飞机轮毂形状的不规则，使用传统涡流检测方法检测需要有多种探头，而且手动操作时间长，不可靠。如果采用阵列涡流检测，不仅可以节省检测时间，而且能大大降低提离效应的影响，既省时又可靠。

8.2.3 渗透检测

渗透检测可用于各种金属材料和非金属材料构件表面开口缺陷的检测。

1. 渗透检测基础

在被检工件表面涂覆带有着色剂或荧光物质且具有高度渗透能力的渗透液，在液体对固体表面的润湿作用和毛细现象作用下，渗透液被渗入工件的表面开口缺陷中。将工件表面被涂覆的多余渗透液清洗干净（但保留渗透到缺陷中的渗透液），再在工件表面涂上一层显像剂，利用毛细作用将缺陷中的渗透液重新吸附到工件表面，被吸附到表面的渗透液则形成缺陷痕迹。通过目测或特殊灯具，观察缺陷痕迹颜色或荧光图像对缺陷进行评定。

2. 渗透检测分类

(1) 按显像方式分类

1) 着色渗透检测。这种检测方法使用的渗透液主要由红色染料及溶解着色剂的溶液组成，而显像剂则为含有吸附性强的白色颗粒状的锌白粉、钛白粉等的悬浮液。检测时，通过显像剂的极细白色颗粒粉末吸附缺陷中的红色渗透剂到工件表面，显现出对比度明显的色彩图像，能直观地反映出缺陷的部位、形态及数量。

2) 荧光渗透检测。这种检测方法与着色渗透检测的区别是使用含有荧光物质的渗透剂。将工件表面多余的渗透剂清洗后，用显像剂将保留在缺陷中的荧光渗透液吸附到工件表面。检测时，用一种波长很短的黑光源照射工件表面被检测部位，使吸附到工件表面的荧光物质产生波长较长的可见光，在暗室中对照射的部位进行观察，再通过显现的荧光图像来判断缺陷的大小、位置及形态。

相比而言，荧光渗透检测比着色渗透检测的灵敏度更高一些。但这种检测方法的局限性是必须具备黑光源及观察用的暗室，也就是要有电源和固定的观察场所，显然对于不便移动的结构件不适用。因此，荧光渗透检测多用于表面粗糙度值低、疲劳或磨削致裂纹等微小缺陷的小型、量大的零件检测。

(2) 按渗透剂种类分类

1) 水洗型渗透检测。以水为清洗剂，渗透剂也以水为溶剂。很多渗透液是油性物质，不能溶于水。如果加入乳化剂，使油变成极微小的颗粒而均匀分布在水中，则形成“水包油”的匀质状态，即使在静止状态下，油也不会聚在一起形成油水分层的情况，这一现象称为乳化现象，具有这一现象的物质称为乳化剂。在油性渗透剂中加入乳化剂而使渗透剂具有水溶性，则这种渗透剂称为自乳化型渗透剂。

无论是水基渗透剂还是自乳化型渗透剂，都以水为清洗剂。这种方法费用低，但灵敏度不高，对细微缺陷及较宽的浅层缺陷显示能力弱，故仅适用于大面积及较粗糙表面缺陷的检测。

2) 后乳化型渗透检测。这种方法也以水为清洗剂。渗透剂不溶于水，为了将残留在缺陷以外（工件表面）多余的渗透剂用水清洗掉，在渗透之后、清洗之前增加乳化这一步程序。若在渗透之前往渗透剂中加乳化剂，往往会增加渗透剂的黏度和吸水性，降低着色物在溶剂中的溶解度，致使渗透剂的渗透性能降低。渗透前加了乳化剂的渗透液在水洗过程中，容易在缺陷内吸入水分而造成着色物沉淀，影响显像效果，因而后乳化型渗透液不宜用于微小缺陷的检测。

3）溶剂去除型渗透检测。自乳化型渗透剂灵敏度不高，后乳化型渗透剂操作复杂，但用溶剂作为清洗剂可避免这些短处。值得特别注意的是：由于使用的清洗剂主要是各种有机物，它们具有较小的表面张力系数，对固体表面有很好的润湿作用，因此具有很强的渗透能力。用这种清洗剂清洗如操作不当，很容易“过清洗”，即将渗入缺陷的渗透液冲洗出来，或降低着色物的浓度，使图像色彩对比度不足而造成漏检，特别是对小型零件，不能图省事而浸泡在溶剂中清洗。清洗用的溶剂易挥发、易燃、有毒，使用时要通风防火。另外，用溶剂代替水清洗检测费用会高些，故而它适用于工作量不大，无水源、无电源的场合，是一种便携式检测方法。

（3）按显像剂种类分类

1）干式显像渗透检测。这种方法主要用荧光渗透剂。显像时，用经干燥后的白色细颗粒干粉喷洒在工件被检区表面制造一层很薄的粉膜，用于吸附渗入缺陷的荧光渗透液进行显像。对于着色渗透液，若使用干粉显像剂，会因缺陷两侧难以保留足够的白色干粉而使图像对比度降低，不利于观察。

2）湿式显像渗透检测。湿式显像剂是在具有高挥发性的有机物苯、二甲苯、乙醇等中加入起吸附作用的白色粉末配制而成的。常用的白色粉末有锌白粉（主要成分为氧化锌）、钛白粉（主要成分为二氧化钛）等。这些粉末并不溶解于有机溶剂，有机溶剂只是白色粉末的载体，粉末在溶剂中呈悬浮状态，所以在使用时必须要摇晃均匀。值得注意的是：有机溶剂在吸附渗透液到工件表面后会扩散开来，造成显现的图像比实际缺陷大的假象，或由于扩散而造成着色浓度减少，对比度降低。因此，为改善显像剂性能，还须加入一些增加黏度的成分（如大棉胶、乙酸纤维素、过氯乙烯树脂、糊精等），以限制有机溶剂在吸附渗透液到工件表面后的扩散作用。

使用水作为载体也是可以的，但水蒸发慢，显像处理需较长时间。因此，为了尽快观察，常采用吹风机进行热风烘吹以加快干燥。

此法常用于着色渗透检测。

实际常用的方法是上述几种方法的组合。例如水洗型、后乳化型、溶剂去除型着色（或荧光）渗透检测，既可使用干式显像，也可选用湿式显像。

3. 渗透检测的应用

（1）焊接件的渗透检测　在焊接生产领域中要求做渗透检测的场合有如下几种情况：

1）抗拉强度 R_m>540MPa 的钢制压力容器上的 C 类和 D 类焊缝。

2）名义厚度 δ>16mm 的 12CrMo 及 15CrMo 钢制容器，其他任意厚度的 Cr-Mo 低合金钢制容器上的 C 类和 D 类焊缝。

3）堆焊表面。

4）复合钢板的复合层焊缝。

5）上述 1）、2）中所指材料，经火焰切割的坡口表面。

6）上述 1）、2）中所指材料，焊后经缺陷修磨或补焊处的表面。

7）上述 1）、2）中所指材料，在组装对接时临时焊在工件表面上的卡具、拉筋等，组焊完成后拆除处的焊痕表面。

上述焊缝均属于高强钢焊缝。由于高强钢的焊接工艺性较差，易在焊缝表面及加工表面产生缺陷，因此须经渗透检测。

（2）锻造件的渗透检测实例

1）锻造不锈钢大阀门体（见图 8-71）的着色渗透检测。检测工艺为：按下清洗剂喷罐按钮对工件被检区进行清洗→将着色渗透剂喷到容器中，再用棉花球沾渗透剂涂到工件被检区表面→用被清洗剂润湿的棉布擦掉表面多余的渗透剂→将显像剂喷罐的显像剂喷在被检表面→自然干燥后目视检查。

2）镍基合金盘（见图 8-72）经锻造和机械加工后进行乳化型荧光渗透检测。检测工艺为：后乳化型荧光渗透剂渗透→预水洗以清除表面上附着的渗透剂

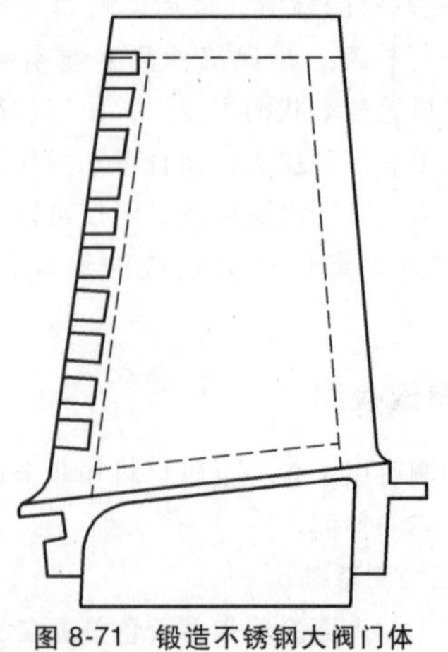

图 8-71　锻造不锈钢大阀门体

→浸入亲水性乳化剂中使渗透剂充分乳化→水清洗→在热空气循环箱内干燥→在喷粉柜中喷粉显像→在暗室的黑光灯下目视检查合金盘。

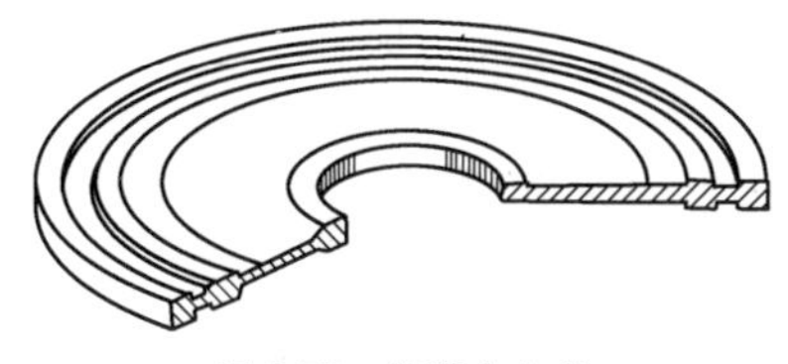

图 8-72　镍基合金盘

3）铸造叶片（见图 8-73）的荧光渗透检测。检测工艺为：将叶片浸入汽油或煤油中清洗→将叶片浸入水洗型荧光渗透液中→采用低压水喷清洗叶片→将叶片放入热空气循环烘箱内干燥→用喷粉柜或手工撒的方法把干粉显像剂施加到叶片表面→在暗室黑光灯下目视检查。

图 8-73　铸造叶片

4. 渗透检测剂及设备

（1）渗透检测剂　渗透检测剂由渗透剂、乳化剂、清洗剂及显像剂组成，其组成、特点及质量要求见表 8-33。

表 8-33　渗透检测剂的组成、特点及质量要求

<table>
<tr><th colspan="4">渗透检测剂</th><th>基本组成</th><th>特点及应用</th><th>质量要求</th></tr>
<tr><td rowspan="7">渗透剂</td><td rowspan="4">着色渗透剂</td><td rowspan="2">水洗型</td><td>水基型</td><td>水、红色染料</td><td>不可燃，使用安全，不污染环境，价格低廉，但灵敏度欠佳</td><td rowspan="4">1）渗透力强，渗透速度快
2）着色液应有鲜艳的色泽
3）清洗性好
4）润湿显像剂的性能好，即容易将渗透剂从缺陷中吸附到显像剂表面
5）无腐蚀性
6）稳定性好，在光和热的作用下，材料成分和色泽能维持较长时间
7）毒性小
8）其密度、浓度及外观检验应符合相关标准的规定</td></tr>
<tr><td>乳化型</td><td>油液、红色染料、乳化剂、溶剂</td><td>渗透性较好，容易吸收水分产生浑浊、沉淀等污染现象</td></tr>
<tr><td colspan="2">后乳化型</td><td>油液、溶剂、红色染料</td><td>渗透力强，检测灵敏度高，适合于检测浅而细微的表面缺陷，但不适合表面粗糙及不利于乳化的工件</td></tr>
<tr><td colspan="2">溶剂去除型</td><td>油液、低黏度易挥发的溶剂、红色染料</td><td>具有很快的渗透速度，与快干式显像剂配合使用，可得到与荧光渗透检测相类似的灵敏度</td></tr>
<tr><td rowspan="3">荧光渗透剂</td><td colspan="2">水洗型</td><td>油基渗透剂、互溶剂、荧光染料、乳化剂</td><td>乳化剂含量越高，则越易清洗，但灵敏度越低
荧光染料浓度越高，则亮度越大，但价格越贵
有高、中、低三种不同的灵敏度</td><td rowspan="3">1）荧光性能应符合相关标准的规定
2）渗透液的密度、浓度及外观检验应符合相关标准的规定
3）渗透力强，渗透速度快
4）荧光液应有鲜明的荧光
5）清洗性能好
6）润湿显像剂的性能要好
7）无腐蚀性
8）稳定性要好
9）毒性小</td></tr>
<tr><td colspan="2">后乳化型</td><td rowspan="2">油基渗透剂、互溶剂、荧光染料、润湿剂</td><td>缺陷中的荧光液不易被洗去（比水洗型荧光液强），抗水污染能力强，不易受酸或铬盐的影响
荧光液灵敏度按其在紫外线下发光的强弱可分为三种，即标准灵敏度、高灵敏度和超高灵敏度</td></tr>
<tr><td colspan="2">溶剂去除型</td><td>不需要水，具有很高的灵敏度，但对于批量工件的检验工效较低，适合于受限制的区域性试验</td></tr>
</table>

（续）

渗透检测剂			基本组成	特点及应用	质量要求
乳化剂	亲水性乳化剂		烷基苯酚聚氧乙烯醚、脂肪醇聚氧乙烯醚	乳化剂浓度决定了它的乳化能力、乳化速度和乳化时间，推荐使用质量分数为5%～20%	1）乳化剂应容易清除渗透剂，同时应具有良好的洗涤作用 2）具有高闪点和低蒸发率 3）耐水和渗透剂污染的能力强 4）对工件和容器无腐蚀 5）无毒、无刺激性臭味 6）性能稳定，不受温度影响
	亲油性乳化剂		脂肪醇聚氧乙烯醚	不加水使用，其黏度大时扩散速度慢，乳化过程容易控制，但乳化剂拖带损耗大；反之亦然	
清洗剂	水			清除水洗型渗透液	有机溶剂去除剂应与渗透剂有良好的互溶性，不与荧光渗透剂起化学反应，不猝灭荧光 乳化剂的质量要求同上
	有机溶剂去除剂		煤油或者乙醇、丙酮、三氯乙烯	清除溶剂去除型渗透液	
	乳化剂和水			清除后乳化型渗透液	
显像剂	干粉显像剂		氧化镁或者碳酸镁、氧化钛、氧化锌等粉末	适用于粗糙表面工件的荧光渗透检测 显像粉末使用后很容易清除	1）粒度不超过3μm 2）松散状态下的密度应小于$0.075g/cm^3$，包装状态下应小于$0.13g/cm^3$ 3）吸水、吸油性能好 4）在黑光下不发荧光 5）无毒、无腐蚀
	湿式显像剂	水悬浮型湿式显像剂	干粉显像剂加水按比例配制而成	要求零件表面有较低的表面粗糙度，不适用于水洗型渗透液 呈弱碱性	1）每升水中应加进30～100g的显像粉末，不宜太多也不宜太少 2）显像剂中应加有润湿剂、分散剂和防锈剂 3）颗粒应细微
		水溶性湿式显像剂	将显像剂结晶粉溶解于水中制成，结晶粉多为无机盐类	不可燃，使用安全，清洗方便，不易沉淀和结块 白色背景不如水悬浮式 要求工件有较低的表面粗糙度 不适于水洗型渗透液	1）应加适当的防锈剂、润湿剂、分散剂和防腐剂 2）应对工件和容器无腐蚀，对操作无害
		快干式显像剂	将显像剂粉末加入挥发性的有机溶液中配制而成。有机溶剂多为丙酮、苯、二甲苯等	显像灵敏度高、挥发快，形成的显示扩散小，显示轮廓清晰 常与着色渗透液配合使用	为调整显像剂黏度，使显像剂不至于太浓，应加一定量的稀释剂（如丙酮、酒精等）
		不使用显像剂	—	省掉了显像剂，简化了工艺 只适用于灵敏度要求不高的荧光渗透液	—

（2）渗透检测设备　一般分为四类：固定式、便携式、自动化及专业化渗透检测设备。

1）固定式渗透检测设备。它包括清洗槽、渗透槽、乳化槽、干燥箱、显像槽及检查台等。

2）便携式渗透检测设备。该设备实际上是一个装有渗透检测剂及各类工具的箱子，如图8-74、图8-75所示。

在便携式设备中装有压力喷罐，罐内装有欲喷涂的溶剂（渗透剂、清洗剂、显像剂）和能在常温下产生压力的气溶胶或雾化剂。当按下喷罐上的按钮（喷嘴）时，可使涂液呈雾状喷射出来。由于其体积小，质量小，便于携带，故适用于高空野外等场所。

图 8-74　便携式着色箱

图 8-75　便携式荧光箱

3）自动化渗透检测设备。被检工件被传送到每个工序进行自动操作，最后在黑光灯下用光导摄像管扫描实现缺陷的自动辨认。

4）专业化渗透检测设备。有时须将工件处于应力状态（或负载）下进行检查，这样除了一般检测装置外，还应附加一套给工件加载的装置，这类设备称为专业化渗透检测设备

5. 对比试块

检测中，用以评定检测效果或检测剂及装置性能的具有人工缺陷的试块，称为对比试块。

（1）镀铬对比试块（C 型试块）　将 07Cr19Ni11Ti 或其他适当的不锈钢材料，在 4mm×40mm×130mm 试块上单面镀镍（30±1.5）μm，再在镀镍层上镀铬 0.5μm，镀后退火。在未镀面以直径 10mm 的硬质合金球，用布氏硬度法以 100N、10kN、12.5kN 的试验力打三点硬度，在镀层上形成三处辐射状裂纹，即制成镀铬试块，如图 8-76 所示。

这种试块主要用于校验操作方法和工艺系统的灵敏度。使用前，应将其拍摄成照片或用塑料制成复制品，以供检测时对照使用。试验时先将试块按正常工序进行处理，最后观察辐射状裂纹显示情况，若与照片或复制品一致，则可认为设备、材料及检测工艺正常。

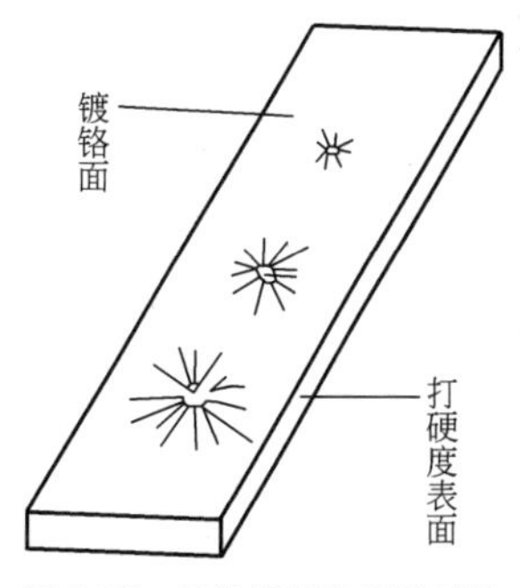

图 8-76　镀铬辐射状裂纹试块

（2）铝合金对比试块（A 型试块）　从厚度为 8~10mm 的 2A12 淬火铝合金板上切取 50mm×75mm 的试块，用喷灯在中心部位加热至 510~530℃，然后淬火，在铝块上产生如图 8-77 所示的裂纹；再在 75mm 方向的中心位置开一个深、宽各 1.5mm 的沟槽，制成铝合金对比试块。

试块分为两半，因而适用于两种不同检测剂在互不影响的情况下进行灵敏度对比试验，也适用于同一种渗透剂在不同工艺操作下进行灵敏度的对比试验。

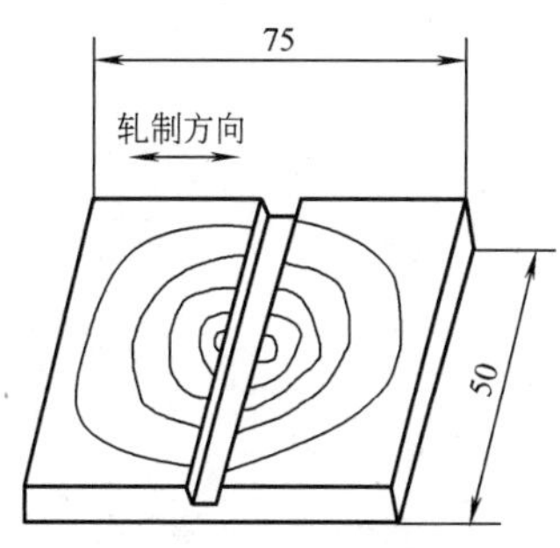

图 8-77　铝合金对比试块

6. 渗透检测基本步骤

（1）预处理　渗透前，应对受检面及附近 30mm 范围内采用机械方法（打磨、抛光）或溶剂擦涂方法进行清理，不得有污垢、锈蚀、焊渣、氧化皮等。

（2）渗透　用浸浴、刷涂或喷涂等方法，将渗透剂施加于受检面。渗透时间一般为 15~30min。对细小缺陷可将工件预热到 40~50℃ 再渗透。

（3）乳化　使用后乳化型渗透剂时，在渗透后清洗前应选用浸浴、刷涂、喷涂方法将乳化剂施加于工件已渗透的受检面。乳化剂停留时间为 1~5min，然后用水洗净。

（4）清洗　施加的渗透剂达到规定的时间后，若采用的是水清洗渗透剂，可用喷水法去除多余的渗透剂。喷水时水压为 0.2MPa 水温不超过 43℃。若采用的是荧光渗透剂，对不宜在设备中洗涤的大型零

件，可用带软管的管子由上向下进行喷洗，以避免留下一层难以去除的荧光薄膜。若采用的是溶剂去除型渗透剂，可在受检表面喷涂溶剂，并用干净布擦干。

（5）干燥　清洗后，应自然干燥或用布、纸擦干，不得加热干燥。用干式或快干式显像剂显像前，或用湿式显像剂以后的干燥处理中，干燥温度不得超过 52℃。

（6）显像　干燥后，在受检面刷涂或喷涂一层薄而均匀的显像剂，厚度为 0.05~0.07mm，保持 5~30min 后观察。

（7）观察

1）着色渗透检测：应在 350lx 以上可见光下用肉眼观察，有表面性缺陷时即可在白色显像剂上显示出红色图像。

2）荧光渗透检测：在暗室用黑光灯或紫外线灯照射被检面，有表面性缺陷时，即显示明亮荧光图像。

（8）质量评定　渗透检测的质量评定应按相应的产品标准进行。

7. 典型表面性缺陷显示特征（见表 8-34）

表 8-34　典型表面性缺陷显示特征

缺陷显示类型	缺陷名称	显示特征
连续线状显示	铸造冷裂纹	多呈较规则的微弯曲的直线状,起始部位较宽,随延伸方向逐渐变细,有时贯穿整个铸件,边界通常较整齐
	铸造热裂纹	多呈连续、半连续的曲折线状,起始部位较宽,尾端纤细;有时呈断续条状或树枝状,粗细较均匀或是参差不齐;荧光亮度或色泽取决于裂纹中渗透液容量
	锻造裂纹	一般呈现没有规律的线状,抹去显示,肉眼可见
	熔焊裂纹	呈纵向、横向线状或树枝状,多出现在焊缝及其热影响区
	淬火裂纹	呈线状、树枝状或网状,起始部位较宽,随延伸方向逐渐变细,显示形状清晰
	磨削裂纹	呈网状或辐射状和相互平行的短曲线条,其方向与磨削方向垂直
	冷作裂纹	呈直线状或微弯曲的线状。多发生在变形量大或张力大的部位,一般单个出现
	疲劳裂纹	呈线状、曲线状,随延伸方向逐渐变细。显示形状较清晰,多发生在应力集中区
	线状疏松	呈各种形状的短线条,散乱分布,多成群出现在铸件的孔壁或均匀板壁上
	冷隔	呈较粗大的线状(两端圆秃、较光滑线状),时而出现紧密、断续或连续的线状。擦掉显示,目视可见,常出现在铸件厚薄转角处
	未焊透	呈线状,多出现在焊道的中间,显示一般较清晰
断续线状显示	折叠	呈与表面成一定夹角的线状,一般肉眼可见,显示的亮度和色泽随其深浅和夹角大小而异,多发生在锻件的转接部位。显示有时呈断续线状
	非金属夹杂	沿金属纤维方向,呈连续或断续的线条,有时成群出现,显示形状较清晰,分布无规律,位置不固定
圆形显示	气孔	显示呈球形或圆形,擦掉显示目视可见
	圆形疏松	多数呈长度等于或小于三倍宽度的线条,也呈圆形显示,散乱分布
	缩孔	呈不规则的窝坑,常出现在铸件表面上
	火口裂纹	由于截留大量的渗透液,也经常呈圆形显示
	大面积缺陷	由于实际缺陷轮廓不规则,截留渗透液量大也有时呈圆形显示
小点状显示	针孔	呈小点状显示
	收缩空穴	形状呈显著的羊齿植物状或枝蔓状轮廓
弥散状显示	显微疏松	可弥散成一较大区域的微弱显示,应给予注意
	表面疏松	对相关部位重新检验,以排除虚假显示,不可简单仓促地做出评价

8.3　材质与热处理质量的无损检测

材质及其热处理后质量的无损检测包括硬度、表面硬化层深度、组织结构及抗拉强度等性能指标检测和混料分选等工作。材质与热处理质量的无损检测是依据被检物欲检目标（参数）与其某些物理性能（参数）的关系，通过对物理参数的检测来实现的。

8.3.1　硬度的无损检测

硬度的无损检测方法见表 8-35。

用剩磁法测量剩余磁场的方法有：

1. 冲击法

被检物饱和磁化后去磁，与测量线圈做相对运动，测量线圈两端基于电磁感应产生与剩余磁场成比例的感应电动势，故可用冲击检流计测得剩磁。

表 8-35 硬度的无损检测方法

方法 分类	方法 名称	基本原理	应用说明
电磁法	剩磁法	被检物饱和磁化后去磁，当退磁系数一定时，实际测得的剩磁（伪剩磁）总是小于材料固有剩磁 B_r，并与硬度成比例关系	仪器轻便，操作简单、迅速，灵敏度高，可测微弱剩磁 需标准试块，因退磁系数与被检物形状、尺寸有关，故只适于成批生产检测 只适用于铁磁材料
	矫顽力法	由于钢及许多合金磁化矫顽力与硬度存在良好的对应关系，又基于闭合磁路中磁通势与矫顽力相对应，故通过测量磁通势（实际只需测去磁电流）即可检测硬度	应用特点基本同剩磁法，但不受被检物的形状、尺寸影响（矫顽力 H_c 只是关于材料性质和组织状态的物理量） 灵敏度高，不受测量元件灵敏度变化的影响
	磁导率法	被检物置于具有一、二级绕组的线圈中，初级线圈通以交流电，被检物磁化。当其形状、尺寸及磁化场强度不变时，二级感应电压的输出与其磁导率成正比，而磁导率与硬度有一定的对应关系	应用特点基本同剩磁法，被检物的形状、应力状态，工艺因素及外界干扰对检测结果影响大 实际应用中都采用差动法检测
	高次谐波法	被检物置于具有一、二级绕组的线圈中，二级感应电压的高次谐波分量与硬度有一定的对应关系	工艺、冶金因素及被检物心部的性能等对检测结果影响较小 只适用于铁磁材料
	磁噪声法	铁磁材料磁化时产生的巴克豪森效应取决于材料的组织结构及应力状态等。当其他条件一定时，磁噪声级（感应线圈对巴克豪森效应所得的指示）与硬度存在如下关系：硬度愈高，磁噪声级愈低	灵敏度高 测量精度受材料的组织结构、成分及应力等的影响 只适用于铁磁材料
	涡流法	被检物置于通交流电的线圈中感应出涡流，线圈阻抗发生变化。对铁磁材料，阻抗变化主要受磁导率影响；对于非铁磁材料，主要受电导率影响。而磁导率与电导率均与材料硬度有关	仪器轻便，操作简单；便于实现成批产品的自动连续检测 被检物的形状、尺寸、表面应力状态等影响测量精度 需标准试块 适用于导电材料
超声波法	谐振频率法	超声波传感器杆谐振频率随压头与被检物表面接触面积的增加而增高，而接触面积的大小取决于被检物的表面硬度	仪器轻便，操作简单；便于实现自动化检测 需标准试块 适用于金属和非金属材料
	声速法	材料的硬度与声速一般存在着近似的线性关系，通过测定超声波声速可以检测被检物的硬度	

2. 测磁法

用检测元件测量剩余磁场空间中某一固定位置的磁场强度或相邻两点的场强差值。场强差测量能去除外界干扰因素的影响。

矫顽力法可分为直流矫顽力法、交流矫顽力法及点极磁场法。

图 8-78 所示为直流矫顽力法的原理。被检物饱和磁化后去掉磁化电流，再通入反向电流去磁（剩磁），记录磁通计输出为零时的去磁电流 I_c。

磁通势 $F_c=I_c n$（n 为去磁线圈匝数）。

电磁铁磁化时磁通势 F_c 与矫顽力的关系为

$$F_c=H_{c0}L_0+H_{cn}L_n$$

式中 H_{c0}——电磁铁矫顽力（A/m）；

L_0——电磁铁内磁路长度（m）；

H_{cn}——被检物矫顽力（A/m）；

L_n——被检物内磁路长度（m）。

检测时，必须使磁通的透入深度大于表面脱碳层的深度。

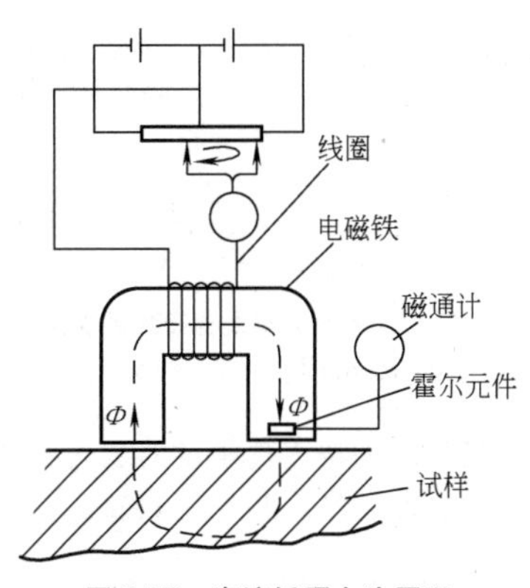

图 8-78 直流矫顽力法原理

电磁铁应选择磁导率高、矫顽力小、磁性稳定的软磁材料。为了提高测量灵敏度，应使透入磁通在被检物内的磁路长度适当增加。

图 8-79 所示为应用 GC-1 型钢件无损检测仪测试的 Q345（16Mn）钢板硬度与矫顽力的关系。

当被检物退磁系数大时，矫顽力与剩余磁场成比

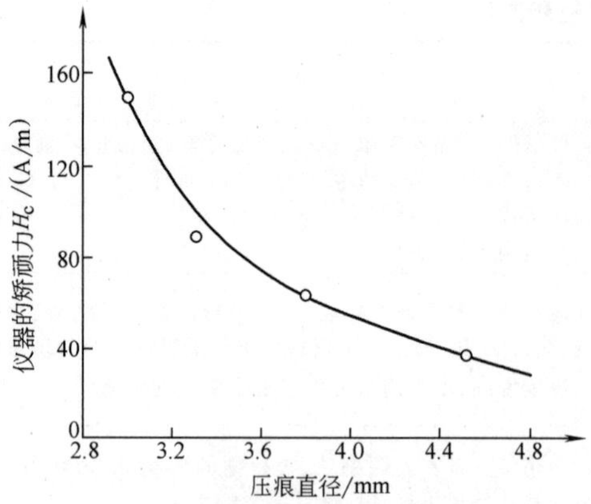

图 8-79 Q345（16Mn）钢板硬度与矫顽力的关系

注：布氏硬度的压头直径为 10mm，试验力为 29400N（3000kgf）。

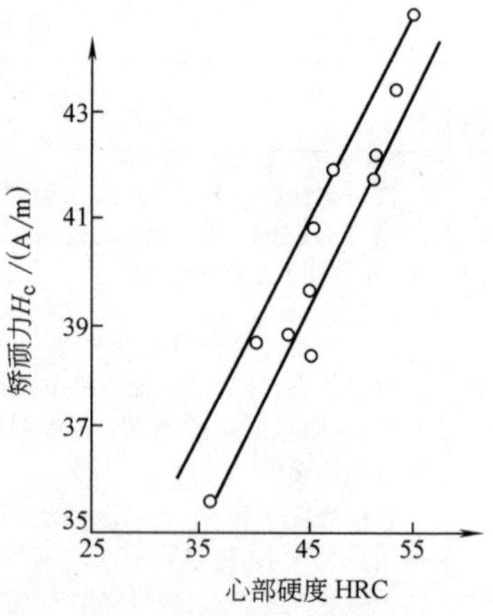

图 8-81 矫顽力与心部硬度的关系

注：试样及处理条件同图 8-99。

例，可通过测量剩余磁场的矫顽力进而检测硬度。

矫顽力与表面硬度的关系如图 8-80 所示。矫顽力与心部硬度的关系如图 8-81 所示。由于磁通透入较深，矫顽力能较准确地反映心部硬度。

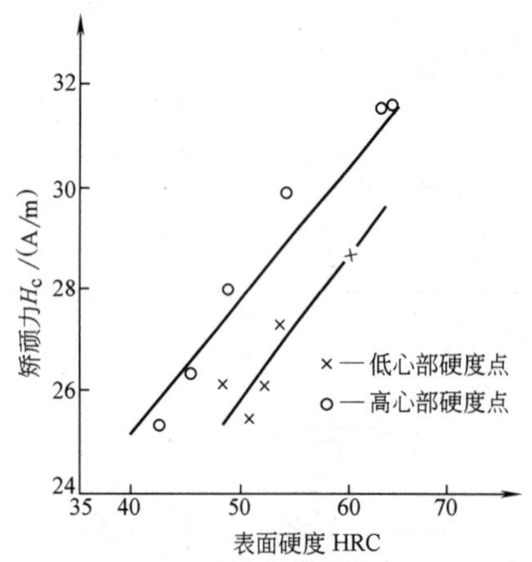

图 8-80 矫顽力与表面硬度的关系

注：30 钢，ϕ30mm×300mm 试样，气体渗碳+盐浴淬火。

点极磁场测量大型零件硬度的装置如图 8-82 所示。被检物在点极局部磁化时，点极剩余磁场与该点的矫顽力仍成正比。

交流矫顽力法直读式测量装置的仪表指示值与矫顽力成正比。也可用比较标准件与被检件交流矫顽力差值的方法检测硬度。

交流磁化时，由于表面效应，磁通的透入深度较直流磁化时浅得多。降低频率可使透入深度增加。

磁导率法实际应用中都采用差动法，即用被检物与硬度已知的标准件的磁导率进行比较。图 8-83 所

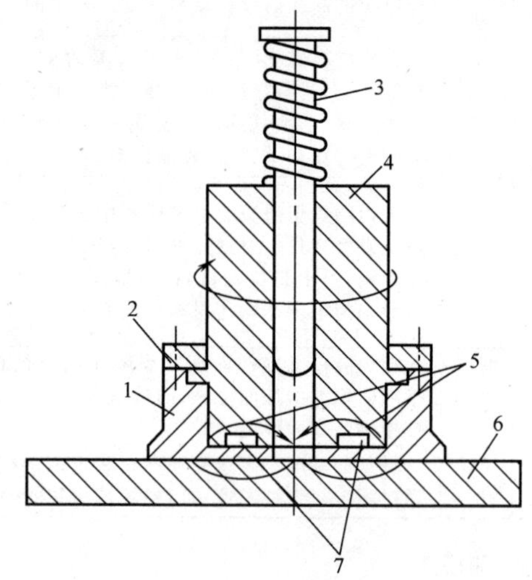

图 8-82 点极磁场测量大型零件硬度装置

1—导套 2—刻度盘 3—带弹簧磁铁 4—设备旋转部分 5—剩余磁场 6—被检物 7—探头

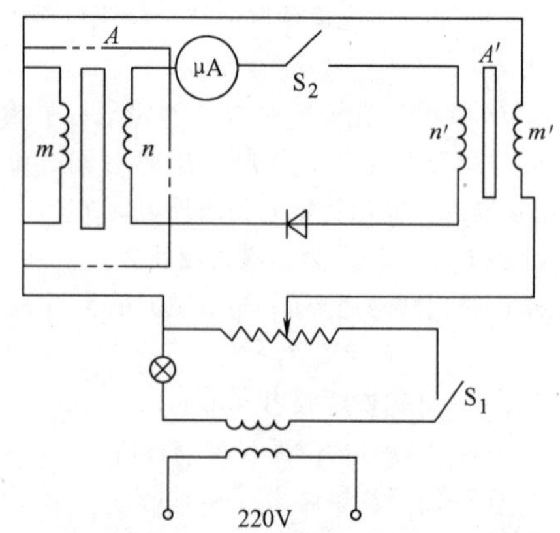

图 8-83 检测装置的电路图

S_1—电源开关 S_2—微动开关 m、m'—磁化线圈 n、n'—测量线圈 A、A'—被检件与标准件

示为检测装置的电路图。二级绕组的差动输出表示二者的硬度差值。图 8-84 所示为采用该装置检测的 40 钢连杆件调质后硬度（压痕直径）与感应电流的对应关系。

图 8-85 所示为利用测定超声波谐振频率检测硬度的超声波硬度计的结构。

图 8-86 所示为铸铁声速与硬度的关系。

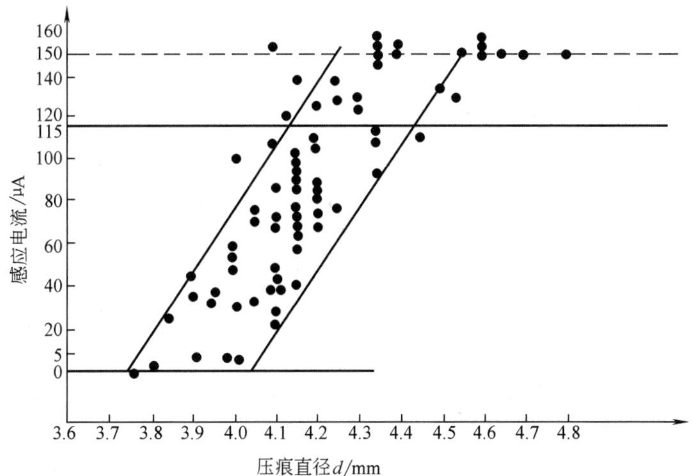

图 8-84 40 钢连杆调质后硬度（压痕直径）与感应电流的关系

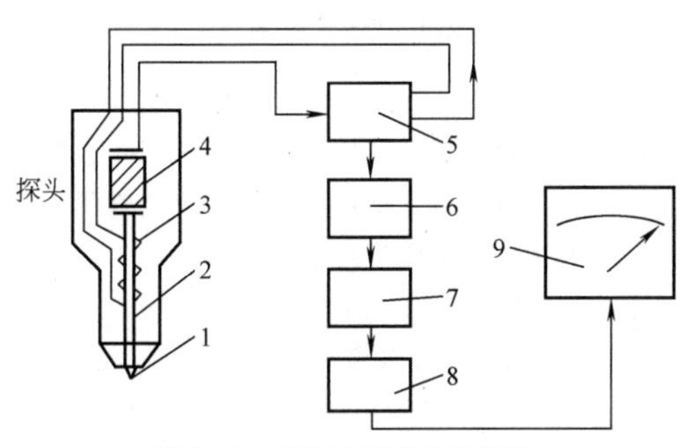

图 8-85 超声波硬度计的结构

1—压头 2—传感器杆 3—激励线圈 4—压电晶体 5—激励放大器 6—脉冲形成电路 7—脉冲功率放大器 8—鉴频器 9—硬度指示表

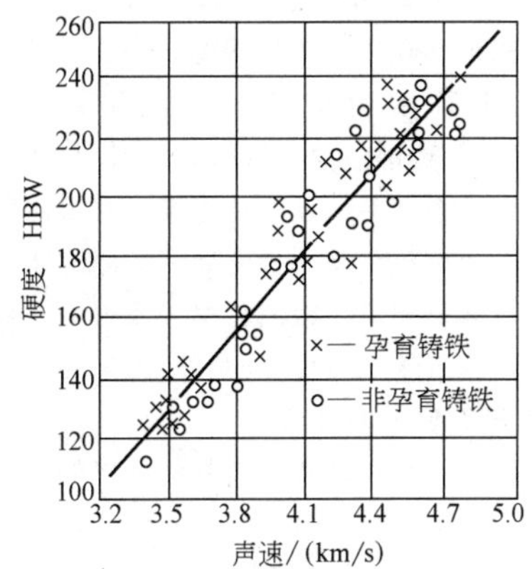

图 8-86 铸铁声速与硬度的关系

8.3.2 表面硬化层深度的无损检测

基于被检物表面硬化层、过渡区及心部组织（及成分等）的差异导致其物理性能的差异，建立硬化层深度与物理性能表征参数的对应关系，从而通过对该参数的检测获得硬化层深度值。

硬化层深度检测方法和装置与硬度检测方法和装置相似。

1. 剩磁法

图 8-87 所示为剩磁法检测渗碳淬火件的硬化层深度。图 8-88 所示为剩磁法检测气门盖的硬化层深度。

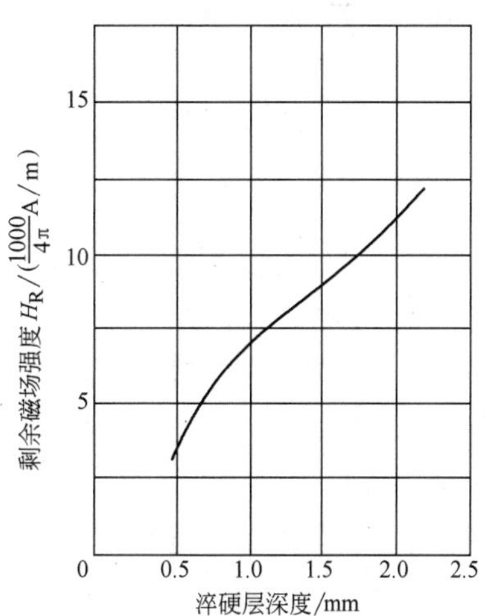

图 8-87 剩磁法检测渗碳淬火件的硬化层深度

注：15 钢，ϕ30mm×150mm，900℃渗碳，860℃水淬。

2. 矫顽力法

矫顽力法测硬化层深度，磁路模型中增加了表面

硬化层，磁通势 F_c 与矫顽力的关系为

$$F_c = 2H_{cm}d + H_{cn}L_n + H_{c0}L_0$$

式中　H_{cm}——表面硬化层中矫顽力（A/m）；

H_{cn}——未淬火部分矫顽力（A/m）；

H_{c0}——电磁铁矫顽力（A/m）；

d——淬硬层深度（m）；

L_n——未淬火部分磁路长度（m）；

L_0——电磁铁内磁路长度（m）。

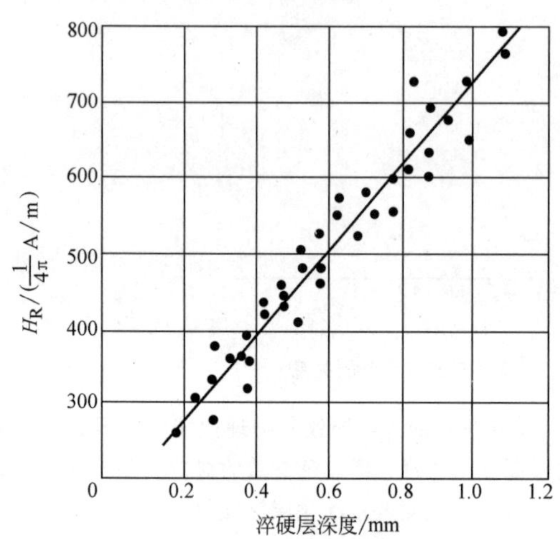

图 8-88　剩磁法检测气门盖的硬化层深度

当使用相同的电磁铁时，H_{c0}、L_0 是常数。对相同材料进行表面处理，并用相同磁场磁化的 H_{cm}、H_{cn} 及 L_n 为定值，这时 F_c 与淬硬层深度为直线关系。图 8-89 所示为用直流矫顽力计测定碳钢高频感应淬火件硬化层深度。由图 8-89 可知，母材预备热处理影响检测结果，应予以修正。

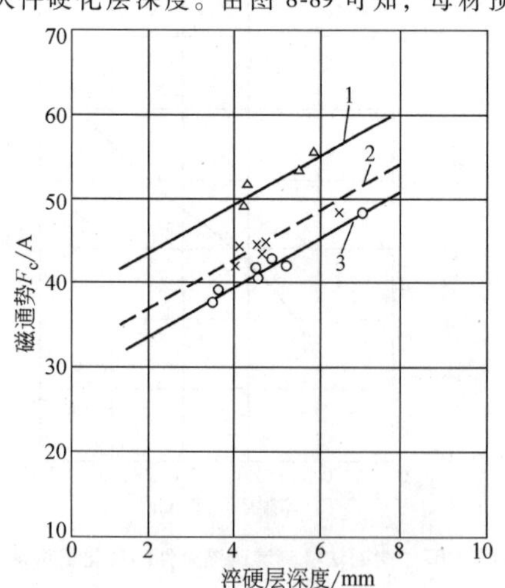

图 8-89　用直流矫顽力计测定碳钢高频感应淬火件硬化层深度

1—调质态　2—淬火态　3—退火态

注：ϕ80mm 棒，w(C) = 0.43%～0.51%。

图 8-90 所示为用交流矫顽力计测定高碳铬钢高频感应淬火件硬化层深度。

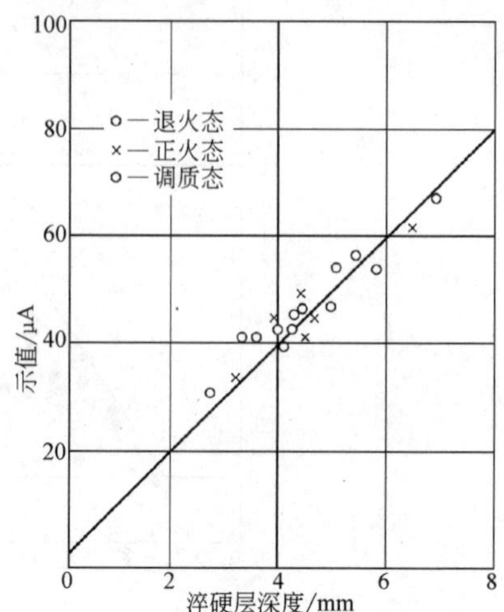

图 8-90　用交流矫顽力计测定高碳铬钢高频感应淬火件硬化层深度

注：w(C) = 0.84%，w(Cr) = 2.1%。

测定表面硬化层深度时，磁通透入深度至关重要。直流磁化可检硬化层深度较大；交流磁化，频率降低，则可检硬化层深度增加。

3. 高次谐波法

图 8-91 所示为高次谐波法检测渗碳层深度。由图 8-91 可知，渗碳后处理（工艺因素等）对检测结果影响很小，这是该方法的明显优点。

4. 涡流法

图 8-92 所示为涡流法渗层测定仪的原理，仪器用微安表指示被检物与标准件的差值。图 8-93 所示为用该仪器检测碳氮共渗层深度。

图 8-94 所示为用涡流法渗层测定仪检测 2Cr18Ni8W2 无磁钢渗氮层深度。涡流法测定无磁钢渗氮层深度是根据不同硬化层深度具有不同比电阻的特性，从而通过对金属表层电导率的测定即可确定渗层深度。电导率测定与检测频率关系很大，最佳检测频率应根据涡流透入深度和检测对象来确定。

5. 超声波散射回波法

该方法是指利用硬化层与基体金属的晶粒度和相状态不同造成的超声波散射回波检测硬化层深度。超声波测硬化层深度的频率应高于超声检测频率。图 8-95 所示为用超声波散射回波法检测淬硬层深度。

8.3.3　力学性能、显微组织的无损检测

无损检测材料的力学性能、显微组织等具有快速，

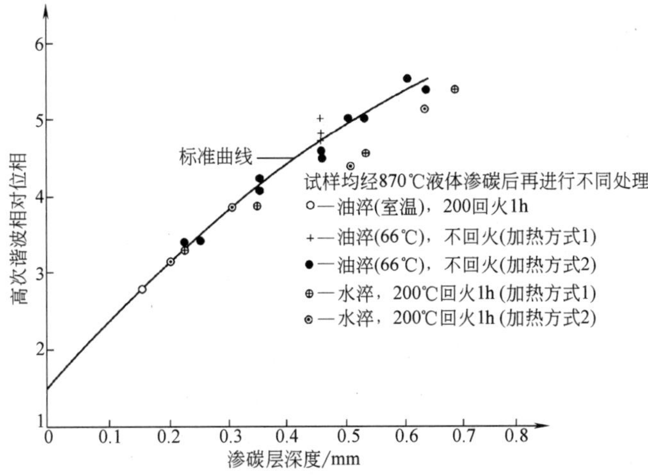

图 8-91　高次谐波检测渗碳层深度

注：ϕ19mm 圆棒，w(C) = 0.17%～0.24%，w(Mo) = 0.15%～0.25%，w(Cr) = 0.35%～0.65%，w(Ni) = 0.35%～0.75%。

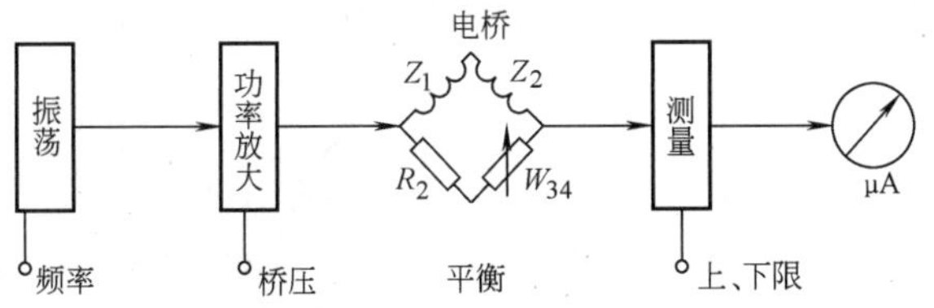

图 8-92　涡流法渗层测定仪的原理

Z_1 与 Z_2——一对形状、尺寸、绕线直径、匝数及绕法完全相同的线圈　W_{34}—电位器，电桥“平衡调整”

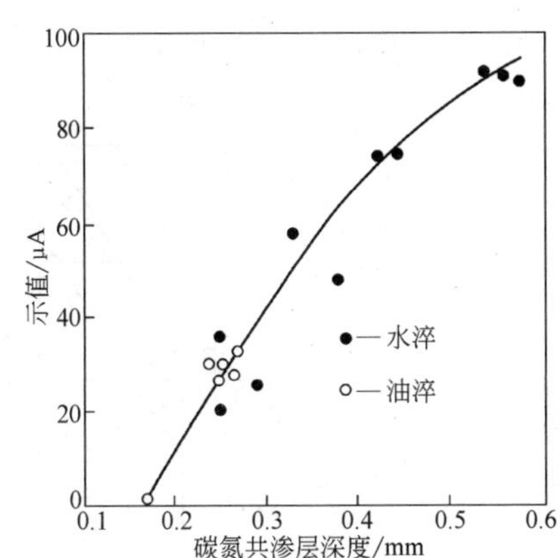

图 8-93　用涡流法渗层测定仪检测碳氮共渗层深度

注：10 钢，ϕ8mm×50mm，盐浴共渗后淬火。

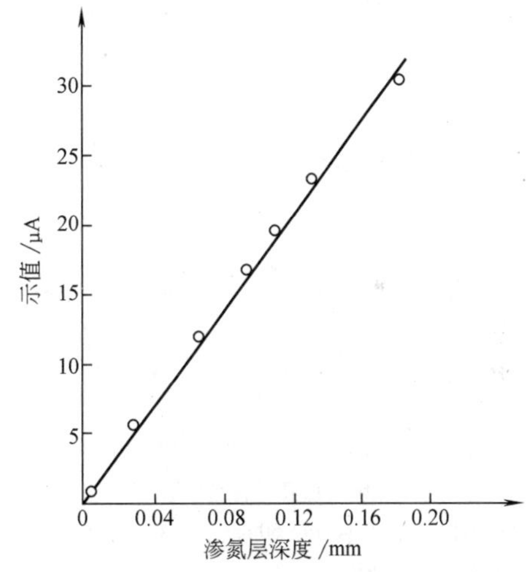

图 8-94　用涡流法渗层测定仪检测 2Cr18Ni8W2 无磁钢渗氮层深度

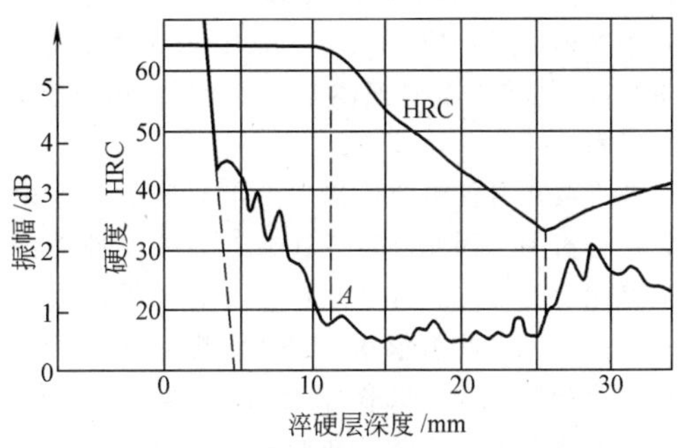

图 8-95　用超声波散射回波法检测淬硬层深度

注：声频为 30MHz。

低成本，节约资源、人力，非破坏性，易于自动化与实现实时在线检测等优点，因此该方法已逐步获得实际应用。表 8-36 列出了材质无损检测的基本方法与可检项目（硬度与硬化层深度除外）。

表 8-36　材质无损检测的基本方法与可检项目

检测方法		可检项目
分类	名称	
电磁法	涡流法	淬火钢中残留奥氏体含量、铝合金中显微组织过烧(电导率异常)
	磁导率法	抗拉强度、屈服强度、球墨铸铁中珠光体含量
	矫顽力法	抗拉强度、屈服强度
	巴克豪森效应	晶粒度、抗拉强度、屈服强度、伸长率、疲劳寿命、断口韧脆转变温度、磨削烧伤及热处理缺陷
超声波法	声速法	灰铸铁石墨形态、球墨铸铁球化率、抗拉强度、钢材组织方向性及弹性模量
	共振频率法	抗拉强度、弹性模量
	衰减法	晶粒度、断口韧脆转变温度、屈服强度及铸铁石墨组织

力学性能、显微组织的无损检测原理、方法和硬度的无损检测相似。

图 8-96 所示为涡流法测定 W18Cr4V 钢残留奥氏体含量。残留奥氏体（顺磁相）越多，则 μ_0（初始磁导率）越低，示值（μA）也下降。

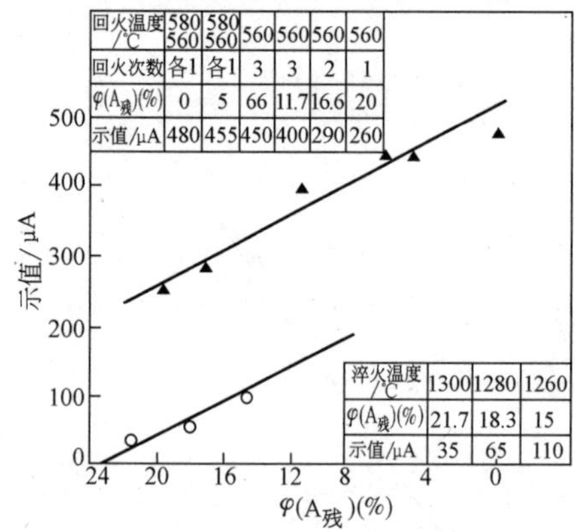

图 8-96　涡流法测定 W18Cr4V 钢残留奥氏体含量

注：试样尺寸为 ϕ6mm×60mm。1280℃淬火，不同方式回火。

图 8-97 所示为轧材抗拉强度与初始磁导率的关系。图 8-98 所示为轧材屈服强度与矫顽力的关系。

图 8-99、图 8-100 所示分别所示为巴克豪森效应发生脉冲总数与轧材铁素体晶粒度、断口韧脆转变温度的关系。

超声波在材料中的传播速度与材料的弹性模量及密度等有关，因此测定声速并通过力学性能测试与显微组织分析等，可建立声速与力学性能或组织形态的关系。以此为依据，通过测定声速即可实现被检物力学性能或组织形态的无损检测。图 8-101 所示为球墨铸铁声速与条件屈服强度及抗拉强度的关系，图 8-102 所示为球墨铸铁声速与球化级别的关系。

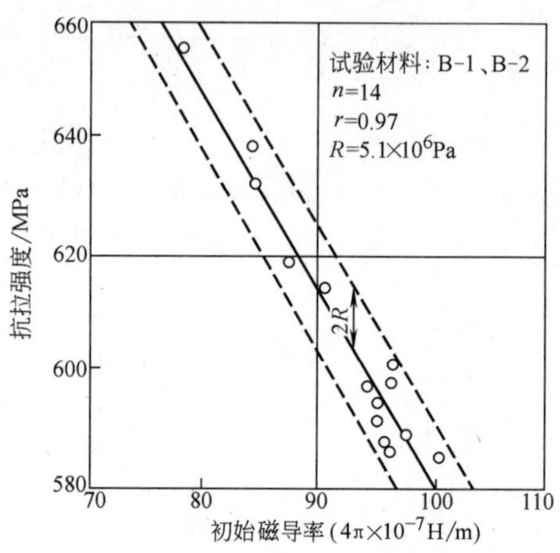

图 8-97　轧材抗拉强度与初始磁导率的关系

注：B-1 成分：w(C)= 0.13%，w(Si)= 0.25%，w(Mn)= 1.29%，w(P)= 0.019%，w(S)= 0.012%，w(Nb)= 0.037%，w(V)= 0.041%，w(Ti)= 0.029%，w(Al)= 0.029%，
B-2 成分：w(C)= 0.13%，w(Si)= 0.25%，w(Mn)= 1.23%，w(P)= 0.019%，w(S)= 0.012%，w(Nb)= 0.038%，w(V)= 0.037%，w(Ti)= 0.027%，w(Al)= 0.027%。

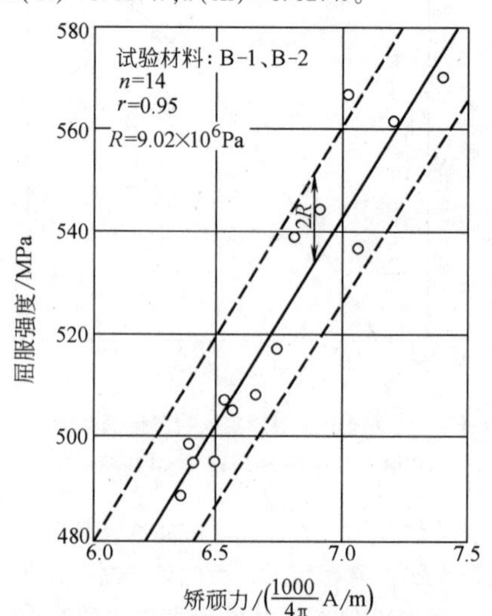

图 8-98　轧材屈服强度与矫顽力的关系

注：轧材成分同图 8-97。

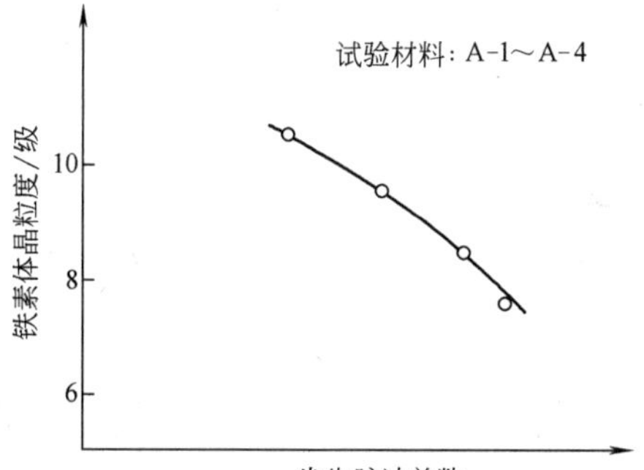

图 8-99　巴克豪森效应发生脉冲总数与轧材铁素体晶粒度的关系

注：A-1：w(C)= 0.22%，板厚 10mm。
A-2：w(C)= 0.22%，板厚 14mm。
A-3：w(C)= 0.15%，板厚 12mm。
A-4：w(C)= 0.17%，板厚 19mm。

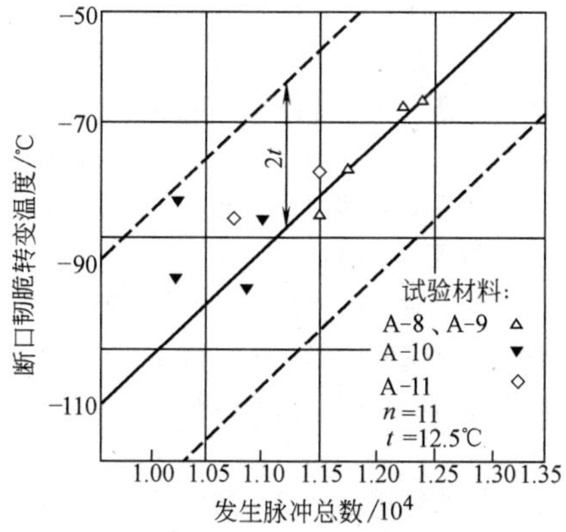

图 8-100　巴克豪森效应发生脉冲总数与轧材断口韧脆转变温度的关系

注：A-8：w(C)= 0.11%，板厚12.7mm。
A-9：w(C)= 0.12%，板厚16.0mm。
A-10：w(C)= 0.14%，板厚9.5mm。
A-11：w(C)= 0.11%，板厚19.5mm。

超声波共振频率也与材料弹性模量等有关，形状相同、性能类似的铸铁共振频率接近，故可通过测量超声共振频率检测材料的有关性能。图 8-103 所示为球墨铸铁共振频率与抗拉强度的关系。

超声表面波发生角（临界角）由表面波在材料中的传播速度决定，因而可通过表面波发生角的测定检测与表面波传播速度有关的材料性能，如抗拉强度等。

超声波衰减系数 $\alpha=\alpha_s+\alpha_a$，其中 α_a 为吸收衰减系数，α_s 为散射衰减系数。α_s 与晶粒平均直径 $\overline{D}$ 及超声波频率 f 的关系见表 8-37。

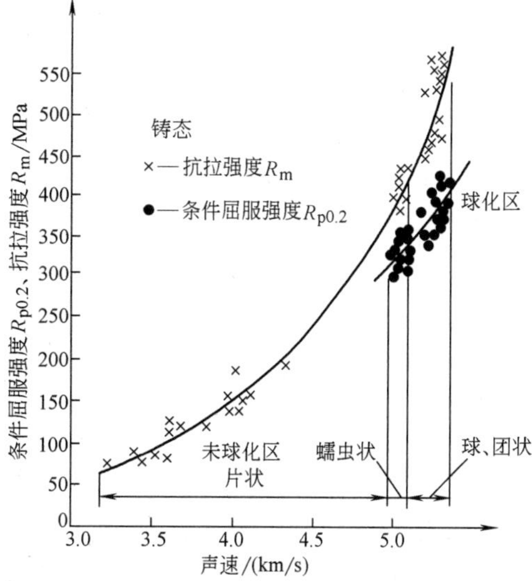

图 8-101　球墨铸铁声速与条件屈服强度及抗拉强度的关系

注：30t/h 热风炉熔炼，XtMg9-10
稀土镁合金球化剂，75Si-Fe 球孕育剂。
球化孕育后成分：w(Si)= 2.36%～3.47%，w(Mn)= 0.40%～0.57%，w(S)= 0.024%～0.053%，w(P)= 0.039%～0.058%，w(C)= 3.48%～3.90%。

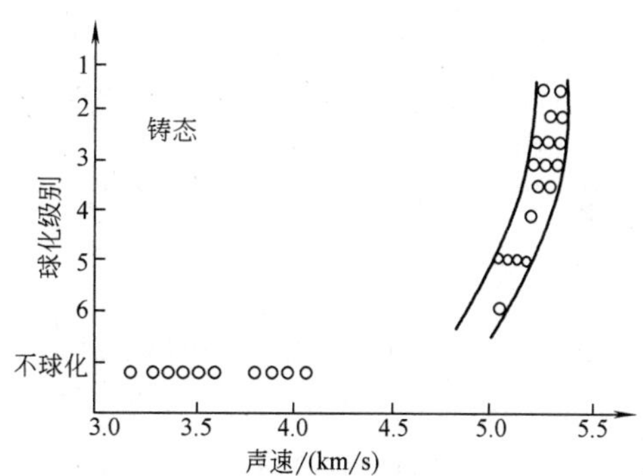

图 8-102　球墨铸铁声速与球化级别的关系

注：铸造条件同图 8-101。

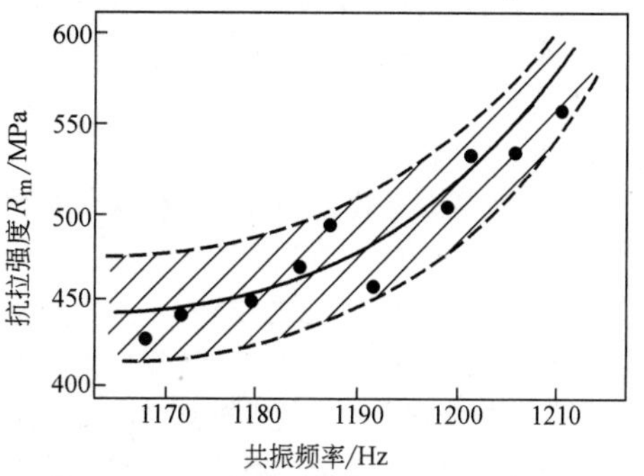

图 8-103　球墨铸铁共振频率与抗拉强度的关系

表 8-37　α_s 与 $\overline{D}$ 及 f 的关系

$\lambda/\overline{D}$	$>2\pi$	$1\sim2\pi$	<1
散射机制	瑞利散射	随机散射	漫散射
α_s 正比于	$\overline{D}^3f^4$	$\overline{D}f^2$	$\overline{D}^{-1}$

利用底波高度衰减法检测晶粒度，按下式计算 α（10^3dB/m）：

$$\alpha=\frac{K_{P(m-n)}-20\lg\frac{m}{n}}{2(m-n)}$$

式中　m、n——正整数，第 m、n 次底波；

$K_{P(m-n)}$——第 m、n 次底波级差（dB）。

8.4　红外检测与微波检测

8.4.1　红外检测

1. 红外检测基础

红外辐射是波长介于可见光与微波（毫米波）之间的光波。任何物体的温度高于 0K 时都会产生红外辐射。红外辐射能量大小取决于物体温度，温度愈高辐射能量愈大。

被检物有缺陷处热传导、热扩散或热容量变化将导致被检物表面温度（分布）异常。红外检测就是通过对被检物在空间和时间上红外辐射功率的变化测定得知被检物表面温度的分布状态，以检测被检物内部缺陷或结构异常的方法。

表达黑体辐射功率密度与温度关系的普朗克公式为

$$P_\lambda=c_1/\{\lambda^5[\exp(c_2/\lambda T)-1]\}$$

式中　P_λ——光谱辐射功率密度（10^{10}W/m^3）；

λ——辐射波长（10^{-6}m）；

T——热力学温度（K）；

c_1——常数，$c_1=3.74\times10^{-8}$W/m^2；

c_2——常数，$c_2=1.438\times10^{-2}$m · K。

物体（灰体）单位面积发出的红外辐射功率（P）符合斯特藩—玻尔兹曼定律：

$$P=\varepsilon\sigma T^4\qquad(\mathrm{W/m^2})$$

式中　ε——比辐射率；

σ——斯特藩—玻尔兹曼常数，$\sigma=5.6697\times10^{-8}$W/(m^2 · K^4)。

2. 红外检测仪器、方法与应用

红外检测仪器可分为辐射计和红外热像仪两类。

辐射计指视场固定的红外点探测仪。辐射计能提供被检物表面一点或一条线的温度（分布）状态。

红外热像仪（红外成像系统、红外相机）是将来自被检物表面的温度分布信息转化为可视图像（以灰度或色彩显示红外辐射亮度变化的图像）的装置。热像仪分为光机扫描型与非光机扫描型两类，其中光机扫描型技术较成熟。

红外检测按检测方式分为主动式与被动式两类。主动式检测一般采用非接触式加热法对被检物注入热流，在加热的同时观察或用红外检测仪器扫描记录被检物表面的温度分布。主动式检测又分为单面法和双面法。单面法是指加热和探测均在被检物同侧进行，反之则为双面法。单面法能确定缺陷的深度（位置），而双面法检测灵敏度较高。被动式是指对无须注入热流的有自身“热源”的被检物的检测，在有“热源”被检物与周围环境的热交换过程中检测其内部缺陷或结构异常。

红外检测按加热状态可分为稳态加热和非稳态加热检测。稳态加热是指将被检物加热到内部温度均匀、恒定状态；非稳态加热是指被检物内部温度不均匀，还有热传导存在的状态。主动式检测通常在非稳态加热状态下进行。非稳态检测灵敏度较高。

红外检测具有非接触，操作简单，检测范围广，检测速度快（几毫秒即可测出检测温度），检测距离可近可远（以至于飞机遥测），显示方式多样、直观，易于实现实时检测与检测自动化等特点。

主动式检测主要应用于钢、铬等有较高热导率的金属材料内部缺陷检测、复合材料夹层缺陷与蜂窝结构检测等。

被动式检测应用于高温、高压或高速运转状态设备质量（安全）或产品生产过程（质量）的在线实时检测（监测或监控），如列车热轴、热轧机轧辊、热网管道泄漏、高温炉耐火材料烧蚀磨损、发电机与输变电装置及线路运行等的监测，以及轧钢坯料凝固冷速、零件热处理冷速监控等。

材料形变和断裂（裂纹及其扩展）过程及疲劳损伤过程中产生的能量变化将导致材料表面温度分布状态发生变化，因而可以非接触、实时地实现材料受力过程的红外无损监控和材料力学性能的红外无损检测。图 8-104 所示为红外检测的低碳钢应力、温度与应变的关系。图 8-105 所示为红外检测的 GH2135 合金疲劳过程中的温度变化曲线。

8.4.2　微波检测

1. 微波检测基础

微波是频率在 300MHz～300GHz（波长 1mm～1m）之间的电磁波，分为 7 个波段。微波无损检测通常使用 X 波段（8.2～12.5GHz）和 K 波段（26.5～

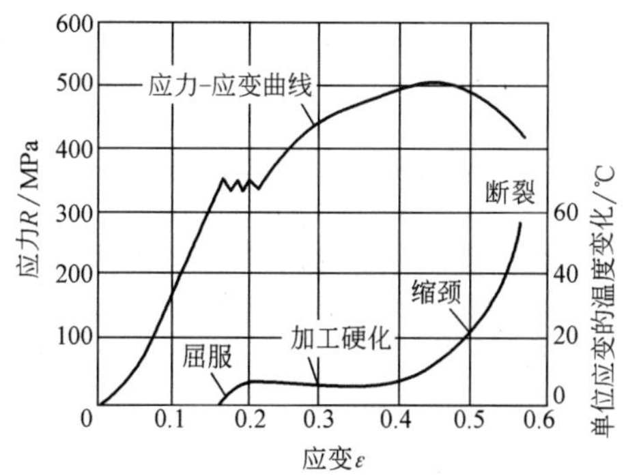

图 8-104　低碳钢应力、温度与应变的关系（红外检测）

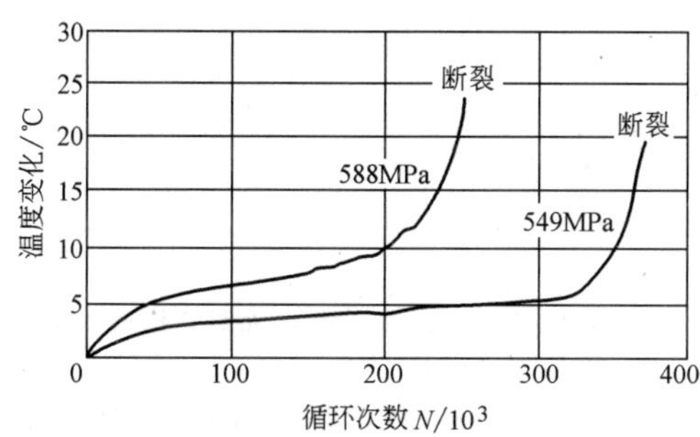

图 8-105　GH2135 合金疲劳过程中的温度变化曲线

40GHz）。

微波能够贯穿介电材料。微波在介电材料内部传播时，微波场与材料分子相互作用，发生电子极化、原子极化、方向极化和空间电荷极化现象，这 4 种极化决定介质的介电常数。材料的两个电磁特性参数（介电常数和介电损耗的数值）决定材料对微波的反射、吸收和传输的量。

介电损耗（微波在介电材料内由于极化以热能形式损耗）的大小用损耗角正切（$\tan\delta$）表示，$\tan\delta$ 为材料每个周期中热功率损耗（ε''）与储存功率（ε'）之比，即

$$\tan\delta=\varepsilon''/\varepsilon'$$

介电常数愈大，材料中储存的能量愈多。复数介电常数（ε^*）定义为

$$\varepsilon^*=\varepsilon_0\varepsilon_r=\varepsilon_0(\varepsilon'-j\varepsilon'')$$

式中　ε_0——空气介电常数；

ε_r——材料相对介电常数（相对电容率）。

若被检物内含非气泡类缺陷，其介电常数既不等于 ε_0，也不等于该材料的 ε_r，而是复合的介电常数，介于 ε_0 与 ε_r 之间。

微波无损检测就是利用微波作用于被检物时介电常数和介电损耗的相对变化，以及微波反射、透射、衍射、腔体微扰等物理特性的改变，通过测量微波信号基本参数（幅度、频率或相位等）和复合介电常数来检测被检物缺陷，测定材料非电量或评价结构完整性的方法。

2. 微波检测方法与应用

微波检测的基本方法有穿透法、散射法和反射法。

（1）穿透法　发射与接收天线（探头）分置被检物两侧。微波能量传输按被检物内部状态而相应变化。从接收天线取得的微波信号可直接与微波源信号比较幅度与相位。入射波形有固定频率连续波、可变频连续波和脉冲调制波三类。

（2）反射法　接收反射波，由被检物内部或背面反射的微波随被检物内部或表面状态而变化。反射法有连续波反射、脉冲波反射和调频波反射等方法。连续波反射按定向耦合器对传输线一个方向上传播的行波进行分离或取样，输出信号幅度与发射信号幅度成正比。

（3）散射法　发射与接收天线正交。微波经有缺陷部位散射，被接收微波信号比无缺陷部位弱。散射法通过检测微波信号强度变化（确定散射特性）判断被检物内部缺陷。

除上述方法外，非正弦波检测（无载波检测）、微波全息技术和微波计算机断层成像技术（微波 CT）等新技术已应用于微波检测的定量和图像显示。

实际上，微波检测中并不需要测出介电常数、反射系数或散射系数等数值，而是直接找出缺陷存在与微波幅度、相位移或频率的关系。一般通过微波探头（天线、变换器）将非电量转换为电参数，再通过微波电路转换为幅度、相位移或频率的变化量。微波探头种类有空间波式探头、表面波式探头和微带线式探头等。

微波检测具有非接触、操作方便、设备较简单、适于连续快速测量和在线实时监控及易于自动化等优点。微波检测可用于大多数非金属材料（陶瓷、树脂、纤维、橡胶及木材等）、复合材料内部缺陷检测和非电量（湿度、密度、固化度等）及被检物厚度的测量。目前主要用于各种黏结结构和蜂窝结构中的分层、脱粘及火箭壳体（玻璃钢）、雷达罩、高压磁瓶、集成电路板等的缺陷检测。

微波在导体表面基本被全反射（穿透深度仅几微米）且介电常数反常，据此可检测金属表面裂纹。但微波检测不适于金属材料及导电性能较好的复合材料（如碳纤维增强塑料）的内部缺陷检测。

参 考 文 献

[1] 李家伟. 无损检测手册 [M]. 2版. 北京：机械工业出版社，2012.

[2] 全国锅炉压力容器标准化技术委员会. 承压设备无损检测（合订本）：NB/T 47013.1～13—2015 [S]. 北京：新华出版社，2015.

[3] 赵熹华. 焊接检验 [M]. 北京：机械工业出版社，2017.

[4] 郑振太. 无损检测与焊接质量保证 [M]. 北京：机械工业出版社，2019.

[5] 龙伟民，刘胜新. 焊接工程质量评定方法及检测技术 [M]. 2版. 北京：机械工业出版社，2015.

[6] 付亚波. 无损检测实用教程 [M]. 北京：化学工业出版社，2018.

[7] 张小海，邬冠华. 射线检测 [M]. 北京：机械工业出版社，2023.

[8] 郑世才，王晓勇. 数字射线检测技术 [M]. 3版. 北京：机械工业出版社，2019.

[9] 王建华，李树轩. 射线成像检测 [M]. 北京：机械工业出版社，2018.

[10] 郭伟. 超声检测 [M]. 2版. 北京：机械工业出版社，2018.

[11] 陈新波，李小丽，周景刚，等. 超声检测技术 [M]. 北京：航空工业出版社，2021.

[12] 万升云 等. 相控阵超声波检测技术及应用 [M]. 北京：机械工业出版社，2021.

[13] 卢超，钟德煌. 超声相控阵检测技术及应用 [M]. 北京：机械工业出版社，2021.

[14] 沈功田. 声发射检测技术及应用 [M]. 北京：科学出版社，2015.

[15] 阳能军，姚春江，袁晓静，等. 基于声发射的材料损伤检测技术 [M]. 北京：北京航空航天大学出版社，2016.

[16] 全国无损检测标准化技术委员会，中国标准出版社. 无损检测标准汇编：电磁/涡流检测、红外检测 [G]. 北京：中国标准出版社，2021.

[17] 任吉林. 涡流检测 [M]. 北京：机械工业出版社，2022.

[18] 叶代平. 磁粉检测 [M]. 北京：机械工业出版社，2019.

[19] 胡学知. 渗透检验 [M]. 北京：机械工业出版社，2021.

[20] 陈孝文，张德芬，周培山. 无损检测 [M]. 北京：石油工业出版社，2020.

第9章 残余应力的测定

上海交通大学 姜传海 杨传铮

9.1 概述

9.1.1 残余应力及其由来

1. 残余应力的定义

残余应力是指产生应力的各种因素不存在时（如外力已去除，温度已均匀，相变已结束等），由于不均匀的塑性变形（包括由温度及相变等引起的不均匀体积变化），材料内部依然存在并且自身保持平衡的弹性应力。残余应力的存在，对材料的疲劳强度及尺寸稳定性等均造成不利的影响。另外，出于改善材料性能的目的（如提高疲劳强度），在材料表面还要人为引入压应力（如表面喷丸）。总之，残余应力问题是一个广泛而重要的问题。

2. 残余应力的来源

残余应力的来源有以下9种。

（1）热处理淬火残余应力　由于在热处理的淬火过程中材料的表面层和内部存在温度差，从而产生热应力与相变时体积变化的影响叠加结果。一些材料在淬火时不一定产生相变，纯粹是由于急冷时，表面层和内部的冷却状态不同而有温度差，产生残余应力。因此淬火温度越高，冷却速度越快，使表面和心部到达最大温差状态的温差越大，塑性变形也越大。

有些材料在淬火过程中伴随结构相变，即使单相材料没发生结构相变，但由于大的温度差，材料的组织不均匀、体积变化不均匀也会产生残余应力。如果在冷却过程中热应力加上相变应力，则使残余应力分布变得更加多种多样。

（2）表面硬化热处理残余应力　为了提高材料的力学性能，可对零（部）件表面进行硬化处理。常用的有冷作加工或热处理等各种手段。热处理方法，有火焰淬火、高频感应淬火、渗碳淬火及渗氮处理等，可根据部件的使用情况和使用目的，采用适宜的处理方法。

进行表面硬化处理时，材料的表面和表层下将产生很大的残余压应力。这种残余压应力和表面硬化层起着提高材料疲劳强度的作用。

（3）热处理变形残余应力　工件在热处理后的保温和冷却过程，因温度梯度产生热应力，由这种热应力而产生的塑性形变，就成为初始残余形变的初始原因。如果伴随着相变，体积变化和由此引起的相变也产生残余应力。又由于热应力和相变应力产生形变，会进而影响部件的尺度稳定性。

热处理形变残余应力大小和分布明显受热处理的温度、冷却方式、工件的形状及尺度的影响。

（4）切削和磨削残余应力　切削和磨削残余应力的产生与机械应力所造成的塑性变形有关，也与热应力所造成的塑性变形有关，还与不适当的切削和不良的工具有关。

（5）冷加工残余应力　冷加工采用冷拉拔、挤压棒材、拉拔的管材、冷轧板材及表面冷加工等。

冷拉拔挤压棒材、拉拔的管材都使用模具，因此模具的影响是明显的。例如，冷拔棒材的轴线处与其他部位的周向和径向承受明显不同的压应力，作用在轴向的应力在模具入口处为零，越往出口处拉应力越大；周向的残余应力分布一般分三种类型：①表面为拉应力，心部为拉应力；②表面为拉应力，心部为压应力；③表面为压应力，心部为拉应力。

当进行表面滚压、喷丸等冷加工时，材料表面发生塑性变形，随着加工层的形成，将产生大的压缩残余应力。影响因素有滚压辊的直径（与试料的接触长度）、材料和压力等。影响喷丸残余压力的因素是喷射方向、压力、喷射时间和弹丸的尺寸等。

（6）铸造残余应力　铸造中产生的残余应力是凝固、冷却时铸件开裂的原因，也是铸造后加工或退火过程中产生开裂的原因，它会导致铸件变形和尺寸偏离。应力产生的原因是：①铸件截面内保持平衡而产生的残余应力；②铸件间相互保持平衡产生的残余应力；③由于铸造型砂阻抗而产生的残余应力。

（7）电镀残余应力　电镀残余应力是因镀层与基体膨胀系数不同所致。层厚度是电镀残余应力最重要的影响因素。一般厚度时产生大的拉应力，随着厚度的增加，应力先急剧下降，随后逐渐缓慢下降并接近于一个定值。其影响因素有：基体材料及其织构，电镀时的电流密度、温度、溶液、有机添加剂等。

（8）焊接残余应力　焊接温度场消失后的应力称为残余焊接应力。焊接过程的不均匀温度场以及由它引起的局部塑性变形和不同的组织是产生焊接应力和变形的根本原因。其残余应力产生的状况会因焊接件的形状与尺寸、焊接方法等不同而不同。

(9) 原子脱-嵌应力　近年对电池的充放电过程的研究发现，在电场的作用下，当形成导电离子的原子脱离和嵌入电极活性材料时也会在电极材料中引起残余应力，并包括宏观应力和微观应力。

3. 残余应力产生的原因

前面介绍了残余应力的 9 种来源，但归纳起来，产生残余应力的原因有外因，即外部的作用力和热的作用；内因，即物体或部件内部的组织结构和性能产生的作用。最常见的产生残余应力的过程是不均匀的塑性变形和不均匀热变形。

(1) 不均匀塑性变形产生的残余应力　当外部的作用力超过被处理材料的屈服强度时，材料中将产生塑性变形。由于塑性变形释放了其中部分应力，从而改变了弹性应力分布。当去掉外力后，部分弹性形变恢复，但因塑性变形不能全部恢复，不能恢复的部分以残余应力的方式存在材料内部。

(2) 热作用产生的残余应力　热对材料的作用是复杂的。物体在加热和冷却过程中，材料内部某些部分会存在温度梯度，这种不均匀的热膨胀，会产生热应力。冷却过程中还可能发生相变或产生沉淀析出物，导致不均匀的体积变化而产生相变应力。热应力还会产生塑性变形。

若把钢件加热到相变点以下，初期表面已变冷而心部未受影响，此时表面企图收缩，而心部保持原状态，牵制其收缩，表面受拉，心部受压，如图 9-1a 所示；待到冷却后期，表面已完全冷却，心部温度开始下降，此时心部企图收缩，而表面欲保持原状态，对心部起着牵制作用，使心部受拉，表面受压，这就是应力反向作用。由于材料冷却初期已发生一定量的塑性变形，所以应力反向后，表面的压应力不能与冷却初期的拉应力恰好抵消，最后形成表面受压，心部受拉的残余应力分布，其分布如图 9-1b 所示。

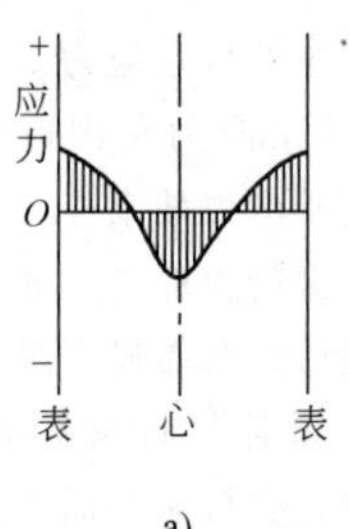

a)

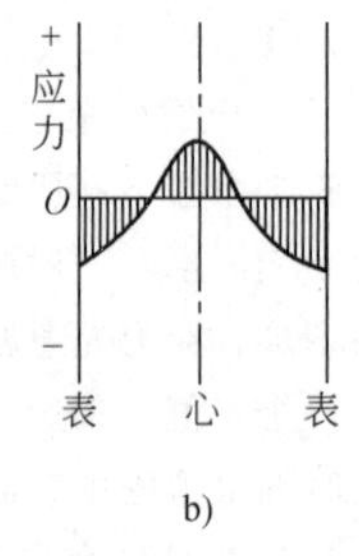

b)

图 9-1　热作用产生残余应力的分布

a）冷却初期　b）冷却后期

若把钢件加热到相变温度以上后急速冷却，冷却初期其表面层达到相变点，立即发生马氏体相变，其比体积增大，企图膨胀；未发生相变的心部，则抑制其膨胀，因此在冷却初期，表面受压，心部受拉，如图 9-2a 所示。此时心部还处在高温奥氏体状态，受拉时发生一定量的塑性变形，使应力松弛。当继续冷却时，心部开始马氏体转变，也要发生应力反向，最后部件处于心部受压，表面受拉的应力状态，如图 9-2b 所示。

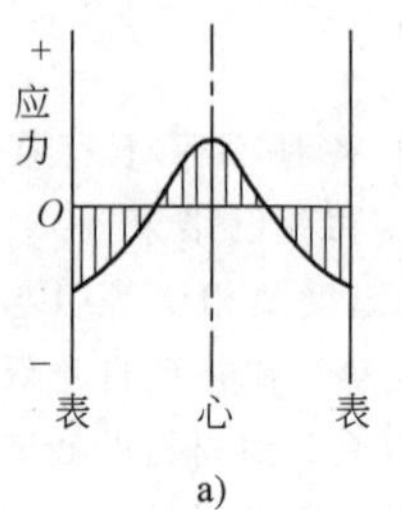

a)

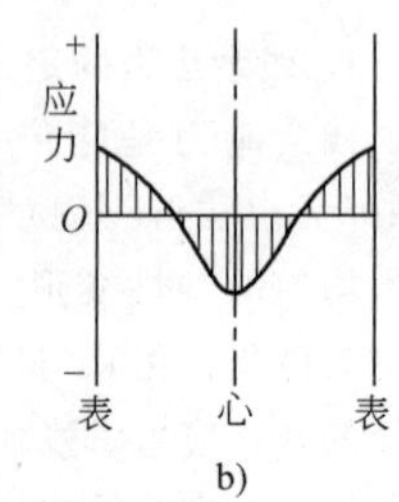

b)

图 9-2　相变产生残余应力的分布

a）冷却初期　b）冷却后期

9.1.2　残余应力的分类

材料中存在的残余应力及其起因是多种多样的，如生长应力、表面应力、焊接应力和相变应力等。当材料被加工处理或使用后还有应力存在于材料中，则称为残余应力。残余应力总的分为宏观应力和微观应力。图 9-3 所示为宏观和微观应力不同类型的例子。

1. 第一类残余应力——宏观应力

材料中第一类残余应力属于宏观应力，其作用与平衡范围为宏观尺寸，此范围包含了无数个小晶粒，如图 9-4a 所示。在射线辐照区域内，各个小晶粒所承受的残余应力差别不大，但不同取向晶粒中同族晶面间距则存在一定差异。根据弹性力学理论，当材料中存在单向拉应力时，平行于应力方向的（*hkl*）晶面间距收缩减小（衍射角增大），同时垂直于应力方向的同族晶面间距拉伸增大（衍射角减小），其他方向的同族晶面间距及衍射角则处于中间。当材料中存在压应力时，其晶面间距及衍射角的变化与拉应力相反，如图 9-5 所示。材料中宏观应力越大，不同方位同族晶面间距或衍射角的差异就越明显，这是衍射法测量宏观应力的理论基础。严格意义上讲，只有在单向应力、平面应力以及三轴应力不等的情况下，这一规律才正确。有关宏观应力的研究已比较透彻，其 X 射线测量方法已十分成熟，中子衍射方法的原理与 X 射线相似，但测定方法不尽相同。

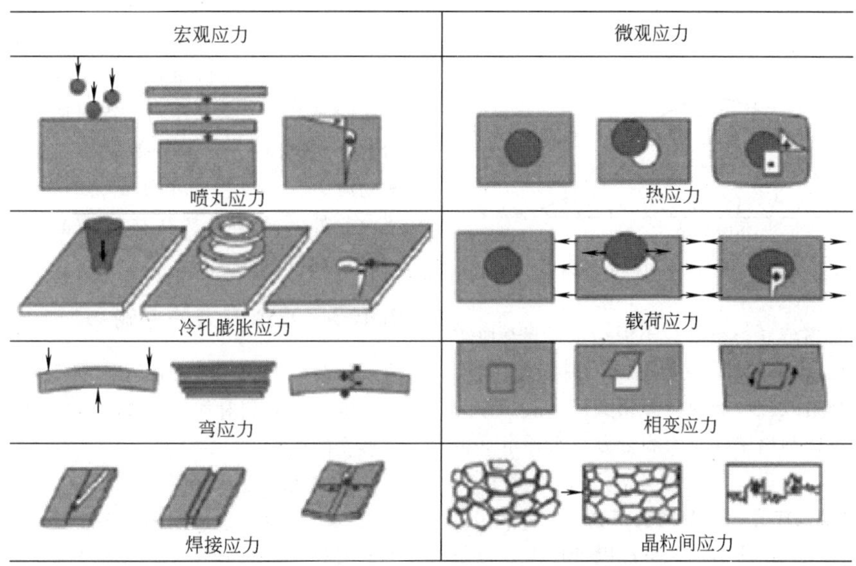

图 9-3　宏观和微观应力不同类型的例子

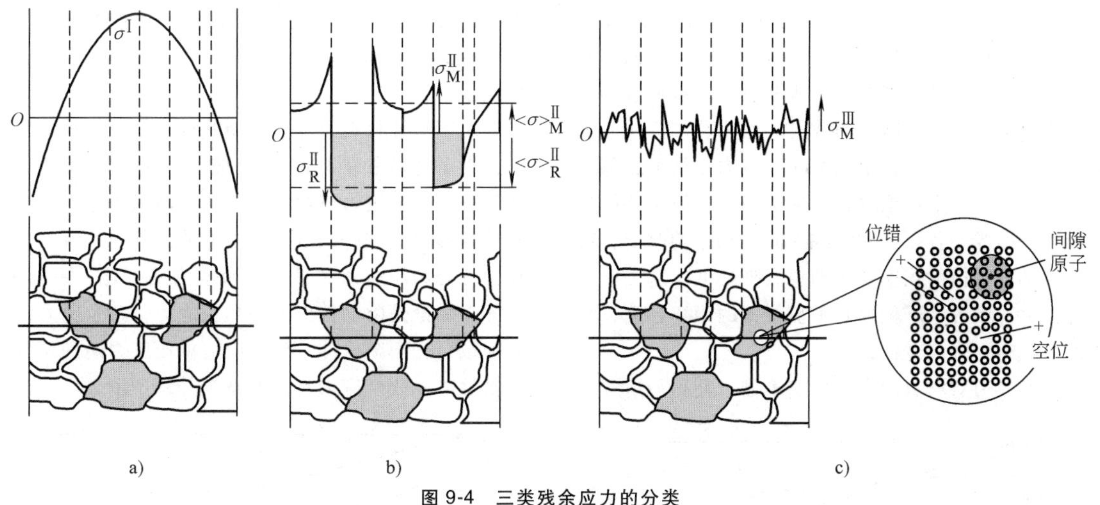

图 9-4　三类残余应力的分类

a) Ⅰ型　宏观应力 σ^{I}　b) Ⅱ型　微观应力 σ^{II}　c) Ⅲ型　静畸变应力 σ^{III}

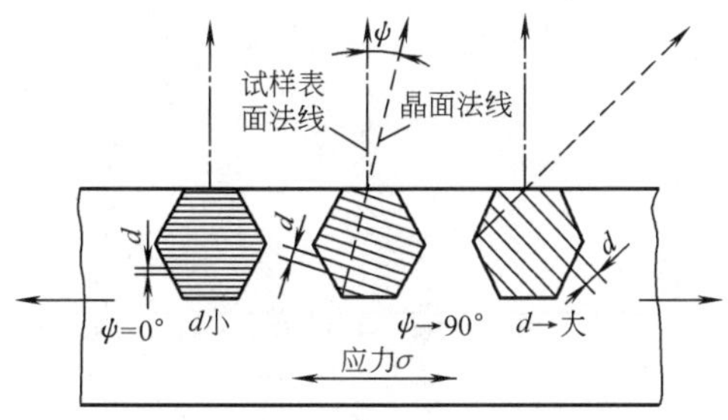

图 9-5　第一类应力与不同方位同族晶面间距的关系

2. 第二类残余应力——微观应力

材料中第二类残余应力是一种微观应力，简称微应力，其作用与平衡范围为晶粒尺寸数量级，如图 9-4b 所示。在射线的辐照区域内，有的晶粒受拉应力，有的则受压应力。各晶粒的同族（hkl）晶面具有一系列不同的晶面间距 $d_{hkl}\pm\Delta d$ 值。即使是取向完全相同的晶粒，其同族晶面的间距也不同。因此，在材料的射线衍射信息中，不同晶粒对应的同族晶面衍射谱线位置将彼此有所偏移，各晶粒衍射线的总和将合成一个在 $2\theta_{hkl}\pm\Delta 2\theta$ 范围内宽化的衍射谱线，如图 9-6 所示。材料中第二类残余应力（应变）越大，则射线衍射谱线的宽度越大，据此可测量这类应力（应变）的大小，相关内容将在 9.4 节介绍。

必须指出的是，多相材料中的相间应力，从其作用与平衡范围上讲，应属于第二类应力的范畴。然而

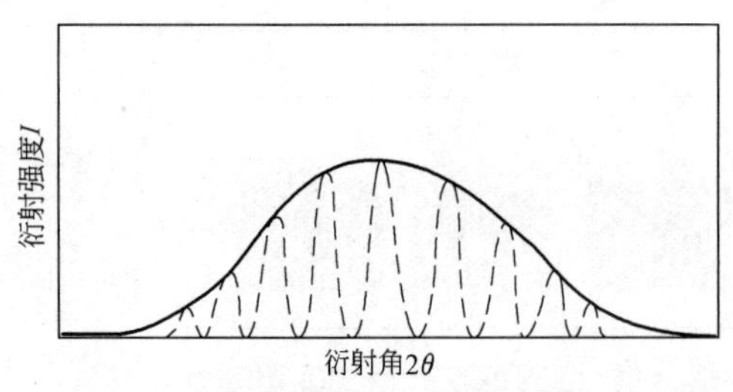

图 9-6　不均匀微观应力造成的衍射谱线宽化

不同物相的衍射谱线互不重合，不但造成图 9-6 所示的宽化效应，而且可能导致各物相的衍射谱线位移。因此，其射线衍射效应与宏观应力相类似，故又称为伪宏观应力，可以利用宏观应力测量方法来评定这类伪宏观应力。

3. 第三类残余应力——静畸变应力

材料中第三类残余应力，又称静畸变应力，也是一种微观应力，其作用与平衡范围为晶胞尺寸数量级，是原子之间的相互作用应力，如晶体缺陷——空位、间隙原子或位错等周围的应力场等，如图 9-4c 所示。根据衍射强度理论，当射线照射到理想晶体材料上时，被周期性排列的原子所散射，各散射波的干涉作用使得空间某方向上的散射波互相叠加，从而观测到很强的衍射线。在第三类残余应力作用下，部分原子偏离其初始平衡位置，破坏了晶体中原子的周期性排列，造成了各原子射线散射波周相差的改变，散射波叠加，即衍射强度要比理想点阵的低。这类残余应力越大，则各原子偏离其平衡位置的距离越大，材料的射线衍射强度越低。

三类应力对材料的点阵影响不同，使得衍射线条分别有线条位移、线形宽化和衍射强度降低三种效应。残余应力的三种分类是依据三种不同衍射效应进行的。三类应力可以单独存在于材料和部件中，但在许多情况下是混合存在的，特别是第一类和第二类应力常常同时存在于材料和部件中，如相间应力和晶粒间的应力，不仅使衍射线宽化，也会使衍射线条位移。此外，微应力又往往与微晶效应及晶体缺陷（层错或/位错）共存。

9.1.3　残余应力的影响

残余应力的影响大致可分为两类：对疲劳零件材料强度的影响和对加工时或加工后产生尺寸偏差等有害形变的影响。

1. 残余应力对静强度的影响

残余应力中，对材料强度直接影响的是微观应力，宏观应力的影响与之相比是次要和间接的。

（1）对静强度和变形的影响　对于已存在残余应力的零件，加上外部施加的应力时，由于作用应力与内部残余应力的交互作用，整个零件的变形受到影响，并且随着载荷的去除，残余应力也发生变化。

对于塑性材料，加载到使其处于全面塑性形变状态，直至材料断裂，此过程与残余应力几乎无关。也就是说，残余应力对塑性材料的影响只是在全面达到塑性变形之前那一段变形中才存在。图 9-7 所示为施加拉应力和压应力时最大残余应力的变化。由图 9-7 可知，无论是附加拉应力还是压应力，残余应力都是因加载而逐渐减少的。当拉应力或压应力达到屈服应力附近时，残余应力将急剧减少并趋于消失。

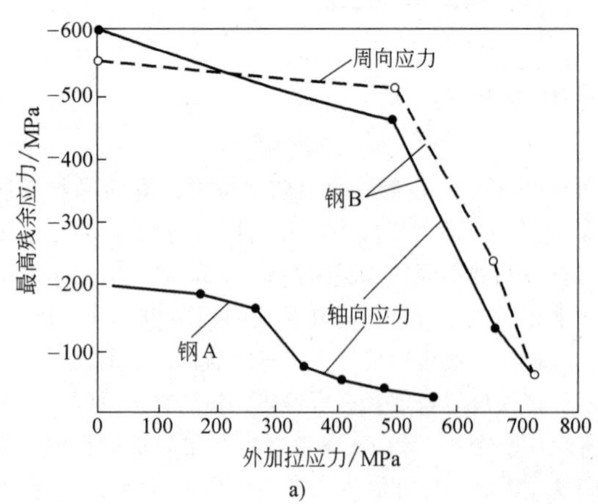

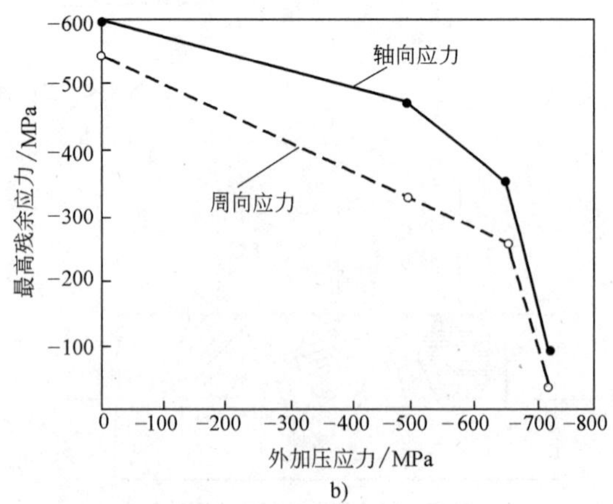

图 9-7　施加拉应力和压应力时最大残余应力的变化

a）拉伸造成的残余应力的变化　b）压缩造成的残余应力的变化

注：钢 A 的 w(C)= 0.31%，ϕ20mm，600℃水淬。钢 B 的 w(C)= 0.27%，w(Cr)= 0.74%，w(Ni)= 1.12%，w(Mn)= 0.26%，ϕ65mm，650℃水冷。

（2）对硬度的影响　在压痕比较浅（显微硬度计压痕）的情况下，在表面存在残余拉应力时，凹痕向残余应力方向扩大，硬度值下降；若是残余压应力，情况相反。对布氏硬度的影响与前面大致相同，不过残余拉应力比残余压应力影响要大些。

（3）对零件尺寸稳定性的影响　存在残余应力的零件，应力弛豫时，破坏了力和力矩的平衡状态，必将达到新的平衡状态。因此伸缩处和弯曲处的尺寸或形状将发生变化。在这种情况下，应使零件内的残余应力尽量减少、残余应力均匀稳定，才不致因残余应力在零件使用中导致尺寸变化，影响使用。

2. 残余应力对疲劳性能的影响

（1）残余应力对疲劳强度的影响　在承受交变应力作用的零件中存在残余压应力时，零件的疲劳强度会提高；而存在残余张应力时，其疲劳强度会下降。这种影响还与残余应力的大小、分布、材料的弹性性能及作用应力的状态有关。图 9-8a 所示为厚度为 36mm 的铜板，经喷丸强化和形变强化处理后产生不同的残余应力状态，图 9-8b 所示为残余应力与疲劳强度的关系。从该图可见，表面的最大残余应力与疲劳强度有明显的对应关系，残余压应力越大，疲劳强度越高。

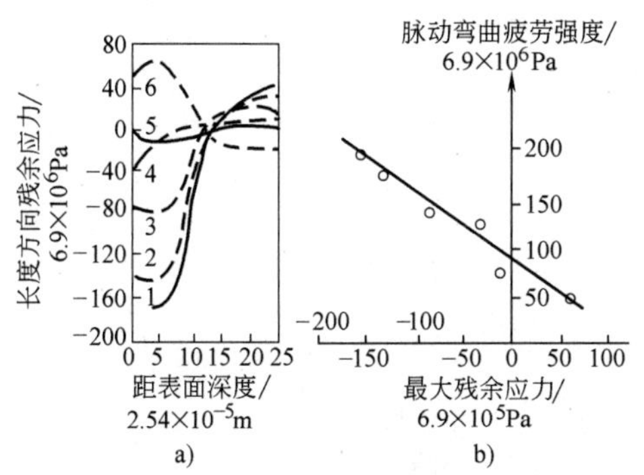

图 9-8　经喷丸强化和形变强化处理后的残余应力与疲劳强度

a）残余应力状态　b）残余应力与疲劳强度的关系

（2）对疲劳裂纹的影响　对于有残余应力时，比值 $R_{残}$ 为

$$R_{残}=\frac{\sigma_{min}-\sigma_R}{\sigma_{max}-\sigma_R}<\frac{\sigma_{min}}{\sigma_{max}}-R \tag{9-1}$$

式中　σ_{min} 和 σ_{max}——无残余应力时的最小应力和最大应力；

σ_R——残余应力；

R——临界残余应力比。

有残余压应力时的 $R_{残}$ 值比无残余压应力时的 $R_{残}$ 值要小。应力比越小，裂纹扩展速率越小。当 R 为负值时，$|R|$ 值越大，裂纹扩展速率越小；当 $|R|$ 为某一定值时，可使零件上的裂纹不扩展，从而提高材料的疲劳强度。

3. 残余应力对脆性破坏和应力腐蚀开裂的影响

（1）残余应力对脆性断裂的影响　脆性断裂指的是零件中突然发生开裂，在几乎无塑性变形的情况下，裂纹迅速扩展直至断裂。这种断裂一般是在一定的条件下产生的，如在低温环境或增大运转速度时，变形速度突然增加，使零件的塑性变形处于抑制状态，当由于某种原因零件受到大的作用力时，就会发生脆性断裂。残余应力作为初始条件附加到零件的断面上，就会对脆性断裂产生影响。

焊接件的残余应力对脆性断裂的影响较大。图 9-9 所示为温度、缺口、残余应力对焊接钢板断裂强度的影响。图 9-9 中 T_f 是断裂迁移温度，T_a 是阻止断裂传播的温度。没有缺口有残余应力时，温度与断裂应力的关系曲线如图 9-9 中 PQR 所示；有缺口而无残余应力时，断裂应力曲线为 $PQST$，在此情况下当温度高于 T_f 时，为伪韧性断裂，而在 T_a 以下时，则为脆性断裂，这时的断裂应力比屈服应力低。

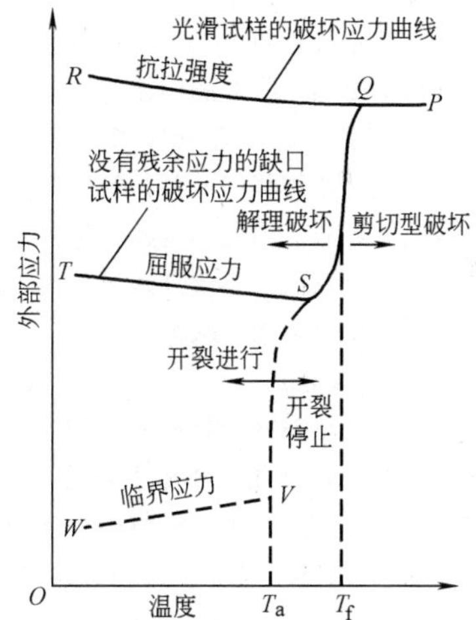

图 9-9　温度、缺口、残余应力对焊接钢板断裂强度的影响

当试样有缺口时，且在缺口处有较高的残余应力时，存在以下三种现象：

1）温度高于 T_f 时，断裂应力很大，即图 9-9 中曲线段 PQ，残余应力对断裂无影响。

2）温度低于 T_f，高于 T_a 时，即 $T_f>T>T_a$ 时，在低应力下产生龟裂。

3）温度低于 T_a 时，应力低于图 9-9 中 VW 线以下产生龟裂，焊缝在一瞬间脆性断裂。

（2）残余应力对氢脆的影响　氢脆是在拉应力和扩散氢的共同作用下的滞后断裂现象。这种作用大时，在晶粒内开裂，作用小时，在晶界开裂。这种现象在铁素体、马氏体材料中更容易发生。在高强度材料中，强度越高氢脆越敏感。因此强度是判断其敏感性的一个重要参数，但参数开裂变形在有热应力时才能发生。

这种开裂一般来说初期才能发生在内部，所以不仅要考虑表面残余应力，还要考虑内部的应力分布、俘获扩展氢的微小缺陷以及杂质等。

（3）残余应力对应力腐蚀的影响　应力腐蚀是金属材料处于特殊环境，即腐蚀环境条件下，拉应力作用产生脆性断裂的现象。拉应力可以是外加应力，也可是热应力或残余应力。化工设备中产生的应力腐蚀事故约80%是残余应力引起的。当试样表面存在残余压应力时，能阻止应力腐蚀开裂。

9.1.4　测定应力的方法

残余应力的测定方法很多，按其对被检测零件是否有破坏性，分为有损测定法和无损测定法。

1. 有损测定法

钻孔法、取条法、切条法和剥层法等都属于有损测定法。其基本原理是将欲测的零件，利用机械加工（如钻孔等），使其因释放部分应力而产生相应的位移与应变。测量这些位移和应变，经换算得知零件加工处的原有应力分布。因此，这种方法称为应力释放法，也称为机械测定法。其优点是应变测量精度和灵敏度都比较高，缺点是损坏被测零件。

2. 磁性应力测定法

铁磁测量中的软磁材料具有磁致伸缩效应，即软磁材料在外磁场H的作用下将产生磁化强度J。这种很大的磁化强度的产生是由于材料内部本身已达到磁饱和，磁畴在外磁场的作用下，发生磁畴壁的移动和磁矩的转向而造成的，因而也就有很大的磁导率μ；与此同时，由于磁畴的转向还引起被磁化的材料在不同方向上发生尺寸的增大或缩小，即磁致伸缩效应。

若磁化的样品受约束，则磁致伸缩将受到阻碍，试样产生应力，磁畴的移动和磁矩转向受阻而使磁化率减小。若试样存在残余应力，则如同试样受约束一样，也可使磁导率减小，这种现象称为磁弹性现象。磁导率的变化与应力之间存在下列线性关系：

$$\frac{\Delta\mu}{\mu_0}=\lambda_0\mu_0\sigma \tag{9-2}$$

式中　λ_0——初始磁致伸缩系数；

$\Delta\mu$——磁导率的相对变化量，$\Delta\mu=\mu_0-\mu$；

μ_0和μ——材料无应力和有应力时的磁导率；

σ——材料所具有的应力。

由式（9-2）可知，若磁导率的相对变化$\Delta\mu/\mu_0$为磁应变，且λ_0、μ_0为常数，则磁应变与应力σ成正比。这是胡克定律的一种形式，可利用这个关系来测定残余应力。

3. 超声波应力测定法

设超声纵波在零应力介质中的传播速度为v_{10}，在平面应力（主应力σ_{11}、σ_{22}）时的传播速度为v_1，其声波与应力之间的关系为

$$\frac{v_1-v_{10}}{v_{10}}=S'(\sigma_{11}+\sigma_{22}) \tag{9-3}$$

即纵波声速的相对变化与主应力之和成正比，其比例系数为S'，称为纵波声速应力常数，且

$$S'=\frac{\mu l-\lambda(m+\lambda+2\mu)}{\mu(3\lambda+2\mu)(\lambda+2\mu)} \tag{9-4}$$

式中　μ、λ——拉梅常数；

l、m——三阶弹性常数。

这些常数可由实验测定，因而纵波弹性常数S'可以确定。只要测得v_{10}、v_1即可求得主应力之和$(\sigma_{11}+\sigma_{22})$。

当用横波传入介质，若在零应力介质中横波声速为v_{20}，它分解成沿主应力σ_{11}和σ_{22}方向的两个横波的传播速度v_1和v_2，其声波与应力之间的关系如下：

$$\frac{v_1-v_2}{v_1}=S(\sigma_{11}-\sigma_{22}) \tag{9-5}$$

式中　S——横向波声应力常数，按下式计算：

$$S=\frac{(4\mu+n)}{8\mu^2} \tag{9-6}$$

式中　μ——拉姆常数；

n——三阶弹性常数。

因此测得了μ和n即可求得S，然后只要测得v_{20}、v_1和v_2即可求得主应力的差$(\sigma_{11}-\sigma_{22})$。

利用式（9-3）和式（9-5）即可求得主应力σ_{11}和σ_{22}。

4. 应力衍射测定法

当多晶材料中存在残余应力时，必然还存在残余应变与之对应，造成材料局部区域的变形，并导致其内部结构（原子间相对位置）发生变化，从而在X射线衍射谱线上有所反映。通过分析这些衍射信息，就可以实现残余应力的测量。这种方法理论基础比较严谨，实验技术日渐完善，测量结果十分可靠，并且又是一种无损测量方法，因而在国内外都得到普遍的应用。

衍射应力测定的出发点是通过对应变的测量，经胡克定律（或广义胡克定律）可获得所求应力 σ_{hkl}。应变 ε_{hkl} 按下式计算：

$$\varepsilon_{hkl}=\frac{d_{hkl}-d_{hkl,0}}{d_{hkl,0}}=-\cot\theta_{hkl}\Delta\theta_{hkl} \tag{9-7}$$

式中　d_{hkl}——测定衍射谱线在有残余应力时的晶面间距；

$d_{hkl,0}$——测定衍射谱线在无残余应力时的晶面间距。

5. 几种应力测定方法的比较

几种应力测定方法的比较见表 9-1。从表中可见，衍射法的优点是其他方法不可比拟的。因此，衍射应力分析技术的原理、方法和应用是本章的主要内容，以后各节将分别讨论宏观应力衍射测定的一般原理、实验测量的一般方法、基本关系式、实验装置、各向同性试样和各向异性试样的应力状态分析技术，以及微观原理和微结构的线形分析，并在 9.5 节中给出若干应用实例。

表 9-1　几种应力测定方法的比较

比较项目	衍射方法		超声波方法	磁性方法	应力释放法
	X 射线衍射	中子衍射			
基本原理	$\varepsilon_{hkl}=(d_{hkl}-d_{hkl,0})/d_{hkl,0}$ $\sigma_{hkl}=E\varepsilon_{hkl}$		纵、横波声速传播速度差与主应力的关系	磁致伸缩效应，磁导率的相对变化 $\Delta\mu/\mu_0$ 为磁应变与 σ 的关系	部分应力释放后产生的相对位移和应变
是否具有破坏性	完全非破坏性		非破坏性的	非破坏性的	破坏性的
测定结果的性质和特点	微观统计平均		宏观统计平均	宏观统计平均	宏观统计平均
	能分别测定单轴、双轴和三轴应力，原则上能测定应力张量各分量		统计平均	统计平均	统计平均
	分别对各向同性和各向异性测量和构件进行测定				
	能分别测定宏观应力和微观应力				
可否原位测定	可在现场做在线测定				
材料和部件的性质	各种性质的材料都能测定			仅磁性材料	
材料深度	表面和近表面层	近表面和体效应	体效应	体效应	体效应
深度轮廓	能测定深度轮廓	深度轮廓	不能	不能	不能

9.2 宏观残余应力的衍射测定

9.2.1 应力衍射测定简介

1. 应力衍射测量的出发点

应力对晶面间距的影响如图 9-10 所示。这里假定多晶样品受到平行于表面的压应力。由于应力的存在，微晶中（*hkl*）晶面的面间距的变化与微晶在试样中的取向有关，所以用射线衍射方法测量弹性点阵应变方向关系是可能的。由布拉格定律：

$$\lambda=2d_{hkl}\sin\theta_{hkl} \tag{9-8}$$

则可计算（*hkl*）晶面的弹性应变，即

$$\varepsilon_{hkl}=(d_{hkl}-d_{hkl,0})/d_{hkl,0} \tag{9-9}$$

式中 $d_{hkl,0}$ 是无应力状态（*hkl*）晶面的晶面间距，应变测量的方向为测量晶面的法线（衍射矢量）方向。最后通过应变的测量来测定应力。

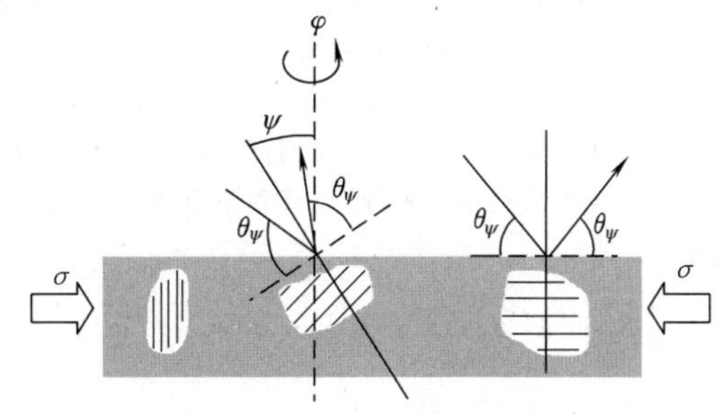

图 9-10　应力对晶面间距的影响

2. 应力衍射分析的参考坐标系

图 9-11 给出样品参考坐标系和实验室参考坐标系间的定义和关系。

（1）样品参考坐标系（*S*）　S_3 轴是垂直于试样表面的取向，S_1 轴和 S_2 轴在试样表面的平面内。如

果表面的晶面存在择尤取向，即轧制样品情况下，S_1 方向沿轧制方向取向。特殊样品的参考坐标系是应力的参考（应力张量）坐标系（P）。在这种参考坐标系情况下，张量 σ_{11}、σ_{22}、σ_{33} 不为零。

（2）实验室参考坐标系（L） 这种坐标系如图9-11所示，L_3 与衍射矢量一致。对于 $\varphi=\psi=0$，实验室参考坐标系与样品参考坐标系一致。

（3）晶体参考坐标系（C） 对于正交的晶系参考轴选择与晶体点阵的 a 轴、b 轴、c 轴一致。应变测量的方向（衍射矢量的方向）一般由 φ 和 ψ 决定，ψ 是衍射矢量相对于试样表面法线的倾角，φ 表示试样绕试样表面法线的转动，如图9-11所示。

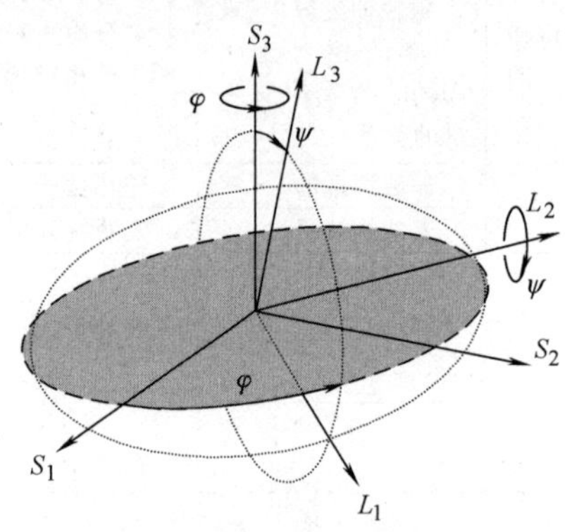

图9-11 样品参考坐标系和实验室参考坐标系间的定义和关系

3. 一般情况下 $\varepsilon_{\varphi\psi}$ 的表达式

图9-11中 $\boldsymbol{L}_3$ 方向上的应变 $\varepsilon_{\varphi\psi}$ 用下式计算：

$$\varepsilon_{\varphi\psi}=\frac{d_{\varphi\psi}-d_{\varphi\psi,0}}{d_{\varphi\psi,0}}=\varepsilon_{11}\cos^2\varphi\sin^2\psi+\varepsilon_{22}\sin^2\varphi\sin^2\psi+\varepsilon_{33}\cos^2\psi+\varepsilon_{12}\sin2\varphi\sin^2\psi+\varepsilon_{13}\cos\varphi\sin2\psi+\varepsilon_{23}\sin\varphi\sin2\psi \tag{9-10}$$

式中 ε_{11}、ε_{22}、ε_{33}——主应变；

ε_{12}、ε_{13}、ε_{23}——切应变。

对于弹性各向同性试样，把各应变张量分量与应力张量分量关系代入，得到与其对应的应力 $\sigma_{\varphi\psi}$ 的表达式，即

$$\sigma_{\varphi\psi}=\frac{1}{2}S_2\sin^2\psi[\sigma_{11}\cos^2\varphi+\sigma_{12}\sin2\varphi+\sigma_{22}\sin^2\varphi]+\frac{1}{2}S_2[\sigma_{13}\cos\varphi\sin2\psi+\sigma_{23}\sin\varphi\sin2\psi+\sigma_{33}\cos^2\psi]+S_1(\sigma_{11}+\sigma_{22}+\sigma_{33}) \tag{9-11}$$

式中 σ_{11}、σ_{22}、σ_{33}——主应力；

σ_{12}、σ_{13}、σ_{23}——切应力；

S_1、S_2——系数，用下式计算：

$$S_1=-\frac{\nu}{E},\frac{1}{2}S_2=\frac{1+\nu}{E} \tag{9-12}$$

并应用下面的关系式：

$$\frac{1+\nu}{E}\sigma_{33}=\frac{1+\nu}{E}\sigma_{33}(\sin^2\psi+\cos^2\psi),$$

$$\frac{1+\nu}{E}[\sigma_{33}(\sin^2\psi+\cos^2\psi)-\sigma_{33}\sin^2\psi]=\frac{1+\nu}{E}\sigma_{33}\cos^2\psi$$

故得

$$\varepsilon_{\varphi\psi}=\frac{1+\nu}{E}\{\sigma_{11}\cos^2\varphi+\sigma_{12}\sin2\varphi+\sigma_{22}\sin^2\varphi-\sigma_{33}\}\sin^2\psi+\frac{1+\nu}{E}\sigma_{33}-\frac{\nu}{E}(\sigma_{11}+\sigma_{22}+\sigma_{33})+\frac{1+\nu}{E}\{\sigma_{13}\cos\varphi+\sigma_{23}\sin\varphi\}\sin2\psi \tag{9-13}$$

9.2.2 应变的测量原理和衍射几何

1. 一般的X射线衍射

一般衍射几何用确定的入射角 α 和/或出射角 β 控制X射线的穿透深度，使用仪器的旋转仅是为了把 $\{hkl\}$ 晶面带到衍射位置，即准直 $\{hkl\}$ 晶面的法线平行于衍射矢量（实验室系统 L 的 L_3 轴）。

为了描述衍射几何，定义不同的角度是必要的。各角度的含义如下：

1）2θ 为衍射角。角度 θ 严格地用作布拉格角（衍射角的一半），即入射束和处于衍射条件的晶面间的夹角，不是入射束与试样表面间的夹角。

2）ψ 为绕试样台平面法线的旋转角。一般来讲，试样安装在试样台上，使 Φ 轴和 φ 轴平行，两旋转角以不变的偏移简单联系。

3）ω 为试样绕垂直于衍射面的轴旋转角，即平行于 2θ 轴，垂直于 χ 轴。对于对称衍射条件，$\chi=\theta$；对于 $\chi=0$，$\alpha=\omega$。

4）χ 为试样绕用衍射面与样品表面（试样台平面）交线定义的轴的旋转角，即垂直于 ω 轴和 2θ 轴。

用设置仪器角度 2θ、ψ、ω 和 χ 能选择试样系统 S 具有特殊取向的衍射面（hkl），用 ω 或 χ（或两者结合）来设置 ψ 角，就可能导致应力测量中 ω 模式和 χ 模式间的差别（在这两种情况下，越过固定 ψ 角的衍射峰扫描是用 $2\theta/\omega$ 扫描进行的）。

取平行于双轴（二维）应力平面作测试面，图9-12所示为平面应变测量时的坐标选择和坐标轴的关系。其中，样品参考坐标系是 S_3 垂直于试样表面，S_1 和 S_2 在试样平面内；实验参考坐标系是 L_3 为衍射矢量（衍射面的法线）方向。ψ 是衍射矢量 L_3 与试样表面法线 S_3 间的夹角，改变 ψ 角有三种方式：

（1）ω 模式（见图9-12a） 改变 ω，固定 $\theta=$

θ_{hkl}，参考式（9-7），提供按照 $\psi=\omega-\theta$ 样品表面法线测量（hkl）面的倾角 ψ（相反，$\psi=\theta-\omega$ 也能在文献中找到）。值得注意的是，如果极角 φ 和 ψ 被定义为样品参考坐标系中特殊测量方向，则 ψ 总是正的。因为 $\chi=0$，入射角 α 直接由 ω 角给出，出射角是 $\beta=2\theta-\omega=\theta-\psi$。

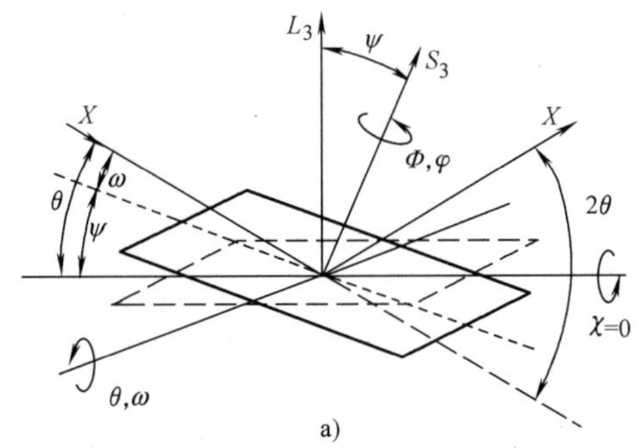

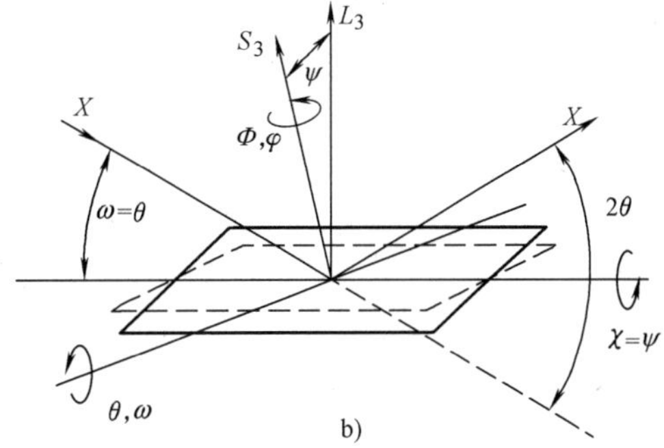

图 9-12　平面应变测量时的坐标选择和坐标轴的关系

a）用 ω 模式改变 ψ 角（显示 $\psi<0$）　b）用 χ 模式改变 ψ 角

把 $\alpha=\theta+\psi$ 和 $\beta=\theta-\psi$ 代入 1/e 穿透深度 τ 定义式：

$$\tau=\frac{\sin\alpha\sin\beta}{\mu(\sin\alpha+\sin\beta)} \tag{9-14}$$

就能获得与 θ 和 ψ 两角度相关的穿透深度 τ_ω，即

$$\tau_\omega=\frac{\sin^2\theta-\sin^2\psi}{2\mu\sin\theta\cos\psi}\quad(\psi=\omega-\theta) \tag{9-15}$$

（2）χ 模式（见图 9-12b）　对于 χ 模式，χ 与 ψ 相同（因此经常称为 ψ 模式，也可称为侧倾法）。改变 χ，固定 $\theta=\theta_{hkl}$，提供改变测量（hkl）面的倾角 ψ。真实的入射角 α（等于出射角 β）由下式给出，即

$$\sin\alpha(=\sin\beta)=\sin\omega\cos\chi \tag{9-16}$$

从式（9-14）和式（9-16），与 θ 和 ψ 两角相关的穿透深度 τ_χ 由下式计算：

$$\tau_\chi=\frac{\sin\theta}{2\mu}\cos\psi\quad(\psi=\chi) \tag{9-17}$$

注意，描述样品平面内测量方向，旋转角 ϕ 时，对 χ 模式和 ω 模式有 90°的差。由于非理想的束光学和准直不良，测量峰位置 $2\theta_{hkl}$ 的误差对于 χ 模式和 ω 模式是不同的。实际上，用 ω 模式，非聚焦误差对于样品的正（$\omega>\theta$）和负（$\omega<\theta$）倾斜是不同的。

（3）ω/χ 结合模式　为了使样品同时绕 ω 和 χ 两轴倾斜，各种角度的值是不明显的，但能用 S 系统中进入射线束、衍射束和衍射矢量的明确方向。采用适当的旋转矩阵来计算 S 系统中的测定方向（φ，ψ），即

$$\varphi=\phi+\arctan\left[\frac{-\sin\chi}{\tan(\omega-\theta)}\right] \tag{9-18}$$

和

$$\psi=\frac{\omega-\theta}{|\omega-\theta|}\arccos[\cos\chi\cos(\omega-\theta)] \tag{9-19}$$

入射角 α 由式（9-16）给出，相对于样品表面衍射束的出射角 β 按下式计算。

$$\sin\beta=\sin(2\theta-\omega)\cos\chi \tag{9-20}$$

用一般的 X 射线衍射，无论考虑哪一种模式，仪器的角度 ϕ、ω、χ 和 θ 之间的所有结合都是可能的，因为试样的取向和衍射角 θ 能独立的选择（掠入射则相反）。然而，样品的参考位置（也就是 ψ 轴取向的选择，ω 或 χ 模式和相当于样品几何学的方向 $\varphi=0$），定义对于张量分量 $\langle\varepsilon_{ij}^S\rangle$ 和 $\langle\sigma_{ij}^S\rangle$ 参考坐标系。

2. 掠入射 X 射线衍射

对于非常薄的表面-邻近层，试样性能的 X 射线测量，如像残余应力、微晶取向分布，用小的入射角是可能的。掠入射 X 射线衍射（grazing-incidence Xray diffraction，GIXD）方法，用所谓面内衍射几何，衍射矢量平行于样品表面。用小的入射角，有效的取样体积限制邻近样品表面相对小的体积，来自该体积的衍射强度较一般的 X 射线衍射方法高。对于向外全反射，入射角接近临界角（十分之几度），穿透深度仅几纳米量级，几度的入射角，穿透深度为几微米量级，如图 9-13 所示。

应力分析 GIXD 方法在两种情况下使用：

1）当应力方向必须对非常薄的薄膜进行时（其衬底峰发生重叠），限制有效穿透深度定义小的值。

2）用改变入射角 α 或改变波长，从衍射测量不同有效穿透深度来测定应力梯度。

如果入射角 α 不太接近全反射的临界角，与出射角 β 相比较是小的（在 ω 模式的情况下，对于 θ 不为 0°或 90°），有效穿透深度用 $\tau=\sin\alpha/\mu$ 近似［参考式（9-17）］。在邻近临界角的情况下，式（9-17）不再适用，τ 更强烈地随 α 而变化（见图 9-13）。注意在改变入射角 α 时，X 射线穿透深度也变化，ψ 近乎保持常数。

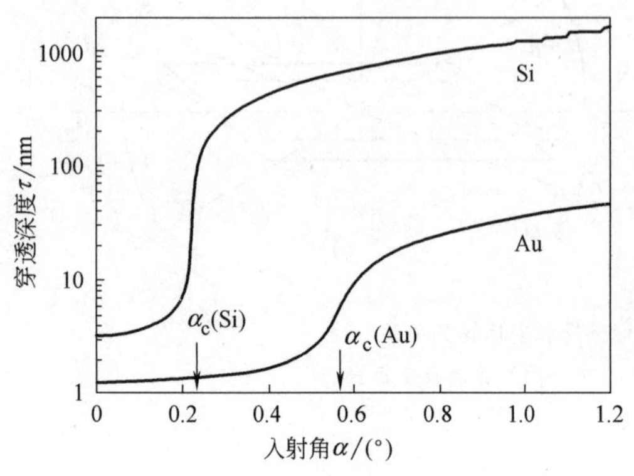

图 9-13　穿透深度

注：α_c 为临界角。

GIXD 应力测量的任务是限制在小的和固定穿透深度 τ 下以不同的 ψ 角测量应变 $\varepsilon_{\varphi\psi}$。由于必须用仪器的 ω 角设定固定的入射角 α，不能用来改变 ψ 角。所以与一般的 XRD 相比较，就损失了一个自由度。因与特殊的衍射几何相关，这限制了能达到的 ψ 范围。在有织构薄膜的情况下，有利的角度不可能覆盖发生试样衍射峰的 ψ 范围。为了旋转 φ 角，不能限制因掠入射的条件。

（1）改变 ψ 的方法　在 GIXD 中，理论上实现改变 ψ 角的三种方法是可能的。其中两种情况如图 9-14 所示。

1）多重 χ 法。对于一族｛hkl｝平面，用一般的 χ 模式以相同的方式在不同的 χ 角进行测量，也就是说，用 χ 角来改变 ψ 角的方法。另外，用 ω（$=\alpha$，在 $\chi=0$）来选择入射角 α。因此，这种方法是 χ 模式和 ω 模式的结合（因为非对称的设置，$\omega\neq\theta$，$\psi\neq\chi$）。为了保持 α 角为常数，对于 $\chi\neq0$，ω 角必须按照式（9-20）调节［注意为了保持 φ 固定（为了测量非旋转对称应力状态），仪器的 ϕ 角也必须适当改变］。多重-χ 法已应用于 Si（100）上的 ZrN 薄膜和钢上的 TiN 薄膜。

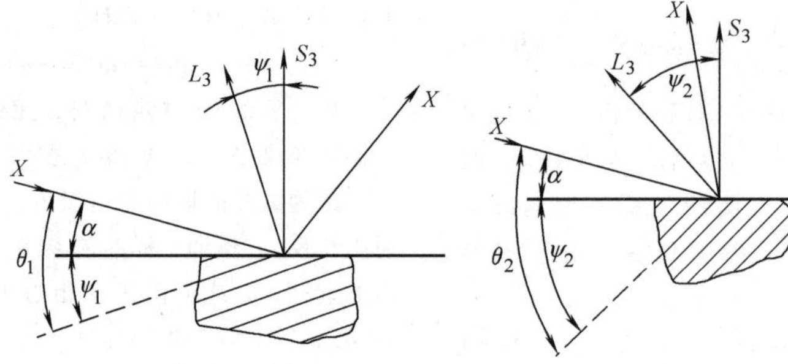

图 9-14　用多重｛hkl｝和多重波长法时掠入射衍射几何

2）多重｛hkl｝法。在测量过程中（在 $\chi=0$ 时，$\alpha=\omega$）固定入射角，用 2θ 扫描（见图 9-14），记录几个 hkl 衍射线。对于设定的｛hkl｝平面倾角 ψ 由下式计算：

$$\psi=\theta_{hkl}-\alpha \tag{9-21}$$

式中，θ_{hkl} 是布拉格角。对于小的和不变的 α，反射束在样品中的路径比进入束的路径相对较小。因此，对于不同的 $2\theta_{hkl}$ 值，即对不同｛hkl｝衍射面，穿透深度近乎保持常数。相反，对于一般的 X 射线衍射，ψ 和 θ 都是独立选择。用 GIXD 对于给定的 α、ψ 和 θ_{hkl} 间的关系为式（9-21），这限制了可能的测量结合（仅保留一个自由度）。多重｛hkl｝法已应用于钢上的 TiN 覆盖物和 WC 上的 TiN 覆盖物。

3）多重波长法。用不同的波长对一族｛hkl｝测量，即不同的布拉格角 θ_{hkl}，相应于不同的 ψ［见式（9-21）和图 9-14］。对不同的波长，入射角 α 必须调整，并以波长穿透深度为常数（与吸收系数 μ 有关）。用这种方法获得的点阵应变和 $\sin^2\psi$ 作图，与一般的 $\sin^2\psi$ 法相同。多重波长法已用于测定 Si 上的 Al 膜中的残余应变。

（2）散射矢量法　一种特殊的方法致力于应力深度轮廓 $\langle\sigma_{ij}^{S}(\tau)\rangle$ 的测量，所谓散射矢量法，就是用一个角度 η 绕衍射矢量旋转试样（见图 9-14 中 L_3 轴）。相对于试样的测量方向用角度 φ 和 ψ 来定义，且保持不变，同时用仪器角度 ϕ、ω 和 χ 的适当变化来改变 η 角是可能的，因此散射矢量法由 ω 法和 χ 法结合组成。改变入射角和出射角，α 和 β（如果 $\psi>0$），允许对不同深度 τ［式（9-17）］作为 η 函数的

衍射测量。1/e 穿透深度 τ 一般计算式为

$$\tau=\frac{\sin^2\theta-\sin^2\psi+\cos^2\theta\sin^2\psi\sin^2\eta}{2\mu\sin\theta\cos\psi} \tag{9-22}$$

对于 $\psi\leqslant\theta_{hkl}$，包括 η 从 0°～90°扫描所涵盖的 τ 范围被 ω 模式和 χ 模式的穿透深度值所限制：$\tau(\eta=0°)=\tau_\omega$［式（9-15）］和 $\tau(\eta=90°)=\tau_\chi$［式（9-22）］；对于 $\psi>\theta_{hkl}$，η 从 $\eta_{\min}$ 到 90°是可能的，这里 $\eta_{\min}$ 由式（9-22）对应于 0°入射角 $\tau=0$ 给出。

用固定（φ，ψ）扫描 η 进行深度轮廓测定，在不同的（φ，ψ）下重复深度轮廓测定，产生一组 $d_{hkl}[\tau(\eta)$ 轮廓]，从上面单个分量能推得宏观应力张量的分量 $\sigma_{ij}(\tau)$。

（3）深度轮廓描绘　上面所描述的 GIXD 方法都用于沿 $z=S_3$（垂直于样品表面）方向应力轮廓的测定。应力张量的有关分量 $\sigma_{ij}(\tau)$ 必须在相关 X 射线穿透深度 τ 内测定。这要求在作为穿透深度 τ 函数的不同 ψ（和 φ）角做 $\varepsilon_{\varphi\psi}$ 测定。从测量获得的轮廓 $\sigma_{ij}(\tau)$，其对应于式（9-23）中轮廓 $\sigma_{ij}(z)$。

$$\sigma_{ij}(z)=\frac{\int_0^t\sigma_{ij}(\tau)\exp(-z/\tau)\mathrm{d}z}{\int_0^t\exp(-z/\tau)\mathrm{d}\tau} \tag{9-23}$$

式中，t 是样品的厚度。

9.2.3　宏观应力射线衍射测定的基本方法

应力测量方法属于精度要求很高的测试技术。测量方式、试样要求以及测量参数选择等，都会对测量结果造成较大影响。

根据 ψ 平面与测角仪 2θ 扫描平面的几何关系，可分为同倾法与侧倾法两种测量方式，即 ω 模式和 χ 模式。在条件许可的情况下，建议采用侧倾法。

1. 宏观残余应力测量的同倾法（ω 模式）

同倾法的衍射几何特点是 ψ 平面与测角仪 2θ 扫描平面重合，因 ω 轴与 θ 轴平行，所以同倾法就是 ω 模式。最常用的有固定 ψ 角法和改变 ψ 角法。

（1）固定 ψ 角法——0°-45°法　此方法要点是，在每次扫描过程中衍射面法线固定在特定 ψ 角方向上，即保持 ψ 不变，故称为固定 ψ 角法。测量时 X 射线管与探测器等速相向（或相反）而行，接收每个反射 X 射线时，相当于固定晶面法线的入射角与反射角相等。图 9-15 所示为 ψ 角分别固定在 0°和 45°的情况。固定 ψ 的同倾法同样适合于 θ/θ 衍射仪和应力仪，其 ψ 角设置要受到下列条件限制

$$\psi+\eta<90°\rightarrow\psi<\theta \tag{9-24}$$

式中，η 为入射线（衍射线）与衍射面法线的夹角。

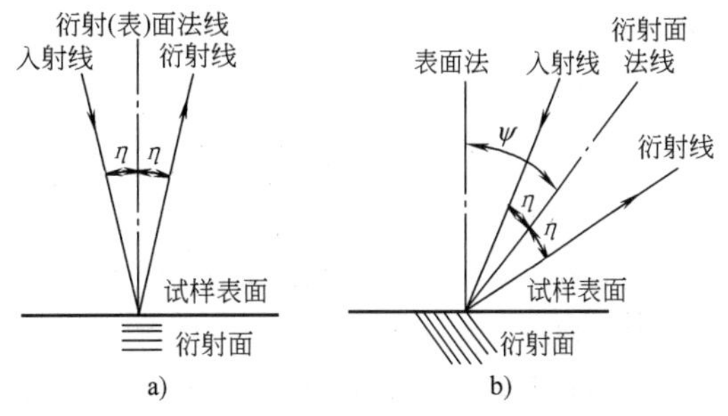

图 9-15　ψ 角分别固定在 0°和 45°的情况

a）$\psi=0°$　b）$\psi=45°$

（2）改变 ψ 角法——$\sin^2\psi$ 法　由式（9-10）和式（9-13）可知，在一些条件确定之后，测定应力的问题就是求 $\varepsilon_{\varphi\psi}$-$\sin^2\psi$ 直线的斜率 M 和截距 I 的问题。通过选择一系列衍射晶面法线与试样表面法线之间夹角 ψ，来进行应力测量工作，即多选几个 ψ（一般不少于 4 个）值进行测量，然后用 Origin 程序做线性拟合，求得直线的斜率和截距，从而计算应力值，这种方法称为 $\sin^2\psi$ 法。

2. 宏观残余应力测量的侧倾法

侧倾法与同倾法不同，其衍射几何特点是 ψ 平面与测角仪 2θ 扫描平面垂直，即 χ 模式，如图 9-16 所示。由于 2θ 扫描平面不再占据 ψ 角转动空间，二者互不影响，ψ 角的设置不受任何限制。

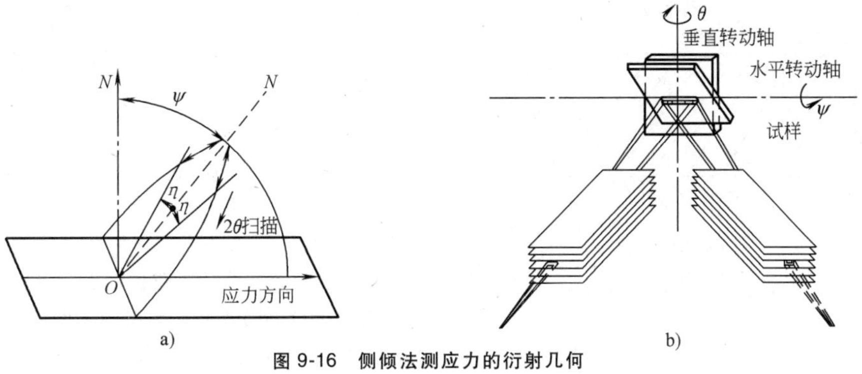

图 9-16　侧倾法测应力的衍射几何

a）X 射线应力仪　b）普通水平扫描衍射仪

（1）有倾角的侧倾法 前述的同倾法的特点是入射线 BO 和探测器扫描平面与试样表面法线 On、衍射面法线 OC 及应力测定方向 Ox 所组成的平面重合，如图 9-17a 所示。侧倾法分为有侧倾角的侧倾法和无侧倾角的侧倾法，下面分别对其进行简单介绍。有侧倾角的侧倾法中的入射线 BO 对 nOx 平面有一个负 η 的倾角，衍射面的法线 OC 也落在 nOx 平面上，即 $LMPQ$ 平面和 nOx 平面相交，如图 9-17b 所示。

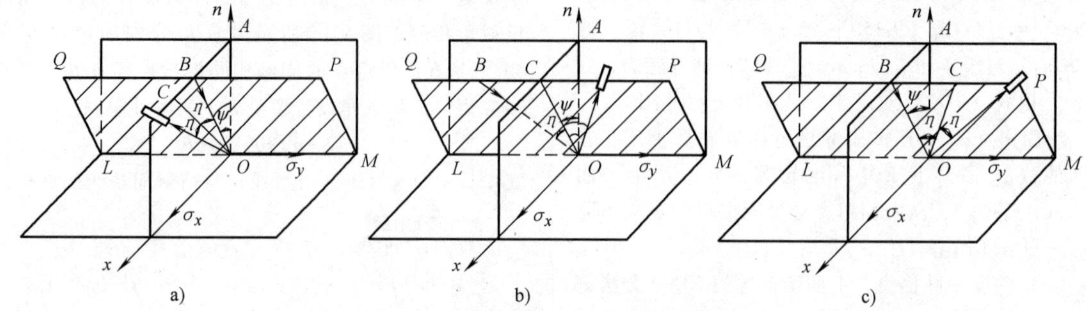

图 9-17 同倾法、有侧倾角侧倾法及无侧倾角侧倾法的比较

a）同倾法 b）有侧倾角侧倾法 c）无侧倾角侧倾法

因为有倾角侧倾法中的试样表面法线与衍射面的法线都落在同一平面 nOx 上，如图 9-17b 所示，待测应力的方向和应变方向（衍射面的法线方向）也落在同一平面上，因此此法计算应力公式与常规法中的衍射仪法相同，也是 ψ 与 η 无关。η（$=90°-\theta$）在常规法中试样表面法线和衍射面法线所组成的平面 nOx 上，即在扫描平面上，如图 9-17b 所示。虽然有这种区别，但计算应力公式与 η 无关。

（2）无倾角的侧倾法 对于无倾角的侧倾法，其入射线 BO 处在 nOx 平面上，因而衍射面的法线 OC 不落在 nOx 平面上，而落在与 nOx 平面垂直的 $LMPQ$ 平面上，它们之间成一个 η 角，如图 9-17c 所示。

无倾角侧倾法的几何关系如图 9-18 所示。$OHFG$ 是试样表面，$OGKB$ 是探测器扫描平面，入射线 BO、衍射面法线 On 和衍射线 OC 都在此平面上。$ABDO$ 面是试样表面法线 Oz、入射线 BO 和待测应力法线 OH 共存的面。α 为试样表面法线和入射线之间的夹角，ψ 为试样表面法线衍射面法线 On 之间的夹角，ψ 和 α 不在同一平面上，OE 是 ON（衍射面法线）在试样表面 $OHFG$ 上的投影。

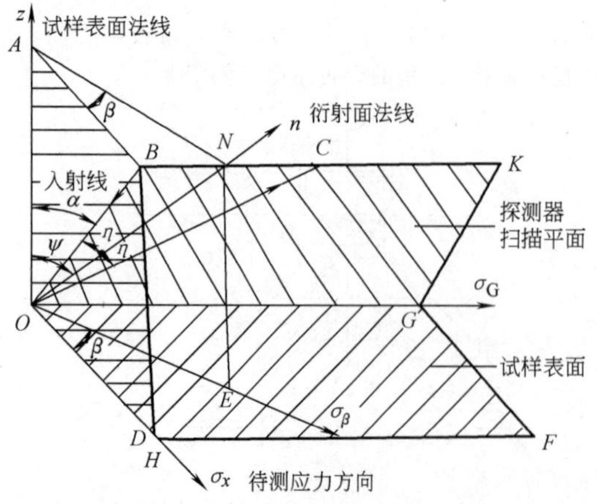

图 9-18 无倾角侧倾法的几何关系

取 ABN 面平行于试样表面，在直角三角形△OAB 中（$\angle OAB=90°$），$OA=OB\cos\alpha$，$AB=OB\sin\alpha$，在直角三角形△OBN 中（$\angle OBN=90°$），$BN=OB\tan\eta$，$ON=OB\sec\eta$，在直角三角形△OAN 中（$\angle OAN=90°$）：

$$\cos\alpha=\frac{OA}{ON}=\cos\alpha\cos\eta \tag{9-25}$$

在直角三角形△ABN 中（$\angle ABN=90°$）：

$$\tan\beta=\frac{BN}{AB}=\frac{\tan\eta}{\sin\alpha} \tag{9-26}$$

由式（9-25）和式（9-26）换算得

$$\begin{aligned}
\cos^2\beta&=\frac{\sin^2\alpha\cos^2\eta}{1-\cos^2\alpha\cos^2\eta}\\
\sin^2\beta&=\frac{\tan^2\eta\cos^2\eta}{1-\cos^2\alpha\cos^2\eta}\\
\sin^2\psi&=1-\cos^2\alpha\cos^2\eta\\
\sin\beta\cos\beta&=\frac{\sin\alpha\tan\eta\cos^2\eta}{1-\cos^2\alpha\cos^2\eta}
\end{aligned} \tag{9-27}$$

在通常情况下，侧倾法选择为 ψ 扫描方式，即不同于 ψ 法或 $\sin^2\psi$ 法。

侧倾法主要具备以下优点：

1）由于扫描平面与 ψ 角转动平面垂直，在各个 ψ 角衍射线经过的试样路程近乎相等，因此不必考虑吸收因子对不同 ψ 角衍射线强度的影响。

2）由于 ψ 角与 2θ 扫描角互不限制，因而增大了这两个角度的应用范围。

3）由于几何对称性好，可有效地减小散焦的影响，改善衍射谱线的对称性，从而提高应力测量精度。

3. φ 旋转和 ψ 旋转的实质

在应变试验测量的原理和方法中都反复提到 φ 旋转和 ψ 旋转，特别是 ψ 旋转十分重要。图 9-19 所示为同倾法（ω 模式）和侧倾法［$\chi(\varphi=0)$模式］中的试样参考坐标系 $S_1S_2S_3$ 和实验室参考坐标系 $L_1L_2L_3$ 间的关系。

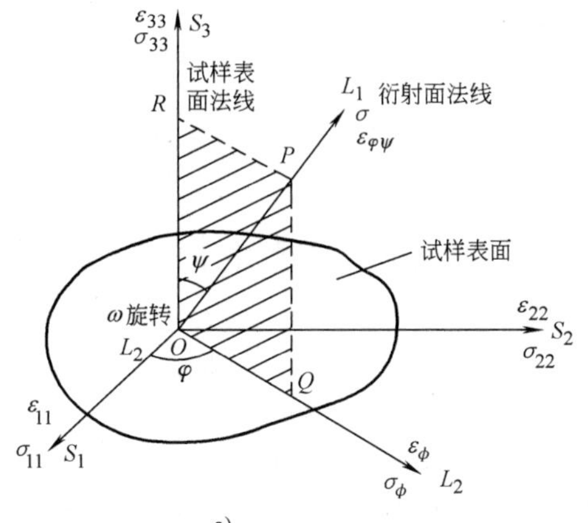

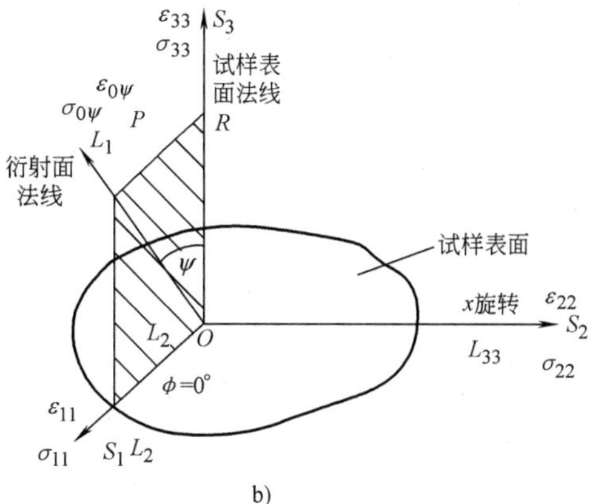

图 9-19　试样参考坐标系 $S_1S_2S_3$ 和实验室参考坐标系 $L_1L_2L_3$ 的关系

a）同倾法　b）侧倾法

从普通多晶衍射仪的对称反射衍射几何知道，参与衍射的晶面平行于试样表面。那么无论是在 ω 模式（同倾法）中，还是在 χ 模式（侧倾法）中，如果 $\psi=0°$，则参与衍射的晶面都平行于试样表面。在 ω 模式中，改变 ψ 角，就是绕 ω 旋转沿 S_2 轴改变参与衍射面与试样表面的夹角，就是与试样表面成 ψ 角的那些晶面参与衍射；改变 φ 角，就是改变倾斜方向。在 χ 模式中，当 $\varphi=0°$，S_1 轴和 L_2 轴重合，同样绕 χ 轴旋转沿 S_1 轴改变 ψ 角，就是沿 S_1 轴倾斜改变参与衍射晶面与试样表面的夹角；如果绕试样表面法线旋转改变 φ 角，就是改变衍射晶面在试样中的倾斜方位。因此，这种 ψ 旋转和 ω 旋转就相当于样品织构测量中的 α 旋转和 β 旋转，表征织构的极图测定是测量选定 {hkl} 晶面在试样的三维空间中衍射强度和分布概率，而在应变测量中的 ψ 旋转和 φ 旋转是为了测量选定 {hkl} 晶面在试样的三维空间中给定方位上该晶面间距或晶面间距的变化。因此，多晶织构极图测量反射法附件是进行宏观残余应力测定的有力工具或附件，并且既能做同倾法测量，也能做侧倾法测量。但应注意的是，$\alpha=0°$对应于 $\psi=90°$。

9.2.4　单轴应力的测定原理和方法

材料在单向拉（压）应力作用后，经常存在单轴应力。在实际测试中可有两种取样方式：

1）垂直与单轴应力方向取样，即试样表面垂直于应力 σ_{33} 方向。用平行于试样表面的晶面为衍射面，$\psi=0°$，并设 $\varphi=0°$，根据式（9-11）则有：

$$\varepsilon_{\varphi\psi}=\varepsilon_{33}=\frac{d_{hkl}-d_{hkl,0}}{d_{hkl,0}}=S_1\sigma_{33}=(1/E)\sigma_{33}\text{；}\quad \sigma_{33}=E\varepsilon_{33} \tag{9-28}$$

2）平行与应力轴取样，图 9-20 给出平行于 S_3 轴方向的样品，它在 S_3 方向的应力为 σ_{33}，同样用平行于试样表面的晶面为衍射面，$\psi=0°$，并设 $\varphi=0°$，则有

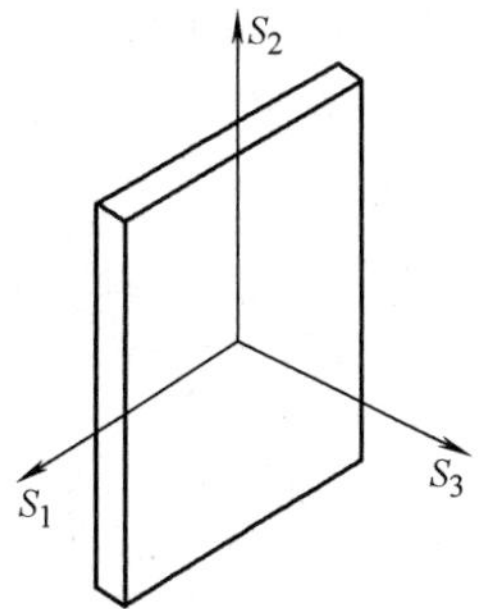

图 9-20　单轴应力测定的试样

$$\varepsilon_{\varphi\psi}=\varepsilon_{22}=\varepsilon_{11}=\frac{d_{hkl}-d_{hkl,0}}{d_{hkl,0}} \tag{9-29}$$

$$\varepsilon_{11}=\varepsilon_{22}=-\nu\varepsilon_{33} \tag{9-30}$$

$$\sigma_{33}=E\varepsilon_{33}=-\frac{E}{\nu}\varepsilon_{22} \tag{9-31}$$

9.2.5　平面应力的测定

在平面（二维）应力的情况下，$\sigma_{33}=0$，σ_{13} 和 $\sigma_{23}=0$。由式（9-13）得

$$\varepsilon_{\varphi\psi}=\frac{1+\nu}{E}[\sigma_{11}\cos^2\varphi+\sigma_{12}\sin2\varphi+\sigma_{22}\sin^2\varphi]\times$$

$$\sin^2\psi-\frac{\nu}{E}(\sigma_{11}+\sigma_{22}) \tag{9-32}$$

二维主应力状态：

$$\sigma_{\varphi\psi}=\frac{1+\nu}{E}[\sigma_{11}\cos^2\varphi+\sigma_{22}\sin^2\varphi]\sin^2\psi-\frac{\nu}{E}(\sigma_{11}+\sigma_{22}) \tag{9-33}$$

下面介绍二维应力测定的具体方法。

1. 0°-45°法

对于主应力状态，当 $\psi=0°$ 和 45°时，式（9-32）变为

$$\varepsilon_{\varphi0}=\frac{d_{\varphi0}-d_0}{d_0}=-\frac{\nu}{E}(\sigma_{11}+\sigma_{22}) \tag{9-34a}$$

$$\varepsilon_{\varphi45}=\frac{d_{\varphi45}-d_0}{d_0}=\frac{1+\nu}{2E}[\sigma_{11}\cos^2\varphi+\sigma_{22}\sin^2\varphi]-\frac{\nu}{E}(\sigma_{11}+\sigma_{22}) \tag{9-34b}$$

因 φ 已知，联立求得 σ_{11} 和 σ_{22}。

2. $\sin^2\psi$ 法

在已知 φ 的情况下，改变 ψ 角，至少要求 4 个点。然后将 $\varepsilon_{\varphi\psi}$-$\sin^2\psi$ 作图，其斜率 M 为

$$M=\frac{1+\nu}{E}[\sigma_{11}\cos^2\varphi+\sigma_{22}\sin^2\varphi] \tag{9-35a}$$

截距 I 为

$$I=\frac{\nu}{E}(\sigma_{11}+\sigma_{22}) \tag{9-35b}$$

因 φ 已知，联立求得 σ_{11} 和 σ_{22}。令

$$\sigma_\varphi=\sigma_{11}\cos^2\varphi+\sigma_{22}\sin^2\varphi \tag{9-36}$$

令 $\varepsilon_{\varphi\psi}=0$，则有

$$\frac{1+\nu}{E}(\sigma_{11}\cos^2\varphi+\sigma_{22}\sin^2\varphi)=\frac{\nu}{E}(\sigma_{11}+\sigma_{22}) \tag{9-37}$$

因 φ 已知，σ_{11} 和 σ_{22} 已求得，便可求得泊松比 ν。

在张应力的情况下，设 $\varphi=0°$，则 $\sigma_{11}=\sigma$，$\sigma_{22}=0$，则有

$$\varepsilon_{0\psi}=\frac{1+\nu}{E}\sigma\sin^2\psi-\frac{\nu}{E}\sigma \tag{9-38}$$

当 $\varepsilon_{0\psi}=0$ 时则有

$$\sin^2\psi=\frac{\nu}{1+\nu}$$

$$\frac{\partial}{\partial\sigma}\left[\frac{\partial\varepsilon_{\varphi\psi}}{\partial\sin^2\psi}\right]=\frac{1+\nu}{E} \tag{9-39}$$

于是联立式（9-39）可求得弹性模量 E 和泊松比 ν。

在一些专业文献和一些实际测量中，常把式（9-32）和式（9-33）写成

$$\varepsilon_{\varphi\psi}=\frac{1+\nu}{E}\sigma_\varphi\sin^2\psi-\frac{\nu}{E}(\sigma_{11}+\sigma_{22}) \tag{9-40}$$

式中

$$\sigma_\varphi=\sigma_{11}\cos^2\varphi+\sigma_{22}\sin^2\varphi \quad（二维主应力状态） \tag{9-41a}$$

$$\sigma_\varphi=\sigma_{11}\cos^2\varphi+\sigma_{12}\sin(2\varphi)+\sigma_{22}\sin^2\psi \quad（一般二维应力状态） \tag{9-41b}$$

那么上述的 0°-45°法测定和 $\sin^2\psi$ 法的测定就更为简单些。

9.3 残余应力测定衍射试验装置

从 9.2 节介绍的测量原理和方法可知以下两点：

1）除满足一般多晶（粉末）衍射仪的严格要求外，还必须能使试样做 φ 旋转和 ψ 旋转。

2）ψ 旋转是改变衍射面与试样表面的夹角，即改变测定应力（应变）方向（衍射矢量方向）与试样表面法线的夹角；φ 旋转是绕试样表面法线旋转，其物理意义是衍射矢量在试样表面的投影线与试样参考坐标系中 S_1 的夹角，是改变与试样表面倾斜的衍射面相对于试样表面的方位。

由于精密机械加工和电子线路技术的飞速发展，再加上计算机的广泛应用，作为测试分析仪器的现代衍射仪具有操作简便、速度快、费时少、稳定度高、测量精度高等优点，已在材料衍射分析中广泛应用。一般不再使用照相法。下面介绍应力测定用的衍射装置。

9.3.1 利用二圆衍射仪进行应变测量

利用普通的二圆衍射仪进行应变测量时要特别注意以下问题：

1）二圆衍射仪原则上只能用同倾法（ω 模式）进行测量。

2）只能取样到 X 射线衍射实验室进行。

3）当 $\psi=0°$时，这与 θ/θ 或 $\theta/2\theta$ 扫描的一般衍射测试没有什么差别，因此可进行不同晶面的对称反射测试，衍射面平行于试样表面，但一般不能做 φ 旋转，除非设置绕试样表面法线做旋转的机构。

4）当 $\psi\neq0°$时，情况比较复杂。就 X 射线管为水平固定，或为垂直固定的 $\theta/2\theta$ 扫描的衍射仪而言，ψ 不能大于 0°，即不能向负的 2θ 方向旋转。如果 ψ 向正的 2θ 方向旋转，入射线就会被试样挡住而不能获得衍射，除非是薄试样的透射几何。因此 ψ 只能向负的 2θ 方向旋转，而且必须有 $\psi+\eta<90°\rightarrow\psi<\theta$。例如，衍射仪的最大 2θ 能扫描至 140°，ψ 必须小与 70°，这对于一般是足够了。

5）对于 θ/θ 扫描的衍射仪，θ 角达 70°，可能会发生探测器支架与 X 射线管架的碰撞。这样看来 $\theta/2\theta$ 扫描的衍射仪有利些，不过由于 θ/θ 扫描的衍射仪的 X 射线管是运动的，所以可进行正 ψ 和负 ψ 情况下的测量。

6）最为重要和关键的问题是 ω 轴和 θ 轴的关系问题。第一是两轴必须重合，在 $\psi=0°$ 时，可以把 θ 轴当 ω 轴用；但 $\psi\neq0°$ 时，改变 ψ 角必须用独立于 θ 轴的 ω 轴旋转，否则就不能实现 θ/θ 扫描或 $\theta/2\theta$ 扫描，或者只能固定入射线位置不动，让探测器只做 θ 扫描（θ/θ 衍射仪）或只做 2θ 扫描（$\theta/2\theta$ 扫描衍射仪）。

7）值得注意的是，所有 $\psi\neq0°$ 的测试都不是对称反射几何，而是偏离了对称反射几何，且随 $|\psi|$ 值的增大，其不对称程度越大，这会引起较大的试验误差。

8）φ 旋转是绕试样表面法线旋转，一般的粉末衍射仪没有这种功能，只有少数仪器的试样架能绕试样表面法线快速旋转，以增加大晶粒样品参与衍射的概率。若需要做 φ 旋转，尚须对现有试样架进行改造。

9）若要用侧倾法进行测试，也须对现有试样架进行改造。其试样架改造的要点是：①ω 旋转轴必须与 θ 轴重合，但旋转必须独立于 θ 旋转；②增加与衍射仪轴垂直，又必须躺在试样表面内，还能独立地进行 $\pm\psi$ 双向旋转；③增加能绕试样表面法线的 φ 旋转。因此，一般用二圆衍射仪做应力测定，最好备有应力测定附件。

反射法测定织构极图的测角仪就具备这些功能，但不能使用 β/α 的联动机构，而是在固定 β（相当于固定 φ）角逐点改变 α（相当于 ψ）角进行测试，不是测量衍射强度，而是测量衍射峰位。在用侧倾法进行测量时，应使用点焦点 X 射线源。

9.3.2　X 射线应力测定仪

前面已提到，用一般的二圆衍射仪进行残余应力的测定，必须取样到 X 射线实验室进行，并且多半只能用同倾法进行测量，除非备有应力附件。但许多实际情况是工件大、形状复杂，不能把工件拿到实验室进行衍射测定。为了满足既能用同倾法，也能用侧倾法进行测量，既能在实验室进行测量，又能到现场进行在线或现场测量，设计、生产了 X 射线应力测定仪。

1. 应力测定仪的设计要求

1）由于应力测定仪既要适应各种工作零件的测量，又能到现场对使用件进行测量，所以应力测定仪几乎都为背反射几何，而且在较高角度下进行，并有较高的分辨率。由微分布拉格公式得

$$\Delta d/d=-\cot\theta\cdot\Delta\theta \tag{9-42}$$

可以看出，$\theta\to90°$ 时 $\cot\theta\to0$，这就是说，$\theta\to90°$ 时，测量误差 Δd 最小。但由于机械装置和衍射条件的限制，2θ 不可能达到 180°，只能要求 2θ 尽可能大。

仪器分辨率的定义为

$$\alpha=\Delta l/(\Delta d/d) \tag{9-43}$$

式中，Δl 表示相邻两个衍射峰的分辨距离，将式（9-7）代入式（9-43）得

$$\alpha=-2R\tan\theta \tag{9-44}$$

式中，R 是试样上的测量点到探测器的距离。加大 R 分辨率会有所提高，但强度将下降，所以 R 变化不能太大。因此，应力仪上用的 X 射线管直径要小些。

2）工程技术上需要应力测定的对象很广，如大型容器、管道、各种形状的工件和焊接件等，其中许多是不能搬动的，被测定点的条件也很苛刻，这就要求整机搬动，测角仪要灵活，并要求在被测对象不动的情况下进行测量。

3）普通衍射仪采用的聚焦法对试样位置有要求很高，试样台可以保证一定放在中心位置。应力测定仪的试样一般较大，形状复杂，无法做一个符合要求的试验台，因此许多 X 射线应力测定仪都采用平行光束法，即在入射和衍射光路中安装平行光阑，把发散的光束变为平行光束入射到试样上，并以平行光束衍射出去，如图 9-21 所示。试验研究表明，用平行光束，试样位置在 ±3mm 的偏差以内可以忽略 2θ 的变化。

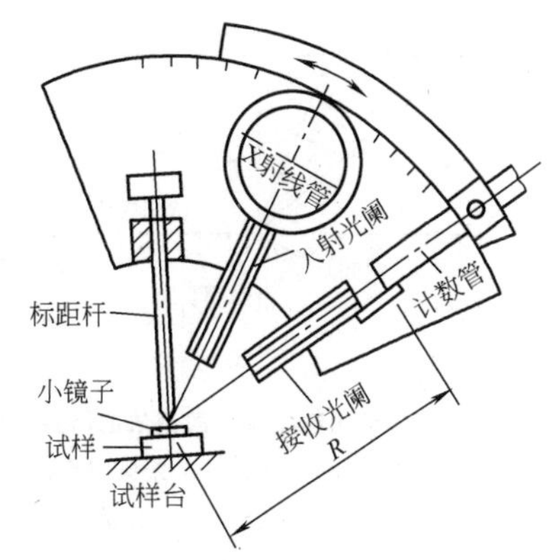

图 9-21　X 射线应力测定仪的测角仪

2. 应力测定仪的结构和特点

X 射线应力测定仪一般分实验室型、现场测定型和两者兼用型，也就是说，后者既可在实验室使用，

也可搬到现场对大型零件进行测量。另外，也可分为同倾型、侧倾型和两者兼用型。现代的X射线应力测定仪包括X射线源、入射线和衍射线光阑系统、测角仪、试样台、探测器和记录系统、应力测定仪操作软件和数据处理软件等部分。其主要特点如下：

1）探测器一般多采用对称分布在入射线两侧，并同处一个平面上，当然仍有只在一侧用探测器的。现代X射线应力测定仪一般使用位敏探测器或阵列探测器，这样能使探测器在很大角范围探测到衍射线，并能同时探测和记录分布在入射光束两侧的衍射线，即入射线垂直于试样表面时，可同时做$+\psi$和$-\psi$，即绝对值相等（$|+\psi|=|-\psi|$）的测量，如图9-22a中ψ_1和ψ_2。由于被测定的零件不动，用同倾法测量时，只能依赖于入射线对试样表面法线的偏离角的改变来改变ψ角，图9-22b给出一个例子。由此可见，由于使用了对称分布的探测器，入射线的一次倾斜可测得两个ψ角下的结果。如果ON_1试样表面法线重合，即$\psi_1=0$，同样也获得两个ψ角下的结果。

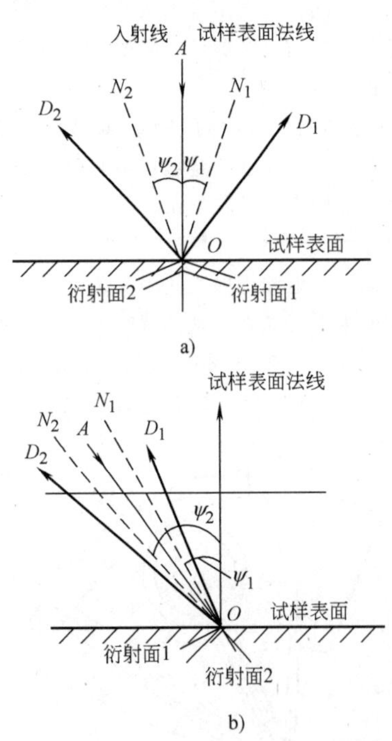

图9-22　X射线应力测定仪中同倾法的衍射几何

a）入射线垂直于试样表面时　b）入射线倾斜于试样表面时

注：AO为入射线，OD_1和OD_2为衍射线，ON_1和ON_2分别为对应衍射面的法线。

2）当用侧倾法进行测量时，因为被测定的部件不能动，只能借助于X射线源和探测器所在的平面对试样表面相对位置从垂直到倾斜来改变ψ角。若实现真正的侧倾测定，必须使图9-22a中衍射面法线N_1或N_2与试样表面法线重合时，或图9-22b中的N_1与试样表面法线重合的情况下，再作探测器扫描平面的倾斜才能实现；如果在入射线与试样表面法线重合的情况下倾斜，得到的是类似于图9-22a那样的双衍射面的衍射。

3）关于φ旋转，如果是在实验室进行测量，可以通过试样台的铅垂轴绕试样表面法线旋转来改变φ角；如果是在现场测量，只能让衍射仪平面绕试样表面法线旋转来改变φ角。如果能真正实现这样的φ角旋转，那就无所谓侧倾法了。不过这样的整机有时难以实现。

4）X射线应力测定仪的操作软件必须满足实现上述各种功能的要求，设定各种操作参数，按指令进行工作；数据处理软件既要精确读出设定参数、接收试验测得的数据，并对原始数据进行预处理（如对衍射峰进行平滑处理和精确定峰位等）、备有被测材料的弹性常数（如弹性模量E和泊松比ν）的数据库，最后给出所测得的应变（应力）数据。

3. 国产X射线应力测定仪

邯郸市爱斯特应力技术有限公司生产的X射线应力测定仪经过了从BX85型→X-300型→X350A型的发展过程。图9-23a、b所示分别为X-350A型X射线应力测定仪和丹东浩元仪器有限公司生产的DS-21P型X射线应力测定仪。前者的主要性能指标如下：

1）定峰方法：交相关法、半高宽法、抛物线、重心法。

2）2θ扫描范围：X-350型为θ-θ扫描侧倾固定ψ角测角仪，120°~170°。

3）2θ步长：0.01°；每步计数时间：0.12~20s。

4）ψ角范围：0°~65°；ψ摆动角范围：0°~±6°；

5）辐射靶：Cr、Co、Cu；X射线管工作条件：15~30kV。

X-350A型X射线应力测定仪依据GB/T 7704—2017《无损检测　X射线应力测定法》，能够在短时间内无损地测定材料表面指定点、指定方向的残余应力（用“+”“-”分别表示拉、压应力），并具备测定主应力大小和方向的功能。在零件承载的情况下测得的是残余应力与载荷应力的代数和，即实际存在的应力，适用于各种金属材料经过各种工艺过程（如铸造、锻压、焊接、磨削、车削、喷丸、热处理及各种表面处理）制成的零件。该系统因功能齐全而适于实验室的试验研究工作，又因轻便灵活，可以借助于支架到现场对形状复杂的零件进行现场测量。该仪器的独创性和先进性在于以 $\theta—\theta$ 扫描 Ψ 测角仪为主要特征，同时具备结构简洁、轻便、灵活的特点，既适于实验研究工作，又适于大型零件的现场测试。

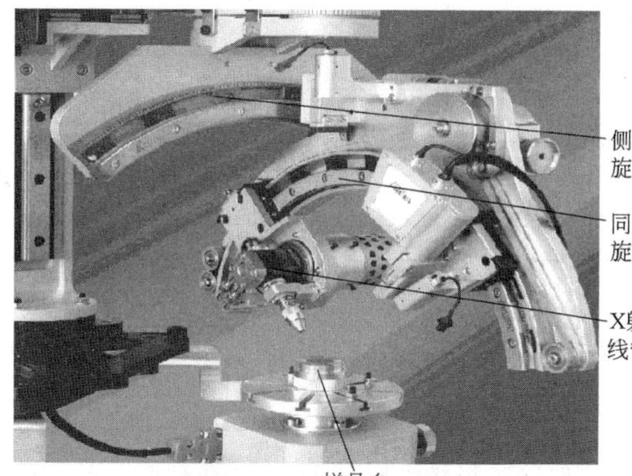

a)

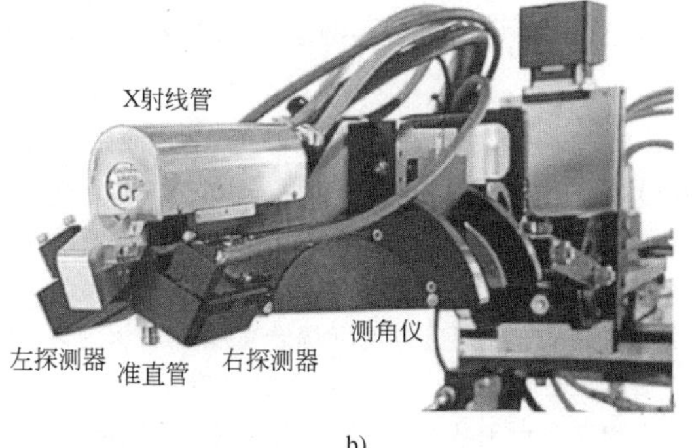

b)

图 9-23　X 射线应力测定仪

a）X-350A 型 X 射线应力测定仪

b）DS-21P 型 X 射线应力测定仪

9.3.3　同步辐射 X 射线和中子应力测定设备

1. 同步辐射 X 射线应力测定设备

在同步辐射 X 射线衍射应力测定中一般不需要专用的附件，使用六圆衍射仪就可以完成同倾法和侧倾法的试验。图 9-24 所示为典型的六圆衍射仪。图 9-24 中，φ 圆是绕晶体的轴旋转的圆（晶台或测角台绕晶轴自转的圆），也就是说，让试样沿安装晶体的测角台的轴旋转。χ 圆是安置晶台的垂直圆，让测角台绕测角器的中心（即 φ、χ、ω、2θ 四个圆的轴线的交点）旋转。ω 圆也是垂直圆，绕垂直轴转动，即 χ 圆绕测角器的垂直轴旋转，也就是说，可使整个晶体绕垂直轴转动。以上三个圆的旋转可使晶体在空间做任何取向。2θ 圆和 ω 圆共轴，让探测器绕测角器

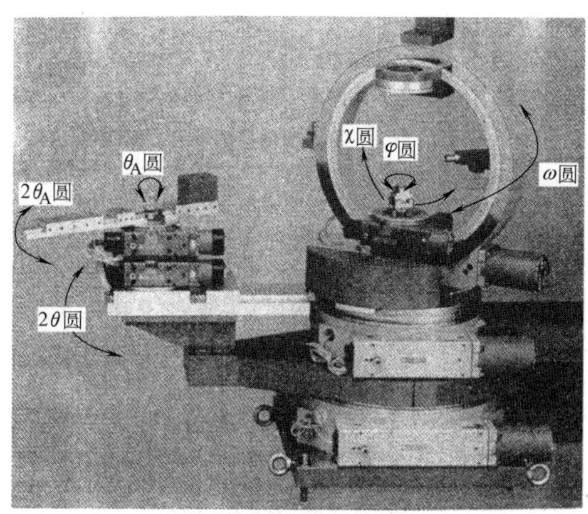

图 9-24　典型的六圆衍射仪

的垂直轴旋转。这四个圆的轴线应交于一点，入射 X 射线通过此点，被测样品也应位于此点。对于六圆衍射仪，除上述四个圆以外，在探测器臂上再加 θ_A 圆和 $2\theta_A$ 圆两个圆，以安装分析器晶体和探测器，所以称为六圆衍射仪。

图 9-25 所示为可进行残余应力和织构测定的 Huber 衍射仪，其有非中心开口的欧拉支架。χ 圆中的缺口消除高衍射角的阴影，与 φ 圆相联系的 χ 圆增加可能达到的试样体积。某些类型的欧拉支架为了定位的目的还能装上线性台，或用样品的线性振动来降低粗大晶粒效应。

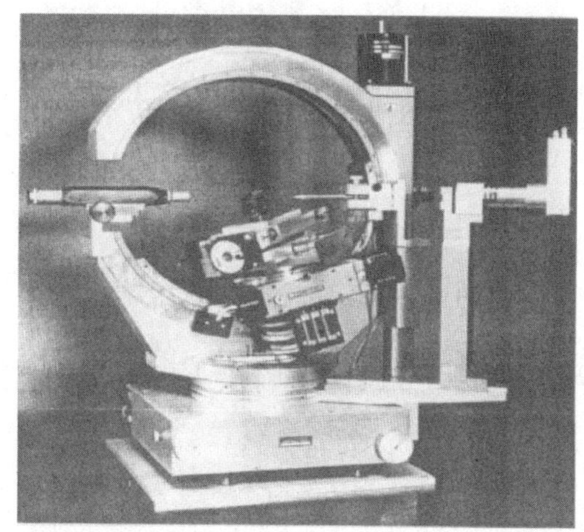

图 9-25　可进行残余应力和织构测定的 Huber 衍射仪

同步辐射使用的测角仪一般比较大，在试样台上可以安装各种附件，如原位测试装置。原则上只要被测量点置于 φ、χ、ω、2θ 四个圆的轴线的交点，试样表面垂直安放，绕 ω 轴旋转就能实现同倾法测量，改变 ψ 角；借助于 χ 旋转就能实现侧倾法

测量，改变 ψ 角。

2. 中子衍射应力测定设备

表9-2列出了部分中子衍射应力测定设备。其中，中国先进研究堆（CARR）中子散射工程中有一台应力测量中子衍射谱仪（见图9-26），安装在CARR堆的一个长4.66m、截面尺寸为7cm（宽）×14cm（高）的水平孔道旁。样品处中子束强度达 $10^6 \sim 10^7$ $cm^{-2} \cdot s^{-1}$，标样体积可在1mm×1mm×1mm～8mm×8mm×8mm之间变化；样品最大尺寸为1m，最大质量为200kg。

表9-2 部分中子衍射应力测定设备

名称	所属机构	国别
CARR	中国原子能研究所	中国
SMARTS	洛斯阿拉莫斯国家实验室(Lose Alamos National Laboratory)	美国
ENGIN-X	卢瑟福-阿普尔顿实验室(Rutherford-Appleton Laboratory)	英国
SALSA	劳厄-朗之万研究所(Institute of Laue Langevin)	法国
STRESS-SPEC	慕尼黑技术大学(Technology University of Munich)	德国
KOWARI	澳大利亚核科学技术组织(Australia Nuclear Science Technology Organization)	澳大利亚
VULCAN	橡树岭国家实验室(Oak Ridge National Laboratory)	美国
FSD	联合核子所(Join Institute of Nuclear Research)	俄罗斯
DIANE	里昂-布里渊实验室(Laboratory Leon Brillouin)	法国
RST	韩国原子能研究所(Korea Atomic Energy Research Institute)	韩国

值得说明的是，利用实验室X射线源、同步辐射光源和中子源，都必须取样或把零件送到实验站（室）进行测试。携带式X射线应力测定仪，不仅配有特殊测角仪支架，还配有中等强度的X射线源，可做现场（在线）测定。

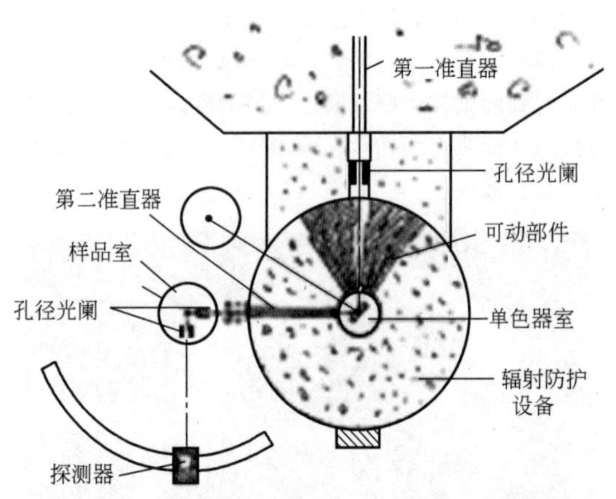

图9-26 CARR应力测量中子衍射谱仪的结构

9.4 微应力和静畸变应力的衍射测定

微应力与微晶细化及晶体缺陷（层错和/或位错）常常同时存在，本节主要介绍微晶大小和微应力两种宽化的线形分析。

9.4.1 谱线线形的卷积关系

求解相关微结构参数是从待测样品的真实线形分析出发，因此从待测样品的实测线形中求解待测样品的真实线形是理论和试验分析的第一步。待测样品实测线形 $h(x)$、标样线形 $g(x)$ 和待测样的真实线形 $f(x)$ 三者之间有卷积关系，即

$$h(x) = \int_{-\infty}^{+\infty} g(y)f(x-y)\,dy \tag{9-45}$$

如图9-27所示，因为 $h(x)$ 和 $g(x)$ 可试验测得，故可通过去卷积处理求得待测样的真实线形 $f(x)$。分别定义这三个函数的积分宽度。积分宽度等于衍射峰形面积除以曲线的最大值，积分宽度虽不等于谱线强度的半高宽度，但与半高宽度成正比。实测线形函数 $h(x)$ 积分宽度（综合宽度）表示为 B，标样衍射线形函数 $g(x)$ 积分宽度（仪器宽度）为 b，真实物理线形函数 $f(x)$ 积分宽度（真实宽度）为 β。同样可以证明，三个积分宽度的卷积关系为

$$B = b\beta \Big/ \int_{-\infty}^{+\infty} g(x)f(x)\,dx \tag{9-46}$$

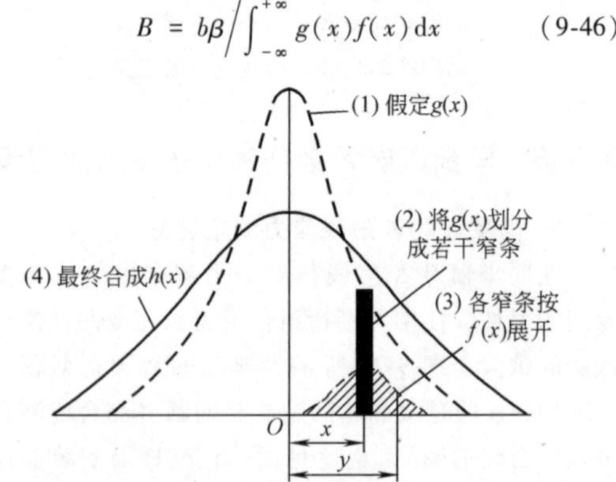

图9-27 衍射线形的卷积合成

9.4.2 微晶宽化和微应变宽化

微晶宽化由著名的谢乐（Scherrer）公式给出了微晶大小 D_{hkl} 与积分宽度 β_{hkl} 之间的关系，即

$$\begin{cases}\beta_{hkl}=\dfrac{0.89\lambda}{D_{hkl}\cos\theta_{hkl}}\\ D_{hkl}=\dfrac{0.89\lambda}{\beta_{hkl}\cos\theta_{hkl}}\end{cases}\tag{9-47a}$$

微应力 $\sigma_{平均}$（应变 $\varepsilon_{平均}$）与积分宽度 β_{hkl} 的关系为

$$\begin{cases}\left(\dfrac{\Delta d}{d}\right)_{平均}=\varepsilon_{平均}=\dfrac{\beta_{hkl}}{4}\cot\theta_{hkl}\\ \beta_{hkl}=4\varepsilon_{平均}\ \tan\theta_{hkl}\end{cases}\tag{9-47b}$$

式（9-47b）中 β_{hkl} 单位为弧度，若单位 β_{hkl} 为度，则有

$$\begin{cases}\sigma_{平均}=E\varepsilon_{平均}=E\dfrac{\pi\beta_{hkl}\cot\theta_{hkl}}{180°\times 4}\\ \beta=4\varepsilon_{平均}\ \theta_{hkl}\end{cases}\tag{9-47c}$$

9.4.3 分离微晶-微应力二重宽化效应的近似函数法

在待测样品中同时存在微晶和微应力两重宽化效应时，其真实线形 $f(x)$ 应为微晶线形 $C(x)$ 与微观应变线形 $S(x)$ 的卷积，即

$$f(x)=\int C(y)S(x-y)\mathrm{d}y\tag{9-48}$$

设 $C(x)$ 和 $S(x)$ 都为高斯函数或柯西函数，即

$$\begin{cases}C(x)=\mathrm{e}^{-a_1^2x^2}\\ S(x)=\mathrm{e}^{-a_2^2x^2}\end{cases}或\begin{cases}C(x)=\dfrac{1}{1+a_1^2x^2}\\ S(x)=\dfrac{1}{1+a_2^2x^2}\end{cases}\tag{9-49}$$

那么 $f(x)$、$C(x)$、$S(x)$ 对应的半高宽 β、β_C、β_S 的关系为

$$\begin{cases}\beta=\beta_C+\beta_S\\ \beta^2=\beta_C^2+\beta_S^2\end{cases}\tag{9-50}$$

将 $\beta_C=\dfrac{0.89\lambda}{D\cos\theta}$ 和 $\beta_S=4\varepsilon_{平均}\ \tan\theta$ 代入式（9-50）则得

$$\begin{cases}\dfrac{\beta\cos\theta}{\lambda}=\dfrac{0.89}{D}+\varepsilon\dfrac{-4\sin\theta}{\lambda}\\ \dfrac{\beta^2\cos^2\theta}{\lambda^2}=\dfrac{0.792}{D^2}+\bar{\varepsilon}^2\dfrac{16\sin^2\theta}{\lambda^2}\end{cases}\tag{9-51}$$

从而可以根据各衍射线形求出 β，再用 $\beta\cos\theta/\lambda$-$4\sin\theta/\lambda$（或 $\beta^2\cos^2\theta/\lambda^2$-$16\sin^2\theta/\lambda^2$）作图，由直线的斜率可求出 $\varepsilon_{平均}$（或 $\varepsilon^2_{平均}$），由直线与纵坐标的截距可求出 D 或 D^2。

9.4.4 分离微晶-微应力二重宽化效应的最小二乘法

用式（9-51）作图，由于宽化的各向异性，以及测量误差，常常会使人工 $\beta\cos\theta/\lambda$ 对 $4\sin\theta/\lambda$ 作直线图有一定困难，即使用 Origin 程序作图，也会产生较大误差。因此设

$$\begin{cases}Y_i=\dfrac{\beta_i\cos\theta_i}{\lambda},\ a=\dfrac{0.89}{D}\\ X_i=\dfrac{4\sin\theta_i}{\lambda},\ m=\varepsilon\end{cases}\tag{9-52}$$

重写式（9-51）为

$$Y=a+mX\tag{9-53}$$

其最小二乘法的正则方程组为

$$\begin{cases}\sum\limits^n Y_i=an+m\sum\limits^n X_i\\ \sum\limits^n X_iY_i=a\sum\limits^n X_i+m\sum\limits^n X_i^2\end{cases}\tag{9-54a}$$

这是典型的二元一次方程组，写成矩阵形式（略去下标）为

$$\begin{pmatrix}n & \sum X\\ \sum X & \sum X^2\end{pmatrix}\begin{pmatrix}a\\ m\end{pmatrix}=\begin{pmatrix}\sum Y\\ \sum XY\end{pmatrix}\tag{9-54b}$$

其判别式为

$$\Delta=\begin{vmatrix}n & \sum X\\ \sum X & \sum X^2\end{vmatrix}\tag{9-55}$$

当 $\Delta\neq 0$ 时，才能有唯一解：

$$\begin{cases}a=\dfrac{\begin{vmatrix}\sum Y & \sum X\\ \sum XY & \sum X^2\end{vmatrix}}{\Delta}=\dfrac{\sum Y\sum X^2-\sum X\sum XY}{n\sum X^2-(\sum X)^2}\\ m=\dfrac{\begin{vmatrix}n & \sum Y\\ \sum X & \sum XY\end{vmatrix}}{\Delta}=\dfrac{n\sum XY-\sum X\sum Y}{n\sum X^2-(\sum X)^2}\end{cases}\tag{9-56}$$

此式对于不同晶系、不同结构均适用。

9.4.5 测定实例：求解微晶大小-微应力的作图法与最小二乘法的比较

本节通过实例来介绍求解微晶大小-微应力作图法与最小二乘法的差别。

Ni-MH 电池负极材料 MmB_5 球磨 30min 前后的 X 射线衍射花样（CuKα 辐射）如图 9-28 所示。球磨后各线条明显宽化，200 和 111 条线已无法分开，有关数据列入表 9-3 中。

首先，按式（9-47a）和式（9-47b）求得 D_{hkl} 和 ε_{hkl}，由表 9-3 的 D_{hkl} 和 ε_{hkl} 求得 $\overline{D}_{hkl}=(7.719\pm1.391)\mathrm{nm}$，$\varepsilon^{\mathrm{II}}=(1.15\pm0.23)\times10^{-2}$。其次，利用表 9-3 后两列的数据，借助 Origin 程序作 $\dfrac{\beta\cos\theta}{\lambda}$ 与 $\dfrac{4\sin\theta}{\lambda}$ 关系图，如图 9-29 所示，求得 $D=\dfrac{0.89}{5.88439\times10^{-3}}$Å=

表 9-3　MmB_5 球磨 30min 后衍射数据（λ=0.15418nm）

hkl	2θ/(°)	$B_{1/2}$/(°)	$\beta^0_{1/2}$/(°)	$\beta/10^{-3}$rad	D_{hkl}/nm	$\varepsilon_{hkl}/10^{-3}$	$\frac{\beta\cos\theta}{\lambda}/10^{-2}\text{nm}^{-1}$	$\frac{4\sin\theta}{\lambda}/10\text{nm}^{-1}$
101	30.46	1.014	0.10	115.952	8.92	14.6	15.983	0.6815
110	315.82	1.081	0.11	115.947	8.71	13.1	10.459	0.7978
200	41.60	1.081	0.12	115.773	8.75	11.0	10.170	0.9213
301	615.02	1.689	0.20	215.988	6.71	15.4	115.889	1.4698
220	715.90	1.858	0.20	28.938	6.01	15.3	115.800	1.5955

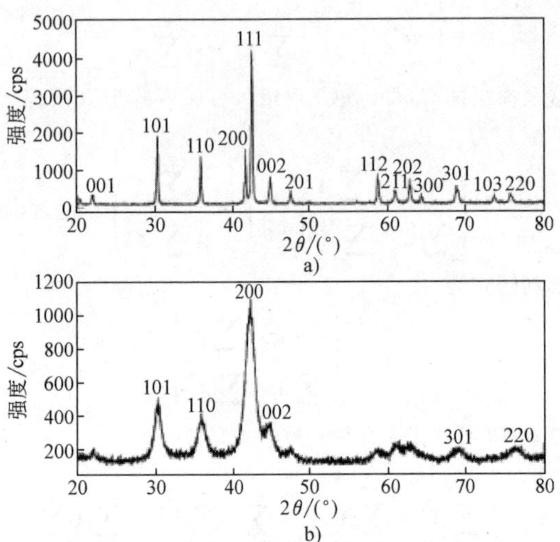

图 9-28　Ni-MH 电池负极材料 MmB_5 球磨 30min 前后的 X 射线衍射花样（CuKα 辐射）

a）球磨 30min 前　b）球磨 30min 后

151Å=15.1nm，$\overline{\varepsilon}=5.466\times10^{-3}$。最后，把有关数据代入式（9-56），用最小二乘法求得

$a=5.8866\times10^{-3}$　$D=15.1$nm

$m=5.4645\times10^{-3}=\overline{\varepsilon}$

综合三种方法的结果见表 9-4。

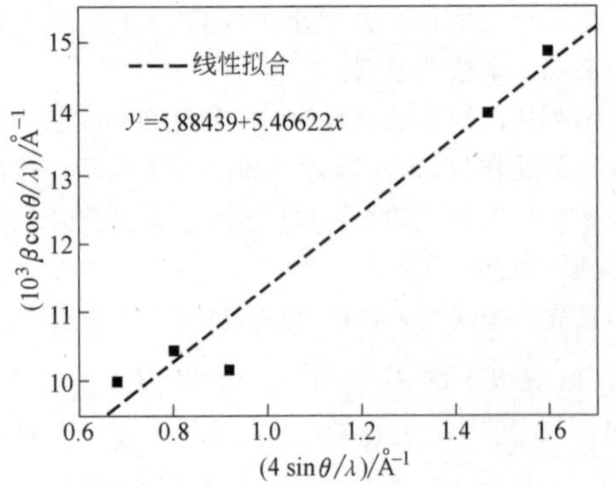

图 9-29　MmB_5 合金球磨 30min 后用表 9-3 后两列数据线性拟合

注：1Å=0.1nm。

表 9-4　三种方法的结果

计算方法	D/nm	$\varepsilon^{\text{II}}/10^{-3}$
单线计算平均法	7.719±1.319	(11.5±2.3)
作图法	15.1	5.466
最小二乘法	15.1	5.465

由此可见，球磨 30min 已实现纳米化，作图法与最小二乘法是一致的，这是因为 Origin 线性拟合就基于最小二乘法原理；至于 D=(7.719±1.319)nm 和 15.1nm 的差别是可以理解的，这是因为真实宽化是微晶和微应力两种效应的贡献。同理，ε=(11.5±2.3)×10^{-3} 是不可信的。

作图法与最小二乘法的比较可得如下结论：

1）建立在特殊函数基础上的作图法和最小二乘法分析结果完全一致，因为两者都基于线性拟合。

2）作图法只能解决二重宽化效应，而最小二乘法既能解决二重宽化效应，也能解决三重，乃至四重宽化效应分离问题。

9.4.6　第三类（静畸变）应力的测定

第三类应力是晶粒内部的位错应力。当材料经受塑性变形时，沿着其晶体的滑移面附近存在许多位错。位错附近原子有规则排列受到强烈的干扰和畸变，这种畸变不随时间而改变，故称为静畸变。它们集中在几百乃至数千个原子范围，其中的原子位移大约是原子中心距离的几百分之一至几分之一。这种原子位移对于 X 射线散射的作用与原子热振动的影响相同，也导致衍射线条强度的降低。原则上讲，可通过衍射强度的测量和分析能测定第三类残余应力。由于该问题比较复杂，目前尚没有一种成熟方法来准确测量材料中的第三类残余应力。

如果具有静畸变晶体的衍射强度为 I'，其与无静畸变晶体的衍射强度 I 之比为

$$\frac{I'}{I}=e^{-2M}=e^{-10\pi^2\overline{u}^2\left(\frac{\sin\theta}{\lambda}\right)^2}=e^{-\frac{16}{3}\pi^2\overline{U}^2\left(\frac{\sin\theta}{\lambda}\right)^2} \tag{9-57}$$

式中　$\overline{u}^2$——原子在衍射面法线方向的均方偏移；

$\overline{U}^2$——原子在空间各方向的均方偏移。

由于静畸变使高指数的衍射线条降低更严重，故可用衍射花样中高、低指数衍射强度比来求点阵中静畸变的程度，即静畸变量 $\sqrt{\overline{U}^2}$，并进一步求得第三类应力。其方法如下：

材料中有静畸变和无静畸变时的衍射强度分别为 I' 和 I，分别测定低角度和高角度两条衍射线 $(h_1k_1l_1)$ 和 $(h_2k_2l_2)$ 的积分强度 I_1、I_2 和 I'_1、I'_2，代入式（9-57）并取自然对数得

$$\ln\left(\frac{I'_1}{I_1}\right)=-2M_1$$

$$\ln\left(\frac{I'_2}{I_2}\right)=-2M_2 \tag{9-58}$$

将上两式相减得

$$\ln\left[\left(\frac{I'_1}{I'_2}\right)\left(\frac{I_2}{I_1}\right)\right]=2(M_2-M_1) \tag{9-59}$$

如果晶体是立方晶系，则

$$\left(\frac{\sin\theta}{\lambda}\right)^2=\frac{h^2+k^2+l^2}{4a^2} \tag{9-60}$$

式中　a——点阵参数。

代入式（9-59）的 M 值得出

$$\ln\left[\left(\frac{I'_1}{I'_2}\right)\left(\frac{I_2}{I_1}\right)\right]=\frac{16}{3}\pi^2\frac{U^2}{4a^2}[(h_2^2+k_2^2+l_2^2)-(h_1^2+k_1^2+l_1^2)] \tag{9-61}$$

因此，只要测得 I_1、I_2、I'_1 及 I'_2，就可按下式求得静畸变的原子均方偏移：

$$\overline{U}^2=\frac{3a^2}{4\pi^2[(h_1^2+k_1^2+l_1^2)-(h_2^2+k_2^2+l_2^2)]}\times\ln\left[\left(\frac{I'_1}{I'_2}\right)\left(\frac{I_2}{I_1}\right)\right] \tag{9-62}$$

将所求得的静畸变量 $\sqrt{\overline{U}^2}$ 乘以弹性模量 E，就可求得第三类应力，进而近似计算单位体积内第三类应力引起的畸变能量 W_3：

$$W_3=\frac{E}{2}\frac{\overline{U}^2}{a^2} \tag{9-63}$$

在一般的金属材料中，$\overline{U}^2/a^2$ 为 10^{-3} 数量级，而 E 为 10^5MPa 数量级，将这些数据代入式（9-63）得出 W_3。第三类应力占塑性形变残余应力中绝大部分，约占 98%。

9.5　残余应力测定实例：双相钢喷丸残余应力及热处理效应

18CrNiMo7-6 双相钢是一种表面渗碳硬化钢，具有高强度、高韧性和高淬透性等优点，广泛用于生产重型齿轮，特别是重型货车、沿海机械传动齿轮和高速、重载火车的电力机车上的齿轮。其化学成分见表 9-5。

表 9-5　18CrNiMo7-6 双相钢的化学成分

化学成分	C	Si	Mn	Ni	Cr	Mo	P	S	Al	Cu	Nb
质量分数(%)	0.17	0.19	0.56	1.52	1.65	0.32	0.006	0.003	0.0028	0.12	0.024

9.5.1　双相钢喷丸层宏观残余应力分布

图 9-30a、b 所示分别为喷丸后 18CrNiMo7-6 钢中马氏体和奥氏体宏观残余应力随层深的变化，表 9-6 详细列出了两相喷丸残余应力的特征参数。从图 9-30 可以看出，不同强度喷丸后喷丸层马氏体和奥氏体都具有明显的残余压应力。喷丸时表层和内部材料塑性变形程度的不均衡，当层深增加到一定程度时，材料只会发生弹性变形。当喷丸过程结束时，弹性变形区域会有恢复到原来状态的趋势，因此会使得内部材料对表层产生约束从而产生残余压应力，而无数凹陷或压痕的重叠形成了较均匀的残余压应力层。另外，残留奥氏体向马氏体的转变会引起体积的膨胀，也会对残余压应力的形成和分布有所贡献。在材料服役过程中，外载荷和残余应力会互相叠加，当外载荷和残余应力方向相反时，会阻碍零部件的破坏。同时，残余压应力的存在会使疲劳裂纹的成核和扩展得到抑制，并使得疲劳源从表面转移到内部，能有效地改善材料的疲劳强度，延长零部件的安全工作寿命。因此应力强化是喷丸强化主要的影响因素之一。

从表 9-6 发现，三次喷丸后 18CrNiMo7-6 钢中马氏体和奥氏体的残余压应力增大效果都最为明显。三次喷丸后，马氏体最大残余压应力和表面残余压应力分别达到-1430MPa 和-1256MPa，奥氏体最大残余压应力和表面残余压应力分别达到-1039MPa 和-825MPa。两相最大应力都出现在层深 20μm 处，喷丸影响深度主要受最后一次喷丸影响。从残余应力角度看，三次喷丸起到了最好的应力强化效果。

另外，比较表 9-6 中奥氏体和马氏体的残余应力来看，马氏体比奥氏体的残余压应力大，这是由于马氏体和奥氏体的硬度不同造成的。由于弹丸和表面撞击瞬间，材料表面会发生很高的形变率，会造成绝热效应，许多文献对喷丸中剪切绝热效应已有许多报道，此过程中塑性的变形功会转变为热量，并使得温度在瞬间升高很多，此时较软的奥氏体会更容易发生应力松弛，从而使得奥氏体的应力值下降较多，造成

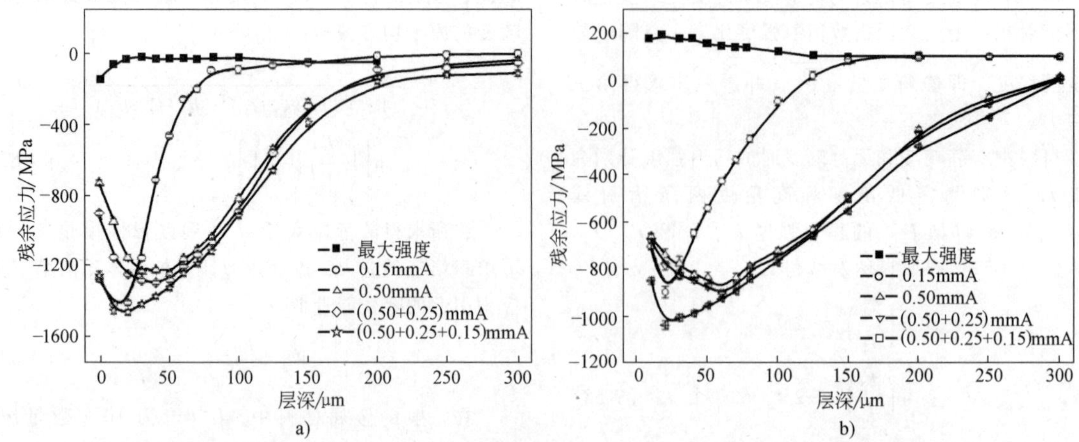

图 9-30　不同强度喷丸后 18CrNiMo7-6 钢中马氏体和奥氏体宏观残余应力随层深的变化

a）马氏体（211）　b）奥氏体（311）

表 9-6　喷丸后 18CrNiMo7-6 钢中马氏体（M）和奥氏体（A）残余应力的特征参数

喷丸强度/mmA	表面残余应力/MPa		最大残余应力/MPa		最大残余应力所处深度/μm		存在残余应力的总深度/μm	
	M	A	M	A	M	A	M	A
0. 15	-1275	-625	-1420	-889	10	20	75	100
0. 50	-731	-634	-1232	-897	30	60	200	250
0. 50+0. 25	-902	-656	-1280	-906	50	60	300	300
0. 50+0. 25+0. 15	-1256	-825	-1430	-1039	20	20	300	300

残余压应力更小。

9.5.2　双相钢喷丸残余应力在高温热处理的弛豫行为

图 9-31 所示为三次喷丸后 18CrNiMo7-6 钢表面残余应力随退火温度（保温 5min）的变化。从图 9-31 可以看出，随着温度升高，残余压应力依次减小，在高温阶段减小幅度更大，到 650℃时基本达到基体的应力状态。这说明变温退火过程中喷丸残余应力发生了松弛，且温度越高应力松弛程度越大。在变温退火过程中，喷丸残余压应力会引起材料局部蠕变，导致残余压应力发生松弛。

图 9-32 所示为不同温度下喷丸 18CrNiMo7-6 钢表面残余应力随退火时间的变化。从图 9-32 中可以看出，等温退火过程中，起始阶段残余压应力迅速降低，到一定退火时间后趋于稳定，并且温度越高残余压应力的松弛速率越快。加热时位错的滑移、攀移以及重排会使得与残余应力相关的弹性变形部分或全部

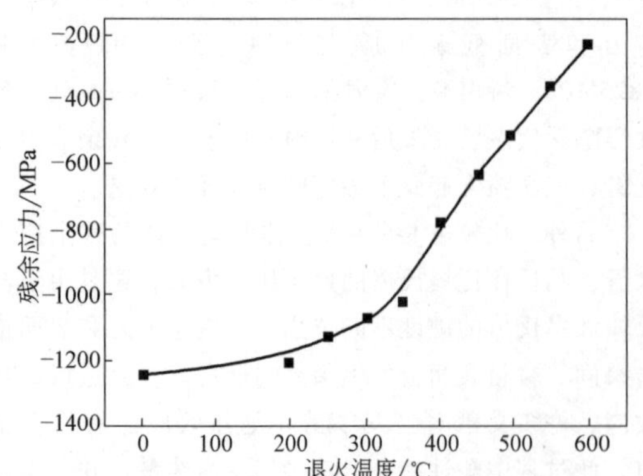

图 9-31　三次喷丸后 18CrNiMo7-6 钢表面残余应力随退火温度的变化

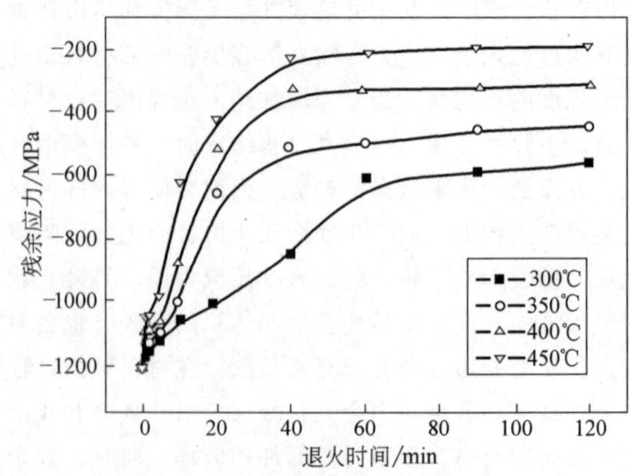

图 9-32　不同温度下喷丸 18CrNiMo7-6 钢表面残余应力随退火时间的变化

转变为塑性变形，并释放储存的弹性应变能，残余应力发生松弛。温度越高位错的运动越剧烈，残余压应力的松弛越快。残余应力的松弛是与退火温度与时间相关的过程，即所谓的热激活过程。通过对图 9-32 的数据进行回归分析可得到 18CrNiMo7-6 钢的残余应力松弛激活能为 108kJ/mol。

9.5.3　双相钢喷丸表层微晶大小和微应变的测定

图 9-33a 所示为喷丸后 18CrNiMo7-6 钢奥氏体［200］晶向晶块尺寸随层深的变化。由于奥氏体在 50μm 处衍射峰才较为明显，因此奥氏体的研究从 50μm 层深处开始。从图 9-33a 可以看出，奥氏体晶块尺寸随层深的增加而依次增加。图 9-33b 所示为奥氏体［200］晶向微应变随层深的变化。从图 9-33b 中可看出，奥氏体微应变随层深的增加而递减。以上现象说明，奥氏体发生了明显的循环硬化现象，这与马氏体的变化有明显的区别。奥氏体比马氏体要软，具有较大的加工硬化指数，因此在喷丸中容易发生循环硬化。

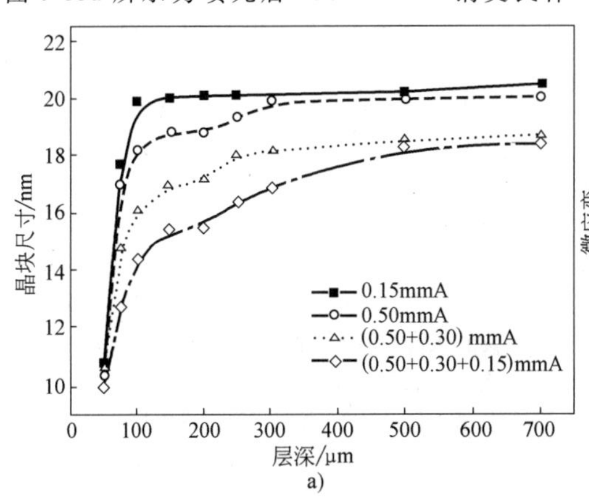

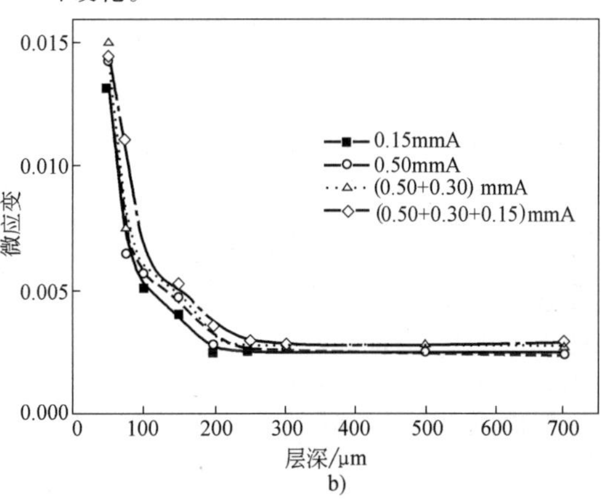

图 9-33　喷丸后 18CrNiMo7-6 钢奥氏体［200］晶向晶块尺寸和微应变随层深的变化

a）晶块尺寸　b）微应变

9.5.4　双相钢微晶大小和微应变在高温热处理过程中的变化

在高温退火条件下，由于组织结构的改变会引起 X 射线衍射线形的变化，通过对 X 射线衍射线形的分析可以得到组织结构的演变规律，从而分析其回复与再结晶行为。试验选择的温度为 500℃、525℃ 和 550℃，保温时间为 1~120min。本小节研究的为三次喷丸后 18CrNiMo7-6 钢表面，因此只对马氏体相进行研究。

图 9-34a 所示为 Voigt 方法计算得到的三次喷丸后 18CrNiMo7-6 钢表面马氏体［211］晶向晶块尺寸在不同温度下随退火时间的变化。从图 9-34a 可以看出，在不同温度下，晶块尺寸都随退火时间的增加而

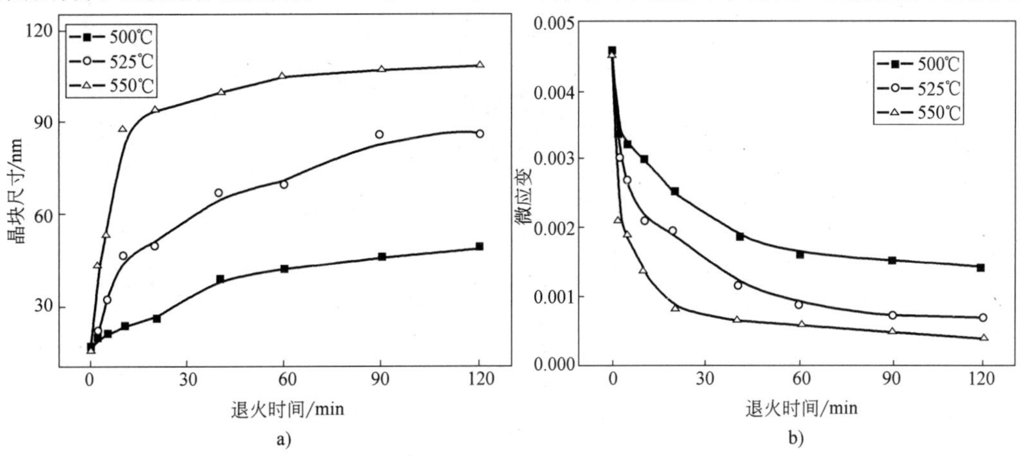

图 9-34　三次喷丸后 18CrNiMo7-6 钢表面马氏体［211］晶向晶块尺寸和微应变随退火时间的变化

a）晶块尺寸　b）微应变

递增，同时随退火温度和时间的增加，晶块尺寸增大幅度更加明显。这是由于高的退火温度和较长的时间能提供更大晶块长大的驱动力。对数据进行回归分析，就可以得到喷丸后 18CrNiMo7-6 钢表面马氏体的晶界迁移激活能为 153kJ/mol。

图 9-34b 所示为 18CrNiMo7-6 钢三次喷丸后 [211] 晶向微观畸变在不同温度下退火时随退火时间的变化。从图 9-34b 中可以看出，随着时间的增加，微观畸变开始迅速变小，到一定退火时间后达到较稳定的值，并且随温度的提高微观畸变的减小程度越大。这说明随温度的提高以及退火时间的增大，微观畸变的回复驱动力更大。对数据进行回归分析，可以得到 18CrNiMo7-6 钢喷丸后的微观畸变的松弛激活能为 131kJ/mol。

参 考 文 献

[1] 姜传海，杨传铮. 内应力衍射分析 [M]. 北京：科学出版社，2013.

[2] 姜传海，杨传铮. 材料射线衍射和散射分析 [M]. 北京：高等教育出版社，2010.

[3] 姜传海，杨传铮. 中子衍射技术及其应用 [M]. 北京：科学出版社，2012.

[4] 张定铨，何家文. 材料中残余应力的 X 射线衍射分析和作用 [M]. 西安：西安交通大学出版社，1999.

[5] 安正植，王文宇. X 射线应力测定方法 [M]. 长春：吉林大学出版社，1990.

[6] 袁发荣，伍尚礼. 残余应力的测试与计算 [M]. 长沙：湖南大学出版社，1987.

[7] 米谷茂. 残余应力的发生和对策 [M]. 朱荆璞，邵会孟，译. 北京：机械工业出版社，1983.

[8] HUTCHINGS M T, WITHIERS P J, HOLDEN T M, et al. Introduction to the Characterization of Residual Stress by Neutron Diffraction [M]. Boca Raton: Taylor & Francis Group, 2005.

[9] HAUK V. Structural and Residual Stress Analysis by Nondestructive Methods [M]. Amsterdam: Elsevier, 1997.

[10] 付鹏. 高强双相钢喷丸强化及其 XRD 表征 [D]. 上海：上海交通大学博士学位论文，2015.

[11] 姜传海，詹科，杨传铮. 材料喷丸强化及其 X 射线衍射表征 [M]. 北京：科学出版社，2019.

第 10 章　合金相分析及相变过程测试

西安交通大学　柳永宁

10.1　合金相分析方法

相分析是指用各种方法和手段来分析相的成分、形貌（包括形状、大小、分布和数量）及结构的工作。表 10-1 列出了常用的相分析方法。这些方法各有其特长和局限性，应视不同场合而选择应用。有时数种方法互相配合、互相补充才能得到全面、确切而可靠的结论。这里仅介绍常用的分析方法。

表 10-1　常用的相分析方法

分析目的	分析方法	最小分析尺度	试样状态
形貌（包括相的形态、大小、分布及数量）	光学显微镜	1μm	磨面
	透射电镜	0.3nm	薄膜、复型、微粒子
	扫描电镜	10nm	磨面、断口、微粒子
晶体结构	X 射线衍射	10nm	块状样或粉末、微粒子
	电子衍射	1~10nm	薄膜、复型、微粒子
	中子衍射	1~10nm	固体
	低能电子衍射	表面 0.5nm	固体
	场离子显微术	表面 0.2nm	固体
成分	电子探针	0.1~1μm	固体
	俄歇电子能谱仪	0.1~2nm	固体
	离子探针	10μm	固体
	化学成分分析	—	固体

10.1.1　X 射线衍射分析

X 射线在晶体中产生衍射现象是相干散射的一种特殊表现。当一束 X 射线照射到晶体上时，电子将产生相干散射和非相干散射，成为晶体的散射波源。所有电子的散射波又可近似地看成由原子中心发出，故原子是散射波的中心。因晶体中原子的排列具有周期性，周期排列的散射波中心发生的相干散射波将互相干涉，结果某些方向加强，出现衍射线，而另一些方向相互抵消，没有衍射产生。产生衍射线的方向可用布拉格方程描述：

$$2d_{hkl}\sin\theta=n\lambda \qquad (10\text{-}1)$$

式中　d_{hkl}——（hkl）晶面间距；

θ——掠射角（入射方向与晶面的夹角）；

λ——入射波的波长；

n——衍射级数正整数。

待测试样可以是块状或粉末样品，它们均由大量具有不同取向的小晶体构成。当用单色的 X 射线束照射试样时，满足布拉格条件的晶面就产生自己的衍射线。由于多晶体在空间各个方向的等概率分布，围绕入射线轴的各个方向均有等同晶面，故实际得到的衍射结果是一系列圆锥面，其轴线与入射线重合，顶角对应不同的 2θ 值，如图 10-1 所示。如采用照相法，则在底片上可得到一系列的衍射弧线对，圆锥面与底片的交线如图 10-1a 和图 10-1b 所示。用已知半径 R 的相机摄得的衍射花样经过换算，可求出每条衍射弧线对相应的 θ 值。根据入射线波长 λ，利用布拉格方程，可求出该衍射弧线对对应的晶面间距 d。目前更广泛应用的是 X 射线衍射仪法。衍射仪是用 X 射线计数管记录衍射结果，在图 10-1 中，使计数管沿底片周长进行扫描，就得到 X 射线衍射谱，如图 10-1c 所示。衍射仪可精确测定衍射峰的位置 2θ 值，并利用布拉格方程求出晶面间距 d 值。X 射线衍射结果不管用什么方法记录，均可统称为衍射花样。

1. X 射线衍射花样

X 射线衍射花样主要包括两个方面的重要信息：衍射方向和衍射强度的大小及其分布（峰形状）。前者与晶体中晶胞尺寸和形状，即点阵参数等几何因素有关；后者主要决定于组成晶胞的结构基元中各原子的性质、数目和位置等。每个相都有自己的衍射花样，这就是 X 射线衍射法进行相分析的基础。

X 射线衍射分析可分为定性相分析和定量相分析。定性相分析就是将未知物的衍射花样与已知物相晶面间距 d、衍射强度（I/I_1）值相对照。衍射线条的数目、位置（d 值）和强度是每种物相自己固有的特性，因此可以像根据指纹来鉴定人一样，用衍射花样来鉴定物相。即使多相物质混合在一起，衍射花样也是各个单相衍射花样的简单叠加。为此，实验室必须储存大量的标准单相物质的卡片。哈纳瓦尔特（J. D. Hanawalt）等人首先进行了这一工作，后来美国材料试验学会在 1942 年出版了第一组共 1300 张衍射数据卡片（ASTM 卡片）。1969 年建立的粉末衍射标准联合会（简称 JCPDS）国际机构负责编辑出版粉末衍射卡片组，至今已出版了 42 组四万余张。图 10-2 所示为 Fe_3C 的衍射数据卡片。为了检索迅速、方便，JCPDS 又制定了多种索引。索引是以每种相的三条最强衍射线条的晶面间距为依据，检索到卡片后，和卡片逐条对照，如完全符合即确定某组成相的存在。表 10-2 是 X 射线衍射定性相分析的特点及注意事项。

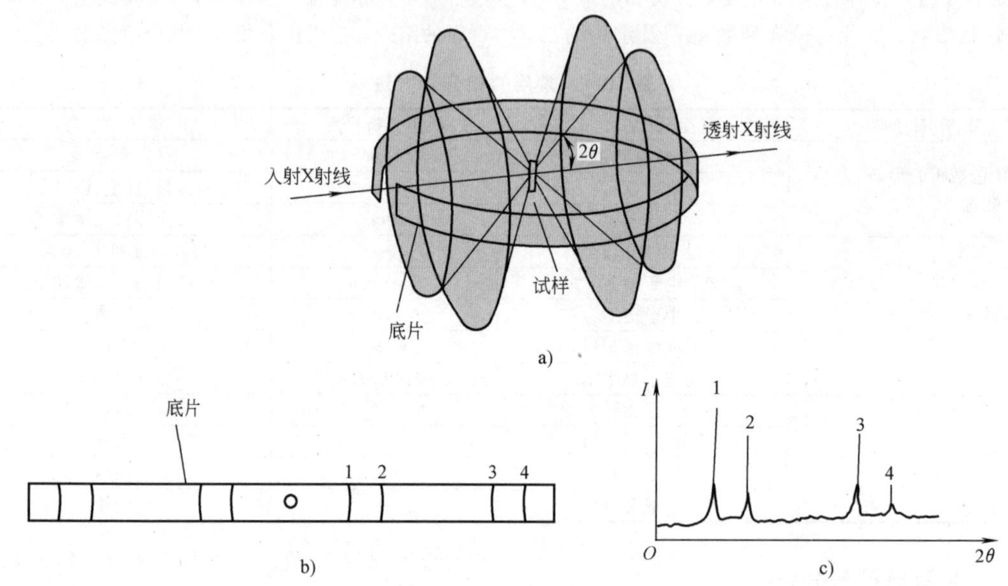

图 10-1 粉末样品衍射花样及记录

a）底片与试样及衍射圆锥的关系 b）展平的粉末像照片 c）衍射仪记录的 X 射线衍射谱

<table>
<tr><td>d</td><td>2.01</td><td>2.06</td><td>2.38</td><td>2.54</td><td colspan="6">Fe_3C</td></tr>
<tr><td>I/I_1</td><td>100</td><td>70</td><td>65</td><td>5</td><td colspan="6">IRON CARBIDE CEMENTITE</td></tr>
<tr><td colspan="5" rowspan="5">Rad. Coka λ1.7889 Filter
Din. Cut off Coll.
I/I_1 COMPARATOR SCALE dcorr. abs?
Ref. LIPSON AND PETCH. J. IRON AND STEEL INST.
142 95 (1940)</td><td>dA</td><td>I/I_1</td><td>hkl</td><td>dA</td><td>I/I_1</td><td>hkl</td></tr>
<tr><td>2.54</td><td>5</td><td>020</td><td colspan="3" rowspan="15"></td></tr>
<tr><td>2.38</td><td>65</td><td>112,021</td></tr>
<tr><td>2.26</td><td>25</td><td>200</td></tr>
<tr><td>2.20</td><td>25</td><td>120</td></tr>
<tr><td colspan="5" rowspan="5">Sys. ORTHORHOMBIC S. G. D^{16}_{2H}-PBNM
a,4.5234 b,5.0883 c,6.7426 A C
α β γ Z 4
Ref. IBID</td><td>2.10</td><td>60</td><td>121</td></tr>
<tr><td>2.06</td><td>70</td><td>210</td></tr>
<tr><td>2.02</td><td>60</td><td>022</td></tr>
<tr><td>2.01</td><td>100</td><td>103</td></tr>
<tr><td>1.97</td><td>55</td><td>211</td></tr>
<tr><td colspan="5" rowspan="3">ε_a n∞ β ε_γ Sign
2V D mp Color
Ref.</td><td>1.87</td><td>30</td><td>113</td></tr>
<tr><td>1.85</td><td>40</td><td>122</td></tr>
<tr><td>1.76</td><td>15</td><td>212</td></tr>
<tr><td colspan="5" rowspan="3">SAME UNIT CELL DIMESIONS OBTAINED BY ACTION OF CO ON Fe_2N AT 700℃ (JACK,NATURE 158,60, 1946) AND FORMED IN STEEL BELOW 700℃ (PETCH, J,IRON AND STEEL IMST. 149,95,1944)</td><td>1.68</td><td>15</td><td>004,023</td></tr>
<tr><td>1.61</td><td>7</td><td>221</td></tr>
<tr><td>1.58</td><td>20</td><td>130</td></tr>
</table>

图 10-2 Fe_3C 的衍射数据卡片

表 10-2　X 射线衍射定性相分析的特点及注意事项

特点	1)精度高,分析简便,速度快 2)可区别同素异构体 3)试样制备方便,可以是块状、粉末状、板状、丝状,且不消耗试样
局限性	1)不能确定组成相的形貌 2)微量的混合物难以检出,检出的极限量依物质而异,一般为 0.1%~10%(质量分数) 3)当衍射的 X 射线强度很弱时,难以用作相分析 4)多相物质共存时,衍射线条会发生重叠,给分析带来困难
注意事项	1)由于试样状态不同,或物相中含有固溶元素以及试验条件的不同,会引起 d 值和强度的偏差,一般来说,d 的允许误差为 0.2%,不能超过 1%,强度值的误差则允许较大一些 2)点阵参数相近的物相,如 TiC、VC、NbC 等碳化物,其衍射花样极为相似。当固溶其他元素后,点阵常数又有变化。为了防止误判,应结合试样来源、热处理状态或化学成分分析等得出合理、可靠的结论

2. X 射线强度与相含量关系

X 射线物相定量分析的根据是样品中每个相衍射线条的强度随该相含量增加而提高。但由于 X 射线受试样吸收影响，试样中某相的含量与其衍射强度的关系通常并不正好成正比，所以在 X 射线衍射定量相分析工作中如何修正试样的吸收是很重要的。表 10-3 列出了 X 射线衍射定量相分析常用方法。

表 10-3　X 射线衍射定量相分析常用方法

方法	质量吸收系数关系	必要的标准试样	定量方法	适用范围
1	待测相与基体其他相的吸收系数相同	制备待测相的纯单相标样	试样中待测相与标样的强度之比即是所求质量分数(单线条法)	α-石英、α-方石英等同素异构物质测定
2	各相吸收系数不相等	J:待测相 S:内标样	J 与标样 S 配成混合物,每加入不同量的 S,求得 J 与 S 的强度比,画出定标曲线(内标法)	需测定多个试样
3	各相吸收系数不相等	J:待测相 S:内标样	制备一个 J 相和标样 S 质量比为 1∶1 的两相混合试样,则可求出定标曲线的斜率 K 值。然后测复合试样的 I_J 和 I_S,可求出 J 相的质量分数(K 值法,实质是内标法的一种)	
4	各相吸收系数不相等	—	在同一衍射花样中直接对比待测相和另一相的强度,求出体积分数(直接比较法)	测量残留奥氏体(需计算强度因子)

相分析过程要消耗大量的人力和时间，迫切需要使分析过程自动化。自 20 世纪 60 年代起，计算机用于物相鉴定方面获得很大发展，如建立数据库（把卡片中各物相花样数据输入）和检索匹配。将未知样品的衍射数据和一些已知条件输入计算机后，它能按给定程序和数据库中已知花样对照，根据预定的判据，筛选出最可能的候选卡片。目前国外已生产出成套的计算机控制的自动分析设备，从调整光路、更换样品、衍射记录、数据处理直至分析检索，全部过程均实现了自动化。

10.1.2　同步辐射光源 X 射线

1. 同步辐射光源的特点

同步辐射是相对论性带电粒子在电磁场作用下沿弯曲轨道行进时发出的电磁辐射。相对论性带电粒子是指带电粒子的运动速率达到光速时的粒子，在这个速度下，粒子的质量明显大于静态质量。电磁辐射也是一种光，或同步光，其包含了红外线、可见光、紫外线和 X 射线。同步辐射光谱有以下几个特点：

1）光谱广阔，连续平滑。如图 10-3 所示，从红外线到 X 射线，光子通量连续发布，没有起伏和断点。

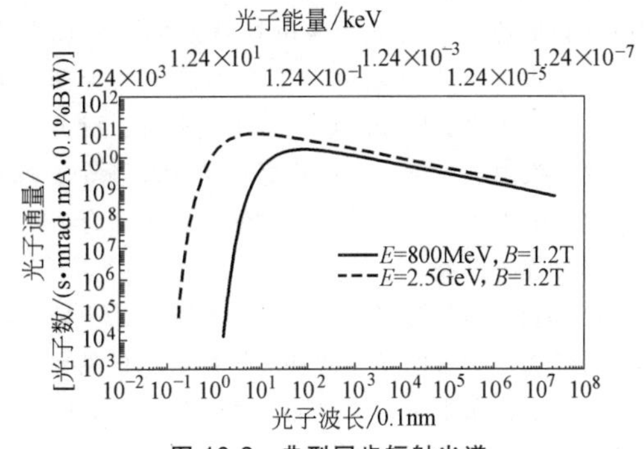

图 10-3　典型同步辐射光谱

同步辐射光谱的特征以特征波长 λ_c 或以对应的特征光子能量 ε_c 标志，λ_c 的计算公式为

$$\lambda_c = \frac{4\pi}{3} \frac{\rho}{\gamma^3} \tag{10-2}$$

式中　γ——能量为 E 的电子的相对质量；

ρ——电子飞行轨道的曲率半径。

2）高度准直性（方向性）。同步辐射规律基本上集中在电子弯曲轨道的切线方向上，单个电子在轨道上的一点发出的同步辐射好像该切线方向伸出的细窄光锥。

3）高辐射功率。单个电子发出的同步辐射瞬时功率 P_e 为

$$P_e = \frac{e^2 c}{6\pi\varepsilon_0} \frac{(\beta\gamma)^4}{\rho^2} \tag{10-3}$$

式中　e——电子电荷；

c——光速；

ε_0——真空介电常数；

β——电子与光子的相对速度。

相对论性离子的相对质量 γ 远大于1，所以同步辐射源的功率相当高。

4）高亮度。同步辐射光源的亮度远高于常规光源，能够在很小的样品照射面积上，很小的空间角度或很窄的能谱带宽区间提供足够多的单位时间光子数，能够获得很高的位置分辨率、角度分辨率或光子能量分辨率。

5）偏振性。同步辐射有天然的偏振性，单个电子的同步辐射可分解为两个分量，其一的电矢量与轨道平面平行，另一矢量与该平面垂直。当 $\theta=0°$，垂直分量不存在，同步辐射呈偏振度100%的线性偏振；当 $\theta\neq0°$时，偏振分量总是小于平行分量，两个分量相位差90°，对于整个频谱，平行分量占总辐射功率的87.5%，对于单色光，光子能量越高，平行分量占的比重越大，偏振度越高。辐射的偏振性对样品的各向异性的试验研究至关重要。

6）脉冲时间结构。电子因同步辐射而损失的能量由高频加速电场补充，该电场强度随时间周期变化，必定将电子束分割成若干个不连续的束团。因此，试验站接收的同步辐射是一个光脉冲，脉冲宽度等于单个束团的长度，一般很短；脉冲间隔等于相邻团束之间的距离，这种脉冲性的光源特别适合于对某些动态过程的研究。

7）高真空环境。同步辐射的电子束必须处于超高真空环境，所有的光学元件和被照射的样品也可以置于真空中，光束不必穿过隔窗和气体，受到吸收和污染皆被控制在最低。

8）可计算性。同步辐射的发光机制只涉及不受束缚的高能电子及其在磁场中的运动，完全符合基本物理规律，所以同步辐射的可计算性明显优于一般光源。

2. 同步辐射X射线衍射的优势

1）入射波长。传统X射线机的射线是靶材元素的特征辐射决定的，一种元素的靶材提供一套特征辐射，最常用的靶材是Cu靶。首选的波长是0.154nm，在这一波长下需要120°衍射角度（2θ）来收集衍射普，但是在高能（短波长）X射线下，只要10°就可以收集到，这使得常规非常耗时的扫描方式可以在极短的时间内完成。

2）能量分辨率。能量分辨率是决定X射线衍射试验误差的主要因素之一。使用双晶单色器，其全光斑的能量分辨率（$\Delta E/E$）一般为 2×10^{-4} 左右，使得经过双晶单色器的X射线在Cu的特征辐射能量附近有1~2eV的带宽，相应的波长有带宽约0.00003nm，晶面间距误差也在相同量级。

3）单色X射线强度。一般情况下，X射线机所得到的单色X射线强度小于 10^8cps（每秒计数），而同步辐射单色X射线强度一般都大于 10^9cps，第三代同步辐射装置可达 10^{11}cps。在不损害样品的情况下，X射线强度越高，所得的数据信噪比越好。

4）光源发散度。X射线的发散度是影响晶粒衍射数据精度的原因之一。然而，同步辐射光源的发散度比普通X射线机的发散度要小得多，因而有更高的测试精度。

10.1.3　电子衍射法

电子衍射法和X射线衍射的基本原理完全一样。因此，许多问题可用与X射线相类似的方法进行处理。但是，电子衍射与X射线衍射相比较，具有三个突出特点。

1）由于电子的波长比X射线短得多，根据布拉格方程 $2d\sin\theta=\lambda$，电子衍射角 2θ 也要小得多，约为 10^{-2}rad。而X射线产生衍射时，其衍射角最大可接近 $\pi/2$。因为电子波的波长短，采用爱瓦尔德图解时，反射球的半径很大，在衍射角 θ 较小的范围内，反射球的球面可以近似地看成是一个平面，使得单晶的电子衍射花样近似为倒易点阵的一个二维截面在底片上的放大投影，因而晶体几何关系的研究远较X射线衍射简单。

2）在进行电子衍射操作时采用薄晶样品。薄晶样品的倒易点会沿着样品的厚度方向延伸成杆状，因此增加了倒易点和爱瓦尔德球相交截的机会，结果使

略为偏离布拉格条件的电子束也能发生衍射。

3）由于物质对电子的散射能力比 X 射线的散射几乎强一万倍，所以电子衍射束的强度要高得多，照相仅需要数秒钟。

此外，电子衍射能够在同一试样上与物相的形貌观察结合起来，在观察相组织的同时，还可直接对各相进行晶体结构的分析。但电子衍射也有不足之处：电子衍射束强度有时几乎与透射束相当，二者交互作用时，使衍射强度分析变得复杂，精度也远比 X 射线低，不能像 X 射线那样能从测量衍射强度来广泛地测定结构；电子散射强度高导致的电子穿透能力有限，要求试样薄，这就使试样制备工作较 X 射线复杂，有时甚至因无法制样而不能进行电子衍射分析工作。

1. 倒易点阵与爱瓦尔德图解

倒易点阵是一种以长度倒数为量纲的点阵，这种点阵所在的空间称为倒易空间。倒易点阵的基本定义为：倒易点阵中的倒易矢量 G_{hkl} 的方向为晶体真实点阵中相应晶面的法线方向，倒易矢量 G_{hkl} 的大小与真实点阵中相应晶面间距成反比。

由以上基本定义可知：倒易点阵中的倒易矢量可用来表示真实点阵中的一组晶面（hkl），因为其方向就是晶面的方向，其大小就表示晶面间距的大小。倒易点阵的引入使衍射花样分析简单化，最直观的就是爱瓦尔德图解。

爱瓦尔德图解实际上是布拉格方程的几何表示形式。以 $1/\lambda$ 为半径作一圆球（λ 为电子波波长），把待测晶体置于圆球中心，如图 10-4 所示。此时，若有倒易阵点 G（晶面指数为 hkl）正好落在爱瓦尔德球的球面上，则相应的晶面组（hkl）与入射束的位向必满足布拉格条件，而衍射束的方向就是 OG，或者写成衍射波的波矢量 k'，其长度也等于爱瓦尔德球的半径 $1/\lambda$。

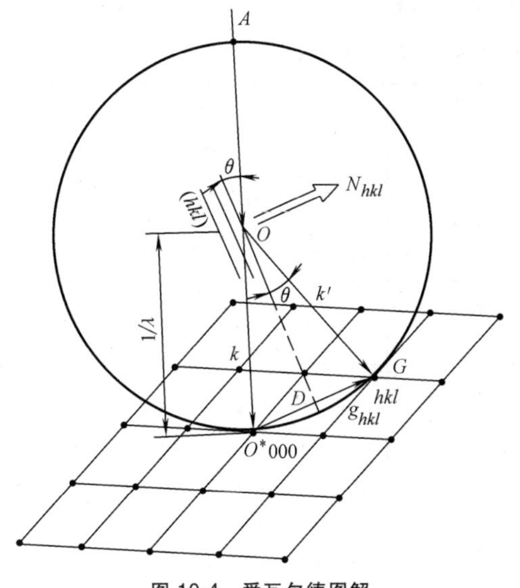

图 10-4 爱瓦尔德图解

2. 电子衍射的基本公式

图 10-5 所示为普通电子衍射装置示意图。当入射电子束波长 λ 和晶面间距为 d 的（hkl）晶面满足布拉格公式时，在与入射方向成 2θ 角的方向上得到该晶面族的衍射束。透射束与衍射束在离样品的距离为 L 的照相底版分别相交于 O' 和 P'。O' 为衍射花样的中心斑点，P' 是（hkl）的衍射斑点。根据布拉格方程和图 10-5 中的几何关系可得

$$Rd = \lambda L = K \tag{10-4}$$

因为倒易矢量 $g = 1/d$，上式可进一步写为

$$R = Kg \tag{10-5}$$

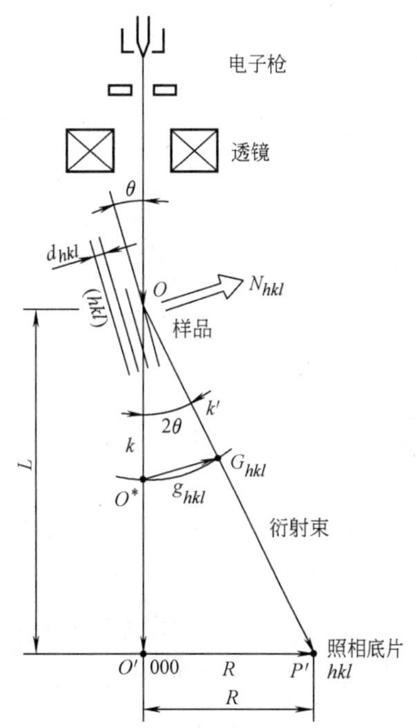

图 10-5 普通电子衍射装置示意图

这就是说，衍射斑点的 R 矢量是产生这一斑点的晶面族倒易矢量 g 按比例的放大。所以，相机常数 K 有时也称为电子衍射的“放大率”，它是电子衍射装置的重要参数。上述关系是分析电子衍射花样的基础。如果已知 K 值，就可由花样上斑点的距离 R 计算产生该衍射斑点的晶面族的 d 值。

透射电镜选区电子衍射的衍射花样经中间镜和投影镜两次放大，有效相机长度 L' 和有效相机常数 K' 要计入中间镜和投影镜的放大倍数。相机常数可用标样物质进行测定。

3. 电子衍射花样及其标定

多晶电子衍射花样是由一系列不同半径的同心圆环组成（见图10-6），这与X射线粉末法所得花样的几何特征非常相似。衍射环的连续性与强度取决于选区光栏内参与衍射的晶粒数目。随着晶粒尺寸的增大，对衍射有贡献的晶粒数目减少，衍射环就会出现不连续的情况。若有织构出现，则会出现部分弧段消失，部分弧段强度增强的情况。

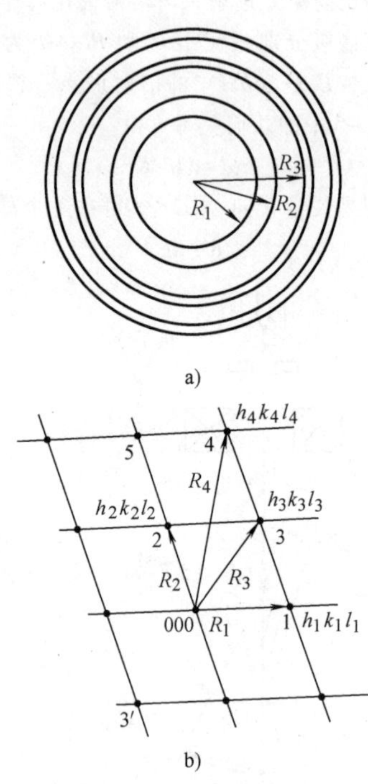

图10-6　单晶与多晶体的电子衍射花样

a）多晶衍射花样　b）单晶衍射花样

多晶体电子衍射花样的标定比较简单。其标定方法是：摄照花样，测量环半径 R；根据衍射基本公式 $Rd=K$，计算相应的 d 值；查 JCPDS 卡片确定物相。衍射环的相对强度可作为参考数据加以判断。此外，分析时要考虑相关的已知信息，如材料的成分、工艺、历史等。在未知相机常数时，不能计算出 d 值，但可标出圆环半径平方 R^2 比值序列，再考虑消光条件进行结构分析（见表10-4）。多晶衍射花样也常用来标定相机常数。

单晶衍射花样可看成是落在爱瓦尔德球面上所有倒易阵点所构成图形的投影放大像。由于电子波长短一般为0.001～0.005nm，爱瓦尔德反射球半径相当大，局部甚至可以当作平面，同时透射电镜用的是薄膜试样，根据形状效应它的倒易点阵是拉长的倒易杆，所以在入射电子束平行于样品晶体的［uvw］方向时，得到的电子衍射花样就是倒易截面［uvw］*上阵点排列图像的放大像（见图10-4）。电镜中的样品台可以倾斜，从一个晶带轴［uvw］转到平行于另一晶带轴［$u'v'w'$］，得到［$u'v'w'$］*倒易截面上阵点的图形。在转动过程中，会得到两个晶带轴的衍射花样同时出现的情况。

单晶电子衍射花样的标定，就是确定花样中斑点的指数及晶带轴［uvw］，并确定样品的点阵类型和物相。其标定方法见表10-5。

由于晶体的高对称性，在同一晶面族中确定（h，k，l）时有任意性，从而出现单晶衍射花样标定的不唯一性，这对物相分析不会造成谬误。如果涉及晶体的取向关系，或者界面、位错等缺陷的晶体学性质测量时，则应通过倾斜样品等方法，系统地分析衍射花样，以消除不唯一性。

表10-4　不同晶体结构衍射环半径平方 R^2 比值序列

晶体结构	消光条件	晶面间距计算公式	R^2 比值
简单立方	无消光现象	$\frac{1}{d^2}=\frac{h^2+k^2+l^2}{a^2}$	整数比，其中无5和15
体心立方	$h+k+l$=奇数	$\frac{1}{d^2}=\frac{h^2+k^2+l^2}{a^2}$	2∶4∶6∶8∶10∶12…
面心立方	h、k、l有奇有偶	$\frac{1}{d^2}=\frac{h^2+k^2+l^2}{a^2}$	3∶4∶8∶11∶12∶16∶19∶20…
金刚石结构	h、k、l全偶，且 $h+k+l\neq 4n$，或 h、k、l有奇有偶	$\frac{1}{d^2}=\frac{h^2+k^2+l^2}{a^2}$	h^2+k^2=1∶2∶4∶5∶8…
四方	无消光现象	$\frac{1}{d^2}=\frac{h^2+k^2}{a^2}+\frac{l^2}{c^2}$	h^2+k^2=1∶2∶4∶5∶8∶9…
密排六方	$h+2k=3n$ 及 l=奇数	$\frac{1}{d^2}=\frac{4}{3}\frac{h^2+hk+k^2}{a^2}+\frac{l^2}{c^2}$	h^2+hk+l^2=1∶3∶4∶7∶9…

表 10-5　单晶电子衍射花样标定方法

方　法	标定程序
标准花样对照法	1）画出各种晶系各个倒易截面的标准阵点图形 2）比较衍射花样与标准图形 3）根据 $Rd=K$ 计算 d 值及晶面夹角，并进行验证
尝试校核法	1）测量各阵点距中心斑点距离 R_i 及各 R_i 间的夹角 ϕ_i，按 R_i 值大小排序 2）根据 $Rd=K$ 计算 d_i 值 3）首先确定一个可能的 (h_1,k_1,l_1)，根据夹角公式计算出 ϕ 值和 d 值与衍射花样测量值比较，尝试第二个晶面 (h_2,k_2,l_2) 4）确定两个斑点指数后，按矢量运算求其他斑点指数 5）利用晶带轴公式 $[uvw]=[h_1,\ k_1,\ l_1]\times[h_2,\ k_2,\ l_2]$，求晶带轴
对照卡片法	1）取不同位向衍射花样测定低指数斑点的 R 值，至少是前面的 8 个 R 值 2）根据 $Rd=K$ 计算 d 值 3）查 JCPDS 卡片，对照确定结构 4）结构确定后再用尝试校核法标定花样
标样法	电镜使用时间较长，或试验中参数的改变，使得相机常数有变化，这时可采用标样法 1）分析样品时同时放入已知结构的标准样品，如金单晶样品，在一张底片上同时摄照两个样品的衍射花样。有时常常直接用基体作为标样分析第二相的衍射花样，如回火钢中分析碳化物 2）用标样的衍射花样求出相机常数 3）用尝试校核法分析待测相的衍射花样

电子衍射图的标定是量大而又烦琐的工作，因此近年来大都用计算机处理。将电子衍射图中两个矢量长度和其夹角测量值输入计算机内，并输入假定物相的某些晶体学参数，即可进行计算和自洽，自行输出计算结果。现在已有专门的计算机软件处理衍射花样，完成单晶衍射花样（包括高阶劳厄斑）的标定、多晶衍射环的标定、孪晶关系的判定和孪晶合成衍射图的标定等。

4. 样品制备及其他注意问题

电子的散射能力强，穿透试样的本领差，这就要求试样制备很薄。在 200kV 加速电压下，钢试样要求在 100nm 以下，分析结果也相当程度依赖于试样制备的质量。因此，对电镜分析用样品的制备质量要求很高，难度也大。电镜分析用样品常用的制备方法见表 10-6。

电子衍射物相分析的优点是灵敏度高，小到几个纳米的微晶也能给出清晰的电子衍射图，待定物相含量低的早期沉淀也可分析，并且可结合形貌观察进行分析，得到有关物相的大小、形态、分布等重要资料。

表 10-6　电镜分析用样品常用的制备方法

分　类	方　法	备　注
微粉末法	在钢网上溅射一层碳膜，支承粉末，直接观察	
离子减薄法	在电离室内形成并加速到 1~10kV 能量的离子轰击试样表面，高速离子把原子打出试样表面而减薄，约 0.1μm/min，通常用于脆性材料，或其他方法难以制备的样品	一般工作电压为 5kV，工作电流为 0.1mA，束流为 50~100μA，样品转速为 30r/min，样品最终角度为 7°~10°
超薄切片法	过去常用于软材料样品制备，如塑料、纤维、橡胶等。现在也可用于金属样品制备。把粉末状样品用树脂等固化成 ϕ5~ϕ10mm 的管状，用超薄切片机切成小于 100nm 厚度的薄片，然后用铜网支承进行观察	对软金属会产生塑性变形，破坏原始组织；对硬金属，由于固化树脂受力不均匀，会出现切片中厚薄不匀现象
电解抛光法	1）用电火花切成约 0.3mm 的薄片 2）机械法研磨到 50μm 以下薄片 3）最后电解抛光至 100nm 以下薄片	如低碳钢可用 10%（质量分数）高氯酸冰乙酸电解液
化学抛光法	1）用电火花切成约 0.3mm 的薄片 2）机械法研磨到 50μm 以下薄片 3）用化学抛光法减薄到 100nm 以下薄片	如 Cu 用 25%（分量分数，下同）乙酸+25%磷酸+50%硝酸溶液减薄
萃取复型法	常用腐蚀或电解等方法，从基体中将沉淀相、夹杂物等萃取在复型上，进行观察和电子衍射分析	一般钢可用 10%（质量分数）硝酸乙醇作电解溶液

电子衍射物相分析的局限性是不如 X 射线衍射法可靠性高。这是因为电子显微镜的试验参数多，变化大，相机常数常常变化，即使在良好的校正条件下，通常测出的 d 值也只能达到 1%～2%的精度，远低于 X 射线衍射的精度。其次是衍射得到的 d 值是不完整的，强度差别也很大，不能根据“三强线”索引原则查阅 JCPDS 卡片。因此，电子衍射物相分析，应尽可能多地得到待测相的电子衍射花样，并尽可能地与 X 射线物相分析等方法结合进行。

5. 电子衍射衬度成像与相分析

以单相多晶膜样品来说明电子衍射衬度成像原理，设想膜内有两个晶粒 A 和 B，它们之间的唯一的差别在于晶体学位相取向不同，如图 10-7 所示。

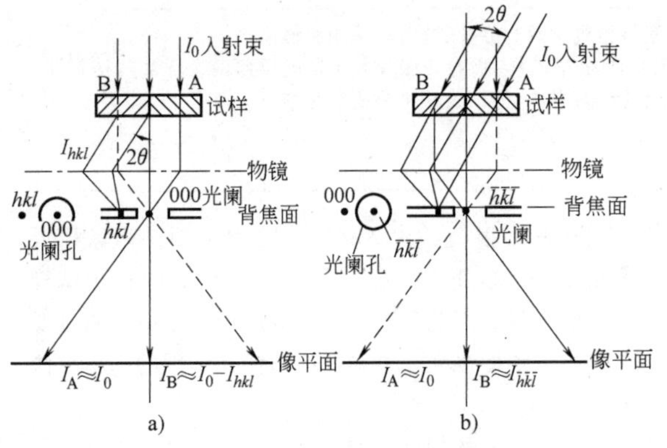

图 10-7　明场和中心暗场成像原理

a）明场成像　b）中心暗场成像

在强度 I_0 的入射电子束照射下，假设 B 晶粒中只有一个（hkl）的晶面族精确满足衍射条件，即 B 晶粒处于“双光束条件”，固得到一个强度为 I_{hkl} 的 hkl 衍射斑点和一个强度为 I_0-I_{hkl} 的 000 透射斑点。同时假设晶粒 A 中任何晶面均不满足衍射条件，因此晶粒 A 只有一束透射束，其强度约等于入射束强度 I_0。

由于在电子显微镜中样品的第一幅衍射花样出现在物镜的背焦面上，所以若在这个平面上加进一个尺寸足够小的物镜光栏，把 B 晶粒的 hkl 衍射束挡掉，而只让透射束通过光栏达到像平面，则构成样品的第一幅放大像。此时两个晶粒的像亮度将不同，因为

$$I_A \approx I_0$$

$$I_B \approx I_0 - I_{hkl}$$

于是在荧光屏幕上将会看到 B 晶粒较暗而 A 晶粒较亮，如图 10-8a 所示。把这种让透射束通过物镜光阑而把衍射束挡掉得到的图像方法叫作明场（BF）成像，所得到的像叫作明场像。

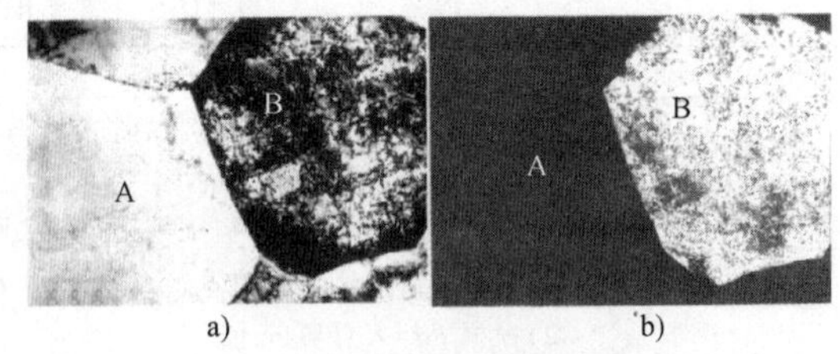

图 10-8　铝合金晶粒形貌衍衬像

a）明场像　b）暗场像

如果把图 10-7a 中的物镜光阑位置移动一下，使其光阑套住 hkl 斑点，而把透射束挡掉，可以得到暗场（DF）像。但是由于此时用于成像的是离轴光线，所得的图像质量不高，有较严重的相差。通常以另外一种方式产生暗场，即把入射电子束方向倾斜 2θ 角，使 B 晶粒的（$\overline{hkl}$）晶面处于强烈的衍射位向，而物镜光阑仍在光轴的位置，此时只有 B 晶粒的 $\overline{hkl}$ 衍射束通过光阑孔，而透射束被挡掉，如图 10-7b 所示，这叫作中心暗场（CDF）成像法。B 晶粒的像亮度为 $I_B \approx I_{hkl}$，而 A 晶粒在该方向的散射度极小，像亮度几乎为零，最终图像的衬度特征恰好与明场像相反，B 晶粒较亮而 A 晶粒很暗，如图 10-7b 所示。

当材料中含有第二相的时候，明场像和第二相的衍射暗场像是分析第二相的有效方法。有以下几种原因导致第二相产生衬度像：

1）第二相与基体之间有共格和半共格界面时会使基体产生畸变，由此引入缺陷矢量，使的基体产生畸变部分和没有畸变部分产生衬度差别。

2）第二相与基体之间的晶体结构以及位相存在差别，由此造成衬度。

3）第二相与基体的散射因子不同造成衬度。

图 10-9 给出了超细晶 65Mn 钢经 790℃加热 4min 淬火+200℃回火后的析出相。ε 碳化物在明场像中是条状，但是在衍射暗场像中是 5～10nm 的颗粒组成。渗碳体则没有这样的特征。

6. 高分辨透射电镜分析

高分辨透射电镜可以在原子级别分析材料的显微组织结构和相结构，它能使大多数晶体材料中的原子串成像。透射电镜的点分辨率（r）定义为在最佳欠焦条件下可分辨的最小结构细节，它由物镜的球差和电子束波长所决定，即

$$r = \left(\frac{3}{16} C_s \lambda^3\right)^{\frac{1}{4}} \tag{10-6}$$

式中　C_s——物镜球差系数；

λ——电子束波长。

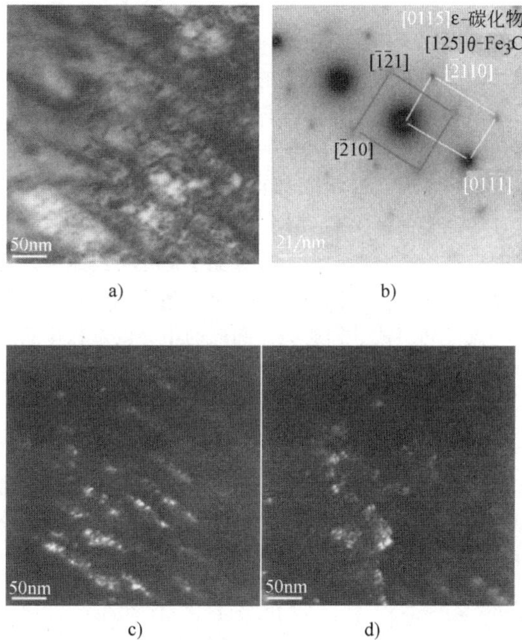

图 10-9 超细晶 65Mn 钢经 790℃加热 4min 淬火+200℃回火后的析出相

a）马氏体 200℃回火的透射明场像 b）对应图 a 的衍射

c）ε 碳化物（-2110）ε 面的暗场像

d）θ 碳化物（-210）θ 面的暗场像

由式（10-6）可知，提高透射电镜点分辨率的有效办法是减小电子束波长和减小球差系数。近几十年间，电子显微镜厂商主要通过提高加速电压减小电子束波长方法来提高电子显微镜的分辨率。对于 200kV 加速电压，点分辨率为 0.19～0.25nm，若将加速电压提高到 1000kV，则点分辨率可以达到 0.1nm。进一步提高加速电压，电子显微镜的体积将变得巨大。因此，近些年来，通过减小球差系数来提高点分辨率，由此诞生了球差矫正电子显微镜，通过多组磁透镜组合的球差矫正器，物镜球差系数可以减小到 0.05mm，点分辨率由 0.24nm 提高到 0.14nm，进一步引入色差矫正，点分辨率可以提高到 0.07nm。

尽管球差矫正电子显微镜分辨率达到了超原子晶格的水平，但是其价格昂贵，数量少且使用费用高，采用普通高分辨电子显微镜与傅里叶分析软件组合，仍然可以获得高质量的晶格图像。图 10-10 所示为 65Cr 钢超细晶马氏体中析出相的高分辨图像与傅里叶变换分析。图 10-9a 图是 65Cr 超细晶钢马氏体中的析出物，可以看出晶格图像的质量不高，有 5nm 级的析出物，但是无法用传统的衍射暗场成像的方法确定第二相的类型。对图 10-10a 中方框区域进行傅里叶变换，如图 10-10b 所示，除了基体斑点以外，有 Fe_3C 的斑点。如果选用图 10-10b 中所有斑点进行反傅里叶变换，得到图 10-10c，与图 10-10a 的结果是对应的，可以看出，析出相与基体没有界面，是一种共格关系。对图 10-10a 中白色方框区域进行傅里叶变换和反傅里叶变换，得到了图 10-10d 结果，图中显示的是 Fe_3C 的晶格图像，证明析出相是 Fe_3C，尺度在 2～5nm。

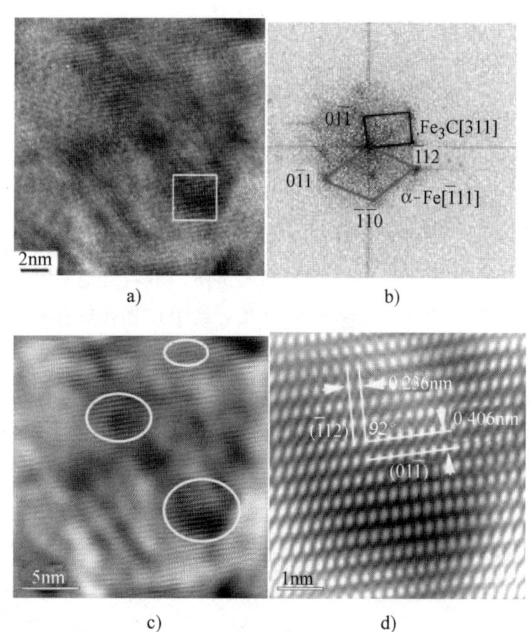

图 10-10 65Cr 钢超细晶马氏体中析出相的高分辨透射图像与傅里叶变换分析

a）高分辨透射图像 b）图 a 快速傅里叶变换

c）图 a 反傅里叶变换 d）图 a 白色方框局部反傅里叶变换

10.1.4 场离子显微分析

场离子显微镜（FIM）既可观测到表面单个原子像，又可观测材料的三维结构，因此是研究金属中点缺陷、位错、层错、相界、晶界、沉淀相形核长大、有序—无序反应及调幅分解等内容的有力工具。

图 10-11 所示为场离子显微镜的结构。样品采用长度 10～15mm 的细丝，尖端截面直径小于 0.5mm。尖端经电解抛光后，形成一个 100～300 个原子堆积而成的半球形表面（曲率半径为 10～100nm），另一端和用液氮冷却的钨电极相接。工作室内先把真空抽到 1.33×10^{-6}Pa，然后通入氦、氖等惰性气体（10^{-3}Pa）。样品相对于荧光屏带有 5～30kV 的正电压。

进入工作室的成像气体原子在电场的作用下产生极化，气体原子被样品尖端吸引。在与样品表面的撞击过程中，其外层电子能通过隧道效应穿过样品表面

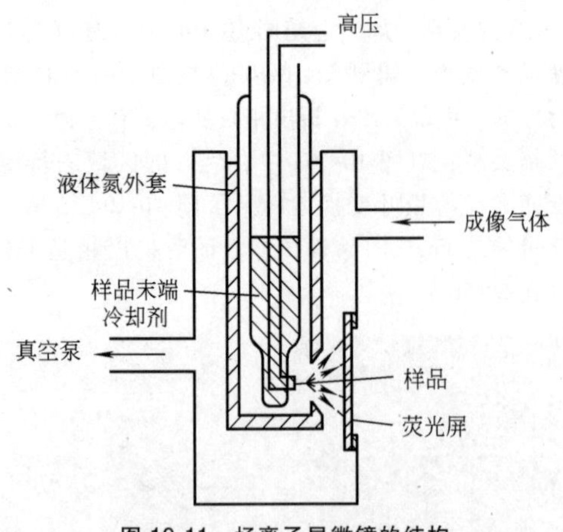

图 10-11　场离子显微镜的结构

的位垒区而进入样品内部，此时原子产生电离。成像气体的正离子受到电场的加速作用，沿着电通量线方向射向荧光屏，使荧光屏发光。这个过程往往在样品尖端的局部高场区优先进行。表面凸起的原子产生局部高场，因此荧光屏上每个发光点实际上是与样品表面的突出原子相互对应的。荧光屏上的图像就是针尖样品表面的某些突出原子的放大像。

图 10-12 所示为场离子显微图像的形成及其标定方法。样品尖端是个球面，当各个晶面在不同方向上与球面相交时，就在球面的不同方向上形成一个圆，连续的原子面就构成了不同层次的同心圆。每两层面之间存在一个台阶，台阶边缘原子都是突出原子，所以晶体的场离子显微图像就将由一些围绕着若干中心的亮点圆环组成，同心亮点圆环的中心就是相应原子平面法线的径向投影极点。根据这个道理并利用极图就可确定各极点的指数。

场离子显微镜的放大倍数约为 100 万倍。分辨率除与样品成分、顶端半径等因素有关外，主要取决于温度。对顶部半径为 50nm 的样品，20K 时，分辨率可达 0.2nm；80K 时，可达 0.35nm。因而对样品进行有效冷却是很重要的。

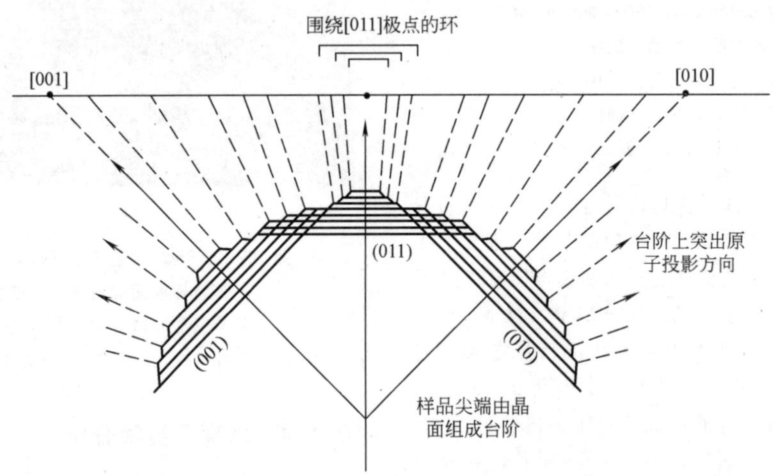

图 10-12　场离子显微图像的形成及其标定方法

场离子显微技术曾成功用于缺陷的研究，如图像上同心环亮点不连续时是空位，出现额外的亮点则是间隙原子，出现螺旋形圆环则是位错等。目前的应用也越来越广泛，如研究固溶体、有序合金、沉淀及相变等。

10.1.5　原子探针显微学

原子探针显微学（APM）包含了场离子化、场发射和场蒸发多种成像和微观分析等技术。目前发展最快的是原子探针层析技术（APT）。APT 可以进行固溶体中的原子构建、第二相沉淀及第二相和母相间的化学成分梯度构建、界面化学、晶体取向差分析。与场离子显微技术相同，APT 也需要一个非常尖锐的针状样品。采用聚焦离子束技术（FIB），可以在扫描电镜下观察到感兴趣的区域，进行离子束切割，制备成 APT 分析所需的针状样品，观察的目的性和成功率大幅提高。

将针状样品置于高压电场中，样品尖端会产生感应电场，其表达形式为

$$F=\frac{V}{K_{\mathrm{f}}R} \tag{10-7}$$

式中　F——尖端顶点的感应电场；

V——电场电压；

K_{f}——电场因子；

R——感应电场曲径半径。

通常，电场对金属材料的穿透深度非常小（$<10^{-10}$m），所以只有在样品最表面的原子受到场的蒸发影响。该过程是逐个原子逐层原子地进行的，这就为原子级别的成分构建和分析提供了基础。

原子探针层析装置的配制绝大部分与场离子显微镜类似，如图 10-13 所示。设备主要包含一个超高真空室，真空度达到 10^{-8}Pa。样品固定在一个可三维移动的样品台上，并使其定位在电极前。样品及样品台的温度降低到约 20K，再经过热阻进一步调整温度。高压直流电连接到样品上以产生所需要的电场。一个反电极放置在样品前与高压脉冲相连。脉冲发送负的高压脉冲，其持续时间为几个纳秒，将针尖上的表面原子蒸发。

探测器收集场蒸发产生的离子，提供每一个离子撞击在探测器上的时间和位置信息，这样就可以还原不同元素在试样中的位置，得到一幅成分分布图像。由于元素在晶界和相界和位错的偏聚，第二相与基体的成分差异，这些材料的缺陷和第二相的大小和形状都被清晰地显示出来，并且成分的测试精度从 10^{-4}% 的微量到宏量全范围覆盖，是现有其他设备无可比拟的。但是原子探针层析试验时，图像和成分要后期在计算机上数据处理后生成。图 10-14 所示为低碳微合金钢的原子探针层析试验实例。在图 10-14 中，首先看 V 和 Nb 成分图中有两个不均匀的区域，它们的形状是一样的，再来看 C6% 的碳原子分布图，其中也有两个区域与 V 和 Nb 的分布是一样的。这说明这两个区间是 VC 和 NbC 的复合型碳化物。这两个碳化物的尺度在 20nm 量级。

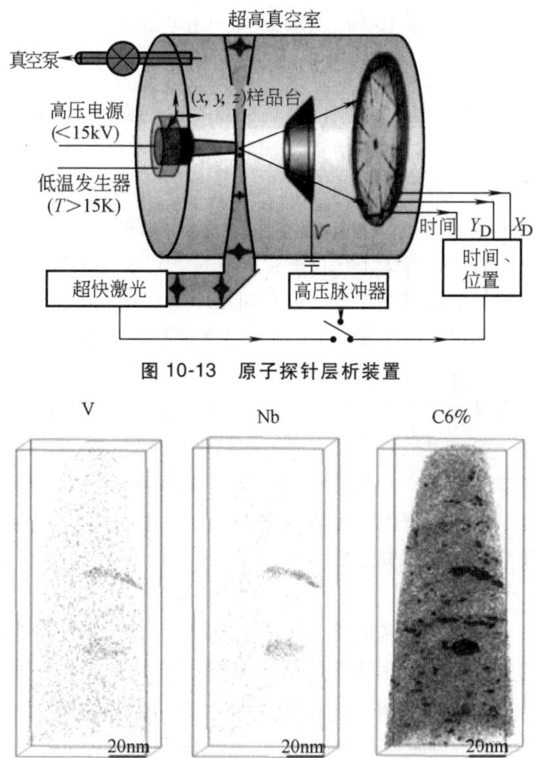

图 10-13　原子探针层析装置

图 10-14　低碳微合金钢的原子探针层析试验实例

10.2　相变过程测试

对钢相变过程的研究，是为科学、合理使用钢材与制订热处理工艺提供依据，从而达到控制最终获得最佳组织的目的。本部分内容主要介绍相变临界点的测定方法和奥氏体等温转变图（TTT 曲线）、奥氏体连续冷却转变图（CCT 曲线）的测定方法。

10.2.1　相变点测定

钢的相变点测定包括平衡相变临界点 A_1、A_3、A_{cm} 等和非平衡相变点 Bs、Ms 等的测定。常用方法有金相法、热分析法、膨胀法和磁性法等。

1. 金相法

金相法是传统的方法，它是通过直接观察钢在加热到不同温度时组织是否发生相变来确定临界点的。以测定亚共析钢的 Ac_1 和 Ac_3 为例说明测定过程。取一组试片，先加热到 1200℃ 进行高温退火，使成分均匀，降低偏析程度，并使晶粒长大，易于观察。根据试样成分，确定几个加热温度，温度间隔一般取 5～10℃，缓慢加热（<30℃/min）到规定温度，保温 30～60min 后取出淬火冷却，随后在 300～400℃ 回火，使马氏体转变为回火屈氏体，这样可增大铁素体与基体的衬度。金相观察应在试片的中部，一般以在晶界出现数量 1%～2%（体积分数）马氏体的温度，作为 Ac_1 点的判据，并以残存数量 1%～2%（体积分数）铁素体的温度，作为 Ac_3 的判据。如果没有达到这个判据，则表示温度过低或过高，应根据情况调整加热温度，再次试验，直至取得满意结果为止。

用金相法测临界点在生产中比较实用，也较准确，但手续烦琐，费工费时。

2. 热分析法

热分析法是研究金属相变最基本、最常用的方法。其原理是发生相变时，常有明显的吸热或放热反应，记录试样温度变化情况，就可测定相变的临界点，甚至测定相变过程的热效应。

热分析法分普通热分析法和示差热分析法。普通热分析法装置如图 10-15 所示。把试样放在炉中缓慢加热（或冷却），记录其温度—时间曲线。图 10-16 所示为普通热分析曲线。当发生相变产生热效应时，可观察到温度平台或升温（或降温）速度的突变（偏斜），其相对应的温度就是相变临界点。

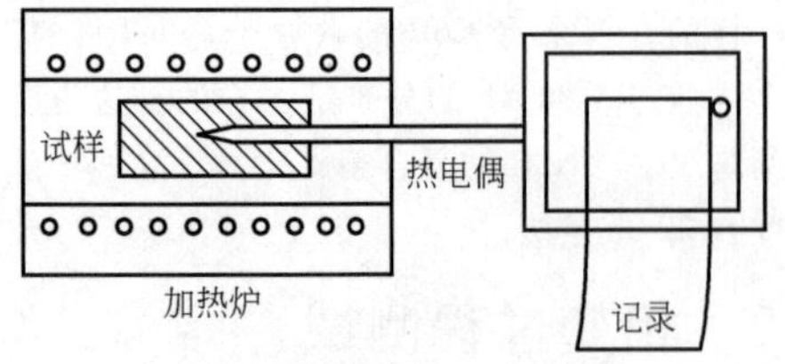

图 10-15　普通热分析法装置

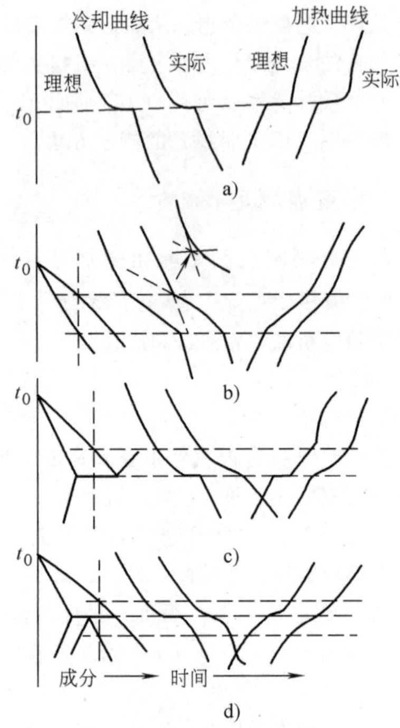

图 10-16　普通热分析曲线

a）纯金属　b）合金固溶体

c）固溶体加共晶　d）固溶体加包晶

t_0—相变临界点

示差热分析装置如图 10-17 所示。示差热电偶是由两副完全相同的热电偶以相同极相连接而构成，这样就得到了有两个热端的双热电偶，将两个热端分别插入试样和标样（两者之间用隔热材料分开）内，测定它们的温度差。标样在所测温度区间应无相变（测钢可用铜等）。当试样不发生相变时，$\Delta t=0$；当试样发生相变时，伴随发生的热效应改变了试样的升温（或降温）条件，$\Delta t\neq 0$，故 Δt 的变化反映了相变热效应的相对大小和热效应的性质——吸热或放热反应。为了准确测定相变临界点，在记录 Δt 的同时，还应记录温度—时间曲线。图 10-18 所示为共析钢示差热分析曲线，该曲线可准确测得 Ac_1 和 Ar_1。示差热分析比普通热分析灵敏度高，因为没有发生相变时 Δt 为零，仅在发生相变时示差热偶才有信号转出，故可以选择高灵敏度的记录仪表。

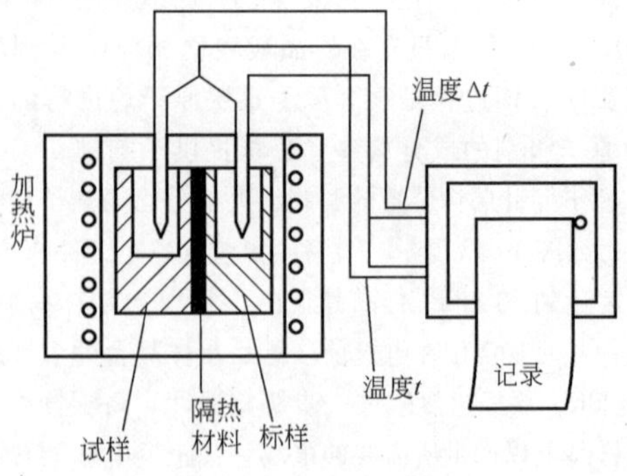

图 10-17　示差热分析装置

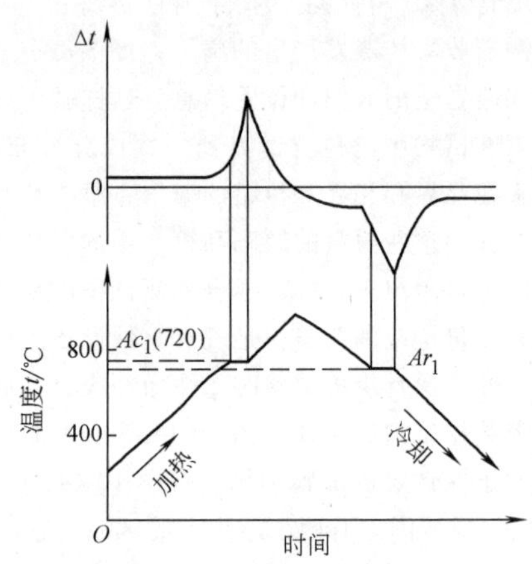

图 10-18　共析钢示差热分析曲线

虽然热分析可提供关于相变过程的多方面信息，但热分析过程是一个能量转换和热量交换的过程，其试验记录依赖于多方面的因素，而且难于精确控制，这就给热分析试验及其结果分析带来了某些复杂性。表 10-7 列出了热分析法常见并应注意的问题。

热分析方法不仅在冶金，而且在化工、矿物、生物等领域也得到了广泛应用和进一步发展。从普通热分析到示差热分析（DTA），进而演变出各种记录方式，各种形式的探测部分，以至派生出专为定量热分析而设计的示差扫描量热计（DSC）。根据热分析曲线，不仅可以测定相变发生的温度，还可以根据热效应峰的面积、曲线的走向、峰在温度坐标上的分布等，进行相变的热力学过程和动力学过程的研究，以及混合物的组成分析。

3. 膨胀法

膨胀法设备简单，测量方便，是一般试验时常用的方法。各个相的晶体结构不同，因而比体积不同，从而导致相变时试样发生明显的体积膨胀或收缩效应。钢中基本相的比体积关系是：马氏体>铁素体>奥氏体>碳化物（但铬和钒的碳化物比体积大于奥氏

表 10-7　热分析法常见并应注意的问题

	常见并应注意的问题	备　注
试样因素	试样体积大，相变热效应大，有利于测量相变温度；但体积大易导致试样内出现较大温差，给试验带来误差	根据不同仪器的灵敏度，确定试样体积或数量
装置因素	1）加热炉内温度要均匀和对称，否则会带来误差 2）标样选择除在试验温度区间不发生相变外，热导率应与样品尽可能一致，否则无相变时，Δt 输出过大，影响灵敏度	装置上要考虑加热交换条件，使试样相变热效应不受干扰，试验有稳定性和重现性
操作因素	热电偶测量点放置不当；标样与试样所处的加热或冷却条件不一样；试样未经均匀化处理，成分不均匀；加热或冷却速度过快等，上述因素均会造成较大误差	实际热分析曲线与理想热分析曲线差异是常在拐角处出现钝化（见图 10-16），这使得相变平台不明显，测量温度有误差，通常用切线法求临界点

体）。表 10-8 列出了钢中基本相的比体积和平均线胀系数。测量加热或冷却过程体积的异常变化，就可测得各相变点。此外，在测量相变点时，还可根据下式同时测得膨胀系数 α_t：

$$\alpha_t = \frac{1}{L_t} \times \frac{\Delta l}{\Delta t} \tag{10-8}$$

式中　L_t——试样在温度 t 时的长度；

Δt——温度区间量；

Δl——上述温度区间内的长度改变量。

（1）膨胀量的测定　测定膨胀量所用的仪器称为膨胀仪。它的种类很多，按其放大原理可以概括为机械放大、光学放大及电测放大三种类型。近年来，一些较先进的膨胀仪，其加热和降温速度用自控仪表或者计算机连续控制，使测量结果更为可靠。

膨胀仪的结构通常包括三个主要部分，即试样容器、伸长量测量系统和加热冷却及测温装置。

简易机械式膨胀仪的测量部分如图 10-19 所示。中间的石英杆 2 用来传递试样 1 的伸长，周围的三根石英杆 3 用以支撑试样台。伸长量由千分表 4 读出。试样外面有炉子，用以改变试样的温度。温度值可用热电偶测量。这种膨胀仪结构简单，操作方便，但影响因素很多，测量精度较差。

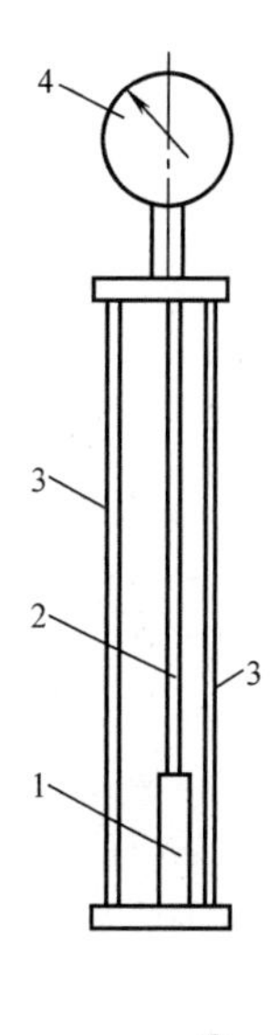

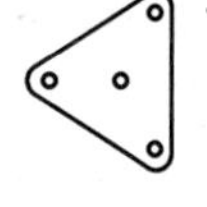

图 10-19　简易机械式膨胀仪的测量部分
1—试样　2—石英杆
3—石英杆（支架）　4—千分表

表 10-8　钢中基本相的比体积和平均线胀系数

组　织　名　称	w(C)(%)	比体积(20℃)/(10^{-3}m^3/kg)	平均线胀系数/(10^{-6}/℃)
奥氏体	0~2	0.1212+0.0033w(C)	23.5
马氏体	0~2	0.1271+0.0025w(C)	11.5
铁素体	0~0.2	0.1271	14.5
渗碳体	6.7±0.2	0.130±0.0001	12.5
ε 碳化物	8.5±0.7	0.140±0.0002	
石　　墨	100	0.451	
铁素体+渗碳体	0~2	0.1271+0.0005w(C)	13.28(500℃)
贝氏体	0~2	0.1271+0.0015w(C)	13.46(500℃)
低碳马氏体	0~2	0.1277+0.0015[w(C)-0.25]	

石英在加热和冷却时没有相变，且膨胀系数很小，约为钢铁材料的 5%。从图 10-19 中可见，千分表测得的伸长量实际是试样的伸长和石英杆的伸长之和。有些膨胀仪可自动补偿石英杆的伸长。为避免试样在高温下氧化，有的膨胀仪还附有抽真空设备，使试样室保持一定的真空度，或者通以惰性气体等。

各种膨胀仪的伸长量和温度的测量系统有所不同。简易膨胀仪采用千分表和热电偶测得试样的伸长量和温度。光学示差膨胀仪是利用光学杠杆，放大试样伸长量，如国内用得较多的 Leitz HTV 型膨胀仪，可将伸长量放大 200~800 倍。它的温度测量是通过和试样尺寸相同的标准试样的伸长量测得的。标样和试样在炉膛中位置靠近，加热和冷却条件相同。要求标样的伸长量和温度成正比，且具有较大的线胀系数，在所使用的温度范围内不发生相变。在测定非铁金属相变点时，采用纯铝或纯铜作标样。对钢铁材料，标样选用镍铬合金（镍的质量分数为 80%，铬的质量分数为 20%）。

利用非电量测法，可以将试样的长度变化转换成相应的电信号，再对电信号进行处理和记录。

电容式膨胀仪是由试样膨胀引起电容器 C_1 的电容改变（见图 10-20a），从而改变了 LC 回路阻抗，使输出信号发生变化。输出信号再通过放大器输入到记录仪，便可绘出试样的膨胀曲线。

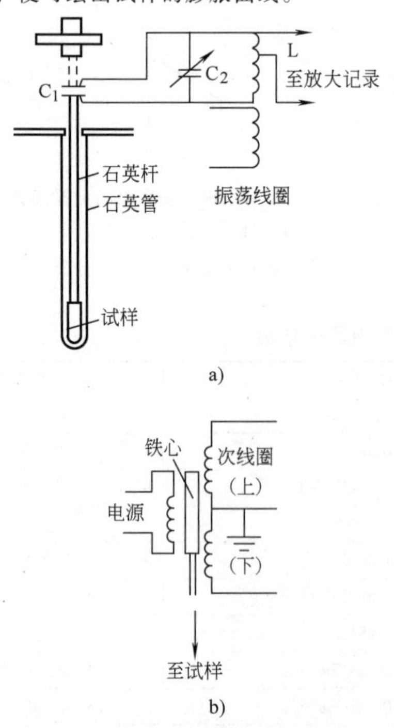

图 10-20　膨胀仪

a）电容式　b）电感式

目前各种自动记录式膨胀仪中应用较多的是电感式膨胀仪。其放大倍数可达 6000 倍。当试样未加热时，铁心处于平衡位置，差动变压器输出为零。试样伸长时，通过石英杆使铁心上升，差动变压器的次线圈中的上部线圈电感增加，下部电感减小（见图 10-20b）。由于两个次线圈是反向串联的，所以产生了输出信号电压，它与试样伸长呈线性关系。将此信号经放大后输入 *X-Y* 记录仪的纵轴，温度信号输入横轴，便可得到试样的膨胀曲线。

Formaster 膨胀仪是电感式膨胀仪中较为先进的一种。它可以同时将温度、伸长量与时间的关系曲线绘制在 *X-Y* 记录仪上。试样采用真空高频加热，可使加热速度在 500℃/s 以下范围内变化。试样冷却可选用小电流加热、自然冷却和强力喷气冷却等方法。加热和冷却均可利用计算机进行程序控制。可以得到温度在室温以上的几乎是任意形状的加热和冷却曲线。

试样尺寸视不同膨胀仪各异。图 10-21 所示为 HTV 型膨胀仪的试样结构。截面小易使试样温度均匀，长度较长可提高伸长量测定时的灵敏度。卧式膨胀仪试样两端有两个凸缘，可减少水平放置时的摩擦阻力。试样中的小孔用于放置热电偶（也可不开小孔，将热电偶焊在或紧贴在试样上）。Formaster 膨胀仪要求试样快冷，可采用薄壁空心短圆柱形试样。

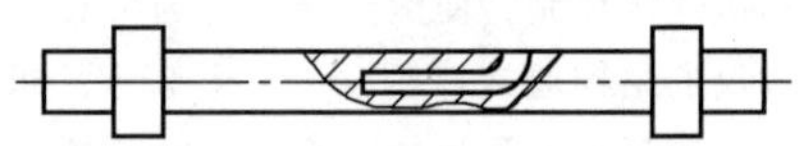

图 10-21　HTV 型膨胀仪的试样结构

（2）临界点的测定　图 10-22 所示为亚共析钢缓慢加热、缓冷过程中的膨胀曲线。亚共析钢常温下的平衡组织为铁素体和珠光体，当缓慢加热到 725℃（Ac_1）时，钢中珠光体转变为奥氏体，体积收缩；温度继续升高，钢中铁素体转变为奥氏体，体积继续收缩，直到铁素体全部转变为奥氏体，钢又以奥氏体膨

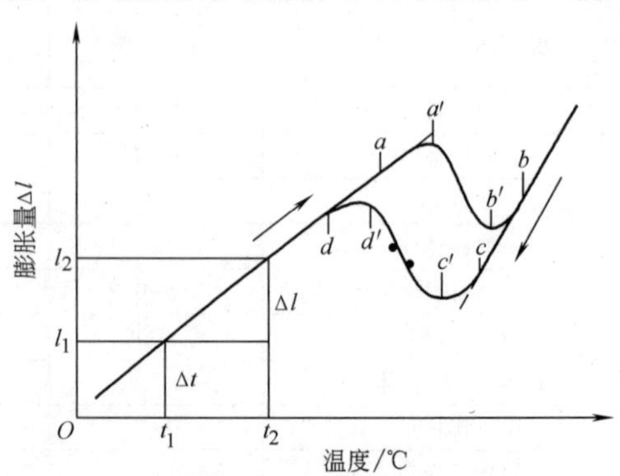

图 10-22　亚共析钢的膨胀曲线

胀特性伸长。冷却过程恰与加热过程相反，但由于相变滞后效应，冷却曲线位于加热曲线的下方。相变结束后，两曲线重合。

从膨胀曲线上确定钢的临界点有以下两种方法：

1）切线法。取膨胀曲线上偏离正常纯热膨胀（或纯冷收缩）的开始位置作为 Ac_1 或 Ar_3 的温度，如图 10-22 中的 a 及 c 点。取再次恢复纯热膨胀（或纯冷收缩）的开始位置作为 Ac_3 或 Ar_1 温度，如图 10-22 中的 b、d 点。通常其偏离位置由所做切线得到，故称切线法。该法符合金属学原理，物理意义明确，但切点不易取准，判断相变温度易受观测者主观因素的影响。为了减少目测误差，必须使用高精度膨胀仪做出精细而清晰的曲线。

2）极值法。取加热或冷却曲线上的四个极值位置，如图 10-22 中的 a'、b'、c'和 d'分别为 Ac_1、Ac_3、Ar_3 和 Ar_1 的温度。这种方法的优点是判断相变温度的位置十分明显，人为因素较小。因此，在研究各种因素对相变温度的影响时，用极值法更易比较和分析。缺点是得到的临界点温度和真实值有偏离。

钢的原始组织、加热及冷却速度、奥氏体化温度以及保温时间等对临界点都有影响。而钢中加入合金元素，则使共析转变温度和共析点的位置发生移动，对过冷奥氏体的转变影响更大。具体测定可参照 YB/T 5127—2018《钢的临界点测定　膨胀法》进行。为了研究合金元素或工艺因素对临界点的影响，试验条件必须保持一致。通常应满足以下三个条件：①钢的原始组织应当相同，最好都采用退火组织，并具有相近的晶粒度。②采用相同的加热和冷却速度，一般不宜大于 3℃/min。对高合金钢，冷却速度应小于 2℃/min。③奥氏体化温度与保温时间应保持一致。

（3）马氏体相变 *Ms* 点的测定　测定马氏体相变点的原理和测量其他临界点相同。不过，对多数钢种来说，测 *Ms* 点需要很高的冷却速度，所以仪器应具有淬火冷却机构和快速记录装置。通常用光学膨胀仪和电感式膨胀仪进行自动记录。

图 10-23 所示为亚共析钢的马氏体相变温度与转变量。加热到 A 点转变成奥氏体后，快速冷却到 B 点发生马氏体相变，开始膨胀。B 点是膨胀曲线和冷却曲线的切点，即为 *Ms* 点。膨胀结束，恢复正常冷却曲线的 D 点即为马氏体转变结束点（*Mf* 点）。如果要求定量测定马氏体转变量，就应考虑由于冷却引起的试样长度的减小和奥氏体转变为马氏体的膨胀效应两个方面。假定马氏体和奥氏体的线胀系数 α 相近，不发生相变时，膨胀曲线将大致沿 $A—B—C$ 的轨迹冷却收缩，曲线 BD 上各点减去 BC 上对应的伸长量，即为马氏体相变时的体积效应。体积效应与相变量成正比，从而可求出相变量。假定线段 DC 表示 100%马氏体，则 $DC/2$ 时，对应的马氏体转变量为 50%，标以 M_{50}。通常马氏体转变具有不完全性，线段 DC 对应的是马氏体最大转变量，这时需要用 X 射线衍射法或金相法标定其转变量的百分数，据此再计算不同温度下马氏体的转变百分数。

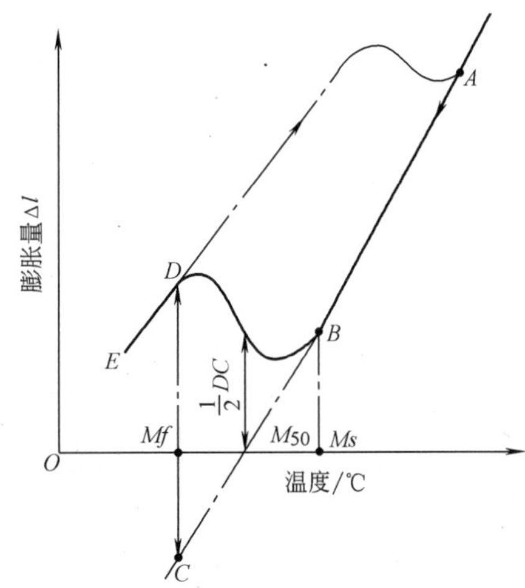

图 10-23　亚共析钢的马氏体相变温度与转变量

4. 磁性法

物质按磁化率 χ 的大小，大致可分为顺磁性（χ>0，且很小，在 $10^{-6}\sim10^{-3}$ 之间）、抗磁性（χ<0，且 $10^{-6}<|\chi|<10^{-4}$）和铁磁性（χ 很大，在 $10^{-1}\sim10^{5}$ 之间）三类物质。钢中奥氏体是顺磁性，铁素体和渗碳体相都是铁磁性，铁磁性的居里点分别是 768℃ 和 210℃。铁磁性相的饱和磁化强度 M 值很大，在磁场中对外表现出很强的磁性，而且 M 是结构不敏感参量，只决定于相的化学成分、晶体结构和相的数量。钢在奥氏体状态时为顺磁性相，当从高温奥氏体逐渐冷向珠光体、贝氏体、马氏体转变时，便出现铁磁性。测定铁磁性相饱和磁化强度 M 的变化，便可测定相变点和研究相变过程。

磁性法测定相变点最常用的设备是热磁仪（也称阿库洛夫仪），如图 10-24 所示。

整个装置由三部分组成。一是电磁铁部分，用于产生磁场，磁场强度 H 应大于 24×10^4A/m，以保证使试样中出现的微量铁磁相磁化到饱和程度。二是加热炉、淬火槽与炉子升降机构部分，用于试样加热、等温处理与淬火处理。三是测量机构，包括夹持杆、热电偶与电量传感器（电容式或电感式）。试样夹持杆用非磁性材料，通常用耐热瓷管或石英管。

试样的尺寸为 ϕ3mm×30mm，试样上通常点焊热

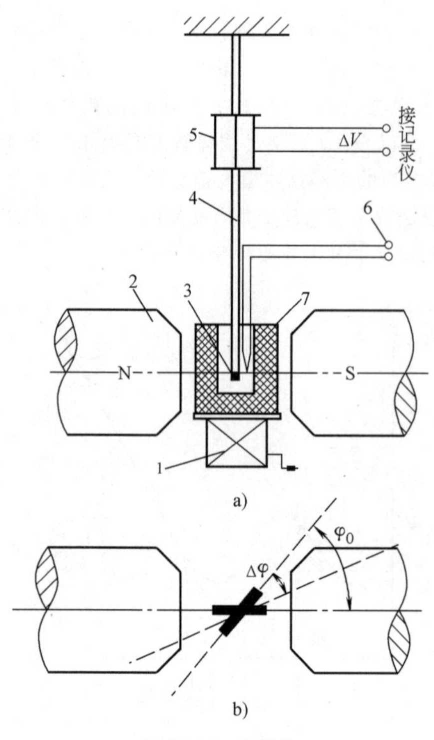

图 10-24　热磁仪

a）结构　b）测量情况

1—炉子升降机构　2—电磁铁　3—样品　4—夹持杆　5—电量测定装置　6—热电偶　7—加热炉

电偶，用于测量试样的温度变化。测量时，将试样安放在磁极轴平面内，与磁场方向成 φ_0 角，φ_0 一般小于 10°。当试样中奥氏体开始转变出现铁磁相时，试样受到一个力矩的作用，使试样转 $\Delta\varphi$，因偏转量与铁磁相的饱和磁化强度成正比，故由此可测出铁磁相的转变温度和转变量。

图 10-25 所示为磁性法测定 *Ms* 点曲线。测定时同时记录磁化强度和温度两条曲线。试样在奥氏体化状态时，磁化强度 *M* 为零。利用炉子升降机构把试样迅速转移到淬火槽中，则发生马氏体相变时，磁化强度开始上升，所对应的温度即为 *Ms* 点。

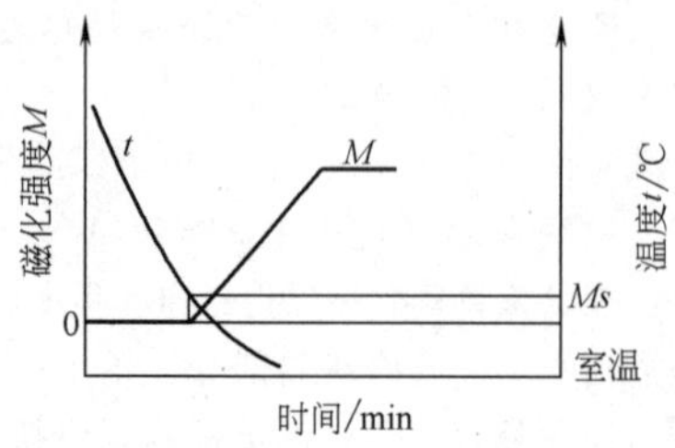

图 10-25　磁性法测定 *Ms* 点

磁性法只有在测量温度低于转变产物的居里点时才可应用。在高温转变时，它无法将顺磁性的渗碳体和奥氏体区分，所以不能测出过共析钢的先析渗碳体转变开始点。磁性法测定珠光体转变时，因等温温度接近居里点，转变产物的磁性减弱，温度波动对饱和磁化强度有影响，会降低定量测定时的精度。所以磁性法只能适用于测定中温转变和低温转变，高温转变时应采用其他方法（如膨胀法）。

10.2.2　奥氏体等温转变图与奥氏体连续冷却转变图的建立方法

奥氏体等温转变图（又称 TTT 曲线，根据其形状也称为 C 曲线）描述了钢的过冷奥氏体等温转变过程中转变开始和结束的时间，并说明了奥氏体的转变产物及转变量与时间的关系。奥氏体等温转变图为制订热处理工艺提供了重要依据。但实际热处理时，大多数工艺是连续冷却时进行的，根据奥氏体等温转变图进行分析显得力不从心，有时甚至导致错误的结果。为此人们进一步分析研究了连续冷却时的相变规律，建立了更接近生产实际的奥氏体连续冷却转变图（又称 CCT 曲线）。测定奥氏体等温转变图和奥氏体连续冷却转变图的方法有金相法、膨胀法和磁性法。

1. 金相法测奥氏体等温转变图

利用金相法可以直接观察过冷奥氏体在各个等温温度下的转变产物及其数量与时间的关系。金相法所用试样总数约 200 个，通常为直径 $\phi10 \sim \phi15$mm、厚度 1~2mm 的圆形薄片试样。首先应确定试样的化学成分、相变点和马氏体开始转变点（*Ms*）。测定时将 Ac_1 和 *Ms* 点间分为若干个等温温度，每一温度用一组试片加热至规定的奥氏体化温度后，迅速投入该温度的盐炉中等温。各试片分别以不同时间等温后淬入水中，使在该等温温度下未分解的奥氏体转变为马氏体。处理完毕后，按编号顺序检查显微组织及测量硬度。确定等温转变的开始点、终止点以及转变产物的规定数量点（如 25%、50% 等），将测定结果标于“温度-时间”半对数坐标上，即可绘出等温转变图。

金相法是测定奥氏体等温转变图曲线最基本和最直观的方法。其优点是：能准确地测定转变开始和转变完了的时间；能直接观察和评定转变产物的组织特性和转变量。金相法的局限性是试样多，工作量大；显微镜分辨率影响测定转变量的精度，对下贝氏体与马氏体有时区别困难，还需要借助显微硬度进行判定。

2. 膨胀法测奥氏体等温转变图

膨胀法测奥氏体等温转变图原理及方法与 10.2.1 节所述测相变点方法相同。测定前应先知道钢的成分，以确定奥氏体化温度，保温时间根据试样尺寸来确定。通常试样尺寸为直径 $\phi2 \sim \phi3$mm、长度

10～30mm 的长圆柱，保温时间为 5～10min。

试样经奥氏体化之后，连同石英管一起放进等温炉中，同时使自动记录仪表由记录膨胀量和温度关系立即改成记录膨胀量与时间关系，即可得如图 10-26 上部所示的曲线。这种曲线称等温转变动力学曲线。*ac* 表示试样从高温淬火到等温温度时过冷奥氏体的纯冷却收缩；*b* 点所对应的时间为孕育期；*be* 表示随着奥氏体的分解，试样长度（体积）随时间的变化；到 *e* 点后，曲线平稳，长度不再变化，表示转变的终止。对高温转变，奥氏体可 100%的分解为珠光体；对贝氏体转变时，须继续降温方能完成。设最终转变时对应的膨胀量为 ΔL_f，此时奥氏体的分解量为 $(100-A')\%$，其中 A'为残留奥氏体量，需用金相法测出。奥氏体的分解量与其相应的体积变化成正比，在 τ 时间时，对应曲线的 *g* 点，奥氏体的转变量 Δm 可由下式计算：

$$\Delta m=\frac{\Delta L}{\Delta L_f}(100-A')\% \tag{10-9}$$

式中　ΔL——时间 τ 时，奥氏体等温转变所伴随的试样膨胀量。

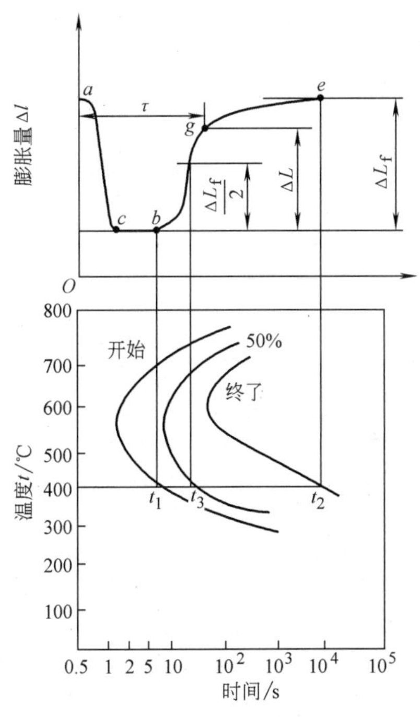

图 10-26　膨胀法测奥氏体等温转变图

由上式可以确定奥氏体转变量与时间的关系。图 10-26 中示出了过冷奥氏体完全转变时，50%（体积分数）转变点的计算法。将上述转变开始点与终了点记录在“温度-时间”坐标上，就完成了该等温温度奥氏体等温转变图点的测定。为了测得完整的奥氏体等温转变图，应在 *Ms* 点到 Ac_1 点之间，每隔 25℃左右测定一个等温转变全过程，确定出每一等温温度所对应的转变开始点和终止点，并视情况需要测出转变量（体积分数）分别为 25%、50%、75%所对应的点，将所有的点连成曲线即为奥氏体等温转变图。

为了作图方便，时间常取对数坐标。此外，完整的奥氏体等温转变图还应标注钢的成分、晶粒度、加热温度、Ac_1、Ac_3 和 *Ms* 点，如图 10-27 所示。

55Si2MnB

w(C)(%)	*w*(Si)(%)	*w*(Mn)(%)	*w*(B)(%)	Ac_1/℃	*Ms*/℃	奥氏体化温度/℃	晶粒度/级
0.56	1.87	0.80	0.0014	768	289	870	7～8

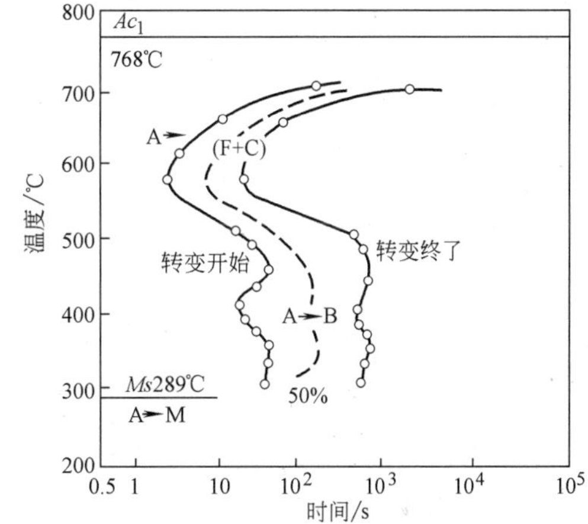

图 10-27　55Si2MnB 钢的过冷奥氏体等温转变图

3. 磁性法测奥氏体等温转变图

将奥氏体化的试样快冷到某一温度等温时，用磁性法可测得与膨胀法形状一样的等温转变动力学曲线。不同的是，磁性法的纵坐标物理量为试样饱和磁化强度，如图 10-28 所示。

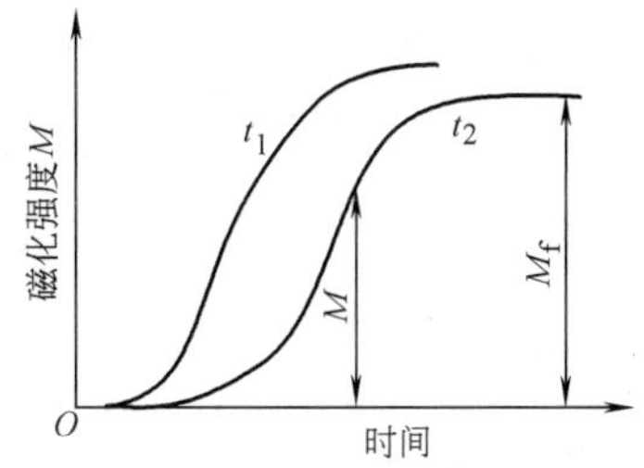

图 10-28　磁性法测等温度转变动力学曲线

当过冷奥氏体 100%转变时，可直接从曲线上量取 M_{100} 来计算其他转变量所对应的时间。当过冷奥氏体不能完全转变时，应先确定转变终了时的奥氏体转变量 $(100-A')\%$，其中 A'为残留奥氏体量，可用金相法或 X 射线衍射法测出。另一种方法是标样法。标样法常用高温回火态或正火态试样作标样，碳钢也有用工业纯铁作标样的。以试样在该等温温度时的饱和磁化强度作为实际试样中奥氏体 100%转变时的标准。

根据不同温度时的等温转变动力学曲线，即可绘出奥氏体等温转变图。测定奥氏体等温转变图常用方法的比较列于表 10-9。

4. 奥氏体连续冷却转变图的测定

测定奥氏体连续冷却转变图需要在不同冷却速度下进行，要求能准确控制冷速，并且要求在快速冷却条件下能灵敏地记录下相变引起的物理量的变化。为此发展了各种高灵敏度的膨胀仪，如国产的 HPY-I 型膨胀仪和进口的 Formaster、LK-02 型快淬膨胀仪。这些膨胀仪均装有自动程序器，冷却时自动程序器发出指令，一方面自动打开惰性气体电动阀对试样进行气体强迫冷却，一方面通过温度控制器控制加热电流，使试样快速地线性冷却降温。因此，近年来，奥氏体连续冷却转变图均是用膨胀法，并配合金相法标定测定的。

表 10-9　测定奥氏体等温转变图常用方法的比较

项目	金相法	磁性法	膨胀法
原理	过冷奥氏体的转变产物与未分解奥氏体转变成的马氏体之间有相界存在	奥氏体为非磁性相，它的转变产物如珠光体、贝氏体、马氏体均为铁磁相	奥氏体与其分解产物的比体积不同，奥氏体比体积最小，相同温度下转变产物比体积均比奥氏体大
使用仪器	光学显微镜	热磁仪	膨胀仪
测量参数	金相组织的变化	试样饱和磁化强度的变化	试样长度的变化
测量范围和精度	转变量大于 3%（体积分数）方可测出	1）测量的等温温度必须低于转变产物的居里点 2）转变量的确定需和标准试样进行比较，测量精度与标样选择有关	通常中温转变区的奥氏体不能完全转变，可借助金相法标定
优点	可直接观察转变产物，确定转变数量，其他方法尚需用它校核	1）一个等温温度只需一个试样 2）适宜于测中温转变	1）一个等温温度只需一个试样 2）测珠光体转变较准确
缺点	要求试样多，工作量大	1）珠光体转变温度较高，接近居里点，磁性弱，测量误差大 2）测不出过共析钢的先共析渗碳体曲线	须借用金相法标定转变量

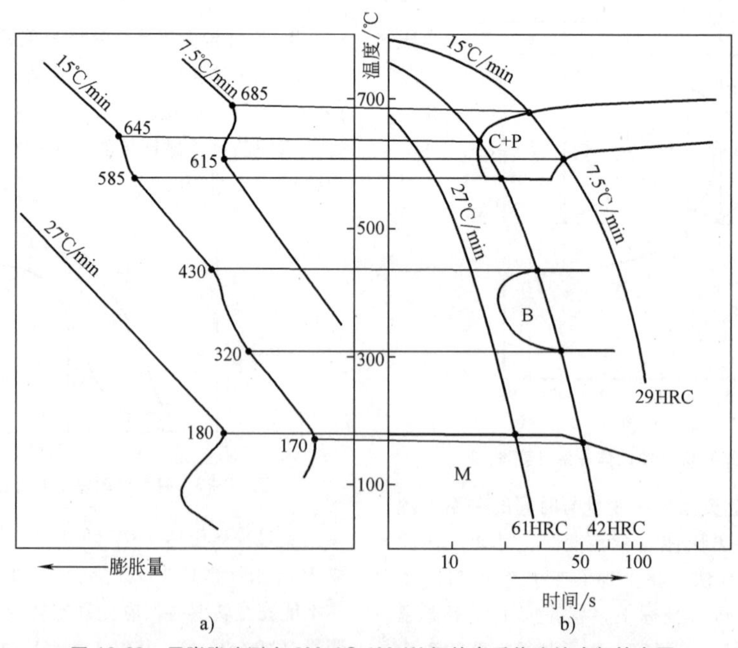

图 10-29　用膨胀法测定 9Mn2Cr1MoW 钢的奥氏体连续冷却转变图

a）找出相变开始点和终止点　b）奥氏体连续冷却转变图

图 10-29 所示为用膨胀法测定的奥氏体连续冷却转变图，试验用钢为 9Mn2Cr1MoW。首先用膨胀仪测定不同冷速下的膨胀量与温度关系曲线，在曲线上直接用切点法（见 10.2.1 介绍）找出相变开始点和终止点（见图 10-29a）。再以时间对数为横坐标、温度为纵坐标绘出一系列不同冷速的曲线，并将膨胀曲线上的相变点对应到相应的冷速曲线上，然后将相变开始点和终止点依次连接，便得到奥氏体连续冷却转变图（见图 10-29b），参看 YB/T 5128—2018。

用膨胀法测定奥氏体连续冷却转变图应注意以下几个问题。

（1）相变点的确定　相变开始点和相变终止点的确定并无统一规定，一般多采用“切点法”，这是符合金属学原理的。

（2）相变类型确定　相变类型可根据相变发生的温度范围大致进行判断，如珠光体在 500~700℃，贝氏体在 500℃~Ms。如果要判定两个相变过程是连续进行，还是相隔一定温度区间进行，则要考虑其膨胀曲线上的拐折情况和拐折间直线部分的斜率变化。钢中基本相的线性膨胀系数的大小顺序为：奥氏体>铁素体>珠光体>贝氏体>马氏体。当确定有困难时，要用金相法来验证，即在分界线附近把试样淬火，观察金相组织来确定所标定的分界线是否正确。

（3）转变量的计算　试样的膨胀量与转变量成比例，据此可用“杠杆法”计算转变量。图 10-30a 所示为转变发生在一个温度范围，求 B 点对应的 t 温度时的转变量。先分别做冷缩曲线的延长线，过 B 点做与纵轴平行的直线而与两延长线分别相交于 A 和 C 点，线段 AC 则表示奥氏体总的转变量引起的膨胀，线段 BC 表示对应的 t 温度时奥氏体的转变量所引起的膨胀量。设总转变量为 $Q\%$（体积分数，下同），则 B 点的转变量（体积分数）为

$$\Delta_B = \frac{BC}{AC} \times Q\% \tag{10-10}$$

对于高温区的珠光体相变，及一般中碳、低碳合金钢的中温转变，$Q\%$ 通常是 100%。对于中、高合金钢的中温贝氏体转变，转变往往不能完全进行，则 $Q\% = (100-A')\%$，其中 A' 为残留奥氏体量，采用金相法或 X 射线法标定。

图 10-30b 所示的情况是转变发生在两个温度区间，假定高温区转变和中温区转变的体积效应相同，则各区转变的相对量可按下式求得

$$\Delta_{高} = \frac{AC}{AC+DF} \times Q\%$$
$$\Delta_{中} = \frac{DF}{AC+DF} \times Q\% \tag{10-11}$$

式中　$\Delta_{高}$——高温区转变量；

$\Delta_{中}$——中温区转变量；

AC 和 DF——通过转变温度范围的中点 B 和 E 与膨胀曲线直线部分延长线的交线；

$Q\%$——两个温度范围内的总的转变量。

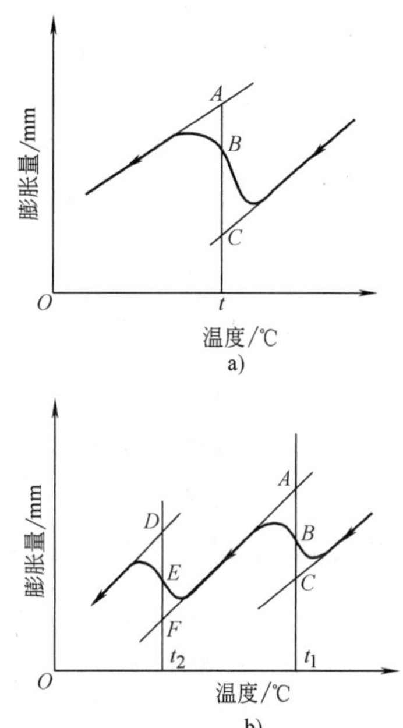

图 10-30　已转变的奥氏体数量计算示意图

在图中对应不同冷速的冷却曲线上还应标上不同转变产物的硬度值（见图 10-29b）。这样就能利用某一钢种的连续冷却转变曲线来估计该钢在某种冷却规范下发生转变的温度范围、转变所需时间、转变产物及其性能。如可以确定临界冷却速度 v_K，它是得到全部马氏体组织的最小冷却速度。v_K 越小，钢件淬火时越易得到马氏体组织，即钢淬透性越大。

5. 合金相图的计算机模拟

随着科学技术的发展，采用试验方法来测试相图的方法已越来越不能适应科研和生产的需要。计算相图方法由于其快速、方便等优点成为这个领域的主流。以下重点介绍两款比较流行的相图计算软件。

（1）JMatPro　JMatPro 是英国 SenteSoftware 公司开发的一款功能强大的材料性能模拟软件，可以用来计算金属材料的多种性能。它是一个基于材料类型的软件，不同的材料类型有不同的模块。JMatPro 特别针对工业用合金如镍基超合金、钢铁材料（如不锈钢、高强低合金钢、铸铁）、铝合金、镁合金和钛合金等，计算各种各样的材料性能。简单而直觉式的图形用户界面设计，任何工程师或者研究人员都非常容易使用。

该软件可以计算随温度变化的相图（单相元素

组成、元素在各相中的分布、固定温度下的相组成、各元素平均自由能、粒子活性、热容、焓、吉布斯自由能和熵）、随成分变化的相图、铝合金亚稳态相图、奥氏体等温转变图、奥氏体连续冷却转变图、铝合金等温转变曲线、合金能量转变、普通钢淬火性能（屈服强度、抗拉强度、硬度、淬火过程中的相变）、马氏体转变、晶粒长大、连续冷却模拟。

（2）Pandat　Pandat 是一款用于计算多元合金相图和热力学性能的软件包，可用于计算多种合金的标准平衡相图和热力学性能，也可使用自己的热力学数据库进行相图与热力学计算。

Pandat 是以美国威斯康星大学张永山教授为首的研究组于 20 世纪 90 年代开发的。Pandat 软件包的最大优点是在自由能函数于一定成分范围内具有多个最低点的情况下，即使是不具有相图计算专业知识和计算技巧的使用者，也能无须设定计算初值使用 Pandat 软件自动搜索多元多相体系的稳定平衡。

10.3　钢中残留奥氏体含量测定

由于贝氏体相变和马氏体相变的不完全性，在计算相变转变量时，常需要测定残留奥氏体含量。测定残留奥氏体含量常用金相法、磁性法和 X 射线衍射法。

10.3.1　金相法测定残留奥氏体含量

金相法测定残留奥氏体含量是借助于物体的二维截面来推断三维空间中显微组织的定量关系。从定量金相原理可知：待测相所占体积分数等于在观察试样面积中它所占的面积分数，也等于在观察线段中它所截线段的百分比，也等于在观测的总点数中所占的点数百分比。据此，各相相对量的测量方法就有面积计量法、截线法和计点法。

图 10-31 所示为测量用网格示意图。利用测量网格或有刻度的特制目镜，便可在金相显微镜下对淬火钢金相样品中的残留奥氏体含量进行测定；或先拍成金相照片，再将马氏体和残留奥氏体分别剪开，放在天平上称量，也能求出残留奥氏体含量。这种方法虽然很直观，但烦琐费时，精确度也不高。当残留奥氏体含量（体积分数）小于 10%时，便不易测出。

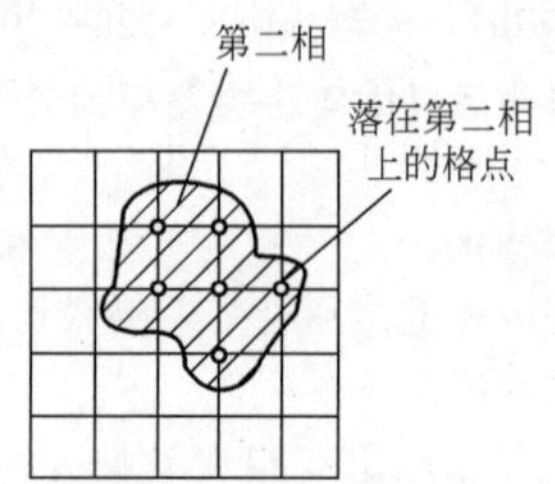

图 10-31　测量用网格示意图

金相法的测量精度主要取决于显微组织的显示情况，组织显示包含以下几层意思，其一是不同相的界面应清晰可见，相的形貌不失真，相的尺寸不扩大也不缩小；其二是不同相之间的反衬要鲜明。显然衬度差越大，测量的精度越高。

为了提高测量精度，可用彩色金相法。表 10-10 列出了 60Si2Mn 钢、GCr15 钢和球墨铸铁分别用黑白金相法［4%（质量分数）硝酸乙醇侵蚀］和彩色金相法测定残留奥氏体含量的结果。60Si2Mn 钢所用彩色金相腐蚀溶液成分为：在 100mL 盐酸蒸馏水溶液（质量比为 1∶2 或 1∶1 或 1∶0.5）中加焦亚硫酸钾 0.6～1g，氯化铁 1～3g 或氯化铜 1g 或氟化氢铵 2～10g。为比较起见，表中还列出了 X 射线衍射测定结果。彩色金相法与 X 射线测定值相近，测量精度远高于黑白金相法。

表 10-10　黑白金相法与彩色金相法测定残留奥氏体含量的结果比较

材　料	组织名称	黑白金相计点法	彩色金相计点法	X 射线直接对比法
		体积分数(%)		
60Si2Mn	残留奥氏体	35.5	5.8	4.6
	马氏体	64.5	94.2	95.4
GCr15	残留奥氏体	两相分辨不清，无法定量测定	18	20.2
	马氏体		82	79.8
球墨铸铁	残留奥氏体		18	13.7
	马氏体		88	86.3

10.3.2　磁性法测定残留奥氏体含量

磁性法测定残留奥氏体含量，实际上是通过测量钢中马氏体含量来实现的。已知马氏体含量后，从试样中扣除马氏体含量即得残留奥氏体含量。试验所用设备为热磁仪（见 9.2.2 介绍）。试样制成 ϕ3mm×30mm 的圆棒，进行规定的热处理。然后用热磁仪测定试样的饱和磁化强度 M，M 与转变量成正比。

当试样中只存在马氏体和奥氏体两个相时，试样的磁化强度可用下式表示：

$$M=\frac{\varphi(\mathrm{M})}{100}M_{\mathrm{M}} \tag{10-12}$$

$$\varphi(\mathrm{M})+\varphi(\mathrm{A})=100\% \tag{10-13}$$

式中　M——被测试样的饱和磁化强度；

M_M——马氏体的饱和磁化强度；

$\varphi(M)$——马氏体的体积分数（%）；

$\varphi(A)$——奥氏体的体积分数（%）。

$$\varphi(\mathrm{A})=\frac{M_{\mathrm{M}}-M}{M_{\mathrm{M}}}\times 100\% \tag{10-14}$$

试样的饱和磁化强度 M 由仪器直接测出，为了计算 $\varphi(A)$ 值还必须已知 M_M。这种确定奥氏体含量的方法是利用被测试样和一个纯马氏体的标准试样（简称标样）做比较，标准试样的要求是和被测样中马氏体的化学成分相同。因为饱和磁化强度与马氏体的成分有关，它随马氏体中碳含量和合金元素含量的增加而减少。

这种测量方法的精度取决于标样的选择，通过热处理方法得到全马氏体的试样是很困难的。生产上作为标样，大都选用如下方法：

1）淬火后进行冷处理（冷到液氮或液氦温度），使钢中残留奥氏体含量降得很低。

2）选用“回火标样”，即试样淬火后进行适当温度回火，使残留奥氏体尽量分解为回火马氏体。对高碳、高合金钢，目前一般采用中温甚至高温回火的标样。

3）对低碳钢和低合金钢，也可选用“铁素体标样”，因为碳含量及合金元素含量低时对马氏体的磁饱和强度影响很小。

此外，也有人提出用半经验公式计算马氏体的饱和磁化强度 M_M，即

$$M_{\mathrm{M}}=1720-74w(\mathrm{C}) \tag{10-15}$$

式中　$w(C)$——碳的质量分数，$w(C)\leqslant 1.2\%$。

用上式计算不同碳钢经油或碱液淬冷以及淬冷后再经液氮深冷处理的试样中的残留奥氏体含量，和用 X 射线测定的结果很接近，见表 10-11。

在淬冷后的高合金工具钢中，除了马氏体与残留奥氏体外，还有弱磁性的碳化物，因此确定残留奥氏体含量要更复杂些。试样中各相的体积分数为

$$\varphi(\mathrm{M})+\varphi(\mathrm{A})+\varphi(\mathrm{C})=100\% \tag{10-16}$$

式中，$\varphi(C)$ 为全部弱磁性碳化物的体积分数（%）。

$$\varphi(\mathrm{A})=\frac{M_{\mathrm{M}}-M}{M_{\mathrm{M}}}\times 100\%-\varphi(\mathrm{C}) \tag{10-17}$$

$\varphi(C)$ 必须用其他方法确定，如用电解分离，将碳化物精确称量后，再换算成体积分数。

表 10-11　碳钢淬火后的残留奥氏体含量和冷却介质的关系

牌号	$w(C)$ (%)	残留奥氏体含量(体积分数,%)	
		淬火	在液氮中冷处理
40	0.40	5.5/2.7	3.0/1.5
65	0.64	7.5/4.5	3.0/3.0
T7	0.71	9.5/6.5	4.5/4.0
T8	0.78	—/13.0	—/4.0
T10	1.01	18.0/15.0	5.0/5.0
T12	1.20	25.5/24.0	8.0/7.0

注：表中斜线前是油淬后的数据，斜线后是碱溶液淬火后的数据。

如果工厂要用残留奥氏体含量作为检验产品的质量时，可先用 X 射线衍射法定量算出合格残留奥氏体含量的上、下范围，并用磁性法折换成饱和磁化强度的范围进行检验。

磁性法测量速度快，X 射线法测量精度高，两者配合可得到满意的结果。

10.3.3　X 射线衍射法测定残留奥氏体含量

当残留奥氏体含量较高时，采用金相法可获得满意结果，但当含量小于 10%（体积分数）时，其误差较大。磁性法只能测定试样整体的残留奥氏体含量，如需测定局部的、表面的或沿层深分布的奥氏体含量时，必须采用 X 射线衍射法。

采用滤波辐射时，其下限探测的体积分数为 4%～5%；当采用旋转阳极靶附加晶体单色器时，其允许探测量可小于 1%。

测定钢中残留奥氏体含量，广泛采用直接对比法。它是指测定多相混合物中某相含量时，以另一相的某一根衍射线条作为参考线条，不必掺入外加标准物质。使用块状多晶试样，在生产上很方便。

确定残留奥氏体含量时，可在同一个衍射花样上，测出奥氏体和马氏体的某衍射线的强度比。根据 X 射线衍射强度（累积强度）公式可得

$$I_{\mathrm{A}}/I_{\mathrm{M}}=\left(\frac{C_{\mathrm{A}}}{C_{\mathrm{M}}}\right)\left[\frac{\varphi(\mathrm{A})}{\varphi(\mathrm{M})}\right] \tag{10-18}$$

其中

$$\frac{C_{\mathrm{A}}}{C_{\mathrm{M}}}=\frac{\left(N^2F^2P\dfrac{1+\cos^2 2\theta}{\sin^2\theta\cos\theta}\mathrm{e}^{-2M}\right)_{\mathrm{A}}}{\left(N^2F^2P\dfrac{1+\cos^2 2\theta}{\sin^2\theta\cos\theta}\mathrm{e}^{-2M}\right)_{\mathrm{M}}} \tag{10-19}$$

而

$$\varphi(\mathrm{A})+\varphi(\mathrm{M})=100\%$$

式中　I_A/I_M——所测得奥氏体的某一衍射线条和马氏体的某一衍射线条的累计强度之比；

N——单位体积（cm^3）内的晶胞数；

F——结构因子；

P——多重性因子；

$\frac{1+\cos^2 2\theta}{\sin^2\theta\cos\theta}$——角因子；

e^{-2M}——温度因子；

$\varphi(A)$、$\varphi(M)$——残留奥氏体、马氏体的体积分数；

C_A、C_M——相应的常数。

联立两式得

$$\varphi(A)=\frac{1}{1+\left(\frac{C_A}{C_M}\right)\left(\frac{I_M}{I_A}\right)}\times 100\% \qquad (10\text{-}20)$$

C_A/C_M 的数值可根据试验结果在 X 射线衍射的有关参考书查到，而 I_M/I_A 由试验测出，$\varphi(A)$ 就可由式（10-20）算出。

图 10-32 所示为奥氏体及马氏体衍射线条相对位置示意图。通常选择的衍射线对是$(200)_A$-$(200)_M$，$(311)_A$-$(211)_M$，$(220)_A$-$(211)_M$。$(111)_A$ 和 $(110)_M$ 虽然强度高，但往往相互重叠，所以不采用。当奥氏体转变为体心正方的马氏体时，原属体心立方点阵的各条衍射线条将分离成双线。例如（200）或（020）与（002）的晶面间距不再相等，就分离成(200)+(020)和(002)两条线。但当马氏体碳含量小于 0.6%（质量分数）时，由于正方度 c/a 仅略大于 1，双线尚不至分离。实际摄取的马氏体和奥氏体线条有时较宽，这是由于淬火钢中存在着不均匀的微观应力所引起的。

试样制备时，要求得到平滑、无应变的表面。在磨光时应避免试样过热或塑变，防止引起马氏体和奥氏体的分解。

当残留奥氏体量低时，它的衍射谱线强度也低。当碳化物分布较弥散时，也很难用光学金相法定量，且会引起较大的测量误差。为此可采用样块组合技术（增加几种标准试样），导出另一种奥氏体计算公式，可得到较好的效果。以上三种方法的比较列于表 10-12。

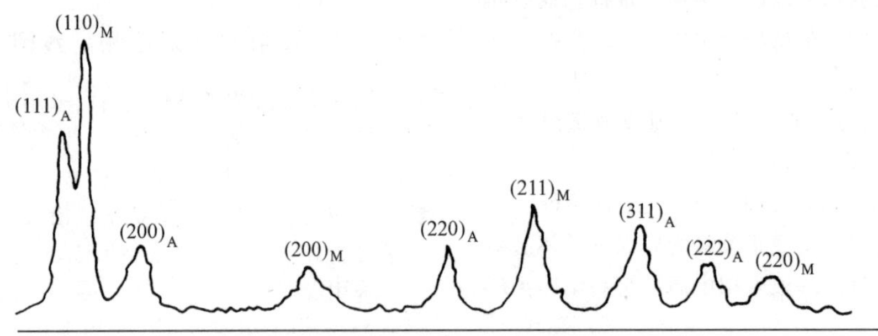

图 10-32 奥氏体及马氏体衍射线条相对位置示意图

表 10-12 测定残留奥氏体量常用方法的比较

比较项目	金 相 法	X 射线衍射法	磁 性 法
原理	残留奥氏体与其他相有相界存在	残留奥氏体与其他相结构不同，衍射谱线位置不同	残留奥氏体为非磁性相，马氏体为铁磁性相
使用仪器	光学显微镜	X 射线衍射仪	强磁场的电磁铁
测量参数和方法	常用计点法、面积法、截线法和称重法	用残留奥氏体和马氏体某对衍射线强度的比值，再进行计算	测出试样的饱和磁化强度，再根据标准试样的饱和磁化强度值进行计算
测量范围和精度	用黑白金相法，含量小于 10%（体积分数）时不易测出；彩色金相法可测到 4%～5%（体积分数）	用通常滤波辐射可测到 4%～5%（体积分数），采用旋转阳极靶附加单色器时，灵敏度还可大大提高	精度取决于标准试样的选择
优点	直观，可观察到残留奥氏体的形貌	可测表面和局部的含量，经剥层测量可得分布曲线，精度高	测量速度快，适宜在工厂中检验产品是否合格
缺点	烦琐、费时	测量速度慢，需有 X 射线衍射设备	只能测整体含量，定量精度受限制

10.4 其他物理方法简介

10.4.1 内耗法

内耗顾名思义就是能量被固体内部消耗了，其基本度量是能量衰减率，用 Q^{-1} 表示。在没有外界的干扰下，一个完全弹性的固体自由振动，振幅也会逐渐衰减，使振动趋于停止。根据固体内部消耗能量的机理不同，内耗可分为弛豫型（滞弹性）内耗、静滞后型内耗和阻尼共振型内耗。

弛豫型内耗是加载或卸载时，应变不是瞬时达到其平衡值，而是通过一种弛豫过程后完成的。弛豫时

间 t 可以理解为受力金属由不平衡达到平衡状态，内部原子扩散和重排的时间。如体心立方结构铁中碳和氮原子扩散产生的内耗（见图 10-33），无应力时，C 和 N 原子统计分布于八面体间隙（如晶胞的棱边中心位置），当给固体在 X 轴方向施加应力时，在 X 方向上的八面体间隙受拉，Y 和 Z 方向受压，C 和 N 原子倾向于从 Y 和 Z 方向的八面体间隙向 X 方向扩散（以降低弹性应变能），扩散的结果使间隙原子在 X 方向的浓度大于 Y 和 Z 方向，这也称为应力感生有序（应力感生有序的结果使晶体在相应的 X 方向上伸长）；当受交变应力时，间隙原子就在这类位置上来回跳动，导致应变落后于应力，产生内耗。

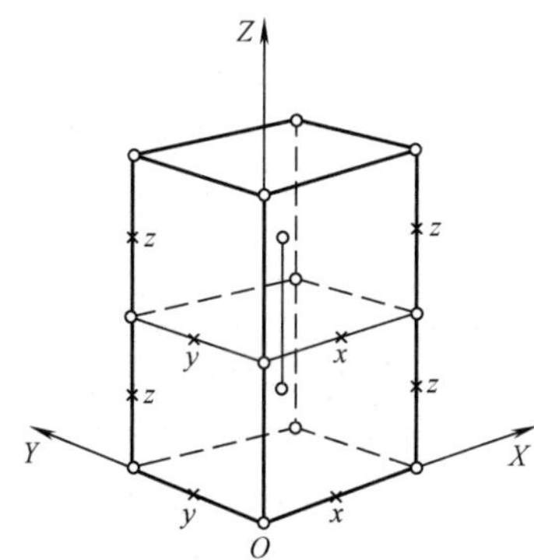

图 10-33 体心立方晶体间隙式固溶体内耗模型

弛豫型内耗的特征是内耗 Q^{-1} 与应力振幅无关，而与应力频率和温度有关。当交变应力频率很高时，间隙原子来不及跳跃，实际上不发生弛豫过程，固体行为接近于完全弹性体，内耗 Q^{-1} 趋于零。当交变应力频率很慢时，间隙原子的扩散使每一瞬间应变都接近于平衡值，也不能产生内耗。所以，在交应变力频率处于中间值时，内耗 Q^{-1} 最大。可以证明 $\omega\tau=1$（其中 ω 为振动周期，τ 为弛豫时间）时，Q^{-1} 出现峰值。

弛豫过程是通过原子扩散来进行的，所以弛豫时间与温度 T 有关。

$$\tau=\tau_0 e^{H/RT} \quad (10\text{-}21)$$

式中 H——扩散激活能；

R——摩尔气体常数；

τ_0——时间常数；

T——热力学温度。

根据 $\omega\tau=1$ 出现内耗峰的条件，可通过改变温度而改变 τ 值，从而测出 Q^{-1}-T 的关系曲线。若用不同频率 ω_1 和 ω_2 分别测量内耗与温度的关系，则有

$$\omega_1\tau_1=\omega_2\tau_2$$

$$\omega_1 e^{H/RT_1}=\omega_2 e^{H/RT_2} \quad (10\text{-}22)$$

$$\ln\left(\frac{\omega_2}{\omega_1}\right)=\frac{H}{R}\left(\frac{1}{T_1}-\frac{1}{T_2}\right) \quad (10\text{-}23)$$

由上式就可以用内耗法研究原子的扩散过程，标出激活能。

图 10-34 所示为扭摆仪结构示意图。扭摆仪是扭摆法测弛豫型内耗的装置，由我国物理学家葛庭燧在 20 世纪 40 年代首次设计，所以在国际上被命名为葛氏扭摆仪。试样通常取直径为 $\phi0.1\sim\phi1.0$mm 的细丝，摆动频率可用摆锤间的距离调整，频率每秒为 0.1~15 次（属低频）。灯尺上的光点反映出摆动振幅大小，从振幅的衰减求出内耗值。

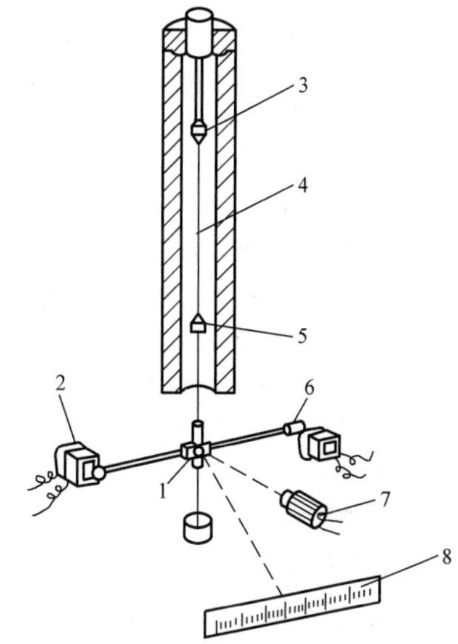

图 10-34 扭摆仪结构示意图

1—反射镜 2—电磁铁 3、5—上、下夹头 4—金属试样 6—摆锤 7—光源 8—灯尺

静滞后内耗与弛豫型内耗不同，它的特征是与应力幅有关，而与振动频率无关。它的产生是由于应力和应变间存在多值函数关系，即在同一载荷下具有不同的应变值，从而在加载和卸载的周期中，在应力应变的曲线上形成一个回线。由于静滞后内耗不是线性关系，所以数学处理没有弛豫型内耗那样明确，通常是测量回线面积，由内耗的基本定义公式求出内耗值，即

$$Q^{-1}=\frac{1}{2\pi}\frac{\Delta w}{w} \quad (10\text{-}24)$$

式中 w——最大应变能；

Δw——振动一周的能量消耗，即回线面积。

阻尼共振型内耗是由于金属中存在某种振动子，在应力作用下做强迫振动。比如说，两端被钉扎的自

由位错线段就可在外力作用下做强迫振动，引起非弹性应变，因而产生内耗。共振型内耗的特征也是与振动频率关系极大，与振幅无关。它与弛豫型内耗的差别是后者通过弛豫过程产生内耗，因而弛豫时间对温度敏感，温度略有改变，内耗峰对应的频率（$\omega\tau=1$）就改变很大。而阻尼共振型内耗的固有频率一般对温度不敏感，因此内耗峰位置随温度的变化相对要小得多。

经过几十年的发展，内耗法的测量已从低频扩展到兆赫的超声范围，在装置上也有很大的改进。为了消除应力对内耗的影响，扭摆仪已从顺摆改成倒摆。电阻加热炉热惯性大，调温速度太慢，不能满足测量相变内耗的要求，现已有红外辐射聚集加热，淬冷时用充氩快冷，并可用计算机实现自动控制（包括试样加热、冷却，以及各种条件下内耗和频率测量中数据记录、处理、计算并打印出结果的整个试验过程）。

内耗属组织结构敏感的性质。内耗法在金属物理、金属材料及热处理的研究方面得到了广泛应用。例如，可了解溶质原子点阵中的活动情况及其扩散过程。从内耗峰的大小可以分析固溶体中溶质原子浓度的变化，分析析出相的数量及位置。内耗对晶界的研究，推进了人们对晶界结构和性能的认识，使人们更深入地了解到晶界在金属中的作用以及晶界强化的途径等。内耗研究在相变动力学方面也进行了不少工作。关于位错内耗的研究进一步深化了人们对位错和溶质原子交互作用的认识。

10.4.2　正电子湮没技术

正电子是 1930 年狄拉克根据理论预言其存在，并于 1932 年在宇宙线云雾室照片上被证实的。它是电子的反粒子。当正电子进入固体时，速度减慢，与固体中的电子相碰撞，结果电子与正电子复合而转变为一对光子（双 γ 射线辐射），即

$$_{+1}e^0+{}_{-1}e^0\rightarrow h\gamma+h\gamma \tag{10-25}$$

此过程称之为正电子湮没。

由于湮没过程的特性受到电子所遇到的原子环境的影响，因此正电子湮没试验可用来探测物质的微观结构。

在材料研究中最常用的试验技术是正电子寿命谱测量。正电子湮没的概率正比于发生湮没处的电子密度，湮没概率决定了试验上测量到的正电子寿命谱。图 10-35 所示为正电子寿命谱仪的方框图。

目前常用的正电子源是 Na^{22}。放出一个正电子后，发射一个 1.28meV 的 γ 射线。探测器测到此 γ 射线的时间作为正电子产生的时间。正电子进入样品后，在金属中运动。当测量到能量为 511keV 的湮没 γ 射线时，即为正电子湮没时刻，此时间间隔即为正电子的寿命。

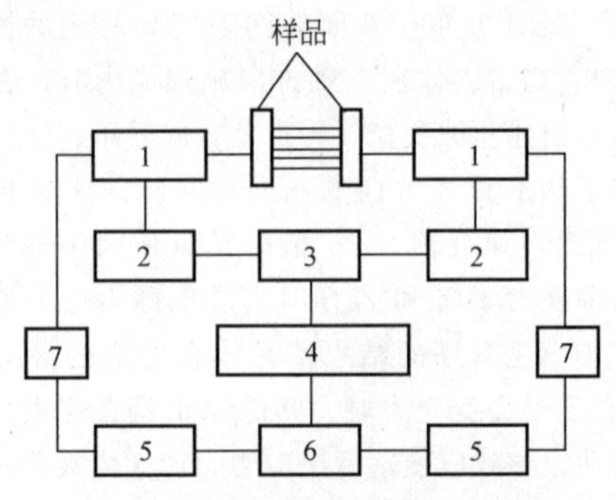

图 10-35　正电子寿命谱仪方框图

1—闪烁探测器　2—时间甄别器　3—时幅转换器
4—多道分析器　5—单道分析器
6—复合电路　7—放大器

图 10-36 所示为正电子平均寿命随温度的变化。正电子寿命的温度效应是由处于热平衡下的点阵空位造成的。这个试验是用正电子湮没法对点阵缺陷进行定量研究的开端，并建立了捕获模型，认为材料中空位型缺陷带有等效负电荷，它能够捕获正电子，使正电子所在处的电子密度变低，从而延长了正电子的寿命。

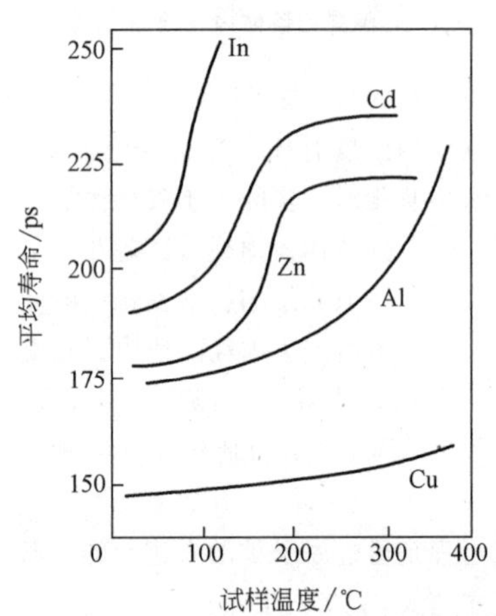

图 10-36　正电子平均寿命随温度的变化

反应堆外壳材料受快中子辐照时，点阵会受到损伤而出现空洞。通过正电子湮没方法对空洞的形成和长大可进行跟踪测量。现在该方法已成为研究金属辐照损伤的有力工具。

正电子湮没技术的特点是对微观结构、缺陷等特别敏感，试验方法也较为简单，可研究在含有缺陷的金属中电子动力学性质的不规则性，也可考察在形变、辐照或热处理期间出现的各种缺陷行为，特别是

得出关于缺陷本身的电子结构的信息，如测定金属中的空位形成能、形变以及退火过程对材料缺陷的影响。辐照效应、疲劳、蠕变、无损检测、钢的氢脆、马氏体相变、非晶态以及合金中的 G · P 区等方面，都有人用正电子湮没技术进行研究，获得了较为满意的结果。

10.4.3　穆斯堡尔谱仪

穆斯堡尔（Mössbauer）效应是固体原子核 γ 射线的无反冲发射与共振吸收效应，也称为共振荧光现象。由于它对 γ 射线能量的细微变化十分敏感，因此可以利用穆斯堡尔效应来探测由于共振原子核附近的物理和化学环境变化而引起的共振 γ 射线能量的细微变化。从 1957 年德国青年物理家穆斯堡尔发现此效应至现在，穆斯堡尔效应已迅速发展成为波谱学的一个分支——穆斯堡尔谱学，应用范围也从固体物理扩大到生物物理及考古等领域。

原子核如同原子一样，也具有能级，核处于最低能级为基态，高于基态的能态叫激发态。如果一个原子核处于能量为 E_e 的激发态，当跃迁到能量为 E_g 的基态时，便发射一个能量为 $E_o=E_e-E_g$ 的 γ 光量子。在一定条件下，等于 E_o 的光量子可以全部为一个基态的全同核（中子和质子数目均相等的同类核）所吸收，于是该核跃迁到激发态。这个现象叫作 γ 射线的核共振吸收。但是由于原子核在发射或吸收 γ 射线时会产生反冲，消耗了部分能量，破坏了共振吸收条件，所以难以观察到 γ 射线的共振吸收现象。

要观察到穆斯堡尔效应，就必须解决发射和吸收 γ 射线时原子核反冲造成的能量损失问题。在穆斯堡尔的试验中，采取两个措施来解决此问题。其一是用固体样品，由于共振原子核受到周围晶格的紧密束缚，结果可使其反冲能量很小。其二是利用多普勒效应（Doppler）使原子核得到一个附加的速度来补偿原子核反冲能量的损失。多普勒效应是当波源相对于观察者以速度 v 做相对运动时，观察者所接收到的波的频率 ν' 与静止时接收到的频率 ν 不同。

$$\nu'=\nu\left(1+\frac{v}{c}\right) \tag{10-26}$$

式中的 c 为光速，相应的光子能量 $E=h\nu$ 改变为

$$E'=h\nu'=h\nu\left(1+\frac{v}{c}\right)=E+\frac{v}{c}E$$

或

$$\Delta E=E'-E=\left(\frac{v}{c}\right)E \tag{10-27}$$

ΔE 称为多普勒能移。如果使 ΔE 恰好补充反冲造成的能量损失，就可以观察到穆斯堡尔效应。图 10-37 所示为穆斯堡尔谱仪的结构。它包括四个基本单元：γ 射线源和速度单元、共振吸收体、放射线的检测和计数装置（检测器和计数器），以及控制及处理系统。

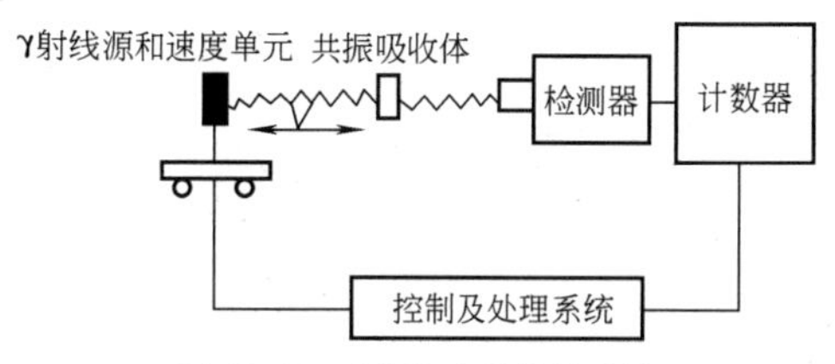

图 10-37　穆斯堡尔谱仪的结构

对铁的穆斯堡尔效应观察所用的源核为 $^{57}_{27}Co$，吸收体就是所要研究的物质，它必须含有与源相同的同位素，而且处于基态，以便发生共振吸收。记录 γ 射线的探测器可用闪烁计数管。在共振吸收期间，计数率应减小。记录的曲线即为穆斯堡尔谱。谱的横坐标为源的运动速度，不同的速度是为了调制 γ 射线的能量。纵坐标为吸收计数（即发射强度）。

由于实现无反冲共振吸收的条件极为严格，因此核环境的任何微小变化，都足以引起穆斯堡尔谱线的形状、共振吸收位置、强度等的改变，从而推测出样品物质结构的变化。

样品不需要特别抛光，也可用粉末试样，但要求薄，铁试样厚度约为 20μm。

穆斯堡尔效应可研究不同类型的沉淀过程（成核、长大过程），了解新相形成过程中原子的分布。用穆斯堡尔效应研究 Al(富 Al)-Fe 合金中的沉淀，经淬火的 Al-Fe 合金试样在室温下的穆斯堡尔谱如图 10-38 所示。图中分别给出了固溶体中的 Fe、Al_6Fe 和 $Al_{13}Fe_4$ 相沉淀中 Fe 的穆斯堡尔谱，该谱可以被理解为由固溶体中 Fe 的单线和形成 Fe 原子的最近邻组态的四极劈裂组分的叠加，通过退火处理，由穆斯堡尔谱的变化可以观测到由 Al_6Fe 至 $Al_{13}Fe_4$ 相的变化。

穆斯堡尔谱能很灵敏地分析微量相的形成。图 10-39 所示为亚共析钢表面经轻研磨后的穆斯堡尔谱。对谱线的拟合分析可清楚地看到奥氏体的峰，这表明在表面生成了奥氏体。这个奥氏体层很薄，用其他试验无法分析（如用 X 射线衍射探测不出），由于有应变，低能电子衍射也无能为力。

图 10-40 所示为 $TiFeH_x$ 合金的穆斯堡尔谱。TiFe 合金是储氢合金，需要分析氢含量与合金相组成的关系。由图 10-40 可知，$TiFeH_{0.1}$ 合金为单峰，可确定为立方结构的 α 单相；$TiFeH_{0.9}$ 合金的谱则由两个相

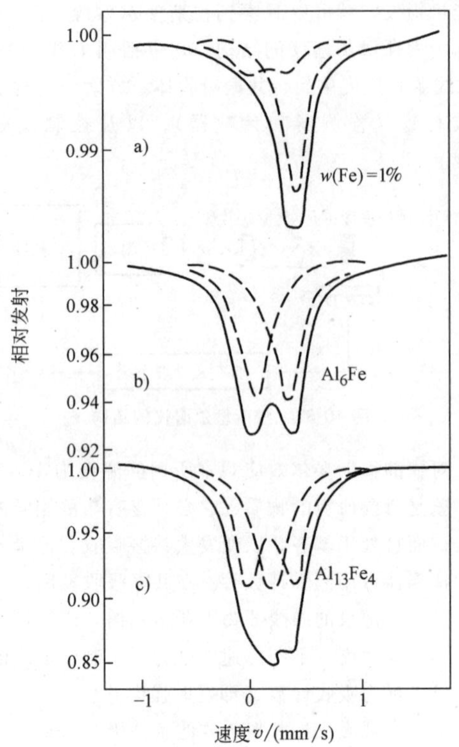

图 10-38　Al-Fe 合金的穆斯堡尔谱

a）固溶体中 Fe 的穆斯堡尔谱

（单线代表固溶体中 Fe 的组分，双线代表 Fe 的聚集的组分）

b）Al_6Fe 沉淀中 Fe 的室温穆斯堡尔谱

c）$Al_{13}Fe_4$ 沉淀中 Fe 的室温穆斯堡尔谱

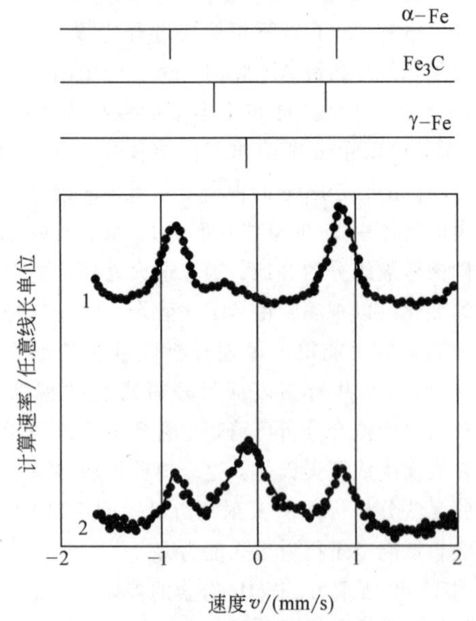

图 10-39　亚共析钢表面经轻研磨后的穆斯堡尔谱

1—14.4eV 的 γ 射线计数谱　2—电子计数谱

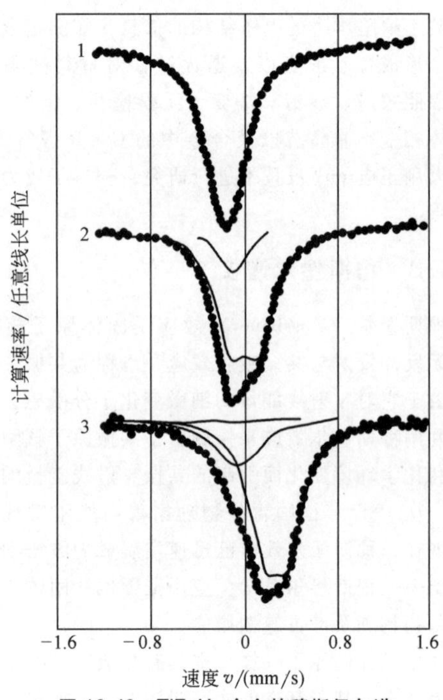

图 10-40　$TiFeH_x$ 合金的穆斯堡尔谱

1—$TiFeH_{0.1}$　2—$TiFeH_{0.9}$　3—$TiFeH_{1.7}$

的峰组成，可确定为 α 和非立方的 β 相组成；$TiFeH_{1.7}$ 合金的谱是由三个相的峰重叠在一起，可确定为 α、β 和非立方的 γ 相组成。根据峰的高低，还可进行定量分析。

此外，穆斯堡尔谱在有序无序转变、马氏体相变和马氏体回火过程、残留奥氏体测量、过冷奥氏体的中温分解、因瓦合金的性能等方面都有研究应用。

这种方法受到同位素种类的限制（适用的有 40 种左右），而且完成一次观测谱的时间较长，所以有一定的局限性。

10.4.4　核磁共振法

核磁共振是具有磁矩的原子核在直流磁场（包括内磁场，或者更广义地包括有梯度的电场）作用下，对射频电磁波的共振吸收。

原子核是由质子和中子组成的。通常用质子数和质量数表示一个原子核，如 $^{57}_{26}Fe$ 就表示这种原子核由 26 个质子和 57-26=31 个中子组成。原子核的质子和中子都有自旋，因此原子核也具有自旋角动量和磁矩，它们之间的关系为

$$\mu=\gamma hI \tag{10-28}$$

式中　μ——核磁矩；

γ——旋磁比；

h——约化普朗克常数；

I——自旋角动量。

与核外电子一样，核的自旋状态也是空间量子化的。它在某一指定方向上，例如 Z 轴的投影只能是 $m_I h$，其中 m_I 称为核的磁量子数，可取 $2I+1$。此外，当 $I \geqslant 1$ 时，原子核中的电荷常常呈旋转椭球体状分布，因此一般来说，原子核还具有电四极矩 Q。Q 的大小描述原子核偏离球对称的程度，长椭球时，$Q>0$；扁椭球时，$Q<0$。原子核的电四极矩与核外电子云的相互作用影响原子光谱结构，这称为四极分裂。表 10-13 列出了部分元素的核性能。

对自旋角动量为 I 的核，在磁场作用下，核能级分裂为 $2I+1$ 个能级，称为塞曼分裂。在这种情况下，如果用一束电磁波照射原子核系统，则处于低能态的就可以吸收电磁波的能量而跃迁到高能级（吸收的能量值可由射频电磁波消耗的能量测出）。当电磁波的角频率 ω 满足一定条件时就发生了原子核系统对电磁波的共振吸收，这就是核磁共振吸收现象。在铁磁金属中，核磁共振的共振频率范围为几十兆至几百兆赫。

试验中最方便的做法是射频场（电磁波）的角频率 ω_0 保持不变，而连续改变所加磁场强度 H 的值，当 H 变化到一定值时便发生共振吸收。

表 10-13　部分元素的核性能

元素	质子数	质量数	旋磁比 $\gamma/2\pi$	自旋角动量 I	电四极矩/barn
Al	13	27	11.094	5/2	0.15
Cr	24	53	2.406	3/2	±0.03
Mn	25	55	10.500	7/2	0.4
Fe	26	57	1.3757	1/2	0
Co	27	59	10.03	7/2	0.4
Ni	28	61	3.79	3/2	0.16

注：barn 为核子有效截面积单位，$1\text{barn}=10^{-24}\text{cm}^2$。

图 10-41 所示为连续波核磁共振谱仪的结构。样品多为箔材或粉末。

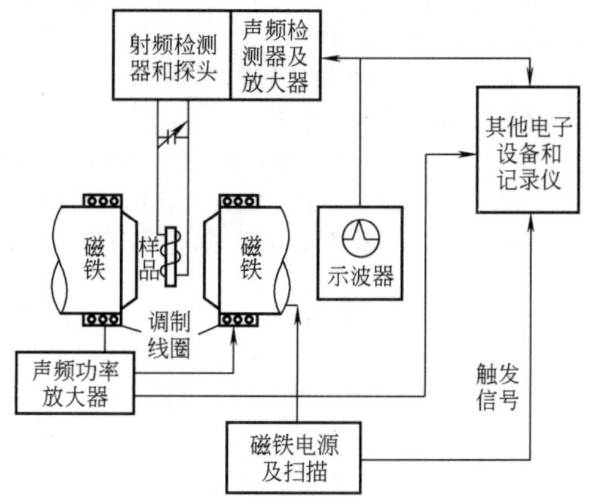

图 10-41　连续波核磁共振谱仪的结构

由于核环境中电场、磁场和电荷密度都对核的能极有影响，它将改变跃迁的共振能量。核磁共振可测定在不同点阵位置处的超精细场作为材料组成、材料的处理、温度、压力和磁场的函数。这些测量结果对某些磁性材料的微观结构和宏观磁性的了解曾有过很大的贡献。

核磁共振可作为磁结构的灵敏探针，研究合金中原子的局部环境（如金属铁磁体中一个杂质原子处的磁环境）和有序结构（如 Fe-Al、Fe-Ni、Fe-Si、Fe-Co 合金的短程有序度）。

图 10-42 所示为 FeNi 合金的室温核磁共振谱。FeNi 合金在高温完全互溶，室温时在镍含量为 75%（质量分数）处合金倾向于形成 $AuCu_3$ 型有序结构。由图 10-42 可知，有序态和无序态的差异用核磁共振法是很容易检测的。由于 Fe 和 Ni 原子的 X 射线和中子的散射因子很相近，若用 X 射线衍射和中子衍射就很难测定。此外，对有序态的核磁共振谱进行谱拟合分析，还可研究有序度的细节。

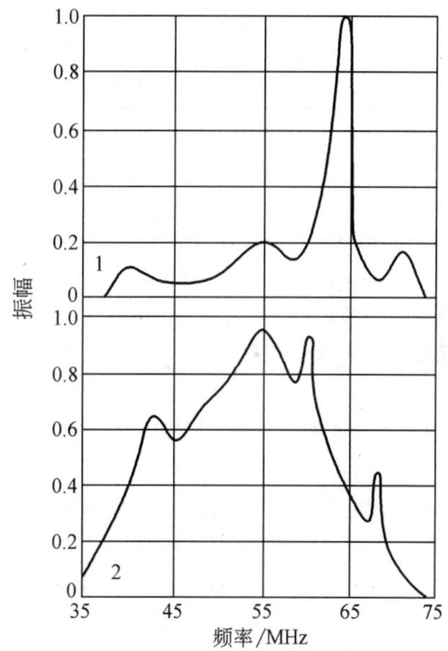

图 10-42　FeNi 合金的室温核磁共振谱

1—有序态　2—无序态

此外，还可用来研究金属和合金的电子结构、铁磁体的畴结构、缺陷、沉淀现象、稀土金属间化合物、扩散和非晶态等。

核磁共振和穆斯堡尔效应都是微观分析中采用的技术，都可用来测量固体中的超精细结构，提供互相补充的信息。但各有其特长和局限性，穆斯堡尔效应分辨率很低，对环境效应敏感性低，谱线容易解释，对试样纯度和晶体质量的限制较少。核磁共振分辨率高，考虑因素多。在条件允许时，可先用穆斯堡尔谱仪初测一下，然后再用核磁共振来测定其细致性质。

内耗及三种核物理方法的应用比较列于表10-14。

表10-14 内耗及三种核物理方法的应用比较

项目	内 耗	正电子湮没	穆斯堡尔效应	核 磁 共 振
定义	物体振动引起内部变化使振动能转变为热能	正电子进入固体，与固体中电子复合转变为一对光子	原子核对 γ 射线的无反冲共振吸收现象	具有磁矩的原子核，在直流磁场作用下，对射频电磁波的共振吸收
应用原理	内耗与金属内部结构及原子运动等有关，利用内耗峰位置及高度，研究内部结构	湮没过程受正电子所遇到的原子环境的影响，可测物质微观结构	核环境的微小变化，都足以引起穆斯堡尔谱线的改变，从而推知物质结构的变化	核环境中，电场强度、磁场强度和电荷密度都对核能级有影响，能改变跃迁的共振能量
基本变量	能量衰减率用 Q^{-1} 或 $\tan\delta$ 表示	测定正电子寿命谱，用平均寿命 $\bar{\tau}$ 表示	穆斯堡尔谱线的形状、共振吸收位置和强度等的变化	在能量吸收 E 和磁场强度 H 曲线上，形成一定线宽和有吸收峰
使用仪器	低频扭摆仪等	正电子寿命谱仪等	穆斯堡尔谱仪	连续型核磁共振谱仪
样品要求	直径为 $\phi0.5\sim\phi1.00$mm 的细丝状	试样厚度为0.1~1.0mm	薄片厚度为20μm	箔材或粉末
应用举例	间隙原子在固溶体中的浓度、扩散过程激活能、低温扩散和金属疲劳等	适宜做材料损伤结构（空位型缺陷）分析，特别是金属中氢脆	适宜做化学环境和物质超精细结构（如电子结构、磁结构、晶格点阵对称性）分析，适于分析重元素（$z>26$）物质	适宜做化合物结构分析，分析轻元素（$z<26$），它是与穆斯堡尔谱互为补充的一种分析技术

参 考 文 献

[1] ASM INTERNATIONL. MetalsHandbook: Volume10 MaterailsCharacterization [M]. 9th ed. Ohio: ASM International, 1992.

[2] 范雄. 金属X射线学 [M]. 北京：机械工业出版社，1988.

[3] 陈世朴，王永瑞. 金属电子显微分析 [M]. 北京：机械工业出版社，1988.

[4] 刘文西，黄孝瑛，陈玉如. 材料结构电子显微分析 [M]. 天津：天津大学出版社，1989.

[5] 郭可信，叶恒强，吴玉琨. 电子衍射图在晶体学中的应用. 北京：科学出版社，1980.

[6] 周玉. 材料分析方法 [M]. 北京：机械工业出版社，2004.

[7] 《彩色金相技术》编写组. 彩色金相技术（应用图册）[M]. 北京：国防工业出版社，1991.

[8] 林慧国，傅代直. 钢的奥氏体转变曲线：原理、测试与应用 [M]. 北京：机械工业出版社，1988.

[9] 姜晓霞，王景韫. 合金相电化学 [M]. 上海：上海科学技术出版社，1984.

[10] 宋学孟. 金属物理性能分析 [M]. 北京：机械工业出版社，1981.

[11] 田莳，李秀臣，李邦淑. 金属物理性能 [M]. 北京：国防工业出版社，1985.

[12] 夏元复，叶纯灏，张健. 穆斯堡尔效应及其应用 [M]. 北京：原子能出版社，1984.

[13] 利费森 E. 材料的特征检测：第Ⅰ部分 [M]. 叶恒强，等译. 北京：科学出版社，1998.

[14] 戎咏华. 分析电子显微学导论 [M]. 3版. 北京：高等教育出版社，2015.

[15] 麦振洪，等. 同步辐射光源及其应用：上册 [M]. 北京：科学出版社，2013.

[16] GAULT B, Michael P. MOODY M P, CAIRNEY J M, et al. 原子探针显微学 [M]. 刘金来，何立子，金涛，译. 北京：科学出版社，2016.

第 11 章 金属腐蚀与防护试验

西安交通大学 周根树 任颖

西安石油大学 薛玉娜

11.1 概述

11.1.1 金属腐蚀定义与分类

金属材料受环境介质的化学、电化学和物理作用引起的损伤和变质称为金属腐蚀。金属在干燥的气体和非电解质溶液中发生化学作用所引起的腐蚀称为化学腐蚀，例如金属的氧化。金属在电解液中的腐蚀是电化学腐蚀，也称湿腐蚀。金属在某些液态金属中的溶解也被纳入腐蚀范畴。

腐蚀种类，按照腐蚀形态分为：全面腐蚀、局部腐蚀和应力作用下的腐蚀；按照产生腐蚀的环境分为：自然环境下的腐蚀和工业环境下的腐蚀；按照腐蚀机理分为：化学腐蚀、电化学腐蚀和物理溶解腐蚀。

11.1.2 金属的氧化

金属氧化是指环境介质中的氧和金属化合的现象，金属原子失去电子而被氧化，氧原子获得电子而被还原成负离子（O^{2-}）。狭义的金属氧化仅指金属与环境介质中的氧进行化合，形成氧化物；广义的氧化还包括硫化、碳化、氮化及卤化等。氧化作为金属腐蚀，仅指由于氧化而形成的氧化物存在于金属表面（氧化膜）。氧化膜一般是固体，但是 V_2O_5 的熔点为 674℃，在高温下是液态，MoO_3 在 450℃以上挥发成气体。固体氧化膜的存在对金属基体有保护作用，但是其保护能力与自身的致密程度、稳定性、与基体的附着程度、组织结构、基体金属的膨胀系数，以及氧化膜内应力大小等有关系。Pilling-Bedworth（PB）提出一个判断方法，即用金属氧化膜体积（V_{MO_2}）与该金属体积（V_M）之比（PB 值，用 r 表示）判断。当 $r>1$ 时，氧化膜有保护作用。这只是必要条件，而不是充分条件。例如，难熔金属氧化膜易脆裂，无保护作用。表 11-1 是一些金属氧化膜的 r 值。

实践证明，r 值稍大于 1 的金属氧化膜的保护作用最大，例如 Al_2O_3、TiO_2、SiO_2、Cr_2O_3 等的保护作用最好。表 11-2 为常见氧化物的晶体结构及物理化学性能。

表 11-1 一些金属氧化膜的 r 值

氧化膜	r	氧化膜	r
MoO_3	3.4	NiO	1.52
WO_3	3.4	ZrO_2	1.51
V_2O_5	3.18	PbO_2	1.40
Nb_2O_5	2.68	SnO_2	1.32
Ta_2O_5	2.33	ThO_2	1.32
Sb_2O_3	2.35	HgO	1.31
Bi_2O_5	2.27	Al_2O_3	1.28
SiO_2	2.27	CdO	1.21
Cr_2O_3	1.99	Ce_2O_3	1.16
Co_3O_4	1.99	MgO	0.99
TiO_2	1.95	BaO	0.74
MnO	1.79	CaO	0.65
FeO	1.77	SrO	0.65
Cu_2O	1.68	Na_2O	0.58
ZnO	1.62	Li_2O	0.57
PdO	1.60	Cs_2O	0.46
BeO	1.59	K_2O	0.45
Ag_2O	1.59	RbO	0.45

表 11-2 常见氧化物的晶体结构及物理化学性能

氧化物	结构	熔点/℃	沸点/℃	生成热 ΔH/4.184kJ	摩尔体积/(cm^3/mol)	r
Li_2O	CaF_2		升华点 1300	285.2	15	0.58
Li_2O_2	α-立方 β-$Li_2O_{2\sim1.9}$	相变点 225		18.5	21.45	0.83
BeO	闪锌矿	2530	3850	286.2	8.25	1.68
MgO	NaCl	升华	升华点 2770			
CaO	NaCl	2600	3500	303.0	16.7	0.64
BaO	NaCl	1925	2750	266.0	25.3	0.67
Y_2O_3	立方	2420	4300	303.6	44.9	1.39
La_2O_3	六方	2320		297.3	49.7	1.10

（续）

氧化物	结构	熔点/℃	沸点/℃	生成热 $\Delta H/4.184kJ$	摩尔体积/(cm^3/mol)	r
Ce_2O_3	六方			(305)	47.9	1.16
ThO_2	CaF_2	3000		293.2	26.7	1.35
UO_2	CaF_2	2820		259.0	24.7	1.98
TiO	NaCl	(1750)		246.2	11~13	1.20
Ti_2O_3	α-Cr_2O_3	相变点 200		232.0	31.5	1.46
	β	1800				
ZrO_2	α-单斜	相变点 1170		259.5	21.9	1.56
VO	NaCl	1900		204.0	10.5~11.4	1.51
V_2O_3	Cr_2O_3			180	29.2/30.8	1.82
V_2O_5	斜方	674		60	54	3.19
NbO	NaCl	1945		(195)	15.0	1.37
NbO_2	金红石型	1915		187.0	20.5	1.87
β-Nb_2O_5	单斜	1495		146.8	58.3	2.68
α-Ta_2O_5	斜方	1350		195.6	54	2.5
β-Ta_2O_4	三斜	1872			52.8	2.43
Cr_2O_3	菱形	2400		180	29	2.07
CrO_3	斜方	1350		195.6	54	2.50
MoO_2	单斜	1780		140.6	19.7	2.10
Mo_4O_{11}	菱形			74.4	134.0	3.57
Mo_9O_{26}	单斜	相变点 650				3.5
MoO_3	斜方	795	1100	77.6	31.3	3.3
WO_2	单斜	1580		140.9	19.8	2.08
α-WO_3	三斜	相变点 735		134.1	31.5	3.35
β-WO_3	斜方	1473				
MnO	NaCl	1875		184	13.15	1.79
α-Mn_3O_4	尖晶石	相变点 1170		110.8	47.3	2.15
β-Mn_3O_4	立方	1560		100.8		
α-Mn_2O_3	Sc_2O_3	相变点 600			50.8	35
γ-Mn_2O_3	γ-Fe_2O_3	分解温度 900				
α-MnO_2	斜方	相变点 250			38.4	
ReO_2	立方	160		89.0	31.5	3.38
Re_2O_7	立方	296	362	9.5	(79.2)	
FeO	NaCl	1424		126.5	11.9/12.5	
Fe_3O_4	尖晶石	1597		144.5	44.7	2.10
α-Fe_2O_3	立方	1457		109.3		
CoO	NaCl	1805		114.2	11.6/12.3	1.86
Co_3O_4	尖晶石	分解温度 910			39.8	2.01
NiO	NaCl	1960		115.0	10.9	1.65
Cu_2O	立方	1230		80	23.3	1.64
CuO	单斜	分解温度 1100		68.4	12.2	1.72
Ag_2O	立方	分解温度 185		14.6	32.1	1.56
CdO	NaCl			122.2	15.65	1.21
α-Al_2O_3	菱形	2030		266.8	25.6	1.28
γ-Al_2O_3	缺陷尖晶石			253.1	29.8	1.49
α-石英 SiO_2	六方	1610		210	22.5	
β-方石英 SiO_2	立方	1713		209.3	27	

11.1.3　电化学腐蚀

1. 特性

金属在电解液中的腐蚀是电化学腐蚀。电化学腐蚀与原电池原理相同，被腐蚀的金属是阳极，失去电子后成为正离子，进入电解液中（$ne^- \cdot M^{n+} \to M^{n+} + ne^-$）。例如 Fe 被腐蚀时成为 Fe^{2+}，进入电解液，产生的两个电子经导线流到阴极端，阴极借助于电解液中带正电荷的 H^+ 与电子进行反应，使系统达到平衡，将氢还原成原子（$H^+ + e^- \to H$），氢原子可能进入金属中使材料产生氢脆，也可能形成氢分子（H_2），在阴极上产生气泡释出。

根据电池的电极大小可分为宏观电池与微观电池。金属腐蚀时，由于化学成分和组织不均匀、表面不平整、表面膜不完整等产生的微电池作用不能忽视。

2. 电极电位

将一块金属片置于电解液中产生电荷转移，这个体系称为电极。例如丹尼尔电池中的 Cu 片与 Zn 片在 $CuSO_4$ 或 $ZnSO_4$ 溶液中构成了 Cu 极与 Zn 极。由于两个电极的电位不同，用导线连接后有电流流动，所以电极电位就是金属（导体）与电解液（离子导体）间的电位差。

Nernst 计算了双电层上达到平衡状态时的电极电位（E），如下式：

$$E = E_0 + \frac{RT}{nF}\ln a$$

式中　E_0——金属的标准电极电位；

R——摩尔气体常数；

T——热力学温度；

F——法拉第常数；

n——参与反应的电子数；

a——金属离子浓度。

无论是平衡电极电位还是非平衡电极电位的绝对值均无法测定。目前是人为规定氢电极电位为零，将待测的金属与氢电极组成原电池，此电池的电位就是待测金属的电极电位。因为用氢标准电极测定电位很不方便，通常采用参比电极测定金属电位。常用参比电极的电位值见表 11-3。

表 11-3　常用参比电极的电位值

电极名称	电极结构	电极电位①/V	温度系数②/mV	一般用途	备注
标准氢电极	$Pt[H_2]_{1大气压}\|H^+(a=1)$	0.000	0	酸性介质	SHE
饱和甘汞电极	$Hg[Hg_2Cl_2]\|$饱和 KCl	0.244	−0.65	中性介质	SCE
1mol/L 甘汞电极	$Hg[Hg_2Cl_2]|$1mol/LKCl	0.280	−0.24	中性介质	NCE
0.1mol/L 甘汞电极	$Hg[Hg_2Cl_2]|$0.1mol/LKCl	0.333	−0.07	中性介质	
标准甘汞电极	$Hg[Hg_2Cl_2]\|Cl^-(a=1)$	0.2676	−0.32	中性介质	
海水甘汞电极	$Hg[Hg_2Cl_2]\|$海水	0.296	−0.28	海水	
饱和氯化银电极	Ag[AgCl]|饱和 KCl	0.196	−1.10	中性介质	
1mol/L 氯化银电极	Ag[AgCl]|1mol/LKCl	0.2344	−0.58	中性介质	
0.1mol/L 氯化银电极	Ag[AgCl]|0.1mol/LKCl	0.288	−0.44	中性介质	
标准氯化银电极	$Ag[AgCl]\|Cl^-(a=1)$	0.2223	−0.65	中性介质	
海水氯化银电极	Ag[AgCl]|海水	0.2503	−0.62	海水	
1mol/L 氧化汞电极	Hg[HgO]|1mol/LNaOH	0.114		碱性介质	
0.1mol/L 氧化汞电极	Hg[HgO]|0.1mol/LNaOH	0.169		碱性介质	
标准氧化汞电极	$Hg[HgO]\|OH^-(a=1)$	0.098	−1.12	碱性介质	
饱和硫酸亚汞电极	$Hg[Hg_2SO_4]\|$饱和 H_2SO_4	0.658		酸性介质	
1mol/L 硫酸亚汞电极	$Hg[Hg_2SO_4]\|1mol/LH_2SO_4$	0.6758		酸性介质	
0.1mol/L 硫酸亚汞电极	$Hg[Hg_2SO_4]\|0.1mol/LH_2SO_4$	0.682		酸性介质	
标准硫酸亚汞电极	$Hg[Hg_2SO_4]\|SO_4^{2-}(a=1)$	0.615	−0.80	酸性介质	
饱和硫酸铜电极	$Cu[CuSO_4]\|$饱和 $CuSO_4$	0.316	+0.02	土壤、中性介质	
标准硫酸铜电极	$Cu[CuSO_4]\|SO_4^{2-}(a=1)$	0.342	+0.008	土壤、中性介质	
0.1mol/L 氢醌电极	Pt[氢醌(固)]|0.1mol/LHCl	0.699	−0.73	酸性介质	
0.1mol/L 硫酸铅电极	$PbO_2[PbSO_4]\|0.1mol/LH_2SO_4$	1.565		酸性介质	

① 各电极的电极电位值系指 25℃ 时相对于 SHE 的电位值。

② 温度系数是指每变化 1℃ 时电极电位变化的数值。

将参比电极测定的电位值加上氢标准电极电位(0.36V)，便是该金属的氢电位数值。表11-4是常见金属25℃时的标准电极电位。表中金属的电极电位(E_0)比氢越高(越正)，越不易受腐蚀，这类金属属贵金属。比氢标准电极电位越低(越负)时，越易受腐蚀。

表11-4 常见金属在25℃时的标准电极电位

(对于 $Me \rightleftharpoons Me^{n+} + ne^-$ 的电极反应)

电极过程	E_0/V	电极过程	E_0/V
$Li \rightleftharpoons Li^+$	-3.045	$V \rightleftharpoons V^{3+}$	-0.876
$Rb \rightleftharpoons Rb^+$	-2.925	$Zn \rightleftharpoons Zn^{2+}$	-0.762
$K \rightleftharpoons K^+$	-2.925	$Cr \rightleftharpoons Cr^{3+}$	-0.74
$Cs \rightleftharpoons Cs^+$	-2.923	$Ga \rightleftharpoons Ga^{3+}$	-0.53
$Ra \rightleftharpoons Ra^{2+}$	-2.92	$Fe \rightleftharpoons Fe^{2+}$	-0.440
$Ba \rightleftharpoons Ba^{2+}$	-2.90	$Cd \rightleftharpoons Cd^{2+}$	-0.402
$Sr \rightleftharpoons Sr^{2+}$	-2.89	$In \rightleftharpoons In^{3+}$	-0.342
$Ca \rightleftharpoons Ca^{2+}$	-2.87	$Tl \rightleftharpoons Tl^+$	-0.336
$Na \rightleftharpoons Na^{2+}$	-2.714	$Mn \rightleftharpoons Mn^{3+}$	-0.283
$La \rightleftharpoons La^{3+}$	-2.52	$Co \rightleftharpoons Co^{2+}$	-0.277
$Mg \rightleftharpoons Mg^{2+}$	-2.37	$Ni \rightleftharpoons Ni^{2+}$	-0.250
$Am \rightleftharpoons Am^{3+}$	-2.32	$Mo \rightleftharpoons Mo^{3+}$	-0.2
$Pu \rightleftharpoons Pu^{3+}$	-2.07	$Ge \rightleftharpoons Ge^{4+}$	-0.15
$Th \rightleftharpoons Th^{4+}$	-1.90	$Sn \rightleftharpoons Sn^{2+}$	-0.136
$Np \rightleftharpoons Np^{3+}$	-1.86	$Pb \rightleftharpoons Pb^{2+}$	-0.126
$Be \rightleftharpoons Be^{2+}$	-1.85	$Fe \rightleftharpoons Fe^{3+}$	-0.036
$U \rightleftharpoons U^{3+}$	-1.80	$Dy \rightleftharpoons Dy^{3+}$	-0.0034
$Hf \rightleftharpoons Hf^{4+}$	-1.70	$H_2 \rightleftharpoons H^+$	0.000
$Al \rightleftharpoons Al^{3+}$	-1.66	$Cu \rightleftharpoons Cu^{2+}$	+0.337
$Ti \rightleftharpoons Ti^{2+}$	-1.63	$Cu \rightleftharpoons Cu^+$	+0.521
$Zr \rightleftharpoons Zr^{4+}$	-1.53	$Hg \rightleftharpoons Hg^{2+}$	+0.789
$U \rightleftharpoons U^{4+}$	-1.50	$Ag \rightleftharpoons Ag^+$	+0.799
$Np \rightleftharpoons Np^{4+}$	-1.354	$Rh \rightleftharpoons Rh^{3+}$	+0.80
$Pu \rightleftharpoons Pu^{4+}$	-1.28	$Hg \rightleftharpoons Hg^{2+}$	+0.854
$Ti \rightleftharpoons Ti^{3+}$	-1.21	$Pd \rightleftharpoons Pd^{2+}$	+0.987
$V \rightleftharpoons V^{2+}$	-1.18	$Ir \rightleftharpoons Ir^{3+}$	+1.000
$Mn \rightleftharpoons Mn^{2+}$	-1.18	$Pt \rightleftharpoons Pt^{2+}$	+1.19
$Nb \rightleftharpoons Nb^{3+}$	-1.1	$Au \rightleftharpoons Au^{3+}$	+1.50
$Cr \rightleftharpoons Gr^{2+}$	-0.911	$Au \rightleftharpoons Au^+$	+1.68

3. 极化与极化曲线

将两块不同的金属置于同一电解液中，两个电极的电位差就是腐蚀的原动力。然而此电位差是不稳定的，当腐蚀原电池接成回路，有电流流过时，将引起电极电位的变化，这种现象称为电极极化。通阳极电流时阳极电位向正的方向变化，是阳极极化；通阴极电流时阴极电位向负方向变化，是阴极极化。阳极极化和阴极极化都使两极间电位差减小，从而导致腐蚀电流减小。因此极化作用是阻滞金属腐蚀的重要因素，并能减缓金属的腐蚀速率。

表示电极电位和电流间关系的曲线是极化曲线。阳极电位与电流间关系曲线为阳极极化曲线，阴极电位与电流间关系曲线为阴极极化曲线。它们可借助参比电极用试验方法来测定。

艾文思(Evans)将极化曲线简化成图11-1所示的示意图。图中$E°_{阴}S$是阴极极化曲线，$E°_{阴}$点是局部阴极反应的平衡电位；$E°_{阳}S$是阳极极化曲线，$E°_{阳}$点是局部阳极反应的平衡电位。曲线的斜率表示极化率。

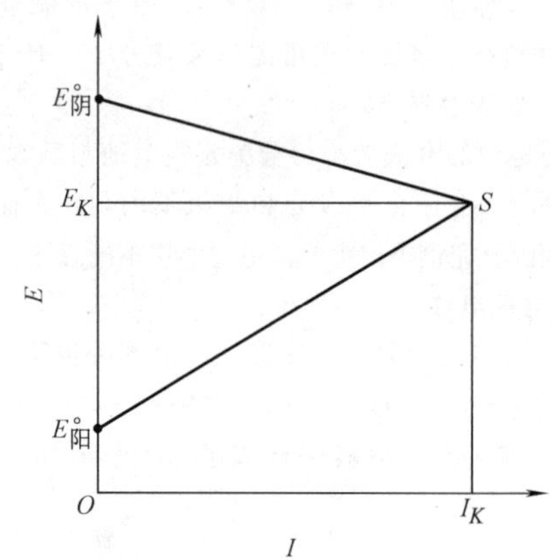

图11-1 艾文思极化曲线

当其他条件相同时，局部阴极极化或局部阳极极化越小，即极化曲线斜率越小，则腐蚀电流越大，腐蚀越快，如图11-2a所示，$I_{K2}>I_{K1}$。

如果极化率相同，则腐蚀初始电位差越大，腐蚀电流也越大，如图11-2b所示，$I_{K3}>I_{K2}>I_{K1}$。

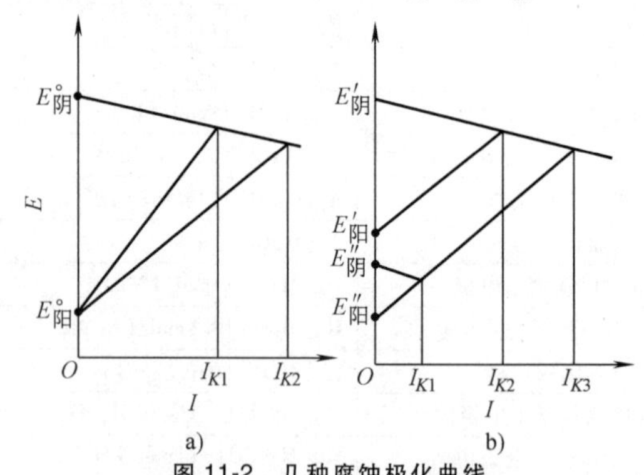

图11-2 几种腐蚀极化曲线

a) 极化率不同 b) 极化率相同

4. 钝化

一些较活泼的金属，在特定的环境中，例如铁在浓硝酸中，表面形成一层极薄的钝化膜，使金属由活化状态变成钝态，这种现象称为钝化。金属钝化时出现电极电位向贵金属方向移动，例如Fe的腐蚀电位从-0.5～+0.5V升至+0.5～+1.0V，Cr的电位从

-0.6～+0.4V 升至+0.8～+1.0V，几乎接近贵金属电位。

钝化现象很复杂，至今无一致的定义。但是金属钝化时阳极行为具有共同特征，这点是清楚的。典型的具有钝化特征的金属阳极极化曲线如图 11-3 所示。从曲线走向可以看到，在活化溶解阶段随电位增加，腐蚀电流增大，当电位达到 E_{pp} 时，再增加电位时电流反而减小，此时已进入钝化状态。当电流减小到 I_p 时，再增加电位，电流不再变化，此时金属已处于完全钝化状态。当电位高于一定值后，电流密度再次随电位升高而增大，此时已进入过钝化阶段。

5. 金属腐蚀图（E-pH 图）

借助于热力学建立的金属腐蚀电位（E）与 pH 值关系的电化学平衡图称为金属腐蚀图。这个图的创始人是比利时学者 M. Pourbaix，因此也称为 Pourbaix 图。这种平衡图与合金相图相似，表示在某一电位和 pH 值时的体系稳定状态。从该图可以判断金属在平衡状态下发生腐蚀的倾向和可以采用的防护措施。

腐蚀图的应用有一定局限性，因为金属腐蚀很少是在平衡状态下进行的，并且实际腐蚀情况远比该图所表示的复杂得多。图 11-4 所示为 25℃ 时的 Fe-H_2O 系腐蚀图，图 11-4a 中固相物质为 Fe、Fe_3O_4、Fe_2O_3，图 11-4b 中固相物质为 Fe、$Fe(OH)_2$、$Fe(OH)_3$。图 11-4 中各条曲线的意义见表 11-5。

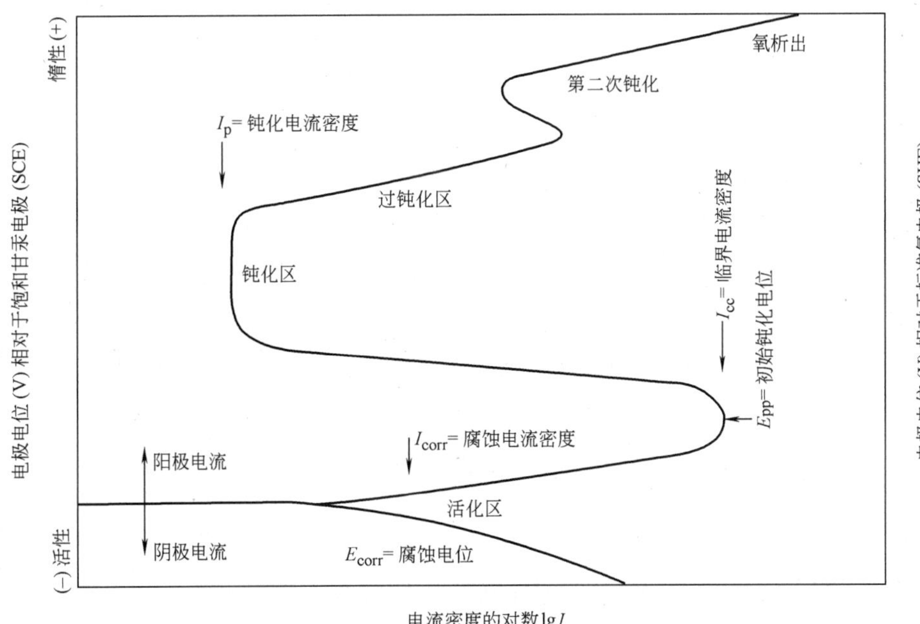

图 11-3 典型的具有钝化特征的金属阳极极化曲线

注：电流密度 I 的单位是 mA/m^2。

表 11-5 Fe-H_2O 系腐蚀图中各条曲线的意义

线符号	意　义	电极电位	特　征
①	Fe 与 Fe^{2+} 反应线，即 $Fe^{2+}+2e^- \rightleftharpoons Fe$	$E=-0.44+0.0295\lg a_{Fe^{2+}}$	反应仅与 E 有关，为水平线
②	Fe^{2+} 与 Fe_2O_3 反应线，即 $Fe_2O_3+6H^++2e^- \rightleftharpoons 2Fe^{2+}+3H_2O$	$E=0.73-0.0295(\lg a_{Fe^{2+}}+6pH)$	反应与 E 及 pH 值有关为斜线
③	Fe^{2+} 与 Fe^{3+} 反应线，即 $Fe^{3+}+e^- \rightleftharpoons Fe^{2+}$	$E=0.77+\frac{RT}{F}\lg\left(\frac{a_{Fe^{3+}}}{a_{Fe^{2+}}}\right)$	反应仅与 E 有关，为水平线
④	Fe^{3+} 与 Fe_2O_3 反应线，即 $2Fe^{3+}+3H_2O \rightleftharpoons Fe_2O_3+6H^+$	pH＝1.8	无电子传递，为垂线

（续）

线符号	意　义	电极电位	特　征
⑤	Fe_2O_3 与 Fe_3O_4 反应线	$E=0.221-0.0591pH$	反应与 E 及 pH 值有关，为斜线
⑥	Fe 与 Fe_3O_4 反应线，即 $Fe_3O_4+8H^++8e^- \rightleftharpoons 3Fe+4H_2O$	$E=0.0846-0.0591pH$	反应与 E 及 pH 值有关，为斜线
⑦	Fe^{2+} 与 Fe_3O_4 反应线，即 $Fe_3O_4+8H^++2e^- \rightleftharpoons 3Fe^{2+}+4H_2O$	$E=0.98-0.236pH-0.886\lg a_{Fe^{2+}}$	反应与 E 及 pH 值有关，为斜线
ⓐ	H^+ 电极反应线，即 $2H^++2e^- \rightleftharpoons H_2$（气）	$E=-0.0591pH$	反应与 E 及 pH 值有关，是斜线，下方是 H_2 稳定区
ⓑ	O_2 与 H_2O 反应线，即 O_2（气）$+4H^++4e^- \rightleftharpoons 2H_2O$	$E=1.229-0.0591pH$	反应与 E 及 pH 值有关，是斜线，上方是 O_2 稳定区，ⓐ与ⓑ之间是 H_2O 稳定区

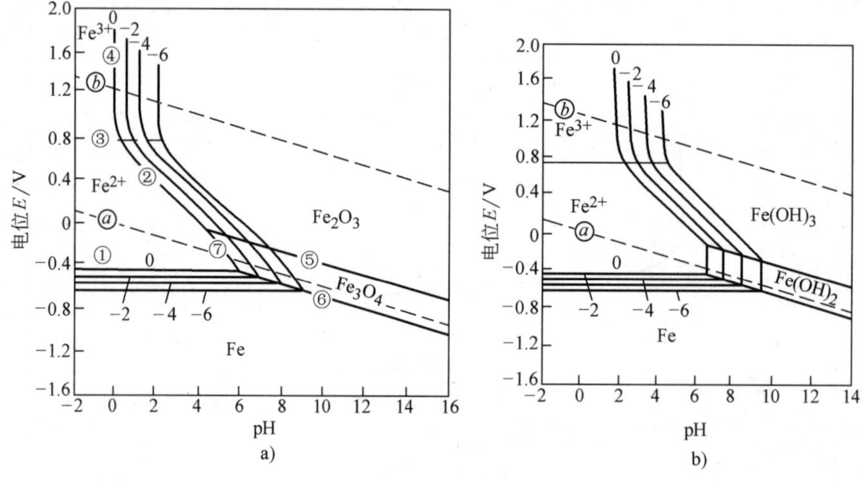

图 11-4　25℃时的 Fe-H_2O 系腐蚀图

a）固相物质为 Fe、Fe_3O_4、Fe_2O_3　b）固相物质为 Fe、$Fe(OH)_2$、$Fe(OH)_3$

11.1.4　影响金属腐蚀的因素

1. 环境介质因素

（1）氧化剂与溶解氧　水溶液中的 H^+、H_2O 及溶解氧（O_2）都是氧化剂。此外，存在其中的阳离子（例如 Cu^+/Cu^{2+}、Fe^{2+}/Fe^{3+}）、阴离子（例如 MnO_4^{2-}/MnO_4^-）以及 H_2O_2 等中性物质也可能是氧化剂。氧化剂对腐蚀的影响：一是决定于氧化还原反应时的平衡电位（E_0）及金属溶解平衡电位（E_a），当 $E_0>E_a$ 时氧化剂对腐蚀无影响；二是决定于金属特性，非钝化型金属（例如 Cu）随氧化剂浓度升高而加快腐蚀。氧化剂对钝化型金属的影响较复杂，与钝化电位（E_{Cr}）、钝化电流（I_{Cr}）及阴极反应电流（I_C）有关。当 $E_0<E_{Cr}$ 时金属处于活性状态，氧化剂的影响与非钝化型金属相同；当 $E_0>E_{Cr}$，但 $I_C<I_{Cr}$ 时仍不能产生钝化，当 $I_C \geqslant I_{Cr}$ 时将进入钝化状态，此时氧化剂对金属腐蚀的影响大大减小。但是过钝化后，腐蚀速率又有增大。两种氧化剂共存时比单一氧化剂影响大。

蒸馏水中氧含量对低碳钢腐蚀的影响如图 11-5 所示。蒸馏水中溶有体积分数为 1.2%的氧时腐蚀速率达到最大值。溶解氧含量再增加，由于金属产生钝化，使腐蚀速率降低。当水中不含氧时室温下的腐蚀可忽略。

（2）温度的影响　无论阳极反应或阴极反应，随温度升高，反应速度都会加快。低温下（低于

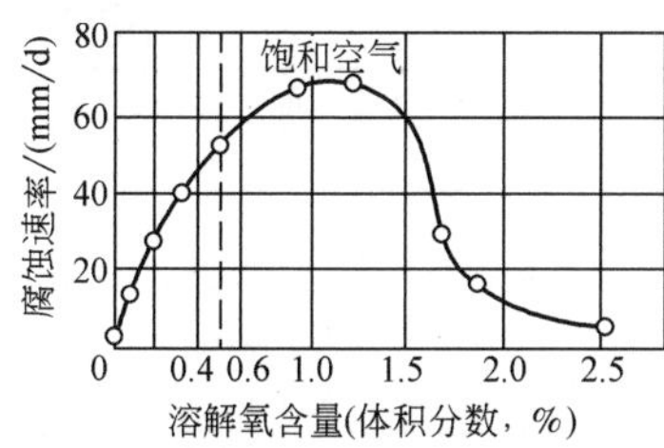

图 11-5　蒸馏水中氧含量对低碳钢腐蚀的影响（25℃，48h）

80℃），在敞开容器中，随温度升高溶解氧增多，加速腐蚀。温度超过 80℃后溶解氧减少，对腐蚀影响也减少。然而金属在封闭容器中时，随温度升高，腐蚀速率一直增加。

（3）pH 值的影响　金属腐蚀与阳极上的 H^+、OH^-反应有关，因此溶液的 pH 值对腐蚀速率有影响。酸性溶液中是氢去极化腐蚀，腐蚀速率随 pH 值增加而减小。中性溶液中氧去极化反应为主，金属腐蚀受溶解氧的影响，而 pH 值对腐蚀速率无影响。在碱性溶液中常常发生钝化，随 pH 值增加腐蚀速率降低。图 11-6 所示为 pH 值对 Fe 腐蚀速率的影响。图 11-7 所示为纯水在不同温度下的 pH 值。表 11-6 是一些溶液在 25℃时的 pH 近似值。

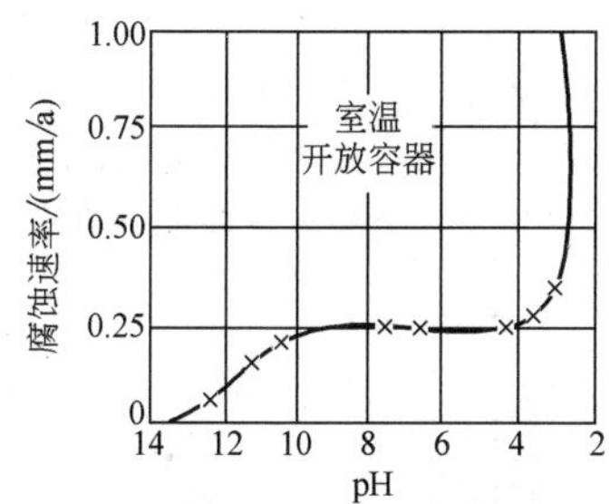

图 11-6　pH 值对 Fe 腐蚀速率的影响

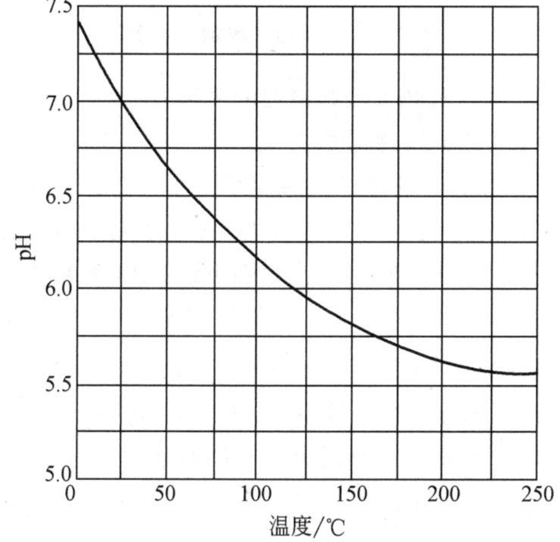

图 11-7　纯水在不同温度下的 pH 值

表 11-6　在 25℃时一些溶液的 pH 近似值

溶液		浓度 g/L	浓度 mol/L	pH
酸类	盐酸	36.5	1	0.1
		3.65	0.1	1.1
		0.365	0.01	2.0
	硫酸	49.0	1	0.3
		4.9	0.1	1.2
		0.49	0.01	2.1
	亚硫酸	4.1	0.1	1.5
	正磷酸	3.27	0.1	1.5
	甲酸	4.6	0.1	2.3
	乙酸	60.05	1	2.4
		6.01	0.1	2.9
		0.6	0.01	3.4
	碳酸（饱和）			3.8
	硫化氢	3.41	0.1	4.1
	氢氰酸	2.7	0.1	5.1
碱类	氢氧化钠	40.01	1	14.0
		4.0	0.1	13.0
		0.4	0.01	12.0
	氢氧化钾	56.1	1	14.0
		5.61	0.1	13.0
		0.56	0.01	12.0
	碳酸钠	5.3	0.1	11.6
	碳酸氢钠	4.2	0.1	8.4
	磷酸三钠	5.47	0.1	12.0
	氨	17.03	1	11.6
		1.7	0.1	11.1
		0.17	0.01	10.6
	碳酸钙(饱和)			9.4
	氢氧化钙(饱和)			12.4

（4）水中所含物质的影响

1）淡水。淡水中含有 Ca 盐及 Mg 盐等。含盐量多的称为硬水，少的称为软水。硬水比软水对金属腐蚀作用小，因为淡水是阴极去极化腐蚀为主，水中的 $CaCO_3$ 在阴极表面形成膜，阻碍溶解氧向阴极扩散。

水中盐含量不同对金属的腐蚀程度也不同，含量低时随盐含量增加腐蚀程度增大，达到一定含量后，腐蚀程度减轻。其原因是随盐含量增加，导电性增大，加速腐蚀。盐含量高时溶解氧减少，减轻腐蚀，如图 11-8、图 11-9 所示。

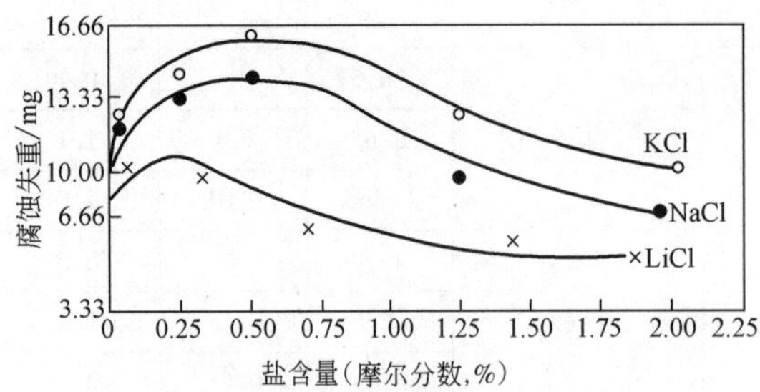

图 11-8　盐含量对碳钢[w(C) = 0.06%]腐蚀的影响

(35℃，48h，试样表面积为 17.5cm^2)

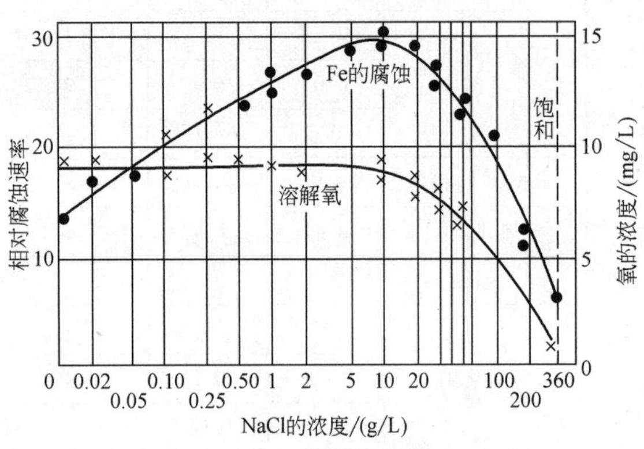

图 11-9　NaCl 含量及溶解氧含量对 Fe 腐蚀的影响

2）海水。海水中含大量 NaCl 为主的盐类，常将海水近似地看作是含 w(NaCl) = 3%或 3.5%的溶液。海水的主要成分见表 11-7，人造海水的主要成分见表 11-8。海水腐蚀主要是溶解氧的作用。海水中溶解氧量见表 11-9。

表 11-7　海水的主要成分

阴离子	含量(质量分数,10^{-4}%)	浓度/(mg/L)
氯化物	18980	535.3
硫酸盐	2649	55.2
碳酸氢盐	142	2.3
溴化物	65	0.8
氟化物	1.4	0.07
硼酸盐	24.9	0.58
合　计		594.25
阳离子	含量(质量分数,10^{-4}%)	浓度/(mg/L)
Na^+	10561	459.4
K^+	380	9.7
Mg^{2+}	1272	104.4
Ca^{2+}	400	20.0
Sr^{2+}	13	0.3
合　计		593.8

表 11-8　人造海水的主要成分

成　分	浓度/(g/L)	成　分	浓度/(g/L)
NaCl	24.53	$SyCl_2$	0.025
$MgCl_2$	5.20	NaF	0.003
Na_2SO_4	4.09	$Ba(NO_3)_2$	9.94×10^{-5}
$CaCl_2$	1.16	$Mn(NO_3)_2$	3.4×10^{-5}
KCl	0.695	$Cu(NO_3)_2$	3.08×10^{-5}
$NaHCO_3$	0.201	$Zn(NO_3)_2$	1.51×10^{-5}
KBr	0.101	$Pb(NO_3)_2$	6.6×10^{-6}
H_3BO_3	0.027	$AgNO_3$	4.9×10^{-7}

注：$w(Cl^{-1})$ = 19.38%×10^{-3}，用 0.1mol/L 的 NaOH 将 pH 值调至 8.2。

表 11-9　标准大气压及饱和状态下海水中溶解氧含量

$w(Cl^{-1})(10^{-1}\%)$		0	5	10	15	20
w(盐)$(10^{-1}\%)$		0	9.06	18.08	27.11	36.11
溶解氧含量(质量分数，10^{-4}%)	0℃	14.6	13.3	12.8	11.9	11.0
	10℃	11.3	10.7	10.0	9.4	8.7
	20℃	9.2	8.7	8.2	7.8	7.2
	30℃	7.7	7.3	6.8	6.4	5.4

(5) 流速的影响　金属在淡水中随流速增加，氧的浓度梯度增大，使扩散速度增大，加速腐蚀，如图 11-10 所示。当流速增大到一定程度时，表面产生钝化，又降低腐蚀速率。流速再增加时，由于机械作用，钝化膜被破坏，又加速腐蚀。在海水中情况有所不同，碳钢等不易产生钝化膜的金属，随流速增加腐蚀程度增大；易钝化金属与在淡水中的情况相似。

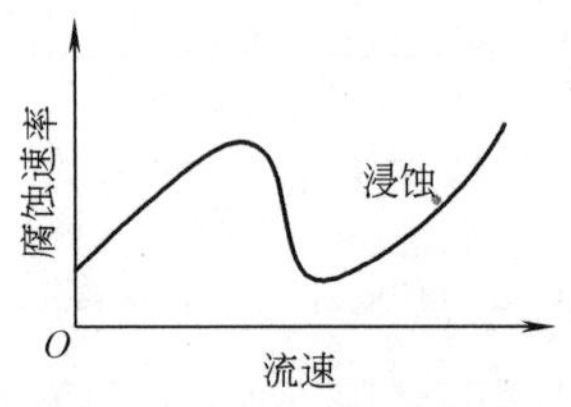

图 11-10　流速对腐蚀的影响

2. 材料及热处理与腐蚀的关系

(1) 纯金属的耐蚀性

1）纯金属的耐蚀性决定于三个因素：一是热力学稳定性，标准电极电位较正者耐蚀性好，较负者耐蚀性差；二是在热力学不稳定的金属中钝化能力强的（例如 Ti、Nb、Al、Cr、Be、Ni、Co、Fe 等）在氧化性介质中容易钝化，提高耐蚀性，而在还原性介质中不耐蚀；三是在热力学不稳定的金属中，当腐蚀初期形成致密的腐蚀产物时也可提高耐蚀性，例如 Pb 在 H_2SO_4 中，铁在磷酸中等。

2）金属元素的耐蚀性在周期表中也是有规律

的，特别是在固定腐蚀介质中时，其规律更明显。元素周期表中，从上向下，元素的热力学稳定性增大；易钝化的金属元素一般存在于Ⅳ～Ⅷ族的左侧；活性和较活性元素在第Ⅰ、Ⅱ族中。元素周期表中一些金属的近似耐蚀性如图 11-11 所示。

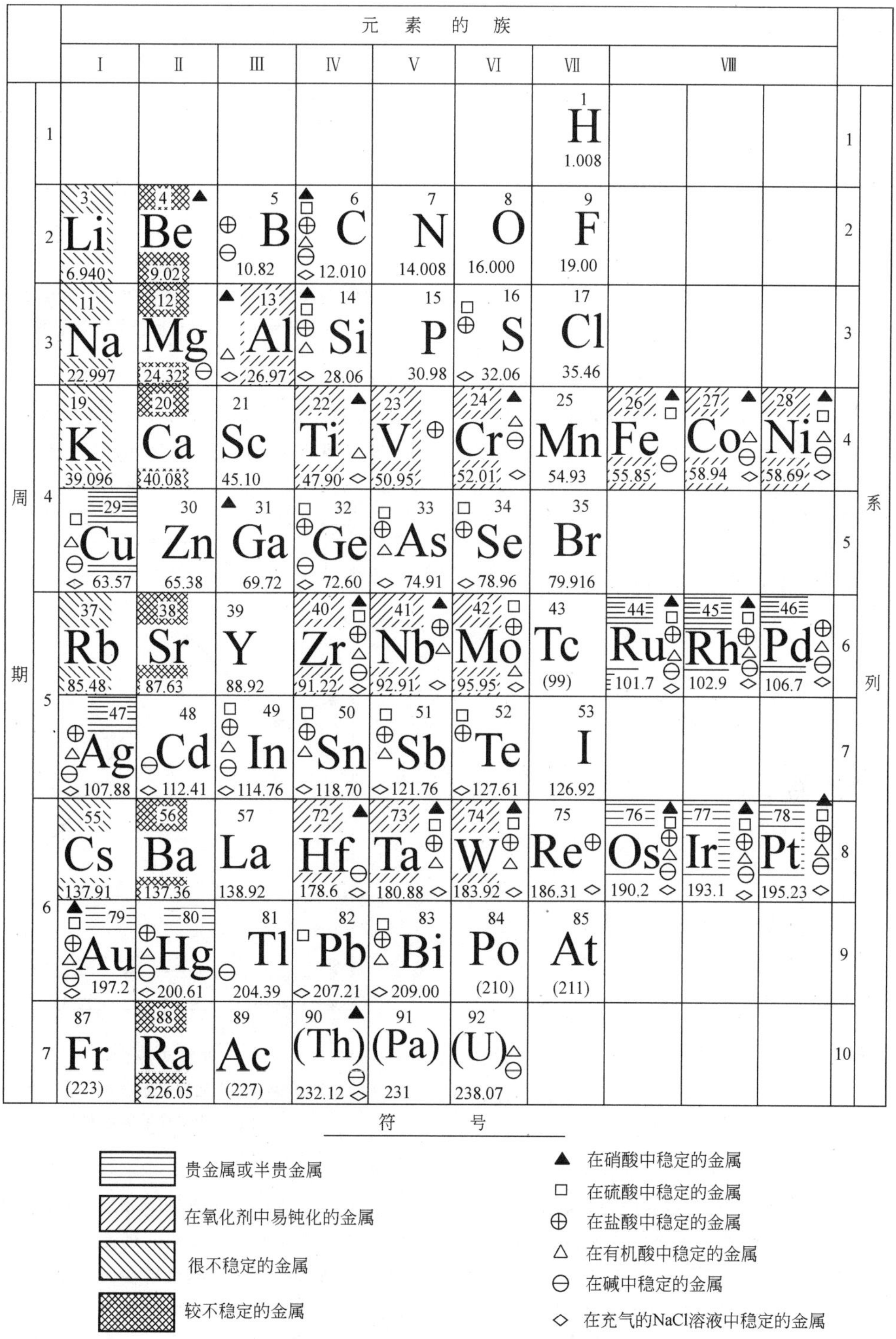

周期		元素的族 Ⅰ	Ⅱ	Ⅲ	Ⅳ	Ⅴ	Ⅵ	Ⅶ	Ⅷ			系列
	1							1 H 1.008				1
	2	3 Li 6.940	4 Be 9.02 ▲	5 B 10.82 ⊕⊖	6 C 12.010 ▲□⊕△⊖◇	7 N 14.008	8 O 16.000	9 F 19.00				2
	3	11 Na 22.997	12 Mg 24.32 ⊖	13 Al 26.97 ▲△◇	14 Si 28.06 ▲□⊕△◇	15 P 30.98	16 S 32.06 □⊕◇	17 Cl 35.46				3
	4	19 K 39.096	20 Ca 40.08	21 Sc 45.10	22 Ti 47.90 ▲△◇	23 V 50.95 ⊕	24 Cr 52.01 ▲△⊖◇	25 Mn 54.93	26 Fe 55.85 ▲□⊖	27 Co 58.94 ▲△⊖◇	28 Ni 58.69 ▲□△⊖◇	4
		29 Cu 63.57 □△⊖◇	30 Zn 65.38	31 Ga 69.72 ▲	32 Ge 72.60 □⊕⊖◇	33 As 74.91 □⊕△◇	34 Se 78.96 □⊕◇	35 Br 79.916				5
	5	37 Rb 85.48	38 Sr 87.63	39 Y 88.92	40 Zr 91.22 ▲□⊕△⊖◇	41 Nb 92.91 ▲⊕△◇	42 Mo 95.95 □⊕△◇	43 Tc (99)	44 Ru 101.7 ▲□⊕△⊖◇	45 Rh 102.9 ▲□⊕△⊖◇	46 Pd 106.7 ⊕△⊖◇	6
		47 Ag 107.88 ⊕△⊖◇	48 Cd 112.41 ⊖◇	49 In 114.76 □⊕△⊖◇	50 Sn 118.70 □⊕△◇	51 Sb 121.76 □⊕△◇	52 Te 127.61 □⊕◇	53 I 126.92				7
	6	55 Cs 137.91	56 Ba 137.36	57 La 138.92	72 Hf 178.6 ▲⊖◇	73 Ta 180.88 ▲□⊕△◇	74 W 183.92 ▲□⊕△◇	75 Re 186.31 ⊕◇	76 Os 190.2 ▲□⊕△⊖◇	77 Ir 193.1 ▲□⊕△⊖◇	78 Pt 195.23 ▲□⊕△⊖◇	8
		79 Au 197.2 ▲□⊕△⊖◇	80 Hg 200.61 ⊕◇	81 Tl 204.39 ⊖	82 Pb 207.21 □◇	83 Bi 209.00 □⊕△◇	84 Po (210)	85 At (211)				9
	7	87 Fr (223)	88 Ra 226.05	89 Ac (227)	90 (Th) 232.12 ▲⊖◇	91 (Pa) 231	92 (U) 238.07 △⊖					10

符　　号

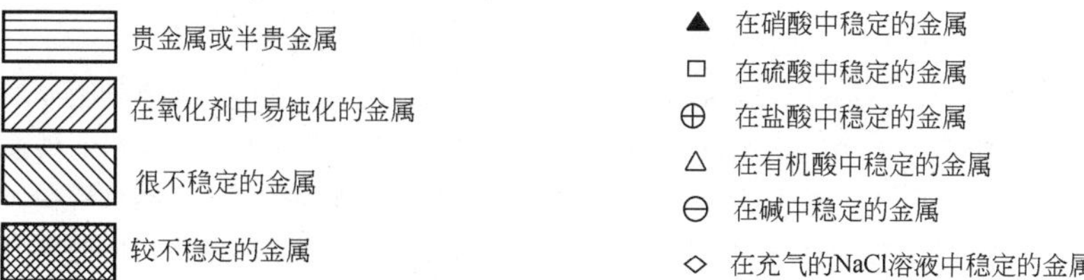

图 11-11　元素周期表中一些金属的近似耐蚀性

注：图中数据是对于室温下中等或较高浓度的酸或碱而言的。

（2）合金的耐蚀性　合金耐蚀性很复杂，既取决于材料的化学成分、组织结构，又与腐蚀介质等外界因素有关。提高热力学稳定性的元素可提高合金的耐蚀性。在动力学方面则与腐蚀过程控制因素有关系，例如，当腐蚀过程主要受阴极控制时，用合金化方法阻滞阴极过程能显著提高耐蚀性。纯金属中的杂质、合金中第二相多数是阴极相，如果减少这些阴极相数量，可提高耐蚀性，例如，经固溶处理的硬铝比退火或时效状态耐蚀性好。

通过合金化提高合金钝化能力，是增强材料耐蚀性的有效途径之一，也可用减少合金中的阳极面积，提高阴极效率，使合金的腐蚀电位向钝化区移动。

1）化学成分的影响。合金耐蚀性复杂，以常用的碳钢及低合金钢为例，碳钢耐蚀性与碳含量有关系，也与介质性质有关。在酸性溶液中，碳含量对材料耐蚀性有影响，而在中性溶液中碳含量的影响不明显。在非氧化性酸中，随碳含量增加，碳钢腐蚀速率增大，如图 11-12 所示。在氧化性酸中，随碳含量增加，开始时腐蚀速率增大，碳含量达到一定值后，腐蚀速率下降，如图 11-13 所示。在大气、淡水、海水、中性或弱酸性水溶液中，碳含量对碳钢腐蚀速率影响不大。

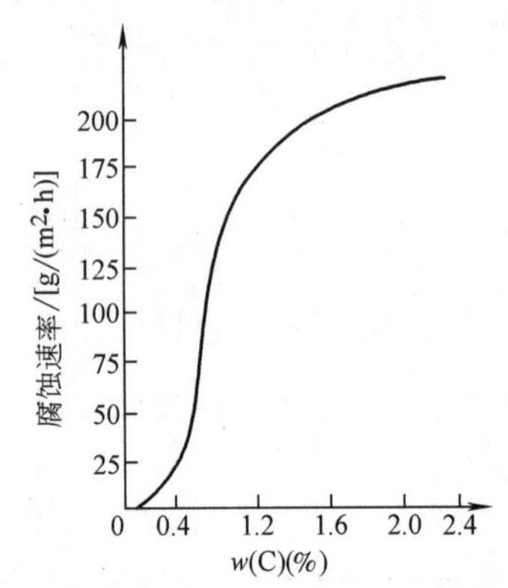

图 11-12　在 20%（质量分数）的硫酸溶液中碳钢的腐蚀速率与碳含量的关系（25℃）

钢中的硫对耐蚀性有影响，在酸性溶液中促使材料加速腐蚀。

碳钢不耐蚀，低合金钢稍好。低合金钢中的合金元素以固溶状态存在时，对材料耐蚀性影响不大；以碳化物存在时，对耐蚀性有影响。在不同使用条件下，材料的耐蚀性各异，例如，含 P、Cu、Cr 等元素时可提高耐大气腐蚀能力。耐 H_2S 应力腐蚀的钢有：12AlMoV、12CrMoAlV、12Cr2MoAlV、40MnMoNb 等。

2）热处理的影响。消除应力、使组织均匀化的热处理可提高材料的耐蚀性。碳钢淬火后回火温度对

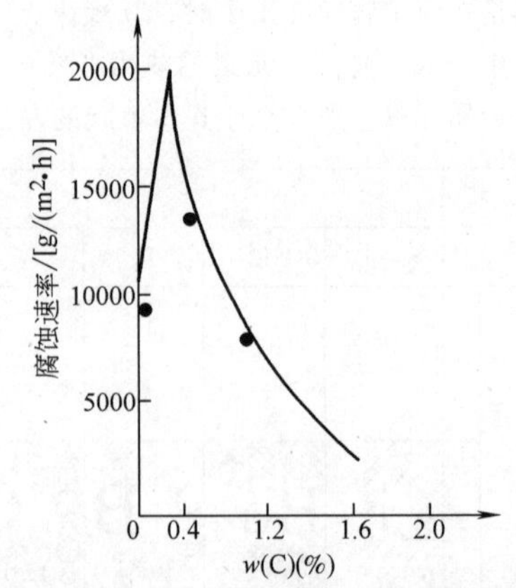

图 11-13　在 30%（质量分数）的硝酸溶液中铁碳合金的腐蚀速率与碳含量关系

在 0.1mol/L 的硫酸溶液中腐蚀速度的影响如图 11-14 所示。显然，中温回火时的腐蚀速率最大，耐蚀性最低。如果碳含量相同，片状珠光体比粒状珠光体耐蚀性差。珠光体弥散程度越大，越不耐蚀。

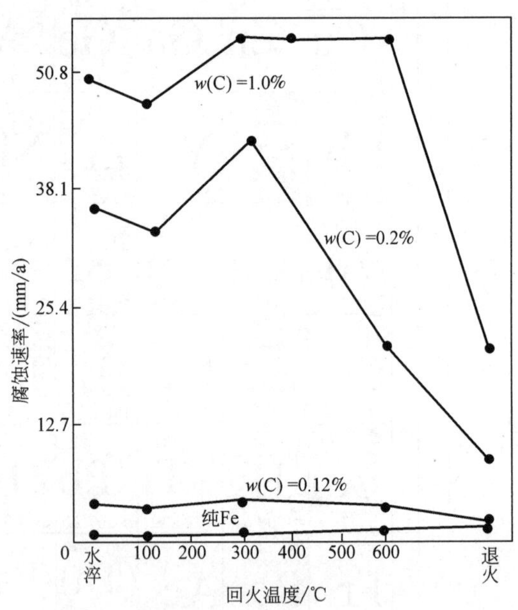

图 11-14　碳钢淬火后回火温度对在 0.1mol/L 的硫酸溶液中腐蚀速率的影响

3. 应力作用

材料中存在应力才会发生变形和断裂。在腐蚀环境介质中，应力加剧了材料的破损。材料中的应力一是来源于外加载荷；二是材料在加工制作过程中产生的残余内应力；三是材料中的腐蚀产生物。例如，阴极反应产生的氢进入金属中，并在某些地方富集，形成氢分子（H_2），其压力很大，可能出现氢致开裂。图 11-15 所示为纯 Fe 冷变形程度（扭转次数）与腐

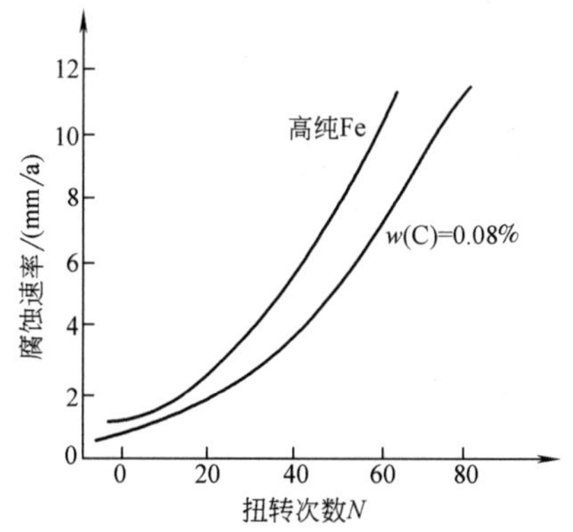

图 11-15　纯 Fe 的冷变形程度（扭转次数）**与腐蚀速率的关系**

注：温度为 30℃，测试所用溶液为 0.5mol/L 的硫酸溶液。

蚀速率的关系。

11.1.5　金属腐蚀试验及评定方法

1. 分类

腐蚀试验有不同的目的，例如，为控制产品质量的检验性试验；选择材料试验；分析失效事故原因，确定解决问题方法的试验等。为达到上述目的，腐蚀试验大致可分为实验室试验、现场试验和实物试验三大类。三类试验的方法和用途各有不同，各有优缺点，必须根据不同目的和要求加以选择。

2. 定量测定

（1）重量法　这种方法需要精确测量试样腐蚀前后的重量变化。重量法的灵敏度较高，测量方便。应用失重法时应完全清除腐蚀产物而又不损伤基体金属。试样腐蚀后的重量变化与受蚀金属的表面积及腐蚀时间有关，即

$$v=\frac{W_t-W_o}{St}$$

式中　v——腐蚀速率 [g/(cm^2·h)]，“+”表示增重量，“-”表示失重量；

W_o——试样腐蚀前重量（g）；

W_t——试样腐蚀后重量（g）；

S——试样受腐蚀的表面积（cm^2）；

t——腐蚀时间（h）。

（2）腐蚀深度法　从腐蚀对材料工程性能的影响看，测定腐蚀深度更有直接意义。对点蚀多用深度法，也可采用重量法。腐蚀深度可以通过腐蚀重量换算得到，即

$$H=\frac{\Delta W}{St\rho}$$

式中　H——腐蚀深度（cm/h）；

ρ——金属密度（g/cm^3）；

ΔW——失（增）重量（g）；

S——试样受蚀表面积（cm^2）；

t——腐蚀时间（h）。

如将时间单位换成年（a），腐蚀深度 H(mm/a) 则为

$$H=8.76\frac{\Delta W}{S\rho}$$

$$H=8.76\frac{v}{\rho}$$

式中　v——腐蚀速率 [g/(cm^2·h)]。

（3）容量法　当腐蚀产物为气体时，例如析氢腐蚀，可采用容量法计算出被蚀金属单位表面积和单位时间内析出气体体积 V，即

$$V=\frac{V_0}{St}$$

式中　V_0——0℃，101.3kPa（760mmHg）时的气体体积（cm^3）；

S——试样表面积（cm^2）；

t——腐蚀时间（h）。

（4）力学性能法　为判断晶间腐蚀，可采用拉伸法，计算试样腐蚀前后的强度变化率 K_σ，即

$$K_\sigma=\frac{R_m-R'_m}{R_m}\times100\%$$

式中　R_m——试样腐蚀前的抗拉强度；

R'_m——试样腐蚀后的抗拉强度。

（5）电阻法　为检验晶间腐蚀，可采用细丝或薄片试样来测定金属的电阻变化率 K_R，即

$$K_R=\frac{R_1-R_0}{R_0}\times100\%$$

式中　R_0——试样腐蚀前电阻；

R_1——试样腐蚀后电阻。

（6）电化学法　利用电化学工作站，可以通过测试极化曲线，获得腐蚀电流，然后利用法拉第定律，可以将其转化为腐蚀速率。对于纯金属，转换公式如下：

$$v=[Mi/(\rho AZ)]\times3.27\times10^3$$

式中　v——腐蚀速率（mm/a）；

M——电极材料的摩尔质量（g/mol）；

i——腐蚀电流（A）；

ρ——电极材料的密度（kg/m^3）；

A——电极的面积（cm^2）；

Z——金属离子的价数。

对于合金，则需要根据电化当量进行转换［参见 ASTM G102—1989（2015）e1］。转换的腐蚀速率

反映无外加电流时瞬时腐蚀速率，同时由于电化当量计算的复杂性，其值与根据失重得到的腐蚀速率会有所差异。

3. 结果评定

将测出的腐蚀数据按腐蚀速率进行评定，为设计与装备维护提供依据。我国目前对金属耐蚀性多采用10级标准，见表11-10。

表11-10 金属耐蚀性的10级标准

耐蚀性类别	腐蚀速率/(mm/a)	等级
Ⅰ完全耐蚀	≤0.001	1
Ⅱ很耐蚀	>0.001~0.005	2
	>0.005~0.01	3
Ⅲ耐蚀	>0.01~0.05	4
	>0.05~0.1	5
Ⅳ尚耐蚀	>0.1~0.5	6
	>0.5~1.0	7
Ⅴ欠耐蚀	>1.0~5.0	8
	>5.0~10.0	9
Ⅵ不耐蚀	>10.0	10

11.2 均匀腐蚀

金属暴露的表面在某一环境中发生全面腐蚀的现象，例如液态电解质（化学溶液或者液态金属）、气体电解质（空气、SO^{2-}、CO_2等）等。常见的均匀腐蚀有大气腐蚀（详见11.4.1节）、电偶腐蚀、高温腐蚀、微生物腐蚀。

11.2.1 电偶腐蚀

当两种不同的导电材料相互接触后暴露在电解质溶液中时，有电流由一种材料流向另一种材料，称为电偶电流。电偶腐蚀是发生在这一对偶对的阳极组元上的那部分腐蚀，按照法拉第定律，该腐蚀与电偶电流直接有关。如图11-16所示，阳极组元（螺栓）发生严重腐蚀，但阴极组元（螺母）受到保护。电偶腐蚀是最普遍的一类腐蚀。电偶腐蚀可以导致金属快速腐蚀，但是在另外一些情况下，一种金属的电偶腐蚀可以导致相连接的金属被保护，这就是牺牲阳极法阴极保护的基础。

图11-16 电偶腐蚀

1. 电偶腐蚀的影响因素

影响电偶腐蚀的因素很多，两种被偶合金属的标准电极电位决定了电偶偶对的固有极性。电偶腐蚀除了受材料和环境因素的影响，还与几何结构相关，因此其腐蚀行为分析与预测较为复杂。图11-17所示为双金属发生电偶腐蚀时涉及的影响因素。图中（1）~（3）类的因素影响小于（4）~（7）类，后者主要随时间和环境发生变化。

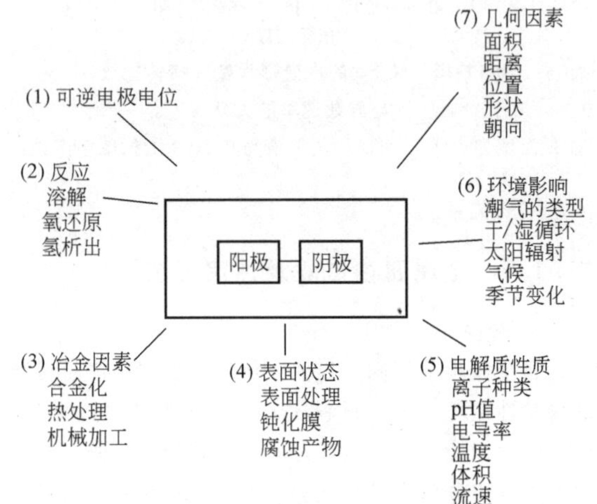

图11-17 双金属发生电偶腐蚀时涉及的影响因素

电偶活性的程度不总是与两种金属的腐蚀电位差有关，表11-11表明，对钢来说，它与镍和铜偶接

表11-11 在3.5%（质量分数）氯化钠溶液中与各种金属偶接的钢和锌的电偶腐蚀速率

偶接的合金	腐蚀速率（重量法）/(μm/a)	腐蚀速率（电化学法）/(μm·a)	电位差/mV
4130钢，腐蚀速率为90mg/(dm²·d)			
304不锈钢	119	625	-439
Ti-6Al-4V	79	589	-338
Cu	343	1260	-316
Ni	341	1050	-229
Sn	122	581	-69
Cd		38	+221
Zn		14	+483
Zn，腐蚀速率为101mg/(dm²·d)			
304不锈钢	244	705	-905
Ni	990	1390	-817
Cu	1065	1450	-811
Ti-6Al-4V	315	815	-729
Sn	320	810	-435
4130钢	1060	1550	+483
Cd	600	660	+258

注：试验时间为24h，表面积为$20cm^2$，大小相等。

时，比与 304 不锈钢和 Ti-6Al-4V 偶接时电偶腐蚀速率要高很多，而后者的电位差要更大。锌的电偶腐蚀速率在与钢偶接时最大，虽然锌与钢之间的电位差比锌与大多数其他合金的电位差小得多。

2. 电偶腐蚀评价方法

电偶腐蚀的程度可以按照真正的腐蚀损失数据（即相对于未偶接情况下腐蚀速率的增加）来排序，先获得双金属偶对的极性。随后，由重量法测出的腐蚀损失与电偶电流之间存在差别，前者包含局部腐蚀的损失，后者测量的是电偶作用的真正损失。

我国关于电偶腐蚀的标准（GB/T 15748—2013）是针对船舶用金属材料的。美国材料与试验协会制定的大气环境下的测试电偶腐蚀失重的试验方法［ASTM G116—1999（2015）］：在螺栓绕线型装置上，受试验的金属丝紧紧地缠绕在电偶的另一种金属螺纹的螺栓上；通过比较被偶合的金属丝与缠绕在塑料螺纹的螺栓上的金属丝的失重，可以定量的估计电偶腐蚀。

11.2.2　高温腐蚀

高温腐蚀是材料在高温环境中与环境相互作用后，迅速形成腐蚀产物并发生性能退化的现象。氧化性和还原性环境均可以存在于高温腐蚀过程中，而高温氧化是最为常见的一种以化学反应为主导的高温腐蚀行为，除此之外，还包括硫化、渗碳、氢蚀、卤素腐蚀、熔盐腐蚀、熔融金属腐蚀。

1. 高温腐蚀体系

高温腐蚀体系主要由一种材料，材料所处的高温、恶劣环境，以及材料与环境相互作用产生的腐蚀膜层三部分组成。除具有化学性侵蚀的气体外，暴露于高温环境中的抗高温合金通常会形成一层腐蚀产物膜保护下面的基体，防止侵蚀的进一步发展。如果膜层的完整性遭到破坏，如脱落、磨损、开裂等，腐蚀性气体将自由进入合金并引发加速腐蚀行为。

对金属与合金在高温气体中的腐蚀行为研究，可以通过分析与合金元素和气体组分有关的腐蚀产物生成热力学来进行。例如，对于高温氧化，金属表面形成金属氧化物的形成自由能（ΔG）必须非常低，反应如下：

$$M(s) + O_2(g) = MO_2(s) \qquad (11\text{-}1)$$

$\Delta G°$ 为 MO_2 的标准形成自由能，它与氧分压（P_{O_2}）在某一温度 T 下构成上述反应的平衡式方程式如下：

$$\Delta G° = RT\ln P_{O_2} \qquad (11\text{-}2)$$

式中，R 为摩尔气体常数。据此，可以通过绘制 $\Delta G°$ 与 T 和 P_{O_2} 关系图来判断不同金属氧化物的稳定性，与此同时预测金属氧化物分解的热力学条件，这就是为人熟知的 Ellingham 图（见图 11-18）。

2. 高温氧化试验

用管式炉或箱式炉加热，炉温应均匀，温差不超过± 5℃。试样放入瓷坩埚、石英坩埚或铂金坩埚中，并备坩埚盖。试验过程中，特别是取样时防止氧化膜落在坩埚外面。使用瓷坩埚时需在高温（900～1000℃）下焙烧几次，除去其中水分及杂质，直到恒重为止。使用石英坩埚或铂金坩埚时应当用苯或乙醚洗涤脱脂，并放入 150～200℃烘箱内除去水分。试样放在 Cr-Ni 丝或铂金丝支架上，不要与坩埚壁接触。常用矩形板状试样，其尺寸为 60mm×30mm，厚度视材料而定，一般为 2.5～5.0mm，也可以采用 30mm×15mm 或 30mm×10mm 小试样。棒料可采用 ϕ10mm×20mm、ϕ15mm×30mm、ϕ25mm×50mm 等圆柱形试样。试样厚度应均匀，形状规则，表面粗糙度 $Ra<0.8\mu m$。铸件试样不能有气孔、疏松、裂纹等缺陷。试验前将试样用甲苯或乙醚等洗涤脱脂，然后烘干、称重。测定方法：根据要求确定加热温度，一般可略高于实际使用温度。碳钢及低合金钢每隔 50h 称重一次，总保温持续时间应不少于 250h。中合金钢及高合金钢每隔 100h 称重一次，总保温时间应不少于 500h，如有必要也可增加到 1000h。

3. 高温氧化评价方法

试验后，试样的重量测定主要为增重法。试样取出时应迅速将干燥过的坩埚盖盖上，然后放入干燥器内，待冷至室温后，拿去坩埚盖，将试样与坩埚一起称重。试验过程中应注意所有氧化膜必须全部保留在试样上及坩埚内。用增重法评定材料抗氧化性时，一般只计算其稳定的氧化速度［$g/(m^2 \cdot h)$］，按照表 11-12 进行评定，而不换算成年腐蚀深度。GB/T 13303—1991《钢的抗氧化性能测定方法》是我国测定钢抗氧化性能的国家标准。

表 11-12　金属抗氧化性级别

级别	氧化速度/[$g/(m^2 \cdot h)$]	抗氧化性分类
1	≤0.1	完全抗氧化
2	>0.1～1.0	抗氧化
3	>1.0～3.0	次抗氧化
4	>3.0～10.0	弱抗氧化
5	>10.0	不抗氧化

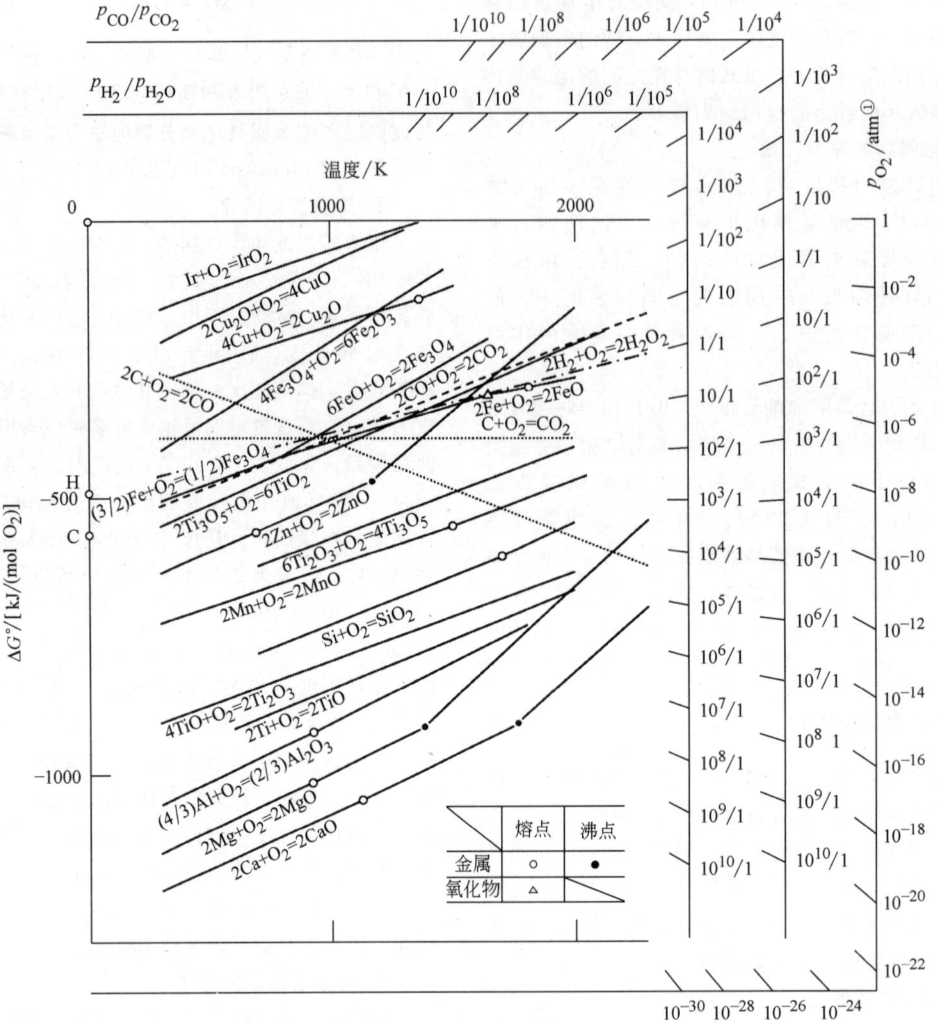

图 11-18 部分金属氧化物的 Ellingham 图

① 1atm = 101.325kPa。

11.2.3 液态金属及熔盐腐蚀

我国一些工厂钢热处理时采用铅浴或盐浴加热，特别是盐浴加热更为广泛。液态金属和盐浴对固态金属有腐蚀作用。液态金属腐蚀不是化学作用，主要是物理作用，例如，对固体金属的溶解，液态金属渗入固态金属等。熔盐腐蚀可能是物理溶解，也可能是电化学反应。一些研究表明，碳钢及高铬钢在 600℃ 以下的铅浴中是耐蚀的。各种熔盐对金属的腐蚀程度不同，以热处理车间常用的中温盐 KCl、NaCl 及 $CaCl_2$ 三者进行比较，$CaCl_2$ 对钢的腐蚀能力最强，如图 11-19 所示。各种混合氯化盐对钢的腐蚀作用几乎相同，图 11-20 所示为各种钢在 NaCl-$BaCl_2$-$CaCl_2$ 混合熔盐中的腐蚀速率。

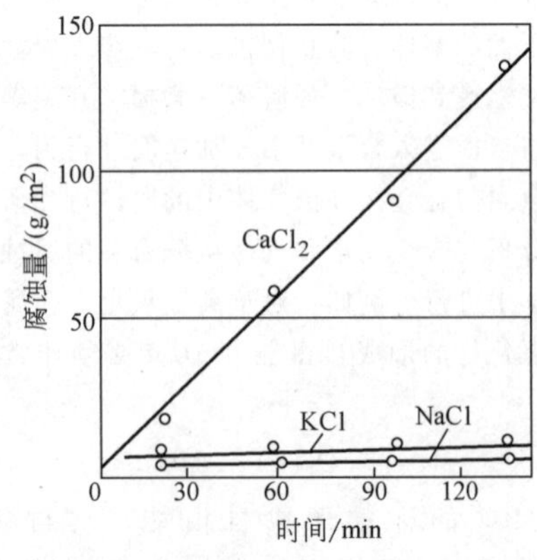

图 11-19 纯 Fe 在几种氯化盐中的腐蚀动力学曲线（高于熔点 70℃）

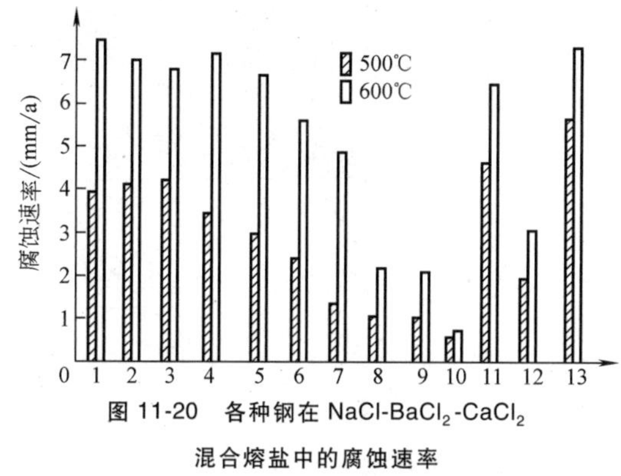

图 11-20　各种钢在 NaCl-$BaCl_2$-$CaCl_2$ 混合熔盐中的腐蚀速率

1—纯铁　2—沸腾钢　3—镇静钢　4—$2\frac{1}{4}$Cr-Mo 钢　5—5Cr-Mo 钢　6—9Cr-Mo 钢　7—13Cr 钢　8—18Cr10Ni 钢　9—25Cr20Ni 钢　10—20Cr32Ni 钢　11—3.5Ni 钢　12—45Ni 钢　13—渗铝钢

注：混合熔盐成分（质量分数）为 20%NaCl+30%$BaCl_2$+50%$CaCl_2$，熔点为 480℃。

11.3　局部腐蚀

在特定电解质中，金属表面局部发生腐蚀的现象称为局部腐蚀。这类腐蚀的控制难度高于均匀腐蚀，危害性也远大于均匀腐蚀。依据腐蚀形态，由电化学主导的局部腐蚀行为主要有点蚀、缝隙腐蚀、晶间腐蚀、丝状腐蚀等。

11.3.1　点蚀

点蚀是局部金属溶解导致钝化金属表面形成孔穴的现象。点蚀通常发生在含有有害阴离子的电解质中，如 Cl^-，当有害离子破坏金属表面局部的钝化膜后，会快速溶解该处金属基体。由于在厚度方向腐蚀速率很快，因而在金属表面发展为孔穴，导致服役材料失效。点蚀形貌如图 11-21 所示。当电解质中存在氧化性离子时，也会诱发并加速点蚀的发生，例如含

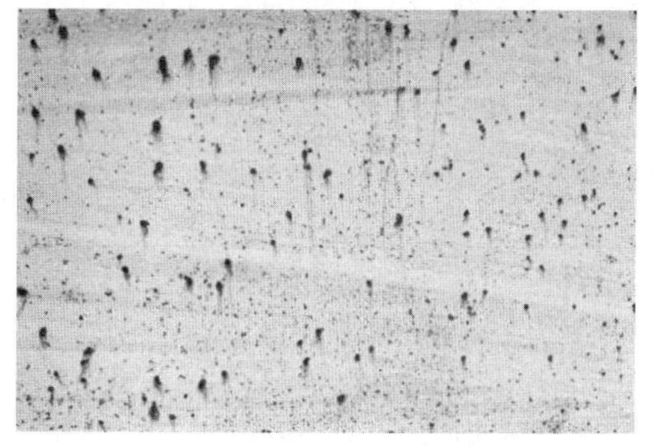

图 11-21　点蚀形貌

6%（质量分数）的 $FeCl_3$ 溶液，通常被用来评价金属的耐点蚀性能。影响金属点蚀的主要因素还包括电位、合金成分及电解质温度。

点蚀试验方法有化学浸泡法和电化学法两大类。

1. 化学浸泡法

此法技术成熟，应用广泛，许多国家已有标准。化学浸泡法是通过测量蚀孔的失重量、数目、尺寸大小及深度来确定材料的耐点蚀性能，也可以通过测量临界点蚀温度、蚀孔形核所需最低 Cl^- 浓度等来确定材料的点蚀敏感性。化学浸泡法常用点蚀试验溶液成分及试验条件见表 11-13。$FeCl_3$ 溶液中含有大量破坏钝化膜的 Cl^-，溶液的酸性强，有强烈的点蚀倾向，所以普遍采用 $FeCl_3$ 溶液作为点蚀加速试验介质，用以研究材料化学成分、热处理及表面处理与耐点蚀性能的关系。浸泡后的试样用肉眼或放大镜、低倍显微镜进行检查、记录及拍照，然后除掉腐蚀产物，精确称重（0.1 mg），再用带网格的透明纸数出试样单位面积（1 cm^2）上的蚀孔数目，最后用激光共聚焦显微镜或者扫描电镜测定蚀孔深度，并测出 20 个蚀孔中最大蚀孔深度和 10 个蚀孔平均深度。

表 11-13　化学浸泡法常用点蚀试验溶液成分及试验条件

序号	溶液成分	温度/℃	时间/h
1	w(NaCl)2%+w($KMnO_4$)2%	90	
2	w($FeCl_3\cdot 6H_2O$)10%	50	
3	50g/L$FeCl_3$+0.05mol/LHCL	50	48
4	100g$FeCl_3\cdot 6H_2O$+900molH_2O	22 或 50	72
5	0.33mol/L$FeCl_3$+0.05mol/LHCL	25	
6	1mol/LNaCl+0.5mol/L$K_3Fe(CN)_6$	25 或 50	6
7	w(NaCl)4%+w(H_2O)0.15%	40	24
8	108g/L$FeCl_3\cdot 6H_2O$，用 HCl 调至 pH=0.9	—	—
9	w(NaOCl)6.1%+w(NaCl)3.5%	—	—

点蚀评定以失重法应用最广泛，用点蚀率[g/($m^2\cdot$h)]或平均腐蚀速率（mm/a）表示。图 11-22 所示为 GB/T 18590—2001《金属和合金的腐蚀 点蚀评定方法》中，点蚀的标准评级图。图 11-23 所示为点蚀断面形貌。

2. 电化学法

电化学法有恒电位法、恒电流法及动电位法等，其中以动电位法应用较多，美国、日本等已有标准。电化学法可通过测量材料的点蚀特征电位（点蚀电位 E_b 和再钝化电位 E_p）来确定产生点蚀的倾向。当金属在介质中的开路电位（或自然腐蚀电位 E_0）大于 E_p 时，钝化膜开始破裂，并开始溶解；当 $E_p<E_0<E_b$时，表明点蚀未产生。E_b 值越大，钝化膜越难破

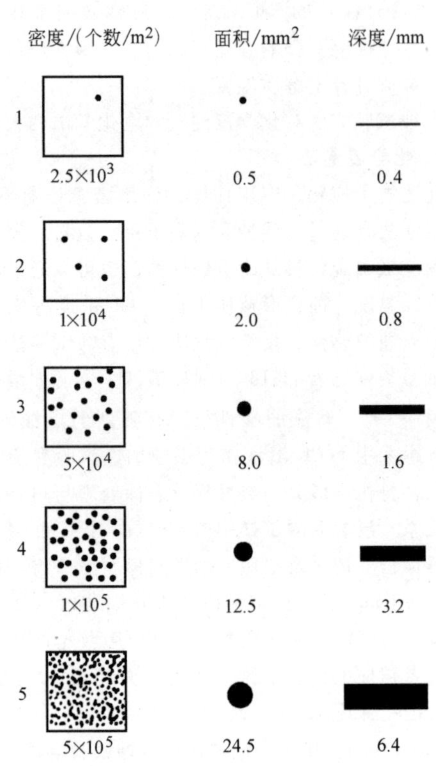

图 11-22　点蚀的标准评级图

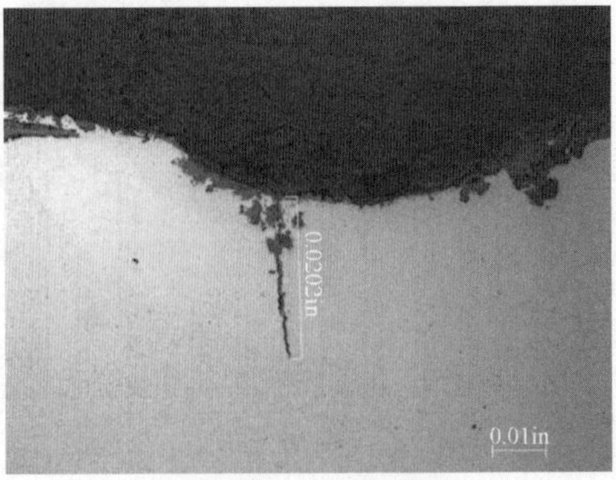

图 11-23　点蚀断面形貌

注：1in = 25.4mm。

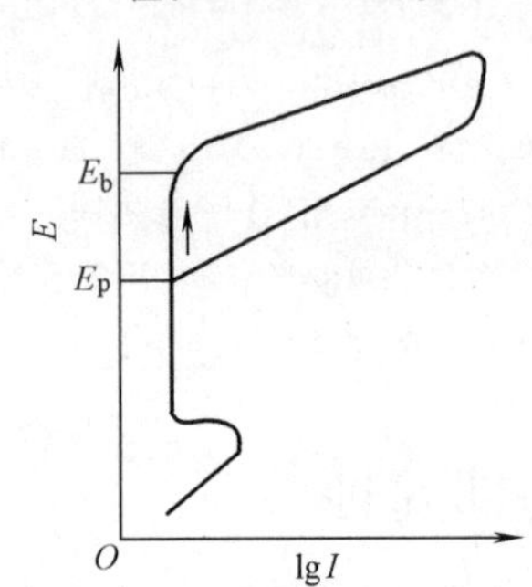

图 11-24　动电位法测量的阳极极化曲线

坏，材料耐点蚀性能越好。所以通过测定 E_b 及 E_p 值可以判断材料的耐点蚀性能。图 11-24 所示为用动电位法测量的阳极极化曲线。我国、美国及日本曾用动电位法测定不锈钢点蚀电位的主要技术条件见表 11-14。

表 11-14　我国、美国及日本曾用动电位法测定不锈钢点蚀电位的主要技术条件

试验条件	我国(GB/T 17899—1999)	美　国	日　本
溶液成分	w(NaCl)为 3.5%	w(NaCl)为 3.56%	w(NaCl)为 13.5%(希望在质量分数为 0.1%的低 Cl^- 溶液中试验)
温度/℃	30±1	25±1	30±1
试样尺寸	试样暴露面积为 1cm²(板状试样为 10mm×10mm)	ϕ14mm 圆柱体	10mm×10mm
试样表面状态	细磨至 600 号砂纸	600 号砂纸湿磨	600 号砂纸研磨
封样	非试验部分和导线用环氧树脂、乙烯树脂或石蜡松香混熔物等进行涂覆或镶嵌	用聚四氟乙烯套密接	涂覆或镶嵌
起始电位	自然腐蚀电位	自然腐蚀电位	自然腐蚀电位
电位扫描速度/(mV/min)	20	10	20
逆扫电流/(μA/cm²)	500~1000	5000	500~1000
充气与除氧	以 0.5L/min 速度通 N_2 或 Ar,除氧 30min		通 N_2 或 Ar 除氧
耐点蚀性判据	E_{b10} 或 E_{b100}	电流突然增加处的电位	E_{b10} 或 E_{b100}

11.3.2 缝隙腐蚀

在铆接、螺纹连接的接合部位存在宽度为 0.025~0.1mm 的缝隙时，易发生缝隙腐蚀，如法兰连接面、螺母压紧面、焊缝气孔、锈层等。这种腐蚀形式主要源于缝隙外阴极区的氧浓度高，而缝隙内阳极区的氧被排除而使阳极区进一步扩大。几乎所有腐蚀性介质都能使金属产生缝隙腐蚀，但以含 Cl^- 的溶液最易引起这类腐蚀。几乎所有金属都可能发生缝隙腐蚀，但是具有自钝化倾向的金属，在富含氧气且含有活性阴离子的中性介质中，最易产生这类腐蚀。例如，不锈钢对缝隙腐蚀很敏感，而镁合金则较为不敏感，原因在于镁合金腐蚀过程中对氧浓度变化不敏感。图 11-25 所示为法兰的缝隙腐蚀。

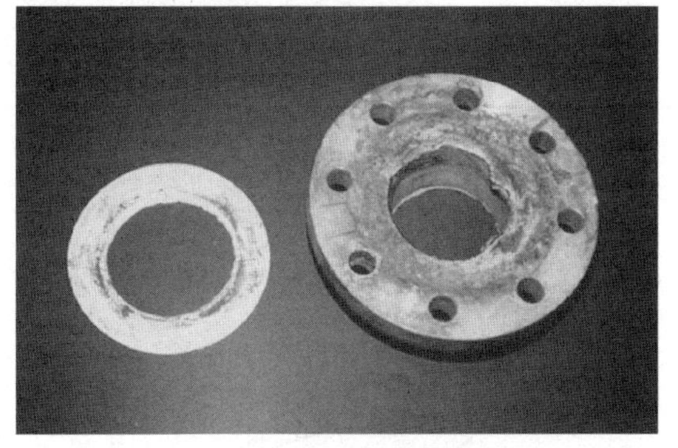

图 11-25　法兰的缝隙腐蚀

11.3.3 晶间腐蚀

不锈钢、Ni 基合金、Al 合金（Al-Cu、Al-Cu-Mg、Al-Zn-Mg 及 Mg 的质量分数大于 3%的 Al-Mg 合金）中经常产生晶间腐蚀。晶间腐蚀的特点是沿晶界腐蚀，晶粒不腐蚀或腐蚀很轻微。金属中出现晶间腐蚀后外观无明显变化，但是材料的物理、力学性能几乎全部丧失，因此破坏性很大。导致晶间腐蚀的原因有两种理论：一是合金元素贫化，例如奥氏体不锈钢是贫 Cr，Ni-Cr-Mo 合金是贫 Mo，Al-Cu 合金是贫 Cu；二是选择性溶解，例如奥氏体不锈钢在强氧化性介质中经固溶处理后也产生晶间腐蚀，而经敏化处理后反而不产生晶间腐蚀。这可能是由于固溶处理使 P、Si 在晶界上偏聚，引起选择性溶解，而敏化处理使 P、Si 不再富集。

晶间腐蚀试验方法很多，其原理及适用范围各不相同，不同的材料和介质应当选用不同的方法。晶间腐蚀试验方法可分为三大类，一是化学浸泡法，其特点是应用广泛，较为成熟（参照 GB/T 4334—2020）；二是电化学法，其特点是试验时间短，不破坏试样；三是物理法，其中以金相法和弯曲法应用较广泛。

1. 化学浸泡法

常见的化学浸泡法见表 11-15。

表 11-15　常见的化学浸泡法

试验方法	溶液成分	操作规范	评定方法
10%草酸浸蚀试验	100g 优级纯草酸+900mL 蒸馏水或去离子水	电流密度为 $1A/cm^2$，温度为 20~50℃，浸蚀时间为 90s	在 200~500 倍显微镜下观察，按标准评级
50%硫酸-硫酸铁腐蚀试验	将含 $w(H_2SO_4)$ 为 50%的溶液 600mL 加入 25g 水合硫酸铁 $[Fe_2(SO_4)_3 \cdot xH_2O]$	溶液量与试样表面积之比不少于 $20mL/cm^2$	计算腐蚀速率$[g/(m^2 \cdot h)]$
65%硝酸腐蚀试验	$w(HNO_3)$ 为 65.0%±0.2%溶液	溶液量与试样表面积之比不小于 $20mL/cm^2$。每周期煮沸 48h，试验 5 个周期	计算腐蚀速率$[g/(m^2 \cdot h)]$
铜-硫酸铜-16%硫酸腐蚀试验	配制成 16%(质量分数)硫酸-硫酸铜溶液	在烧瓶底部铺一层纯度不小于 99.5%的铜屑、铜粒或碎铜片。溶液量与试样表面积之比不小于 $8mL/cm^2$。试验连续 20h±5h，如有争议，应采用 20h	弯曲后的试样在 10 倍放大镜下观察，评定有无因晶间腐蚀而产生的裂纹。试样不能进行弯曲评定或弯曲裂纹难以判定时，则采用金相法。金相磨片取自试样的非弯曲部位，浸蚀后，于 150~500 倍显微镜下观察

（续）

试验方法	溶液成分	操作规范	评定方法
铜-硫酸铜-35%硫酸腐蚀试验	配制成 35%（质量分数）硫酸-硫酸铜溶液	在烧瓶底部铺一层纯度不小于 99.5%的铜屑、铜粒或碎铜片。溶液量与试样表面之比不小于 $10mL/cm^2$。试验连续 20h±5h，如有争议，应采用 20h	弯曲后的试样在 10 倍放大镜下观察，评定有无因晶间腐蚀而产生的裂纹。试样不能进行弯曲评定或弯曲裂纹难以评定时，则采用金相法。金相磨片取自试样的非弯曲部位，浸蚀后，于 150～500 倍显微镜下观察
40%硫酸-硫酸铁腐蚀试验	配制成 40%（质量分数）硫酸-硫酸铁溶液	溶液量与试样表面之比不小于 $10mL/cm^2$。试验连续 20h±5h，如有争议，应采用 20h	弯曲后的试样在 10 倍放大镜下观察，评定有无因晶间腐蚀而产生的裂纹。试样不能进行弯曲评定或弯曲裂纹难以评定时，则采用金相法。金相磨片取自试样的非弯曲部位，浸蚀后，于 150～500 倍显微镜下观察

（1）10%草酸浸蚀试验　该试验是快速电解腐蚀，方法灵敏，用于筛选试验。此法不能检验因 σ 相引起的晶间腐蚀，也不能用于铁素体不锈钢。

（2）65%硝酸腐蚀试验　采用 65%（质量分数）的硝酸试验可以选择性地腐蚀贫 Cr 区、碳化物、σ 相。含 Mo 不锈钢（例如 316L）和 Ni 基合金（例如哈氏合金）中的贫 Cr 区在其他化学浸泡试验可能不易显示，但在沸腾硝酸试剂中有明显的腐蚀速率。此法缺点是腐蚀时间长，硝酸浓度对腐蚀速率有影响，每次需要更换新试剂。

（3）40%硫酸-硫酸铁试验　此法优点是对不锈钢晶界贫 Cr、贫 Mo 的检验很敏感，其敏感程度与硝酸试验相近，但时间大大缩短。此法缺点是试剂中硫酸铁含量对腐蚀速率有影响，因此配制溶液时应使硫酸铁全部溶解，在试验过程中应及时补加硫酸铁。

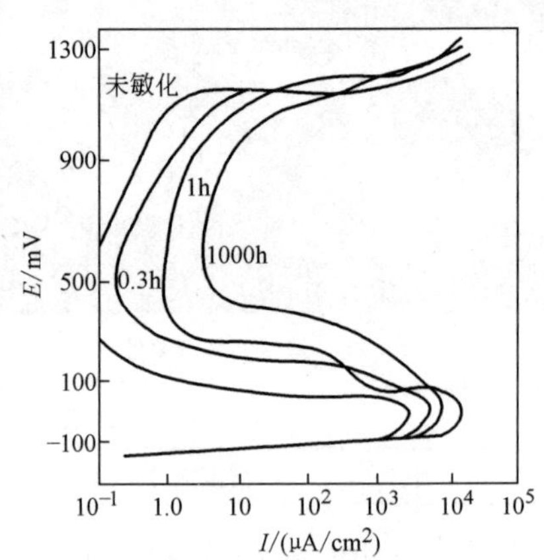

图 11-26　18Cr-8Ni 钢经 650℃、0～1000h 敏化处理后，在 90℃、1mol/L H_2SO_4 溶液中的阳极极化曲线

2. 电化学法

电化学法有恒电位法与动电位法。恒电位法测定晶间腐蚀是依据晶间腐蚀敏感材料的阳极极化行为与耐晶间腐蚀材料之间的不同。例如，晶间腐蚀敏感材料的腐蚀电流大于非敏感材料。图 11-26 所示为奥氏体不锈钢的阳极极化曲线，可以通过腐蚀电流密度的大小和过钝化电位高低等进行评价。

3. 物理法

（1）电阻法　有晶间腐蚀时材料电阻增大，因此测定试样经浸泡后电阻变化，可判断晶间腐蚀程度。浸泡溶液对晶界腐蚀透入深度及失重量各不相同。例如，用 H_2SO_4-$CuSO_4$ 溶液浸泡时的晶间腐蚀透入深度大，而失重小；沸腾 HNO_3 溶液浸泡时的晶间腐蚀透入深度小，而失重大；H_2SO_4-$Fe_2(SO_4)_3$ 溶液介于两者之间。因此用 H_2SO_4-$CuSO_4$ 溶液浸泡试样测定电阻是最好的方法，如图 11-27 所示。

（2）弯曲法　将浸泡过的试样弯曲成 90°或 180°，用肉眼或放大镜观察弯曲部位外侧是否存在裂纹，并进行评级。1 级为无裂纹，2 级为放大 10 倍时可看见轻微裂纹，3 级为肉眼可见微小裂纹，4 级为大裂纹，5 级为严重裂纹。2～5 级均为有晶间腐蚀。

（3）金相法　常规金相法是将浸泡过的试样制成金相试片，在光学金相显微镜下观察晶间腐蚀情况，测定晶界腐蚀深度。用复膜透射电镜和透射电镜观察试样的晶间腐蚀，可以克服光学金相显微镜鉴别

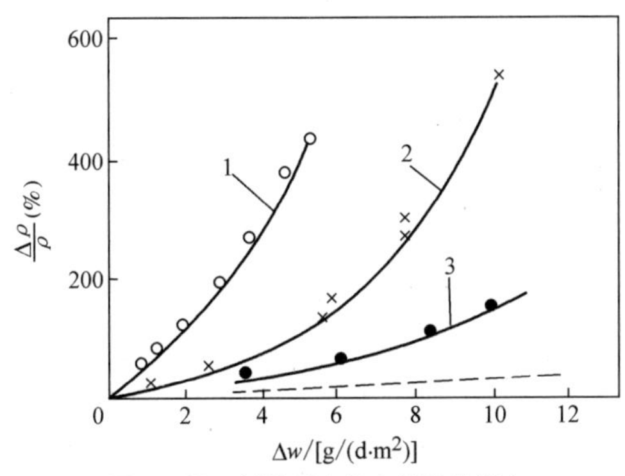

图 11-27　AISI 304 钢在几种溶液中晶间腐蚀深度和失重的关系

1—H_2SO_4-$CuSO_4$ 溶液，经 4320h 腐蚀　2—H_2SO_4-$Fe_2(SO_4)_3$ 溶液，经 188h 腐蚀　3—HNO_3 溶液，经 320h 腐蚀

能力低、放大倍数不足的缺点。用扫描电镜检查试样晶间腐蚀时，能使不平的试样表面很好的聚焦成清晰的图像。用电子探针研究晶间腐蚀可测定晶界贫 Cr 区宽度、Cr 的浓度梯度。此外，还可用穆斯堡尔仪和俄歇谱仪分析晶间腐蚀情况。

11.4　金属在不同环境介质中的腐蚀

11.4.1　大气腐蚀

1. 大气腐蚀的特点

大多数金属材料是暴露在大气中的，因此大气腐蚀对零件寿命的影响十分重要。地区不同，大气的成分也不相同。除了空气的基本成分外，大气中还可能含有 CO_2、SO_2、NO_2、盐分及水汽等。决定大气腐蚀速率和形态的是零件表面潮湿程度，因此大气中的水汽是最关键的成分。大气腐蚀速率和水膜厚度关系如图 11-28 所示。

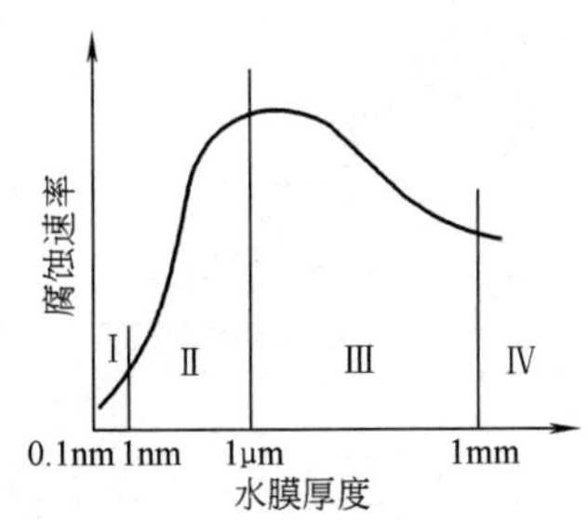

图 11-28　大气腐蚀速率和水膜厚度关系

根据零件表面的潮湿程度，可将腐蚀分为以下三种情况：

1）零件表面存在肉眼可见的水膜（厚度为 1μm~1mm）时，称为湿大气腐蚀。

2）当相对湿度低于 100%，且存在肉眼看不见的水膜（厚度为 10nm~1μm）时，称为潮大气腐蚀。

3）表面水膜厚度小于 1nm（几个分子厚度）时，为干大气腐蚀。

图 11-28 中Ⅰ区是干大气腐蚀，Ⅱ区是潮大气腐蚀，Ⅲ区、Ⅳ区是湿大气腐蚀。

2. 大气腐蚀的影响因素

我国地域辽阔，一年四季各地区的气候特征各不相同，如果按气候，可分为：高原气候带、寒温带、中温带、暖温带、亚热带及热带；如果按大气中含有的有害杂质，可分为：乡村大气、海洋性大气、城郊大气以及工业大气等环境。影响大气腐蚀的因素很多，主要有大气成分、湿度及温度等。

（1）结露及雨水的影响　当金属表面温度低于环境温度时，此时空气中的水蒸气将凝结在金属表面上，这种现象称为结露。各种金属都有一个腐蚀速率开始急剧增加的湿度范围，把这个湿度范围称为临界湿度。钢及 Cu 合金的临界湿度为 50%~170%。图 11-29 所示为 Fe 的腐蚀程度与相对湿度的关系。小于临界相对湿度时腐蚀极缓慢，可以认为几乎不发生腐蚀。

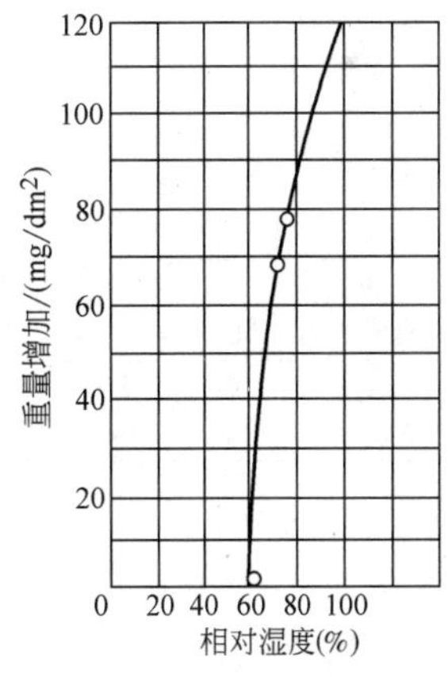

图 11-29　Fe 的腐蚀程度与相对湿度的关系

雨水加剧金属腐蚀，因为降雨后空气中湿度增大；另外雨水冲刷金属表面，破坏了原有的腐蚀产物，也会促进腐蚀。当然雨水也可以将金属表面的灰尘、盐分等洗掉，减缓腐蚀，但是这种作用效果不大。

（2）大气成分的影响　大气的基本成分及所含杂质见表 11-16~表 11-18。

表 11-16　大气的基本组成

（不包括杂质，10℃）

成　分	φ（%）	成　分	φ（%）
空气	100	CO_2	0.01
N_2	75	Ne	12×10^{-4}
O_2	23	Kr	3×10^{-4}
Ar	1.26	He	0.7×10^{-4}
水汽（H_2O）	0.71	Xe	0.4×10^{-4}

表 11-17　大气中杂质组分

（大气中污染物质）

固　体		灰尘、砂粒、$CaCO_3$、ZnO 金属粉或氧化物粉、NaCl
气体	硫化物	SO_2、SO_3、H_2S
	氮化物	NO、NO_2、NH_3、HNO_3
	碳化物	CO、CO_2
	其　他	Cl_2、HCl、有机化合物

表 11-18　大气中典型杂质的含量

杂质名称	含量/（μg/m³）
SO_2	工业大气：冬季 350，夏季 100 农村大气：冬季 100，夏季 40
SO_3	近似于大气中所含 SO_2 的 1%
H_2S	工业大气：1.5～90 城市大气：0.5～1.7 农村大气：0.15～0.45
NH_3	工业大气：4.8 农村大气：2.1
氯化物（空气中）	内陆工业大气：冬季 9.2，夏季 2.7 沿海农村大气：平均值 5.4
氯化物（雨水中）	内陆工业大气：冬季 79mg/L，夏季 5.3mg/L 沿海农村大气：冬季 57mg/L，夏季 18mg/L
尘粒	工业大气：冬季 250，夏季 100 农村大气：冬季 60，夏季 15

1）SO_2 的影响。大气介质中的 SO_2 对金属的腐蚀影响最大，因为 SO_2 可氧化成 SO_3，SO_3 遇到 H_2O 后成为 H_2SO_4（$SO_3+H_2O=H_2SO_4$），所以能造成严重腐蚀。以煤、石油为燃料的废气中含有大量的 SO_2，且冬季燃料消耗比夏季多，所以冬季 SO_2 的污染更严重，对腐蚀的影响也更大。图 11-30 所示为大气中 SO_2 含量对碳钢腐蚀的影响。

2）NaCl 的影响。在海岸附近的大气中含有许多微小的海水水滴，蒸发后变成 NaCl 颗粒，这种颗粒附着在金属表面后有吸湿作用，并且增大了表面液膜的导电性，由于 Cl^- 本身又有腐蚀性，因此加剧了腐蚀作用。图 11-31 所示为钢的腐蚀量与海盐颗粒含量及离海岸距离的关系。

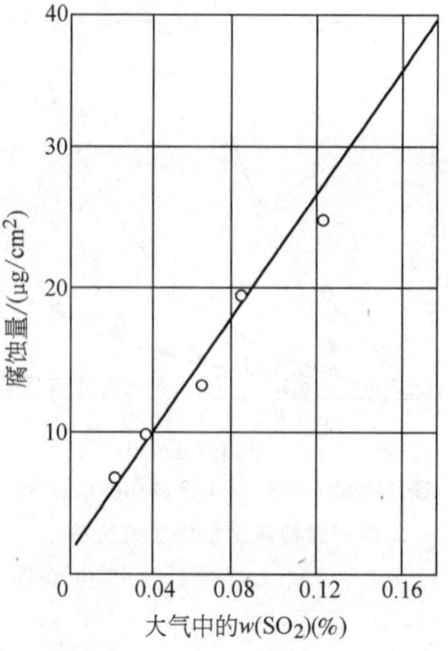

图 11-30　大气中 SO_2 含量对碳钢腐蚀的影响

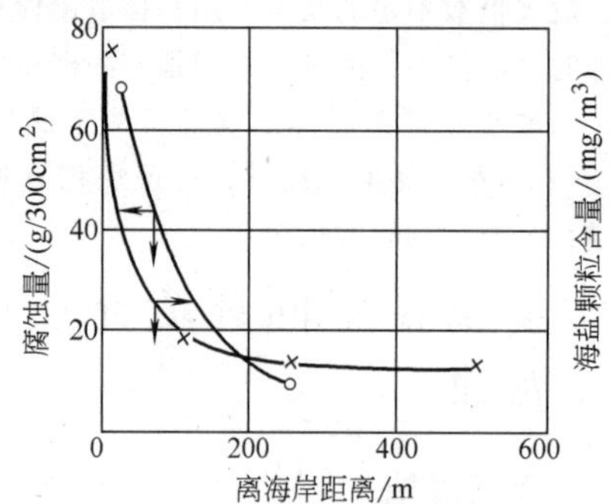

图 11-31　钢的腐蚀量与海盐颗粒含量及离海岸距离的关系

（3）温度的影响　在临界湿度附近能否结露和气温变化有关，当湿度一定时，温度高低对腐蚀有很大影响。图 11-32 所示为通过气温和相对湿度求出露点温度，其中斜线为相对湿度。

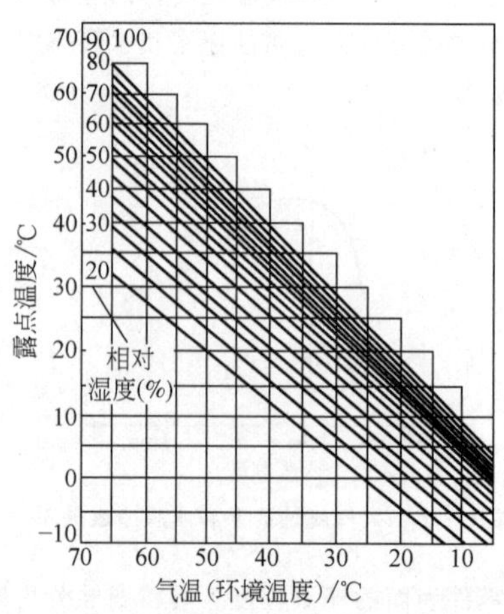

图 11-32　通过气温和相对湿度求出露点温度

(4) 材料的影响　钢中含有少量 Cu[w(Cu) = 0.2%~0.5%]、Cr、Ni、Mo 等可提高耐大气腐蚀能力的元素，两种以上元素共存时效果更好。例如，Cu-P、Cu-P-Cr、Cu-P-Cr-Ni 系的钢耐大气腐蚀能力比碳钢高 5~8 倍。

3. 大气腐蚀试验

大气腐蚀试验分为大气腐蚀暴露试验和加速试验两种。大气腐蚀暴露试验比较接近实际，但各种影响因素无法控制，试验周期长。为了提高试验速度，尽快取得试验结果，常常采用加速试验。

大气腐蚀试验分为大气腐蚀暴露试验和加速试验两种。大气腐蚀暴露试验比较接近实际，但各种影响因素无法控制，试验周期长。为了提高试验速度，尽快取得试验结果，常常采用加速试验。

大气腐蚀暴露试验按照试验目的选择有代表性的地区，暴露点或工业设备场所的腐蚀性可以通过腐蚀速率来推断。腐蚀速率是通过暴露 1 年后的标准试样去除腐蚀产物后单位面积的失重计算得到的。对铁、锌和铜的合金而言，失重是腐蚀破坏的一种可靠的测量方法。对铝合金而言，失重是腐蚀的一种有效测量方法。暴露第一年的腐蚀速率可用于计算按照 ISO 9224 进行长期暴露的腐蚀速率。试样是矩形板状，推荐尺寸为 100mm × 150mm，但不小于 50mm × 100mm，厚度大约为 1mm。具体试验方法参阅 GB/T 19292.1~4—2018《金属和合金的腐蚀　大气腐蚀性　第 1~4 部分》。

大气腐蚀加速试验最常用的是各种类型喷雾箱。将试样放入喷雾箱中，用压缩空气喷雾器把腐蚀剂雾化后喷进箱内。箱内温度、湿度以及喷入的雾气温度等都要控制在规定范围。加速试验法有以下几种：

1) 中性盐雾试验（NSS），适用于金属及其合金、金属覆盖层（阳极性或阴极性）、转化膜、阳极氧化膜以及金属基体上的有机涂层。

2) 乙酸盐雾试验（AASS），在 NaCl 水溶液中加入少量冰乙酸，使其 pH 值为 3.1~3.3，适用于铜+镍+铬或镍+铬装饰性镀层，也适用于铝的阳极氧化膜。

3) 铜加速乙酸盐雾试验（CASS），在乙酸盐雾中加入少量 Cu 盐以加速腐蚀，腐蚀速率比乙酸盐雾试验快 4~6 倍，适用于不锈钢、铜+镍+铬或镍+铬装饰性镀层，也适用于铝的阳极氧化膜。为了模拟工业大气腐蚀，还有向喷雾箱或潮湿箱中通入 SO_2 气体的加速试验。

11.4.2　海水腐蚀

1. 海水腐蚀的特点

海水为腐蚀性介质，特点是含多种盐类，盐分中主要是 NaCl，常把海水近似地看作质量分数为 3% 或 3.5% 的 NaCl 溶液。盐度是指海水中溶解固体盐类物质的质量与海水质量的比值，一般海水的盐度在 3.2%~3.75% 之间，通常取 3.5% 为海水的盐度平均值。海水中 Cl^- 的含量很高，占总盐量的 58.04%，使海水具有较大腐蚀性。海水平均电导率为 4×10^{-2} S/cm，远超过河水和雨水的电导率。

(1) 溶解氧　海水中溶解氧是海水腐蚀的重要因素。正常情况下，海水表面层被空气饱和，氧的浓度随水温一般在 $(5\sim10)\times10^{-6}$ cm^3/L 范围内变化。由表 11-19 可见，盐的浓度和温度愈高，氧的溶解度愈小。

表 11-19　氧在海水中的溶解度

温度/℃	盐度(%)					
	0	1.0	2.0	3.0	3.5	4.0
	氧的溶解度(%)					
0	10.30	9.65	9.00	8.36	8.04	7.72
10	8.02	7.56	7.09	6.63	6.41	6.18
20	6.57	6.22	5.88	5.52	5.35	5.17
30	5.57	5.27	4.95	4.65	4.50	4.34

(2) 电化学特性　多数金属，除特别活泼金属镁及其合金外，海水中的腐蚀过程都是氧去极化过程，腐蚀速率由氧扩散过程控制。海水的电导率很高（Cl^-浓度高），在海水中发生腐蚀时，阳极过程的阻滞作用很小，微观电池的活性较大，宏观电池的活性也较大。在海水中，异种金属接触引起的电偶腐蚀有相当大的破坏作用。海水中金属易发生局部腐蚀破坏，如点蚀、缝隙腐蚀、湍流腐蚀和空泡腐蚀等。

2. 海水腐蚀的影响因素

海水中盐类、溶解氧、海洋生物和腐烂的有机物、海水的湿度、流速与 pH 值等都对海水腐蚀有很大的影响。

(1) 盐类的影响　以 NaCl 为主，海水中盐的浓度与钢的腐蚀速率最大的盐浓度范围相近，当溶盐的浓度超过一定值，因氧溶解度降低，金属腐蚀速率下降，如图 11-33 所示。

(2) pH 值的影响　海水 pH 值在 7.2~8.6 之间。pH 值可因光合作用而稍有变化；在深海处 pH 值略有降低，不利于金属表面生成保护性的盐膜。

(3) 溶解氧的影响　海水中的溶解氧是海水腐蚀的重要因素，大多数金属在海水中的腐蚀受氧去极

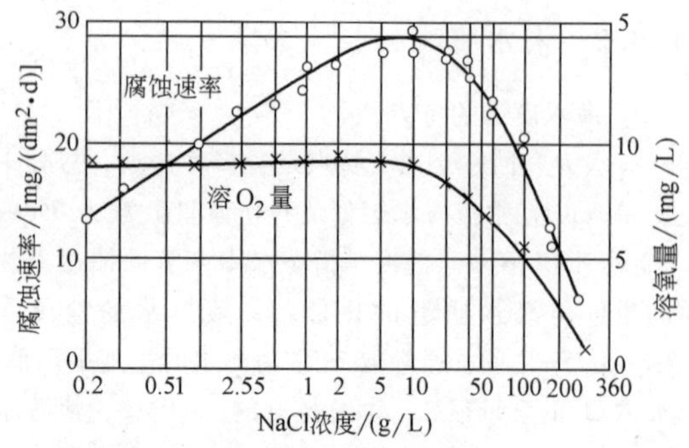

图 11-33　钢的腐蚀速率与 NaCl 浓度的关系

化作用控制。海水表面与大气接触处的氧含量高达 $12\times10^{-6}cm^3/L$。海平面至-800m 深处，氧含量逐渐减少并达到最低值；-800m 再降-1000m，溶氧量又上升，接近海水表面的氧含量，这是深海水温度较低、压力较高的缘故。

(4) 温度的影响　海水温度每升高 10℃，化学反应速度提高约 10%，海水中金属的腐蚀速率将随之增加。但温度升高，氧在海水中的溶解度下降，每升高 10℃，氧的溶解度约降低 20%，使金属的腐蚀速率略有降低。

(5) 流速的影响　许多金属发生腐蚀与海水流速有较大的关系，对铁、铜等金属存在临界流速，流速大于临界流速，金属腐蚀明显加快。含钛、含钼不锈钢在高流速海水中耐蚀性能较好。

(6) 海洋生物的影响　海洋生物在船舶或海上构筑物表面附着形成缝隙，易诱发缝隙腐蚀。微生物的生理作用会产生氨、CO_2 和 H_2S 等腐蚀物质，如硫酸盐还原菌作用产生 S^{2-}，会加速金属腐蚀。

3. 海水腐蚀试验

海水腐蚀试验可采用实验室试验、现场试验及实物试验等方法评定。

(1) 实验室试验　在实验室内用小试样和人工配制的介质，在人为控制的环境下进行试验。模拟实际介质和环境条件下进行人工海水浸泡试验，即实验室模拟试验；采取一些化学或电化学加速腐蚀措施，即实验室加速试验。

实验室试验的优点：周期短，节省费用，试验条件容易控制及试验结果重现性好。缺点：与实际情况差异大，很难模拟实际的材料因素、环境因素和时间因素的综合影响；不能用实验室的结果推算结构的耐蚀寿命，只能对材料性能或防护效果做相对比较。

实验室试验适用于研究腐蚀机理、腐蚀规律、腐蚀失效原因及材料的初步筛选。

(2) 现场试验　对船舶及海洋工程用金属材料在天然海水条件下的全浸、潮差和飞溅海水腐蚀试验，评定材料的耐蚀性，具体试验方法参看 GB/T 6384—2008，其中包括在天然环境中海水腐蚀试验的条件、装置、对比试验、试样准备、步骤和结果评定方法等。

现场试验的优点：介质和试验条件与实际情况相同，试验结果可靠。缺点：试验周期长，试验结果重现性差，成本高，以及环境因素无法控制。

现场试验适用于评定材料的耐蚀性、预测材料使用寿命、用于工程选材及考核防护措施的有效性。表 11-20 为低合金海水用钢与碳钢的腐蚀速率。

表 11-20　低合金海水用钢与碳钢的腐蚀速率

环境	腐蚀速率/(mm/a)	
	低合金钢	碳钢
海洋大气区	0.04~0.05	0.2~0.5
飞溅区	0.1~0.15	0.3~0.5
潮差区	≈0.1	≈0.1
全浸期	0.15~0.2	0.2~0.25
海泥区	≈0.06	≈0.1

(3) 实物试验　用待测材料制成实际部件、设备或小型试验装置，在现场使用条件下做腐蚀试验。优点：能如实反映材料的实际使用状态和实际环境介质条件；用于选材、研制新材料的最终评定，估算材料的使用寿命。缺点：周期长且成本高。

11.4.3　土壤腐蚀

1. 土壤腐蚀的特点

土壤的组成和性能不均匀，极易构成氧浓差电池腐蚀，使地下金属设施遭受严重局部腐蚀现象。地下油、气、水管线以及电缆等因穿孔而漏油、漏气或漏水，这些很难检修，损失和危害较大。随着油气工业的发展，研究土壤腐蚀规律及有效的防蚀途径有重要的实际意义。因此，土壤腐蚀是一种很重要的腐蚀形式，具有以下特点：

(1) 多相性　土壤是由土粒、水、空气、有机物等多种组分构成的复杂的多相体系。

(2) 导电性　土壤是一种电解质。土壤中的水分能以各种形式存在，其孔隙率及含水率影响它的透气性和电导率。

(3) 不均匀性　氧气溶解在水中，存在于土壤缝隙中。土壤中氧含量与土壤的湿度和结构都有密切关系。干燥砂土中的氧含量最高，潮湿砂土中次之，潮湿密实黏土中最少，从而形成氧浓差电池腐蚀。

(4) 酸碱性　大多数土壤是中性的，pH 值为

6.0~7.5。有的土壤是碱性的，我国西北的盐碱土 pH 值为 7.9~9.0。一些土壤是酸性的，腐殖土和沼泽土 pH 值为 3~6。一般 pH 值越低，土壤腐蚀性越强。

（5）电化学特性　大多数金属在土壤中腐蚀都属于氧去极化腐蚀，与在电解液中的腐蚀本质是一致的。阳极反应速度主要受金属离子化过程难易程度控制。pH 值低的土壤，OH^- 很少，不能生成 $Fe(OH)_2$，阳极区 Fe^{2+} 浓度增大。pH ≥ 7 的土壤中，生成的 $Fe(OH)_2$ 溶解度很小，沉积在钢铁表面，阻滞阳极溶解。土壤中水溶解氧是有限的，对土壤腐蚀起主要作用的是缝隙和毛细管中的氧。

2. 土壤腐蚀的影响因素

（1）充气不均匀的影响　主要指地下管道穿过不同的地质结构及潮湿程度不同的土壤带时，由于氧浓度差别引起的宏观电池腐蚀。图 11-34 所示为管道在结构不同的土壤中所形成的氧浓差电池腐蚀。

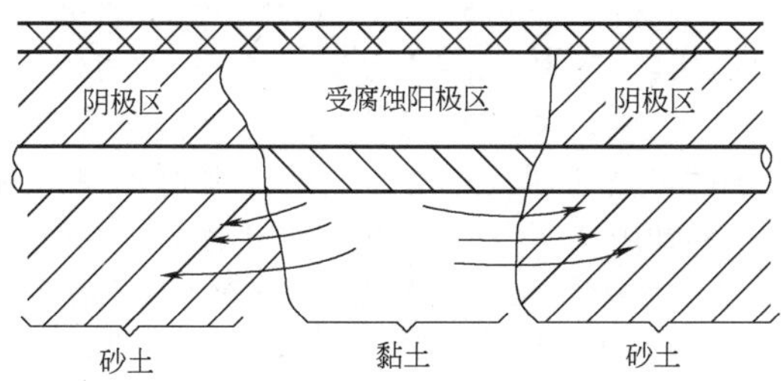

图 11-34　管道在结构不同的土壤中所形成的氧浓差电池腐蚀

（2）杂散电流的影响　杂散电流是一种漏电现象，源于直流电的大功率电气装置，如电气铁路、电解及电镀、电焊机等装置。杂散电流对管道在土壤中的腐蚀影响如图 11-35 所示。

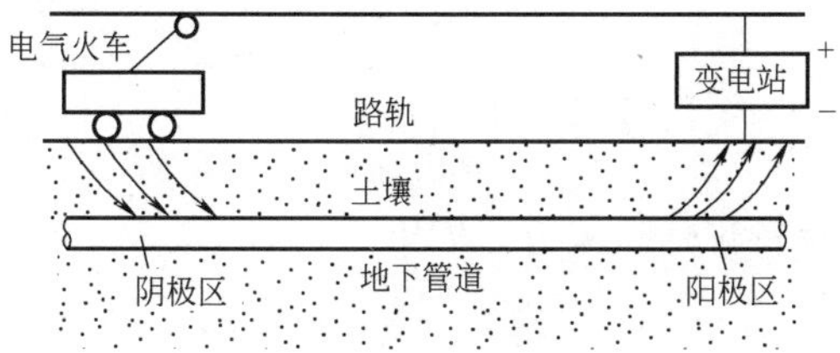

图 11-35　杂散电流对管道在土壤中的腐蚀影响

（3）土壤中微生物的影响　对腐蚀有作用的细菌不多，最重要的是硫酸杆菌和硫酸盐还原菌（厌氧菌）。它们能将土壤中硫酸盐还原产生 S^{2-}，小部分消耗在微生物自身的新陈代谢上，大部分作为阴极去极化剂，促进腐蚀反应。土壤 pH 值为 4.5~9.0 时，最适宜硫酸盐还原菌的生长。pH<3.5 或 pH>11 时，这种菌的活动及生长很难。

3. 土壤腐蚀试验

土壤腐蚀试验可采用现场土壤埋片腐蚀试验和实验室模拟土壤加速腐蚀试验等方法评定。

（1）现场土壤埋片试验　试验时，应统一制订计划，包括试坑形状和数量、埋片深度、回填土的要求、腐蚀时间以及试样表面的清洁处理。腐蚀产物的清除可按 GB/T 16545—2015《金属和合金的腐蚀 腐蚀试样上腐蚀产物的清除》中的规定进行。

（2）实验室模拟土壤加速试验　模拟土壤环境，通过改变模拟土壤中 pH 值及含盐量实现土壤的加速腐蚀。

11.4.4　微生物腐蚀

1. 微生物腐蚀的特点

微生物腐蚀（MIC）是指微生物生命活动参与发生的腐蚀过程。凡是同水、土壤或润湿空气接触的设施，都可能遭遇微生物腐蚀。据统计，金属和建筑材料中 20%的腐蚀破坏、油井中 75%以上的腐蚀以及埋地管线和线缆中 50%的故障都来自微生物腐蚀[主要是硫酸盐还原菌（SRB）过程]，几乎所有的常用材料都会产生微生物腐蚀，工业生产中各种机械设备的腐蚀尤为严重。微生物腐蚀的特点包括以下几个方面：

1）好氧菌腐蚀。首先是铁细菌，在中性有机物和可溶性铁盐的水、土壤，尤其在金属锈层中极易存在，它能把 Fe^{2+} 变成 Fe^{3+}，形成锈层和锈瘤，产生的三价铁还可以把低价硫离子氧化成硫酸，加剧金属的腐蚀。其次是硫氧化菌，硫氧化菌能将硫及硫化物氧化成硫酸。在酸性土壤及含黄铁矿的矿区土壤中，由于这种菌形成了大量的酸性矿水，使矿山机械设备发生剧烈的腐蚀。硫氧化菌属于氧化硫杆菌，在冷却水中出现的有氧化硫硫杆菌、排硫杆菌、氧化铁硫杆菌。

2）厌氧菌腐蚀。硫酸盐还原菌是一种厌氧菌，广泛存在于土壤、海水、河水、地下管道以及油气井等缺氧环境中。它能利用金属表面的有机物作为碳源，并利用细菌生物膜内的氢，将硫酸盐还原成硫化氢，从还原反应中获得生存的能量。最适宜的 pH 值为 6~7.2，pH 值下限和上限值分别为 5 和 8.6，最适宜的温度为 25~30℃。硫酸盐还原菌的腐蚀形貌如图 11-36 所示。

3）有氧无氧环境下都能生存的硝酸盐还原菌的腐蚀。

2. 微生物腐蚀的影响因素

微生物腐蚀是一种电化学腐蚀，其本质是微生物

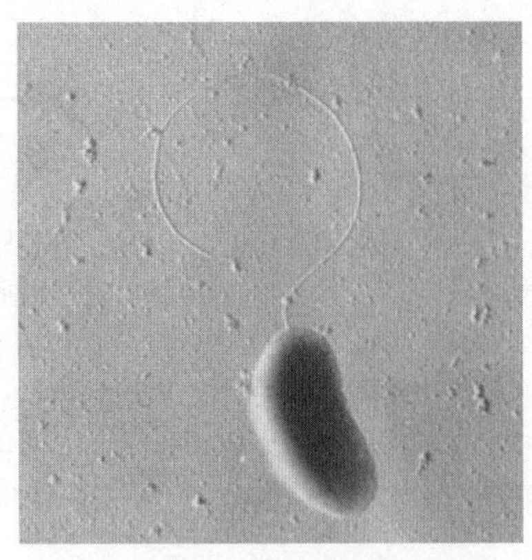

图 11-36　硫酸盐还原菌的腐蚀形貌

新陈代谢的产物通过影响腐蚀反应的阴极过程或阳极过程，从而影响腐蚀速率和类型。目前关于 SRB 的腐蚀机理，主要有阴极去极化理论、浓差电池理论及代谢物腐蚀理论等。

影响微生物腐蚀的因素有很多，如 pH 值、氧气含量、生物膜，以及土壤类型、空气湿度和环境温度、微生物生长的营养元素、代谢产物等。这些因素都会促进或者抑制微生物的生长，进而影响微生物对金属的腐蚀过程。

3. 微生物腐蚀试验

对于现场环境易进行微生物腐蚀试验的可采取现场试验，其次可采取模拟微生物腐蚀试验。

T/CSTM 00046.7—2018《低合金结构钢腐蚀试验　第 7 部分：模拟微生物腐蚀试验》规定了低合金结构钢实验室微生物腐蚀试验的试样、试验设备、试剂、试样放置、试验步骤、试验后试样的处理、试验结果的评价和试验报告。该标准适用于对低合金钢材具有或不具有腐蚀保护措施时的性能对比，不适用于对不同材料进行耐蚀性的排序。

11.5　力学因素影响下的腐蚀

在工程中，绝大多数金属构件要受到力学方面诸因素的作用。例如，构件可能承受某种加载方式、某种应力状态、某种加载速度的工作应力的作用。而在其制造过程中，由于经历可能会引起残余应力的磨削、冲压、焊接、热处理等加工工艺过程，从而使它又受到内应力的作用。试验表明，在力的作用下，金属的电极电位将发生变化。而应力与腐蚀之间的协同交互作用，会引发应力腐蚀开裂（SCC）、氢致损伤（HIC）以及腐蚀疲劳等导致金属和合金过早失效的问题。

11.5.1　应力腐蚀开裂

1. 应力腐蚀开裂的特点

金属材料在应力和介质腐蚀同时作用下所产生的破坏为应力腐蚀断裂。由于应力腐蚀断裂常常在材料屈服强度以下发生，属于低应力脆性断裂，故其危害极大。应力包括外加应力和热处理、焊接及其他加工过程中存在的残余内应力。应力腐蚀破坏有以下特点：

1）纯金属一般不发生应力腐蚀断裂，只有合金才发生应力腐蚀断裂，因此材料成分、组织状态、热处理等对应力腐蚀有很大影响。

2）合金在特定介质中才发生应力腐蚀断裂，表 11-21 列举了一些金属材料易产生应力腐蚀断裂的介质。

表 11-21　一些金属材料易产生应力腐蚀断裂的介质

合　金	腐蚀介质	合　金	腐蚀介质
碳　钢	NaOH 水溶液	马氏体不锈钢	海水 NaCl 水溶液 $NaCl+H_2O_2$ 水溶液 NaOH 水溶液 NH_3 水溶液 HNO_3 H_2SO_4 $(H_2SO_4+HNO_3)$ 水溶液 H_2S 水溶液 高温高压水 高温碱性溶液
低合金钢	硝酸盐水溶液 HCN 水溶液 $CO+CO_2+H_2O$ 含$(CO_2+HCN+H_2S+NH_3)$溶液 液态 NH_3 H_2S 水溶液（高强度钢） 海水（超高强度钢） $(H_2SO_4+HNO_3)$混合酸	Al-Zn	空气 $NaCl+H_2O_2$ 水溶液
奥氏体不锈钢	含氯化物水溶液 海水 高温水 氢氧化钠溶液 连多硫酸 硫酸 H_2SO_4+NaCl HCl $H_2SO_4+CuSO_4$	Al-Mg	空气 NaCl 水溶液
		Al-Mg Al-Cu-Mg Al-Mg-Zn	海水

（续）

合　金	腐蚀介质	合　金	腐蚀介质
Al-Zn-Cu	NaCl 水溶液 $NaCl+H_2O_2$ 水溶液	Au-Cu-Ag Ag-Pt	$FeCl_3$ 水溶液 $FeCl_3$ 水溶液
Al-Zn-Mg-Mn Al-Zn-Mg-Cu-Mn	海水	Mg-Sn Mg-Al Mg-Al-Zn-Mn	$NaCl+K_2CrO_4$ 水溶液 Na_2SO_4 或 $NaCl+K_2CrO_4$ 水溶液
Cu-Al	NH_3 水蒸气	Ni	NaOH 及 KOH 熔态及溶液 HCN S(533K 以上) 水蒸气(699K 以上)
Cu-Zn Cu-Zn-Sn Cu-Zn-Pb	NH_3 蒸气 氨水溶液		
Cu-Zn-Ni Cu-Sn	NH_3 NH_3+CO_2	茵科合金	HF 熔态 NaOH(533~699K) 浓缩锅炉水(533~699K) 水蒸气$+SO_2$ 浓 Na_2S 水溶液
Cu-Sn-P Cu-As	空气		
Cu-ZnS-Si Cu-Zn-Sn-Mn	水 水蒸气		
蒙乃尔(monel)合金	w(NaOH)为 75%的沸腾水溶液 有机氯化物 Hg 化合物 699K 以上水蒸气 HF 氟硅酸	钛及钛合金	发烟硝酸 硫酸铀 HCl 熔融 NaCl 有机酸 海水 NaCl 水溶液 三氯乙烯

3）应力腐蚀断裂一般是在拉应力下发生的，存在压应力时也可能产生应力腐蚀断裂，但是引起应力腐蚀断裂的孕育期比拉应力大 1~2 个数量级，裂纹扩展速率（da/dt）也缓慢。

4）应力腐蚀的宏观裂纹垂直于应力方向，微观裂纹尖端呈现许多分枝，断口形貌可能是穿晶型、沿晶型或混合型。

2. 应力腐蚀断裂的影响因素

（1）环境介质的影响

1）温度影响。温度对应力腐蚀的影响较复杂，一般而言，温度越高越容易产生应力腐蚀。当然各种“材料—介质”体系的温度影响各异，例如碳钢—NO_3^-、黄铜—NH_3 等在室温时就可能产生应力腐蚀。奥氏体不锈钢在含 Cl^- 水中，当温度低于 90℃时，很长时间内不产生应力腐蚀。碳钢—NaOH 体系中 NaOH 含量越高，临界破断温度越低。

2）介质浓度影响。浓度影响很复杂，碳钢发生碱脆时 OH^- 含量越高，应力腐蚀破坏的敏感性越大。奥氏体不锈钢在含 Cl^- 溶液中，即使含 Cl^- 达到万分之几时也发生应力腐蚀。有些介质中含少量杂质（例如 H_2S、NH_3 等）就能促进应力腐蚀。

3）pH 值的影响。一般情况下，pH 值降低，应力腐蚀敏感性增大。

（2）材料成分、组织结构与热处理的影响

1）成分影响。特定成分的合金在特定介质中才能发生应力腐蚀断裂。碳钢中碳含量对应力腐蚀有影响，碳含量越低越不易产生应力腐蚀，当 $w(C)<0.001\%$时，钢不发生应力腐蚀。但是当碳化物在铁素体晶界上分布时，易引起溶解，降低应力腐蚀断裂抗力。钢中合金元素的影响仅对某一介质，而不是对所有介质，例如 Mo 加入铁素体中能提高钢在 CO_3^{2-}—HCO_3^- 介质中应力腐蚀抗力，而在 OH^- 或 NO_3^- 溶液中反而促进应力腐蚀。

2）组织结构影响。碳钢的冷变形度越大，越耐应力腐蚀。铁素体-奥氏体双相不锈钢对含 Cl^- 溶液有较高的耐应力腐蚀能力。一般而言，体心立方点阵比面心立方点阵不锈钢更耐应力腐蚀。铝-铜合金中 θ 相（$CuAl_2$）降低应力腐蚀抗力。钢中马氏体比贝氏体组织对应力腐蚀敏感，材料强度越高，应力腐蚀敏感性越大。

3）热处理的影响。热处理改变了材料的组织与性能，因此也影响应力腐蚀断裂。碳钢从 920℃淬火时，淬水比淬油更易产生应力腐蚀。淬火钢经高温回火可减轻应力腐蚀敏感性。$w(C)$为 0.26%的钢淬火后经不同温度回火时，在沸腾的 $Ca(NO_3)_2+NH_4NO_3$ 溶液中的应力腐蚀敏感性与回火温度的关系如图 11-37 所示。但也有不同的试验结果，认为 700℃回火时抗应力腐蚀性能突然降低至原始点。

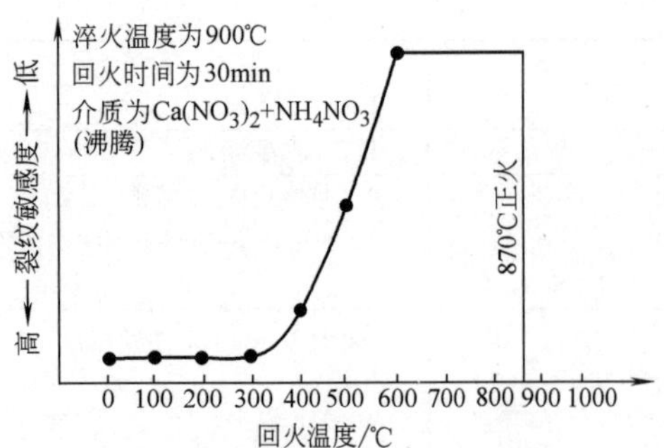

图 11-37 w(C) 为 0.26%的钢的应力腐蚀敏感性与回火温度的关系

3. 应力腐蚀试验方法

应力腐蚀试验方法很多，有恒应变法、恒载荷法、慢应变速率法及断裂力学法等，应根据不同的试验目的分别选用，可参阅 GB/T 15970.1—2018《金属和合金的腐蚀应力腐蚀试验 第 1 部分：试验方法总则》。

（1）恒应变法

1）弯曲加载法。其中包括二点弯曲、三点弯曲、四点弯曲及双臂加载法，如图 11-38 所示。三点弯曲加载试样顶端最大应力 σ_{max} 用下式计算（参阅 GB/T 15970.2—2000《金属和合金腐蚀 应力腐蚀试验 第 2 部分：弯梁试样的制备和应用》）：

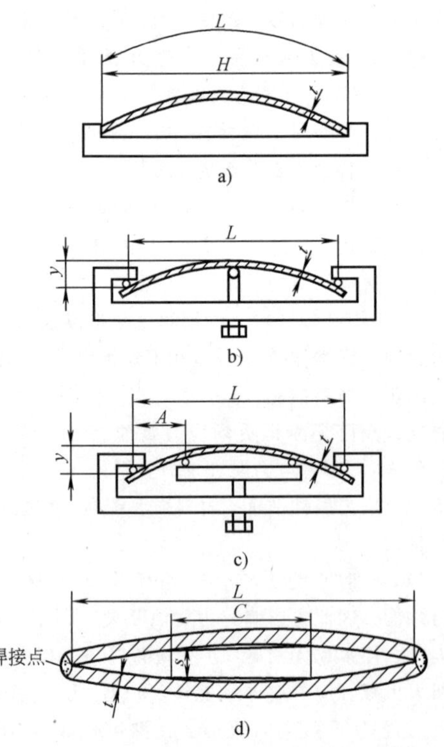

图 11-38 几种弯曲加载方法示意图

a）二点弯曲加载法 b）三点弯曲加载法

c）四点弯曲加载法 d）双臂加载法

$$\sigma_{max}=\frac{6Ety}{L^2}$$

式中 E——材料弹性模量（GPa）；

t——试样厚度（mm）；

y——试样最大挠度（mm）；

L——支点间距离（mm）。

2）U 型弯曲加载法。将板状试样弯成 180°或接近 180°，参阅 GB/T 15970.3—1995《金属和合金腐蚀 应力腐蚀试验 第 3 部分：U 型弯曲试样的制备和应用》，其应变量 e 为

$$e=\frac{t}{2R}$$

式中 t——试样厚度（mm）；

R——U 型弯曲试样（见图 11-39）的半径（mm）

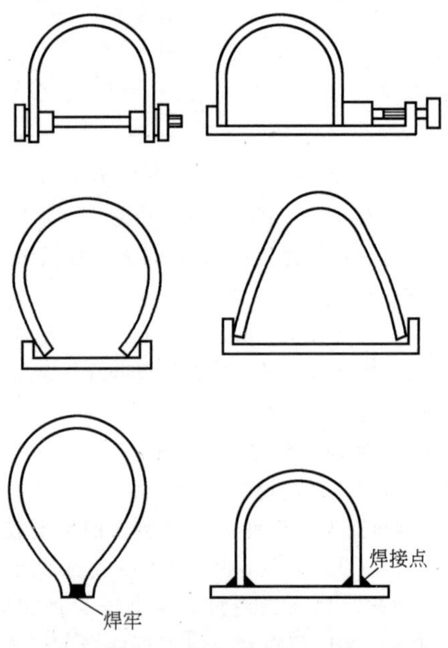

图 11-39 U 型弯曲试样

（2）恒载荷法 将试样浸泡在腐蚀介质中，加固定载荷，测定材料应力腐蚀敏感性。所谓恒应力是指裂纹产生前试样承受的载荷是固定的，裂纹产生后应力发生变化。加载方法可用砝码、力矩或弹簧，如图 11-40 所示。

（3）慢应变速率法 试验是在慢应变试验机上进行，应变速率控制在 10^{-8}～10^{-4}/s 之间，常用应变速率为 10^{-6}/s。试验结果评定可以采用将暴露在试验环境中与暴露在惰性气体环境中的相同试样进行比较，评定应力腐蚀敏感性。比值越大，开裂敏感性越大。

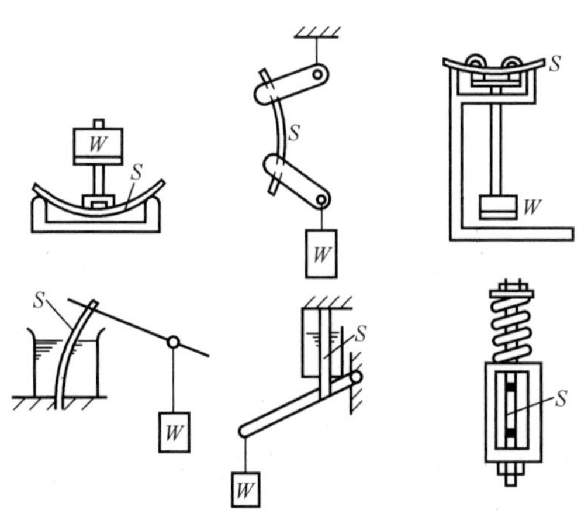

图 11-40 恒载荷法应力腐蚀试验示意图
S—试样 W—载荷

（4）断裂力学法 Brown 等最先采用 WOL 型试样测定了应力腐蚀裂纹扩展速率 da/dt，后来又发展用三点弯曲法及悬臂弯曲法测定应力腐蚀裂纹扩展速率及应力腐蚀临界应力强度因子（K_{ISCC}）。具体测试方法请参阅 GB/T 15970.6—2007《金属和合金腐蚀 应力腐蚀试验 第 6 部分：恒载荷或恒位移下的预裂纹试样的制备和应用》。

各种应力腐蚀试验方法及其特点见表 11-22。由于各种试验方法的评定对象和优缺点各不相同，选用时应符合要求，且必须考虑实验室和实际环境有无对应性，并要积累这方面的数据。

11.5.2 腐蚀疲劳

金属材料在交变载荷与腐蚀介质同时作用下引起的破坏称为腐蚀疲劳。腐蚀疲劳与应力腐蚀有相似之处，但又有区别。应力腐蚀是材料在特定介质中，一般在拉应力作用下发生的低应力破断；而腐蚀疲劳是在交变载荷作用下，在任意腐蚀介质中引起的破坏。应力腐蚀与腐蚀疲劳间的界限不是十分清晰。材料的腐蚀疲劳强度比普通大气介质下疲劳强度显著降低。腐蚀疲劳是机械零件常见的破坏形式，例如石油钻杆用钢中 70%～80%是腐蚀疲劳失效。表 11-23 是一些结构用金属材料在不同介质中的疲劳强度比较。

表 11-22 各种应力腐蚀试验方法及其特点

试验方法	评定方法	优　点	缺　点
恒变形法	1)断裂时间 2)裂纹深度	1)便于作为筛选试验 2)可同时进行多个试样的试验 3)易在实际环境中进行试验	1)力学条件不明确 2)定量化困难 3)作为设计数据难于使用
恒载荷法	1)断裂时间 2)极限应力值(σ_{th}) 3)σ_{th}/σ_y	1)能由断裂时间作出定量评定 2)力学条件明确	1)出现裂纹后变形速度显著增大,有时不能检测出开裂敏感性 2)设备价格贵
慢应变速率法	1)断裂时间 2)最大应力应变量 $\varepsilon\sigma_{max}$ 3)最大应力值 σ_{max} 4)断口率 5)断面收缩率	1)可在短期内做出评定 2)能得到有关裂纹扩展方面情况	1)忽视了裂纹萌生情况 2)不能同时进行多个试样试验 3)设备价格贵
断裂力学法	1)K_{ISCC} 2)da/dt 3)断口率	1)能得到有关裂纹扩展方面情况 2)力学条件明确,K_{ISCC} 可用于设计	1)不能获得裂纹萌生信息 2)样品制备麻烦

表 11-23 一些结构用金属材料在不同介质中的疲劳强度比较

材　料	5×10^7 周次的疲劳强度/MPa			疲劳强度比值(相对于空气)	
	空　气	水	3%(质量分数)NaCl 水溶液	水	3%(质量分数)NaCl 水溶液
低碳钢	±250	±140	±55	0.56	0.22
w(Ni)3.5%钢	±340	±155	±110	0.46	0.32
w(Cr)15%钢	±385	±250	±140	0.65	0.36
w(C)0.5%钢	±370	—	±40	—	0.11
18-8 奥氏体不锈钢	±385	±355	±250	0.92	0.65
Al-w(Cu)4.5%合金	±145	±70	±55	0.48	0.38
蒙乃尔合金	±250	±185	±185	0.74	0.74
w(Al)7.5%青铜	±230	±170	±30	0.74	0.67
Al-w(Mg)8%合金	±140	—	±30	—	0.21
Ni	±340	±200	±150	0.59	0.47

11.5.3 氢致损伤

1. 氢腐蚀

石油裂化和煤转化用压力容器等装备是在高温高压下运行，其使用寿命和安全可靠性受到极大关注。高压氢进入钢中，在高温下（200℃以上）与碳化物反应生成甲烷（CH_4）气泡，在应力作用下气泡沿晶界长大，连接成为裂纹，不仅降低材料性能，而且严重影响设备的寿命。氢腐蚀有以下特点：

1）氢腐蚀属化学腐蚀，受温度和压力的影响。各种钢在一定氢压力下均存在氢腐蚀的起始温度，一般都在 200℃以上。低于起始温度时，反应速度极慢，甚至形成甲烷气泡的孕育期超过设备的使用寿命，可以认为不发生氢腐蚀。氢分压对氢腐蚀的影响也有最低值，低于此值时即使温度高也不产生氢腐蚀，仅产生钢的脱碳。Nelson 根据大量经验数据，提出各种钢发生氢腐蚀的温度与氢分压关系曲线，即著名的 Nelson 曲线，如图 11-41 所示。图 11-41 中曲线下方为材料安全使用区。

2）钢的化学成分对氢腐蚀有影响，随碳含量增加，氢腐蚀加剧。MnS 杂质促进氢腐蚀，应尽量减少其含量。钢中含有形成稳定化合物的合金元素，例如 Cr、Mo、V、Ti、Nb、Zr 等能提高钢的抗氢腐蚀性。

3）细晶粒和用铝脱氧的钢由于晶界面多，有利于甲烷气泡形核，缩短了氢腐蚀孕育期。焊接接头易发生氢腐蚀。

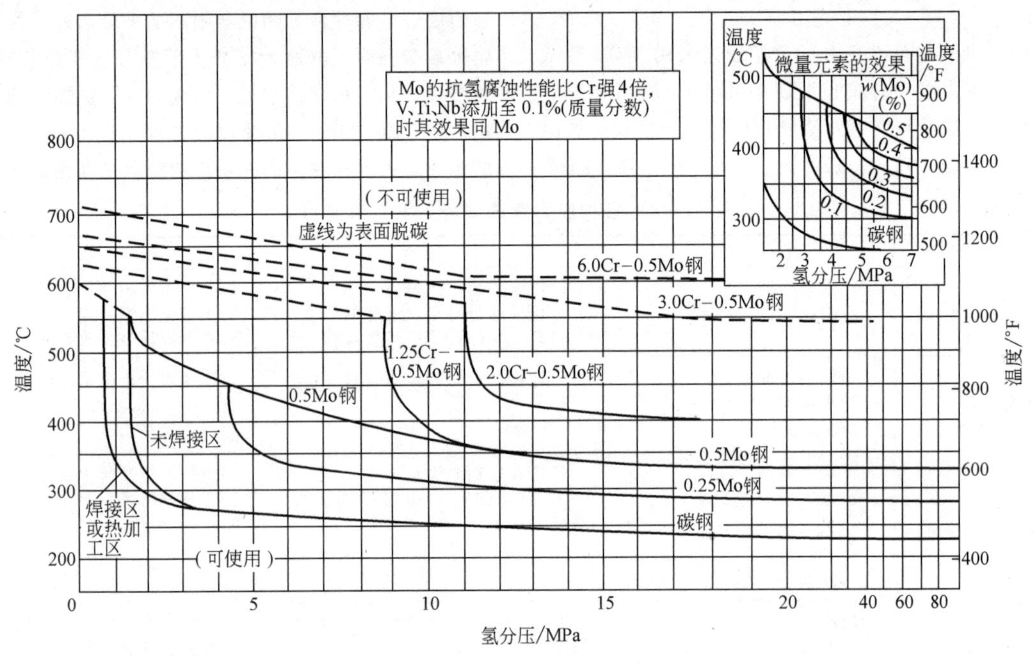

图 11-41 在含氢介质中的 Nelson 曲线

2. 氢鼓泡

低强度钢管或容器在 H_2S 水溶液中或湿 H_2S 中有应力或无应力作用下，由于 H_2S 分解产生的氢原子进入钢中，扩散到缺陷处，变成氢分子，产生很高的压力，导致裂纹产生。裂纹平行于轧制面，在接近表面处形成鼓泡，称为氢鼓泡。在含硫的油气管线、储罐、炼制设备及煤的气化设备中，经常见到这类氢诱发开裂现象。钢中存在扁平状或长条 MnS 夹杂物等易成为裂纹源。产生氢鼓泡时将导致设备破损或物料泄漏。

氢鼓泡是在室温下出现的，如果提高或降低温度，则能减少开裂倾向。钢中含有少量 Cu［w(Cu) 为 0.2%～0.3%］时能显著减少开裂；加入少量 Cr、V、Mo、Nb、Ti 等元素时可改善钢的力学性能，提高对裂纹扩展的阻力。淬火回火处理的钢比正火态可减少氢诱发开裂的危险。

3. 氢脆

氢脆一般发生在屈服强度大于 620MPa 的高强度钢及 Ti、Ta 等高强度材料中。氢对材料的断后伸长率及断面收缩率有显著影响，但对屈服强度的影响不大。氢对低强度钢的影响不仅降低塑性，也降低断裂应力。

（1）氢脆特点

1）延迟破坏。材料在静载荷作用下，裂纹萌生，低速扩展，失稳断裂。图 11-42 所示为高强度钢静载荷作用下的延迟断裂-时间曲线，图中的下临界应力是延迟断裂临界应力，低于此值时应力作用时间再长也不发生破断。

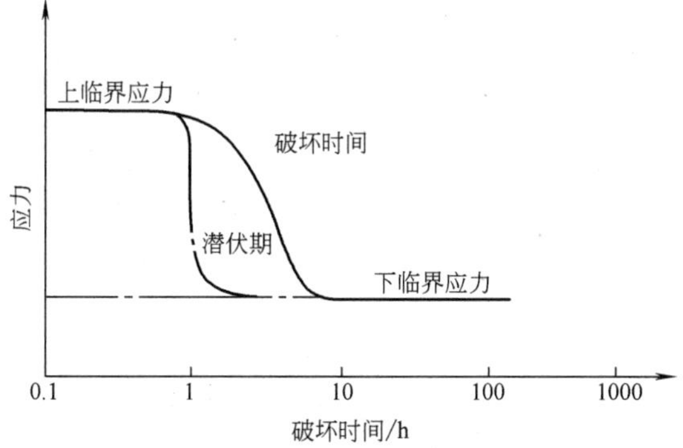

图 11-42　高强度钢静载荷作用下的延迟断裂-时间曲线

2）氢脆裂纹扩展是不连续的，在裂纹扩展过程中有氢析出。

3）氢脆断口没有明显特征，断口形貌与应力强度因子及氢含量有关系。高 K_I 时可能是韧窝形断口，低 K_I 时是沿晶断口，中等 K_I 时是解理或准解理断口。

（2）氢脆试验与评定方法

1）弯曲法。用板状试样夹在特制夹具上反复弯曲一定角度（一般为 120°），直至断裂，记下弯断次数 n，算出氢脆系数 I：

$$I=\frac{n_{空}-n_{H}}{n_{空}}\times100\%$$

式中　n_H——含氢试样弯断次数；

$n_{空}$——不含氢试样弯断次数。

2）断面收缩率法。在一定拉伸速度下，测量拉伸试样断裂后的断面收缩率 Z，计算氢脆系数 I：

$$I=\frac{Z_0-Z}{Z_0}\times100\%$$

式中　Z_0——无氢试样断面收缩率；

Z——含氢试样断面收缩率。

3）测定试样的延迟断裂曲线，即应力 σ 与时间 t 曲线，求出试样不断时的应力门槛值 σ_{th}，即下临界应力。图 11-43 所示为 20MnVB 钢不同组织的延迟断裂曲线，纵坐标为试样在含氢介质中的断裂应力 σ_n 与大气介质中材料缺口试样强度 σ_{bn} 之比，横坐标为断裂时间 t_f。

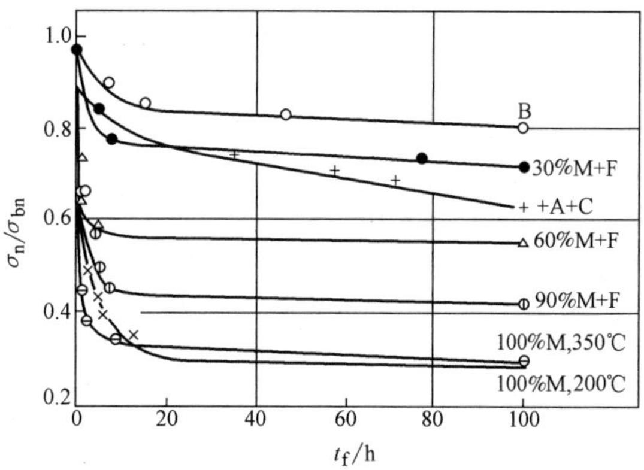

图 11-43　20MnVB 钢不同组织的延迟断裂曲线

注：图中百分数为体积分数。

11.6　防腐蚀技术

11.6.1　合理选择与使用材料

纯金属的耐蚀性决定于电极电位，电极电位越高（越正），耐蚀性越好，因此有贵金属与贱金属之分。合金耐蚀性与化学成分及组织结构有关，也与介质种类及条件等因素有关系。提高金属材料耐腐蚀程度，应从热力学和动力学考虑，腐蚀的控制因素可用腐蚀电流 I 大小予以判断。

$$I=K\frac{E_c^0-E_a^0}{P_c+P_a+R}$$

式中　E_c^0——腐蚀体系阴极电位；

E_a^0——阳极电位；

P_c——阴极极化率；

P_a——阳极极化率；

R——腐蚀体系电阻；

K——系数。

从上式可以看出，材料的耐蚀性可采用以下控制措施：

1）在其他条件一定时，$E_c^0-E_a^0$ 值越小，I 也越小，材料耐蚀性越好。因此可用合金化方法提高材料的 E_a^0，降低 $E_c^0-E_a^0$ 值。例如，Cu 中加入 Au，Ni 中加入 Cu 可使合金耐蚀性显著提高。但这种方法消耗贵金属，一般情况下不易采用。

2）增大 P_c 值减少腐蚀电流。控制阴极过程可用减小阴极面积及提高阴极析氢电位等方法。合金中第二相或夹杂物大多数是阴极相，通过提高材料纯净度，进行固溶处理等可以提高材料的耐蚀性。例如单相硬铝合金比退火态耐蚀性要高。但是体系中阳极相可钝化时，减少阴极面积反而不利于提高材料耐蚀性。

在非氧化性或氧化性不强的酸中，析氢电位可控制材料的腐蚀，析氢电位越低（越负），腐蚀速率越大。合金中加入析氢电位高的元素可以降低腐蚀程度。例如，Mg中加入质量分数为0.5%～1.0%的Mn时，使Mg-Mn合金在含有氧化物的水溶液中的腐蚀速率大大降低。

3）增大P_a值减少腐蚀电流。采用降低材料阳极活性，阻碍阳极过程，提高耐蚀性。如果合金中的第二相是阳极相，基体是阴极相，采用提高材料纯净度或固溶处理，减少阳极面积，可提高材料耐蚀性。如果合金中阳极第二相数量多时，在腐蚀过程中将逐渐降低腐蚀速率。例如，Al-Mg系合金中强化相（Al_2Mg_3）是阳极相，在腐蚀过程中将逐渐被腐蚀掉，合金表面微阳极相总面积逐渐减小，材料腐蚀速率降低，所以Al-Mg合金耐蚀性比Al-Cu合金好。

基体中加入易钝化元素，促使合金钝化，可提高材料的耐蚀性。例如钢中加入质量分数为12%～13%的Cr、Ni或Ti中加入Mo可大大提高材料耐蚀性。

4）增大R值减少腐蚀电流。加入某些元素使合金表面产生保护膜，增大R值，可提高材料耐蚀性。例如，钢中加入Cu、P时能促使表面形成$FeO_x(OH)_{3-2x}$保护膜，可提高材料耐大气腐蚀能力。

合理选择和使用材料是防止和控制设备腐蚀的最普遍和最有效的方法之一。选材务必做到以下几点：

1）了解环境因素和腐蚀因素，包括介质的种类、浓度、温度、压力、流动状态、杂质种类和数量、含氧量，以及有无固体悬浮物和微生物等。

2）研究有关资料数据。

3）按实际条件进行模拟试验，以获得选材的可靠数据。由此了解材料的耐蚀性能及其工艺特性。

4）综合考虑材料的耐蚀性和经济性。

5）考虑合适的防腐蚀措施。

11.6.2 表面防护涂层

如果腐蚀介质和环境是不可变的，防腐蚀问题主要是设法提高材料本身的耐蚀性。对此，除了采取不锈金属或合金外，鉴于工艺、性能、成本等因素，工业上更多采用的是表面保护的方法。涂层是表面保护中最普遍采用的方法，它是从屏蔽、电化学保护和缓蚀作用三个方面对金属进行保护的。

1. 转化涂层

转化涂层包括以化学或电化学方法获得的涂层，包括氧化物膜、磷酸盐膜、铬酸盐膜和草酸盐膜等。用化学方法形成的转化涂层也称为化学转化层。电化学法形成的涂层也称为阳极氧化膜。

（1）用途　转化涂层的基本用途有：

1）防锈。可降低金属本身的化学活性，对环境介质有隔离作用。

2）耐磨。可提高硬度，减少摩擦阻力，吸油（磷酸盐膜）。

3）涂装底层。可作为金属镀层的打底层。

4）防电偶腐蚀。可增大两金属表面间的接触电阻，降低配偶金属之间的电位差。

5）塑性加工。可减少拉拔力及次数，延长拉拔模具寿命。

6）绝缘。磷酸盐膜层是电的不良导体，可起到绝缘作用。

7）装饰。利用自身的装饰作用、多孔性吸附作用（吸色料）等进行装饰。

（2）发蓝或发黑　钢铁在含有氧化剂的溶液中进行处理，使其表面生成一层均匀的蓝黑到黑色的膜层。

（3）高温化学氧化（碱性化学氧化）　在强碱（NaOH）溶液里添加氧化剂（亚硝酸钠），加热到135～145℃，保温15～90min；再在肥皂液中停留3～5min；最后水洗、干燥及浸油。表面生成极薄的Fe_3O_4为主要成分的氧化膜，厚度为0.5～1.5μm，最厚达2.5μm，可提高零件的耐蚀性、润滑性并改善外观。

（4）常温化学氧化（酸性化学氧化）　钢铁常温化学氧化一般称为钢铁常温发黑。常温发黑溶液主要成分是$CuSO_4$、SeO_2、各种催化剂、缓冲剂、络合剂与辅助材料。常温发黑得到的表面膜主要成分是CuSe，其功能与Fe_3O_4膜相似。该工艺操作简单，速度快，通常为2～10min。

（5）磷化　磷化处理是在含Mn、Fe、Zn的磷酸二氢盐［$M(H_2PO_4)_2$］与磷酸组成的溶液中进行的，在金属表面生成一层难溶于水的磷酸盐保护膜，可分为高温磷化（90～98℃）、中温磷化（50～70℃）和常温磷化（15～35℃）。磷化膜厚一般为5～20μm，呈暗灰到黑灰色，微孔结构，结合牢固，具有良好的吸附性、润滑性和耐蚀性，不黏附熔融金属（Sn、Al、Zn）及并具有绝缘性。

（6）阳极氧化　铝及铝合金的阳极氧化是指在相应的电解液和特定的工艺条件下，通过外加电流的作用，在铝及铝合金（阳极）上形成一层氧化膜的过程。按电解液种类，可分为硫酸阳极氧化、铬酸阳极氧化、草酸阳极氧化和硼酸阳极氧化等；按照膜层厚度，又可分为普通阳极氧化和硬质阳极氧化。

（7）微弧氧化（MAO）　微弧氧化又称微等离子体氧化，是通过电解液与相应电参数的组合，在 Al、Mg、Ti 及其合金表面依靠弧光放电产生的瞬时高温高压作用，原位生长出以基体金属氧化物为主的陶瓷膜层的过程。

微弧氧化、阳极氧化和硬质阳极氧化性能指标对比见表 11-24。

表 11-24　微弧氧化、阳极氧化和硬质阳极氧化性能指标对比

性　　能	微弧氧化	阳极氧化	硬质阳极氧化
适用性	耐磨损，耐腐蚀，隔热，绝缘，抗热冲击，抗高温氧化，防护装饰	防护装饰，用作油漆底层，提高漆膜结合力	用于要求耐磨、耐蚀、隔热、绝缘的铝合金件
电压/V	<700	13~22	10~110
电流/A	强流	0.5~2.0(电流密度小)	0.5~2.5(电流密度小)
最大厚度/μm	300	<40	50~80
处理时间/min	10~30(50μm)	30~60(30~60μm)	60~120h(50μm)
显微硬度 HV	可调，控制生产最大可达3000		300~500
膜层击穿电压/V	>2000		低
膜层耐热冲击	可承受 2500℃以下热冲击		差
工艺对环境的危害	对环境无污染	需特殊处理排污	需特殊处理排污
均匀性	内外表面均匀	产生“尖边”缺陷	产生“尖边”缺陷
柔韧性	韧性好		膜层较脆
孔隙率(%)	0~40	>40	>40
耐磨性	好，不容易磨掉	差，容易磨掉	一般，容易磨掉
5%盐雾试验/h	>1000		>300(重铬酸钾封闭)
表面粗糙度 *Ra*/μm	可加工至约 0.037	一般	一般
着色及牢固性	长期不褪色，但颜色种类较少	颜色种类丰富，但容易褪色(化学染色)	容易褪色(化学染色)
工艺流程	去油→微弧氧化	碱蚀→酸洗→机械性清洗→阳极氧化→封孔	去油→碱蚀→去氧化→硬质阳极氧化→化学封闭→封蜡或热处理
溶液性质	弱碱性溶液	酸性溶液	酸性溶液
工作温度/℃	<45	13~26	-8~10
抗热震性	300℃→水淬，35 次无变化		好

2. 金属涂层

金属涂层包括 Zn、Al、Ti 等多种金属和合金涂层。

（1）热喷涂　热喷涂作为重要的表面工程技术之一，是通过在材料表面制备材料保护涂层与功能涂层，赋予基体材料没有，但服役环境下所需性能的表面处理方法。热喷涂可以制备从超过 50%孔隙率到接近完全致密的任意材料的涂层，包括等离子喷涂、超音速火焰喷涂、电弧喷涂、普通火焰喷涂、冷喷涂等一系列方法。制备可以提供耐磨损、耐环境腐蚀防护、耐高温隔热防护等保护涂层是热喷涂尤为重要的应用方面。喷涂的材料也由早先的纯金属如 Zn、Al、Ni、Cr、Al-Cr、Al-Ni 等，发展到高熔点、高硬度的金属氧化物如 Al_2O_3、ZrO_3、TiO_2，氮化物如 TiN、ZrN，硼化物如 CrB_2、WB，硅化物如 Cr_3Si，碳化物如 B_4C、TiC。几种热喷涂技术的参数对比见表 11-25。

表 11-25　几种热喷涂技术的参数对比

喷涂方法	火焰温度/℃	粒子速度/(m/s)	结合强度/(N/mm^2)	气孔率(%)	喷涂效率/(kg/h)	相对成本
火焰喷涂	3000	30~180	8~12	10~30	2~6	1
爆炸喷涂	3000	800~1200	>70	0.1~1	1	4
高速火焰喷涂	2500~3100	500	70~110	<10	1~5	2~3
电弧喷涂	4000~6000	250	15~25	10~20	10~25	2
等离子喷涂	20000~30000	200~800	50~80	<10	2~10	4

纳米热喷涂技术作为表面工程领域一种新兴的技术，将纳米材料与热喷涂工艺相结合，严格控制涂层材料的纳米级尺寸，在基体表面沉积形成热喷涂纳米涂层，可喷涂单一金属或合金的纳米粉，包括 Al、Zn、Cu、Ag、W、Mo、Ti 等。与常规的微米级涂层相比，热喷涂纳米涂层因突破了材料尺寸的极限，具备了纳米材料的优异性能，可实现单一性能的强化、改性，甚至实现多种性能共存的可能。采用超音速火焰喷涂方法，在钢表面成功制备出纳米 Fe-Al/Cr_3C_2 复合涂层，为了突出涂层抗高温腐蚀的性能，分别测试了微米、纳米级的 Fe-Al/Cr_3C_2 复合涂层的参数，并对腐蚀动力学曲线进行拟合，测算出二者腐蚀速率的差距（见图 11-44）。结果表明，在经 140h 的中性盐雾试验后，纳米级的 Fe-Al/Cr_3C_2 复合涂层的腐蚀速率仅为微米级的 29.5%，即在同样的腐蚀环境中，纳米级 Fe-Al/Cr_3C_2 复合涂层的寿命是微米级涂层寿命的 3 倍。

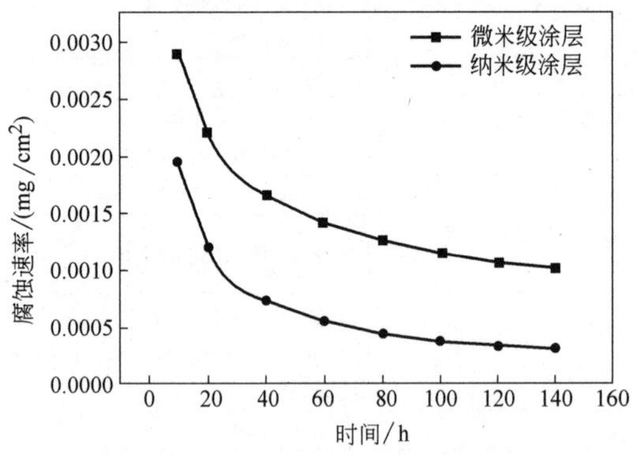

图 11-44　Fe-Al/Cr_3C_2 复合涂层动力学曲线的拟合腐蚀速率

近年来，受到广泛关注的新型热喷涂方法有冷喷涂、等离子喷涂物理气相沉积（PS-PVD）、液料热喷涂等。合理地设计和制备多层复合多元素的功能涂层也是近年来的发展趋势，可获得高的膜基结合强度、耐磨性、耐蚀性和塑性等特殊性能。

（2）热浸镀　将基体金属浸入熔融状态的液体金属中，使表面沾上一层镀层金属，以防止基体受腐蚀。热浸镀锌的历史最长，镀锌层具有良好的耐蚀性，在水及大气介质中锌的平均腐蚀速率是钢铁的 1/25。镀锌层在城市大气中的腐蚀速率为 2~7μm/a，有优良的耐蚀性，可使镀锌板寿命达到 50 年，海洋大气中的腐蚀速率与城市大气相同，为 1~7μm/a，飞溅区的腐蚀速率约为 15μm/a。热带地区镀锌层的腐蚀速率也不大，干大气中小于 2μm/a，潮湿大气中小于 3μm/a，海岸区小于 6μm/a。

水温对镀锌层的腐蚀有影响，工业用水 40℃ 左右、软水 90℃ 左右时腐蚀最快。浸泡在海水中的镀锌钢板的腐蚀速率为 12~24μm/a。

热浸镀铝防腐蚀方法发展迅速，其工艺与热浸锌相似。Al 的电极电位为 -1.66V，比 Fe（-0.44V）和 Zn（-0.1763V）都低。镀铝层能形成致密又稳定的 Al_2O_3 保护膜，起到良好的防蚀作用。如镀铝层发生机械损伤时，镀铝层对钢铁基体仍可起保护作用。镀铝钢板耐大气腐蚀，也耐海水腐蚀、土壤腐蚀及应力腐蚀。镀铝钢板耐大气腐蚀能力是镀锌钢板的 3~6 倍。图 11-45 是热浸镀锌钢板与热浸镀铝钢板耐工业大气腐蚀比较。

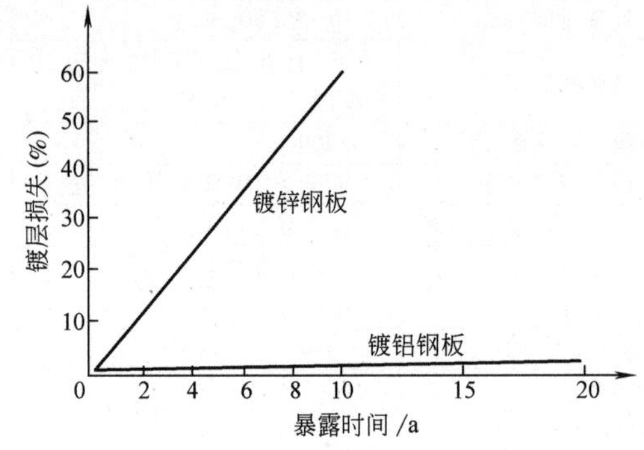

图 11-45　热浸镀锌钢板与热浸镀铝钢板耐工业大气腐蚀比较

镀铝钢板还具有耐含硫介质的腐蚀能力。表 11-26 和表 11-27 是热浸镀铝钢板在高温氧化、硫化气氛和 H_2S 介质中的腐蚀结果。

表 11-26　在高温氧化、硫化气氛中的暴露试验

材料	温度/℃	时间/h	质量变化(%)
18Cr-8Ni 钢	723	24	-17.0
25Cr-20Ni 钢	723	24	-8.3
27Cr 钢	723	24	-8.4
热浸镀 Al 钢	723	192	0.1
热浸镀 Al 钢	927	48	0.3

表 11-27　在高温 H_2S 介质中的腐蚀试验（50h）

材料	腐蚀速率/[g/(m²·h)]		
	500℃	600℃	700℃
碳钢	19	—	—
3Cr-2.5Ni 钢	13	73	—
18Cr-2.5Ni 钢	4.2	11	—
18Cr-8Ni 钢	6.5	18	—
热浸镀 Al	—	0.02	0.2

热浸镀铝钢板有一定耐热性，在 500℃ 以下长期加热时外观无变化。

（3）热渗镀（表面化学热处理）　热渗镀是用加热扩散的方法把某种金属或合金渗入基体金属表面而形成表面合金层的方法，这种表面合金层为扩散镀层。该扩散层最突出的特点是不同于电镀层等外附的镀层，而是基体金属与渗层构成了有机的一体，因而结合非常牢固。渗层的耐蚀性、耐磨性、耐高温氧化性能主要取决于所渗入的元素。

热渗镀的方法很多，按渗入元素的物理状态可分成固渗、液渗和气渗；按联合手段划分为电泳渗、电镀渗、喷涂渗等。

热渗镀可以是单个元素渗，如渗 Zn、Al、Cr、B、C、N 等，也可以是同时渗两种或两种以上元素的多元共渗，如 Zn、Al 共渗，Al、Cr、Si 三元共渗等。由于渗入元素不同，所得渗层的性能也就不同。此处仅就防腐蚀上最常用的渗锌和渗铝做一简要的介绍。

渗铝钢具有良好的高温抗氧化性，其抗氧化能力与渗铝层厚度及铝含量有关。在断续氧化条件下碳钢临界渗铝的质量分数为 5%，连续氧化条件下为 2%。高温长期使用时渗铝层厚度应达到 0.3mm。

（4）其他表面镀层技术　其他的金属表面镀层技术有物理气相沉积（PVD）（包括真空蒸镀、阴极溅射、离子镀等）、化学气相沉积（CVD）、离子注入、激光表面熔覆、电子束表面熔覆、电镀、刷镀、化学镀、堆焊等。

3. 有机涂层

金属有机涂层是继达克罗之后被广泛应用的一种新型防腐涂层。其特点有：

1）耐中性盐雾可达到 1000h，有优异的屏蔽防腐作用。

2）克服了达克罗不耐酸碱腐蚀的弱点。

3）避免了 Cr^{6+} 带来的环境污染。

4）色彩多样。外观漂亮。

有机涂层材料的组成如下：

1）成膜物质（树脂），使涂料牢固附着于被涂物表面，形成连续薄膜的主要物质，是构成涂料的基础，决定涂料基本性能。

2）挥发分，主要是指溶剂，使基料分散成均匀、黏稠的液体，便于施工。

3）颜填料，分散在漆料中不溶的体质颗粒，主要起着色、保护、装饰作用。

4）助剂，用量很少，主要改变涂料某方面性能，例如降黏、消泡、流平等。

常用的树脂性能对比见表 11-28，有机涂层的性能指标见表 11-29。

表 11-28　常用的树脂性能对比

类型	特　点
不饱和树脂	耐水、稀酸、稀碱的性能较好，耐有机溶剂的性能差
酚醛树脂	耐弱酸、弱碱，不耐强酸、强碱。耐热性、耐化学药品性好
氨基树脂	耐化学药品性、耐水性、耐候性好
醇酸树脂	耐候性、耐磨性、绝缘性好
聚氨酯树脂	良好的耐油性、韧性、耐磨性、耐老化性和黏合性
环氧树脂	优良的耐碱性、耐酸性、耐溶剂性和耐霉菌性

表 11-29　有机涂层的性能指标

性能	检验方法	合格标准
外观	目测	涂层连续无漏涂、气泡、裂纹、均匀、平滑
涂层厚度	测厚仪	≥8μm
附着力	划痕胶带法	无脱落
	螺钉类钻木法	不得脱落露底
耐酸性	20%HCl 浸泡 45min	无变色或气泡
耐碱性	20%NaOH 浸泡 20min	无变色或气泡
耐中性盐雾	5%NaCl 喷雾 1000h	无红锈产生
耐溶剂性	丁酮连续擦拭 100 次	无脱落或漏底
耐候性	紫外灯照射 1000h	无红锈产生

4. 陶瓷涂层

陶瓷涂层是涂覆在基体表面上的无机保护层或膜的总称。它能改变基体外表面的形貌、结构及其化学组成，赋予基底材料新的性能，提高其耐磨性、耐蚀性、防黏性、硬度、耐高温性和生物相容性。陶瓷涂层包括各种氧化物、碳化物、氮化物及复合物陶瓷涂层等。实施方法有热喷涂或激光熔覆、物理气相沉积、化学气相沉积、湿法沉积等。

纳米陶瓷涂层可采用悬浮等离子喷涂（SPS），喷涂的原料粉末为纳米陶瓷粉末的悬浮液，通过等离子喷涂方式进行喷涂、沉积，最终得到含有纳米结构氧化物或氧化物复合材料的微纳级涂层。该方法适用于氧化物或碳化钨纳米粉末材料，如 WC、ZrO_2、Al_2O_3-Y_2O_3 等。

11.6.3　缓蚀剂

缓蚀剂发展至今经历了铬酸盐、亚硝酸盐、硅酸盐、钼酸盐、锌盐、磷酸盐、聚磷酸盐、有机磷、低（无）磷化合物和绿色缓蚀剂等发展历程。关于缓蚀理论，主要有成膜理论、吸附理论和电极过程抑制理论。由于生成的保护膜不同，缓蚀剂主要分成三类，即钝化膜型缓蚀剂、吸附膜型缓蚀剂和沉淀膜型缓蚀剂。缓蚀剂未来发展趋势是能适应特定环境、高性能、低成本、绿色环保等。

1. 分类

缓蚀剂的种类繁多，可按其成分、结构或作用机理进行分类。

（1）无机缓蚀剂和有机缓蚀剂　依据化学成分，可将缓蚀剂分为无机缓蚀剂和有机缓蚀剂两类。无机缓蚀剂是指能够钝化金属表面，或形成一层保护膜的氧化剂类，常见的有亚硝酸盐、磷酸盐等。有色金属铜铝等的缓蚀可采用铬酸盐等，特殊工况下，如铸铁、焊接部位等的缓蚀可采用硅酸盐等。有机缓蚀剂主要有胺类等含氮物质、杂环芳香类含氮物质、醛类物质、炔醇类、含磷类物质等。

（2）阴离子型、阳离子型和混合型缓蚀剂　依据电化学的作用机理和控制部分，缓蚀剂可分为阴离子型、阳离子型和混合型三类。阴离子型缓蚀剂包括碳酸盐、磷酸盐等，可与金属表面发生化学反应，并在阴极形成沉淀膜，随着反应的进行，形成的膜不断加厚，缓蚀作用越强。阳离子型缓蚀剂包括钼酸盐、硼酸盐、钨酸盐、亚硝酸盐等，主要是与金属离子相互作用，形成氧化物覆盖在阳极端，起到抑制金属溶解的作用。混合型缓蚀剂包括含氮、硫等有机物的化合物，可以吸附在金属表面形成分子膜，切断金属与水的接触，阻止金属表面的溶解扩散，起到缓蚀作用。

（3）氧化膜型、沉淀膜型和吸附膜型缓蚀剂　依据物理和化学作用机理，可将缓蚀剂分为氧化膜型、沉淀膜型和吸附膜三类。氧化膜型缓蚀剂主要包括亚硝酸盐、铬酸盐等，这些物质与金属表面发生反应并生成一层氧化膜，起到缓蚀作用。沉淀膜型缓蚀剂包括磷酸盐、氢氧化物等，主要与介质中的离子反应，所形成的膜尽管足够厚，但是不够致密且黏附力较差，所以耐蚀性较弱。吸附型缓蚀剂大多是有机物，并且含有电负性较高的元素，可吸附于金属表面，以达到改变其电荷分布和状态的目的，可使金属表面的能量更平稳，腐蚀速率放缓；同时有机物的非极性端会在金属表面形成一层憎水层，起到了保护和阻碍腐蚀的作用。

2. 缓蚀剂的选用原则

1）不同腐蚀介质应选用不同的缓蚀剂。中性水介质主要采用阳离子型和沉淀膜型缓蚀剂，这些缓蚀剂多数为无机物。酸性介质采用多为有机物的吸附型缓蚀剂。油类介质采用油溶性吸附型缓蚀剂，以排除水的吸附，起到防护作用。表 11-30 为碳钢在 50℃、pH 值为 8.0~8.5 弱碱性介质中 96h 的缓蚀效果比较结果。

表 11-30　有机磷酸与无机磷酸盐缓蚀效果比较

缓蚀剂	含量（质量分数，10^{-4}%）		
	25	50	100
	腐蚀速率/(mm/a)		
乙二胺四甲基膦酸（HDTMP）	0.705	0.0625	0.07
羟基亚乙基二膦酸（HEDP）	0.2975	0.185	0.1575
三聚磷酸钠	1.3725	1.0325	0.505
六偏磷酸钠	1.2375	0.7475	0.555

2）不同金属采用不同缓蚀剂。

3）单品种缓蚀剂比复合缓蚀剂的缓蚀效果小，因此目前使用的缓蚀剂很少采用单品种缓蚀剂，而是复合缓蚀剂。

4）许多高效缓蚀剂常常有毒性，例如铬酸盐是中性水介质中的高效氧化性缓蚀剂，其 pH 值为 6~11，除钢铁材料外，对大多数非铁金属也能产生有效保护作用。但铬酸盐有毒，危害环境，故使用受到限制。

3. 缓蚀剂的评价方法

（1）腐蚀产物分析法　失重法是测量金属腐蚀速率比较直接和简单方便的方法，主要是通过测量浸入介质前后的金属片的质量差来计算腐蚀速率，进而评价缓蚀剂的缓蚀性能。但是该方法的依据是单位时间内相同金属表面上的失重，因此得到的腐蚀速率为平均速率，不能从根本上反映金属表面每个局部点的腐蚀现象。量气法的原理是金属腐蚀的过程中，阴极上会有氧气参与的反应，因此可通过测定氧气的吸收量，简捷地计算出腐蚀量。量热法是基于金属的腐蚀过程为放热反应，其热量可通过体系温度表现出来，测量加入缓蚀剂前后体系的温度，即可得到缓蚀效果。

（2）电化学法　Tafel 曲线外推法是测定金属腐蚀速率最常用的电化学方法之一。具体操作是：先对待测腐蚀电极进行极化，得到极化曲线，再通过电化学的相关理论和计算公式，间接得到腐蚀速率。相比其他常规测量方法，交流阻抗法得到的动力学和电极信息更多更全面，所以该方法是研究反应机理的重要工具，尤其对于金属阳极的反应溶解过程，能准确分析出影响腐蚀速率的因素。恒电量法是在切断外电路的条件下，利用已知电荷扰动待测的金属电极体系，记录电极随时间的变化情况，即可得到各种参数，进而计算出腐蚀速率。

（3）光谱分析法　原子吸收光谱分析法检测待测物质中元素特定的吸收波长，依据吸收值与被测原子的浓度存在一定的关系，从而计算出金属的腐蚀速率。该方法的灵敏度高，可在金属物刚开始腐蚀时就能检测出，准确度高。红外光谱法主要针对缓蚀剂在应用过程中所产生的产物成分进行分析，测量精度较差。紫外光谱法既可与其他手段联用，确定缓蚀剂的结构和组分，也可根据可见光区的吸收峰检测缓蚀剂的浓度。

（4）量子化学研究　因为大多数有机分子都含有 π 电子或者 π 轨道，有机分子通过分子轨道与金属轨道之间的相互作用吸附在金属表面。通过量子化学研究可以得到金属表面的电荷分布特征，进而推测缓蚀剂在金属表面的吸附状态。常用的量子化学参数主要包括：分子最低未占据轨道能量（ELUMO）、分子最高占据轨道能量（EHOMO）、偶极矩、电荷分布能等。

缓蚀剂的评价标准有很多种，其中有国家标准，如 GB/T 35509—2017，还有行业标准，如 DB44/T 840.1—2010、DB44/T 840.2—2010、DL/T 523—2017、SY/T 5273—2014、SY/T 5405—2019、SY/T 7025—2014 和 SY/T 7437—2019。

11.6.4　电化学防护技术

1. 阴极防护

在水及土壤中的金属结构或设备可采用阴极保护法防止或减缓腐蚀。阴极防护方法有两种：一是将被保护体与直流电源连接，通过辅助阳极和介质使电流到达被保护结构；二是采用比被保护金属的电极电位低（负）的金属作为牺牲阳极，牺牲阳极首先溶解，释放出的电流使结构阴极极化至所需要的电位，产生防腐蚀作用。图 11-46 所示为阴极保护示意图。

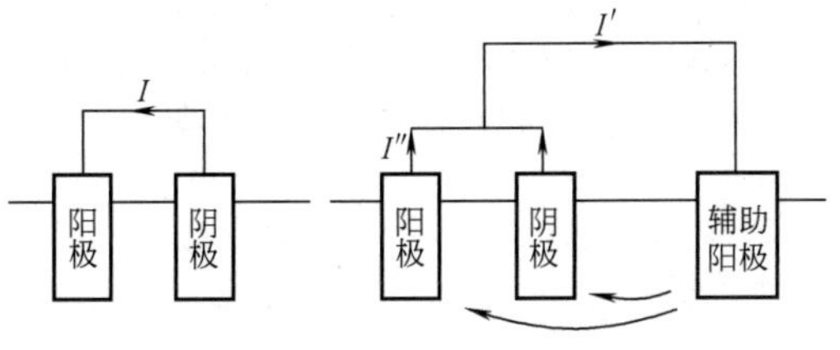

图 11-46　阴极保护示意图

（1）牺牲阳极法　最主要的是选择牺牲阳极材料。作为牺牲阳极应有足够低的开路电位和稳定的闭路电位，但也不能过负，否则会出现阴极析氢；要有稳定的电流效率，即消耗单位牺牲阳极所产生的电量（单位为 A · h/kg）；原料应充足，并且价格低廉，制作工艺简便等。

常用的牺牲阳极材料有纯 Mg、Mg-Mn、Mg-Al-Zn-Mn、纯 Zn、Zn-Al、Zn-Sn、Zn-Al-Mn、Zn-Al-Ca、Al-Zn-Mg、Al-Zn-Sn 及 Al-Zn-Ir 等。

优点：不用外加电流；施工简单，管理方便，对附近设备没有干扰。因此，该方法适用于安装电源困难、需要局部保护的场合。缺点：能产生的有效电位差及输出电流量都是有限的，只适于需要小保护电流的场合；电流调节困难，阳极消耗大，需定期更换。

（2）外加电流阴极保护法　用恒电位仪、整流器、太阳能电池及直流发电机等作为电源，通过辅助阳极及阳极屏、参比电极等保护系统，实现阴极保护。通电流时辅助阳极不断溶解，对于不溶性阳极，通电时自身不溶解，只发生氧化反应的阳极。阳极屏的作用是防止电流短路，扩大电流分布范围，确保阴极保护效果，因此要在阳极周围涂上屏蔽层（即阳极屏）。参比电极用于测量被保护结构的电位，向恒电位仪提供信号，以调节保护电流大小，使被保护金属处于保护电位范围内。

常用的辅助阳极材料有三类：一是可溶性阳极材料，例如废钢铁、铝等；二是微溶性阳极材料，例如硅铸铁、石墨、铅合金等；三是不溶性阳极材料，例如铂及铂合金等。

优点：可以调节电流和电压，适用范围广，可用在要求大保护电流的条件下；当使用不溶性阳极时，其装置耐用。缺点：必须经常进行维护、检修，要配备直流电源设备；附近有其他金属设备时可能产生干扰腐蚀。

2. 阳极保护

阳极保护是将被保护的金属设备进行阳极极化，使其由活化态转入钝化态，从而减轻或防止金属设备腐蚀的方法。该方法适用于电位正移时，金属设备在所处的介质中有钝化行为的金属介质体系。

阳极保护的适用条件与特点：

1）某些活性阴离子（如 Cl^-）含量高的介质中不宜采用阳极保护。这些活性离子在高浓度下能局部地破坏钝化膜并造成孔蚀。

2）存在遮蔽效应。若阴极、阳极布局不合理，可能造成有的地方已钝化，有的地方过钝化，有的地方尚处在活化态。

3）与阴极保护相比，成本高、工艺复杂。阳极保护需要辅助阴极、直流电源、测量及控制保护电位的设备。

参考文献

[1] 朱日彰. 金属腐蚀学 [M]. 北京：冶金工业出版社，1989.

[2] 中国腐蚀与防护学会. 金属腐蚀手册 [M]. 上海：上海科学技术出版社，1987.

[3] 小若正論. 金属の腐食損傷と防食技術 [M]. 東京：アグネ株式会社，1987.

[4] 天华化工机械及自动化研究设计院. 腐蚀与防护手册：第1卷 腐蚀理论、试验及监测 [M]. 2版. 北京：化学工业出版社，2009.

[5] 宋余九，张伟，刘文星. 载荷频率对石油钻杆钢腐蚀疲劳的影响 [J]. 石油专用管，1998，6 (3)：22-29.

[6] 机械工业部科技与质量监督司，中国机械工程学会理化检验分会. 机械工程材料测试手册：腐蚀与摩擦学卷 [M]. 沈阳：辽宁科学技术出版社，2002.

[7] 天华化工机械及自动化研究设计院. 腐蚀与防护手册：第2卷 耐腐蚀金属材料及防护技术 [M]. 2版. 北京：化学工业出版社，2008.

[8] 蒋波，杜翠薇，李晓刚，等. 典型微生物腐蚀的研究进展 [J]. 石油化工腐蚀与防护，2008，25 (4)：1-4.

[9] 朱立群. 材料表面现代防护理论与技术 [M]. 西安：西北工业大学出版社，2012.

[10] 李长久. 热喷涂技术应用及研究进展与挑战 [J]. 热喷涂技术，2018，10 (4)：1-22.

[11] 陈学定，韩文改. 表面涂层技术 [M]. 北京：机械工业出版社，1994.

[12] 杨文治，黄魁元，孔雯. 缓蚀剂 [M]. 北京：化学工业出版社，1989.

[13] 吴荫顺，方智，何积铨，等. 腐蚀试验方法与防腐蚀检测技术 [M]. 北京：化学工业出版社，1996.

[14] 周静好. 防锈技术 [M]. 北京：化学工业出版社，1988.

[15] 周本省. 工业冷却水系统中的腐蚀与控制 [J]. 腐蚀与防护，1993 (4)：165-169.

[16] 张明，程刚，方勇，等. 缓蚀剂的研究现状及发展趋势 [J]. 2020，49 (4)：43-45.

[17] 贝克曼 W V，施文克 W，普林兹 W. 阴极保护手册：电化学保护的理论与实践（原著第三版）[M]. 胡士信，王向农，等译. 北京：化学工业出版社，2005.

[18] ASTM INTERNATIONAL. Standard Practice for Calculation of Corrosion Rates and Related Informationfrom Electrochemical Measurement：ASTM G102—2015 [S]. Ohio：ASTM International，2015.

[19] 全国钢标准化技术委员会. 金属和合金的腐蚀 腐蚀试验电化学测量方法适用惯例：GB/T 40299—2021 [S]. 北京：中国标准出版社，2021.

[20] 全国防腐蚀标准化技术委员会. 油气田缓蚀剂的应用和评价：GB/T 35509—2017 [S]. 北京：中国标准出版社，2017.

[21] 全国钢标准化技术委员会. 金属和合金的腐蚀 大气腐蚀性 第1部分：分类、测定和评估：GB/T 19292.1—2018 [S]. 北京：中国标准出版社，2018.

[22] 全国电工电子产品环境条件与环境试验标准化技术委员会. 环境试验 大气腐蚀加速试验的通用导则：GB/T 2424.10—2012 [S]. 北京：中国标准出版社，2013.

[23] 全国钢标准化技术委员会. 人造气氛腐蚀试验 盐雾试验：GB/T 10125—2021 [S]. 北京：中国标准出版社，2021.

[24] 龚敏，余祖孝，陈琳. 金属腐蚀理论及腐蚀控制 [M]. 北京：化学工业出版社，2021.

[25] 全国海洋船标准化技术委员会. 船舶及海洋工程用金属材料在天然环境中的海水腐蚀试验方法：GB/T 6384—2008 [S]. 北京：中国标准出版社，2009.

[26] 赵麦群，何毓阳. 金属腐蚀与防护 [M]. 北京：国防工业出版社，2019.

[27] 全国钢标准化技术委员会. 金属和合金的腐蚀 腐蚀试样上腐蚀产物的清除：GB/T 16545—2015 [S]. 北京：中国标准出版社，2016.

[28] 蒋百灵，蒋永锋. 等离子体电化学原理与应用 [M]. 南京：南京大学出版社，2021.

[29] 蔡峰. 纳米热喷涂技术和涂层研究的进展 [J]. 材料研究与应用，2019，13 (3)：252-256.

第 12 章　热处理常用基础数据

北京机电研究所有限公司　朱嘉　苏苗

12.1　常用物理和化学数据

12.1.1　金属元素的原子直径（见图 12-1）

12.1.2　元素周期表（见表 12-1）

12.1.3　元素的晶体结构及其对铁碳相图的影响（见表 12-2）

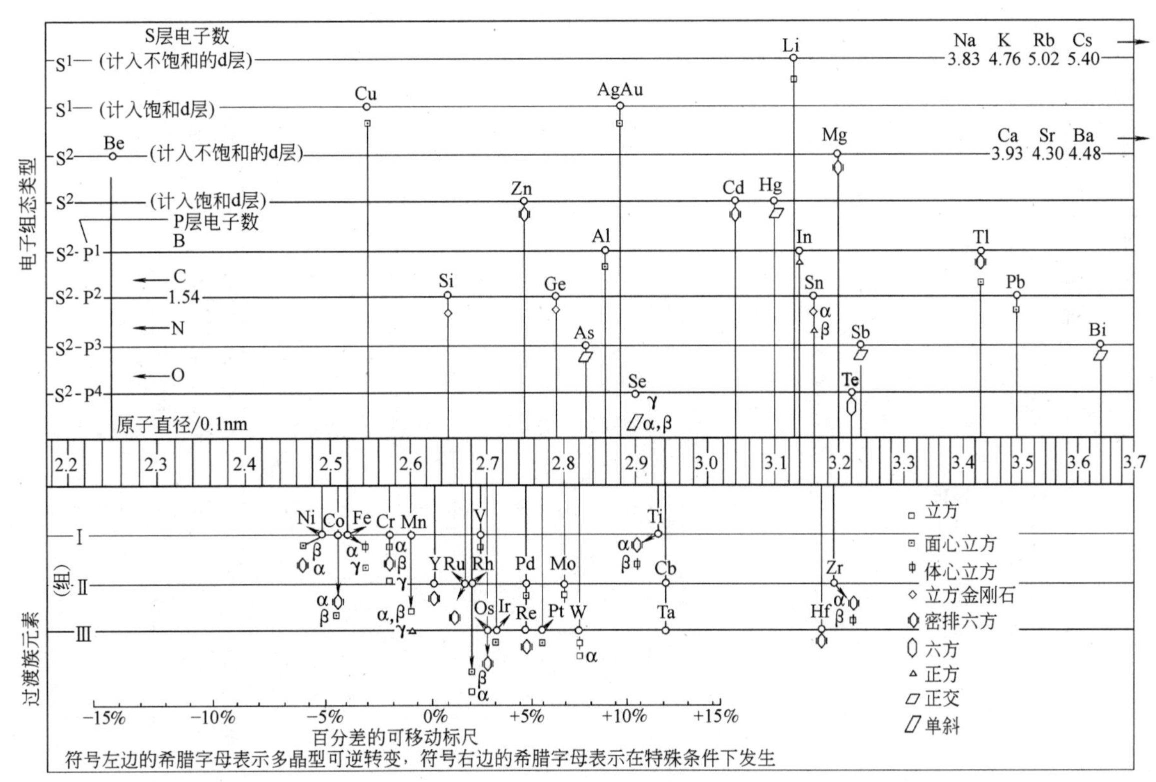

图 12-1　金属元素的原子直径

表 12-1 元素周期表

金属 ←→ 非金属

Ⅰa	Ⅱa	Ⅲb	Ⅳb	Ⅴb	Ⅵb	Ⅶb	Ⅷ			Ⅰb	Ⅱb	Ⅲa	Ⅳa	Ⅴa	Ⅵa	Ⅶa	0	电子轨道
1 +1 −1 H 氢 1.0079 1																	2 0 He 氦 4.00260 2	K
3 +1 Li 锂 6.939 2–1	4 +2 Be 铍 9.0122 2–2											5 +3 B 硼 10.81 2–3	6 +2 +4 −4 C 碳 12.011 2–4	7 +1 +2 +3 +4 +5 −3 N 氮 14.0067 2–5	8 −2 −1 O 氧 15.9994 2–6	9 −1 F 氟 18.998403 2–7	10 0 Ne 氖 10.179 2–8	K–L
11 +1 Na 钠 22.9898 2–8–1	12 +2 Mg 镁 24.312 2–8–2											13 +3 Al 铝 26.98154 2–8–3	14 +2 +4 −4 Si 硅 28.08 2–8–4	15 +3 +5 −3 P 磷 30.97376 2–8–5	16 +4 +6 −2 S 硫 32.06 2–8–6	17 +1 +5 +7 −1 Cl 氯 35.453 2–8–7	18 0 Ar 氩 39.948 2–8–8	K–L–M
19 +1 K 钾 39.09 –8–8–1	20 +2 Ca 钙 40.08 –8–8–2	21 +3 Sc 钪 44.9559 –8–9–2	22 +2 +3 +4 Ti 钛 47.9 –8–10–2	23 +2 +3 +4 +5 V 钒 50.941 –8–11–2	24 +2 +3 +6 Cr 铬 51.996 –8–13–1	25 +2 +3 +4 +7 Mn 锰 54.9380 –8–13–2	26 +2 +3 Fe 铁 55.847 –8–14–2	27 +2 +3 Co 钴 58.9332 –8–15–2	28 +2 +3 Ni 镍 58.71 –8–16–2	29 +1 +2 Cu 铜 63.54 –8–18–1	30 +2 Zn 锌 65.38 –8–18–2	31 +3 Ga 镓 59.72 –8–18–3	32 +2 +4 Ge 锗 72.59 –8–18–4	33 +3 +5 −3 As 砷 74.9216 –8–18–5	34 +4 +6 −2 Se 硒 78.965 –8–18–6	35 +1 +5 −1 Br 溴 79.904 –8–18–7	36 0 Kr 氪 83.80 –8–18–8	–L–M–N
37 +1 Rb 铷 85.467 –18–8–1	38 +2 Sr 锶 87.62 –18–18–2	39 +3 Y 钇 88.9059 –18–9–2	40 +4 Zr 锆 91.22 –18–10–2	41 +3 +5 Nb 铌 92.9064 –18–12–1	42 +6 Mo 钼 95.94 –18–13–1	43 +4 +6 +7 Tc 锝 98.9062 –18–13–2	44 +3 Ru 钌 101.07 –18–15–1	45 +3 Rh 铑 102.905 –18–16–1	46 +2 +4 Pb 钯 106.4 –18–18–0	47 +1 Ag 银 107.868 –18–18–1	48 +2 Cd 镉 112.40 –18–18–2	49 +3 In 铟 114.82 –18–18–3	50 +2 +4 Sn 锡 118.69 –18–18–4	51 +3 +5 −1 Sb 锑 121.75 –18–18–5	52 +4 +6 −2 Te 碲 127.60 –18–18–6	53 +1 +5 +7 −3 I 碘 126.9045 –18–18–7	54 0 Xe 氙 131.30 –18–18–8	–M–N–O
55 +1 Cs 铯 132.9054 –18–8–1	56 +2 Ba 钡 137.3 –18–8–2	57–71 La–Lu 镧系*	72 +4 Hf 铪 178.49 –32–10–2	73 +5 Ta 钽 180.948 –32–11–2	74 +6 W 钨 183.85 –32–12–2	75 +4 +6 +7 Re 铼 186.207 –32–13–2	76 +3 +4 Os 锇 190.2 –32–14–2	77 +3 +4 Ir 铱 192.9 –32–15–2	78 +2 +4 Pt 铂 195.09 –32–16–2	79 +1 +3 Au 金 196.9665 –32–18–1	80 +1 +2 Hg 汞 200.59 –32–18–2	81 +1 +3 Tl 铊 204.37 –32–18–3	82 +2 +4 Pb 铅 207.19 –32–18–4	83 +3 +5 Bi 铋 208.980 –32–18–5	84 +2 +4 Po 钋 (209) –32–18–6	85 At 砹 (210) –32–18–7	86 0 Rn 氡 (222) –32–18–8	–N–O–P
87 +1 Fr 钫 (223) –18–8–1	88 +2 Ra 镭 226.0254 –18–8–2	89–103 Ac–Lr 锕系**	104 +4 Rf 𬬻 (261) –32–10–2	105 Db 𬭊 (262) –32–11–2	106 Sg 𬭳 (263) –32–12–2	107 Bh 𬭛 (264)	108 Hs 𬭶 (265) –32–14–2	109 Mt 鿏 (268) –32–15–2	110 Ds 𫟼 (269) –32–16–2	111 Rg 𬬭 (272) –32–17–2	112 Cn 鿔 (277) –32–18–2	113 Nh 鿭 (286) –32–18–3	114 Fl 𫓧 (289)	115 Mc 镆 (289) –32–18–5	116 Lv 𫟷 (293)	117 Ts 鿬 (294) –32–18–7	118 Og 鿫 (294) –32–18–8	–O–P–Q

																电子轨道
镧系*	57 +3 La 镧 138.9055 –18–9–2	58 +3 +4 Ce 铈 140.12 –20–8–2	59 +3 Pr 镨 140.9077 –21–8–2	60 +3 Nd 钕 144.24 –22–8–2	61 +3 Pm 钷 147 –23–8–2	62 +2 +3 Sm 钐 150.4 –24–8–2	63 +2 +3 Eu 铕 151.96 –25–8–2	64 +3 Gb 钆 157.25 –25–9–2	65 +3 Tb 铽 158.925 –27–8–2	66 +3 Dy 镝 162.50 –28–8–2	67 +3 Ho 钬 164.9304 –29–8–2	68 +3 Er 铒 167.26 –30–8–2	69 +3 Tm 铥 168.9342 –31–8–2	70 +2 +3 Yb 镱 173.04 –32–8–2	71 +3 Lu 镥 174.967 –32–9–2	–N–O–P
锕系**	89 +3 Ac 锕 (227) –18–9–2	90 +4 Th 钍 232.038 –18–10–2	91 +5 +4 Pa 镤 231.0359 –20–9–2	92 +3 +4 +5 +6 U 铀 238.029 –21–9–2	93 +3 +4 +5 +6 Np 镎 237.0482 –22–9–2	94 +3 +4 +5 +6 Pu 钚 239.052 –24–8–2	95 +3 +4 +5 +6 Am 镅 (243) –25–8–2	96 +3 Cm 锔 (247) –25–9–2	97 +3 +4 Bk 锫 (247) –27–8–2	98 +3 Cf 锎 (251) –28–8–2	99 +3 Es 锿 (254) –29–8–2	100 +3 Fm 镄 (257) –30–8–2	101 +2 +3 Md 钔 (258) –31–8–2	102 +2 +3 No 锘 (259) –32–8–2	103 +3 Lr 铹 (260) –32–9–2	–O–P–Q

图例：原子序数 50；元素符号 Sn；中文名称 锡；相对原子质量 118.69；氧化价 +2 +4；电子分布 –18–18–4

过渡族元素：Ⅲb～Ⅰb

注：1.括号内的数是天然放射性元素较重要的同位素的质量数或人造元素半衰期最长的同位数的质量数。

2.相对原子质量根据1999年国际相对原子质量表，以^{12}C=12为基础。

表 12-2　元素的晶体结构及其对铁碳相图的影响

0	Ⅰ^{a}	Ⅱ^{a}	Ⅲ^{b}	Ⅳ^{b}	Ⅴ^{b}	Ⅵ^{b}	Ⅶ^{b}	Ⅷ			Ⅰ^{b}	Ⅱ^{b}	Ⅲ^{a}	Ⅳ^{a}	Ⅴ^{b}	Ⅵ^{a}	Ⅶ^{a}
	H-1 ▲(−58) ⊗ ×× ◀																
He-2 hcp	Li-3 ⊗(+23) bcc* hcp fcc	Be-4 ●(−11) hcp* bcc ◗											B-5 △(−29) ⊗ ×× ▌	C-6 ◭(−34) ⊗ ×× ◆	N-7 ◭(−36) ⊗ ×× ◆	O-8 ◭(−33) ⊗ ××	F-9
Ne-10 fcc	Na-11 ⊗(+50) bcc* hcp	Mg-12 ⊗(+27) hcp											Al-13 ◑(+14) fcc ◗	Si-14 ●(+7) ×× ◗	P-15 ●(+2) ×× ◗	S-16 ●(+1) ×× ▌	Cl-17 ××
Ar-18 fcc	K-19 ⊗(+86) bcc	Ca-20 ⊗(+56) fcc* bcc	Sc-21 ⊗(+29) hcp* bcc	Ti-22 ◑(+16) hcp* bcc ◗	V-23 ●(+6) bcc ◗	Cr-24 ●(+1) bcc ◗	Mn-25 ●(+1) ××* fcc bcc ◀	Fe-26 ●(0) bcc* fcc	Co-27 ●(−1) hcp* fcc ◀	Ni-28 ●(−1) fcc ◀	Cu-29 ●(+1) fcc ◆	Zn-30 ●(+6) hcp ◗	Ga-31 ●(+12) ××	Ge-32 ●(+9) ×× ◗	As-33 ●(+11) ×× ◗	Se-34 ●(+11) ××	Br-35 ××
Kr-36 fcc	Rb-37 ⊗(+97) bcc	Sr-38 ⊗(+71) fcc* hcp bcc	Y-39 ⊗(+42) hcp* bcc	Zr-40 ⊗(+27) hcp* bcc ▌	Nb-41 ◑(+15) bcc ▌	Mo-42 ●(+10) bcc ◗	Tc-43 ●(+8) hcp	Ru-44 ●(+6) hcp ◆	Rh-45 ●(+6) fcc ◀	Pd-46 ●(+9) fcc ◀	Ag-47 ◑(+14) fcc	Cd-48 ⊗(+20) hcp	In-49 ⊗(+25) ××	Sn-50 ⊗(+23) ×× ◗	Sb-51 ⊗(+27) ×× ◗	Te-52 ⊗(+27) ××	I-53 ××
Xe-54 fcc	Cs-55 ⊗(+112) bcc	Ba-56 ⊗(+76) bcc	La-57 ⊗(+48) hcp* fcc bcc	Hf-72 ⊗(+26) hcp* bcc ▌	Ta-73 ◑(+16) bcc ▌	W-74 ●(+11) bcc ◗	Re-75 ●(+9) hcp ◆	Os-76 ●(+7) hcp ◀	Ir-77 ●(+8) fcc ◀	Pt-78 ●(+10) fcc ◀	Au-79 ◑(+14) fcc ◆	Hg-80 ⊗(+25) ××	Tl-81 ⊗(+36) hcp* bcc	Pb-82 ⊗(+39) fcc	Bi-83 ⊗(+35) ××	Po-84 ⊗(+40) ××	At-85
Rn-86	Fr-87	Ra-88	Ac-89 ⊗(+49) fcc														
合金化合价	1	2	3	4	5	6	6	6	6	6	5.56	4.56	3.56	2.56①	1.56①	(2)②	(1)②

元素符号 → Be-4 ← 原子序数

固溶体类型 → ●　(−11) ← 原子尺寸因子

晶体结构 → hcp* bcc　◗ ← 对γ-Fe相区的影响

在括号内的原子尺寸因子是23.89℃(75°F)时小于(−)或大于(+)γ-Fe(fcc)的百分数

间隙原子H、B、C、N和O的点阵配位数(CN)为6，其余为12。

Ⅵ^{a}、Ⅵ^{b}、Ⅶ^{a}和Ⅶ^{b}族与金属形成离子化合物。

置换式固溶体

● 有利的尺寸因子：−13%～13%

◑ 边界的尺寸因子：−16%～−14%，14%～16%

⊗ 不利的尺寸因子：<−16%，>16%

间隙式固溶体

▲ 有利的尺寸因子：<−40%

◭ 边界的尺寸因子：−40%～−30%

△ 不利的尺寸因子：>−30%

晶体结构

bcc — 体心立方

fcc — 面心立方

hcp — 密排六方

×× — 非体心、面心或密排六方结构通常是更复杂的结构

* — 在23.89℃(75°F)时的结构

与铁合金化时对γ-Fe(fcc)相区的影响

◗ 形成γ相圈

▌ 形成有限γ相圈

◀ 扩大γ相区

◆ 缩小γ相区

注：镧系(58～71)和锕系(90～103)稀土元素省略。

①C化合价是4，N和P是3。

②(2)和(1)不是合金化合价。

12.1.4 常见碳化物和金属间化合物的点阵结构（见表12-3）

12.1.5 元素的物理和化学性质（见表12-4）

表12-3 常见碳化物和金属间化合物的点阵结构

化合物	晶 型	点阵参数/0.1nm			晶胞中原子数
		a	*b*	*c*	
$(Co,W)_6C$	立方	10.9~11.05			112(金属96,C16)
$(Cr,Fe)_2C$	面心立方,具有点阵缺陷	3.618			
Cr_3C_2	正交	11.48	5.63	2.827	20(Cr12,C8)
Cr_7C_3	六角(菱形)	14.01		4.532	80(Cr56,C24)
$Cr_{23}C_6$	立方	10.53~10.66			116(Cr92,C24)
FeAl	简单立方	2.89			2
Fe_3Al	面心立方	5.78			16
FeB	正交	4.05	5.50	2.95	8
Fe_2B	四方	5.10		4.24	12
Fe_3C	正交	4.524	5.089	6.743	16(Fe12,C4)
FeCo	简单立方	2.8504			2
$(Fe,Mo)_6C$ $(Fe,W)_6C$	立方	11.05~11.09			112(金属96,C16)
Mo_2C	六角	3.00		4.72	3
NbC	立方	4.44~4.46			8(Nb4,C4)
NiAl	简单立方	2.88			2
$NiAl_3$	正交	6.60	7.35	4.80	16
SiC	六角(另有多种六角及菱形结构)	3.08		10.08	8
TiAl	四方	3.99		4.07	2
$TiAl_3$	四方	5.436		8.596	8
TiC	面心立方	4.311			8(Ti4,C4)
VC	立方	4.14~4.31			8(V4,C4)
WC	六角	2.916		2.844	2
W_2C	六角	2.937		4.722	3
ZrC	立方	4.66~4.68			8(Zr4,C4)

表 12-4　元素的物理和化学性质

元素符号	元素名称	原子序数	密度/(g/cm³)(20℃)	熔点/℃	沸点/℃	比热容/[kJ/(kg·℃)](20℃)	熔化热/(kJ/kg)	热导率/[W/(m·℃)]	线胀系数/(10^{-6}/℃)(0~100℃)	电阻率/(10^{-8}Ω·m)(0℃)	电阻温度系数/(10^{-3}/℃)(0℃)	磁化率/10^{-6}(18℃)	弹性模量 E/9.807MPa
H	氢	1	0.0899×10^{-3}	-259.04	-252.61	14.4	62.80	0.17	—	—	—	-1.97	—
He	氦	2	0.1785×10^{-3}	-269.5 (103atm)	-268.9	5.23	3.504	0.14	—	—	10^{21} (20℃)	-0.47	—
Li	锂	3	0.531	180	1347	3.309	436.39	71.1	56	8.55	4.6	+0.50	500
Be	铍	4	1.84	1283	2970	1.881	1088.6	146	11.6	6.6	6.7	-1.00	31500~28980
B	硼	5	2.34	2300	3675	1.292	—	—	8.3(40℃)	1.8×10^{12}	—	-0.63	—
C	碳	6	2.25(石墨)	3727	4830	0.691	—	24	0.6~4.3	1375	0.6~1.2	-0.49	490
N	氮	7	1.25×10^{-3}	-210	-195.8	1.034	26	2.50×10^{-3}	—	—	—	+0.8	—
O	氧	8	1.429×10^{-3}	-218.83	-182.97	0.913	13.9	0.03	—	—	—	+106.2	—
F	氟	9	1.696×10^{-3}	-219.6	-188.2	0.754	42.3	—	—	—	—	—	—
Ne	氖	10	0.8999×10^{-3}	-248.6	-246.0	—	—	4.6×10^{-2}	—	—	—	+0.33	—
Na	钠	11	0.9712	97.8	892	1.235	115.5	133.8	71	4.27	5.47	+0.51~+0.66	—
Mg	镁	12	1.74	650	1108	1.026	368±8.3	153.4	24.3	4.47	4.1	+0.49	4570
Al	铝	13	2.6984	660.1	2500	0.899	396.1	222	23.6	2.655	4.23	+0.62	6900~7200
Si	硅	14	2.329	1412	3310	0.677 (0℃)	1805.7	83.6	2.8~7.2	10	0.8~1.8	-0.12	11500
P	磷(白)	15	1.83	44.1	280	0.741	21.0	—	125	1×10^{17}	-0.456	-0.90	—
S	硫	16	2.07	115	444.6	0.732	38.9	0.26	64	2×10^{23} (20℃)	—	-0.48	—
Cl	氯	17	3.214×10^{-3}	-101	-33.9	0.486	90.4	7.2×10^{-3}	—	10×10^{9}	—	-0.57	—
Ar	氩	18	1.784×10^{-3}	-189.2	-185.7	0.523	28.1	1.7×10^{-2}	—	—	—	-0.45	—
K	钾	19	0.87	63.2	765	0.741	60.7	100.3	83	6.55	5.4	+0.455(30℃)	—
Ca	钙	20	1.55	850	1440	0.649	217.7	126	22.3	3.6	3.33	+1.1	2000~2600
Sc	钪	21	2.992	1539	2730	0.560	353.3	—	—	61(22℃)	—	+0.18	—
Ti	钛	22	4.508	1677	3530	0.518	434.7	15	8.2	42.1~47.8	3.97	+3.2	7870
V	钒	23	6.1	1910	3400	0.531	—	30.9	8.3	24.8~26	2.8	+4.5	12950~14700
Cr	铬	24	7.19	1903	2642	0.461	402.0	67	6.2	12.9	2.5	+2.65	25900

（续）

元素符号	元素名称	原子序数	密度/(g/cm^3)(20℃)	熔点/℃	沸点/℃	比热容/[kJ/(kg·℃)](20℃)	熔化热/(kJ/kg)	热导率/[W/(m·℃)]	线胀系数/(10^{-6}/℃)(0~100℃)	电阻率/($10^{-8}\Omega\cdot m$)(0℃)	电阻温度系数/(10^{-3}/℃)(0℃)	磁化率/10^{-6}(18℃)	弹性模量 E/9.807MPa
Mn	锰	25	7.43	1244	2150	0.482	266.3	5.0(-192℃)	37	185(20℃)	1.7	+9.9	20160
Fe	铁	26	7.87	1537	2930	0.461	274.2	75	11.76	9.7(20℃)	6.0	铁磁性	20000~21550
Co	钴	27	8.9	1492	2870	0.415	244.5	69	12.4	5.06(a)	6.6	铁磁性(a)	21400
Ni	镍	28	8.90	1453	2732	0.44	310.0	92.0	13.4	6.84	5.0~6.0	铁磁性	19700~22000
Cu	铜	29	8.96	1083	2580	0.385	211.9	394	17.0	1.67~1.68(20℃)	4.3	-0.086	1170~12650
Zn	锌	30	7.134(25℃)	419.505	907	0.387	100.7	112.9	39.5	5.75	4.2	-0.157	9400~13000
Ga	镓	31	5.91	29.8	2260	0.331	80.2	29	18.3	13.7	3.9	-0.225	—
Ge	锗	32	5.323	958	2880	0.3	30.69	58.5	5.92	(0.86~52)×10^6	1.4	-0.12	—
As	砷	33	5.73	814(36atm)	613(升华)	0.343	370.1	—	4.7	35.0	3.9	-0.31	790
Se	硒	34	4.808	220	685	0.322	68.6	0.29~0.76	37	12	4.45	-0.32	5500
Br	溴	35	3.12(液态)	-7.1	58.4	0.293	67.8	—	—	6.7×10^7	—	-0.39	—
Kr	氪	36	3.743×10^{-8}	-157.1	-153.25	—	—	0.0087	—	—	-0.39	—	—
Rb	铷	37	1.53	38.8	680	0.334	27.2	—	90.0	11	4.81	+0.196(30℃)	—
Sr	锶	38	2.60	770	1460	0.736	104.5	—	—	30.7	3.83	-0.2	—
Y	钇	39	4.475	1509	≈3200	0.297	192.3	14.6	—	—	—	+5.3	6760
Zr	锆	40	6.507	1852±2	3580	0.284	250.8	88.2(25℃)	5.85	39.7~40.5	4.35	-0.45	7980~9770
Nb	铌	41	8.57	2468	5130	0.272	289.8	52.2~54.3	7.1	13.1~15.22	3.95	+1.5~+2.28	8720
Mo	钼	42	10.22	2625	4800	2.763	292.3	142.1	4.9	5.17	4.71	+0.04	32200~35000
Tc	锝	43	11.46	≈2100	4600	—	—	—	—	—	—	—	—
Ru	钌	44	12.2	2400	4900	0.238(20℃)	—	—	9.1	7.157	4.49	+0.427	42000
Rh	铑	45	12.44	1960	4500	0.247(0℃)	—	87.8	8.3	6.02	4.35	+1.1	28000
Pb	钯	46	12.16	1552	≈3980	0.245	14.3	70.2	11.8	9.1	3.79	+5.4	11280~12360
Ag	银	47	10.49	960.8	2210	0.234	104.7	418	19.7	1.5	4.29	-0.1813	7000~8200
Cd	镉	48	8.65	321.03	765	0.230	55.3	92	31.0	7.51	4.24	-0.182	5350

In	铟	49	7.31	156.61	2050	0.239	28.59	23.8	33.0	8.2	4.9	-0.11	1070~1125
Sn	锡	50	7.298	231.91	2690	0.226	60.6	62.7	23	11.5	4.4	-0.40	4150~4780
Sb	锑	51	6.68	630.5	1440	0.205	160.1	18.8	8.5~10.8	39.0	5.1	-0.736	7900
Te	碲	52	6.24	450	990	0.196	133.8	5.9	17.0	$(1\sim2)\times10^{5}$	—	-0.301	4350
I	碘	53	4.93	113.8	183	0.218	59.5	0.42	93	1.3×10^{15}	—	-0.36	—
Xe	氙	54	5.495×10^{-3}	-112	-108	—	—	0.052	—	—	—	—	—
Cs	铯	55	1.90	28.6	685	0.218	15.9	—	97	19.0	4.96	+0.1	—
Ba	钡	56	3.5	710	1640	0.284	—	—	19.0	50	—	+0.9	1290
La	镧	57	6.18	920	3470	0.200	72.4	13.8	5.1	56.8(20℃)	2.18	+1.04	3820~3920
Ce	铈	58	6.90	804	3468	0.176	35.6	11	8.0	75.3(25℃)	0.87	+17.5	3060
Pr	镨	59	6.77	935	3020	0.188	49.0	11.7	5.4	68(25℃)	1.71	+25	3590
Nd	钕	60	7.00	1024	3180	0.188	49.5	13.0	7.4	64.3(25℃)	1.64	+36	3865
Pm	钷	61	—	≈1000	≈2700	—	—	—	—	—	—	—	—
Sm	钐	62	7.53	1052	1630	0.176	72.3	—	—	88.0	1.48	—	3475
Eu	铕	63	5.30	≈830	≈1430	0.163	69.1	—	—	81.3	4.30	—	—
Gd	钆	64	7.87	1312	~2700	0.240	98.4	9	0.0~10.0	134.5	1.76	铁磁性	5730
Tb	铽	65	8.267	1356	2530	0.184	102.3	—	—	—	—	—	5865
Dy	镝	66	8.56	1407	2300	0.172	105.5	10	7.7	56.0	1.19	铁磁性	6435
Ho	钬	67	8.8	1461	~2300	0.163	104.3	—	—	87.0	1.71	—	6840
Er	铒	68	9.16	1500	≈2600	0.167	102.6	10	10.0	107	2.01	低温时为铁磁性	7475
Tm	铥	69	9.325	1545	1700	0.159	108.8	—	—	79.0	1.95	—	—
Yb	镱	70	6.966	824	1530	0.146	53.1	—	25	30.3	1.30	—	1815
Lu	镥	71	9.74	1730	1930	0.155	110.1	—	—	79.0	2.40	—	—
Hf	铪	72	13.28	2225	5400	0.147	—	93.2	5.9	32.7~43.9	4.43	—	9809~14060
Ta	钽	73	16.67	2980	5400	1.421	158.8	54.3	6.55	13.1	3.85	+0.93	18820~19200

（续）

元素符号	元素名称	原子序数	密度/(g/cm^3)(20℃)	熔点/℃	沸点/℃	比热容/[kJ/(kg·℃)](20℃)	熔化热/(kJ/kg)	热导率/[W/(m·℃)]	线胀系数/(10^{-6}/℃)(0~100℃)	电阻率/($10^{-8}\Omega\cdot m$)(0℃)	电阻温度系数/(10^{-3}/℃)(0℃)	磁化率/10^{-6}(18℃)	弹性模量 E/9.807MPa
W	钨	74	19.3	3380	5900	0.142	183.9	165.9	4.6(20℃)	5.1	4.82	+0.284	35000~41530
Re	铼	75	21.03	3180	5900	0.138	—	71.1	6.7	19.5	1.73	+0.046	47100~47600
Os	锇	76	22.5	≈3045	5500	0.130	—	—	5.7~6.57	9.66	4.2	+0.052	6000
Ir	铱	77	22.4	2443	5300	0.134	—	58.5	6.5	4.85	4.1	+0.133	52500~53830
Pt	铂	78	21.45	1769	4530	0.135	112.4	69.0	8.9	9.2~9.6	3.99	1.1	15470~17000
Au	金	79	19.32	1063	2966	0.130	67.4	297	14.2	2.065	3.5	-0.142	7900~8000
Hg	汞	80	13.546(液态)	-33.87	356.58	0.138	11.70	0.08	182	94.07	0.99	-0.17	—
Tl	铊	81	11.85	≈304	1470	0.130	21.1	38.9	28.0	15~18.1	5.2	-0.215	810
Pb	铅	82	11.34	327.3	1750	0.130	10.4	34.7	29.3	18.8	4.2	-0.12	1600~1828
Bi	铋	83	9.80	271.2	1420	0.1230	52.3	8.4	13.4(20~60℃)	106.8	4.2	-1.35	3234
Po	钋	84	9.4	254	960	—	—	—	24.4	42±10(α) 44±10(β)	4.6(α) 7.0(β)	—	—
At	砹	85	6.35	302	370	—	—	1.7	—	—	—	—	—
Rn	氡	86	9.960×10^{-3}	71	-61.8	—	—	—	—	—	—	—	—
Fr	钫	87	1.870	27	677	—	—	—	—	—	—	—	—
Ra	镭	88	5.0	700	1500	—	—	—	—	—	—	—	—
Ac	锕	89	10.07	1050	3200	—	—	—	—	—	4.23	—	—
Th	钍	90	11.724	1695	4200	0.142	82.8	37.6	11.3~11.6	19.1	2.26	+0.57	7420
Pa	镤	91	15.4	≈1230	≈4000	—	—	—	—	—	—	+2.6	—
U	铀	92	19.05	1132	3930	0.115	—	29.7	6.8~14.1	29.0	2.18~2.76	+2.6	16100~16800
Np	镎	93	20.25	637	—	—	—	—	50.8	145(20°)	—	+2.6	—
Pu	钚	94	19.0~19.8	639.5	3235	0.135	—	8.4	50.8	145(28℃)	-0.21	+2.2~+2.52	10125
Am	镅	95	11.7	≈1200	≈2500	—	—	—	50.8	145	—	—	—

12.2　常用金属材料的牌号、化学成分和性能

12.2.1　钢的牌号、化学成分和性能

1. 碳素结构钢（见表 12-5～表 12-7）

表 12-5　碳素结构钢的牌号和化学成分（GB/T 700—2006）

牌号	统一数字代号①	等级	厚度(或直径)/mm	脱氧方法	化学成分(质量分数,%)　≤				
					C	Si	Mn	P	S
Q195	U11952	—	—	F、Z	0.12	0.30	0.50	0.035	0.040
Q215	U12152	A	—	F、Z	0.15	0.35	1.20	0.045	0.050
	U12155	B							0.045
Q235	U12352	A	—	F、Z	0.22	0.35	1.40	0.045	0.050
	U12355	B			0.20②				0.045
	U12358	C		Z	0.17			0.040	0.040
	U12359	D		TZ				0.035	0.035
Q275	U12752	A	—	F、Z	0.24	0.35	1.50	0.045	0.050
	U12755	B	≤40	Z	0.21			0.045	0.045
			>40		0.22				
	U12758	C	—	Z	0.20			0.040	0.040
	U12759	D		TZ				0.035	0.035

① 表中为镇静钢、特殊镇静钢牌号的统一数字，沸腾钢牌号的统一数字代号如下：
Q195F—U11950；Q215AF—U12150，Q215BF—U12153；Q235AF—U12350，Q235BF—U12353；Q275AF—U12750。

② 经需方同意，Q235B 中碳的质量分数可不大于 0.22%。

表 12-6　碳素结构钢拉伸和冲击试验结果（GB/T 700—2006）

牌号	等级	屈服强度① R_{eH}/MPa　≥						抗拉强度② R_m/MPa	断后伸长率 A(%)　≥					冲击试验(V 型缺口)	
		厚度(或直径)/mm							厚度(或直径)/mm					温度/℃	冲击吸收能量(纵向)/J ≥
		≤16	>16～40	>40～60	>60～100	>100～150	>150～200		≤40	>40～60	>60～100	>100～150	>150～200		
Q195	—	195	185	—	—	—	—	315～430	33	—	—	—	—	—	—
Q215	A	215	205	195	185	175	165	335～450	31	30	29	27	26	—	—
	B													+20	27
Q235	A	235	225	215	215	195	185	370～500	26	25	24	22	21	—	—
	B													+20	27③
	C													0	
	D													-20	
Q275	A	275	265	255	245	225	215	410～540	22	21	20	18	17	—	—
	B													+20	27
	C													0	
	D													-20	

① Q195 的屈服强度值仅供参考，不作交货条件。

② 厚度大于 100mm 的钢材，抗拉强度下限允许降低 20MPa。宽带钢（包括剪切钢板）抗拉强度上限不作交货条件。

③ 厚度小于 25mm 的 Q235B 级钢材，如供方能保证冲击吸收能量值合格，经需方同意，可不做检验。

表 12-7　碳素结构钢弯曲试验结果（GB/T 700—2006）

牌号	试样方向	冷弯试验 180°　$B=2a$①	
		钢材厚度(或直径)②/mm	
		≤60	>60～100
		弯心直径 d	
Q195	纵	0	—
	横	$0.5a$	

（续）

牌　号	试样方向	冷弯试验 180°　$B=2a$①	
		钢材厚度（或直径）②/mm	
		≤60	>60～100
		弯心直径 d	
Q215	纵	0.5a	1.5a
	横	a	2a
Q235	纵	a	2a
	横	1.5a	2.5a
Q275	纵	1.5a	2.5a
	横	2a	3a

① B 为试样宽度，a 为试样厚度（或直径）。
② 钢材厚度（或直径）大于 100mm 时，弯曲试验由双方协商确定。

2. 优质碳素结构钢（见表 12-8～表 12-10）

表 12-8　优质碳素结构钢的牌号和化学成分（GB/T 699—2015）

序号	牌　号	化学成分（质量分数，%）							
		C	Si	Mn	P	S	Cr	Ni	Cu①
					≤				
1	08②	0.05～0.11	0.17～0.37	0.35～0.65	0.035	0.035	0.10	0.30	0.25
2	10	0.07～0.13	0.17～0.37	0.35～0.65	0.035	0.035	0.15	0.30	0.25
3	15	0.12～0.18	0.17～0.37	0.35～0.65	0.035	0.035	0.25	0.30	0.25
4	20	0.17～0.23	0.17～0.37	0.35～0.65	0.035	0.035	0.25	0.30	0.25
5	25	0.22～0.29	0.17～0.37	0.50～0.80	0.035	0.035	0.25	0.30	0.25
6	30	0.27～0.34	0.17～0.37	0.50～0.80	0.035	0.035	0.25	0.30	0.25
7	35	0.32～0.39	0.17～0.37	0.50～0.80	0.035	0.035	0.25	0.30	0.25
8	40	0.37～0.44	0.17～0.37	0.50～0.80	0.035	0.035	0.25	0.30	0.25
9	45	0.42～0.50	0.17～0.37	0.50～0.80	0.035	0.035	0.25	0.30	0.25
10	50	0.47～0.55	0.17～0.37	0.50～0.80	0.035	0.035	0.25	0.30	0.25
11	55	0.52～0.60	0.17～0.37	0.50～0.80	0.035	0.035	0.25	0.30	0.25
12	60	0.57～0.65	0.17～0.37	0.50～0.80	0.035	0.035	0.25	0.30	0.25
13	65	0.62～0.70	0.17～0.37	0.50～0.80	0.035	0.035	0.25	0.30	0.25
14	70	0.67～0.75	0.17～0.37	0.50～0.80	0.035	0.035	0.25	0.30	0.25
15	75	0.72～0.80	0.17～0.37	0.50～0.80	0.035	0.035	0.25	0.30	0.25
16	80	0.77～0.85	0.17～0.37	0.50～0.80	0.035	0.035	0.25	0.30	0.25
17	85	0.82～0.90	0.17～0.37	0.50～0.80	0.035	0.035	0.25	0.30	0.25
18	15Mn	0.12～0.18	0.17～0.37	0.70～1.00	0.035	0.035	0.25	0.30	0.25
19	20Mn	0.17～0.23	0.17～0.37	0.70～1.00	0.035	0.035	0.25	0.30	0.25
20	25Mn	0.22～0.29	0.17～0.37	0.70～1.00	0.035	0.035	0.25	0.30	0.25
21	30Mn	0.27～0.34	0.17～0.37	0.70～1.00	0.035	0.035	0.25	0.30	0.25
22	35Mn	0.32～0.39	0.17～0.37	0.70～1.00	0.035	0.035	0.25	0.30	0.25
23	40Mn	0.37～0.44	0.17～0.37	0.70～1.00	0.035	0.035	0.25	0.30	0.25
24	45Mn	0.42～0.50	0.17～0.37	0.70～1.00	0.035	0.035	0.25	0.30	0.25
25	50Mn	0.48～0.56	0.17～0.37	0.70～1.00	0.035	0.035	0.25	0.30	0.25
26	60Mn	0.57～0.65	0.17～0.37	0.70～1.00	0.035	0.035	0.25	0.30	0.25
27	65Mn	0.62～0.70	0.17～0.37	0.90～1.20	0.035	0.035	0.25	0.30	0.25
28	70Mn	0.67～0.75	0.17～0.37	0.90～1.20	0.035	0.035	0.25	0.30	0.25

注：未经用户同意不得有意加入本表中未规定的元素。应采取措施防止从废钢或其他原料中带入影响钢性能的元素。
① 热压力加工用钢铜的质量分数应不大于 0.20%。
② 用铝脱氧的镇静钢，碳、锰含量下限不限，锰的质量分数上限为 0.45%，硅的质量分数不大于 0.03%，全铝的质量分数为 0.020%～0.070%，此时牌号为 08Al。

表 12-9　优质碳素结构钢的力学性能（GB/T 699—2015）

序号	牌号	试样毛坯尺寸[①]/mm	推荐的热处理制度[③]			力学性能					交货硬度　HBW	
			正火	淬火	回火	抗拉强度 R_m/MPa	下屈服强度 R_{eL}[④]/MPa	断后伸长率 A（%）	断面收缩率 Z（%）	冲击吸收能量 KU_2/J	未热处理钢	退火钢
			加热温度/℃			≥					≤	
1	08	25	930	—	—	325	195	33	60	—	131	—
2	10	25	930	—	—	335	205	31	55	—	137	—
3	15	25	920	—	—	375	225	27	55	—	143	
4	20	25	910	—	—	410	245	25	55	—	156	—
5	25	25	900	870	600	450	275	23	50	71	170	—
6	30	25	880	860	600	490	295	21	50	63	179	—
7	35	25	870	850	600	530	315	20	45	55	197	—
8	40	25	860	840	600	570	335	19	45	47	217	187
9	45	25	850	840	600	600	355	16	40	39	229	197
10	50	25	830	830	600	630	375	14	40	31	241	207
11	55	25	820	—	—	645	380	13	35	—	255	217
12	60	25	810	—	—	675	400	12	35	—	255	229
13	65	25	810	—	—	695	410	10	30	—	255	229
14	70	25	790	—	—	715	420	9	30	—	269	229
15	75	试样[②]	—	820	480	1080	880	7	30	—	285	241
16	80	试样[②]	—	820	480	1080	930	6	30	—	285	241
17	85	试样[②]	—	820	480	1130	980	6	30	—	302	255
18	15Mn	25	920	—	—	410	245	26	55	—	163	—
19	20Mn	25	910	—	—	450	275	24	50	—	197	—
20	25Mn	25	900	870	600	490	295	22	50	71	207	—
21	30Mn	25	880	860	600	540	315	20	45	63	217	187
22	35Mn	25	870	850	600	560	335	18	45	55	229	197
23	40Mn	25	860	840	600	590	355	17	45	47	229	207
24	45Mn	25	850	840	600	620	375	15	40	39	241	217
25	50Mn	25	830	830	600	645	390	13	40	31	255	217
26	60Mn	25	810	—	—	690	410	11	35	—	269	229
27	65Mn	25	830	—	—	735	430	9	30	—	285	229
28	70Mn	25	790	—	—	785	450	8	30	—	285	229

注：1. 表中的力学性能适用于公称直径或厚度不大于 80mm 的钢棒。

2. 公称直径或厚度>80~250mm 的钢棒，允许其断后伸长率、断面收缩率比本表的规定分别降低 2%（绝对值）和 5%（绝对值）。

3. 公称直径或厚度>120~250mm 的钢棒允许改锻（轧）成 70~80mm 的试料取样检验，其结果应符合本表的规定。

① 钢棒尺寸小于试样毛坯尺寸时，用原尺寸钢棒进行热处理。

② 留有加工余量的试样，其性能为淬火+回火状态下的性能。

③ 热处理温度允许调整范围：正火，±30℃；淬火，±20℃；回火，±50℃。推荐保温时间：正火不少于 30min，空冷；淬火不少于 30min，75、80 和 85 钢油冷，其他钢棒水冷；600℃回火不少于 1h。

④ 当屈服现象不明显时，可用规定塑性延伸强度 $R_{p0.2}$ 代替。

表 12-10　常用优质碳素

序号	牌号	密度 ρ/(g/cm³)	弹性模量 $E/10^3$MPa				切变弹性模量 $G/10^3$MPa				比热容	
			20℃	100℃	300℃	500℃	20℃	100℃	300℃	500℃	20℃	200℃
1	08	7.83	207	210	156	136 (450℃)	81	—	—	—	—	657 (900℃)
2	10	7.85	210	193 (200℃)	185	175 (400℃)	81	73 (200℃)	70	65 (400℃)	461	523
3	15	7.85	210	193 (200℃)	—	—	81	73 (200℃)	—	—	461	523
4	20	7.85	210	205	185	—	81	76	71	—	469	523
5	25	7.85	202	200	189	167 (400℃)	—	—	—	—	469	481
6	30	7.85	204	200	189	140 (550℃)	—	—	—	—	469	481
7	35	7.85	210	205	185	—	81	76	71	—	481	523
8	40	7.85	213.5	210	198	179.5	—	—	—	—	—	—
9	45	7.85	210	205	185	—	81	76	71	—	461	544
10	50	7.85	220	215	200	180	81	—	—	—	—	481
11	55	7.85	210	194 (200℃)	185	165	81	73 (200℃)	70	65 (400℃)	—	481
12	60	7.85	210	205	185	—	81	76	71	—	490 (100℃)	532
13	65	7.85	210	—	—	—	80	—	—	—	481 (100℃)	486
14	70	7.85	210	194 (200℃)	185	165	81	73 (200℃)	70	65	481 (100℃)	486
15	15Mn	7.82	210	200	185	165	—	—	—	—	469	—
16	20Mn	7.8	210	—	185	175 (400℃)	—	—	—	—	469	—
17	30Mn	7.81	210	195 (200℃)	185	175 (400℃)	81	75 (200℃)	71	67 (400℃)	461	544 (300℃)
18	40Mn	7.82	210	195 (200℃)	185	175 (400℃)	81	75 (200℃)	71	67 (400℃)	461	481
19	50Mn	7.82	204	200	180	153	84.5	83	81	75	—	561 (300℃)
20	60Mn	7.82	211	—	—	208.9	—	—	81.56 (400℃)	82.97	481 (100℃)	486
21	65Mn	7.81	211	—	—	208.9	83.67	—	81.56 (400℃)	82.97	481 (100℃)	486

结构钢的物理性能

c/[J/(kg·℃)]		热导率 λ/[W/(m·℃)]					线胀系数 α/(10^{-6}/℃)					20℃时电阻率/[(Ω·mm^2)/m]
400℃	600℃	20℃	100℃	300℃	500℃	700℃	20℃	20~200℃	20~400℃	20~600℃	20~800℃	
670 (1000℃)	—	65.31	60.29	54.85	41.03	36.43 (600℃)	—	12.6	13.0	14.6	—	0.110
607	—	58.62	54.43	50.24 (200℃)	43.96 (400℃)	—	9.5	11.8	13.2	—	—	0.110
—	—	58.62	54.43	50.24 (200℃)	—	—	9.5	11.8	—	—	—	0.115
565 (300℃)	—	51.08	50.24	48.15 (200℃)	—	—	9.1	12.1	12.9 (~300℃)	13.9 (~500℃)	—	0.120
536	569	51.08	48.99 (200℃)	42.71 (400℃)	35.59 (600℃)	25.96 (800℃)	—	12.66	13.47	14.41	12.64	0.122
536	569	—	41.87	37.68	29.31 (600℃)	29.31 (900℃)	—	11.89	13.42	14.43	11.33	0.126
607	—	50.24	48.57	46.06 (200℃)	—	—	9.1	11.1 (~100℃)	12.9 (~300℃)	13.5 (~400℃)	13.9 (~500℃)	0.128
—	620 (900℃)	51.92	50.66	45.64	38.10	30.15	—	12.14	13.58	14.58	11.84	0.130
586 (300℃)	—	52.34	52.24	46.06 (200℃)	41.87 (400℃)	31.82	9.1	12.32	13.71	14.67	12.50	0.122
536	569	—	—	—	—	—	10.98 (~100℃)	11.85	12.65 (~300℃)	14.02 (~500℃)	—	0.135
536	569	—	66.99	36.43 (400℃)	31.40	—	—	11.80	13.5	14.6	—	0.125
—	—	—	50.24	41.87	33.49 (600℃)	29.31	11.1 (~100℃)	11.90	13.5	14.6	—	0.127
523	574	—	67.41	52.34 (200℃)	30.56	—	10.74 (50℃)	11.57	13.16	14.20	14.68	—
528	574	—	68.66	43.54	30.15	—	11.1 (~100℃)	12.1	13.5	14.10	—	0.132
—	—	53.59	51.08	44.38	39.78 (400℃)	34.75	12.3 (~100℃)	13.2 (~300℃)	—	14.90	—	—
—	—	53.59	51.08	43.96	34.75	—	12.3 (~100℃)	13.2 (~300℃)	—	14.90	—	—
599	—	—	75.36	52.34	37.97	—	11.0	12.5	13.5	—	—	0.23
490	574	—	59.45	46.89 (400℃)	23.87	—	11.0	12.5	13.5	—	—	0.23
641 (500℃)	703	—	—	37.68	35.59 (400℃)	34.33 (600℃)	—	11.1 (~100℃)	12.9 (~300℃)	14.6	—	—
528	574	—	—	—	—	—	—	11.1 (~100℃)	12.9 (~300℃)	14.6	—	—
528	578	—	—	—	—	—	—	11.1 (~100℃)	12.9 (~300℃)	14.6	—	—

3. 低合金高强度结构钢（见表12-11～表12-20）

表12-11 热轧钢的牌号和化学成分（GB/T 1591—2018）

牌号		化学成分(质量分数,%)														
钢级	质量等级	C①		Si	Mn	P③	S③	Nb④	V⑤	Ti⑤	Cr	Ni	Cu	Mo	N⑥	B
		以下公称厚度或直径/mm														
		≤40②	>40													
		≤		≤												
Q355	B	0.24		0.55	1.60	0.035	0.035	—	—	—	0.30	0.30	0.40	—	0.012	—
	C	0.20	0.22			0.030	0.030									
	D	0.20	0.22			0.025	0.025								—	
Q390	B	0.20		0.55	1.70	0.035	0.035	0.05	0.13	0.05	0.30	0.50	0.40	0.10	0.015	—
	C					0.030	0.030									
	D					0.025	0.025									
Q420⑦	B	0.20		0.55	1.70	0.035	0.035	0.05	0.13	0.05	0.30	0.80	0.40	0.20	0.015	—
	C					0.030	0.030									
Q460⑦	C	0.20		0.55	1.80	0.030	0.030	0.05	0.13	0.05	0.30	0.80	0.40	0.20	0.015	0.004

① 公称厚度大于100mm的型钢，碳含量可由供需双方协商确定。
② 公称厚度大于30mm的钢材，碳的质量分数不大于0.22%。
③ 对于型钢和棒材，其磷和硫的质量分数上限值可提高0.005%。
④ Q390、Q420最高可到0.07%，Q460最高可到0.11%。
⑤ 最高可到0.20%。
⑥ 如果钢中酸溶铝Als的质量分数不小于0.015%或全铝Alt的质量分数不小于0.020%，或添加了其他固氮合金元素，氮元素含量不做限制，固氮元素应在质量证明书中注明。
⑦ 仅适用于型钢和棒材。

表12-12 热轧状态交货钢材的碳当量（基于熔炼分析）（GB/T 1591—2018）

牌号		碳当量CEV(质量分数,%) ≤				
钢级	质量等级	公称厚度或直径/mm				
		≤30	>30～63	>63～150	>150～250	>250～400
Q355①	B	0.45	0.47	0.47	0.49②	—
	C					—
	D					0.49③
Q390	B	0.45	0.47	0.48	—	—
	C					
	D					
Q420④	B	0.45	0.47	0.48	0.49②	—
	C					
Q460④	C	0.47	0.49	0.49	—	—

① 当需对硅含量控制时（例如热浸镀锌涂层），为达到抗拉强度要求而增加其他元素如碳和锰的含量，表中最大碳当量值的增加应符合下列规定：
对于 $w(\mathrm{Si})\leqslant 0.030\%$，碳当量可提高0.02%；对于 $w(\mathrm{Si})\leqslant 0.25\%$，碳当量可提高0.01%。
② 对于型钢和棒材，其最大碳当量可到0.54%。
③ 只适用于质量等级为D的钢板。
④ 只适用于型钢和棒材。

表 12-13　正火、正火轧制钢的牌号和化学成分（GB/T 1591—2018）

牌号		化学成分(质量分数,%)													
钢级	质量等级	C	Si	Mn	P①	S①	Nb	V	Ti②	Cr	Ni	Cu	Mo	N	Als③
		≤			≤					≤					≥
Q355N	B	0.20	0.50	0.90~1.65	0.035	0.035	0.005~0.05	0.01~0.12	0.006~0.05	0.30	0.50	0.40	0.10	0.015	0.015
	C				0.030	0.030									
	D				0.030	0.025									
	E	0.18			0.025	0.020									
	F	0.16			0.020	0.010									
Q390N	B	0.20	0.50	0.90~1.70	0.035	0.035	0.01~0.05	0.01~0.20	0.006~0.05	0.30	0.50	0.40	0.10	0.015	0.015
	C				0.030	0.030									
	D				0.030	0.025									
	E				0.025	0.020									
Q420N	B	0.20	0.60	1.00~1.70	0.035	0.035	0.01~0.05	0.01~0.20	0.006~0.05	0.30	0.80	0.40	0.10	0.015	0.015
	C				0.030	0.030									
	D				0.030	0.025								0.025	
	E				0.025	0.020									
Q460N④	C	0.20	0.60	1.00~1.70	0.030	0.030	0.01~0.05	0.01~0.20	0.006~0.05	0.30	0.80	0.40	0.10	0.015	0.015
	D				0.030	0.025								0.025	
	E				0.025	0.020									

注：钢中应至少含有铝、铌、钒、钛等细化晶粒元素中一种，单独或组合加入时，应保证其中至少一种合金元素含量不小于表中规定含量的下限。

① 对于型钢和棒材，磷和硫的质量分数上限值可提高 0.005%。

② 最高可到 0.20%。

③ 可用全铝 Alt 替代，此时全铝的最小质量分数为 0.020%。当钢中添加了铌、钒、钛等细化晶粒元素且含量不小于表中规定含量的下限时，铝含量下限值不限。

④ $w(V)+w(Nb)+w(Ti) \leqslant 0.22\%$，$w(Mo)+w(Cr) \leqslant 0.30\%$。

表 12-14　正火、正火轧制状态交货钢材的碳当量（基于熔炼分析）（GB/T 1591—2018）

牌号		碳当量 CEV(质量分数,%) ≤			
钢级	质量等级	公称厚度或直径/mm			
		≤63	>63~100	>100~250	>250~400
Q355N	B、C、D、E、F	0.43	0.45	0.45	协议
Q390N	B、C、D、E	0.46	0.48	0.49	协议
Q420N	B、C、D、E	0.48	0.50	0.52	协议
Q460N	C、D、E	0.53	0.54	0.55	协议

表 12-15　热机械轧制（TMCP）钢的牌号和化学成分（GB/T 1591—2018）

牌号		化学成分(质量分数,%)														
钢级	质量等级	C	Si	Mn	P①	S①	Nb	V	Ti②	Cr	Ni	Cu	Mo	N	B	Als③
		≤														≥
Q355M	B	0.14④	0.50	1.60	0.035	0.035	0.01~0.05	0.01~0.10	0.006~0.05	0.30	0.50	0.40	0.10	0.015	—	0.015
	C				0.030	0.030										
	D				0.030	0.025										
	E				0.025	0.020										
	F				0.020	0.010										
Q390M	B	0.15④	0.50	1.70	0.035	0.035	0.01~0.05	0.01~0.12	0.006~0.05	0.30	0.50	0.40	0.10	0.015	—	0.015
	C				0.030	0.030										
	D				0.030	0.025										
	E				0.025	0.020										

（续）

牌号		化学成分(质量分数,%)														
钢级	质量等级	C	Si	Mn	P①	S①	Nb	V	Ti②	Cr	Ni	Cu	Mo	N	B	Als③
		≤														≥
Q420M	B	0.16④	0.50	1.70	0.035	0.035	0.01~0.05	0.01~0.12	0.006~0.05	0.30	0.80	0.40	0.20	0.015	—	0.015
	C				0.030	0.030										
	D				0.030	0.025								0.025		
	E				0.025	0.020										
Q460M	C	0.16④	0.60	1.70	0.030	0.030	0.01~0.05	0.01~0.12	0.006~0.05	0.30	0.80	0.40	0.20	0.015	—	0.015
	D				0.030	0.025								0.025		
	E				0.025	0.020										
Q500M	C	0.18	0.60	1.80	0.030	0.030	0.01~0.11	0.01~0.12	0.006~0.05	0.60	0.80	0.55	0.20	0.015	0.004	0.015
	D				0.030	0.025								0.025		
	E				0.025	0.020										
Q550M	C	0.18	0.60	2.00	0.030	0.030	0.01~0.11	0.01~0.12	0.006~0.05	0.80	0.80	0.80	0.30	0.015	0.004	0.015
	D				0.030	0.025								0.025		
	E				0.025	0.020										
Q620M	C	0.18	0.60	2.60	0.030	0.030	0.01~0.11	0.01~0.12	0.006~0.05	1.00	0.80	0.80	0.30	0.015	0.004	0.015
	D				0.030	0.025								0.025		
	E				0.025	0.020										
Q690M	C	0.18	0.60	2.00	0.030	0.030	0.01~0.11	0.01~0.12	0.006~0.05	1.00	0.80	0.80	0.30	0.015	0.004	0.015
	D				0.030	0.025								0.025		
	E				0.025	0.020										

注：钢中应至少含有铝、铌、钒、钛等细化晶粒元素中一种，单独或组合加入时，应保证其中至少一种合金元素含量不小于表中规定含量的下限。

① 对于型钢和棒材，磷和硫的质量分数可以提高 0.005%。

② 最高可到 0.20%。

③ 可用全铝 Alt 替代，此时全铝的最小质量分数为 0.020%。当钢中添加了铌、钒、钛等细化晶粒元素且含量不小于表中规定含量的下限时，铝含量下限值不限。

④ 对于型钢和棒材，Q355M、Q390M、Q420M 和 Q460M 中碳的最大质量分数可提高 0.02%。

表 12-16　热机械轧制或热机械轧制加回火状态交货钢材的碳当量及焊接裂纹敏感性指数（基于熔炼分析）（GB/T 1591—2018）

牌　号		碳当量 CEV(质量分数,%) ≤					焊接裂纹敏感性指数 Pcm(质量分数,%) ≤
		公称厚度或直径/mm					
钢级	质量等级	≤16	>16~40	>40~63	>63~120	>120~150①	
Q355M	B、C、D、E、F	0.39	0.39	0.40	0.45	0.45	0.20
Q390M	B、C、D、E	0.41	0.43	0.44	0.46	0.46	0.20
Q420M	B、C、D、E	0.43	0.45	0.46	0.47	0.47	0.20
Q460M	C、D、E	0.45	0.46	0.47	0.48	0.48	0.22
Q500M	C、D、E	0.47	0.47	0.47	0.48	0.48	0.25
Q550M	C、D、E	0.47	0.47	0.47	0.48	0.48	0.25
Q620M	C、D、E	0.48	0.48	0.48	0.49	0.49	0.25
Q690M	C、D、E	0.49	0.49	0.49	0.49	0.49	0.25

① 仅适用于棒材。

表 12-17　热轧钢材的拉伸性能（GB/T 1591—2018）

牌号		上屈服强度 R_{eH}①/MPa ≥									抗拉强度 R_m/MPa				断后伸长率 A(%) ≥							
		公称厚度或直径/mm													公称厚度或直径/mm							
钢级	质量等级	≤16	>16~40	>40~63	>63~80	>80~100	>100~150	>150~200	>200~250	>250~400	≤100	>100~150	>150~250	>250~400	试样方向	≤40	>40~63	>63~100	>100~150	>150~250	>250~400
Q355	B、C、D	355	345	335	325	315	295	285	275	265②	470~630	450~600	450~600	450~600②	纵向	22	21	20	18	17	17②
															横向	20	19	18	18	17	17②
Q390	B、C、D	390	380	360	340	340	320				490~650	470~620			纵向	21	20	20	19		
															横向	20	19	19	18		
Q420③	B、C	420	410	390	370	370	350				520~680	500~650			纵向	20	19	19	19		
Q460③	C	460	450	430	410	410	390				550~720	530~700			纵向	18	17	17	17		

① 当屈服不明显时，可用规定塑性延伸强度 $R_{p0.2}$ 代替上屈服强度。
② 只适用于质量等级为 D 的钢板。
③ 只适用于型钢和棒材。

表 12-18　正火、正火轧制钢材的拉伸性能（GB/T 1591—2018）

牌号		上屈服强度 R_{eH}①/MPa ≥								抗拉强度 R_m/MPa			断后伸长率 A(%) ≥					
		公称厚度或直径/mm																
钢级	质量等级	≤16	>16~40	>40~63	>63~80	>80~100	>100~150	>150~200	>200~250	≤100	>100~200	>200~250	≤16	>16~40	>40~63	>63~80	>80~200	>200~250
Q355N	B、C、D、E、F	355	345	335	325	315	295	285	275	470~630	450~600	450~600	22	22	22	21	21	21
Q390N	B、C、D、E	390	380	360	340	340	320	310	300	490~650	470~620	470~620	20	20	20	19	19	19
Q420N	B、C、D、E	420	400	390	370	360	340	330	320	520~680	500~650	500~650	19	19	19	18	18	18
Q460N	C、D、E	460	440	430	410	400	380	370	370	540~720	530~710	510~690	17	17	17	17	17	16

注：正火状态包含正火加回火状态。
① 当屈服不明显时，可用规定塑性延伸强度 $R_{p0.2}$ 代替上屈服强度 R_{eH}。

表 12-19　热机械轧制钢材的拉伸性能（GB/T 1591—2018）

牌号		上屈服强度 R_{eH}① MPa ≥						抗拉强度 R_m/MPa					断后伸长率 A（%）≥
		公称厚度或直径/mm											
钢级	质量等级	≤16	>16~40	>40~63	>63~80	>80~100	>100~120②	≤40	>40~63	>63~80	>80~100	>100~120②	
Q355M	B、C、D、E、F	355	345	335	325	325	320	470~630	450~610	440~600	440~600	430~590	22
Q390M	B、C、D、E	390	380	360	340	340	335	490~650	480~640	470~630	460~620	450~610	20
Q420M	B、C、D、E	420	400	390	380	370	365	520~680	500~660	480~640	470~630	460~620	19
Q460M	C、D、E	460	440	430	410	400	385	540~720	530~710	510~690	500~680	490~660	17
Q500M	C、D、E	500	490	480	460	450	—	610~770	600~760	590~750	540~730	—	17
Q550M	C、D、E	550	540	530	510	500	—	670~830	620~810	600~790	590~780	—	16
Q620M	C、D、E	620	610	600	580	—	—	710~880	690~880	670~860	—	—	15
Q690M	C、D、E	690	680	670	650	—	—	770~940	750~920	730~900	—	—	14

注：热机械轧制（TMCP）状态包含热机械轧制（TMCP）加回火状态。

① 当屈服不明显时，可用规定塑性延伸强度 $R_{p0.2}$ 代替上屈服强度 R_{eH}。

② 对于型钢和棒材，厚度或直径不大于 150mm。

表 12-20　夏比（V 型缺口）冲击试验的温度和冲击吸收能量（GB/T 1591—2018）

牌号		以下试验温度的冲击吸收能量最小值 KV_2/J									
钢级	质量等级	20℃		0℃		-20℃		-40℃		-60℃	
		纵向	横向	纵向	横向	纵向	横向	纵向	横向	纵向	横向
Q355、Q390、Q420	B	34	27								
Q355、Q390、Q420、Q460	C			34	27						
Q355、Q390	D					34①	27①				
Q355N、Q390N、Q420N	B	34	27								
Q355N、Q390N Q420N、Q460N	C			34	27						
	D	55	31	47	27	40②	20				
	E	63	40	55	34	47	27	31③	20③		
Q355N	F	63	40	55	34	47	27	31	20	27	16
Q355M、Q390M、Q420M	B	34	27								
Q355M、Q390M、Q420M Q460M	C			34	27						
	D	55	31	47	27	40②	20				
	E	63	40	55	34	47	27	31③	20③		
Q355M	F	63	40	55	34	47	27	31	20	27	16
Q500M、Q550M、Q620M Q690M	C			55	34						
	D					47②	27				
	E							31③	20③		

注：1. 当需方未指定试验温度时，正火、正火轧制和热机械轧制的 C、D、E、F 级钢材分别做 0℃、-20℃、-40℃、-60℃冲击试验。

2. 冲击试验取纵向试样。经供需双方协商，也可取横向试样。

① 仅适用于厚度大于 250mm 的 Q355D 钢板。

② 当需方指定时，D 级钢可做-30℃冲击试验时，冲击吸收能量纵向不小于 27J。

③ 当需方指定时，E 级钢可做-50℃冲击试验时，冲击吸收能量纵向不小于 27J、横向不小于 16J。

4. **高强度结构用调质钢板**（见表 12-21 和表 12-22）

表 12-21 高强度结构用调质钢板的牌号和化学成分（GB/T 16270—2009）

牌号	化学成分①②（质量分数，%） ≤															
	C	Si	Mn	P	S	Cu	Cr	Ni	Mo	B	V	Nb	Ti	CEV③ 产品厚度/mm		
														≤50	>50~100	>100~150
Q460C Q460D	0.20	0.80	1.70	0.025	0.015	0.50	1.50	2.00	0.70	0.0050	0.12	0.06	0.05	0.47	0.48	0.50
Q460E Q460F				0.020	0.010											
Q500C Q500D	0.20	0.80	1.70	0.025	0.015	0.50	1.50	2.00	0.70	0.0050	0.12	0.06	0.05	0.47	0.70	0.70
Q500E Q500F				0.020	0.010											
Q550C Q550D	0.20	0.80	1.70	0.025	0.015	0.50	1.50	2.00	0.70	0.0050	0.12	0.06	0.05	0.65	0.77	0.83
Q550E Q550F				0.020	0.010											
Q620C Q620D	0.20	0.80	1.70	0.025	0.015	0.50	1.50	2.00	0.70	0.0050	0.12	0.06	0.05	0.65	0.77	0.83
Q620E Q620F				0.020	0.010											
Q690C Q690D	0.20	0.80	1.80	0.025	0.015	0.50	1.50	2.00	0.70	0.0050	0.12	0.06	0.05	0.65	0.77	0.83
Q690E Q690F				0.020	0.010											
Q800C Q800D	0.20	0.80	2.00	0.025	0.015	0.50	1.50	2.00	0.70	0.0050	0.12	0.06	0.05	0.72	0.82	—
Q800E Q800F				0.020	0.010											
Q890C Q890D	0.20	0.80	2.00	0.025	0.015	0.50	1.50	2.00	0.70	0.0050	0.12	0.06	0.05	0.72	0.82	—
Q890E Q890F				0.020	0.010											
Q960C Q960D	0.20	0.80	2.00	0.025	0.015	0.50	1.50	2.00	0.70	0.0050	0.12	0.06	0.05	0.82	—	—
Q960E Q960F				0.020	0.010											

① 根据需要生产厂可添加其中一种或几种合金元素，最大值应符合表中规定，其含量应在质量证明书中报告。

② 钢中至少应添加 Nb、Ti、V、Al 中的一种细化晶粒元素，其中至少一种元素的最小质量分数为 0.015%（对于 Al 为 Als）。也可用 Alt 替代 Als，此时最小质量分数为 0.018%。

③ $CEV=w(C)+w(Mn)/6+[w(Cr)+w(Mo)+w(V)]/5+[w(Ni)+w(Cu)]/15$。

表 12-22 高强度结构用调质钢板的力学性能（GB/T 16270—2009）

牌号	拉伸试验①							冲击试验①			
	屈服强度② R_{eH}/MPa ≥			抗拉强度 R_m/MPa			断后伸长率 A(%)	冲击吸收能量(纵向) KV_2/J			
	厚度/mm			厚度/mm				试验温度/℃			
	≤50	>50~100	>100~150	≤50	>50~100	>100~150		0	-20	-40	-60
Q460C Q460D Q460E Q460F	460	440	400	550~720		500~670	17	47	47	34	34

（续）

牌号	拉伸试验[①]							冲击试验[①]			
	屈服强度[②] R_{eH}/MPa ≥			抗拉强度 R_m/MPa			断后伸长率 A(%)	冲击吸收能量(纵向) KV_2/J			
	厚度/mm			厚度/mm				试验温度/℃			
	≤50	>50~100	>100~150	≤50	>50~100	>100~150		0	-20	-40	-60
Q500C Q500D Q500E Q500F	500	480	440	590~770		540~720	17	47	47	34	34
Q550C Q550D Q550E Q550F	550	530	490	640~820		590~770	16	47	47	34	34
Q620C Q620D Q620E Q620F	620	580	560	700~890		650~830	15	47	47	34	34
Q690C Q690D Q690E Q690F	690	650	630	770~940	760~930	710~900	14	47	47	34	34
Q800C Q800D Q800E Q800F	800	740	—	840~1000	800~1000	—	13	34	34	27	27
Q890C Q890D Q890E Q890F	890	830	—	940~1100	880~1100	—	11	34	34	27	27
Q960C Q960D Q960E Q960F	960	—	—	980~1150	—	—	10	34	34	27	27

① 拉伸试验适用于横向试样，冲击试验适用于纵向试样。

② 当屈服现象不明显时，采用 $R_{p0.2}$。

5. 超高强度结构用热处理钢板（见表 12-23 和表 12-24）

表 12-23 超高强度结构用热处理钢板的牌号和化学成分（GB/T 28909—2012）

牌号	化学成分(质量分数,%)											
	C	Si	Mn	P	S	Nb	V	Ni	B	Cr	Mo	Als
	≤											≥
Q1030D Q1030E Q1100D Q1100E	0.20	0.80	1.60	0.020	0.010	0.08	0.14	4.0	0.006	1.60	0.70	0.015
Q1200D Q1200E Q1300D Q1300E	0.25	0.80	1.60	0.020	0.010	0.08	0.14	4.0	0.006	1.60	0.70	0.015

表 12-24 超高强度结构用热处理钢板的力学性能（GB/T 28909—2012）

牌号	规定塑性延伸强度 $R_{p0.2}$/MPa	抗拉强度 R_m/MPa		断后伸长度 A(%)	冲击性能	
		≤30mm	>30~50mm		温度/℃	冲击吸收能量 KV_2/J
Q1030D Q1030E	≥1030	1150~1500	1050~1400	≥10	-20 -40	≥27
Q1100D Q1100E	≥1100	1200~1550	—	≥9	-20 -40	≥27
Q1200D Q1200E	≥1200	1250~1600	—	≥9	-20 -40	≥27
Q1300D Q1300E	≥1300	1350~1700	—	≥8	-20 -40	≥27

注：拉伸试验取横向试样，冲击试验取纵向试样。

6. **合金结构钢**（见表 12-25～表 12-27）

表 12-25 合金结构钢的牌号和化学成分（GB/T 3077—2015）

钢组	序号	统一数字代号	牌号	化学成分(质量分数,%)										
				C	Si	Mn	Cr	Mo	Ni	W	B	Al	Ti	V
Mn	1	A00202	20Mn2	0.17～0.24	0.17～0.37	1.40～1.80	—	—	—	—	—	—	—	—
	2	A00302	30Mn2	0.27～0.34	0.17～0.37	1.40～1.80	—	—	—	—	—	—	—	—
	3	A00352	35Mn2	0.32～0.39	0.17～0.37	1.40～1.80	—	—	—	—	—	—	—	—
	4	A00402	40Mn2	0.37～0.44	0.17～0.37	1.40～1.80	—	—	—	—	—	—	—	—
	5	A00452	45Mn2	0.42～0.49	0.17～0.37	1.40～1.80	—	—	—	—	—	—	—	—
	6	A00502	50Mn2	0.47～0.55	0.17～0.37	1.40～1.80	—	—	—	—	—	—	—	—
MnV	7	A01202	20MnV	0.17～0.24	0.17～0.37	1.30～1.60	—	—	—	—	—	—	—	0.07～0.12
SiMn	8	A10272	27SiMn	0.24～0.32	1.10～1.40	1.10～1.40	—	—	—	—	—	—	—	—
	9	A10352	35SiMn	0.32～0.40	1.10～1.40	1.10～1.40	—	—	—	—	—	—	—	—
	10	A10422	42SiMn	0.39～0.45	1.10～1.40	1.10～1.40	—	—	—	—	—	—	—	—
SiMnMoV	11	A14202	20SiMn2MoV	0.17～0.23	0.90～1.20	2.20～2.60	—	0.30～0.40	—	—	—	—	—	0.05～0.12
	12	A14262	25SiMn2MoV	0.22～0.28	0.90～1.20	2.20～2.60	—	0.30～0.40	—	—	—	—	—	0.05～0.12
	13	A14372	37SiMn2MoV	0.33～0.39	0.60～0.90	1.60～1.90	—	0.40～0.50	—	—	—	—	—	0.05～0.12
B	14	A70402	40B	0.37～0.44	0.17～0.37	0.60～0.90	—	—	—	—	0.0008～0.0035	—	—	—
	15	A70452	45B	0.42～0.49	0.17～0.37	0.60～0.90	—	—	—	—	0.0008～0.0035	—	—	—
	16	A70502	50B	0.47～0.55	0.17～0.37	0.60～0.90	—	—	—	—	0.0008～0.0035	—	—	—

（续）

钢组	序号	统一数字代号	牌号	化学成分（质量分数，%）										
				C	Si	Mn	Cr	Mo	Ni	W	B	Al	Ti	V
MnB	17	A712502	25MnB	0.23~0.28	0.17~0.37	1.00~1.40	—	—	—	—	0.0008~0.0035	—	—	—
	18	A713502	35MnB	0.32~0.38	0.17~0.37	1.10~1.40	—	—	—	—	0.0008~0.0035	—	—	—
	19	A71402	40MnB	0.37~0.44	0.17~0.37	1.10~1.40	—	—	—	—	0.0008~0.0035	—	—	—
	20	A71452	45MnB	0.42~0.49	0.17~0.37	1.10~1.40	—	—	—	—	0.0008~0.0035	—	—	—
MnMoB	21	A72202	20MnMoB	0.16~0.22	0.17~0.37	0.90~1.20	—	0.20~0.30	—	—	0.0008~0.0035	—	—	—
MnVB	22	A73152	15MnVB	0.12~0.18	0.17~0.37	1.20~1.60	—	—	—	—	0.0008~0.0035	—	—	0.07~0.12
	23	A73202	20MnVB	0.17~0.23	0.17~0.37	1.20~1.60	—	—	—	—	0.0008~0.0035	—	—	0.07~0.12
	24	A73402	40MnVB	0.37~0.44	0.17~0.37	1.10~1.40	—	—	—	—	0.0008~0.0035	—	—	0.05~0.10
MnTiB	25	A74202	20MnTiB	0.17~0.24	0.17~0.37	1.30~1.60	—	—	—	—	0.0008~0.0035	—	0.04~0.10	—
	26	A74252	25MnTiBRE①	0.22~0.28	0.20~0.45	1.30~1.60	—	—	—	—	0.0008~0.0035	—	0.04~0.10	—
Cr	27	A20152	15Cr	0.12~0.17	0.17~0.37	0.40~0.70	0.70~1.00	—	—	—	—	—	—	—
	28	A20202	20Cr	0.18~0.24	0.17~0.37	0.50~0.80	0.70~1.00	—	—	—	—	—	—	—
	29	A20302	30Cr	0.27~0.34	0.17~0.37	0.50~0.80	0.80~1.10	—	—	—	—	—	—	—
	30	A20352	35Cr	0.32~0.39	0.17~0.37	0.50~0.80	0.80~1.10	—	—	—	—	—	—	—
	31	A20402	40Cr	0.37~0.44	0.17~0.37	0.50~0.80	0.80~1.10	—	—	—	—	—	—	—
	32	A20452	45Cr	0.42~0.49	0.17~0.37	0.50~0.80	0.80~1.10	—	—	—	—	—	—	—
	33	A20502	50Cr	0.47~0.54	0.17~0.37	0.50~0.80	0.80~1.10	—	—	—	—	—	—	—

CrSi	34	A21382	38CrSi	0.35~0.43	1.00~1.30	0.30~0.60	1.30~1.60	—	—	—	—	—	—	—
CrMo	35	A30122	12CrMo	0.08~0.15	0.17~0.37	0.40~0.70	0.40~0.70	0.40~0.55	—	—	—	—	—	—
	36	A30152	15CrMo	0.12~0.18	0.17~0.37	0.40~0.70	0.80~1.10	0.40~0.55	—	—	—	—	—	—
	37	A30202	20CrMo	0.17~0.24	0.17~0.37	0.40~0.70	0.80~1.10	0.15~0.25	—	—	—	—	—	—
	38	A30252	25CrMo	0.22~0.29	0.17~0.37	0.60~0.90	0.90~1.20	0.15~0.30	—	—	—	—	—	—
	39	A30302	30CrMo	0.26~0.33	0.17~0.37	0.40~0.70	0.80~1.10	0.15~0.25	—	—	—	—	—	—
	40	A30352	35CrMo	0.32~0.40	0.17~0.37	0.40~0.70	0.80~1.10	0.15~0.25	—	—	—	—	—	—
	41	A30422	42CrMo	0.38~0.45	0.17~0.37	0.50~0.80	0.90~1.20	0.15~0.25	—	—	—	—	—	—
	42	A30502	50CrMo	0.46~0.54	0.17~0.37	0.50~0.80	0.90~1.20	0.15~0.30	—	—	—	—	—	—
CrMoV	43	A31122	12CrMoV	0.08~0.15	0.17~0.37	0.40~0.70	0.30~0.60	0.25~0.35	—	—	—	—	—	0.15~0.30
	44	A31352	35CrMoV	0.30~0.38	0.17~0.37	0.40~0.70	1.00~1.30	0.20~0.30	—	—	—	—	—	0.10~0.20
	45	A31132	12Cr1MoV	0.08~0.15	0.17~0.37	0.40~0.70	0.90~1.20	0.25~0.35	—	—	—	—	—	0.15~0.30
	46	A31252	25Cr2MoV	0.22~0.29	0.17~0.37	0.40~0.70	1.50~1.80	0.25~0.35	—	—	—	—	—	0.15~0.30
	47	A31262	25Cr2Mo1V	0.22~0.29	0.17~0.37	0.50~0.80	2.10~2.50	0.90~1.10	—	—	—	—	—	0.30~0.50
CrMoAl	48	A33382	38CrMoAl	0.35~0.42	0.20~0.45	0.30~0.60	1.35~1.65	0.15~0.25	—	—	—	0.70~1.10	—	—
CrV	49	A23402	40CrV	0.37~0.44	0.17~0.37	0.50~0.80	0.80~1.10	—	—	—	—	—	—	0.10~0.20
	50	A23502	50CrV	0.47~0.54	0.17~0.37	0.50~0.80	0.80~1.10	—	—	—	—	—	—	0.10~0.20

（续）

钢组	序号	统一数字代号	牌号	化学成分（质量分数，%）										
				C	Si	Mn	Cr	Mo	Ni	W	B	Al	Ti	V
CrMn	51	A22152	15CrMn	0.12～0.18	0.17～0.37	1.10～1.40	0.40～0.70	—	—	—	—	—	—	—
	52	A22202	20CrMn	0.17～0.23	0.17～0.37	0.90～1.20	0.90～1.20	—	—	—	—	—	—	—
	53	A22402	40CrMn	0.37～0.45	0.17～0.37	0.90～1.20	0.90～1.20	—	—	—	—	—	—	—
CrMnSi	54	A24202	20CrMnSi	0.17～0.23	0.90～1.20	0.80～1.10	0.80～1.10	—	—	—	—	—	—	—
	55	A24252	25CrMnSi	0.22～0.28	0.90～1.20	0.80～1.10	0.80～1.10	—	—	—	—	—	—	—
	56	A24302	30CrMnSi	0.28～0.34	0.90～1.20	0.80～1.10	0.80～1.10	—	—	—	—	—	—	—
	57	A24352	35CrMnSi	0.32～0.39	1.10～1.40	0.80～1.10	1.10～1.40	—	—	—	—	—	—	—
CrMnMo	58	A34202	20CrMnMo	0.17～0.23	0.17～0.37	0.90～1.20	1.10～1.40	0.20～0.30	—	—	—	—	—	—
	59	A34402	40CrMnMo	0.37～0.45	0.17～0.37	0.90～1.20	0.90～1.20	0.20～0.30	—	—	—	—	—	—
CrMnTi	60	A26202	20CrMnTi	0.17～0.23	0.17～0.37	0.80～1.10	1.00～1.30	—	—	—	—	—	0.04～0.10	—
	61	A26302	30CrMnTi	0.24～0.32	0.17～0.37	0.80～1.10	1.00～1.30	—	—	—	—	—	0.04～0.10	—
CrNi	62	A40202	20CrNi	0.17～0.23	0.17～0.37	0.40～0.70	0.45～0.75	—	1.00～1.40	—	—	—	—	—
	63	A40402	40CrNi	0.37～0.44	0.17～0.37	0.50～0.80	0.45～0.75	—	1.00～1.40	—	—	—	—	—
	64	A40452	45CrNi	0.42～0.49	0.17～0.37	0.50～0.80	0.45～0.75	—	1.00～1.40	—	—	—	—	—
	65	A40502	50CrNi	0.47～0.54	0.17～0.37	0.50～0.80	0.45～0.75	—	1.00～1.40	—	—	—	—	—
	66	A41122	12CrNi2	0.10～0.17	0.17～0.37	0.30～0.60	0.60～0.90	—	1.50～1.90	—	—	—	—	—

CrNi	67	A41342	34CrNi2	0. 30～0. 37	0. 17～0. 37	0. 60～0. 90	0. 80～1. 10	—	1. 20～1. 60	—	—	—	—	—
	68	A42122	12CrNi3	0. 10～0. 17	0. 17～0. 37	0. 30～0. 60	0. 60～0. 90	—	2. 75～3. 15	—	—	—	—	—
	69	A42202	20CrNi3	0. 17～0. 24	0. 17～0. 37	0. 30～0. 60	0. 60～0. 90	—	2. 75～3. 15	—	—	—	—	—
	70	A42302	30CrNi3	0. 27～0. 33	0. 17～0. 37	0. 30～0. 60	0. 60～0. 90	—	2. 75～3. 15	—	—	—	—	—
	71	A42372	37CrNi3	0. 34～0. 41	0. 17～0. 37	0. 30～0. 60	1. 20～1. 60	—	3. 00～3. 50	—	—	—	—	—
	72	A43122	12Cr2Ni4	0. 10～0. 16	0. 17～0. 37	0. 30～0. 60	1. 25～1. 65	—	3. 25～3. 65	—	—	—	—	—
	73	A43202	20Cr2Ni4	0. 17～0. 23	0. 17～0. 37	0. 30～0. 60	1. 25～1. 65	—	3. 25～3. 65	—	—	—	—	—
CrNiMo	74	A50152	15CrNiMo	0. 13～0. 18	0. 17～0. 37	0. 70～0. 90	0. 45～0. 65	0. 45～0. 60	0. 70～1. 00	—	—	—	—	—
	75	A50202	20CrNiMo	0. 17～0. 23	0. 17～0. 37	0. 60～0. 95	0. 40～0. 70	0. 20～0. 30	0. 35～0. 75	—	—	—	—	—
	76	A50302	30CrNiMo	0. 28～0. 33	0. 17～0. 37	0. 70～0. 90	0. 70～1. 00	0. 25～0. 45	0. 60～0. 80	—	—	—	—	—
	77	A50300	30Cr2Ni2Mo	0. 26～0. 34	0. 17～0. 37	0. 50～0. 80	1. 80～2. 20	0. 30～0. 50	1. 80～2. 20	—	—	—	—	—
	78	A50300	30Cr2Ni4Mo	0. 26～0. 33	0. 17～0. 37	0. 50～0. 80	1. 20～1. 50	0. 30～0. 60	3. 30～4. 30	—	—	—	—	—
	79	A50342	34Cr2Ni2Mo	0. 30～0. 38	0. 17～0. 37	0. 50～0. 80	1. 30～1. 70	0. 15～0. 30	1. 30～1. 70	—	—	—	—	—
	80	A50352	35Cr2Ni4Mo	0. 32～0. 39	0. 17～0. 37	0. 50～0. 80	1. 60～2. 00	0. 25～0. 45	3. 60～4. 10	—	—	—	—	—

（续）

钢组	序号	统一数字代号	牌号	化学成分（质量分数，%）										
				C	Si	Mn	Cr	Mo	Ni	W	B	Al	Ti	V
CrNiMo	81	A50402	40CrNiMo	0.37~0.44	0.17~0.37	0.50~0.80	0.60~0.90	0.15~0.25	1.25~1.65	—	—	—	—	—
	82	A50400	40CrNi2Mo	0.38~0.43	0.17~0.37	0.60~0.80	0.70~0.90	0.20~0.30	1.65~2.00	—	—	—	—	—
CrMnNiMo	83	A50182	18CrMnNiMo	0.15~0.21	0.17~0.37	1.10~1.40	1.00~1.30	0.20~0.30	1.00~1.30	—	—	—	—	—
CrNiMoV	84	A51452	45CrNiMoV	0.42~0.49	0.17~0.37	0.50~0.80	0.80~1.10	0.20~0.30	1.30~1.80	—	—	—	—	0.10~0.20
CrNiW	85	A52182	18Cr2Ni4W	0.13~0.19	0.17~0.37	0.30~0.60	1.35~1.65	—	4.00~4.50	0.80~1.20	—	—	—	—
	86	A52252	25Cr2Ni4W	0.21~0.28	0.17~0.37	0.30~0.60	1.35~1.65	—	4.00~4.50	0.80~1.20	—	—	—	—

注：1. 未经用户同意不得有意加入本表中未规定的元素。应采取措施防止从废钢或其他原料中带入影响钢性能的元素。

2. 表中各牌号可按高级优质钢或特级优质钢订货，但应在牌号后加字母“A”或“E”。

3. 钢中硫、磷含量及残余铜、铬、镍含量应符合下列规定。钢中残余钨、钒、钛含量应做分析，结果记入质量证明书中。根据需方要求，可对残余钨、钒、钛含量加以限制。热压力加工用钢中铜的质量分数不大于0.20%。

钢的质量等级	化学成分（质量分数，%） ≤					
	P	S	Cu	Cr	Ni	Mo
优质钢	0.030	0.030	0.30	0.30	0.30	0.10
高级优质钢	0.020	0.020	0.25	0.30	0.30	0.10
特级优质钢	0.020	0.010	0.25	0.30	0.30	0.10

① 稀土按质量分数为0.05%计算量加入，成品分析结果供参考。

表 12-26　合金结构钢的力学性能（GB/T 3077—2015）

钢组	序号	牌号	试样毛坯尺寸[①]/mm	推荐的热处理工艺					力学性能					供货状态为退火或高温回火钢棒布氏硬度 HBW
				淬火			回火		抗拉强度 R_m/MPa	下屈服强度 R_{eL}[②]/MPa	断后伸长率 A（%）	断面收缩率 Z（%）	冲击吸收能量 KU_2[③]/J	
				加热温度/℃ 第 1 次淬火	加热温度/℃ 第 2 次淬火	冷却介质	加热温度/℃	冷却介质	≥					≤
Mn	1	20Mn2	15	850	—	水、油	200	水、空气	785	590	10	40	47	187
				880	—	水、油	440	水、空气						
	2	30Mn2	25	840	—	水	500	水	785	635	12	45	63	207
	3	35Mn2	25	840	—	水	500	水	835	685	12	45	55	207
	4	40Mn2	25	840	—	水、油	540	水	885	735	12	45	55	217
	5	45Mn2	25	840	—	油	550	水、油	885	735	10	45	47	217
	6	50Mn2	25	820	—	油	550	水、油	930	785	9	40	39	229
MnV	7	20MnV	15	880	—	水、油	200	水、空气	785	590	10	40	55	187
SiMn	8	27SiMn	25	920	—	水	450	水、油	980	835	12	40	39	217
	9	35SiMn	25	900	—	水	570	水、油	885	735	15	45	47	229
	10	42SiMn	25	880	—	水	590	水	885	735	15	40	47	229
SiMnMoV	11	20SiMn2MoV	试样	900	—	油	200	水、空气	1380	—	10	45	55	269
	12	25SiMn2MoV	试样	900	—	油	200	水、空气	1470	—	10	40	47	269
	13	37SiMn2MoV	25	870	—	水、油	650	水、空气	980	835	12	50	63	269
B	14	40B	25	840	—	水	550	水	785	635	12	45	55	207
	15	45B	25	840	—	水	550	水	835	685	12	45	47	217
	16	50B	20	840	—	油	600	空气	785	540	10	45	39	207

（续）

钢组	序号	牌号	试样毛坯尺寸①/mm	推荐的热处理工艺					力学性能					供货状态为退火或高温回火钢棒布氏硬度 HBW
				淬火			回火		抗拉强度 R_m/MPa	下屈服强度 R_{eL}②/MPa	断后伸长率 A（%）	断面收缩率 Z（%）	冲击吸收能量 $KU_2$③/J	
				加热温度/℃		冷却介质	加热温度/℃	冷却介质						
				第 1 次淬火	第 2 次淬火				≥					≤
MnB	17	25MnB	25	850	—	油	500	水、油	835	635	10	45	47	207
	18	35MnB	25	850	—	油	500	水、油	930	735	10	45	47	207
	19	40MnB	25	850	—	油	500	水、油	980	785	10	45	47	207
	20	45MnB	25	840	—	油	500	水、油	1030	835	9	40	39	217
MnMoB	21	20MnMoB	15	880	—	油	200	油、空气	1080	885	10	50	55	207
MnVB	22	15MnVB	15	860	—	油	200	水、空气	885	635	10	45	55	207
	23	20MnVB	15	860	—	油	200	水、空气	1080	885	10	45	55	207
	24	40MnVB	25	850	—	油	520	水、油	980	785	10	45	47	207
MnTiB	25	20MnTiB	15	860	—	油	200	水、空气	1130	930	10	45	55	187
	26	25MnTiBRE	试样	860	—	油	200	水、空气	1380	—	10	40	47	229
	27	15Cr	15	880	770～820	水、油	180	油、空气	685	490	12	45	55	179
	28	20Cr	15	880	780～820	水、油	200	水、空气	835	540	10	40	47	179
	29	30Cr	25	860	—	油	500	水、油	885	685	11	45	47	187
	30	35Cr	25	860	—	油	500	水、油	930	735	11	45	47	207
	31	40Cr	25	850	—	油	520	水、油	980	785	9	45	47	207
	32	45Cr	25	840	—	油	520	水、油	1030	835	9	40	39	217
	33	50Cr	25	830	—	油	520	水、油	1080	930	9	40	39	229
CrSi	34	38CrSi	25	900	—	油	600	水、油	980	835	12	50	55	255

CrMo	35	12CrMo	30	900	—	空气	650	空气	410	265	24	60	110	179
	36	15CrMo	30	900	—	空气	650	空气	440	295	22	60	94	179
	37	20CrMo	15	880	—	水、油	500	水、油	885	685	12	50	78	197
	38	25CrMo	25	870	—	水、油	600	水、油	900	600	14	55	68	229
	39	30CrMo	15	880	—	油	540	水、油	930	735	12	50	71	229
	40	35CrMo	25	850	—	油	550	水、油	980	835	12	45	63	229
	41	42CrMo	25	850	—	油	560	水、油	1080	930	12	45	63	229
	42	50CrMo	25	840	—	油	560	水、油	1130	930	11	45	48	248
CrMoV	43	12CrMoV	30	970	—	空气	750	空气	440	225	22	50	78	241
	44	35CrMoV	25	900	—	油	630	水、油	1080	930	10	50	71	241
	45	12Cr1MoV	30	970	—	空气	750	空气	490	245	22	50	71	179
	46	25Cr2MoV	25	900	—	油	640	空气	930	785	14	55	63	241
	47	25Cr2Mo1V	25	1040	—	空气	700	空气	735	590	16	50	47	241
CrMoAl	48	38CrMoAl	30	940	—	水、油	640	水、油	980	835	14	50	71	229
CrV	49	40CrV	25	880	—	油	650	水、油	885	735	10	50	71	241
	50	50CrV	25	850	—	油	500	水、油	1280	1130	10	40	—	255
CrMn	51	15CrMn	15	880	—	油	200	水、空气	785	590	12	50	47	179
	52	20CrMn	15	850	—	油	200	水、空气	930	735	10	45	47	187
	53	40CrMn	25	840	—	油	550	水、油	980	835	9	45	47	229

（续）

钢组	序号	牌号	试样毛坯尺寸①/mm	推荐的热处理工艺					力学性能					供货状态为退火或高温回火钢棒布氏硬度 HBW
				淬火			回火		抗拉强度 R_m/MPa	下屈服强度 R_{eL}②/MPa	断后伸长率 A（%）	断面收缩率 Z（%）	冲击吸收能量 $KU_2$③/J	
				加热温度/℃		冷却介质	加热温度/℃	冷却介质						
				第1次淬火	第2次淬火				≥					≤
CrMnSi	54	20CrMnSi	25	880	—	油	480	水、油	785	635	12	45	55	207
	55	25CrMnSi	25	880	—	油	480	水、油	1080	885	10	40	39	217
	56	30CrMnSi	25	880	—	油	540	水、油	1080	835	10	45	39	229
	57	35CrMnSi	试样	加热到 880℃，于 280~310℃ 等温淬火					1620	1280	9	40	31	241
			试样	950	890	油	230	空气、油						
CrMnMo	58	20CrMnMo	15	850	—	油	200	水、空气	1180	885	10	45	55	217
	59	40CrMnMo	25	850	—	油	600	水、油	980	785	10	45	63	217
CrMnTi	60	20CrMnTi	15	880	870	油	200	水、空气	1080	850	10	45	55	217
	61	30CrMnTi	试样	880	850	油	200	水、空气	1470	—	9	40	47	229
CrNi	62	20CrNi	25	850	—	水、油	460	水、油	785	590	10	50	63	197
	63	40CrNi	25	820	—	油	500	水、油	980	785	10	45	55	241
	64	45CrNi	25	820	—	油	530	水、油	980	785	10	45	55	255
	65	50CrNi	25	820	—	油	500	水、油	1080	835	8	40	39	255
	66	12CrNi2	15	860	780	水、油	200	水、空气	785	590	12	50	63	207
	67	34CrNi2	25	840	—	水、油	530	水、油	930	735	11	45	71	241
	68	12CrNi3	15	860	780	油	200	水、空气	930	685	11	50	71	217
	69	20CrNi3	25	830	—	水、油	480	水、油	930	735	11	55	78	241

CrNi	70	30CrNi3	25	820	—	油	500	水、油	980	785	9	45	63	241
	71	37CrNi3	25	820	—	油	500	水、油	1130	980	10	50	47	269
	72	12Cr2Ni4	15	860	780	油	200	水、空气	1080	835	10	50	71	269
	73	20Cr2Ni4	15	880	780	油	200	水、空气	1180	1080	10	45	63	269
CrNiMo	74	15CrNiMo	15	850	—	油	200	空气	930	750	10	40	46	197
	75	20CrNiMo	15	850	—	油	200	空气	980	785	9	40	47	197
	76	30CrNiMo	25	850	—	油	500	水、油	980	785	10	50	63	269
	77	40CrNiMo	25	850	—	油	600	水、油	980	835	12	55	78	269
	78	40CrNi2Mo	25	正火 890	850	油	560~580	空气	1050	980	12	45	48	269
			试样	正火 890	850	油	220 两次回火	空气	1790	1500	6	25	—	
	79	30Cr2Ni2Mo	25	850	—	油	520	水、油	980	835	10	50	71	269
	80	34Cr2Ni2Mo	25	850	—	油	540	水、油	1080	930	10	50	71	269
	81	30Cr2Ni4Mo	25	850	—	油	560	水、油	1080	930	10	50	71	269
	82	35Cr2Ni4Mo	25	850	—	油	560	水、油	1130	980	10	50	71	269
CrMnNiMo	83	18CrMnNiMo	15	830	—	油	200	空气	1180	885	10	45	71	269
CrNiMoV	84	45CrNiMoV	试样	860	—	油	460	油	1470	1330	7	35	31	269
CrNiW	85	18Cr2Ni4W	15	950	850	空气	200	水、空气	1180	835	10	45	78	269
	86	25Cr2Ni4W	25	850	—	油	550	水、油	1080	930	11	45	71	269

注：1. 表中所列热处理温度允许调整范围：淬火，±15℃；低温回火，±20℃；高温回火，±50℃。

2. 硼钢在淬火前可先经正火，正火温度应不高于其淬火温度，铬锰钛钢第一次淬火可用正火代替。

① 钢棒尺寸小于试样毛坯尺寸时，用原尺寸钢棒进行热处理。

② 当屈服现象不明显时，可用规定塑性延伸强度 $R_{p0.2}$ 代替。

③ 直径小于 16mm 的圆钢和厚度小于 12mm 的方钢、扁钢，不做冲击试验。

表 12-27　常用合金结

序号	牌号	密度 ρ/(g/cm³)	弹性模量 $E/10^3$MPa				切变弹性模量 $G/10^3$MPa				比热容	
			20℃	100℃	300℃	500℃	20℃	100℃	300℃	500℃	20℃	200℃
1	20Mn2	7.85	210	—	185	175 (400℃)	—	—	—	—	586 (900℃)	620 (1100℃)
2	30Mn2	7.80	211	—	—	—	—	—	—	—	—	—
3	35Mn2	7.85	208	—	—	—	—	—	—	—	—	—
4	40Mn2	7.80	—	—	—	—	—	—	—	—	—	
5	45Mn2	7.80	208	—	—	—	84.4	—	—	—	—	—
6	50Mn2	7.85	210	195 (200℃)	185	171	80	—	81.5	83.1	461	—
7	20MnV	7.85	210	185 (200℃)	175 (400℃)	165	81	—	—	—	—	—
8	35SiMn	7.85	214	211.5	205	189	84	83	81	73.5	461	—
9	15Cr	7.83	210	195 (200℃)	—	—	81	75 (200℃)	—	—	461	523
10	20Cr	7.83	207	—	—	—	—	—	—	—	—	—
11	30Cr	7.83	218.5	215	201 (200℃)	179.5	85	83	76	66	—	—
12	35Cr	7.85	210	195 (200℃)	185	175 (400℃)	81	75 (200℃)	71	67 (400℃)	461	—
13	40Cr	7.85	210	205	185	175 (400℃)	81	79	71	67 (400℃)	461	—
14	45Cr	7.82	210	—	210.2 (350℃)	210.9	81	—	79.45 (350℃)	80.15	461	—
15	50Cr	7.82	—	—	210.2 (350℃)	210.9	—	—	—	—	—	—
16	38CrSi	7.85	223	220	211	192.5	87	84	80	75	461	—
17	12CrMo	7.85	210.5	—	—	173.7 (450℃)	—	—	—	—	—	—
18	15CrMo	7.85	210	200	185	165	—	—	—	—	486	—
19	20CrMo	7.85	205	200	188 (200℃)	—	79	74	72 (200℃)	—	461	—
20	30CrMo	7.82	219.5	216	205	186	84	83	75.5	66	—	—
21	35CrMo	7.82	210	205	185	—	81	79	71	—	461	—
22	42CrMo	7.85	210	205	185	165	81	79	71	—	461	—
23	12CrMoV	7.80	210	—	—	—	—	—	—	—	—	—

构钢的物理性能

c/[J/(kg·℃)]		热导率 λ/[W/(m·℃)]					线胀系数 α/(10^{-6}/℃)					20℃时电阻率/[(Ω·mm^2)/m]
400℃	600℃	20℃	100℃	300℃	500℃	700℃	20℃	20~200℃	20~400℃	20~600℃	20~800℃	
—	—	—	46.06	42.29	37.26	30.98	—	12.1	13.5	14.1	—	—
—	—	—	39.78	36.01	—	—	—	—	—	—	—	—
—	—	—	39.78	36.01	—	—	—	12.1	13.5	14.1	—	—
—	—	—	37.68 (200℃)	37.26	36.01 (400℃)	—	—	11.5 (~100℃)	—	—	—	—
—	—	—	44.38	41.03	35.17	—	11.3 (~100℃)	12.7 (~300℃)	14.7	—	—	—
—	—	—	40.61	37.68	35.17	—	11.3 (~100℃)	12.2	14.2 (~300℃)	15.4	—	—
—	—	41.87	—	—	—	—	11.1 (~100℃)	12.1	13.5 (~450℃)	14.1	—	—
—	—	—	45.22 (200℃)	42.71	41.03 (400℃)	36.43 (600℃)	11.5 (~100℃)	12.6	14.1	14.6	—	—
—	—	43.96	41.87	39.78 (200℃)	—	—	11.3 (~100℃)	11.6	13.2	14.2	—	0.16
—	—	—	—	—	—	—	11.3 (~100℃)	11.6	13.2	14.2	—	—
—	—	—	46.06	38.94	35.59 (400℃)	—	—	11.8~12.1	13.7	14.1	—	—
—	—	43.12	—	—	—	—	11.0 (~100℃)	12.5	13.5	—	—	0.19
—	—	41.87	40.19	33.49	31.82 (400℃)	—	11.0 (~100℃)	12.5	13.5	—	—	0.19
—	—	—	—	—	—	—	12.8 (~100℃)	13.0	13.8 (~300℃)	—	—	—
—	—	—	—	—	—	—	12.8 (~100℃)	—	13.8 (~300℃)	—	—	—
—	—	—	36.84 (200℃)	35.59	34.75 (400℃)	33.49 (600℃)	11.7 (~100℃)	12.7	14.0	14.8	—	—
—	—	—	50.24	48.57 (400℃)	46.89	43.96	11.2 (~100℃)	12.5	12.9	13.5	13.8 (~700℃)	—
—	—	53.59	51.08	44.38	34.75	—	11.1 (~100℃)	12.1	13.5	14.1	—	—
—	—	43.96	41.87	39.78 (200℃)	—	—	11.0 (~100℃)	12.0	—	—	—	0.16
—	—	—	35.59	32.66	30.98	—	12.3 (~100℃)	12.5	13.9	14.6	—	—
—	—	—	40.61	38.52	37.26 (400℃)	—	12.3 (~100℃)	12.6	13.9	14.6	—	0.18
—	—	41.87	—	—	—	—	11.1 (~100℃)	12.1	13.5	14.1	—	0.19
—	—	45.64	—	—	—	—	10.8 (~100℃)	11.8	12.8	13.6	13.8 (~700℃)	—

序号	牌号	密度 ρ/(g/cm³)	弹性模量 $E/10^3$MPa				切变弹性模量 $G/10^3$MPa				比热容	
			20℃	100℃	300℃	500℃	20℃	100℃	300℃	500℃	20℃	200℃
24	35CrMoV	7.84	217	213	203.5	183.5	85.5	83.5	76	68	—	—
25	12Cr1MoV	7.80	—	—	—	—	—	—	—	—	—	—
26	25Cr2MoVA	7.84	210	—	—	—	—	—	—	—	—	—
27	25Cr2Mo1VA	7.85	221	215	204	190	—	—	—	—	—	—
28	20Cr3MoWVA	7.85	210	—	185	165	—	—	—	—	628	—
29	38CrMoAl	7.72	203	—	—	—	—	—	—	—	—	—
30	40CrV	7.85	210	195 (200℃)	185	175 (400℃)	81	75 (200℃)	71	67 (400℃)	—	—
31	50CrV	7.85	210	195 (200℃)	185	175 (400℃)	83	—	—	—	461	—
32	15CrMn	7.85	210	188 (200℃)	—	—	81	72 (200℃)	—	—	461	—
33	20CrMn	7.85	210	188 (200℃)	—	—	81	72 (200℃)	—	—	461	—
34	30CrMnSi	7.75	215.8	212	203	—	—	—	—	—	473	582
35	20CrMnTi	7.8	—	—	—	—	—	—	—	—	—	—
36	40CrNi	7.82	—	—	—	—	—	—	—	—	—	—
37	45CrNi	7.82	—	—	—	—	—	—	—	—	—	—
38	50CrNi	7.82	—	—	—	—	—	—	—	—	—	—
39	12CrNi2	7.88	—	—	—	—	—	—	—	—	452 (58℃)	—
40	12CrNi3	7.88	204	—	—	—	—	—	—	—	—	—
41	30CrNi3	7.83	212	210	202	184	83	—	—	—	465 (34℃)	544 (204℃)
42	37CrNi3	7.8	199		—	—	—	—	—	—	—	—
43	12Cr2Ni4	7.84	204	—	—	—	—	—	—	—	—	—
44	40CrNiMo	7.85	204	—	—	—	—	—	—	—	419	—
45	18Cr2Ni4W	7.94	204	—	168	142	86.30	—	—	—	486 (70℃)	515 (230℃)
46	25Cr2Ni4W	7.9	200	—	—	—	—	—	—	—	465 (70℃)	—
47	20CrNi3	7.88	204	—	—	—	81.5	—	—	—	—	—

（续）

c/[J/(kg·℃)]		热导率 λ/[W/(m·℃)]					线胀系数 α/(10^{-6}/℃)					20℃时电阻率/[(Ω·mm²)/m]
400℃	600℃	20℃	100℃	300℃	500℃	700℃	20℃	20~200℃	20~400℃	20~600℃	20~800℃	
—	—	—	41.87	41.03	40.61 (400℃)	—	11.8 (~100℃)	12.5	13.0	13.7	14.0 (~700℃)	—
—	—	35.59	35.59	35.17	32.24	30.56 (600℃)	10.8 (~100℃)	11.8	12.8	13.6	13.8 (~700℃)	—
—	—	—	41.87	41.03	41.03	—	11.3 (~100℃)	11.4~12.7	13.9	14~14.6	—	—
—	—	—	27.21	21.77	19.26	17.17 (600℃)	12.5 (~100℃)	12.9	13.7	14.7	—	—
—	—	38.52	35.59	31.40	29.73	28.89	—	—	12.3	13.8	—	0.34
—	—	—	—	—	—	—	12.3 (~100℃)	13.1	13.5	13.8	—	—
—	—	—	52.34	45.22	41.87 (400℃)	—	11 (~100℃)	—	12.9 (300℃)	14.5	—	—
—	—	46.06	—	—	—	—	11.3 (~100℃)	12.4	12.9	17.35	—	0.19
—	—	41.87	39.78	37.68 (200℃)	—	—	11 (~100℃)	12	—	—	—	0.16
—	—	41.87	39.78	37.68 (200℃)	—	—	11 (~100℃)	12	—	—	—	0.16
699	841	27.63	29.31	30.56	29.52	27.21	11 (~100℃)	11.72	13.62	14.22	13.43	0.21
—	—	—	—	—	—	—	—	11.7	13.7	14.4	14.5 (~700℃)	—
—	—	46.06	44.80	41.03	39.36 (400℃)	—	11.9 (~100℃)	13.4	14.1	14.9	15.1 (~700℃)	—
—	—	—	44.80	41.03	39.36 (400℃)	—	11.8 (~100℃)	12.3	13.4	14.0	—	—
—	—	—	—	—	—	—	11.8 (~100℃)	12.3	13.4	14.0	—	—
691 (490℃)	720 (920℃)	21.77 (135℃)	23.87 (125℃)	30.15 (230℃)	30.98 (480℃)	25.54 (760℃)	12.6 (~100℃)	13.8	14.8	14.3	—	—
657 (380℃)	645 (425℃)	30.98 (60℃)	—	—	25.54 (500℃)	21.35 (750℃)	11.8 (~100℃)	13.0	14.7	15.6	—	—
641 (512℃)	—	—	37.68 (200℃)	36.01 (300℃)	34.75 (400℃)	32.66 (600℃)	11.6 (~100℃)	13.2	13.4	13.5	—	—
—	—	34.33	—	—	—	—	11.8 (~100℃)		12.8 (~300℃)	—	—	—
657 (380℃)	645 (425℃)	30.98 (60℃)	—	—	25.54	20.93 (750℃)	11.8 (~100℃)	13.0	14.7	15.6	—	—
—	—	—	46.06	41.87	37.68	—		11.4	14.0	14.7	15.0 (~700℃)	—
775 (530℃)	724 (900℃)	23.86 (70℃)	25.12 (230℃)	—	28.05 (530℃)	24.28 (900℃)	14.5 (~100℃)	14.5	14.3	14.2	—	—
754 (535℃)	825 (900℃)	27.21 (40℃)	—	25.96 (200℃)	25.54	23.03 (950℃)	10.7 (~100℃)	13.1	14.6	13.2	—	—
657 (380℃)	645 (425℃)	30.98 (60℃)	—	—	25.54	21.35 (750℃)	11.8 (~100℃)	13.0	14.7	15.6	—	—

7. 保证淬透性结构钢（见表 12-28 和表 12-29）

表 12-28　保证淬透性结构钢的牌号和化学成分（GB/T 5216—2014）

序号	统一数字代号	牌号	化学成分(质量分数,%)										
			C	Si[①]	Mn	Cr	Ni	Mo	B	Ti	V	S[②]	P
1	U59455	45H	0.42~0.50	0.17~0.37	0.50~0.85	—	—	—	—	—	—		
2	A20155	15CrH	0.12~0.18	0.17~0.37	0.55~0.90	0.85~1.25	—	—	—	—	—		
3	A20205	20CrH	0.17~0.23	0.17~0.37	0.50~0.85	0.70~1.10	—	—	—	—	—		
4	A20215	20Cr1H	0.17~0.23	0.17~0.37	0.55~0.90	0.85~1.25	—	—	—	—	—		
5	A20255	25CrH	0.23~0.28	≤0.37	0.60~0.90	0.90~1.20	—	—	—	—	—		
6	A20285	28CrH	0.24~0.31	≤0.37	0.60~0.90	0.90~1.20	—	—	—	—	—		
7	A20405	40CrH	0.37~0.44	0.17~0.37	0.50~0.85	0.70~1.10	—	—	—	—	—		
8	A20455	45CrH	0.42~0.49	0.17~0.37	0.50~0.85	0.70~1.10	—	—	—	—	—		
9	A22165	16CrMnH	0.14~0.19	≤0.37	1.00~1.30	0.80~1.10	—	—	—	—	—		
10	A22205	20CrMnH	0.17~0.22	≤0.37	1.10~1.40	1.00~1.30	—	—	—	—	—		
11	A25155	15CrMnBH	0.13~0.18	≤0.37	1.00~1.30	0.80~1.10	—	—		—	—		
12	A25175	17CrMnBH	0.15~0.20	≤0.37	1.00~1.40	1.00~1.30	—	—		—	—		
13	A71405	40MnBH	0.37~0.44	0.17~0.37	1.00~1.40	—	—	—	0.0008~0.0035	—	—		
14	A71455	45MnBH	0.42~0.49	0.17~0.37	1.00~1.40	—	—	—		—	—		
15	A73205	20MnVBH	0.17~0.23	0.17~0.37	1.05~1.45	—	—	—		—	0.07~0.12		
16	A74205	20MnTiBH	0.17~0.23	0.17~0.37	1.20~1.55	—	—	—		0.04~0.10	—	≤0.035	≤0.030
17	A30155	15CrMoH	0.12~0.18	0.17~0.37	0.55~0.90	0.85~1.25	—	0.15~0.25	—	—	—		
18	A30205	20CrMoH	0.17~0.23	0.17~0.37	0.55~0.90	0.85~1.25	—	0.15~0.25	—	—	—		
19	A30225	22CrMoH	0.19~0.25	0.17~0.37	0.55~0.90	0.85~1.25	—	0.35~0.45	—	—	—		
20	A30355	35CrMoH	0.32~0.39	0.17~0.37	0.55~0.95	0.85~1.25	—	0.15~0.35	—	—	—		
21	A30425	42CrMoH	0.37~0.44	0.17~0.37	0.55~0.90	0.85~1.25	—	0.15~0.25	—	—	—		
22	A34205	20CrMnMoH	0.17~0.23	0.17~0.37	0.85~1.20	1.05~1.40	—	0.20~0.30	—	—	—		
23	A26205	20CrMnTiH	0.17~0.23	0.17~0.37	0.80~1.20	1.00~1.45	—	—	—	0.04~0.10	—		
24	A42175	17Cr2Ni2H	0.14~0.20	0.17~0.37	0.50~0.90	1.40~1.70	1.40~1.70	—	—	—	—		
25	A42205	20CrNi3H	0.17~0.23	0.17~0.37	0.30~0.65	0.60~0.95	2.70~3.25	—	—	—	—		
26	A43125	12Cr2Ni4H	0.10~0.17	0.17~0.37	0.30~0.65	1.20~1.75	3.20~3.75	—	—	—	—		
27	A50205	20CrNiMoH	0.17~0.23	0.17~0.37	0.60~0.95	0.35~0.65	0.35~0.75	0.15~0.25	—	—	—		
28	A50225	22CrNiMoH	0.19~0.25	0.17~0.37	0.60~0.95	0.35~0.65	0.35~0.75	0.15~0.25	—	—	—		
29	A50275	27CrNiMoH	0.24~0.30	0.17~0.37	0.60~0.95	0.35~0.65	0.35~0.75	0.15~0.25	—	—	—		
30	A50215	20CrNi2MoH	0.17~0.23	0.17~0.37	0.40~0.70	0.35~0.65	1.55~2.00	0.20~0.30	—	—	—		
31	A50405	40CrNi2MoH	0.37~0.44	0.17~0.37	0.55~0.90	0.65~0.95	1.55~2.00	0.20~0.30	—	—	—		
32	A50185	18Cr2Ni2MoH	0.15~0.21	0.17~0.37	0.50~0.90	1.50~1.80	1.40~1.70	0.25~0.35	—	—	—		

① 根据需方要求，16CrMnH、20CrMnH、25CrH 和 28CrH 钢中硅的质量分数允许不大于 0.12%，但此时应考虑其对力学性能的影响。

② 根据需方要求，钢中硫的质量分数也可以在 0.015%~0.035%范围。此时，硫的质量分数允许偏差为±0.005%。

表 12-29　保证淬透性结构钢的力学性能（GB/T 5216—2014）

序号	牌号	退火或高温回火后的硬度 HBW ≤	序号	牌号	退火或高温回火后的硬度 HBW ≤	序号	牌号	退火或高温回火后的硬度 HBW ≤
1	45H	197	7	45MnBH	217	13	20CrMnTiH	217
2	20CrH	179	8	20MnVBH	207	14	17Cr2Ni2H	229
3	28CrH	217	9	20MnTiBH	187	15	20CrNi3H	241
4	40CrH	207	10	16CrMnH	207	16	12Cr2Ni4H	269
5	45CrH	217	11	20CrMnH	217	17	20CrNiMoH	197
6	40MnBH	207	12	20CrMnMoH	217	18	18Cr2Ni2MoH	229

8. 非调质机械结构钢（见表 12-30 和表 12-31）

表 12-30　非调质机械结构钢的牌号和化学成分（GB/T 15712—2016）

序号	分类	统一数字代号	牌号[①]	化学成分(质量分数,%)									
				C	Si	Mn	S	P	V[②]	Cr	Ni	Cu[③]	其他[④]
1	铁素体—珠光体	L22358	F35VS	0.32~0.39	0.15~0.35	0.60~1.00	0.035~0.075	≤0.035	0.06~0.13	≤0.30	≤0.30	≤0.30	Mo≤0.05
2		L22408	F40VS	0.37~0.44	0.15~0.35	0.60~1.00	0.035~0.075	≤0.035	0.06~0.13	≤0.30	≤0.30	≤0.30	Mo≤0.05
3		L22458	F45VS	0.42~0.49	0.15~0.35	0.60~1.00	0.035~0.075	≤0.035	0.06~0.13	≤0.30	≤0.30	≤0.30	Mo≤0.05
4		L22708	F70VS	0.67~0.73	0.15~0.35	0.40~0.70	0.035~0.075	≤0.045	0.03~0.08	≤0.30	≤0.30	≤0.30	Mo≤0.05
5		L22308	F30MnVS	0.26~0.33	0.30~0.80	1.20~1.60	0.035~0.075	≤0.035	0.08~0.15	≤0.30	≤0.30	≤0.30	Mo≤0.05
6		L22358	F35MnVS	0.32~0.39	0.30~0.60	1.00~1.50	0.035~0.075	≤0.035	0.06~0.13	≤0.30	≤0.30	≤0.30	Mo≤0.05
7		L22388	F38MnVS	0.35~0.42	0.30~0.80	1.20~1.60	0.035~0.075	≤0.035	0.08~0.15	≤0.30	≤0.30	≤0.30	Mo≤0.05
8		L22408	F40MnVS	0.37~0.44	0.30~0.60	1.00~1.50	0.035~0.075	≤0.035	0.06~0.13	≤0.30	≤0.30	≤0.30	Mo≤0.05
9		L22458	F45MnVS	0.42~0.49	0.30~0.60	1.00~1.50	0.035~0.075	≤0.035	0.06~0.13	≤0.30	≤0.30	≤0.30	Mo≤0.05
10		L22498	F49MnVS	0.44~0.52	0.15~0.60	0.70~1.00	0.035~0.075	≤0.035	0.08~0.15	≤0.30	≤0.30	≤0.30	Mo≤0.05
11		L22488	F48MnV	0.45~0.51	0.15~0.35	1.00~1.30	≤0.035	≤0.035	0.06~0.13	≤0.30	≤0.30	≤0.30	Mo≤0.05
12		L22378	F37MnSiVS	0.34~0.41	0.50~0.80	0.90~1.10	0.035~0.075	≤0.045	0.25~0.35	≤0.30	≤0.30	≤0.30	Mo≤0.05
13		L22418	F41MnSiV	0.38~0.45	0.50~0.80	1.20~1.60	≤0.035	≤0.035	0.08~0.15	≤0.30	≤0.30	≤0.30	Mo≤0.05
14		L26388	F38MnSiNS	0.35~0.42	0.50~0.80	1.20~1.60	0.035~0.075	≤0.035	≤0.06	≤0.30	≤0.30	≤0.30	Mo≤0.05 N:0.010~0.020
15	贝氏体	L27128	F12Mn2VBS	0.09~0.16	0.30~0.60	2.20~2.65	0.035~0.075	≤0.035	0.06~0.12	≤0.30	≤0.30	≤0.30	B:0.001~0.004
16		L28258	F25Mn2CrVS	0.22~0.28	0.20~0.40	1.80~2.10	0.035~0.065	≤0.030	0.10~0.15	0.40~0.60	≤0.30	≤0.30	—

① 当硫含量只有上限要求时，牌号尾部不加“S”。

② 经供需双方协商，可以用铌或钛代替部分或全部钒含量，在部分代替情况下，钒的下限含量应由双方协商。

③ 热压力加工用钢中铜的质量分数应不大于 0.20%。

④ 为了保证钢材的力学性能，允许添加氮，推荐氮的质量分数为 0.0080%~0.0200%。

表 12-31 直接切削加工用非调质机械结构钢力学性能（GB/T 15712—2016）

序号	牌号	公称直径或边长/mm	抗拉强度 R_m/MPa	下屈服强度 R_{eL}/MPa	断后伸长率 A(%)	断面收缩率 Z(%)	冲击吸收能量① KU_2/J
			≥				
1	F35VS	≤40	590	390	18	40	47
2	F40VS	≤40	640	420	16	35	37
3	F45VS	≤40	685	440	15	30	35
4	F30MnVS	≤60	700	450	14	30	实测值
6	F35MnVS	≤40	735	460	17	35	37
		>40~60	710	440	15	33	35
7	F38MnVS	≤60	800	520	12	25	实测值
8	F40MnVS	≤40	785	490	15	33	32
		>40~60	760	470	13	30	28
9	F45MnVS	≤40	835	510	13	28	28
		>40~60	810	490	12	28	25
10	F49MnVS	≤60	780	450	8	20	实测值

注：根据需方要求，并在合同中注明，可提供表中未列牌号钢材、公称直径或边长大于60mm钢材的力学性能，具体指标由供需双方协商确定。

① 公称直径不大于16mm圆钢或边长不大于12mm方钢不做冲击试验；F30MnVS、F38MnVS、F49MnVS钢提供实测值，不作判定依据。

9. 易切削结构钢（见表 12-32 和表 12-33）

表 12-32 易切削结构钢的牌号和化学成分（GB/T 8731—2008）

1. 硫系易切削结构钢的牌号和化学成分

牌号	化学成分(质量分数,%)				
	C	Si	Mn	P	S
Y08	≤0.09	≤0.15	0.75~1.05	0.04~0.09	0.26~0.35
Y12	0.08~0.16	0.15~0.35	0.70~1.00	0.08~0.15	0.10~0.20
Y15	0.10~0.18	≤0.15	0.80~1.20	0.06~0.10	0.23~0.33
Y20	0.17~0.25	0.15~0.35	0.70~1.00	≤0.06	0.08~0.15
Y30	0.27~0.35	0.15~0.35	0.70~1.00	≤0.06	0.08~0.15
Y35	0.32~0.40	0.15~0.35	0.70~1.00	≤0.06	0.08~0.15
Y45	0.42~0.50	≤0.40	0.70~1.10	≤0.06	0.15~0.25
Y08MnS	≤0.09	≤0.07	1.00~1.50	0.04~0.09	0.32~0.48
Y15Mn	0.14~0.20	≤0.15	1.00~1.50	0.04~0.09	0.08~0.13
Y35Mn	0.32~0.40	≤0.10	0.90~1.35	≤0.04	0.18~0.30
Y40Mn	0.37~0.45	0.15~0.35	1.20~1.55	≤0.05	0.20~0.30
Y45Mn	0.40~0.48	≤0.40	1.35~1.65	≤0.04	0.16~0.24
Y45MnS	0.40~0.48	≤0.40	1.35~1.65	≤0.04	0.24~0.33

2. 铅系易切削结构钢的牌号和化学成分

牌号	化学成分(质量分数,%)					
	C	Si	Mn	P	S	Pb
Y08Pb	≤0.09	≤0.15	0.72~1.05	0.04~0.09	0.26~0.35	0.15~0.35
Y12Pb	≤0.15	≤0.15	0.85~1.15	0.04~0.09	0.26~0.35	0.15~0.35
Y15Pb	0.10~0.18	≤0.15	0.80~1.20	0.05~0.10	0.23~0.33	0.15~0.35
Y45MnSPb	0.40~0.48	≤0.40	1.35~1.65	≤0.04	0.24~0.33	0.15~0.35

3. 锡系易切削结构钢的牌号和化学成分

牌号	化学成分(质量分数,%)					
	C	Si	Mn	P	S	Sn
Y08Sn	≤0.09	≤0.15	0.75~1.20	0.04~0.09	0.26~0.40	0.09~0.25
Y15Sn	0.13~0.18	≤0.15	0.40~0.70	0.03~0.07	≤0.05	0.09~0.25
Y45Sn	0.40~0.48	≤0.40	0.60~1.00	0.03~0.07	≤0.05	0.09~0.25
Y45MnSn	0.40~0.48	≤0.40	1.20~1.70	≤0.06	0.20~0.35	0.09~0.25

（续）

4. 钙系易切削结构钢的牌号和化学成分						
牌号	化学成分(质量分数,%)					
	C	Si	Mn	P	S	Ca
Y45Ca	0.42~0.50	0.20~0.40	0.60~0.90	≤0.04	0.04~0.08	0.002~0.006

注：Y45Ca 钢中残余元素镍、铬、铜的质量分数各不大于 0.25%，供热压力加工用时，铜的质量分数不大于 0.20%，供方能保证合格时可不做分析。

表 12-33 易切削结构钢的力学性能（GB/T 8731—2008）

1. 热轧状态硫系易切削钢条钢和盘条的力学性能				
牌号	力学性能			硬度 HBW ≤
	抗拉强度 R_m/MPa	断后伸长率 A(%) ≥	断面收缩率 Z(%) ≥	
Y08	360~570	25	40	163
Y12	390~540	22	36	170
Y15	390~540	22	36	170
Y20	450~600	20	30	175
Y30	510~655	15	25	187
Y35	510~655	14	22	187
Y45	560~800	12	20	229
Y08MnS	350~500	25	40	165
Y15Mn	390~540	22	36	170
Y35Mn	530~790	16	22	229
Y40Mn	590~850	14	20	229
Y45Mn	610~900	12	20	241
Y45MnS	610~900	12	20	241
2. 热轧状态铅系易切削钢条钢和盘条的力学性能				
牌号	力学性能			硬度 HBW ≤
	抗拉强度 R_m/MPa	断后伸长率 A(%) ≥	断面收缩率 Z(%) ≥	
Y08Pb	360~570	25	40	165
Y12Pb	360~570	22	36	170
Y15Pb	390~540	22	36	170
Y45MnSPb	610~900	12	20	241
3. 热轧状态锡系易切削钢条钢和盘条的力学性能				
牌号	力学性能			硬度 HBW ≤
	抗拉强度 R_m/MPa	断后伸长率 A(%) ≥	断面收缩率 Z(%) ≥	
Y08Sn	350~500	25	40	165
Y15Sn	390~540	22	36	165
Y45Sn	600~745	12	26	241
Y45MnSn	610~850	12	26	241
4. 热轧状态钙系易切削钢条钢和盘条的力学性能				
牌号	力学性能			硬度 HBW ≤
	抗拉强度 R_m/MPa	断后伸长率 A(%) ≥	断面收缩率 Z(%) ≥	
Y45Ca	600~745	12	26	241

5. 经热处理毛坯制成的 Y45Ca 试样的力学性能①					
牌号	力学性能				
	下屈服强度 R_{eL}/MPa	抗拉强度 R_m/MPa	断后伸长率 A(%)	断面收缩率 Z(%)	冲击吸收能量 KV_2/J
	≥				
Y45Ca	355	600	16	40	39

（续）

6. 冷拉状态硫系易切削钢条钢和盘条的力学性能

牌　　号	力学性能				硬度 HBW
	抗拉强度 R_m/MPa			断后伸长率 A（%）≥	
	钢材公称尺寸/mm				
	8~20	>20~30	>30		
Y08	480~810	460~710	360~710	7.0	140~217
Y12	530~755	510~735	490~685	7.0	152~217
Y15	530~755	510~735	490~685	7.0	152~217
Y20	570~785	530~745	510~705	7.0	167~217
Y30	600~825	560~765	540~735	6.0	174~223
Y35	625~845	590~785	570~765	6.0	176~229
Y45	695~980	655~880	580~880	6.0	196~255
Y08MnS	480~810	460~710	360~710	7.0	140~217
Y15Mn	530~755	510~735	490~685	7.0	152~217
Y45Mn	695~980	655~880	580~880	6.0	196~255
Y45MnS	695~980	655~880	580~880	6.0	196~255

7. 冷拉状态铅系易切削钢条钢和盘条的力学性能

牌　　号	力学性能				硬度 HBW
	抗拉强度 R_m/MPa			断后伸长率 A（%）≥	
	钢材公称尺寸/mm				
	8~20	>20~30	>30		
Y08Pb	480~810	460~710	360~710	7.0	140~217
Y12Pb	480~810	460~710	360~710	7.0	140~217
Y15Pb	530~755	510~735	490~685	7.0	152~217
Y45MnSPb	695~980	655~880	580~880	6.0	196~253

8. 冷拉状态锡系易切削钢条钢和盘条的力学性能

牌　　号	力学性能				硬度 HBW
	抗拉强度 R_m/MPa			断后伸长率 A（%）≥	
	钢材公称尺寸/mm				
	8~20	>20~30	>30		
Y08Sn	480~705	460~685	440~635	7.5	140~200
Y15Sn	530~755	510~735	490~685	7.0	152~217
Y45Sn	695~920	655~855	635~835	6.0	196~255
Y45MnSn	695~920	655~855	635~835	6.0	196~255

9. 冷拉状态钙系易切削钢条钢和盘条的力学性能

牌　　号	力学性能				硬度 HBW
	抗拉强度 R_m/MPa			断后伸长率 A（%）≥	
	钢材公称尺寸/mm				
	8~20	>20~30	>30		
Y45Ca	695~920	655~855	635~835	6.0	196~255

10. Y40Mn 冷拉条钢高温回火状态的力学性能

力学性能		硬度 HBW
抗拉强度 R_m/MPa	断后伸长率 A（%）	
590~785	≥17	179~229

① 热处理工艺：拉伸试样毛坯（直径为 25mm）正火处理，加热温度为 830~850℃，保温时间不小于 30min，冲击试样毛坯（直径为 15mm）调质处理，淬火温度为 840℃±20℃，回火温度为 600℃±20℃。

10. 弹簧钢（见表 12-34 和表 12-35）

表 12-34　弹簧钢的牌号和化学成分（GB/T 1222—2016）

序号	统一数字代号	牌号	化学成分(质量分数,%)											
			C	Si	Mn	Cr	V	W	Mo	B	Ni	Cu②	P	S
1	U20652	65	0.62~0.70	0.17~0.37	0.50~0.80	≤0.25	—	—	—	—	≤0.35	≤0.25	≤0.030	≤0.030
2	U20702	70	0.67~0.75	0.17~0.37	0.50~0.80	≤0.25	—	—	—	—	≤0.35	≤0.25	≤0.030	≤0.030
3	U20802	80	0.77~0.85	0.17~0.37	0.50~0.80	≤0.25	—	—	—	—	≤0.35	≤0.25	≤0.030	≤0.030
4	U20852	85	0.82~0.90	0.17~0.37	0.50~0.80	≤0.25	—	—	—	—	≤0.35	≤0.25	≤0.030	≤0.030
5	U21653	65Mn	0.62~0.70	0.17~0.37	0.90~1.20	≤0.25	—	—	—	—	≤0.35	≤0.25	≤0.030	≤0.030
6	U21702	70Mn	0.67~0.75	0.17~0.37	0.90~1.20	≤0.25	—	—	—	—	≤0.35	≤0.25	≤0.030	≤0.030
7	A76282	28SiMnB	0.24~0.32	0.60~1.00	1.20~1.60	≤0.25	—	—	—	0.0008~0.0035	≤0.35	≤0.25	≤0.025	≤0.020
8	A77406	40SiMnVBE①	0.39~0.42	0.90~1.35	1.20~1.55	—	0.09~0.12	—	—	0.0008~0.0025	≤0.35	≤0.25	≤0.020	≤0.012
9	A77552	55SiMnVB	0.52~0.60	0.70~1.00	1.00~1.30	≤0.35	0.08~0.16	—	—	0.0008~0.0035	≤0.35	≤0.25	≤0.025	≤0.020
10	A11383	38Si2	0.35~0.42	1.50~1.80	0.50~0.80	≤0.25	—	—	—	—	≤0.35	≤0.25	≤0.025	≤0.020
11	A11603	60Si2Mn	0.56~0.64	1.50~2.00	0.70~1.00	≤0.35	—	—	—	—	≤0.35	≤0.25	≤0.025	≤0.020
12	A22553	55CrMn	0.52~0.60	0.17~0.37	0.65~0.95	0.65~0.95	—	—	—	—	≤0.35	≤0.25	≤0.025	≤0.020
13	A22603	60CrMn	0.56~0.64	0.17~0.37	0.70~1.00	0.70~1.00	—	—	—	—	≤0.35	≤0.25	≤0.025	≤0.020
14	A22609	60CrMnB	0.56~0.64	0.17~0.37	0.70~1.00	0.70~1.00	—	—	—	0.0008~0.0035	≤0.35	≤0.25	≤0.025	≤0.020
15	A34603	60CrMnMo	0.56~0.64	0.17~0.37	0.70~1.00	0.70~1.00	—	—	0.25~0.35	—	≤0.35	≤0.25	≤0.025	≤0.020
16	A21553	55SiCr	0.51~0.59	1.20~1.60	0.50~0.80	0.50~0.80	—	—	—	—	≤0.35	≤0.25	≤0.025	≤0.020
17	A21603	60Si2Cr	0.56~0.64	1.40~1.80	0.40~0.70	0.70~1.00	—	—	—	—	≤0.35	≤0.25	≤0.025	≤0.020
18	A24563	56Si2MnCr	0.52~0.60	1.60~2.00	0.70~1.00	0.20~0.45	—	—	—	—	≤0.35	≤0.25	≤0.025	≤0.020
19	A45523	52SiCrMnNi	0.49~0.56	1.20~1.50	0.70~1.00	0.70~1.00	—	—	—	—	0.50~0.70	≤0.25	≤0.025	≤0.020
20	A28553	55SiCrV	0.51~0.59	1.20~1.60	0.50~0.80	0.50~0.80	0.10~0.20	—	—	—	≤0.35	≤0.25	≤0.025	≤0.020
21	A28603	60Si2CrV	0.56~0.64	1.40~1.80	0.40~0.70	0.90~1.20	0.10~0.20	—	—	—	≤0.35	≤0.25	≤0.025	≤0.020
22	A28600	60Si2MnCrV	0.56~0.64	1.50~2.00	0.70~1.00	0.20~0.40	0.10~0.20	—	—	—	≤0.35	≤0.25	≤0.025	≤0.020
23	A23503	50CrV	0.46~0.54	0.17~0.37	0.50~0.80	0.80~1.10	0.10~0.20	—	—	—	≤0.35	≤0.25	≤0.025	≤0.020
24	A25513	51CrMnV	0.47~0.55	0.17~0.37	0.70~1.10	0.90~1.20	0.10~0.25	—	—	—	≤0.35	≤0.25	≤0.025	≤0.020
25	A36523	52CrMnMoV	0.48~0.56	0.17~0.37	0.70~1.10	0.90~1.20	0.10~0.20	—	0.15~0.30	—	≤0.35	≤0.25	≤0.025	≤0.020
26	A27303	30W4Cr2V	0.26~0.34	0.17~0.37	≤0.40	2.00~2.50	0.50~0.80	4.00~4.50	—	—	≤0.35	≤0.25	≤0.025	≤0.020

① 40SiMnVBE 为专利牌号。

② 根据需方要求，并在合同中注明，钢中残余铜的质量分数可不大于 0.20%。

表 12-35　弹簧钢的热处理制度及力学性能（GB/T 1222—2016）

序号	牌号	热处理制度[①]			力学性能 ≥				
		淬火温度/℃	淬火冷却介质	回火温度/℃	抗拉强度 R_m/MPa	下屈服强度 R_{eL}[②]/MPa	断后伸长率		断面收缩率 Z(%)
							A(%)	$A_{11.3}$(%)	
1	65	840	油	500	980	785	—	9.0	35
2	70	830	油	480	1030	835	—	8.0	30
3	80	820	油	480	1080	930	—	6.0	30
4	85	820	油	480	1130	980	—	6.0	30
5	65Mn	830	油	540	980	785	—	8.0	30
6	70Mn	③	—	—	785	450	8.0	—	30
7	28SiMnB	900	水或油	320	1275	1180	—	5.0	25
8	40SiMnVBE	880	油	320	1800	1680	9.0	—	40
9	55SiMnVB	860	油	460	1375	1225	—	5.0	30
10	38Si2	880	水	450	1300	1150	8.0	—	35
11	60Si2Mn	870	油	440	1570	1375	—	5.0	20
12	55CrMn	840	油	485	1225	1080	9.0	—	20
13	60CrMn	840	油	490	1225	1080	9.0	—	20
14	60CrMnB	840	油	490	1225	1080	9.0	—	20
15	60CrMnMo	860	油	450	1450	1300	6.0	—	30
16	55SiCr	860	油	450	1450	1300	6.0	—	25
17	60Si2Cr	870	油	420	1765	1570	6.0	—	20
18	56Si2MnCr	860	油	450	1500	1350	6.0	—	25
19	52SiCrMnNi	860	油	450	1450	1300	6.0	—	35
20	55SiCrV	860	油	400	1650	1600	5.0	—	35
21	60Si2CrV	850	油	410	1860	1665	6.0	—	20
22	60Si2MnCrV	860	油	400	1700	1650	5.0	—	30
23	50CrV	850	油	500	1275	1130	10.0	—	40
24	51CrMnV	850	油	450	1350	1200	6.0	—	30
25	52CrMnMoV	860	油	450	1450	1300	6.0	—	35
26	30W4Cr2V[④]	1075	油	600	1470	1325	7.0	—	40

注：1. 力学性能试验采用直径 10mm 的比例试样，推荐取留有少许加工余量的试样毛坯（一般尺寸为 11～12mm）。

2. 对于直径或边长小于 11mm 的棒材，用原尺寸钢材进行热处理。

3. 对于厚度小于 11mm 的扁钢，允许采用矩形试样。当采用矩形试样时，断面收缩率不作为验收条件。

① 表中热处理温度允许调整范围为：淬火，±20℃；回火，±50℃（28MnSiB 钢±30℃）。根据需方要求，其他钢回火可按±30℃进行。

② 当检测钢材屈服现象不明显时，可用 $R_{p0.2}$ 代替 R_{eL}。

③ 70Mn 的推荐热处理制度为：正火 790℃，允许调整范围为±30℃。

④ 30W4Cr2V 除抗拉强度外，其他力学性能检验结果供参考，不作为交货依据。

11. 冷镦和冷挤压用钢（见表 12-36～表 12-38）

表 12-36　冷镦和冷挤压用钢的牌号和化学成分（GB/T 6478—2015）

1. 非热处理型冷镦和冷挤压用钢								
序号	统一数字代号	牌号	化学成分(质量分数,%)					
			C	Si	Mn	P	S	Alt[①]
1-1	U40048	ML04Al	≤0.06	≤0.10	0.20～0.40	≤0.035	≤0.035	≥0.020
1-2	U40068	ML06Al	≤0.08	≤0.10	0.30～0.60	≤0.035	≤0.035	≥0.020
1-3	U40088	ML08Al	0.05～0.10	≤0.10	0.30～0.60	≤0.035	≤0.035	≥0.020
1-4	U40108	ML10Al	0.08～0.13	≤0.10	0.30～0.60	≤0.035	≤0.035	≥0.020
1-5	U40102	ML10	0.08～0.13	0.10～0.30	0.30～0.60	≤0.035	≤0.035	—
1-6	U40128	ML12Al	0.10～0.15	≤0.10	0.30～0.60	≤0.035	≤0.035	≥0.020
1-7	U40122	ML12	0.10～0.15	0.10～0.30	0.30～0.60	≤0.035	≤0.035	—

（续）

1. 非热处理型冷镦和冷挤压用钢

序号	统一数字代号	牌号	化学成分（质量分数，%）					
			C	Si	Mn	P	S	Alt①
1-8	U40158	ML15Al	0.13~0.18	≤0.10	0.30~0.60	≤0.035	≤0.035	≥0.020
1-9	U40152	ML15	0.13~0.18	0.10~0.30	0.30~0.60	≤0.035	≤0.035	—
1-10	U40208	ML20Al	0.18~0.23	≤0.10	0.30~0.60	≤0.035	≤0.035	≥0.020
1-11	U40202	ML20	0.18~0.23	0.10~0.30	0.30~0.60	≤0.035	≤0.035	—

2. 表面硬化型冷镦和冷挤压用钢

序号	统一数字代号	牌号	化学成分（质量分数，%）						
			C	Si	Mn	P	S	Cr	Alt①
2-1	U41188	ML18Mn	0.15~0.20	≤0.10	0.60~0.90	≤0.030	≤0.035	—	≥0.020
2-2	U41208	ML20Mn	0.18~0.23	≤0.10	0.70~1.00	≤0.030	≤0.035	—	≥0.020
2-3	A20154	ML15Cr	0.13~0.18	0.10~0.30	0.60~0.90	≤0.035	≤0.035	0.90~1.20	≥0.020
2-4	A20204	ML20Cr	0.18~0.23	0.10~0.30	0.60~0.90	≤0.035	≤0.035	0.90~1.20	≥0.020

序号 1-4~1-11 八个牌号也适于表面硬化型钢

3. 调质型冷镦和冷挤压用钢

序号	统一数字代号	牌号	化学成分（质量分数，%）						
			C	Si	Mn	P	S	Cr	Mo
3-1	U40252	ML25	0.23~0.28	0.10~0.30	0.30~0.60	≤0.025	≤0.025	—	—
3-2	U40302	ML30	0.28~0.33	0.10~0.30	0.60~0.90	≤0.025	≤0.025	—	—
3-3	U40352	ML35	0.33~0.38	0.10~0.30	0.60~0.90	≤0.025	≤0.025	—	—
3-4	U40402	ML40	0.38~0.43	0.10~0.30	0.60~0.90	≤0.025	≤0.025	—	—
3-5	U40452	ML45	0.43~0.48	0.10~0.30	0.60~0.90	≤0.025	≤0.025	—	—
3-6	L20151	ML15Mn	0.14~0.20	0.10~0.30	1.20~1.60	≤0.025	≤0.025	—	—
3-7	U41252	ML25Mn	0.23~0.28	0.10~0.30	0.60~0.90	≤0.025	≤0.025	—	—
3-8	A20304	ML30Cr	0.28~0.33	0.10~0.30	0.60~0.90	≤0.025	≤0.025	0.90~1.20	—
3-9	A20354	ML35Cr	0.33~0.38	0.10~0.30	0.60~0.90	≤0.025	≤0.025	0.90~1.20	—
3-10	A20404	ML40Cr	0.38~0.43	0.10~0.30	0.60~0.90	≤0.025	≤0.025	0.90~1.20	—
3-11	A20454	ML45Cr	0.43~0.48	0.10~0.30	0.60~0.90	≤0.025	≤0.025	0.90~1.20	—
3-12	A30204	ML20CrMo	0.18~0.23	0.10~0.30	0.60~0.90	≤0.025	≤0.025	0.90~1.20	0.15~0.30
3-13	A30254	ML25CrMo	0.23~0.28	0.10~0.30	0.60~0.90	≤0.025	≤0.025	0.90~1.20	0.15~0.30
3-14	A30304	ML30CrMo	0.28~0.33	0.10~0.30	0.60~0.90	≤0.025	≤0.025	0.90~1.20	0.15~0.30
3-15	A30354	ML35CrMo	0.33~0.38	0.10~0.30	0.60~0.90	≤0.025	≤0.025	0.90~1.20	0.15~0.30
3-16	A30404	ML40CrMo	0.38~0.43	0.10~0.30	0.60~0.90	≤0.025	≤0.025	0.90~1.20	0.15~0.30
3-17	A30454	ML45CrMo	0.43~0.48	0.10~0.30	0.60~0.90	≤0.025	≤0.025	0.90~1.20	0.15~0.30

4. 含硼调质型冷镦和冷挤压用钢

<table>
<tr><th rowspan="2">序号</th><th rowspan="2">统一数字代号</th><th rowspan="2">牌号</th><th colspan="8">化学成分（质量分数，%）</th></tr>
<tr><th>C</th><th>Si②</th><th>Mn</th><th>P</th><th>S</th><th>B③</th><th>Alt①</th><th>其他</th></tr>
<tr><td>4-1</td><td>A70204</td><td>ML20B</td><td>0.18~0.23</td><td>0.10~0.30</td><td>0.60~0.90</td><td rowspan="12">≤0.025</td><td rowspan="12">≤0.025</td><td rowspan="12">0.0008~0.0035</td><td rowspan="12">≥0.020</td><td>—</td></tr>
<tr><td>4-2</td><td>A70254</td><td>ML25B</td><td>0.23~0.28</td><td>0.10~0.30</td><td>0.60~0.90</td><td>—</td></tr>
<tr><td>4-3</td><td>A70304</td><td>ML30B</td><td>0.28~0.33</td><td>0.10~0.30</td><td>0.60~0.90</td><td>—</td></tr>
<tr><td>4-4</td><td>A70354</td><td>ML35B</td><td>0.33~0.38</td><td>0.10~0.30</td><td>0.60~0.90</td><td>—</td></tr>
<tr><td>4-5</td><td>A71154</td><td>ML15MnB</td><td>0.14~0.20</td><td>0.10~0.30</td><td>1.20~1.60</td><td>—</td></tr>
<tr><td>4-6</td><td>A71204</td><td>ML20MnB</td><td>0.18~0.23</td><td>0.10~0.30</td><td>0.80~1.10</td><td>—</td></tr>
<tr><td>4-7</td><td>A71254</td><td>ML25MnB</td><td>0.23~0.28</td><td>0.10~0.30</td><td>0.90~1.20</td><td>—</td></tr>
<tr><td>4-8</td><td>A71304</td><td>ML30MnB</td><td>0.28~0.33</td><td>0.10~0.30</td><td>0.90~1.20</td><td>—</td></tr>
<tr><td>4-9</td><td>A71354</td><td>ML35MnB</td><td>0.33~0.38</td><td>0.10~0.30</td><td>1.10~1.40</td><td>—</td></tr>
<tr><td>4-10</td><td>A71404</td><td>ML40MnB</td><td>0.38~0.43</td><td>0.10~0.30</td><td>1.10~1.40</td><td>—</td></tr>
<tr><td>4-11</td><td>A20374</td><td>ML37CrB</td><td>0.34~0.41</td><td>0.10~0.30</td><td>0.50~0.80</td><td>Cr:0.20~0.40</td></tr>
<tr><td>4-12</td><td>A73154</td><td>ML15MnVB</td><td>0.13~0.18</td><td>0.10~0.30</td><td>1.20~1.60</td><td>V:0.07~0.12</td></tr>
<tr><td>4-13</td><td>A73204</td><td>ML20MnVB</td><td>0.18~0.23</td><td>0.10~0.30</td><td>1.20~1.60</td><td rowspan="2">≤0.025</td><td rowspan="2">≤0.025</td><td rowspan="2">0.0008~0.0035</td><td rowspan="2">≥0.020</td><td>V:0.07~0.12</td></tr>
<tr><td>4-14</td><td>A74204</td><td>ML20MnTiB</td><td>0.18~0.23</td><td>0.10~0.30</td><td>1.30~1.60</td><td>Ti:0.04~0.10</td></tr>
</table>

（续）

5. 非调质型冷镦和冷挤压用钢									
序号	统一数字代号	牌号	化学成分（质量分数，%）						
			C	Si	Mn	P	S	Nb	V
5-1	L27208	MFT8	0.16~0.26	≤0.30	1.20~1.60	≤0.025	≤0.015	≤0.10	≤0.08
5-2	L27228	MFT9	0.18~0.26	≤0.30	1.20~1.60	≤0.025	≤0.015	≤0.10	≤0.08
5-3	L27128	MFT10	0.08~0.14	0.20~0.35	1.90~2.30	≤0.025	≤0.015	≤0.20	≤0.10

注：根据不同强度级别和不同规格的需求，可添加 Cr、B 等其他元素。

① 当测定酸溶铝 Als 时，w(Als)≥0.015%。

② 经供需双方协商，硅的质量分数下限可低于 0.10%。

③ 如果淬透性和力学性能能满足要求，硼的质量分数下限可放宽到 0.0005%。

表 12-37 交货态的冷镦和冷挤压用钢的力学性能（GB/T 6478—2015）

1. 热轧状态交货的非热处理型钢			
统一数字代号	牌号	抗拉强度 R_m/MPa ≤	断面收缩率 Z(%) ≥
U40048	ML04Al	440	60
U40088	ML08Al	470	60
U40108	ML10Al	490	55
U40158	ML15Al	530	50
U40152	ML15	530	50
U40208	ML20Al	580	45
U40202	ML20	580	45
表中未列牌号钢材的力学性能按供需双方协议。未规定时，供方报实测值，并在质量证明书中注明			

2. 退火状态交货的表面硬化型和调质型钢				
类型	统一数字代号	牌号	抗拉强度 R_m/MPa ≤	断面收缩率 Z(%) ≥
表面硬化型	U40108	ML10Al	450	65
	U40158	ML15Al	470	64
	U40152	ML15	470	64
	U40208	ML20Al	490	63
	U40202	ML20	490	63
	A20204	ML20Cr	560	60
调质型	U40302	ML30	550	59
	U40352	ML35	560	58
	U41252	ML25Mn	540	60
	A20354	ML35Cr	600	60
	A20404	ML40Cr	620	58
含硼调质型	A70204	ML20B	500	64
	A70304	ML30B	530	62
	A70354	ML35B	570	62
	A71204	ML20MnB	520	62
	A71354	ML35MnB	600	60
	A20374	ML37CrB	600	60
表中未列牌号钢材的力学性能按供需双方协议。未规定时，供方报实测值，并在质量证明书中注明 钢材直径大于 12mm 时，断面收缩率可降低 2%（绝对值）				

3. 热轧状态交货的非调质型钢				
统一数字代号	牌号	抗拉强度 R_m/MPa	断后伸长率 A(%) ≥	断面收缩率 Z(%) ≥
L27208	MFT8	630~700	20	52
L27228	MFT9	680~750	18	50
L27128	MFT10	≥800	16	48

表 12-38　冷镦和冷挤压用钢推荐的热处理工艺及热处理试样的力学性能（GB/T 6478—2015）

1. 表面硬化型钢

统一数字代号	牌号①	渗碳温度②/℃	直接淬火温度/℃	双重淬火温度/℃		回火温度③/℃	规定塑性延伸强度 $R_{p0.2}$/MPa ≥	抗拉强度 R_m/MPa	断后伸长率 A(%) ≥	热轧状态布氏硬度 HBW ≤
				心部淬硬	表面淬硬					
U40108	ML10Al	880~980	830~870	880~920	780~820	150~200	250	400~700	15	137
U40158	ML15Al	880~980	830~870	880~920	780~820	150~200	260	450~750	14	143
U40152	ML15	880~980	830~870	880~920	780~820	150~200	260	450~750	14	—
U40208	ML20Al	880~980	830~870	880~920	780~820	150~200	320	520~820	11	156
U40202	ML20	880~980	830~870	880~920	780~820	150~200	320	520~820	11	—
A20204	ML20Cr	880~980	820~860	860~900	780~820	150~200	490	750~1100	9	—

1）试样毛坯直径为 25mm；公称直径小于 25mm 的钢材，按钢材实际尺寸
2）表中给出的温度只是推荐值。实际选择的温度应以性能达到要求为准
3）淬火冷却介质的种类取决于产品形状、冷却条件和炉子装料的数量

2. 调质型钢材（包括含硼钢）

统一数字代号	牌号①	正火温度/℃	淬火温度/℃	淬火冷却介质④	回火温度⑤/℃	规定塑性延伸强度 $R_{p0.2}$/MPa	抗拉强度 R_m/MPa	断后伸长率 A（%）	断面收缩率 Z（%）	热轧状态布氏硬度 HBW
						≥				≤
U40252	ML25	Ac_3+30~50	—	—	—	275	450	23	50	170
U40302	ML30	Ac_3+30~50	—	—	—	295	490	21	50	179
U40352	ML35	Ac_3+30~50	—	—	—	430	630	17	—	187
U40402	ML40	Ac_3+30~50	—	—	—	335	570	19	45	217
U40452	ML45	Ac_3+30~50	—	—	—	355	600	16	40	229
L20151	ML15Mn	—	880~900	水	180~220	705	880	9	40	—
U41252	ML25Mn	Ac_3+30~50	—	—	—	275	450	23	50	170
A20354	ML35Cr	—	830~870	水或油	540~680	630	850	14	—	—
A20404	ML40Cr	—	820~860	油或水	540~680	660	900	11	—	—
A30304	ML30CrMo	—	860~890	水或油	490~590	785	930	12	50	—
A30354	ML35CrMo	—	830~870	油	500~600	835	980	12	45	—
A30404	ML40CrMo	—	830~870	油	500~600	930	1080	12	45	—
A70204	ML20B	880~910	860~890	水或油	550~660	400	550	16	—	—
A70304	ML30B	870~900	850~890	水或油	550~660	480	630	14	—	—
A70354	ML35B	860~890	840~880	水或油	550~660	500	650	14	—	—
A71154	ML15MnB	—	860~890	水	200~240	930	1130	9	45	—
A71204	ML20MnB	880~910	860~890	水或油	550~660	500	650	14	—	—
A71354	ML35MnB	860~890	840~880	油	550~660	650	800	12	—	—
A73154	ML15MnVB	—	860~900	油	340~380	720	900	10	45	207
A73204	ML20MnVB	—	860~900	油	370~410	940	1040	9	45	—
A74204	ML20MnTiB	—	840~880	油	180~220	930	1130	10	45	—
A20374	ML37CrB	855~885	835~875	水或油	550~660	600	750	12	—	—

1）试样的热处理毛坯直径为 25mm。公称直径小于 25mm 的钢材，按钢材实际尺寸
2）奥氏体化时间不少于 0.5h，回火时间不少于 1h

① 表中未列牌号，供方报实测值，并在质量证明书中注明。

② 渗碳温度取决于钢的化学成分和渗碳介质。一般情况下，如果钢直接淬火，不宜超过 950℃。

③ 回火时间，推荐为最少 1h。

④ 选择淬火冷却介质时，宜考虑其他参数（形状、尺寸和淬火温度等）对性能和裂纹敏感性的影响，其他的淬火冷却介质（如合成淬火剂）也可以使用。

⑤ 标准件行业按 GB/T 3098.1—2010 的规定，回火温度范围是 380~425℃。在这种条件下的力学性能值与表中的数值有较大的差异。

12. **滚动轴承钢**（见表 12-39～表 12-41）

表 12-39　滚动轴承钢的牌号和化学成分

1. 碳素轴承钢（GB/T 28417—2012）

牌号	化学成分（质量分数，%）										
	C	Si	Mn	S	P	Cr	Ni	Mo	Cu	Al	O
G55	0.52～0.60	0.15～0.35	0.60～0.90	≤0.015	≤0.025	≤0.20	≤0.20	≤0.10	≤0.30	≤0.050	≤0.0012
G55Mn	0.52～0.60	0.15～0.35	0.90～1.20								
G70Mn	0.65～0.75	0.15～0.35	0.80～1.10								

牌号	化学成分（质量分数，%）					
	Ti	Ca	Pb	Sn	Sb	As
G55、G55Mn、G70Mn	≤0.0030	≤0.0010	≤0.002	≤0.030	≤0.005	≤0.040

2. 渗碳轴承钢（GB/T 3203—2016）

牌号	化学成分（质量分数，%）						
	C	Si	Mn	Cr	Ni	Mo	Cu
G20CrMo	0.17～0.23	0.20～0.35	0.65～0.95	0.35～0.65	≤0.30	0.08～0.15	≤0.25
G20CrNiMo	0.17～0.23	0.15～0.40	0.60～0.90	0.35～0.65	0.40～0.70	0.15～0.30	≤0.25
G20CrNi2Mo	0.19～0.23	0.25～0.40	0.55～0.70	0.45～0.65	1.60～2.00	0.20～0.30	≤0.25
G20Cr2Ni4	0.17～0.23	0.15～0.40	0.30～0.60	1.25～1.75	3.25～3.75	≤0.08	≤0.25
G10CrNi3Mo	0.08～0.13	0.15～0.40	0.40～0.70	1.00～1.40	3.00～3.50	0.08～0.15	≤0.25
G20Cr2Mn2Mo	0.17～0.23	0.15～0.40	1.30～1.60	1.70～2.00	≤0.30	0.20～0.30	≤0.25
G23Cr2Ni2Si1Mo	0.20～0.25	1.20～1.50	0.20～0.40	1.35～1.75	2.20～2.60	0.25～0.35	≤0.25

钢中残余元素含量（质量分数，%）					
P	S	Al	Ca	Ti	H
≤					
0.020	0.015	0.050	0.0010	0.0050	0.0002

3. 高碳铬轴承钢（GB/T 18254—2016）

统一数字代号	牌号	化学成分（质量分数，%）				
		C	Si	Mn	Cr	Mo
B00151	G8Cr15	0.75～0.85	0.15～0.35	0.20～0.40	1.30～1.65	≤0.10
B00150	GCr15	0.95～1.05	0.15～0.35	0.25～0.45	1.40～1.65	≤0.10
B01150	GCr15SiMn	0.95～1.05	0.45～0.75	0.95～1.25	1.40～1.65	≤0.10
B03150	GCr15SiMo	0.95～1.05	0.65～0.85	0.20～0.40	1.40～1.70	0.30～0.40
B02180	GCr18Mo	0.95～1.05	0.20～0.40	0.25～0.40	1.65～1.95	0.15～0.25

冶金质量	钢中残余元素含量（质量分数，%）										
	Ni	Cu	P	S	Ca	O	Ti	Al	As	As+Sn+Sb	Pb
	≤										
优质钢	0.25	0.25	0.025	0.020	—	0.0012	0.0050	0.050	0.04	0.075	0.002
高级优质钢	0.25	0.25	0.020	0.020	0.0010	0.0009	0.0030	0.050	0.04	0.075	0.002
特级优质钢	0.25	0.25	0.015	0.015	0.0010	0.0006	0.0015	0.050	0.04	0.075	0.002

1）氧含量在钢坯或钢材上测定

2）牌号 GCr15SiMn、GCr15SiMo、GCr18Mo 允许在三个等级基础上增加 0.0005%（质量分数）

4. 高碳铬不锈轴承钢（GB/T 3086—2019）

统一数字代号	牌号	化学成分（质量分数，%）							
		C	Si	Mn	P	S	Cr	Mo	Ni	Cu
B21890	G95Cr18	0.90～1.00	≤0.80	≤0.80	≤0.035	≤0.020	17.0～19.0	—	≤0.25	≤0.25
B21410	G65Cr14Mo	0.60～0.70	≤0.80	≤0.80	≤0.035	≤0.020	13.0～15.0	0.50～0.80	≤0.25	≤0.25
B21810	G102Cr18Mo	0.95～1.10	≤0.80	≤0.80	≤0.035	≤0.020	16.0～18.0	0.40～0.70	≤0.25	≤0.25

（续）

5. 高淬透性高碳铬轴承钢（YB/T 4826—2020）						
统一数字代号	牌号	化学成分（质量分数，%）				
		C	Si	Mn	Cr	Mo
B01110	GCr11SiMn	0.93～1.05	0.50～0.75	0.90～1.20	0.95～1.20	≤0.10
B01150	GCr15SiMn	0.93～1.05	0.50～0.75	1.00～1.20	1.40～1.65	≤0.10
B01151	GCr15SiMn2	0.95～1.05	0.50～0.75	1.40～1.70	1.40～1.65	≤0.10
B03150	GCr15SiMo	0.93～1.05	0.65～0.85	0.20～0.40	1.45～1.70	0.30～0.40
B03151	GCr15Si1Mo	0.93～1.05	1.25～1.50	0.20～0.40	1.45～1.70	0.30～0.40
B02180	GCr18Mo	0.93～1.05	0.20～0.40	0.25～0.40	1.70～1.95	0.15～0.25
B02181	GCr18MnMo	0.93～1.05	0.20～0.45	0.60～0.80	1.70～1.95	0.25～0.35
B02182	GCr18MnMo1	0.93～1.05	0.15～0.35	0.60～0.80	1.70～1.95	0.40～0.50
B04190	GCr19SiMnMo	0.93～1.05	0.40～0.60	0.80～1.10	1.80～2.05	0.50～0.60
B05040	G66Mn3CrNb	0.62～0.70	0.25～0.45	2.90～3.50	0.30～0.50	≤0.10

G66Mn3CrNb 中 Nb 的质量分数为 0.02%～0.04%

冶金质量	钢中残余元素含量（质量分数，%）									
	Ni	Cu	P	S	Ca	O	Ti	Al	As	As+Sn+Sb	Pb
	≤										
优质钢	0.25	0.25	0.025	0.015	—	0.0012	0.0055	0.050	0.04	0.075	0.002
高级优质钢	0.25	0.25	0.020	0.015	0.0010	0.0009	0.0035	0.050	0.04	0.075	0.002
特级优质钢	0.25	0.25	0.015	0.015	0.0010	0.0006	0.0020	0.050	0.04	0.075	0.002

氧含量在钢坯或钢材上测定

6. 高温轴承钢（GB/T 38886—2020）												
统一数字代号	牌号	化学成分（质量分数，%）										
		C	Mn	Si	Cr	Mo	V	W	P	S	Ni	Cu	Co
B24000	GW9Cr4V2Mo	0.70～0.80	≤0.40	≤0.40	3.80～4.40	0.20～0.80	1.30～1.70	8.50～10.00	≤0.025	≤0.015	≤0.25	≤0.20	
B25000	GW18Cr5V	0.70～0.80	≤0.40	0.15～0.35	4.00～5.00	≤0.80	1.00～1.50	17.50～19.00	≤0.025	≤0.015	≤0.25	≤0.20	
B24040	GCr4Mo4V	0.75～0.85	≤0.35	≤0.35	3.75～4.25	4.00～4.50	0.90～1.10	≤0.25	≤0.025	≤0.015	≤0.25	≤0.20	≤0.25
B24050	GW6Mo5Cr4V2	0.80～0.90	0.15～0.40	≤0.45	3.80～4.40	4.50～5.50	1.75～2.20	5.50～6.75	≤0.025	≤0.015	≤0.25	≤0.20	
B24090	GW2Mo9Cr4VCo8	1.05～1.15	0.15～0.40	≤0.65	3.50～4.25	9.00～10.00	0.95～1.35	1.15～1.85	≤0.025	≤0.015	≤0.25	≤0.20	7.75～8.75

钢中 Sn、As、Sb、Pb、Ti、Al、Ca 元素含量报实测值。

7. 高温渗碳轴承钢（GB/T 38936—2020）												
统一数字代号	牌号	化学成分（质量分数，%）										
		C	Si	Mn	Cr	Ni	Mo	V	W	P	S	Cu	Co
B24041	G13Cr4Mo4Ni4V	0.11～0.15	0.10～0.25	0.15～0.35	4.00～4.25	3.20～3.60	4.00～4.50	1.13～1.33	≤0.15	≤0.015	≤0.010	≤0.10	≤0.25
B23000	G20W10Cr3NiV	0.17～0.22	≤0.35	0.20～0.40	2.75～3.25	0.50～0.90	≤0.15	0.35～0.50	9.50～10.50	≤0.015	≤0.010	≤0.10	≤0.25

8. 高温不锈轴承钢（GB/T 38884—2020）											
统一数字代号	牌号	化学成分（质量分数，%）									
		C	Si	Mn	P	S	Cr	Mo	V	Ni	Cu
B21440	G105Cr14Mo4	1.00～1.10	0.20～0.80	0.30～0.80	≤0.015	≤0.010	13.00～15.00	3.75～4.25	≤0.20	≤0.25	≤0.20
B21441	G115Cr14Mo4V	1.10～1.20	0.20～0.40	0.30～0.60	≤0.015	≤0.010	14.00～15.00	3.75～4.25	1.10～1.30	≤0.25	≤0.20

表 12-40　滚动轴承钢的力学性能要求

1. 渗碳轴承钢(GB/T 3203—2016)

牌号	毛坯直径/mm	淬火			回火		力学性能			
		温度/℃		冷却介质	温度/℃	冷却介质	抗拉强度 R_m/MPa	断后伸长率 A(%)	断面收缩率 Z(%)	冲击吸收能量 KU_2/J
		一次	二次				≥			
G20CrMo	15	860～900	770～810	油	150～200	空气	880	12	45	63
G20CrNiMo	15	860～900	770～810		150～200		1180	9	45	63
G20CrNi2Mo	25	860～900	780～820		150～200		980	13	45	63
G20Cr2Ni4	15	850～890	770～810		150～200		1180	10	45	63
G10CrNi3Mo	15	860～900	770～810		180～200		1080	9	45	63
G20Cr2Mn2Mo	15	860～900	790～830		180～200		1280	9	40	55
G23Cr2Ni2Si1Mo	15	860～900	790～830		150～200		1180	10	40	55

表中所列力学性能适用于公称直径小于或等于 80mm 的钢材。公称直径为 81～100mm 的钢材,允许其断后伸长率、断面收缩率及冲击吸收能量较表中的规定分别降低 1%(绝对值)、5%(绝对值)及 5%;公称直径为 101～150mm 的钢材,允许其断后伸长率、断面收缩率及冲击吸收能量较表中的规定分别降低 3%(绝对值)、15%(绝对值)及 15%;公称直径大于 150mm 的钢材,其力学性能指标由供需双方协商

2. 高碳铬轴承钢(GB/T 18254—2002)

统一数字代号	牌号	球化退火硬度　HBW	软化退火硬度　HBW　≤
B00151	G8Cr15	179～207	245
B00150	GCr15	179～207	
B01150	GCr15SiMn	179～217	
B03150	GCr15SiMo	179～217	
B02180	GCr18Mo	179～207	

3. 高碳铬不锈轴承钢(GB/T 3086—2019)

牌号	退火硬度　HBW(公称直径>16mm)	退火状态抗拉强度 R_m/MPa(公称直径≤16mm)
G95Cr18、G65Cr14Mo、G102Cr18Mo	197～255	590～835

磨光状态钢材力学性能允许比退火状态波动+10%

4. 高淬透性高碳铬轴承钢(YB/T 4826—2020)

统一数字代号	牌号	球化退火硬度　HBW	软化退火硬度　HBW　≤
B01110	GCr11SiMn	179～217	245
B01150	GCr15SiMn	179～217	245
B01151	GCr15SiMn2	179～217	245
B03150	GCr15SiMo	179～217	245
B03151	GCr15Si1Mo	179～217	245
B02180	GCr18Mo	179～217	245
B02181	GCr18MnMo	179～230	260
B02182	GCr18MnMo1	179～230	260
B04190	GCr19SiMnMo	179～230	260
B05040	G66Cr4Mn3Nb	—	280

5. 高温轴承钢(GB/T 38886—2020)

统一数字代号	牌号	交货硬度　HBW	抗拉强度 R_m/MPa(公称直径≤10mm)
B24000	GW9Cr4V2Mo	≤260	≤910
B25000	GW18Cr5V	≤269	≤950
B24040	GCr4Mo4V	197～241	650～850
B24050	GW6Mo5Cr4V2	≤255	≤890
B24090	GW2Mo9Cr4VCo8	≤269	≤950

GCr4Mo4V 用作滚动体时应检验试样的淬、回火硬度,淬、回火硬度值应不小于 61HRC。试样热工艺为:淬火温度 1090℃±10℃,油冷或空冷;回火温度 540℃±10℃,保温 2h,回火 3 次

（续）

6. 高温渗碳轴承钢（GB/T 38936—2020）		
统一数字代号	牌号	退火硬度　HBW
B24041	G13Cr4Mo4Ni4V	≤269
B23000	G20W10Cr3NiV	

7. 高温不锈轴承钢（GB/T 38884—2020）			
牌号	退火硬度　HBW（公称直径>16mm）	抗拉强度 R_m/MPa（公称直径≤16mm）	
		退火状态	磨光、剥皮和冷拉状态
G105Cr14Mo4	≤255	≤835	≤918
G115Cr14Mo4V	≤269	≤869	≤956

表 12-41　滚动轴承钢的力学性能参考数据

牌　号	试样毛坯直径/mm	热处理工艺	R_m	R_{eL}	A	Z	a_K/(J/cm²)	HBW	σ_{bb}/MPa	f/mm
			MPa		(%)					
G8Cr15		790℃退火	633		30.2	69.3		197~207		
		正火	863	515	18.0	59.0	30	249		
		830~850℃油淬，150~160℃回火						61~64HRC		
GCr15		770~780℃退火	588~716	353~412	15~25	25~59	44~88	179~207		
		900℃正火	1186~1199					76.5	39HRC	
		830~845℃油淬，150~160℃回火 2~2.5h						5.4~8.4	61~65HRC	
GCr15SiMn		退火	721		12.7	57		170~207		
		830℃油淬,500℃回火 2h	1427				21.7		39HRC	
		830℃油淬，180℃回火 1.5h							62HRC	2726
G20CrNi2Mo	25	(880±20)℃、(810±20)℃油淬，150~200℃回火空冷	≥981		≥13	≥45	≥78.5			
G10CrNi3Mo	15	(880±20)℃、(790±20)℃油淬，180~200℃回火空冷	≥1079		≥9	≥45	≥78.5			
G20Cr2Ni4	15	(870±20)℃、(790±20)℃油淬，150~200℃回火空冷	≥1177		≥10	≥45	≥78.5			
		940℃渗碳，780℃油淬，150℃回火	表面硬度 62HRC，心部硬度 42.5HRC，渗碳层深 2.2mm						2614	3.08
		940℃渗碳，800℃油淬，150℃回火	表面硬度 62HRC，心部硬度 43HRC，渗碳层深 2.3mm						2710	3.22
G20Cr2Mn2Mo	15	(880±20)℃、(810±20)℃油淬，180~200℃回火空冷	≥1273		≥9	≥40	≥68.7			
		940℃渗碳，800℃油淬，150℃回火	表面硬度 62HRC，心部硬度 41.5HRC，渗碳层深 2.3mm						2352	2.67
		940℃渗碳，820℃油淬，150℃回火	表面硬度 63HRC，心部硬度 42HRC，渗碳层深 2.3mm						2437	2.99
G95Cr18		850℃退火	745		14	27.5	15.7	≤255		
G102Cr18Mo		1060℃油淬，150℃回火						39.2	61HRC	
GCr4Mo4V		退火	696~726		20.5~26	44.5~55.0	19.6~39.2	187~207		

13. **工模具钢**（见表 12-42 和表 12-43）

表 12-42　工模具钢的牌号和化学成分（GB/T 1299—2014）

1. 刃具模具用非合金钢

序号	统一数字代号	牌号	化学成分(质量分数,%)		
			C	Si	Mn
1-1	T00070	T7	0.65~0.74	≤0.35	≤0.40
1-2	T00080	T8	0.75~0.84	≤0.35	≤0.40
1-3	T01080	T8Mn	0.80~0.90	≤0.35	0.40~0.60
1-4	T00090	T9	0.85~0.94	≤0.35	≤0.40
1-5	T00100	T10	0.95~1.04	≤0.35	≤0.40
1-6	T00110	T11	1.05~1.14	≤0.35	≤0.40
1-7	T00120	T12	1.15~1.24	≤0.35	≤0.40
1-8	T00130	T13	1.25~1.35	≤0.35	≤0.40

2. 量具刃具用钢

序号	统一数字代号	牌号	化学成分(质量分数,%)				
			C	Si	Mn	Cr	W
2-1	T31219	9SiCr	0.85~0.95	1.20~1.60	0.30~0.60	0.95~1.25	—
2-2	T30108	8MnSi	0.75~0.85	0.30~0.60	0.80~1.10	—	—
2-3	T30200	Cr06	1.30~1.45	≤0.40	≤0.40	0.50~0.70	—
2-4	T31200	Cr2	0.95~1.10	≤0.40	≤0.40	1.30~1.65	—
2-5	T31209	9Cr2	0.80~0.95	≤0.40	≤0.40	1.30~1.70	—
2-6	T30800	W	1.05~1.25	≤0.40	≤0.40	0.10~0.30	0.80~1.20

3. 耐冲击工具用钢

序号	统一数字代号	牌号	化学成分(质量分数,%)						
			C	Si	Mn	Cr	W	Mo	V
3-1	T40294	4CrW2Si	0.35~0.45	0.80~1.10	≤0.40	1.00~1.30	2.00~2.50	—	—
3-2	T40295	5CrW2Si	0.45~0.55	0.50~0.80	≤0.40	1.00~1.30	2.00~2.50	—	—
3-3	T40296	6CrW2Si	0.55~0.65	0.50~0.80	≤0.40	1.10~1.30	2.20~2.70	—	—
3-4	T40356	6CrMnSi2Mo1V	0.50~0.65	1.75~2.25	0.60~1.00	0.10~0.50	—	0.20~1.35	0.15~0.35
3-5	T40355	5Cr3MnSiMo1	0.45~0.55	0.20~1.00	0.20~0.90	3.00~3.50	—	1.30~1.80	≤0.35
3-6	T40376	6CrW2SiV	0.55~0.65	0.70~1.00	0.15~0.45	0.90~1.20	1.70~2.20	—	0.10~0.20

4. 轧辊用钢

序号	统一数字代号	牌号	化学成分(质量分数,%)									
			C	Si	Mn	P	S	Cr	W	Mo	Ni	V
4-1	T42239	9Cr2V	0.85~0.95	0.20~0.40	0.20~0.45	①	①	1.40~1.70	—	—	—	0.10~0.25
4-2	T42309	9Cr2Mo	0.85~0.95	0.25~0.45	0.20~0.35	①	①	1.70~2.10	—	0.20~0.40	—	—
4-3	T42319	9Cr2MoV	0.80~0.90	0.15~0.40	0.25~0.55	①	①	1.80~2.40	—	0.20~0.40	—	0.05~0.15
4-4	T42518	8Cr3NiMoV	0.82~0.90	0.30~0.50	0.20~0.45	≤0.020	≤0.015	2.80~3.20	—	0.20~0.40	0.60~0.80	0.05~0.15
4-5	T42519	9Cr5NiMoV	0.82~0.90	0.50~0.80	0.20~0.50	≤0.020	≤0.015	4.80~5.20	—	0.20~0.40	0.30~0.50	0.10~0.20

5. 冷作模具用钢

序号	统一数字代号	牌号	化学成分(质量分数,%)										
			C	Si	Mn	P	S	Cr	W	Mo	V	Nb	Co
5-1	T20019	9Mn2V	0.85~0.95	≤0.40	1.70~2.00	①	①	—	—	—	0.10~0.25	—	—
5-2	T20299	9CrWMn	0.85~0.95	≤0.40	0.90~1.20	①	①	0.50~0.80	0.50~0.80	—	—	—	—
5-3	T21290	CrWMn	0.90~1.05	≤0.40	0.80~1.10	①	①	0.90~1.20	1.20~1.60	—	—	—	—

（续）

5. 冷作模具用钢

序号	统一数字代号	牌号	化学成分(质量分数,%)										
			C	Si	Mn	P	S	Cr	W	Mo	V	Nb	Co
5-4	T20250	MnCrWV	0.90~1.05	0.10~0.40	1.05~1.35	①	①	0.50~0.70	0.50~0.70	—	0.05~0.15	—	—
5-5	T21347	7CrMn2Mo	0.65~0.75	0.10~0.50	1.80~2.50	①	①	0.90~1.20	—	0.90~1.40	—	—	—
5-6	T21355	5Cr8MnVSi	0.48~0.53	0.75~1.05	0.35~0.50	≤0.030	≤0.015	8.00~9.00	—	1.25~1.70	0.30~0.55	—	—
5-7	T21357	7CrSiMnMoV	0.65~0.75	0.85~1.15	0.65~1.05	①	①	0.90~1.20	—	0.20~0.50	0.15~0.30	—	—
5-8	T21350	Cr8Mo2SiV	0.95~1.03	0.80~1.20	0.20~0.50	①	①	7.80~8.30	—	2.00~2.80	0.25~0.40	—	—
5-9	T21320	Cr4W2MoV	1.12~1.25	0.40~0.70	≤0.40	①	①	3.50~4.00	1.90~2.60	0.80~1.20	0.80~1.10	—	—
5-10	T21386	5Cr4W3Mo2VNb	0.60~0.70	≤0.40	≤0.40	①	①	3.80~4.40	2.50~3.50	1.80~2.50	0.80~1.20	0.20~0.35	—
5-11	T21836	6W6Mo5Cr4V	0.55~0.65	≤0.40	≤0.60	①	①	3.70~4.30	6.00~7.00	4.50~5.50	0.70~1.10	—	—
5-12	T21830	W6Mo5Cr4V2	0.80~0.90	0.15~0.40	0.20~0.45	①	①	3.80~4.40	5.50~6.75	4.50~5.50	1.75~2.20	—	—
5-13	T21209	Cr8	1.60~1.90	0.20~0.60	0.20~0.60	①	①	7.50~8.50	—	—	—	—	—
5-14	T21200	Cr12	2.00~2.30	≤0.40	≤0.40	①	①	11.50~13.00	—	—	—	—	—
5-15	T21290	Cr12W	2.00~2.30	0.10~0.40	0.30~0.60	①	①	11.00~13.00	0.60~0.80	—	—	—	—
5-16	T21317	7Cr7Mo2V2Si	0.68~0.78	0.70~1.20	≤0.40	①	①	6.50~7.50	—	1.90~2.30	1.80~2.20	—	—
5-17	T21318	Cr5Mo1V	0.95~1.05	≤0.50	≤1.00	①	①	4.75~5.50	—	0.90~1.40	0.15~0.50	—	—
5-18	T21319	Cr12MoV	1.45~1.70	≤0.40	≤0.40	①	①	11.00~12.50	—	0.40~0.60	0.15~0.30	—	—
5-19	T21310	Cr12Mo1V1	1.40~1.60	≤0.60	≤0.50	①	①	11.00~13.00	—	0.70~1.20	0.50~1.10	—	≤1.00

6. 热作模具用钢

序号	统一数字代号	牌号	化学成分(质量分数,%)											
			C	Si	Mn	P	S	Cr	W	Mo	Ni	V	Al	Co
6-1	T22345	5CrMnMo	0.50~0.60	0.25~0.60	1.20~1.60	①	①	0.60~0.90	—	0.15~0.30	—	—	—	—
6-2	T22505	5CrNiMo[②]	0.50~0.60	≤0.40	0.50~0.80	①	①	0.50~0.80	—	0.15~0.30	1.40~1.80	—	—	—
6-3	T23504	4CrNi4Mo	0.40~0.50	0.10~0.40	0.20~0.50	①	①	1.20~1.50	—	0.15~0.35	3.80~4.30	—	—	—
6-4	T23514	4Cr2NiMoV	0.35~0.45	≤0.40	≤0.40	①	①	1.80~2.20	—	0.45~0.60	1.10~1.50	0.10~0.30	—	—
6-5	T23515	5CrNi2MoV	0.50~0.60	0.10~0.40	0.60~0.90	①	①	0.80~1.20	—	0.35~0.55	1.50~1.80	0.05~0.15	—	—
6-6	T23535	5Cr2NiMoVSi	0.46~0.54	0.60~0.90	0.40~0.60	①	①	1.50~2.00	—	0.80~1.20	0.80~1.20	0.30~0.50	—	—
6-7	T23208	8Cr3	0.75~0.85	≤0.40	≤0.40	①	①	3.20~3.80	—	—	—	—	—	—

（续）

序号	统一数字代号	牌号	化学成分(质量分数,%)											
			C	Si	Mn	P	S	Cr	W	Mo	Ni	V	Al	Co
6. 热作模具用钢														
6-8	T23274	4Cr5W2VSi	0.32～0.42	0.80～1.20	≤0.40	①	①	4.50～5.50	1.60～2.40	—	—	0.60～1.00	—	—
6-9	T23273	3Cr2W8V	0.30～0.40	≤0.40	≤0.40	①	①	2.20～2.70	7.50～9.00	—	—	0.20～0.50	—	—
6-10	T23352	4Cr5MoSiV	0.33～0.43	0.80～1.20	0.20～0.50	①	①	4.75～5.50	—	1.10～1.60	—	0.30～0.60	—	—
6-11	T23353	4Cr5MoSiV1	0.32～0.45	0.80～1.20	0.20～0.50	①	①	4.75～5.50	—	1.10～1.75	—	0.80～1.20	—	—
6-12	T23354	4Cr3Mo3SiV	0.35～0.45	0.80～1.20	0.25～0.70	①	①	3.00～3.75	—	2.00～3.00	—	0.25～0.75	—	—
6-13	T23355	5Cr4Mo3SiMnVA1	0.47～0.57	0.80～1.10	0.80～1.10	①	①	3.80～4.30	—	2.80～3.40	—	0.80～1.20	0.30～0.70	—
6-14	T23364	4CrMnSiMoV	0.35～0.45	0.80～1.10	0.80～1.10	①	①	1.30～1.50	—	0.40～0.60	—	0.20～0.40	—	—
6-15	T23375	5Cr5WMoSi	0.50～0.60	0.75～1.10	0.20～0.50	①	①	4.75～5.50	1.00～1.60	1.15～1.65	—	—	—	—
6-16	T23324	4Cr5MoWVSi	0.32～0.40	0.80～1.20	0.20～0.50	①	①	4.75～5.50	1.10～1.60	1.25～1.60	—	0.20～0.50	—	—
6-17	T23323	3Cr3Mo3W2V	0.32～0.42	0.60～0.90	≤0.65	①	①	2.80～3.30	1.20～1.80	2.50～3.00	—	0.80～1.20	—	—
6-18	T23325	5Cr4W5Mo2V	0.40～0.50	≤0.40	≤0.40	①	①	3.40～4.40	4.50～5.30	1.50～2.10	—	0.70～1.10	—	—
6-19	T23314	4Cr5Mo2V	0.35～0.42	0.25～0.50	0.40～0.60	≤0.020	≤0.008	5.00～5.50	—	2.30～2.60	—	0.60～0.80	—	—
6-20	T23313	3Cr3Mo3V	0.28～0.35	0.10～0.40	0.15～0.45	≤0.030	≤0.020	2.70～3.20	—	2.50～3.00	—	0.40～0.70	—	—
6-21	T23314	4Cr5Mo3V	0.35～0.40	0.30～0.50	0.30～0.50	≤0.030	≤0.020	4.80～5.20	—	2.70～3.20	—	0.40～0.60	—	—
6-22	T23393	3Cr3Mo3VCo3	0.28～0.35	0.10～0.40	0.15～0.45	≤0.030	≤0.020	2.70～3.20	—	2.60～3.00	—	0.40～0.70	—	2.50～3.00

7. 塑料模具用钢

序号	统一数字代号	牌号	化学成分(质量分数,%)												
			C	Si	Mn	P	S	Cr	W	Mo	Ni	V	Al	Co	其他
7-1	T10450	SM45	0.42～0.48	0.17～0.37	0.50～0.80	①	①	—	—	—	—	—	—	—	—
7-2	T10500	SM50	0.47～0.53	0.17～0.37	0.50～0.80	①	①	—	—	—	—	—	—	—	—
7-3	T10550	SM55	0.52～0.58	0.17～0.37	0.50～0.80	①	①	—	—	—	—	—	—	—	—
7-4	T25303	3Cr2Mo	0.28～0.40	0.20～0.80	0.60～1.00	①	①	1.40～2.00	—	0.30～0.55	—	—	—	—	—
7-5	T25553	3Cr2MnNiMo	0.32～0.40	0.20～0.40	1.10～1.50	①	①	1.70～2.00	—	0.25～0.40	0.85～1.15	—	—	—	—
7-6	T25344	4Cr2Mn1MoS	0.35～0.45	0.30～0.50	1.40～1.60	≤0.030	0.05～0.10	1.80～2.00	—	0.15～0.25	—	—	—	—	—
7-7	T25378	8Cr2MnWMoVS	0.75～0.85	≤0.40	1.30～1.70	≤0.030	0.08～0.15	2.30～2.60	0.70～1.10	0.50～0.80	—	0.10～0.25	—	—	—

（续）

7. 塑料模具用钢

序号	统一数字代号	牌号	化学成分（质量分数,%）												
			C	Si	Mn	P	S	Cr	W	Mo	Ni	V	Al	Co	其他
7-8	T25515	5CrNiMnMoVSCa	0.50~0.60	≤0.45	0.80~1.20	≤0.030	0.06~0.15	0.80~1.20	—	0.30~0.60	0.80~1.20	0.15~0.30	—	—	Ca：0.002~0.008
7-9	T25512	2CrNiMoMnV	0.24~0.30	≤0.30	1.40~1.60	≤0.025	≤0.015	1.25~1.45	—	0.45~0.60	0.80~1.20	0.10~0.20	—	—	—
7-10	T25572	2CrNi3MoAl	0.20~0.30	0.20~0.50	0.50~0.80	①	①	1.20~1.80	—	0.20~0.40	3.00~4.00	—	1.00~1.60	—	—
7-11	T25611	1Ni3MnCuMoAl	0.10~0.20	≤0.45	1.40~2.00	≤0.030	≤0.015	—	—	0.20~0.50	2.90~3.40	—	0.70~1.20	—	Cu：0.80~1.20
7-12	A64060	06Ni6CrMoVTiAl	≤0.06	≤0.50	≤0.50	①	①	1.30~1.60	—	0.90~1.20	5.50~6.50	0.08~0.16	0.50~0.90	—	Ti：0.90~1.30
7-13	A64000	00Ni18Co8Mo6TiAl	≤0.03	≤0.10	≤0.15	≤0.010	≤0.010	≤0.60	—	4.50~5.00	17.5~18.5	—	0.05~0.15	8.50~10.0	Ti：0.80~1.10
7-14	S42023	2Cr13	0.15~0.25	≤1.00	≤1.00	①	①	12.00~14.00	—	—	≤0.60	—	—	—	—
7-15	S42043	4Cr13	0.35~0.45	≤0.60	≤0.80	①	①	12.00~14.00	—	—	≤0.60	—	—	—	—
7-16	T25444	4Cr13NiVSi	0.35~0.45	0.90~1.20	0.40~0.70	≤0.010	≤0.003	13.00~14.00	—	—	0.15~0.30	0.25~0.35	—	—	—
7-17	T25402	2Cr17Ni2	0.12~0.22	≤1.00	≤1.50	①	①	15.00~17.00	—	—	1.50~2.50	—	—	—	—
7-18	T25303	3Cr17Mo	0.33~0.45	≤1.00	≤1.50	①	①	15.50~17.50	—	0.80~1.30	≤1.00	—	—	—	—
7-19	T25513	3Cr17NiMoV	0.32~0.40	0.30~0.60	0.60~0.80	≤0.025	≤0.005	16.00~18.00	—	1.00~1.30	0.60~1.00	0.15~0.35	—	—	—
7-20	S44093	9Cr18	0.90~1.00	≤0.80	≤0.80	①	①	17.00~19.00	—	—	≤0.60	—	—	—	—
7-21	S46993	9Cr18MoV	0.85~0.95	≤0.80	≤0.80	①	①	17.00~19.00	—	1.00~1.30	≤0.60	0.07~0.12	—	—	—

8. 特殊用途模具用钢

序号	统一数字代号	牌号	化学成分（质量分数,%）													
			C	Si	Mn	P	S	Cr	W	Mo	Ni	V	Al	Nb	Co	其他
8-1	T26377	7Mn15Cr2Al3V2WMo	0.65~0.75	≤0.80	14.50~16.50	①	①	2.00~2.50	0.50~0.80	0.50~0.80	—	1.50~2.00	2.30~3.30	—	—	—
8-2	S31049	2Cr25Ni20Si2	≤0.25	1.50~2.50	≤1.50	①	①	24.00~27.00	—	—	18.00~21.00	—	—	—	—	—
8-3	S51740	0Cr17Ni4Cu4Nb	≤0.07	≤1.00	≤1.00	①	①	15.00~17.00	—	—	3.00~5.00	—	—	Nb：0.15~0.45	—	Cu：3.00~5.00
8-4	H21231	Ni25Cr15Ti2MoMn	≤0.08	≤1.00	≤2.00	≤0.030	≤0.020	13.50~17.00	—	1.00~1.50	22.00~26.00	0.10~0.50	≤0.40	—	—	Ti：1.80~2.50 B：0.001~0.010

（续）

序号	统一数字代号	牌号	化学成分（质量分数,%）													
			C	Si	Mn	P	S	Cr	W	Mo	Ni	V	Al	Nb	Co	其他
8. 特殊用途模具用钢																
8-5	H07718	Ni53Cr19Mo3TiNb	≤0.08	≤0.35	≤0.35	≤0.015	≤0.015	17.00~21.00	—	2.80~3.30	50.00~55.00	—	0.20~0.80	Nb+Ta[3] 4.75~5.50	≤1.00	Ti:0.65~1.15 B≤0.006

① 钢中残余元素含量应符合下列规定：

组别	冶炼方法	化学成分（质量分数,%） ≤						
		P		S		Cu	Cr	Ni
1	电弧炉	高级优质非合金工具钢	0.030	高级优质非合金工具钢	0.020	0.25	0.25	0.25
		其他钢类	0.030	其他钢类	0.030			
2	电弧炉+真空脱气	冷作模具用钢 高级优质非合金工具钢	0.030	冷作模具用钢 高级优质非合金工具钢	0.020			
		其他钢类	0.025	其他钢类	0.025			
3	电弧炉+电渣重熔真空电弧重熔（VAR）	0.025		0.010				

② 经供需双方同意允许钒的质量分数小于0.20%。

③ 除非特殊要求，允许仅分析Nb。

表12-43 工模具钢的硬度要求（GB/T 1299—2014）

序号	统一数字代号	牌号	退火交货状态的钢材硬度[1] HBW ≤	试样淬火硬度		
				淬火温度/℃	冷却介质	洛氏硬度 HRC ≥
1. 刃具模具用非合金钢						
1-1	T00070	T7	187	800~820	水	62
1-2	T00080	T8	187	780~800	水	62
1-3	T01080	T8Mn	187	780~800	水	62
1-4	T00090	T9	192	760~780	水	62
1-5	T00100	T10	197	760~780	水	62
1-6	T00110	T11	207	760~780	水	62
1-7	T00120	T12	207	760~780	水	62
1-8	T00130	T13	217	760~780	水	62

2. 量具刃具用钢

序号	统一数字代号	牌号	退火交货状态的钢材硬度 HBW	试样淬火硬度		
				淬火温度/℃	冷却介质	洛氏硬度 HRC ≥
2-1	T31219	9SiCr	197~241[2]	820~860	油	62
2-2	T30108	8MnSi	≤229	800~820	油	60
2-3	T30200	Cr06	187~241	780~810	水	64
2-4	T31200	Cr2	179~229	830~860	油	62
2-5	T31209	9Cr2	179~217	820~850	油	62
2-6	T30800	W	187~229	800~830	水	62

3. 耐冲击工具用钢

序号	统一数字代号	牌号	退火交货状态的钢材硬度 HBW	试样淬火硬度		
				淬火温度/℃	冷却介质	洛氏硬度 HRC ≥
3-1	T40294	4CrW2Si	179~217	860~900	油	53
3-2	T40295	5CrW2Si	207~255	860~900	油	55
3-3	T40296	6CrW2Si	229~285	860~900	油	57
3-4	T40356	6CrMnSi2Mo1V[3]	≤229	667℃±15℃预热,885℃（盐浴）或900℃（炉控气氛）±6℃加热,保温5~15min油冷,58~204℃回火		58

（续）

3. 耐冲击工具用钢

序号	统一数字代号	牌号	退火交货状态的钢材硬度 HBW	试样淬火硬度		
				淬火温度/℃	冷却介质	洛氏硬度 HRC ≥
3-5	T40355	5Cr3MnSiMo1V[③]	≤235	667℃±15℃预热，941℃（盐浴）或955℃（炉控气氛）±6℃加热，保温5～15min油冷，58～204℃回火		56
3-6	T40376	6CrW2SiV	≤225	870～910	油	58

4. 轧辊用钢

序号	统一数字代号	牌号	退火交货状态的钢材硬度 HBW	试样淬火硬度		
				淬火温度/℃	冷却介质	洛氏硬度 HRC ≥
4-1	T42239	9Cr2V	≤229	830～900	空气	64
4-2	T42309	9Cr2Mo	≤229	830～900	空气	64
4-3	T42319	9Cr2MoV	≤229	880～900	空气	64
4-4	T42518	8Cr3NiMoV	≤269	900～920	空气	64
4-5	T42519	9Cr5NiMoV	≤269	930～950	空气	64

5. 冷作模具用钢

序号	统一数字代号	牌号	退火交货状态的钢材硬度 HBW	试样淬火硬度		
				淬火温度/℃	冷却介质	洛氏硬度 HRC ≥
5-1	T20019	9Mn2V	≤229	780～810	油	62
5-2	T20299	9CrWMn	197～241	800～830	油	62
5-3	T21290	CrWMn	207～255	800～830	油	62
5-4	T20250	MnCrWV	≤255	790～820	油	62
5-5	T21347	7CrMn2Mo	≤235	820～870	空气	61
5-6	T21355	5Cr8MoVS	≤229	1000～1050	油	59
5-7	T21357	7CrSiMnMoV	≤235	870～900℃油冷或空冷，150℃±10℃回火空冷		60
5-8	T21350	Cr8Mo2SiV	≤255	1020～1040	油或空气	62
5-9	T21320	Cr4W2MoV	≤269	960～980或1020～1040	油	60
5-10	T21386	6Cr4W3Mo2VN[④]	≤255	1100～1160	油	60
5-11	T21836	6W6Mo5Cr4V	≤269	1180～1200	油	60
5-12	T21830	W6Mo5Cr4V2[③]	≤255	730～840℃预热，1210～1230℃（盐浴或控制气氛）加热，保温5～15min油冷，540～560℃回火两次（盐浴或控制气氛），每次2h		64（盐浴） 63（炉控气氛）
5-13	T21209	Cr8	≤255	920～980	油	63
5-14	T21200	Cr12	217～269	950～1000	油	60
5-15	T21290	Cr12W	≤255	950～980	油	60
5-16	T21317	7Cr7Mo2V2Si	≤255	1100～1150	油或空气	60
5-17	T21318	Cr5Mo1V[③]	≤255	790℃±15℃预热，940℃（盐浴）或950℃（炉控气氛）±6℃加热，保温5～15min油冷；200℃±6℃回火一次，2h		60
5-18	T21319	Cr12MoV	207～255	950～1000	油	58
5-19	T21310	Cr12Mo1V1[④]	≤255	820℃±15℃预热，1000℃（盐浴）±6℃或1010℃（炉控气氛）±6℃加热，保温10～20min空冷，200℃±6℃回火一次，2h		59

（续）

6. 热作模具用钢

序号	统一数字代号	牌号	退火交货状态的钢材硬度 HBW	试样淬火硬度		
				淬火温度/℃	冷却介质	洛氏硬度 HRC
6-1	T22345	5CrMnMo	197～241	820～850	油	⑤
6-2	T22505	5CrNiMo	197～241	830～860	油	⑤
6-3	T23504	4CrNi4Mo	≤285	840～870	油或空气	⑤
6-4	T23514	4Cr2NiMoV	≤220	910～960	油	⑤
6-5	T23515	5CrNi2MoV	≤255	850～880	油	⑤
6-6	T23535	5Cr2NiMoVSi	≤255	960～1010	油	⑤
6-7	T42208	8Cr3	207～255	850～880	油	⑤
6-8	T23274	4Cr5W2VSi	≤229	1030～1050	油或空气	⑤
6-9	T23273	3Cr2W8V	≤255	1075～1125	油	⑤
6-10	T23352	4Cr5MoSiV③	≤229	790℃±15℃预热，1010℃（盐浴）或1020℃（炉控气氛）±6℃加热，保温5～15min油冷，550℃±6℃回火两次，每次2h		⑤
6-11	T23353	4Cr5MoSiV1③	≤229	790℃±15℃预热，1000℃（盐浴）或1010℃（炉控气氛）±6℃加热，保温5～15min油冷，550℃±6℃回火两次，每次2h		⑤
6-12	T23354	4Cr3Mo3SiV③	≤229	790℃±15℃预热，1010℃（盐浴）或1020℃（炉控气氛）±6℃加热，保温5～15min油冷，550℃±6℃回火两次，每次2h		⑤
6-13	T23355	5Cr4Mo3SiMnVA1	≤255	1090～1120	⑤	⑤
6-14	T23364	4CrMnSiMoV	≤255	870～930	油	⑤
6-15	T23375	5Cr5WMoSi	≤248	990～1020	油	⑤
6-16	T23324	4Cr5MoWVSi	≤235	1000～1030	油或空气	⑤
6-17	T23323	3Cr3Mo3W2V	≤255	1060～1130	油	⑤
6-18	T23325	5Cr4W5Mo2V	≤269	1100～1150	油	⑤
6-19	T23314	4Cr5Mo2V	≤220	1000～1030	油	⑤
6-20	T23313	3Cr3Mo3V	≤229	1010～1050	油	⑤
6-21	T23314	4Cr5Mo3V	≤229	1000～1030	油或空气	⑤
6-22	T23393	3Cr3Mo3VCo3	≤229	1000～1050	油	⑤

7. 塑料模具用钢

序号	统一数字代号	牌号	交货状态的钢材硬度		试样淬火硬度		
			退火硬度 HBW ≤	预硬化硬度 HRC	淬火温度/℃	冷却介质	洛氏硬度 HRC ≥
7-1	T10450	SM45	热轧交货状态硬度155～215		—	—	—
7-2	T10500	SM50	热轧交货状态硬度165～225		—	—	—
7-3	T10550	SM55	热轧交货状态硬度170～230		—	—	—
7-4	T25303	3Cr2Mo	235	28～36	850～880	油	52
7-5	T25553	3Cr2MnNiMo	235	30～36	830～870	油或空气	48
7-6	T25344	4Cr2Mn1MoS	235	28～36	830～870	油	51
7-7	T25378	8Cr2MnWMoVS	235	40～48	860～900	空气	62
7-8	T25515	5CrNiMnMoVSCa	255	35～45	860～920	油	62
7-9	T25512	2CrNiMoMnV	235	30～38	850～930	油或空气	48
7-10	T25572	2CrNi3MoAl	—	38～43	—	—	—
7-11	T25611	1Ni3MnCuMoAl	—	38～42	—	—	—

（续）

7. 塑料模具用钢							
序号	统一数字代号	牌号	交货状态的钢材硬度		试样淬火硬度		
			退火硬度 HBW ≤	预硬化硬度 HRC	淬火温度/℃	冷却介质	洛氏硬度 HRC ≥
7-12	A64060	06Ni6CrMoVTiAl	255	43~48	850~880℃固溶，油或空冷 500~540℃时效，空冷		实测
7-13	A64000	00Ni18Co8Mo5TiAl	协议	协议	805~825℃固溶，空冷 460~530℃时效，空冷		协议
7-14	S42023	2Cr13	220	30~36	1000~1050	油	45
7-15	S42043	4Cr13	235	30~36	1050~1100	油	50
7-16	T25444	4Cr13NiVSi	235	30~36	1000~1030	油	50
7-17	T25402	2Cr17Ni2	285	28~32	1000~1050	油	49
7-18	T25303	3Cr17Mo	285	33~38	1000~1040	油	46
7-19	T25513	3Cr17NiMoV	285	33~38	1030~1070	油	50
7-20	S44093	9Cr18	255	协议	1000~1050	油	55
7-21	S46993	9Cr18MoV	269	协议	1050~1075	油	55

8. 特殊用途模具用钢					
序号	统一数字代号	牌号	交货状态的钢材硬度	试样淬火硬度	
			退火硬度 HBW	热处理工艺	洛氏硬度 HRC ≥
8-1	T26377	7Mn15Cr2Al3V2WMo	—	1170~1190℃固溶，水冷 650~700℃时效，空冷	45
8-2	S31049	2Cr25Ni20Si2	—	1040~1150℃固溶，水或空冷	⑤
8-3	S51740	0Cr17Ni4Cu4Nb	协议	1020~1060℃固溶，空冷 470~630℃时效，空冷	⑤
8-4	H21231	Ni25Cr15Ti2MoMn	≤300	950~980℃固溶，水或空冷 720℃+620℃时效，空冷	⑤
8-5	H07718	Ni53Cr19Mo3TiNb	≤300	980~1000℃固溶，水、油或空冷 710~730℃时效，空冷	⑤

注：保温时间指试样达到加热温度后保持的时间。
① 非合金工具钢材退火后冷拉交货的布氏硬度应不大于 241HBW。
② 根据需方要求，并在合同中注明，制造螺纹刃具用钢为 187~229HBW。
③ 试样在盐浴中保持时间为 5min，在炉控气氛中保持时间为 5~15min。
④ 试样在盐浴中保持时间为 10min，在炉控气氛中保持时间为 10~20min。
⑤ 根据需方要求，并在合同中注明，可提供实测值。

14. 高速工具钢（见表 12-44 和表 12-45）

表 12-44　高速工具钢的牌号和化学成分（GB/T 9943—2008）

序号	统一数字代号	牌号①	化学成分(质量分数,%)									
			C	Mn	Si②	S③	P	Cr	V	W	Mo	Co
1	T63342	W3Mo3Cr4V2	0.95~1.03	≤0.40	≤0.45	≤0.030	≤0.030	3.80~4.50	2.20~2.50	2.70~3.00	2.50~2.90	—
2	T64340	W4Mo3Cr4VSi	0.83~0.93	0.20~0.40	0.70~1.00	≤0.030	≤0.030	3.80~4.40	1.20~1.80	3.50~4.50	2.50~3.50	—
3	T51841	W18Cr4V	0.73~0.83	0.10~0.40	0.20~0.40	≤0.030	≤0.030	3.80~4.50	1.00~1.20	17.20~18.70	—	—
4	T62841	W2Mo8Cr4V	0.77~0.87	≤0.40	≤0.70	≤0.030	≤0.030	3.50~4.50	1.00~1.40	1.40~2.00	8.00~9.00	—
5	T62942	W2Mo9Cr4V2	0.95~1.05	0.15~0.40	≤0.70	≤0.030	≤0.030	3.50~4.50	1.75~2.20	1.50~2.10	8.20~9.20	—
6	T66541	W6Mo5Cr4V2	0.80~0.90	0.15~0.40	0.20~0.45	≤0.030	≤0.030	3.80~4.40	1.75~2.20	5.50~6.75	4.50~5.50	—
7	T66542	CW6Mo5Cr4V2	0.86~0.94	0.15~0.40	0.20~0.45	≤0.030	≤0.030	3.80~4.50	1.75~2.10	5.90~6.70	4.70~5.20	—
8	T66642	W6Mo6Cr4V2	1.00~1.10	≤0.40	≤0.45	≤0.030	≤0.030	3.80~4.50	2.30~2.60	5.90~6.70	5.50~6.50	—

（续）

序号	统一数字代号	牌号①	化学成分(质量分数,%)									
			C	Mn	Si②	S③	P	Cr	V	W	Mo	Co
9	T69341	W9Mo3Cr4V	0.77~0.87	0.20~0.40	0.20~0.40	≤0.030	≤0.030	3.80~4.40	1.30~1.70	8.50~9.50	2.70~3.30	—
10	T66543	W6Mo5Cr4V3	1.15~1.25	0.15~0.40	0.20~0.45	≤0.030	≤0.030	3.80~4.50	2.70~3.20	5.90~6.70	4.70~5.20	—
11	T66545	CW6Mo5Cr4V3	1.25~1.32	0.15~0.40	≤0.70	≤0.030	≤0.030	3.75~4.50	2.70~3.20	5.90~6.70	4.70~5.20	—
12	T66544	W6Mo5Cr4V4	1.25~1.40	≤0.40	≤0.45	≤0.030	≤0.030	3.80~4.50	3.70~4.20	5.20~6.00	4.20~5.00	—
13	T66546	W6Mo5Cr4V2Al	1.05~1.15	0.15~0.40	0.20~0.60	≤0.030	≤0.030	3.80~4.40	1.75~2.20	5.50~6.75	4.50~5.50	Al:0.80~1.20
14	T71245	W12Cr4V5Co5	1.50~1.60	0.15~0.40	0.15~0.40	≤0.030	≤0.030	3.75~5.00	4.50~5.25	11.75~13.00	—	4.75~5.25
15	T76545	W6Mo5Cr4V2Co5	0.87~0.95	0.15~0.40	0.20~0.45	≤0.030	≤0.030	3.80~4.50	1.70~2.10	5.90~6.70	4.70~5.20	4.50~5.00
16	T76438	W6Mo5Cr4V3Co8	1.23~1.33	≤0.40	≤0.70	≤0.030	≤0.030	3.80~4.50	2.70~3.20	5.90~6.70	4.70~5.30	8.00~8.80
17	T77445	W7Mo4Cr4V2Co5	1.05~1.15	0.20~0.60	0.15~0.50	≤0.030	≤0.030	3.75~4.50	1.75~2.25	6.25~7.00	3.25~4.25	4.75~5.75
18	T72948	W2Mo9Cr4VCo8	1.05~1.15	0.15~0.40	0.15~0.65	≤0.030	≤0.030	3.50~4.25	0.95~1.35	1.15~1.85	9.00~10.00	7.75~8.75
19	T71010	W10Mo4Cr4V3Co10	1.20~1.35	≤0.40	≤0.45	≤0.030	≤0.030	3.80~4.50	3.00~3.50	9.00~10.00	3.20~3.90	9.50~10.50

① 表中牌号 W18Cr4V、W12Cr4V5Co5 为钨系高速工具钢，其他牌号为钨钼系高速工具钢。
② 电渣钢的硅含量下限不限。
③ 根据需方要求，为改善钢的可加工性，其硫的质量分数可规定为 0.06%~0.15%。

表 12-45　高速工具钢棒的硬度值（GB/T 9943—2008）

序号	牌　号	交货硬度①(退火态) HBW ≤	试样热处理制度及淬回火硬度					
			预热温度/℃	淬火温度/℃		淬火冷却介质	回火温度②/℃	硬度③ HRC ≥
				盐浴炉	箱式炉			
1	W3Mo3Cr4V2	255	800~900	1180~1220	1180~1220	油或盐浴	540~560	63
2	W4Mo3Cr4VSi	255		1170~1190	1170~1190		540~560	63
3	W18Cr4V	255		1250~1270	1260~1280		550~570	63
4	W2Mo8Cr4V	255		1180~1220	1180~1220		550~570	63
5	W2Mo9Cr4V2	255		1190~1210	1200~1220		540~560	64
6	W6Mo5Cr4V2	255		1200~1220	1210~1230		540~560	64
7	CW6Mo5Cr4V2	255		1190~1210	1200~1220		540~560	64
8	W6Mo6Cr4V2	262		1190~1210	1190~1210		550~570	64
9	W9Mo3Cr4V	255		1200~1220	1220~1240		540~560	64
10	W6Mo5Cr4V3	262		1190~1210	1200~1220		540~560	64
11	CW6Mo5Cr4V3	262		1180~1200	1190~1210		540~560	64
12	W6Mo5Cr4V4	269		1200~1220	1200~1220		550~570	64
13	W6Mo5Cr4V2Al	269		1200~1220	1230~1240		550~570	65
14	W12Cr4V5Co5	277		1220~1240	1230~1250		540~560	65
15	W6Mo5Cr4V2Co5	269		1190~1210	1200~1220		540~560	64
16	W6Mo5Cr4V3Co8	285		1170~1190	1170~1190		550~570	65
17	W7Mo4Cr4V2Co5	269		1180~1200	1190~1210		540~560	66
18	W2Mo9Cr4VCo8	269		1170~1190	1180~1200		540~560	66
19	W10Mo4Cr4V3Co10	285		1220~1240	1220~1240		550~570	66

① 退火+冷拉态的硬度，允许比退火态硬度值增加 50HBW。
② 回火温度为 550~570℃时，回火 2 次，每次 1h；回火温度为 540~560℃时，回火 2 次，每次 2h。
③ 供方若能保证试样淬、回火硬度，可不检验。

15. 低合金超高强度钢（见表 12-46 和表 12-47）

表 12-46 低合金超高强度钢的牌号和化学成分（GB/T 38809—2020）

序号	牌号	化学成分(质量分数,%)										
		C	Si	Mn	P	S	Cr	Ni	Mo	V	Cu	其他元素
1	40CrNi2MoA	0.38~0.43	0.20~0.35	0.65~0.90	≤0.010	≤0.010	0.70~0.90	1.65~2.00	0.20~0.30		≤0.20	
2	40CrNi2Si2MoVA	0.38~0.43	1.45~1.80	0.60~0.90	≤0.010	≤0.010	0.70~0.95	1.65~2.00	0.30~0.50	0.05~0.10	≤0.20	
3	42CrNi2Si2MoVA	0.40~0.45	1.45~1.80	0.60~0.90	≤0.010	≤0.010	0.70~0.95	1.65~2.00	0.30~0.50	0.05~0.10	≤0.20	
4	30CrMnSiNi2A①	0.27~0.33	1.00~1.20	1.00~1.20	≤0.015	≤0.010	0.90~1.20	1.40~1.80	≤0.20	0.10②	≤0.20	W≤0.20; Ti≤0.03
5	30Si2MnCrMoVE	0.27~0.32	1.40~1.70	0.70~1.00	≤0.010	≤0.008	1.00~1.30	0.25②	0.40~0.55	0.08~0.15	≤0.25	
6	31Si2MnCrMoVE	0.28~0.33	1.40~1.70	0.70~1.00	≤0.010	≤0.008	1.00~1.30	0.25②	0.40~0.55	0.08~0.15	≤0.25	
7	45CrNiMo1VA	0.44~0.49	0.15~0.35	0.60~0.90	≤0.015	≤0.010	0.90~1.20	0.40~0.70	0.90~1.10	0.05~0.15	≤0.20	

序号	牌号	化学成分允许偏差(质量分数,%)								
		C	Si	Mn	P	S	Cr	Ni	Mo	V
1	40CrNi2MoA	+0.02	+0.05	+0.04	+0.005 0	+0.005 0	+0.05	+0.05	+0.03	
2	40CrNi2Si2MoVA	0 -0.02	+0.05	+0.04	+0.002 0		+0.05	+0.05	+0.03	+0.003
3	42CrNi2Si2MoVA	+0.01 0	+0.05	+0.04	+0.002 0		+0.05	+0.05	+0.03	+0.003
4	30CrMnSiNi2A	+0.01 0	+0.02	+0.10 -0.20	+0.002 0		+0.05	+0.05		
5	30Si2MnCrMoVE	+0.01 0	+0.05	+0.05			+0.05		+0.02	+0.02
6	31Si2MnCrMoVE	+0.01 0	+0.05	+0.05			+0.05		+0.02	+0.02
7	45CrNiMo1VA	+0.01 0	+0.05	+0.10			+0.10	+0.10	+0.03	+0.01

① $w(S)+w(P)\leqslant 0.021\%$。

② 按计算量加入并报实测值，不作为判定依据。

表 12-47 低合金超高强度钢的力学性能（GB/T 38809—2020）

序号	牌号	推荐热处理工艺	取样方向	公称尺寸/mm	抗拉强度 R_m/MPa	规定塑性延伸强度 $R_{p0.2}$/MPa	断后伸长率 A（%）	断面收缩率 Z（%）	冲击吸收能量 KU_2/J
					≥				
1	40CrNi2MoA	Ⅰ组 900℃+10℃保温 1h+0.1h,空冷;850℃+20℃保温 1h+0.1h,油冷;560℃+10℃保温 2h+0.2h,空冷	纵向	≤300	1080	980	12	45	47

（续）

序号	牌　号	推荐热处理工艺	取样方向	公称尺寸/mm	抗拉强度 R_m/MPa	规定塑性延伸强度 $R_{p0.2}$/MPa	断后伸长率 A (%)	断面收缩率 Z (%)	冲击吸收能量 KU_2/J
					≥				
1	40CrNi2MoA	Ⅱ组 900℃+10℃保温 1h+0.1h,空冷;840℃+10℃保温 1h+0.1h,油冷;一次 220℃+20℃保温 2h+0.2h,空冷;二次 220℃+20℃保温 2h+0.2h,空冷	横向	80~300	1794	1497	6	25	
2	40CrNi2Si2MoVA	预备热处理 925℃+15℃保温 1h+0.1h,空冷;650~700℃保温 1~4h,空冷; 最终热处理 870℃+15℃保温 1h+0.1h,油冷;一次 300℃+5℃保温 2h+0.2h,空冷;二次 300℃+5℃保温 2h+0.2h,空冷	纵向	≤400	1860	1515	8	30	39
			横向	≤285	1860	1515		平均 30 单个 25	23
				<285~400	1860	1515		平均 25 单个 20	23
3	42CrNi2Si2MoVA	预备热处理 925℃+15℃保温 1h+0.1h,空冷;650~700℃保温 1~4h,空冷; 最终热处理 870℃+15℃保温 1h+0.1h,油冷;一次 300℃+5℃保温 2h+0.2h,空冷;二次 300℃+5℃保温 2h+0.2h,空冷	纵向	≤400	1930	1585	6	25	
			横向	≤280	1930	1585		平均 30 单个 25	
				<280~340	1930	1585		平均 25 单个 20	
				<340~400	1930	1585		平均 20 单个 15	
4	30CrMnSiNi2A	900℃+10℃保温 1h+0.1h,油冷;200~300℃保温 2~2.5h,空冷	纵向	≤200	1620	1375	9	45	47
			横向		1620	1375	5	25	27
			纵向	<200~300	1620	1375	8	40	39
			横向		1620	1375	5	25	24
5	30Si2MnCrMoVE	910~930℃保温 1h+0.1h,空冷;920~940℃保温 1h+0.1h,油冷;290~310℃保温 3h+0.2h,空冷	纵向	≤450	1620	1320	9	40	40
6	31Si2MnCrMoVE	910~930℃保温 1h+0.1h,空冷;920~940℃保温 1h+0.1h,油冷;290~310℃保温 3h+0.2h,空冷	纵向	≤450	1620	1320	9	40	40
7	45CrNiMo1VA	890~920℃保温 1h+0.1h,空冷;880~900℃保温 1h+0.1h,油冷;510~550℃保温 2h+0.2h,空冷	纵向	≤300	1520	1420	9	35	35

16. 汽轮机叶片用钢（见表 12-48 和表 12-49）

表 12-48　汽轮机叶片用钢的牌号和化学成分（GB/T 8732—2014）

序号	统一数字代号	牌号	化学成分(质量分数,%)													
			C	Si	Mn	P	S	Ni	Cr	Mo	W	V	Cu	Al	Ti	N	Nb+Ta②
1	S41010	12Cr13①	0.10~0.15	≤0.60	≤0.60	≤0.030	≤0.020	≤0.60	11.50~13.50	—	—	—	≤0.30	—	—	—	—
2	S42020	20Cr13①	0.16~0.24	≤0.60	≤0.60	≤0.030	≤0.020	≤0.60	12.00~14.00	—	—	—	≤0.30	—	—	—	—
3	S45610	12Cr12Mo①	0.10~0.15	≤0.50	0.30~0.60	≤0.030	≤0.020	0.30~0.60	11.50~13.00	0.30~0.60	—	—	≤0.30	—	—	—	—
4	S46010	14Cr11MoV①	0.11~0.18	≤0.50	≤0.60	≤0.030	≤0.020	≤0.60	10.00~11.50	0.50~0.70	—	0.25~0.40	≤0.30	—	—	—	—
5	S47010	15Cr12WMoV①	0.12~0.18	≤0.50	0.50~0.90	≤0.030	≤0.020	0.40~0.80	11.00~13.00	0.50~0.70	0.70~1.10	0.15~0.30	≤0.30	—	—	—	—
6	S46020	21Cr12MoV①	0.18~0.24	0.10~0.50	0.30~0.80	≤0.030	≤0.020	0.30~0.80	11.00~12.50	0.80~1.20	—	0.25~0.35	≤0.30	—	—	—	—
7	S47450	18Cr11NiMoNbVN	0.15~0.20	≤0.50	0.50~0.80	≤0.020	≤0.015	0.30~0.60	10.00~12.00	0.60~0.90	—	0.20~0.30	≤0.10	≤0.03	—	0.040~0.090	Nb:0.20~0.60
8	S47220	22Cr12NiWMoV①	0.20~0.25	≤0.50	0.50~1.00	≤0.030	≤0.020	0.50~1.00	11.00~12.50	0.90~1.25	0.90~1.25	0.20~0.30	≤0.30	—	—	—	—
9	S51740	05Cr17Ni4Cu4Nb①	≤0.055	≤1.00	≤0.50	≤0.030	≤0.020	3.80~4.50	15.00~16.00	—	—	—	3.00~3.70	≤0.050	≤0.050	≤0.050	0.15~0.35
10	47210	14Cr12Ni2WMoV	0.11~0.16	0.10~0.35	0.40~0.80	≤0.025	≤0.020	2.20~2.50	10.50~12.50	1.00~1.40	1.00~1.40	0.15~0.35	—	≤0.05	—	—	—
11	47350	14Cr12Ni3Mo2VN	0.10~0.17	≤0.30	0.50~0.90	≤0.020	≤0.015	2.00~3.00	11.00~12.75	1.50~2.00	—	0.25~0.40	≤0.15	≤0.04	≤0.02	0.010~0.050	—
12	47550	14Cr11W2MoNiVNbN	0.12~0.16	≤0.15	0.30~0.70	≤0.015	≤0.015	0.35~0.65	10.00~11.00	0.35~0.50	1.50~1.90	0.14~0.20	≤0.10	—	—	0.040~0.080	0.05~0.11

① 牌号的化学成分与 GB/T 20878—2007 不同。

② 除非特殊要求，允许仅分析 Nb。

表 12-49 汽轮机叶片用钢的力学性能（GB/T 8732—2014）

序号	牌号	推荐的热处理工艺		布氏硬度 HBW ≤	热处理工艺		力学性能					试样硬度 HBW
		退火	高温回火		淬火温度/℃	回火温度/℃	规定塑性延伸强度 $R_{p0.2}$/MPa	抗拉强度 R_m/MPa	断后伸长率 A（%）	断面收缩率 Z（%）	冲击吸收能量 KV_2/J	
1	12Cr13	800~900℃，缓冷	700~770℃，快冷	200	980~1040，油	660~770，空气	≥440	≥620	≥20	≥60	≥35	192~241
2	20Cr13	800~900℃，缓冷	700~770℃，快冷	223	950~1020，空气，油	660~770，油、空气、水	≥490	≥665	≥16	≥50	≥27	212~262
					980~1030，油	640~720，空气	≥590	≥735	≥15	≥50	≥27	229~277
3	12Cr12Mo	800~900℃，缓冷	700~770℃，快冷	255	950~1000，油	650~710，空气	≥550	≥685	≥18	≥60	≥78	217~255
4	14Cr11MoV	800~900℃，缓冷	700~770℃，快冷	200	1000~1050，空气，油	700~750，空气	≥490	≥685	≥16	≥56	≥27	212~262
					1000~1030，油	660~700，空气	≥590	≥735	≥15	≥50	≥27	229~277
5	15Cr12WMoV	800~900℃，缓冷	700~770℃，快冷	223	1000~1050，油	680~740，空气	≥590	≥735	≥15	≥45	≥27	229~277
					1000~1050，油	660~700，空气	≥635	≥785	≥15	≥45	≥27	248~293
6	18Cr11NiMoNbVN	880~930℃，缓冷	750~770℃，快冷	255	≥1090，油	≥640，空气	≥760	≥930	≥12	≥32	≥20	277~331
7	22Cr12NiWMoV	800~900℃，缓冷	700~770℃，快冷	255	980~1040，油	650~750，空气	≥760	≥930	≥12	≥32	≥11	277~311
8	21Cr12MoV	860~930℃，缓冷	750~770℃，快冷	255	1020~1070，油	≥650，空气	≥700	900~1050	≥13	≥35	≥20	265~310
					1020~1050，油	700~750，空气	590~735	≤930	≥15	≥50	≥27	241~285
9	14Cr12Ni2WMoV	740~850℃，缓冷	660~680℃，快冷	361	1000~1050，油	≥640，空气，二次	≥735	≥920	≥13	≥40	≥48	277~331
10	14Cr12Ni3Mo2VN[①]	860~930℃，缓冷	650~750℃，快冷	287	990~1030，油	≥560，空气，二次	≥860	≥1100	≥13	≥40	≥54	331~363
11	14Cr11W2MoNiVNbN	860~930℃，缓冷	650~750℃，快冷	287	≥1100，油	≥620，空气	≥760	≥930	≥14	≥32	≥20	277~331
12	05Cr17Ni4Cu4Nb	860~930℃，缓冷	650~750℃，快冷	287	1025~1055℃，油、空冷（≥14℃/min冷却到室温）	—；645~655℃，4h，空冷	590~800	≥900	≥16	≥55	—	262~302
						810~820℃，0.5h空冷（≥14℃/min冷却到室温）；565~575℃，3h，空冷	890~980	950~1020	≥16	≥55	—	293~341
						600~610℃，5h，空冷	755~890	890~1030	≥16	≥55	—	277~321

① 14Cr12Ni3Mo2VN 钢仅在需方要求时，可检验 $R_{p0.02}$≥760MPa。

17. 不锈钢和耐热钢

（1）不锈钢和耐热钢的牌号及化学成分（见表 12-50～表 12-54）

表 12-50 奥氏体型不锈钢和耐热钢的牌号及化学成分（GB/T 20878—2007）

序号	统一数字代号	新牌号	旧牌号	化学成分(质量分数,%) C	Si	Mn	P	S	Ni	Cr	Mo	Cu	N	其他元素
1	S35350	12Cr17Mn6Ni5N	1Cr17Mn6Ni5N	0.15	1.00	5.50～7.50	0.050	0.030	3.50～5.50	16.00～18.00	—	—	0.05～0.25	—
2	S35950	10Cr17Mn9Ni4N	—	0.12	0.80	8.00～10.50	0.035	0.025	3.50～4.50	16.00～18.00	—	—	0.15～0.25	—
3	S35450	12Cr18Mn9Ni5N	1Cr18Mn8Ni5N	0.15	1.00	7.50～10.00	0.050	0.030	4.00～6.00	17.00～19.00	—	—	0.05～0.25	—
4	S35020	20Cr13Mn9Ni4	2Cr13Mn9Ni4	0.15～0.25	0.80	8.00～10.00	0.035	0.025	3.70～5.00	12.00～14.00	—	—	—	—
5	S35550	20Cr15Mn15Ni2N	2Cr15Mn15Ni2N	0.15～0.25	1.00	14.00～16.00	0.050	0.030	1.50～3.00	14.00～16.00	—	—	0.15～0.30	—
6	S35650	53Cr21Mn9Ni4N	5Cr21Mn9Ni4N	0.48～0.58	0.35	8.00～10.00	0.040	0.030	3.25～4.50	20.00～22.00	—	—	0.35～0.50	—
7	S35750	26Cr18Mn12Si2N①	3Cr18Mn12Si2N①	0.22～0.30	1.40～2.20	10.50～12.50	0.050	0.030	—	17.00～19.00	—	—	0.22～0.33	—
8	S35850	22Cr20Mn10Ni2Si2N①	2Cr20Mn9Ni2Si2N①	0.17～0.26	1.80～2.70	8.50～11.00	0.050	0.030	2.00～3.00	18.00～21.00	—	—	0.20～0.30	—
9	S30110	12Cr17Ni7	1Cr17Ni7	0.15	1.00	2.00	0.045	0.030	6.00～8.00	16.00～18.00	—	—	0.10	—
10	S30103	022Cr17Ni7	—	0.030	1.00	2.00	0.045	0.030	5.00～8.00	16.00～18.00	—	—	0.20	—
11	S30153	022Cr17Ni7N	—	0.030	1.00	2.00	0.045	0.030	5.00～8.00	16.00～18.00	—	—	0.07～0.20	—
12	S30220	17Cr18Ni9	2Cr18Ni9	0.13～0.21	1.00	2.00	0.035	0.025	8.00～10.50	17.00～19.00	—	—	—	—
13	S30210	12Cr18Ni9①	1Cr18Ni9①	0.15	1.00	2.00	0.045	0.030	8.00～10.00	17.00～19.00	—	—	0.10	—
14	S30240	12Cr18Ni9Si3①	1Cr18Ni9Si3①	0.15	2.00～3.00	2.00	0.045	0.030	8.00～10.00	17.00～19.00	—	—	0.10	—
15	S30317	Y12Cr18Ni9	Y1Cr18Ni9	0.15	1.00	2.00	0.20	≥0.15	8.00～10.00	17.00～19.00	(0.60)	—	—	—

（续）

序号	统一数字代号	新牌号	旧牌号	化学成分（质量分数，%）										
				C	Si	Mn	P	S	Ni	Cr	Mo	Cu	N	其他元素
16	S30327	Y12Cr18Ni9Se	Y1Cr18Ni9Se	0.15	1.00	2.00	0.20	0.060	8.00~10.00	17.00~19.00	—	—	—	Se≥0.15
17	S30408	06Cr19Ni10①	0Cr18Ni9①	0.08	1.00	2.00	0.045	0.030	8.00~11.00	18.00~20.00	—	—	—	—
18	S30403	022Cr19Ni10	00Cr19Ni10	0.030	1.00	2.00	0.045	0.030	8.00~12.00	18.00~20.00	—	—	—	—
19	S30409	07Cr19Ni10	—	0.04~0.10	1.00	2.00	0.045	0.030	8.00~11.00	18.00~20.00	—	—	—	—
20	S30450	05Cr19Ni10Si2CeN	—	0.04~0.06	1.00~2.00	0.80	0.045	0.030	9.00~10.00	18.00~19.00	—	—	0.12~0.18	Ce:0.03~0.08
21	S30480	06Cr18Ni9Cu2	0Cr18Ni9Cu2	0.08	1.00	2.00	0.045	0.030	8.00~10.50	17.00~19.00	—	1.00~3.00	—	—
22	S30488	06Cr18Ni9Cu3	0Cr18Ni9Cu3	0.08	1.00	2.00	0.045	0.030	8.50~10.50	17.00~19.00	—	3.00~4.00	—	—
23	S30458	06Cr19Ni10N	0Cr19Ni9N	0.08	1.00	2.00	0.045	0.030	8.00~11.00	18.00~20.00	—	—	0.10~0.16	—
24	S30478	06Cr19Ni9NbN	0Cr19Ni10NbN	0.08	1.00	2.00	0.045	0.030	7.50~10.50	18.00~20.00	—	—	0.15~0.30	Nb:0.15
25	S30453	022Cr19Ni10N	00Cr18Ni10N	0.030	1.00	2.00	0.045	0.030	8.00~11.00	18.00~20.00	—	—	0.10~0.16	—
26	S30510	10Cr18Ni12	1Cr18Ni12	0.12	1.00	2.00	0.045	0.030	10.50~13.00	17.00~19.00	—	—	—	—
27	S30508	06Cr18Ni12	0Cr18Ni12	0.08	1.00	2.00	0.045	0.030	11.00~13.50	16.50~19.00	—	—	—	—
28	S30608	06Cr16Ni18	0Cr16Ni18	0.08	1.00	2.00	0.045	0.030	17.00~19.00	15.00~17.00	—	—	—	—
29	S30808	06Cr20Ni11	—	0.08	1.00	2.00	0.045	0.030	10.00~12.00	19.00~21.00	—	—	—	—
30	S30850	22Cr21Ni12N①	2Cr21Ni12N①	0.15~0.28	0.75~1.25	1.00~1.60	0.040	0.030	10.50~12.50	20.00~22.00	—	—	0.15~0.30	—
31	S30920	16Cr23Ni13①	2Cr23Ni13①	0.20	1.00	2.00	0.040	0.030	12.00~15.00	22.00~24.00	—	—	—	—

（续）

32	S30908	06Cr23Ni13[①]	0Cr23Ni13[①]	0.08	1.00	2.00	0.045	0.030	12.00~15.00	22.00~24.00	—	—	—	—
33	S31010	11Cr23Ni18	1Cr23Ni18	0.18	1.00	2.00	0.035	0.025	17.00~20.00	22.00~25.00	—	—	—	—
34	S31020	20Cr25Ni20[①]	2Cr25Ni20[①]	0.25	1.50	2.00	0.040	0.030	19.00~22.00	24.00~26.00	—	—	—	—
35	S31008	06Cr25Ni20[①]	0Cr25Ni20[①]	0.08	1.50	2.00	0.045	0.030	19.00~22.00	24.00~26.00	—	—	—	—
36	S31053	022Cr25Ni22Mo2N	—	0.030	0.40	2.00	0.030	0.015	21.00~23.00	24.00~26.00	2.00~3.00	—	0.10~0.16	—
37	S31252	015Cr20Ni18Mo6CuN	—	0.020	0.80	1.00	0.030	0.010	17.50~18.50	19.50~20.50	6.00~6.50	0.50~1.00	0.18~0.22	—
38	S31608	06Cr17Ni12Mo2[①]	0Cr17Ni12Mo2[①]	0.08	1.00	2.00	0.045	0.030	10.00~14.00	16.00~18.00	2.00~3.00	—	—	—
39	S31603	022Cr17Ni12Mo2	00Cr17Ni14Mo2	0.030	1.00	2.00	0.045	0.030	10.00~14.00	16.00~18.00	2.00~3.00	—	—	—
40	S31609	07Cr17Ni12Mo2[①]	1Cr17Ni12Mo2[①]	0.04~0.10	1.00	2.00	0.045	0.030	10.00~14.00	16.00~18.00	2.00~3.00	—	—	—
41	S31668	06Cr17Ni12Mo2Ti[①]	0Cr18Ni12Mo3Ti[①]	0.08	1.00	2.00	0.045	0.030	10.00~14.00	16.00~18.00	2.00~3.00	—	—	Ti≥5C
42	S31678	06Cr17Ni12Mo2Nb	—	0.08	1.00	2.00	0.045	0.030	10.00~14.00	16.00~18.00	2.00~3.00	—	0.10	Nb:10C~1.10
43	S31658	06Cr17Ni12Mo2N	0Cr17Ni12Mo2N	0.08	1.00	2.00	0.045	0.030	10.00~13.00	16.00~18.00	2.00~3.00	—	0.10~0.16	—
44	S31653	022Cr17Ni12Mo2N	00Cr17Ni13Mo2N	0.030	1.00	2.00	0.045	0.030	10.00~13.00	16.00~18.00	2.00~3.00	—	0.10~0.16	—
45	S31688	06Cr18Ni12Mo2Cu2	0Cr18Ni12Mo2Cu2	0.08	1.00	2.00	0.045	0.030	10.00~14.00	17.00~19.00	1.20~2.75	1.00~2.50	—	—
46	S31683	022Cr18Ni14Mo2Cu2	00Cr18Ni14Mo2Cu2	0.030	1.00	2.00	0.045	0.030	12.00~16.00	17.00~19.00	1.20~2.75	1.00~2.50	—	—
47	S31693	022Cr18Ni15Mo3N	00Cr18Ni15Mo3N	0.030	1.00	2.00	0.025	0.010	14.00~16.00	17.00~19.00	2.35~4.20	0.50	0.10~0.20	—
48	S31782	015Cr21Ni26Mo5Cu2	—	0.020	1.00	2.00	0.045	0.035	23.00~28.00	19.00~23.00	4.00~5.00	1.00~2.00	0.10	—
49	S31708	06Cr19Ni13Mo3	0Cr19Ni13Mo3	0.08	1.00	2.00	0.045	0.030	11.00~15.00	18.00~20.00	3.00~4.00	—	—	—

（续）

序号	统一数字代号	新 牌 号	旧 牌 号	化学成分（质量分数，%）										
				C	Si	Mn	P	S	Ni	Cr	Mo	Cu	N	其他元素
50	S31703	022Cr19Ni13Mo3[①]	00Cr19Ni13Mo3[①]	0.030	1.00	2.00	0.045	0.030	11.00~15.00	18.00~20.00	3.00~4.00	—	—	—
51	S31793	022Cr18Ni14Mo3	00Cr18Ni14Mo3	0.030	1.00	2.00	0.025	0.010	13.00~15.00	17.00~19.00	2.25~3.50	0.50	0.10	—
52	S31794	03Cr18Ni16Mo5	0Cr18Ni16Mo5	0.04	1.00	2.50	0.045	0.030	15.00~17.00	16.00~19.00	4.00~6.00	—	—	—
53	S31723	022Cr19Ni16Mo5N	—	0.030	1.00	2.00	0.045	0.030	13.50~17.50	17.00~20.00	4.00~5.00	—	0.10~0.20	—
54	S31753	022Cr19Ni13Mo4N	—	0.030	1.00	2.00	0.045	0.030	11.00~15.00	18.00~20.00	3.00~4.00	—	0.10~0.22	—
55	S32168	06Cr18Ni11Ti[①]	0Cr18Ni10Ti[①]	0.08	1.00	2.00	0.045	0.030	9.00~12.00	17.00~19.00	—	—	—	Ti:5C~0.70
56	S32169	07Cr19Ni11Ti	1Cr18Ni11Ti	0.04~0.10	0.75	2.00	0.030	0.030	9.00~13.00	17.00~20.00	—	—	—	Ti:4C~0.60
57	S32590	45Cr14Ni14W2Mo[①]	4Cr14Ni14W2Mo[①]	0.40~0.50	0.80	0.70	0.040	0.030	13.00~15.00	13.00~15.00	0.25~0.40	—	—	W:2.00~2.75
58	S32652	015Cr24Ni22Mo8Mn3CuN	—	0.20	0.50	2.00~4.00	0.030	0.005	21.00~23.00	24.00~25.00	7.00~8.00	0.30~0.60	0.45~0.55	—
59	S32720	24Cr18Ni8W2[①]	2Cr18Ni8W2[①]	0.21~0.28	0.30~0.80	0.70	0.030	0.025	7.50~8.50	17.00~19.00	—	—	—	W:2.00~2.50
60	S33010	12Cr16Ni35[①]	1Cr16Ni35[①]	0.15	1.50	2.00	0.040	0.030	33.00~37.00	14.00~17.00	—	—	—	—
61	S34553	022Cr24Ni17Mo5Mn6NbN	—	0.030	1.00	5.00~7.00	0.03	0.010	16.00~18.00	23.00~25.00	4.00~5.00	—	0.40~0.60	Nb:0.10
62	S34778	06Cr18Ni11Nb[①]	0Cr18Ni11Nb[①]	0.08	1.00	2.00	0.045	0.030	9.00~12.00	17.00~19.00	—	—	—	Nb:10C~1.10
63	S34779	07Cr18Ni11Nb[①]	1Cr19Ni11Nb[①]	0.04~0.10	1.00	2.00	0.045	0.030	9.00~12.00	17.00~19.00	—	—	—	Nb:8C~1.10
64	S38148	06Cr18Ni13Si4[①②]	0Cr18Ni13Si4[①②]	0.08	3.00~5.00	2.00	0.045	0.030	11.50~15.00	15.00~20.00	—	—	—	—
65	S38240	16Cr20Ni14Si2[①]	1Cr20Ni14Si2[①]	0.20	1.50~2.50	1.50	0.040	0.030	12.00~15.00	19.00~22.00	—	—	—	—
66	S38240	16Cr25Ni20Si2[①]	1Cr25Ni20Si2[①]	0.20	1.50~2.50	1.50	0.040	0.030	18.00~21.00	24.00~27.00	—	—	—	—

注：表中所列成分除标明范围或最小值外，其余均为最大值。

① 耐热钢或可作耐热钢使用。

② 必要时，可添加表中以外的合金元素。

表 12-51　奥氏体-铁素体型不锈钢的牌号及化学成分（GB/T 20878—2007）

序号	统一数字代号	新牌号	旧牌号	化学成分(质量分数,%)										
				C	Si	Mn	P	S	Ni	Cr	Mo	Cu	N	其他元素
67	S21860	14Cr18Ni11Si4AlTi	1Cr18Ni11Si4AlTi	0.10~0.18	3.10~4.00	0.80	0.035	0.030	10.00~12.00	17.50~19.50	—	—	—	Ti:0.40~0.70 Al:0.10~0.30
68	S21953	022Cr19Ni5Mo3Si2N	00Cr18Ni5Mo3Si2	0.030	1.30~2.00	1.00~2.00	0.035	0.030	4.50~5.50	18.00~19.50	2.50~3.00	—	0.05~0.12	—
69	S22160	12Cr21Ni5Ti	1Cr21Ni5Ti	0.09~0.14	0.80	0.80	0.035	0.030	4.80~5.80	20.00~22.00	—	—	—	Ti:5(C-0.02)~0.80
70	S22253	022Cr22Ni5Mo3N	—	0.030	1.00	2.00	0.030	0.020	4.50~6.50	21.00~23.00	2.50~3.50	—	0.08~0.20	—
71	S22053	022Cr23Ni5Mo3N	—	0.030	1.00	2.00	0.030	0.020	4.50~6.50	22.00~23.00	3.00~3.50	—	0.14~0.20	—
72	S23043	022Cr23Ni4MoCuN	—	0.030	1.00	2.50	0.035	0.030	3.00~5.50	21.50~24.50	0.05~0.60	0.05~0.60	0.05~0.20	—
73	S22553	022Cr25Ni6Mo2N	—	0.030	1.00	2.00	0.030	0.030	5.50~6.50	24.00~26.00	1.20~2.50	—	0.10~0.20	—
74	S22583	022Cr25Ni7Mo3WCuN	—	0.030	1.00	0.75	0.030	0.030	5.50~7.50	24.00~26.00	2.50~2.50	0.20~0.80	0.10~0.30	W:0.10~0.50
75	S25554	03Cr25Ni6Mo3Cu2N	—	0.04	1.00	1.50	0.035	0.030	4.50~6.50	24.00~27.00	2.90~3.90	1.50~2.50	0.10~0.25	—
76	S25073	022Cr25Ni7Mo4N	—	0.030	0.80	1.20	0.035	0.020	6.00~8.00	24.00~26.00	3.00~5.00	0.50	0.24~0.32	—
77	S27603	022Cr25Ni7Mo4WCuN	—	0.030	1.00	1.00	0.030	0.010	6.00~8.00	24.00~26.00	3.00~4.00	0.50~1.00	0.20~0.30	W:0.50~1.00 Cr+3.3Mo+16N ≥40

注：表中所列成分除标明范围或最小值外，其余均为最大值。

表 12-52　铁素体型不锈钢和耐热钢的牌号及化学成分（GB/T 20878—2007）

序号	统一数字代号	新牌号	旧牌号	化学成分(质量分数,%)										
				C	Si	Mn	P	S	Ni	Cr	Mo	Cu	N	其他元素
78	S11348	06Cr13Al①	0Cr13Al①	0.08	1.00	1.00	0.040	0.030	(0.60)	11.50~14.50	—	—	—	Al:0.10~0.30
79	S11168	06Cr11Ti	0Cr11Ti	0.08	1.00	1.00	0.045	0.030	(0.60)	10.50~11.70	—	—	—	Ti:6C~0.75

（续）

序号	统一数字代号	新牌号	旧牌号	化学成分（质量分数，%）										
				C	Si	Mn	P	S	Ni	Cr	Mo	Cu	N	其他元素
80	S11163	022Cr11Ti①	—	0.030	1.00	1.00	0.040	0.020	(0.60)	10.50~11.70	—	—	0.030	Ti≥8(C+N) Ti:0.15~0.50 Nb:0.10
81	S11173	022Cr11NbTi①	—	0.030	1.00	1.00	0.040	0.020	(0.60)	10.50~11.70	—	—	0.030	Ti+Nb:8(C+N)+0.08~0.75 Ti≥0.05
82	S11213	022Cr12Ni①	—	0.030	1.00	1.50	0.040	0.015	0.30~1.00	10.50~12.50	—	—	0.030	—
83	S11203	022Cr12①	00Cr12①	0.030	1.00	1.00	0.040	0.030	(0.60)	11.00~13.50	—	—	—	—
84	S11510	10Cr15	1Cr15	0.12	1.00	1.00	0.040	0.030	(0.60)	14.00~16.00	—	—	—	—
85	S11710	10Cr17①	1Cr17①	0.12	1.00	1.00	0.040	0.030	(0.60)	16.00~18.00	—	—	—	—
86	S11717	Y10Cr17	Y1Cr17	0.12	1.00	1.25	0.060	≥0.15	(0.60)	16.00~18.00	(0.60)	—	—	—
87	S11863	022Cr18Ti	00Cr17	0.030	0.75	1.00	0.040	0.030	(0.60)	16.00~19.00	—	—	—	Ti或Nb：0.10~1.00
88	S11790	10Cr17Mo	1Cr17Mo	0.12	1.00	1.00	0.040	0.030	(0.60)	16.00~18.00	0.75~1.25	—	—	—
89	S11770	10Cr17MoNb	—	0.12	1.00	1.00	0.040	0.030	—	16.00~18.00	0.75~1.25	—	—	Nb:5C~0.80
90	S11862	019Cr18MoTi	—	0.025	1.00	1.00	0.040	0.030	(0.60)	16.00~19.00	0.75~1.50	—	0.025	Ti、Nb、Zr或其组合：8(C+N)~0.80
91	S11873	022Cr18NbTi	—	0.030	1.00	1.00	0.040	0.015	(0.60)	17.50~18.50	—	—	—	Ti:0.10~0.60 Nb≥0.30+3C
92	S11972	019Cr19Mo2NbTi	00Cr18Mo2	0.025	1.00	1.00	0.040	0.030	1.00	17.50~19.50	1.75~2.50	—	0.035	(Ti+Nb):[0.20+4(C+N)]~0.80
93	S12550	16Cr25N①	2Cr25N①	0.20	1.00	1.50	0.040	0.030	(0.60)	23.00~27.00	—	(0.30)	0.25	—
94	S12791	008Cr27Mo②	00Cr27Mo②	0.010	0.40	0.40	0.030	0.020	—	25.00~27.50	0.75~1.50	—	0.015	—
95	S13091	008Cr30Mo2②	00Cr30Mo2②	0.010	0.10	0.40	0.030	0.020	—	28.50~32.00	1.50~2.50	—	0.015	—

注：表中所列成分除标明范围或最小值外，其余均为最大值。括号内值为允许添加的最大值。

① 耐热钢或可作耐热钢使用。

② 允许含有质量分数小于或等于 0.50%的 Ni，质量分数小于或等于 0.20%的 Cu，但 Ni+Cu 的质量分数应小于或等于 0.50%。根据需要，可添加表中以外的合金元素。

表 12-53　马氏体型不锈钢和耐热钢的牌号及化学成分（GB/T 20878—2007）

序号	统一数字代号	新牌号	旧牌号	化学成分(质量分数,%)										
				C	Si	Mn	P	S	Ni	Cr	Mo	Cu	N	其他元素
96	S40310	12Cr12①	1Cr12①	0.15	0.50	1.00	0.040	0.030	(0.60)	11.50~13.00	—	—	—	—
97	S41008	06Cr13	0Cr13	0.08	1.00	1.00	0.040	0.030	(0.60)	11.50~13.50	—	—	—	—
98	S41010	12Cr13①	1Cr13①	0.15	1.00	1.00	0.040	0.030	(0.60)	11.50~13.50	—	—	—	—
99	S41595	04Cr13Ni5Mo	—	0.05	0.60	0.50~1.00	0.030	0.030	3.50~5.50	11.50~14.00	0.50~1.00	—	—	—
100	S41617	Y12Cr13	Y1Cr13	0.15	1.00	1.25	0.060	≥0.15	(0.60)	12.00~14.00	(0.60)	—	—	—
101	S42020	20Cr13①	2Cr13①	0.16~0.25	1.00	1.00	0.040	0.030	(0.60)	12.00~14.00	—	—	—	—
102	S42030	30Cr13	3Cr13	0.26~0.35	1.00	1.00	0.040	0.030	(0.60)	12.00~14.00	—	—	—	—
103	S42037	Y30Cr13	Y3Cr13	0.26~0.35	1.00	1.25	0.060	≥0.15	(0.60)	12.00~14.00	(0.60)	—	—	—
104	S42040	40Cr13	4Cr13	0.36~0.45	0.60	0.80	0.040	0.030	(0.60)	12.00~14.00	—	—	—	—
105	S41427	Y25Cr13Ni2	Y2Cr13Ni2	0.20~0.30	0.50	0.80~1.20	0.08~0.12	0.15~0.25	1.50~2.00	12.00~14.00	(0.60)	—	—	—
106	S43110	14Cr17Ni2①	1Cr17Ni2①	0.11~0.17	0.80	0.80	0.040	0.030	1.50~2.50	16.00~18.00	—	—	—	—
107	S43120	17Cr16Ni2①	—	0.12~0.22	1.00	1.50	0.040	0.030	1.50~2.50	15.00~17.00	—	—	—	—
108	S41070	68Cr17	7Cr17	0.60~0.75	1.00	1.00	0.040	0.030	(0.60)	16.00~18.00	(0.75)	—	—	—
109	S44080	85Cr17	8Cr17	0.75~0.95	1.00	1.00	0.040	0.030	(0.60)	16.00~18.00	(0.75)	—	—	—
110	S44096	108Cr17	11Cr17	0.95~1.20	1.00	1.00	0.040	0.030	(0.60)	16.00~18.00	(0.75)	—	—	—
111	S44097	Y108Cr17	Y11Cr17	0.95~1.20	1.00	1.25	0.060	≥0.15	(0.60)	16.00~18.00	(0.75)	—	—	—

（续）

序号	统一数字代号	新牌号	旧牌号	化学成分（质量分数，%）										
				C	Si	Mn	P	S	Ni	Cr	Mo	Cu	N	其他元素
112	S44090	95Cr18	9Cr18	0.90~1.00	0.80	0.80	0.040	0.030	(0.60)	17.00~19.00	—	—	—	—
113	S45110	12Cr5Mo①	1Cr5Mo①	0.15	0.50	0.60	0.40	0.030	(0.60)	4.00~6.00	0.40~0.60	—	—	—
114	S45610	12Cr12Mo①	1Cr12Mo①	0.10~0.15	0.50	0.30~0.50	0.040	0.030	0.30~0.60	11.50~13.00	0.30~0.60	(0.30)	—	—
115	S45710	13Cr13Mo①	1Cr13Mo①	0.08~0.18	0.60	1.00	0.040	0.030	(0.60)	11.50~14.00	0.30~0.60	(0.30)	—	—
116	S45830	32Cr13Mo	3Cr13Mo	0.28~0.35	0.80	1.00	0.040	0.030	(0.60)	12.00~14.00	0.50~1.00	—	—	—
117	S15990	102Cr17Mo	9Cr18Mo	0.95~1.10	0.80	0.80	0.040	0.030	(0.60)	16.00~18.00	0.40~0.70	—	—	—
118	S46990	90Cr18MoV	9Cr18MoV	0.85~0.95	0.80	0.80	0.040	0.030	(0.60)	17.00~19.00	1.00~1.30	—	—	V:0.07~0.12
119	S46010	14Cr11MoV①	1Cr11MoV①	0.11~0.18	0.50	0.60	0.035	0.030	0.60	10.00~11.50	0.50~0.70	—	—	V:0.25~0.40
120	S46110	158Cr12MoV①	1Cr12MoV①	1.45~1.70	0.10	0.35	0.030	0.025	—	11.00~12.50	0.40~0.60	—	—	V:0.15~0.30
121	S46020	21Cr12MoV①	2Cr12MoV①	0.18~0.24	0.10~0.50	0.30~0.80	0.030	0.025	0.30~0.60	11.00~12.50	0.80~1.20	0.30	—	V:0.25~0.35
122	S46250	18Cr12MoVNbN①	2Cr12MoVNbN①	0.15~0.20	0.50	0.50~1.00	0.035	0.030	(0.60)	10.00~13.00	0.30~0.90	—	0.05~0.10	V:0.10~0.40 Nb:0.20~0.60
123	S47010	15Cr12WMoV①	1Cr12WMoV①	0.12~0.18	0.50	0.50~0.90	0.035	0.030	0.40~0.80	11.00~13.00	0.50~0.70	—	—	W:0.70~1.10 V:0.15~0.30
124	S47220	22Cr12NiWMoV①	2Cr12NiMoWV①	0.20~0.25	0.50	0.50~1.00	0.040	0.030	0.50~1.00	11.00~13.00	0.75~1.25	—	—	W:0.75~1.25 V:0.20~0.40
125	S47310	13Cr11Ni2W2MoV①	1Cr11Ni2W2MoV①	0.10~0.16	0.60	0.60	0.035	0.030	1.40~1.80	10.50~12.00	0.35~0.50	—	—	W:1.50~2.00 V:0.18~0.30
126	S47410	14Cr12Ni2WMoVNb①	1Cr12Ni2WMoVNb①	0.11~0.17	0.60	0.60	0.030	0.025	1.80~2.20	11.00~12.00	0.80~1.20	—	—	W:0.70~1.00 V:0.20~0.30 Nb:0.15~0.30
127	S47250	10Cr12Ni3Mo2VN	—	0.08~0.13	0.40	0.50~0.90	0.030	0.025	2.00~3.00	11.00~12.50	1.50~2.00	—	0.020~0.04	V:0.25~0.40

128	S47450	18Cr11NiMoNbVN①	2Cr11NiMoNbVN①	0.15～0.20	0.50	0.50～0.80	0.020	0.015	0.30～0.60	10.00～12.00	0.60～0.90	0.10	0.04～0.09	V:0.20～0.30 Al:0.30 Nb:0.20～0.60
129	S47710	13Cr14Ni3W2VB①	1Cr14Ni3W2VB①	0.10～0.16	0.60	0.60	0.300	0.030	2.80～3.40	13.00～15.00	—	—	—	W:1.60～2.20 Ti:0.05 B:0.004 V:0.18～0.28
130	S48040	42Cr9Si2	4Cr9Si2	0.35～0.50	2.00～3.00	0.70	0.035	0.030	0.60	8.00～10.00	—	—	—	—
131	S48045	45Cr9Si3	—	0.40～0.50	3.00～3.50	0.60	0.030	0.030	0.60	7.50～9.50	—	—	—	—
132	S48140	40Cr10Si2Mo①	4Cr10Si2Mo①	0.35～0.45	1.90～2.60	0.70	0.035	0.030	0.60	9.00～10.50	0.70～0.90	—	—	—
133	S48380	80Cr20Si2Ni①	8Cr20Si2Ni①	0.75～0.85	1.75～2.25	0.20～0.60	0.030	0.030	1.15～1.65	19.00～20.50	—	—	—	—

注：表中所列成分除标明范围或最小值外，其余均为最大值。括号内值为允许添加的最大值。

① 耐热钢或可作耐热钢使用。

表 12-54　沉淀硬化型不锈钢和耐热钢的牌号及化学成分（GB/T 20878—2007）

序号	统一数字代号	新牌号	旧牌号	化学成分(质量分数,%)										
				C	Si	Mn	P	S	Ni	Cr	Mo	Cu	N	其他元素
134	S51380	04Cr13Ni8Mo2Al	—	0.05	0.10	0.20	0.010	0.008	7.50～8.50	12.30～13.20	2.00～3.00	—	0.01	Al:0.90～1.35
135	S51290	022Cr12Ni9Cu2NbTi	—	0.030	0.50	0.50	0.040	0.030	7.50～9.50	11.00～12.50	0.50	1.50～2.50	—	Ti:0.80～1.40 Nb:0.10～0.50
136	S51550	05Cr15Ni5Cu4Nb	—	0.7	1.00	1.00	0.040	0.030	3.50～5.50	14.00～15.50	—	2.50～4.50	—	Nb:0.15～0.45
137	S51740	05Cr17Ni4Cu4Nb①	0Cr17Ni4Cu4Nb①	0.07	1.00	1.00	0.040	0.030	3.00～5.00	15.00～17.50	—	3.00～5.00	—	Nb:0.15～0.45
138	S51770	07Cr17Ni7Al①	0Cr17Ni7Al①	0.09	1.00	1.00	0.040	0.030	6.50～7.75	16.00～18.00	—	—	—	Al:0.75～1.50
139	S51570	07Cr15Ni7Mo2Al①	0Cr15Ni7Mo2Al①	0.09	1.00	1.00	0.040	0.030	6.50～7.75	14.00～16.00	2.00～3.00	—	—	Al:0.75～1.50

（续）

序号	统一数字代号	新牌号	旧牌号	化学成分(质量分数,%)										
				C	Si	Mn	P	S	Ni	Cr	Mo	Cu	N	其他元素
140	S51240	07Cr12Ni4Mn5Mo3Al	0Cr12Ni4Mn5Mo3Al	0.09	0.80	4.40~5.30	0.030	0.025	4.00~5.00	11.00~12.00	2.70~3.30	—	—	Al:0.50~1.00
141	S51750	09Cr17Ni5Mo3N	—	0.07~0.11	0.50	0.50~1.25	0.040	0.030	4.00~5.00	16.00~17.00	2.50~3.20	—	0.07~0.13	—
142	S51778	06Cr17Ni7AlTi①	—	0.08	1.00	1.00	0.040	0.030	6.00~7.50	16.00~17.50	—	—	—	Al:0.40 Ti:0.40~1.20
143	S51525	06Cr15Ni25Ti2MoAlVB	0Cr15Ni25Ti-2MoAlVB	0.08	1.00	2.00	0.040	0.030	24.00~27.00	13.50~16.00	1.00~1.50	—	—	Al:0.35 Ti:1.90~2.35 B:0.001~0.010 V:0.10~0.50

注：表中所列成分除标明范围或最小值外，其余均为最大值。

① 可作耐热钢使用。

（2）不锈钢和耐热钢的物理性能（见表 12-55）

表 12-55 常用不锈钢和耐热钢牌号的物理性能（GB/T 20878—2007）

新牌号	旧牌号	密度(20℃)/(kg/dm³)	熔点/℃	比热容(0~100℃)/[kJ/(kg·K)]	热导率/[W/(m·K)]		线胀系数/(10^{-6}/K)		电阻率(20℃)/(Ω·mm²/m)	纵向弹性模量(20℃)/GPa	磁性
					100℃	500℃	0~100℃	0~500℃			
1. 奥氏体型不锈钢和耐热钢											
12Cr17Mn6Ni5N	1Cr17Mn6Ni5N	7.93	1398~1453	0.50	16.3	—	15.7	—	0.69	197	无①
12Cr18Mn9Ni5N	1Cr18Mn8Ni5N	7.93	—	0.50	16.3	19.0	14.8	18.7	0.69	197	
20Cr13Mn9Ni4	2Cr13Mn9Ni4	7.85	—	0.49	—	—	—	—	0.90	202	
12Cr17Ni7	1Cr17Ni7	7.93	1398~1420	0.50	16.3	21.5	16.9	18.7	0.73	193	
022Cr17Ni7	—	7.93	—	0.50	16.3	21.5	16.9	18.7	0.73	193	
022Cr17Ni7N	—	7.93	—	0.50	16.3	—	16.0	18.0	0.73	200	
17Cr18Ni9	2Cr18Ni9	7.85	1398~1453	0.50	18.8	23.5	16.0	18.0	0.73	196	
12Cr18Ni9	1Cr18Ni9	7.93	1398~1120	0.50	16.3	21.5	17.3	18.7	0.73	193	
12Cr18Ni9Si3	1Cr18Ni9Si3	7.93	1370~1398	0.50	15.9	21.6	16.2	20.2	0.73	193	
Y12Cr18Ni9	Y1Cr18Ni9	7.98	1398~1420	0.50	16.3	21.5	17.3	18.4	0.73	193	
Y12Cr18Ni9Se	Y1Cr18Ni9Se	7.93	1398~1420	0.50	16.3	21.5	17.3	18.7	0.73	193	
06Cr19Ni10	0Cr18Ni9	7.93	1398~1454	0.50	16.3	21.5	17.2	18.4	0.73	193	

022Cr19Ni10	00Cr19Ni10	7.90	—	0.50	16.3	21.5	16.8	18.3	—	—	无[1]
07Cr19Ni10	—	7.90	—	0.50	16.3	21.5	16.8	18.3	0.73	—	
06Cr18Ni9Cu2	0Cr18Ni9Cu2	8.00	—	0.50	16.3	21.5	17.3	18.7	0.72	200	
06Cr19Ni10N	0Cr19Ni9N	7.93	1398~1454	0.50	16.3	21.5	16.5	18.5	0.72	196	
022Cr19Ni10N	00Cr18Ni10N	7.93	—	0.50	16.3	21.5	16.5	18.5	0.73	200	
10Cr18Ni12	1Cr18Ni12	7.93	1398~1453	0.50	16.3	21.5	17.3	18.7	0.72	193	
06Cr16Ni18	0Cr16Ni18	8.03	1430	0.50	16.2	—	17.3	—	0.75	193	
06Cr20Ni11	—	8.00	1398~1453	0.50	15.5	21.6	17.3	18.7	0.72	193	
22Cr21Ni12N	2Cr21Ni12N	7.73	—	—	20.9 (24℃)	—	—	16.5	—	—	
16Cr23Ni13	2Cr23Ni13	7.98	1398~1453	0.50	13.8	18.7	14.9	18.0	0.78	200	
06Cr23Ni13	0Cr23Ni13	7.98	1397~1453	0.50	15.5	18.6	14.9	18.0	0.78	193	
14Cr23Ni18	1Cr23Ni18	7.90	1400~1454	0.50	15.9	18.8	15.4	19.2	1.0	196	
20Cr25Ni20	2Cr25Ni20	7.98	1398~1453	0.50	14.2	18.6	15.8	17.5	0.78	200	
06Cr25Ni20	0Cr25Ni20	7.98	1397~1453	0.50	16.3	21.5	14.4	17.5	0.78	200	
022Cr25Ni22Mo2N	—	8.02	—	0.45	12.0		15.8	—	1.0	200	
015Cr20Ni18Mo6CuN	—	8.00	1325~1400	0.50	13.5 (20℃)	—	16.5	—	0.85	200	
06Cr17Ni12Mo2	0Cr17Ni12Mo2	8.00	1370~1397	0.50	16.3	21.5	16.0	18.5	0.74	193	
022Cr17Ni12Mo2	00Cr17Ni14Mo2	8.00	—	0.50	16.3	21.5	16.0	18.5	0.74	193	
06Cr17Ni12Mo2Ti	0Cr18Ni12Mo3Ti	7.90	—	0.50	16.0	24.0	15.7	17.6	0.75	199	
06Cr17Ni12Mo2N	0Cr17Ni12Mo2N	8.00	—	0.50	16.3	21.5	16.5	18.0	0.73	200	
022Cr17Ni12Mo2N	00Cr17Ni13Mo2N	8.04	—	0.47	16.5	—	15.0	—	—	200	
06Cr18Ni12Mo2Cu2	0Cr18Ni12Mo2Cu2	7.96	—	0.50	16.1	21.7	16.6	—	0.74	186	
022Cr18Ni14Mo2Cu2	00Cr18Ni14Mo2Cu2	7.96	—	0.50	16.1	21.7	16.0	18.6	0.74	191	
015Cr21Ni26Mo5Cu2	—	8.00	—	0.50	13.7	—	15.0	—	—	188	
06Cr19Ni13Mo3	0Cr19Ni13Mo3	8.00	1370~1397	0.50	16.3	21.5	16.0	18.5	0.74	193	
022Cr19Ni13Mo3	00Cr19Ni13Mo3	7.98	1375~1400	0.50	14.4	21.5	16.5	—	0.79	200	
022Cr19Ni16Mo5N	—	8.00	—	0.50	12.8	—	15.2	—	—	—	
06Cr18Ni11Ti	0Cr18Ni10Ti	8.03	1398~1427	0.50	16.3	22.2	16.6	18.6	0.72	193	

（续）

新牌号	旧牌号	密度(20℃)/(kg/dm³)	熔点/℃	比热容(0~100℃)/[kJ/(kg·K)]	热导率/[W/(m·K)]		线胀系数/(10^{-6}/K)		电阻率(20℃)/(Ω·mm²/m)	纵向弹性模量(20℃)/GPa	磁性
					100℃	500℃	0~100℃	0~500℃			
1. 奥氏体型不锈钢和耐热钢											
45Cr14Ni14W2Mo	4Cr14Ni14W2Mo	8.00	—	0.51	15.9	22.2	16.6	18.0	0.81	177	无[①]
24Cr18Ni8W2	2Cr18Ni8W2	7.98	—	0.50	15.9	23.0	19.5	25.1	—	—	
12Cr16Ni35	1Cr16Ni35	8.00	1318~1427	0.46	12.6	19.7	16.6	—	1.02	196	
06Cr18Ni11Nb	0Cr18Ni11Nb	8.03	1398~1427	0.50	16.3	22.2	16.6	18.6	0.73	193	
06Cr18Ni13Si4	0Cr18Ni13Si4	7.75	1400~1430	0.50	16.3	—	13.8	—	—	—	
16Cr20Ni14Si2	1Cr20Ni14Si2	7.90	—	0.50	15.0	—	16.5	—	0.85	—	
2. 奥氏体-铁素体型不锈钢											
14Cr18Ni11Si4AlTi	1Cr18Ni11Si4AlTi	7.51	—	0.48	13.0	19.0	16.3	19.7	1.04	180	有
022Cr19Ni5Mo3Si2N	00Cr18Ni5Mo3Si2	7.70	—	0.46	20.0	24.0(300℃)	12.2	13.5(300℃)	—	196	
12Cr21Ni5Ti	1Cr21Ni5Ti	7.80	—	—	17.6	23.0	10.0	17.4	0.79	187	
022Cr22Ni5Mo3N	—	7.80	1420~1462	0.46	19.0	23.0(300℃)	13.7	14.7(300℃)	0.88	186	
022Cr23Ni4MoCuN	—	7.80	—	0.50	16.0	—	13.0	—	—	200	
022Cr25Ni6Mo2N	—	7.80	—	0.50	21.0	25.0	13.4(200℃)	24.0(300℃)	—	196	
022Cr25Ni7Mo3WCuN	—	7.80	—	0.50	—	25.0	11.5(200℃)	12.7(400℃)	0.75	228	
03Cr25Ni6Mo3Cu2N	—	7.80	—	0.46	13.5	—	12.3	—	—	210	
022Cr25Ni7Mo4N	—	7.80	—	—	14	—	12.0	—	—	185(200℃)	
3. 铁素体型不锈钢和耐热钢											
06Cr13Al	0Cr13Al	7.75	1480~1530	0.46	24.2	—	10.8	—	0.60	200	有
06Cr11Ti	0Cr11Ti	7.75	—	0.46	25.0	—	10.6	12.0	0.60	—	
022Cr11Ti	—	7.75	—	0.46	24.9	28.5	10.6	12.0	0.57	201	
022Cr12	00Cr12	7.75	—	0.46	24.9	28.5	10.6	12.0	0.57	201	

10Cr15	1Cr15	7.70	—	0.46	26.0	—	10.3	11.9	0.59	200	
10Cr17	1Cr17	7.70	1480~1508	0.46	26.0	—	10.5	11.9	0.60	200	
Y10Cr17	Y1Cr17	7.78	1427~1510	0.46	26.0	—	10.4	11.4	0.60	200	
022Cr18Ti	00Cr17	7.70	—	0.46	35.1（20℃）	—	10.4	—	0.60	200	
10Cr17Mo	1Cr17Mo	7.70	—	0.46	26.0	—	11.9	—	0.60	200	有
10Cr17MoNb	—	7.70	—	0.44	30.0	—	11.7	—	0.70	220	
019Cr18MoTi	—	7.70	—	0.46	35.1	—	10.4	—	0.60	200	
019Cr19Mo2NbTi	00Cr18Mo2	7.75	—	0.46	36.9	—	10.6（200℃）	—	0.60	200	
008Cr27Mo	00Cr27Mo	7.67	—	0.46	26.0	—	11.0	—	0.64	206	
008Cr30Mo2	00Cr30Mo2	7.64	—	0.50	26.0	—	11.0	—	0.64	210	
4. 马氏体型不锈钢和耐热钢											
12Cr12	1Cr12	7.80	1480~1530	0.46	21.2	—	9.9	11.7	0.57	200	
06Cr13	0Cr13	7.75	—	0.46	25.0	—	10.6	12.0	0.60	220	
12Cr13	1Cr13	7.70	1480~1530	0.46	24.2	28.9	11.0	11.7	0.57	200	
04Cr13Ni5Mo	—	7.79	—	0.47	16.30	—	10.7	—	—	201	
Y12Cr13	Y1Cr13	7.78	1482~1532	0.46	25.0	—	9.9	11.5	0.57	200	
20Cr13	2Cr13	7.75	1470~1510	0.46	22.2	26.4	10.3	12.2	0.55	200	
30Cr13	3Cr13	7.76	1365	0.17	25.1	25.5	10.5	12.0	0.52	219	
Y30Cr13	Y3Cr13	7.78	1454~1510	0.46	25.1	—	10.3	11.7	0.57	219	
40Cr13	4Cr13	7.75	—	0.46	28.1	28.9	10.5	12.0	0.59	215	有
14Cr17Ni2	1Cr17Ni2	7.75	—	0.46	20.2	25.1	10.3	12.4	0.72	193	
17Cr16Ni2	—	7.71	—	0.16	27.8	31.8	10.0	11.0	0.70	212	
68Cr17	7Cr17	7.78	1371~1508	0.16	21.2	—	10.2	11.7	0.60	200	
85Cr17	8Cr17	7.78	1371~1508	0.46	24.2	—	10.2	11.9	0.60	200	
108Cr17	11Cr17	7.78	1371~1482	0.46	24.0	—	10.2	11.7	0.60	200	
Y108Cr17	Y11Cr17	7.78	1371~1482	0.46	24.2	—	10.1	—	0.60	200	
95Cr18	9Cr18	7.70	1377~1510	0.48	29.3	—	10.5	12.0	0.60	200	
102Cr17Mo	9Cr18Mo	7.70	—	0.43	16.0	—	10.4	11.6	0.80	215	

（续）

新　牌　号	旧　牌　号	密度(20℃)/(kg/dm³)	熔点/℃	比热容(0~100℃)/[kJ/(kg·K)]	热导率/[W/(m·K)]		线胀系数/(10^{-6}/K)		电阻率(20℃)/(Ω·mm²/m)	纵向弹性模量(20℃)/GPa	磁性
					100℃	500℃	0~100℃	0~500℃			
4. 马氏体型不锈钢和耐热钢											
90Cr18MoV	9Cr18MoV	7.70	—	0.46	29.3	—	10.5	12.0	0.65	211	有
158Cr12MoV	1Cr12MoV	7.70	—	—	—	—	10.9	12.2(600℃)	—	—	
18Cr12MoVNbN	2Cr12MoVNbN	7.75	—	—	27.2	—	9.3	—	—	218	
22Cr12NiWMoV	2Cr12NiWMoV	7.78	—	0.46	25.1	—	10.6(260℃)	11.5	—	206	
13Cr11Ni2W2MoV	1Cr11Ni2W2MoV	7.80	—	0.48	22.2	28.1	9.3	11.7	—	196	
14Cr12Ni2WMoVNb	1Cr12Ni2WMoVNb	7.80	—	0.47	23.0	25.1	9.9	11.4	—	—	
42Cr9Si2	4Cr9Si2	—	—	—	16.7(20℃)	—	—	12.0	0.79	—	
40Cr10Si2Mo	4Cr10Si2Mo	7.62	—	—	15.9	25.1	10.4	12.1	0.84	206	
80Cr20Si2Ni	8Cr20Si2Ni	7.60	—	—	—	—	—	12.3(600℃)	0.95	—	
5. 沉淀硬化型不锈钢和耐热钢											
04Cr13Ni8Mo2Al	—	7.76	—	—	14.0	—	10.4	—	1.00	195	有
022Cr12Ni9Cu2NbTi	—	7.7	1400~1440	0.46	17.2	—	10.6	—	0.90	199	
05Cr15Ni5Cu4Nb	—	7.78	1397~1435	0.46	17.9	23.0	10.8	12.0	0.98	195	
05Cr17Ni4Cu4Nb	0Cr17Ni4Cu4Nb	7.78	1397~1435	0.46	17.2	23.0	10.8	12.0	0.98	196	
07Cr17Ni7Al	0Cr17Ni7Al	7.93	1390~1430	0.50	16.3	20.9	15.3	17.1	0.80	200	
07Cr15Ni7Mo2Al	0Cr15Ni7Mo2Al	7.80	1415~1450	0.46	18.0	22.2	10.5	11.8	0.80	185	
07Cr12Ni4Mn5Mo3Al	0Cr12Ni4Mn5Mo3Al	7.80	—	—	17.6	23.9	16.2	18.9	0.80	195	
09Cr17Ni5Mo3N	—	—	—	—	15.4	—	17.3	—	0.79	203	
06Cr15Ni25Ti2MoAlVB	0Cr15Ni25Ti2MoAlVB	7.94	1371~1427	0.46	15.1	23.8(600℃)	16.9	17.6	0.91	198	无①

① 冷变形后稍有磁性。

（3）不锈钢棒的力学性能（见表 12-56～表 12-60）

表 12-56　经固溶处理的奥氏体型不锈钢棒的力学性能（GB/T 1220—2007）

新牌号	旧牌号	规定塑性延伸强度 $R_{p0.2}$①/MPa	抗拉强度 R_m/MPa	断后伸长率 A（%）	断面收缩率 Z②（%）	硬度①		
						HBW	HRB	HV
		≥				≤		
12Cr17Mn6Ni5N	1Cr17Mn6Ni5N	275	520	40	45	241	100	253
12Cr18Mn9Ni5N	1Cr18Mn8Ni5N	275	520	40	45	207	95	218
12Cr17Ni7	1Cr17Ni7	205	520	40	60	187	90	200
12Cr18Ni9	1Cr18Ni9	205	520	40	60	187	90	200
Y12Cr18Ni9	Y1Cr18Ni9	205	520	40	50	187	90	200
Y12Cr18Ni9Se	Y1Cr18Ni9Se	205	520	40	50	187	90	200
06Cr19Ni10	0Cr18Ni9	205	520	40	60	187	90	200
022Cr19Ni10	00Cr19Ni10	175	480	40	60	187	90	200
06Cr18Ni9Cu3	0Cr18Ni9Cu3	175	480	40	60	187	90	200
06Cr19Ni10N	0Cr19Ni9N	275	550	35	50	217	95	220
06Cr19Ni9NbN	0Cr19Ni10NbN	345	685	35	50	250	100	260
022Cr19Ni10N	00Cr18Ni10N	245	550	40	50	217	95	220
10Cr18Ni12	1Cr18Ni12	175	480	40	60	187	90	200
06Cr23Ni13	0Cr23Ni13	205	520	40	60	187	90	200
06Cr25Ni20	0Cr25Ni20	205	520	40	50	187	90	200
06Cr17Ni12Mo2	0Cr17Ni12Mo2	205	520	40	60	187	90	200
022Cr17Ni12Mo2	00Cr17Ni14Mo2	175	480	40	60	187	90	200
06Cr17Ni12Mo2Ti	0Cr18Ni12Mo3Ti	205	530	40	55	187	90	200
06Cr17Ni12Mo2N	0Cr17Ni12Mo2N	275	550	35	50	217	95	220
022Cr17Ni12Mo2N	00Cr17Ni13Mo2N	245	550	40	50	217	95	220
06Cr18Ni12Mo2Cu2	0Cr18Ni12Mo2Cu2	205	520	40	60	187	90	200
022Cr18Ni14Mo2Cu2	00Cr18Ni14Mo2Cu2	175	480	40	60	187	90	200
06Cr19Ni13Mo3	0Cr19Ni13Mo3	205	520	40	60	187	90	200
022Cr19Ni13Mo3	00Cr19Ni13Mo3	175	480	40	60	187	90	200
03Cr18Ni16Mo5	0Cr18Ni16Mo5	175	480	40	45	187	90	200
06Cr18Ni11Ti	0Cr18Ni10Ti	205	520	40	50	187	90	200
06Cr18Ni11Nb	0Cr18Ni11Nb	205	520	40	50	187	90	200
06Cr18Ni13Si4	0Cr18Ni13Si4	205	520	40	60	207	95	218

注：表中数值仅适用于直径、边长、厚度或对边距离小于或等于 180mm 的钢棒；大于 180mm 的钢棒，可改锻成 180mm 的样坯检验，或由供需双方协商，规定允许降低其力学性能的数据。

① 规定塑性延伸强度和硬度，仅当需方要求时（合同中注明）才进行测定，且供方可根据钢棒的尺寸或状态任选一种方法测定硬度。

② 扁钢不适用，但需方要求时，由供需双方协商。

表 12-57　经固溶处理的奥氏体-铁素体型不锈钢棒的力学性能（GB/T 1220—2007）

新牌号	旧牌号	规定塑性延伸强度 $R_{p0.2}$①/MPa	抗拉强度 R_m/MPa	断后伸长率 A（%）	断面收缩率 Z②（%）	冲击吸收能量③ KU_2/J	硬度①		
							HBW	HRB	HV
		≥					≤		
14Cr18Ni11Si4AlTi	1Cr18Ni11Si4AlTi	440	715	25	40	63	—	—	—
022Cr19Ni5Mo3Si2N	00Cr18Ni5Mo3Si2	390	590	20	40	—	290	30	300

（续）

新牌号	旧牌号	规定塑性延伸强度 $R_{p0.2}$①/MPa	抗拉强度 R_m/MPa	断后伸长率 A（%）	断面收缩率 Z②（%）	冲击吸收能量③ KU_2/J	硬度① HBW	HRB	HV
		≥					≤		
022Cr22Ni5Mo3N	—	450	620	25	—	—	290	—	—
022Cr23Ni5Mo3N	—	450	655	25	—	—	290	—	—
022Cr25Ni6Mo2N	—	450	620	20	—	—	260	—	
03Cr25Ni6Mo3Cu2N	—	550	750	25	—	—	290	—	—

注：表中数值仅适用于直径、边长、厚度或对边距离小于或等于180mm的钢棒；大于180mm的钢棒，可改锻成180mm的样坯检验，或由供需双方协商，规定允许降低其力学性能的数据。

① 规定塑性延伸强度和硬度，仅当需方要求时（合同中注明）才进行测定，且供方可根据钢棒的尺寸或状态任选一种方法测定硬度。

② 扁钢不适用，但需方要求时，由供需双方协商。

③ 直径或对边距离小于等于16mm的圆钢、六角钢、八角钢和边长或厚度小于等于12mm的方钢、扁钢不做冲击试验。

表12-58 经退火处理的铁素体型不锈钢棒的力学性能（GB/T 1220—2007）

新牌号	旧牌号	规定塑性延伸强度 $R_{p0.2}$①/MPa	抗拉强度 R_m/MPa	断后伸长率 A（%）	断面收缩率 Z②（%）	冲击吸收能量③ KU_2/J	硬度① HBW
		≥					≤
06Cr13Al	0Cr13Al	175	410	20	60	78	183
022Cr12	00Cr12	195	360	22	60	—	183
10Cr17	1Cr17	205	450	22	50	—	183
Y10Cr17	Y1Cr17	205	450	22	50	—	183
10Cr17Mo	1Cr17Mo	205	450	22	60	—	183
008Cr27Mo	00Cr27Mo	245	410	20	45	—	219
008Cr30Mo2	00Cr30Mo2	295	450	20	45	—	228

注：表中数值仅适用于直径、边长、厚度或对边距离小于或等于75mm的钢棒；大于75mm的钢棒，可改锻成75mm的样坯检验，或由供需双方协商，规定允许降低其力学性能的数据。

① 规定塑性延伸强度和硬度，仅当需方要求时（合同中注明）才进行测定，且供方可根据钢棒的尺寸或状态任选一种方法测定硬度。

② 扁钢不适用，但需方要求时，由供需双方协商。

③ 直径或对边距离小于等于16mm的圆钢、六角钢、八角钢和边长或厚度小于等于12mm的方钢、扁钢不做冲击试验。

表12-59 经热处理的马氏体型不锈钢棒的力学性能（GB/T 1220—2007）

新牌号	旧牌号	组别	经淬火回火后试样的力学性能和硬度							退火后钢棒的硬度 HBW①
			规定塑性延伸强度 $R_{p0.2}$①/MPa	抗拉强度 R_m/MPa	断后伸长率 A（%）	断面收缩率 Z②（%）	冲击吸收能量③ KU_2/J	HBW	HRC	
			≥							≤
12Cr12	1Cr12		390	590	25	55	118	170	—	200
06Cr13	0Cr13		345	490	24	60	—	—	—	183
12Cr13	1Cr13		345	540	22	55	78	159	—	200
Y12Cr13	Y1Cr13		345	540	17	45	55	159	—	200
20Cr13	2Cr13		440	640	20	50	63	192	—	223
30Cr13	3Cr13		540	735	12	—	24	217	—	235
Y30Cr13	Y3Cr13		540	735	8	35	24	217	—	235
40Cr13	4Cr13		—	—	—	—	—		50	235

（续）

新牌号	旧牌号	组别	经淬火回火后试样的力学性能和硬度							退火后钢棒的硬度 HBW[①]
			规定塑性延伸强度 $R_{p0.2}$[①]/MPa	抗拉强度 R_m/MPa	断后伸长率 A(%)	断面收缩率 Z[②](%)	冲击吸收能量[③] KU_2/J	HBW	HRC	
			≥							≤
14Cr17Ni2	1Cr17Ni2		—	1080	10	—	39	—	—	285
17Cr16Ni2[④]	—	1	700	900～1050	12	45	25	—	—	295
		2	600	800～950	14					
68Cr17	7Cr17		—	—	—	—	—	—	54	255
85Cr17	8Cr17		—	—	—	—	—	—	56	255
108Cr17	11Cr17		—	—	—	—	—	—	58	269
Y108Cr17	Y11Cr17		—	—	—	—	—	—	58	269
95Cr18	9Cr18		—	—	—	—	—	—	55	255
13Cr13Mo	1Cr13Mo		490	690	20	60	78	192	—	200
32Cr13Mo	3Cr13Mo		—	—	—	—	—	—	50	207
102Cr17Mo	9Cr18Mo		—	—	—	—	—	—	55	269
90Cr18MoV	9Cr18MoV	—	—	—	—	—	—	—	55	269

注：表中数值仅适用于直径、边长、厚度或对边距离小于或等于 75mm 的钢棒；大于 75mm 的钢棒，可改锻成 75mm 的样坯检验，或由供需双方协商，规定允许降低其力学性能的数据。

① 规定塑性延伸强度和硬度，仅当需方要求时（合同中注明）才进行测定，且供方可根据钢棒的尺寸或状态任选一种方法测定硬度。

② 扁钢不适用，但需方要求时，由供需双方协商。

③ 直径或对边距离小于等于 16mm 的圆钢、六角钢、八角钢和边长或厚度小于等于 12mm 的方钢、扁钢不做冲击试验。

④ 17Cr16Ni2 钢的性能组别应在合同中注明，未注明时，由供方自行选择。

表 12-60　沉淀硬化型不锈钢棒的力学性能（GB/T 1220—2007）

新牌号	旧牌号	热处理			规定塑性延伸强度 $R_{p0.2}$/MPa	抗拉强度 R_m/MPa	断后伸长率 A(%)	断面收缩率 Z[①](%)	硬度[②]	
		类型		组别	≥				HBW	HRC
05Cr15Ni5Cu4Nb	—	固溶处理		0	—	—	—	—	≤363	≤38
		沉淀硬化	480℃时效	1	1180	1310	10	35	≥375	≥40
			550℃时效	2	1000	1070	12	45	≥331	≥35
			580℃时效	3	865	1000	13	45	≥302	≥31
			620℃时效	4	725	930	16	50	≥277	≥28
05Cr17Ni4Cu4Nb	0Cr17Ni4Cu4Nb	固溶处理		0	—	—	—	—	≤363	≤38
		沉淀硬化	480℃时效	1	1180	1310	10	40	≥375	≥40
			550℃时效	2	1000	1070	12	45	≥331	≥35
			580℃时效	3	865	1000	13	45	≥302	≥31
			620℃时效	4	725	930	16	50	≥277	≥28
07Cr17Ni7Al	0Cr17Ni7Al	固溶处理		0	≤380	≤1030	20	—	≤229	—
		沉淀硬化	510℃时效	1	1030	1230	4	10	≥338	—
			565℃时效	2	960	1140	5	25	≥363	—
07Cr15Ni7Mo2Al	0Cr15Ni7Mo2Al	固溶处理		0	—	—	—	—	≤269	—
		沉淀硬化	510℃时效	1	1210	1320	6	20	≥338	—
			565℃时效	2	1100	1210	7	25	≥375	—

注：表中数值仅适用于直径、边长、厚度或对边距离小于或等于 75mm 的钢棒；大于 75mm 的钢棒，可改锻成 75mm 的样坯检验，或由供需双方协商，规定允许降低其力学性能的数据。

① 扁钢不适用，但需方要求时，由供需双方协商。

② 供方可根据钢棒的尺寸或状态任选一种方法测定硬度。

（4）耐热钢棒的力学性能（见表 12-61～表 12-64）

表 12-61 奥氏体型耐热钢棒的力学性能（GB/T 1221—2007）

新牌号	旧牌号	热处理状态	规定塑性延伸强度 $R_{p0.2}$①/MPa	抗拉强度 R_m/MPa	断后伸长率 A（%）	断面收缩率 Z②（%）	硬度 HBW①
			≥				≤
53Cr21Mn9Ni4N	5Cr21Mn9Ni4N	固溶+时效	560	885	8	—	≥302
26Cr18Mn12Si2N	3Cr18Mn12Si2N	固溶处理	390	685	35	45	248
22Cr20Mn10Ni2Si2N	2Cr20Mn9Ni2Si2N		390	635	35	45	248
06Cr19Ni10	0Cr18Ni9	固溶处理	205	520	40	60	187
22Cr21Ni12N	2Cr21Ni12N	固溶+时效	430	820	26	20	269
16Cr23Ni13	2Cr23Ni13	固溶处理	205	560	45	50	201
06Cr23Ni13	0Cr23Ni13		205	520	40	60	187
20Cr25Ni20	2Cr25Ni20		205	590	40	50	201
06Cr25Ni20	0Cr25Ni20		205	520	40	50	187
06Cr17Ni12Mo2	0Cr17Ni12Mo2		205	520	40	60	187
06Cr19Ni13Mo3	0Cr19Ni13Mo3		205	520	40	60	187
06Cr18Ni11Ti	0Cr18Ni10Ti		205	520	40	50	187
45Cr14Ni14W2Mo	4Cr14Ni14W2Mo	退火	315	705	20	35	248
12Cr16Ni35	1Cr16Ni35	固溶处理	205	560	40	50	201
06Cr18Ni11Nb	0Cr18Ni11Nb		205	520	40	50	187
06Cr18Ni13Si4	0Cr18Ni13Si4		205	520	40	60	207
16Cr20Ni14Si2	1Cr20Ni14Si2		295	590	35	50	187
16Cr25Ni20Si2	1Cr25Ni20Si2		295	590	35	50	187

注：53Cr21Mn9Ni4N 和 22Cr21Ni12N 仅适用于直径、边长及对边距离或厚度小于或等于 25mm 的钢棒；大于 25mm 的钢棒，可改锻成 25mm 的样坯检验或由供需双方协商确定允许降低其力学性能的数值。其余牌号仅适用于直径、边长及对边距离或厚度小于或等于 180mm 的钢棒；大于 180mm 的钢棒，可改锻成 180mm 的样坯检验或由供需双方协商确定，允许降低其力学性能数值。

① 规定塑性延伸强度和硬度，仅当需方要求时（合同中注明）才进行测定。

② 扁钢不适用，但需方要求时，可由供需双方协商确定。

表 12-62 经退火的铁素体型耐热钢棒的力学性能（GB/T 1221—2007）

新牌号	旧牌号	热处理状态	规定塑性延伸强度 $R_{p0.2}$①/MPa	抗拉强度 R_m/MPa	断后伸长率 A（%）	断面收缩率 Z②（%）	硬度① HBW
			≥				≤
06Cr13Al	0Cr13Al	退火	175	410	20	60	183
022Cr12	00Cr12		195	360	22	60	183
10Cr17	1Cr17		205	450	22	50	183
16Cr25N	2Cr25N		275	510	20	40	201

注：表中数值仅适用于直径、边长及对边距离或厚度小于或等于 75mm 的钢棒；大于 75mm 的钢棒，可改锻成 75mm 的样坯检验或由供需双方协商确定允许降低其力学性能的数值。

① 规定塑性延伸强度和硬度，仅当需方要求时（合同中注明）才进行测定。

② 扁钢不适用，但需方要求时，由供需双方协商确定。

表 12-63　经淬火+回火的马氏体型耐热钢棒的力学性能（GB/T 1221—2007）

新牌号	旧牌号	热处理状态	规定塑性延伸强度 $R_{p0.2}$/MPa	抗拉强度 R_m/MPa	断后伸长率 A（%）	断面收缩率 Z[①]（%）	冲击吸收能量[②] KU_2/J	经淬火回火后的硬度 HBW	退火后的硬度 HBW[③] ≤
			≥						
12Cr13	1Cr13	淬火+回火	345	540	22	55	78	159	200
20Cr13	2Cr13		440	640	20	50	63	192	223
14Cr17Ni2	1Cr17Ni2		—	1080	10	—	39	—	—
17Cr16Ni2[④]	—		700	900~1050	12	45	25	—	295
			600	800~950	14				
12Cr5Mo	1Cr5Mo		390	590	18	—	—	—	200
12Cr12Mo	1Cr12Mo		550	685	18	60	78	217~248	255
13Cr13Mo	1Cr13Mo		490	690	20	60	78	192	200
14Cr11MoV	1Cr11MoV		490	685	16	55	47	—	200
18Cr12MoVNbN	2Cr12MoVNbN		685	835	15	30	—	≤321	269
15Cr12WMoV	1Cr12WMoV		585	735	15	25	47	—	—
22Cr12NiWMoV	2Cr12NiMoWV		735	885	10	25	—	≤341	269
13Cr11Ni2W2MoV[④]	1Cr11Ni2W2MoV		735	885	15	55	71	269~321	269
			885	1080	12	50	55	311~388	
18Cr11NiMoNbVN	（2Cr11NiMoNbVN）		760	930	12	32	20	277~331	255
42Cr9Si2	4Cr9Si2		590	885	19	50	—	—	269
45Cr9Si3	—		685	930	15	35	—	≥269	—
40Cr10Si2Mo	4Cr10Si2Mo		685	885	10	35	—	—	269
80Cr20Si2Ni	8Cr20Si2Ni		685	885	10	15	8	≥262	321

注：表中数值仅适用于直径、边长及对边距离或厚度小于或等于 75mm 的钢棒；大于 75mm 的钢棒，可改锻成 75mm 的样坯检验或由供需双方协商确定允许降低其力学性能的数值。

① 扁钢不适用，但需方要求时，由供需双方协商确定。

② 直径或对边距离小于等于 16mm 的圆钢、六角钢、八角钢和边长或厚度小于等于 12mm 的方钢、扁钢不做冲击试验。

③ 采用 750℃ 退火时，其硬度由供需双方协商。

④ 17Cr16Ni2 和 13Cr11Ni2W2MoV 钢的性能组别应在合同中注明，未注明时，由供方自行选择。

表 12-64　沉淀硬化型耐热钢棒的力学性能（GB/T 1221—2007）

新牌号	旧牌号	热处理			规定塑性延伸强度 $R_{p0.2}$/MPa	抗拉强度 R_m/MPa	断后伸长率 A（%）	断面收缩率 Z[①]（%）	硬度[②]	
		类型		组别	≥				HBW	HRC
05Cr17Ni4Cu4Nb	0Cr17Ni4Cu4Nb	固溶处理		0	—	—	—	—	≤363	≤38
		沉淀硬化	480℃时效	1	1180	1310	10	40	≥375	≥40
			550℃时效	2	1000	1070	12	45	≥331	≥35
			580℃时效	3	865	1000	13	45	≥302	≥31
			620℃时效	4	725	930	16	50	≥277	≥28
07Cr17Ni7Al	0Cr17Ni7Al	固溶处理		0	≤380	≤1030	20	—	≤229	—
		沉淀硬化	510℃时效	1	1030	1230	4	10	≥388	—
			565℃时效	2	960	1140	5	25	≥363	—
06Cr15Ni25Ti2MoAlVB	0Cr15Ni25Ti2MoAlVB	固溶+时效			590	900	15	18	≥248	—

注：表中数值仅适用于直径、边长、厚度或对边距离小于或等于 75mm 的钢棒；大于 75mm 的钢棒，可改锻成 75mm 的样坯检验，或由供需双方协商，确定允许降低其力学性能的数据。

① 扁钢不适用，但需方要求时，由供需双方协商。

② 供方可根据钢棒的尺寸或状态任选一种方法测定硬度。

12.2.2　铸钢的牌号、化学成分和性能

1. 一般工程用铸造碳钢件（见表 12-65 和表 12-66）

2. 一般工程与结构用低合金铸钢件（见表 12-67 和表 12-68）

3. 工程结构用中、高强度不锈钢铸件（见表 12-69 和表 12-70）

4. 一般用途耐热钢和合金铸件（见表 12-71 和表 12-72）

5. 焊接结构用铸钢件（见表 12-73 和表 12-74）

6. 奥氏体锰钢铸件（见表 12-75 和表 12-76）

表 12-65　一般工程用铸造碳钢的牌号和化学成分（GB/T 11352—2009）

牌号	化学成分(质量分数,%)≤										
	C	Si	Mn	S	P	残余元素					
						Ni	Cr	Cu	Mo	V	残余元素总量
ZG200-400	0.20	0.60	0.80	0.035	0.035	0.40	0.35	0.40	0.20	0.05	1.00
ZG230-450	0.30		0.90								
ZG270-500	0.40										
ZG310-570	0.50										
ZG340-640	0.60										

注：1. 对质量分数上限减少 0.01%的碳，允许增加质量分数可至 0.04%的锰。对于 ZG200-400，锰的最高质量分数可至 1.00%，其余四个牌号锰的质量分数可至 1.20%。
2. 除另有规定外，残余元素不作为验收依据。

表 12-66　一般工程用铸造碳钢件的力学性能（GB/T 11352—2009）

牌号	上屈服强度 R_{eH}(或 $R_{p0.2}$)/MPa ≥	抗拉强度 R_m/MPa ≥	断后伸长率 A(%) ≥	根据合同选择		
				断面收缩率 Z(%)≥	冲击吸收能量 KV/J≥	冲击吸收能量 KU/J≥
ZG200-400	200	400	25	40	30	47
ZG230-450	230	450	22	32	25	35
ZG270-500	270	500	18	25	22	27
ZG310-570	310	570	15	21	15	24
ZG340-640	340	640	10	18	10	16

注：1. 表中所列的各牌号性能，适应于厚度为 100mm 以下的铸件。当铸件厚度超过 100mm 时，表中规定的 R_{eH}（或 $R_{p0.2}$）仅供设计使用。
2. 表中冲击吸收能量 KU 的试样缺口为 2mm。

表 12-67　一般工程与结构用低合金铸钢的牌号和化学成分中硫、磷含量（GB/T 14408—2014）

序号	牌　号	最高含量（质量分数,%）		序号	牌　号	最高含量（质量分数,%）	
		S	P			S	P
1	ZGD270-480	0.040	0.040	6	ZGD650-830	0.040	0.040
2	ZGD290-510			7	ZGD730-910	0.035	0.035
3	ZGD345-570			8	ZGD840-1030		
4	ZGD410-620			9	ZGD1030-1240	0.020	0.020
5	ZGD535-720			10	ZGD1240-1450		

表 12-68　一般工程与结构用低合金铸钢件的力学性能（GB/T 14408—2014）

材料牌号	规定塑性延伸强度 $R_{p0.2}$/MPa ≥	抗拉强度 R_m/MPa ≥	断后伸长率 A(%) ≥	断面收缩率 Z(%) ≥	冲击吸收能量 KV/J ≥
ZGD270-480	270	480	18	38	25
ZGD290-510	290	510	16	35	25
ZGD345-570	345	570	14	35	20
ZGD410-620	410	620	13	35	20
ZGD535-720	535	720	12	30	18
ZGD650-830	650	830	10	25	18
ZGD730-910	730	910	8	22	15
ZGD840-1030	840	1030	6	20	15
ZGD1030-1240	1030	1240	5	20	22
ZGD1240-1450	1240	1450	4	15	18

表 12-69　工程结构用中、高强度不锈钢铸件的牌号和化学成分（GB/T 6967—2009）

铸钢牌号	化学成分（质量分数，%）								残余元素≤			
	C	Si ≤	Mn ≤	P ≤	S ≤	Cr	Ni	Mo	Cu	V	W	总量
ZG20Cr13	0.16~0.24	0.80	0.80	0.035	0.025	11.5~13.5	—	—	0.50	0.05	0.10	0.50
ZG15Cr13	≤0.15	0.80	0.80	0.035	0.025	11.5~13.5	—	—	0.50	0.05	0.10	0.50
ZG15Cr13Ni1	≤0.15	0.80	0.80	0.035	0.025	11.5~13.5	≤1.00	≤0.50	0.50	0.05	0.10	0.50
ZG10Cr13Ni1Mo	≤0.10	0.80	0.80	0.035	0.025	11.5~13.5	0.8~1.80	0.20~0.50	0.50	0.05	0.10	0.50
ZG06Cr13Ni4Mo	≤0.06	0.80	1.00	0.035	0.025	11.5~13.5	3.5~5.0	0.40~1.00	0.50	0.05	0.10	0.50
ZG06Cr13Ni5Mo	≤0.06	0.80	1.00	0.035	0.025	11.5~13.5	4.5~6.0	0.40~1.00	0.50	0.05	0.10	0.50
ZG06Cr16Ni5Mo	≤0.06	0.80	1.00	0.35	0.025	15.5~17.0	4.5~6.0	0.40~1.00	0.50	0.05	0.10	0.50
ZG04Cr13Ni4Mo	≤0.04	0.80	1.50	0.030	0.010	11.5~13.5	3.5~5.0	0.40~1.00	0.50	0.05	0.10	0.50
ZG04Cr13Ni5Mo	≤0.04	0.80	1.50	0.030	0.010	11.5~13.5	4.5~6.0	0.40~1.00	0.50	0.05	0.10	0.50

表 12-70　工程结构用中、高强度不锈钢铸件的力学性能（GB/T 6967—2009）

铸钢牌号		规定塑性延伸强度 $R_{p0.2}$/MPa≥	抗拉强度 R_m/MPa≥	断后伸长率 A(%) ≥	断面收缩率 Z(%) ≥	冲击吸收能量 KV/J ≥	硬度 HBW
ZG15Cr13		345	540	18	40	—	163~229
ZG20Cr13		390	590	16	35	—	170~235
ZG15Cr13Ni1		450	590	16	35	20	170~241
ZG10Cr13Ni1Mo		450	620	16	35	27	170~241
ZG06Cr13Ni4Mo		550	750	15	35	50	221~294
ZG06Cr13Ni5Mo		550	750	15	35	50	221~294
ZG06Cr16Ni5Mo		550	750	15	35	50	221~294
ZG04Cr13Ni4Mo	HT1①	580	780	18	50	80	221~294
	HT2②	830	900	12	35	35	294~350
ZG04Cr13Ni5Mo	HT1①	580	780	18	50	80	221~294
	HT2②	830	900	12	35	35	294~350

① 回火温度应为600~650℃。

② 回火温度应为500~550℃。

表 12-71　一般用途耐热钢和合金铸件的牌号和化学成分（GB/T 8492—2014）

材料牌号	主要元素（质量分数，%）							
	C	Si	Mn	P	S	Cr	Mo	Ni	其他
ZG30Cr7Si2	0.20~0.35	1.0~2.5	0.5~1.0	0.04	0.04	6~8	0.5	0.5	
ZG40Cr13Si2	0.30~0.50	1.0~2.5	0.5~1.0	0.04	0.03	12~14	0.5	1	
ZG40Cr17Si2	0.30~0.50	1.0~2.5	0.5~1.0	0.04	0.03	16~19	0.5	1	
ZG40Cr24Si2	0.30~0.50	1.0~2.5	0.5~1.0	0.04	0.03	23~26	0.5	1	
ZG40Cr28Si2	0.30~0.50	1.0~2.5	0.5~1.0	0.04	0.03	27~30	0.5	1	
ZGCr29Si2	1.20~1.40	1.0~2.5	0.5~1.0	0.04	0.03	27~30	0.5	1	
ZG25Cr18Ni9Si2	0.15~0.35	1.0~2.5	2.0	0.04	0.03	17~19	0.5	8~10	
ZG25Cr20Ni14Si2	0.15~0.35	1.0~2.5	2.0	0.04	0.03	19~21	0.5	13~15	
ZG40Cr22Ni10Si2	0.30~0.50	1.0~2.5	2.0	0.04	0.03	21~23	0.5	9~11	
ZG40Cr24Ni24Si2Nb	0.25~0.5	1.0~2.5	2.0	0.04	0.03	23~25	0.5	23~25	Nb:1.2~1.8
ZG40Cr25Ni12Si2	0.30~0.50	1.0~2.5	2.0	0.04	0.03	24~27	0.5	11~14	
ZG40Cr25Ni20Si2	0.30~0.50	1.0~2.5	2.0	0.04	0.03	24~27	0.5	19~22	
ZG40Cr27Ni4Si2	0.30~0.50	1.0~2.5	1.5	0.04	0.03	25~28	0.5	3~6	
ZG45Cr20Co20Ni20Mo3W3	0.35~0.60	1.0	2.0	0.04	0.03	19~22	2.5~3.0	18~22	Co:18~22 W:2~3
ZG10Ni31Cr20Nb1	0.05~0.12	1.2	1.2	0.04	0.03	19~23	0.5	30~34	Nb:0.8~1.5

（续）

材料牌号	主要元素（质量分数,%）								
	C	Si	Mn	P	S	Cr	Mo	Ni	其他
ZG40Ni35Cr17Si2	0.30~0.50	1.0~2.5	2.0	0.04	0.03	16~18	0.5	34~36	
ZG40Ni35Cr26Si2	0.30~0.50	1.0~2.5	2.0	0.04	0.03	24~27	0.5	33~36	
ZG40Ni35Cr26Si2Nb1	0.30~0.50	1.0~2.5	2.0	0.04	0.03	24~27	0.5	33~36	Nb:0.8~1.8
ZG40Ni38Cr19Si2	0.30~0.50	1.0~2.5	2.0	0.04	0.03	18~21	0.5	36~39	
ZG40Ni38Cr19Si2Nb1	0.30~0.50	1.0~2.5	2.0	0.04	0.03	18~21	0.5	36~39	Nb:1.2~1.8
ZNiCr28Fe17W5Si2C0.4	0.35~0.55	1.0~2.5	1.5	0.04	0.03	27~30		47~50	W:4~6
ZNiCr50Nb1C0.1	0.10	0.5	0.5	0.02	0.02	47~52	0.5	余量	N:0.16 N+C:0.2 Nb:1.4~1.7
ZNiCr19Fe18Si1C0.5	0.40~0.60	0.5~2.0	1.5	0.04	0.03	16~21	0.5	50~55	
ZNiFe18Cr15Si1C0.5	0.35~0.65	2.0	1.3	0.04	0.03	13~19		64~69	
ZNiCr25Fe20Co15W5Si1C0.46	0.44~0.48	1.0~2.0	2.0	0.04	0.03	24~26		33~37	W:4~6 Co:14~16
ZCoCr28Fe18C0.3	0.50	1.0	1.0	0.04	0.03	25~30	0.5	1	Co:48~52 Fe:20 最大值

注：表中的单个值表示最大值。

表 12-72　一般用途耐热钢和合金铸件的力学性能及最高使用温度（GB/T 8492—2014）

牌　　号	规定塑性延伸强度 $R_{p0.2}$/MPa ≥	抗拉强度 R_m/MPa ≥	断后伸长度 A(%) ≥	布氏硬度 HBW	最高使用温度①/℃
ZG30Cr7Si2					750
ZG40Cr13Si2				300②	850
ZG40Cr17Si2				300②	900
ZG40Cr24Si2				300②	1050
ZG40Cr28Si2				320②	1100
ZGCr29Si2				400②	1100
ZG25Cr18Ni9Si2	230	450	15		900
ZG25Cr20Ni14Si2	230	450	10		900
ZG40Cr22Ni10Si2	230	450	8		950
ZG40Cr24Ni24Si2Nb1	220	400	4		1050
ZG40Cr25Ni12Si2	220	450	6		1050
ZG40Cr25Ni20Si2	220	450	6		1100
ZG45Cr27Ni4Si2	250	400	3	400③	1100
ZG45Cr20Co20Ni20Mo3W3	320	400	6		1150
ZG10Ni31Cr20Nb1	170	440	20		1000
ZG40Ni35Cr17Si2	220	420	6		980
ZG40Ni35Cr26Si2	220	440	6		1050
ZG40Ni35Cr26Si2Nb1	220	440	4		1050
ZG40Ni38Cr19Si2	220	420	6		1050
ZG40Ni38Cr19Si2Nb1	220	420	4		1100
ZNiCr28Fe17W5Si2C0.4	220	400	3		1200
ZNiCr50Nb1C0.1	230	540	8		1050
ZNiCr19Fe18Si1C0.5	220	440	5		1100
ZNiFe18Cr15Si1C0.5	200	400	3		1100
ZNiCr25Fe20Co15W5Si1C0.46	270	480	5		1200
ZCoCr28Fe18C0.3	④	④	④	④	1200

① 最高使用温度取决于实际使用条件，所列数据仅供用户参考，这些数据适用于氧化气氛，实际的合金成分对其也有影响。
② 退火态最大 HBW 硬度值，铸件也可以铸态提供，此时硬度限制就不适用。
③ 最大 HBW 硬度值。
④ 由供需双方协商确定。

表 12-73　焊接结构用铸钢件的牌号和化学成分（GB/T 7659—2010）

牌号	主要元素（质量分数,%）					残余元素（质量分数,%）					
	C	Si	Mn	P	S	Ni	Cr	Cu	Mo	V	总和
ZG200-400H	≤0.20	≤0.60	≤0.80	≤0.025	≤0.025	≤0.40	≤0.35	≤0.40	≤0.15	≤0.05	≤1.0
ZG230-450H	≤0.20	≤0.60	≤1.20	≤0.025	≤0.025						
ZG270-480H	0.17~0.25	≤0.60	0.80~1.20	≤0.025	≤0.025						
ZG300-500H	0.17~0.25	≤0.60	1.00~1.60	≤0.025	≤0.025						
ZG340-550H	0.17~0.25	≤0.80	1.00~1.60	≤0.025	≤0.025						

注：1. 实际碳的质量分数比表中上限每减少0.01%，允许实际锰的质量分数超出表中上限0.04%，但总超出量不得大于0.2%。

2. 残余元素一般不做分析，如需方有要求时，可做残余元素的分析。

表 12-74　焊接结构用铸钢件的力学性能（GB/T 7659—2010）

牌号	拉伸性能			根据合同选择	
	上屈服强度 R_{eH}/MPa ≥	抗拉强度 R_m/MPa ≥	断后伸长率 A(%) ≥	断面收缩率 Z(%) ≥	冲击吸收能量 KV/J ≥
ZG200-400H	200	400	25	40	45
ZG230-450H	230	450	22	35	45
ZG270-480H	270	480	20	35	40
ZG300-500H	300	500	20	21	40
ZG340-550H	340	550	15	21	35

注：当无明显屈服时，测定规定塑性延伸强度 $R_{p0.2}$。

表 12-75　奥氏体锰钢铸件的牌号和化学成分（GB/T 5680—2010）

牌号	化学成分(质量分数,%)								
	C	Si	Mn	P	S	Cr	Mo	Ni	W
ZG120Mn7Mo1	1.05~1.35	0.3~0.9	6~8	≤0.060	≤0.040	—	0.9~1.2	—	—
ZG110Mn13Mo1	0.75~1.35	0.3~0.9	11~14	≤0.060	≤0.040	—	0.9~1.2	—	—
ZG100Mn13	0.90~1.05	0.3~0.9	11~14	≤0.060	≤0.040	—	—	—	—
ZG120Mn13	1.05~1.35	0.3~0.9	11~14	≤0.060	≤0.040	—	—	—	—
ZG120Mn13Cr2	1.05~1.35	0.3~0.9	11~14	≤0.060	≤0.040	1.5~2.5	—	—	—
ZG120Mn13W1	1.05~1.35	0.3~0.9	11~14	≤0.060	≤0.040	—	—	—	0.9~1.2
ZG120Mn13Ni3	1.05~1.35	0.3~0.9	11~14	≤0.060	≤0.040	—	—	3~4	—
ZG90Mn14Mo1	0.70~1.00	0.3~0.6	13~15	≤0.070	≤0.040	—	1.0~1.8	—	—
ZG120Mn17	1.05~1.35	0.3~0.9	16~19	≤0.060	≤0.040	—	—	—	—
ZG120Mn17Cr2	1.05~1.35	0.3~0.9	16~19	≤0.060	≤0.040	1.5~2.5	—	—	—

注：允许加入微量V、Ti、Nb、B和RE等元素。

表 12-76　奥氏体锰钢铸件的力学性能（GB/T 5680—2010）

牌号	力学性能			
	下屈服强度 R_{eL}/MPa	抗拉强度 R_m/MPa	断后伸长率 A (%)	冲击吸收能量 KU/J
ZG120Mn13	—	≥685	≥25	≥118
ZG120Mn13Cr2	≥390	≥735	≥20	—

12.2.3　有色金属及其合金的牌号、化学成分和性能

1. 铜及铜合金

（1）铸造铜及铜合金（见表 12-77～表 12-79）

表 12-77　铸造铜及铜合金的牌号和化学成分（GB/T 1176—2013）

序号	合金牌号	合金名称	主要元素含量(质量分数,%)										
			Sn	Zn	Pb	P	Ni	Al	Fe	Mn	Si	其他	Cu
1	ZCu99	99 铸造纯铜											≥99.0
2	ZCuSn3Zn8Pb6Ni1	3-8-6-1 锡青铜	2.0～4.0	6.0～9.0	4.0～7.0		0.5～1.5						其余
3	ZCuSn3Zn11Pb4	3-11-4 锡青铜	2.0～4.0	9.0～13.0	3.0～6.0								其余
4	ZCuSn5Pb5Zn5	5-5-5 锡青铜	4.0～6.0	4.0～6.0	4.0～6.0								其余
5	ZCuSn10P1	10-1 锡青铜	9.0～11.5			0.8～1.1							其余
6	ZCuSn10Pb5	10-5 锡青铜	9.0～11.0		4.0～6.0								其余
7	ZCuSn10Zn2	10-2 锡青铜	9.0～11.0	1.0～3.0									其余
8	ZCuPb9Sn5	9-5 铅青铜	4.0～6.0		8.0～10.0								其余
9	ZCuPb10Sn10	10-10 铅青铜	9.0～11.0		8.0～11.0								其余
10	ZCuPb15Sn8	15-8 铅青铜	7.0～9.0		13.0～17.0								其余
11	ZCuPb17Sn4Zn4	17-4-4 铅青铜	3.5～5.0	2.0～6.0	14.0～20.0								其余
12	ZCuPb20Sn5	20-5 铅青铜	4.0～6.0		18.0～23.0								其余
13	ZCuPb30	30 铅青铜			27.0～33.0								其余
14	ZCuAl8Mn13Fe3	8-13-3 铝青铜						7.0～9.0	2.0～4.0	12.0～14.5			其余
15	ZCuAl8Mn13Fe3Ni2	8-13-3-2 铝青铜					1.8～2.5	7.0～8.5	2.5～4.0	11.5～14.0			其余
16	ZCuAl8Mn14Fe3Ni2	8-14-3-2 铝青铜		<0.5			1.9～2.3	7.4～8.1	2.6～3.5	12.4～13.2			其余
17	ZCuAl9Mn2	9-2 铝青铜						8.0～10.0		1.5～2.5			其余
18	ZCuAl8Be1Co1	8-1-1 铝青铜						7.0～8.5	<0.4			Be:0.7～1.0 Co:0.7～1.0	其余
19	ZCuAl9Fe4Ni4Mn2	9-4-4-2 铝青铜					4.0～5.0①	8.5～10.0	4.0～5.0①	0.8～2.5			其余
20	ZCuAl10Fe4Ni4	10-4-4 铝青铜					3.5～5.5	9.5～11.0	3.5～5.5				其余
21	ZCuAl10Fe3	10-3 铝青铜						8.5～11.0	2.0～4.0				其余
22	ZCuAl10Fe3Mn2	10-3-2 铝青铜						9.0～11.0	2.0～4.0	1.0～2.0			其余

（续）

序号	合金牌号	合金名称	主要元素含量（质量分数，%）										
			Sn	Zn	Pb	P	Ni	Al	Fe	Mn	Si	其他	Cu
23	ZCuZn38	38 黄铜		其余									60.0~63.0
24	ZCuZn21Al5Fe2Mn2	21-5-2-2 铝黄铜	<0.5	其余				4.5~6.0	2.0~3.0	2.0~3.0			67.0~70.0
25	ZCuZn25Al6Fe3Mn3	25-6-3-3 铝黄铜		其余				4.5~7.0	2.0~4.0	2.0~4.0			60.0~66.0
26	ZCuZn26Al4Fe3Mn3	26-4-3-3 铝黄铜		其余				2.5~5.0	2.0~4.0	2.0~4.0			60.0~66.0
27	ZCuZn31Al2	31-2 铝黄铜		其余				2.0~3.0					66.0~68.0
28	ZCuZn35Al2Mn2Fe1	35-2-2-1 铝黄铜		其余				0.5~2.5	0.5~2.0	0.1~3.0			57.0~65.0
29	ZCuZn38Mn2Pb2	38-2-2 锰黄铜		其余	1.5~2.5					1.5~2.5			57.0~60.0
30	ZCuZn40Mn2	40-2 锰黄铜		其余						1.0~2.0			57.0~60.0
31	ZCuZn40Mn3Fe1	40-3-1 锰黄铜		其余					0.5~1.5	3.0~4.0			53.0~58.0
32	ZCuZn33Pb2	33-2 铅黄铜		其余	1.0~3.0								63.0~67.0
33	ZCuZn40Pb2	40-2 铅黄铜		其余	0.5~2.5			0.2~0.8					58.0~63.0
34	ZCuZn16Si4	16-4 硅黄铜		其余							2.5~4.5		79.0~81.0
35	ZCuNi10Fe1Mn1	10-1-1 镍白铜					9.0~11.0		1.0~1.8	0.8~1.5			84.5~87.0
36	ZCuNi30Fe1Mn1	30-1-1 镍白铜					29.5~31.5		0.25~1.5	0.8~1.5			65.0~67.0

① 铁含量不能超过镍含量。

表 12-78　铸造铜及铜合金的杂质元素（GB/T 1176—2013）

序号	合金牌号	杂质元素含量（质量分数，%）≤															
		Fe	Al	Sb	Si	P	S	As	C	Bi	Ni	Sn	Zn	Pb	Mn	其他	总和
1	ZCu99					0.07						0.4					1.0
2	ZCuSn3Zn8Pb6Ni1	0.4	0.02	0.30	0.02	0.05											1.0
3	ZCuSn3Zn11Pb4	0.5	0.02	0.3	0.02	0.05											1.0
4	ZCuSn5Pb5Zn5	0.3	0.01	0.25	0.01	0.05	0.10				2.5*						1.0
5	ZCuSn10P1	0.1	0.01	0.05	0.02		0.05				0.10		0.05	0.25	0.05		0.75
6	ZCuSn10Pb5	0.3	0.02	0.3		0.05							1.0*				1.0
7	ZCuSn10Zn2	0.25	0.01	0.3	0.01	0.05	0.10				2.0*			1.5*	0.2		1.5
8	ZCuPb9Sn5			0.5		0.10					2.0*		2.0*				1.0

9	ZCuPb10Sn10	0.25	0.01	0.5	0.01	0.05	0.10				2.0*		2.0*		0.2		1.0
10	ZCuPb15Sn8	0.25	0.01	0.5	0.01	0.10	0.10				2.0*		2.0*		0.2		1.0
11	ZCuPb17Sn4Zn4	0.4	0.05	0.3	0.02	0.05											0.75
12	ZCuPb20Sn5	0.25	0.01	0.75	0.01	0.10	0.10				2.5*		2.0*		0.2		1.0
13	ZCuPb30	0.5	0.01	0.2	0.02	0.08		0.10		0.005		1.0*			0.3		1.0
14	ZCuAl8Mn13Fe3				0.15				0.10				0.3*	0.02			1.0
15	ZCuAl8Mn13Fe3Ni2				0.15				0.10				0.3*	0.02			1.0
16	ZCuAl8Mn14Fe3Ni2				0.15				0.10					0.02			1.0
17	ZCuAl9Mn2			0.05	0.20	0.10		0.05				0.2	1.5*	0.1			1.0
18	ZCuAl8Be1Co1			0.05	0.10				0.10					0.02			1.0
19	ZCuAl9Fe4Ni4Mn2				0.15				0.10					0.02			1.0
20	ZCuAl10Fe4Ni			0.05	0.20	0.1		0.05				0.2	0.5	0.05	0.5		1.5
21	ZCuAl10Fe3				0.20						3.0*	0.3	0.4	0.2	1.0*		1.0
22	ZCuAl10Fe3Mn2			0.05	0.10	0.01		0.01				0.1	0.5*	0.3			0.75
23	ZCuZn38	0.8	0.5	0.1		0.01				0.002		2.0*					1.5
24	ZCuZn21Al5Fe2Mn2			0.1										0.1			1.0
25	ZCuZn25Al6Fe3Mn3				0.10						3.0*	0.2		0.2			2.0
26	ZCuZn26Al4Fe3Mn3				0.10						3.0*	0.2		0.2			2.0
27	ZCuZn31Al2	0.8										1.0*		1.0*	0.5		1.5
28	ZCuZn35Al2Mn2Fe1				0.10						3.0*	1.0*		0.5		Sb+P+As: 0.40	2.0
29	ZCuZn38Mn2Pb2	0.8	1.0*	0.1								2.0*					2.0
30	ZCuZn40Mn2	0.8	1.0*	0.1								1.0					2.0
31	ZCuZn40Mn3Fe1		1.0*	0.1								0.5		0.5			1.5
32	ZCuZn33Pb2	0.8	0.1		0.05	0.05					1.0*	1.5*			0.2		1.5
33	ZCuZn40Pb2	0.8		0.05							1.0*	1.0*			0.5		1.5
34	ZCuZn16Si4	0.6	0.1	0.1								0.3		0.5	0.5		2.0
35	ZCuNi10Fe1Mn1				0.25	0.02	0.02		0.1					0.01			1.0
36	ZCuNi30Fe1Mn1				0.5	0.02	0.02		0.15					0.01			1.0

注：1. 有“*”符号的元素不计入杂质总和。

2. 未列出的杂质元素，计入杂质总和。

表 12-79 铸造铜及铜合金的力学性能（GB/T 1176—2013）

序号	合金牌号	铸造方法	室温力学性能 ≥			
			抗拉强度 R_m/MPa	规定塑性延伸强度 $R_{p0.2}$/MPa	断后伸长率 A(%)	布氏硬度 HBW
1	ZCu99	S	150	40	40	40
2	ZCuSn3Zn8Pb6Ni1	S	175		8	60
		J	215		10	70
3	ZCuSn3Zn11Pb4	S、R	175		8	60
		J	215		10	60
4	ZCuSn5Pb5Zn5	S、J、R	200	90	13	60*
		Li、La	250	100	13	65*
5	ZCuSn10P1	S、R	220	130	3	80*
		J	310	170	2	90*
		Li	330	170	4	90*
		La	360	170	6	90*
6	ZCuSn10Pb5	S	195		10	70
		J	245		10	70
7	ZCuSn10Zn2	S	240	120	12	70*
		J	245	140	6	80*
		Li、La	270	140	7	80*
8	ZCuPb9Sn5	La	230	110	11	60
9	ZCuPb10Sn10	S	180	80	7	65*
		J	220	140	5	70*
		Li、La	220	110	6	70*
10	ZCuPb15Sn8	S	170	80	5	60*
		J	200	100	6	65*
		Li、La	220	100	8	65*
11	ZCuPb17Sn4Zn4	S	150		5	55
		J	175		7	60
12	ZCuPb20Sn5	S	150	60	5	45*
		J	150	70	6	55*
		La	180	80	7	55*
13	ZCuPb30	J				25
14	ZCuAl8Mn13Fe3	S	600	270	15	160
		J	650	280	10	170
15	ZCuAl8Mn13Fe3Ni2	S	645	280	20	160
		J	670	310	18	170
16	ZCuAl8Mn14Fe3Ni2	S	735	280	15	170
17	ZCuAl9Mn2	S、R	390	150	20	85
		J	440	160	20	95

（续）

序号	合金牌号	铸造方法	室温力学性能 ≥			
			抗拉强度 R_m/MPa	规定塑性延伸强度 $R_{p0.2}$/MPa	断后伸长率 A(%)	布氏硬度 HBW
18	ZCuAl8Be1Co1	S	647	280	15	160
19	ZCuAl9Fe4Ni4Mn2	S	630	250	16	160
20	ZCuAl10Fe4Ni4	S	539	200	5	155
		J	588	235	5	166
21	ZCuAl10Fe3	S	490	180	13	100*
		J	540	200	15	110*
		Li、La	540	200	15	110*
22	ZCuAl10Fe3Mn2	S、R	490		15	110
		J	540		20	120
23	ZCuZn38	S	295	95	30	60
		J	295	95	30	70
24	ZCuZn21Al5Fe2Mn2	S	608	275	15	160
25	ZCuZn25Al6Fe3Mn3	S	725	380	10	160*
		J	740	400	7	170*
		Li、La	740	400	7	170*
26	ZCuZn26Al4Fe3Mn3	S	600	300	18	120*
		J	600	300	18	130*
		Li、La	600	300	18	130*
27	ZCuZn31Al2	S、R	295		12	80
		J	390		15	90
28	ZCuZn35Al2Mn2Fe2	S	450	170	20	100*
		J	475	200	18	110*
		Li、La	475	200	18	110*
29	ZCuZn38Mn2Pb2	S	245		10	70
		J	345		18	80
30	ZCuZn40Mn2	S、R	345		20	80
		J	390		25	90
31	ZCuZn40Mn3Fe1	S、R	440		18	100
		J	490		15	110
32	ZCuZn33Pb2	S	180	70	12	50*
33	ZCuZn40Pb2	S、R	220	95	15	80*
		J	280	120	20	90*
34	ZCuZn16Si4	S、R	345	180	15	90
		J	390		20	100
35	ZCuNi10Fe1Mn1	S、J、Li、La	310	170	20	100
36	ZCuNi30Fe1Mn1	S、J、Li、La	415	220	20	140

注：有“*”符号的数据为参考值。

（2）加工铜及铜合金（见表 12-80～表 12-84）

表 12-80　加工铜的牌号和化学成分（GB/T 5231—2022）

分类	代号	牌号	化学成分(质量分数,%)													
			Cu+Ag（最小值）	P	Ag	Bi	Sb	As	Fe	Ni	Pb	Sn	S	Zn	O	Cd
无氧铜	C10100	TU00	99.99①	0.0003	0.0025	0.0001	0.0004	0.0005	0.0010	0.0010	0.0005	0.0002	0.0015	0.0001	0.0005	0.0001
			Te≤0.0002,Se≤0.0003,Mn≤0.00005													
	T10130	TU0	99.97	0.002	—	0.001	0.002	0.002	0.004	0.002	0.003	0.002	0.004	0.003	0.001	—
	T10150	TU1	99.97	0.002	—	0.001	0.002	0.002	0.004	0.002	0.003	0.002	0.004	0.003	0.002	—
	T10180	TU2	99.95	0.002	—	0.001	0.002	0.002	0.004	0.002	0.004	0.002	0.004	0.003	0.003	—
	C10200	TU3	99.95	—	—	—	—	—	—	—	—	—	—	—	0.0010	—
磷无氧铜	T10410	TUP0.002	99.99	0.0015～0.0025	—	—	—	—	—	—	—	—	—	—	0.0010	—
	C10300	TUP0.003	99.95②	0.001～0.005	—	—	—	—	—	—	—	—	—	—	—	—
	C10800	TUP0.008	99.95②	0.005～0.012	—	—	—	—	—	—	—	—	—	—	—	—
银无氧铜	T10350	TU00Ag0.06	99.99	0.002	0.05～0.08	0.0003	0.0005	0.0004	0.0025	0.0006	0.0006	0.0007	—	0.0005	0.0005	—
	C10500	TUAg0.03	99.95	—	≥0.034	—	—	—	—	—	—	—	—	—	0.001	—
	T10510	TUAg0.05	99.96	0.002	0.02～0.06	0.001	0.002	0.002	0.004	0.002	0.004	0.002	0.004	0.003	0.003	—
	T10530	TUAg0.1	99.96	0.002	0.06～0.12	0.001	0.002	0.002	0.004	0.002	0.004	0.002	0.004	0.003	0.003	—
	T10540	TUAg0.2	99.96	0.002	0.15～0.25	0.001	0.002	0.002	0.004	0.002	0.004	0.002	0.004	0.003	0.003	—
	T10550	TUAg0.3	99.96	0.002	0.25～0.35	0.001	0.002	0.002	0.004	0.002	0.004	0.002	0.004	0.003	0.003	—
	C10700	TUAg0.08	99.95	—	≥0.085	—	—	—	—	—	—	—	—	—	0.001	—
锆无氧铜	T10600	TUZr0.15	99.97③	0.002	Zr:0.11～0.21	0.001	0.002	0.002	0.004	0.002	0.003	0.002	0.004	0.003	0.002	—
纯铜	T10900	T1	99.95	0.001	—	0.001	0.002	0.002	0.005	0.002	0.003	0.002	0.005	0.005	0.02	—
	T10950	T1.5	99.95	0.001	—	—	—	—	0.001	—	—	0.005	—	—	0.008～0.03	—
	T11050	T2④	99.90	—	—	0.001	0.002	0.002	0.005	—	0.005	—	0.005	—	—	—
	T11090	T3	99.70	—	—	0.002	—	—	—	—	0.01	—	—	—	—	—
银铜	T11110	TAg0.05	99.90	—	0.02～0.06	—	—	—	—	—	—	—	—	—	—	—
	T11120	TAg0.08	99.90	—	0.06～0.12	—	—	—	—	—	—	—	—	—	—	—
	T11200	TAg0.1-0.01	99.9②	0.004～0.012	0.08～0.12	—	—	—	—	0.05	—	—	—	—	0.05	—

银铜	T11210	TAg0. 1	99. 5[5]	—	0. 06~0. 12	0. 002	0. 005	0. 01	0. 05	0. 2	0. 01	0. 05	0. 01	—	0. 1	—
	T11220	TAg0. 15	99. 5	—	0. 10~0. 20	0. 002	0. 005	0. 01	0. 05	0. 02	0. 01	0. 05	0. 01	—	0. 1	—
	T11230	TAg0. 2	99. 90	—	0. 15~0. 25	—	—	—	—	—	—	—	—	—	—	—
磷脱氧铜	C12000	TP1	99. 90	0. 004~0. 012	—	—	—	—	—	—	—	—	—	—	—	—
	C12200	TP2	99. 9	0. 015~0. 040	—	—	—	—	—	—	—	—	—	—	—	—
	T12210	TP3	99. 9	0. 01~0. 025	—	—	—	—	—	—	—	—	—	—	0. 01	—
	T12400	TP4	99. 90	0. 040~0. 065	—	—	—	—	—	—	—	—	—	—	0. 002	—
锡铜	C14410	TSn0. 15-0. 01	99. 90[6]	0. 005~0. 020	—	—	—	—	0. 05	—	0. 05	0. 10~0. 20	—	—	—	—
	C14415	TSn0. 12	99. 96[6]	—	—	—	—	—	—	—	—	0. 10~0. 15	—	—	—	—
	T14416	TSn0. 15	99. 90[6]	—	—	—	—	—	—	—	—	0. 01~0. 20	—	—	0. 0030	—
	T14417	TSn0. 3	99. 90[6]	—	—	—	—	—	—	—	—	0. 15~0. 40	—	—	0. 0030	—
	T14418	TSn0. 5	99. 90[6]	—	—	—	—	—	—	—	—	0. 35~0. 70	—	—	0. 0030	—
碲铜	T14440	TTe0. 3	99. 9[7]	0. 001	Te:0. 20~0. 35	0. 001	0. 0015	0. 002	0. 008	0. 002	0. 01	0. 001	0. 0025	0. 005	—	0. 01
	T14450	TTe0. 5-0. 008	99. 8[7]	0. 004~0 . 012	Te:0. 4~0. 6	0. 001	0. 003	0. 002	0. 008	0. 005	0. 01	0. 01	0. 003	0. 008	—	0. 01
	C14500	TTe0. 5	99. 90[7]	0. 004~0. 012	Te:0. 40~0. 7	—	—	—	—	—	—	—	—	—	—	—
	C14510	TTe0. 5-0. 02	99. 85[7]	0. 010~0. 030	Te:0. 30~0. 7	—	—	—	—	—	0. 05	—	—	—	—	—
硫铜	C14700	TS0. 4	99. 90[7]	0. 002~0. 005	—	—	—	—	—	—	—	—	0. 20~0. 50	—	—	—
锆铜	C15000	TZr0. 15[8]	99. 80	—	Zr:0. 10~0. 20	—	—	—	—	—	—	—	—	—	—	—
	C15100	TZr0. 1[8]	99. 80	—	Zr:0. 05~0. 15	—	—	—	—	—	—	—	—	—	—	—
	T15200	TZr0. 2	99. 5[7]	—	Zr:0. 15~0. 30	0. 002	0. 005	—	0. 05	0. 2	0. 01	0. 05	0. 01	—	—	—
	T15400	TZr0. 4	99. 5[7]	—	Zr:0. 30~0. 50	0. 002	0. 005	—	0. 05	0. 2	0. 01	0. 05	0. 01	—	—	—
镁铜	T15610	TMg0. 15	99. 9[7]	0. 0100	Mg:0. 05~0. 20	—	—	—	—	—	—	—	—	—	—	—
	T15615	TMg0. 2	99. 9[7]	0. 1	Mg:0. 1~0. 3	—	—	—	—	—	—	—	—	—	—	—
	T15620	TMg0. 25	99. 9[7]	0. 0100	Mg:0. 10~0. 40	—	—	—	—	—	—	—	—	—	—	—
弥散铜	T15700	TUAl0. 12	余量[9]	0. 002	Al_2O_3:0. 16~0. 26	0. 001	0. 002	0. 002	0. 004	0. 002	0. 003	0. 002	0. 004	0. 003	—	—

（续）

分类	代号	牌号	化学成分(质量分数,%)													
			Cu+Ag（最小值）	P	Ag	Bi	Sb	As	Fe	Ni	Pb	Sn	S	Zn	O	Cd
弥散铜	C15715	TUAl0.15	99.62	—	Al:0.13~0.17⑩	—	—	—	0.01	—	0.01	—	—	—	0.12~0.19⑩	—
	C15725	TUAl0.25	99.43	—	Al:0.23~0.27⑩	—	—	—	0.01	—	0.01	—	—	—	0.20~0.28⑩	—
	C15735	TUAl0.35	99.24	—	Al:0.33~0.37⑩	—	—	—	0.01	—	0.01	—	—	—	0.29~0.37⑩	—
	C15760	TUAl0.60	98.77	—	Al:0.58~0.62⑩	—	—	—	0.01	—	0.01	—	—	—	0.52~0.59⑩	—

① 此值为铜含量，铜的质量分数不小于99.99%时，其值应由差减法求得。
② 此值为Cu+Ag+P。
③ 此值为Cu+Ag+Zr。
④ 导电用T2铜中磷的质量分数不大于0.001%。
⑤ 此值为铜含量。
⑥ 此值为Cu+Ag+Sn。
⑦ 此值为Cu+Ag+合金元素总和。
⑧ 此牌号中 $w(Cu)+w(Ag)+w(Zr) \geqslant 99.9\%$。
⑨ 铜为余量元素时，铜的质量分数可取所有已分析元素与100%之间的差值所得。
⑩ 所有的铝以 Al_2O_3 的形式存在，质量分数不大于0.04%的氧以 Cu_2O 的形式存在于铜的固溶体中的含量可以忽略不计。

表12-81　加工高铜合金[①]的牌号和化学成分（GB/T 5231—2022）

分类	代号	牌号	化学成分(质量分数,%)															
			Cu	Be	Ni	Cr	Si	Fe	Al	Pb	Ti	Zn	Sn	S	P	Mg	Zr	Co	Cu+所列元素总和
镉铜	C16200	TCd1	余量②	—	—	—	—	0.02	—	—	—	—	—	—	—	—	—	Cd:0.7~1.2	99.5
铍铜	C17200	TBe1.9-0.2	余量②	1.80~2.00	—	—	0.20	—	0.20	—	—	—	—	—	—	—	—	0.20③	99.5
	C17300	TBe1.9-0.4	余量②	1.80~2.00	—	—	0.20	—	0.20	0.20~0.6	—	—	—	—	—	—	—	0.20③	99.5
	C17410	TBe0.3-0.5	余量②	0.15~0.50	—	—	0.20	0.20	0.20	—	—	—	—	—	—	—	—	0.35~0.6	99.5
	C17450	TBe0.3-0.7	余量②	0.15~0.50	0.50~1.0	—	0.20	0.20	0.20	—	—	—	0.25	—	—	—	0.50	—	99.5
	C17460	TBe0.3-1.2	余量②	0.15~0.50	1.0~1.4	—	0.20	0.20	0.20	—	—	—	0.25	—	—	—	0.50	—	99.5

铍铜	T17490	TBe0. 3-1. 5	余量	0. 25～0. 50	—	—	0. 20	0. 10	0. 20	—	—	—	—	—	Ag:0. 90～1. 10		—	1. 40～1. 70	99. 5④
	C17500	TBe0. 6-2. 5	余量②	0. 4～0. 7	—	—	0. 20	0. 10	0. 20	—	—	—	—	—	—	—	—	2. 4～2. 7	99. 5
	C17510	TBe0. 4-1. 8	余量②	0. 2～0. 6	1. 4～2. 2	—	0. 20	0. 10	0. 20	—	—	—	—	—	—	—	—	0. 3	99. 5
	T17700	TBe1. 7	余量	1. 6～1. 85	0. 2～0. 4	—	0. 15	0. 15	0. 15	0. 005	0. 10～0. 25	—	—	—	—	—	—	—	99. 5④
	T17710	TBe1. 9	余量	1. 85～2. 1	0. 2～0. 4	—	0. 15	0. 15	0. 15	0. 005	0. 10～0. 25	—	—	—	—	—	—	—	99. 5④
	T17715	TBe1. 9～0. 1	余量	1. 85～2. 1	0. 2～0. 4	—	0. 15	0. 15	0. 15	0. 005	0. 10～0. 25	—	—	—		0. 07～0. 13	—	—	99. 5③
	T17720	TBe2	余量	1. 80～2. 1	0. 2～0. 5	—	0. 15	0. 15	0. 15	0. 005	—	—	—	—	—	—	—	—	99. 5④
	T17730	TBe2. 4	余量②	2. 30～2. 50	0. 002	—	0. 025	0. 025	0. 01	0. 002	—	—	Sb+Sn+Zn≤0. 03; As+P≤0. 01				—	0. 01	99. 7④
	T17740	TBe2. 8	余量②	2. 60～3. 00	0. 002	—	0. 025	0. 025	0. 01	0. 002	—	—	Sb+Sn+Zn≤0. 03; As+P≤0. 01				—	0. 01	99. 7④
镍铬铜	C18000	TNi2. 4-0. 6-0. 5	余量②	—	1. 8～3. 0⑤	0. 10～0. 8	0. 40～0. 8	0. 15	—	—	—	—	—	—	—	—	—	—	99. 5
镍铜	T18010	TNi0. 6-0. 2	余量	—	0. 5～0. 7	—	0. 03	0. 05	—	0. 005	—	0. 005	—	—	0. 005	0. 002	0. 12～0. 27	—	99. 9
	C19000	TNi1. 1-0. 25	余量②	—	0. 9～1. 3	—	—	0. 10	—	0. 05	—	0. 8	—	—	0. 15～0. 35	—	—	—	99. 5
	C19010	TNi1. 3-0. 25	余量②	—	0. 8～1. 8	—	0. 15～0. 35	—	—	—	—	—	—	—	0. 01～0. 05	—	—	—	99. 5
	C19160	TNi1-1-0. 25	余量②	—	0. 8～1. 2	—	—	0. 05	—	0. 8～1. 2	—	0. 50	0. 05		0. 15～0. 35	—	—	—	99. 5
铬铜	C18070	TCr0. 3-0. 2-0. 05	99. 0②	—	—	0. 15～0. 40	0. 02～0. 07	—	—	—	0. 01～0. 40	—	—	—	—	—	—	—	99. 8
	C18080	TCr0. 5-0. 15-0. 1	余量	Ag:0. 01～0. 30		0. 20～0. 7	0. 01～0. 10	0. 02～0. 20	—	—	0. 01～0. 15	—	—	—	—	—	—	—	99. 8
	C18135	TCr0. 3-0. 3	余量②	—	—	0. 20～0. 6	—	—	—	—	—	—	—	—	—	—	Cd:0. 20～0. 6		99. 5
	C18140	TCr0. 3-0. 15-0. 03	余量②	—	—	0. 15～0. 45	0. 005～0. 05	—	—	—	—	—	—	—	—	—	0. 05～0. 25	—	99. 5
	C18141	TCr0. 3-0. 1-0. 02-0. 03	余量②	—	—	0. 20～0. 40	0. 01～0. 03	—	0. 10	—	—	—	0. 20	—	—	0. 002～0. 05	0. 07～0. 13	—	99. 5

（续）

分类	代号	牌号	化学成分(质量分数,%)																
			Cu	Be	Ni	Cr	Si	Fe	Al	Pb	Ti	Zn	Sn	S	P	Mg	Zr	Co	Cu+所列元素总和
铬铜	C18143	TCr0.3-0.1-0.02	余量[②]	—	—	0.20~0.40	0.01~0.03	—	0.10	—	Mn ≤0.05	—	0.20	—	—	—	0.07~0.13	—	99.5
	T18140	TCr0.5	余量	—	0.05	0.4~1.1	—	0.1	—	—	—	—	—	—	—	—	—	—	99.6
	T18142	TCr0.5-0.2-0.1	余量	—	—	0.4~1.0	—	—	0.1~0.25	—	—	—	—	—	—	0.1~0.25	—	—	99.5
	T18144	TCr0.5-0.1	余量	—	0.05	0.40~0.70	0.05	0.05	—	0.005	—	0.05~0.25	0.01	0.005	—	Ag:0.08~0.13		—	99.8[④]
	T18145	TCr0.6	余量[②]	—	0.03	0.50~0.70	0.05	0.05	—	0.005	—	0.015	—	—	0.01	0.002	—	—	99.6
	T18146	TCr0.7	余量	—	0.05	0.55~0.85	—	0.1	—	—	—	—	—	—	—	—	—	—	99.6
	T18148	TCr0.8	余量	—	0.05	0.6~0.9	0.03	0.03	0.005	—	—	—	—	0.005	—	—	—	—	99.8[④]
	C18150	TCr1-0.15	余量[②]	—	—	0.50~1.5	—	—	—	—	—	—	—	—	—	—	0.02~0.20	—	99.7
	T18160	TCr1-0.18	余量	Bi ≤0.01	—	0.5~1.5	0.10	0.10	0.05	0.05	Sb ≤0.01	—	B ≤0.02	—	0.10	0.05	0.05~0.30	—	99.8
	T18170	TCr0.6-0.4-0.05	余量	—	—	0.4~0.8	0.05	0.05	—	—	—	—	—	—	0.01	0.04~0.08	0.3~0.6	—	99.6
	C18200	TCr1	余量[②]	—	—	0.6~1.2	0.10	0.10	—	0.05	—	—	—	—	—	—	—	—	99.5
	C18400	TCr0.9	余量[②]	—	—	0.40~1.2	0.10	0.15	—	—	—	0.7	As ≤0.005	—	0.05	Li ≤0.05	Ca ≤0.005	—	99.5
镁铜	T18660	TMg0.35	余量	—	—	—	—	—	—	—	—	—	—	—	0.0100	0.15~0.60	—	—	99.9
	C18661	TMg0.4	余量[②]	—	—	—	—	0.10	—	—	—	—	0.20	—	0.001~0.02	0.10~0.7	—	—	99.5
	T18663	TMg0.45	余量	—	—	—	—	—	—	—	—	—	—	—	0.0100	0.30~0.70	—	—	99.9
	T18664	TMg0.5	余量	—	—	—	—	—	—	—	—	—	—	—	0.01	0.4~0.7	—	—	99.9

镁铜	T18665	TMg0. 6-0. 2	余量②	Bi ≤0. 001	0. 002	Te:0. 15~0. 20		0. 002	—	0. 005	Sb ≤0. 001	0. 0016	—	—	0. 0005	0. 5~0. 7	—	—	99. 9④
镁铜	T18667	TMg0. 8	余量	Bi ≤0. 002	0. 006	—	—	0. 005	—	0. 005	Sb ≤0. 005	0. 005	0. 002	0. 005	—	0. 70~0. 85	—	—	99. 7④
镁铜	T18695	TMg0. 3-0. 2	余量②	Bi ≤0. 001	0. 002	Te:0. 15~0. 20		0. 002	—	0. 005	Sb ≤0. 001	0. 0016	—	—	0. 0005	0. 2~0. 4	—	—	99. 9④
铅铜	C18700	TPb1	余量②	—	—	—	—	—	—	0. 8~1. 5	—	—	—	—	—	—	—	—	99. 5
锡铜	C19020	TSn2-0. 6-0. 15	余量②	—	0. 50~3. 0	—	—	—	—	—	—	—	0. 30~0. 9	—	0. 01~0. 20	—	—	—	99. 8
锡铜	C19040	TSn1. 5-0. 8-0. 06	96. 1②	—	0. 7~0. 9③	—	0. 010	0. 06	—	0. 02	—	0. 8	1. 0~2. 0	—	0. 02~0. 09	—	Mn ≤0. 02	—	99. 8
锡铜	T19060	TSn2-0. 2-0. 06	余量②	—	0. 1~0. 3	—	—	0. 1	—	0. 01	—	1. 0	1. 8~2. 5	—	0. 03~0. 10	—	—	—	99. 5
铁铜	C19200	TFe1. 0	98. 5	—	—	—	—	0. 8~1. 2	—	—	—	0. 20	—	—	0. 01~0. 04	—	—	—	99. 8
铁铜	C19210	TFe0. 1	余量	—	—	—	—	0. 05~0. 15	—	—	—	—	—	—	0. 025~0. 04	—	—	—	99. 8
铁铜	C19400	TFe2. 5	97. 0	—	—	—	—	2. 1~2. 6	—	0. 03	—	0. 05~0. 20	—	—	0. 015~0. 15	—	—	—	—
铁铜	T19460	TFe5	余量②	—	—	0. 01	0. 01	4. 5~5. 5	—	—	—	—	—	—	0. 002	0. 007	Mn ≤0. 03	—	99. 8④
铁铜	C19700	TFe0. 75	余量	—	0. 05	—	—	0. 30~1. 2	—	0. 50	—	0. 20	0. 20	—	0. 10~0. 40	0. 01~0. 20	Mn ≤0. 05	0. 05	99. 8
锌铜	C19800	TZn0. 9-0. 5	余量	—	—	—	—	0. 02~0. 50	—	—	—	0. 30~1. 5	0. 10~1. 0	—	0. 01~0. 10	0. 10~1. 0	—	—	99. 8
钛铜	C19900	TTi3. 0	余量	—	—	Ti:2. 9~3. 5	—	—	—	—	—	—	—	—	—	—	—	—	99. 5
钛铜	C19910	TTi3. 0-0. 2	余量	—	—	Ti:2. 9~3. 4	—	0. 17~0. 23	—	—	—	—	—	—	—	—	—	—	99. 5

① 高铜合金，指铜的质量分数在 96. 0%~99. 3%之间的合金。
② 此值含 Ag。
③ 此值为 $w(Ni)+w(Co) \geq 0.20\%$，$w(Ni)+w(Co)+w(Fe) \leq 0.6\%$。
④ 此值为 Cu+合金元素总和。
⑤ 此值为 Ni+Co。

表 12-82 加工黄铜的牌号和化学成分（GB/T 5231—2022）

分类	代号	牌号	化学成分(质量分数,%)										
			Cu	Fe[①]	Pb	Al	Mn	Sn	Si	Ni[⑩]	B	As	Zn	Cu+所列元素总和
普通黄铜	T20800	H96	95.0~97.0	0.10	0.03	—	—	—	—	—	—	—	余量	99.8
	C21000	H95	94.0~96.0	0.05	0.05	—	—	—	—	—	—	—	余量	99.8
	C22000	H90	89.0~91.0	0.05	0.05	—	—	—	—	—	—	—	余量	99.8
	C23000	H85	84.0~86.0	0.05	0.05	—	—	—	—	—	—	—	余量	99.8
	C24000	H80	78.5~81.5	0.05	0.05	—	—	—	—	—	—	—	余量	99.8
	T26100	H70	68.5~71.5	0.10	0.03	—	—	—	—	—	—	—	余量	99.7
	T26300	H68	67.0~70.0	0.10	0.03	—	—	—	—	—	—	—	余量	99.7
	C26800	H66	64.0~68.5	0.05	0.09	—	—	—	—	—	—	—	余量	99.7
	C27000	H65	63.0~68.5	0.07	0.09	—	—	—	—	—	—	—	余量	99.7
	T27300	H63	62.0~65.0	0.15	0.08	—	—	—	—	—	—	—	余量	99.7
	C27450	H62.5	60.0~65.0	0.35	0.25	—	—	—	—	—	—	—	余量	99.5
	T27600	H62	60.5~63.5	0.15	0.08	—	—	—	—	—	—	—	余量	99.7
	T27800	H60	59.0~61.5	0.15	0.08	—	—	—	—	—	—	—	余量	99.8
	T28200	H59	57.0~60.0	0.3	0.5	—	—	—	—	—	—	—	余量	99.8
	T28400	H58	57.0~59.0	0.3	0.2	0.05	—	0.3	—	0.3	—	—	余量	99.8
硼砷铬黄铜	T22100	HCr90-0.3	90.0~91.0	0.05	0.02	—	—	—	—	—	—	Cr:0.2~0.4	余量	99.5
	T22130	HB90-0.1	89.0~91.0	0.02	0.02	—	—	—	0.5	—	0.05~0.3	—	余量	99.5[③]
	T23030	HAs85-0.05	84.0~86.0	0.10	0.03	—	—	—	—	—	—	0.02~0.08	余量	99.8
	C26130	HAs70-0.05	68.5~71.5	0.05	0.05	—	—	—	—	—	—	0.02~0.08	余量	99.7
	T26330	HAs68-0.04	67.0~70.0	0.10	0.03	—	—	—	—	—	—	0.03~0.06	余量	99.8
	T27010	HAs65-0.04	63.0~68.5	0.07	0.09	—	—	—	—	—	—	0.02~0.06	余量	99.7
	T27350	HAs63-0.04	62.0~65.0	0.15	0.08	—	—	—	—	—	—	0.02~0.06	余量	99.7
	T27370	HAs63-0.1	61.5~63.5	0.1	0.2	0.05	0.1	0.1	—	0.3	—	0.02~0.15	余量	99.8
	T27610	HAs62-0.04	60.5~63.5	0.15	0.08	—	—	—	—	—	—	0.02~0.06	余量	99.7
铅黄铜	C31400	HPb89-2	87.5~90.5	0.10	1.3~2.5	—	—	—	—	0.7	—	—	余量	99.6
	C33000	HPb66-0.5	65.0~68.0	0.07	0.25~0.7	—	—	—	—	—	—	—	余量	99.6
	T33510	HPb65-1.5	64.0~66.0	0.3	1.2~1.7	0.8~1.0	0.1	0.3	—	0.2	—	0.02~0.15	余量	99.8
	T34700	HPb63-3	62.0~65.0	0.10	2.4~3.0	—	—	—	—	0.5	—	—	余量	99.3[③]
	T34900	HPb63-0.1	61.5~63.5	0.15	0.05~0.3	—	—	—	—	0.5	—	—	余量	99.5[③]
	T34750	HPb63-1.5	62.0~64.0	0.3	1.2~1.6	0.5~0.7	0.1	0.3	—	0.2	—	0.02~0.15	余量	99.8
	T34760	HPb63-1.5-0.6	62.0~63.6	0.3	1.4~1.6	0.5~0.7	0.1	0.3	—	0.2	—	0.09~0.13	余量	99.8

铅黄铜	T34770	HPb63-1-0.6	62.0~63.6	0.3	0.8~1.6	0.5~0.7	0.1	0.3	0.02	0.2	Sb: 0.008~0.02 P≤0.01	0.09~0.13	余量	99.8
	T35100	HPb62-0.8	60.0~63.0	0.2	0.5~1.2	—	—	—	—	0.5	—	—	余量	99.3③
	T35200	HPb62-1-0.6	61.0~62.5	0.3	0.8~1.2	0.6~0.7	0.1	0.3	0.02	0.2	Sb: 0.03~0.06 P≤0.01	0.04	余量	99.8
	C35300	HPb62-2	60.0~63.0	0.15	1.5~2.5	—	—	—	—	—	—	—	余量	99.5
	C36000	HPb62-3	60.0~63.0	0.35	2.5~3.0	—	—	—	—	—	—	—	余量	99.5
	C36010	HPb62-3.4	60.0~63.0	0.35	3.1~3.7	—	—	—	—	—	—	—	余量	99.5
	T36210	HPb62-2-0.1	61.0~63.0	0.1	1.7~2.8	0.05	0.1	0.1	—	0.3	—	0.02~0.15	余量	99.8
	T36220	HPb61-2-1	59.0~62.0	—	1.0~2.5	—	—	0.30~1.5	—	—	—	0.02~0.25	余量	99.6
	T36230	HPb61-2-0.1	59.2~62.3	0.2	1.7~2.8	—	—	0.2	—	—	—	0.08~0.15	余量	99.8
	C37100	HPb61-1	58.0~62.0	0.15	0.6~1.2	—	—	—	—	—	—	—	余量	99.6
	T37200	HPb61-1.5	60.0~62.0	0.25	1.2~2.0	—	—	0.25	—	0.2	—	—	余量	99.8
	T37300	HPb61-3	59.0~63.0	0.5	1.8~3.7	—	—	Fe+Sn ≤1.0	—	0.5	—	—	余量	99.7
	C37700	HPb60-2	58.0~61.0	0.30	1.5~2.5	—	—	—	—	—	—	—	余量	99.5
	T37900	HPb60-3	58.0~61.0	0.3	2.5~3.5	—	—	0.3	—	—	—	—	余量	99.6
	T38100	HPb59-1	57.0~60.0	0.5	0.8~1.9	—	—	—	—	0.5	—	—	余量	99.0③
	T38200	HPb59-2	57.0~60.0	0.5	1.5~2.5	—	—	0.5	—	—	—	—	余量	99.5
	T38202	HPb59-1.8	57.0~61.0	—	1.0~2.5	—	—	Fe+Sn ≤1.0	—	0.5	—	—	余量	99.7
	T38208	HPb59-2.8	57.0~61.0	0.50	1.8~3.7	—	—	Fe+Sn ≤1.0	—	0.5	—	—	余量	99.7
	T38210	HPb58-2	57.0~59.0	0.5	1.5~2.5	—	—	0.5	—	0.5	—	—	余量	99.5
	T38300	HPb59-3	57.5~59.5	0.50	2.0~3.0	—	—	—	—	0.5	—	—	余量	98.8③
	T38310	HPb58-3	57.0~59.0	0.5	2.5~3.5	—	—	0.5	—	0.5	—	—	余量	99.5
	T38400	HPb57-4	56.0~58.0	0.5	3.5~4.5	—	—	0.5	—	0.5	—	—	余量	99.3
	T38410	HPb57-3	56.0~58.0	0.50	2.5~3.5	—	—	—	—	0.5	—	—	余量	99.3

（续）

分类	代号	牌号	化学成分（质量分数，%）														
			Cu	Te	B	Si	As	Bi	Cd	Sn	P	Ni⑩	Mn	Fe①	Pb	Zn	Cu+所列元素总和
锡黄铜	T41900	HSn90-1	88.0~91.0	—	—	—	—	—	—	0.25~0.75	—	—	—	0.10	0.03	余量	99.8③
	C41125	HSn88-0.7	86.5~90.5	—	—	—	—	—	—	0.50~0.9	0.06	0.8	—	0.03	0.05	余量	99.5
	C42200	HSn88-1	86.0~89.0	—	—	—	—	—	—	0.8~1.4	0.35	—	—	0.05	0.05	余量	99.7
	C42500	HSn88-2	87.0~90.0	—	—	—	—	—	—	1.5~3.0	0.35	—	—	0.05	0.05	余量	99.7
	C44250	HSn75-1	73.0~76.0	—	—	—	—	—	—	0.50~1.5	0.10	0.20	—	0.20	0.07	余量	99.6
	C44300	HSn72-1	70.0~73.0	—	—	—	0.02~0.06	—	—	0.8~1.2④	—	—	—	0.06	0.07	余量	99.6
	C44400	HSn71-1-0.06	70.0~73.0	—	—	—	—	—	—	0.8~1.2④	Sb:0.02~0.10		—	0.06	0.07	余量	99.6
	C44500	HSn71-1	70.0~73.0	—	—	—	—	—	—	0.8~1.2④	0.02~0.10	—	—	0.06	0.07	余量	99.6
	T45000	HSn70-1	69.0~71.0	—	—	—	0.03~0.06	—	—	0.8~1.3	—	—	—	0.10	0.05	余量	99.8
	T45010	HSn70-1-0.01	69.0~71.0	—	0.0015~0.02	—	0.03~0.06	—	—	0.8~1.3	—	—	—	0.10	0.05	余量	99.8
	T45020	HSn70-1-0.01-0.04	69.0~71.0	—	0.0015~0.02	—	0.03~0.06	—	—	0.8~1.3	—	0.05~1.00	0.02~2.00	0.10	0.05	余量	99.8
	T46100	HSn65-0.03	63.5~68.0	—	—	—	—	—	—	0.01~0.2	0.01~0.07	—	—	0.05	0.03	余量	99.8
	T46300	HSn62-1	61.0~63.0	—	—	—	—	—	—	0.7~1.1	—	—	—	0.10	0.10	余量	99.7③
	C46400	HSn60-0.8	59.0~62.0	—	—	—	—	—	—	0.50~1.0	—	—	—	0.10	0.20	余量	99.6
	T46410	HSn60-1	59.0~61.0	—	—	—	—	—	—	1.0~1.5	—	0.5	—	0.10	0.30	余量	99.4
	T46420	HSn60-0.4-0.2	58.0~61.0	—	Mg:0.03~0.2	0.01~0.1	0.01~0.05	—	Al≤0.1	0.2~0.6	0.05~0.25	0.2	—	—	0.1~0.2	余量	99.8
	C46500	HSn60-1-0.04	59.0~62.0	—	—	—	0.02~0.06	—	—	0.50~1.0	—	—	—	0.10	0.20	余量	99.6
	C48500	HSn61-0.8-1.8	59.0~62.0	—	—	—	—	—	—	0.50~1.0	—	—	—	0.10	1.3~2.2	余量	99.6
铋黄铜	T49210	HBi58-1.5	57.0~59.0	—	—	—	—	0.5~2.5	0.0075	0.5	0.15	—	—	0.5	0.01	余量	99.7③
	T49230	HBi60-2	59.0~62.0	—	—	—	—	2.0~3.5	0.01	0.3	—	—	—	0.2	0.1	余量	99.5③
	T49240	HBi60-1.3	58.0~62.0	—	—	—	—	0.3~2.3	0.01	0.05~1.2⑤	—	—	—	0.1	0.2	余量	99.7③
	C49260	HBi60-1.0-0.05	58.0~63.0	—	—	0.10	—	0.50~1.8	0.001	0.50	0.05~0.15	—	—	0.50	0.09	余量	99.5

（续）

分类	代号	牌号	化学成分（质量分数,%）														
			Cu	Te	Al	Si	As	Bi	Cd	Sn	P	Ni⑩	Mn	Fe①	Pb	Zn	Cu+所列元素总和
铋黄铜	T49310	HBi60-0.5-0.01	58.5~61.5	0.010~0.015	—	—	0.01	0.45~0.65	0.01	—	—	—	—	—	0.1	余量	99.7
	T49320	HBi60-0.8-0.01	58.5~61.5	0.010~0.015	—	—	0.01	0.70~0.95	0.01	—	—	—	—	—	0.1	余量	99.7
	T49330	HBi60-1.1-0.01	58.5~61.5	0.010~0.015	—	—	0.01	1.00~1.25	0.01	—	—	—	—	—	0.1	余量	99.7
	C49340	HBi62-1.4-1	60.0~63.0②	—	—	0.10	—	0.50~2.2	0.001	0.50~1.5	0.05~0.15	—	—	0.12	0.09	余量	99.5
	C49350	HBi62-1	61.0~63.0	Sb:0.02~0.10	—	0.30	—	0.50~2.5	—	1.5~3.0	0.04~0.15	—	—	0.12	0.09	余量	99.5
	T49360	HBi59-1	58.0~60.0	—	—	—	—	0.8~2.0	0.01	0.2	—	—	—	0.2	0.1	余量	99.5③
锰黄铜	T67100	HMn64-8-5-1.5	63.0~66.0	—	4.5~6.0	1.0~2.0	—	—	—	0.5	—	0.5	7.0~8.0	0.5~1.5	0.3~0.8	余量	99.0③
	T67200	HMn62-3-3-0.7	60.0~63.0	—	2.4~3.4	0.5~1.5	—	—	—	0.1	—	—	2.7~3.7	0.1	0.05	余量	99.1
	T67210	HMn61-2-1-0.5	60.0~62.0	—	0.5~1.5	0.3~1.0	—	—	—	—	—	0.2	1.0~2.5	0.35	0.1	余量	99.8
	T67211	HMn61-2-1-1	60.0~63.0	—	0.1	0.5~1.5	—	—	—	0.2	—	0.1~1.0	1.5~3.0	0.3	0.2~1.0	余量	99.4③
	T67212	HMn61-3-1	60.0~63.0	—	0.25	0.6~1.5	—	—	—	0.25	—	0.25	2.25~3.0	0.1	0.2	余量	99.5③
	C67300	HMn60-3-1.7-1	58.0~63.0②	—	0.25	0.50~1.5	—	—	—	0.30	—	0.25⑥	2.0~3.5	0.50	0.40~3.0	余量	99.5
	T67300	HMn62-3-3-1	59.0~65.0	Cr:0.07~0.27	1.7~3.7	0.5~1.3	—	—	—	—	—	0.2~0.6	2.2~3.8	0.6	0.18	余量	99.2③
	T67310	HMn62-13	59.0~65.0	B ≤0.01	Ti+Al:0.5~2.5	0.05	Sb ≤0.005	0.005	—	—	0.005	0.05~0.5⑥	10~15	0.05	0.03	余量	99.8③
	T67320	HMn55-3-1	53.0~58.0	—	—	—	—	—	—	—	—	—	3.0~4.0	0.5~1.5	0.5	余量	99.0

（续）

分类	代号	牌号	化学成分（质量分数，%）													
			Cu	Te	Al	Si	As	Bi	Cd	Sn	P	Ni[⑩]	Mn	Fe[①]	Pb	Zn	Cu+所列元素总和
锰黄铜	T67330	HMn59-2-1.5-0.5	58.0~59.0	—	1.4~1.7	0.6~0.9	—	—	—	—	—	—	1.8~2.2	0.35~0.65	0.3~0.6	余量	99.7
	T67400	HMn58-2[⑦]	57.0~60.0	—	—	—	—	—	—	—	—	—	1.0~2.0	1.0	0.1	余量	98.8[③]
	C67400	HMn58-3-1-1	57.0~60.0[②]	—	0.50~2.0	0.50~1.5	—	—	—	0.30	—	0.25[⑥]	2.0~3.5	0.35	0.50	余量	99.5
	T67401	HMn58-2-1-0.5	56.0~60.5	—	0.20~2.0	—	—	—	—	—	—	—	0.50~2.5	0.10~1.0	0.5	余量	99.7
	T67402	HMn58-2-2-0.5	57.0~59.0	—	1.3~2.3	0.3~1.3	—	—	—	0.4	—	1.0	1.5~3.0	1.0	0.2~0.8	余量	99.7
	T67403	HMn58-3-2-0.8	57.0~60.0	—	1.5~2.0	0.6~0.9	—	—	—	—	—	—	2.0~4.0	0.25	0.3~0.6	余量	99.8
	T67410	HMn57-3-1[⑦]	55.0~58.5	—	0.5~1.5	—	—	—	—	—	—	—	2.5~3.5	1.0	0.2	余量	98.7[③]
	T67420	HMn57-2-1.7-0.5	56.5~58.5	—	1.3~2.1	0.4~0.8	—	—	—	0.5	—	0.5	1.5~2.3	0.3~0.8	0.3~0.9	余量	99.0[③]
	T67422	HMn57-2-2-1	56.0~58.0	—	0.5	0.5~1.5	—	—	—	0.25	—	1.5~3.0	1.0~2.5	0.5	0.2~0.8	余量	99.0[③]

分类	代号	牌号	化学成分（质量分数，%）											
			Cu	Fe[①]	Pb	Al	Mn	P	Sb	Ni[⑩]	Si	Cd	Sn	Zn	Cu+所列元素总和
铁黄铜	T67600	HFe59-1-1	57.0~60.0	0.6~1.2	0.20	0.1~0.5	0.5~0.8	—	—	—	—	—	0.3~0.7	余量	99.7[③]
	T67610	HFe58-1-1	56.0~58.0	0.7~1.3	0.7~1.3	—	—	—	—	—	—	—	—	余量	99.5
锑黄铜	T68200	HSb61-0.8-0.5	59.0~63.0	0.2	0.2	—	—	—	0.4~1.2	0.05~1.2[⑧]	0.3~1.0	0.01	—	余量	99.5[③]
	T68210	HSb60-0.9	58.0~62.0	—	0.2	—	—	—	0.3~1.5	0.05~0.9[⑨]	—	0.01	—	余量	99.7[③]
硅黄铜	T68310	HSi80-3	79.0~81.0	0.6	0.1	—	—	—	—	—	2.5~4.0	—	—	余量	99.2
	T68315	HSi76-3-0.06	75.0~77.0	0.3	0.1	0.05	0.05	0.02~0.1	—	0.2	2.7~3.5	—	0.3	余量	99.8
	T68320	HSi75-3	73.0~77.0	0.1	0.1	—	0.1	0.04~0.15	—	0.1	2.7~3.4	0.01	0.2	余量	99.4[③]
	T68341	HSi68-1.5	66.0~70.0	0.15	0.1	—	—	0.05~0.40	As≤0.1	0.3	1.0~2.0	Bi≤0.01	0.6	余量	99.7[③]

硅黄铜	T68342	HSi68-1	66.0~68.0	0.06~0.1	0.06~0.09	0.05	Mg≤0.03	As:0.03~0.8	—	0.02~0.04	0.8~2.0	—	0.05~0.1	余量	99.8
	C68350	HSi62-0.6	59.0~64.0②	0.15	0.09	0.30	—	0.05~0.40	—	0.20⑥	0.30~1.0	—	0.6	余量	99.5
	T68360	HSi61-0.6	59.0~63.0	0.15	0.2	—	—	0.03~0.12	—	0.05~1.0⑤	0.4~1.0	0.01	—	余量	99.7③
	T68370	HSi58-1.2	56.0~60.0	B:0.003~0.01	0.0015	0.5~0.9	—	Ti:0.03~0.06	As:0.0015	RE:0.03~0.06	1.0~1.5	0.0015	—	余量	99.8
铝黄铜	C68700	HAl77-2	76.0~79.0②	0.06	0.07	1.8~2.5	—	As:0.02~0.06	—	—	—	—	—	余量	99.5
	T68900	HAl67-2.5	66.0~68.0	0.6	0.5	2.0~3.0	—	—	—	—	—	—	—	余量	99.6
	T69200	HAl66-6-3-2	64.0~68.0	2.0~4.0	0.5	6.0~7.0	1.5~2.5	—	—	—	—	—	—	余量	99.0
	T69210	HAl64-5-4-2	63.0~66.0	1.8~3.0	0.2~1.0	4.0~6.0	3.0~5.0	—	—	—	0.5	—	0.3	余量	99.5
	T69215	HAl63-0.6-0.2	62.2~64.2	0.3	0.2~0.3	0.5~0.7	0.1	As:0.09~0.13	0.008~0.02	0.2	0.02	P≤0.01	0.3	余量	99.8
	T69220	HAl61-4-3-1.5	59.0~62.0	0.5~1.3	—	3.5~4.5	—	Co:1.0~2.0	—	2.5~4.0	0.5~1.5	—	0.2~1.0	余量	98.7
	T69225	HAl61-1-1	余量	0.10~0.25	0.75~1.25	1.0~1.4	0.02~0.10	—	—	0.02~0.10	—	—	0.05~0.25	35.0~38.0	99.7
	T69230	HAl61-4-3-1	59.0~62.0	0.3~1.3	—	3.5~4.5	—	Co:0.5~1.0	—	2.5~4.0	0.5~1.5	—	—	余量	99.3
	T69240	HAl60-1-1	58.0~61.0	0.70~1.50	0.40	0.70~1.50	0.1~0.6	—	—	—	—	—	—	余量	99.7
	T69243	HAl60-4-3-1	57.0~62.0	0.5~1.3	0.80	3.5~4.5	0.5~0.8	Co:1.0~2.0	—	2.5~4.0	0.5~1.5	—	—	余量	99.7
	T69244	HAl60-5-2-2	57.0~62.0	—	—	4.3~5.2	—	Ti:1.2~2.0	—	2.0~3.0	—	—	—	余量	99.8

（续）

分类	代号	牌号	化学成分（质量分数，%）												
			Cu	Fe①	Pb	Al	Mn	P	Sb	Ni⑩	Si	Cd	Sn	Zn	Cu+所列元素总和
铝黄铜	T69250	HAl59-3-2	57.0~60.0	0.50	0.10	2.5~3.5	—	—	—	2.0~3.0	—	—	—	余量	99.7
	T69255	HAl58-1.2	56.0~60.0	B:0.003~0.01	0.0015	1.0~1.5	—	Ti:0.03~0.06	As:0.0015	RE:0.03~0.06	0.5~0.8	0.0015	—	余量	99.8
	T69260	HAl58-4-4-1	55.0~61.0	0.5~1.1	—	3.5~4.5	1.2~2.0	—	—	3.6~4.5	0.7~1.3	—	—	余量	99.8

分类	代号	牌号	化学成分（质量分数，%）														
			Cu	Fe①	Pb	Al	As	Bi	Mg	Cd	Mn	Ni⑩	Si	Co	Sn	Zn	Cu+所列元素总和
镁黄铜	T69800	HMg60-1	59.0~61.0	0.2	0.1	—	—	0.3~0.8	0.5~2.0	0.01	—	—	—	—	0.3	余量	99.5③
镍黄铜	T69900	HNi65-5	64.0~67.0	0.15	0.03	—	—	—	—	—	—	5.0~6.5	—	—	—	余量	99.7③
	T69910	HNi56-3	54.0~58.0	0.15~0.5	0.2	0.3~0.5	—	—	—	—	—	2.0~3.0	—	—	—	余量	99.6
	T69920	HNi55-7-4-2	54.0~56.0	0.5~1.0	—	3.0~4.5	—	—	—	—	—	6.0~7.5	2.0~2.5	—	—	余量	99.8

① 抗磁用黄铜中铁的质量分数不大于 0.030%。

② 此值为 Cu+Ag。

③ 此值为 Cu+合金元素总和。

④ 此牌号为管材产品时，锡的质量分数最小值可以为 0.9%。

⑤ 此值为 Sb+B+Ni+Sn。

⑥ 此值为 Ni+Co。

⑦ 供异型铸造和热锻用的 HMn57-3-1、HMn58-2 中磷的质量分数不大于 0.03%。

⑧ 此值为 Ni+Sn+B。

⑨ 此值为 Ni+Fe+B。

⑩ 以“T”打头的代号及牌号，其镍的质量分数计入铜中（镍为主成分者除外）。

表 12-83　加工青铜的牌号和化学成分（GB/T 5231—2022）

分类	代号	牌　号	化学成分(质量分数,%)												
			Cu	Sn	P	Fe	Pb	Al	B	Ti	Mn	Si	Ni	Zn	Cu+所列元素总和
锡青铜①	T50110	QSn0. 4	余量	0. 15～0. 55	0. 001	—	—	—	—	—	—	—	O≤0. 035	—	99. 9②
	T50120	QSn0. 6	余量	0. 4～0. 8	0. 01	0. 020	—	—	—	—	—	—	—	—	99. 9②
	T50130	QSn0. 9	余量	0. 85～1. 05	0. 03	0. 05	—	—	—	—	—	—	—	—	99. 9②
	T50300	QSn0. 5-0. 025	余量	0. 25～0. 6	0. 015～0. 035	0. 010	—	—	—	—	—	—	—	—	99. 9②
	T50400	QSn1-0. 5-0. 5	余量	0. 9～1. 2	0. 09	—	0. 01	0. 01	S≤0. 005	—	0. 3～0. 6	0. 3～0. 6	—	—	99. 9②
	C50500	QSn1. 5-0. 2	余量	1. 0～1. 7	0. 03～0. 35	0. 10	0. 05	—	—	—	—	—	—	0. 30	99. 5
	T50501	QSn1. 4	余量	1. 0～1. 7	0. 15	0. 10	0. 02	—	—	—	—	—	—	0. 20	99. 5③
	C50700	QSn1. 8	余量	1. 5～2. 0	0. 30	0. 10	0. 05	—	—	—	—	—	—	—	99. 5
	T50701	QSn2-0. 2	余量	1. 7～2. 3	0. 15	0. 10	0. 02	—	—	—	—	—	0. 10～0. 40	0. 20	99. 5④
	C50715	QSn2-0. 1-0. 03	余量	1. 7～2. 3	0. 025～0. 04	0. 05～0. 15	0. 02	—	—	—	—	—	—	—	99. 5②
	T50800	QSn4-3	余量	3. 5～4. 5	0. 03	0. 05	0. 02	0. 002	—	—	—	—	—	2. 7～3. 3	99. 8②
	C51000	QSn5-0. 2	余量	4. 2～5. 8	0. 03～0. 35	0. 10	0. 05	—	—	—	—	—	—	0. 30	99. 5
	T51010	QSn5-0. 3	余量	4. 5～5. 5	0. 01～0. 40	0. 1	0. 02	—	—	—	—	—	0. 2	0. 2	99. 8
	C51100	QSn4-0. 3	余量	3. 5～4. 9	0. 03～0. 35	0. 10	0. 05	—	—	—	—	—	—	0. 30	99. 5
	C51180	QSn4-0. 15-0. 10-0. 03	余量	3. 5～4. 9	0. 01～0. 35	0. 05～0. 20	0. 05	—	—	—	—	—	0. 05～0. 20	0. 30	99. 5
	T51500	QSn6-0. 05	余量	6. 0～7. 0	0. 05	0. 10	Ag:0. 05～0. 12		—	—	—	—	—	0. 05	99. 8②
	T51510	QSn6. 5-0. 1	余量	6. 0～7. 0	0. 10～0. 25	0. 05	0. 02	0. 002	—	—	—	—	—	0. 3	99. 6②
	T51520	QSn6. 5-0. 4	余量	6. 0～7. 0	0. 26～0. 40	0. 02	0. 02	0. 002	—	—	—	—	—	0. 3	99. 6②
	T51530	QSn7-0. 2	余量	6. 0～8. 0	0. 10～0. 25	0. 05	0. 02	0. 01	—	—	—	—	—	0. 3	99. 6②
	C51900	QSn6-0. 2	余量	5. 0～7. 0	0. 03～0. 35	0. 10	0. 05	—	—	—	—	—	—	0. 30	99. 5
	C52100	QSn8-0. 3	余量	7. 0～9. 0	0. 03～0. 35	0. 10	0. 05	—	—	—	—	—	—	0. 20	99. 5
	C52400	QSn10-0. 2	余量	9. 0～11. 0	0. 03～0. 35	0. 10	0. 05	—	—	—	—	—	—	0. 20	99. 5
	T52500	QSn15-1-1	余量	12～18	0. 5	0. 1～1. 0	—	—	0. 002～1. 2	0. 002	0. 6	—	—	0. 5～2. 0	99. 0②
	T53300	QSn4-4-2. 5	余量	3. 0～5. 0	0. 03	0. 05	1. 5～3. 5	0. 002	—	—	—	—	—	3. 0～5. 0	99. 8②
	C53400	QSn4. 6-1-0. 2	余量	3. 5～5. 8	0. 03～0. 35	0. 10	0. 8～1. 2	—	—	—	—	—	—	0. 30	99. 5
	T53500	QSn4-4-4	余量	3. 0～5. 0	0. 03	0. 05	3. 0～4. 0	0. 002	—	—	—	—	—	3. 0～5. 0	99. 8②

（续）

分类	代号	牌号	化学成分（质量分数，%）															
			Cu	Al	Fe	Ni	Mn	P	Zn	Sn	Si	Pb	As	Mg	Sb	Bi	S	Cu+所列元素总和
铬青铜	T55600	QCr4.5-2.5-0.6	余量	Cr：3.5~5.5	0.05	0.2~1.0	0.5~2.0	0.005	0.05	—	—	—	Ti：1.5~3.5	—	—	—	—	99.9[2]
锰青铜	T56100	QMn1.5	余量	0.07	0.1	0.1	1.20~1.80	—	—	0.05	0.1	0.01	Cr≤0.1	—	0.005	0.002	0.01	99.7[2]
	T56200	QMn2	余量	0.07	0.1	—	1.5~2.5	—	—	0.05	0.1	0.01	0.01	—	0.05	0.002	—	99.5[2]
	T56300	QMn5	余量	—	0.35	—	4.5~5.5	0.01	0.4	0.1	0.1	0.03	—	—	0.002	—	—	99.1[2]
	T56800	QMn11-3.5-1.5	余量	2.50~4.50	1.00~1.60	—	10.8~12.5	0.005	0.10	—	0.10	0.005	C≤0.10	0.05	0.002	—	0.02	99.2[2]
铝青铜	T60700	QAl5	余量	4.0~6.0	0.5	—	0.5	0.01	0.5	0.1	0.1	0.03	—	—	—	—	—	98.4[2]
	C60800	QAl6	余量[5]	5.0~6.5	0.10	—	—	—	—	—	—	0.10	0.02~0.35	—	—	—	—	99.5
	C61000	QAl7	余量[5]	6.0~8.5	0.50	—	—	—	0.20	—	0.10	0.02	—	—	—	—	—	99.5
	T61700	QAl9-2	余量	8.0~10.0	0.5	—	1.5~2.5	0.01	1.0	0.1	0.1	0.03	—	—	—	—	—	98.3[2]
	T61720	QAl9-4	余量	8.0~10.0	2.0~4.0	—	0.5	0.01	1.0	0.1	0.1	0.01	—	—	—	—	—	98.3[2]
	T61740	QAl9-5-1-1	余量	8.0~10.0	0.5~1.5	4.0~6.0	0.5~1.5	0.01	0.3	0.1	0.1	0.01	0.01	—	—	—	—	99.4[2]
	T61760	QAl10-3-1.5[6]	余量	8.5~10.0	2.0~4.0	—	1.0~2.0	0.01	0.5	0.1	0.1	0.03	—	—	—	—	—	99.3[2]
	T61780	QAl10-4-4[7]	余量	9.5~11.0	3.5~5.5	3.5~5.5	0.3	0.01	0.5	0.1	0.1	0.02	—	—	—	—	—	99.0[2]
	T61790	QAl10-4-4-1	余量	8.5~11.0	3.0~5.0	3.0~5.0	0.5~2.0	—	—	—	—	—	—	—	—	—	—	99.2[2]
	T62100	QAl10-5-5	余量	8.0~11.0	4.0~6.0	4.0~6.0	0.5~2.5	—	0.5	0.2	0.25	0.05	—	0.10	—	—	—	98.8[2]
	T62200	QAl11-6-6	余量	10.0~11.5	5.0~6.5	5.0~6.5	0.5	0.1	0.6	0.2	0.2	0.05	—	—	—	—	—	98.5[2]
	C61300	QAl7-3-0.4	余量[5]	6.0~7.5	2.0~3.0	0.15[9]	0.20	0.015	0.10[8]	0.20~0.50	0.10	0.01	—	—	—	—	—	99.8
	C62300	QAl9-3	余量[5]	8.5~10.0	2.0~4.0	1.0[9]	0.50	—	—	0.6	0.25	—	—	—	—	—	—	99.5
	C62400	QAl11-3	余量[5]	10.0~11.5	2.0~4.5	—	0.30	—	—	0.20	0.25	—	—	—	—	—	—	99.5
	C62500	QAl13-4	余量[5]	12.5~13.5	3.5~5.5	—	2.0	—	—	—	—	—	—	—	—	—	—	99.5
	T62600	QAl14-3	余量[5]	13.0~16.0	2.0~4.0	Co：0.1~0.5	0.5~1.5	—	—	—	0.04	—	—	—	—	—	—	99.5
	C63000	QAl10-5-3	余量[5]	9.0~11.0	2.0~4.0	4.0~5.5[9]	1.5	—	0.30	0.20	0.25	—	—	—	—	—	—	99.5
	C63020	QAl10-6-5	74.5[5]	10.0~11.0	4.0~5.5	4.2~6.0[9]	1.5	—	0.30	0.25	—	0.03	Cr≤0.05	—	Co≤0.20	—	—	99.5

铝青铜	C63200	QAl9-4-4	余量⑤	8.7~9.5	3.5~4.3⑩	4.0~4.8⑨	1.2~2.0	—	—	—	0.10	0.02	—	—	—	—	—	99.5
	T63210	QAl9-4-1-1	81~88.0	8.5~11.0	3.0~5.0	0.50~2.0	0.50~2.0	—	—	—	—	—	—	—	—	—	—	99.5
	C64200	QAl7-2	余量⑤	6.3~7.6	0.30	0.25⑨	0.10	—	0.50	0.20	1.5~2.2	0.05	0.09	—	—	—	—	99.5
	C64210	QAl6.5-2	余量⑤	6.3~7.0	0.30	0.25⑨	0.10	—	0.50	0.20	1.5~2.0	0.05	0.09	—	—	—	—	99.5
硅青铜	C64700	QSi0.6-2	余量	—	0.10	1.6~2.2⑨	—	—	0.50	—	0.40~0.8	0.09	—	—	—	—	—	99.5
	T64705	QSi0.6-2.1	余量	—	0.2	1.6~2.5	0.1	—	—	—	0.4~0.8	0.02	—	—	—	—	—	99.7
	T64720	QSi1-3	余量	0.02	0.1	2.4~3.4	0.1~0.4	—	0.2	0.1	0.6~1.1	0.15	—	—	—	—	—	99.5②
	T64730	QSi3-1①	余量	—	0.3	0.2	1.0~1.5	—	0.5	0.25	2.7~3.5	0.03	—	—	—	—	—	98.9②
	T64740	QSi3.5-3-1.5	余量	—	1.2~1.8	0.2	0.5~0.9	0.03	2.5~3.5	0.25	3.0~4.0	0.03	0.002	—	0.002	—	—	98.9②

① 抗磁用锡青铜铁的质量分数不大于 0.020%，QSi3-1 铁的质量分数不大于 0.030%。
② 此值为 Cu+合金元素总和。
③ 此值为 Cu+Sn+P。
④ 此值为 Cu+Sn+P+Ni。
⑤ 此值为 Cu+Ag。
⑥ 非耐磨材料用 QAl10-3-1.5，其锌的质量分数可达 1%，但表中所列杂质总和应不大于 1.25%。柴油发动机用的 QAl10-3-1.5，其铝的质量分数上限可达 11.0%。
⑦ 用于后续焊接时的 QAl10-4-4，其锌的质量分数不大于 0.2%。
⑧ 用于后续焊接时，QAl7-3-0.4 中的 $w(Cr)+w(Cd)+w(Zr)+w(Zn) \leqslant 0.05\%$。
⑨ 此值为 Ni+Co。
⑩ Fe 含量不得超过 Ni 含量。

表 12-84　加工白铜的牌号和化学成分（GB/T 5231—2022）

分类	代号	牌号	化学成分(质量分数,%)												
			Cu	Ni+Co	Al	Fe	Mn	Pb	P	S	C	Mg	Si	Zn	Sn	Cu+所列元素总和
普通白铜	T70110	B0.6	余量	0.57~0.63	—	0.005	—	0.005	0.002	0.005	0.002	—	0.002	—	—	99.9①
	T70380	B5	余量	4.4~5.0	—	0.20	—	0.01	0.01	0.01	0.03	—	—	—	—	99.5①
	T71050	B19②	余量	18.0~20.0	—	0.5	0.5	0.005	0.01	0.01	0.05	0.05	0.15	0.3	—	98.2①
	C71100	B23	余量③	22.0~24.0	—	0.10	0.15	0.05	—	—	—	—	—	0.20	—	99.5
	T71200	B25	余量	24.0~26.0	—	0.5	0.5	0.005	0.01	0.01	0.05	0.05	0.15	0.3	0.03	98.2①
	T71400	B30	余量	29.0~33.0	—	0.9	1.2	0.05	0.006	0.01	0.05	—	0.15	—	—	97.7①
铁白铜	C70400	BFe5-1.5-0.5	余量③	4.8~6.2	—	1.3~1.7	0.30~0.8	0.05	—	—	—	—	—	1.0	—	99.5
	T70510	BFe7-0.4-0.4	余量	6.0~7.0	—	0.1~0.7	0.1~0.7	0.01	0.01	0.01	0.03	—	0.02	0.05	—	99.3①
	T70590	BFe10-1-1	余量	9.0~11.0	—	1.0~1.5	0.5~1.0	0.02	0.006	0.01	0.05	—	0.15	0.3	0.03	99.3①
	C70600	BFe10-1.4-1	余量③	9.0~11.0	—	1.0~1.8	1.0	0.05	—	—	—	—	—	1.0	—	99.5
	C70610	BFe10-1.5-1	余量③	10.0~11.0	—	1.0~2.0	0.50~1.0	0.01	—	0.05	0.05	—	—	—	—	99.5
	T70620	BFe10-1.6-1	余量	9.0~11.0	—	1.5~1.8	0.5~1.0	0.03	0.02	0.01	0.05	—	—	0.20	—	99.6①
	T70900	BFr16-1-1-0.5	余量	15.0~18.0	—	0.50~1.00	0.2~1.0	0.05	Cr:0.30~0.70		—	Ti≤0.03	0.03	1.0	—	98.9②
	C71500	BFe30-0.7	余量③	29.0~33.0	—	0.40~1.0	1.0	0.05	—	—	—	—	—	1.0	—	99.5
	T71510	BFe30-1-1	余量	29.0~32.0	—	0.5~1.0	0.5~1.2	0.02	0.006	0.01	0.05	—	0.15	0.3	0.03	99.3①
	T71520	BFe30-2-2	余量	29.0~32.0	—	1.7~2.3	1.5~2.5	0.01	—	0.03	0.06	—	—	—	—	99.5
锰白铜	T71620	BMn3-12	余量	2.0~3.5	0.2	0.20~0.50	11.5~13.5	0.020	0.005	0.020	0.05	0.03	0.1~0.3	—	—	99.5①
	T71660	BMn40-1.5	余量	39.0~41.0	—	0.50	1.0~2.0	0.005	0.005	0.02	0.10	0.05	0.10	—	—	99.1①
	T71670	BMn43-0.5	余量	42.0~44.0	—	0.15	0.10~1.0	0.002	0.002	0.01	0.10	0.05	0.10	—	—	99.4②
铝白铜	T72400	BAl6-1.5	余量	5.5~6.5	1.2~1.8	0.50	0.20	0.003	—	—	—	—	—	—	—	99.6
	T72600	BAl13-3	余量	12.0~15.0	2.3~3.0	1.0	0.50	0.003	0.01	—	—	—	—	—	—	99.6

分类	代号	牌号	化学成分(质量分数,%)													
			Cu	Ni+Co	Fe	Mn	Pb	Al	Si	P	S	C	Sn	Bi	Ti	Sb	Zn	Cu+所列元素总和
锡白铜	C72700	BSn9-6	余量③	8.5~9.5	0.50	0.05~0.30	0.02④	—	—	—	—	—	5.5~6.5	—	Mg≤0.15	Nb≤0.10	0.50	99.7
	C72900	BSn15-8	余量③	14.5~15.5	0.50	0.30	0.02④	—	—	—	—	—	7.5~8.5	—	Mg≤0.15	Nb≤0.10	0.50	99.7
锌白铜	C73500	BZn18-10	70.5~73.5③	16.5~19.5	0.25	0.50	0.09	—	—	—	—	—	—	—	—	—	余量	99.5
	C74300	BZn8-26	63.0~66.0③	7.0~9.0	0.25	0.50	0.09	—	—	—	—	—	—	—	—	—	余量	99.5
	C74500	BZn10-25	63.5~66.5③	9.0~11.0	0.25	0.50	0.09⑤	—	—	—	—	—	—	—	—	—	余量	99.5
	T74600	BZn15-20	62.0~65.0	13.5~16.5	0.5	0.3	0.02	Mg≤0.05	0.15	0.005	0.01	0.03	—	0.002	As≤0.010	0.002	余量	99.1①

锌白铜	C75200	BZn18-18	63.0~66.5[3]	16.5~19.5	0.25	0.50	0.05	—	—	—	—	—	—	—	—	—	余量	99.5
	T75210	BZn18-17	62.0~66.0	16.5~19.5	0.25	0.50	0.03	—	—	—	—	—	—	—	—	—	余量	99.1[1]
	T76100	BZn9-29[6]	60.0~63.0	7.2~10.4	0.3	0.5	0.03	0.005	0.15	0.005	0.005	0.03	0.08	0.002	0.005	0.002	余量	99.8
	T76200	BZn12-24[6]	63.0~66.0	11.0~13.0	0.3	0.5	0.03	—	—	—	—	—	0.03	—	—	—	余量	99.5
	T76210	BZn12-26[6]	60.0~63.0	10.5~13.0	0.3	0.5	0.03	0.005	0.15	0.005	0.005	0.03	0.08	0.002	0.005	0.002	余量	99.8
	T76220	BZn12-29[6]	57.0~60.0	11.0~13.5	0.3	0.5	0.03	—	—	—	—	—	0.03	—	—	—	余量	99.5
	T76260	BZn14-24	60.0~64.0	12.5~15.5	0.25	0.50	0.03	—	—	—	—	—	—	—	Mg≤0.1	—	余量	99.5
	T76300	BZn18-20[6]	60.0~63.0	16.5~19.5	0.3	0.5	0.03	0.005	0.15	0.005	0.005	0.03	0.08	0.002	0.005	0.002	余量	99.8
	T76400	BZn22-16[6]	60.0~63.0	20.5~23.5	0.3	0.5	0.03	0.005	0.15	0.005	0.005	0.03	0.08	0.002	0.005	0.002	余量	99.8
	T76500	BZn25-18[6]	56.0~59.0	23.5~26.5	0.3	0.5	0.03	0.005	0.15	0.005	0.005	0.03	0.08	0.002	0.005	0.002	余量	99.8
	C77000	BZn18-26	53.5~56.5[3]	16.5~19.5	0.25	0.50	0.05	—	—	—	—	—	—	—	—	—	余量	99.5
	T77500	BZn40-20[6]	38.0~42.0	38.0~42.5	0.3	0.5	0.03	0.005	0.15	0.005	0.005	0.10	0.08	0.002	0.005	0.002	余量	99.8
	T78300	BZn15-21-1.8	60.0~63.0	14.0~16.0	0.3	0.5	1.5~2.0	—	0.15	—	—	—	—	—	—	—	余量	99.1[1]
	C79200	BZn12-24-1.1	59.0~66.5[3]	11.0~13.0	0.25	0.50	0.8~1.4	—	—	—	—	—	—	—	—	—	余量	99.5
	T79500	BZn15-24-1.5	58.0~60.0	12.5~15.5	0.25	0.05~0.5	1.4~1.7	—	—	0.02	0.005	—	—	—	—	—	余量	99.5
	C79800	BZn10-41-2	45.5~48.5[3]	9.0~11.0	0.25	1.5~2.5	1.5~2.5	—	—	—	—	—	—	—	—	—	余量	99.5
	C79860	BZn12-37-1.5	42.3~43.7[3]	11.8~12.7	0.20	5.6~6.4	1.3~1.8	—	0.06	—	—	—	0.10	—	—	—	余量	99.8
	T79870	BZn12-38-2	42.5~44.0	11.0~12.3	0.20	5.0~6.0	1.2~2.2	—	0.06	0.02	—	—	0.10	—	—	—	余量	99.8
硅白铜	C70250	BSi3.2-0.7	余量[3]	2.2~4.2	0.20	0.10	0.05	—	0.25~1.2	—	—	—	—	—	Mg:0.05~0.30	—	1.0	99.5
	C70260	BSi2-0.45	余量[3]	1.0~3.0	—	—	—	—	0.20~0.7	0.01	—	—	—	—	—	—	—	99.5
	C70350	BSi2-0.8	余量	1.0~2.5[7]	0.20	0.20	0.05	—	0.50~1.2	Co:1.0~2.0		—	—	—	Mg≤0.15	—	1.0	99.5
	T70360	BSi7-2-1	余量	6.5~8.0	0.15	—	—	—	1.5~3.0	Cr:0.6~1.5		—	—	—	—	—	—	99.5
钴白铜	T71060	BCo19-0.4	余量	18.0~20.0[7]	0.05	—	—	—	0.05	Co:0.2~0.6		—	—	—	—	—	—	99.9

① 此值为 Cu+主元素总和。
② 精密机械用 B19 白铜带，硅的质量分数可不大于 0.05%。
③ 此值为 Cu+Ag。
④ 该牌号用热轧工艺生产时，w(Pb)≤0.005%。
⑤ 用于棒材、线材和管材时，w(Pb)≤0.05%。
⑥ 此牌号表中所列有极限值规定的杂质元素的质量分数实测值总和不大于 0.8%。
⑦ 此值为 Ni。

2. 铝及铝合金

（1）铸造铝合金（见表12-85~表12-87）

表12-85 铸造铝合金的牌号和化学成分（GB/T 1173—2013）

合金种类	合金牌号	合金代号	主要元素(质量分数,%)							
			Si	Cu	Mg	Zn	Mn	Ti	其他	Al
Al-Si合金	ZAlSi7Mg	ZL101	6.5~7.5		0.25~0.45					余量
	ZAlSi7MgA	ZL101A	6.5~7.5		0.25~0.45			0.08~0.20		余量
	ZAlSi12	ZL102	10.0~13.0							余量
	ZAlSi9Mg	ZL104	8.0~10.5		0.17~0.35		0.2~0.5			余量
	ZAlSi5Cu1Mg	ZL105	4.5~5.5	1.0~1.5	0.4~0.6					余量
	ZAlSi5Cu1MgA	ZL105A	4.5~5.5	1.0~1.5	0.4~0.55					余量
	ZAlSi8Cu1Mg	ZL106	7.5~8.5	1.0~1.5	0.3~0.5		0.3~0.5	0.10~0.25		余量
	ZAlSi7Cu4	ZL107	6.5~7.5	3.5~4.5						余量
	ZAlSi12Cu2Mg1	ZL108	11.0~13.0	1.0~2.0	0.4~1.0		0.3~0.9			余量
	ZAlSi12Cu1Mg1Ni1	ZL109	11.0~13.0	0.5~1.5	0.8~1.3				Ni:0.8~1.5	余量
	ZAlSi5Cu6Mg	ZL110	4.0~6.0	5.0~8.0	0.2~0.5					余量
	ZAlSi9Cu2Mg	ZL111	8.0~10.0	1.3~1.8	0.4~0.6		0.10~0.35	0.10~0.35		余量
	ZAlSi7Mg1A	ZL114A	6.5~7.5		0.45~0.75			0.10~0.20	Be:0~0.07	余量
	ZAlSi5Zn1Mg	ZL115	4.8~6.2		0.4~0.65	1.2~1.8			Sb:0.1~0.25	余量
	ZAlSi8MgBe	ZL116	6.5~8.5		0.35~0.55			0.10~0.30	Be:0.15~0.40	余量
	ZAlSi7Cu2Mg	ZL118	6.0~8.0	1.3~1.8	0.2~0.5		0.1~0.3	0.10~0.25		余量
Al-Cu合金	ZAlCu5Mn	ZL201		4.5~5.3			0.6~1.0	0.15~0.35		余量
	ZAlCu5MnA	ZL201A		4.8~5.3			0.6~1.0	0.15~0.35		余量
	ZAlCu10	ZL202		9.0~11.0						余量
	ZAlCu4	ZL203		4.0~5.0						余量
	ZAlCu5MnCdA	ZL204A		4.6~5.3			0.6~0.9	0.15~0.35	Cd:0.15~0.25	余量
	ZAlCu5MnCdVA	ZL205A		4.6~5.3			0.3~0.5	0.15~0.35	Cd:0.15~0.25 V:0.05~0.3 Zr:0.15~0.25 B:0.005~0.6	余量
	ZAlR5Cu3Si2	ZL207	1.6~2.0	3.0~3.4	0.15~0.25		0.9~1.2		Zr:0.15~0.2 Ni:0.2~0.3 RE:4.4~5.0	余量
Al-Mg合金	ZAlMg10	ZL301			9.5~11.0					余量
	ZAlMg5Si	ZL303	0.8~1.3		4.5~5.5		0.1~0.4			余量
	ZAlMg8Zn1	ZL305			7.5~9.0	1.0~1.5		0.10~0.20	Be:0.03~0.10	余量
Al-Zn合金	ZAlZn11Si7	ZL401	6.0~8.0		0.1~0.3	9.0~13.0				余量
	ZAlZn6Mg	ZL402			0.5~0.65	5.0~6.5	0.2~0.5	0.15~0.25	Cr:0.4~0.6	余量

注："RE"为"含铈混合稀土"，其中混合稀土总的质量分数应不少于98%，铈的质量分数不少于45%。

表 12-86　铸造铝合金的杂质元素（GB/T 1173—2013）

合金种类	合金牌号	合金代号	杂质元素(质量分数,%)　≤															
			Fe		Si	Cu	Mg	Zn	Mn	Ti	Zr	Ti+Zr	Be	Ni	Sn	Pb	其他杂质总和	
			S	J													S	J
Al-Si 合金	ZAlSi7Mg	ZL101	0.5	0.9		0.2		0.3	0.35			0.25	0.1		0.05	0.05	1.1	1.5
	ZAlSi7MgA	ZL101A	0.2	0.2		0.1		0.1	0.10						0.05	0.03	0.7	0.7
	ZAlSi12	ZL102	0.7	1.0		0.30	0.10	0.1	0.5	0.2							2.0	2.2
	ZAlSi9Mg	ZL104	0.6	0.9		0.1		0.25				0.15			0.05	0.05	1.1	1.4
	ZAlSi5Cu1Mg	ZL105	0.6	1.0				0.3	0.5			0.15	0.1		0.05	0.05	1.1	1.4
	ZAlSi5Cu1MgA	ZL105A	0.2	0.2				0.1	0.1						0.05	0.05	0.5	0.5
	ZAlSi8Cu1Mg	ZL106	0.6	0.8				0.2							0.05	0.05	0.9	1.0
	ZAlSi7Cu4	ZL107	0.5	0.6			0.1	0.3	0.5						0.05	0.05	1.0	1.2
	ZAlSi12Cu2Mg1	ZL108		0.7				0.2		0.20				0.3	0.05	0.05		1.2
	ZAlSi12Cu1Mg1Ni1	ZL109		0.7				0.2	0.2	0.20					0.05	0.05		1.2
	ZAlSi5Cu6Mg	ZL110		0.8				0.6	0.5						0.05	0.05		2.7
	ZAlSi9Cu2Mg	ZL111	0.4	0.4				0.1							0.05	0.05		1.2
	ZAlSi7Mg1A	ZL114A	0.2	0.2		0.2		0.1	0.1								0.75	0.75
	ZAlSi5Zn1Mg	ZL115	0.3	0.3		0.1			0.1						0.05	0.05	1.0	1.0
	ZAlSi8MgBe	ZL116	0.60	0.60		0.3		0.3	0.1		0.20				0.05	0.05	1.0	1.0
	ZAlSi7Cu2Mg	ZL118	0.3	0.3				0.1							0.05	0.05	1.0	1.5
Al-Cu 合金	ZAlCu5Mn	ZL201	0.02	0.3	0.3		0.05	0.2			0.2			0.1			1.0	1.0
	ZAlCu5MnA	ZL201A	0.15		0.1		0.05	0.1			0.15			0.05			0.4	
	ZAlCu10	ZL202	1.0	1.2	1.2		0.3	0.8	0.5					0.5			2.8	3.0
	ZAlCu4	ZL203	0.8	0.8	1.2		0.05	0.25	0.1	0.2	0.1				0.05	0.05	2.1	2.1
	ZAlCu5MnCdA	ZL204A	0.12	0.12	0.06		0.05	0.1			0.15			0.05			0.4	
	ZAlCu5MnCdVA	ZL205A	0.15	0.16	0.06		0.05										0.3	0.3
	ZAlR5Cu3Si2	ZL207	0.6	0.6				0.2									0.8	0.8
Al-Mg 合金	ZAlMg10	ZL301	0.3	0.3	0.3	0.1		0.15	0.15	0.15	0.20		0.07	0.05	0.05	0.05	1.0	1.0
	ZAlMg5Si	ZL303	0.5	0.5		0.1		0.2		0.2							0.7	0.7
	ZAlMg8Zn1	ZL305	0.3		0.2	0.1			0.1								0.9	
Al-Zn 合金	ZAlZn11Si7	ZL401	0.7	1.2		0.6			0.5								1.8	2.0
	ZAlZn6Mg	ZL402	0.5	0.8	0.3	0.25			0.1								1.35	1.65

表 12-87　铸造铝合金的力学性能（GB/T 1173—2013）

合金种类	合金牌号	合金代号	铸造方法	合金状态	力学性能 ≥		
					抗拉强度 R_m/MPa	断后伸长率 A（%）	布氏硬度 HBW
Al-Si 合金	ZAlSi7Mg	ZL101	S、J、R、K	F	155	2	50
			S、J、R、K	T2	135	2	45
			JB	T4	185	4	50
			S、R、K	T4	175	4	50
			J、JB	T5	205	2	60
			S、R、K	T5	195	2	60
			SB、RB、KB	T5	195	2	60
			SB、RB、KB	T6	225	1	70
			SB、RB、KB	T7	195	2	60
			SB、RB、KB	T8	155	3	55
	ZAlSi7MgA	ZL101A	S、R、K	T4	195	5	60
			J、JB	T4	225	5	60
			S、R、K	T5	235	4	70
			SB、RB、KB	T5	235	4	70
			J、JB	T5	265	4	70
			SB、RB、KB	T6	275	2	80
			J、JB	T6	295	3	80
	ZAlSi12	ZL102	SB、JB、RB、KB	F	145	4	50
			J	F	155	2	50
			SB、JB、RB、KB	T2	135	4	50
			J	T2	145	3	50
	ZAlSi9Mg	ZL104	S、R、J、K	F	150	2	50
			J	T1	200	1.5	65
			SB、RB、KB	T6	230	2	70
			J、JB	T6	240	2	70
	ZAlSi5Cu1Mg	ZL105	S、J、R、K	T1	155	0.5	65
			S、R、K	T5	215	1	70
			J	T5	235	0.5	70
			S、R、K	T6	225	0.5	70
			S、J、R、K	T7	175	1	65
	ZAlSi5Cu1MgA	ZL105A	SB、R、K	T5	275	1	80
			J、JB	T5	295	2	80
	ZAlSi8Cu1Mg	ZL106	SB	F	175	1	70
			JB	T1	195	1.5	70
			SB	T5	235	2	60
			JB	T5	255	2	70
			SB	T6	245	1	80
			JB	T6	265	2	70
			SB	T7	225	2	60
			JB	T7	245	2	60
	ZAlSi7Cu4	ZL107	SB	F	165	2	65
			SB	T6	245	2	90
			J	F	195	2	70
			J	T6	275	2.5	100
	ZAlSi12Cu2Mg1	ZL108	J	T1	195	—	85
			J	T6	255	—	90
	ZAlSi12Cu1Mg1Ni1	ZL109	J	T1	195	0.5	90
			J	T6	245	—	100

（续）

合金种类	合金牌号	合金代号	铸造方法	合金状态	力学性能 ≥		
					抗拉强度 R_m/MPa	断后伸长率 A(%)	布氏硬度 HBW
Al-Si 合金	ZAlSi5Cu6Mg	ZL110	S	F	125	—	80
			J	F	155	—	80
			S	T1	145	—	80
			J	T1	165	—	90
	ZAlSi9Cu2Mg	ZL111	J	F	205	1.5	80
			SB	T6	255	1.5	90
			J、JB	T6	315	2	100
	ZAlSi7Mg1A	ZL114A	SB	T5	290	2	85
			J、JB	T5	310	3	95
	ZAlSi5Zn1Mg	ZL115	S	T4	225	4	70
			J	T4	275	6	80
			S	T5	275	3.5	90
			J	T5	315	5	100
	ZAlSi8MgBe	ZL116	S	T4	255	4	70
			J	T4	275	6	80
			S	T5	295	2	85
			J	T5	335	4	90
	ZAlSi7Cu2Mg	ZL118	SB、RB	T6	290	1	90
			JB	T6	305	2.5	105
Al-Cu 合金	ZAlCu5Mg	ZL201	S、J、R、K	T4	295	8	70
			S、J、R、K	T5	335	4	90
			S	T7	315	2	80
	ZAlCu5MgA	ZL201A	S、J、R、K	T5	390	8	100
	ZAlCu10	ZL202	S、J	F	104	—	50
			S、J	T6	163	—	100
	ZAlCu4	ZL203	S、R、K	T4	195	6	60
			J	T4	205	6	60
			S、R、K	T5	215	3	70
			J	T5	225	3	70
	ZAlCu5MnCdA	ZL204A	S	T5	440	4	100
	ZAlCu5MnCdVA	ZL205A	S	T5	440	7	100
			S	T6	470	3	120
			S	T7	460	2	110
	ZAlR5Cu3Si2	ZL207	S	T1	165	—	75
			J	T1	175	—	75
Al-Mg 合金	ZAlMg10	ZL301	S、J、R	T4	280	9	60
	ZAlMg5Si	ZL303	S、J、R、K	F	143	1	55
	ZAlMg8Zn1	ZL305	S	T4	290	8	90
Al-Zn 合金	ZAlZn11Si7	ZL401	S、R、K	T1	195	2	80
			J	T1	245	1.5	90
	ZAlZn6Mg	ZL402	J	T1	235	4	70
			S	T1	220	4	65

（2）变形铝及铝合金（见表 12-88～表 12-90）

表 12-88　变形铝及铝合金的国际四位数字牌号和化学成分（GB/T 3190—2020）

序号	牌号	化学成分(质量分数,%)																					
		Si	Fe	Cu	Mn	Mg	Cr	Ni	Zn	Ti	Ag	B	Bi	Ga	Li	Pb	Sn	V	Zr		其他		Al
																					单个	合计	
1	1035	0.35	0.6	0.10	0.05	0.05	—	—	0.10	0.03	—	—	—	—	—	—	—	0.05	—	—	0.03	—	99.35
2	1050	0.25	0.40	0.05	0.05	0.05	—	—	0.05	0.03	—	—	—	—	—	—	—	0.05	—	—	0.03	—	99.50
3	1050A	0.25	0.40	0.05	0.05	0.05	—	—	0.07	0.05	—	—	—	—	—	—	—	—	—	—	0.03	—	99.50
4	1060	0.25	0.35	0.05	0.03	0.03	—	—	0.05	0.03	—	—	—	—	—	—	—	0.05	—	—	0.03	—	99.60
5	1065	0.25	0.30	0.05	0.03	0.03	—	—	0.05	0.03	—	—	—	—	—	—	—	0.05	—	—	0.03	—	99.65
6	1070	0.20	0.25	0.04	0.03	0.03	—	—	0.04	0.03	—	—	—	—	—	—	—	0.05	—	①	0.03	—	99.70
7	1070A	0.20	0.25	0.03	0.03	0.03	—	—	0.07	0.03	—	—	—	—	—	—	—	—	—	—	0.03	—	99.70
8	1080	0.15	0.15	0.03	0.02	0.02	—	—	0.03	0.03	—	—	—	0.03	—	—	—	0.05	—	—	0.02	—	99.80
9	1080A	0.15	0.15	0.03	0.02	0.02	—	—	0.06	0.02	—	—	—	0.03	—	—	—	—	—	①	0.02	—	99.80
10	1085	0.10	0.12	0.03	0.02	0.02	—	—	0.03	0.02	—	—	—	0.03	—	—	—	0.05	—	—	0.01	—	99.85
11	1090	0.07	0.07	0.02	0.01	0.01	—	—	0.03	0.01	—	—	—	0.03	—	—	—	0.05	—	—	0.01	—	99.90
12	1100	②	②	0.05～0.20	0.05	—	—	—	0.10	—	—	—	—	—	—	—	—	—	—	Si+Fe:0.95①	0.05	0.15	99.00
13	1200	②	②	0.05	0.05	—	—	—	0.10	0.05	—	—	—	—	—	—	—	—	—	Si+Fe:1.00①	0.05	0.15	99.00
14	1200A	②	②	0.10	0.30	0.30	0.10	—	0.10	—	—	—	—	—	—	—	—	—	—	Si+Fe:1.00	0.05	0.15	99.00
15	1110	0.30	0.8	0.04	0.01	0.25	0.01	—	—	②	—	0.02	—	—	—	—	—	②	—	V+Ti:0.03	0.03	—	99.10
16	1120	0.10	0.40	0.05～0.35	0.01	0.20	0.01	—	0.05	②	—	0.05	—	0.03	—	—	—	②	—	V+Ti:0.02	0.03	0.10	99.20
17	1230③	②	②	0.10	0.05	0.05	—	—	0.10	0.03	—	—	—	—	—	—	—	0.05	—	Si+Fe:0.70	0.03	—	99.30
18	1235	②	②	0.05	0.05	0.05	—	—	0.10	0.06	—	—	—	—	—	—	—	0.05	—	Si+Fe:0.65	0.03	—	99.35
19	1435	0.15	0.30～0.50	0.02	0.05	0.05	—	—	0.10	0.03	—	—	—	—	—	—	—	0.05	—	—	0.03	—	99.35
20	1145	②	②	0.05	0.05	0.05	—	—	0.05	0.03	—	—	—	—	—	—	—	0.05	—	Si+Fe:0.55	0.03	—	99.45
21	1345	0.30	0.40	0.10	0.05	0.05	—	—	0.05	0.03	—	—	—	—	—	—	—	0.05	—	—	0.03	—	99.45
22	1350	0.10	0.40	0.05	0.01	—	0.01	—	0.05	②	—	0.05	—	0.03	—	—	—	②	—	V+Ti:0.02	0.03	0.10	99.50
23	1450	0.25	0.40	0.05	0.05	0.05	—	—	0.07	0.10～0.20	—	—	—	—	—	—	—	—	—	①	0.03	—	99.50
24	1370	0.10	0.25	0.02	0.01	0.02	0.01	—	0.04	②	—	0.02	—	0.03	—	—	—	②	—	V+Ti:0.02	0.02	0.10	99.70
25	1275	0.08	0.12	0.05～0.10	0.02	0.02	—	—	0.03	0.02	—	—	—	0.03	—	—	—	0.03	—	—	0.01	—	99.75
26	1185	②	②	0.01	0.02	0.02	—	—	0.03	0.02	—	—	—	0.03	—	—	—	0.05	—	Si+Fe:0.15	0.01	—	99.85

27	1285	0.08	0.08	0.02	0.01	0.01	—	—	0.03	0.02	—	—	—	0.03	—	—	—	0.05	—	Si+Fe:0.14	0.01	—	99.85
28	1385	0.05	0.12	0.02	0.01	0.02	0.01	—	0.03	②	—	0.02	—	0.03	—	—	—	②	—	V+Ti:0.03	0.01	—	99.85
29	1188	0.06	0.06	0.005	0.01	0.01	—	—	0.03	0.01	—	—	—	0.03	—	—	—	0.05	—	①	0.01	—	99.88
30	2004	0.20	0.20	5.5~6.5	0.10	0.50	—	—	0.10	0.05	—	—	—	—	—	—	—	—	0.30~0.50	—	0.05	0.15	余量
31	2007	0.8	0.8	3.3~4.6	0.50~1.0	0.40~1.8	0.10	0.20	0.8	0.20	—	—	0.20	—	—	0.8~1.5	0.20	—	—	—	0.10	0.30	余量
32	2008	0.50~0.8	0.40	0.7~1.1	0.30	0.25~0.50	0.10	—	0.25	0.10	—	—	—	—	—	—	—	0.05	—	—	0.05	0.15	余量
33	2010	0.50	0.50	0.7~1.3	0.10~0.40	0.40~1.0	0.15	—	0.30	—	—	—	—	—	—	—	—	—	—	—	0.05	0.15	余量
34	2011	0.40	0.7	5.0~6.0	—	—	—	—	0.30	—	—	—	0.20~0.6	—	—	0.20~0.6	—	—	—	—	0.05	0.15	余量
35	2014	0.50~1.2	0.7	3.9~5.0	0.40~1.2	0.20~0.8	0.10	—	0.25	0.15	—	—	—	—	—	—	—	—	—	④	0.05	0.15	余量
36	2014A	0.50~0.9	0.50	3.9~5.0	0.40~1.2	0.20~0.8	0.10	0.10	0.25	0.15	—	—	—	—	—	—	—	—	②	Zr+Ti:0.20	0.05	0.15	余量
37	2214	0.50~1.2	0.30	3.9~5.0	0.40~1.2	0.20~0.8	0.10	—	0.25	0.15	—	—	—	—	—	—	—	—	—	④	0.05	0.15	余量
38	2017	0.20~0.8	0.7	3.5~4.5	0.40~1.0	0.40~0.8	0.10	—	0.25	0.15	—	—	—	—	—	—	—	—	—	④	0.05	0.15	余量
39	2017A	0.20~0.8	0.7	3.5~4.5	0.40~1.0	0.40~1.0	0.10	—	0.25	②	—	—	—	—	—	—	—	—	②	Zr+Ti:0.25	0.05	0.15	余量
40	2117	0.8	0.7	2.2~3.0	0.20	0.20~0.50	0.10	—	0.25	—	—	—	—	—	—	—	—	—	—	—	0.05	0.15	余量
41	2018	0.9	1.0	3.5~4.5	0.20	0.45~0.9	0.10	1.7~2.3	0.25	—	—	—	—	—	—	—	—	—	—	—	0.05	0.15	余量
42	2218	0.9	1.0	3.5~4.5	0.20	1.2~1.8	0.10	1.7~2.3	0.25	—	—	—	—	—	—	—	—	—	—	—	0.05	0.15	余量
43	2618	0.10~0.25	0.9~1.3	1.9~2.7	—	1.3~1.8	—	0.9~1.2	0.10	0.04~0.10	—	—	—	—	—	—	—	—	—	—	0.05	0.15	余量

（续）

序号	牌号	化学成分（质量分数，%）																					
		Si	Fe	Cu	Mn	Mg	Cr	Ni	Zn	Ti	Ag	B	Bi	Ga	Li	Pb	Sn	V	Zr		其他		Al
																					单个	合计	
44	2618A	0.15~0.25	0.9~1.4	1.8~2.7	0.25	1.2~1.8	—	0.8~1.4	0.15	0.20	—	—	—	—	—	—	—	—	②	Zr+Ti:0.25	0.05	0.15	余量
45	2219	0.20	0.30	5.8~6.8	0.20~0.40	0.02	—	—	0.10	0.02~0.10	—	—	—	—	—	—	—	0.05~0.15	0.10~0.25	—	0.05	0.15	余量
46	2519	0.25	030	5.3~6.4	0.10~0.50	0.05~0.40	—	—	0.10	0.02~0.10	—	—	—	—	—	—	—	0.05~0.15	0.10~0.25	Si+Fe:0.40	0.05	0.15	余量
47	2024	0.50	0.50	3.8~4.9	0.30~0.9	1.2~1.8	0.10	—	0.25	0.15	—	—	—	—	—	—	—	—	—	④	0.05	0.15	余量
48	2024A	0.15	0.20	3.7~4.5	0.15~0.8	1.2~1.5	0.10	—	0.25	0.15	—	—	—	—	—	—	—	—	—	—	0.05	0.15	余量
49	2124	0.20	0.30	3.8~4.9	0.30~0.9	1.2~1.8	0.10	—	0.25	0.15	—	—	—	—	—	—	—	—	—	④	0.05	0.15	余量
50	2324	0.10	0.12	3.8~4.4	0.30~0.9	1.2~1.8	0.10	—	0.25	0.15	—	—	—	—	—	—	—	—	—	—	0.05	0.15	余量
51	2524	0.06	0.12	4.0~4.5	0.45~0.7	1.2~1.6	0.05	—	0.15	0.10	—	—	—	—	—	—	—	—	—	—	0.05	0.15	余量
52	2624	0.08	0.08	3.8~4.3	0.45~0.7	1.2~1.6	0.05	—	0.15	0.10	—	—	—	—	—	—	—	—	—	—	0.05	0.15	余量
53	2025	0.50~1.2	1.0	3.9~5.0	0.40~1.2	0.05	0.10	—	0.25	0.15	—	—	—	—	—	—	—	—	—	—	0.05	0.15	余量
54	2026	0.05	0.07	3.6~4.3	0.30~0.8	1.0~1.6	—	—	0.10	0.06	—	—	—	—	—	—	—	—	0.05~0.25	—	0.05	0.15	余量
55	2036	0.50	0.50	2.2~3.0	0.10~0.40	0.30~0.6	0.10	—	0.25	0.15	—	—	—	—	—	—	—	—	—	—	0.05	0.15	余量
56	2040	0.08	0.10	4.8~5.4	0.45~0.8	0.7~1.1	—	—	0.25	0.06	0.40~0.7	—	—	—	—	—	—	—	0.08~0.15	Be:0.0001	0.05	0.15	余量
57	2050	0.08	0.10	3.2~3.9	0.20~0.50	0.20~0.6	0.05	0.05	0.25	0.10	0.20~0.7	—	—	0.05	0.7~1.3	—	—	0.05	0.06~0.14	—	0.05	0.15	余量
58	2055	0.07	0.10	3.2~4.2	0.10~0.50	0.20~0.6	—	—	0.30~0.7	0.10	0.20~0.7	—	—	—	1.0~1.3	—	—	—	0.05~0.15	—	0.05	0.15	余量
59	2060	0.07	0.07	3.4~4.5	0.10~0.50	0.6~1.1	—	—	0.30~0.50	0.10	0.05~0.50	—	—	—	0.6~0.9	—	—	—	0.05~0.15	—	0.05	0.15	余量

60	2195	0.12	0.15	3.7~4.3	0.25	0.25~0.8	—	—	0.25	0.10	0.25~0.6	—	—	—	0.8~1.2	—	—	—	0.08~0.16	—	0.05	0.15	余量
61	2196	0.12	0.15	2.5~3.3	0.35	0.25~0.8	—	—	0.35	0.10	0.25~0.6	—	—	—	1.4~2.1	—	—	—	0.04~0.18	—	0.05	0.15	余量
62	2297	0.10	0.10	2.5~3.1	0.10~0.50	0.25	—	—	0.05	0.12	—	—	—	—	1.1~1.7	—	—	—	0.08~0.15	—	0.05	0.15	余量
63	2099	0.05	0.07	2.4~3.0	0.10~0.50	0.10~0.50	—	—	0.40~1.0	0.10	—	—	—	—	1.6~2.0	—	—	—	0.05~0.12	Be:0.0001	0.05	0.15	余量
64	3002	0.08	0.10	0.15	0.05~0.25	0.05~0.20	—	—	0.05	0.03	—	—	—	—	—	—	—	0.05	—	—	0.03	0.10	余量
65	3102	0.40	0.7	0.10	0.05~0.40	—	—	—	0.30	0.10	—	—	—	—	—	—	—	—	—	—	0.05	0.15	余量
66	3003	0.6	0.7	0.05~0.20	1.0~1.5	—	—	—	0.10	—	—	—	—	—	—	—	—	—	—	—	0.05	0.15	余量
67	3103	0.50	0.7	0.10	0.9~1.5	0.30	0.10	—	0.20	②	—	—	—	—	—	—	—	—	②	Zr+Ti:0.10①	0.05	0.15	余量
68	3103A	0.50	0.7	0.10	0.7~1.4	0.30	0.10	—	0.20	②	—	—	—	—	—	—	—	—	②	Zr+Ti:0.10	0.05	0.15	余量
69	3203	0.6	0.7	0.05	1.0~1.5	—	—	—	0.10	—	—	—	—	—	—	—	—	—	—	①	0.05	0.15	余量
70	3004	0.30	0.7	0.25	1.0~1.5	0.8~1.3	—	—	0.25	—	—	—	—	—	—	—	—	—	—	—	0.05	0.15	余量
71	3004A	0.40	0.7	0.25	0.8~1.5	0.8~1.5	0.10	—	0.25	0.05	—	—	—	—	—	0.03	—	—	—	—	0.05	0.15	余量
72	3104	0.6	0.8	0.05~0.25	0.8~1.4	0.8~1.3	—	—	0.25	0.10	—	—	—	0.05	—	—	—	0.05	—	—	0.05	0.15	余量
73	3204	0.30	0.7	0.10~0.25	0.8~1.5	0.8~1.5	—	—	0.25	—	—	—	—	—	—	—	—	—	—	—	0.05	0.15	余量
74	3005	0.6	0.7	0.30	1.0~1.5	0.20~0.6	0.10	—	0.25	0.10	—	—	—	—	—	—	—	—	—	—	0.05	0.15	余量
75	3105	0.6	0.7	0.30	0.30~0.8	0.20~0.8	0.20	—	0.40	0.10	—	—	—	—	—	—	—	—	—	—	0.05	0.15	余量

（续）

序号	牌号	化学成分（质量分数，%）																				
		Si	Fe	Cu	Mn	Mg	Cr	Ni	Zn	Ti	Ag	B	Bi	Ga	Li	Pb	Sn	V	Zr		其他		Al
																					单个	合计	
76	3105A	0.6	0.7	0.30	0.30~0.8	0.20~0.8	0.20	—	0.25	0.10	—	—	—	—	—	—	—	—	—	—	0.05	0.15	余量
77	3007	0.50	0.7	0.05~0.30	0.30~0.8	0.6	0.20	—	0.40	0.10	—	—	—	—	—	—	—	—	—	—	0.05	0.15	余量
78	3107	0.6	0.7	0.05~0.15	0.40~0.9	—	—	—	0.20	0.10	—	—	—	—	—	—	—	—	—	—	0.05	0.15	余量
79	3207	0.30	0.45	0.10	0.40~0.8	0.10	—	—	0.10	—	—	—	—	—	—	—	—	—	—	—	0.05	0.10	余量
80	3207A	0.35	0.6	0.25	0.30~0.8	0.40	0.20	—	0.25	—	—	—	—	—	—	—	—	—	—	—	0.05	0.15	余量
81	3307	0.6	0.8	0.30	0.50~0.9	0.30	0.20	—	0.40	0.10	—	—	—	—	—	—	—	—	—	—	0.05	0.15	余量
82	3026	0.25	0.10~0.40	0.05	0.40~0.9	0.10	0.05	—	0.05~0.30	0.05~0.30	—	—	—	—	—	—	—	—	—	—	0.05	0.15	余量
83	4004[③]	9.0~10.5	0.8	0.25	0.10	1.0~2.0	—	—	0.20	—	—	—	—	—	—	—	—	—	—	—	0.05	0.15	余量
84	4104	9.0~10.5	0.8	0.25	0.10	1.0~2.0	—	—	0.20	—	—	—	0.02~0.20	—	—	—	—	—	—	—	0.05	0.15	余量
85	4006	0.8~1.2	0.50~0.8	0.10	0.05	0.01	0.20	—	0.05	—	—	—	—	—	—	—	—	—	—	—	0.05	0.15	余量
86	4007	1.0~1.7	0.40~1.0	0.20	0.8~1.5	0.20	0.05~0.25	0.15~0.7	0.10	0.10	—	—	—	—	—	—	—	—	—	Co:0.05	0.05	0.15	余量
87	4015	1.4~2.2	0.7	0.20	0.6~1.2	0.10~0.50	—	—	0.20	—	—	—	—	—	—	—	—	—	—	—	0.05	0.15	余量
88	4032	11.0~13.5	1.0	0.50~1.3	—	0.8~1.3	0.10	0.50~1.3	0.25	—	—	—	—	—	—	—	—	—	—	—	0.05	0.15	余量
89	4043	4.5~6.0	0.8	0.30	0.05	0.05	—	—	0.10	0.20	—	—	—	—	—	—	—	—	—	①	0.05	0.15	余量
90	4043A	4.5~6.0	0.6	0.30	0.15	0.20	—	—	0.10	0.15	—	—	—	—	—	—	—	—	—	①	0.05	0.15	余量
91	4343	6.8~8.2	0.8	0.25	0.10	—	—	—	0.20	—	—	—	—	—	—	—	—	—	—	—	0.05	0.15	余量

92	4045	9.0~11.0	0.8	0.30	0.05	0.05	—	—	0.10	0.20	—	—	—	—	—	—	—	—	—	—	0.05	0.15	余量
93	4145	9.3~10.7	0.8	3.3~4.7	0.15	0.15	0.15	—	0.20	—	—	—	—	—	—	—	—	—	—	①	0.05	0.15	余量
94	4047	11.0~13.0	0.8	0.30	0.15	0.10	—	—	0.20	—	—	—	—	—	—	—	—	—	—	①	0.05	0.15	余量
95	4047A	11.0~13.0	0.6	0.30	0.15	0.10	—	—	0.20	0.15	—	—	—	—	—	—	—	—	—	①	0.05	0.15	余量
96	5005	0.30	0.7	0.20	0.20	0.50~1.1	0.10	—	0.25	—	—	—	—	—	—	—	—	—	—	—	0.05	0.15	余量
97	5005A	0.30	0.45	0.05	0.15	0.7~1.1	0.10	—	0.20	—	—	—	—	—	—	—	—	—	—	—	0.05	0.15	余量
98	5205	0.15	0.7	0.03~0.10	0.10	0.6~1.0	0.10	—	0.05	—	—	—	—	—	—	—	—	—	—	—	0.05	0.15	余量
99	5006	0.40	0.8	0.10	0.40~0.8	0.8~1.3	0.10	—	0.25	0.10	—	—	—	—	—	—	—	—	—	—	0.05	0.15	余量
100	5010	0.40	0.7	0.25	0.10~0.30	0.20~0.6	0.15	—	0.30	0.10	—	—	—	—	—	—	—	—	—	—	0.05	0.15	余量
101	5019	0.40	0.50	0.10	0.10~0.6	4.5~5.6	0.20	—	0.20	0.20	—	—	—	—	—	—	—	—	—	Mn+Cr: 0.10~0.6	0.05	0.15	余量
102	5040	0.30	0.7	0.25	0.9~1.4	1.0~1.5	0.10~0.30	—	0.25	—	—	—	—	—	—	—	—	—	—	—	0.05	0.15	余量
103	5042	0.20	0.35	0.15	0.20~0.50	3.0~4.0	0.10	—	0.25	0.10	—	—	—	—	—	—	—	—	—	—	0.05	0.15	余量
104	5049	0.40	0.50	0.10	0.50~1.1	1.6~2.5	0.30	—	0.20	0.10	—	—	—	—	—	—	—	—	—	—	0.05	0.15	余量
105	5449	0.40	0.7	0.30	0.6~1.1	1.6~2.6	0.30	—	0.30	0.10	—	—	—	—	—	—	—	—	—	—	0.05	0.15	余量
106	5050	0.40	0.7	0.20	0.10	1.1~1.8	0.10	—	0.25	—	—	—	—	—	—	—	—	—	—	—	0.05	0.15	余量
107	5050A	0.40	0.7	0.20	0.30	1.1~1.8	0.10	—	0.25	—	—	—	—	—	—	—	—	—	—	—	0.50	0.15	余量

（续）

序号	牌号	化学成分（质量分数，%）																					
		Si	Fe	Cu	Mn	Mg	Cr	Ni	Zn	Ti	Ag	B	Bi	Ga	Li	Pb	Sn	V	Zr		其他		Al
																					单个	合计	
108	5150	0.08	0.10	0.10	0.03	1.3~1.7	—	—	0.10	0.06	—	—	—	—	—	—	—	—	—	—	0.03	0.10	余量
109	5051	0.40	0.7	0.25	0.20	1.7~2.2	0.10	—	0.25	0.10	—	—	—	—	—	—	—	—	—	—	0.05	0.15	余量
110	5051A	0.30	0.45	0.05	0.25	1.4~2.1	0.30	—	0.20	0.10	—	—	—	—	—	—	—	—	—	—	0.05	0.15	余量
111	5251	0.40	0.50	0.15	0.10~0.50	1.7~2.4	0.15	—	0.15	0.15	—	—	—	—	—	—	—	—	—	—	0.05	0.15	余量
112	5052	0.25	0.40	0.10	0.10	2.2~2.8	0.15~0.35	—	0.10	—	—	—	—	—	—	—	—	—	—	—	0.05	0.15	余量
113	5252	0.08	0.10	0.10	0.10	2.2~2.8	—	—	0.05	—	—	—	—	—	—	—	—	0.05	—	—	0.03	0.10	余量
114	5154	0.25	0.40	0.10	0.10	3.1~3.9	0.15~0.35	—	0.20	0.20	—	—	—	—	—	—	—	—	—	①	0.05	0.15	余量
115	5154A	0.50	0.50	0.10	0.50	3.1~3.9	0.25	—	0.20	0.20	—	—	—	—	—	—	—	—	—	Mn+Cr：0.10~0.50①	0.05	0.15	余量
116	5154C	0.20	0.30	0.10	0.05~0.25	3.2~3.7	0.01	—	0.01	0.01	—	—	—	—	—	—	—	—	—	—	0.05	0.15	余量
117	5454	0.25	0.40	0.10	0.50~1.0	2.4~3.0	0.05~0.20	—	0.25	0.20	—	—	—	—	—	—	—	—	—	—	0.05	0.15	余量
118	5554	0.25	0.40	0.10	0.50~1.0	2.4~3.0	0.05~0.20	—	0.25	0.05~0.20	—	—	—	—	—	—	—	—	—	①	0.05	0.15	余量
119	5754	0.40	0.40	0.10	0.50	2.6~3.6	0.30	—	0.20	0.15	—	—	—	—	—	—	—	—	—	Mn+Cr：0.10~0.6①	0.05	0.15	余量
120	5056	0.30	0.40	0.10	0.05~0.20	4.5~5.6	0.05~0.20	—	0.10	—	—	—	—	—	—	—	—	—	—	—	0.05	0.15	余量
121	5356	0.25	0.40	0.10	0.05~0.20	4.5~5.5	0.05~0.20	—	0.01	0.06~0.20	—	—	—	—	—	—	—	—	—	①	0.05	0.15	余量
122	5356A	0.25	0.40	0.10	0.05~0.20	4.5~5.5	0.05~0.20	—	0.10	0.06~0.20	—	—	—	—	—	—	—	—	—	⑤	0.05	0.15	余量
123	5456	0.25	0.40	0.10	0.50~1.0	4.7~5.5	0.05~0.20	—	0.25	0.20	—	—	—	—	—	—	—	—	—	—	0.05	0.15	余量

（续）

124	5556	0.25	0.40	0.10	0.50~1.0	4.7~5.5	0.05~0.20	—	0.25	0.05~0.20	—	—	—	—	—	—	—	—	—	①	0.05	0.15	余量
125	5457	0.08	0.10	0.20	0.15~0.45	0.8~1.2	—	—	0.05	—	—	—	—	—	—	—	—	0.05	—	—	0.03	0.10	余量
126	5657	0.08	0.10	0.10	0.03	0.6~1.0	—	—	0.05	—	—	—	—	0.03	—	—	—	0.05	—	—	0.02	0.05	余量
127	5059	0.45	0.50	0.25	0.6~1.2	5.0~6.0	0.25	—	0.40~0.9	0.20	—	—	—	—	—	—	—	—	0.05~0.25	—	0.05	0.15	余量
128	5082	0.20	0.35	0.15	0.15	4.0~5.0	0.15	—	0.25	0.10	—	—	—	—	—	—	—	—	—	—	0.05	0.15	余量
129	5182	0.20	0.35	0.15	0.20~0.50	4.0~5.0	0.10	—	0.25	0.10	—	—	—	—	—	—	—	—	—	—	0.05	0.15	余量
130	5083	0.40	0.40	0.10	0.40~1.0	4.0~4.9	0.05~0.25	—	0.25	0.15	—	—	—	—	—	—	—	—	—	—	0.05	0.15	余量
131	5183	0.40	0.40	0.10	0.50~1.0	4.3~5.2	0.05~0.25	—	0.25	0.15	—	—	—	—	—	—	—	—	—	①	0.05	0.15	余量
132	5183A	0.40	0.40	0.10	0.50~1.0	4.3~5.2	0.05~0.25	—	0.25	0.15	—	—	—	—	—	—	—	—	—	⑤	0.05	0.15	余量
133	5383	0.25	0.25	0.20	0.7~1.0	4.0~5.2	0.25	—	0.40	0.15	—	—	—	—	—	—	—	—	0.20	—	0.05	0.15	余量
134	5086	0.40	0.50	0.10	0.20~0.7	3.5~4.5	0.05~0.25	—	0.25	0.15	—	—	—	—	—	—	—	—	—	—	0.05	0.15	余量
135	5186	0.40	0.45	0.25	0.20~0.50	3.8~4.8	0.15	—	0.40	0.15	—	—	—	—	—	—	—	—	0.05	—	0.05	0.15	余量
136	5087	0.25	0.40	0.05	0.7~1.1	4.5~5.2	0.05~0.25	—	0.25	0.15	—	—	—	—	—	—	—	—	0.10~0.20	①	0.05	0.15	余量
137	5088	0.20	0.10~0.35	0.25	0.20~0.50	4.7~5.5	0.15	—	0.20~0.40	—	—	—	—	—	—	—	—	—	0.15	—	0.05	0.15	余量

（续）

序号	牌号	化学成分(质量分数,%)																					
		Si	Fe	Cu	Mn	Mg	Cr	Ni	Zn	Ti	Ag	B	Bi	Ga	Li	Pb	Sn	V	Zr		其他 单个	其他 合计	Al
138	6101	0.30~0.7	0.50	0.10	0.03	0.35~0.8	0.03	—	0.10	—	—	0.06	—	—	—	—	—	—	—	—	0.03	0.10	余量
139	6101A	0.30~0.7	0.40	0.05	—	0.40~0.9	—	—	—	—	—	—	—	—	—	—	—	—	—	—	0.03	0.10	余量
140	6101B	0.30~0.6	0.10~0.30	0.05	0.05	0.35~0.6	—	—	0.10	—	—	—	—	—	—	—	—	—	—	—	0.03	0.10	余量
141	6201	0.50~0.9	0.50	0.10	0.03	0.6~0.9	0.03	—	0.10	—	—	0.06	—	—	—	—	—	—	—	—	0.03	0.10	余量
142	6005	0.6~0.9	0.35	0.10	0.10	0.40~0.6	0.10	—	0.10	0.10	—	—	—	—	—	—	—	—	—	—	0.05	0.15	余量
143	6005A	0.50~0.9	0.35	0.30	0.50	0.40~0.7	0.30	—	0.20	0.10	—	—	—	—	—	—	—	—	—	Mn+Cr：0.12~0.50	0.05	0.15	余量
144	6105	0.6~1.0	0.35	0.10	0.15	0.45~0.8	0.10	—	0.10	0.10	—	—	—	—	—	—	—	—	—	—	0.05	0.15	余量
145	6106	0.30~0.6	0.35	0.25	0.05~0.20	0.40~0.8	0.20	—	0.10	—	—	—	—	—	—	—	—	—	—	—	0.05	0.10	余量
146	6008	0.50~0.9	0.35	0.30	0.30	0.40~0.7	0.30	—	0.20	0.10	—	—	—	—	—	—	—	0.05~0.20	—	—	0.05	0.15	余量
147	6009	0.6~1.0	0.50	0.15~0.6	0.20~0.8	0.40~0.8	0.10	—	0.25	0.10	—	—	—	—	—	—	—	—	—	—	0.05	0.15	余量
148	6010	0.8~1.2	0.50	0.15~0.6	0.20~0.8	0.6~1.0	0.10	—	0.25	0.10	—	—	—	—	—	—	—	—	—	—	0.05	0.15	余量
149	6110A	0.7~1.1	0.50	0.30~0.8	0.30~0.9	0.7~1.1	0.05~0.25	—	0.20	②	—	—	—	—	—	—	—	—	②	Zr+Ti：0.20	0.05	0.15	余量
150	6011	0.6~1.2	1.0	0.40~0.9	0.8	0.6~1.2	0.30	0.20	1.5	0.20	—	—	—	—	—	—	—	—	—	—	0.05	0.15	余量
151	6111	0.6~1.1	0.40	0.50~0.9	0.10~0.45	0.50~1.0	0.10	—	0.15	0.10	—	—	—	—	—	—	—	—	—	—	0.05	0.15	余量

152	6013	0.6~1.0	0.50	0.6~1.1	0.20~0.8	0.8~1.2	0.10	—	0.25	0.10	—	—	—	—	—	—	—	—	—	—	0.05	0.15	余量
153	6014	0.30~0.6	0.35	0.25	0.05~0.20	0.40~0.8	0.20	—	0.10	0.10	—	—	—	—	—	—	—	0.05~0.20	—	—	0.05	0.15	余量
154	6016	1.0~1.5	0.50	0.20	0.20	0.25~0.6	0.10	—	0.20	0.15	—	—	—	—	—	—	—	—	—	—	0.05	0.15	余量
155	6022	0.8~1.5	0.05~0.20	0.01~0.11	0.02~0.10	0.45~0.7	0.10	—	0.25	0.15	—	—	—	—	—	—	—	—	—	—	0.05	0.15	余量
156	6023	0.6~1.4	0.50	0.20~0.50	0.20~0.6	0.40~0.9	—	—	—	—	—	—	0.30~0.8	—	—	—	0.6~1.2	—	—	—	0.05	0.15	余量
157	6026	0.6~1.4	0.7	0.20~0.50	0.20~1.0	0.6~1.2	0.30	—	0.30	0.20	—	—	0.50~1.5	—	—	0.40	0.05	—	—	—	0.05	0.15	余量
158	6027	0.55~0.8	0.30	0.15	0.10~0.30	0.8~1.1	0.10	—	0.10~0.30	0.15	—	—	—	—	—	—	—	—	—	—	0.15	0.15	余量
159	6041	0.50~0.9	0.15~0.7	0.15~0.6	0.05~0.20	0.8~1.2	0.05~0.15	—	0.25	0.15	—	—	0.30~0.9	—	—	—	0.35~1.2	—	—	—	0.05	0.15	余量
160	6042	0.50~1.2	0.7	0.20~0.6	0.40	0.7~1.2	0.04~0.35	—	0.25	0.15	—	—	0.20~0.8	—	—	0.15~0.40	—	—	—	—	0.05	0.15	余量
161	6043	0.40~0.9	0.50	0.30~0.9	0.35	0.6~1.2	0.15	—	0.20	0.15	—	—	0.40~0.7	—	—	—	0.20~0.40	—	—	—	0.05	0.15	余量
162	6151	0.6~1.2	1.0	0.35	0.20	0.45~0.8	0.15~0.35	—	0.25	0.15	—	—	—	—	—	—	—	—	—	—	0.05	0.15	余量
163	6351	0.7~1.3	0.50	0.10	0.40~0.8	0.40~0.8	—	—	0.20	0.20	—	—	—	—	—	—	—	—	—	—	0.05	0.15	余量
164	6951	0.20~0.50	0.8	0.15~0.40	0.10	0.40~0.8	—	—	0.20	—	—	—	—	—	—	—	—	—	—	—	0.05	0.15	余量
165	6053	⑥	0.35	0.10	—	1.1~1.4	0.15~0.35	—	0.10	—	—	—	—	—	—	—	—	—	—	—	0.05	0.15	余量
166	6060	0.30~0.6	0.10~0.30	0.10	0.10	0.35~0.6	0.05	—	0.15	0.10	—	—	—	—	—	—	—	—	—	—	0.05	0.15	余量

（续）

序号	牌号	化学成分(质量分数,%)																				
		Si	Fe	Cu	Mn	Mg	Cr	Ni	Zn	Ti	Ag	B	Bi	Ga	Li	Pb	Sn	V	Zr		其他		Al
																					单个	合计	
167	6160	0.30~0.6	0.15	0.20	0.05	0.35~0.6	0.05	—	0.05	—	—	—	—	—	—	—	—	—	—	—	0.05	0.15	余量
168	6360	0.35~0.8	0.10~0.30	0.15	0.02~0.15	0.25~0.45	0.05	—	0.10	0.10	—	—	—	—	—	—	—	—	—	—	0.05	0.15	余量
169	6061	0.40~0.8	0.7	0.15~0.40	0.15	0.8~1.2	0.04~0.35	—	0.25	0.15	—	—	—	—	—	—	—	—	—	—	0.05	0.15	余量
170	6061A	0.40~0.8	0.7	0.15~0.40	0.15	0.8~1.2	0.04~0.35	—	0.25	0.15	—	—	—	—	—	0.003	—	—	—	—	0.05	0.15	余量
171	6261	0.40~0.7	0.40	0.15~0.40	0.20~0.35	0.7~1.0	0.10	—	0.20	0.10	—	—	—	—	—	—	—	—	—	—	0.05	0.15	余量
172	6162	0.40~0.8	0.50	0.20	0.10	0.7~1.1	0.10	—	0.25	0.10	—	—	—	—	—	—	—	—	—	—	0.05	0.15	余量
173	6262	0.40~0.8	0.7	0.15~0.40	0.15	0.8~1.2	0.04~0.14	—	0.25	0.15	—	—	0.40~0.7	—	—	0.40~0.7	—	—	—	—	0.05	0.15	余量
174	6262A	0.40~0.8	0.7	0.15~0.40	0.15	0.8~1.2	0.04~0.14	—	0.25	0.10	—	—	0.40~0.9	—	—	—	0.40~1.0	—	—	—	0.05	0.15	余量
175	6063	0.20~0.6	0.35	0.10	0.10	0.45~0.9	0.10	—	0.10	0.10	—	—	—	—	—	—	—	—	—	—	0.05	0.15	余量
176	6063A	0.30~0.6	0.15~0.35	0.10	0.15	0.6~0.9	0.05	—	0.15	0.10	—	—	—	—	—	—	—	—	—	—	0.05	0.15	余量
177	6463	0.20~0.6	0.15	0.20	0.05	0.45~0.9	—	—	0.05	—	—	—	—	—	—	—	—	—	—	—	0.05	0.15	余量
178	6463A	0.20~0.6	0.15	0.25	0.05	0.30~0.9	—	—	0.05	—	—	—	—	—	—	—	—	—	—	—	0.05	0.15	余量
179	6064	0.40~0.8	0.7	0.15~0.40	0.15	0.8~1.2	0.05~0.14	—	0.25	0.15	—	—	0.50~0.7	—	—	0.20~0.40	—	—	—	—	0.05	0.15	余量
180	6065	0.40~0.8	0.7	0.15~0.40	0.15	0.8~1.2	0.15	—	0.25	0.10	—	—	0.50~1.5	—	—	0.05	—	—	0.15	—	0.05	0.15	余量
181	6066	0.9~1.8	0.50	0.7~1.2	0.6~1.1	0.8~1.4	0.40	—	0.25	0.20	—	—	—	—	—	—	—	—	—	—	0.05	0.15	余量

182	6070	1.0~1.7	0.50	0.15~0.40	0.40~1.0	0.50~1.2	0.10	—	0.25	0.15	—	—	—	—	—	—	—	—	—	—	0.05	0.15	余量
183	6081	0.7~1.1	0.50	0.10	0.10~0.45	0.6~1.0	0.10	—	0.20	0.15	—	—	—	—	—	—	—	—	—	—	0.05	0.15	余量
184	6181	0.8~1.2	0.45	0.10	0.15	0.6~1.0	0.10	—	0.20	0.10	—	—	—	—	—	—	—	—	—	—	0.05	0.15	余量
185	6181A	0.7~1.1	0.15~0.50	0.25	0.40	0.6~1.0	0.15	—	0.30	0.25	—	—	—	—	—	—	—	0.10	—	—	0.05	0.15	余量
186	6082	0.7~1.3	0.50	0.10	0.40~1.0	0.6~1.2	0.25	—	0.20	0.10	—	—	—	—	—	—	—	—	—	—	0.05	0.15	余量
187	6082A	0.7~1.3	0.50	0.10	0.40~1.0	0.6~1.2	0.25	—	0.20	0.10	—	—	—	—	—	0.003	—	—	—	—	0.05	0.15	余量
188	6182	0.9~1.3	0.50	0.10	0.50~1.0	0.7~1.2	0.25	—	0.20	0.10	—	—	—	—	—	—	—	—	0.05~0.20	—	0.05	0.15	余量
189	7001	0.35	0.40	1.6~2.6	0.20	2.6~3.4	0.18~0.35	—	6.8~8.0	0.20	—	—	—	—	—	—	—	—	—	—	0.05	0.15	余量
190	7003	0.30	0.35	0.20	0.30	0.50~1.0	0.20	—	5.0~6.5	0.20	—	—	—	—	—	—	—	—	0.05~0.25	—	0.05	0.15	余量
191	7004	0.25	0.35	0.05	0.20~0.7	1.0~2.0	0.05	—	3.8~4.6	0.05	—	—	—	—	—	—	—	—	0.10~0.20	—	0.05	0.15	余量
192	7005	0.35	0.40	0.10	0.20~0.7	1.0~1.8	0.06~0.20	—	4.0~5.0	0.01~0.06	—	—	—	—	—	—	—	—	0.08~0.20	—	0.05	0.15	余量
193	7108	0.10	0.10	0.05	0.05	0.7~1.4	—	—	4.5~5.5	0.05	—	—	—	—	—	—	—	—	0.12~0.25	—	0.05	0.15	余量
194	7108A	0.20	0.30	0.05	0.05	0.7~1.5	0.04	—	4.8~5.8	0.03	—	—	—	0.03	—	—	—	—	0.15~0.25	—	0.05	0.15	余量
195	7020	0.35	0.40	0.20	0.05~0.50	1.0~1.4	0.10~0.35	—	4.0~5.0	②	—	—	—	—	—	—	—	—	0.08~0.20	Zr+Ti：0.08~0.25	0.05	0.15	余量
196	7021	0.25	0.40	0.25	0.10	1.2~1.8	0.05	—	5.0~6.0	0.10	—	—	—	—	—	—	—	—	0.08~0.18	—	0.05	0.15	余量

（续）

序号	牌号	化学成分(质量分数,%)																					
		Si	Fe	Cu	Mn	Mg	Cr	Ni	Zn	Ti	Ag	B	Bi	Ga	Li	Pb	Sn	V	Zr		其他		Al
																					单个	合计	
197	7022	0. 50	0. 50	0. 50~1. 0	0. 10~0. 40	2. 6~3. 7	0. 10~0. 30	—	4. 3~5. 2	②	—	—	—	—	—	—	—	—	②	Zi+Ti：0. 20	0. 05	0. 15	余量
198	7129	0. 15	0. 30	0. 50~0. 9	0. 10	1. 3~2. 0	0. 10	—	4. 2~5. 2	0. 05	—	—	—	0. 03	—	—	—	0. 05	—	—	0. 05	0. 15	余量
199	7034	0. 10	0. 12	0. 8~1. 2	0. 25	2. 0~3. 0	0. 20	—	11. 0~12. 0	—	—	—	—	—	—	—	—	—	0. 08~0. 30	—	0. 05	0. 15	余量
200	7039	0. 30	0. 40	0. 10	0. 10~0. 40	2. 3~3. 3	0. 15~0. 25	—	3. 5~4. 5	0. 10	—	—	—	—	—	—	—	—	—	—	0. 05	0. 15	余量
201	7049	0. 25	0. 35	1. 2~1. 9	0. 20	2. 0~2. 9	0. 10~0. 22	—	7. 2~8. 2	0. 10	—	—	—	—	—	—	—	—	—	—	0. 05	0. 15	余量
202	7049A	0. 40	0. 50	1. 2~1. 9	0. 50	2. 1~3. 1	0. 05~0. 25	—	7. 2~8. 4	②	—	—	—	—	—	—	—	—	②	Zr+Ti：0. 25	0. 05	0. 15	余量
203	7050	0. 12	0. 15	2. 0~2. 6	0. 10	1. 9~2. 6	0. 04	—	5. 7~6. 7	0. 06	—	—	—	—	—	—	—	—	0. 08~0. 15	—	0. 05	0. 15	余量
204	7150	0. 12	0. 15	1. 9~2. 5	0. 10	2. 0~2. 7	0. 04	—	5. 9~6. 9	0. 06	—	—	—	—	—	—	—	—	0. 08~0. 15	—	0. 05	0. 15	余量
205	7055	0. 10	0. 15	2. 0~2. 6	0. 05	1. 8~2. 3	0. 04	—	7. 6~8. 4	0. 06	—	—	—	—	—	—	—	—	0. 08~0. 25	—	0. 05	0. 15	余量
206	7255	0. 06	0. 09	2. 0~2. 6	0. 05	1. 8~2. 3	0. 04	—	7. 6~8. 4	0. 06	—	—	—	—	—	—	—	—	0. 08~0. 15	—	0. 05	0. 15	余量
207	7065	0. 06	0. 08	1. 9~2. 3	0. 04	1. 5~1. 8	0. 04	—	7. 1~8. 3	0. 06	—	—	—	—	—	—	—	—	0. 05~0. 15	—	0. 05	0. 15	余量
208	7072[3]	②	②	0. 10	0. 10	0. 10	—	—	0. 8~1. 3	—	—	—	—	—	—	—	—	—	—	Si+Fe：0. 7	0. 05	0. 15	余量
209	7075	0. 40	0. 50	1. 2~2. 0	0. 30	2. 1~2. 9	0. 18~0. 28	—	5. 1~6. 1	0. 20	—	—	—	—	—	—	—	—	—	⑦	0. 05	0. 15	余量
210	7175	0. 15	0. 20	1. 2~2. 0	0. 10	2. 1~2. 9	0. 18~0. 28	—	5. 1~6. 1	0. 10	—	—	—	—	—	—	—	—	—	—	0. 05	0. 15	余量
211	7475	0. 10	0. 12	1. 2~1. 9	0. 06	1. 9~2. 6	0. 18~0. 25	—	5. 2~6. 2	0. 06	—	—	—	—	—	—	—	—	—	—	0. 05	0. 15	余量

212	7076	0.40	0.6	0.30~1.0	0.30~0.8	1.2~2.0	—	—	7.0~8.0	0.20	—	—	—	—	—	—	—	—	—	—	0.05	0.15	余量
213	7178	0.40	0.50	1.6~2.4	0.30	2.4~3.1	0.18~0.28	—	6.3~7.3	0.20	—	—	—	—	—	—	—	—	—	—	0.05	0.15	余量
214	7085	0.06	0.08	1.3~2.0	0.04	1.2~1.8	0.04	—	7.0~8.0	0.06	—	—	—	—	—	—	—	—	0.08~0.15	—	0.05	0.15	余量
215	8006	0.40	1.2~2.0	0.30	0.30~1.0	0.10	—	—	0.10	—	—	—	—	—	—	—	—	—	—	—	0.05	0.15	余量
216	8011	0.50~0.9	0.6~1.0	0.10	0.20	0.05	0.05	—	0.10	0.08	—	—	—	—	—	—	—	—	—	—	0.05	0.15	余量
217	8011A	0.40~0.8	0.50~1.0	0.10	0.10	0.10	0.10	—	0.10	0.05	—	—	—	—	—	—	—	—	—	—	0.05	0.15	余量
218	8111	0.30~1.1	0.40~1.0	0.10	0.10	0.05	0.05	—	0.10	0.08	—	—	—	—	—	—	—	—	—	—	0.05	0.15	余量
219	8014	0.30	1.2~1.6	0.20	0.20~0.6	0.10	—	—	0.10	0.10	—	—	—	—	—	—	—	—	—	—	0.05	0.15	余量
220	8017	0.10	0.55~0.8	0.10~0.20	—	0.01~0.05	—	—	0.05	—	—	0.04	—	—	0.003	—	—	—	—	—	0.03	0.10	余量
221	8021	0.15	1.2~1.7	0.05	—	—	—	—	—	—	—	—	—	—	—	—	—	—	—	—	0.05	0.15	余量
222	8021B	0.40	1.1~1.7	0.05	0.03	0.01	0.03	—	0.05	0.05	—	—	—	—	—	—	—	—	—	—	0.03	0.10	余量
223	8025	0.05~0.15	0.06~0.25	0.20	0.03~0.10	0.05	0.18	—	0.50	0.005~0.02	—	—	—	—	—	—	—	—	0.02~0.20	—	0.05	0.15	余量
224	8030	0.10	0.30~0.8	0.15~0.30	—	0.05	—	—	0.05	—	—	0.001~0.04	—	—	—	—	—	—	—	—	0.03	0.10	余量
225	8130	0.15	0.40~1.0	0.05~0.15	—	—	—	—	0.10	—	—	—	—	—	—	—	—	—	—	Si+Fe:1.0	0.03	0.10	余量
226	8050	0.15~0.30	1.1~1.2	0.05	0.45~0.55	0.05	0.05	—	0.10	—	—	—	—	—	—	—	—	—	—	—	0.05	0.15	余量

（续）

序号	牌号	化学成分（质量分数，%）																					
		Si	Fe	Cu	Mn	Mg	Cr	Ni	Zn	Ti	Ag	B	Bi	Ga	Li	Pb	Sn	V	Zr		其他		Al
																					单个	合计	
227	8150	0.30	0.9~1.3	—	0.20~0.7	—	—	—	—	0.05	—	—	—	—	—	—	—	—	—	—	0.05	0.15	余量
228	8076	0.10	0.6~0.9	0.04	—	0.08~0.22	—	—	0.05	—	—	0.04	—	—	—	—	—	—	—	—	0.03	0.10	余量
229	8176	0.03~0.15	0.40~1.0	—	—	—	—	—	0.10	—	—	—	—	0.03	—	—	—	—	—	—	0.05	0.15	余量
230	8177	0.10	0.25~0.45	0.04	—	0.04~0.12	—	—	0.05	—	—	0.04	—	—	—	—	—	—	—	—	0.03	0.10	余量
231	8079	0.05~0.30	0.7~1.3	0.05	—	—	—	—	0.10	—	—	—	—	—	—	—	—	—	—	—	0.05	0.15	余量
232	8090	0.20	0.30	1.0~1.6	0.10	0.6~1.3	0.10	—	0.25	0.10	—	—	—	—	2.2~2.7	—	—	—	0.04~0.16	—	0.05	0.15	余量

注：1. 表中元素含量为单个数值时，“Al”元素含量为最低限，其他元素含量为最高限。

2. 元素栏中“—”表示该位置不规定极限数值，对应元素为非常规分析元素，“其他”栏中“—”表示无极限数值要求。

3. “其他”表示表中未规定极限数值的元素和未列出的金属元素。

4. “合计”表示质量分数不小于0.010%的“其他”金属元素之和。

① 焊接电极及填料焊丝的 $w(Be) \leqslant 0.0003\%$，当怀疑该非常规分析元素的质量分数超出空白栏中要求的限定值时，生产者应对这些元素进行分析。

② 见相应空白栏中要求。

③ 主要用作包覆材料。

④ 经供需双方协商并同意，挤压产品与锻件的 $w(Zr)+w(Ti)$ 最大可达0.20%。

⑤ 焊接电极及填料焊丝的 $w(Be) \leqslant 0.0005\%$。

⑥ 硅质量分数为镁质量分数的45%~65%。

⑦ 经供需双方协商并同意，挤压产品与锻件的 $w(Zr)+w(Ti)$ 最大可达0.25%。

表12-89　变形铝及铝合金的国内四位字符牌号和化学成分

序号	牌号	化学成分（质量分数，%）																						备注
		Si	Fe	Cu	Mn	Mg	Cr	Ni	Zn	Ti	Ag	B	Bi	Ga	Li	Pb	Sn	V	Zr		其他		Al	
																					单个	合计		
1	1A99	0.003	0.003	0.005	—	—	—	—	0.001	0.002	—	—	—	—	—	—	—	—	—	—	0.002	—	99.99	LG5
2	1B99	0.0013	0.0015	0.0030	—	—	—	—	0.001	0.001	—	—	—	—	—	—	—	—	—	—	0.001	—	99.993	—
3	1C99	0.0010	0.0010	0.0015	—	—	—	—	0.001	0.001	—	—	—	—	—	—	—	—	—	—	0.001	—	99.995	—

4	1A97	0.015	0.015	0.005	—	—	—	—	0.001	0.002	—	—	—	—	—	—	—	—	—	—	0.005	—	99.97	LG4
5	1B97	0.015	0.030	0.005	—	—	—	—	0.001	0.005	—	—	—	—	—	—	—	—	—	—	0.005	—	99.97	—
6	1A95	0.030	0.030	0.010	—	—	—	—	0.003	0.008	—	—	—	—	—	—	—	—	—	—	0.005	—	99.95	—
7	1B95	0.030	0.040	0.010	—	—	—	—	0.003	0.008	—	—	—	—	—	—	—	—	—	—	0.005	—	99.95	—
8	1A93	0.040	0.040	0.010	—	—	—	—	0.005	0.010	—	—	—	—	—	—	—	—	—	—	0.007	—	99.93	LG3
9	1B93	0.040	0.050	0.010	—	—	—	—	0.005	0.010	—	—	—	—	—	—	—	—	—	—	0.007	—	99.93	—
10	1A90	0.060	0.060	0.010	—	—	—	—	0.008	0.015	—	—	—	—	—	—	—	—	—	—	0.01	—	99.90	LG2
11	1B90	0.060	0.060	0.010	—	—	—	—	0.008	0.010	—	—	—	—	—	—	—	—	—	—	0.01	—	99.90	—
12	1A85	0.08	0.10	0.01	—	—	—	—	0.01	0.01	—	—	—	—	—	—	—	—	—	—	0.01	—	99.85	LG1
13	1B85	0.07	0.20	0.01	—	—	—	—	0.01	0.02	—	—	—	—	—	—	—	—	—	—	0.01	—	99.85	—
14	1A80	0.15	0.15	0.03	0.02	0.02	—	—	0.03	0.03	—	—	—	0.03	—	—	—	0.05	—	—	0.02	—	99.80	—
15	1A80A	0.15	0.15	0.03	0.02	0.02	—	—	0.06	0.02	—	—	—	0.03	—	—	—	—	—	—	0.02	—	99.80	—
16	1A60	0.11	0.25	0.01	①	—	①	—	—	①	—	—	—	—	—	—	—	①	—	V+Ti+Mn +Cr:0.02	0.03	—	99.60	—
17	1R60	0.12	0.30	0.01	—	0.01	—	—	0.01	—	—	0.01	—	—	—	—	—	—	0.01～0.20	RE:0.03～0.30	0.03	—	99.60	—
18	1A50	0.30	0.30	0.01	0.05	0.05	—	—	0.03	—	—	—	—	—	—	—	—	—	—	Fe+Si:0.45	0.03	—	99.50	LB2
19	1R50	0.11	0.25	0.01	①	—	①	—	—	①	—	—	—	—	—	—	—	①	—	RE:0.03～0.30, V+Ti+Mn+Cr:0.02	0.03	—	99.50	—
20	1R35	0.25	0.35	0.05	0.03	0.03	—	—	0.05	0.03	—	—	—	—	—	—	—	0.05	—	RE:0.10～0.25	0.03	—	99.35	—
21	1A30	0.10～0.20	0.15～0.30	0.05	0.01	0.01	—	0.01	0.02	0.02	—	—	—	—	—	—	—	—	—	—	0.03	—	99.30	L4-1
22	1B30	0.05～0.15	0.20～0.30	0.03	0.12～0.18	0.03	—	—	0.03	0.02～0.05	—	—	—	—	—	—	—	—	—	—	0.03	—	99.30	—
23	2A01	0.50	0.50	2.2～3.0	0.20	0.20～0.50	—	—	0.10	0.15	—	—	—	—	—	—	—	—	—	—	0.05	0.10	余量	LY1
24	2A02	0.30	0.30	2.6～3.2	0.45～0.7	2.0～2.4	—	—	0.10	0.15	—	—	—	—	—	—	—	—	—	—	0.05	0.10	余量	LY2

（续）

序号	牌号	化学成分（质量分数，%）																					备注
		Si	Fe	Cu	Mn	Mg	Cr	Ni	Zn	Ti	Ag	B	Bi	Ga	Li	Pb	Sn	V	Zr		其他 单个	其他 合计	Al	
25	2A04	0.30	0.30	3.2~3.7	0.50~0.8	2.1~2.6	—	—	0.10	0.05~0.40	—	—	—	—	—	—	—	—	—	Be[②]:0.001~0.01	0.05	0.10	余量	LY4
26	2A06	0.50	0.50	3.8~4.3	0.50~1.0	1.7~2.3	—	—	0.10	0.03~0.15	—	—	—	—	—	—	—	—	—	Be[②]:0.001~0.005	0.05	0.10	余量	LY6
27	2B06	0.20	0.30	3.8~4.3	0.40~0.9	1.7~2.3	—	—	0.10	0.10	—	—	—	—	—	—	—	—	—	Be:0.0002~0.005	0.05	0.10	余量	—
28	2A10	0.25	0.20	3.9~4.5	0.30~0.50	0.15~0.30	—	—	0.10	0.15	—	—	—	—	—	—	—	—	—	—	0.05	0.10	余量	LY10
29	2A11	0.7	0.7	3.8~4.8	0.40~0.8	0.40~0.8	—	0.10	0.30	0.15	—	—	—	—	—	—	—	—	—	Fe+Ni:0.7	0.05	0.10	余量	LY11
30	2B11	0.50	0.50	3.8~4.5	0.40~0.8	0.40~0.8	—	—	0.10	0.15	—	—	—	—	—	—	—	—	—	—	0.05	0.10	余量	LY8
31	2A12	0.50	0.50	3.8~4.9	0.30~0.9	1.2~1.8	—	0.10	0.30	0.15	—	—	—	—	—	—	—	—	—	Fe+Ni:0.50	0.05	0.10	余量	LY12
32	2B12	0.50	0.50	3.8~4.5	0.30~0.7	1.2~1.6	—	—	0.10	0.15	—	—	—	—	—	—	—	—	—	—	0.05	0.10	余量	LY9
33	2D12	0.20	0.30	3.8~4.9	0.30~0.9	1.2~1.8	—	0.05	0.10	0.10	—	—	—	—	—	—	—	—	—	—	0.05	0.10	余量	—
34	2E12	0.06	0.12	4.0~4.6	0.40~0.7	1.2~1.8	—	—	0.15	0.10	—	—	—	—	—	—	—	—	—	Be:0.0002~0.005	0.10	0.15	余量	—
35	2A13	0.7	0.6	4.0~5.0	—	0.30~0.50	—	—	0.6	0.15	—	—	—	—	—	—	—	—	—	—	0.05	0.10	余量	LY13
36	2A14	0.6~1.2	0.7	3.9~4.8	0.40~1.0	0.40~0.8	—	0.10	0.30	0.15	—	—	—	—	—	—	—	—	—	—	0.05	0.10	余量	LD10
37	2A16	0.30	0.30	6.0~7.0	0.40~0.8	0.05	—	—	0.10	0.10~0.20	—	—	—	—	—	—	—	—	0.20	—	0.05	0.10	余量	LY16
38	2B16	0.25	0.30	5.8~6.8	0.20~0.40	0.05	—	—	—	0.08~0.20	—	—	—	—	—	—	—	0.05~0.15	0.10~0.25	—	0.05	0.10	余量	LY16-1
39	2A17	0.30	0.30	6.0~7.0	0.40~0.8	0.25~0.45	—	—	0.10	0.10~0.20	—	—	—	—	—	—	—	—	—	—	0.05	0.10	余量	LY17

40	2A20	0.20	0.30	5.8~6.8	—	0.02	—	—	0.10	0.07~0.16	—	0.001~0.01	—	—	—	—	—	0.05~0.15	0.10~0.25	—	0.05	0.15	余量	LY20
41	2A21	0.20	0.20~0.6	3.0~4.0	0.05	0.8~1.2	—	1.8~2.3	0.20	0.05	—	—	—	—	—	—	—	—	—	—	0.05	0.15	余量	—
42	2A23	0.05	0.06	1.8~2.8	0.20~0.6	0.6~1.2	—	—	0.15	0.15	—	—	—	—	0.30~0.9	—	—	—	0.06~0.16	—	0.10	0.15	余量	—
43	2A24	0.20	0.30	3.8~4.8	0.6~0.9	1.2~1.8	0.10	—	0.25	①	—	—	—	—	—	—	—	—	0.08~0.12	Zr+Ti:0.20	0.05	0.15	余量	—
44	2A25	0.06	0.06	3.6~4.2	0.50~0.7	1.0~1.5	—	0.06	—	—	—	—	—	—	—	—	—	—	—	—	0.05	0.10	余量	—
45	2B25	0.05	0.15	3.1~4.0	0.20~0.8	1.2~1.8	—	0.15	0.10	0.03~0.07	—	—	—	—	—	—	—	—	0.08~0.25	Be:0.0003~0.0008	0.05	0.10	余量	—
46	2A39	0.05	0.06	3.4~5.0	0.30~0.8	0.30~0.8	—	—	0.30	0.15	0.30~0.6	—	—	—	—	—	—	—	0.10~0.25	—	0.10	0.15	余量	—
47	2A40	0.25	0.35	4.5~5.2	0.40~0.6	0.50~1.0	0.10~0.20	—	—	0.04~0.12	—	—	—	—	—	—	—	—	0.10~0.20	—	0.05	0.15	余量	—
48	2A42	0.25	0.25	4.5~6.5	0.05~1.0	—	0.001~0.02	—	—	0.01~0.25	—	0.001~0.03④	—	—	—	—	—	—	0.1~0.25	RE:0.05~0.25,Cd:0.10~0.25,Be:0.001~0.01	0.03	0.10	余量	—
49	2A49	0.25	0.8~1.2	3.2~3.8	0.30~0.6	1.8~2.2	—	0.8~1.2	—	0.08~0.12	—	—	—	—	—	—	—	—	—	—	0.05	0.15	余量	—
50	2A50	0.7~1.2	0.7	1.8~2.6	0.40~0.8	0.40~0.8	—	0.10	0.30	0.15	—	—	—	—	—	—	—	—	—	Fe+Ni:0.7	0.05	0.10	余量	LD5
51	2B50	0.7~1.2	0.7	1.8~2.6	0.40~0.8	0.40~0.8	0.01~0.20	0.10	0.30	0.02~0.10	—	—	—	—	—	—	—	—	—	Fe+Ni:0.7	0.05	0.10	余量	LD6
52	2A70	0.35	0.9~1.5	1.9~2.5	0.20	1.4~1.8	—	0.9~1.5	0.30	0.02~0.10	—	—	—	—	—	—	—	—	—	—	0.05	0.10	余量	LD7
53	2B70	0.25	0.9~1.4	1.8~2.7	0.20	1.2~1.8	—	0.8~1.4	0.15	0.10	—	—	—	—	—	0.05	0.05	—	①	Zr+Ti:0.20	0.05	0.15	余量	—

（续）

序号	牌号	化学成分(质量分数,%)																						备注
		Si	Fe	Cu	Mn	Mg	Cr	Ni	Zn	Ti	Ag	B	Bi	Ga	Li	Pb	Sn	V	Zr		其他		Al	
																					单个	合计		
54	2D70	0.10~0.25	0.9~1.4	2.0~2.6	0.10	1.2~1.8	0.10	0.9~1.4	0.10	0.05~0.10	—	—	—	—	—	—	—	—	—	—	0.05	0.10	余量	—
55	2A80	0.50~1.2	1.0~1.6	1.9~2.5	0.20	1.4~1.8	—	0.9~1.5	0.30	0.15	—	—	—	—	—	—	—	—	—	—	0.05	0.10	余量	LD8
56	2A87	0.10	0.15	3.5~4.1	0.20~0.6	0.20~0.6	—	—	0.20~0.8	0.10	—	—	—	—	1.3~1.8	—	—	—	0.08~0.16	—	0.05	0.15	余量	—
57	2A90	0.50~1.0	0.50~1.0	3.5~4.5	0.20	0.40~0.8	—	1.8~2.3	0.30	0.15	—	—	—	—	—	—	—	—	—	—	0.05	0.10	余量	LD9
58	3A11	0.6	0.7	0.05~0.20	1.0~1.5	—	—	—	0.50~1.5	—	—	—	—	—	—	—	—	—	—	—	0.05	0.15	余量	—
59	3A21	0.6	0.7	0.20	1.0~1.6	0.05	—	—	0.10③	0.15	—	—	—	—	—	—	—	—	—	—	0.05	0.10	余量	LF21
60	4A01	4.5~6.0	0.6	0.20	—	—	—	—	①	0.15	—	—	—	—	—	—	①	—	—	Zn+Sn:0.10	0.05	0.15	余量	LT1
61	4A11	11.5~13.5	1.0	0.50~1.3	0.20	0.8~1.3	0.10	0.50~1.3	0.25	0.15	—	—	—	—	—	—	—	—	—	—	0.05	0.15	余量	LD11
62	4A13	6.8~8.2	0.50	①	0.50	0.05	—	—	①	0.15	—	—	—	—	—	—	—	—	—	Cu+Zn:0.15,Ca:0.10	0.05	0.15	余量	LT13
63	4A17	11.0~12.5	0.50	①	0.50	0.05	—	—	①	0.15	—	—	—	—	—	—	—	—	—	Cu+Zn:0.15,Ca:0.10	0.05	0.15	余量	LT17
64	4A47	10.7~12.3	0.05	—	—	—	—	—	—	—	—	—	—	—	—	—	—	—	—	Sr:0.01~0.10,La:0.01~0.10	—	0.20	余量	—
65	4A54	7.0~9.0	—	—	—	—	—	—	1.5~2.1	0.10~0.20	0.35~0.55	—	—	—	—	—	—	—	—	—	—	0.20	余量	—
66	4A60	0.8~1.0	0.20~0.35	0.05	0.03	0.03	—	—	0.05	0.03	—	—	—	—	—	—	—	—	—	—	0.05	0.15	余量	—
67	4A91	1.0~4.0	0.7	0.7	1.2	1.0	0.20	0.20	1.2	0.20	—	—	—	—	—	—	—	—	—	—	0.05	0.15	余量	—

68	5A01	①	①	0.10	0.30~0.7	6.0~7.0	0.10~0.20	—	0.25	0.15	—	—	—	—	—	—	—	—	0.10~0.20	Si+Fe:0.40	0.05	0.15	余量	LF15
69	5A02	0.40	0.40	0.10	0.15~0.40	2.0~2.8	—	—	—	0.15	—	—	—	—	—	—	—	—	—	Si+Fe:0.6	0.05	0.15	余量	LF2
70	5B02	0.40	0.40	0.10	0.20~0.6	1.8~2.6	0.05	—	0.20	0.10	—	—	—	—	—	—	—	—	—	—	0.05	0.10	余量	—
71	5A03	0.50~0.8	0.50	0.10	0.30~0.6	3.2~3.8	—	—	0.20	0.15	—	—	—	—	—	—	—	—	—	—	0.05	0.10	余量	LF3
72	5A05	0.50	0.50	0.10	0.30~0.6	4.8~5.5	—	—	0.20	—	—	—	—	—	—	—	—	—	—	—	0.05	0.10	余量	LF5
73	5B05	0.40	0.40	0.20	0.20~0.6	4.7~5.7	—	—	—	0.15	—	—	—	—	—	—	—	—	—	Si+Fe:0.6	0.05	0.10	余量	LF10
74	5A06	0.40	0.40	0.10	0.50~0.8	5.8~6.8	—	—	0.20	0.02~0.10	—	—	—	—	—	—	—	—	—	Be②:0.0001~0.005	0.05	0.10	余量	LF6
75	5B06	0.40	0.40	0.10	0.50~0.8	5.8~6.8	—	—	0.20	0.10~0.30	—	—	—	—	—	—	—	—	—	Be②:0.0001~0.005	0.05	0.10	余量	LF14
76	5E06	0.30	0.40	0.10	0.30~0.8	5.8~6.8	—	—	0.25	0.10	—	—	—	—	—	—	—	—	0.10~0.15	Er:0.20~0.40，Be:0.0005~0.005	0.05	0.10	余量	—
77	5A12	0.30	0.30	0.05	0.40~0.8	8.3~9.6	—	0.10	0.20	0.05~0.15	—	—	—	—	—	—	—	—	—	Be:0.005，Sb:0.004~0.05	0.05	0.10	余量	LF12
78	5A13	0.30	0.30	0.05	0.40~0.8	9.2~10.5	—	0.10	0.20	0.05~0.15	—	—	—	—	—	—	—	—	—	Be:0.005，Sb:0.004~0.05	0.05	0.10	余量	LF13
79	5A25	0.20	0.30	—	0.05~0.50	5.0~6.3	—	—	—	0.10	—	—	—	—	—	—	—	—	0.06~0.20	Be:0.0002~0.002，Sc:0.10~0.40	0.10	0.15	余量	—

（续）

序号	牌号	化学成分（质量分数，%）																						备注
		Si	Fe	Cu	Mn	Mg	Cr	Ni	Zn	Ti	Ag	B	Bi	Ga	Li	Pb	Sn	V	Zr		其他 单个	其他 合计	Al	
80	5A30	①	①	0.10	0.50~1.0	4.7~5.5	0.05~0.20	—	0.25	0.03~0.15	—	—	—	—	—	—	—	—	—	Si+Fe:0.40	0.05	0.10	余量	LF16
81	5A33	0.35	0.35	0.10	0.10	6.0~7.5	—	—	0.50~1.5	0.05~0.15	—	—	—	—	—	—	—	—	0.10~0.30	Be②:0.0005~0.005	0.05	0.10	余量	LF33
82	5A41	0.40	0.40	0.10	0.30~0.6	6.0~7.0	—	—	0.20	0.02~0.10	—	—	—	—	—	—	—	—	—	—	0.05	0.10	余量	LT41
83	5A43	0.40	0.40	0.10	0.15~0.40	0.6~1.4	—	—	—	0.15	—	—	—	—	—	—	—	—	—	—	0.05	0.15	余量	LF43
84	5A56	0.15	0.20	0.10	0.30~0.40	5.5~6.5	0.10~0.20	—	0.50~1.0	0.10~0.18	—	—	—	—	—	—	—	—	—	—	0.05	0.15	余量	—
85	5E61	0.25	0.25	0.10	0.7~1.1	5.5~6.5	—	—	0.20	—	—	—	—	—	—	—	—	—	0.02~0.12	Er:0.10~0.30	0.05	0.15	余量	—
86	5A66	0.005	0.01	0.005	—	1.5~2.0	—	—	—	—	—	—	—	—	—	—	—	—	—	—	0.005	0.01	余量	LT66
87	5A70	0.15	0.25	0.05	0.30~0.7	5.5~6.3	—	—	0.05	0.02~0.05	—	—	—	—	—	—	—	—	0.05~0.15	Sc:0.15~0.30, Be:0.0005~0.005	0.05	0.15	余量	—
88	5B70	0.10	0.20	0.05	0.15~0.40	5.5~6.5	—	—	0.05	0.02~0.05	—	—	—	—	—	—	—	—	0.10~0.20	Sc:0.20~0.40, Be:0.0005~0.005	0.05	0.15	余量	—
89	5A71	0.20	0.30	0.05	0.30~0.7	5.8~6.8	0.10~0.20	—	0.05	0.05~0.15	—	—	—	—	—	—	—	—	0.05~0.15	Sc:0.20~0.35, Be:0.0005~0.005	0.05	0.15	余量	—
90	5B71	0.20	0.30	0.10	0.30	5.8~6.8	0.30	—	0.30	0.02~0.05	—	0.003	—	—	—	—	—	—	0.08~0.15	Sc:0.30~0.50, Be:0.0005~0.005	0.05	0.15	余量	—

91	5A83	0.25	0.25	0.10	0.30~1.1	4.0~5.0	0.05~0.30	—	0.10	0.02~0.05	—	0.01~0.02⑤	—	—	—	—	—	—	0.05	RE:0.01~0.10, Na:0.0001, Ca:0.0002	0.03	0.15	余量	—
92	5E83	0.25	0.25	0.10	0.4~1.0	4.0~4.9	—	—	—	—	—	—	—	—	—	—	—	—	0.10~0.30	Er:0.10~0.30	0.05	0.15	余量	—
93	5A90	0.15	0.20	0.05	—	4.5~6.0	—	—	—	0.10	—	—	—	—	1.9~2.3	—	—	—	0.08~0.15	Na:0.005	0.05	0.15	余量	—
94	6A01	0.40~0.9	0.35	0.35	0.50	0.40~0.8	0.30	—	0.25	—	—	—	—	—	—	—	—	—	—	Mn+Cr:0.50	0.05	0.10	余量	6N01
95	6A02	0.50~1.2	0.50	0.20~0.6	0.15~0.35	0.45~0.9	—	—	0.20	0.15	—	—	—	—	—	—	—	—	—	—	0.05	0.10	余量	LD2
96	6B02	0.7~1.1	0.40	0.10~0.40	0.10~0.30	0.40~0.8	—	—	0.15	0.01~0.04	—	—	—	—	—	—	—	—	—	—	0.05	0.10	余量	LD2-1
97	6R05	0.40~0.9	0.30~0.50	0.15~0.25	0.10	0.20~0.6	0.10	—	—	0.10	—	—	—	—	—	—	—	—	—	RE:0.10~0.20	0.05	0.15	余量	—
98	6A10	0.7~1.1	0.50	0.30~0.8	0.30~0.9	0.7~1.1	0.05~0.25	—	0.20	0.02~0.10	—	—	—	—	—	—	—	—	0.04~0.20	—	0.05	0.15	余量	—
99	6A16	0.6~1.2	0.40	0.02~0.20	0.01~0.25	0.7~1.3	0.10	—	0.25~0.8	0.15	—	—	—	—	—	—	—	—	0.01~0.20	—	0.05	0.15	余量	—
100	6A51	0.50~0.7	0.50	0.15~0.35	—	0.45~0.6	—	—	0.25	0.01~0.04	—	—	—	—	—	—	0.15~0.35	—	—	—	0.05	0.15	余量	—
101	6A60	0.7~1.1	0.30	0.6~0.8	0.50~0.7	0.7~1.0	—	—	0.20~0.40	0.04~0.12	0.30~0.50	—	—	—	—	—	—	—	0.10~0.20	—	0.05	0.15	余量	—
102	6A61	0.55~0.7	0.50	0.25~0.45	0.10	0.8~1.4	0.30	—	0.10	0.07	—	—	—	—	—	—	—	—	—	—	0.05	0.15	余量	—
103	6R63	0.30~0.7	0.20	0.10	0.25	0.50~0.7	0.25	—	0.03	0.10	—	—	—	—	—	—	—	—	—	RE:0.10~0.25	0.05	0.15	余量	—
104	7A01	0.30	0.30	0.01	—	—	—	—	0.9~1.3	—	—	—	—	—	—	—	—	—	—	Si+Fe:0.45	0.03	—	余量	LB1
105	7A02	0.6	0.35	0.10~0.25	—	0.55~0.8	—	—	0.7~2.0	0.05~0.10	—	—	—	—	—	—	—	0.10~0.40	0.04~0.10	—	0.03	0.10	余量	—

（续）

序号	牌号	化学成分(质量分数,%)																					备注
		Si	Fe	Cu	Mn	Mg	Cr	Ni	Zn	Ti	Ag	B	Bi	Ga	Li	Pb	Sn	V	Zr		其他 单个	其他 合计	Al	
106	7A03	0.20	0.20	1.8~2.4	0.10	1.2~1.6	0.05	—	6.0~6.7	0.02~0.08	—	—	—	—	—	—	—	—	—	—	0.05	0.10	余量	LC3
107	7A04	0.50	0.50	1.4~2.0	0.20~0.6	1.8~2.8	0.10~0.25	—	5.0~7.0	0.10	—	—	—	—	—	—	—	—	—	—	0.05	0.10	余量	LC4
108	7B04	0.10	0.05~0.25	1.4~2.0	0.20~0.6	1.8~2.8	0.10~0.25	0.10	5.0~6.5	0.05	—	—	—	—	—	—	—	—	—	—	0.05	0.10	余量	—
109	7C04	0.30	0.30	1.4~2.0	0.30~0.50	2.0~2.6	0.10~0.25	—	5.5~6.5	—	—	—	—	—	—	—	—	—	—	—	0.05	0.10	余量	—
110	7D04	0.10	0.15	1.4~2.2	0.10	2.0~2.6	0.05	—	5.5~6.7	0.10	—	—	—	—	—	—	—	—	0.08~0.16	Be:0.02~0.07	0.05	0.10	余量	—
111	7A05	0.25	0.25	0.20	0.15~0.40	1.1~1.7	0.05~0.15	—	4.4~5.0	0.02~0.06	—	—	—	—	—	—	—	—	0.10~0.25	—	0.05	0.15	余量	—
112	7B05	0.30	0.35	0.20	0.20~0.7	1.0~2.0	0.30	—	4.0~5.0	0.20	—	—	—	—	—	—	—	0.10	0.25	—	0.05	0.10	余量	7N01
113	7A09	0.50	0.50	1.2~2.0	0.15	2.0~3.0	0.16~0.30	—	5.1~6.1	0.10	—	—	—	—	—	—	—	—	—	—	0.05	0.10	余量	LC9
114	7A10	0.30	0.30	0.50~1.0	0.20~0.35	3.0~4.0	0.10~0.20	—	3.2~4.2	0.10	—	—	—	—	—	—	—	—	—	—	0.05	0.10	余量	LC10
115	7A11	0.6	0.7	0.05~0.20	1.0~1.5	—	—	—	1.0~2.0	—	—	—	—	—	—	—	—	—	—	—	0.05	0.15	余量	—
116	7A12	0.10	0.06~0.15	0.8~1.2	0.10	1.6~2.2	0.05	—	6.3~7.2	0.03~0.06	—	—	—	—	—	—	—	—	0.10~0.18	Be:0.0001~0.02	0.05	0.10	余量	—
117	7A15	0.50	0.50	0.50~1.0	0.10~0.40	2.4~3.0	0.10~0.30	—	4.4~5.4	0.05~0.15	—	—	—	—	—	—	—	—	—	Be:0.005~0.01	0.05	0.15	余量	LC15
118	7A19	0.30	0.40	0.08~0.30	0.30~0.50	1.3~1.9	0.10~0.20	—	4.5~5.3	—	—	—	—	—	—	—	—	—	0.08~0.20	Be②:0.0001~0.004	0.05	0.15	余量	LC19
119	7A31	0.30	0.6	0.10~0.40	0.20~0.40	2.5~3.3	0.10~0.20	—	3.6~4.5	0.02~0.10	—	—	—	—	—	—	—	—	0.08~0.25	Be②:0.0001~0.001	0.05	0.15	余量	—

120	7A33	0.25	0.30	0.25~0.55	0.05	2.2~2.7	0.10~0.20	—	4.6~5.4	0.05	—	—	—	—	—	—	—	—	—	—	0.05	0.10	余量	—
121	7A36	0.12	0.15	1.7~2.5	0.05	1.6~2.6	0.05	—	8.5~9.7	0.10	—	—	—	—	—	—	—	—	0.08~0.20	—	0.05	0.15	余量	—
122	7A46	0.12	0.30	0.10~0.40	0.10	0.9~1.7	0.06	—	6.0~7.0	0.08	—	—	—	—	—	—	—	—	—	—	0.05	0.15	余量	—
123	7A48	0.10	0.20	0.25~0.45	0.20~0.40	1.2~2.2	—	—	5.2~7.2	0.02~0.06	—	—	—	—	—	—	—	—	0.07~0.15	Sc:0.10~0.35	0.05	0.15	余量	—
124	7E49	0.20	0.20	0.40~0.8	0.20~0.50	2.0~3.0	—	—	7.2~8.2	—	—	—	—	—	—	—	—	—	0.10~0.15	Er:0.10~0.15	0.05	0.15	余量	—
125	7B50	0.12	0.15	1.8~2.6	0.10	2.0~2.8	0.04	—	6.0~7.0	0.10	—	—	—	—	—	—	—	—	0.08~0.16	Be:0.0002~0.002	0.10	0.15	余量	—
126	7A52	0.25	0.30	0.05~0.20	0.20~0.50	2.0~2.8	0.15~0.25	—	4.0~4.8	0.05~0.18	—	—	—	—	—	—	—	—	0.05~0.15	—	0.05	0.15	余量	LC52
127	7A55	0.10	0.10	1.8~2.5	0.05	1.8~2.8	0.04	—	7.5~8.5	0.01~0.05	—	—	—	—	—	—	—	—	0.08~0.20	—	0.05	0.15	余量	—
128	7A56	0.12	0.15	1.3~2.1	0.05	1.6~2.4	0.05	—	8.6~9.8	0.10	—	—	—	—	—	—	—	—	0.06~0.18	—	0.05	0.15	余量	—
129	7A62	0.12	0.15	0.05~0.50	0.20~0.6	2.5~3.2	0.10~0.20	—	6.7~7.4	0.03~0.10	—	—	—	—	—	—	—	—	0.05~0.15	Be:0.0001~0.003	0.05	0.15	余量	—
130	7A68	0.15	0.35	2.0~2.6	0.15~0.40	1.6~2.5	0.10~0.20	—	6.5~7.2	0.05~0.20	—	—	—	—	—	—	—	—	0.05~0.20	Be:0.005	0.05	0.15	余量	—
131	7B68	0.05	0.05	2.0~2.6	0.05	1.8~2.8	0.04	—	7.8~9.0	0.01~0.05	—	—	—	—	—	—	—	—	0.08~0.25	—	0.10	0.15	余量	—
132	7D68	0.12	0.25	2.0~2.6	0.10	2.3~3.0	0.05	—	8.0~9.0	0.03	—	—	—	—	—	—	—	—	0.10~0.20	Be:0.0002~0.002	0.05	0.10	余量	7A60
133	7E75	0.10	0.15	1.0~1.6	0.08~0.40	1.8~2.6	—	—	5.6~6.6	—	—	—	—	—	—	—	—	—	0.06~0.12	Er:0.08~0.12	0.05	0.15	余量	—
134	7A85	0.05	0.08	1.2~2.0	0.10	1.2~2.0	0.05	—	7.0~8.2	0.05	—	—	—	—	—	—	—	—	0.08~0.16	—	0.05	0.15	余量	—

（续）

序号	牌号	化学成分(质量分数,%)																						备注
		Si	Fe	Cu	Mn	Mg	Cr	Ni	Zn	Ti	Ag	B	Bi	Ga	Li	Pb	Sn	V	Zr		其他		Al	
																					单个	合计		
135	7B85	0.06	0.08	1.1~1.7	0.03	1.4~2.2	—	—	7.4~8.4	0.05	—	—	—	—	—	—	—	—	0.12~0.25	—	0.05	0.15	余量	—
136	7A88	0.50	0.75	1.0~2.0	0.20~0.6	1.5~2.8	0.05~0.20	0.20	4.5~6.0	0.10	—	—	—	—	—	—	—	—	—	—	0.10	0.20	余量	—
137	7A93	0.12	0.15	1.6~2.2	—	2.0~2.6	—	0.08	9.8~11.0	—	—	—	—	—	—	—	—	—	0.15~0.30	—	0.05	0.15	余量	—
138	7A99	0.10	0.20	1.4~2.0	—	1.7~2.5	—	—	7.6~8.6	0.05	—	—	—	—	—	—	—	—	0.10~0.20	—	0.05	0.15	余量	—
139	8A01	0.05~0.30	0.18~0.40	0.15~0.35	0.08~0.35	—	—	—	—	0.01~0.03	—	—	—	—	—	—	—	—	—	—	0.05	0.15	余量	—
140	8C05	0.05	0.04	0.05	0.03~0.05	0.03~0.10	—	0.005	0.10	—	—	—	—	—	—	—	—	—	—	C:0.10~0.50, O:0.05	0.03	0.10	余量	—
141	8A06	0.55	0.50	0.10	0.10	0.10	—	—	0.10	—	—	—	—	—	—	—	—	—	—	Si+Fe:1.0	0.05	0.15	余量	L6
142	8C12	0.05	0.04	0.05	0.03~0.05	0.03~0.10	—	0.005	0.10	—	—	—	—	—	—	—	—	—	—	C:0.6~1.2, O:0.05	0.03	0.10	余量	—

注：1. 表中元素含量为单个数值时，“Al”元素含量为最低限，其他元素含量为最高限。

2. 元素栏中“—”表示该位置不规定极限数值，对应元素为非常规分析元素，“其他”栏中“—”表示无极限数值要求。

3. “其他”表示表中未规定极限数值的元素和未列出的金属元素。

4. “合计”表示质量分数不小于0.010%的“其他”金属元素之和。

① 见相应空白栏中要求，当怀疑该非常规分析元素的质量分数超出空白栏中要求的限定值时，生产者应对这些元素进行分析。

② “Be”元素均按规定加入，其含量可不做分析。

③ 铆钉线材的 $w(Zn) \leqslant 0.03\%$。

④ 以“C”替代“B”时，“C”元素的质量分数应为0.0001%~0.05%。

⑤ 以“C”替代“B”时，“C”元素的质量分数应为0.0001%~0.002%。

表 12-90 不活跃合金的牌号和化学成分

序号	牌号	化学成分(质量分数,%)																					
		Si	Fe	Cu	Mn	Mg	Cr	Ni	Zn	Ti	Ag	B	Bi	Ga	Li	Pb	Sn	V	Zr		其他		Al
																					单个	合计	
1	1040	0.30	0.50	0.10	0.05	0.05	—	—	0.10	0.03	—	—	—	—	—	—	—	0.05	—	—	0.03	—	99.40

2	1045	0.30	0.45	0.10	0.05	0.05	—	—	0.05	0.03	—	—	—	—	—	—	—	0.05	—	—	0.03	—	99.45
3	1260	①	①	0.04	0.01	0.03	—	—	0.05	0.03	—	—	—	—	—	—	—	0.05	—	Si+Fe:0.40②	0.03	—	99.60
4	3006	0.50	0.7	0.10~0.30	0.50~0.8	0.30~0.6	0.20	—	0.15~0.40	0.10	—	—	—	—	—	—	—	—	—	—	0.05	0.15	余量
5	5250	0.08	0.10	0.10	0.04~0.15	1.3~1.8	—	—	0.05	—	—	—	—	0.03	—	—	—	0.05	—	—	0.03	0.10	余量
6	8001	0.17	0.45~0.7	0.15	—	—	—	0.9~1.3	0.05	—	—	0.001	—	—	0.008	—	—	—	—	Cd:0.003,Co:0.001	0.05	0.15	余量
7	1A70	0.10	0.20	0.01~0.03	0.03	0.01	—	—	0.01	0.03	—	—	—	—	—	—	—	—	—	—	0.03	—	99.70
8	1A72	0.06	0.15	0.08	0.02	0.01	—	—	0.01	0.03	—	—	—	—	—	—	—	—	—	—	0.03	0.05	99.72
9	2A97	0.15	0.15	2.0~3.2	0.20~0.6	0.25~0.50	—	—	0.17~1.0	0.001~0.10	—	—	—	—	0.8~2.3	—	—	—	0.08~0.20	Be:0.001~0.10	0.05	0.15	余量
10	3B11	0.30	0.6	0.6~1.0	1.0~1.5	—	—	—	0.10	0.04	—	—	—	—	—	—	—	—	—	—	0.05	0.15	余量
11	4A12	8.5~9.5	0.30	1.5~1.7	0.20~0.25	0.45~0.6	0.05	0.05	0.20	0.18~0.25	—	—	—	—	—	—	—	—	—	—	0.05	0.15	余量
12	4A32	10.0~12.0	0.30	2.5~3.5	0.35~0.6	0.40~0.8	0.10	—	0.25	—	—	—	—	—	—	—	—	—	—	Sb:0.20	0.05	0.15	余量
13	4A33	10.0~12.0	0.30	0.7~1.3	0.10	—	—	0.10	—	0.10	—	—	—	—	—	—	0.20	—	—	—	0.05	0.15	余量
14	4A43	6.8~8.2	0.8	0.25	0.10	—	—	—	0.50~1.5	—	—	—	—	—	—	—	—	—	—	—	0.05	0.15	余量
15	4A45	9.0~10.0	0.8	0.30	0.05	0.05	—	—	0.50~1.5	0.20	—	—	—	—	—	—	—	—	—	—	0.05	0.15	余量
16	6R03	0.40~0.8	0.35	0.15~0.30	0.40~0.8	1.2~1.5	0.30	—	0.20	0.10	—	—	—	—	—	—	—	—	—	La:0.10~0.50,Ce:0.20~0.9	0.05	0.15	余量
17	6R66	0.9~1.4	0.35	0.8~1.2	0.40~0.8	1.0~1.4	0.30	—	0.20	0.10	—	—	—	—	—	—	—	—	—	La:0.10~0.50,Ce:0.20~0.9	0.05	0.15	余量

（续）

序号	牌号	化学成分(质量分数,%)																				
		Si	Fe	Cu	Mn	Mg	Cr	Ni	Zn	Ti	Ag	B	Bi	Ga	Li	Pb	Sn	V	Zr		其他 单个	其他 合计	Al
18	7A16	1.0~2.0	0.6	0.8~1.2	0.30	0.6	—	0.20	4.4~5.5	0.20	—	—	—	—	—	0.7~1.3	0.20	—	—	—	0.05	0.15	余量
19	8A02	0.15	0.10	0.005	0.005	0.03	—	—	0.01	—	—	—	0.10~0.50	—	—	—	0.10~0.25	—	—	—	0.10	0.20	余量
20	8B02	0.10	0.10	0.005	0.005	0.03	—	—	0.005	—	—	0.03~0.10	0.10~0.50	0.01~0.10	—	—	0.10~0.25	—	—	—	0.03	0.10	余量
21	8A07	0.15	0.45	—	—	—	—	—	—	—	—	—	—	—	—	—	—	—	0.01~0.50	—	0.03	0.10	余量
22	8A60	0.7	0.7	0.7~1.3	0.7	—	—	1.3	—	0.20	—	—	—	—	—	—	5.5~7.0	—	—	Si+Fe+Mn:1.0	0.05	0.15	余量
23	8A61	—	1.8~3.5	0.40~1.3	0.35	—	—	0.10	—	0.10	—	—	—	—	—	1.0~2.5	10.0~14.0	—	—	—	0.05	0.15	余量
24	8A62	0.7	0.7	0.7~1.3	0.7	—	—	0.10	—	0.20	—	—	—	—	—	—	17.5~22.5	—	—	Si+Fe+Mn:1.0	0.05	0.15	余量
25	8E76	0.08	0.30~1.5	0.005~0.30	—	—	—	—	—	—	—	—	—	—	—	—	—	—	—	RE③:0.10~0.8,Be:0.001~0.30	0.03	0.15	余量
26	8R76	0.10	0.40~1.2	—	—	—	—	—	—	—	—	—	—	—	—	—	—	—	—	RE④:0.01~0.30	0.03	0.30	余量

注：1. 表中元素含量为单个数值时，“Al”元素含量为最低限，其他元素含量为最高限。

2. 元素栏中“—”表示该位置不规定极限数值，对应元素为非常规分析元素，“其他”栏中“—”表示无极限数值要求。

3. “其他”表示表中未规定极限数值的元素和未列出的金属元素。

4. “合计”表示质量分数不小于0.010%的“其他”金属元素之和。

① 见相应空白栏中要求，当怀疑非常规分析元素的质量分数超出空白栏中要求的限定值时，生产者应对这些元素进行分析。

② 焊接电极及填料焊丝的 $w(Be) \leqslant 0.0003\%$。

③ RE 表示以 Ce、La、Y 为主的混合稀土元素。

④ RE 表示以 Ce、La 为主的混合稀土元素。

3. 镁及镁合金

（1）铸造镁合金（见表 12-91 和表 12-92）

表 12-91　铸造镁合金的牌号及化学成分（GB/T 1177—2018）

合金牌号	合金代号	Mg	化学成分[①]（质量分数,%）											其他元素[④]	
			Al	Zn	Mn	RE	Zr	Ag	Nd	Si	Fe	Cu	Ni	单个	总量
ZMgZn5Zr	ZM1	余量	0.02	3.5～5.5	—	—	0.5～1.0	—	—	—	—	0.10	0.01	0.05	0.30
ZMgZn4RE1Zr	ZM2	余量	—	3.5～5.0	0.15	0.75～1.75[②]	0.4～1.0	—	—	—	—	0.10	0.01	0.05	0.30
ZMgRE3ZnZr	ZM3	余量	—	0.2～0.7	—	2.5～4.0[②]	0.4～1.0	—	—	—	—	0.10	0.01	0.05	0.30
ZMgRE3Zn3Zr	ZM4	余量	—	2.0～3.1	—	2.5～4.0[②]	0.5～1.0	—	—	—	—	0.10	0.01	0.05	0.30
ZMgAl8Zn	ZM5	余量	7.5～9.0	0.2～0.8	0.15～0.5	—	—	—	—	0.30	0.05	0.10	0.01	0.10	0.50
ZMgAl8ZnA	ZM5A	余量	7.5～9.0	0.2～0.8	0.15～0.5	—	—	—	—	0.10	0.005	0.015	0.001	0.01	0.20
ZMgNd2ZnZr	ZM6	余量	—	0.1～0.7	—	—	0.4～1.0	—	2.0～2.8[③]	—	—	0.10	0.01	0.05	0.30
ZMgZn8AgZr	ZM7	余量	—	7.5～9.0	—	—	0.5～1.0	0.6～1.2	—	—	—	0.10	0.01	0.05	0.30
ZMgAl10Zn	ZM10	余量	9.0～10.7	0.6～1.2	0.1～0.5	—	—	—	—	0.30	0.05	0.10	0.01	0.05	0.50
ZMgNd2Zr	ZM11	余量	0.02	—	—	—	0.4～1.0	—	2.0～3.0[③]	0.01	0.01	0.03	0.005	0.05	0.20

注：含量有上下限者为合金主元素，含量为单个数值者为最高限，“—”为未规定具体数值。

① 合金可加入铍，其质量分数不大于 0.002%。

② 稀土为富铈混合稀土或稀土中间合金。当稀土为富铈混合稀土时，稀土金属总的质量分数不小于 98%，铈的质量分数不小于 45%。

③ 稀土为富钕混合稀土，钕的质量分数不小于 85%，其中 Nd、Pr 的质量分数之和不小于 95%。

④ 其他元素是指在本表头列出了元素符号，但在本表中却未规定极限数值含量的元素。

表 12-92　铸造镁合金的力学性能（GB/T 1177—2018）

合金牌号	合金代号	热处理状态	力学性能 ≥		
			抗拉强度 R_m/MPa	规定塑性延伸强度 $R_{p0.2}$/MPa	断后伸长率 A(%)
ZMgZn5Zr	ZM1	T1	235	140	5.0
ZMgZn4RE1Zr	ZM2	T1	200	135	2.5
ZMgRE3ZnZr	ZM3	F	120	85	1.5
		T2	120	85	1.5
ZMgRE3Zn3Zr	ZM4	T1	140	95	2.0
ZMgAl8Zn ZMgAl8ZnA	ZM5 ZM5A	F	145	75	2.0
		T1	155	80	2.0
		T4	230	75	6.0
		T6	230	100	2.0
ZMgNd2ZnZr	ZM6	T6	230	135	3.0
ZMgZn8AgZr	ZM7	T4	265	110	6.0
		T6	275	150	4.0
ZMgAl10Zn	ZM10	F	145	85	1.0
		T4	230	85	4.0
		T6	230	130	1.0
ZMgNd2Zr	ZM11	T6	225	135	3.0

(2) 变形镁及镁合金 (见表 12-93)

表 12-93 变形镁及镁合金的牌号及化学成分 (GB/T 5315—2016)

合金组别	牌号	对应 ISO 3116:2007 的数字牌号	化学成分(质量分数,%)															
			Mg	Al	Zn	Mn	RE	Gd	Y	Zr	Li		Si	Fe	Cu	Ni	其他元素[①] 单个	其他元素[①] 总计
MgAl	AZ30M	—	余量	2.2~3.2	0.20~0.50	0.20~0.40	Ce:0.05~0.08	—	—	—	—	—	0.01	0.005	0.0015	0.0005	0.01	0.15
	AZ31B	—	余量	2.5~3.5	0.6~1.4	0.20~1.0	—	—	—	—	—	Ca:0.04	0.08	0.003	0.01	0.001	0.05	0.30
	AZ31C	—	余量	2.4~3.6	0.50~1.5	0.15~1.0[②]	—	—	—	—	—	—	0.10	—	0.10	0.03	—	0.30
	AZ31N	—	余量	2.5~3.5	0.50~1.5	0.20~0.40	—	—	—	—	—	—	0.05	0.0008	—	—	0.02	0.15
	AZ31S	ISO-WD21150	余量	2.4~3.6	0.50~1.5	0.15~0.40	—	—	—	—	—	—	0.10	0.005	0.05	0.005	0.05	0.30
	AZ31T	ISO-WD21151	余量	2.4~3.6	0.50~1.5	0.05~0.40	—	—	—	—	—	—	0.10	0.05	0.05	0.005	0.05	0.30
	AZ33M	—	余量	2.6~4.2	2.2~3.8	—	—	—	—	—	—	—	0.10	0.008	0.005	—	0.01	0.30
	AZ40M	—	余量	3.0~4.0	0.20~0.8	0.15~0.50	—	—	—	—	—	Be:0.01	0.10	0.05	0.05	0.005	0.01	0.30
	AZ41M	—	余量	3.7~4.7	0.8~1.4	0.30~0.6	—	—	—	—	—	Be:0.01	0.10	0.05	0.05	0.005	0.01	0.30
	AZ61A	—	余量	5.8~7.2	0.40~1.5	0.15~0.50	—	—	—	—	—	—	0.10	0.005	0.05	0.005	—	0.30
	AZ61M	—	余量	5.5~7.0	0.50~1.5	0.15~0.50	—	—	—	—	—	Be:0.01	0.10	0.05	0.05	0.005	0.01	0.30
	AZ61S	ISO-WD21160	余量	5.5~6.5	0.50~1.5	0.15~0.40	—	—	—	—	—	—	0.10	0.005	0.05	0.005	0.05	0.30
	AZ62M	—	余量	5.0~7.0	2.0~3.0	0.20~0.50	—	—	—	—	—	Be:0.01	0.10	0.05	0.05	0.005	0.01	0.30
	AZ63B	—	余量	5.3~6.7	2.5~3.5	0.15~0.6	—	—	—	—	—	—	0.08	0.003	0.01	0.001	—	0.30
	AZ80A	—	余量	7.8~9.2	0.20~0.8	0.12~0.50	—	—	—	—	—	—	0.10	0.005	0.05	0.005	—	0.30

MgAl	AZ80M	—	余量	7.8~9.2	0.20~0.8	0.15~0.50	—	—	—	—	—	Be:0.01	0.10	0.05	0.05	0.005	0.01	0.30
	AZ80S	ISO-WD21170	余量	7.8~9.2	0.20~0.8	0.12~0.40	—	—	—	—	—	—	0.10	0.005	0.05	0.005	0.05	0.30
	AZ91D	—	余量	8.5~9.5	0.45~0.9	0.17~0.40	—	—	—	—	—	Be:0.0005~0.003	0.08	0.004	0.02	0.001	0.01	—
	AM41M	—	余量	3.0~5.0	—	0.50~1.5	—	—	—	—	—	—	0.01	0.005	0.10	0.004	—	0.30
	AM81M	—	余量	7.5~9.0	0.20~0.50	0.50~2.0	—	—	—	—	—	—	0.01	0.005	0.10	0.004	—	0.30
	AE90M	—	余量	8.0~9.5	0.30~0.9	—	0.20~1.2③	—	—	—	—	—	0.01	0.005	0.10	0.004	—	0.20
	AW90M	—	余量	8.0~9.5	0.30~0.9	—	—	—	0.20~1.2	—	—	—	0.01	—	0.10	0.004	—	0.20
	AQ80M	—	余量	7.5~8.5	0.35~0.55	0.15~0.35	0.01~0.10	—	—	—	—	Ag:0.02~0.8 Ca:0.001~0.02	0.05	0.02	0.02	0.001	0.01	0.30
	AL33M	—	余量	2.5~3.5	0.50~0.8	0.20~0.40	—	—	—	—	1.0~3.0	—	0.01	0.005	0.0015	0.0005	0.02	0.15
	AJ31M	—	余量	2.5~3.5	0.20	0.6~0.8	—	—	—	—	—	Sr:0.9~1.5	0.10	0.02	0.05	0.005	0.05	0.15
	AT11M	—	余量	0.50~1.2	—	0.10~0.30	—	—	—	—	—	Sn:0.6~1.2	0.01	0.004	—	—	0.01	0.15
	AT51M	—	余量	4.5~5.5	—	0.20~0.50	—	—	—	—	—	Sn:0.8~1.3	0.02	0.005	—	—	0.05	0.15
	AT61M	—	余量	6.0~6.8	—	0.20~0.40	—	—	—	—	—	Sn:0.7~1.3	0.02	0.005	—	—	0.05	0.15
MgZn	ZA73M	—	余量	2.5~3.5	6.5~7.5	0.01	Er:0.30~0.9	—	—	—	—	—	0.0005	0.01	0.001	0.0001	—	0.30
	ZM21M	—	余量	—	1.0~2.5	0.50~1.5	—	—	—	—	—	—	0.01	0.005	0.10	0.004	—	0.30
	ZM21N	—	余量	0.02	1.3~2.4	0.30~0.9	Ce:0.10~0.6	—	—	—	—	—	0.01	0.008	0.006	0.004	0.01	0.20

（续）

合金组别	牌号	对应ISO 3116:2007的数字牌号	化学成分(质量分数,%)															
			Mg	Al	Zn	Mn	RE	Gd	Y	Zr	Li		Si	Fe	Cu	Ni	其他元素①单个	其他元素①总计
MgZn	ZM51M	—	余量	—	4.5~6.0	0.50~2.0	—	—	—	—	—	—	0.01	0.005	0.10	0.004	—	0.30
	ZE10A	—	余量	—	1.0~1.5	—	0.12~0.22	—	—	—	—	—	—	—	—	—	—	0.30
	ZE20M	—	余量	0.02	1.8~2.4	0.50~0.9	Ce:0.10~0.6	—	—	—	—	—	0.01	0.008	0.006	0.004	0.01	0.20
	ZE90M	—	余量	0.0001	8.5~9.0	0.01	Er:0.45~0.50	—	—	0.30~0.50	—	—	0.0005	0.0001	0.001	0.0001	0.01	0.15
	ZW62M	—	余量	0.01	5.0~6.5	0.20~0.8	Ce:0.12~0.25	—	1.0~2.5	0.50~0.9	—	Ag:0.20~1.6 Cd:0.10~0.6	0.05	0.005	0.05	0.005	0.05	0.30
	ZW62N	—	余量	0.20	5.5~6.5	0.6~0.8	—	—	1.6~2.4	—	—	—	0.10	0.02	0.05	0.005	0.05	0.15
	ZK40A	—	余量	—	3.5~4.5	—	—	—	—	≥0.45	—	—	—	—	—	—	—	0.30
	ZK60A	—	余量	—	4.8~6.2	—	—	—	—	≥0.45	—	—	—	—	—	—	—	0.30
	ZK61M	—	余量	0.05	5.0~6.0	0.10	—	—	—	0.30~0.9	—	Be:0.01	0.05	0.05	0.05	0.005	0.01	0.30
	ZK61S	ISO-WD32260	余量	—	4.8~6.2	—	—	—	—	0.45~0.8	—	—	—	—	—	—	0.05	0.30
	ZC20M	—	余量	—	1.5~2.5	—	Ce:0.20~0.6	—	—	—	—	—	0.02	0.02	0.30~0.6	—	0.01	0.05
MgMn	M1A	—	余量	—	—	1.2~2.0	—	—	—	—	—	0.30Ca	0.10	—	0.05	0.01	—	0.30
	M1C	—	余量	0.01	—	0.50~1.3	—	—	—	—	—	—	0.05	0.01	0.01	0.001	0.05	0.30
	M2M	—	余量	0.20	0.30	1.3~2.5	—	—	—	—	—	0.01Be	0.10	0.05	0.05	0.007	0.01	0.20

MgMn	M2S	ISO-WD43150	余量	—	—	1.2~2.0	—	—	—	—	—	—	0.10	—	0.05	0.01	0.05	0.30
	ME20M	—	余量	0.20	0.30	1.3~2.2	Ce: 0.15~0.35	—	—	—	—	0.01Be	0.10	0.05	0.05	0.007	0.01	0.30
MgRE	EZ22M	—	余量	0.001	1.2~2.0	0.01	Er: 2.0~3.0	—	—	0.10~0.50	—	—	0.0005	0.001	0.001	0.0001	0.01	0.15
MgGd	VE82M	—	余量	—	—	—	0.50~2.5③	7.5~9.5	—	0.40~1.0	—	—	0.01	0.05	—	0.004	—	0.30
	VW64M	—	余量	—	0.30~1.0	—	—	5.5~6.5	3.0~4.5	0.30~0.7	—	Ag:0.20~1.0 Ca:0.002~0.02	0.05	0.02	0.02	0.001	0.01	0.30
	VW75M	—	余量	0.01	—	0.10	Nd: 0.9~1.5	6.5~7.5	4.6~5.7	0.40~1.0	—	—	0.01	—	0.10	0.004	—	0.30
	VW83M	—	余量	0.02	0.10	0.05	—	8.0~9.0	2.8~3.5	0.40~0.6	—	—	0.05	0.01	0.02	0.005	0.01	0.15
	VW84M	—	余量	—	1.0~2.0	0.6~1.0	—	7.5~9.0	3.5~5.0	—	—	—	0.05	0.01	0.02	0.005	0.01	0.15
	VK41M	—	余量	—	—	—	—	3.8~4.2	—	0.8~1.2	—	—	0.02	0.01	—	—	0.03	0.30
MgY	WZ52M	—	余量	—	1.5~2.5	0.35~0.55	—	—	4.0~6.0	0.50~1.5	—	Cd:0.15~0.50	0.05	0.01	0.04	0.005	—	0.30
	WE43B	—	余量	—	Zn+Ag: 0.20	0.03	Nd:2.0~2.5,其他≤1.9④	—	3.7~4.3	0.40~1.0	0.20	—	—	0.01	0.02	0.005	0.01	—
	WE43C	—	余量	—	0.06	0.03	Nd:2.0~2.5,其他0.30~1.0⑤	—	3.7~4.3	0.20~1.0	0.05	—	—	0.005	0.02	0.002	0.01	—

（续）

合金组别	牌号	对应 ISO 3116:2007 的数字牌号	化学成分（质量分数，%）														其他元素①	
			Mg	Al	Zn	Mn	RE	Gd	Y	Zr	Li		Si	Fe	Cu	Ni	单个	总计
MgY	WE54A	—	余量	—	0.20	0.03	Nd：1.5~2.0，其他≤2.0④	—	4.8~5.5	0.40~1.0	0.20	—	0.01	—	0.03	0.005	0.20	—
	WE71M	—	余量	—	—	—	0.7~2.5③	—	6.7~8.5	0.40~1.0	—	—	0.01	0.05	—	0.004	—	0.30
	WE83M	—	余量	0.01	—	0.10	Nd：2.4~3.4	—	7.4~8.5	0.40~1.0	—	—	0.01	—	0.10	0.004	—	0.30
	WE91M	—	余量	0.10	—	—	0.7~1.9③	—	8.2~9.5	0.40~1.0	—	—	0.01	—	—	0.004	—	0.30
	WE93M	—	余量	0.10	—	—	2.5~3.7③	—	8.2~9.5	0.40~1.0	—	—	0.01	—	—	0.004	—	0.30
MgLi	LA43M	—	余量	2.5~3.5	2.5~3.5	—	—	—	—	—	3.5~4.5	—	0.50	0.05	0.05	—	0.05	0.30
	LA86M	—	余量	5.5~6.5	0.50~1.5	—	—	—	0.50~1.2	—	7.0~9.0	Cd:2.0~4.0 Ag:0.50~1.5 K:0.005 Na:0.005	0.10~0.40	0.01	0.04	0.005	—	0.30
	LA103M	—	余量	2.5~3.5	0.8~1.8	—	—	—	—	—	9.5~10.5	—	0.50	0.05	0.05	—	0.05	0.30
	LA103Z	—	余量	2.5~3.5	2.5~3.5	—	—	—	—	—	9.5~10.5	—	0.50	0.05	0.05	—	0.05	0.30

① 其他元素指在本表表头中列出了元素符号，但在本表中却未规定极限数值含量的元素。

② 铁的质量分数不大于0.005%时，不必限制锰的最小极限值。

③ 稀土为富铈混合稀土，其化学成分（质量分数）为Ce 50%，La 30%，Nd 15%，Pr 5%。

④ 其他稀土为中重稀土，例如：钆、镝、铒、镱。其他稀土源生自钇，典型的是化学成分（质量分数）为80%钇、20%的重稀土。

⑤ 其他稀土为中重稀土，例如：钆、镝、铒、钐和镱。钆+镝+铒的质量分数为0.3%~1.0%。钐的质量分数不大于0.04%，镱的质量分数不大于0.02%。

4. 钛及钛合金（见表 12-94~表 12-97）

表 12-94 铸造钛及钛合金的牌号和化学成分（GB/T 15073—2014）

牌号	代号	化学成分(质量分数,%)																
		主要成分								杂质 ≤								
		Ti	Al	Sn	Mo	V	Zr	Nb	Ni	Pd	Fe	Si	C	N	H	O	其他元素 单个	其他元素 总和
ZTi1	ZTA1	余量	—	—	—	—	—	—	—	—	0.25	0.10	0.10	0.03	0.015	0.25	0.10	0.40
ZTi2	ZTA2	余量	—	—	—	—	—	—	—	—	0.30	0.15	0.10	0.05	0.015	0.35	0.10	0.40
ZTi3	ZTA3	余量	—	—	—	—	—	—	—	—	0.40	0.15	0.10	0.05	0.015	0.40	0.10	0.40
ZTiAl4	ZTA5	余量	3.3~4.7	—	—	—	—	—	—	—	0.30	0.15	0.10	0.04	0.015	0.20	0.10	0.40
ZTiAl5Sn2.5	ZTA7	余量	4.0~6.0	2.0~3.0	—	—	—	—	—	—	0.50	0.15	0.10	0.05	0.015	0.20	0.10	0.40
ZTiPd0.2	ZTA9	余量	—	—	—	—	—	—	—	0.12~0.25	0.25	0.10	0.10	0.05	0.015	0.40	0.10	0.40
ZTiMo0.3Ni0.8	ZTA10	余量	—	—	0.2~0.4	—	—	—	0.6~0.9	—	0.30	0.10	0.10	0.05	0.015	0.25	0.10	0.40
ZTiAl6Zr2Mo1V1	ZTA15	余量	5.5~7.0	—	0.5~2.0	0.8~2.5	1.5~2.5	—	—	—	0.30	0.15	0.10	0.05	0.015	0.20	0.10	0.40
ZTiAl4V2	ZTA17	余量	3.5~4.5	—	—	1.5~3.0	—	—	—	—	0.25	0.15	0.10	0.05	0.015	0.20	0.10	0.40
ZTiMo32	ZTB32	余量	—	—	30.0~34.0	—	—	—	—	—	0.30	0.15	0.10	0.05	0.015	0.15	0.10	0.40
ZTiAl6V4	ZTC4	余量	5.50~6.75	—	—	3.5~4.5	—	—	—	—	0.40	0.15	0.10	0.05	0.015	0.25	0.10	0.40
ZTiAl6Sn4.5Nb2Mo1.5	ZTC21	余量	5.5~6.5	4.0~5.0	1.0~2.0	—	—	1.5~2.0	—	—	0.30	0.15	0.10	0.05	0.015	0.20	0.10	0.40

注：1. 其他元素是指钛及钛合金铸件生产过程中固有存在的微量元素，一般包括 Al、V、Sn、Mo、Cr、Mn、Zr、Ni、Cu、Si、Nb、Y 等（该牌号中含有的合金元素应除去）。

2. 其他元素单个含量和总量只有在需方有要求时才考虑分析。

表 2-95 钛合金铸件附铸试样的力学性能（GB/T 6614—2014）

代号	牌号	抗拉强度 R_m/MPa ≥	规定塑性延伸强度 $R_{p0.2}$/MPa ≥	断后伸长率 A(%) ≥	硬度 HBW ≤
ZTA1	ZTi1	345	275	20	210
ZTA2	ZTi2	440	370	13	235
ZTA3	ZTi3	540	470	12	245
ZTA5	ZTiAl4	590	490	10	270
ZTA7	ZTiAl5Sn2.5	795	725	8	335
ZTA9	ZTiPd0.2	450	380	12	235
ZTA10	ZTiMo0.3Ni0.8	483	345	8	235
ZTA15	ZTiAl6Zr2Mo1V1	885	785	5	—
ZTA17	ZTiAl4V2	740	660	5	—
ZTB32	ZTiMo32	795	—	2	260
ZTC4	ZTiAl6V4	835(895)	765(825)	5(6)	365
ZTC21	ZTiAl6Sn4.5Nb2Mo1.5	980	850	5	350

注：括号内的性能指标为氧含量控制较高时测得。

表 12-96　钛及钛合金的牌号及化学

1. 工业纯钛、α 型和近 α 型钛

牌号	名义化学成分	化学成分(质量							
		主要							
		Ti	Al	Si	V	Mn	Fe	Ni	Cu
TA0	工业纯钛	余量	—	—	—	—	—	—	—
TA1	工业纯钛	余量	—	—	—	—	—	—	—
TA2	工业纯钛	余量	—	—	—	—	—	—	—
TA3	工业纯钛	余量	—	—	—	—	—	—	—
TA1GELI	工业纯钛	余量	—	—	—	—	—	—	—
TA1G	工业纯钛	余量	—	—	—	—	—	—	—
TA1G-1	工业纯钛	余量	≤0.20	≤0.08	—	—	—	—	—
TA2GELI	工业纯钛	余量	—	—	—	—	—	—	—
TA2G	工业纯钛	余量	—	—	—	—	—	—	—
TA3GELI	工业纯钛	余量	—	—	—	—	—	—	—
TA3G	工业纯钛	余量	—	—	—	—	—	—	—
TA4GELI	工业纯钛	余量	—	—	—	—	—	—	—
TA4G	工业纯钛	余量	—	—	—	—	—	—	—
TA5	Ti-4Al-0.005B	余量	3.3~4.7	—	—	—	—	—	—
TA6	Ti-5Al	余量	4.0~5.5	—	—	—	—	—	—
TA7	Ti-5Al-2.5Sn	余量	4.0~6.0	—	—	—	—	—	—
TA7ELI①	Ti-5Al-2.5SnELI	余量	4.50~5.75	—	—	—	—	—	—
TA8	Ti-0.05Pd	余量	—	—	—	—	—	—	—
TA8-1	Ti-0.05Pd	余量	—	—	—	—	—	—	—
TA9	Ti-0.2Pd	余量	—	—	—	—	—	—	—
TA9-1	Ti-0.2Pd	余量	—	—	—	—	—	—	—
TA10	Ti-0.3Mo-0.8Ni	余量	—	—	—	—	—	0.6~0.9	—
TA11	Ti-8Al-1Mo-1V	余量	7.35~8.35	—	0.75~1.25	—	—	—	—
TA12	Ti-5.5Al-4Sn-2Zr-1Mo-1Nd-0.25Si	余量	4.8~6.0	0.2~0.35	—	—	—	—	—
TA12-1	Ti-5Al-4Sn-2Zr-1Mo-1Nd-0.25Si	余量	4.5~5.5	0.2~0.35	—	—	—	—	—

成分(GB/T 3620.1—2016)

及钛合金

分数,%)

成分								杂质　≤						
Zr	Nb	Mo	Ru	Pd	Sn	Ta	Nd	Fe	C	N	H	O	其他元素 单一	其他元素 总和
—	—	—	—	—	—	—	—	0.15	0.10	0.03	0.015	0.15	0.1	0.4
—	—	—	—	—	—	—	—	0.25	0.10	0.03	0.015	0.20	0.1	0.4
—	—	—	—	—	—	—	—	0.30	0.10	0.05	0.015	0.25	0.1	0.4
—	—	—	—	—	—	—	—	0.40	0.10	0.05	0.015	0.30	0.1	0.4
—	—	—	—	—	—	—	—	0.10	0.03	0.012	0.008	0.10	0.05	0.20
—	—	—	—	—	—	—	—	0.20	0.08	0.03	0.015	0.18	0.10	0.40
—	—	—	—	—	—	—	—	0.15	0.05	0.03	0.003	0.12	—	0.10
—	—	—	—	—	—	—	—	0.20	0.05	0.03	0.008	0.10	0.05	0.20
—	—	—	—	—	—	—	—	0.30	0.08	0.03	0.015	0.25	0.10	0.40
—	—	—	—	—	—	—	—	0.25	0.05	0.04	0.008	0.18	0.05	0.20
—	—	—	—	—	—	—	—	0.30	0.08	0.05	0.015	0.35	0.10	0.40
—	—	—	—	—	—	—	—	0.30	0.05	0.05	0.008	0.25	0.05	0.20
—	—	—	—	—	—	—	—	0.50	0.08	0.05	0.015	0.40	0.10	0.40
—	—	—	B:0.005	—	—	—	—	0.30	0.08	0.04	0.015	0.15	0.10	0.40
—	—	—	—	—	—	—	—	0.30	0.08	0.05	0.015	0.15	0.10	0.40
—	—	—	—	—	2.0~3.0	—	—	0.50	0.08	0.05	0.015	0.20	0.10	0.40
—	—	—	—	—	2.0~3.0	—	—	0.25	0.05	0.035	0.0125	0.12	0.05	0.30
—	—	—	—	0.04~0.08	—	—	—	0.30	0.08	0.03	0.015	0.25	0.10	0.40
—	—	—	—	0.04~0.08	—	—	—	0.20	0.08	0.03	0.015	0.18	0.10	0.40
—	—	—	—	0.12~0.25	—	—	—	0.30	0.08	0.03	0.015	0.25	0.10	0.40
—	—	—	—	0.12~0.25	—	—	—	0.20	0.08	0.03	0.015	0.18	0.10	0.40
—	—	0.2~0.4	—	—	—	—	—	0.30	0.08	0.03	0.015	0.25	0.10	0.40
—	—	0.75~1.25	—	—	—	—	—	0.30	0.08	0.05	0.015	0.12	0.10	0.30
1.5~2.5	—	0.75~1.25	—	—	3.7~4.7	—	0.6~1.2	0.25	0.08	0.05	0.0125	0.15	0.10	0.40
1.5~2.5	—	1.0~2.0	—	—	3.7~4.7	—	0.6~1.2	0.25	0.08	0.04	0.0125	0.15	0.10	0.30

1. 工业纯钛、α型和近α型钛

牌号	名义化学成分	化学成分(质量							
		主要							
		Ti	Al	Si	V	Mn	Fe	Ni	Cu
TA13	Ti-2.5Cu	余量	—	—	—	—	—	—	2.0~3.0
TA14	Ti-2.3Al-11Sn-5Zr-1Mo-0.2Si	余量	2.0~2.5	0.10~0.50	—	—	—	—	—
TA15	Ti-6.5Al-1Mo-1V-2Zr	余量	5.5~7.1	≤0.15	0.8~2.5	—	—	—	—
TA15-1	Ti-2.5Al-1Mo-1V-1.5Zr	余量	2.0~3.0	≤0.10	0.5~1.5	—	—	—	—
TA15-2	Ti-4Al-1Mo-1V-1.5Zr	余量	3.5~4.5	≤0.10	0.5~1.5	—	—	—	—
TA16	Ti-2Al-2.5Zr	余量	1.8~2.5	≤0.12	—	—	—	—	—
TA17	Ti-4Al-2V	余量	3.5~4.5	≤0.15	1.5~3.0	—	—	—	—
TA18	Ti-3Al-2.5V	余量	2.0~3.5	—	1.5~3.0	—	—	—	—
TA19	Ti-6Al-2Sn-4Zr-2Mo-0.08Si	余量	5.5~6.5	0.06~0.10	—	—	—	—	—
TA20	Ti-4Al-3V-1.5Zr	余量	3.5~4.5	≤0.10	2.5~3.5	—	—	—	—
TA21	Ti-1Al-1Mn	余量	0.4~1.5	≤0.12	—	0.5~1.3	—	—	—
TA22	Ti-3Al-1Mo-1Ni-1Zr	余量	2.5~3.5	≤0.15	—	—	—	0.3~1.0	—
TA22-1	Ti-2.5Al-1Mo-1Ni-1Zr	余量	2.0~3.0	≤0.04	—	—	—	0.3~0.8	—
TA23	Ti-2.5Al-2Zr-1Fe	余量	2.2~3.0	≤0.15	—	—	0.8~1.2	—	—
TA23-1	Ti-2.5Al-2Zr-1Fe	余量	2.2~3.0	≤0.10	—	—	0.8~1.1	—	—
TA24	Ti-3Al-2Mo-2Zr	余量	2.0~3.8	≤0.15	—	—	—	—	—
TA24-1	Ti-3Al-2Mo-2Zr	余量	1.5~2.5	≤0.04	—	—	—	—	—
TA25	Ti-3Al-2.5V-0.05Pd	余量	2.5~3.5	—	2.0~3.0	—	—	—	—
TA26	Ti-3Al-2.5V-0.10Ru	余量	2.5~3.5	—	2.0~3.0	—	—	—	—

（续）

及钛合金														
分数,%)														
成分								杂质　≤						
Zr	Nb	Mo	Ru	Pd	Sn	Ta	Nd	Fe	C	N	H	O	其他元素	
													单一	总和
—	—	—	—	—	—	—	—	0.20	0.08	0.05	0.010	0.20	0.10	0.30
4.0~6.0	—	0.8~1.2	—	—	10.52~11.50	—	—	0.20	0.08	0.05	0.0125	0.20	0.10	0.30
1.5~2.5	—	0.5~2.0	—	—	—	—	—	0.25	0.08	0.05	0.015	0.15	0.10	0.30
1.0~2.0	—	0.5~1.5	—	—	—	—	—	0.15	0.05	0.04	0.003	0.12	0.10	0.30
1.0~2.0	—	0.5~1.5	—	—	—	—	—	0.15	0.05	0.04	0.003	0.12	0.10	0.30
2.0~3.0	—	—	—	—	—	—	—	0.25	0.08	0.04	0.006	0.15	0.10	0.30
—	—	—	—	—	—	—	—	0.25	0.08	0.05	0.015	0.15	0.10	0.30
—	—	—	—	—	—	—	—	0.25	0.08	0.05	0.015	0.12	0.10	0.30
3.6~4.4	—	1.8~2.2	—	—	1.8~2.2	—	—	0.25	0.05	0.05	0.0125	0.15	0.10	0.30
1.0~2.0	—	—	—	—	—	—	—	0.15	0.05	0.04	0.003	0.12	0.10	0.30
≤0.30	—	—	—	—	—	—	—	0.30	0.10	0.05	0.012	0.15	0.10	0.30
0.8~2.0	—	0.5~1.5	—	—	—	—	—	0.20	0.10	0.05	0.015	0.15	0.10	0.30
0.5~1.0	—	0.2~0.8	—	—	—	—	—	0.20	0.10	0.04	0.008	0.10	0.10	0.30
1.7~2.3	—	—	—	—	—	—	—	—	0.10	0.04	0.010	0.15	0.10	0.30
1.7~2.3	—	—	—	—	—	—	—	—	0.10	0.04	0.008	0.10	0.10	0.30
1.0~3.0	—	1.0~2.5	—	—	—	—	—	0.30	0.10	0.05	0.015	0.15	0.10	0.30
1.0~3.0	—	1.0~2.0	—	—	—	—	—	0.15	0.10	0.04	0.010	0.10	0.10	0.30
—	—	—	—	0.04~0.08	—	—	—	0.25	0.08	0.03	0.015	0.15	0.10	0.40
—	—	—	0.08~0.14	—	—	—	—	0.25	0.08	0.03	0.015	0.15	0.10	0.40

1. 工业纯钛、α 型和近 α 型钛

牌号	名义化学成分	化学成分(质量							
		主要							
		Ti	Al	Si	V	Mn	Fe	Ni	Cu
TA27	Ti-0. 10Ru	余量	—	—	—	—	—	—	—
TA27-1	Ti-0. 10Ru	余量	—	—	—	—	—	—	—
TA28	Ti-3Al	余量	2. 0~3. 0	—	—	—	—	—	—
TA29	Ti-5. 8Al-4Sn-4Zr-0. 7Nb-1. 5Ta-0. 4Si-0. 06C	余量	5. 4~6. 1	0. 34~0. 45	—	—	—	—	—
TA30	Ti-5. 5Al-3. 5Sn-3Zr-1Nb-1Mo-0. 3Si	余量	4. 7~6. 0	0. 20~0. 35	—	—	—	—	—
TA31	Ti-6Al-3Nb-2Zr-1Mo	余量	5. 5~6. 5	≤0. 15	—	—	—	—	—
TA32	Ti-5. 5Al-3. 5Sn-3Zr-1Mo-0. 5Nb-0. 7Ta-0. 3Si	余量	5. 0~6. 0	0. 1~0. 5	—	—	—	—	—
TA33	Ti-5. 8Al-4Sn-3. 5Zr-0. 7Mo-0. 5Nb-1. 1Ta-0. 4Si-0. 06C	余量	5. 2~6. 5	0. 2~0. 6	—	—	—	—	—
TA34	Ti-2Al-3. 8Zr-1Mo	余量	1. 0~3. 0	—	—	—	—	—	—
TA35	Ti-6Al-2Sn-4Zr-2Nb-1Mo-0. 2Si	余量	5. 8~7. 0	0. 05~0. 50	—	—	—	—	—
TA36	Ti-1Al-1Fe	余量	0. 7~1. 3	—	—	—	1. 0~1. 4	—	—

2. β 型和近 β 型

牌号	名义化学成分	化学成分(质量						
		主要						
		Ti	Al	Si	V	Cr	Fe	Zr
TB2	Ti-5Mo-5V-8Cr-3Al	余量	2. 5~3. 5	—	4. 7~5. 7	7. 5~8. 5	—	—
TB3	Ti-3. 5Al-10Mo-8V-1Fe	余量	2. 7~3. 7	—	7. 5~8. 5	—	0. 8~1. 2	—
TB4	Ti-4Al-7Mo-10V-2Fe-1Zr	余量	3. 0~4. 5	—	9. 0~10. 5	—	1. 5~2. 5	0. 5~1. 5
TB5	Ti-15V-3Al-3Cr-3Sn	余量	2. 5~3. 5	—	14. 0~16. 0	2. 5~3. 5	—	—
TB6	Ti-10V-2Fe-3Al	余量	2. 6~3. 4	—	9. 0~11. 0	—	1. 6~2. 2	—
TB7	Ti-32Mo	余量	—	—	—	—	—	—

（续）

及钛合金

分数,%）

成分								杂质 ≤						
Zr	Nb	Mo	Ru	Pd	Sn	Ta	Nd	Fe	C	N	H	O	其他元素 单一	其他元素 总和
—	—	—	0.08~0.14	—	—	—	—	0.30	0.08	0.03	0.015	0.25	0.10	0.40
—	—	—	0.08~0.14	—	—	—	—	0.20	0.08	0.03	0.015	0.18	0.10	0.40
—	—	—	—	—	—	—	—	0.30	0.08	0.05	0.015	0.15	0.10	0.40
3.7~4.3	0.5~0.9	—	—	—	3.7~4.3	1.3~1.7	—	0.05	0.04~0.08	0.02	0.010	0.10	0.10	0.20
2.4~3.5	0.7~1.3	0.7~1.3	—	—	3.0~3.8	—	—	0.15	0.10	0.04	0.012	0.15	0.10	0.30
1.5~2.5	2.5~3.5	0.6~1.5	—	—	—	—	—	0.25	0.10	0.05	0.015	0.15	0.10	0.30
2.5~3.5	0.2~0.7	0.3~1.5	—	—	3.0~4.0	0.2~0.7	—	0.25	0.10	0.05	0.012	0.15	0.10	0.30
2.5~4.0	0.2~0.7	0.2~1.0	—	—	3.0~4.5	0.7~1.5	—	0.25	0.04~0.08	0.05	0.012	0.15	0.10	0.30
3.0~4.5	—	0.5~1.5	—	—	—	—	—	0.25	0.05	0.035	0.008	0.10	0.10	0.25
3.5~4.5	1.5~2.5	0.3~1.3	—	—	1.5~2.5	—	—	0.20	0.10	0.05	0.015	0.15	0.10	0.30
—	—	—	—	—	—	—	—	—	0.10	0.05	0.015	0.15	0.10	0.30

钛合金

分数,%）

成分				杂质 ≤						
Nb	Mo	Pd	Sn	Fe	C	N	H	O	其他元素 单一	其他元素 总和
—	4.7~5.7	—	—	0.30	0.05	0.04	0.015	0.15	0.10	0.40
—	9.5~11.0	—	—	—	0.05	0.04	0.015	0.15	0.10	0.40
—	6.0~7.8	—	—	—	0.05	0.04	0.015	0.20	0.10	0.40
—	—	—	2.5~3.5	0.25	0.05	0.05	0.015	0.15	0.10	0.30
—	—	—	—	—	0.05	0.05	0.0125	0.13	0.10	0.30
—	30.0~34.0	—	—	0.30	0.08	0.05	0.015	0.20	0.10	0.40

2. β型和近β型

牌号	名义化学成分	化学成分(质量						
		主要						
		Ti	Al	Si	V	Cr	Fe	Zr
TB8	Ti-15Mo-3Al-2.7Nb-0.25Si	余量	2.5~3.5	0.15~0.25	—	—	—	—
TB9	Ti-3Al-8V-6Cr-4Mo-4Zr	余量	3.0~4.0	—	7.5~8.5	5.5~6.5	—	3.5~4.5
TB10	Ti-5Mo-5V-2Cr-3Al	余量	2.5~3.5	—	4.5~5.5	1.5~2.5	—	—
TB11	Ti-15Mo	余量	—	—	—	—	—	—
TB12	Ti-25V-15Cr-0.3Si	余量	—	0.2~0.5	24.0~28.0	13.0~17.0	—	—
TB13	Ti-4Al-22V	余量	3.0~4.5	—	20.0~23.0	—	—	—
TB14②	Ti-45Nb	余量	—	≤0.03	—	≤0.02	—	—
TB15	Ti-4Al-5V-6Cr-5Mo	余量	3.5~4.5	—	4.5~5.5	5.0~6.5	—	—
TB16	Ti-3Al-5V-6Cr-5Mo	余量	2.5~3.5	—	4.5~5.7	5.5~6.5	—	—
TB17	Ti-6.5Mo-2.5Cr-2V-2Nb-1Sn-1Zr-4Al	余量	3.5~5.5	≤0.15	1.0~3.0	2.0~3.5	—	0.5~2.5

3. α-β型

牌号	名义化学成分	化学成分(质量									
		主要									
		Ti	Al	Si	V	Cr	Mn	Fe	Cu	Zr	Nb
TC1	Ti-2Al-1.5Mn	余量	1.0~2.5	—	—	—	0.7~2.0	—	—	—	—
TC2	Ti-4Al-1.5Mn	余量	3.5~5.0	—	—	—	0.8~2.0	—	—	—	—
TC3	Ti-5Al-4V	余量	4.5~6.0	—	3.5~4.5	—	—	—	—	—	—
TC4	Ti-6Al-4V	余量	5.50~6.75	—	3.5~4.5	—	—	—	—	—	—
TC4ELI	Ti6Al-4VELI	余量	5.5~6.5	—	3.5~4.5	—	—	—	—	—	—
TC6	Ti-6Al-1.5Cr-2.5Mo-0.5Fe-0.3Si	余量	5.5~7.0	0.15~0.40	—	0.8~2.3	—	0.2~0.7	—	—	—
TC8	Ti-6.5Al-3.5Mo-0.25Si	余量	5.8~6.8	0.20~0.35	—	—	—	—	—	—	—
TC9	Ti-6.5Al-3.5Mo-2.5Sn-0.3Si	余量	5.8~6.8	0.2~0.4	—	—	—	—	—	—	—
TC10	Ti-6Al-6V-2Sn-0.5Cu-0.5Fe	余量	5.5~6.5	—	5.5~6.5	—	—	0.35~1.00	0.35~1.00	—	—
TC11	Ti-6.5Al-3.5Mo-1.5Zr-0.3Si	余量	5.8~7.0	0.20~0.35	—	—	—	—	—	0.8~2.0	—
TC12	Ti-5Al-4Mo-4Cr-2Zr-2Sn-1Nb	余量	4.5~5.5	—	—	3.5~4.5	—	—	—	1.5~3.0	0.5~1.5

（续）

钛合金

分数,%）

成分				杂质 ≤						
Nb	Mo	Pd	Sn	Fe	C	N	H	O	其他元素	
									单一	总和
2.4~3.2	14.0~16.0	—	—	0.40	0.05	0.05	0.015	0.17	0.10	0.40
—	3.5~4.5	≤0.10	—	0.30	0.05	0.03	0.030	0.14	0.10	0.40
—	4.5~5.5	—	—	0.30	0.05	0.04	0.015	0.15	0.10	0.40
—	14.0~16.0	—	—	0.10	0.10	0.05	0.015	0.20	0.10	0.40
—	—	—	—	0.25	0.10	0.03	0.015	0.15	0.10	0.30
—	—	—	—	0.15	0.05	0.03	0.010	0.18	0.10	0.40
42.0~47.0	—	—	—	0.03	0.04	0.03	0.0035	0.16	0.10	0.30
—	4.5~5.5	—	—	0.30	0.10	0.05	0.015	0.15	0.10	0.30
—	4.5~5.7	—	—	0.30	0.05	0.04	0.015	0.15	0.10	0.40
1.5~3.0	5.0~7.5	—	0.5~2.5	0.15	0.08	0.05	0.015	0.13	0.10	0.40

钛合金

分数,%）

成分						杂质 ≤						
Mo	Ru	Pd	Sn	Ta	W	Fe	C	N	H	O	其他元素	
											单一	总和
—	—	—	—	—	—	0.30	0.08	0.05	0.012	0.15	0.10	0.40
—	—	—	—	—	—	0.30	0.08	0.05	0.012	0.15	0.10	0.40
—	—	—	—	—	—	0.30	0.08	0.05	0.015	0.15	0.10	0.40
—	—	—	—	—	—	0.30	0.08	0.05	0.015	0.20	0.10	0.40
—	—	—	—	—	—	0.25	0.08	0.03	0.012	0.13	0.10	0.30
2.0~3.0	—	—	—	—	—	—	0.08	0.05	0.015	0.18	0.10	0.40
2.8~3.8	—	—	—	—	—	0.40	0.08	0.05	0.015	0.15	0.10	0.40
2.8~3.8	—	—	1.8~2.8	—	—	0.40	0.08	0.05	0.015	0.15	0.10	0.40
—	—	—	1.5~2.5	—	—	—	0.08	0.04	0.015	0.20	0.10	0.40
2.8~3.8	—	—	—	—	—	0.25	0.08	0.05	0.012	0.15	0.10	0.40
3.5~4.5	—	—	1.5~2.5	—	—	0.30	0.08	0.05	0.015	0.20	0.10	0.40

3. α-β 型

牌号	名义化学成分	化学成分(质量									
		主要									
		Ti	Al	Si	V	Cr	Mn	Fe	Cu	Zr	Nb
TC15	Ti-5Al-2.5Fe	余量	4.5~5.5	—	—	—	—	2.0~3.0	—	—	—
TC16	Ti-3Al-5Mo-4.5V	余量	2.2~3.8	≤0.15	4.0~5.0	—	—	—	—	—	—
TC17	Ti-5Al-2Sn-2Zr-4Mo-4Cr	余量	4.5~5.5	—	—	3.5~4.5	—	—	—	1.5~2.5	—
TC18	Ti-5Al-4.75Mo-4.75V-1Cr-1Fe	余量	4.4~5.7	≤0.15	4.0~5.5	0.5~1.5	—	0.5~1.5	—	≤0.30	—
TC19	Ti-6Al-2Sn-4Zr-6Mo	余量	5.5~6.5	—	—	—	—	—	—	3.5~4.5	—
TC20	Ti-6Al-7Nb	余量	5.5~6.5	—	—	—	—	—	—	—	6.5~7.5
TC21	Ti-6Al-2Mo-2Nb-2Zr-2Sn-1.5Cr	余量	5.2~6.8	—	—	0.9~2.0	—	—	—	1.6~2.5	1.7~2.3
TC22	Ti-6Al-4V-0.05Pd	余量	5.50~6.75	—	3.5~4.5	—	—	—	—	—	—
TC23	Ti-6Al-4V-0.1Ru	余量	5.50~6.75	—	3.5~4.5	—	—	—	—	—	—
TC24	Ti-4.5Al-3V-2Mo-2Fe	余量	4.0~5.0	—	2.5~3.5	—	—	1.7~2.3	—	—	—
TC25	Ti-6.5Al-2Mo-1Zr-1Sn-1W-0.2Si	余量	6.2~7.2	0.10~0.25	—	—	—	—	—	0.8~2.5	—
TC26	Ti-13Nb-13Zr	余量	—	—	—	—	—	—	—	12.5~14.0	12.5~14.0
TC27	Ti-5Al-4Mo-6V-2Nb-1Fe	余量	5.0~6.2	—	5.5~6.5	—	—	0.5~1.5	—	—	1.5~2.5
TC28	Ti-6.5Al-1Mo-1Fe	余量	5.0~8.0	—	—	—	—	0.5~2.0	—	—	—
TC29	Ti-4.5Al-7Mo-2Fe	余量	3.5~5.5	≤0.5	—	—	—	0.8~3.0	—	—	—
TC30	Ti-5Al-3Mo-1V	余量	3.5~6.3	≤0.15	0.9~1.9	—	—	—	—	≤0.30	—
TC31	Ti-6.5Al-3Sn-3Zr-3Nb-3Mo-1W-0.2Si	余量	6.0~7.2	0.1~0.5	—	—	—	—	—	2.5~3.2	1.0~3.2
TC32	Ti-5Al-3Mo-3Cr-1Zr-0.15Si	余量	4.5~5.5	0.1~0.2	—	2.5~3.5	—	—	—	0.5~1.5	—

① TA7ELI 牌号的杂质“Fe+O”的质量分数总和应不大于 0.32%。

② TB14 钛合金的 Mg 的质量分数≤0.01%，Mn 的质量分数≤0.01%。

（续）

钛合金												
分数,%）												
成分						杂质　≤						
Mo	Ru	Pd	Sn	Ta	W	Fe	C	N	H	O	其他元素	
											单一	总和
—	—	—	—	—	—	—	0. 08	0. 05	0. 013	0. 20	0. 10	0. 40
4. 5～5. 5	—	—	—	—	—	0. 25	0. 08	0. 05	0. 012	0. 15	0. 10	0. 30
3. 5～4. 5	—	—	1. 5～2. 5	—	—	0. 25	0. 05	0. 05	0. 0125	0. 08～0. 13	0. 10	0. 30
4. 0～5. 5	—	—	—	—	—	—	0. 08	0. 05	0. 015	0. 18	0. 10	0. 30
5. 5～6. 5	—	—	1. 75～2. 25	—	—	0. 15	0. 04	0. 04	0. 0125	0. 15	0. 10	0. 40
—	—	—	—	≤0. 5	—	0. 25	0. 08	0. 05	0. 009	0. 20	0. 10	0. 40
2. 2～3. 3	—	—	1. 6～2. 5	—	—	0. 15	0. 08	0. 05	0. 015	0. 15	0. 10	0. 40
—	—	0. 04～0. 08	—	—	—	0. 40	0. 08	0. 05	0. 015	0. 20	0. 10	0. 40
—	0. 08～0. 14	—	—	—	—	0. 25	0. 08	0. 05	0. 015	0. 13	0. 10	0. 40
1. 8～2. 2	—	—	—	—	—	—	0. 05	0. 05	0. 010	0. 15	0. 10	0. 40
1. 5～2. 5	—	—	0. 8～2. 5	—	0. 5～1. 5	0. 15	0. 10	0. 04	0. 012	0. 15	0. 10	0. 30
—	—	—	—	—	—	0. 25	0. 08	0. 05	0. 012	0. 15	0. 10	0. 40
3. 5～4. 5	—	—	—	—	—	—	0. 05	0. 05	0. 015	0. 13	0. 10	0. 30
0. 2～2. 0	—	—	—	—	—	—	0. 10	—	0. 015	0. 15	0. 10	0. 40
6. 0～8. 0	—	—	—	—	—	—	0. 10	—	0. 015	0. 15	0. 10	0. 40
2. 5～3. 8	—	—	—	—	—	0. 30	0. 10	0. 05	0. 015	0. 15	0. 10	0. 30
1. 0～3. 2	—	—	2. 5～3. 2	—	0. 3～1. 2	0. 25	0. 10	0. 05	0. 015	0. 15	0. 10	0. 30
2. 5～3. 5	—	—	—	—	—	0. 30	0. 08	0. 05	0. 0125	0. 20	0. 10	0. 40

表 12-97　钛及钛合金的物理性能

性能		牌号												
		TA1、TA2 TA3	TA4	TA5	TA6	TA7	TB2	TC1	TC2	TC3	TC4	TC6	TC9	TC10
20℃的密度 ρ/(g/cm³)		4.5	—	4.43	4.40	4.46	4.81	4.55	4.55	4.43	4.45	4.5	4.52	4.53
熔点/℃		1668	—	—	—	1538~1649	—	—	1570~1640	—	1538~1649	1620~1650	—	—
比热容 c /[J/(kg·℃)]	20℃	544	—	—	—	540	540	—	—	—	—	—	—	—
	100℃	544	—	—	586	540	540	574	—	—	678	502	544	540
	200℃	628	—	—	670	569	553	—	565	586	691	586	—	548
	300℃	670	—	—	712	590	569	641	628	628	703	670	—	565
	400℃	712	—	—	796	620	636	699	670	670	741	712	—	557
	500℃	754	—	—	879	653	599	729①	754	712	754	796	—	528
	600℃	837	—	—	921	691	862	—	—	—	879	—	—	—
20℃电阻率/[(Ω·mm²)/m]		0.47	—	1.26	1.08	1.38	1.55	—	—	1.42	1.60	1.36	1.62	1.87
热导率 λ/[W/(m·℃)]	20℃	16.33	10.47	—	7.54	8.79	—	9.63	9.63	8.37	5.44	7.95	7.54	—
	100℃	16.33	12.14	—	8.79	9.63	12.14②	10.47	—	8.79	6.70	8.79	12.98	—
	200℃	16.33	—	—	10.05	10.89	12.56	11.72	11.30	10.05	8.79	10.05	11.30	—
	300℃	16.75	—	—	11.72	12.14	12.98	12.14	12.14	10.89	10.47	11.30	12.14	10.47
	400℃	17.17	—	—	13.40	13.40	16.33	13.40	13.40	12.56	12.56	12.59	12.98	12.14
	500℃	18.00	—	—	15.07	14.65	17.58	14.65	14.65	14.24	14.24	—	13.40⑧	13.40
	600℃	—	—	—	16.75	15.91	18.84	16.33	—	15.49	15.91	—	14.65⑨	—
线胀系数 α/(10⁻⁶/℃)	20~100℃	8.0	8.2	9.28	8.3	9.36	8.53	8.0	8.0	—	7.89	8.60	7.70	9.45
	20~200℃	8.6	—	9.53	8.9③	9.4	9.34	8.6	8.6	—	9.01	—	8.90	9.37
	20~300℃	9.1	—	9.87	9.5④	9.5	9.52	9.1	9.1	—	9.30	—	9.27	9.97
	20~400℃	9.25	—	10.08	10.4⑤	9.54	9.79	9.6	9.6	—	9.24	—	9.64	10.15
	20~500℃	9.4	—	10.09	10.6⑥	9.68	9.83	9.6	9.4	—	9.39	11.60⑥	9.85	10.19
	20~600℃	9.8	—	10.28	10.8⑦	9.86	9.99	—	—	—	9.40	—	—	10.21

①450℃。②80℃。③100~200℃。④200~300℃。⑤300~400℃。⑥400~500℃。⑦500~600℃。⑧490℃。⑨575℃。

第 13 章 热处理常用工艺数据

北京机电研究所有限公司 朱嘉 苏苗

13.1 常用钢的热处理工艺参数

13.1.1 优质碳素结构钢的热处理工艺参数（见表 13-1）

表 13-1 优质碳素结构钢的热处理工艺参数

序号	牌号	临界温度/℃			锻造加工温度/℃		退火			正火			高温回火		渗碳					淬火			回火							
		Ac_1	Ac_3	Ms	加热	始锻	温度/℃	冷却方式	硬度 HBW	温度/℃	冷却方式	硬度 HBW	温度/℃	硬度 HBW	渗碳或渗氮温度/℃	淬火温度/℃	淬火冷却介质	回火温度/℃	硬度 HRC	温度/℃	淬火冷却介质	硬度 HRC	不同温度回火后的硬度 HRC							
		Ar_1	Ar_3	Mf		终锻																	150 ℃	200 ℃	300 ℃	400 ℃	500 ℃	550 ℃	600 ℃	650 ℃
1	08	732	874			1250	900~930	炉冷	—	920~940	空冷	≤137			900~920	780~800	水或盐水	150~200	55~62	—	—	—	—	—	—	—	—	—	—	—
		680	854			>800																								
2	10	724	876			1200~1250	900~930	炉冷	≤137	900~950	空冷	≤143	680~720	≤137	900~960	780~820	水或盐水	150~200	55~62	—	—	—	—	—	—	—	—	—	—	—
		682	850			>800																								
3	15	735	863			1200~1230	880~960	炉冷	≤143	900~950	空冷	≤143	680~720	≤170	900~950	770~800	水或盐水	150~200	56~62	—	—	—	—	—	—	—	—	—	—	—
		685	840			800~850																								
4	20	735	855			1200~1250	800~900	炉冷	≤156	920~950	空冷	≤156	680~720	≤156	900~920	780~800	水或盐水	150~200	58~62	870~900	水或盐水	≥140 HBW	170 HBW	165 HBW	158 HBW	152 HBW	150 HBW	147 HBW	144 HBW	—
		680	835			>800																								
5	25	735	840			1200~1250	860~880	炉冷	—	870~910	空冷	≤170	680~720	≤170	900~920	790~810	水或盐水	150~200	56~62	860	水或盐水	≥380 HBW	380 HBW	370 HBW	310 HBW	270 HBW	235 HBW	225 HBW	<200 HBW	—
		680	824			>800																								
6	30	732	813	380		1190~1210	850~900	炉冷	—	850~900	空冷	≤179	680~720	—	—	—	—	—	—	860	水或盐水	≥44	43	42	40	30	20	18	—	—
		677	796			>800																								
7	35	724	802	350		1190~1210	850~880	炉冷	≤187	850~870	空冷	≤187	680~720	—	—	—	—	—	—	860	水或盐水	≥50	49	48	43	35	26	22	20	—
		680	774	190		>800																								
8	40	724	790	310		1180~1200	840~870	炉冷	≤187	840~860	空冷	≤207	680~720	—	—	—	—	—	—	840	水	≥55	55	53	48	42	34	29	23	20
		680	760	65		>800																								

（续）

序号	牌号	临界温度/℃			锻造加工温度/℃		退火			正火			高温回火		渗碳					淬火			回火							
		Ac_1 Ar_1	Ac_3 Ar_3	Ms Mf	加热	始锻 终锻	温度/℃	冷却方式	硬度HBW	温度/℃	冷却方式	硬度HBW	温度/℃	硬度HBW	渗碳或渗氮温度/℃	淬火温度/℃	淬火冷却介质	回火温度/℃	硬度HRC	温度/℃	淬火冷却介质	硬度HRC	不同温度回火后的硬度HRC 150℃	200℃	300℃	400℃	500℃	550℃	600℃	650℃
9	45	724 682	780 751	330 50	—	1180～1200 >800	800～840	炉冷	≤197	850～870	空冷	≤217	680～720	—	520～570	—	—	—	—	840	水或油	≥59	58	55	50	41	33	26	22	—
10	50	725 690	760 720	300 50	—	1180～1200 >800	820～840	炉冷	≤229	820～870	空冷	≤229	680～720	—	—	—	—	—	—	830	水或油	≥59	58	55	50	41	33	26	22	—
11	55	727 690	774 755		—	1180～1200 >800	770～810	炉冷	≤229	810～860	空冷	≤255	680～720	≤229	—	—	—	—	—	820	水或油	≥63	63	56	50	45	34	30	24	21
12	60	727 690	766 743	265 -20	—	1180～1200 >800	800～820	炉冷	≤229	800～820	空冷	≤255	680～720	—	—	—	—	—	—	820	水或油	≥63	63	56	50	45	34	30	24	21
13	65	727 696	752 730	265	1100～1150	1050～1100 800～850	680～700	炉冷	≤229	820～860	空冷	≤255	680～720	—	—	—	—	—	—	800	水或油	≥63	63	58	50	45	37	32	28	24
14	70	730 693	743 727	270 -40	1100～1150	1050～1100 800～850	780～820	炉冷	≤229	800～840	空冷	≤269	680～720	—	—	—	—	—	—	800	水或油	≥63	63	58	50	45	37	32	28	24
15	75	725 690	745	 -55	—	1050～1100 800～850	780～800	炉冷	≤229	800～840	空冷	≤285	680～720	—	—	—	—	—	—	800	水或油	≥55	55	53	50	45	35	—	—	—
16	80	725 690		230 -55	—	1050～1100 800～850	780～800	炉冷	≤229	800～840	空冷	≤285	680～720	—	—	—	—	—	—	800	水或油	≥63	63	61	52	47	39	32	28	24
17	85	723	737 695	220	1100～1150	1050～1100 800～850	780～800	炉冷	≤255	800～840	空冷	≤302	600～680	—	—	—	—	—	—	780～820	油	≥63	63	61	52	47	39	32	28	24

18	15Mn	735	863		—	1180~1250	—		—	880~920	空冷	≤163	680~720	—	880~920	780~880	油	180~200	58~65	—	—	—	—	—	—	—	—	—	—	—
		685	840			800~850																								
19	20Mn	735	854		—	1180~1250	900	炉冷	≤179	900~950	空冷	≤197	680~720	≤179	880~920	780~880	油	180~200	58~62	—	—	—	—	—	—	—	—	—	—	—
		682	835			800~850																								
20	25Mn				—	1180~1250	—		—	870~920	空冷	≤207	680~720	≤179	—	—	—	—	—	—	—	—	—	—	—	—	—	—	—	—
						800~850																								
21	30Mn	734	812	345	—	1180~1250	890~900	炉冷	≤187	900~950	空冷	≤217	680~720	≤187	—	—	—	—	—	850~900	水	49~53	—	—	—	—	—	—	—	—
		675	796			800~850																								
22	35Mn	734	812	345	—	1180~1250	830~880	炉冷	≤197	850~900	空冷	≤229	680~720	≤187	—	—	—	—	—	850~880	油或水	50~55	—	—	—	—	—	—	—	—
		675	796			800~850																								
23	40Mn	726	790		—	1180~1250	820~860	炉冷	≤207	850~900	空冷	≤229	680~720	≤207	—	—	—	—	—	800~850	油或水	53~58	—	—	—	—	—	—	—	—
		689	768			800~850																								
24	45Mn	726	790		—	1180~1250	820~850	炉冷	≤217	830~860	空冷	≤241	680~720	≤207	—	—	—	—	—	810~840	油或水	54~60	—	—	—	—	—	—	—	—
		689	768			800~850																								
25	50Mn	720	760	304	—	1180~1250	800~840	炉冷	≤217	840~870	空冷	≤255	680~720	≤217	—	—	—	—	—	780~840	油或水	54~60	—	—	—	—	—	—	—	—
		660	754			800~850																								
26	60Mn	727	765	270	1100~1150	1050~1100	820~840	炉冷	≤229	820~840	空冷	≤269	680~720	≤217	—	—	—	—	—	810	油	57~64	61	58	54	47	39	34	29	25
		689	741	−55		800~850																								
27	65Mn	726	765	270	1100~1150	1050~1100	775~800	炉冷	≤229	830~850	空冷	≤269	680~720	—	—	—	—	—	—	810	油	57~64	61	58	54	47	39	34	29	25
		689	741			800~850																								
28	70Mn	721	740		—	1050~1100	—		—	—		—	—	—	—	—	—	—	—	780~800	油	≥62	>62	62	55	46	37	—	—
		670				800~850																								

13.1.2 合金结构钢的热处理工艺参数（表13-2）

表13-2　合金结构钢的

序号	牌号	临界温度/℃			锻造加工温度/℃		退火			正火			高温回火	
		Ac_1	Ac_3	Ms	加热	始锻	温度/℃	冷却方式	硬度HBW	温度/℃	冷却方式	硬度HBW	温度/℃	硬度HBW
		Ar_1	Ar_3	Mf		终锻								
1	20Mn2	725	840	400	1200~1240	1180~1200	850~880	炉冷	≤187	870~900	空冷		670~700	≤187
		610	740			≥850								
2	30Mn2	718	804		1200~1220	1160~1200	830~860	炉冷	≤207	840~880	空冷		680~720	≤207
		627	727			>800								
3	35Mn2	713	793		≤1200	1160	830~880	炉冷	≤207	840~880	空冷	≤241	680~720	≤207
		630	710			>800								
4	40Mn2	713	766	340	1200~1220	1180~1200	820~850	炉冷	≤217	830~870	空冷		670~700	≤217
		627	704			≥800								
5	45Mn2	711	765	320	1200~1220	1180~1200	810~840	炉冷	≤217	820~860	空冷	187~241	660~710	≤217
		640	704			≥800								
6	50Mn2	710	760		1200	1180~1200	810~840	炉冷	≤229	820~860	空冷	206~241	670~710	≤229
		596	680			>800								
7	20MnV	715	825		1200	1100~1200	670~700	炉冷	≤187	880~900	空冷	≤207	670~700	≤187
		630	750			≥850								
8	27SiMn	750	880	355		1200	850~870	炉冷	≤217	930	空冷	≤229	680	≤217
			750			800								
9	35SiMn	750	830	330	1220	1200	850~870	炉冷	≤229	880~920	空冷		680~720	≤229
		645				>850								
10	42SiMn	765	820		1180	1150	830~850	炉冷	≤229	860~890	空冷	≤244	680~720	≤229
		645				≥800								
11	20SiMn2MoV	830	877	312	1200~1240	1100~1200	710±20	炉冷	≤269	920~950	空冷		690~730	≤269
		740	816			≥850								
12	25SiMn2MoV	830	877	312	1200~1240	1100~1200	680~700	堆冷	≤255	920~950	空冷		680~700	≤255
		740	816			≥850								
13	37SiMn2MoV	729	823	314		1180~1200	870	炉冷	269	880~900	空冷		650	
						850								

热处理工艺参数

渗碳							淬火			回火							
渗碳温度/℃	一次淬火温度/℃	二次淬火温度/℃	降温淬火温度/℃	淬火冷却介质	回火温度/℃	硬度 HRC	温度/℃	淬火冷却介质	硬度 HRC	不同温度回火后的硬度 HRC							
										150℃	200℃	300℃	400℃	500℃	550℃	600℃	650℃
910~930	850~870	770~800	770~800	水或油	150~175	54~59	860~880	水	>40	—	—	—	—	—	—	—	—
—	—	—	—	—	—	—	820~850	油	≥49	48	47	45	36	26	24	18	11
—	—	—	—	—	—	—	820~850	油	≥57	57	56	48	38	34	23	17	15
—	—	—	—	—	—	—	810~850	油	≥58	58	56	48	41	33	29	25	23
—	—	—	—	—	—	—	810~850	油	≥58	58	56	48	43	35	31	27	19
—	—	—	—	—	—	—	810~840	油	≥58	58	56	49	44	35	31	27	20
930	880			油	180~200	56~60	880	油									
—	—	—	—	—	—	—	900~920	油	≥52	52	50	45	42	33	28	24	20
—	—	—	—	—	—	—	880~900	油	≥55	55	53	49	40	31	27	23	20
—	—	—	—	—	—	—	840~900	油	≥55	55	50	47	45	35	30	27	22
							890~920	油或水	≥45								
							880~910	油或水	≥46		200~250℃ ≥45						
	—	—	—	—	—	—	850~870	油或水	56					44	40	33	24

序号	牌　号	临界温度/℃			锻造加工温度/℃		退　火			正　火			高温回火	
		Ac_1 / Ar_1	Ac_3 / Ar_3	Ms / Mf	加热	始锻 / 终锻	温度/℃	冷却方式	硬度 HBW	温度/℃	冷却方式	硬度 HBW	温度/℃	硬度 HBW
14	40B	730 / 690	790 / 727			1150 / ≥850	840~870	炉冷	≤207	850~900	空冷		660~680	≤207
15	45B	725 / 690	770 / 720			1150 / 800	780~800	炉冷	≤217	840~890	空冷		680~720	≤217
16	50B	725 / 670	755 / 719	253		1020~1120 / >800	800~820	炉冷	≤207	880~950	空冷	HRC ≥20	680~720	≤207
17	40MnB	730 / 650	780 / 700		1200	1150 / 850	820~860	炉冷	≤207	860~920	空冷	≤229	650~680	≤229
18	45MnB	727	780		1120~1140	1050~1120 / ≥850	820~910	炉冷	≤217	840~900	空冷	≤229	680~700	≤217
19	20MnMoB	740 / 690	850 / 750		1150~1200	1130~1180 / ≥900	680	炉冷	≤207	900~950	空冷	≤217	690±10	≤207
20	15MnVB	730 / 645	850 / 765	430	1160~1200	1130~1180 / >850	780	炉冷	≤207	920~970	空冷	149~179		
21	20MnVB	720 / 635	840 / 770		<1200	1150 / >850	700±10	<600℃空冷	≤207	880~900	空冷	≤217	680±20	≤207
22	40MnVB	740 / 645	786 / 720	300	1180~1200	1160~1200 / >850	830~900	炉冷	≤207	860~900	空冷	≤229	660~700	≤229
23	20MnTiB	720 / 625	843 / 795			1200 / 800				900~920	空冷	143~149		
24	25MnTiBRE	708 / 605	810 / 705	391	1130~1220	1100~1200 / ≥850	670~690	炉冷	≤229	920~960	空冷	≤217		

（续）

渗碳							淬火			回火							
渗碳温度/℃	一次淬火温度/℃	二次淬火温度/℃	降温淬火温度/℃	淬火冷却介质	回火温度/℃	硬度HRC	温度/℃	淬火冷却介质	硬度HRC	不同温度回火后的硬度 HRC							
										150℃	200℃	300℃	400℃	500℃	550℃	600℃	650℃
—	—	—	—	—	—	—	840~860	盐水或油				48	40	30	28	25	22
—	—	—	—	—	—	—	840~870	盐水或油				50	42	37	34	31	29
—	—	—	—	—	—	—	840~860	油	52~58	56	55	48	41	31	28	25	20
—	—	—	—	—	—	—	820~860	油	≥55	55	54	48	38	31	29	28	27
—	—	—	—	—	—	—	840~860	油	≥55	54	52	44	38	34	31	26	23
920~950	860~890	800~840	830~850	油	180~200	表面≥58											
920~940			840~860	油	200	表面≥58	860~880	油	38~42	38	36	34	30	27	25	24	
900~930	860~880	780~800	800~830	油	180~200	表面56~62 中心35~40	860~880	油									
—	—	—	—	—	—	—	840~880	油或水	>55	54	52	45	35	31	30	27	22
930~970	860~890		830~840	油	200	52~56	860~890	油	≥47	47	47	46	42	40	39	38	
920~940	790~850		800~830	油	180~200	≥58	840~870	油	≥43								

序号	牌号	临界温度/℃			锻造加工温度/℃		退火			正火			高温回火	
		Ac_1	Ac_3	Ms	加热	始锻	温度/℃	冷却方式	硬度HBW	温度/℃	冷却方式	硬度HBW	温度/℃	硬度HBW
		Ar_1	Ar_3	Mf		终锻								
25	15Cr	766	838		1240~1260	1220	860~890	炉冷	≤179	870~900	空冷	≤270	700~720	≤179
		702	799			>800								
26	20Cr	766	838		1220	1200	860~890	炉冷	≤179	870~900	空冷	≤270	700~720	≤179
		702	799			≥800								
27	30Cr	740	815	355		1200	830~850	炉冷	≤187	850~870	空冷	≤300	700~720	≤187
		670				800								
28	35Cr	740	815	365		1200								
		670				800								
29	40Cr	743	782	355	<1200	1100~1150	825~845	炉冷	≤207	850~870	空冷	≤250	680~700	≤207
		693	730			>800								
30	45Cr	721	771		1170~1220	1150~1200	840~850	炉冷	≤217	830~850	空冷	≤320	680~700	≤217
		660	693			800								
31	50Cr	721	771	250		1200	840~850	炉冷	≤217	830~850	空冷	≤320	680~700	≤217
		660	692			800								
32	38CrSi	763	810	330	1180~1220	1150	860~880	炉冷	≤255	900~920	空冷	≤350	650~680	≤288
		680	755			850								
33	12CrMo	720	880			1200				900~930	空冷		720~740	≤156
		695	790			800								
34	15CrMo	745	845	435		1100				910~940	空冷		650~700	≤156
						850								
35	20CrMo	743	818	400		1200	850~860	炉冷	≤197	880~920	空冷		720~740	
		504	746			800								
36	30CrMo	757	807	345		1180	830~850	炉冷	≤229	870~900	空冷	≤400	700~720	≤250
		693	763			800								
37	35CrMo	755	800	371		1150~1220	820~840	炉冷	≤229	830~880	空冷	241~286	680~720	≤250
		695	750			850								

（续）

渗碳							淬火			回火							
渗碳温度/℃	一次淬火温度/℃	二次淬火温度/℃	降温淬火温度/℃	淬火冷却介质	回火温度/℃	硬度HRC	温度/℃	淬火冷却介质	硬度HRC	不同温度回火后的硬度 HRC							
										150℃	200℃	300℃	400℃	500℃	550℃	600℃	650℃
890~920	860~890	780~820	870	油、水	180~200	表面56~62	870	水	>35	35	34	32	28	24	19	14	
890~910	860~890	780~820		油、水	170~190	表面56~62	860~880	油、水	>28	28	26	25	24	22	20	18	15
—	—	—	—	—	—	—	840~860	油	>50	50	48	45	35	25	21	14	
							860	油	48~56								
—	—	—	—	—	—	—	830~860	油	>55	55	53	51	43	34	32	28	24
—	—	—	—	—	—	—	820~850	油	>55	55	53	49	45	33	31	29	21
—	—	—	—	—	—	—	820~840	油	>56	56	55	54	52	40	37	28	18
—	—	—	—	—	—	—	880~920	油或水	57~60	57	56	54	48	40	37	35	29
							900~940	油									
							910~940	油									
							860~880	水或油	≥33	33	32	28	28	23	20	18	16
—	—	—	—	—	—	—	850~880	水或油	>52	52	51	49	44	36	32	27	25
—	—	—	—	—	—	—	850	油	>55	55	53	51	43	34	32	28	24

序号	牌号	临界温度/℃			锻造加工温度/℃		退火			正火			高温回火	
		Ac_1 / Ar_1	Ac_3 / Ar_3	Ms / Mf	加热	始锻 / 终锻	温度/℃	冷却方式	硬度HBW	温度/℃	冷却方式	硬度HBW	温度/℃	硬度HBW
38	42CrMo	730	800	310	1150~1200	1130~1180	820~840	炉冷	≤241	850~900	空冷		680~700	≤217
						850								
39	12CrMoV	820	945			1100	960~980	炉冷	≤156	960~980	空冷		700~760	≤156
						850								
40	35CrMoV	755	835			1180	870~900	炉冷	≤229	880~920	空冷		650~670	≤241
		600				850								
41	12Cr1MoV	774~803	882~914			1150	960~980	炉冷	≤156	910~960			650~700	≤156
		761~787	830~895			850								
42	25Cr2MoV	760	840			1100				980~1000	空冷		650~680	≤229
		680~690	760~780			850								
43	25Cr2Mo1V	780	870			1100				1030~1050	空冷		680~720	179~207
		700	790			850								
44	38CrMoAl	760	885	360	1130~1180	1050~1150	840~870	炉冷	≤229	930~970	空冷		700~720	≤229
		675	740			>900								
45	40CrV	755	790	281		1200	830~850	炉冷	≤241	850~880	空冷		700~720	≤255
		700	745			800								
46	50CrV	752	788	270	1080~1220	1100~1160	810~870	炉冷	≤254	850~880	空冷	≈288	640~680	
		688	746			<900								
47	15CrMn	750	845	400		1180	850~870	炉冷	≤179	870~900	空冷		650~680	
						800								
48	20CrMn	765	838	360		1180	850~870	炉冷	≤187	870~900	空冷	≤350	680~700	≤200
		700	798			800								

（续）

渗碳							淬火			回火							
渗碳温度/℃	一次淬火温度/℃	二次淬火温度/℃	降温淬火温度/℃	淬火冷却介质	回火温度/℃	硬度 HRC	温度/℃	淬火冷却介质	硬度 HRC	不同温度回火后的硬度 HRC							
										150℃	200℃	300℃	400℃	500℃	550℃	600℃	650℃
—	—	—	—	—	—	—	840	油	>55	55	54	53	46	40	38	35	31
							900~940	油									
—	—	—	—	—	—	—	880	油	>50	50	49	47	43	39	37	33	25
							960~980	水冷后油冷	>47								
							910~930	油						41	40	37	32
							1040	空气									
—	—	—	—	—	—	—	940	油	>56	56	55	51	45	39	35	31	28
—	—	—	—	—	—	—	850~880	油	≥56	56	54	50	45	35	30	28	25
—	—	—	—	—	—	—	830~860	油	>58	57	56	54	46	40	35	33	29
900~930	840~870	810~840		油	175~200	58~62		油	44								
900~930	820~840			油	180~200	56~62	850~920	油或水淬油冷	≥45								

序号	牌号	临界温度/℃			锻造加工温度/℃		退火			正火			高温回火	
		Ac_1	Ac_3	Ms	加热	始锻	温度/℃	冷却方式	硬度HBW	温度/℃	冷却方式	硬度HBW	温度/℃	硬度HBW
		Ar_1	Ar_3	Mf		终锻								
49	40CrMn	740	775	350		1150	820~840	炉冷	≤229	850~870	空冷		670~690	
				170		800								
50	20CrMnSi	755	840		1200	1200	860~870	炉冷	≤207	880~920	空冷		680~720	≤207
		690				800								
51	25CrMnSi	760	880	305	1200	1180	840~860	炉冷	≤217	860~880	空冷		630~710	≤217
		680				≥800								
52	30CrMnSi	760	830		1200	1180	840~860	炉冷	≤217	880~900	空冷		680~710	≤229
		670	705			850								
53	35CrMnSi	775	830	330	1200	1180	840~860	炉冷	≤229	890~910	空冷	≤218	680~710	≤229
		700	755			≥850								
54	20CrMnMo	710	830		1200~1240	1150~1120	850~870	炉冷	≤217	880~930	空冷	190~228	660~710	≤229
		620	740			≥900								
55	40CrMnMo	735	780		1150~1200	1130~1170	820~850	炉冷	≤241	850~880	空冷	≤321	660~680	≤291
		680				≥850								
56	20CrMnTi	715	843		1200~1240	1160~1200	680~720	炉冷至600℃空冷	≤217	950~970	空冷	156~207		
		625	795			>800								
57	30CrMnTi	765	790		1160~1220	1140~1200				950~970	空冷	150~216		
		660	740			>850								
58	20CrNi	733	804	410		1200	860~890	炉冷	≤197	880~930	空冷	≤197	690~710	≤197
		666	790			800								
59	40CrNi	731	769		1180	1150	820~850	炉冷	≤207	840~860	空冷	≤250	670~690	≤241
		660	702			850								
60	45CrNi	725	775			1150	840~850	炉冷	≤217	850~880	空冷	≤229		
		680				850								
61	50CrNi	735	750			1150	820~850	炉冷至600℃空冷	≤207	870~900	空冷			
		657	690			850								

（续）

渗碳							淬火			回火							
渗碳温度/℃	一次淬火温度/℃	二次淬火温度/℃	降温淬火温度/℃	淬火冷却介质	回火温度/℃	硬度HRC	温度/℃	淬火冷却介质	硬度HRC	不同温度回火后的硬度 HRC							
										150℃	200℃	300℃	400℃	500℃	550℃	600℃	650℃
—	—	—	—	—	—	—	820~840	油	52~60						34	28	
							880~910	油或水	≥44	44	43	44	40	35	31	27	20
							850~870	油									
							860~880	油	≥55	55	54	49	44	38	34	30	27
等温淬火：870~900℃，230~350℃盐浴，硬度≤500HBW							860~890	油	≥55	54	53	45	42	40	35	32	28
880~950	830~860			油或碱浴	180~220	表面≥58	350	油	>46	45	44	43	35				
—	—	—	—	—	—	—	840~860	油	>57	57	55	50	45	41	37	33	30
830~950	870~890	860~880	830~850	油	180~200	表面56~62	880	油	42~46	43	41	40	39	35	30	25	17
800~960	870~890	800~840	800~820	油	180~200	表面≥56	880	油	>50	49	48	46	44	37	32	26	23
800~930	860	760~810	810~830	油或水	180~200	56~63	855~885	油	>43	43	42	40	26	16	13	10	8
—	—	—	—	—	—	—	820~840	油	>53	53	50	47	42	33	29	26	23
—	—	—	—	—	—	—	820	油	>55	55	52	48	38	35	30	25	
							820~840	油	57~59								

序号	牌号	临界温度/℃			锻造加工温度/℃		退火			正火			高温回火	
		Ac_1	Ac_3	Ms	加热	始锻	温度/℃	冷却方式	硬度HBW	温度/℃	冷却方式	硬度HBW	温度/℃	硬度HBW
		Ar_1	Ar_3	Mf		终锻								
62	12CrNi2	732	794		1200	1180	840～880	炉冷	≤207	880～940	空冷	≤207	650～680	≤207
		671	763			850								
63	12CrNi3	720	810	409	1200	1180	870～900	炉冷	≤217	885～940	空冷		650～680	≤217
		600	715			850								
64	20CrNi3	700	760		1200	1180	840～860	炉冷	≤217	860～890	空冷		670～690	≤229
		500	630			850								
65	30CrNi3	699	749		1200	1150	810～830	炉冷	≤241	840～860	空冷		650～680	≤241
		621	649			850～900								
66	37CrNi3	710	770	310		1180	790～820	炉冷	≤179～241	840～860	空冷		640～660	≤241
		640				850								
67	12Cr2Ni4	720	800	390	1200	1180	650～680	炉冷	≤269	890～940	空冷	187～255	650～680	≤229
		605	660	245		850								
68	20Cr2Ni4	705	765	395	1150～1200	1120～1180	650～670	炉冷	≤229	860～900	空冷		630～650	≤229
		580	640			≥850								
69	20CrNiMo	725	810	396	1200	1180	660	炉冷	≤197	900	空冷		670	
						850								
70	40CrNiMo	760	790	308	1200	1150	840～880	炉冷	≤269	860～920	空冷		670～700	≤269
			680			850								
71	45CrNiMoV	740	770	250	1180	1150	840～860	炉冷	20～23HRC	870～890	空冷	23～33HRC	670	≤269
		650				850								
72	18Cr2Ni4W	700	810	310	1200	1180				900～980	空冷	≤415	650～700	≤269
		350	400			850								
73	25Cr2Ni4W	700	720	180～200						900～950	空冷	≤415	640	≤269
		300												

（续）

渗碳							淬火			回火							
渗碳温度/℃	一次淬火温度/℃	二次淬火温度/℃	降温淬火温度/℃	淬火冷却介质	回火温度/℃	硬度HRC	温度/℃	淬火冷却介质	硬度HRC	不同温度回火后的硬度 HRC							
										150℃	200℃	300℃	400℃	500℃	550℃	600℃	650℃
900~930	860	760~810	760~800	油或水	180~200	表≥58	850~870	油	>33	33	32	30	28	23	20	18	12
900~930	860	780~810		油	150~200	表≥58 心≥26	860	油	>43	43	42	41	39	31	28	24	20
900~940	860	780~830		油	180~200	表≥58 心≥26	820~860	油	>48	48	47	42	38	34	30	25	
—	—	—	—	—	—	—	820~840	油	>52	52	50	45	42	35	29	26	22
—	—	—	—	—	—	—	830~860	油	>53	53	51	47	42	36	33	30	25
900~930	840~860	770~790		油	150~200	表≥58 心≥26	760~800	油	>46	46	45	41	38	35	33	30	
900~950	880	780			180~200	表≥58 心≥26	840~860	油									
930	820~840			油	150~180	表面≥56											
—	—	—	—	—	—	—	840~860	油	>55	55	54	49	44	38	34	30	27
—	—	—	—	—	—	—	860~880	油	55~58		55	53	51	45	43	38	32
900~920			840~860	空气或油	180~200	表面56~62	850	油	>46	42	41	40	39	37	28	24	22
900~920			840~860	空气或油	180~200	表面56~62	850	油	>49	48	47	42	39	34	31	27	25

13.1.3　弹簧钢的热处理工艺参数（见表 13-3）

表 13-3　弹簧钢的

序号	牌号	临界温度/℃			锻造加工温度/℃		退火			正火		
		Ac_1	Ac_3	Ms	加热	始锻	温度/℃	冷却方式	硬度HBW	温度/℃	冷却方式	硬度HBW
		Ar_1	Ar_3	Mf		终锻						
1	65	727	752	265	1100~1150	1050~1100	680~700	炉冷	≤210	820~860	空冷	
		696	730			800~850						
2	70	730	743	270	1100~1150	1050~1100	780~820	炉冷	≤225	800~840	空冷	≤275
		693	727	-40		800~850						
3	85	723	737	220	1100~1150	1050~1100	780~800	炉冷	≤229	800~840	空冷	
			695			800~850						
4	65Mn	726	765	270	1100~1150	1050~1100	780~840	炉冷	≤228	820~860	空冷	≤269
		689	741			800~850						
5	55SiMnVB	750	775		1100~1150	1000~1100	800~840	炉冷		840~880	空冷	
		670	700			>850						
6	60Si2Mn	755	810	300~305	1080~1120	1020~1080	750	炉冷	≤222	830~860	空冷	≤302
		700	770			850~950						
7	60Si2Cr	765	780							850~870	空冷	
		700										
8	60Si2CrV	770	780									
		710										
9	55CrMn	750	775	250	1120~1160	1060~1120	800~820	炉冷	≈272	800~840	空冷	≈493
		690				850~900						
10	60CrMn											
11	60CrMnMo	700	805	210	1200	1180				820~840	空冷	
		655				800						
12	50CrV	752	788	270~320	1180~1220	1100~1160	810~870	炉冷		850~880	空冷	≈288
		688	746			850~900						
13	60CrMnB											
14	30W4Cr2V	820		400	1050	1000	740~780	炉冷				
						≥850						

热处理工艺参数

高温回火		淬　火			回　火										
温度/℃	硬度HBW	温度/℃	淬火冷却介质	硬度HRC	不同温度回火后的硬度 HRC								常用回火温度范围/℃	淬火冷却介质	硬度HRC
					150℃	200℃	300℃	400℃	500℃	550℃	600℃	650℃			
680~720		800	水	62~63	63	58	50	45	37	32	28	24	320~420	水	35~48
680~720		800	水	62~63	63	58	50	45	37	32	28	24	380~400	水	45~50
600~680		780~820	油	62~63	63	61	52	47	39	32	28	24	375~400	水	40~49
680~720		780~840	油	57~64	61	58	54	47	39	34	29	25	350~530	空气	36~50
640~680		840~880	油	>60	60	59	55	47	40	34	30		400~500	水	40~50
640~680		870	油	>61	61	60	56	51	43	38	33	29	430~480	水、空气	45~50
650~680		850~860	油	62~66									450~480	水	45~50
		850~860	油	62~66									450~480	水	45~50
650~680		840~860	油	62~66	60	58	55	50	42	31			400~500	水	42~50
		830~860	油												
		860	油				59~63	47~52		30~38		24~29			
640~720	29~31	860	油	56~62	56	55	51	45	39	35	31	28	370~400 400~450	水	45~50 ≤415HBW
		830~860	油												
		1050~1100	油	52~58									520~540 600~670	空气或水	43~47

13.1.4　滚动轴承钢的热处理工艺参数（见表 13-4）

表 13-4　滚动轴承钢的

1. 渗碳

序号	牌　号	临界温度/℃			锻造加工温度/℃		普通退火			正火		
		Ac_1	Ac_3 (Ac_{cm})	Ms	加热	始锻	温度/℃	冷却方式	硬度 HBW	温度/℃	冷却方式	硬度 HBW
		Ar_1	Ar_3 (Ar_{cm})	Mf		终锻						
1	G20CrMo	743	818	40		1200	850～860	炉冷	≤197	880～900	空冷	167～215
		504	746			800						
2	G20CrNiMo	725	810	396	1200	1180	660	炉冷	≤197	920～980	空冷	
						850						
3	G20CrNi2Mo									920±20	空冷	
4	G10CrNi3Mo											
5	G20Cr2Ni4	685	775	305	1170～1200	1150～1180	800～900	炉冷	≤269	890～920	空冷	
		585	630			≥850						
6	G20Cr2Mn2Mo	725	835	310	1180～1230	1150～1200	600℃×4～6h，空冷至 280～300℃，再加热至 640～660℃×2～6h，空冷，硬度≤269HBW			910～930	空冷	
		615	700			≥800						

2. 高碳铬轴承钢、

序号	牌　号	临界温度/℃			锻造加工温度/℃		普通退火			等温退火			
		Ac_1	Ac_3 (Ac_{cm})	Ms	加热	始锻	温度/℃	冷却方式	硬度 HBW	加热温度/℃	等温温度/℃	冷却方式	硬度 HBW
		Ar_1	Ar_3 (Ar_{cm})	Mf		终锻							
7	GCr15	760	900	185	1050～1100	1020～1080	790～810	炉冷	179～207	790～810	710～720	空冷	270～390
		695	707	-90		800～850							
8	GCr15SiMn	770	872	200	1050～1100	1020～1080	790～810	炉冷	179～207	790～810	710～720	空冷	270～390
		708				800～850							
9	G8Cr15	752	824	240	1060～1180	1120～1140	退火：770～790℃×2～6h，以 20℃/h 冷至 720～750℃×1～2h，再以 20℃/h 冷至 650℃出炉空冷，硬度为 197～207HBW						
		684	780			≥850							
10	G95Cr18	815～865		145	1080～1120	1050～1100	850～870	炉冷	≤255	850～870	730～750	空冷	≤255
		765～665		-70～-90		≥850							
11	G102Cr18Mo	815～865		145	1100～1120	1050～1080	退火：850～870℃×4～6h，30℃/h 冷至 600℃，空冷，硬度≤255HBW			再结晶退火 730～750℃，空冷			
		765～665		-70～-90		850～900							
12	GCr4Mo4V	724	840	130	1110～1150	1100～1140	830～880	炉冷	≤255	840～860	720～740	空冷	197～241
		720	778			≥900							

热处理工艺参数

轴承钢

高温回火		渗碳热处理						
温度/℃	硬度 HBW	渗碳温度/℃	一次淬火温度/℃	二次淬火温度/℃	直接淬火温度/℃	冷却介质	回火温度/℃	硬度 HRC
		920~940			840	油	160~180	表面:≥56 心部:≥30
670		930	880±20	790±20	820~840	油	150~180	表面:≥56 心部:≥30
		930	880±20	800±20		油	150~200	表面:≥56 心部:≥30
		930	880±20	790±20		油	150~200	表面:≥56 心部:≥30
640~670	≤269	930~950	870~890	790~810		油	160~180	表面:≥58 心部:≥28
640~660	≤269	920~950	870~890	810~830		油	160~180	表面:≥58 心部:≥30

高碳铬不锈轴承钢和高温轴承钢

高温回火		淬火			回火								
温度/℃	硬度 HBW	温度/℃	淬火冷却介质	硬度 HRC	不同温度回火后的硬度 HRC							常用回火温度范围/℃	硬度值 HRC
					150℃	200℃	300℃	400℃	500℃	550℃	600℃		
650~700	229~285	835~850	油	≥63	64	61	55	49	41	36	31	150~170	61~65
650~700	229~285	820~840	油	≥64	64	61	58	50				150~180	>62
		830~850	油	>63	63	61	57					150~160	61~64
		1050~1100	油	>59	60	58	57	55				150~160	58~62
		1050~1100	油	>59	58	58	56	54				150~160	≥58
		1100~1200	油	≥63		62	58	57	61	63	60	500~530	≥62

13.1.5　工模具钢的热处理工艺参数（见表 13-5）

表 13-5　工模具钢的

1. 刃具模具用

序号	牌号	临界温度/℃			锻造加工温度/℃		普通退火			等温退火				球化退火			
		Ac_1	Ac_3 (Ac_{cm})	Ms	加热	始锻	温度/℃	冷却方式	硬度 HBW	加热温度/℃	等温温度/℃	冷却方式	硬度 HBW	加热温度/℃	球化温度/℃	冷却方式	硬度 HBS
		Ar_1	Ar_3 (Ar_{cm})	Mf		终锻											
1	T7	730	770	240	1050~1100	1020~1080	750~760	炉冷	≤187	760~780	660~680	空冷	≤187	730~750	600~700	空冷	≤187
		700		-40		750~800											
2	T8	730	740	230	1050~1100	1020~1080	750~760	炉冷	≤187	760~780	660~680	空冷	≤187	730~750	600~700	空冷	≤187
		700		-55		750~800											
3	T8Mn	725			1050~1100	1050	690~710	炉冷	≤189	760~780	660~680	空冷	≤187	730~750	600~700	空冷	≤187
		690				800											
4	T9	730	737	220	1050~1100	1050	750~760	炉冷	≤192	760~780	660~680	空冷	≤187	730~750	600~700	空冷	≤187
		700	695	-55		800											
5	T10	730	(800)	210	1050~1100	1020~1080	760~780	炉冷	≤197	750~770	620~660	空冷	≤197	730~750	600~700	空冷	≤197
		700		-60		750~800											
6	T11	730	(810)	220	1050~1100	1020~1080	750~770	炉冷	≤207	740~760	640~680	空冷	≤207	730~750	680~700	空冷	≤207
		700				750~800											
7	T12	730	(820)	170	1050~1100	1020~1080	760~780	炉冷	≤207	740~760	640~680	空冷	≤207	730~750	680~700	空冷	≤207
		700		-60		750~800											
8	T13	730	(830)	130	1050~1100	1000	760~780	炉冷	≤207	750~770	620~680	空冷	≤207	730~750	680~700	空冷	≤217
		700				800											

热处理工艺参数

非合金钢

正火			高温回火		淬火			回火								
温度/℃	冷却方式	硬度HBW	温度/℃	硬度HBW	温度/℃	淬火冷却介质	硬度HRC	不同温度回火后的硬度HRC							常用回火温度范围/℃	硬度HRC
								150℃	200℃	300℃	400℃	500℃	550℃	600℃		
800~820	空冷	229~280	650~700	≤187	820	水→油	62~64	63	60	54	43	35	31	27	200~250	55~60
800~820	空冷	229~280	650~700	≤187	800	水→油	62~64	64	60	55	45	35	31	27	150~240	55~60
800~820	空冷	229~280	650~700	≤187	800	水→油	62~64	64	60	55	45	35	31	27	180~270	55~60
800~820	空冷	229~280	650~700	≤187	800	水→油	63~65	64	62	56	46	37	33	27	180~270	55~60
820~840	空冷	225~310	650~700	≤197	790	水→油	62~64	64	62	56	46	37	33	27	200~250	62~64
820~840	空冷	225~310	650~700	≤207	780	水→油	62~64	64	62	57	47	38	33	28	200~250	62~64
820~840	空冷	225~310	650~700	≤207	780	水→油	62~64	64	62	57	47	38	33	28	200~250	58~62
810~830	空冷	179~217	650~700	≤217	780	水→油	62~66	65	62	58	47	38	33	28	150~270	60~64

2. 量具刃

序号	牌号	临界温度/℃			锻造加工温度/℃		退火						
							普通退火			等温退火			
		Ac_1	Ac_3 (Ac_{cm})	Ms	加热	始锻	加热温度/℃	冷却方式	硬度HBW	加热温度/℃	等温温度/℃	冷却方式	硬度HBW
		Ar_1	Ar_3 (Ar_{cm})	Mf		终锻							
9	9SiCr	770	(870)	160	1100~1150	1050~1100	790~810	炉冷	197~241	790~810	700~720	空冷	207~241
		730		-30		800~850							
10	8MnSi				1080~1140	1050~1100	740±10	炉冷	≤229				
						≥800							
11	Cr06	730	(950)	145	1100~1150	1050~1080	750~770	炉冷	187~241	750~790	680~700	空冷	187~241
		700	740	-95		≥850							
12	Cr2	745	(900)	240	1100~1140	1050~1100	700~790	炉冷	187~229	770~790	680~700	空冷	187~229
		700		-25		800~850							
13	9Cr2	730	(860)	270	1120~1180	1110~1130	800~820	炉冷	179~217	800~820	670~680	空冷	179~217
		700				≥850							
14	W	740	(820)		1100~1150	1050~1100	750~770	炉冷	187~229	780~800	650~680	空冷	≤229
		710				800~850							

3. 耐冲击

序号	牌号	临界温度/℃			锻造加工温度/℃		退火						
							普通退火			等温退火			
		Ac_1	Ac_3 (Ac_{cm})	Ms	加热	始锻	加热温度/℃	冷却方式	硬度HBW	加热温度/℃	等温温度/℃	冷却方式	硬度HBW
		Ar_1	Ar_3 (Ar_{cm})	Mf		终锻							
15	4CrW2Si	780	840	315~335	1150~1180	1100~1140	800~820	炉冷	179~217				
						≥800							
16	5CrW2Si	775	860	295	1150~1180	1120~1150	800~820	炉冷	207~255				
						≥800							
17	6CrW2Si	775	810	280	1150~1170	1100~1140	800~820	炉冷	229~285				
						≥800							

（续）

具用钢

正火			高温回火		淬火			回火									
温度/℃	冷却方式	硬度HBW	温度/℃	硬度HBW	温度/℃	淬火冷却介质	硬度HRC	不同温度回火后的硬度HRC 150℃	200℃	300℃	400℃	500℃	550℃	600℃	650℃	常用回火温度范围/℃	硬度HRC
900~920	空冷	321~415	600~700	197~241	860~880	油	62~65	65	63	59	54	48	44	40	36	180~200	60~62
																200~220	58~62
					800~820	油	>60		60~64	60~63						100~200	60~64
																200~300	60~63
980~1000	空冷		600~700		780~800	油	62~65	63	60	55	50	40				150~200	60~62
					800~820	水											
930~950	空冷	302~388	600~700	187~229	830~850	油	62~65	61	60	55	50	41	36	31	28	150~170	60~62
																180~220	56~60
					820~850	油	61~63	61	60	55	50	41	36	31	28	160~180	59~61
					800~820	水	62~64	61	58	52	44					150~180	59~61

工具用钢

正火			高温回火		淬火			回火									
温度/℃	冷却方式	硬度HBW	温度/℃	硬度HBW	温度/℃	淬火冷却介质	硬度HRC	不同温度回火后的硬度HRC 150℃	200℃	300℃	400℃	500℃	550℃	600℃	650℃	常用回火温度范围/℃	硬度HRC
			710~740		860~900	油	53~56	55	53	51	49	42	38	33		200~250	53~58
																430~470	45~50
			710~740		860~900	油	≥55	58	56	52	48	42	38	34		200~250	53~58
																430~470	45~50
			700~730		860~900	油	≥57	59	58	53	48	42	38	35	31	200~250	53~58
																430~470	45~50

4. 冷作模

序号	牌号	临界温度/℃ Ac_1 Ar_1	Ac_3 (Ac_{cm}) Ar_3 (Ar_{cm})	Ms Mf	锻造加工温度/℃ 加热	始锻 终锻	普通退火 加热温度/℃	冷却方式	硬度 HBW	等温退火 加热温度/℃	等温温度/℃	冷却方式	硬度 HBW
18	Cr12	810 755	(835) 770	180 -55	1120~1140	1080~1100 880~920	860±10	炉冷	207~255	830~850	720~740	空冷	≤269
19	Cr12Mo1V1				1050~1120		870~900	炉冷	217~255				
20	Cr12MoV	830 750	(855) 785	230 0	1050~1160	1000~1060 850~900	850~870	炉冷	207~255	850~870	730±10	空冷	207~255
21	Cr5Mo1V				1060~1100		840~870	炉冷	202~229	840~870	760	空冷	
22	9Mn2V	730 655	(760) 690	125	1080~1120	1050~1100 800~850	750~770	炉冷	≤229	760~780	680~700	空冷	≤229
23	CrWMn	750 710	(940)	260 -50	1100~1150	1050~1100 800~850	770~790	炉冷	207~255	790±10	720±10	空冷	207~255
24	9CrWMn	750 700	(900)	205	1100~1150	1050~1100 ≥850	760~790	炉冷	190~230	780~800	670~720	空冷	197~243
25	Cr4W2MoV	795 760	(900)	142	1130~1150	1040~1060 ≥850	860±10	炉冷	≤269	860±10	760±10	空冷	≤209
26	6Cr4W3Mo2VNb	810~830 720~740		220	1120~1150	1080~1120 850~900				860±10	740±10	空冷	≤209
27	6W6Mo5Cr4V	820 730		240	1100~1140	1100~1050 ≥850	850~860	炉冷	197~229	850~860	740~750	空冷	197~229

（续）

具用钢

正火			高温回火		淬火			回火									
温度/℃	冷却方式	硬度HBW	温度/℃	硬度HBW	温度/℃	淬火冷却介质	硬度HRC	不同温度回火后的硬度HRC 150℃	200℃	300℃	400℃	500℃	550℃	600℃	650℃	常用回火温度范围/℃	硬度HRC
			720~750		950~980	油	61~64	63	61	57	55	53	49	44	39	180~200 320~350	60~62 57~58
					980~1020	油或空气	>62									200~530	
			760~790	207~255	1020~1040	油	62~63	63	62	59	57	55	53	47	40	200~275 400~425	57~59 55~57
					920~980	油空气	>62	64	63	58	57	56	55	50		175~530	
			650~700		780~820	油	≥62	60	59	55	48	40	36	32	27	150~200	60~62
970~990	空冷	388~514	600~700	207~255	820~840	油	63~65	64	62	58	53	47	43	39	35	160~200	61~62
					820~840	油	64~66	62	60	58	52	45	40	35		170~230	60~62
					960~980	油或空气	≥62	65	63	61	59	58	55			280~300	60~62
					1080~1180	油	≥61		61	58	59	60	61	56		540~580	≥56
					1180~1200	硝盐或油	60~63					61	62	59		500~580	58~63

5. 热作模

序号	牌号	临界温度/℃			锻造加工温度/℃		退火						
							普通退火			等温退火			
		Ac_1	Ac_3 (Ac_{cm})	Ms	加热	始锻	加热温度/℃	冷却方式	硬度 HBW	加热温度/℃	等温温度/℃	冷却方式	硬度 HBW
		Ar_1	Ar_3 (Ar_{cm})	Mf		终锻							
28	5CrMnMo	710	760	220	1100~1150	1050~1100	760~780	炉冷	197~241	850~870	680	空冷	197~243
		650				800~850							
29	5CrNiMo	730	780	230	1100~1150	1050~1100	740~760	炉冷	197~241	760~780	680	空冷	197~243
		610	640			800~850							
30	3Cr2W8V	800	(850)	380	1130~1160	1080~1120	840~860	炉冷	207~255	830~850	710~740	空冷	207~255
		690	750			850~900							
31	5Cr4Mo3SiMnVAl	837	902	277									
32	3Cr3Mo3W2V	850	930	400	1170~1200	1070~1100				870	730	空冷	≤253
		735	825			≥900							
33	5Cr4W5Mo2V	836	893	250	1120~1170	1080~1130				850~870	720~740	空冷	≤255
		744	816			≥850							
34	8Cr3	785	830	370	1150~1180	1050~1100	790~810	炉冷	205~255				
		750	770	110		≥800							
35	4CrMnSiMoV	792	855	325	1100~1150	1050~1100				870~890	280~320	空冷	≤241
		660	770	165		≥850					640~660		
36	4Cr3Mo3SiV				1040~1120		870~900	炉冷	192~229				
37	4Cr5MoSiV	853	912	310	1120~1150	1070~1100	860~890	炉冷	≤229				
		720	773	130		≥850							
38	4Cr5MoSiV1	860	915	340	1120~1150	1050~1100	860~890	炉冷	≤229				
		775	815	215		≥850							
39	4Cr5W2VSi	800	875	275	1100~1150	1080~1100	870±10	炉冷	≤229				
		730	840	90		850~900							

（续）

具用钢

正火			高温回火		淬火			回火									
温度/℃	冷却方式	硬度 HBW	温度/℃	硬度 HBW	温度/℃	淬火冷却介质	硬度 HRC	不同温度回火后的硬度 HRC								常用回火温度范围/℃	硬度 HRC
								150℃	200℃	300℃	400℃	500℃	550℃	600℃	650℃		
					830~860	油	53~58	58	57	52	47	41	37	34	30	490~510 520~540	41~47 38~41
					830~860	油	53~59	59	58	53	48	43	38	35	31	490~510 520~540 560~580	14~47 38~42 34~37
					1050~1100	油或硝盐	49~52	52	51	50	49	47	48	45	40	600~620	40~48
					1090~1120	油	>60									580~620	50~54
					1060~1130	油	52~56									680 640	39~41 52~54
					1100~1150	油	57~62		58		57	58	58	58	52.5	450~670	50~62
					820~850 850~880	油 油	60~63 ≥55	62	60	58	55	50	43	39		480~520	41~46
					870±10	油	56~58				50	47	45	43	38	520~660	37~49
					1010~1040	空气或油	52~59									540~650	
					1000~1030	空气或油	53~55									530~560	47~49
					1020~1050	空气或油	56~58	55	52	51	51	52	53	45	35	560~580	47~49
					1060~1080	空气或油	56~58	57	56	56	56	57	55	52	43	580~620	48~53

6. 塑料模具用钢和

序号	牌号	临界温度/℃			锻造加工温度/℃		退火						
							普通退火			等温退火			
		Ac_1	Ac_3 (Ac_{cm})	Ms	加热	始锻	加热温度/℃	冷却方式	硬度HBW	加热温度/℃	等温温度/℃	冷却方式	硬度HBW
		Ar_1	Ar_3 (Ar_{cm})	Mf		终锻							
40	3Cr2Mo				1000~1120		760~790	炉冷	150~180				
41	7Mn15Cr2Al3V2WMo				1140~1170	1090~1100	高温退火			固溶处理			时效
						≥900	(880±10)℃ 炉冷 28~30HRC			1150~1180℃ 水冷 20~22HRC			650~ 空 48~

13.1.6　高速工具钢的热处理工艺参数（见表 13-6）

表 13-6　高速工具钢的

序号	牌号	临界温度/℃				锻造加工温度/℃		钢锭、钢坯、钢			
								软化退火			
		Ac_1	Ac_3 (Ac_{cm})	Ar_1	Ms	始锻温度	终锻温度	加热温度/℃	保温时间/h	冷却	硬度HBW
1	W18Cr4V	820	860	760	210	1150~1180	900~950	860~880	2	以 20 ~ 30℃/h 冷却到 500 ~ 600℃、然后炉冷或堆冷	≤277
2	W6Mo5Cr4V2	835	885	770	225	1040~1150	900~950	840~860	2		≤285
3	W6Mo5Cr4V2Al	835	885	770	—	1040~1150	900~950	850~870	2		≤285
4	W2Mo9Cr4V2	835~860			140	1040~1150	950	800~850	2		≤277
5	W6Mo5Cr4V3							850~870	2		≤277
6	W6Mo5Cr4V2Co5	825~851			220	1040~1150	900	840~860	2		≤285
7	W12Cr4V5Co5	841~873		740		1180	980	850~870	2		≤285
8	W2Mo9Cr4VCo8							860~880	2		≤285
9	W10Mo4Cr4V3Co10	830	870	765	175	1180	950	850~870	2		≤311

① 高强薄刃刀具淬火温度。
② 复杂刀具淬火温度。
③ 简单刀具淬火温度。
④ 冷作模具淬火温度。

（续）

特殊用途模具用钢

正火			高温回火		淬火			回火									
温度/℃	冷却方式	硬度HBW	温度/℃	硬度HBW	温度/℃	淬火冷却介质	硬度HRC	不同温度回火后的硬度HRC 150℃	200℃	300℃	400℃	500℃	550℃	600℃	650℃	常用回火温度范围/℃	硬度HRC
					810~870	油										150~260	
处理		气体氮碳共渗															
700℃ 冷 48.5HRC		560~570℃ 950~1100HV 68~70HRC 渗氮层深度 0.03~0.04mm															

热处理工艺参数

材的退火工艺				淬火和回火工艺							
等温退火				淬火预热		淬火加热			淬火冷却介质	回火	淬火、回火后硬度HRC
加热温度/℃	保温时间/h	冷却	硬度HBW	温度/℃	时间/(s/mm)	介质	温度/℃	时间/(s/mm)			
860~880	2	炉冷至740~760℃，保温2~4h，再炉冷至500~600℃，出炉空冷	≤255	850	24	中性盐浴	1260~1300	12~15	油	560℃，回火3次，每次1h，空冷	≥62
							1200~1240[①]	15~20			
840~860	2		≤255	850	24		1200~1220[①]	12~15	油	560℃，回火3次，每次1h，空冷	≥62
							1230[②]				≥63
							1240[③]				≥64
							1150~1200[④]	20			≥60
850~870	2	炉冷至740~750℃，保温2~4h，再炉冷至500~600℃，出炉空冷	≤269	850	24		1220~1240	12~15	油	550~570℃，回火4次，每次1h，空冷	≥65
800~850	2		≤255	800~850	24		1180~1210[②] 1210~1230[③]	12~15	油	550~580℃，回火3次，每次1h，空冷	≥65
850~870	2		≤255	850	24		1200~1230	12~15	油	550~570℃，回火3次，每次1h，空冷	≥64
840~860	2		≤269	800~850	24		1210~1230	12~15	油	550℃，回火3次，每次1h，空冷	≥64
850~870	2		≤277	800~850	24		1220~1245	12~15	油	530~550℃，回火3次，每次1h，空冷	≥65
860~880	2		≤269	850	24		1180~1200[②] 1200~1220[③]	12~15	油	550~570℃，回火4次，每次1h，空冷	≥66
850~870	2		≤302	800~850	24		1200~1230[②] 1230~1250[③]	12~15	油	550~570℃，回火3次，每次1h，空冷	≥66

13.1.7 不锈钢和耐热钢的热处理工艺参数（见表 13-7）

表 13-7 不锈钢和耐热钢的热处理工艺参数（JB/T 9197—2008）

1. 不完全退火、去应力退火或高温回火及正火的热处理规范①

组织类型	序号	牌号	不完全退火			正火			去应力退火或高温回火		
			加热温度/℃	冷却介质	硬度HBW	加热温度/℃	冷却介质	硬度HBW	加热温度/℃	冷却介质	硬度HBW
马氏体型	1	1Cr13	730~780 830~900	空气	≤229 ≤170	—	—	—	—	—	—
	2	2Cr13	870~900	炉冷	≤187				730~780	空气	≤229
	3	3Cr13			≤206						
	4	4Cr13			≤229						
	5	2Cr13Ni2	840~860		206~285						≤254
	6	1Cr17Ni2	—	—	—				670~690		≤285
	7	1Cr11Ni2W2MoV	—	—	—	900~1010	空冷	—	730~750	空气	197~269
	8	1Cr12Ni2WMoVNb				— 1140~1160	— 空冷		680~720		229~320
	9	1Cr14Ni3W2VB				930~950			670~690		197~254
	10	9Cr18	880~920	炉冷	≤269	—	—		730~790		≤269
	11	9Cr18MoV			≤241						≤254
	12	3Cr13Ni7Si2	—	淬火并退火与回火：1040~1070℃，水冷，860~880℃，保温 6h，随炉冷却至 300℃后空冷，600~680℃空冷							—
	13	4Cr10Si2Mo	等温退火	退火：1000~1040℃，保温 1h，随炉冷却至 750℃，保温 3h~4h，空冷							197~269
	14	2Cr3WMoV	—	—	—	1040~1060	空气	—	740~760	空气	187~269
	15	3Cr13Mo	870~900	炉冷	229	—	—		730~780		≤269

2. 淬火或固溶处理、回火或时效的热处理规范

组织类别	序号	牌号	淬火或固溶处理		按强度选择的回火或时效规范			按硬度选择的回火或时效规范		
			加热温度/℃	冷却介质	抗拉强度/MPa	回火或时效温度②/℃	冷却介质	布氏硬度HBW	回火或时效温度②/℃	冷却介质
马氏体型	1	1Cr13	1000~1050	油或空气	780~980	580~650	油或水	254~302	580~650	油或水
					880~1080	560~620		285~341	560~620	
					980~1180	550~580		354~362	550~580	
					1080~1270	520~560		341~388	520~560	
					>1270	<300	空气	>388	<300	空气
	2	2Cr13	980~1050	油或空气	650~880	640~690	油或空气	229~269	650~690	油或空气
					880~1080	560~640		254~285	600~650	
					980~1180	540~590		285~341	570~600	
					1080~1270	520~560		341~388	540~570	
					1180~1370	500~540		388~445	510~540	
					>1370	<350	空气	>445	<350	

（续）

2. 淬火或固溶处理、回火或时效的热处理规范

组织类别	序号	牌号	淬火或固溶处理		按强度选择的回火或时效规范			按硬度选择的回火或时效规范		
			加热温度/℃	冷却介质	抗拉强度/MPa	回火或时效温度②/℃	冷却介质	布氏硬度HBW	回火或时效温度②/℃	冷却介质
马氏体型	3	3Cr13	980~1050	油或空气	880~1080	580~620	油或水	254~285	620~680	油或水
					980~1180	560~610		285~341	580~610	
					1080~1270	550~600		341~388	550~600	
					1180~1370	540~590		388~445	520~570	
					1270~1470	530~570		445~514	500~530	
					>1470	<350	空气	>514	<350	空气
	4	4Cr13	1000~1050	油或空气	980~1180	590~640	油或水	285~341	600~650	油或空气
					1080~1270	570~620		341~388	570~610	
					1180~1370	550~600		388~445	530~580	
					1270~1470	540~580		—	—	
					1370~1570	300~357		445~514	300~370	空气
					>1570	<350	空气	>514	<350	
	5	2Cr13Ni2	1000~1020	油或空气	880~1080	580~680	油或水	269~302	580~680	油或水
					980~1180	540~630		285~362	540~630	
					1080~1270	520~580		302~388	520~580	
					1180~1370	500~540		362~445	500~540	
			900~930		1370~1570	<300	空气	≥44HRC	<300	空气
	6	1Cr17Ni2	950~1040	油	690~880	580~680	油或水	229~269	580~700	油或空气
					780~980	590~650		254~302	600~680	
					880~1080	540~600		285~341	520~580	
					980~1180	500~560		320~375	480~540	
					1080~1270	480~547		—	—	
					>1270	300~360	空气	>375	<350	空气
	7	1Cr11Ni2W2MoV	990~1010	油或空气	<880	680~740	空气	241~258	680~740	空气
					880~1080	640~680		269~320	650~710	
					>1080	550~590		311~388	550~590	
	8	1Cr12Ni2WMoVNb	1140~1160	油或空气	<880	680~740	空气	241~258	680~740	空气
					880~1080	640~680		269~320	650~710	
					>1080	570~600		320~401	570~600	
	9	1Cr14Ni3W2VB	1040~1060	油或空气	>930	600~680	空气	285~341	600~680	空气
					>1130	500~600		330~388	550~600	
	10	9Cr18③	1010~1070	油	—	—	—	50~55HRC	250~380	空气
								>55HRC	160~250	
	11	9Cr18MoV③	1050~1070	油	—	—	—	50~55HRC	260~320	空气
								>55HRC	160~250	

（续）

2. 淬火或固溶处理、回火或时效的热处理规范

组织类别	序号	牌号	淬火或固溶处理		按强度选择的回火或时效规范			按硬度选择的回火或时效规范		
			加热温度/℃	冷却介质	抗拉强度/MPa	回火或时效温度②/℃	冷却介质	布氏硬度 HBW	回火或时效温度②/℃	冷却介质
马氏体型	12	3Cr13Ni7Si2④	790~810	油	—	—	—	341~401	—	—
	13	4Cr10Si2Mo	1010~1050	油或空气	—	—	—	302~341	700~760	空气
	14	2Cr3WMoV	1030~1080	油	>880	660~700		285~341	660~700	空气
奥氏体型	15	0Cr18Ni9	1050~1100	空气或水	—	—	—	—	—	—
	16	1Cr18Ni9	1050~1150	空气或水	—	—	—	—	—	—
	17	2Cr18Ni9	1100~1150	空气或水	—	—	—	—	—	—
	18	1Cr18Ni9Ti⑤	1050~1150	空气或水	—	—	—	—	—	—
	19	2Cr13Ni4Mn9	1120~1150	空气或水	—	—	—	—	—	—
	20	4Cr14Ni14W2Mo	1040~1060	水	—	—	—	197~285	620~680	空气
					—	—	—	179~285	810~830	
	21	2Cr18Ni8W2	1020~1060	水	—	—	—	≤276	640~660	空气
			—	—	—	—	—	234~276	810~830	
	22	1Cr21Ni5Ti	950~1050	空气或水	—	—	—	—	—	—
	23	1Cr18Mn8Ni5N	940~960	空气或水	—	—	—	—	—	—
			1060~1080							
	24	1Cr19Ni11Si4AlTi	980~1020	水	—	—	—	—	—	—
	25	1Cr14Mn14Ni	1000~1150	空气或水	—	—	—	—	—	—
	26	1Cr14Mn14Ni3Ti	1050~1100	空气或水	—	—	—	—	—	—
	27	1Cr23Ni18	1050~1150	空气或水	—	—	—	—	—	—
沉淀硬化型	28	0Cr17Ni4Cu4Nb⑥	1030~1050	空气或水	>930	580~620	空气	30~35HRC	600~620	空气
					>980	550~580		35~40HRC	550~580	
					>1080	500~550		38~43HRC	500~550	
					>1180	480~500		41~45HRC	460~500	
	29	0Cr17Ni7Al⑦	Ⅰ:1050~1070	空气或水	—	—	—	—	—	—
			Ⅱ:		>1140			≥39HRC	—	—
			Ⅲ:		>1250	—	—	≥41HRC	—	—
	30	0Cr15Ni7Mo2Al⑦	Ⅰ:1050~1070	空气或水	—	—	—	—	—	—
			Ⅱ:		>1210			≥40HRC	—	—
			Ⅲ:		>1250	—	—	≥41HRC	—	—

注：表中牌号为旧牌号，牌号新旧对照见表 12-50~表 12-54。

① 炉冷至 600℃以下空冷。

② 在保证强度和硬度的前提下，回火温度可适当调整。

③ 当采用上限淬火温度时，可进行深冷处理，并低温回火。

④ 可采用 930~990℃淬火或 850~900℃稳定化退火。

⑤ 淬火前应经 1040~1070℃，水冷，860~880℃保温 6h，随炉冷却至 300℃空冷，600~680℃空冷。

⑥ 若工件要冷变形时，应适当提高固溶温度，进行调整处理，然后再进行回火处理。

⑦ Ⅰ处理后可进行冷变形。Ⅱ或Ⅲ为连续进行的热处理工艺：Ⅱ1050~1070℃（空气或水）+760℃×90min（空气）+565℃回火×90min（空气）；Ⅲ1050~1070℃（空气或水）+950℃×10min（空气）+深冷处理-70℃×8h，恢复至室温后再加热到 510℃回火×(30~60) min，空冷。

13.2　常用钢的热处理工艺参考曲线图

13.2.1　常用钢的奥氏体等温转变图

常用钢的奥氏体等温转变图索引见表 13-8。图 13-1～图 13-103 所示的奥氏体等温转变图中，包括了少数非标准牌号钢的奥氏体等温转变图，考虑到这些图具有一定的参考价值，因此予以保留，以供参考使用。

表 13-8　常用钢的奥氏体等温转变图索引

序号	图号	牌　号	页码	序号	图号	牌　号	页码
1	图 13-1	08	592	53	图 13-53	20Cr2Ni4A	605
2	图 13-2	30	592	54	图 13-54	20Cr2Ni4A(渗碳后)	605
3	图 13-3	35	592	55	图 13-55	20CrNiMo	605
4	图 13-4	45	592	56	图 13-56	30CrNiMo	605
5	图 13-5	50	593	57	图 13-57	35CrNiMo	606
6	图 13-6	55	593	58	图 13-58	40CrNiMo	606
7	图 13-7	16Mn	593	59	图 13-59	30Cr2NiMo	606
8	图 13-8	30Mn	593	60	图 13-60	35CrNi2Mo	606
9	图 13-9	Y40Mn	594	61	图 13-61	40CrNi2Mo	607
10	图 13-10	20Mn2	594	62	图 13-62	12Cr2Ni3Mo	607
11	图 13-11	40Mn2	594	63	图 13-63	30CrNi3Mo	607
12	图 13-12	45Mn2	594	64	图 13-64	34CrNi3Mo	607
13	图 13-13	50MnMo	595	65	图 13-65	18Cr2Ni4Mo	608
14	图 13-14	45B	595	66	图 13-66	35Cr2Ni4Mo	608
15	图 13-15	40MnB	595	67	图 13-67	65	608
16	图 13-16	40MnBRE	595	68	图 13-68	65Mn	608
17	图 13-17	20Mn2B 与 20Mn2	596	69	图 13-69	60Si2Mn	609
18	图 13-18	20Mn2B 与 20Mn2(渗碳后)	596	70	图 13-70	55SiMnMoV	609
19	图 13-19	20Mn2TiB	596	71	图 13-71	65Cr4W3Mo2VNb	609
20	图 13-20	14MnVTiRE	596	72	图 13-72	GCr6	609
21	图 13-21	18MnMoNb	597	73	图 13-73	GCr15	610
22	图 13-22	35SiMn	597	74	图 13-74	GCr15SiMn	610
23	图 13-23	45SiMn2	597	75	图 13-75	T8	610
24	图 13-24	20Cr	597	76	图 13-76	T10	610
25	图 13-25	30Cr	598	77	图 13-77	T11	611
26	图 13-26	40Cr	598	78	图 13-78	T12	611
27	图 13-27	45Cr	598	79	图 13-79	Cr	611
28	图 13-28	50Cr	598	80	图 13-80	9Cr2	611
29	图 13-29	20CrMo	599	81	图 13-81	Cr12	612
30	图 13-30	20CrMo(渗碳后)	599	82	图 13-82	V	612
31	图 13-31	35CrMo	599	83	图 13-83	9Mn2V	612
32	图 13-32	42CrMo	599	84	图 13-84	CrMnV	612
33	图 13-33	50CrMo	600	85	图 13-85	CrWMn	613
34	图 13-34	45CrV	600	86	图 13-86	5CrMnMo	613
35	图 13-35	25Cr2MoVA	600	87	图 13-87	5CrNiMo	613
36	图 13-36	32Cr2Mo1VA	600	88	图 13-88	5CrNiW	613
37	图 13-37	38CrMoAlA	601	89	图 13-89	3Cr2W8V	614
38	图 13-38	30CrMnSi	601	90	图 13-90	4Cr5MoVSi	614
39	图 13-39	35CrMnSiA	601	91	图 13-91	8Cr2SiMnMoV	614
40	图 13-40	20CrMnTi	601	92	图 13-92	W3Mo2Cr4VSi	614
41	图 13-41	20CrMnTi(渗碳后)	602	93	图 13-93	Cr4Mo5W6V	615
42	图 13-42	40CrMnTi	602	94	图 13-94	Cr4Mo5W6V2Co5	615
43	图 13-43	20Cr2Mn2MoAl(渗碳后)	602	95	图 13-95	W12Mo2Cr4VRE	615
44	图 13-44	50CrMnV	602	96	图 13-96	W18Cr4V	615
45	图 13-45	20CrNi	603	97	图 13-97	W18Cr4V2MoCo5	616
46	图 13-46	20CrNi(渗碳后)	603	98	图 13-98	06Cr13	616
47	图 13-47	40CrNi	603	99	图 13-99	12Cr13	616
48	图 13-48	12CrNi3	603	100	图 13-100	20Cr13	616
49	图 13-49	12CrNi3(渗碳后)	604	101	图 13-101	30Cr13	617
50	图 13-50	20CrNi3	604	102	图 13-102	10Cr17	617
51	图 13-51	30CrNi3	604	103	图 13-103	Mn13	617
52	图 13-52	12Cr2Ni2	604				

注：曲线图中表示组织组成相含量的数据为体积分数，因有些图内曲线多，组织组成相含量数据后的“%”均未标出。

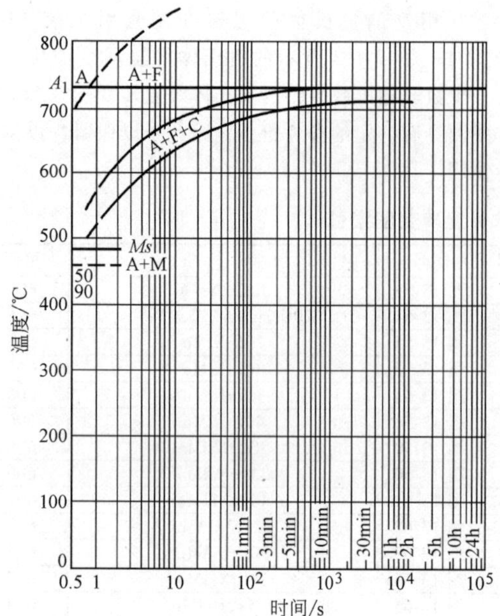

图 13-1　08 钢

化学成分（质量分数,%）		奥氏体化温度	910℃
C	0.06	晶粒度	7 级
Mn	0.43	A_1	730℃
		Ms	480℃

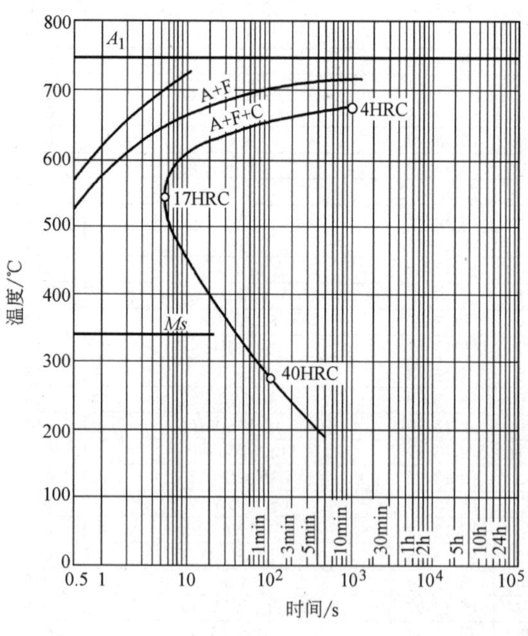

图 13-2　30 钢

化学成分（质量分数,%）		奥氏体化温度	840℃
C	0.30	晶粒度	6~8 级
Si	0.46	A_1	745℃

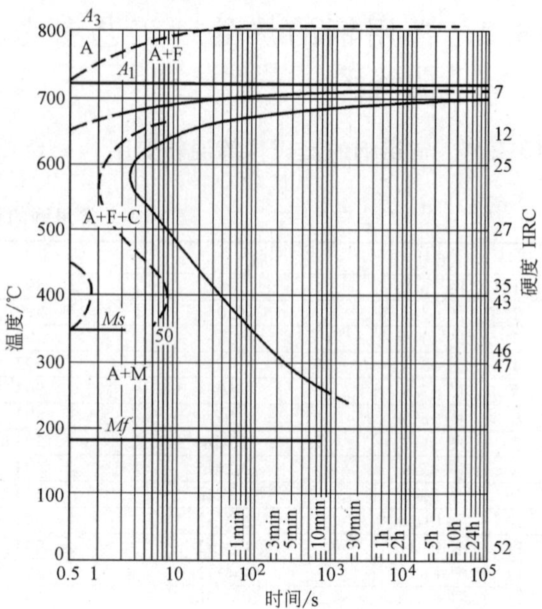

图 13-3　35 钢

化学成分（质量分数,%）		奥氏体化温度	840℃
C	0.35	A_1	720℃
Mn	0.37	A_3	800℃
		Ms	350℃

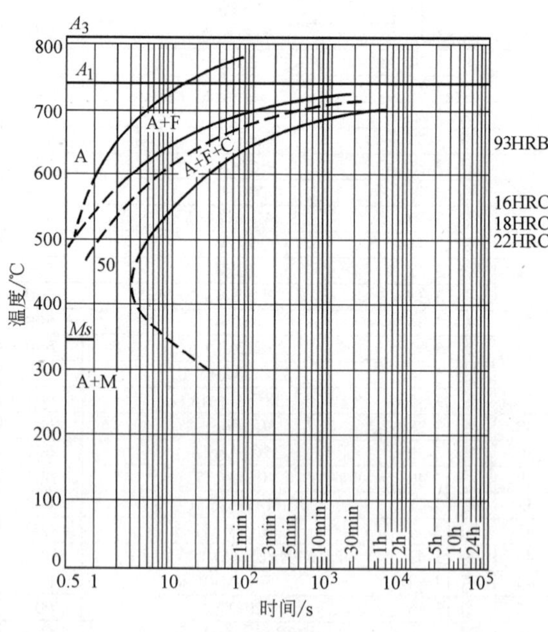

图 13-4　45 钢

化学成分（质量分数,%）		奥氏体化温度	850℃
C	0.46	A_1	740℃
Si	0.19	A_3	805℃
Mn	0.80	*Ms*	345℃
Cr	0.13		

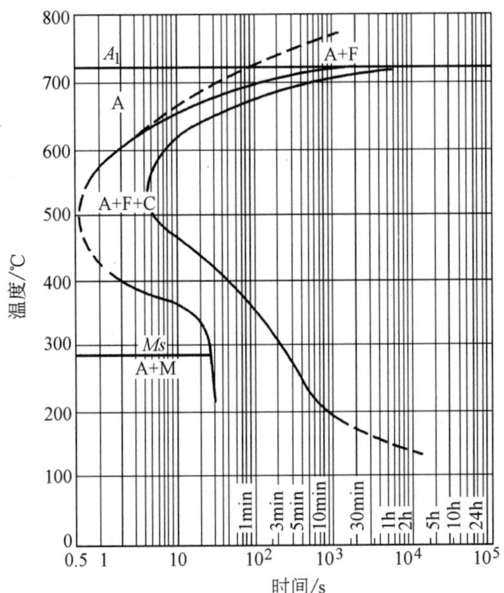

图 13-5 50 钢

化学成分（质量分数,%）		奥氏体化温度	900℃
C	0.53	A_1	720℃
Si	0.23	Ms	290℃
Mn	0.32		

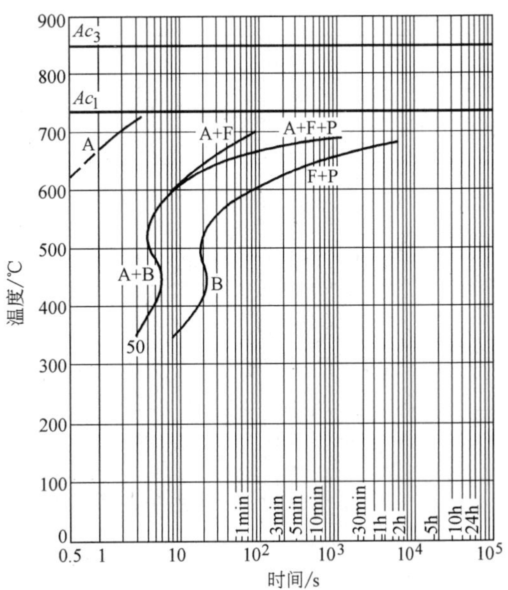

图 13-7 16Mn 钢

化学成分（质量分数,%）		奥氏体化温度	910℃
C	0.19	奥氏体化时间	20min
Si	0.53	晶粒度	8 级
Mn	1.38	Ms	386℃
Ti	0.02		

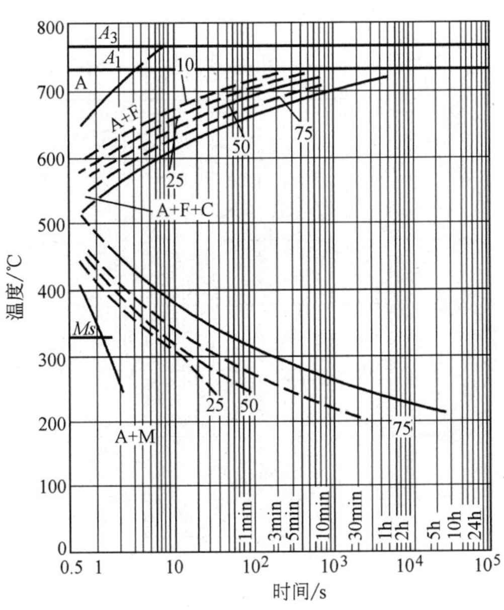

图 13-6 55 钢

化学成分（质量分数,%）		奥氏体化温度	870℃
C	0.55	A_1	730℃
		A_3	760℃
		Ms	320℃

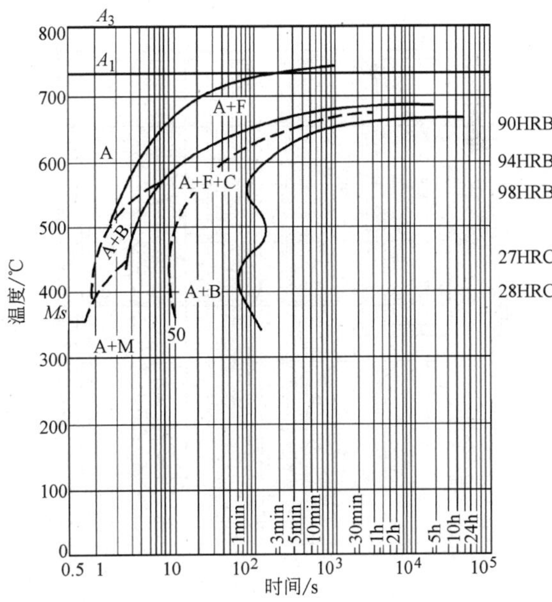

图 13-8 30Mn 钢

化学成分（质量分数,%）				奥氏体化温度	850℃
C	0.33	Ni	0.24	A_1	735℃
Si	0.30	Mo	0.04	A_3	800℃
Mn	1.12	Cu	0.19	Ms	355℃
Cr	0.11				

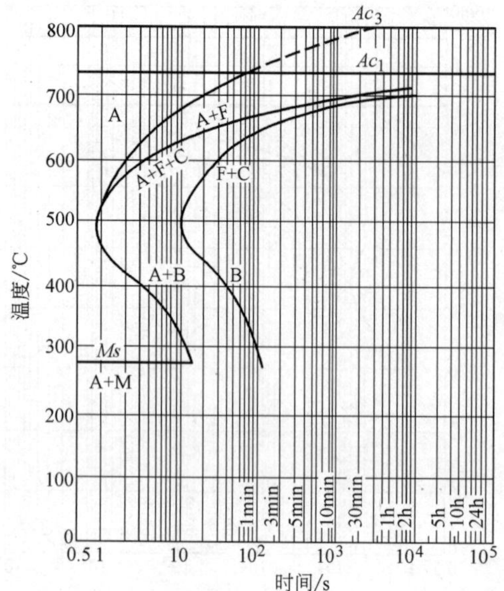

图 13-9　Y40Mn 钢

化学成分（质量分数,%）			
C	0.51	奥氏体化温度	850℃
Si	0.25	晶粒度	8 级
Mn	1.39	Ac_1	731℃
S	0.257	Ac_3	807℃
P	0.04	Ms	280℃

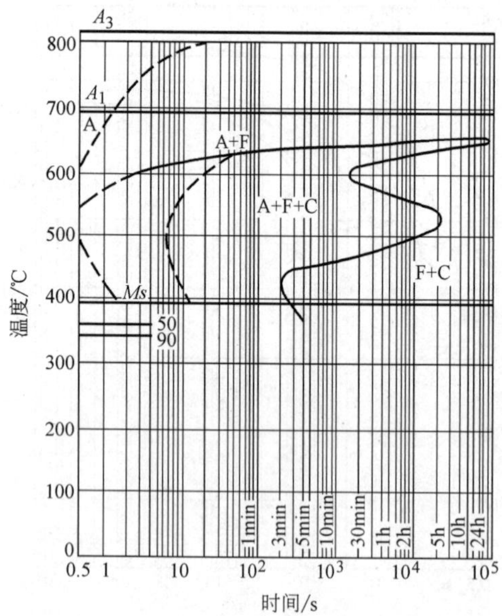

图 13-10　20Mn2 钢

化学成分（质量分数,%）			
C	0.20	奥氏体化温度	925℃
Mn	1.88	晶粒度	7~8 级
Cu	0.11	A_1	695℃
		A_3	820℃

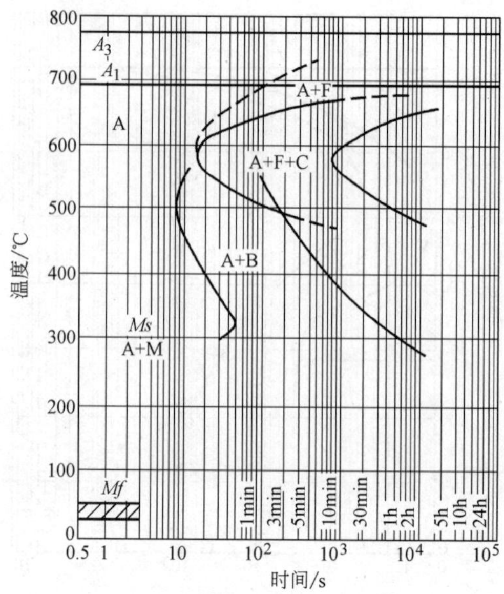

图 13-11　40Mn2 钢

化学成分（质量分数,%）			
C	0.40	A_1	695℃
Si	0.40	A_3	770℃
Mn	2.06	Ms	300℃
Cr	0.11		
Ni	0.05		

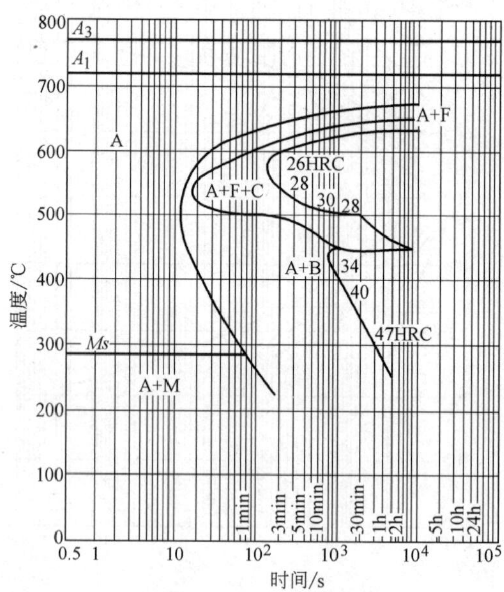

图 13-12　45Mn2 钢

化学成分（质量分数,%）			
C	0.48	奥氏体化温度	850℃
Si	0.28	A_1	720℃
Mn	1.98	A_3	765℃
Cu	0.19	Ms	290℃

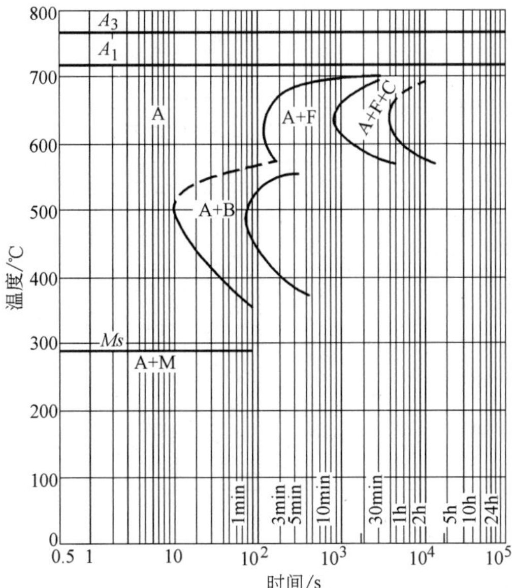

图 13-13　50MnMo 钢

化学成分（质量分数,%）				奥氏体化温度	850℃
C	0.52	Cr	0.13	A_1	720℃
Si	0.30	Ni	0.16	A_3	765℃
Mn	1.18	Mo	0.30	Ms	290℃

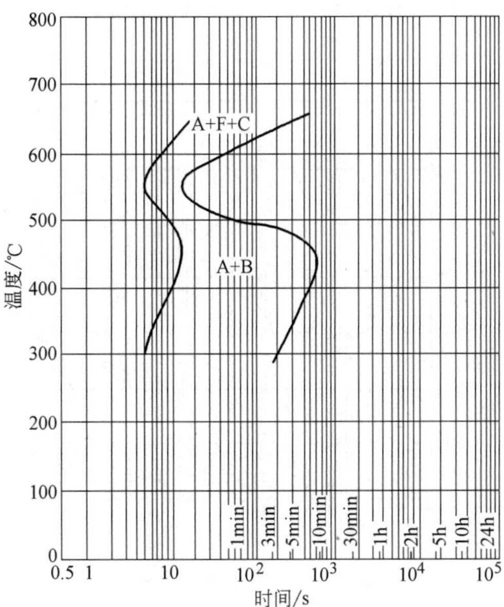

图 13-14　45B 钢

化学成分（质量分数,%）		奥氏体化温度	—
C	0.48	Ac_1	725℃
Si	0.30	Ac_3	770℃
Mn	0.68		
B	0.0043		

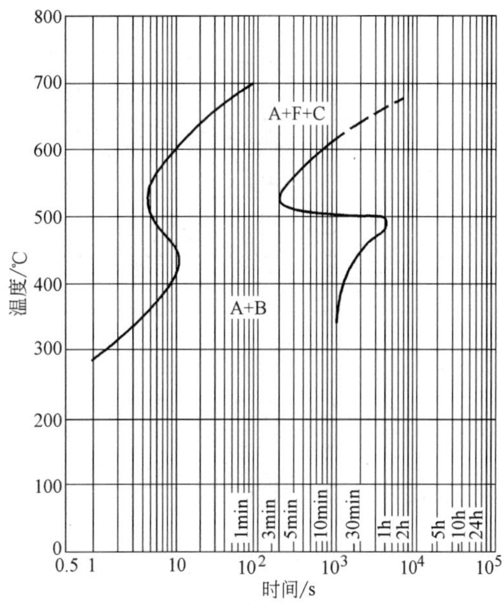

图 13-15　40MnB 钢

化学成分（质量分数,%）				奥氏体化温度	850℃
C	0.41	P	<0.035	奥氏体化时间	6min
Si	0.47	S	<0.026	Ac_1	730℃
Mn	1.08	B	0.0034	Ac_3	780℃

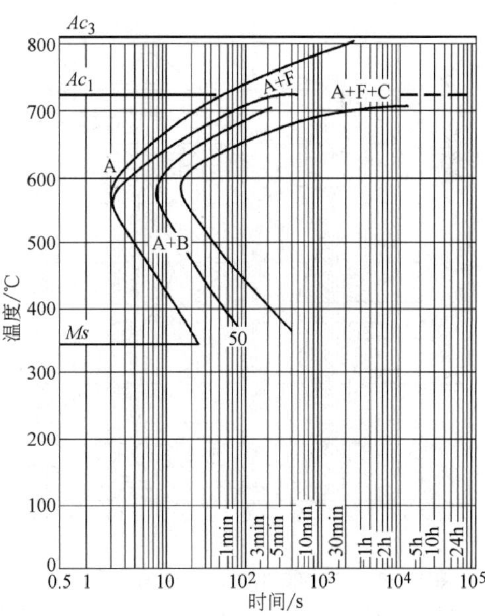

图 13-16　40MnBRE 钢

化学成分（质量分数,%）				奥氏体化温度	850℃
C	0.38	S	0.004	奥氏体化时间	10min
Si	0.25	P	0.010	晶粒度	5 级
Mn	1.13	RE	0.079	Ac_1	725℃
Cr	0.03	B	0.0038	Ac_3	805℃
Ni	0.03	Cu	0.04	Ms	340℃

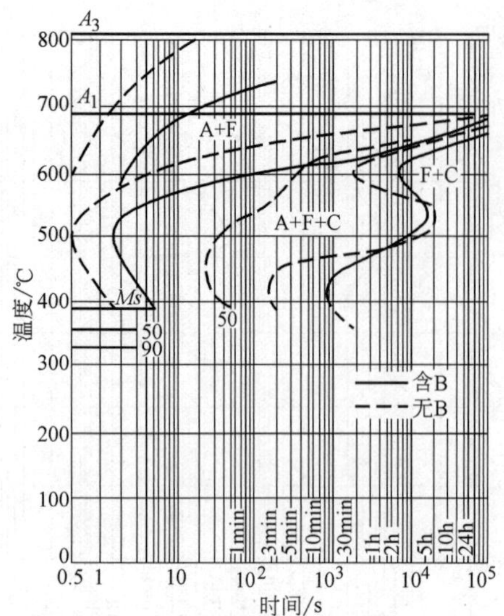

图 13-17　20Mn2B 与 20Mn2 钢

化学成分（质量分数,%）		奥氏体化温度	930℃
C	0.21	晶粒度	7~8 级
Mn	2.04	A_1	690℃
B	0.0015	A_3	805℃

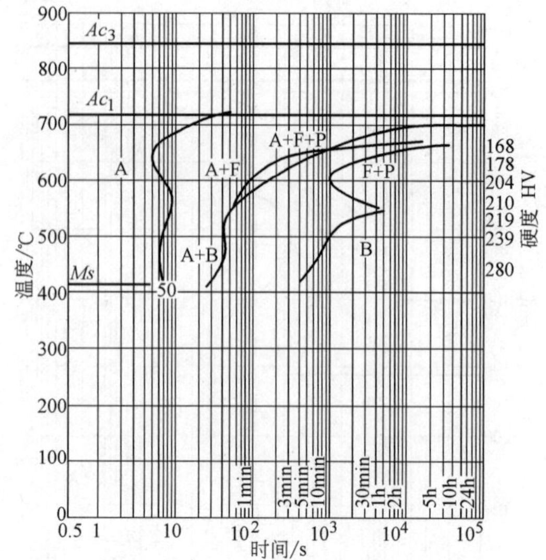

图 13-19　20Mn2TiB 钢

化学成分（质量分数,%）				原始状态	正火+高温回火
C	0.20	Cr	0.15	奥氏体化温度	900℃
Si	0.32	Ni	0.12	奥氏体化时间	25min
Mn	1.63	Ti	0.085	晶粒度	4~5 级
P	0.014	B	0.0028	*Ms*	410℃
S	0.005				

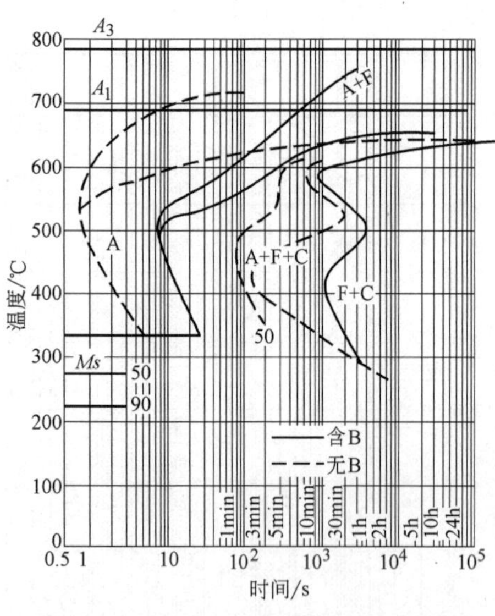

图 13-18　20Mn2B 钢与 20Mn2 钢（渗碳后）

化学成分（质量分数,%）		奥氏体化温度	930℃（含 B）
C	0.40		930℃（不含 B）
Mn	2.04	晶粒度	2~4（级）（50%）
B	0.0015		7~8（级）（75%）
			6~7（级）（50%）
			3~5（级）（25%）
		A_1	690℃
		A_3	780℃

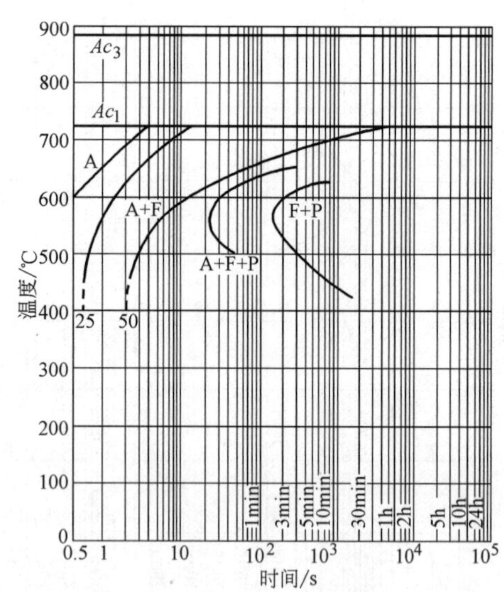

图 13-20　14MnVTiRE 钢

化学成分（质量分数,%）		原始状态	正火
C	0.14	奥氏体化温度	930℃
Si	0.48	奥氏体化时间	20min
Mn	1.32	晶粒度	8 级
V	0.071	*Ms*	434℃
Ti	0.12		
RE	0.016		

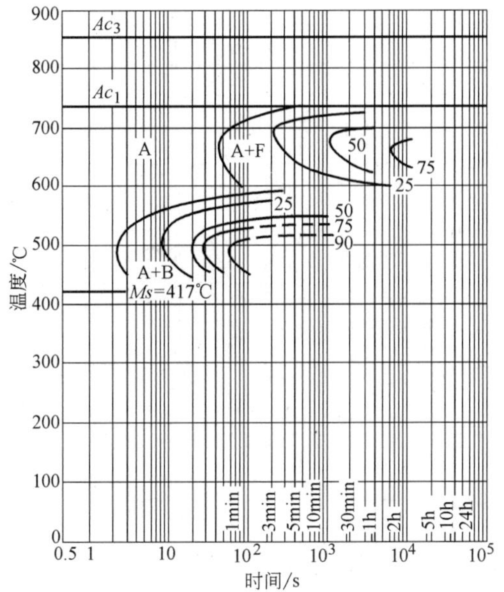

图 13-21　18MnMoNb 钢

化学成分（质量分数,%）				原始状态	正火+回火
C	0.19	Cr	0.24	奥氏体化温度	900℃
Si	0.27	Ni	0.25	奥氏体化时间	20min
Mn	1.30	Mo	0.53	晶粒度	7~8 级
P	0.013	Nb	0.04	*Ms*	417℃
S	0.008	Cu	0.03		

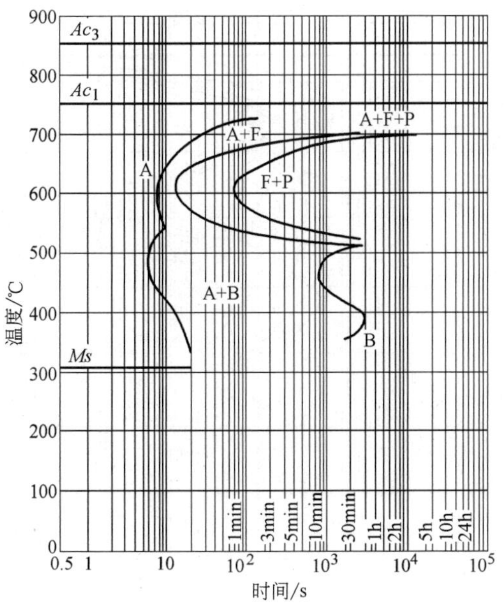

图 13-22　35SiMn 钢

化学成分（质量分数,%）				原始状态	退火
C	0.37	S	0.003	奥氏体化温度	900℃
Si	1.32	Cr	<0.05	奥氏体化时间	20min
Mn	1.30	Ni	<0.05	晶粒度	7~8 级
P	0.010			*Ms*	310℃

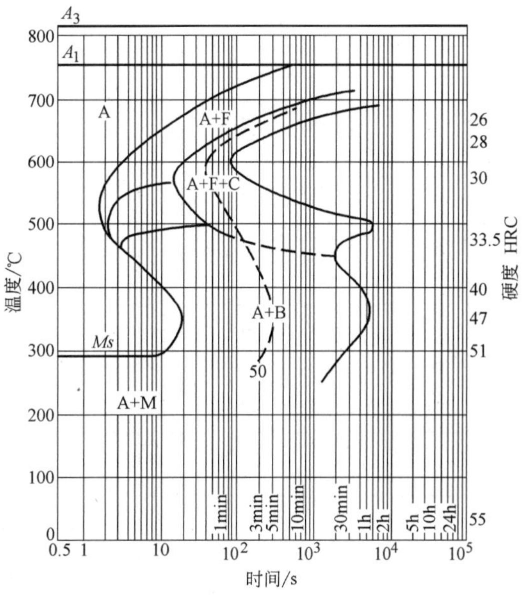

图 13-23　45SiMn2 钢

化学成分（质量分数,%）				奥氏体化温度	925℃
C	0.45	Ni	0.03	A_1	760℃
Si	1.34	Mo	0.10	A_3	815℃
Mn	1.50	V	0.04	*Ms*	290℃
Cr	0.02				

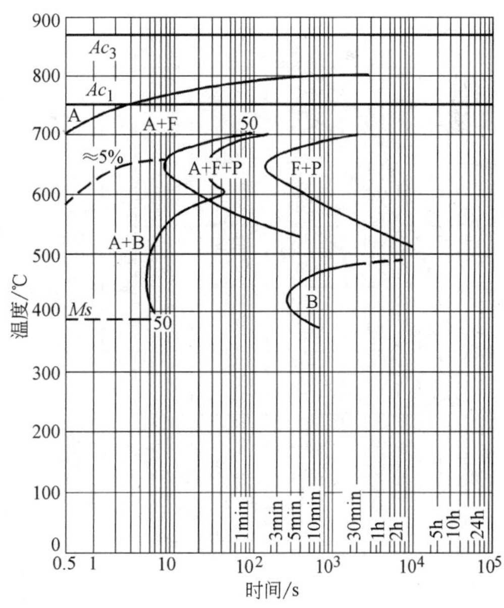

图 13-24　20Cr 钢

化学成分（质量分数,%）				原始状态	
C	0.21	S	0.009	奥氏体化温度	910℃
Si	0.25	Cr	0.92	奥氏体化时间	20min
Mn	0.62	Ni	0.13	晶粒度	6~7 级
P	0.020	Cu	0.12	*Ms*	390℃

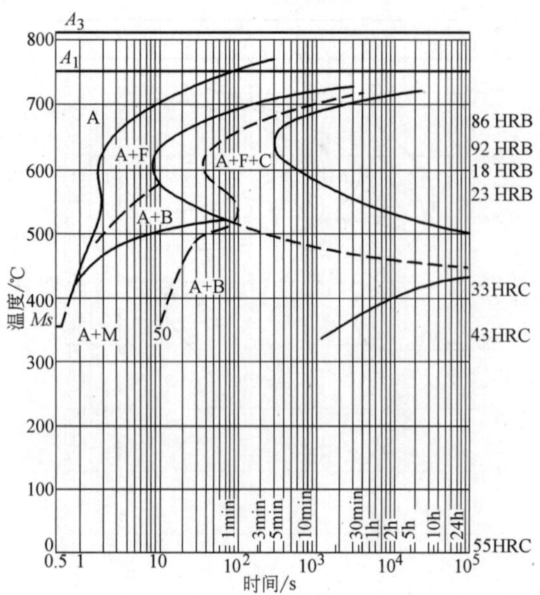

图 13-25　30Cr 钢

化学成分（质量分数,%）				奥氏体化温度	850℃
C	0.32	Ni	0.26	A_1	755℃
Si	0.30	Mo	0.02	A_3	810℃
Mn	0.75	Cu	0.17	*Ms*	350℃
Cr	1.08				

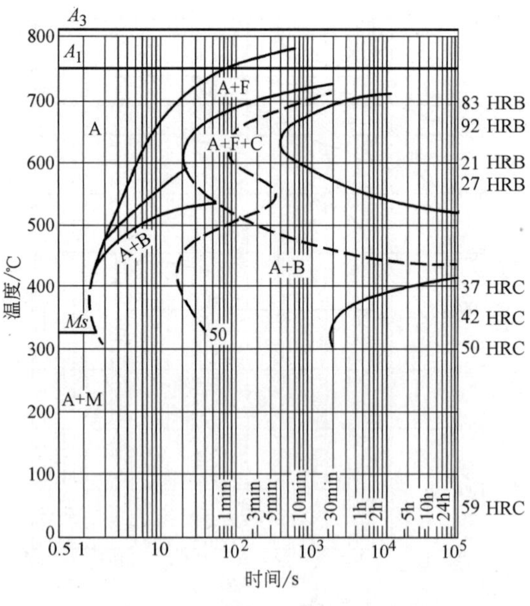

图 13-26　40Cr 钢

化学成分（质量分数,%）				奥氏体化温度	850℃
C	0.38	Ni	0.26	A_1	705℃
Si	0.26	Mo	0.04	A_3	805℃
Mn	0.74	Cu	0.17	*Ms*	325℃
Cr	0.90				

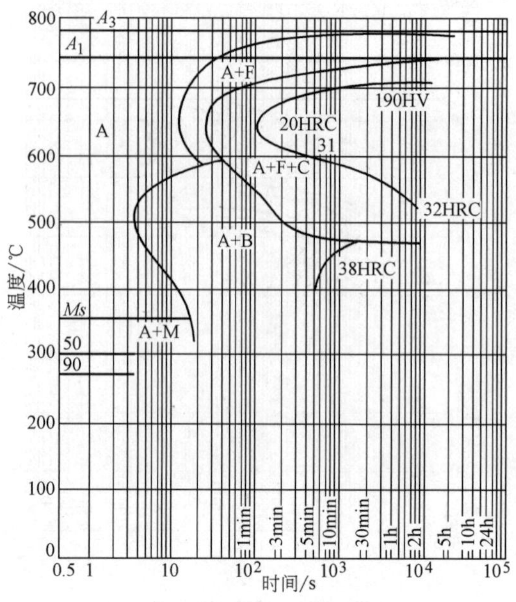

图 13-27　45Cr 钢

化学成分（质量分数,%）				奥氏体化温度	840℃
C	0.44	Cr	1.04	A_1	745℃
Si	0.22	Ni	0.26	A_3	790℃
Mn	0.80	Mo	0.04	*Ms*	355℃

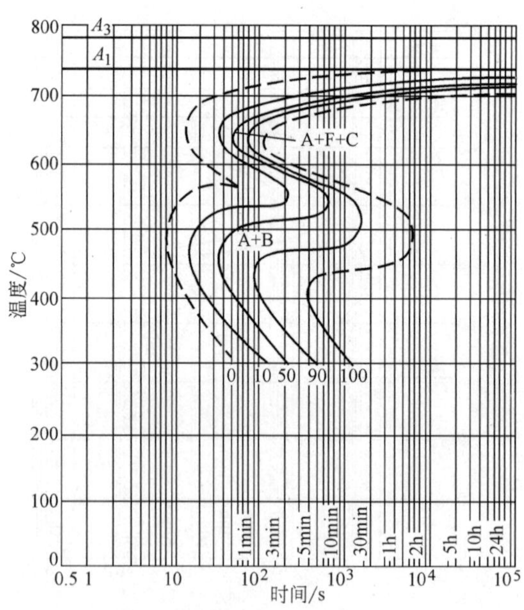

图 13-28　50Cr 钢

化学成分（质量分数,%）				奥氏体化温度	860℃
C	0.48	Cr	0.98	A_1	735℃
Si	0.28	Ni	0.48	A_3	780℃
Mn	0.86	Mo	0.04		

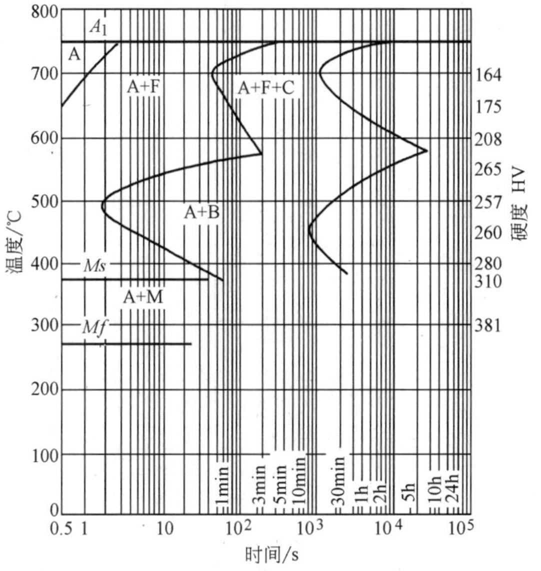

图 13-29　20CrMo 钢

化学成分（质量分数,%）				奥氏体化温度	875℃
C	0.18	Cr	0.81	A_1	755℃
Si	0.21	Mo	0.27	A_3	840℃
Mn	0.62			*Ms*	380℃

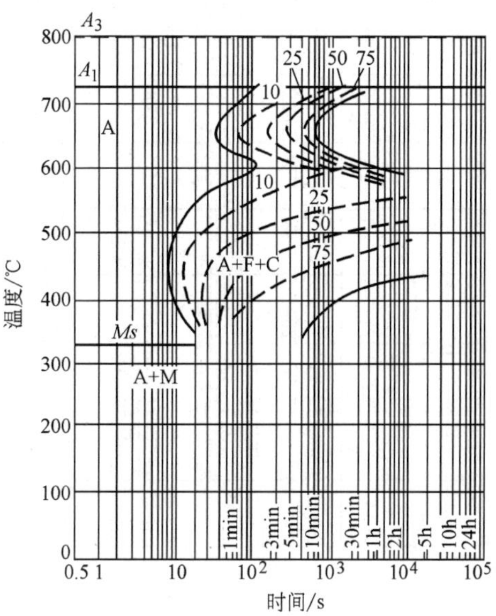

图 13-31　35CrMo 钢

化学成分（质量分数,%）		奥氏体化温度	870℃
C	0.35	A_1	730℃
Cr	1.15	A_3	800℃
Mo	0.25	*Ms*	330℃

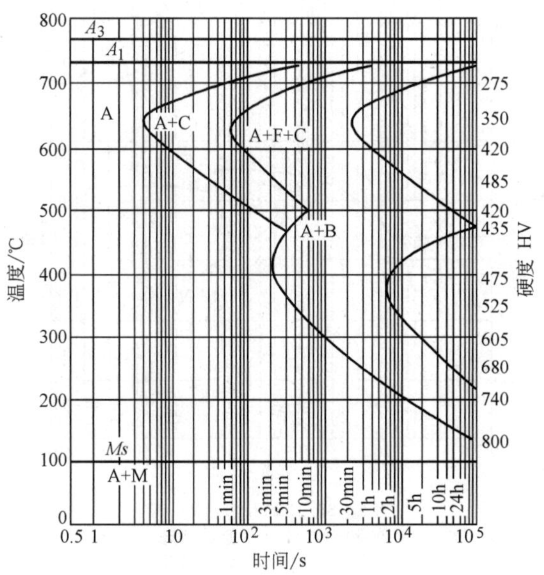

图 13-30　20CrMo 钢（渗碳后）

化学成分（质量分数,%）				奥氏体化温度	875℃
C	1.08	Cr	0.81	A_1	735℃
Si	0.21	Mo	0.27	A_3	775℃
Mn	0.62			*Ms*	100℃

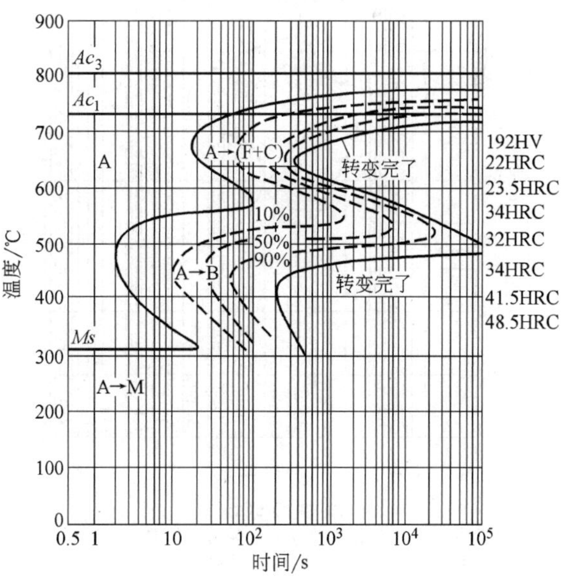

图 13-32　42CrMo 钢

化学成分（质量分数,%）				奥氏体化温度	860℃
C	0.41	Cr	1.01	Ac_1	730℃
Si	0.29	Mo	0.23	Ac_3	880℃
Mn	0.67			*Ms*	310℃

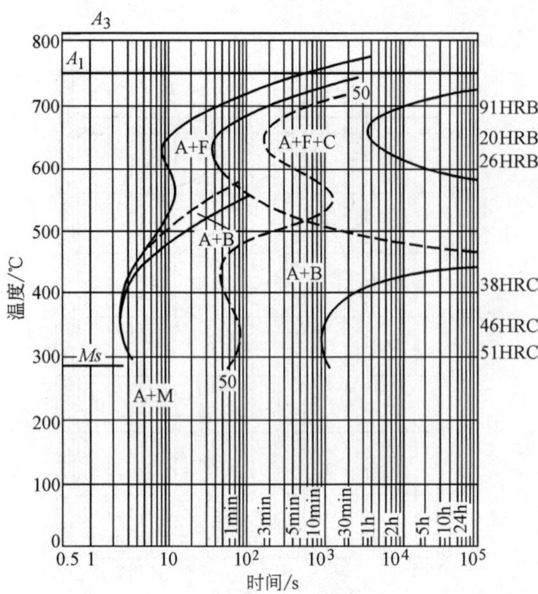

图 13-33 50CrMo 钢

化学成分（质量分数,%）				奥氏体化温度	850℃
C	0.52	Ni	0.17	A_1	750℃
Si	0.40	Mo	0.22	A_3	810℃
Mn	0.60	V	0.05	*Ms*	290℃
Cr	1.00	Cu	0.38		

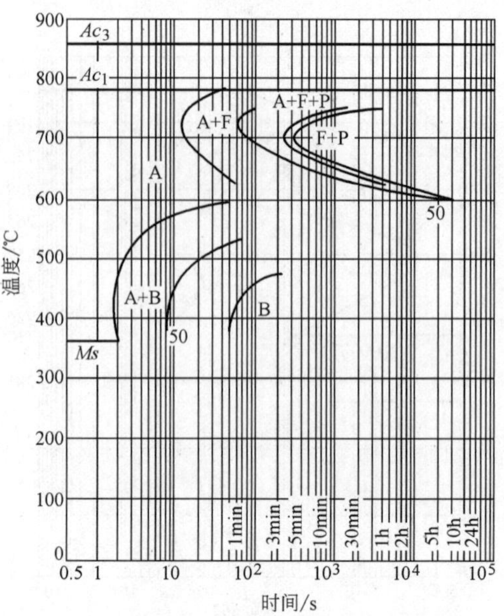

图 13-35 25Cr2MoVA 钢

化学成分（质量分数,%）				原始状态	正火+回火
C	0.23	Ni	0.03	奥氏体化温度	940℃
Si	0.30	Mo	0.29	奥氏体化时间	30min
Mn	0.53	V	0.21	*Ms*	365℃
P	0.018	Cu	0.11		
Cr	1.55				

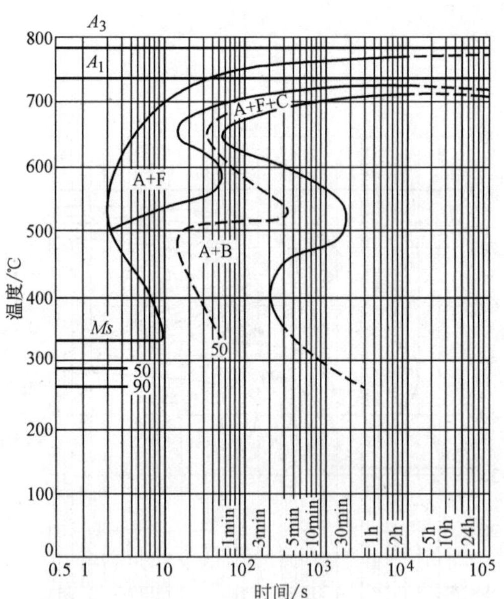

图 13-34 45CrV 钢

化学成分（质量分数,%）				奥氏体化温度	845℃
C	0.45	Ni	—	晶粒度	8 级
Si	—	Mo	—	A_1	735℃
Mn	0.74	V	0.16	A_3	780℃
Cr	0.92				

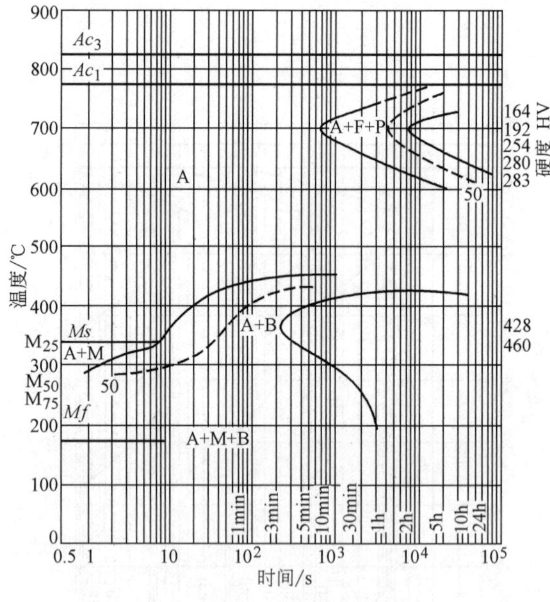

图 13-36 32Cr2Mo1VA 钢

化学成分（质量分数,%）				原始状态	退火
C	0.29	Cr	2.32	奥氏体化温度	930℃
Si	0.23	Ni	0.10	奥氏体化时间	5min
Mn	0.38	Mo	1.51	晶粒度	8 级
S	0.004	V	0.23	Ac_1	773℃
P	0.02	Cu	0.093	Ac_3	820℃
				Ms	335℃
				Mf	177℃

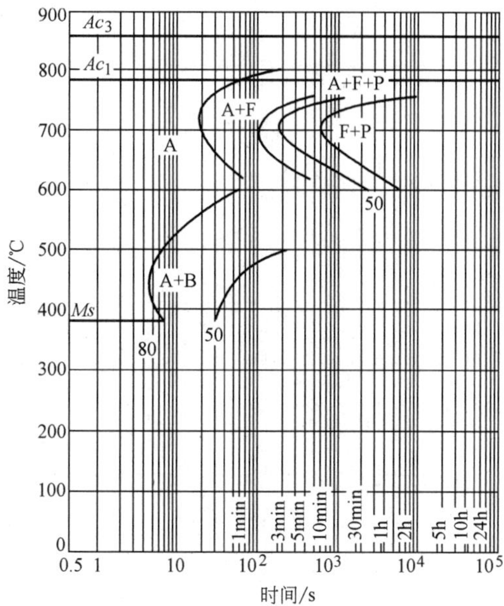

图 13-37　38CrMoAlA 钢

化学成分（质量分数,%）				原始状态	正火+回火
C	0.38	Cr	1.38	奥氏体化温度	930℃
Si	0.42	Mo	0.23	奥氏体化时间	20min
Mn	0.46	Al	0.82	*Ms*	380℃

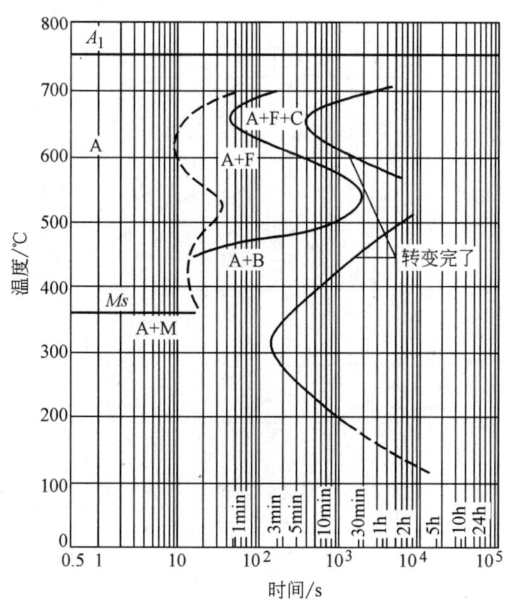

图 13-38　30CrMnSi 钢

化学成分（质量分数,%）				奥氏体化温度	870℃
C	0.28	Cr	1.00		
Si	1.00	Ni	—		
Mn	1.10	Mo	—		

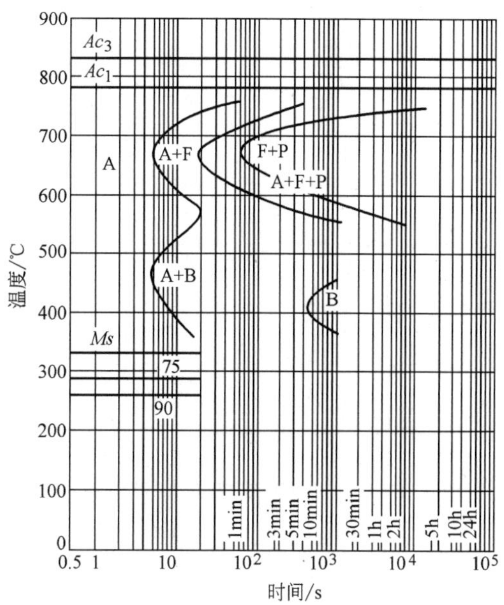

图 13-39　35CrMnSiA 钢

化学成分（质量分数,%）				原始状态	正火+回火
C	0.35	S	0.007	奥氏体化温度	880℃
Si	1.18	Cr	1.27	奥氏体化时间	20min
Mn	0.98	Ni	0.05	*Ms*	330℃
P	0.019	Cu	0.09		

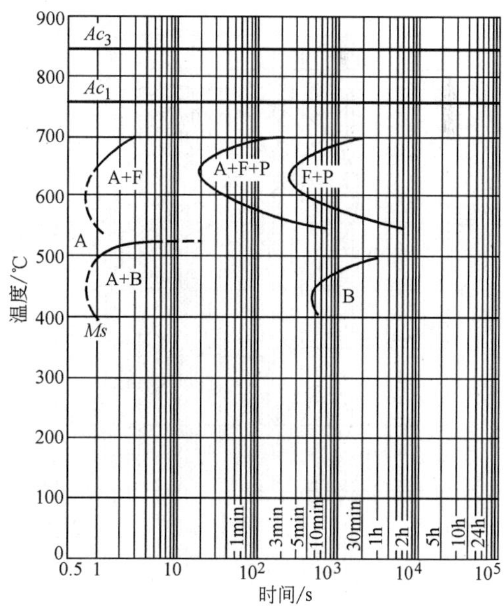

图 13-40　20CrMnTi 钢

化学成分（质量分数,%）				原始状态	正火
C	0.184	S	0.013	奥氏体化温度	880℃
Si	0.28	Cr	1.18	奥氏体化时间	25min
Mn	0.98	Ti	0.17	晶粒度	7~8 级
P	0.013	Cu	0.09	*Ms*	374℃

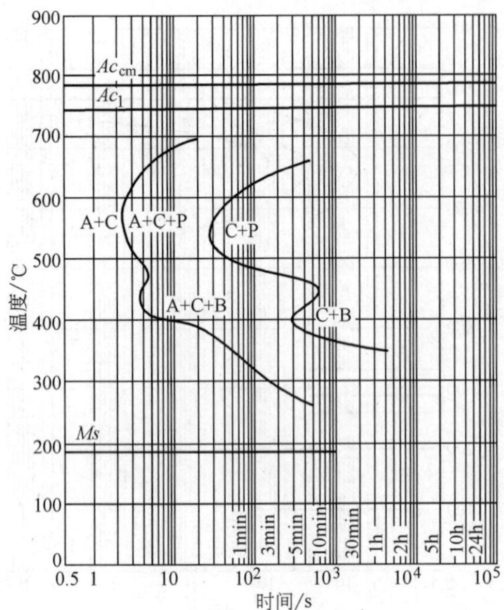

图 13-41　20CrMnTi 钢（渗碳后）

化学成分（质量分数,%）				原始状态	球化退火
C	1.02	S	0.005	奥氏体化温度	780℃
Si	0.34	Cr	1.26	奥氏体化时间	30min
Mn	0.96	Ti	0.12	晶粒度	8 级
P	0.012			*Ms*	185℃

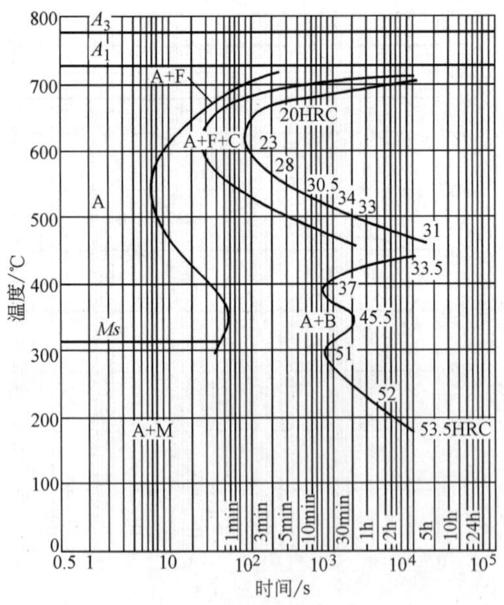

图 13-42　40CrMnTi 钢

奥氏体化温度	900℃
A_1	730℃
A_3	780℃

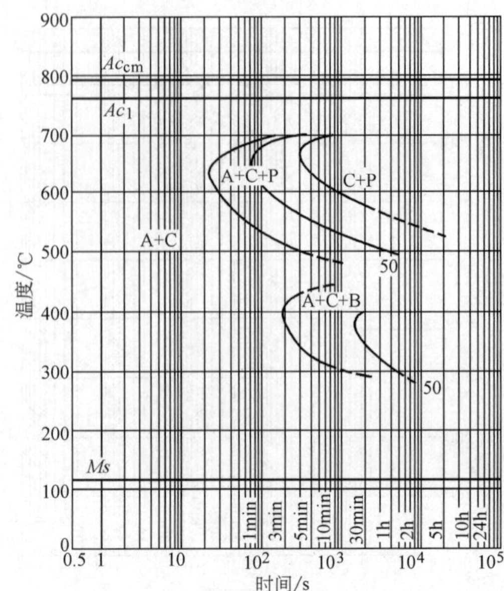

图 13-43　20Cr2Mn2MoAl 钢（渗碳后）

化学成分（质量分数,%）				原始状态	退火
C	0.98	Cr	2.10	奥氏体化温度	900℃
Si	0.34	Mo	0.31	奥氏体化时间	30min
Mn	1.48	Cu	0.08	晶粒度	8 级
P	0.007	Al	0.04	*Ms*	120℃
S	0.007				

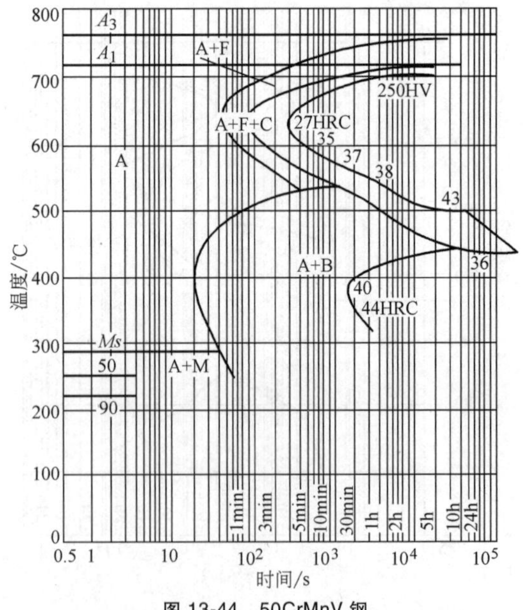

图 13-44　50CrMnV 钢

化学成分（质量分数,%）				奥氏体化温度	880℃
C	0.47	Ni	0.06	A_1	720℃
Si	0.38	Mo	0.06	A_3	770℃
Mn	1.04	V	0.18	*Ms*	290℃
Cr	1.20				

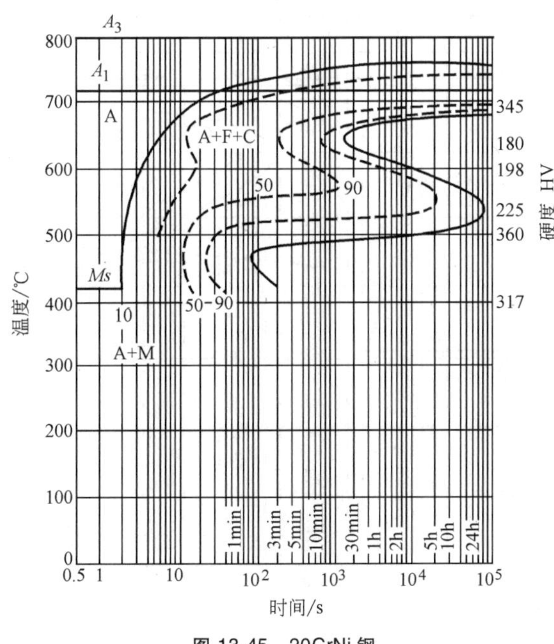

图 13-45　20CrNi 钢

化学成分（质量分数，%）				奥氏体化温度	865℃
C	0.20	Cr	0.80	A_1	720℃
Si	0.15	Ni	1.13	A_3	800℃
Mn	0.71	Mo	0.05	*Ms*	410℃

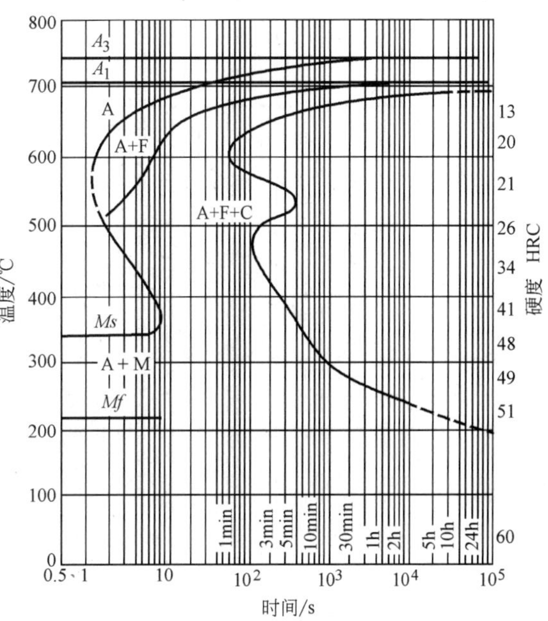

图 13-47　40CrNi 钢

化学成分（质量分数，%）				奥氏体化温度	845℃
C	0.38	Cr	0.50	A_1	707℃
Si	0.21	Ni	1.30	A_3	754℃
Mn	0.72			*Ms*	340℃

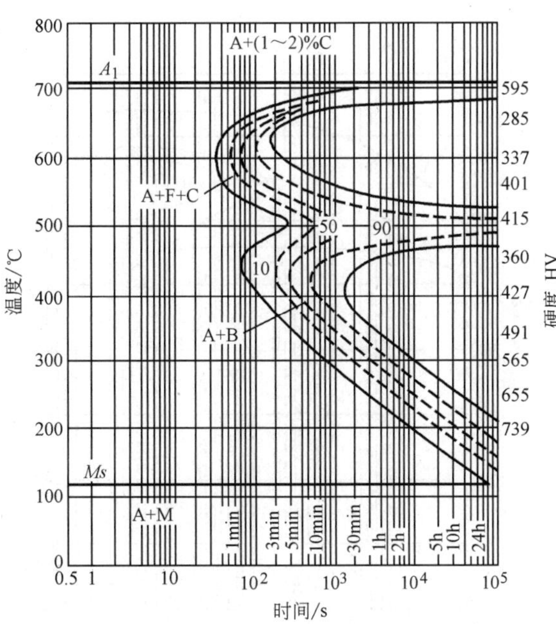

图 13-46　20CrNi 钢（渗碳后）

化学成分（质量分数，%）				奥氏体化温度	865℃
C	0.96	Cr	0.81	A_1	710℃
Si	0.26	Ni	1.19	*Ms*	110℃
Mn	0.74	Mo	0.09		

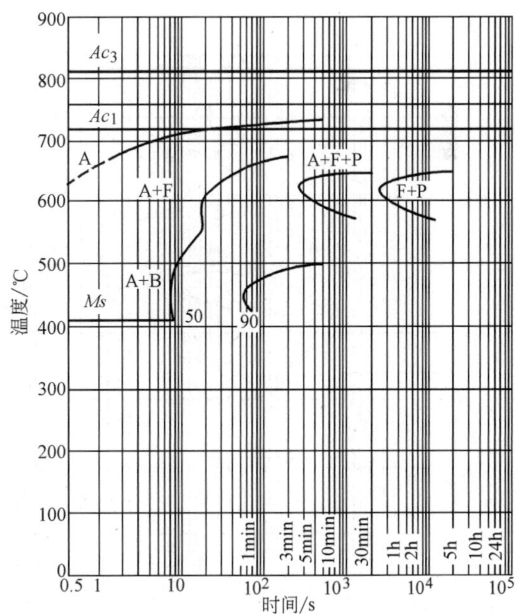

图 13-48　12CrNi3 钢

化学成分（质量分数，%）				原始状态	正火+回火
C	0.13	S	0.004	奥氏体化温度	860℃
Si	0.34	Cr	0.76	奥氏体化时间	20min
Mn	0.50	Ni	2.92	*Ms*	409℃
P	0.013				

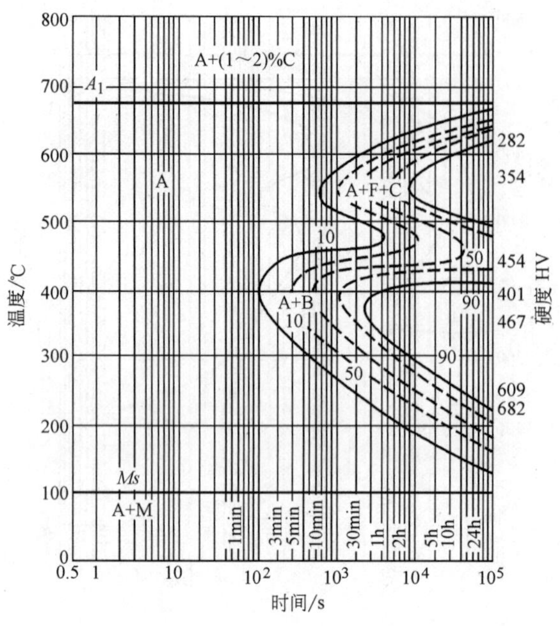

图 13-49　12CrNi3 钢（渗碳后）

化学成分（质量分数,%）				奥氏体化温度	860℃
C	1.0	Cr	0.90	A_1	680℃
Si	0.12	Ni	3.27	Ms	100℃
Mn	0.30				

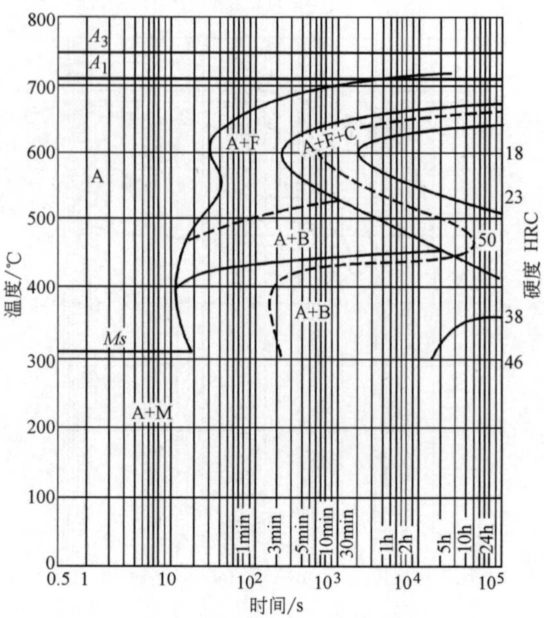

图 13-51　30CrNi3 钢

化学成分（质量分数,%）				奥氏体化温度	825℃
C	0.33	Cr	0.83	A_1	705℃
Si	0.32	Ni	3.38	A_3	750℃
Mn	0.51			Ms	305℃

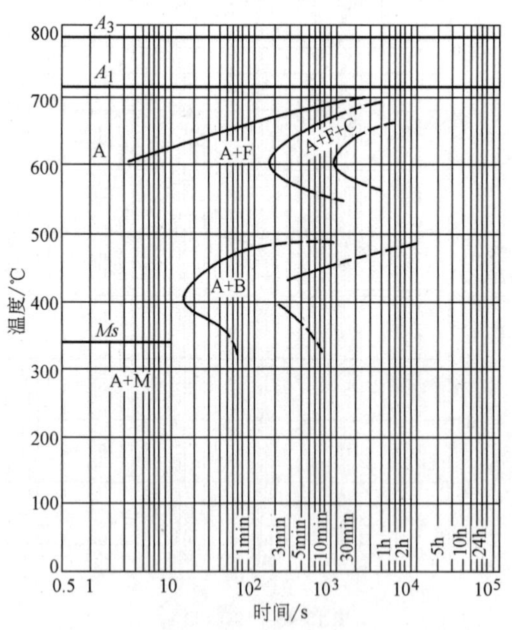

图 13-50　20CrNi3 钢

化学成分（质量分数,%）		奥氏体化温度	850℃
C	0.17	A_1	715℃
Cr	0.90	A_3	790℃
Ni	3.38	Ms	340℃

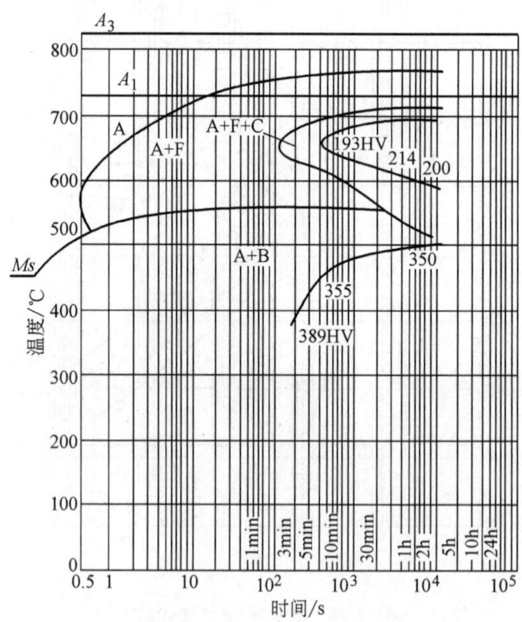

图 13-52　12Cr2Ni2 钢

化学成分（质量分数,%）				奥氏体化温度	870℃
C	0.13	Cr	1.50	A_1	735℃
Si	0.31	Ni	1.55	A_3	820℃
Mn	0.51			Ms	440℃

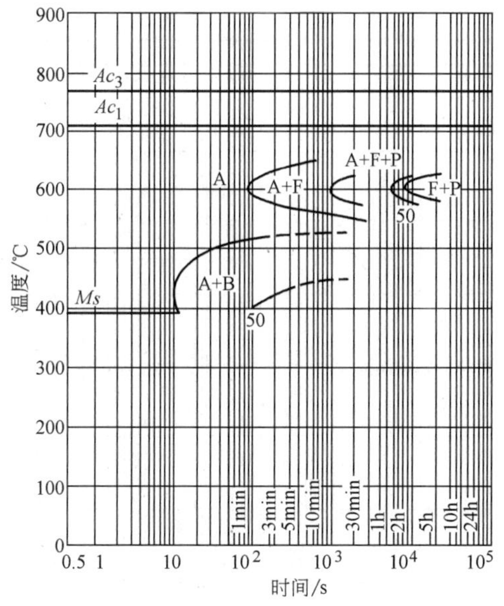

图 13-53 20Cr2Ni4A 钢

化学成分（质量分数,%） 原始状态 正火+高温回火

C	0.17	Cr	1.57	奥氏体化温度	880℃
Si	0.31	Ni	3.45	奥氏体化时间	20min
Mn	0.51	Mo	0.25	*Ms*	395℃
P	0.021	Cu	0.12		
S	0.005				

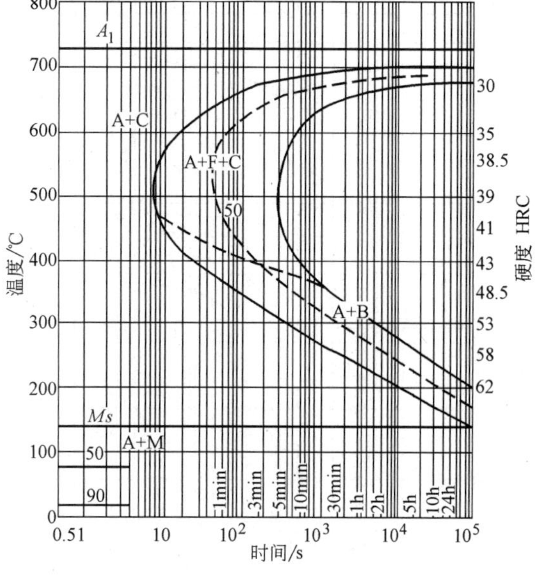

图 13-55 20CrNiMo 钢

化学成分（质量分数,%） 奥氏体化温度 850℃

C	0.18	Ni	1.13	A_1	730℃
Si	0.28	Mo	0.13	*Ms*	140℃
Cr	0.49	Cu	0.10		

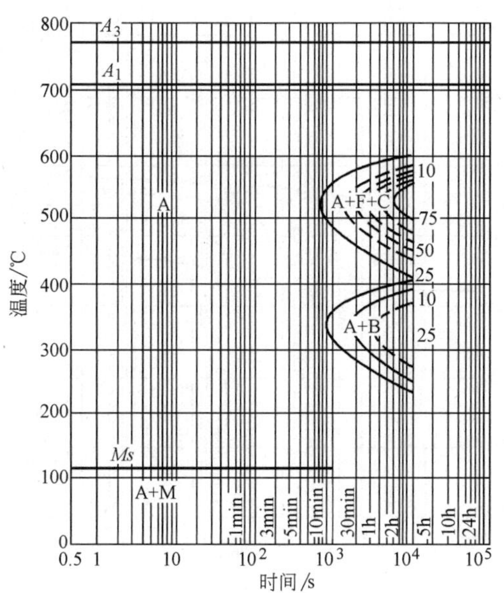

图 13-54 20Cr2Ni4A 钢（渗碳后）钢

化学成分（质量分数,%） 奥氏体化温度 900℃

C		A_1	705℃
Cr	1.68	A_3	770℃
Ni	3.73	*Ms*	120℃

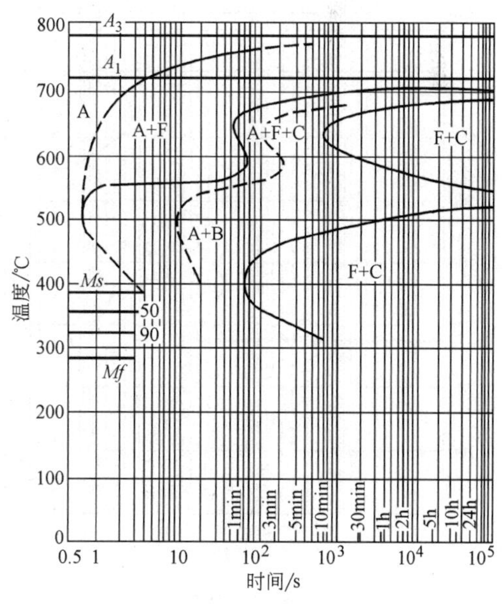

图 13-56 30CrNiMo 钢

化学成分（质量分数,%）

C	0.30	Ni	0.50	晶粒度	9 级
Cr	0.50	Mo	0.20		

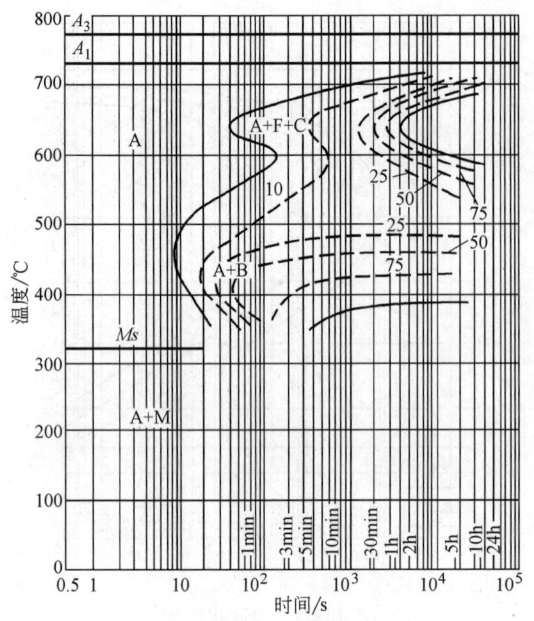

图 13-57　35CrNiMo 钢

化学成分（质量分数,%）				奥氏体化温度	870℃
C	0.36	Ni	1.82	A_1	730℃
Si	0.33	Mo	0.24	A_3	770℃
Cr	0.95			*Ms*	320℃

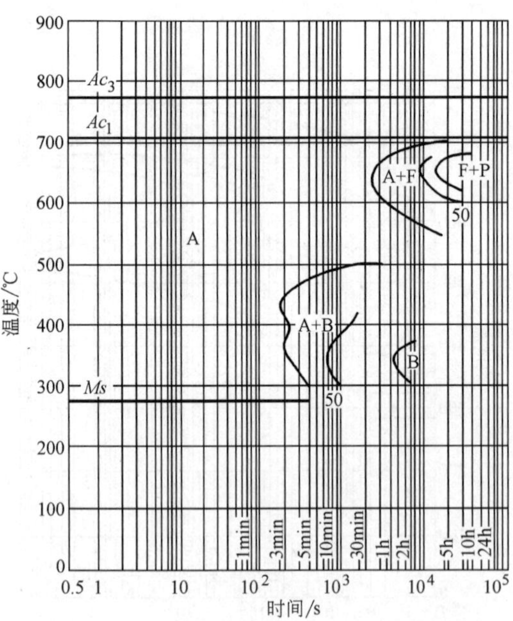

图 13-58　40CrNiMo 钢

化学成分（质量分数,%）				原始状态	退火
C	0.40	S	0.008	奥氏体化温度	840℃
Si	0.38	Cr	0.94	奥氏体化时间	15min
Mn	0.69	Ni	1.95	*Ms*	275℃
P	0.010	Mo	0.29		

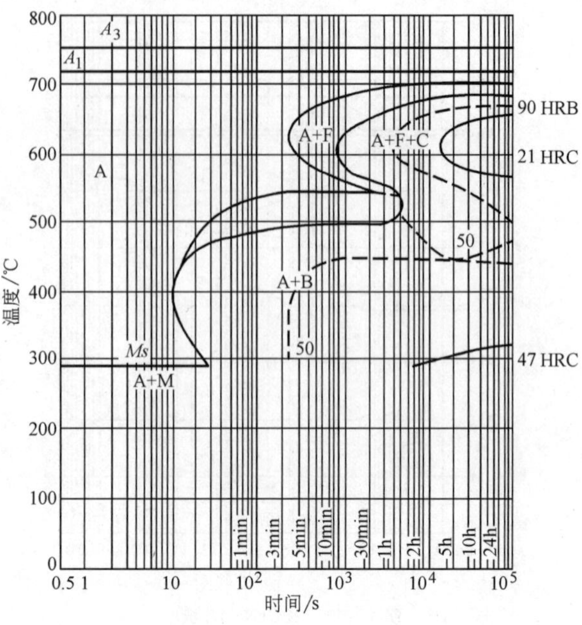

图 13-59　30Cr2NiMo 钢

化学成分（质量分数,%）				奥氏体化温度	850℃
C	0.31	Cr	0.64	A_1	720℃
Si	0.20	Ni	0.43	A_3	760℃
Mn	0.42	Mo	0.58	*Ms*	295℃

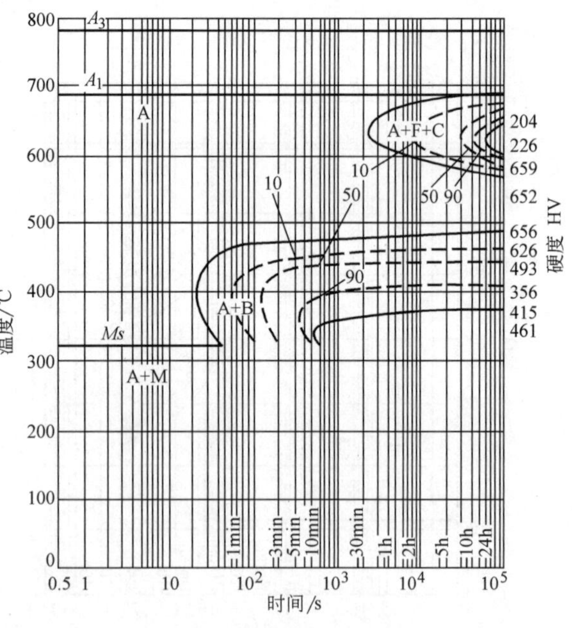

图 13-60　35CrNi2Mo 钢

化学成分（质量分数,%）				奥氏体化温度	835℃
C	0.31	Ni	2.63	A_1	695℃
Si	0.20	Mo	0.58	A_3	780℃
Cr	0.64			*Ms*	320℃

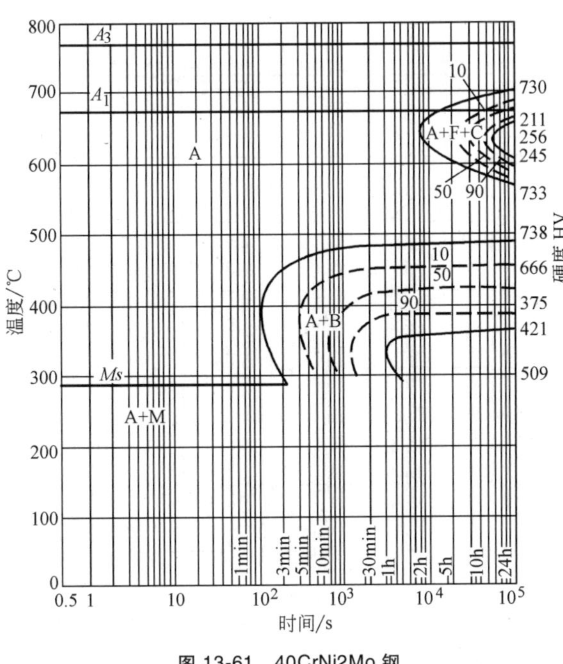

图 13-61　40CrNi2Mo 钢

化学成分（质量分数,%）				奥氏体化温度	830℃
C	0.42	Cr	0.72	A_1	680℃
Si	0.31	Ni	2.53	A_3	775℃
Mn	0.57	Mo	0.48	*Ms*	290℃

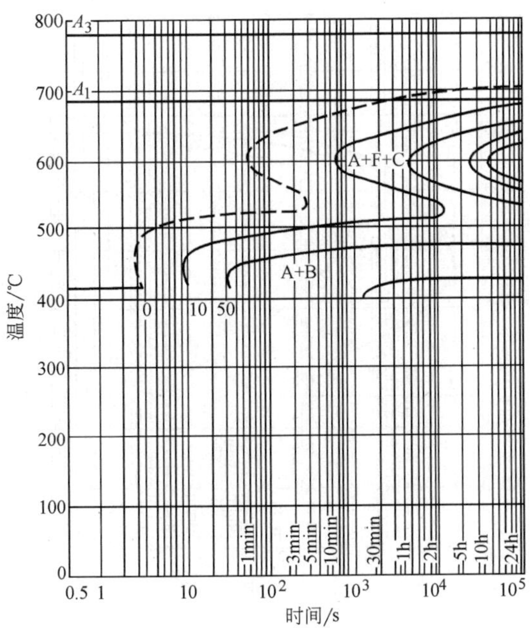

图 13-62　12Cr2Ni3Mo 钢

化学成分（质量分数,%）				奥氏体化温度	770℃
C	0.14	Cr	1.11	A_1	690℃
Si	0.19	Ni	3.55	A_3	785℃
Mn	0.46	Mo	0.12		

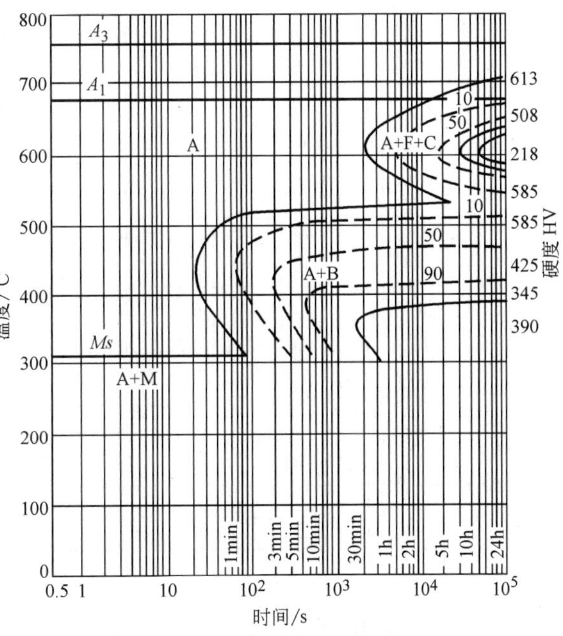

图 13-63　30CrNi3Mo 钢

化学成分（质量分数,%）				奥氏体化温度	830℃
C	0.32	Ni	3.22	A_1	680℃
Si	0.28	Mo	0.22	A_3	770℃
Cr	0.63			*Ms*	310℃

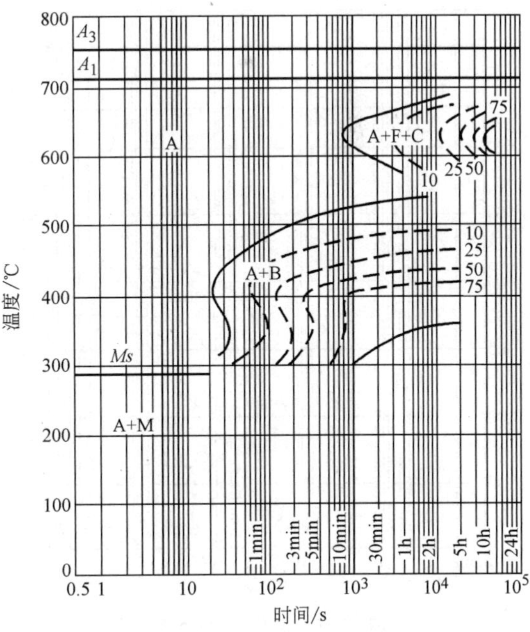

图 13-64　34CrNi3Mo 钢

化学成分（质量分数,%）				奥氏体化温度	880℃
C	0.36	Ni	2.80	A_1	705℃
Si	0.27	Mo	0.24	A_3	750℃
Cr	0.91			*Ms*	290℃

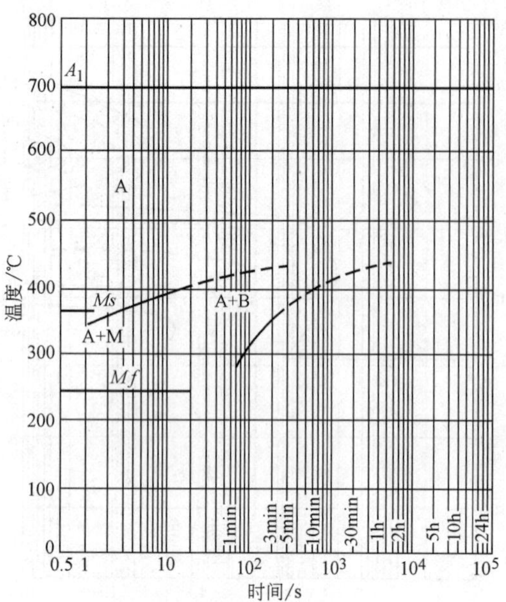

图 13-65　18Cr2Ni4Mo 钢

化学成分（质量分数,%）

C	0.17	Ni	4.4	A_1	700℃
Cr	1.44	Mo	0.50	*Ms*	370℃

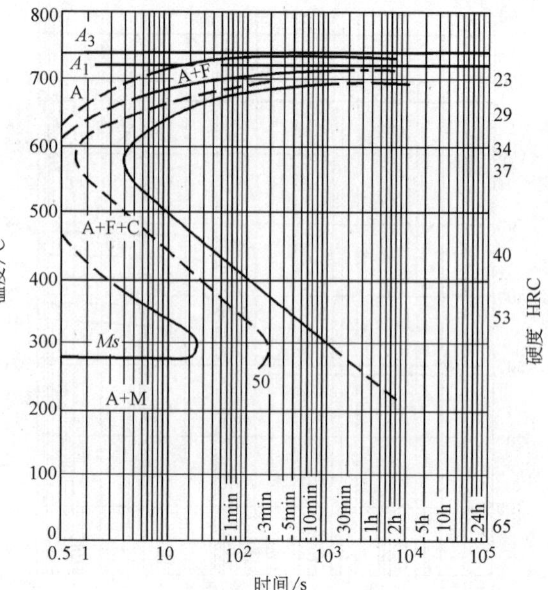

图 13-67　65 钢

化学成分（质量分数,%）

C	0.64	A_1	720℃
Si	0.22	A_3	740℃
Mn	0.63	*Ms*	285℃

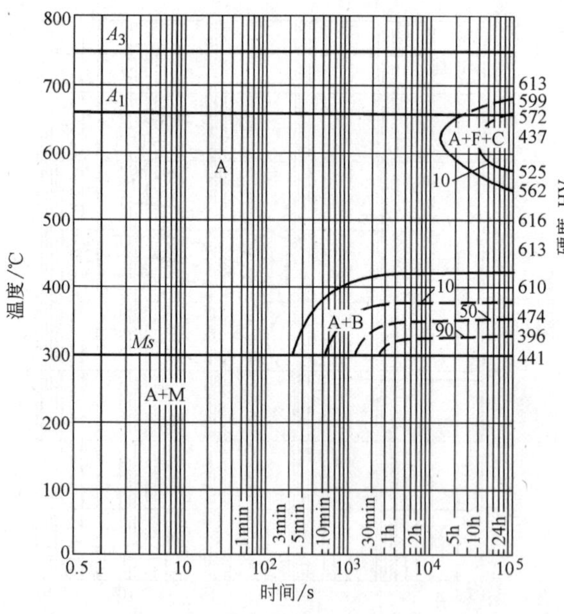

图 13-66　35Cr2Ni4Mo 钢

化学成分（质量分数,%）				奥氏体化温度	820℃
C	0.32	Ni	4.13	A_1	560℃
Si	0.29	Mo	0.30	A_3	760℃
Cr	1.21			*Ms*	300℃

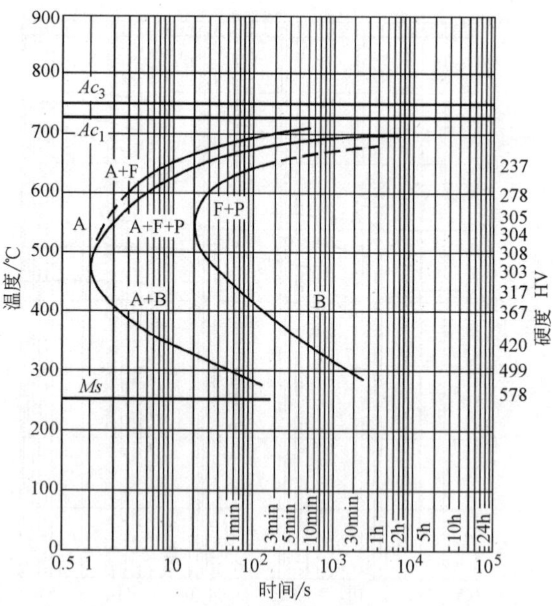

图 13-68　65Mn 钢

化学成分（质量分数,%）				原始状态	退火
C	0.64	S	0.005	奥氏体化温度	830℃
Si	0.18	Cu	0.16	奥氏体化时间	20min
Mn	0.92			晶粒度	4~5 级
P	0.017			*Ms*	254℃

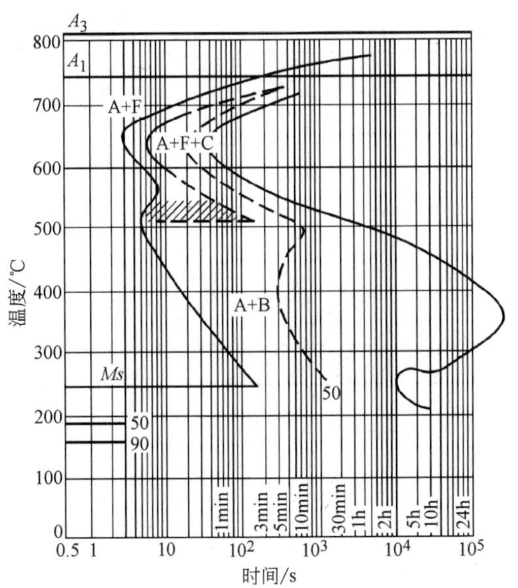

图 13-69　60Si2Mn 钢

化学成分（质量分数,%）				奥氏体化温度	870℃
C	0.62	Mn	0.95	A_1	745℃
Si	2.00	Cr	0.15	A_3	805℃

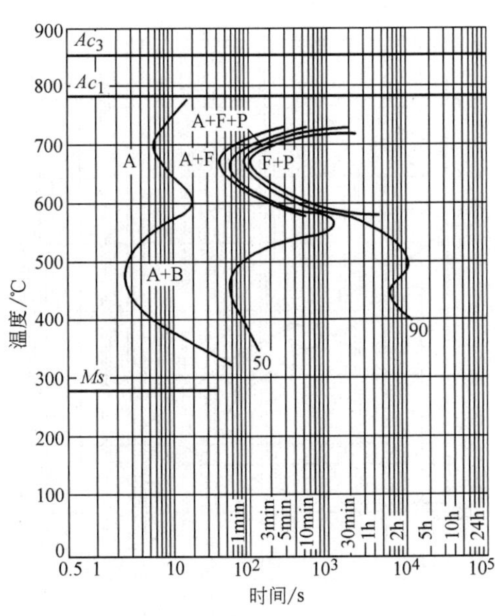

图 13-70　55SiMnMoV 钢

化学成分（质量分数,%）				原始状态	退火
C	0.54	Cr	0.32	奥氏体化温度	860℃
Si	1.76	Ni	0.06	奥氏体化时间	20min
Mn	0.65	Mo	0.39	晶粒度	8 级
P	0.013	V	0.27	*Ms*	280℃
S	0.008				

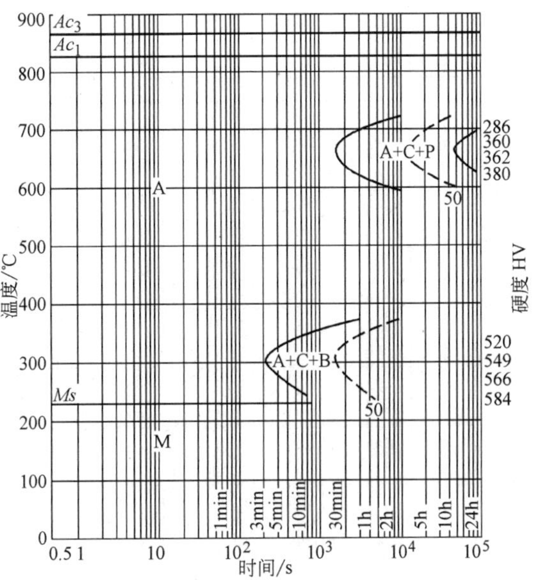

图 13-71　65Cr4W3Mo2VNb 钢

化学成分（质量分数,%）				原始状态	退火
C	0.65	Cr	4.06	奥氏体化温度	1160℃
Si	0.21	W	2.94	奥氏体化时间	3min
Mn	0.27	Mo	2.02	晶粒度	10.5 级
P	0.022	V	0.97	Ac_1	825℃
S	0.013	Nb	0.27	Ac_3	865℃
				Ms	220℃

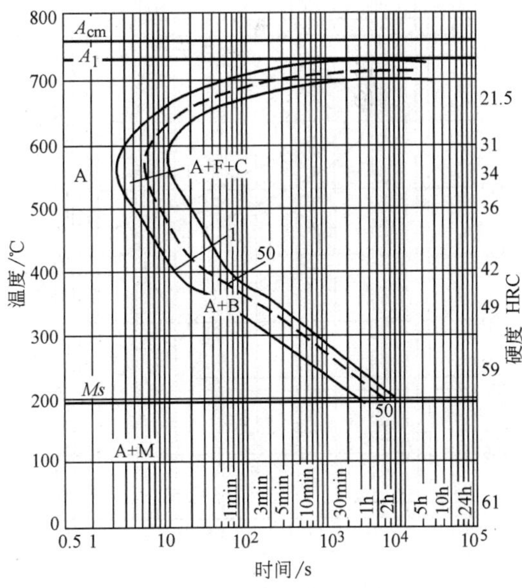

图 13-72　GCr6 钢

化学成分（质量分数,%）				奥氏体化温度	820℃
C	1.05	Cr	0.54	A_1	727℃
Si	0.19			A_{cm}	760℃
Mn	0.32			*Ms*	192℃

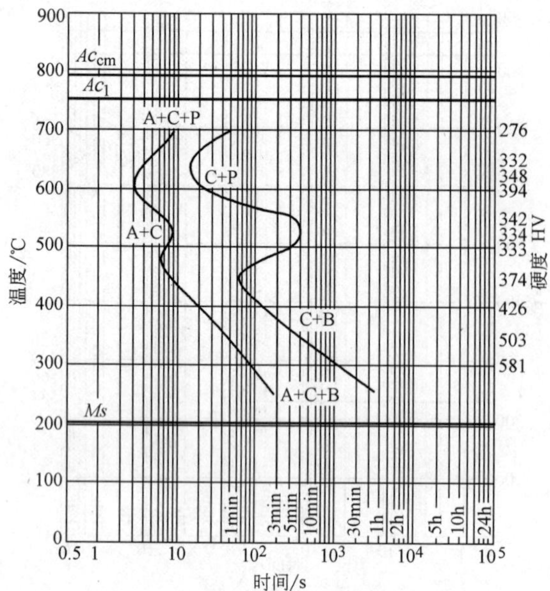

图 13-73　GCr15 钢

化学成分（质量分数,%）				原始状态	球化退火
C	1.03	Cr	1.47	奥氏体化温度	850℃
Si	0.28	Ni	0.04	奥氏体化时间	25min
Mn	0.25	Mo	≤0.02	晶粒度	6~7 级
P	0.016	Cu	0.05	*Ms*	202℃
S	0.007				

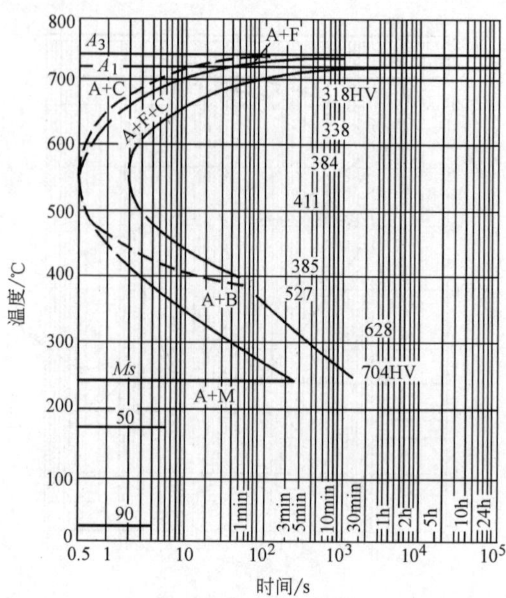

图 13-75　T8 钢

化学成分（质量分数,%）				奥氏体化温度	810℃
C	0.76	Ni	0.07	A_1	720℃
Si	0.22	Mo	0.02	A_3	740℃
Mn	0.29	V	0.02	*Ms*	245℃
Cr	0.11	Cu	0.11		

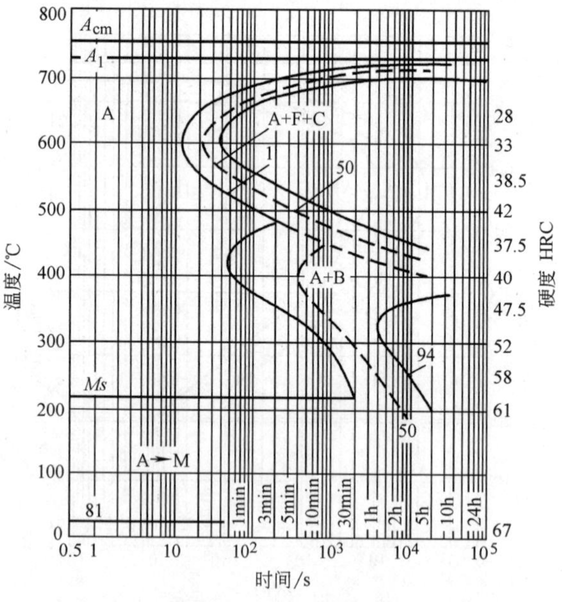

图 13-74　GCr15SiMn 钢

化学成分（质量分数,%）				奥氏体化温度	825℃
C	0.93	Mn	1.10	A_1	730℃
Si	0.55	Cr	1.33	*Ms*	205℃

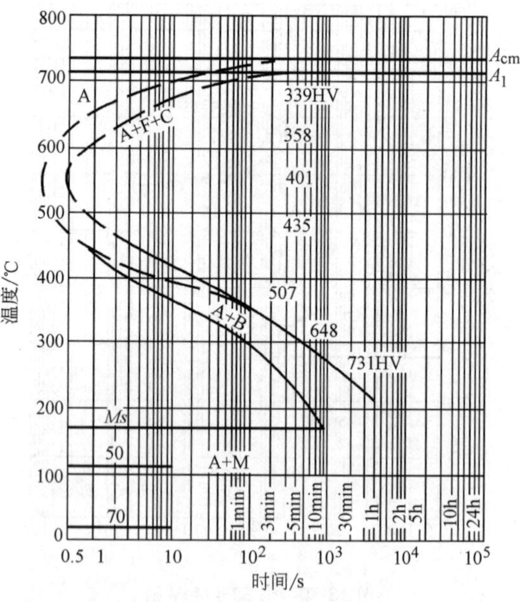

图 13-76　T10 钢

化学成分（质量分数,%）				奥氏体化温度	790℃
C	1.03	Ni	0.10	A_1	717℃
Si	0.17	Mo	0.01	A_{cm}	736℃
Mn	0.22	V	—	*Ms*	175℃
Cr	0.07	Cu	0.14		

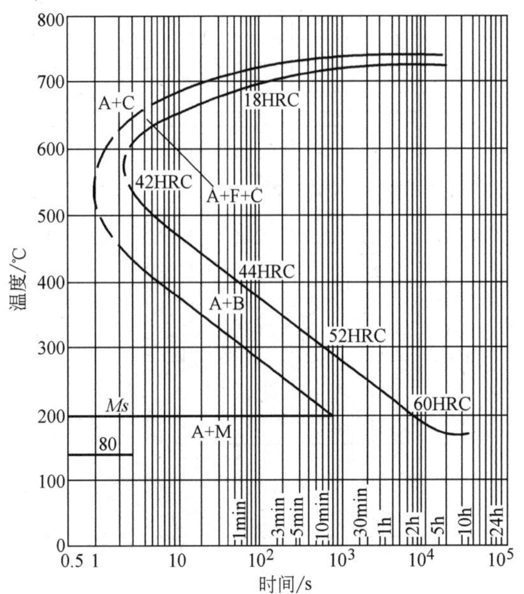

图 13-77　T11 钢

化学成分（质量分数,%）		奥氏体化温度	785℃
C	1.14	*Ms*	200℃
Si	0.16		
Mn	0.22		

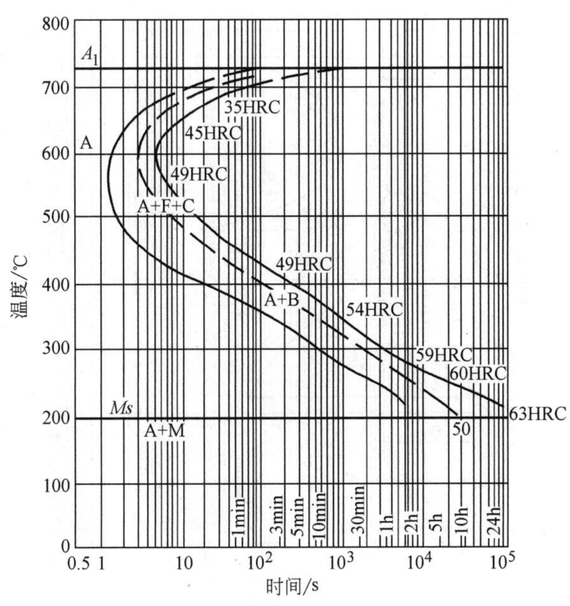

图 13-78　T12 钢

化学成分（质量分数,%）				奥氏体化温度	840℃
C	1.17	Mn	0.36	A_1	720℃
Si	0.18	Cr	0.26	*Ms*	200℃

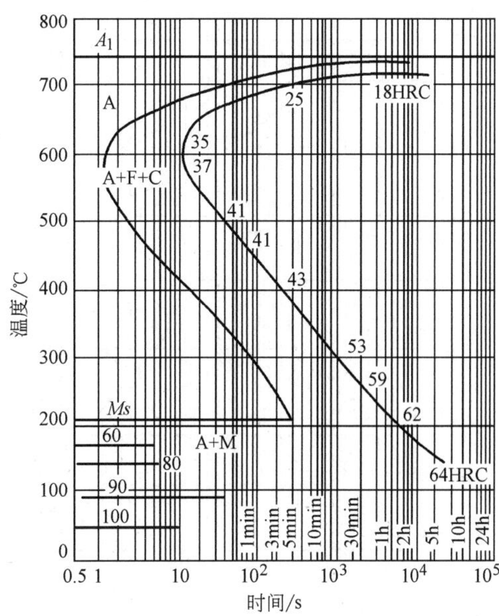

图 13-79　Cr 钢

化学成分（质量分数,%）				奥氏体化温度	815℃
C	1.01	Mn	0.50	A_1	750℃
Si	0.30	Cr	1.21	*Ms*	205℃

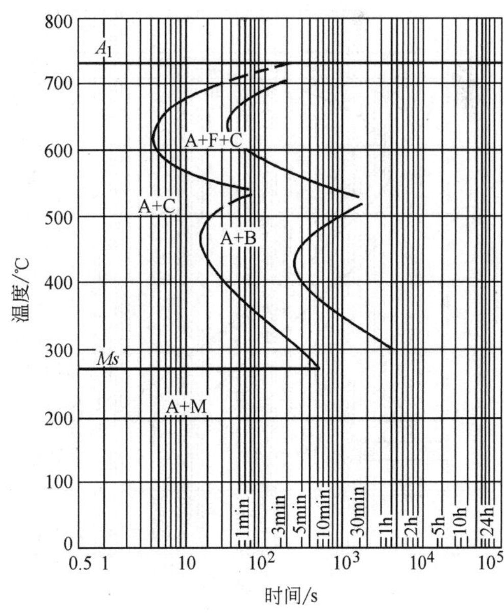

图 13-80　9Cr2 钢

化学成分（质量分数,%）				奥氏体化温度	860℃
C	0.89	Cr	2.0	A_1	740℃
Si	0.32	Ni	0.13	*Ms*	270℃
Mn	0.30				

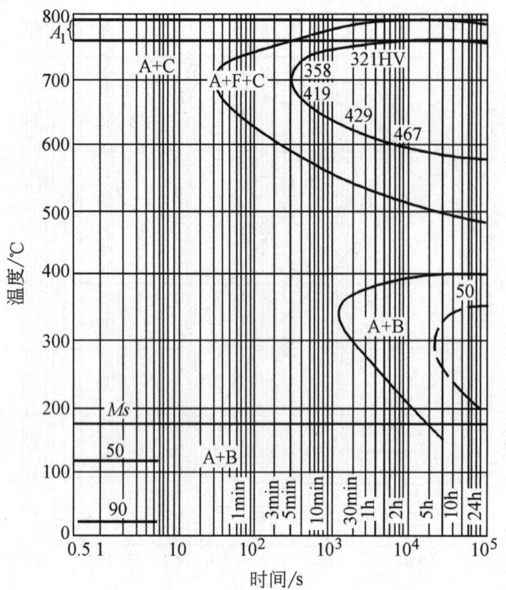

图 13-81　Cr12 钢

化学成分（质量分数，%）				奥氏体化温度	970℃
C	2.08	Ni	0.31	A_1	768～797℃
Si	0.28	Mo	0.02	*Ms*	184℃
Mn	0.39	V	0.04		
Cr	11.48	Cu	0.15		

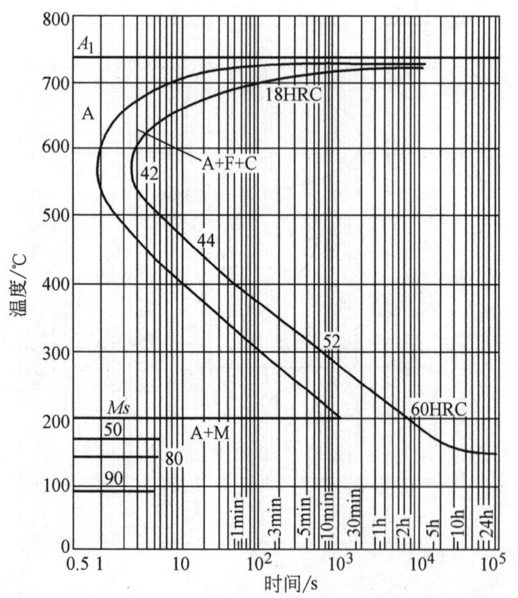

图 13-82　V 钢

化学成分（质量分数，%）				奥氏体化温度	785℃
C	1.0	Mn	0.20	A_1	730℃
Si	0.25	V	0.25	*Ms*	200℃

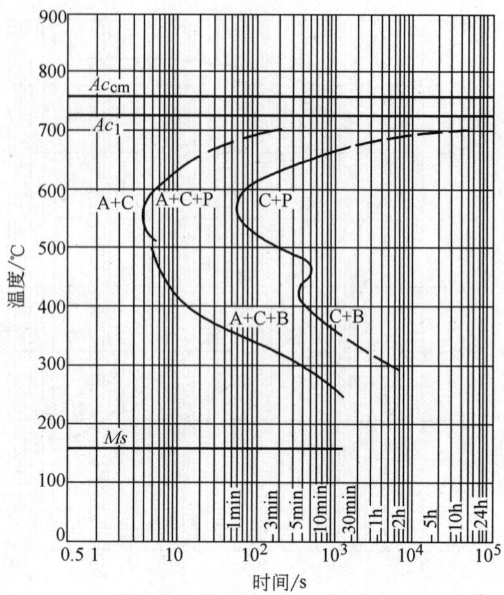

图 13-83　9Mn2V 钢

化学成分（质量分数，%）				原始状态	退火
C	0.94	Cr	0.05	奥氏体化温度	800℃
Si	0.19	Ni	0.05	奥氏体化时间	30min
Mn	1.92	V	0.18	晶粒度	7 级
P	0.017	Cu	0.12	*Ms*	160℃
S	0.012				

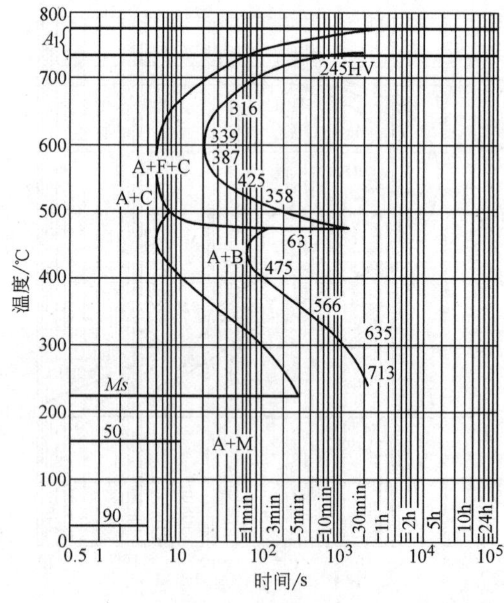

图 13-84　CrMnV 钢

化学成分（质量分数，%）				奥氏体化温度	860℃
C	1.42	Cr	1.37	A_1	740～780℃
Si	0.37	V	0.18	*Ms*	220℃
Mn	0.61				

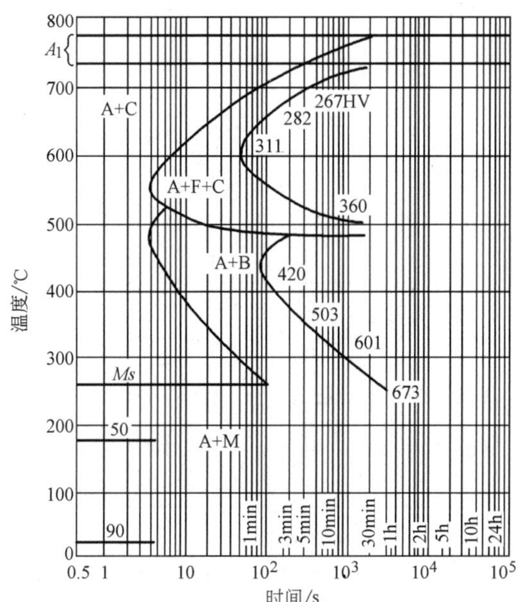

图 13-85　CrWMn 钢

化学成分（质量分数,%）				奥氏体化温度	815℃
C	1.03	Ni	0.13	A_1	730～770℃
Si	0.28	W	1.15	*Ms*	245℃
Mn	0.97	Cu	0.25		
Cr	1.05				

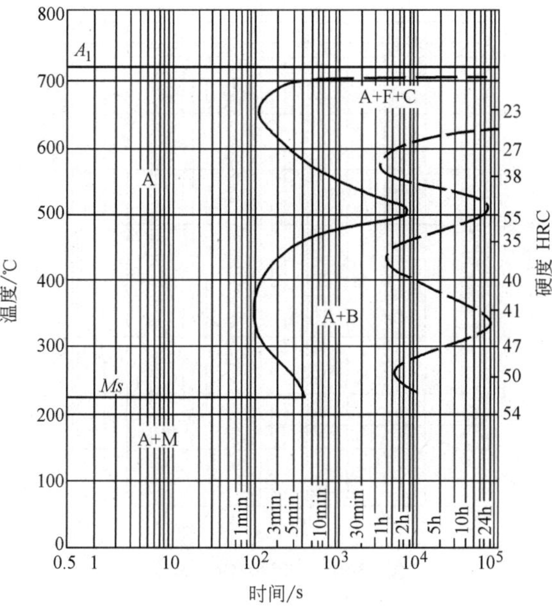

图 13-86　5CrMnMo 钢

化学成分（质量分数,%）				奥氏体化温度	850℃
C	0.58	Cr	0.76	A_1	715℃
Si	0.40	Ni	0.34	*Ms*	225℃
Mn	1.17	Mo	0.21		

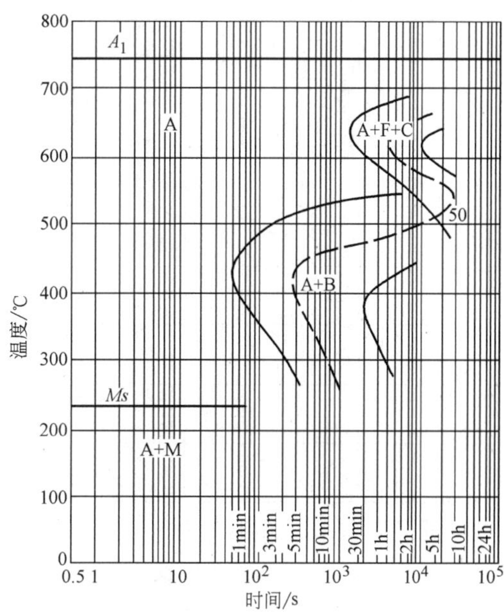

图 13-87　5CrNiMo 钢

化学成分（质量分数,%）				奥氏体化温度	850℃
C	0.54	Ni	1.75	A_1	750℃
Si	0.28	Mo	0.34	*Ms*	240℃
Mn	0.64	V	0.06		
Cr	0.77				

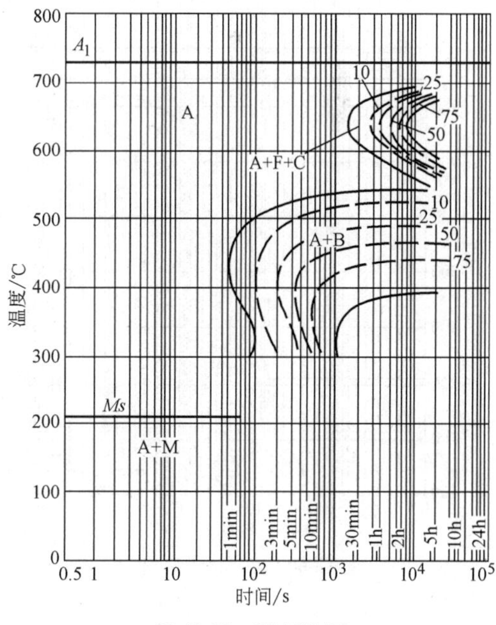

图 13-88　5CrNiW 钢

化学成分（质量分数,%）				奥氏体化温度	870℃
C	0.59	Cr	1.28	A_1	730℃
Si	0.38	Ni	1.10	A_3	820℃
Mn	0.45	W	0.50	*Ms*	205℃

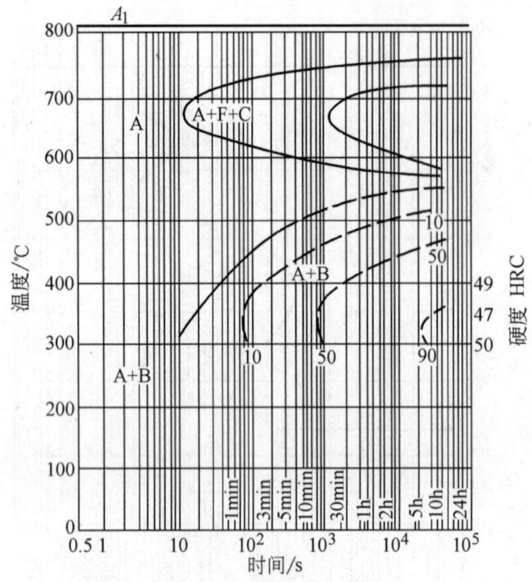

图 13-89　3Cr2W8V 钢

化学成分（质量分数，%）　A_1　815℃

C	0.27	Ni	0.23
Si	0.38	W	8.4
Mn	0.26	V	0.45
Cr	2.63		

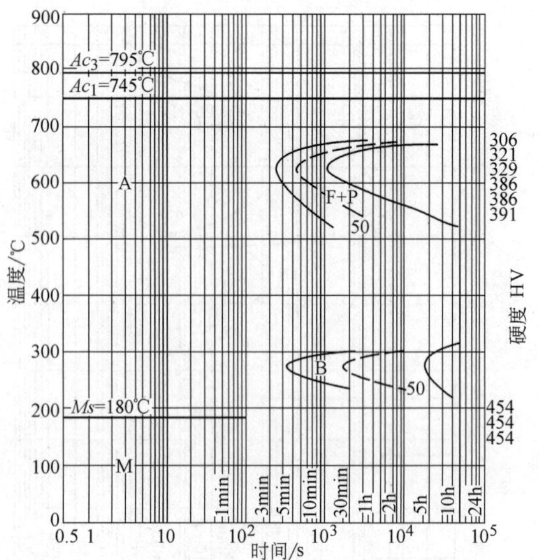

图 13-91　8Cr2SiMnMoV 钢

化学成分（质量分数，%）				原始状态	退火
C	0.77	Ni	0.08	奥氏体化温度	880℃
Si	0.92	Mo	0.50	奥氏体化时间	5min
Mn	1.25	W	0.03	Ac_1	745℃
P	0.009	V	0.23	Ac_3	795℃
S	0.007	Cu	0.14	*Ms*	180℃
Cr	1.53				

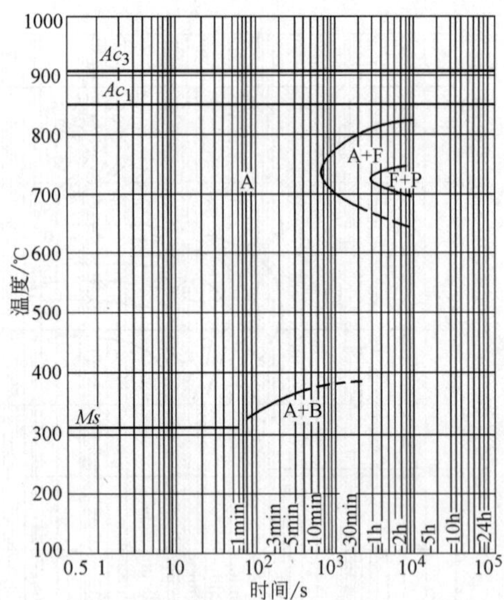

图 13-90　4Cr5MoVSi 钢

化学成分（质量分数，%）				原始状态	退火
C	0.37	S	0.04	奥氏体化温度	1000℃
Si	1.05	Cr	5.10	奥氏体化时间	20min
Mn	0.50	Mo	1.40	晶粒度	7~8 级
P	0.009	V	0.53	*Ms*	310℃

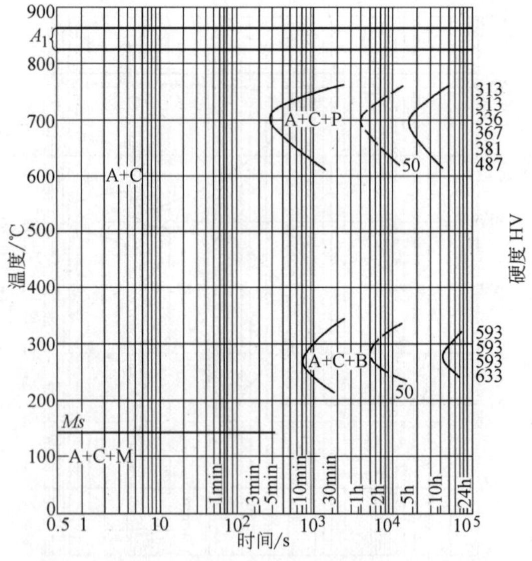

图 13-92　W3Mo2Cr4VSi 钢

化学成分（质量分数，%）				原始状态	退火
C	0.90	Cr	3.95	奥氏体化温度	1180℃
Si	1.17	W	3.22	奥氏体化时间	1min
P	≤0.03	V	1.67	晶粒度	10~11 级
S	≤0.03	Mo	2.11	A_1	815~865℃
				Ms	140℃

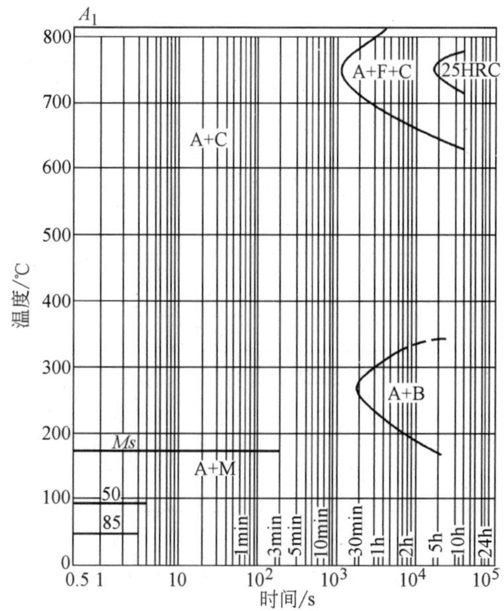

图 13-93　Cr4Mo5W6V 钢

化学成分（质量分数,%）				奥氏体化温度	1220℃
C	0.83	Mo	4.30	A_1	820℃
Si	0.25	W	5.79	*Ms*	180℃
Mn	0.32	V	1.30		
Cr	3.89				

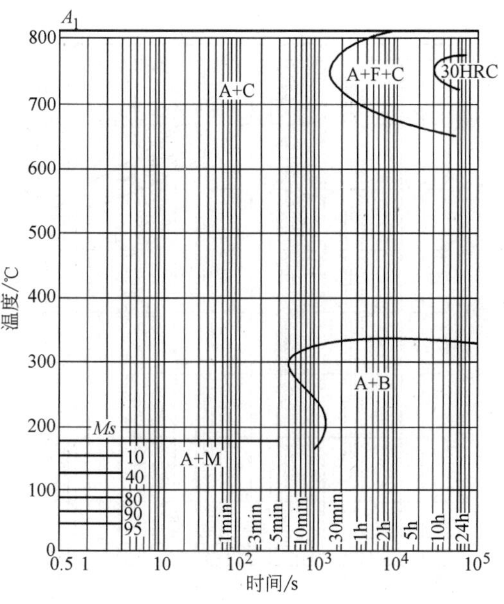

图 13-94　Cr4Mo5W6V2Co5 钢

化学成分（质量分数,%）				奥氏体化温度	1200℃
C	0.81	Mo	4.27	A_1	820℃
Si	0.31	W	5.46	*Ms*	180℃
Mn	0.41	V	1.51		
Cr	4.11	Co	5.22		

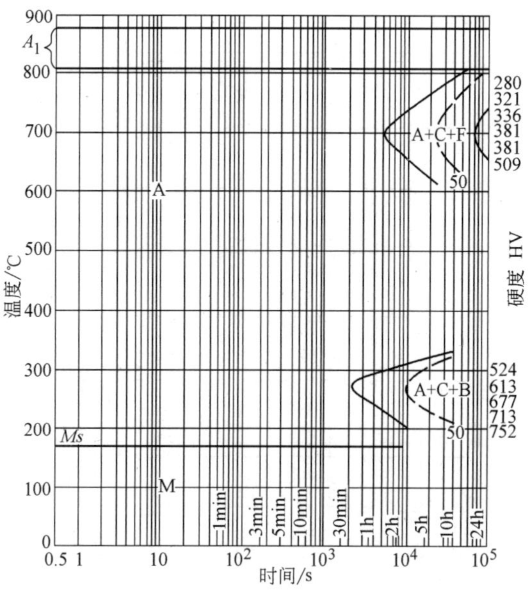

图 13-95　W12Mo2Cr4VRE 钢

化学成分（质量分数,%）				原始状态	退火
C	1.10	Cr	4.01	奥氏体化温度	1220℃
Si	0.41	Mo	2.02	奥氏体化时间	1min
Mn	0.23	W	12.38	晶粒度	9~10 级
P	≤0.03	V	1.65	A_1	805~885℃
S	≤0.03	RE	0.072	*Ms*	170℃

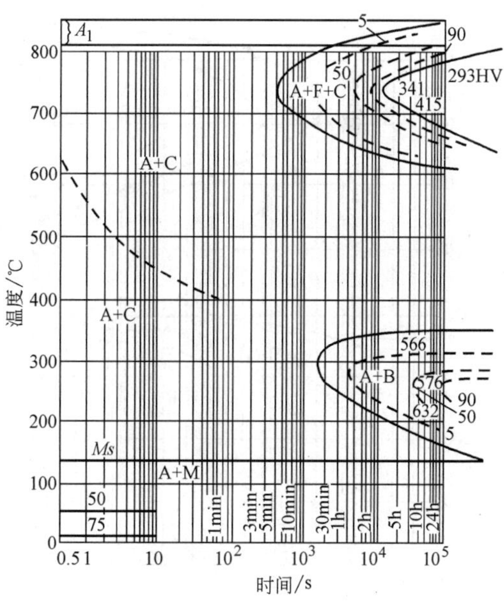

图 13-96　W18Cr4V 钢

化学成分（质量分数,%）				奥氏体化温度	1290℃
C	0.81	Ni	0.12	A_1	810~860℃
Si	0.15	Mo	0.44	*Ms*	140℃
Mn	0.33	W	18.25		
Cr	3.77	V	1.07		

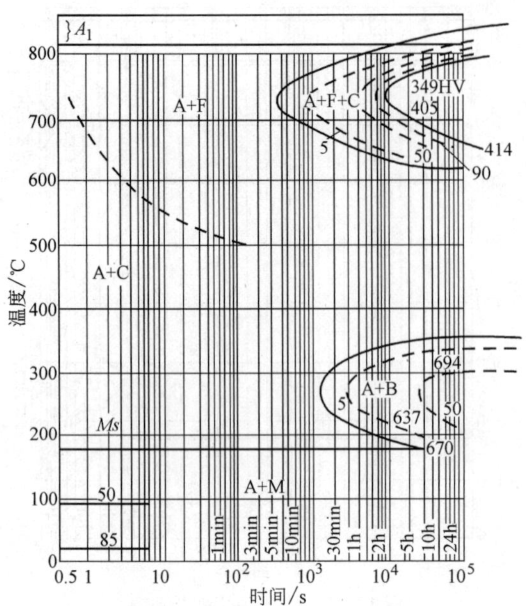

图 13-97　W18Cr4V2MoCo5 钢

化学成分（质量分数,%）				奥氏体化温度	1310℃
C	0.80	Mo	0.78	A_1	820～865℃
Si	0.23	W	17.89		
Mn	0.30	V	1.52		
Cr	4.34	Co	4.52		

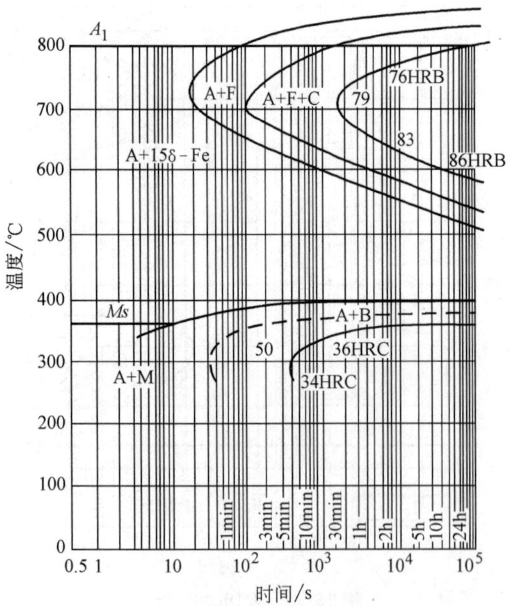

图 13-98　06Cr13 钢

化学成分（质量分数,%）				奥氏体化温度	1100℃
C	0.07	Cr	12.30	A_1	800℃
Si	0.30	Ni	0.09	A_3	905℃
Mn	0.21			*Ms*	370℃

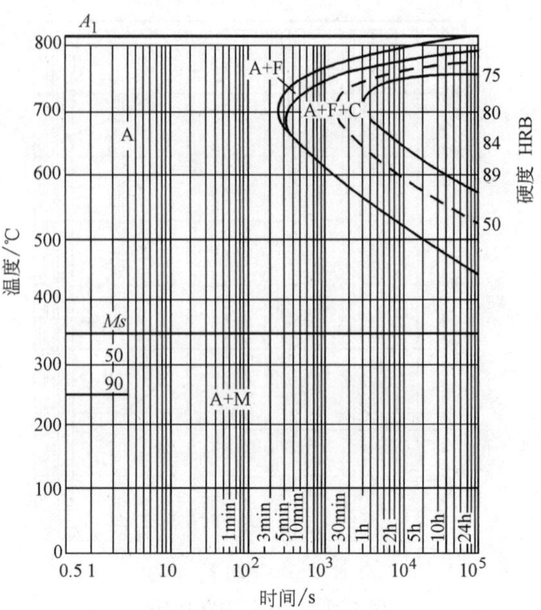

图 13-99　12Cr13 钢

化学成分（质量分数,%）				奥氏体化温度	1000℃
C	0.11	Ni	0.13	A_1	820℃
Si	0.45	Mo	0.02	*Ms*	350℃
Mn	0.49	V	0.02		
Cr	12.0				

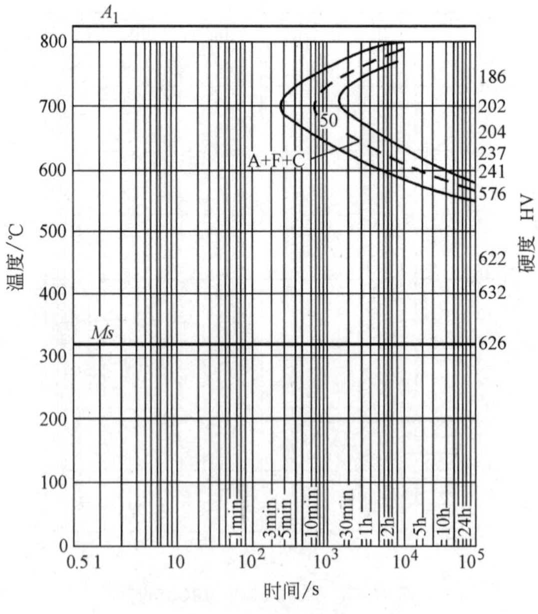

图 13-100　20Cr13 钢

化学成分（质量分数,%）				奥氏体化温度	960℃
C	0.24	Cr	13.32	A_1	820℃
Si	0.37	Ni	0.32	*Ms*	320℃
Mn	0.27	Mo	0.06		

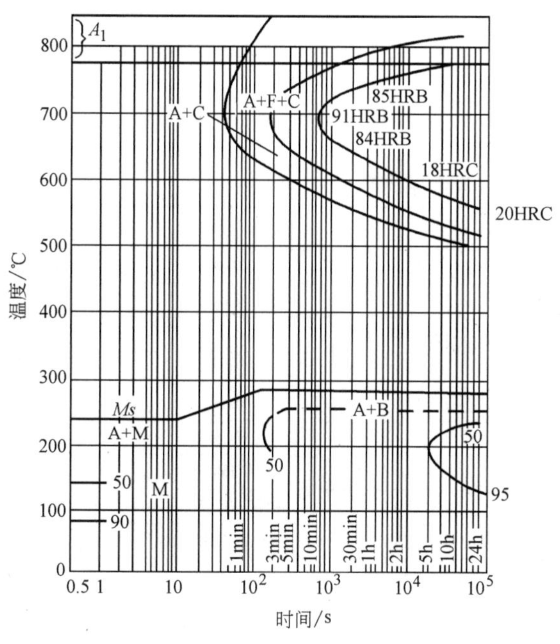

图 13-101　30Cr13 钢

化学成分（质量分数,%）				奥氏体化温度	980℃
C	0.25	Cr	13.4	A_1	780～850℃
Si	0.37	Ni	0.13	*Ms*	240℃
Mn	0.29				

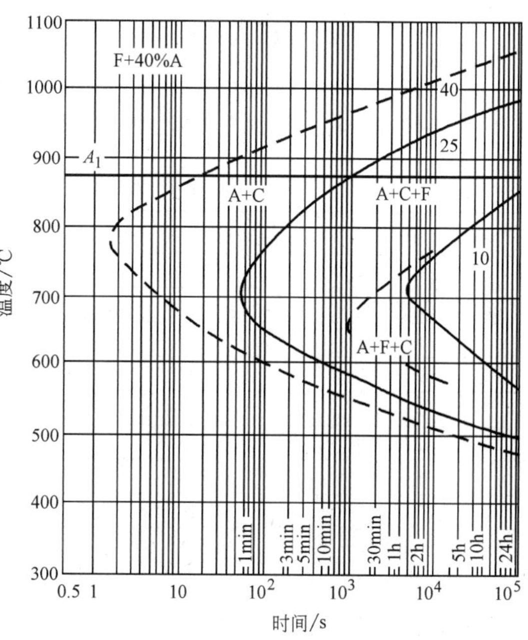

图 13-102　10Cr17 钢

化学成分（质量分数,%）				奥氏体化温度	1090℃
C	0.09	Cr	17.32	A_1	875℃
Si	0.33	Ni	0.34	*Ms*	160℃
Mn	0.40	N	0.03		

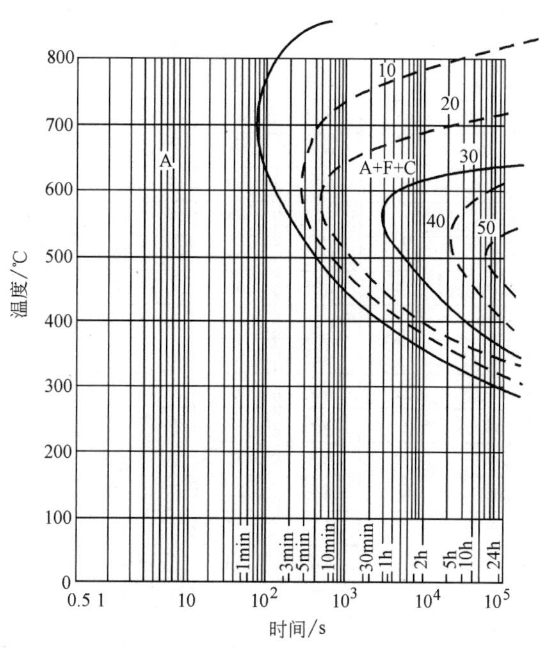

图 13-103　Mn13 钢

化学成分（质量分数,%）		奥氏体化温度	1050℃
C	1.18	*Ms*	≈-200℃
Si	0.26		
Mn	12.28		

13.2.2　常用钢的奥氏体连续冷却转变图

常用钢的奥氏体连续冷却转变图索引见表 13-9。图 13-104～图 13-180 所示的奥氏体连续冷却转变图中，包括了少数非标准牌号钢的奥氏体连续冷却转变图，考虑到这些图具有一定的参考价值，因此予以保留，以供参考使用。

表 13-9　常用钢的奥氏体连续冷却转变图索引

序号	图号	牌　号	页码	序号	图号	牌　号	页码
1	图 13-104	03	619	40	图 13-143	30CrMnMo	628
2	图 13-105	15	619	41	图 13-144	38CrMoAlA	629
3	图 13-106	20F	619	42	图 13-145	45CrMoV	629
4	图 13-107	35	619	43	图 13-146	25Cr2MoVA	629
5	图 13-108	40	620	44	图 13-147	32Cr3MoVA	629
6	图 13-109	45	620	45	图 13-148	40CrNiMo	630
7	图 13-110	50	620	46	图 13-149	40CrNiMoA	630
8	图 13-111	16Mn	620	47	图 13-150	30Cr2Ni2Mo	630
9	图 13-112	16MnNb	621	48	图 13-151	14MnVTiRE	630
10	图 13-113	20Mn	621	49	图 13-152	20Mn2MoVB	631
11	图 13-114	20Mn2	621	50	图 13-153	28Mn2MoVB	631
12	图 13-115	40Mn2	621	51	图 13-154	50CrNiMoVA	631
13	图 13-116	20Cr	622	52	图 13-155	30Si2MnCrMoV	631
14	图 13-117	40Cr	622	53	图 13-156	65	632
15	图 13-118	30MnV	622	54	图 13-157	55SiMnVB	632
16	图 13-119	40MnB	622	55	图 13-158	GCr15	632
17	图 13-120	35SiMn	623	56	图 13-159	GCr15SiMn	632
18	图 13-121	30SiMnB	623	57	图 13-160	GCr15SiMo	633
19	图 13-122	35SiMnB	623	58	图 13-161	T8	633
20	图 13-123	20MnVB	623	59	图 13-162	T10	633
21	图 13-124	20Mn2TiB	624	60	图 13-163	Cr12	633
22	图 13-125	38MnVS5	624	61	图 13-164	Cr12W	634
23	图 13-126	15CrMn	624	62	图 13-165	CrWMn	634
24	图 13-127	20CrMn	624	63	图 13-166	5CrMnMo	634
25	图 13-128	20CrMo	625	64	图 13-167	5CrNiMoV	634
26	图 13-129	35CrMo	625	65	图 13-168	3Cr2W8V	635
27	图 13-130	45CrMo	625	66	图 13-169	3Cr3W5Co	635
28	图 13-131	50CrMo	625	67	图 13-170	3Cr5MoVCo	635
29	图 13-132	30Cr3MoA	626	68	图 13-171	4Cr5MoVSi	635
30	图 13-133	20CrNi	626	69	图 13-172	4CrMnSiMoV	636
31	图 13-134	40CrNi	626	70	图 13-173	4Cr5W2V1Si	636
32	图 13-135	12CrNi3	626	71	图 13-174	4Cr5W1MoV1Si	636
33	图 13-136	18CrNi2	627	72	图 13-175	8Cr2SiMnMoV	636
34	图 13-137	18CrNi2（渗碳后）	627	73	图 13-176	W3Mo2Cr4VSi	637
35	图 13-138	20Cr2Ni4A	627	74	图 13-177	CW9Mo3Cr4VN	637
36	图 13-139	ZF6	627	75	图 13-178	W12Mo2Cr4VRE	637
37	图 13-140	30CrMnSi	628	76	图 13-179	30Cr13	637
38	图 13-141	35CrMnSiA	628	77	图 13-180	40Cr13	638
39	图 13-142	40CrMnSiA	628				

注：曲线图中表示组织组成相含量的数据为体积分数，因有些图内曲线过多，组织组成相含量数据后的“%”均未标出。

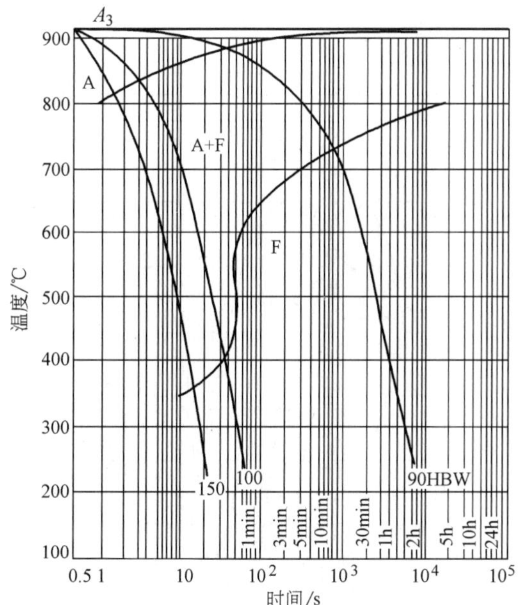

图 13-104　03 钢

化学成分（质量分数,%）		奥氏体化温度	960℃
C	0.03	A_3	910℃
Si	微量		
Mn	微量		

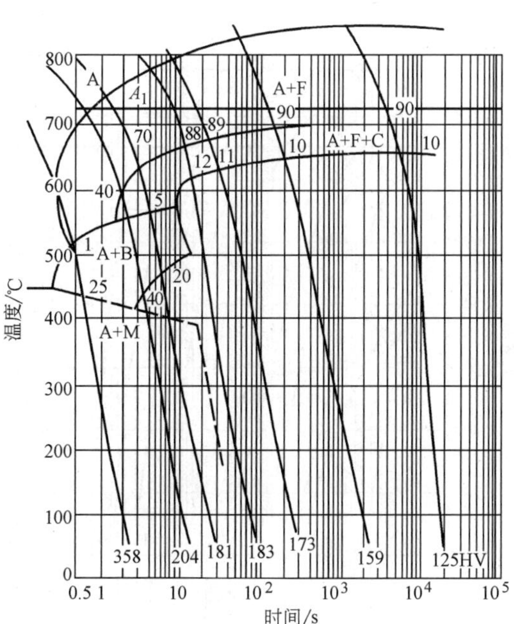

图 13-105　15 钢

化学成分（质量分数,%）				奥氏体化温度	920℃
C	0.13	Ni	0.05	A_1	725℃
Si	0.26	Mo	0.01	A_3	870℃
Mn	0.56	V	0.01	*Ms*	450℃
Cr	0.07	Cu	0.20		

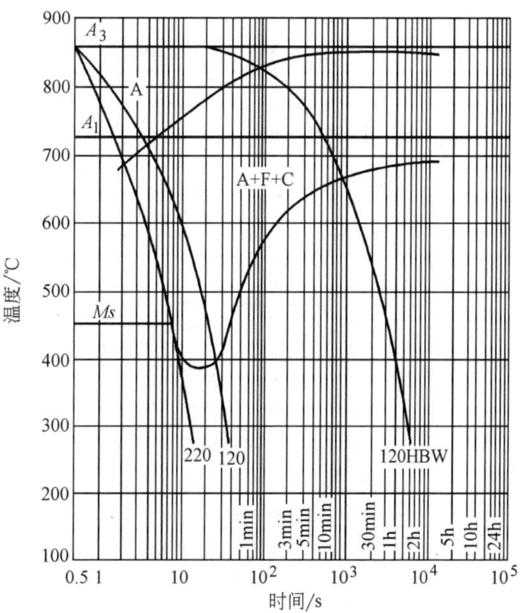

图 13-106　20F 钢

化学成分（质量分数,%）		奥氏体化温度	910℃
C	0.18	A_1	715℃
Si	微量	*Ms*	460℃
Mn	0.49		

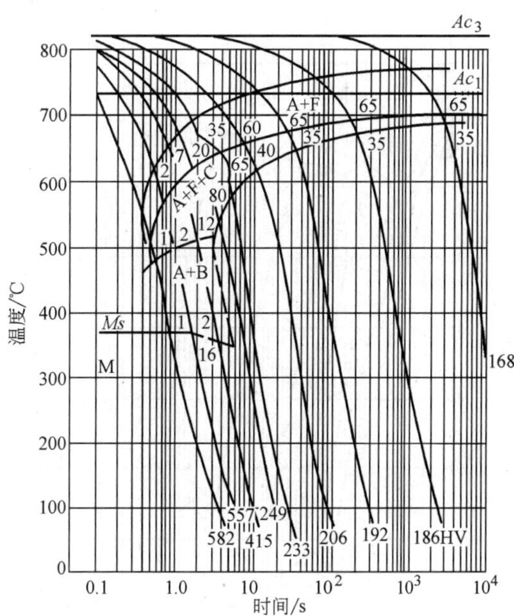

图 13-107　35 钢

化学成分（质量分数,%）				奥氏体化温度	860℃
C	0.33	S	0.03	奥氏体化时间	5min
Si	0.25	P	0.032	Ac_1	735℃
Mn	0.55			Ac_3	815℃
Cr	0.14			*Ms*	370℃

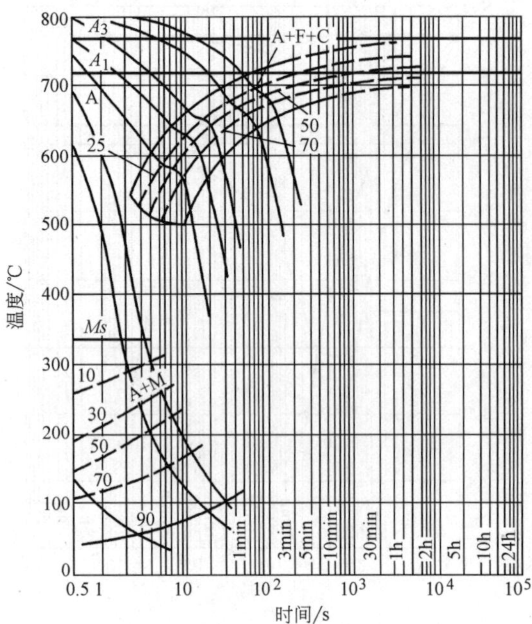

图 13-108 40 钢

化学成分（质量分数,%）				奥氏体化温度	850℃
C	0.43	Cr	0.13	A_1	720℃
Si	0.24	Ni	0.25	A_3	770℃
Mn	0.68			*Ms*	340℃

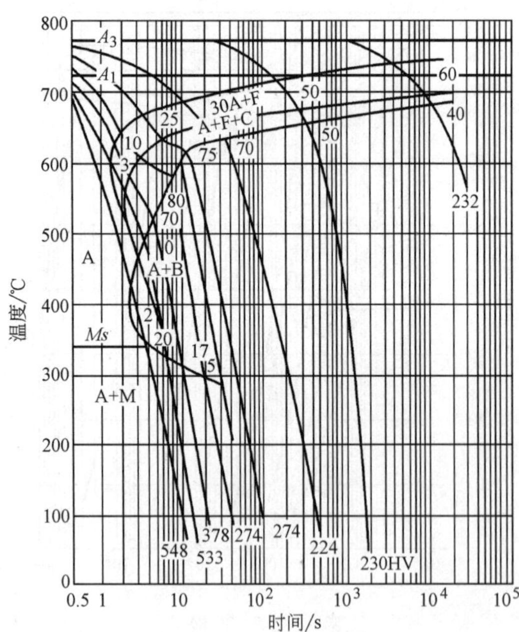

图 13-109 45 钢

化学成分（质量分数,%）				奥氏体化温度	880℃
C	0.44	Cr	0.15	A_1	735℃
Si	0.22	V	0.02	A_3	785℃
Mn	0.66			*Ms*	350℃

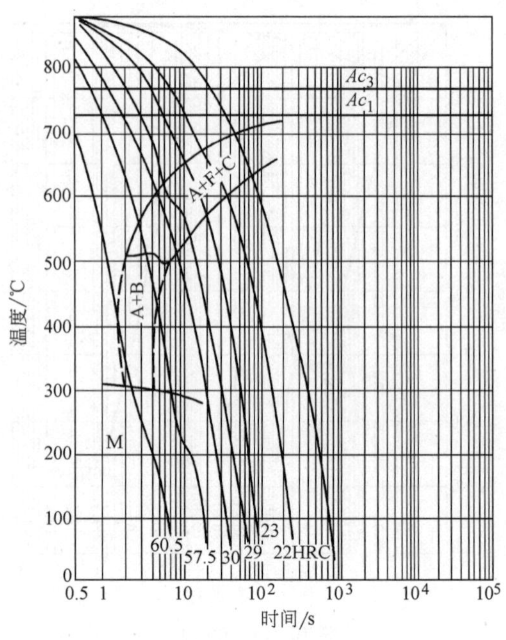

图 13-110 50 钢

化学成分（质量分数,%）				奥氏体化温度	875℃
C	0.50	S	0.022	奥氏体化时间	15min
Si	0.24	P	0.031		
Mn	0.67				

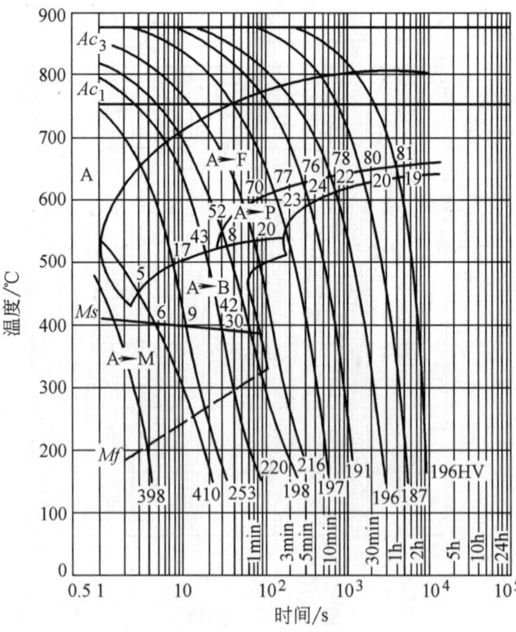

图 13-111 16Mn 钢

化学成分（质量分数,%）				原始状态	退火
C	0.15	P	0.016	奥氏体化温度	900℃
Si	0.50	S	0.022	奥氏体化时间	5min
Mn	1.42				

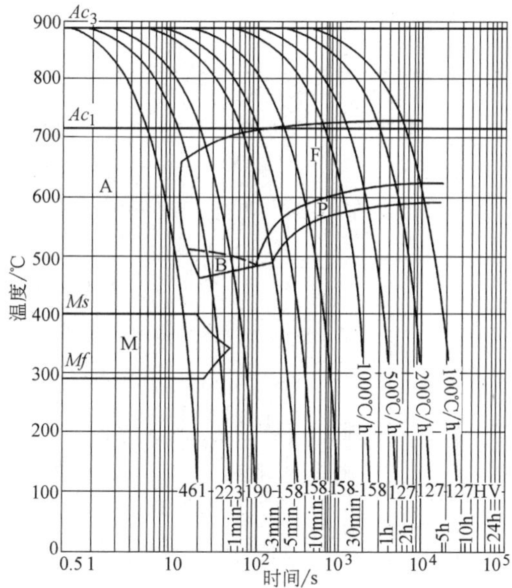

图 13-112　16MnNb 钢

化学成分（质量分数,%）				原始状态	退火
C	0.17	S	<0.06	奥氏体化温度	920℃
Si	0.58	Nb	0.034	奥氏体化时间	5min
Mn	1.45	Al	<0.005	Ac_1	715℃
P	<0.05			Ac_3	885℃
				Ms	400℃
				Mf	290℃

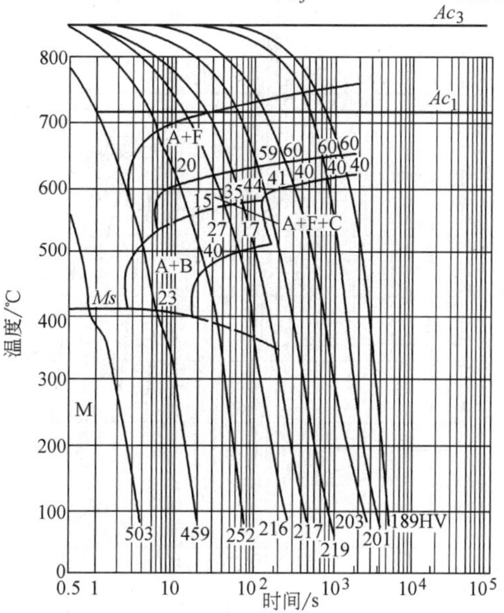

图 13-113　20Mn 钢

化学成分（质量分数,%）		奥氏体化温度	900℃
C	0.23	奥氏体化时间	5min
Si	0.45	Ac_1	725℃
Mn	1.32	Ac_3	845℃
Cr	0.05	Ms	415℃

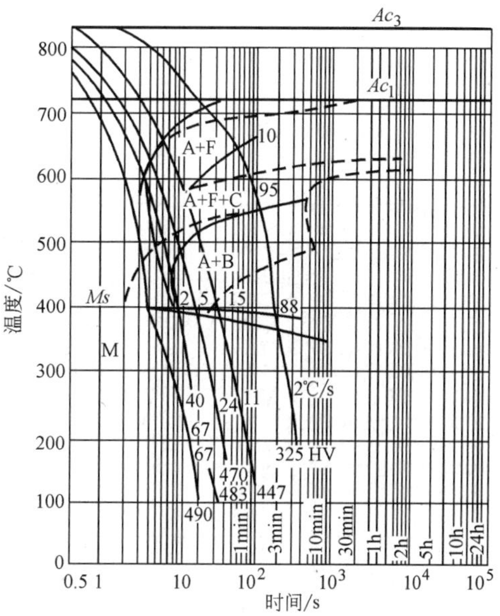

图 13-114　20Mn2 钢

化学成分（质量分数,%）				奥氏体化温度	900℃
C	0.23	Cr	0.14	Ac_1	720℃
Si	0.30	Ni	0.20	Ac_3	830℃
Mn	1.64	Mo	0.03		

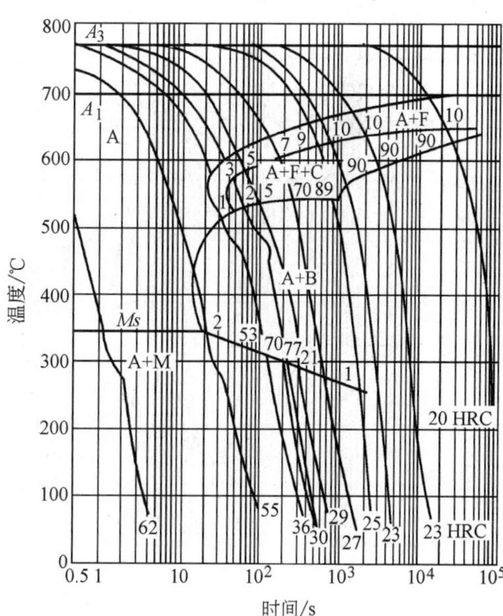

图 13-115　40Mn2 钢

化学成分（质量分数,%）		奥氏体化温度	860℃
C	0.42	A_1	700℃
Si	0.27	A_3	765℃
Mn	1.82	Ms	340℃

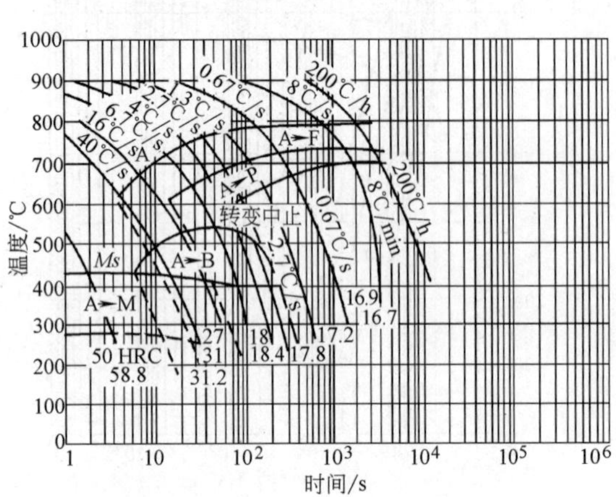

图 13-116　20Cr 钢

化学成分（质量分数,%）　奥氏体化温度　900℃

C	0.20	S	0.012
Si	0.32	Cr	1.02
Mn	0.67	Ni	0.16
P	0.019	Cu	0.11

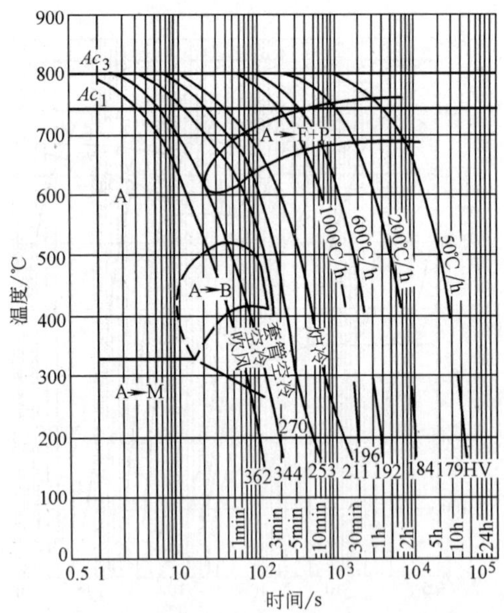

图 13-117　40Cr 钢

化学成分（质量分数,%）				原始状态	正火
C	0.43	P	0.022	奥氏体化温度	850℃
Si	0.25	S	0.004	奥氏体化时间	10min
Mn	0.67	Cr	0.89		

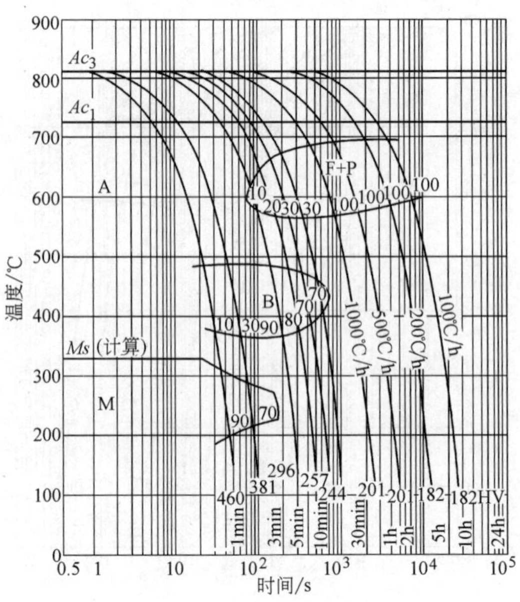

图 13-118　30MnV 钢

化学成分（质量分数,%）				原始状态	退火
C	0.32	Cr	0.22	奥氏体化温度	920℃
Si	0.46	V	0.09	奥氏体化时间	5min
Mn	1.53	Ti	0.02	Ac_1	725℃
S	0.012	Al	0.05	Ac_3	805℃
P	0.010			*Ms*（计算）	330℃

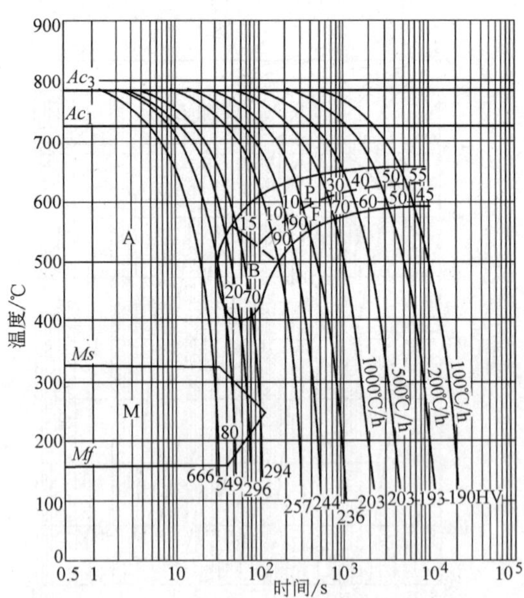

图 13-119　40MnB 钢

化学成分（质量分数,%）				原始状态	正火
C	0.40	Mo	微量	奥氏体化温度	850℃
Mn	1.18	B	0.0025	奥氏体化时间	5min
S	0.012			Ac_1	720℃
				Ac_3	780℃
				Ms	320℃
				Mf	160℃

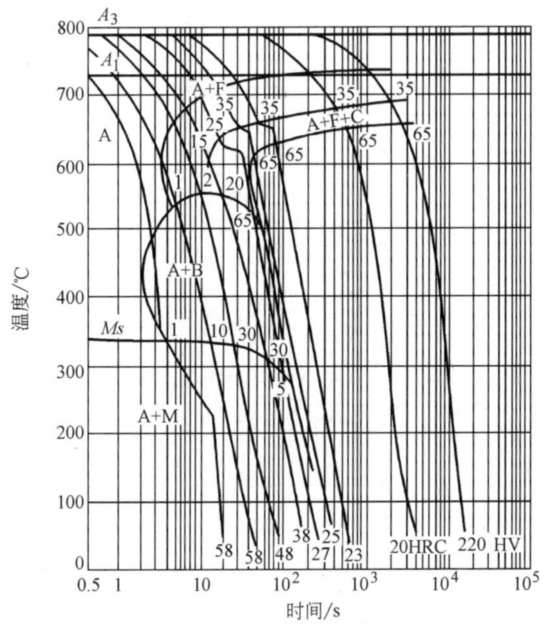

图 13-120　35SiMn 钢

化学成分（质量分数,%）				奥氏体化温度	860℃
C	0.38	Cr	0.23	A_1	735℃
Si	1.05	V	0.02	A_3	795℃
Mn	1.14			Ms	330℃

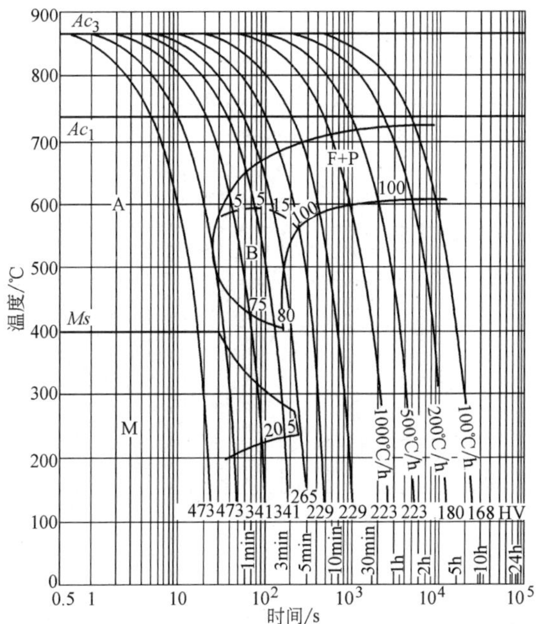

图 13-122　35SiMnB 钢

化学成分（质量分数,%）				原始状态	热轧
C	0.33	P	0.033	奥氏体化温度	900℃
Si	1.23	S	0.021	奥氏体化时间	5min
Mn	1.27	B	0.003	Ac_1	735℃
				Ac_3	870℃
				Ms	400℃

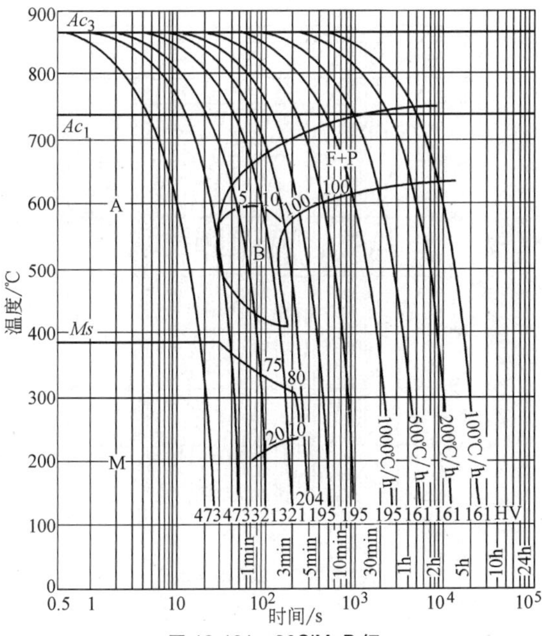

图 13-121　30SiMnB 钢

化学成分（质量分数,%）				奥氏体化温度	900℃
C	0.28	P	0.031	奥氏体化时间	5min
Si	1.33	S	0.027	Ac_1	735℃
Mn	1.21	B	0.003	Ac_3	870℃
				Ms	380℃

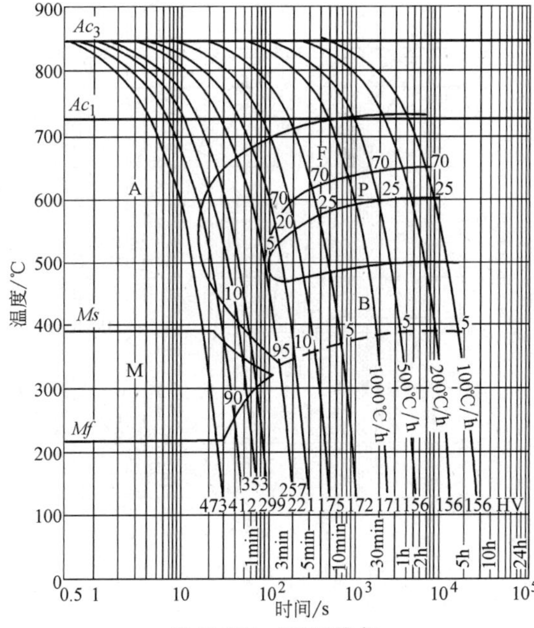

图 13-123　20MnVB 钢

化学成分（质量分数,%）				原始状态	正火
C	0.22	V	0.096	奥氏体化温度	910℃
Mn	1.28	B	0.0026	奥氏体化时间	5min
S	0.025	Mo	微量	Ac_1	735℃
				Ac_3	870℃
				Ms	390℃
				Mf	220℃

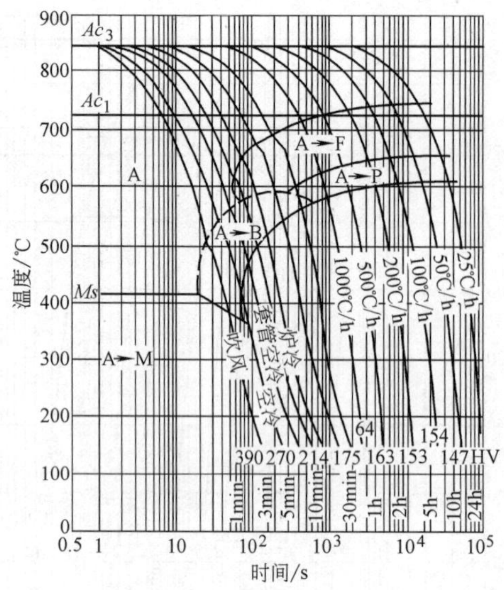

图 13-124　20Mn2TiB 钢

化学成分（质量分数,%）				原始状态	正火+高温回火
C	0.20	Cr	0.15	奥氏体化温度	900℃
Si	0.32	Ni	0.12	奥氏体化时间	10min
Mn	1.63	Ti	0.085	晶粒度	4~5 级
P	0.014	B	0.0028		
S	0.005				

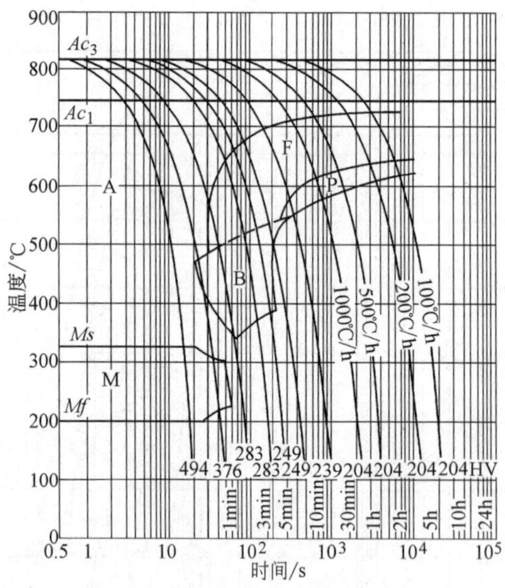

图 13-125　38MnVS5 钢

化学成分（质量分数,%）				原始状态	正火
C	0.36	Cr	0.19	奥氏体化温度	900℃
Si	0.56	Ni	0.07	奥氏体化时间	10min
Mn	1.38	Mo	0.03	Ac_1	740℃
P	0.023	W	0.02	Ac_3	810℃
S	0.054	N	0.011	Ms	320℃
V	0.11	Al	0.018	Mf	200℃

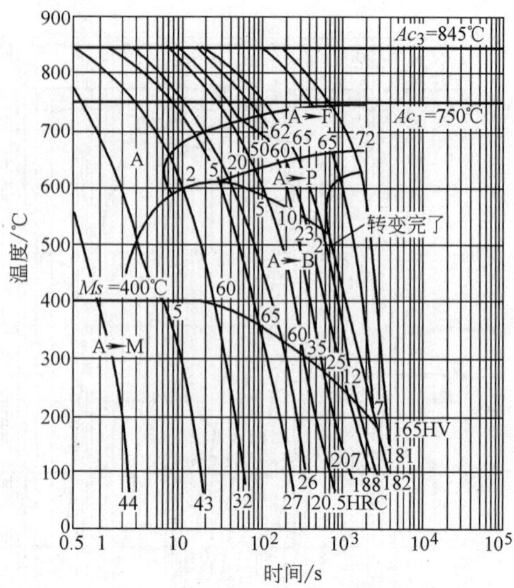

图 13-126　15CrMn 钢

化学成分（质量分数,%）				奥氏体化温度	870℃
C	0.16	Cr	0.99	Ac_1	750℃
Si	0.22	Ni	0.12	Ac_3	845℃
Mn	1.12				

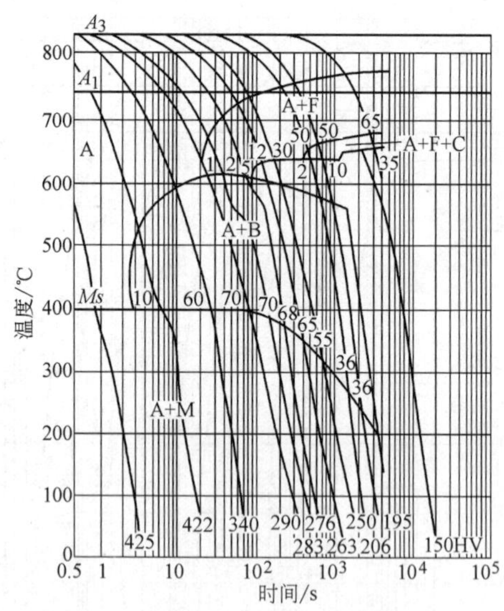

图 13-127　20CrMn 钢

化学成分（质量分数,%）				奥氏体化温度	1050℃
C	0.16	Ni	0.12	A_1	750℃
Si	0.22	Mo	0.02	A_3	845℃
Mn	1.12	Al	0.01	Ms	400℃
Cr	0.99				

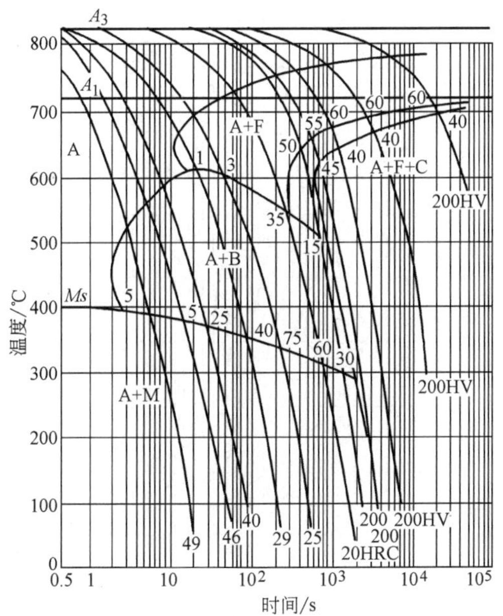

图 13-128　20CrMo 钢

化学成分（质量分数，%）				奥氏体化温度	875℃
C	0.22	Ni	0.33	A_1	730℃
Si	0.25	Mo	0.23	A_3	825℃
Mn	0.64	Cu	0.16	*Ms*	400℃
Cr	0.97				

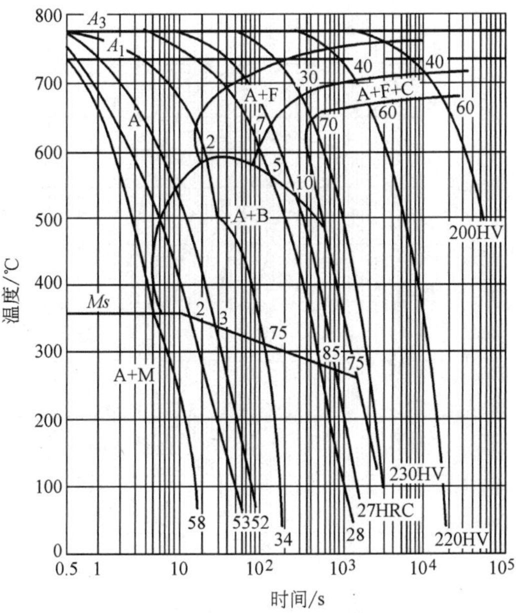

图 13-129　35CrMo 钢

化学成分（质量分数，%）				奥氏体化温度	860℃
C	0.38	Cr	0.99	A_1	730℃
Si	0.23	Ni	0.08	A_3	780℃
Mn	0.64	Mo	0.16	*Ms*	370℃

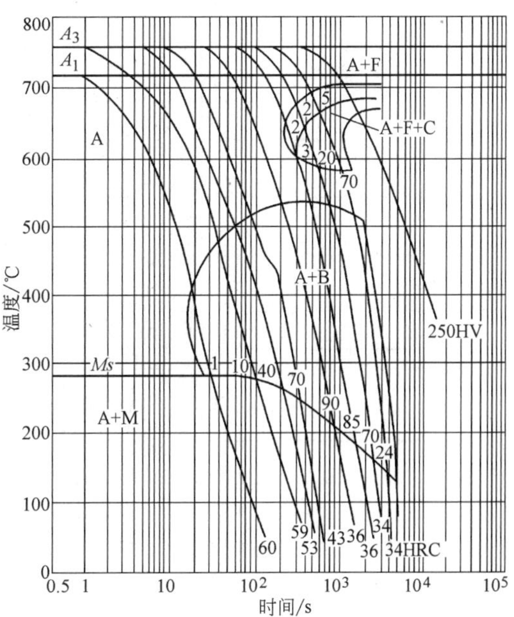

图 13-130　45CrMo 钢

化学成分（质量分数，%）				奥氏体化温度	850℃
C	0.46	Ni	0.26	A_1	720℃
Si	0.22	Mo	0.21	A_3	760℃
Mn	0.50	V	0.01	*Ms*	285℃
Cr	1.00	Cu	0.26		

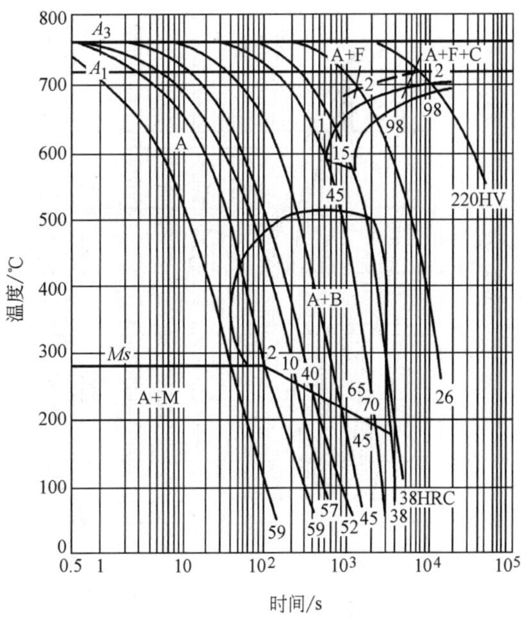

图 13-131　50CrMo 钢

化学成分（质量分数，%）				奥氏体化温度	850℃
C	0.50	Cr	1.04	A_1	725℃
Si	0.32	Ni	0.11	A_3	760℃
Mn	0.80	Mo	0.24	*Ms*	290℃

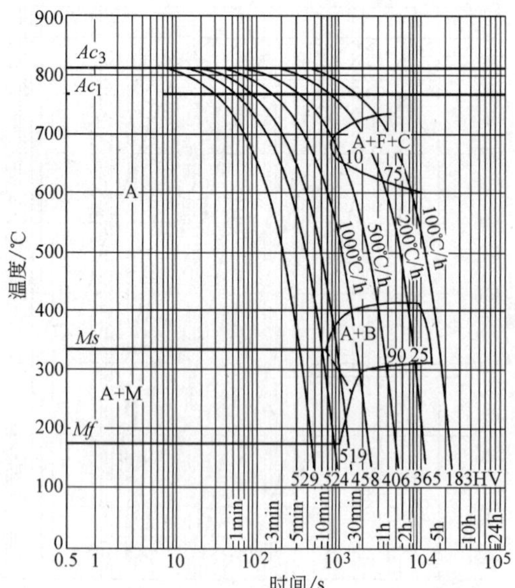

图 13-132　30Cr3MoA 钢

化学成分（质量分数,%）				原始状态	退火
C	0.30	S	0.002	奥氏体化温度	900℃
Si	0.33	Cr	2.97	奥氏体化时间	5min
Mn	0.52	Mo	0.43	Ac_1	765℃
P	0.013			Ac_3	810℃
				Ms	335℃
				Mf	175℃

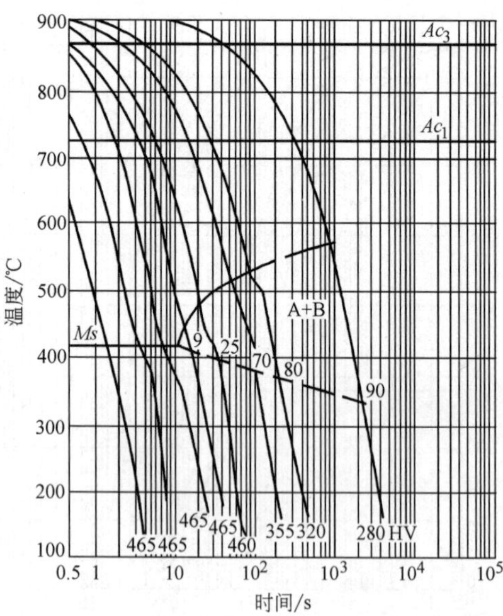

图 13-133　20CrNi 钢

化学成分（质量分数,%）				奥氏体化温度	1300℃
C	0.18	Ni	0.87	Ac_1	725℃
Si	0.29	Mo	0.48	Ac_3	865℃
Mn	0.86	Cu	0.29	*Ms*	415℃
Cr	0.57				

注：快速高温加热。

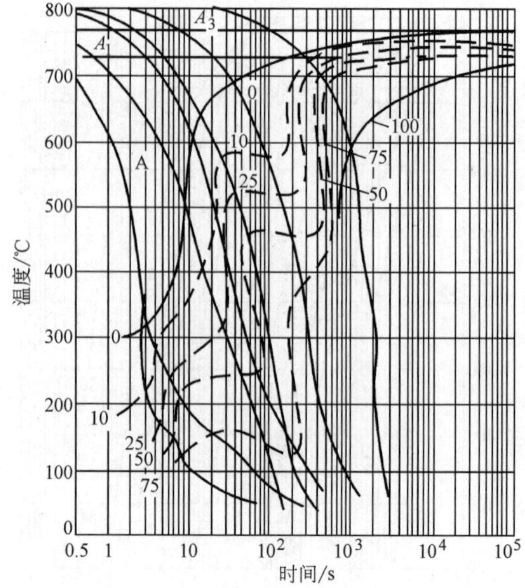

图 13-134　40CrNi 钢

化学成分（质量分数,%）				奥氏体化温度	850℃
C	0.40	Cr	0.63	A_1	730℃
Si	0.27	Ni	0.99	A_3	770℃
Mn	0.66			*Ms*	305℃

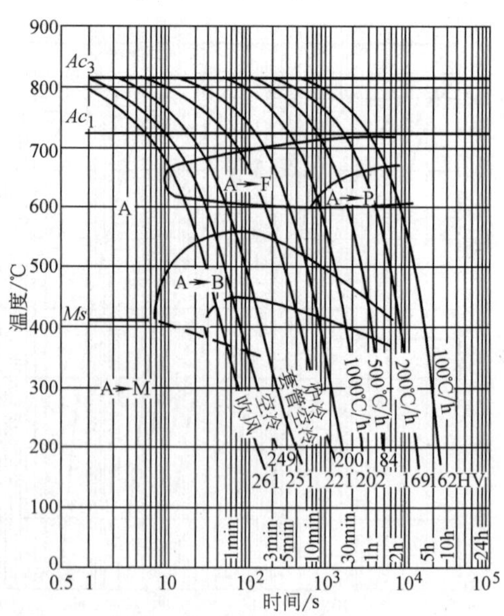

图 13-135　12CrNi3 钢

化学成分（质量分数,%）				原始状态	正火+回火
C	0.13	S	0.004	奥氏体化温度	860℃
Si	0.34	Cr	0.76	奥氏体化时间	10min
Mn	0.50	Ni	2.92		
P	0.013				

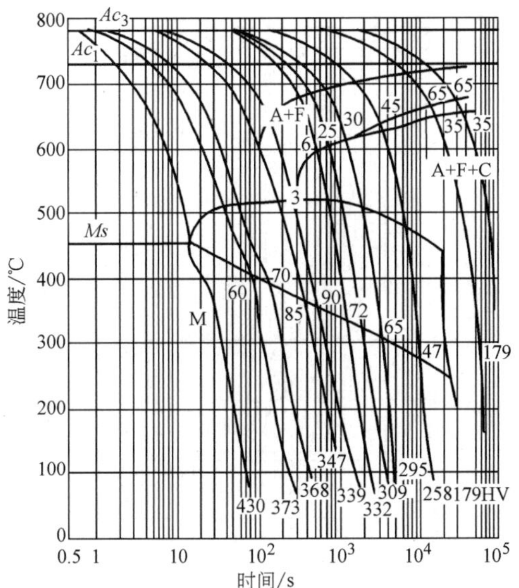

图 13-136　18CrNi2 钢

化学成分（质量分数,%）

C	0.16	Ni	2.02
Si	0.31	Mo	0.03
Mn	0.50	V	0.01
Cr	1.95		

奥氏体化温度	870℃
奥氏体化时间	10min
Ac_1	735℃
Ac_3	790℃
Ms	450℃

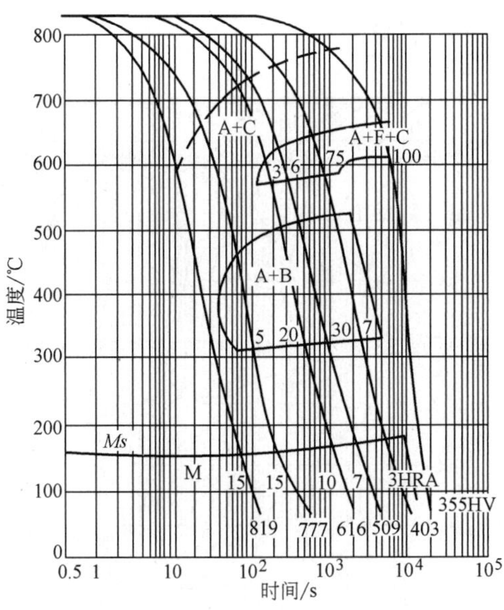

图 13-137　18CrNi2 钢（渗碳后）

化学成分（质量分数,%）

C	0.9	Ni	2.02
Si	0.31	Mo	0.03
Mn	0.50	S	0.014
Cr	1.95	P	0.013

奥氏体化温度	830℃
奥氏体化时间	15min
Ms	160℃

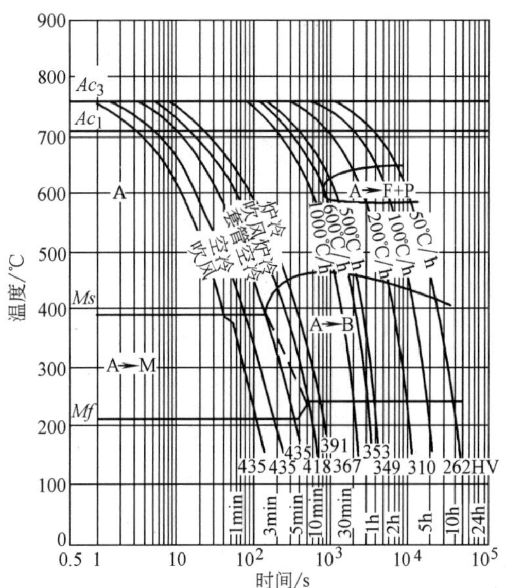

图 13-138　20Cr2Ni4A 钢

化学成分（质量分数,%）

C	0.17	Cr	1.57
Si	0.31	Ni	3.45
Mn	0.51	Mo	0.25
P	0.021	Cu	0.12
S	0.005		

原始状态	正火+高温回火
奥氏体化温度	880℃
奥氏体化时间	10min

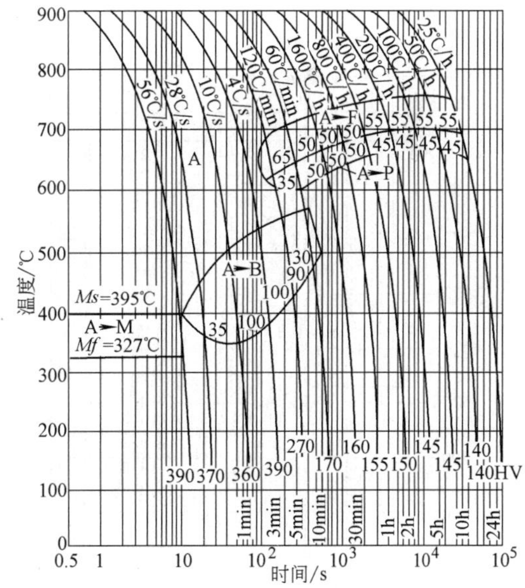

图 13-139　ZF6 钢

化学成分（质量分数,%）

C	0.16	P	0.012
Si	0.30	B	0.0028
Mn	1.12	N	0.010
Cr	1.06	Al	0.056
S	0.017		

奥氏体化温度	940℃
奥氏体化时间	10min
Ac_1	740℃
Ac_3	858℃
晶粒度	7.5 级

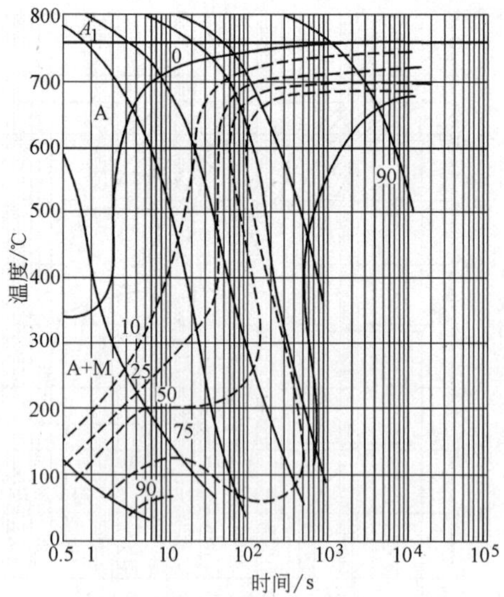

图 13-140　30CrMnSi 钢

化学成分（质量分数,%）				奥氏体化温度	910℃
C	0.31	Cr	1.05	A_1	760℃
Si	1.05	Ni	0.13	A_3	840℃
Mn	0.99			*Ms*	335℃

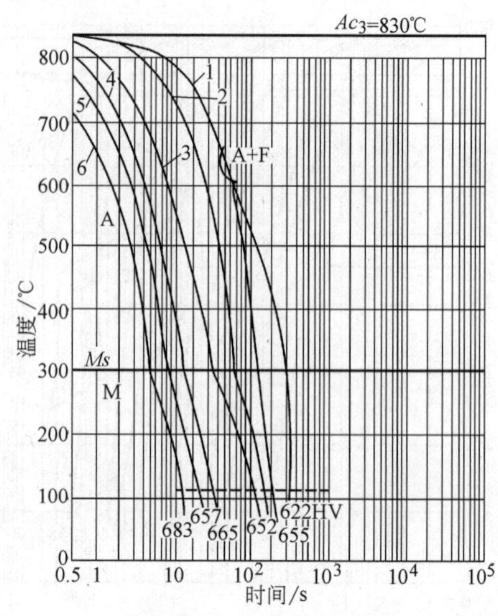

图 13-142　40CrMnSiA 钢

化学成分（质量分数,%）		奥氏体化温度	1330℃
C	0.42	奥氏体化时间	4.2s
Si	1.25	1—1℃/s	
Mn	1.08	2—1.5℃/s	
P	0.015	3—4.2℃/s	
S	0.012	4—17℃/s	
Cr	1.34	5—72℃/s	
Ni	0.33	6—115℃/s	

注：快速高温加热。

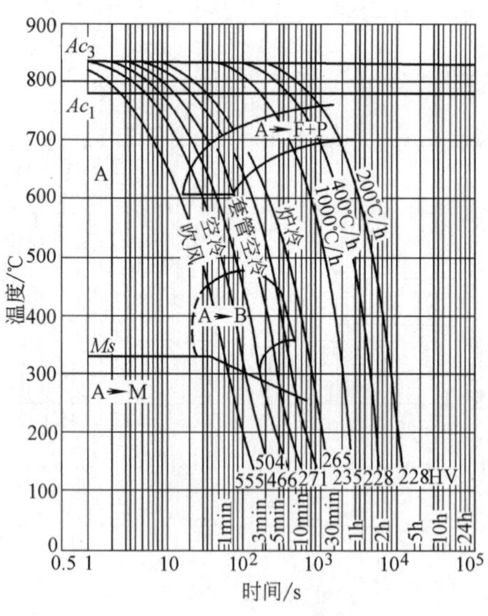

图 13-141　35CrMnSiA 钢

化学成分（质量分数,%）				原始状态	正火+回火
C	0.35	S	0.007	奥氏体化温度	880℃
Si	1.18	Cr	1.27	奥氏体化时间	10min
Mn	0.98	Ni	0.05	Ac_3	830℃
P	0.019	Cu	0.09		

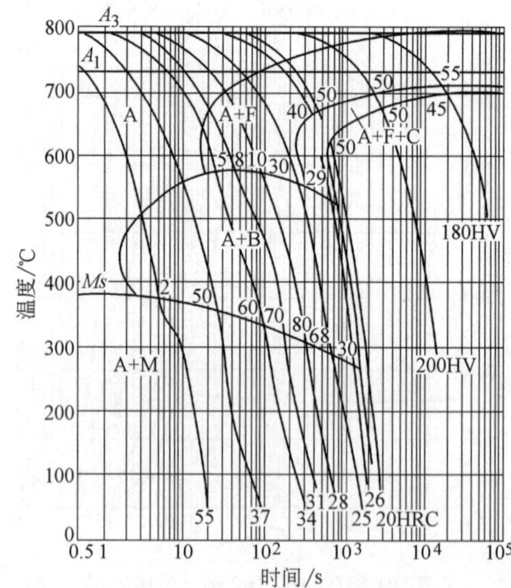

图 13-143　30CrMnMo 钢

化学成分（质量分数,%）				奥氏体化温度	850℃
C	0.30	Cr	1.01	A_1	730℃
Si	0.22	Ni	0.11	A_3	795℃
Mn	0.84	Mo	0.24	*Ms*	385℃

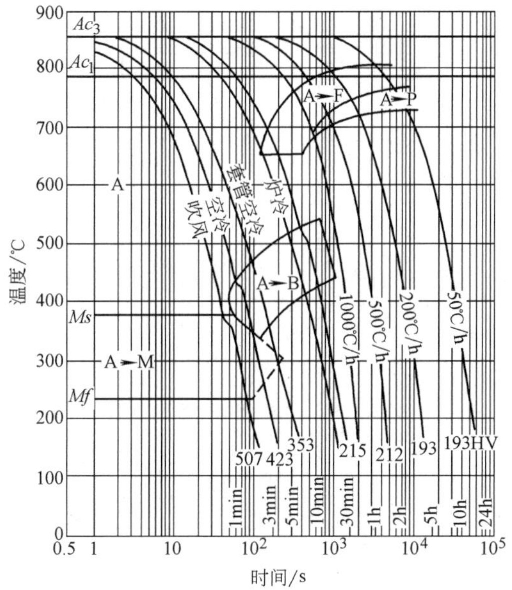

图 13-144 38CrMoAlA 钢

化学成分（质量分数,%）				原始状态	正火+回火
C	0.38	Cr	1.38	奥氏体化温度	930℃
Si	0.42	Mo	0.23	奥氏体化时间	20min
Mn	0.46	Al	0.82		

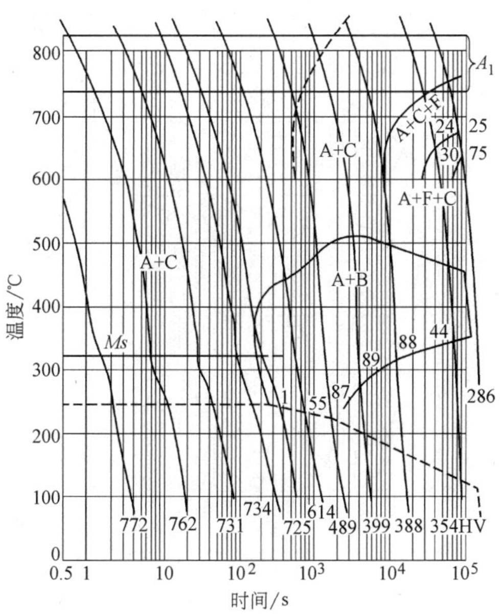

图 13-145 45CrMoV 钢

化学成分（质量分数,%）				奥氏体化温度	1050℃
C	0.43	Ni	0.11	奥氏体化时间	15min
Si	0.27	Mo	0.72	Ac_1	740～830℃
Mn	0.75	V	0.23	Ms	320℃
Cr	1.31				

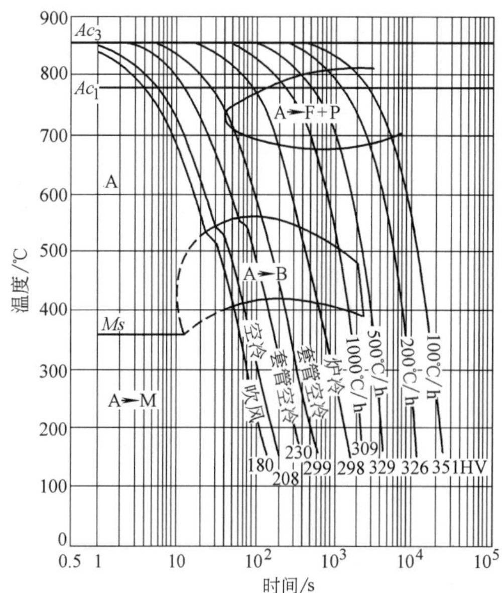

图 13-146 25Cr2MoVA 钢

化学成分（质量分数,%）				原始状态	正火+回火
C	0.23	Ni	0.03	奥氏体化温度	940℃
Si	0.30	Mo	0.29	奥氏体化时间	10min
Mn	0.53	V	0.21		
P	0.018	Cu	0.11		
Cr	1.55				

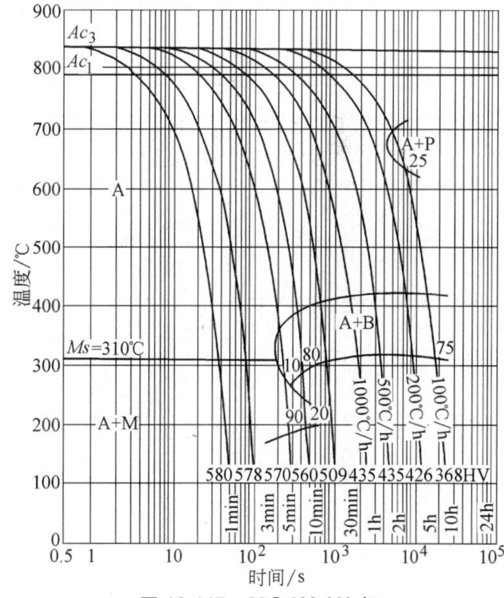

图 13-147 32Cr3MoVA 钢

化学成分（质量分数,%）				原始状态	退火
C	0.305	P	0.010	奥氏体化温度	950℃
Si	0.24	Cr	3.10	奥氏体化时间	5min
Mn	0.53	Mo	0.84	Ac_1	795℃
S	0.002	V	0.25	Ac_3	835℃
				Ms	310℃

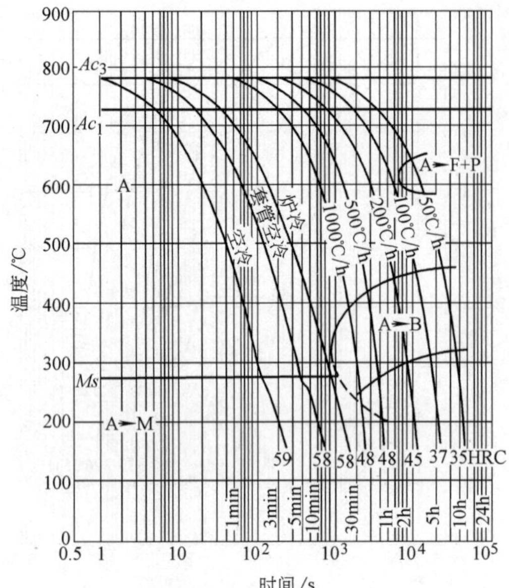

图 13-148　40CrNiMo 钢

化学成分（质量分数,%）				原始状态	退火
C	0.41	S	0.02	奥氏体化温度	850℃
Si	0.31	Cr	0.87	奥氏体化时间	15min
Mn	0.80	Ni	1.82	晶粒度	7 级
P	0.005	Mo	0.29		

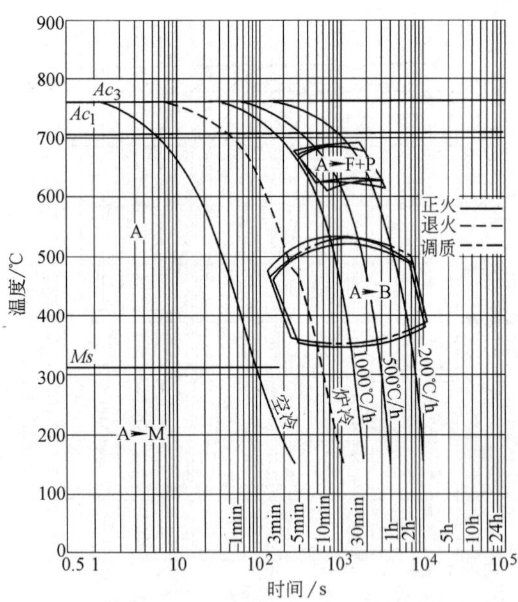

图 13-149　40CrNiMoA 钢

化学成分（质量分数,%）				原始状态	正火、退火、调质
C	0.38	Cr	0.76	奥氏体化温度	840℃
Si	0.24	Ni	1.44	奥氏体化时间	20min
Mn	0.69	Mo	0.19	*Ms*	315℃
P	0.02	Cu	0.10		
S	0.007				

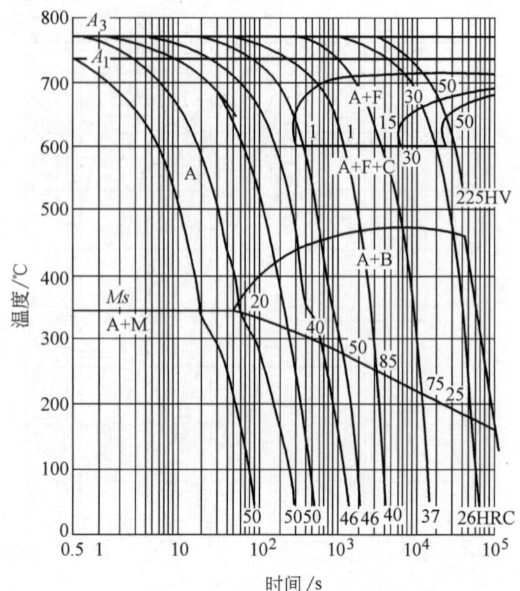

图 13-150　30Cr2Ni2Mo 钢

化学成分（质量分数,%）				奥氏体化温度	850℃
C	0.30	Ni	2.06	A_1	740℃
Si	0.24	Mo	0.37	A_3	780℃
Mn	0.46	Cu	0.20	*Ms*	350℃
Cr	1.44				

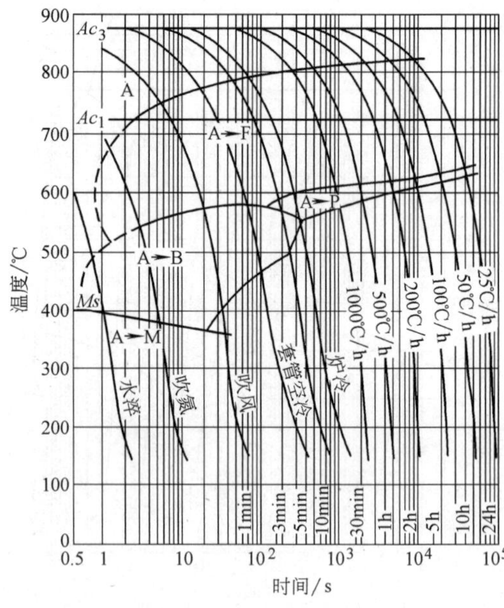

图 13-151　14MnVTiRE 钢

化学成分（质量分数,%）				原始状态	正火
C	0.14	V	0.071	奥氏体化温度	920℃
Si	0.48	Ti	0.12	奥氏体化时间	10min
Mn	1.52	Cu	微量	晶粒度	8 级
P	0.011	RE	0.016		
S	0.004				

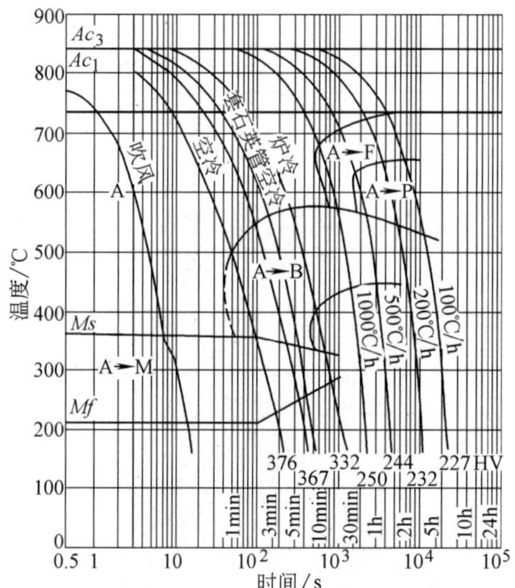

图 13-152　20Mn2MoVB 钢

化学成分（质量分数,%）					
C	0.275	S	0.014	奥氏体化温度	900℃
Si	0.35	Mo	0.125	奥氏体化时间	15min
Mn	1.60	Cu	0.26	Ac_1	732℃
P	0.017			Ac_3	845℃

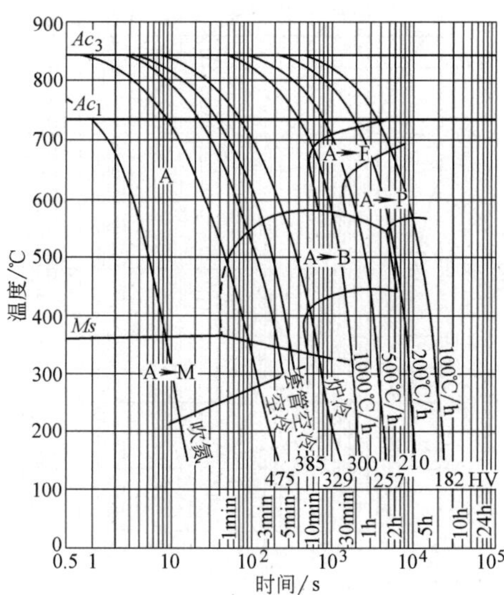

图 13-153　28Mn2MoVB 钢

化学成分（质量分数,%）				原始状态	退火
C	0.275	Mo	0.125	奥氏体化温度	900℃
Si	0.35	V	0.10	奥氏体化时间	15min
Mn	1.60	B	0.003	Ac_1	732℃
P	0.017	Cu	0.26	Ac_3	845℃
S	0.015			Ms	360℃

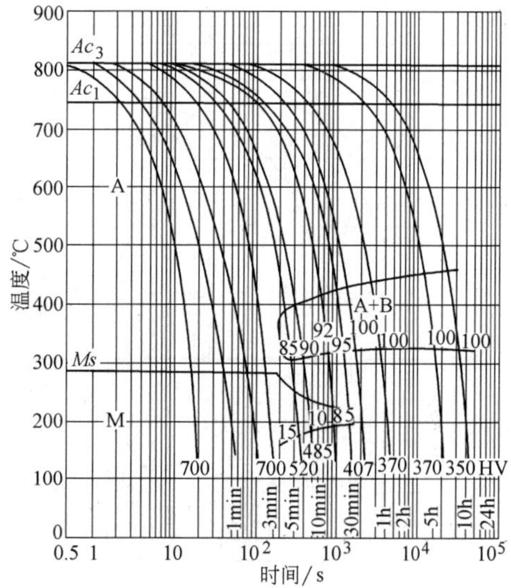

图 13-154　50CrNiMoVA 钢

化学成分（质量分数,%）				原始状态	退火
C	0.47	Ni	0.54	奥氏体化温度	1320℃
Si	0.33	Mo	1.00	奥氏体化时间	15min
Mn	0.74	V	0.10	晶粒度	8 级
S	0.009	Cu	0.10	Ac_1	740℃
P	0.028			Ac_3	810℃
Cr	0.99			Ms	285℃

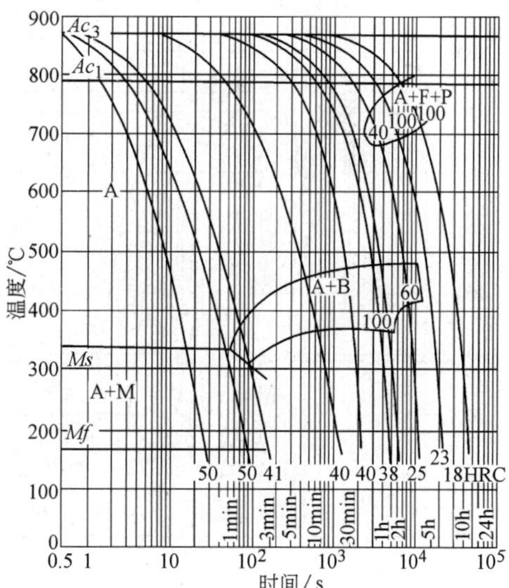

图 13-155　30Si2MnCrMoV 钢

化学成分（质量分数,%）				原始状态	退火
C	0.29	Ni	0.19	奥氏体化温度	930℃
Si	1.64	Mo	0.49	奥氏体化时间	20min
Mn	0.80	V	0.11	Ac_1	785℃
P	0.012			Ac_3	870℃
S	0.007			Ms	330℃
Cr	1.15			Mf	170℃

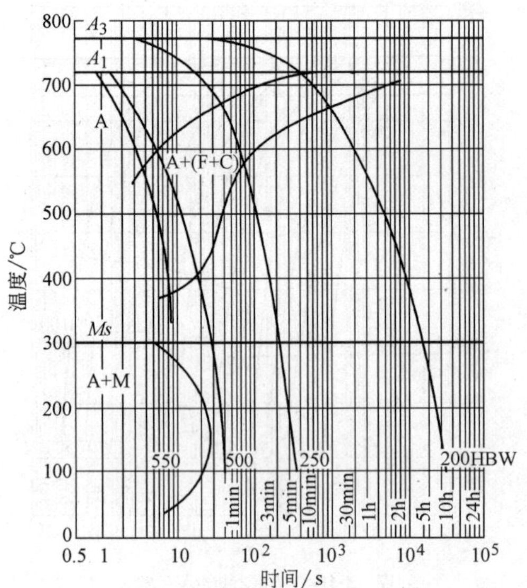

图 13-156　65 钢

化学成分（质量分数,%）		奥氏体化温度	815℃
C	0.66	A_1	715℃
Si	0.21	*Ms*	300℃
Mn	0.57		

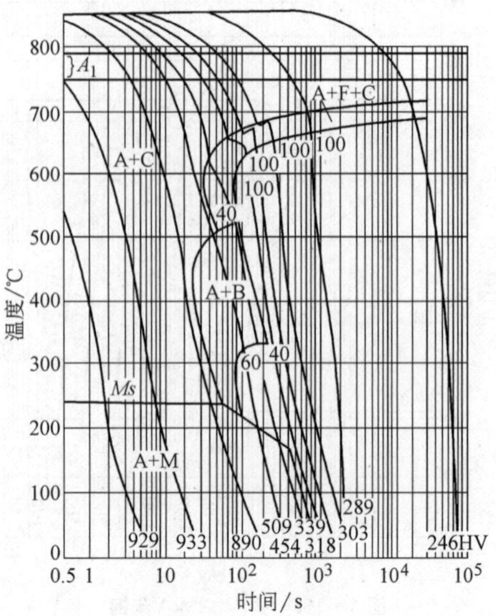

图 13-158　GCr15 钢

化学成分（质量分数,%）				奥氏体化温度	850℃
C	1.04	Ni	0.31	A_1	750~795℃
Si	0.26	Mo	0.01	*Ms*	245℃
Mn	0.33	V	0.01		
Cr	1.53	Cu	0.20		

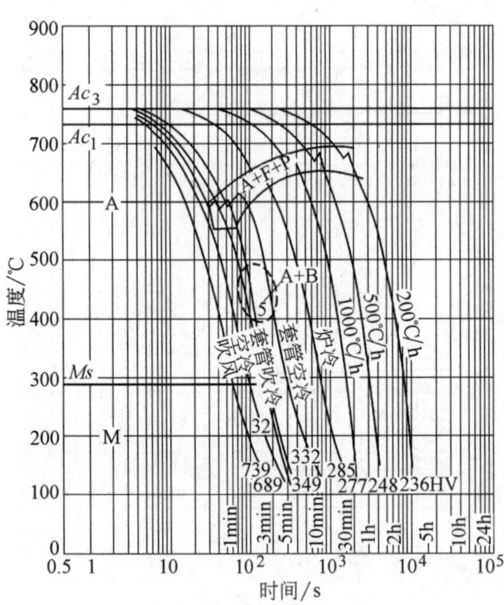

图 13-157　55SiMnVB 钢

化学成分（质量分数,%）				原始状态	热轧
C	0.54	Ni	0.04	奥氏体化温度	860℃
Si	0.88	V	0.11	奥氏体化时间	20min
Mn	1.15	B	0.0018	晶粒度	8 级
P	0.012	Cu	0.07	Ac_1	728℃
S	0.007			Ac_3	765℃
Cr	0.05			*Ms*	285℃

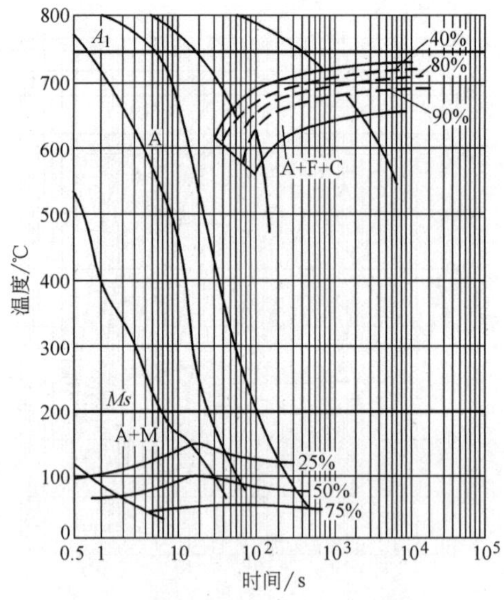

图 13-159　GCr15SiMn 钢

化学成分（质量分数,%）				奥氏体化温度	850℃
C	0.99	Mn	1.0	A_1	740℃
Si	0.55	Cr	1.45	*Ms*	200℃

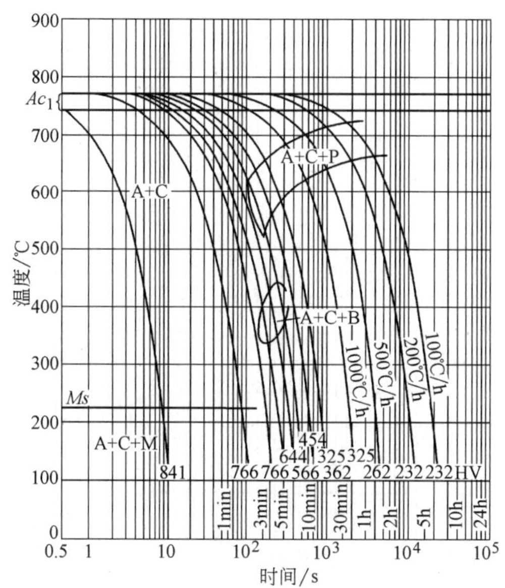

图 13-160　GCr15SiMo 钢

化学成分（质量分数,%）				原始状态	退火
C	0.99	Cr	1.59	奥氏体化温度	860℃
Si	0.73	Mo	0.35	奥氏体化时间	5min
Mn	0.31			Ac_1	740～770℃
P	0.014			Ms	225℃
S	0.005				

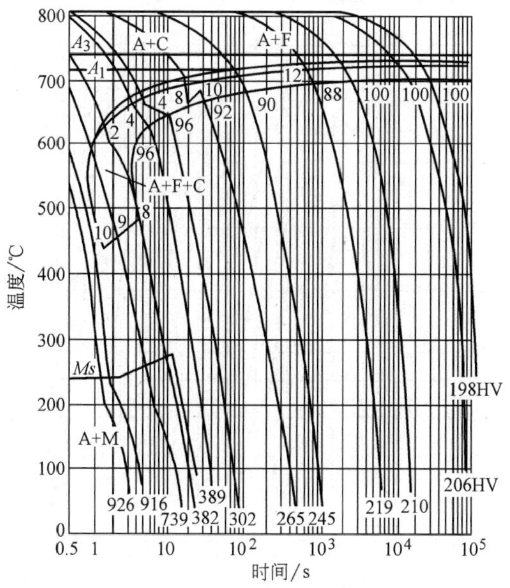

图 13-161　T8 钢

化学成分（质量分数,%）				奥氏体化温度	810℃
C	0.76	Ni	0.07	A_1	720℃
Si	0.22	Mo	0.02	A_3	740℃
Mn	0.29	V	0.02	Ms	245℃
Cr	0.11	Cu	0.11		

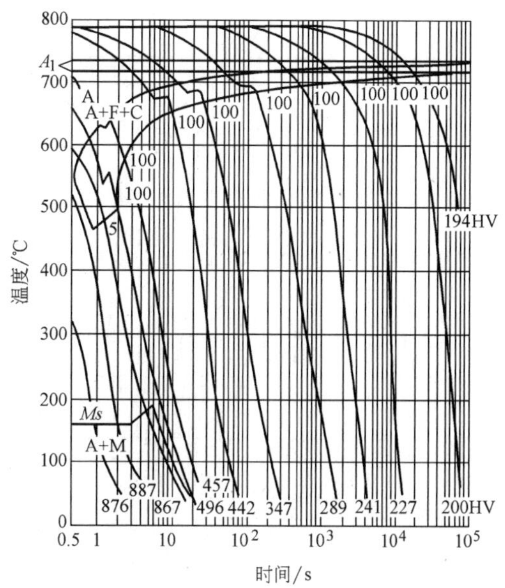

图 13-162　T10 钢

化学成分（质量分数,%）				奥氏体化温度	860℃
C	1.03	Ni	0.10	A_1	717～736℃
Si	0.17	Mo	0.01	Ms	160℃
Mn	0.22	Cu	0.14		
Cr	0.07				

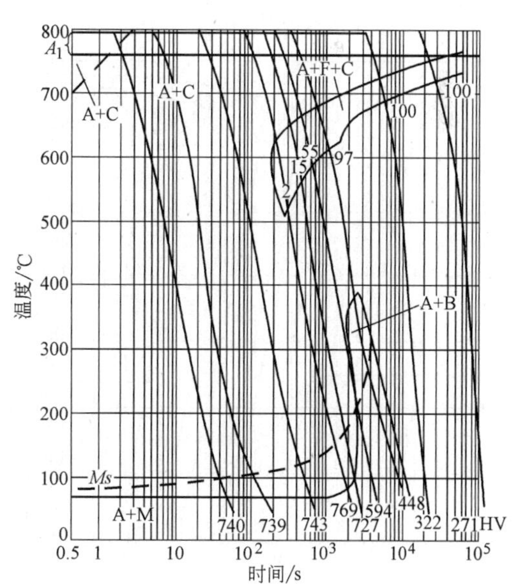

图 13-163　Cr12 钢

化学成分（质量分数,%）				奥氏体化温度	1050℃
C	2.08	Ni	0.31	A_1	768～797℃
Si	0.28	Mo	0.02	Ms	70℃
Mn	0.39	V	0.04		
Cr	11.48	Cu	0.15		

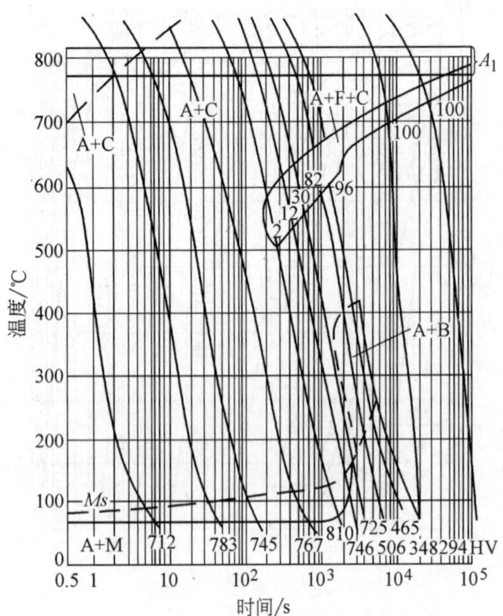

图 13-164　Cr12W 钢

化学成分（质量分数,%）　奥氏体化温度　1050℃

C	2.19	Ni	0.08	A_1	770～810℃
Si	0.26	Mo	0.12	*Ms*	70℃
Mn	0.32	W	0.84		
Cr	11.75	V	0.08		

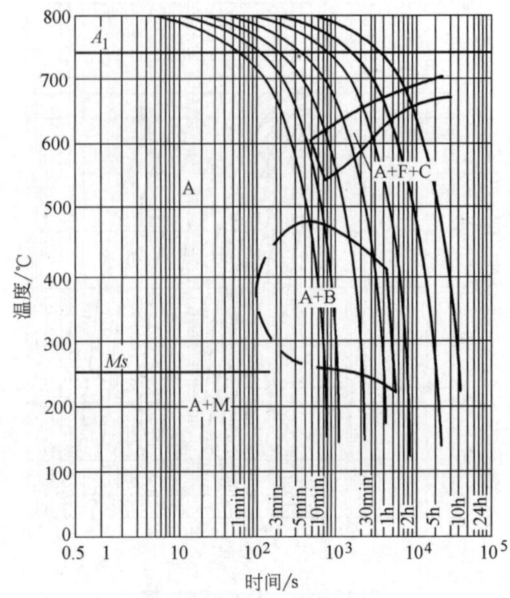

图 13-166　5CrMnMo 钢

化学成分（质量分数,%）　奥氏体化温度　900℃

C	0.53	Cr	0.76	A_1	745℃
Si	0.38	Ni	0.30	*Ms*	250℃
Mn	1.53	Mo	0.17		

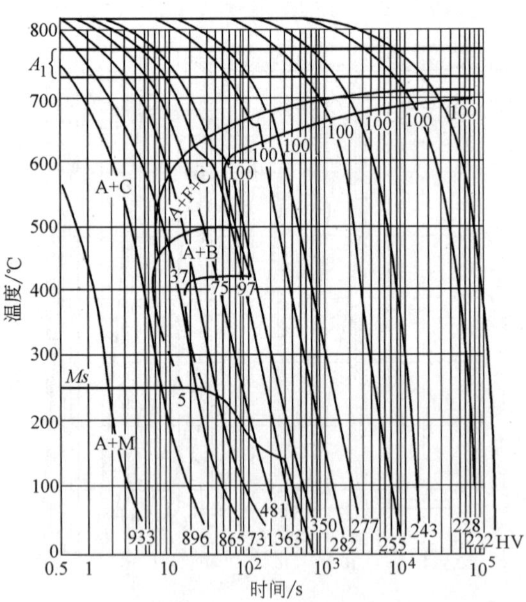

图 13-165　CrWMn 钢

化学成分（质量分数,%）　奥氏体化温度　815℃

C	1.03	Ni	0.13	A_1	730～770℃
Si	0.28	Mo	0.03	*Ms*	245℃
Mn	0.97	W	1.15		
Cr	1.05	Cu	0.25		

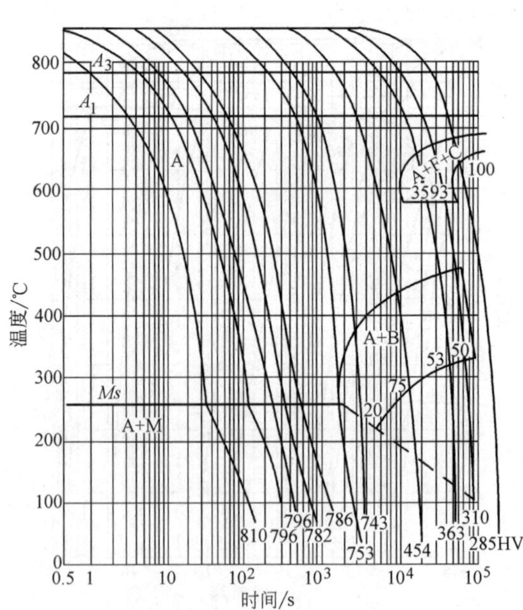

图 13-167　5CrNiMoV 钢

化学成分（质量分数,%）　奥氏体化温度　950℃

C	0.52	Ni	1.72	A_1	710℃
Si	0.29	Mo	0.43	A_3	790℃
Mn	0.70	V	0.14	*Ms*	250℃
Cr	1.09				

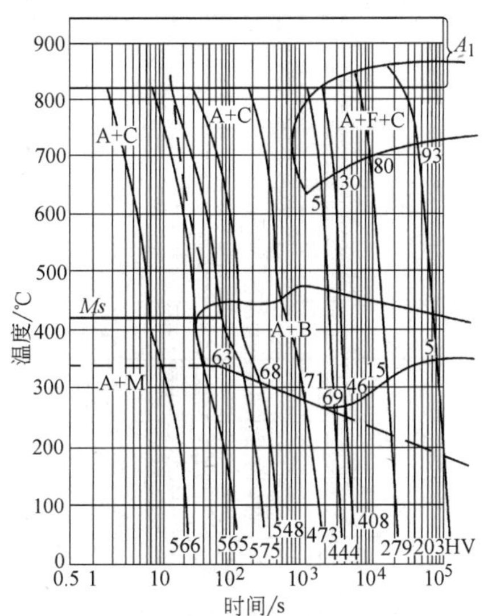

图 13-168　3Cr2W8V 钢

化学成分（质量分数,%）				奥氏体化温度	1120℃
C	0.28	Ni	0.04	A_1	820~925℃
Si	0.11	Mo	0.03	Ms	420℃
Mn	0.36	W	8.88		
Cr	2.57	V	0.36		

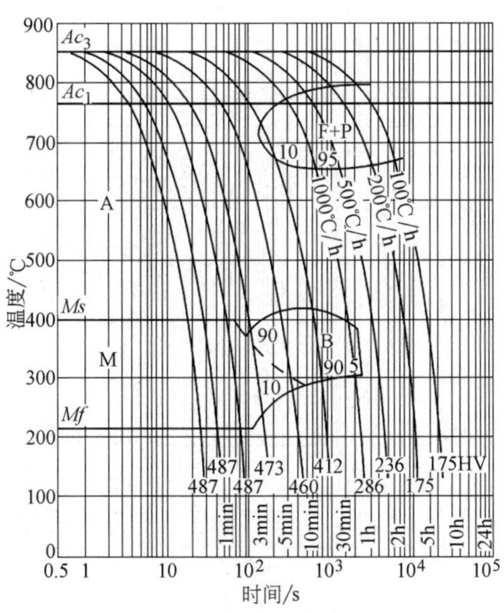

图 13-169　3Cr3W5Co 钢

化学成分（质量分数,%）				原始状态	退火
C	0.40	Cr	3.0	奥氏体化温度	920℃
Si	0.40	Mo	0.50	奥氏体化时间	5min
Mn	0.50	W	5.0	Ac_1	765℃
P	0.016	V	0.5	Ac_3	855℃
S	0.003			Ms	400℃
				Mf	210℃

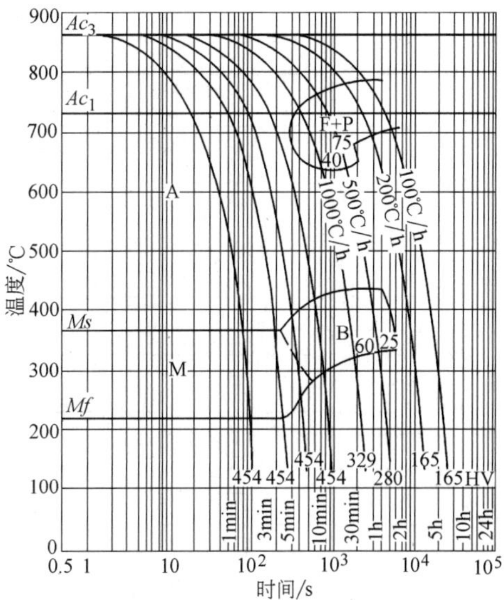

图 13-170　3Cr5MoVCo 钢

化学成分（质量分数,%）				原始状态	退火
C	0.26	Co	0.80	奥氏体化温度	920℃
Si	0.17			奥氏体化时间	5min
Mn	0.19			Ac_1	725℃
Cr	5.00			Ac_3	855℃
Mo	0.80			Ms	370℃
V	0.68			Mf	215℃

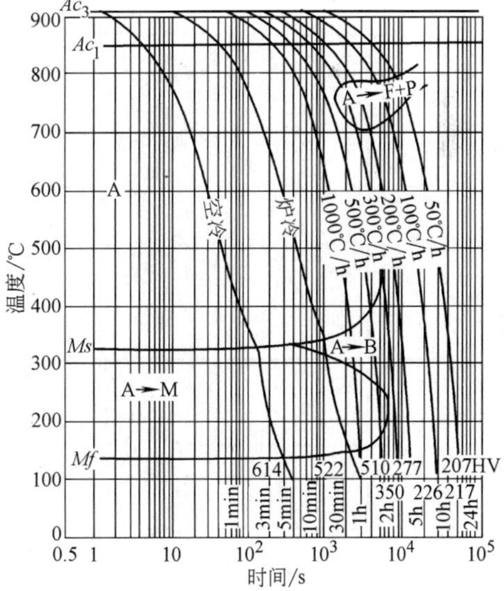

图 13-171　4Cr5MoVSi 钢

化学成分（质量分数,%）				原始状态	退火
C	0.40	P	0.01	奥氏体化温度	1000℃
Si	1.00	Cr	5.00	奥氏体化时间	10min
Mn	0.60	Mo	1.30		
S	0.003	V	0.40		

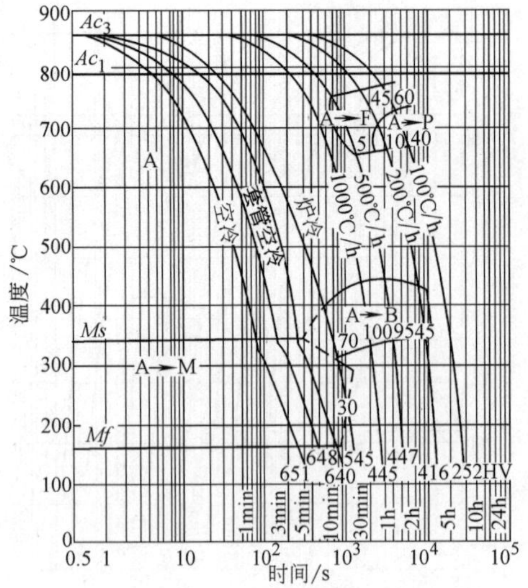

图 13-172　4CrMnSiMoV 钢

化学成分（质量分数,%）			
C	0.39	奥氏体化温度	930℃
Si	0.96	奥氏体化时间	15min
Mn	0.98	晶粒度	8~9 级
Cr	1.38	Ac_1	792℃
Mo	0.60	Ac_3	855℃
V	0.33	Ms	330℃
		Mf	165℃

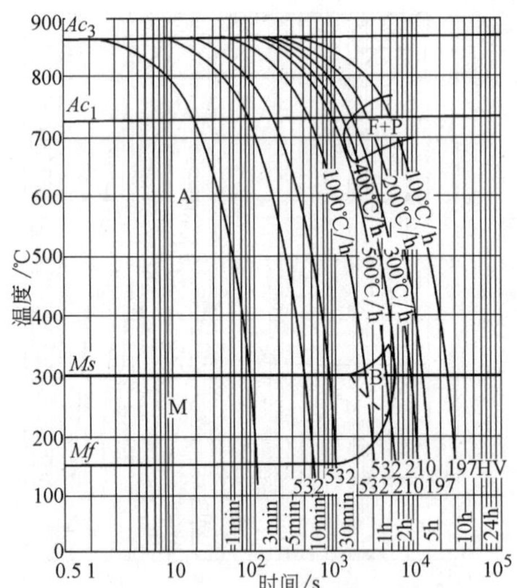

图 13-173　4Cr5W2V1Si 钢

化学成分（质量分数,%）				原始状态	退火
C	0.40	W	2.15	奥氏体化温度	950℃
Si	0.98	V	0.93	奥氏体化时间	5min
Mn	0.27	Al	0.13	Ac_1	725℃
P	0.010			Ac_3	870℃
S	0.006			Ms	300℃
Cr	4.56			Mf	150℃

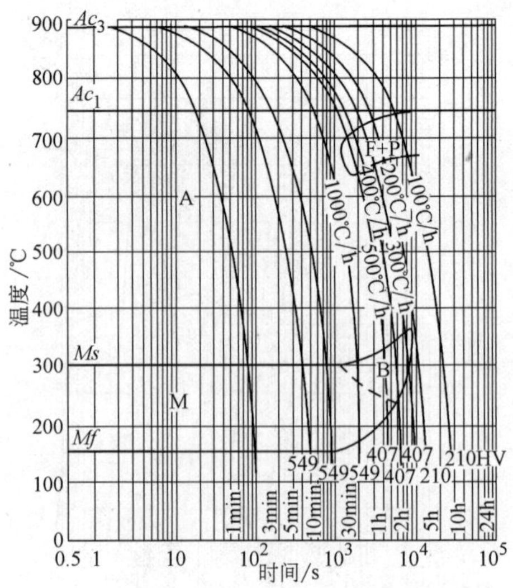

图 13-174　4Cr5W1MoV1Si 钢

化学成分（质量分数,%）				原始状态	退火
C	0.41	W	1.21	奥氏体化温度	950℃
Si	1.00	Mo	0.50	奥氏体化时间	5min
Mn	0.23	V	0.96	Ac_1	740℃
P	0.011	Al	0.21	Ac_3	890℃
S	0.006			Ms	300℃
Cr	4.61			Mf	150℃

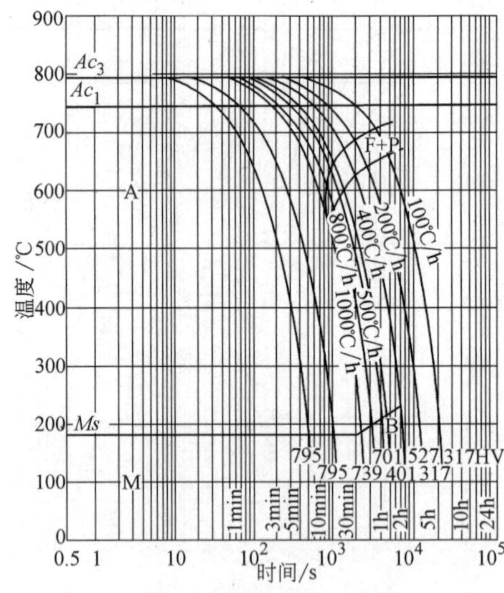

图 13-175　8Cr2SiMnMoV 钢

化学成分（质量分数,%）				奥氏体化温度	880℃
C	0.77	Ni	0.08	奥氏体化时间	5min
Si	0.92	Mo	0.50	Ac_1	745℃
Mn	1.25	W	0.03	Ac_3	795℃
P	0.009	V	0.23	Ms	180℃
S	0.007	Cu	0.14		
Cr	1.53				

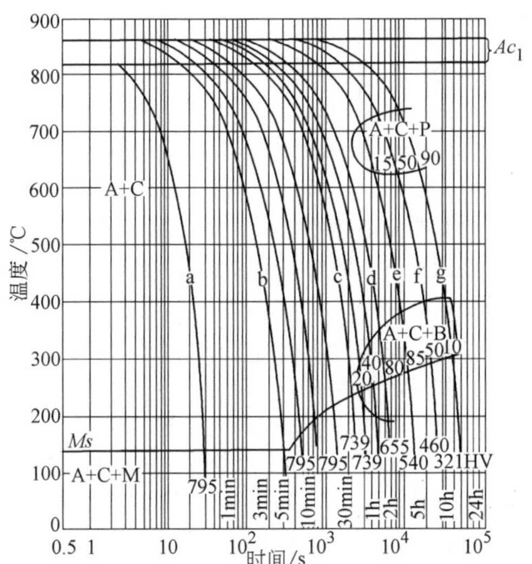

图 13-176　W3Mo2Cr4VSi 钢

化学成分（质量分数,%）				奥氏体化温度	1180℃
C	0.90	W	3.22	奥氏体化时间	1min
Si	1.17	V	1.67	晶粒度	10~11 级
P	≤0.03	Mo	2.11	Ac_1	815~865℃
S	≤0.03			Ms	140℃
Cr	3.95				

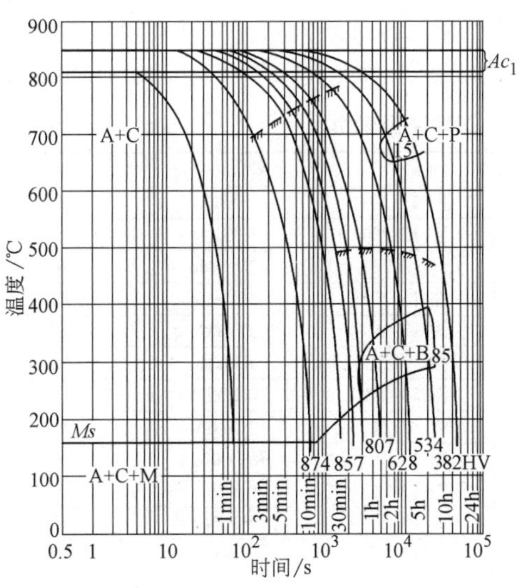

图 13-177　CW9Mo3Cr4VN 钢

化学成分（质量分数,%）				原始状态	退火
C	0.97	N	0.041	奥氏体化温度	1230℃
Si	0.30			奥氏体化时间	15min
Cr	4.00			晶粒度	9~10 级
Mo	2.95			Ac_1	810~850℃
W	9.00			Ms	160℃
V	1.57				

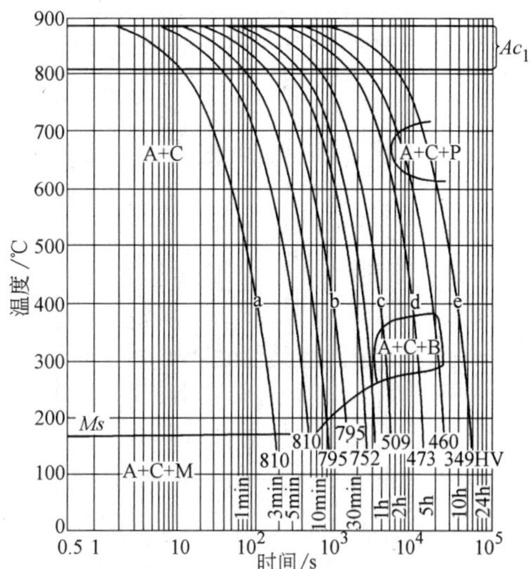

图 13-178　W12Mo2Cr4VRE 钢

化学成分（质量分数,%）				原始状态	退火
C	1.10	Mo	2.02	奥氏体化温度	1220℃
Si	0.41	W	12.38	奥氏体化时间	1min
Mn	0.23	V	1.65	晶粒度	9~10 级
P	≤0.03	RE	0.072	Ac_1	805~885℃
S	≤0.03			Ms	170℃
Cr	4.01				

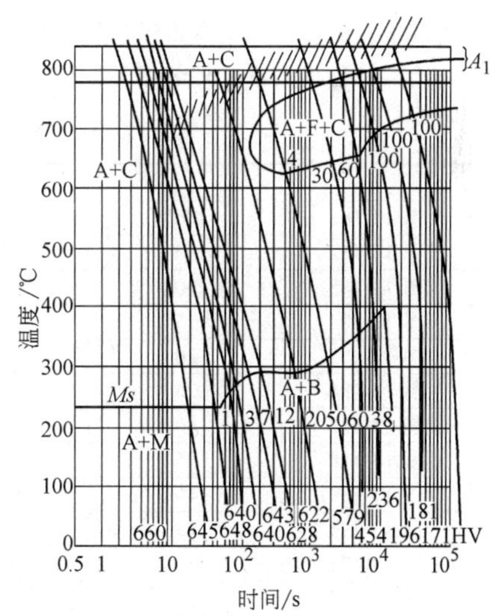

图 13-179　30Cr13 钢

化学成分（质量分数,%）				奥氏体化温度	980℃
C	0.25	Cr	13.4	A_1	790~840℃
Si	0.37	Ni	0.13	Ms	240℃
Mn	0.29				

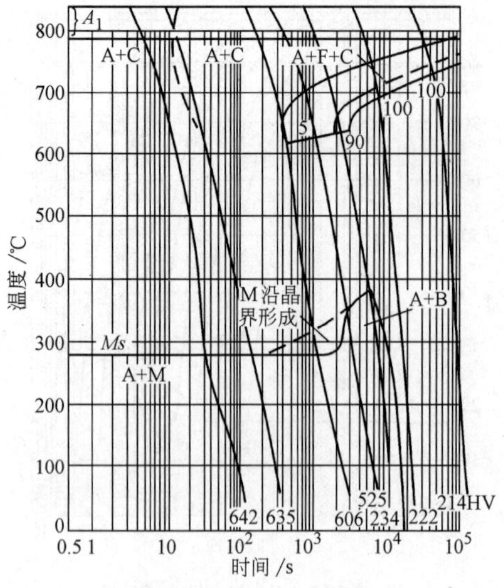

图 13-180　40Cr13 钢

化学成分（质量分数,%）				奥氏体化温度	980℃
C	0.44	Ni	0.31	A_1	790～850℃
Si	0.30	Mo	0.01	*Ms*	270℃
Mn	0.20	V	0.02		
Cr	13.12	Cu	0.09		

13.2.3　常用钢的改型连续冷却转变图

改型连续冷却转变图以钢棒直径为横坐标，利用钢棒直径与冷却特性的关系，把组织转变图与工件尺寸和冷却方式对应起来，便于生产上直观参考。图中的组织是钢棒中心处的组织，不同深度处的组织或不规则形状钢料特定部位的组织可由等效直径推算。

常用钢的改型连续冷却转变图索引见表 13-10。图 13-181～图 13-223 所示的改型连续冷却转变图中，包括了少数非标准牌号钢的改型连续冷却转变图，考虑到这些图具有一定的参考价值，因此予以保留，以供参考使用。

改型连续冷却转变图的应用与连续冷却转变图基本相同，如显示钢棒成分、尺寸、冷却方式与组织的关系，预估力学性能、淬透性及临界冷速等。

以 45 钢为例（见图 13-190），从横坐标上圆棒直径 20mm 处向上至 *A* 区观察时，可以看到：空冷时，奥氏体从 700℃ 开始析出铁素体，至 660℃ 转变量接近 $\varphi=50\%$ 时开始析出珠光体，于 600℃ 析出终止。油冷时，转变从 620℃ 开始，先析出少量珠光体至 600℃ 时开始贝氏体转变。400℃ 时转变量 $\varphi=90\%$，剩余少量奥氏体冷至 220℃ 以后转变为马氏体。而水冷时，全部为马氏体转变，从 330℃ 开始至 110℃ 止。同样，从奥氏体向马氏体转变临界点向下观察对应的横坐标上可得到空冷、油冷和水冷时全部转变为马氏体组织的临界圆棒直径约为 0.5mm、14mm 和 20mm。

改型连续冷却转变图在使用中应特别注意原始组织、化学成分、奥氏体化条件等因素对曲线的影响。

表 13-10　常用钢的改型连续冷却转变图索引

序号	图　号	牌　号	页码	序号	图　号	牌　号	页码
1	图 13-181	05F	639	23	图 13-203	40CrNi	650
2	图 13-182	08F	639	24	图 13-204	12CrMo	650
3	图 13-183	10	640	25	图 13-205	20CrMo	651
4	图 13-184	15	640	26	图 13-206	30CrMo	651
5	图 13-185	20	641	27	图 13-207	35CrMo	652
6	图 13-186	25	641	28	图 13-208	40CrMo	652
7	图 13-187	30	642	29	图 13-209	20CrNiMo	653
8	图 13-188	35	642	30	图 13-210	42CrNiMo	653
9	图 13-189	40	643	31	图 13-211	38CrMoAl	654
10	图 13-190	45	643	32	图 13-212	Y15	654
11	图 13-191	50	644	33	图 13-213	Y40Mn	655
12	图 13-192	55	644	34	图 13-214	65	655
13	图 13-193	60	645	35	图 13-215	75	656
14	图 13-194	20Mn2	645	36	图 13-216	85	656
15	图 13-195	30Mn2	646	37	图 13-217	50CrV	657
16	图 13-196	35Mn2	646	38	图 13-218	GCr15	657
17	图 13-197	40Mn2	647	39	图 13-219	06Cr13	658
18	图 13-198	45Mn2	647	40	图 13-220	12Cr13	658
19	图 13-199	20Cr	648	41	图 13-221	20Cr13	659
20	图 13-200	30Cr	648	42	图 13-222	30Cr13	659
21	图 13-201	40Cr	649	43	图 13-223	12Cr5Mo	660
22	图 13-202	20CrMn	649				

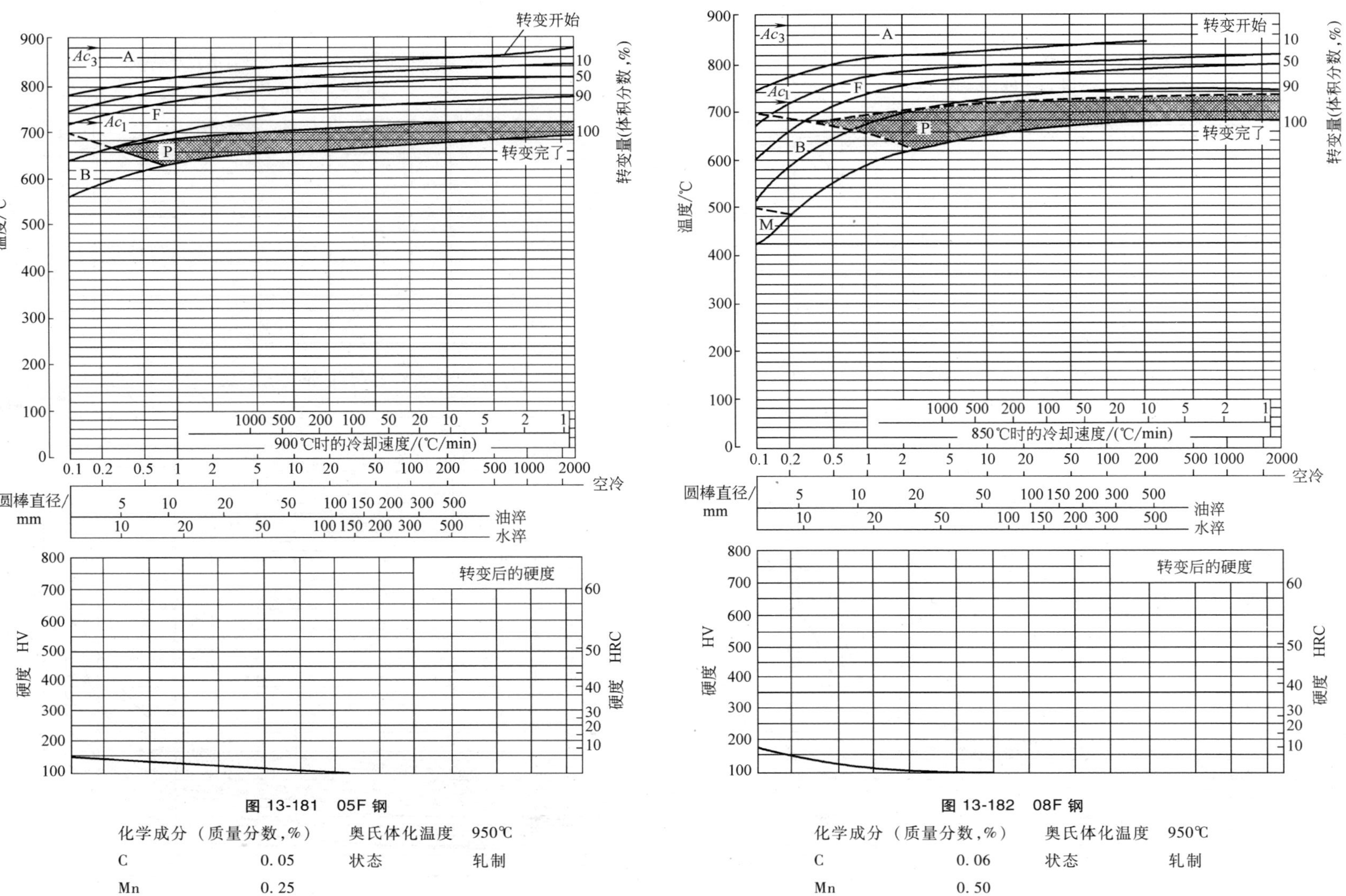

图 13-181　05F 钢

化学成分（质量分数，%）　奥氏体化温度　950℃

C　0.05　状态　轧制

Mn　0.25

图 13-182　08F 钢

化学成分（质量分数，%）　奥氏体化温度　950℃

C　0.06　状态　轧制

Mn　0.50

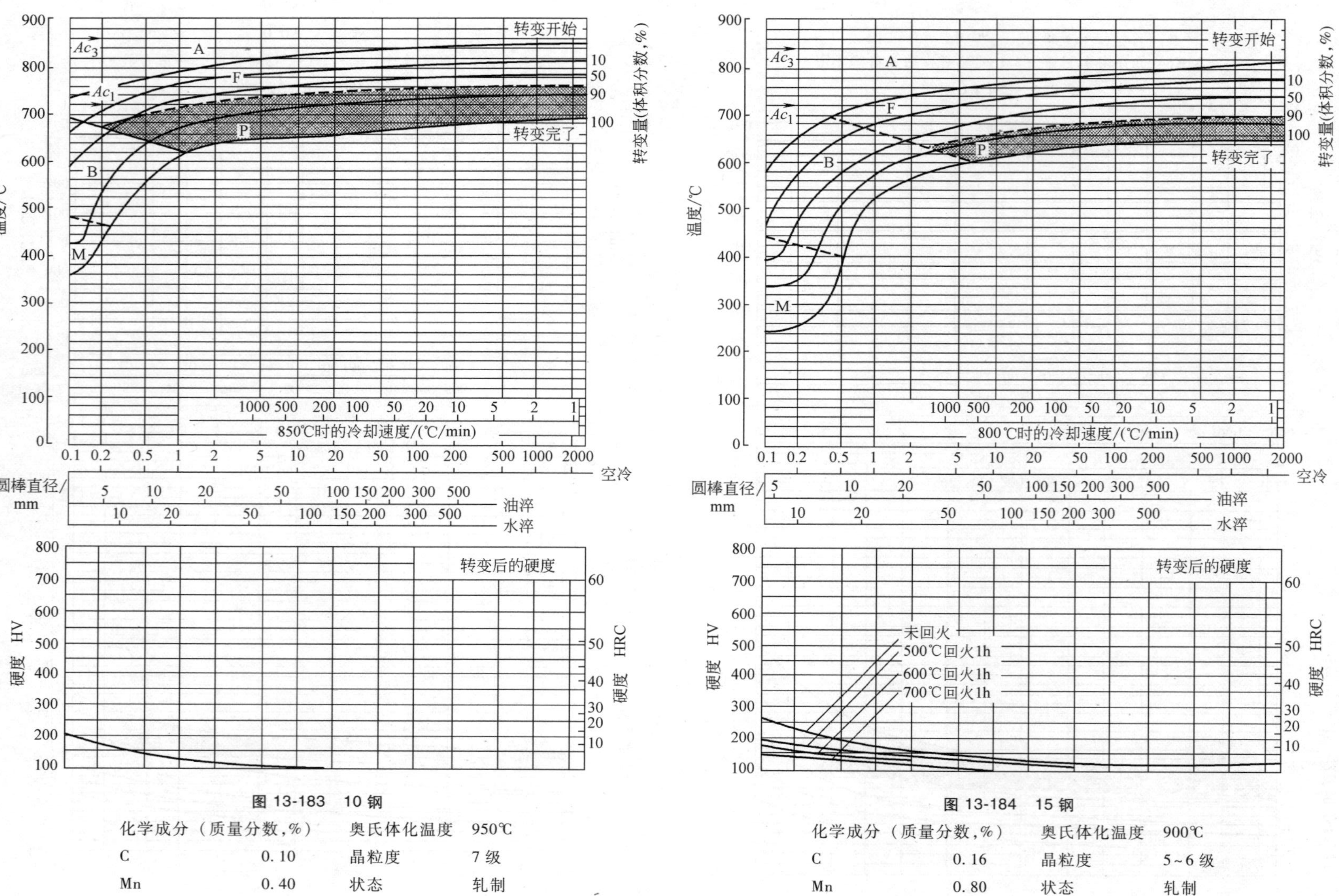

图 13-183　10钢

化学成分（质量分数，%）		奥氏体化温度	950℃
C	0.10	晶粒度	7级
Mn	0.40	状态	轧制

图 13-184　15钢

化学成分（质量分数，%）		奥氏体化温度	900℃
C	0.16	晶粒度	5~6级
Mn	0.80	状态	轧制

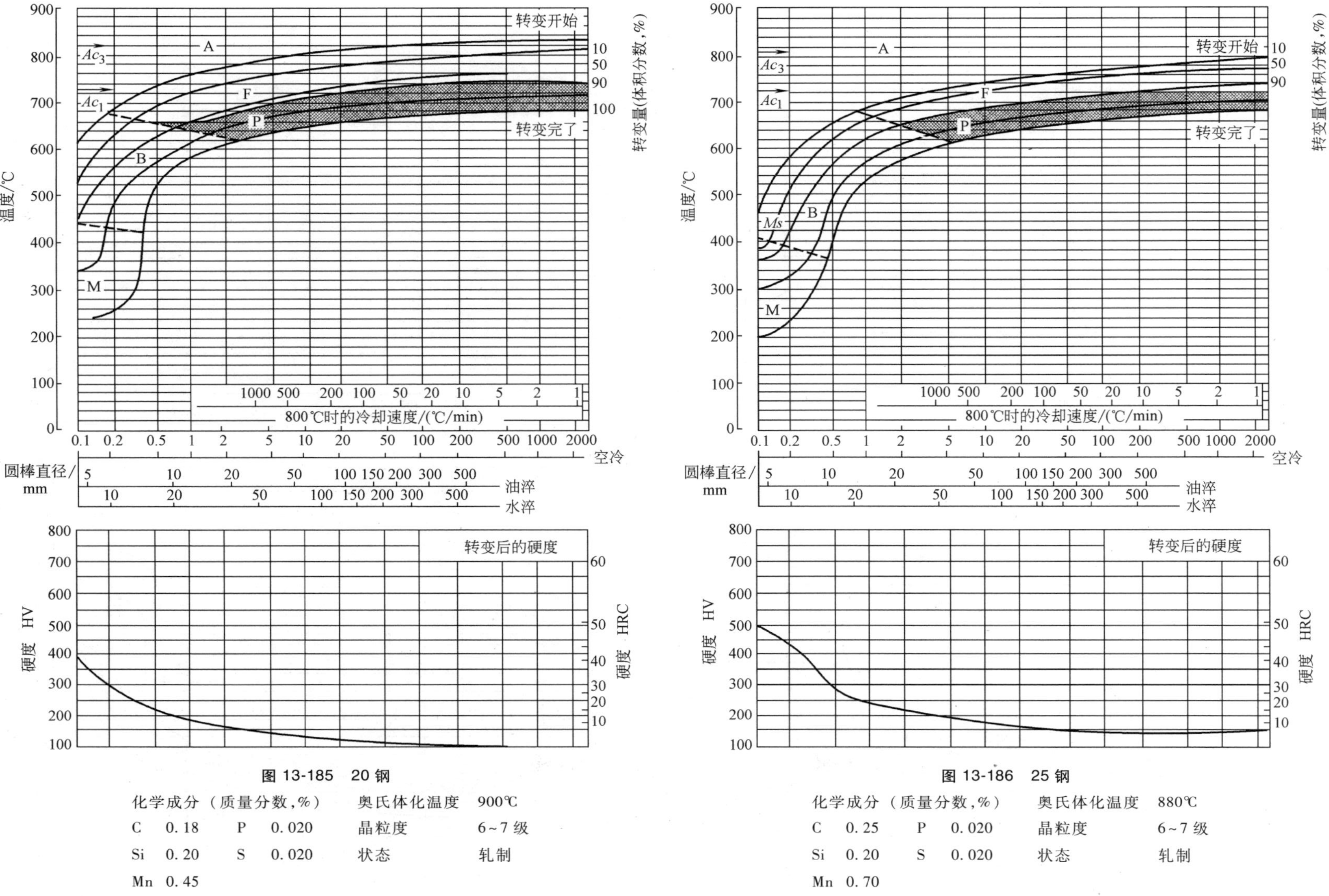

图 13-185　20 钢

化学成分（质量分数,%）　奥氏体化温度　900℃

C　0.18　P　0.020　晶粒度　6~7 级

Si　0.20　S　0.020　状态　轧制

Mn　0.45

图 13-186　25 钢

化学成分（质量分数,%）　奥氏体化温度　880℃

C　0.25　P　0.020　晶粒度　6~7 级

Si　0.20　S　0.020　状态　轧制

Mn　0.70

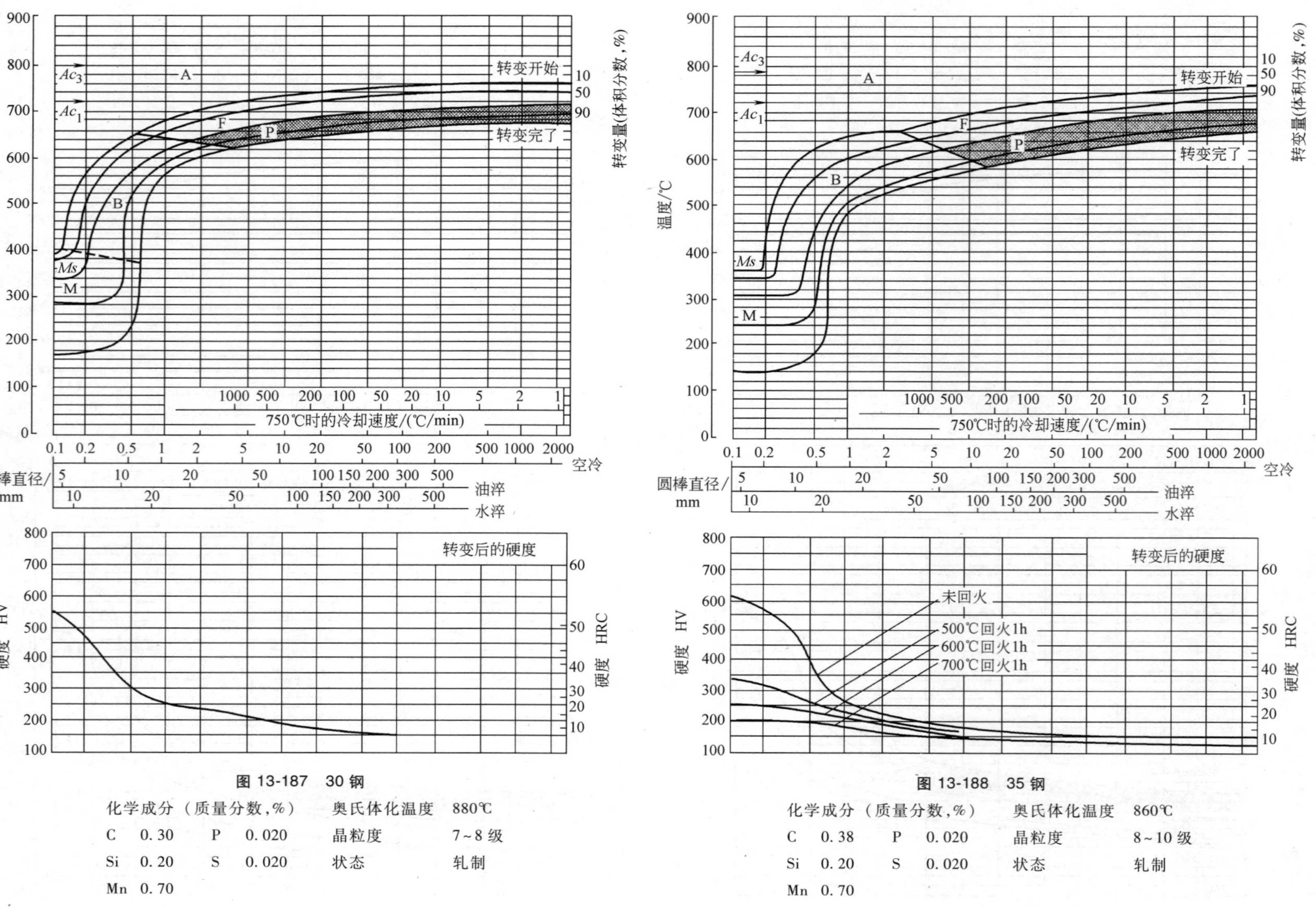

图 13-187　30 钢

化学成分（质量分数，%）　奥氏体化温度 880℃

C 0.30　P 0.020　晶粒度 7~8 级

Si 0.20　S 0.020　状态 轧制

Mn 0.70

图 13-188　35 钢

化学成分（质量分数，%）　奥氏体化温度 860℃

C 0.38　P 0.020　晶粒度 8~10 级

Si 0.20　S 0.020　状态 轧制

Mn 0.70

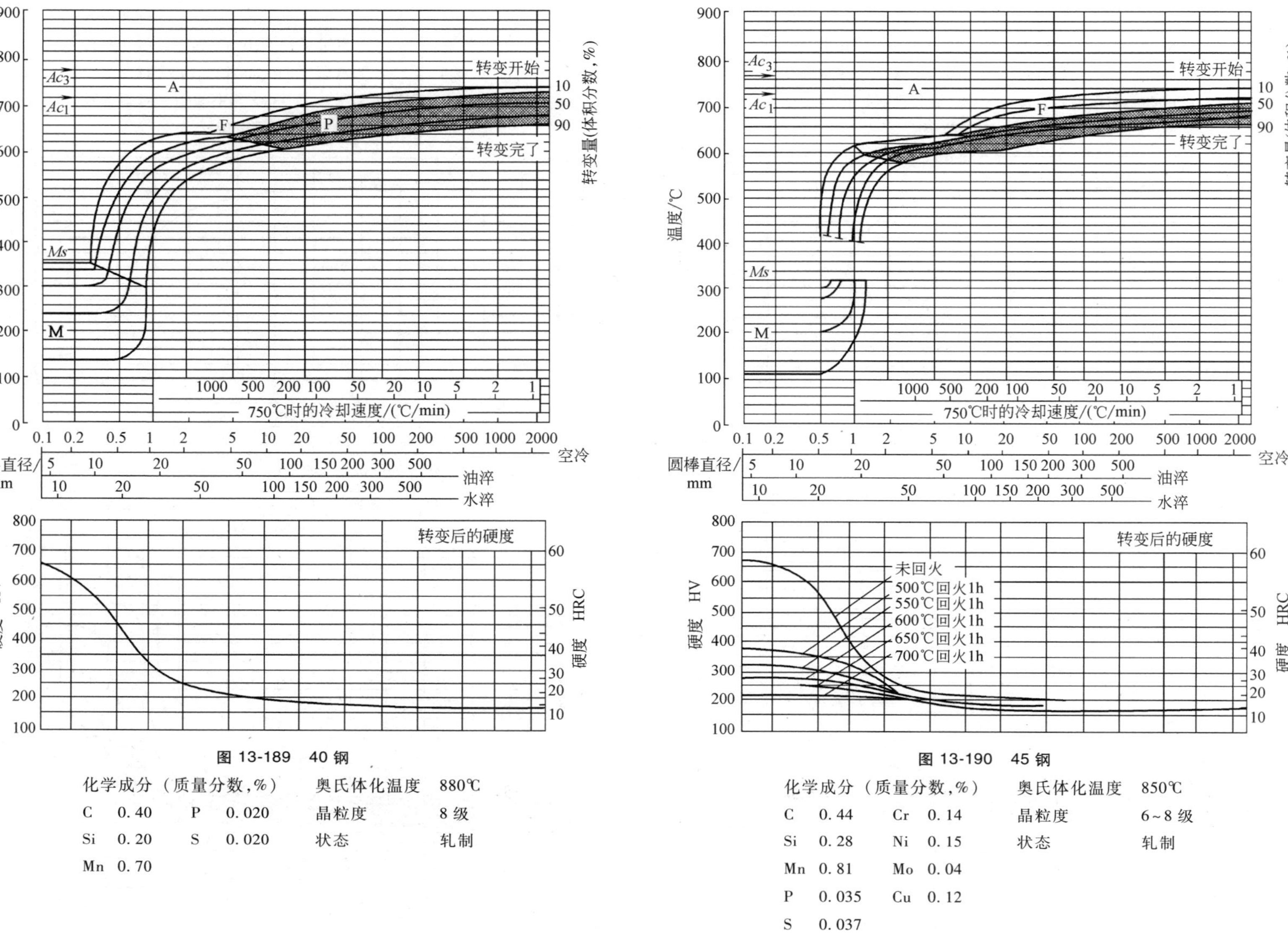

图 13-189　40 钢

化学成分（质量分数，%）				奥氏体化温度	880℃
C	0.40	P	0.020	晶粒度	8 级
Si	0.20	S	0.020	状态	轧制
Mn	0.70				

图 13-190　45 钢

化学成分（质量分数，%）				奥氏体化温度	850℃
C	0.44	Cr	0.14	晶粒度	6~8 级
Si	0.28	Ni	0.15	状态	轧制
Mn	0.81	Mo	0.04		
P	0.035	Cu	0.12		
S	0.037				

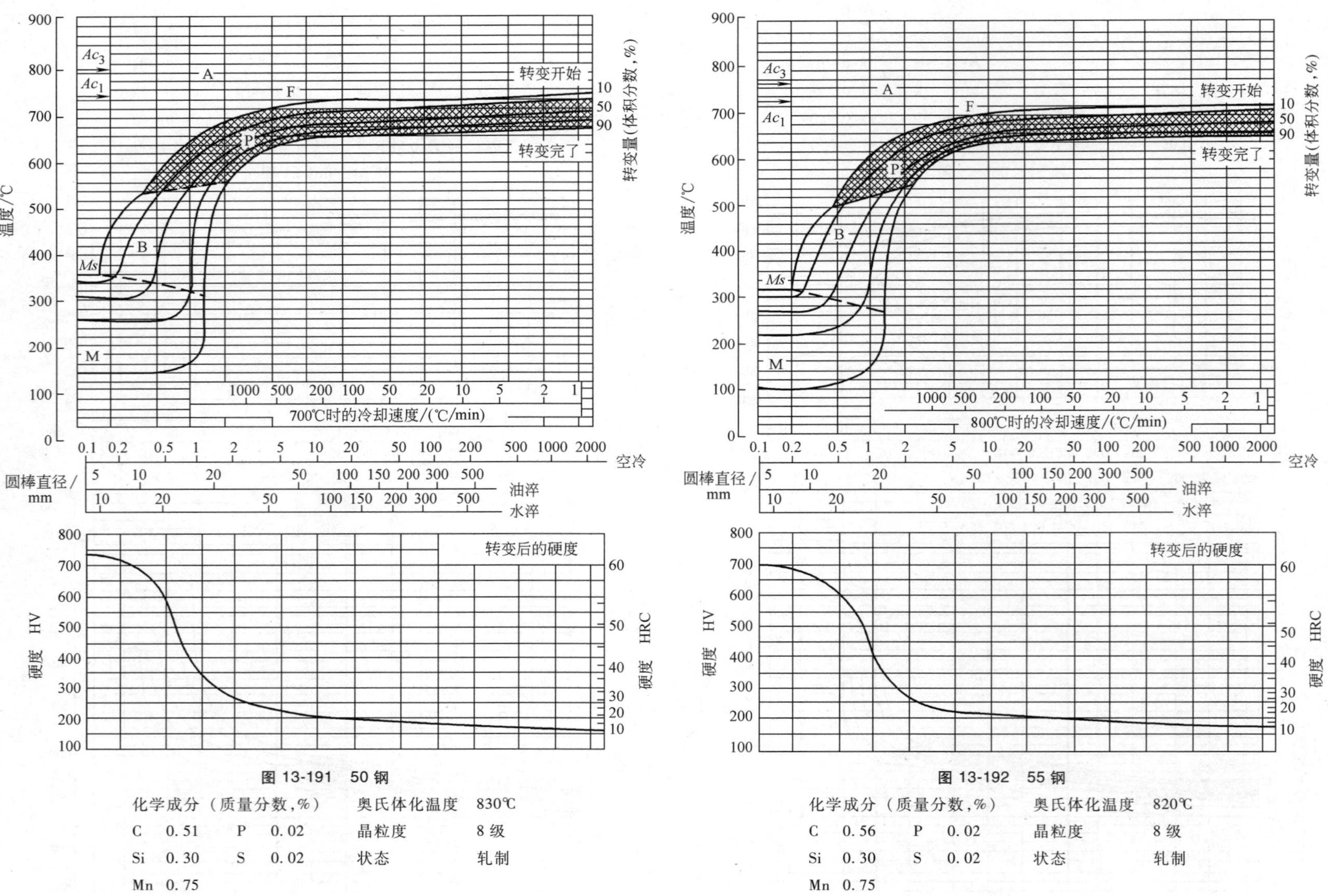

图 13-191　50 钢

化学成分（质量分数,%）　奥氏体化温度　830℃

C　0.51　P　0.02　晶粒度　8 级

Si　0.30　S　0.02　状态　轧制

Mn　0.75

图 13-192　55 钢

化学成分（质量分数,%）　奥氏体化温度　820℃

C　0.56　P　0.02　晶粒度　8 级

Si　0.30　S　0.02　状态　轧制

Mn　0.75

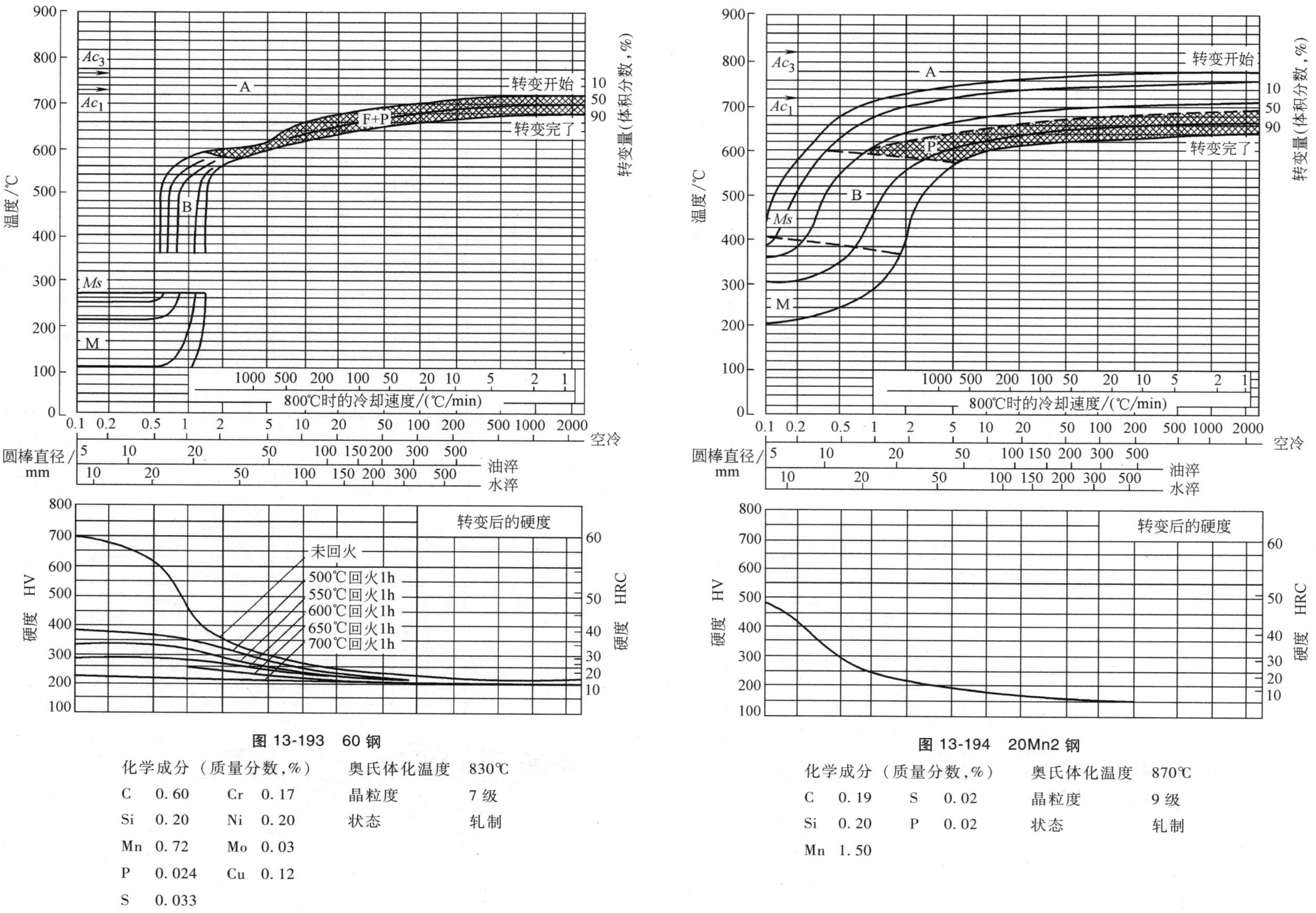

图 13-193　60 钢

化学成分（质量分数,%）

C 0.60	Cr 0.17
Si 0.20	Ni 0.20
Mn 0.72	Mo 0.03
P 0.024	Cu 0.12
S 0.033	

奥氏体化温度　830℃

晶粒度　7 级

状态　轧制

图 13-194　20Mn2 钢

化学成分（质量分数,%）

C 0.19	S 0.02
Si 0.20	P 0.02
Mn 1.50	

奥氏体化温度　870℃

晶粒度　9 级

状态　轧制

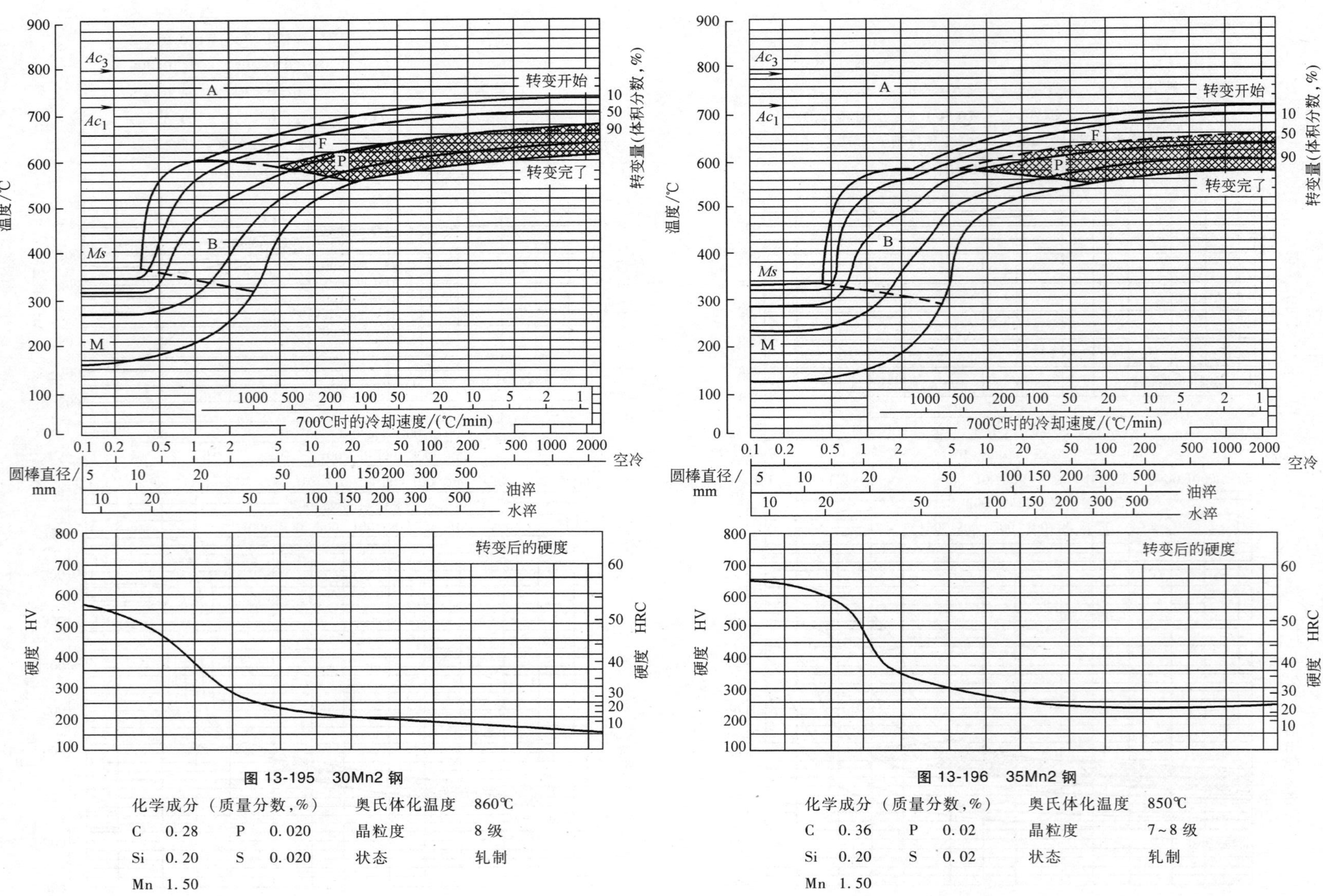

图 13-195　30Mn2 钢

化学成分（质量分数,%）　奥氏体化温度　860℃
C　0.28　P　0.020　晶粒度　8 级
Si　0.20　S　0.020　状态　轧制
Mn　1.50

图 13-196　35Mn2 钢

化学成分（质量分数,%）　奥氏体化温度　850℃
C　0.36　P　0.02　晶粒度　7~8 级
Si　0.20　S　0.02　状态　轧制
Mn　1.50

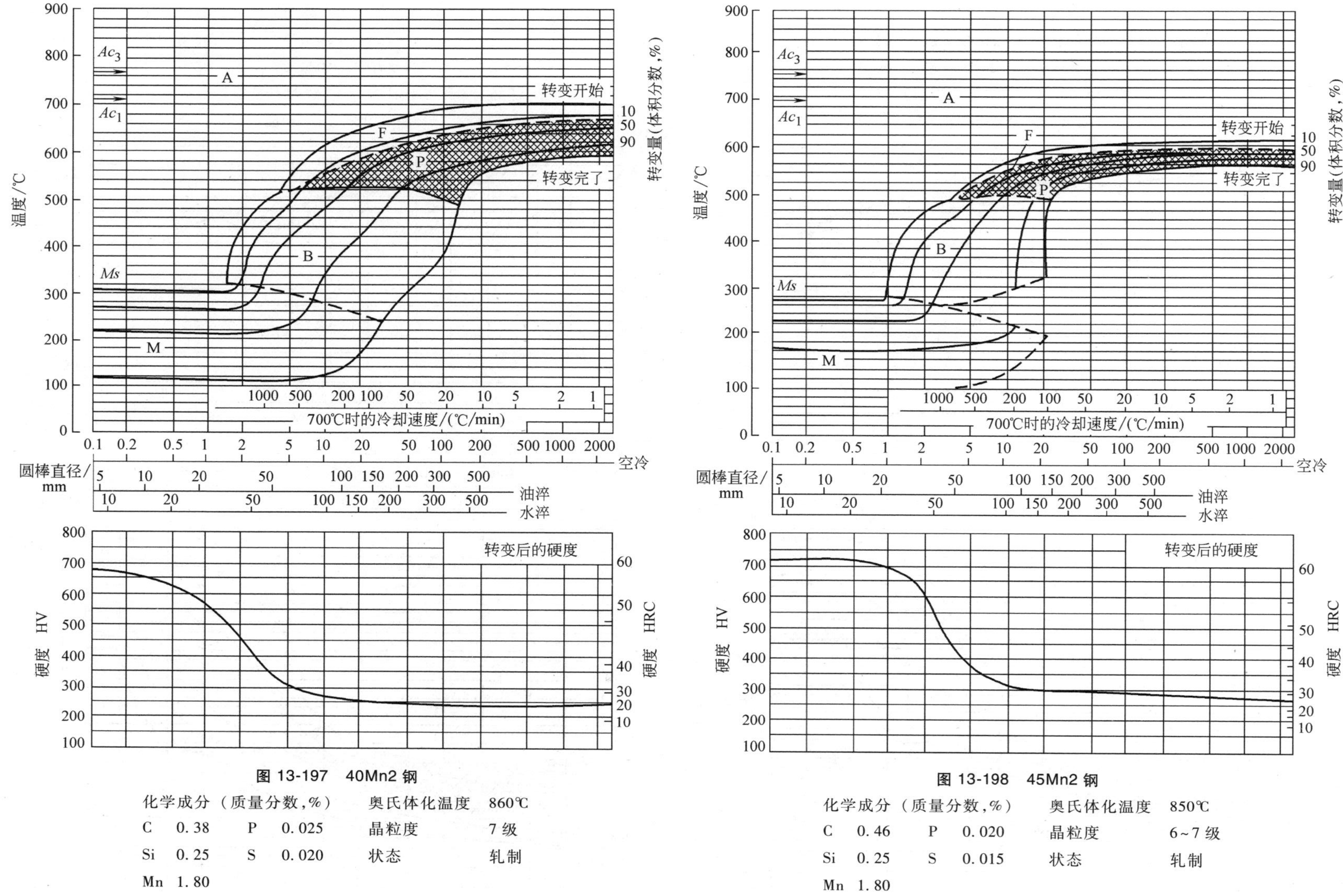

图 13-197　40Mn2 钢

化学成分（质量分数，%）				奥氏体化温度	860℃
C	0.38	P	0.025	晶粒度	7 级
Si	0.25	S	0.020	状态	轧制
Mn	1.80				

图 13-198　45Mn2 钢

化学成分（质量分数，%）				奥氏体化温度	850℃
C	0.46	P	0.020	晶粒度	6~7 级
Si	0.25	S	0.015	状态	轧制
Mn	1.80				

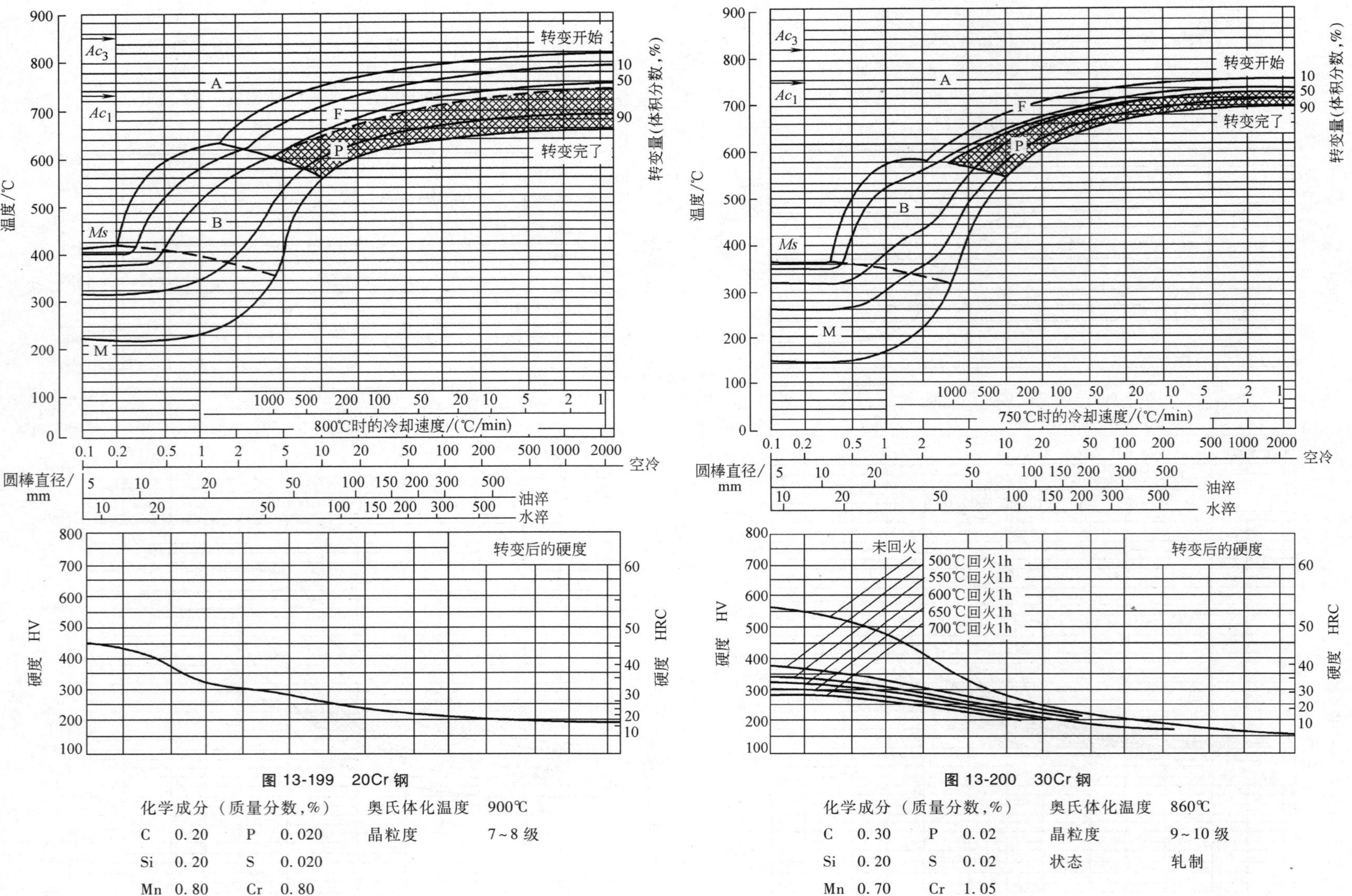

图 13-199　20Cr 钢

化学成分（质量分数,%）　奥氏体化温度　900℃

C　0.20　P　0.020　晶粒度　7~8 级

Si　0.20　S　0.020

Mn　0.80　Cr　0.80

图 13-200　30Cr 钢

化学成分（质量分数,%）　奥氏体化温度　860℃

C　0.30　P　0.02　晶粒度　9~10 级

Si　0.20　S　0.02　状态　轧制

Mn　0.70　Cr　1.05

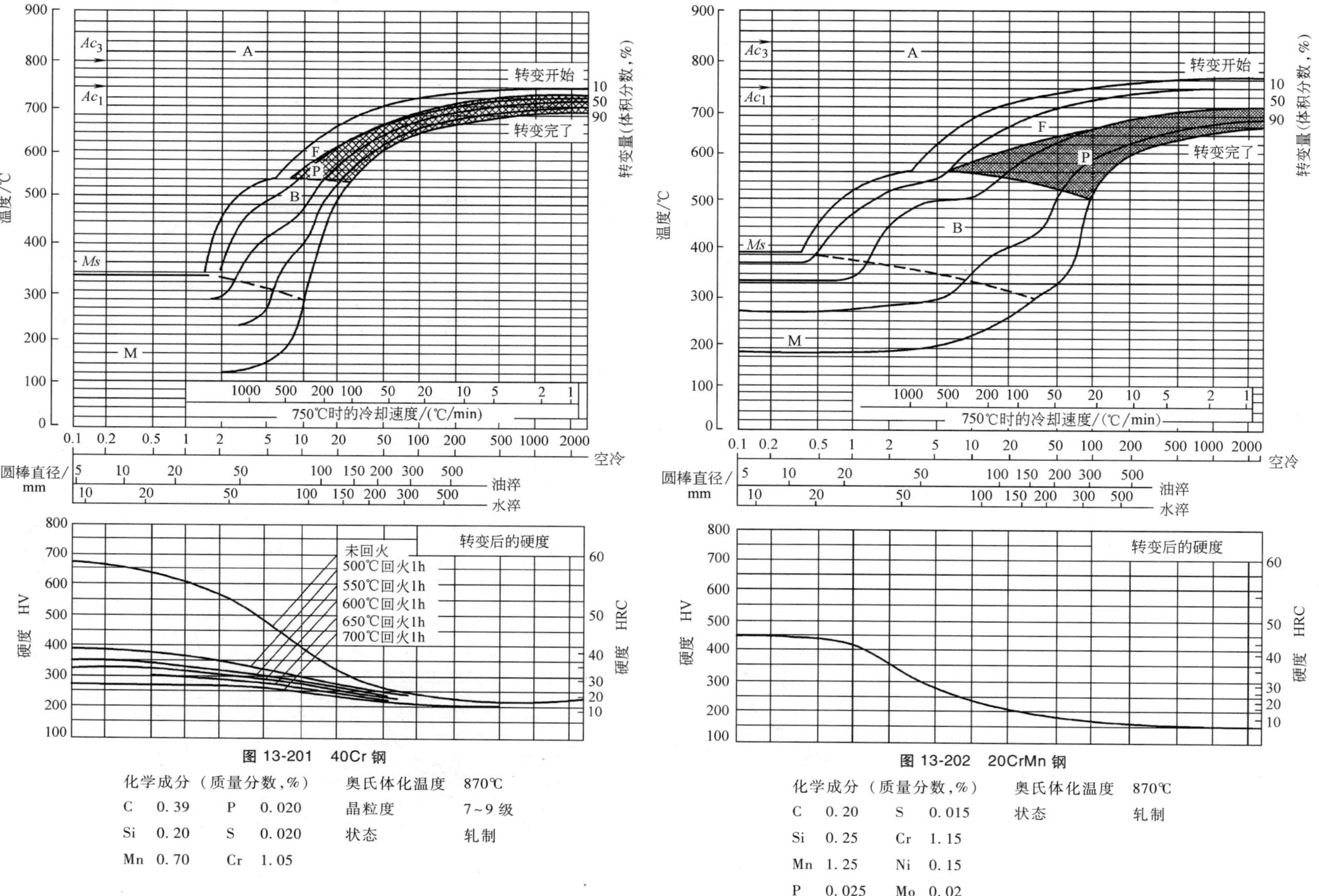

图 13-201 40Cr 钢

化学成分（质量分数，%）				奥氏体化温度	870℃
C	0.39	P	0.020	晶粒度	7~9 级
Si	0.20	S	0.020	状态	轧制
Mn	0.70	Cr	1.05		

图 13-202 20CrMn 钢

化学成分（质量分数，%）				奥氏体化温度	870℃
C	0.20	S	0.015	状态	轧制
Si	0.25	Cr	1.15		
Mn	1.25	Ni	0.15		
P	0.025	Mo	0.02		

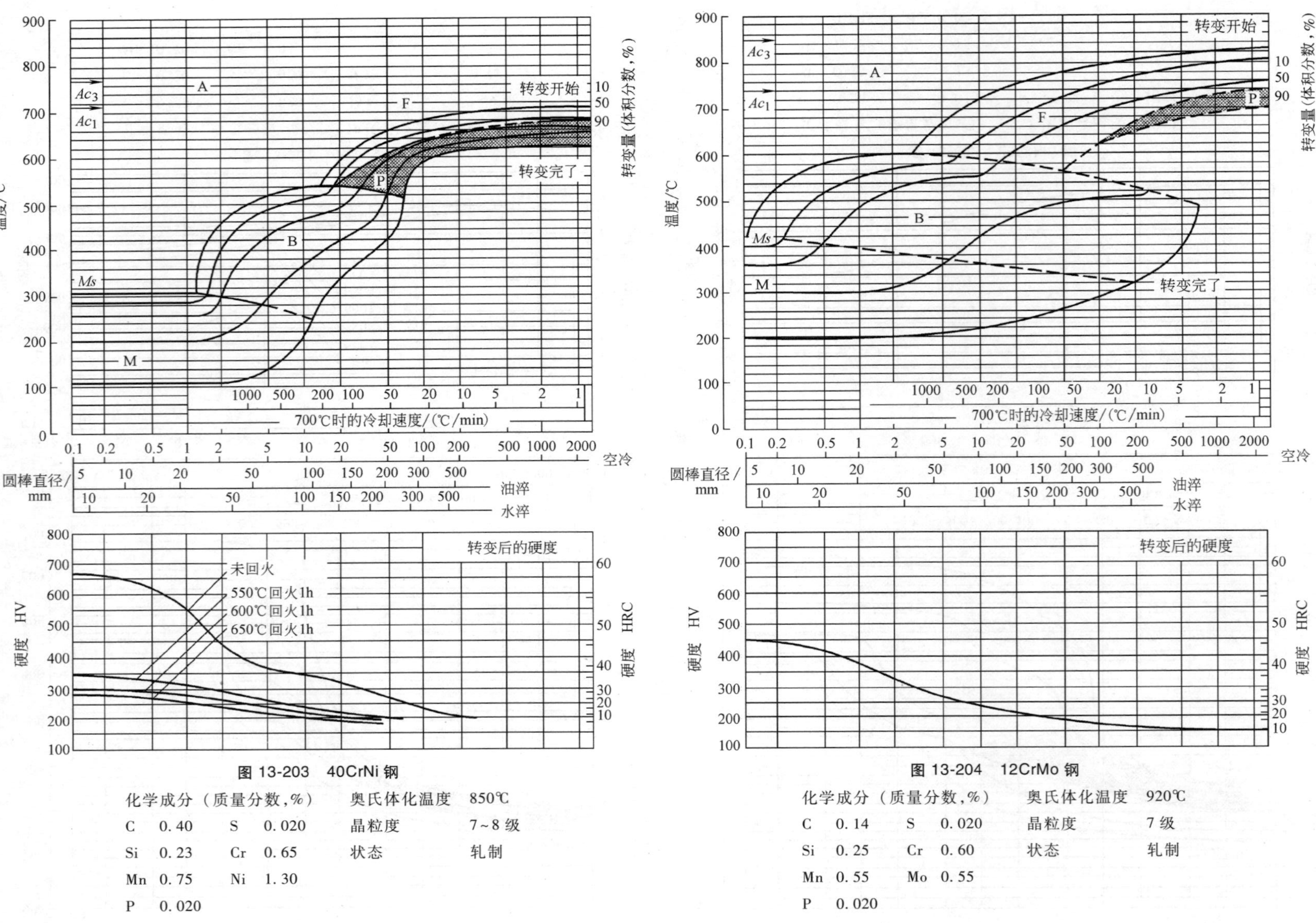

图 13-203 40CrNi 钢

化学成分(质量分数,%) 奥氏体化温度 850℃

C 0.40 S 0.020 晶粒度 7~8 级

Si 0.23 Cr 0.65 状态 轧制

Mn 0.75 Ni 1.30

P 0.020

图 13-204 12CrMo 钢

化学成分(质量分数,%) 奥氏体化温度 920℃

C 0.14 S 0.020 晶粒度 7 级

Si 0.25 Cr 0.60 状态 轧制

Mn 0.55 Mo 0.55

P 0.020

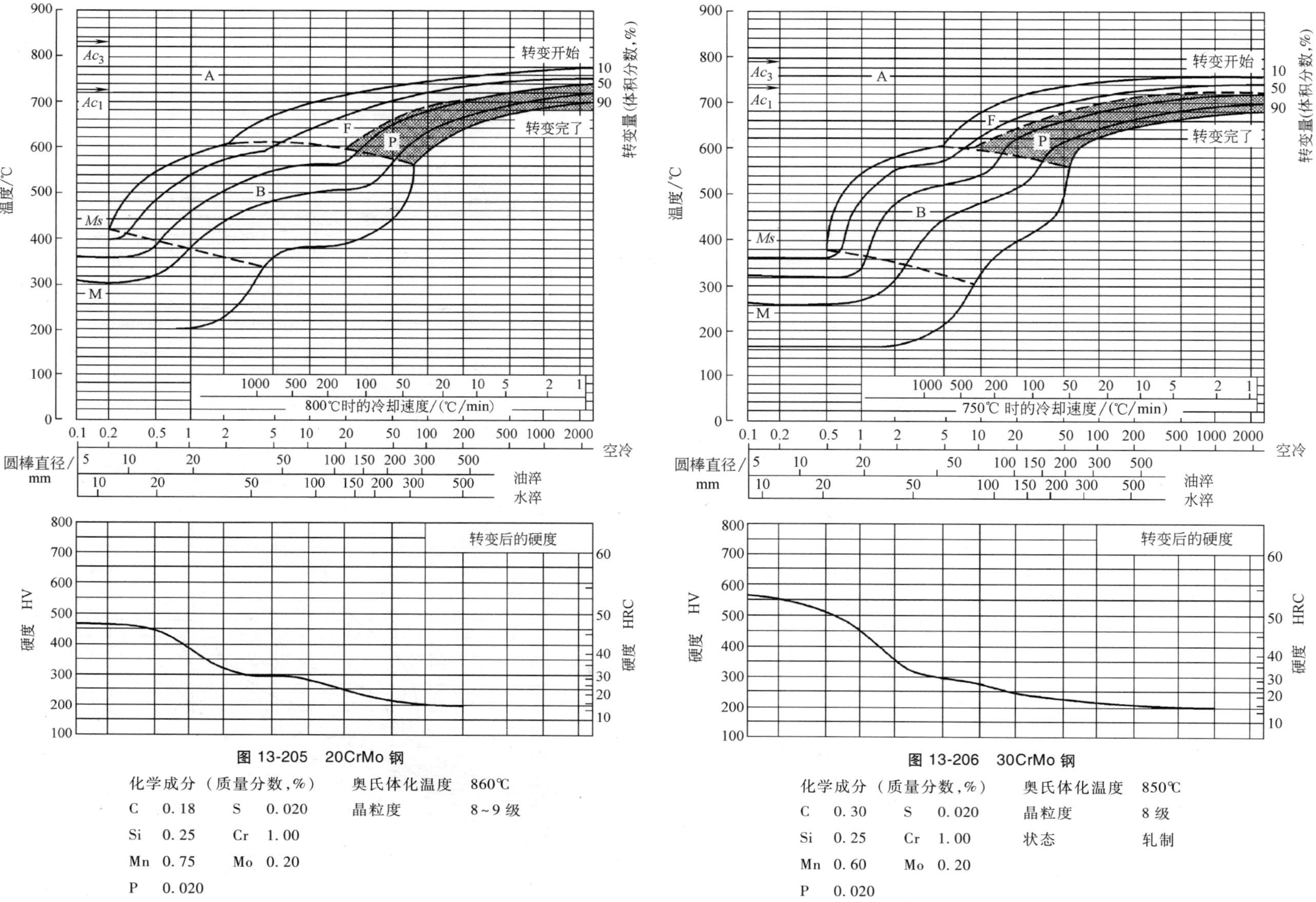

图 13-205　20CrMo 钢

化学成分（质量分数,%）　奥氏体化温度　860℃

C 0.18　S 0.020　晶粒度　8~9 级

Si 0.25　Cr 1.00

Mn 0.75　Mo 0.20

P 0.020

图 13-206　30CrMo 钢

化学成分（质量分数,%）　奥氏体化温度　850℃

C 0.30　S 0.020　晶粒度　8 级

Si 0.25　Cr 1.00　状态　轧制

Mn 0.60　Mo 0.20

P 0.020

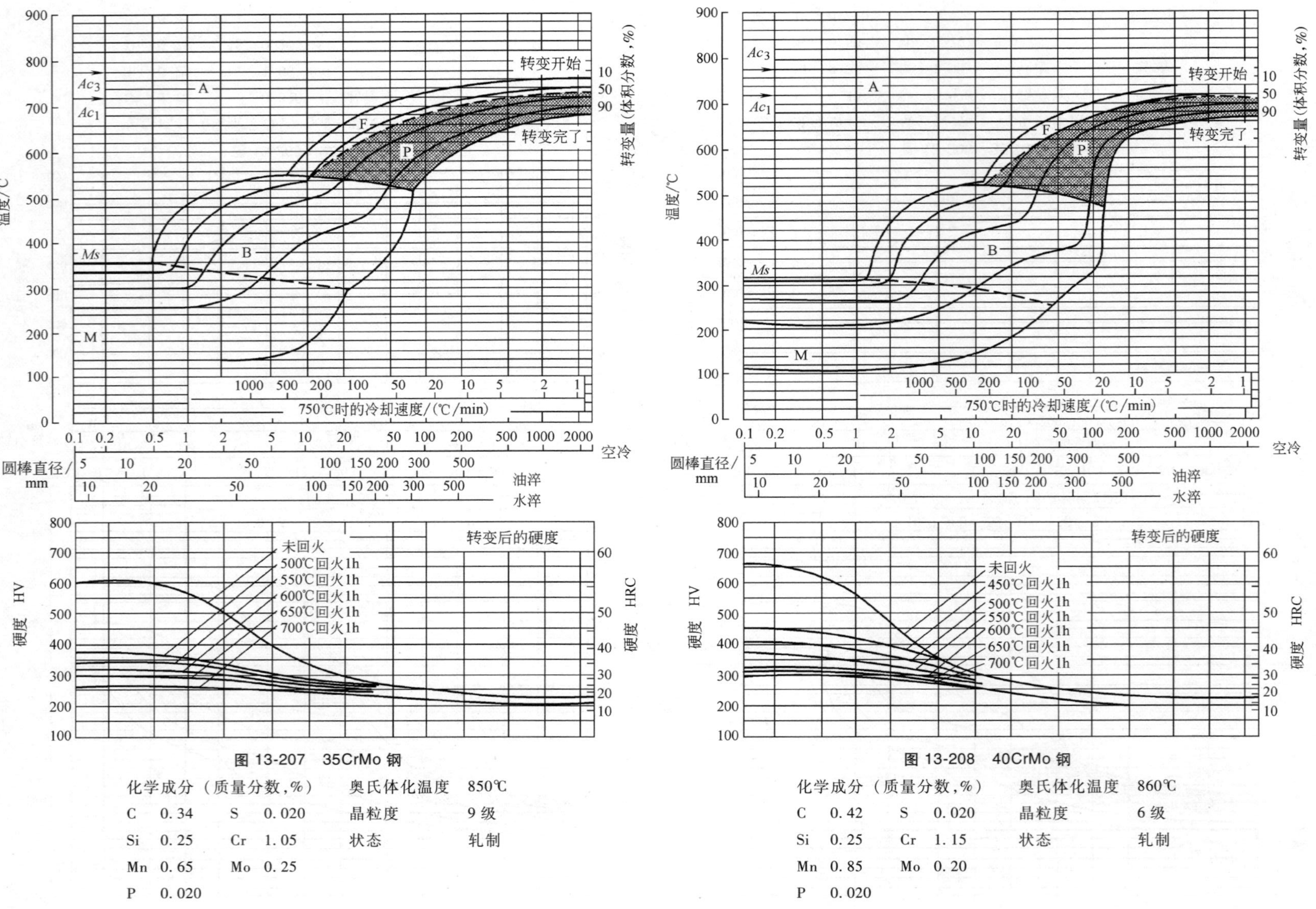

图 13-207　35CrMo 钢

化学成分（质量分数,%）				奥氏体化温度	850℃
C	0.34	S	0.020	晶粒度	9 级
Si	0.25	Cr	1.05	状态	轧制
Mn	0.65	Mo	0.25		
P	0.020				

图 13-208　40CrMo 钢

化学成分（质量分数,%）				奥氏体化温度	860℃
C	0.42	S	0.020	晶粒度	6 级
Si	0.25	Cr	1.15	状态	轧制
Mn	0.85	Mo	0.20		
P	0.020				

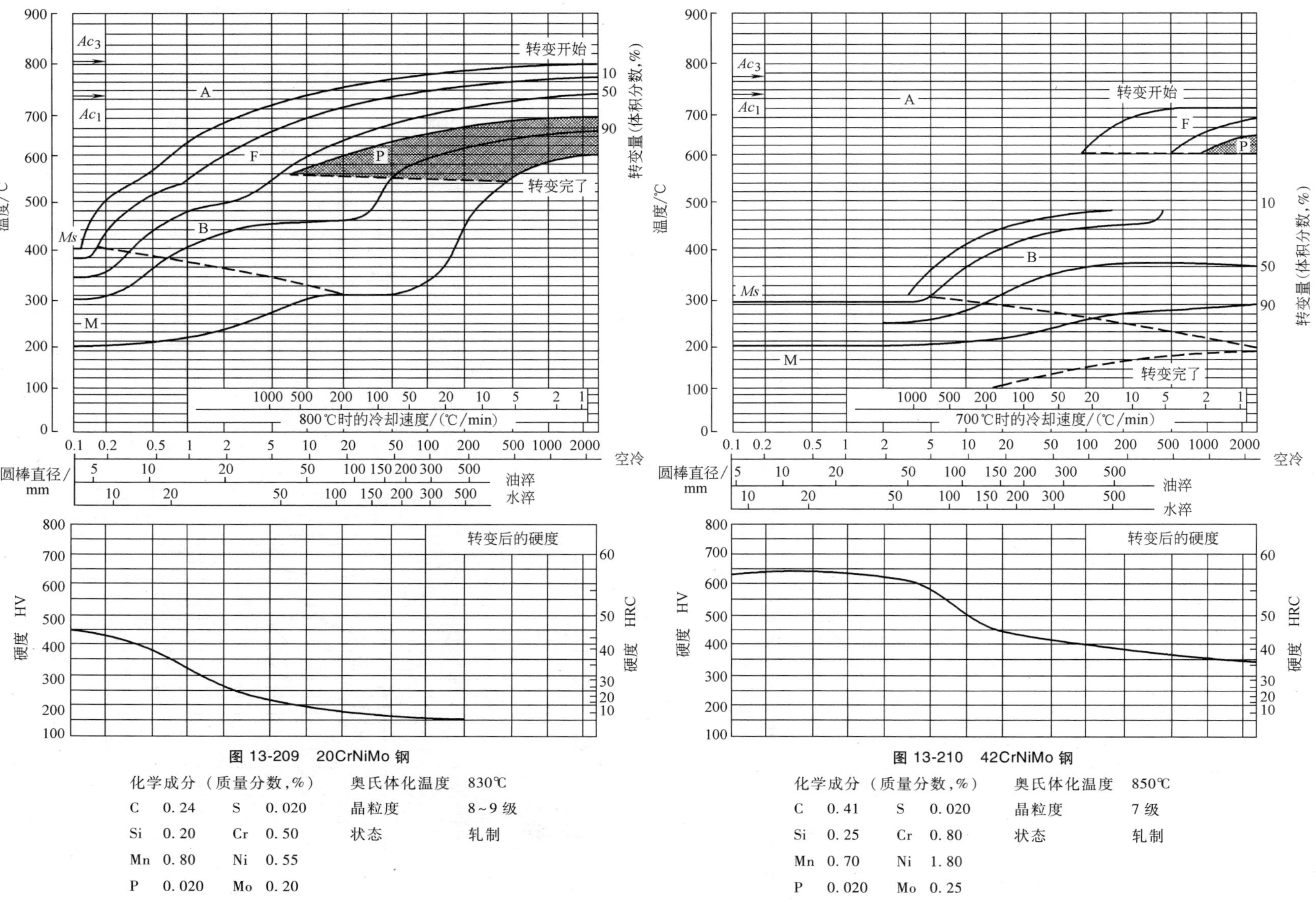

图 13-209　20CrNiMo 钢

化学成分（质量分数，%）				奥氏体化温度	830℃
C	0.24	S	0.020	晶粒度	8~9 级
Si	0.20	Cr	0.50	状态	轧制
Mn	0.80	Ni	0.55		
P	0.020	Mo	0.20		

图 13-210　42CrNiMo 钢

化学成分（质量分数，%）				奥氏体化温度	850℃
C	0.41	S	0.020	晶粒度	7 级
Si	0.25	Cr	0.80	状态	轧制
Mn	0.70	Ni	1.80		
P	0.020	Mo	0.25		

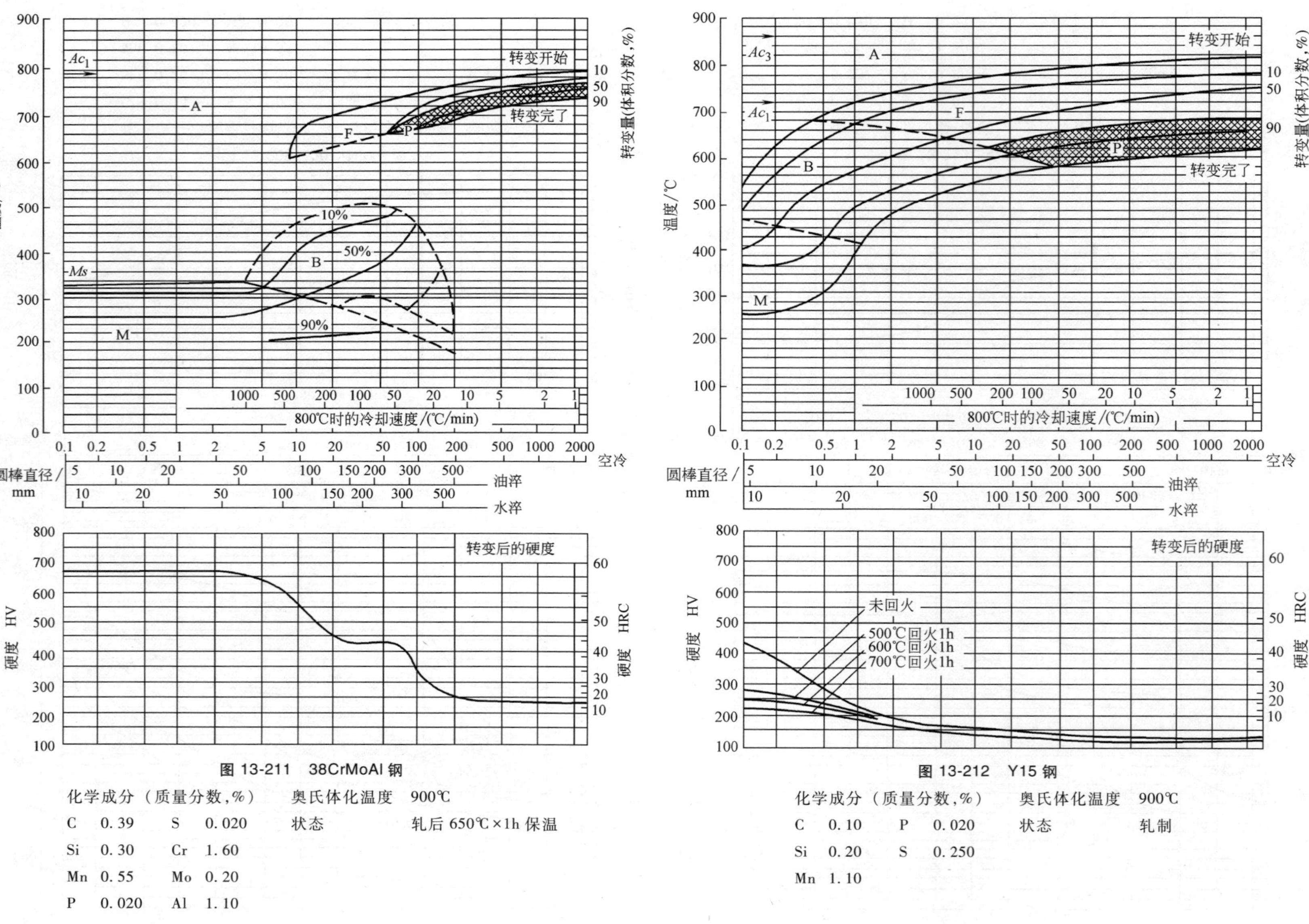

图 13-211 38CrMoAl 钢

化学成分（质量分数，%） 奥氏体化温度 900℃

C	0.39	S	0.020	状态	轧后 650℃×1h 保温
Si	0.30	Cr	1.60		
Mn	0.55	Mo	0.20		
P	0.020	Al	1.10		

图 13-212 Y15 钢

化学成分（质量分数，%） 奥氏体化温度 900℃

C	0.10	P	0.020	状态	轧制
Si	0.20	S	0.250		
Mn	1.10				

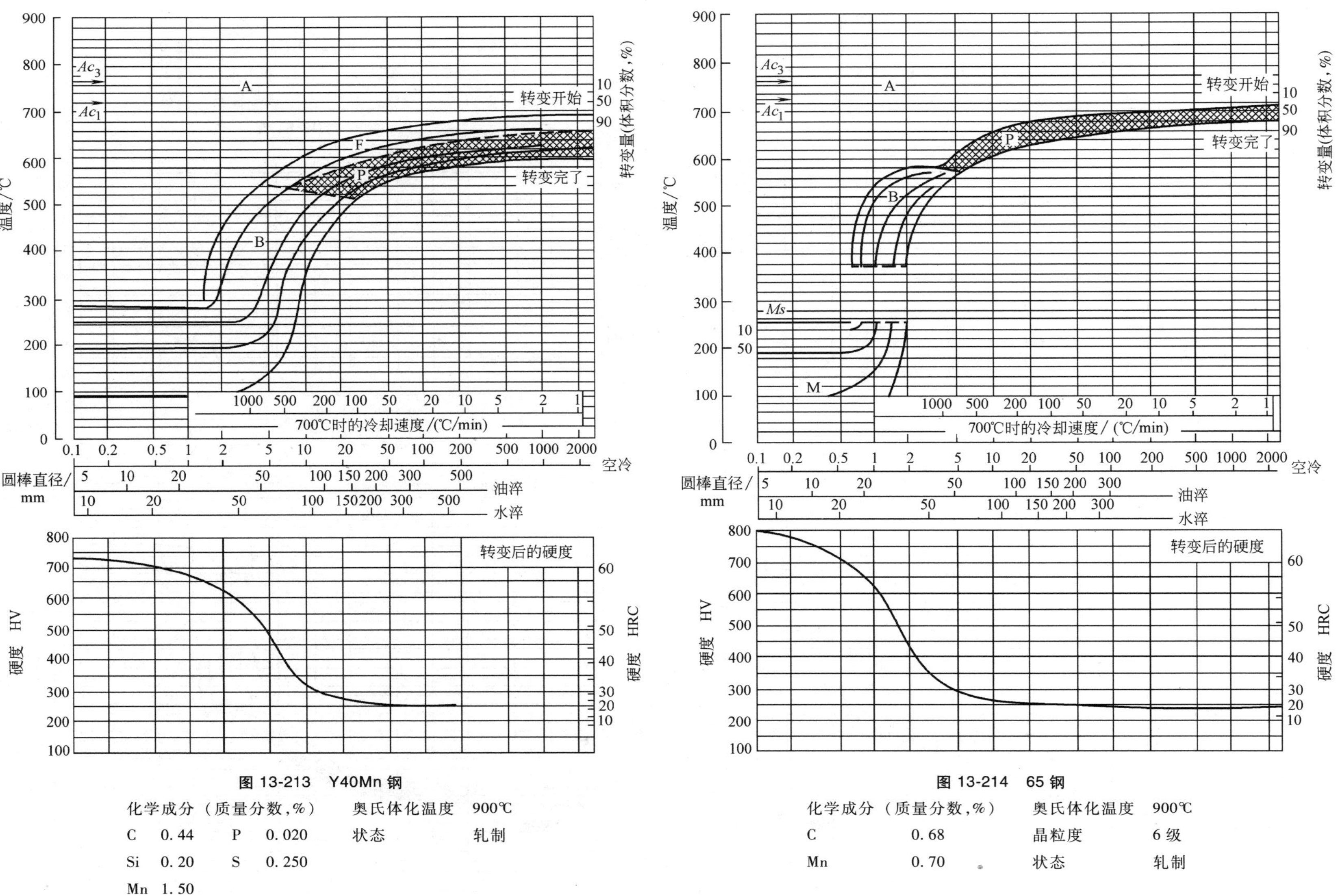

图 13-213　Y40Mn 钢

化学成分（质量分数,%）　奥氏体化温度　900℃

C　0.44　P　0.020　状态　轧制

Si　0.20　S　0.250

Mn　1.50

图 13-214　65 钢

化学成分（质量分数,%）　奥氏体化温度　900℃

C　0.68　晶粒度　6 级

Mn　0.70　状态　轧制

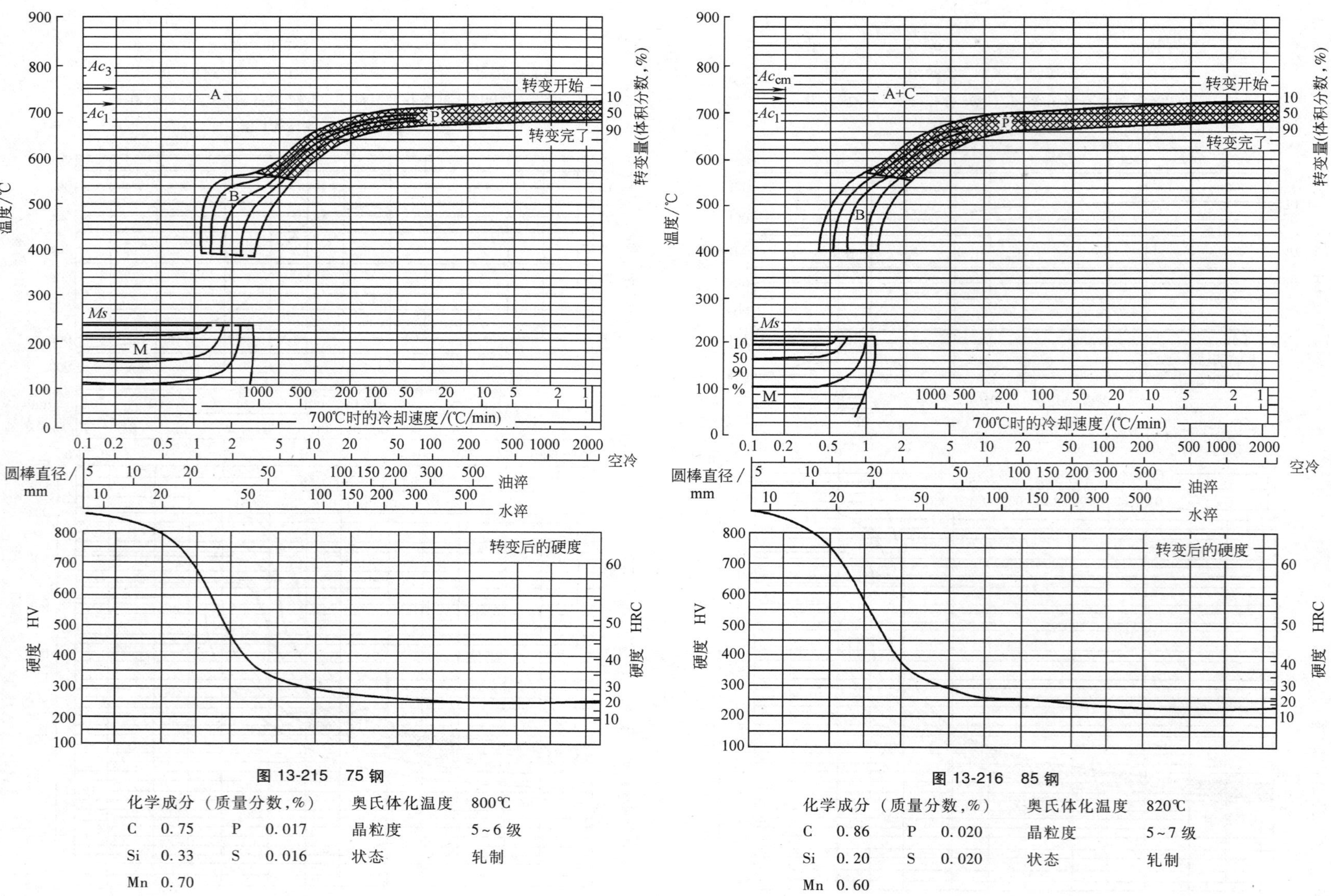

图 13-215 75 钢

化学成分（质量分数，%） 奥氏体化温度 800℃

C 0.75 P 0.017 晶粒度 5~6 级

Si 0.33 S 0.016 状态 轧制

Mn 0.70

图 13-216 85 钢

化学成分（质量分数，%） 奥氏体化温度 820℃

C 0.86 P 0.020 晶粒度 5~7 级

Si 0.20 S 0.020 状态 轧制

Mn 0.60

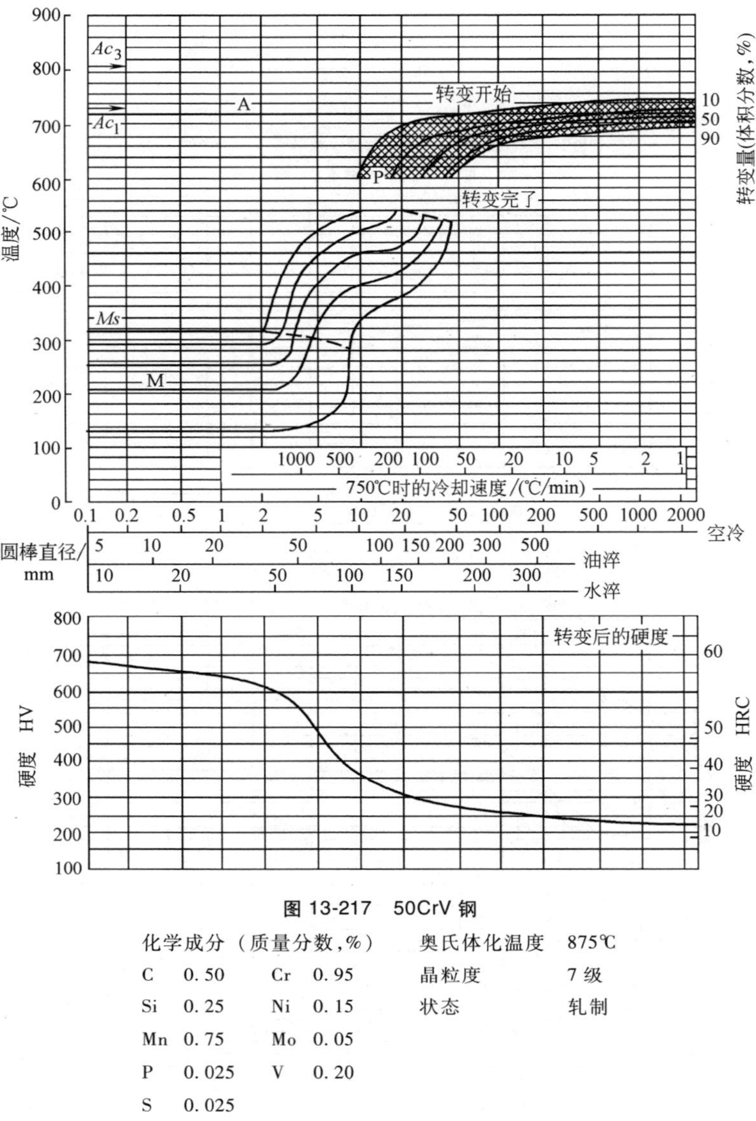

图 13-217　50CrV 钢

化学成分（质量分数，%）		奥氏体化温度	875℃
C　0.50	Cr　0.95	晶粒度	7 级
Si　0.25	Ni　0.15	状态	轧制
Mn　0.75	Mo　0.05		
P　0.025	V　0.20		
S　0.025			

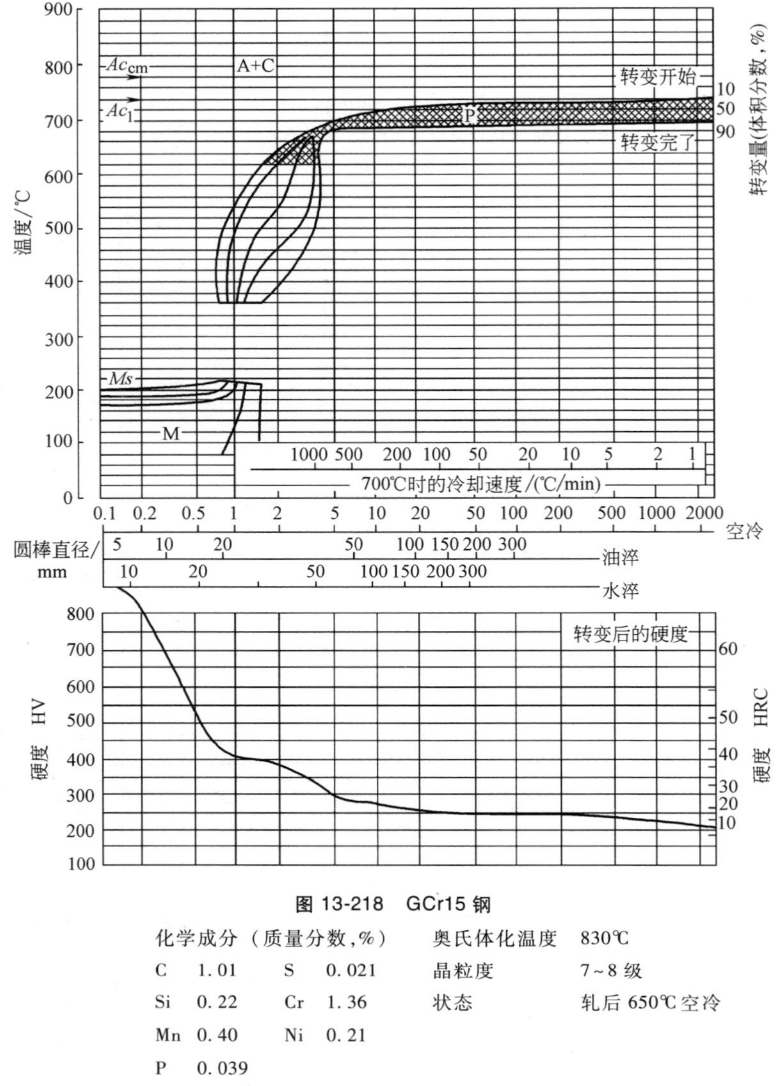

图 13-218　GCr15 钢

化学成分（质量分数，%）		奥氏体化温度	830℃
C　1.01	S　0.021	晶粒度	7~8 级
Si　0.22	Cr　1.36	状态	轧后 650℃空冷
Mn　0.40	Ni　0.21		
P　0.039			

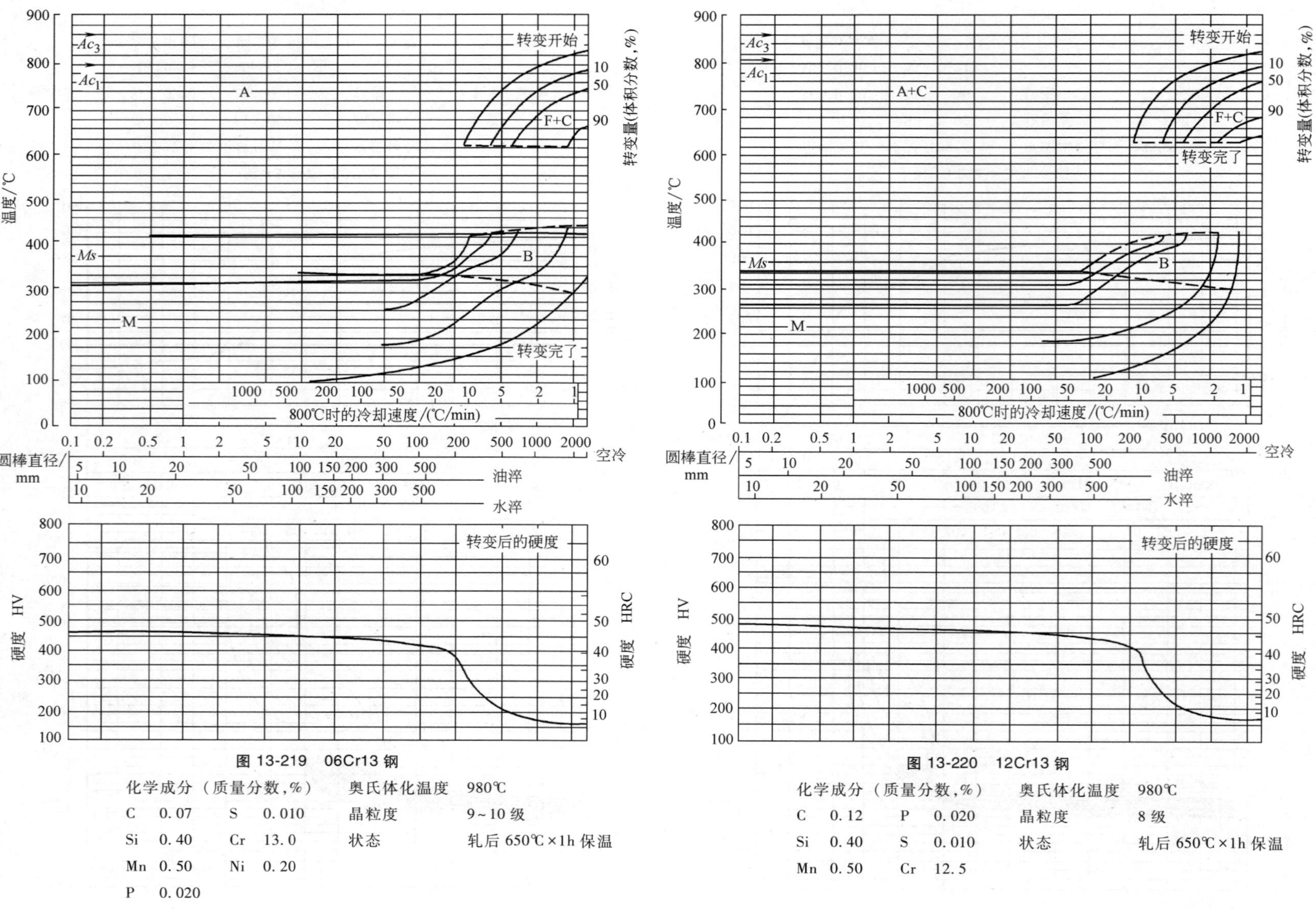

图 13-219 06Cr13 钢

化学成分（质量分数,%）				奥氏体化温度	980℃
C	0.07	S	0.010	晶粒度	9~10 级
Si	0.40	Cr	13.0	状态	轧后 650℃×1h 保温
Mn	0.50	Ni	0.20		
P	0.020				

图 13-220 12Cr13 钢

化学成分（质量分数,%）				奥氏体化温度	980℃
C	0.12	P	0.020	晶粒度	8 级
Si	0.40	S	0.010	状态	轧后 650℃×1h 保温
Mn	0.50	Cr	12.5		

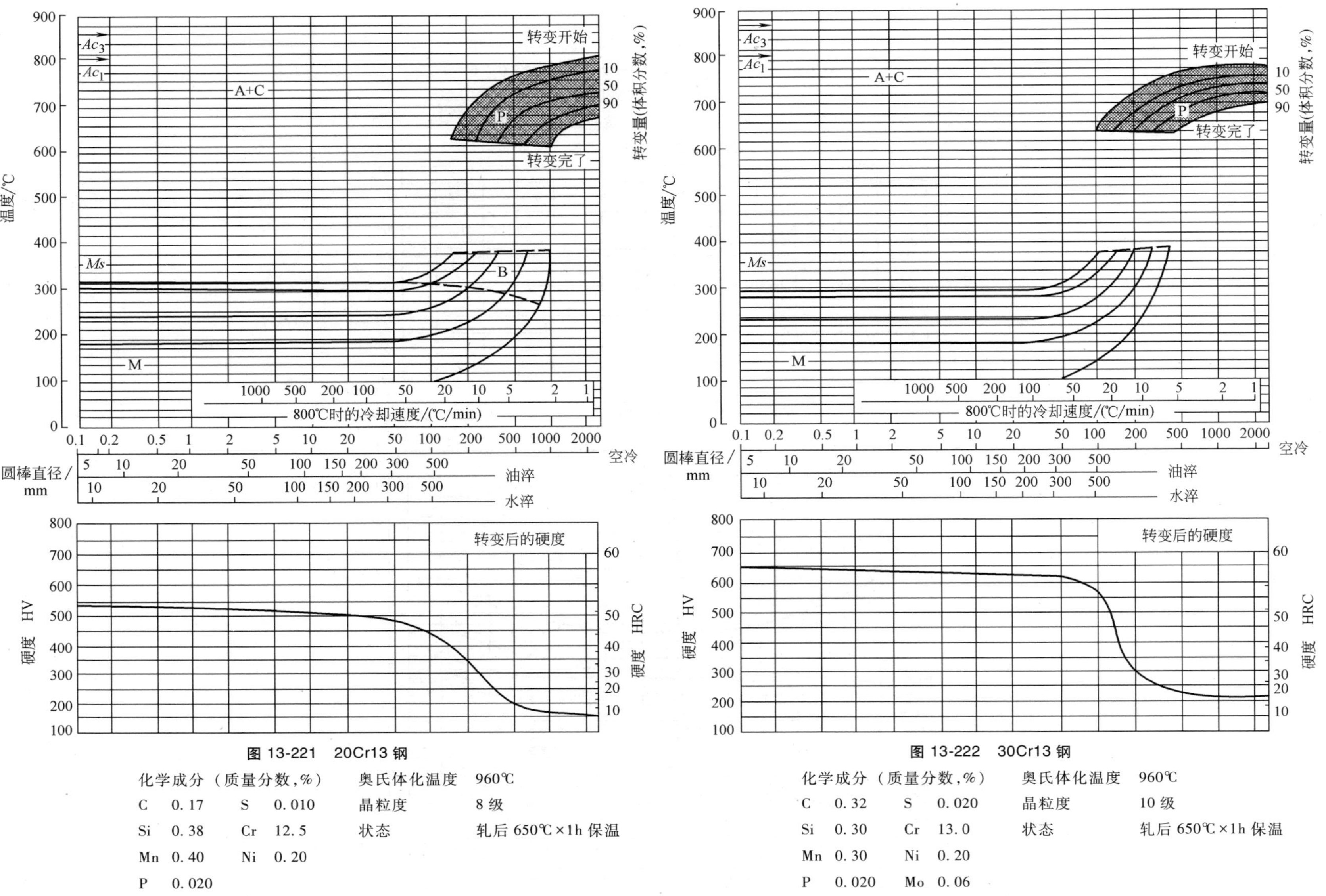

图 13-221　20Cr13 钢

化学成分（质量分数，%）				奥氏体化温度	960℃
C	0.17	S	0.010	晶粒度	8 级
Si	0.38	Cr	12.5	状态	轧后 650℃×1h 保温
Mn	0.40	Ni	0.20		
P	0.020				

图 13-222　30Cr13 钢

化学成分（质量分数，%）				奥氏体化温度	960℃
C	0.32	S	0.020	晶粒度	10 级
Si	0.30	Cr	13.0	状态	轧后 650℃×1h 保温
Mn	0.30	Ni	0.20		
P	0.020	Mo	0.06		

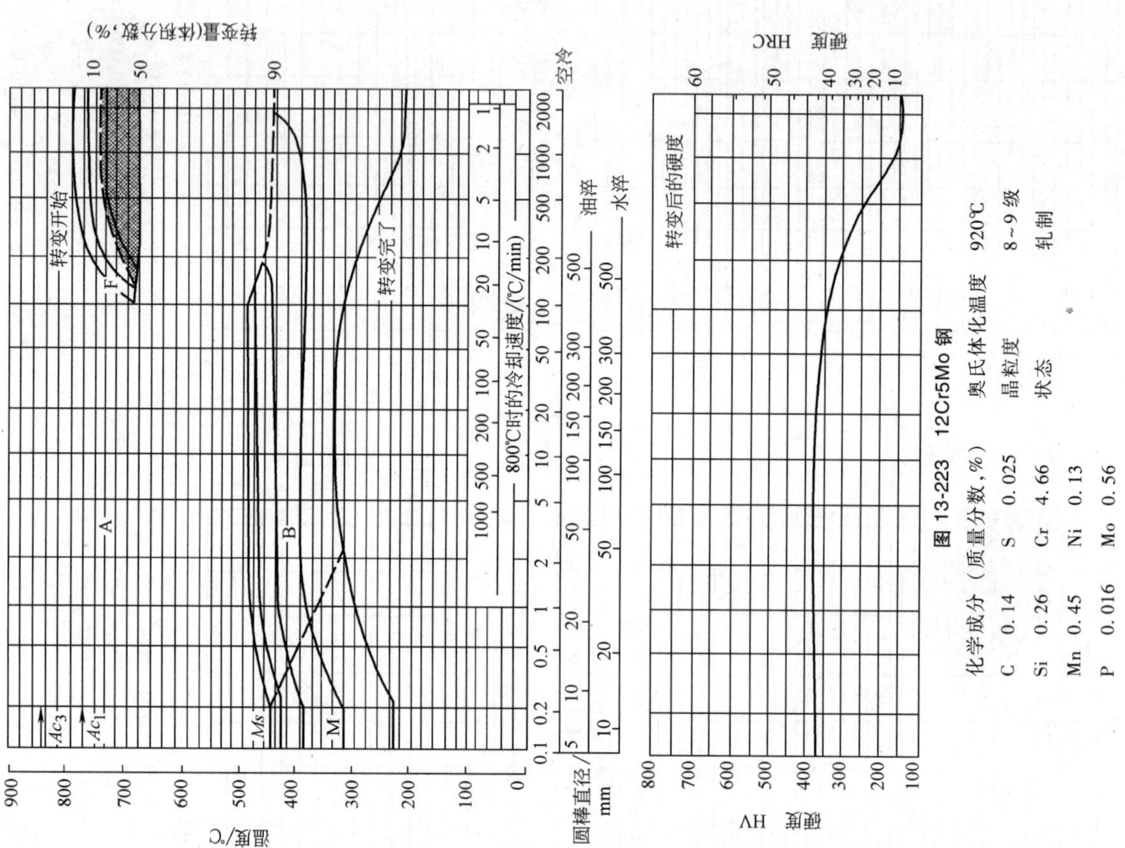

图 13-223　12Cr5Mo 钢

化学成分（质量分数，%）				奥氏体化温度	920℃
C	0.14	S	0.025	晶粒度	8~9 级
Si	0.26	Cr	4.66	状态	轧制
Mn	0.45	Ni	0.13		
P	0.016	Mo	0.56		

13.2.4 常用钢的淬透性曲线图

常用钢的化学成分、工艺参数及淬透性曲线图索引见表 13-11。图 13-224～图 13-333 所示的淬透性曲线图中，包括了少数非标准牌号钢的淬透性曲线图，考虑到这些图具有一定的参考价值，因此予以保留，以供参考使用。

表 13-11 常用钢的化学成分、工艺参数及淬透性曲线图索引

序号	牌号	化学成分(质量分数,%)									正火温度/℃	奥氏体化(端淬)温度/℃	晶粒度/级	图号	页码
		C	Si	Mn	Cr	Ni	Mo	V	B	其他					
1	45H	0.42～0.50	0.17～0.37	0.50～0.85							850～870	840±5		图 13-224	668
2	20CrH	0.17～0.23	0.17～0.37	0.50～0.85	0.70～1.10						880～900	870±5		图 13-225	668
3	40CrH	0.37～0.44	0.17～0.37	0.50～0.85	0.70～1.10						860～880	850±5		图 13-226	668
4	45CrH	0.42～0.49	0.17～0.37	0.50～0.85	0.70～1.10						860～880	850±5		图 13-227	668
5	40MnBH	0.37～0.44	0.17～0.37	1.00～1.40					0.0005～0.0035		880～900	850±5		图 13-228	668
6	45MnBH	0.42～0.49	0.17～0.37	0.95～1.40					0.0005～0.0035		880～900	850±5		图 13-229	668
7	20MnMoBH	0.16～0.22	0.17～0.37	0.90～1.25			0.20～0.30		0.0005～0.0035		930～950	880±5		图 13-230	669
8	20MnVBH	0.17～0.23	0.17～0.37	1.05～1.50				0.07～0.12	0.0005～0.0035		930～950	860±5		图 13-231	669
9	22MnVBH	0.19～0.25	0.17～0.37	1.25～1.65				0.07～0.12	0.0005～0.0035		930～950	860		图 13-232	669
10	20MnTiBH	0.17～0.23	0.17～0.37	1.20～1.55					0.0005～0.0035	Ti:0.04～0.10	930～950	860±5		图 13-233	669
11	20CrMnMoH	0.17～0.23	0.17～0.37	0.85～1.20	1.05～1.40		0.20～0.30				860～880	880±5		图 13-234	669
12	20CrMnTiH	0.17～0.23	0.17～0.37	0.80～1.15	1.00～1.35					Ti:0.04～0.10	900～920	880±5		图 13-235	669
13	20CrNi3H	0.17～0.23	0.17～0.37	0.30～0.65	0.60～0.95	2.70～3.25					850～870	830±5		图 13-236	670
14	12Cr2Ni4H	0.10～0.17	0.17～0.37	0.30～0.65	1.20～1.75	3.20～3.75					880～900	860±5		图 13-237	670

（续）

序号	牌号	化学成分(质量分数,%)									正火温度/℃	奥氏体化(端淬)温度/℃	晶粒度/级	图号	页码
		C	Si	Mn	Cr	Ni	Mo	V	B	其他					
15	20CrNiMoH	0.17~0.23	0.17~0.37	0.60~0.95	0.35~0.65	0.35~0.75	0.15~0.25				930~950	925±5		图 13-238	670
16	20	0.17~0.24	0.17~0.37	0.35~0.65	≤0.25	≤0.25						840	6~8	图 13-239	670
17	25	0.22~0.29	0.17~0.37	0.50~0.80	≤0.25	≤0.25							7~8	图 13-240	670
18	30	0.27~0.34	0.17~0.37	0.50~0.80	≤0.25	≤0.25						865	2~4	图 13-241	670
19	35	0.32~0.39	0.17~0.37	0.50~0.80	≤0.25	≤0.25						870	5~8	图 13-242	671
20	40	0.37~0.44	0.17~0.37	0.50~0.80	≤0.25	≤0.25						850		图 13-243	671
21	45	0.42~0.49	0.17~0.37	0.50~0.80	≤0.25	≤0.25						840	6~7	图 13-244	671
22	50	0.47~0.55	0.17~0.37	0.50~0.80	≤0.25	≤0.25						840	6~8	图 13-245	671
23	55	0.52~0.60	0.17~0.37	0.50~0.80	≤0.25	≤0.25						840	6~8	图 13-246	671
24	60	0.57~0.65	0.17~0.37	0.50~0.80	≤0.25	≤0.25						820		图 13-247	671
25	65	0.63	0.25	0.60										图 13-248	672
26	20Mn	0.20	0.17~0.37	1.35										图 13-249	672
27	30Mn	0.32	0.29	0.83						S:0.020 P:0.017				图 13-250	672
		0.31	0.26	0.79						S:0.037 P:0.017					
28	40Mn	0.37~0.45	0.17~0.37	0.70~1.00	≤0.25	≤0.25						840		图 13-251	672
29	45Mn	0.43~0.50	0.20~0.35	0.65~1.10	0.13~0.43							840		图 13-252	672
30	55Mn	0.52	0.25	0.80	0.15							840		图 13-253	672

31	65Mn	0.62～0.70	0.17～0.37	0.90～1.20									图 13-254	673
32	20Mn2	0.17～0.24	0.20～0.35	1.50～2.00								870	图 13-255	673
33	30Mn2	0.27～0.33	0.20～0.35	1.45～2.05								845	图 13-256	673
34	35Mn2	0.32～0.38	0.20～0.35	1.45～2.05								845	图 13-257	673
35	40Mn2	0.37～0.44	0.20～0.35	1.45～2.05				0.10				870	图 13-258	673
36	40Mn2V	0.43	0.13	1.67								845	图 13-259	673
37	27SiMn	0.28～0.33	0.40～0.60	1.20～1.50	0.40～0.60			0.02		S:0.019		860	图 13-260	674
38	35SiMn	0.38	1.05	1.14	0.23					P:0.035			图 13-261	674
39	20Si2Mn	0.19～0.25	1.70～2.20	0.70～1.05								870	图 13-262	674
40	15Cr	0.12～0.18	0.17～0.37	0.30～0.60	0.70～1.00	≤0.40						880	图 13-263	674
41	20Cr	0.17～0.23	0.20～0.35	0.60～1.00	0.60～1.00							825	图 13-264	674
42	30Cr	0.27～0.33	0.20～0.35	0.60～1.00	0.75～1.20							870	图 13-265	674
43	40Cr	0.37～0.44	0.20～0.35	0.60～1.00	0.60～1.00							845	图 13-266	675
44	45Cr	0.42～0.50	0.20～0.35	0.60～0.95	0.65～0.95					S:≤0.025 P:≤0.025			图 13-267	675
45	50Cr	0.47～0.54	0.20～0.35	0.60～1.00	0.60～1.00							845	图 13-268	675
46	55Cr	0.50～0.60	0.20～0.35	0.60～1.00	0.60～1.00								图 13-269	675
47	20CrV	0.17～0.23	0.20～0.35	0.60～1.00	0.60～1.00			≥0.10				925	图 13-270	675

（续）

序号	牌号	化学成分(质量分数,%)									正火温度/℃	奥氏体化（端淬）温度/℃	晶粒度/级	图号	页码
		C	Si	Mn	Cr	Ni	Mo	V	B	其他					
48	40CrV	0.35~0.45	0.23~0.34	0.50~0.73	0.83~1.10			0.17~0.30				880	6~7	图 13-271	675
49	30CrMnSi	0.28	1.00	1.10	1.00							870		图 13-272	676
50	20Cr2MnSiMo	0.21	0.72	1.36	1.35		0.49					900		图 13-273	676
51	20Cr2Mn2SiMo	0.20	0.69	2.10	1.57		0.37					880		图 13-274	676
52	18CrMnTi	0.16~0.24	0.17~0.37	0.80~1.10	1.00~1.30					Ti:0.06~0.12				图 13-275	676
53	30CrMnTi	0.24~0.40	0.17~0.37	0.80~1.10	1.00~1.30					Ti:0.06~0.12				图 13-276	676
54	20CrMo	0.17~0.23	0.20~0.35	0.60~1.00	0.30~0.70		0.08~0.15					925		图 13-277	676
55	30CrMo	0.27~0.33	0.20~0.35	0.30~0.70	0.75~1.20		0.15~0.25					870		图 13-278	677
56	35CrMo	0.32~0.38	0.20~0.35	0.60~1.00	0.75~1.20		0.15~0.25					845		图 13-279	677
57	42CrMo	0.37~0.45	0.20~0.35	0.70~1.05	0.80~1.15		0.15~0.25			S<0.040				图 13-280	677
58	18CrMnMo	0.16~0.24	0.17~0.37	0.90~1.20	0.90~1.20	≤0.40	0.20~0.30			P<0.040		860		图 13-281	677
59	22CrMnMo	0.17	0.30	1.05	1.22		0.27					850		图 13-282	677
		0.18~0.24	0.10~0.22	0.86~1.20	0.90~1.20		0.20~0.30					900			
60	20Cr2MnMo	0.19	0.27	1.31	1.55		0.38			S:0.003 P:0.017		860		图 13-283	677
61	25Cr2MoV	0.25	0.19	0.56	2.30		0.20	0.22				860		图 13-284	678
62	40Cr2MoV	0.43	0.21	0.62	1.78		0.35	0.22				870		图 13-285	678
63	35CrMoAl	0.33		0.70	1.42		0.25			Al:1.00		870		图 13-286	678
64	15CrNi	0.18	0.25	0.83	0.67	0.48				Cu:0.38				图 13-287	678
65	20CrNi	0.19		0.52	0.75	1.25	0.05					840		图 13-288	678

66	40CrNi	0.37～0.45	0.20～0.35	0.60～0.95	0.50～0.80	1.00～1.50				S≤0.025 P≤0.025				图 13-289	678
67	50CrNi	0.48		0.66	0.77	1.33						845		图 13-290	679
68	12CrNi2	0.11		0.48	0.91	2.00						900	7～8	图 13-291	679
69	12CrNi3	0.07～0.13	0.20～0.35	0.30～0.70	1.30～1.80							845		图 13-292	679
70	30CrNi3	0.31		0.42	0.65	3.15						870		图 13-293	679
71	12Cr2Ni4	0.11～0.17	0.17～0.37	0.30～0.60	1.25～1.75	3.25～3.75						840		图 13-294	679
72	20Cr2Ni4	0.20	0.36	0.37	1.60	3.47				S:0.003 P:0.015		840		图 13-295	679
73	30CrNiMo	0.27～0.33	0.20～0.35	0.60～0.95	0.35～0.65	0.35～0.75	0.15～0.25					870		图 13-296	680
74	40CrNiMo	0.37～0.45	0.20～0.35	0.85～1.25	0.25～0.55	0.25～0.65	0.08～0.15							图 13-297	680
75	18Cr2Ni4W	0.21		0.35	0.15	4.15	0.10			W:0.72				图 13-298	680
		0.19		0.36	0.14	4.15	0.10			W:0.75					
76	40B	0.37～0.45	0.34～0.53	0.52～0.89					0.0014～0.0049			840	6～7	图 13-299	680
77	45B	0.40～0.50	0.24～0.39	0.58～0.89					0.0018～0.0049			840	6～7	图 13-300	680
78	40MnB	0.36～0.44	0.17～0.47	1.01～1.42					0.0032～0.0062			880	7	图 13-301	680
79	20Mn2B	0.21	0.32	1.65					0.0041			880		图 13-302	681
80	20MnMoB	0.16～0.22	0.23～0.32	1.05～1.25			0.13～0.43		0.0032～0.0050			870		图 13-303	681
81	20MnTiB	0.22	0.27	1.15					0.004	Ti:0.10			7～8	图 13-304	681
		0.17	0.26	1.15					0.0043				7		
82	20MnVB	0.19～0.23	0.26～0.34	1.00～1.40				0.10～0.13	0.0023～0.0055			920	5～7	图 13-305	681

（续）

序号	牌号	化学成分（质量分数，%）									正火温度/℃	奥氏体化（端淬）温度/℃	晶粒度/级	图号	页码
		C	Si	Mn	Cr	Ni	Mo	V	B	其他					
83	40MnVB	0.32～0.46	0.28～0.36	1.07～1.51				0.06～0.26	0.0035～0.0051			850～870	7	图 13-306	681
84	20SiMnVB	0.18～0.24	0.41～0.71	0.80～1.52				0.08～0.14	0.0017～0.0044			920		图 13-307	681
85	20CrMnMoVB	0.18～0.24	0.13～0.34	0.87～1.04	0.25～0.35		0.22～0.35	0.04～0.15	0.0047～0.0052					图 13-308	682
86	25MnTiBRE	0.22～0.28	0.20～0.45	1.30～1.60					0.001～0.005	Ti:0.06～0.12 RE:0.05～0.10 S≤0.030 P≤0.030				图 13-309	682
87	60	0.63	0.26	0.38	0.20	0.14				Cu:0.20				图 13-310	682
88	85	0.90	0.22	0.21								760	4	图 13-311	682
89	55Si2Mn	0.50～0.60	1.50～2.00	0.60～0.90										图 13-312	682
90	60Si2Mn	0.54～0.63	1.65～1.98	0.70～0.83										图 13-313	682
91	50CrMn	0.45	0.18	0.90	1.01							835	5～8	图 13-314	683
92	50CrVA	0.51		0.51	1.04			0.18					7	图 13-315	683
93	50CrMnVA	0.52		0.46	0.94			0.19					6	图 13-316	683
		0.47～0.54	0.20～0.35	0.60～1.00	0.75～1.20			≥0.15				870			

94	GCr9	1.09	0.29	0.35	1.21									图 13-317	683
95	GCr9SiMn	1.01	0.52	1.12	1.08									图 13-318	683
96	GCr15	0.95~1.10	0.15~0.35	≤0.50	1.30~1.60									图 13-319	683
97	GCr15SiMn	0.95~1.10	0.40~0.70	0.90~1.15	0.90~1.20									图 13-320	684
98	GSiMnMoV	0.95~1.10	0.45~0.65	0.75~1.05			0.20~0.40	0.20~0.30		S≤0.03 P≤0.03		800		图 13-321	684
99	GSiMnMoVRE	0.95~1.05	1.10~1.40	0.15~0.40			0.40~0.60	0.15~0.25		RE:0.1 S≤0.030 P≤0.027		800,860		图 13-322	684
100	T9	0.90	0.22	0.21								760	4	图 13-323	684
101	T12A	1.15~1.24	0.15~0.30	0.15~0.30								760		图 13-324	684
102	9Mn2V	0.85~0.95	≤0.35	1.70~2.00				0.15~0.25				790		图 13-325	684
103	SiMn	0.95~1.05	0.65~0.95	0.60~0.90								800		图 13-326	685
104	SiMnV	0.57	0.95	0.96				0.16				840		图 13-327	685
105	5SiMnMoV	0.45~0.55	1.50~1.80	0.50~0.70	0.20~0.40		0.30~0.50	0.20~0.30				860		图 13-328	685
106	9CrSi	0.85~0.95	1.20~1.60	0.30~0.60	0.95~1.25							820~860		图 13-329	685
107	Cr2	0.95~1.10	≤0.35	≤0.40	1.30~1.60									图 13-330	685
108	4CrMnMo	0.43		0.85	1.15		0.50					885~915		图 13-331	685
109	CrW	1.04	0.25	0.31	0.85	0.20				W:1.07		850		图 13-332	686
110	9CrWMn	0.93	0.16	1.12	0.66	0.09				W:0.72		830		图 13-333	686

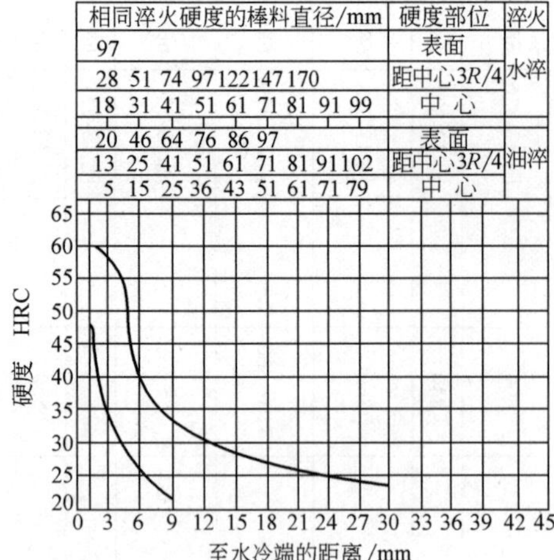

图 13-224　45H 钢

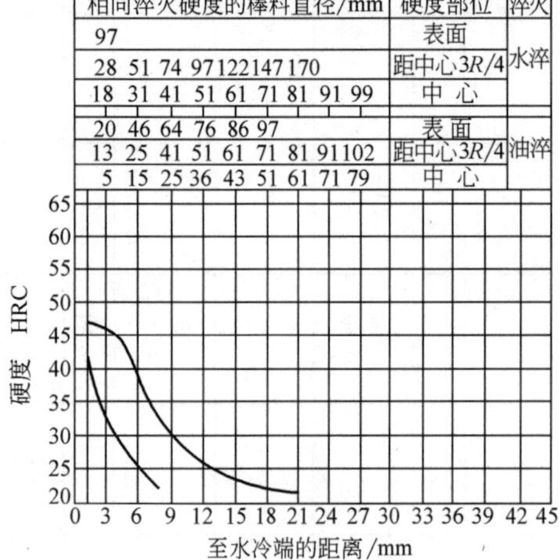

图 13-225　20CrH 钢

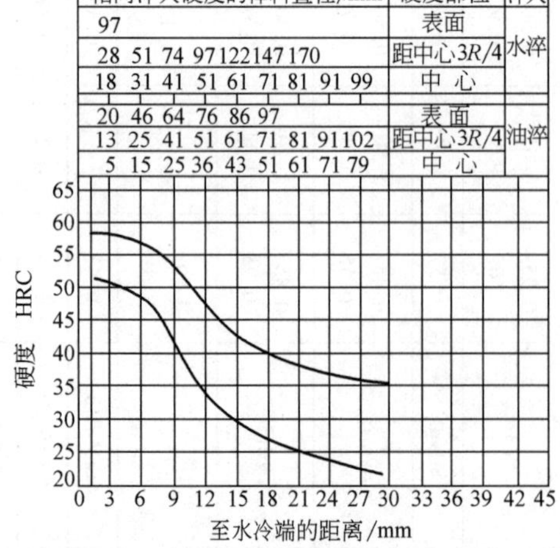

图 13-226　40CrH 钢

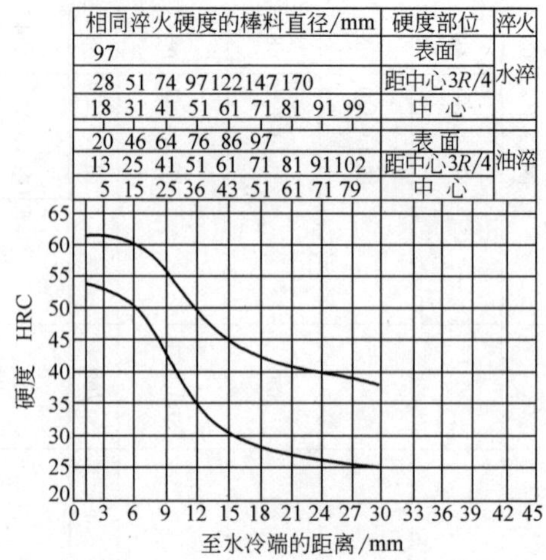

图 13-227　45CrH 钢

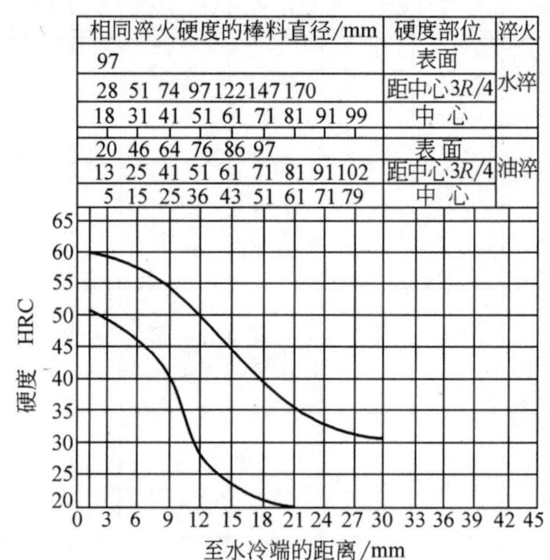

图 13-228　40MnBH 钢

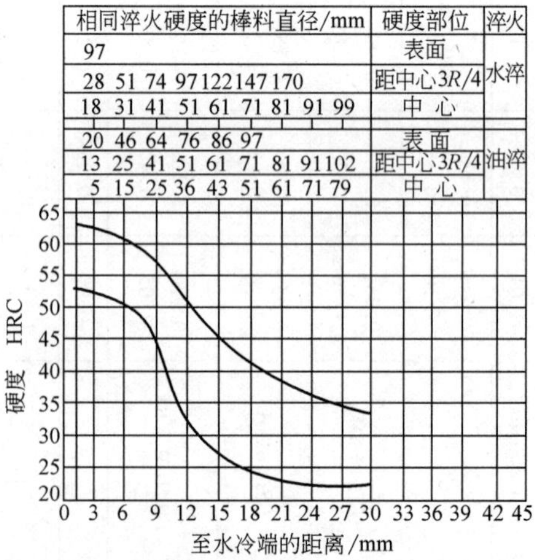

图 13-229　45MnBH 钢

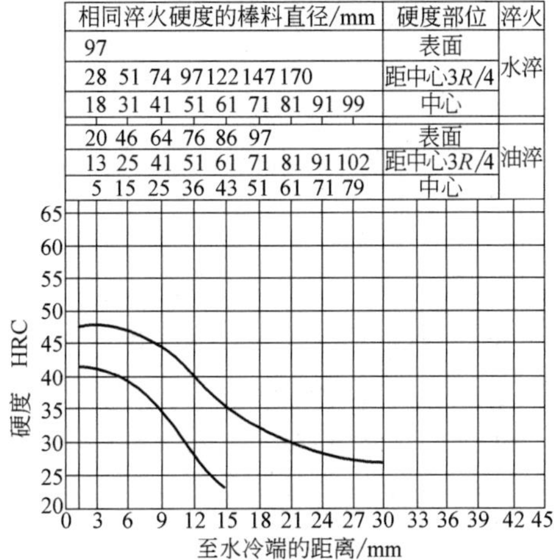

图 13-230　20MnMoBH 钢

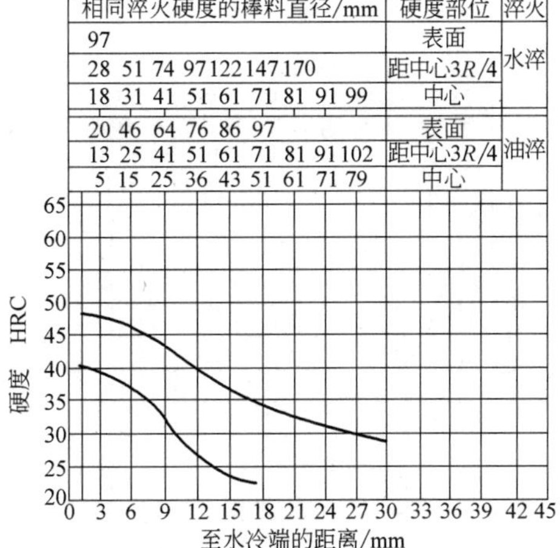

图 13-231　20MnVBH 钢

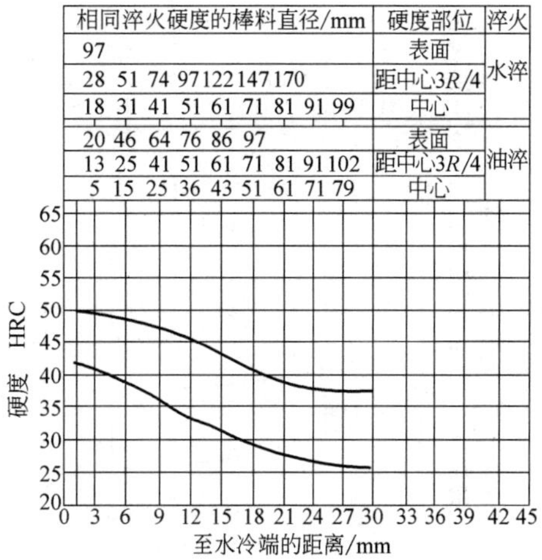

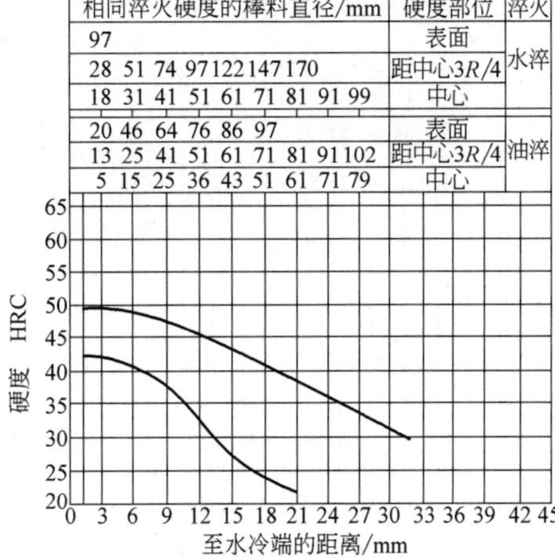

图 13-232　22MnVBH 钢

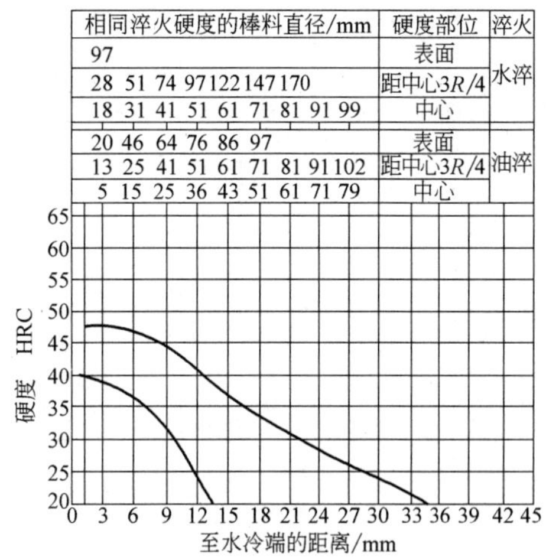

图 13-233　20MnTiBH 钢

相同淬火硬度的棒料直径/mm	硬度部位	淬火
97	表面	水淬
28 51 74 97 122 147 170	距中心3R/4	
18 31 41 51 61 71 81 91 99	中心	
20 46 64 76 86 97	表面	油淬
13 25 41 51 61 71 81 91 102	距中心3R/4	
5 15 25 36 43 51 61 71 79	中心	

硬度 HRC

至水冷端的距离/mm

图 13-234　20CrMnMoH 钢

相同淬火硬度的棒料直径/mm	硬度部位	淬火
97	表面	水淬
28 51 74 97 122 147 170	距中心3R/4	
18 31 41 51 61 71 81 91 99	中心	
20 46 64 76 86 97	表面	油淬
13 25 41 51 61 71 81 91 102	距中心3R/4	
5 15 25 36 43 51 61 71 79	中心	

硬度 HRC

至水冷端的距离/mm

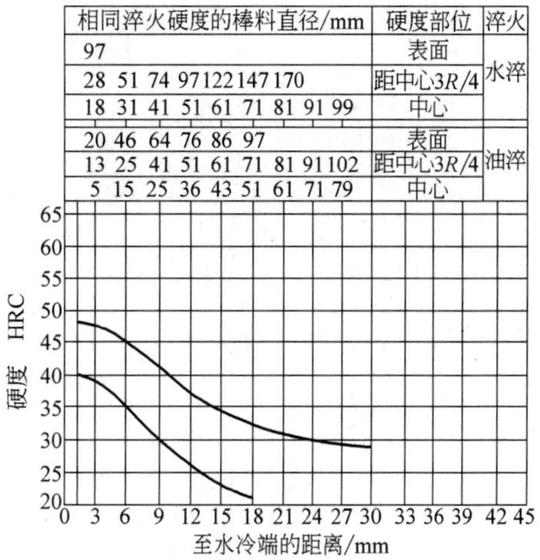

图 13-235　20CrMnTiH 钢

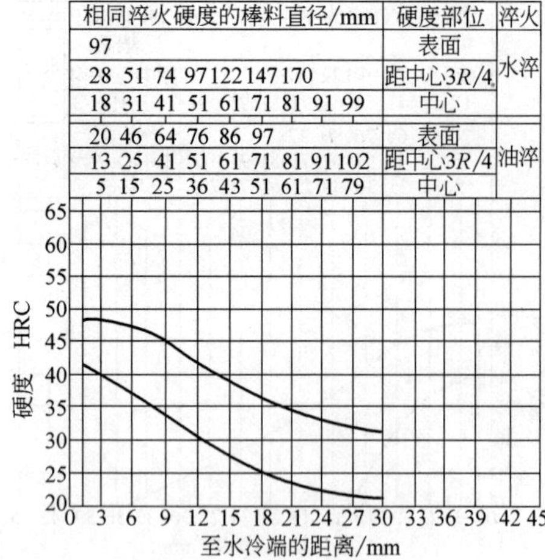

图 13-236　20CrNi3H 钢

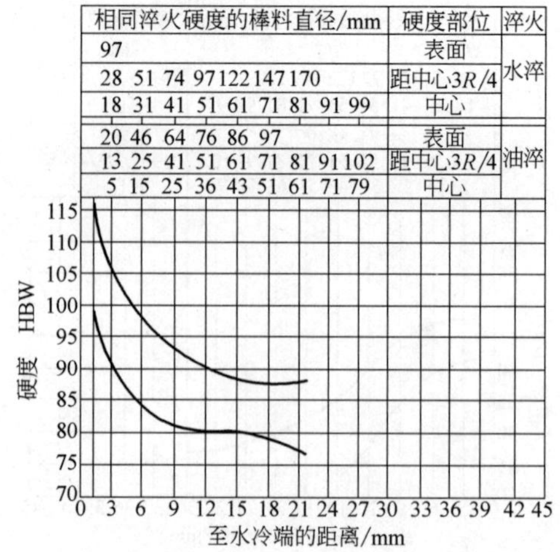

图 13-239　20 钢

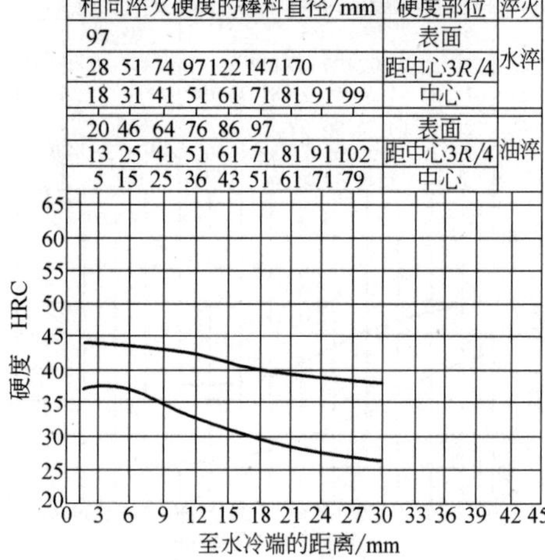

图 13-237　12Cr2Ni4H 钢

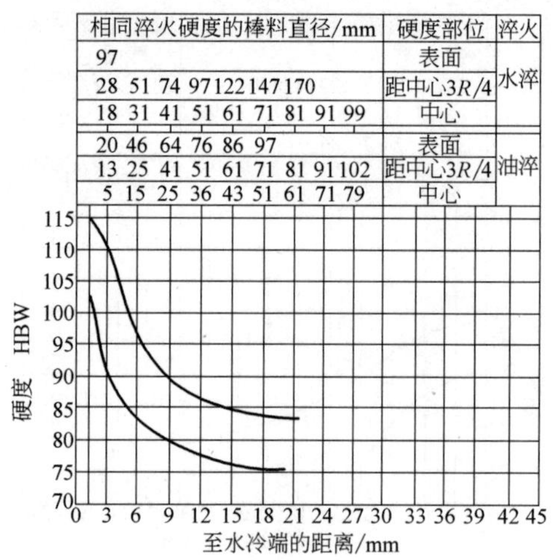

图 13-240　25 钢

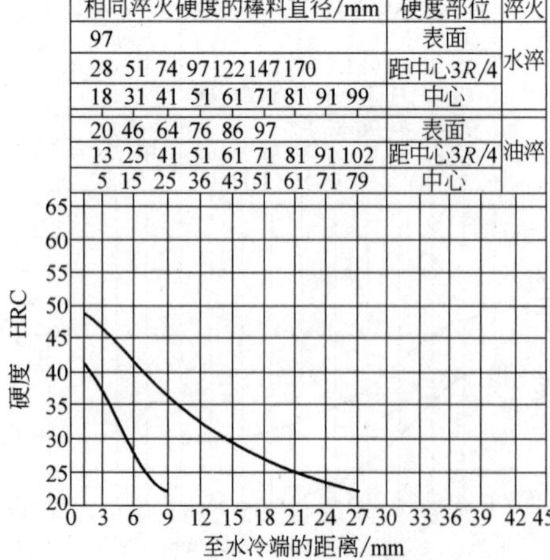

图 13-238　20CrNiMoH 钢

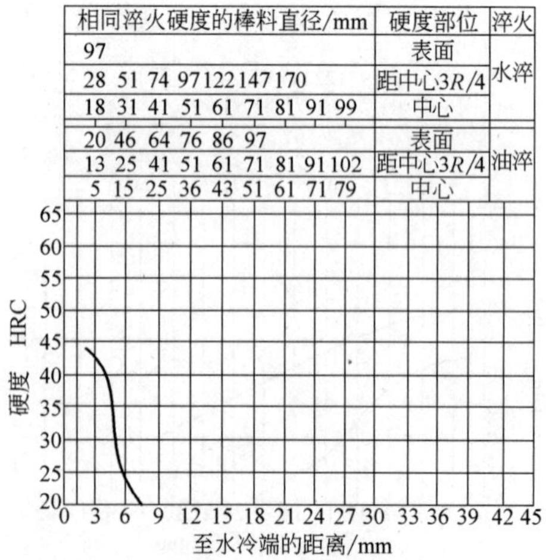

图 13-241　30 钢

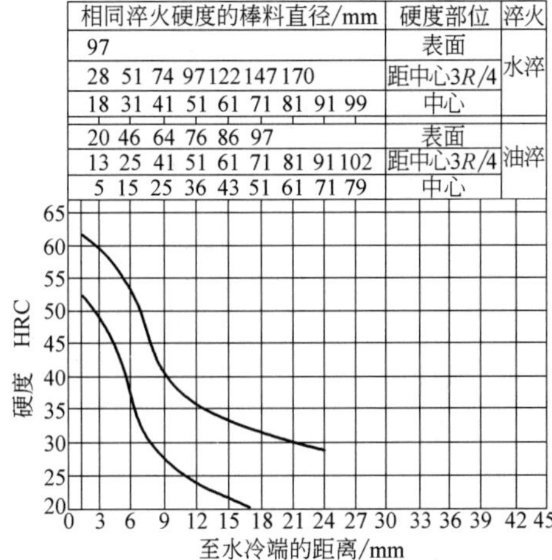

图 13-242　35 钢

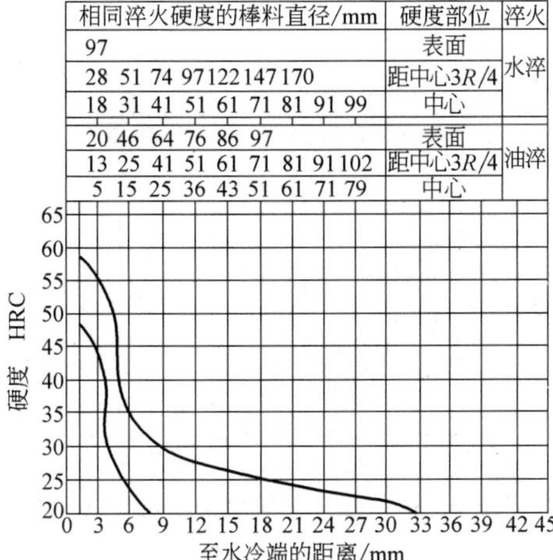

图 13-243　40 钢

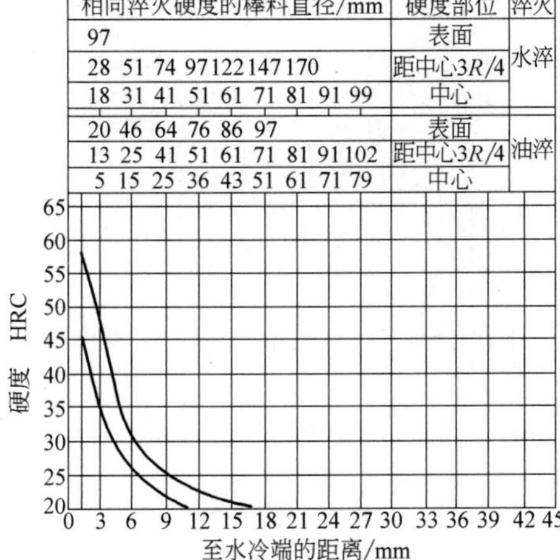

图 13-244　45 钢

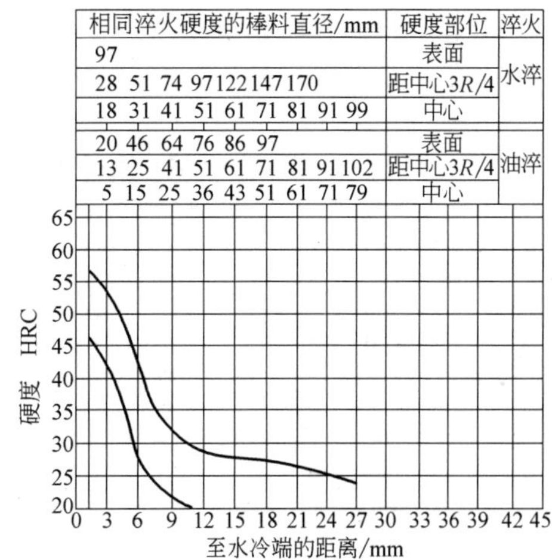

图 13-245　50 钢

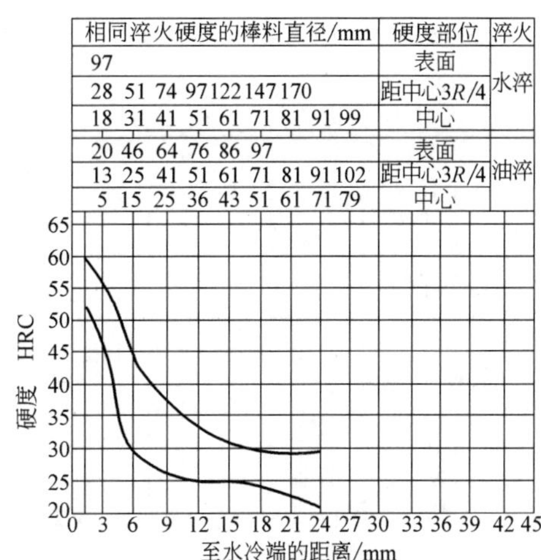

图 13-246　55 钢

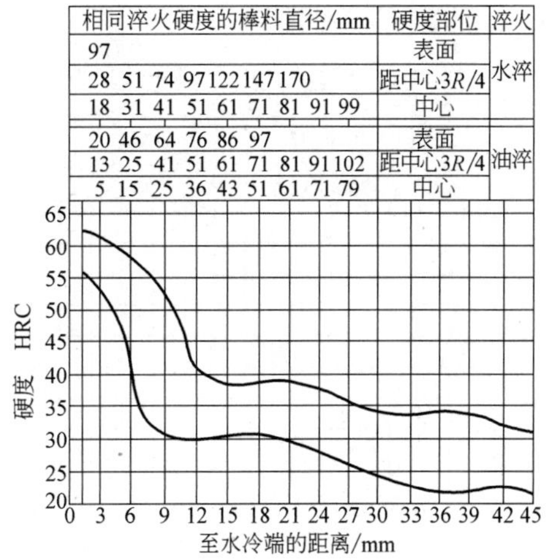

相同淬火硬度的棒料直径/mm　硬度部位　淬火
97　表面　水淬
28 51 74 97 122 147 170　距中心3R/4
18 31 41 51 61 71 81 91 99　中心
20 46 64 76 86 97　表面　油淬
13 25 41 51 61 71 81 91 102　距中心3R/4
5 15 25 36 43 51 61 71 79　中心
硬度 HRC
20 25 30 35 40 45 50 55 60 65
0 3 6 9 12 15 18 21 24 27 30 33 36 39 42 45
至水冷端的距离/mm

图 13-247　60 钢

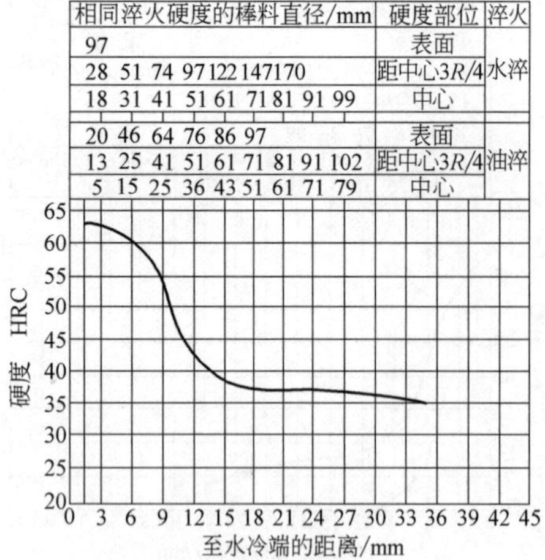

图 13-248　65 钢

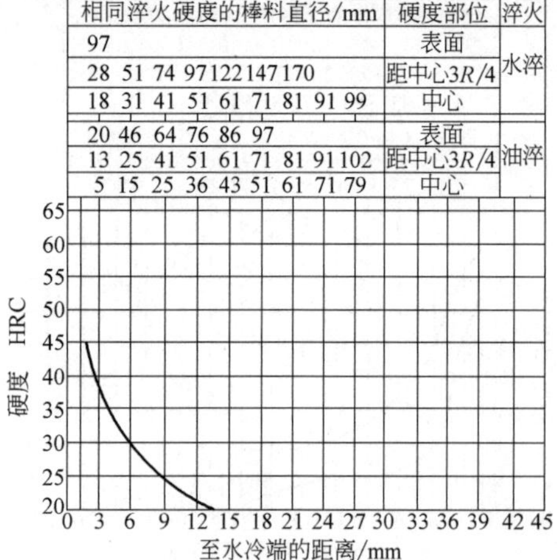

图 13-249　20Mn 钢

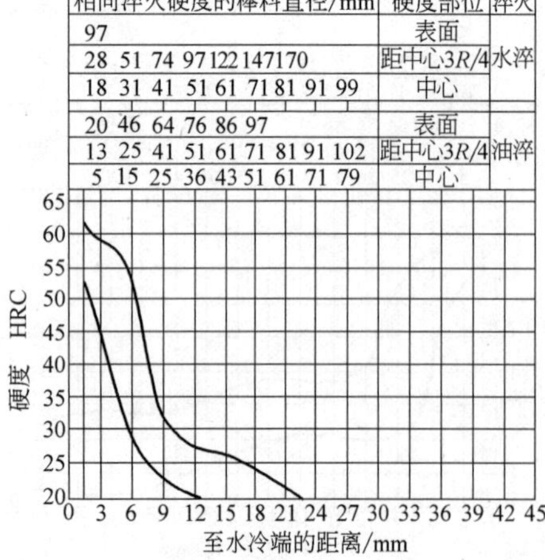

图 13-250　30Mn 钢

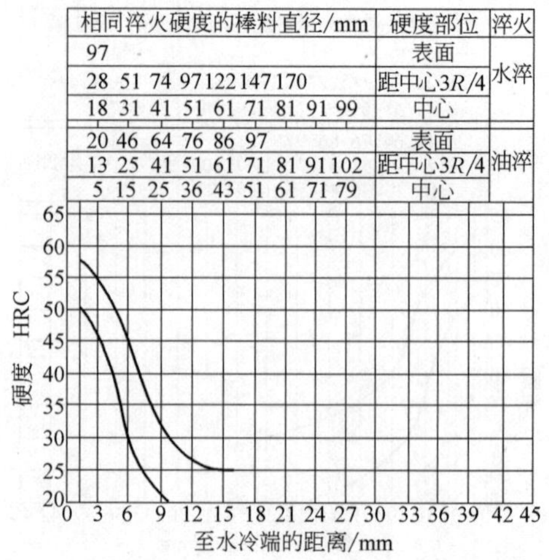

图 13-251　40Mn 钢

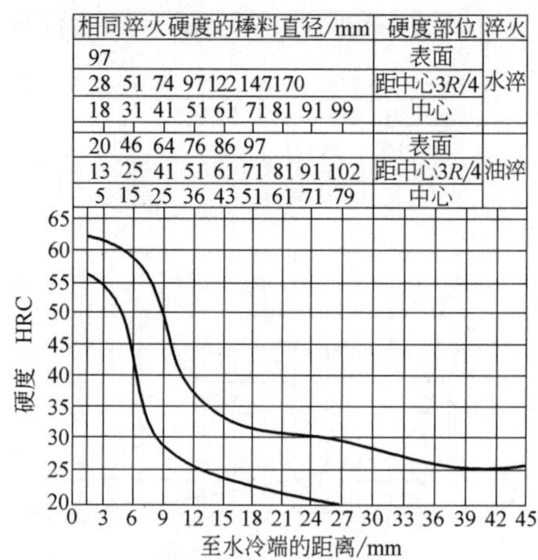

图 13-252　45Mn 钢

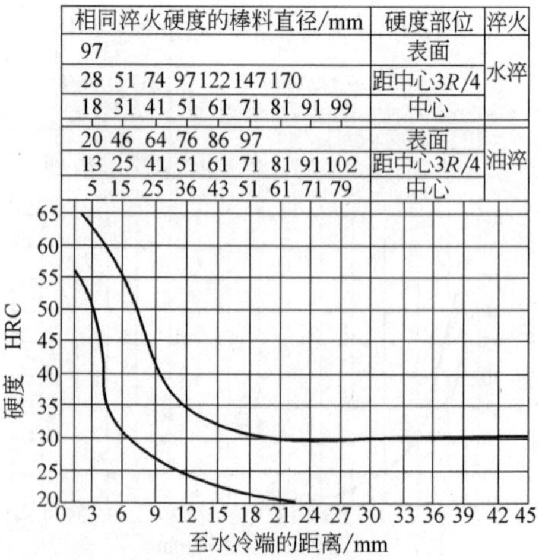

相同淬火硬度的棒料直径/mm	硬度部位	淬火
97	表面	水淬
28 51 74 97 122 147 170	距中心3R/4	
18 31 41 51 61 71 81 91 99	中心	
20 46 64 76 86 97	表面	油淬
13 25 41 51 61 71 81 91 102	距中心3R/4	
5 15 25 36 43 51 61 71 79	中心	

硬度 HRC
65 60 55 50 45 40 35 30 25 20
0 3 6 9 12 15 18 21 24 27 30 33 36 39 42 45
至水冷端的距离/mm

图 13-253　55Mn 钢

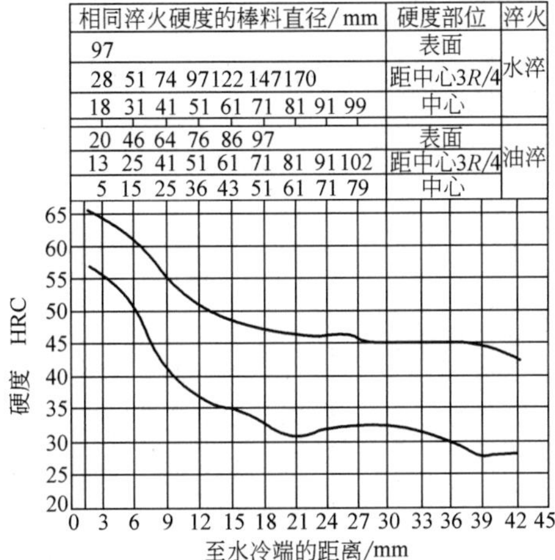

图 13-254　65Mn 钢

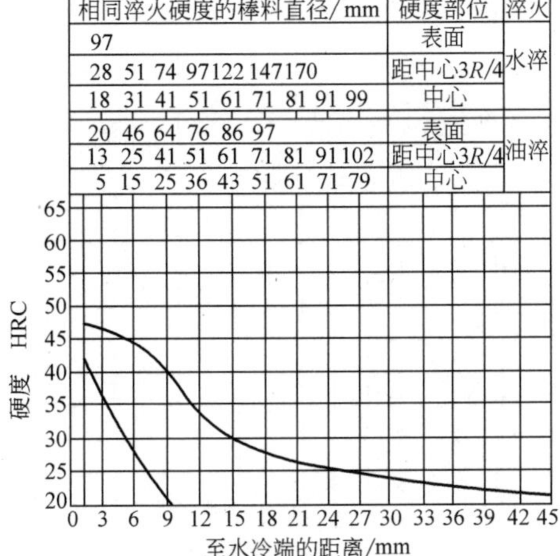

图 13-255　20Mn2 钢

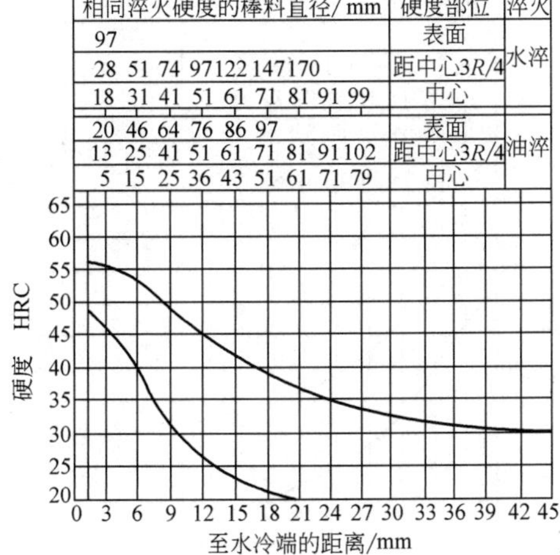

图 13-256　30Mn2 钢

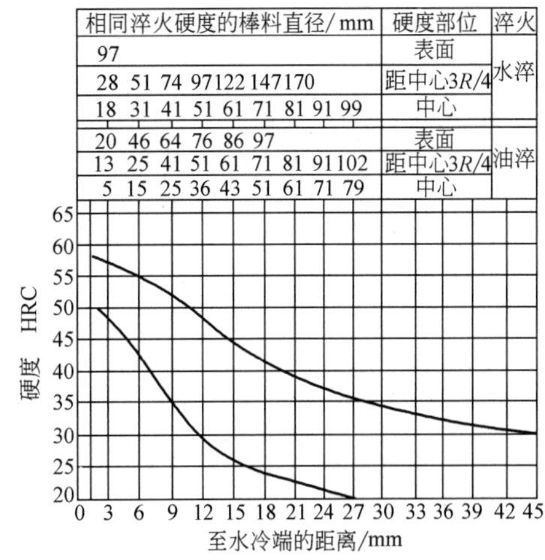

图 13-257　35Mn2 钢

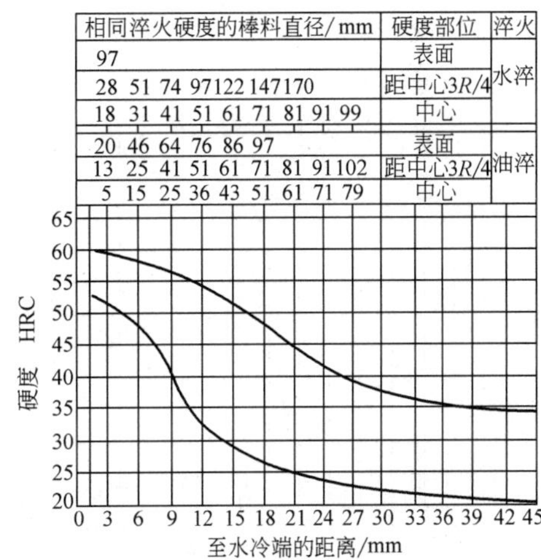

图 13-258　40Mn2 钢

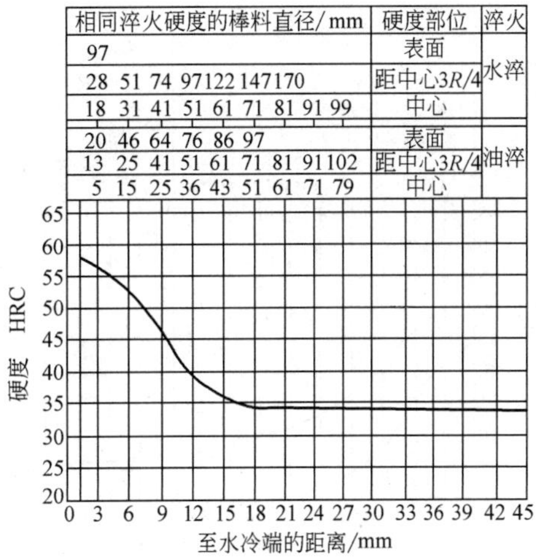

图 13-259　40Mn2V 钢

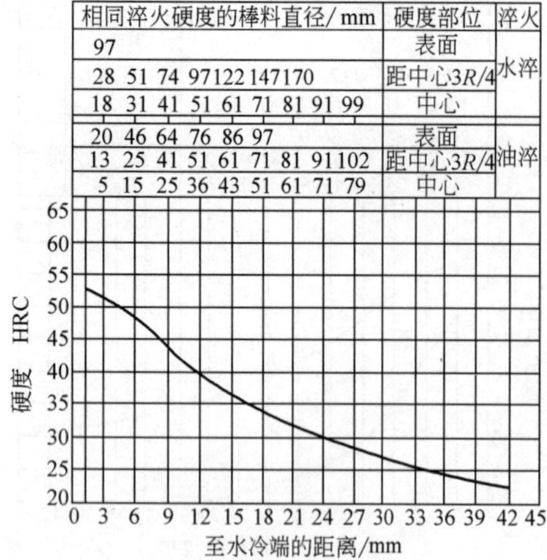

图 13-260 27SiMn 钢

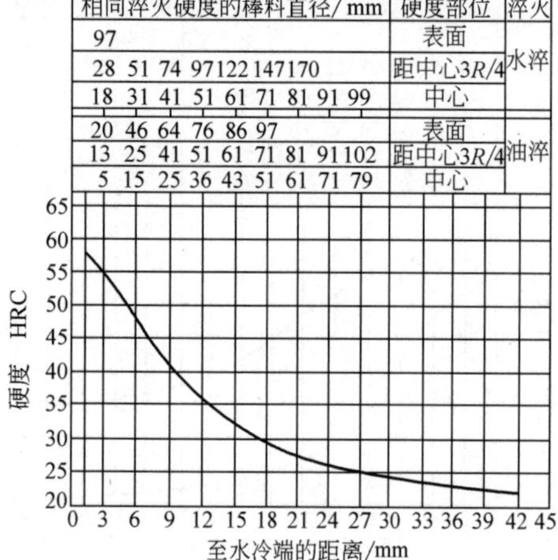

图 13-261 35SiMn 钢

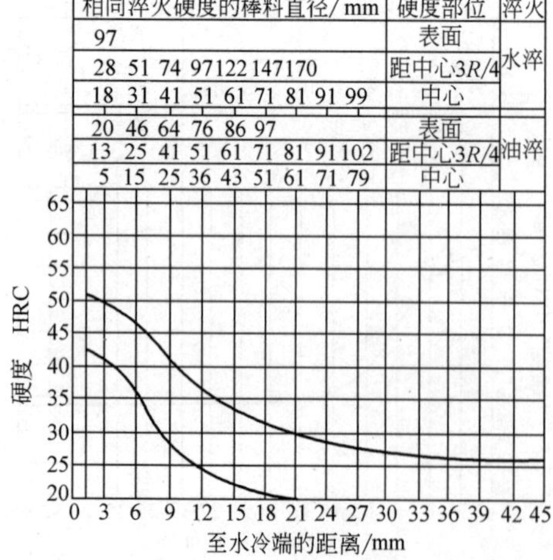

图 13-262 20Si2Mn 钢

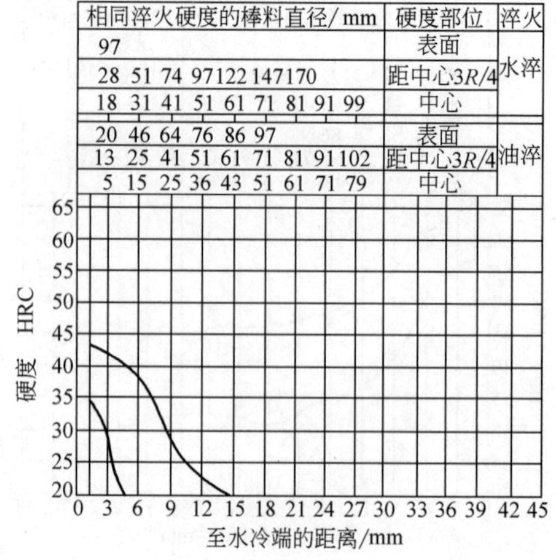

图 13-263 15Cr 钢

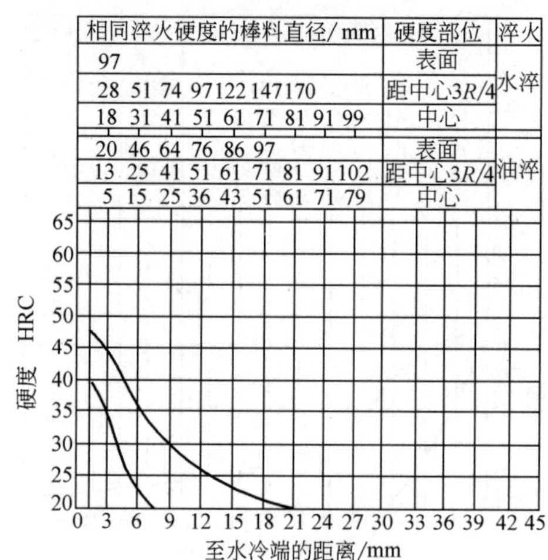

图 13-264 20Cr 钢

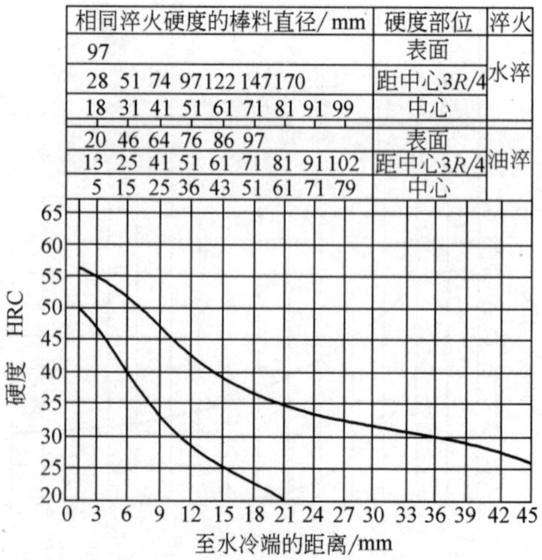

相同淬火硬度的棒料直径/mm	硬度部位	淬火
97	表面	水淬
28 51 74 97122 147170	距中心3R/4	
18 31 41 51 61 71 81 91 99	中心	
20 46 64 76 86 97	表面	油淬
13 25 41 51 61 71 81 91102	距中心3R/4	
5 15 25 36 43 51 61 71 79	中心	

硬度 HRC
65 60 55 50 45 40 35 30 25 20
0 3 6 9 12 15 18 21 24 27 30 33 36 39 42 45
至水冷端的距离/mm

图 13-265 30Cr 钢

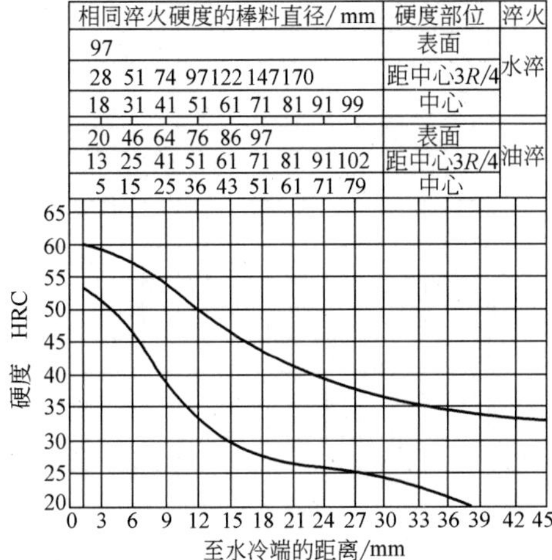

图 13-266　40Cr 钢

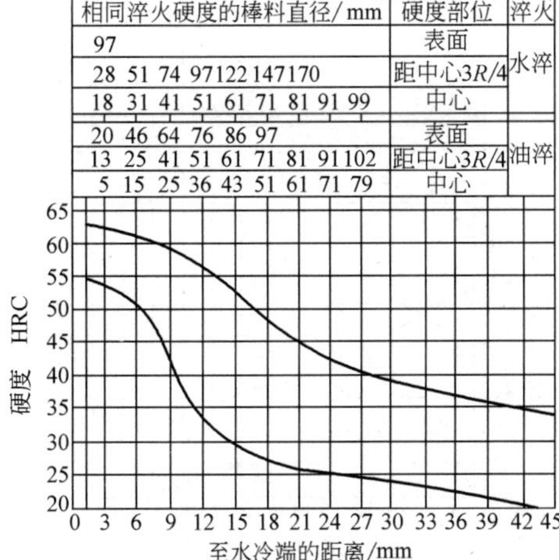

图 13-267　45Cr 钢

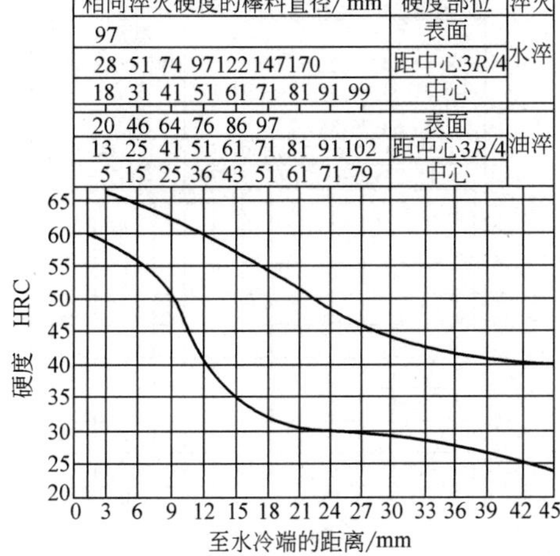

图 13-268　50Cr 钢

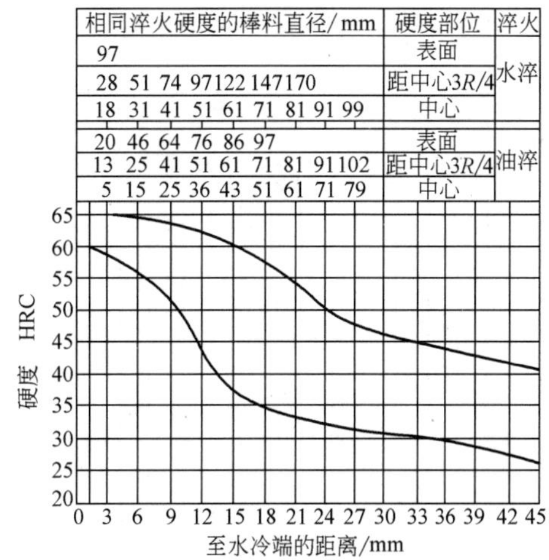

图 13-269　55Cr 钢

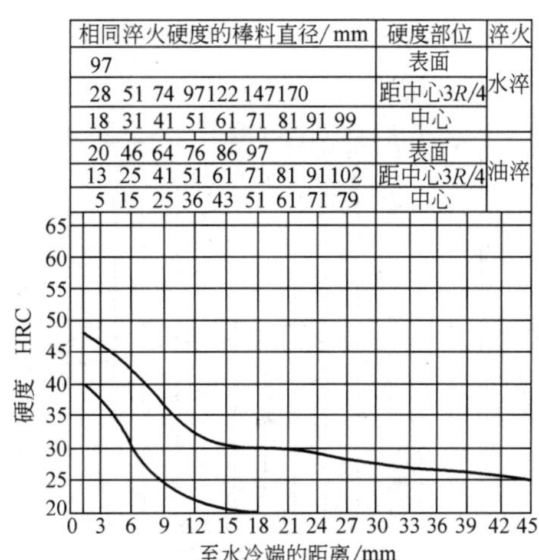

图 13-270　20CrV 钢

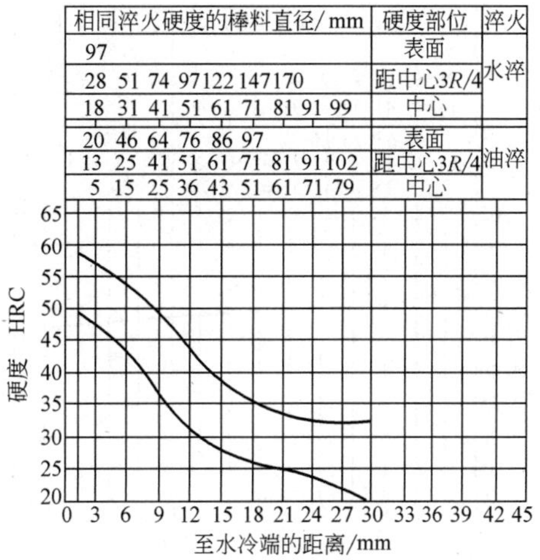

图 13-271　40CrV 钢

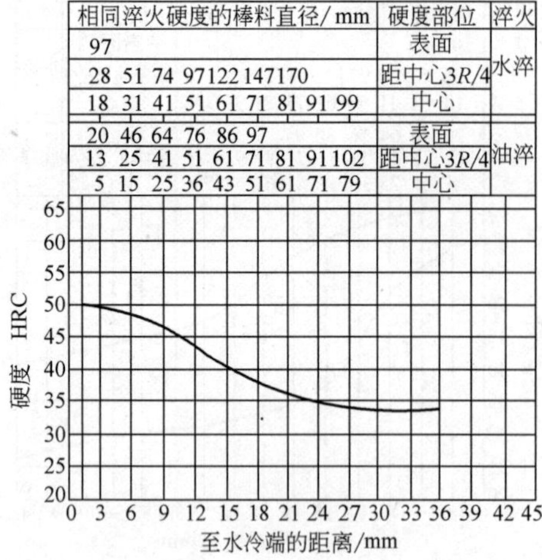

相同淬火硬度的棒料直径/mm | 硬度部位 | 淬火
97 | 表面 | 水淬
28 51 74 97122 147170 | 距中心3R/4
18 31 41 51 61 71 81 91 99 | 中心
20 46 64 76 86 97 | 表面 | 油淬
13 25 41 51 61 71 81 91102 | 距中心3R/4
5 15 25 36 43 51 61 71 79 | 中心
硬度 HRC
65 60 55 50 45 40 35 30 25 20
0 3 6 9 12 15 18 21 24 27 30 33 36 39 42 45
至水冷端的距离/mm

图 13-272　30CrMnSi 钢

相同淬火硬度的棒料直径/mm | 硬度部位 | 淬火
97 | 表面 | 水淬
28 51 74 97122 147170 | 距中心3R/4
18 31 41 51 61 71 81 91 99 | 中心
20 46 64 76 86 97 | 表面 | 油淬
13 25 41 51 61 71 81 91102 | 距中心3R/4
5 15 25 36 43 51 61 71 79 | 中心
硬度 HRC
65 60 55 50 45 40 35 30 25 20
0 3 6 9 12 15 18 21 24 27 30 33 36 39 42 45
至水冷端的距离/mm

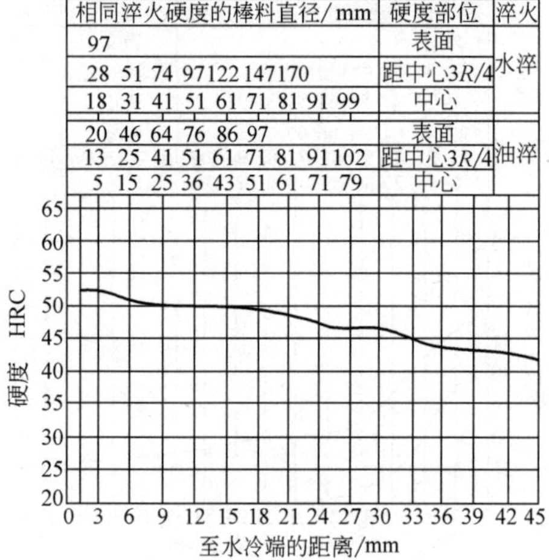

图 13-273　20Cr2MnSiMo 钢

相同淬火硬度的棒料直径/mm | 硬度部位 | 淬火
97 | 表面 | 水淬
28 51 74 97122 147170 | 距中心3R/4
18 31 41 51 61 71 81 91 99 | 中心
20 46 64 76 86 97 | 表面 | 油淬
13 25 41 51 61 71 81 91102 | 距中心3R/4
5 15 25 36 43 51 61 71 79 | 中心
硬度 HRC
65 60 55 50 45 40 35 30 25 20
0 3 6 9 12 15 18 21 24 27 30 33 36 39 42 45
至水冷端的距离/mm

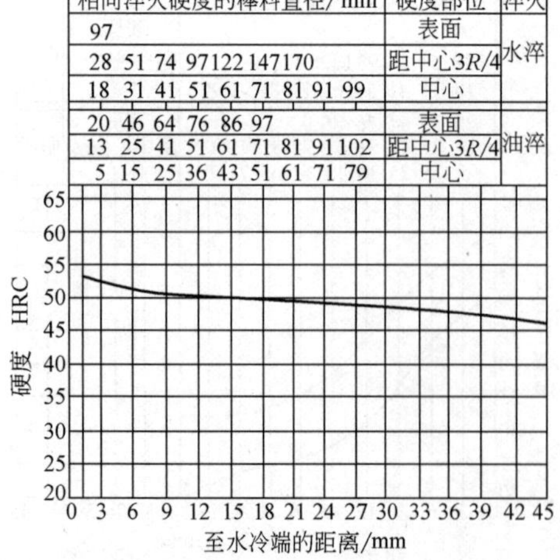

图 13-274　20Cr2Mn2SiMo 钢

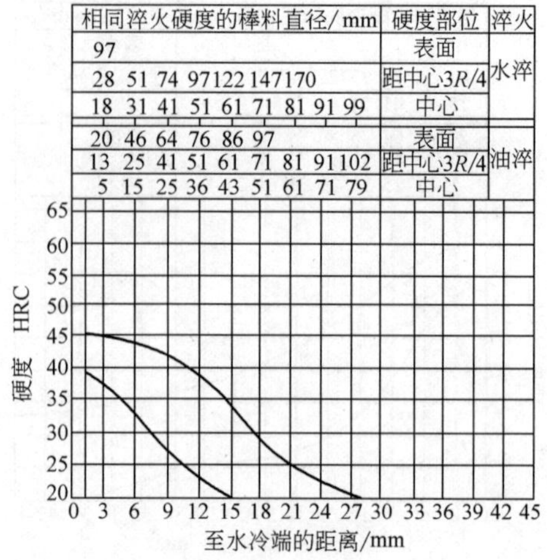

相同淬火硬度的棒料直径/mm | 硬度部位 | 淬火
97 | 表面 | 水淬
28 51 74 97122 147170 | 距中心3R/4
18 31 41 51 61 71 81 91 99 | 中心
20 46 64 76 86 97 | 表面 | 油淬
13 25 41 51 61 71 81 91102 | 距中心3R/4
5 15 25 36 43 51 61 71 79 | 中心
硬度 HRC
65 60 55 50 45 40 35 30 25 20
0 3 6 9 12 15 18 21 24 27 30 33 36 39 42 45
至水冷端的距离/mm

图 13-275　18CrMnTi 钢

相同淬火硬度的棒料直径/mm | 硬度部位 | 淬火
97 | 表面 | 水淬
28 51 74 97122147170 | 距中心3R/4
18 31 41 51 61 71 81 91 99 | 中心
20 46 64 76 86 97 | 表面 | 油淬
13 25 41 51 61 71 81 91102 | 距中心3R/4
5 15 25 36 43 51 61 71 79 | 中心
硬度 HRC
65 60 55 50 45 40 35 30 25 20
0 3 6 9 12 15 18 21 24 27 30 33 36 39 42 45
至水冷端的距离/mm

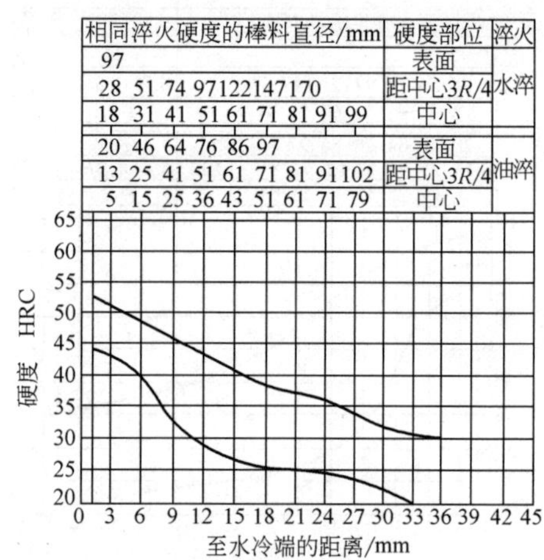

图 13-276　30CrMnTi 钢

相同淬火硬度的棒料直径/mm | 硬度部位 | 淬火
97 | 表面 | 水淬
28 51 74 97122147170 | 距中心3R/4
18 31 41 51 61 71 81 91 99 | 中心
20 46 64 76 86 97 | 表面 | 油淬
13 25 41 51 61 71 81 91102 | 距中心3R/4
5 15 25 36 43 51 61 71 79 | 中心
硬度 HRC
65 60 55 50 45 40 35 30 25 20
0 3 6 9 12 15 18 21 24 27 30 33 36 39 42 45
至水冷端的距离/mm

图 13-277　20CrMo 钢

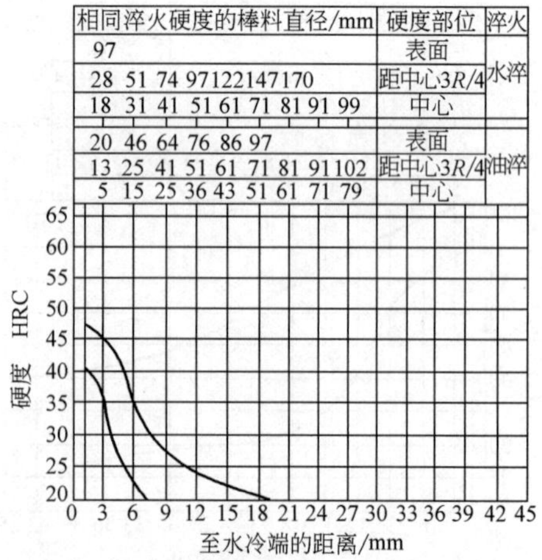

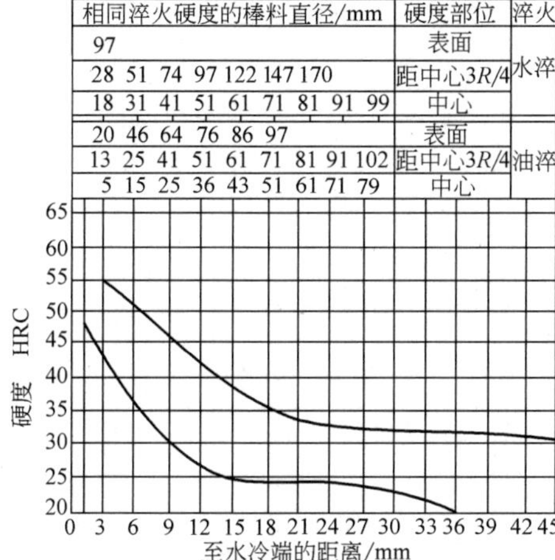

图 13-278　30CrMo 钢

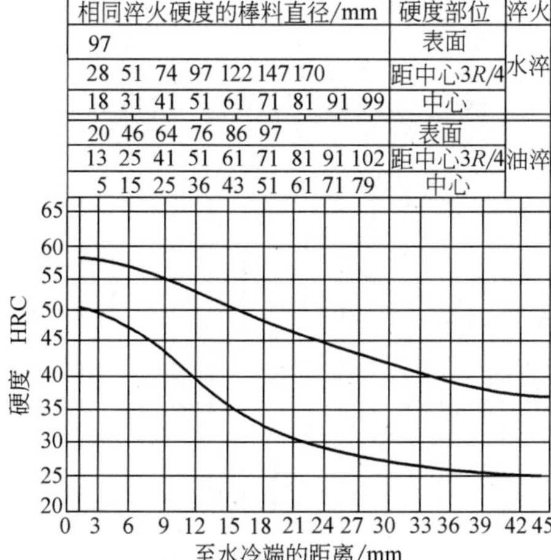

图 13-279　35CrMo 钢

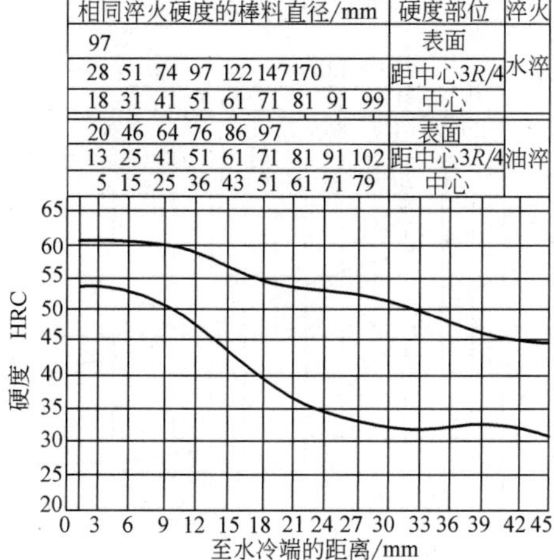

图 13-280　42CrMo 钢

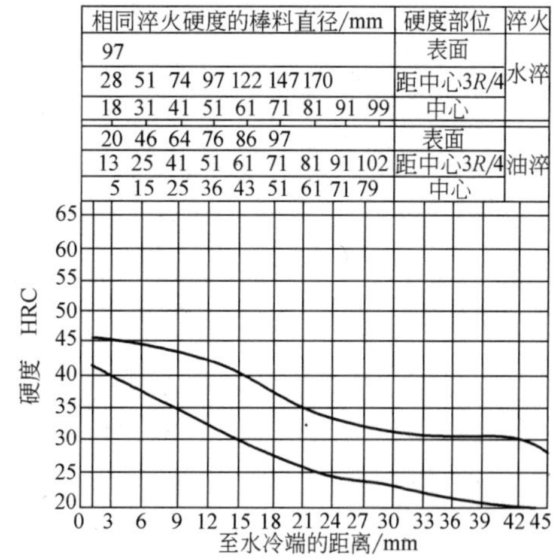

图 13-281　18CrMnMo 钢

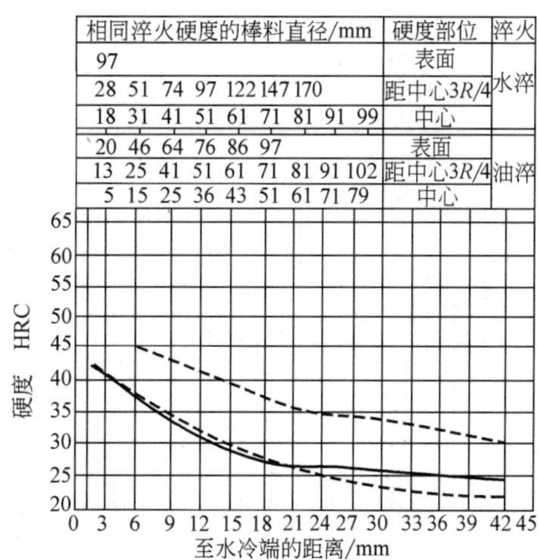

图 13-282　22CrMnMo 钢

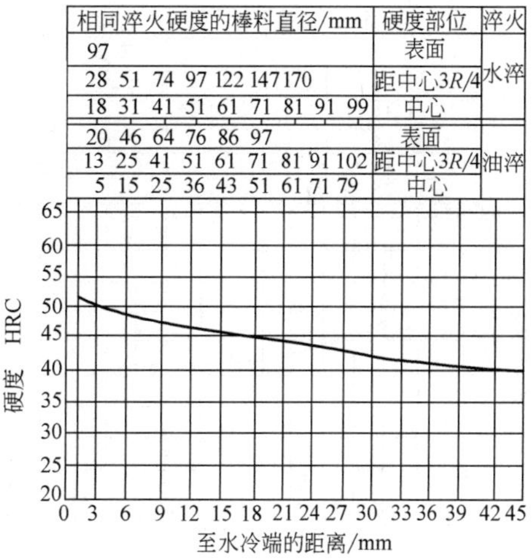

图 13-283　20Cr2MnMo 钢

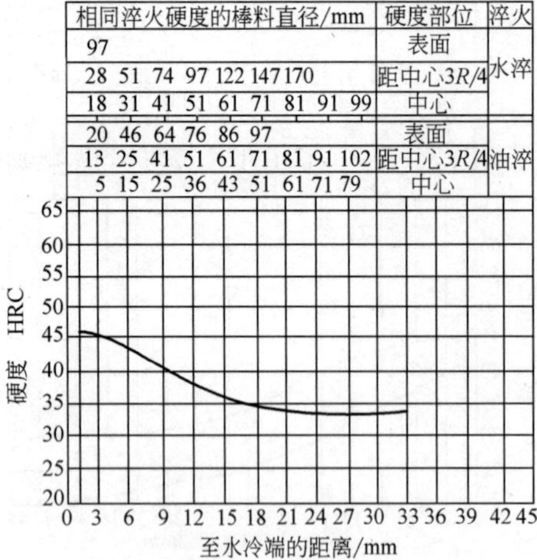

相同淬火硬度的棒料直径/mm	硬度部位	淬火
97	表面	水淬
28 51 74 97 122 147 170	距中心3R/4	
18 31 41 51 61 71 81 91 99	中心	
20 46 64 76 86 97	表面	油淬
13 25 41 51 61 71 81 91 102	距中心3R/4	
5 15 25 36 43 51 61 71 79	中心	

图 13-284　25Cr2MoV 钢

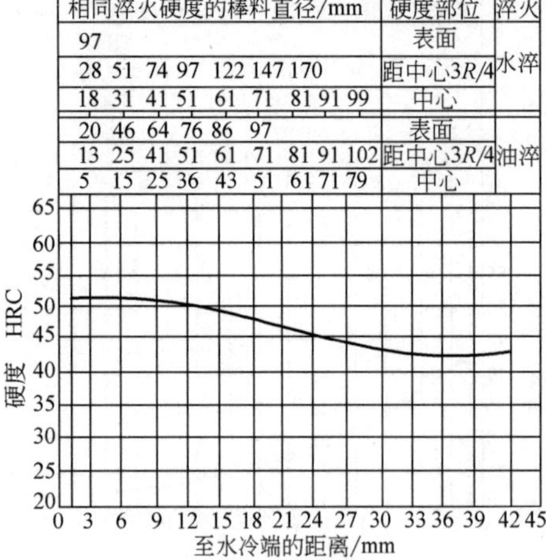

相同淬火硬度的棒料直径/mm	硬度部位	淬火
97	表面	水淬
28 51 74 97 122 147 170	距中心3R/4	
18 31 41 51 61 71 81 91 99	中心	
20 46 64 76 86 97	表面	油淬
13 25 41 51 61 71 81 91 102	距中心3R/4	
5 15 25 36 43 51 61 71 79	中心	

图 13-285　40Cr2MoV 钢

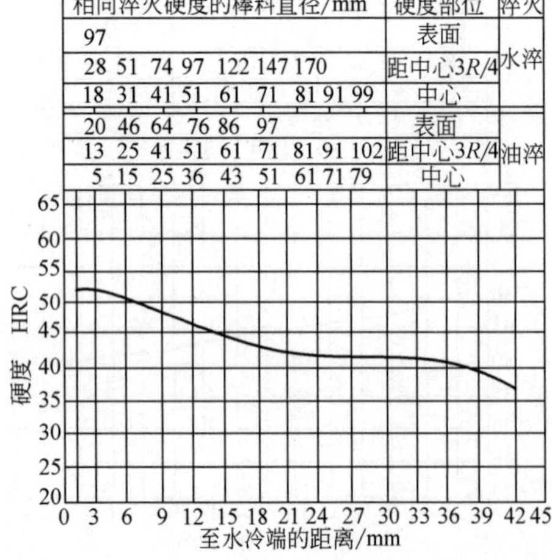

相同淬火硬度的棒料直径/mm	硬度部位	淬火
97	表面	水淬
28 51 74 97 122 147 170	距中心3R/4	
18 31 41 51 61 71 81 91 99	中心	
20 46 64 76 86 97	表面	油淬
13 25 41 51 61 71 81 91 102	距中心3R/4	
5 15 25 36 43 51 61 71 79	中心	

图 13-286　35CrMoAl 钢

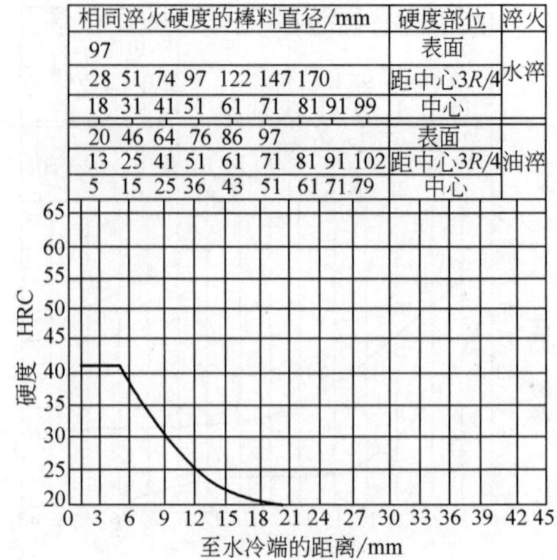

相同淬火硬度的棒料直径/mm	硬度部位	淬火
97	表面	水淬
28 51 74 97 122 147 170	距中心3R/4	
18 31 41 51 61 71 81 91 99	中心	
20 46 64 76 86 97	表面	油淬
13 25 41 51 61 71 81 91 102	距中心3R/4	
5 15 25 36 43 51 61 71 79	中心	

图 13-287　15CrNi 钢

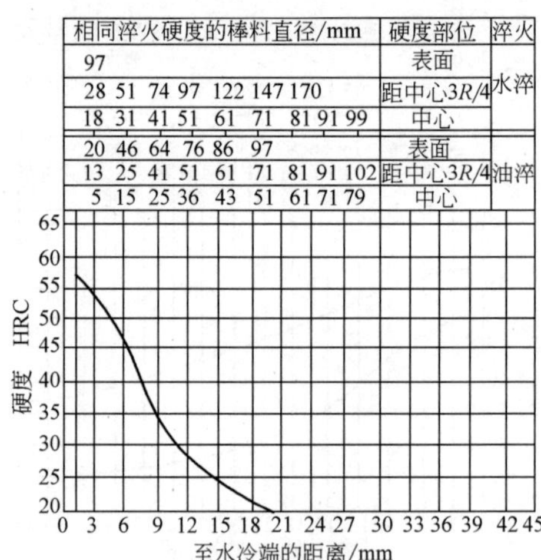

相同淬火硬度的棒料直径/mm	硬度部位	淬火
97	表面	水淬
28 51 74 97 122 147 170	距中心3R/4	
18 31 41 51 61 71 81 91 99	中心	
20 46 64 76 86 97	表面	油淬
13 25 41 51 61 71 81 91 102	距中心3R/4	
5 15 25 36 43 51 61 71 79	中心	

图 13-288　20CrNi 钢

相同淬火硬度的棒料直径/mm	硬度部位	淬火
97	表面	水淬
28 51 74 97 122 147 170	距中心3R/4	
18 31 41 51 61 71 81 91 99	中心	
20 46 64 76 86 97	表面	油淬
13 25 41 51 61 71 81 91 102	距中心3R/4	
5 15 25 36 43 51 61 71 79	中心	

图 13-289　40CrNi 钢

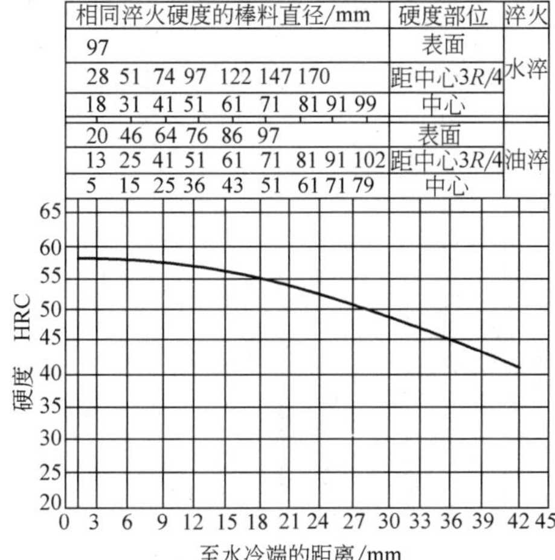

图 13-290　50CrNi 钢

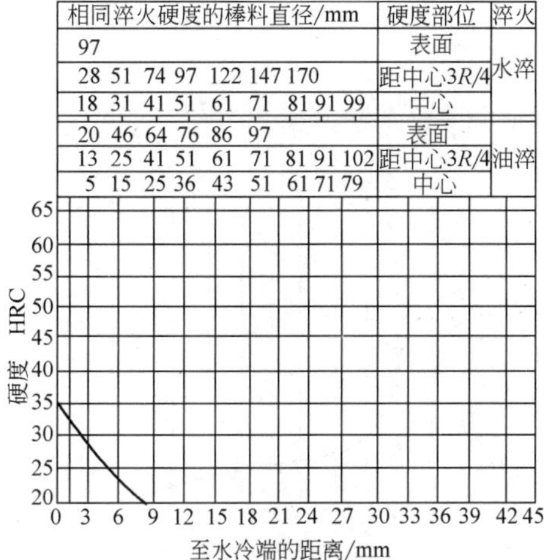

图 13-291　12CrNi2 钢

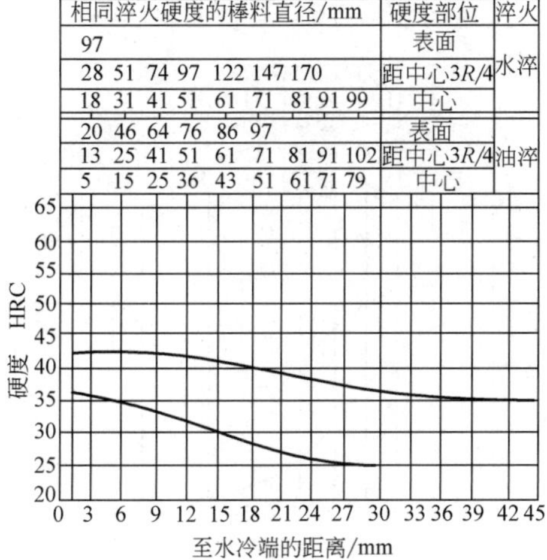

图 13-292　12CrNi3 钢

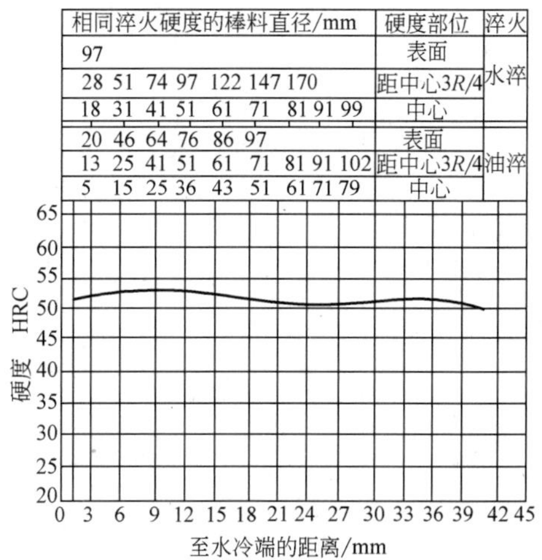

图 13-293　30CrNi3 钢

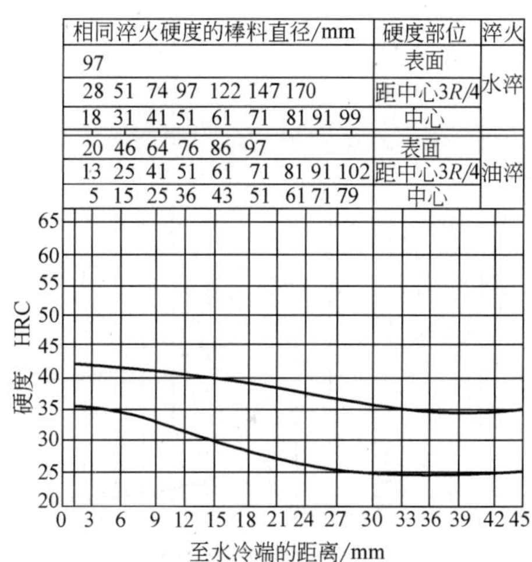

图 13-294　12Cr2Ni4 钢

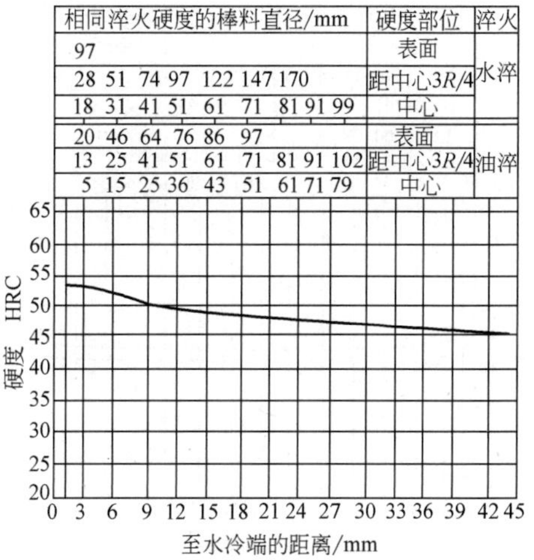

图 13-295　20Cr2Ni4 钢

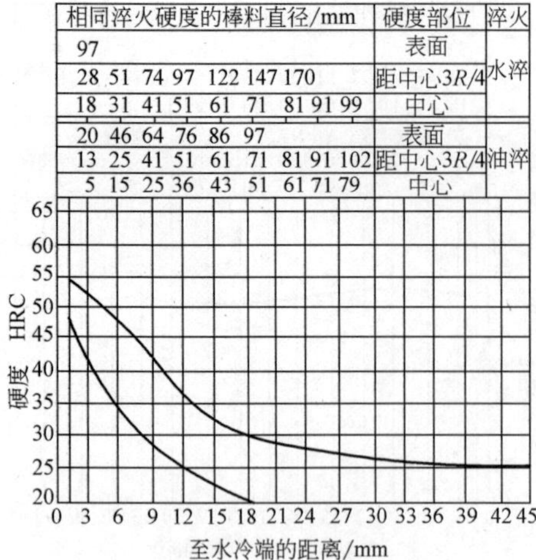

图 13-296 30CrNiMo 钢

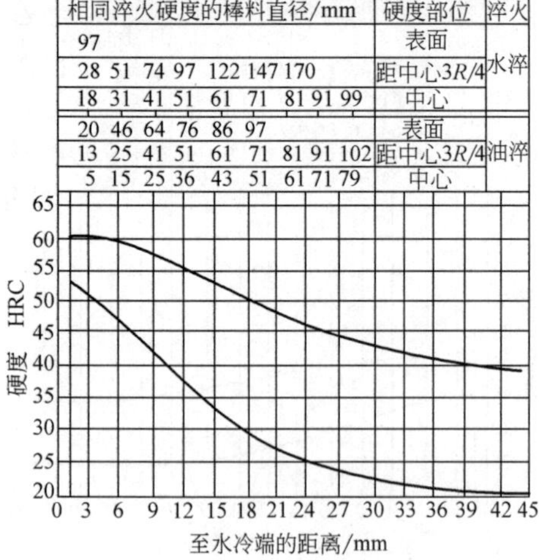

图 13-297 40CrNiMo 钢

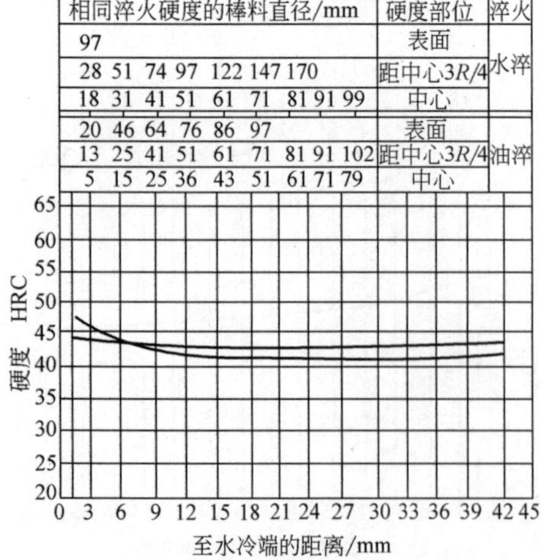

图 13-298 18Cr2Ni4W 钢

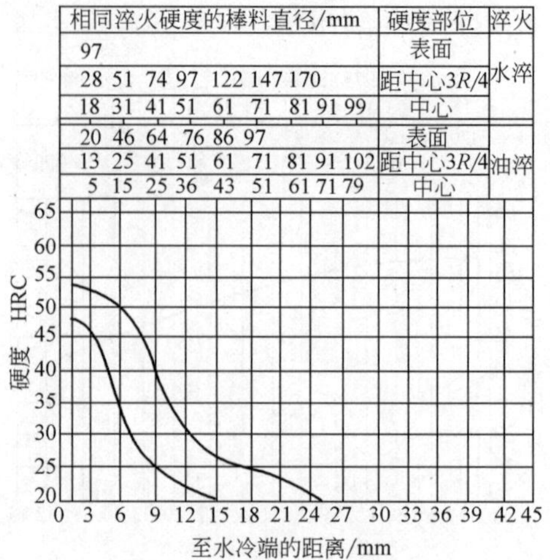

图 13-299 40B 钢

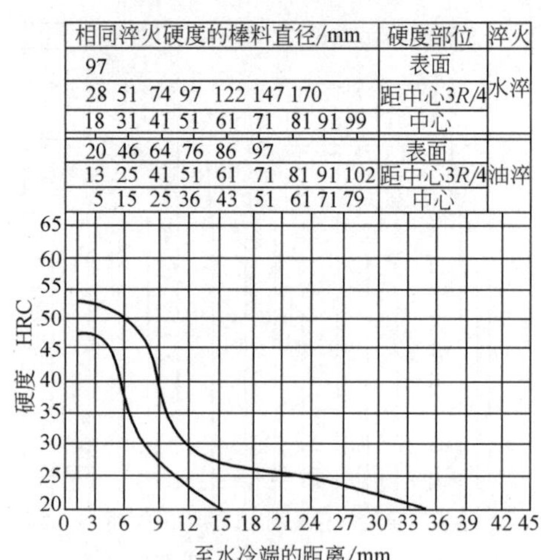

图 13-300 45B 钢

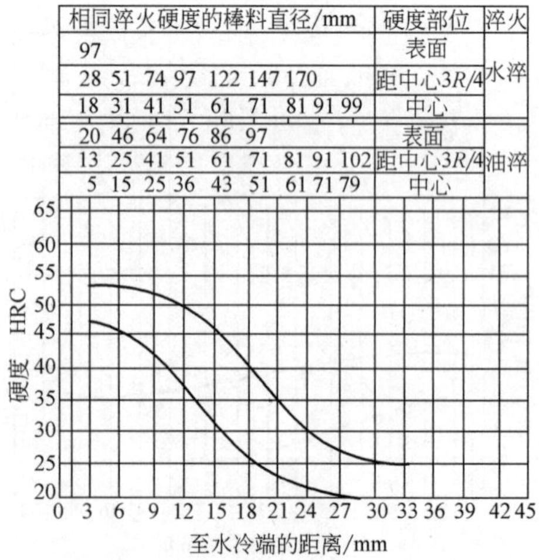

相同淬火硬度的棒料直径/mm | 硬度部位 | 淬火
97 | 表面 | 水淬
28 51 74 97 122 147 170 | 距中心3R/4
18 31 41 51 61 71 81 91 99 | 中心
20 46 64 76 86 97 | 表面 | 油淬
13 25 41 51 61 71 81 91 102 | 距中心3R/4
5 15 25 36 43 51 61 71 79 | 中心
硬度 HRC
至水冷端的距离/mm

图 13-301 40MnB 钢

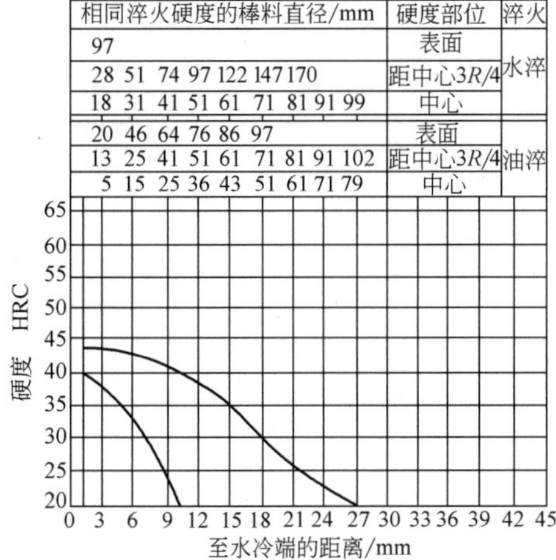

图 13-302　20Mn2B 钢

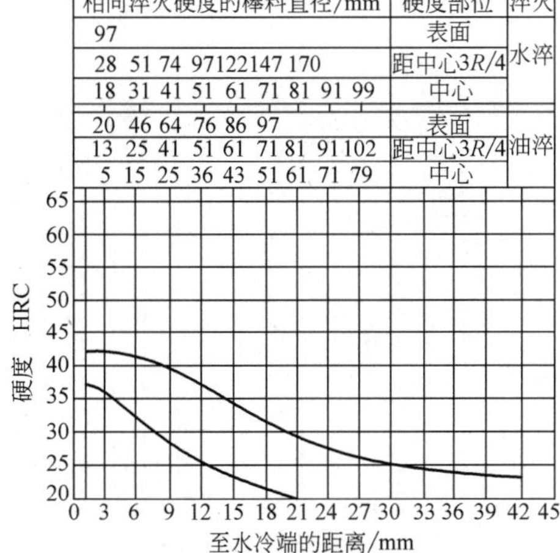

图 13-303　20MnMoB 钢

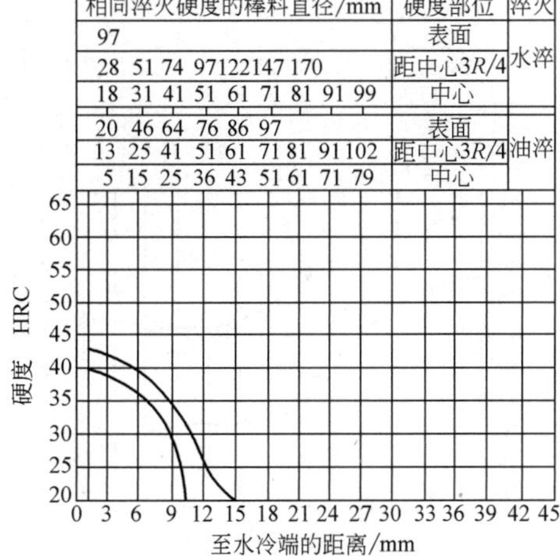

图 13-304　20MnTiB 钢

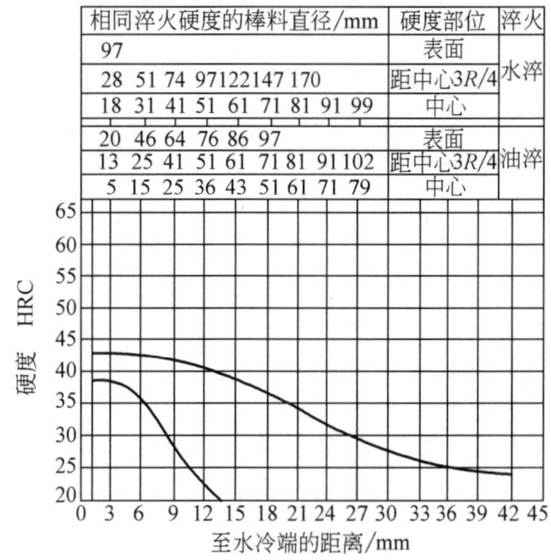

图 13-305　20MnVB 钢

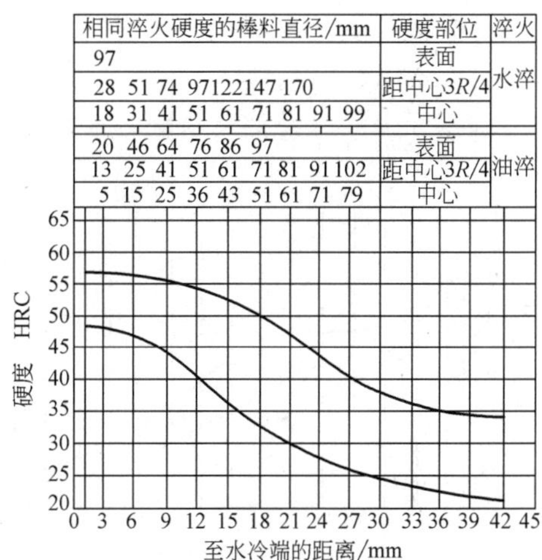

图 13-306　40MnVB 钢

相同淬火硬度的棒料直径/mm
硬度部位
淬火
97
表面
28 51 74 97122147 170
距中心3R/4
水淬
18 31 41 51 61 71 81 91 99
中心
20 46 64 76 86 97
表面
13 25 41 51 61 71 81 91102
距中心3R/4
油淬
5 15 25 36 43 51 61 71 79
中心
硬度 HRC
65 60 55 50 45 40 35 30 25 20
0 3 6 9 12 15 18 21 24 27 30 33 36 39 42 45
至水冷端的距离/mm

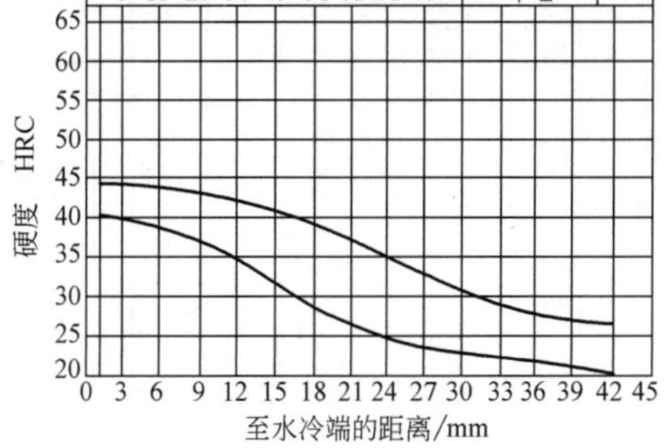

图 13-307　20SiMnVB 钢

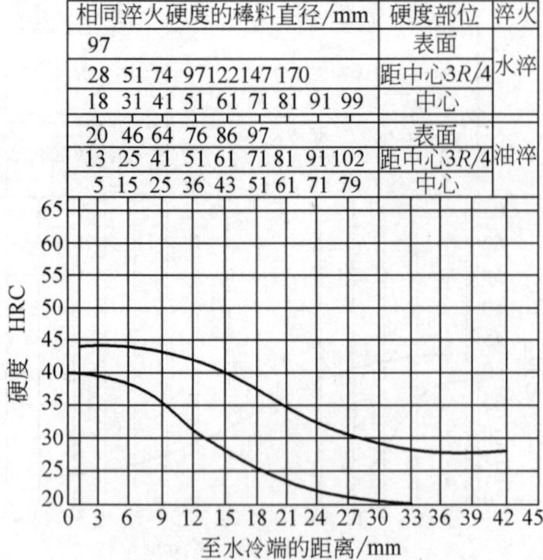

图 13-308 20CrMnMoVB 钢

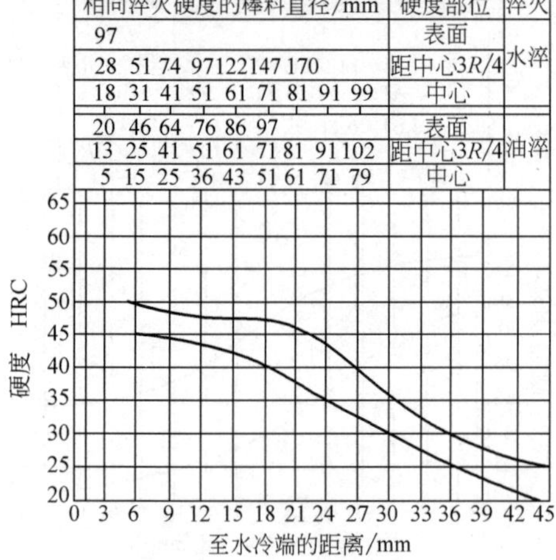

图 13-309 25MnTiBRE 钢

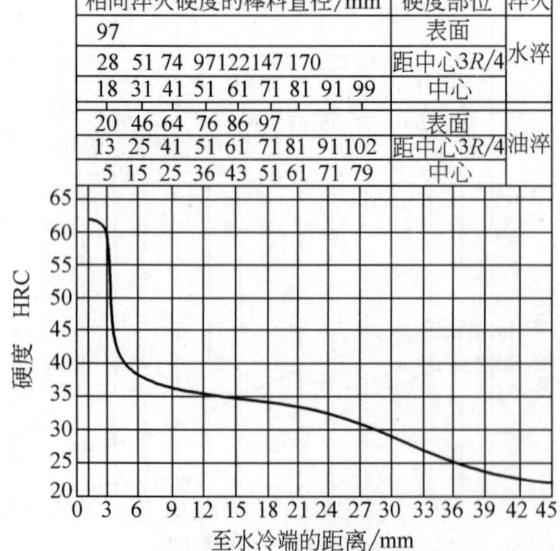

图 13-310 60 钢

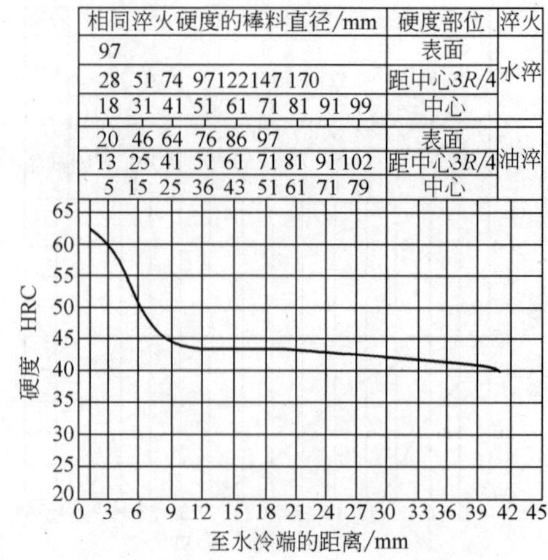

图 13-311 85 钢

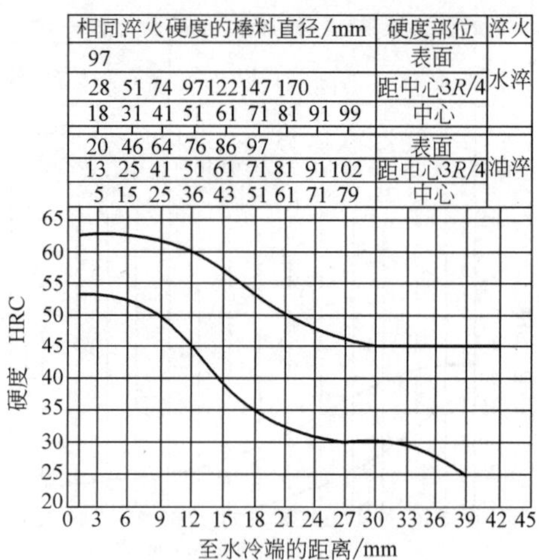

图 13-312 55Si2Mn 钢

相同淬火硬度的棒料直径/mm	硬度部位	淬火
97	表面	水淬
28 51 74 97122147170	距中心3R/4	
18 31 41 51 61 71 81 91 99	中心	
20 46 64 76 86 97	表面	油淬
13 25 41 51 61 71 81 91102	距中心3R/4	
5 15 25 36 43 51 61 71 79	中心	

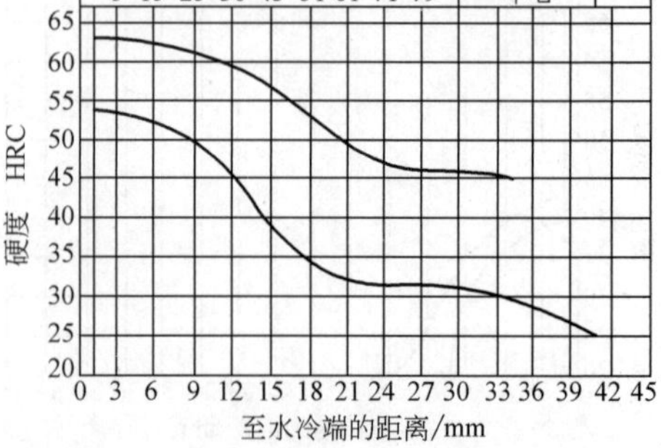

65 60 55 50 45 40 35 30 25 20
硬度 HRC
0 3 6 9 12 15 18 21 24 27 30 33 36 39 42 45
至水冷端的距离/mm

图 13-313 60Si2Mn 钢

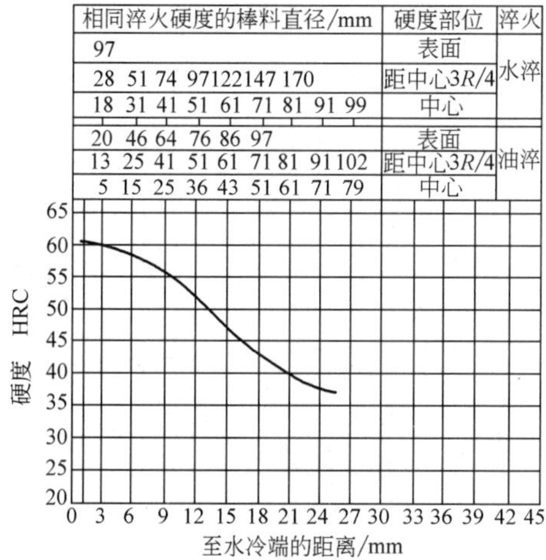

图 13-314　50CrMn 钢

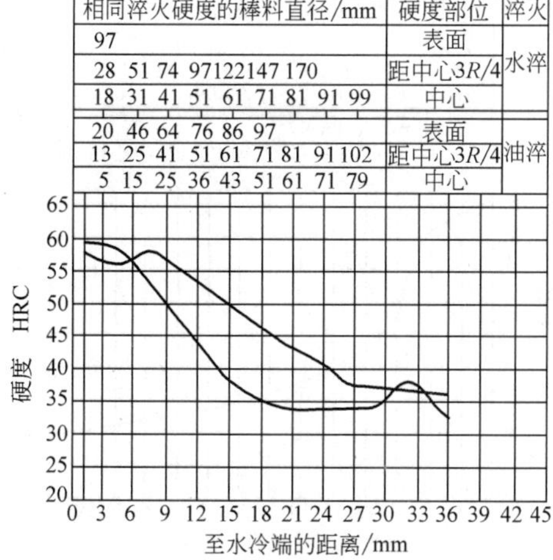

图 13-315　50CrVA 钢

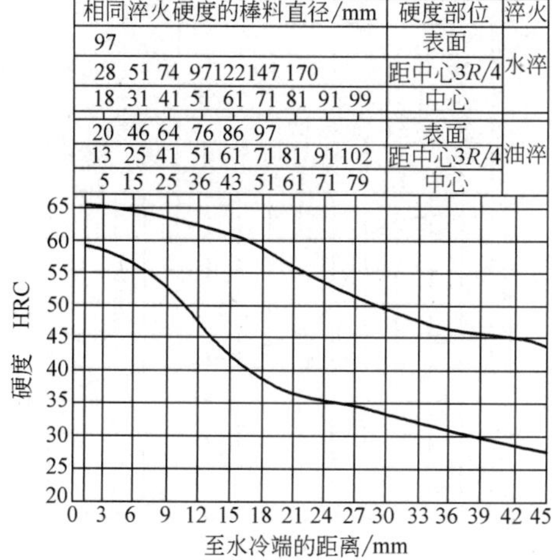

图 13-316　50CrMnVA 钢

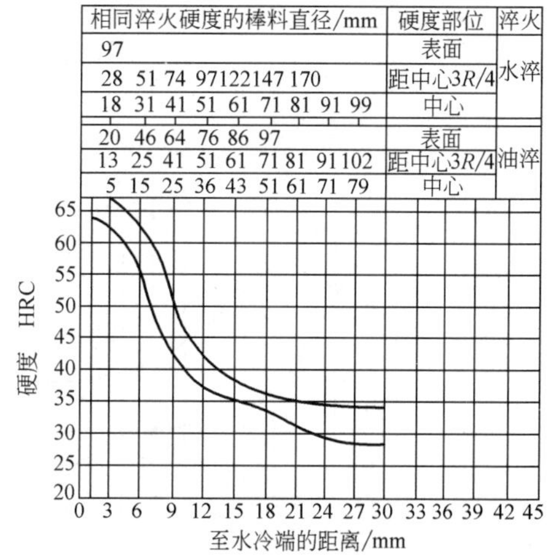

图 13-317　GCr9 钢

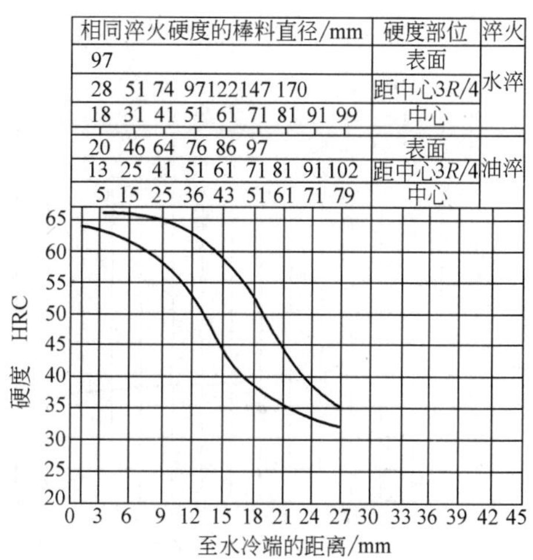

图 13-318　GCr9SiMn 钢

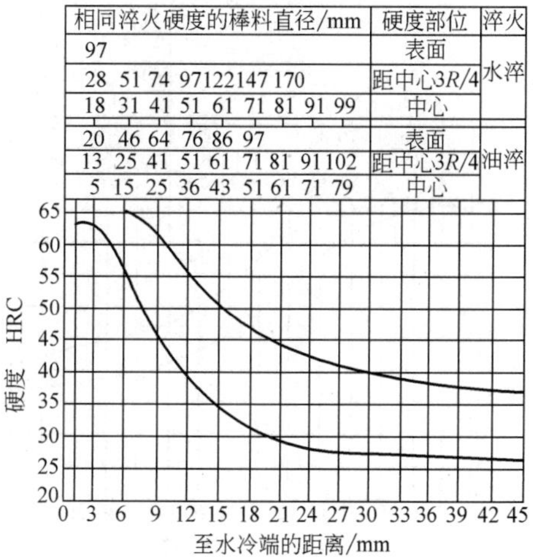

图 13-319　GCr15 钢

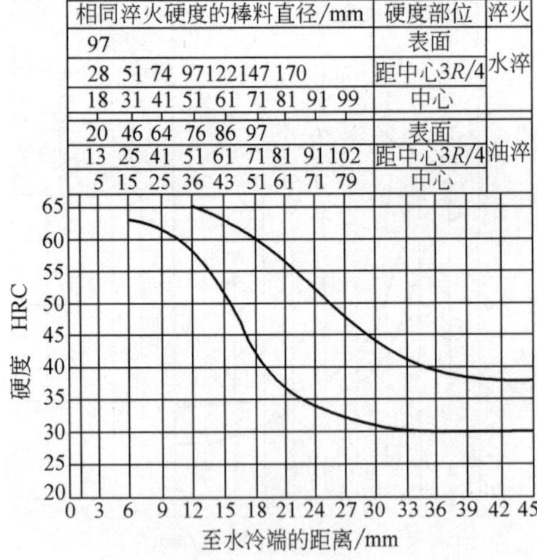

图 13-320 GCr15SiMn 钢

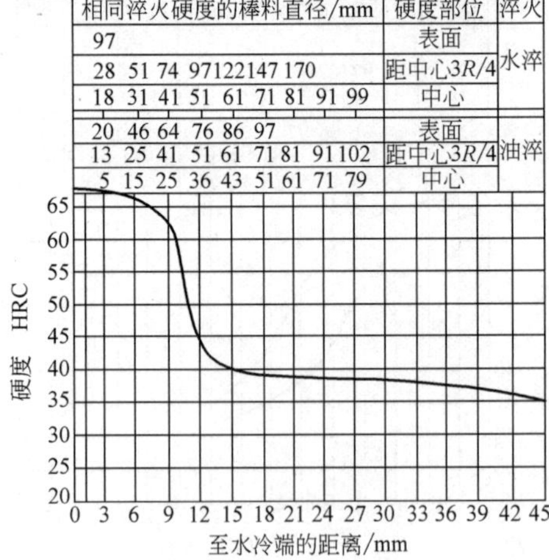

图 13-321 GSiMnMoV 钢

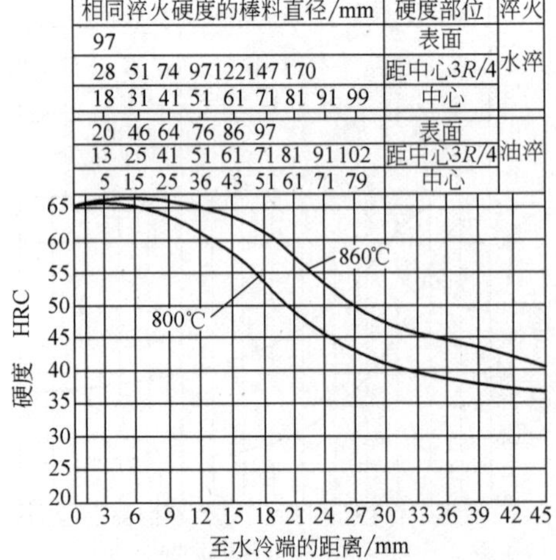

图 13-322 GSiMnMoVRE 钢

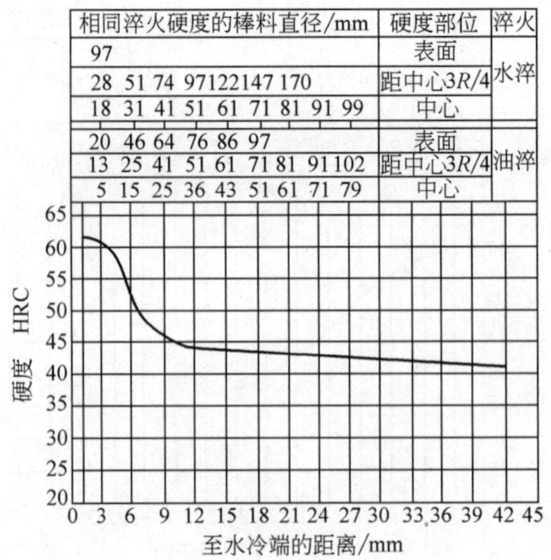

图 13-323 T9 钢

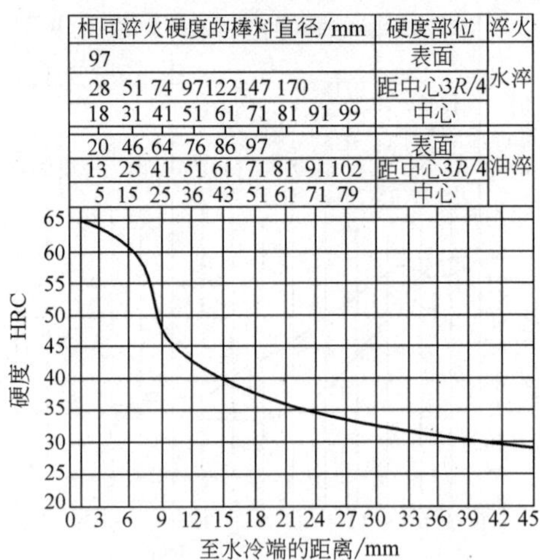

图 13-324 T12A 钢

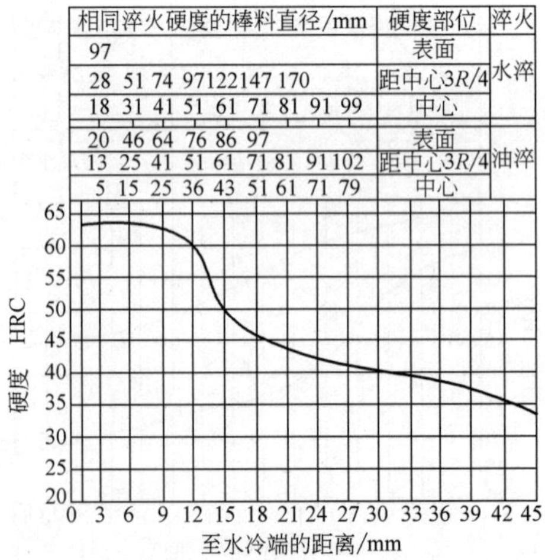

相同淬火硬度的棒料直径/mm	硬度部位	淬火
97	表面	水淬
28 51 74 97122147 170	距中心3R/4	
18 31 41 51 61 71 81 91 99	中心	
20 46 64 76 86 97	表面	油淬
13 25 41 51 61 71 81 91102	距中心3R/4	
5 15 25 36 43 51 61 71 79	中心	

硬度 HRC
65 60 55 50 45 40 35 30 25 20
0 3 6 9 12 15 18 21 24 27 30 33 36 39 42 45
至水冷端的距离/mm

图 13-325 9Mn2V 钢

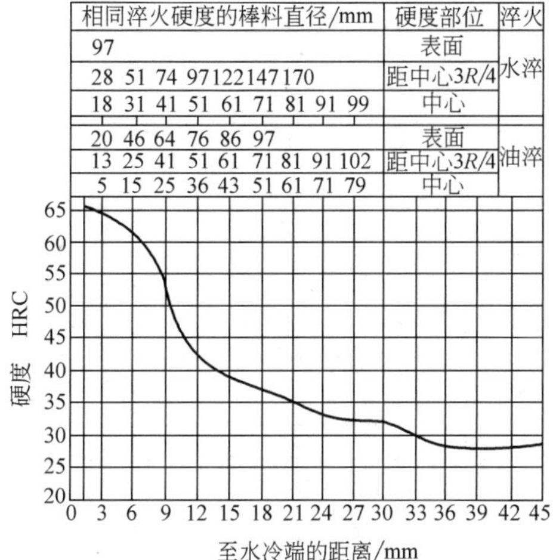

图 13-326　SiMn 钢

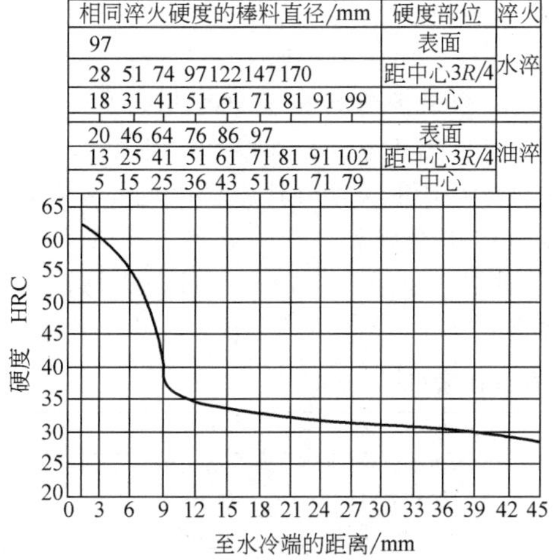

图 13-327　SiMnV 钢

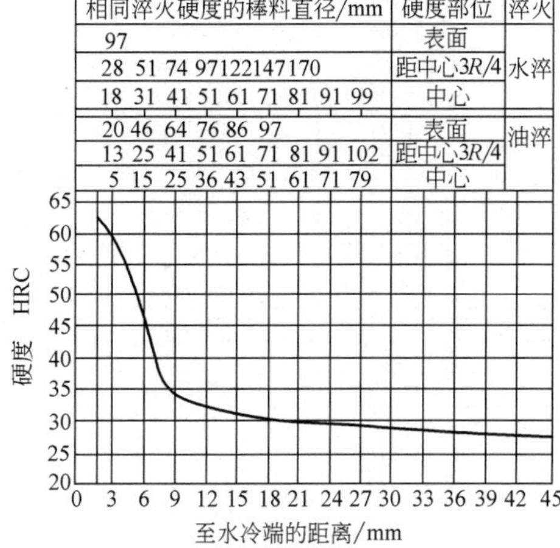

图 13-328　5SiMnMoV 钢

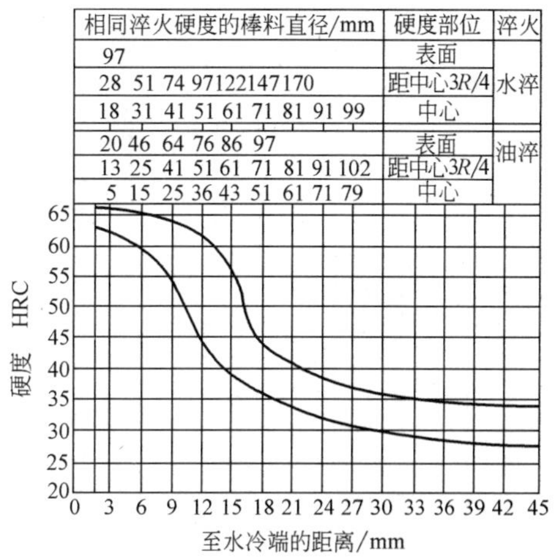

图 13-329　9CrSi 钢

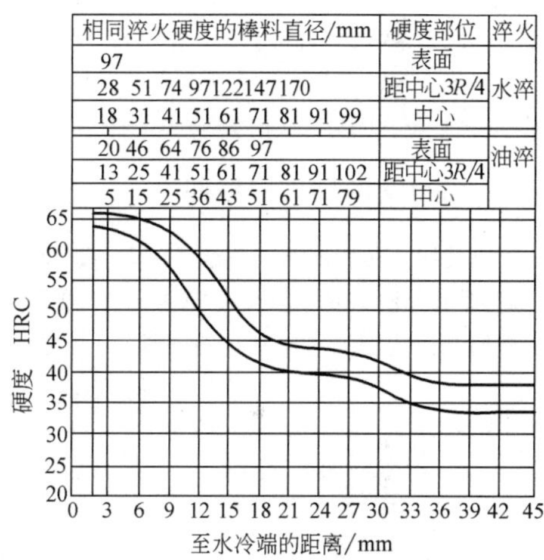

图 13-330　Cr2 钢

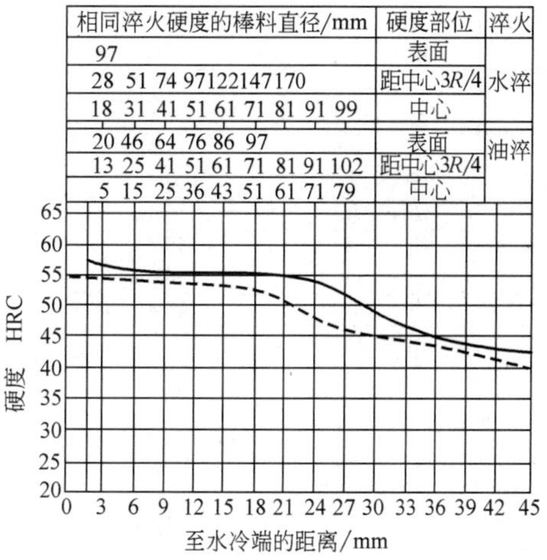

图 13-331　4CrMnMo 钢

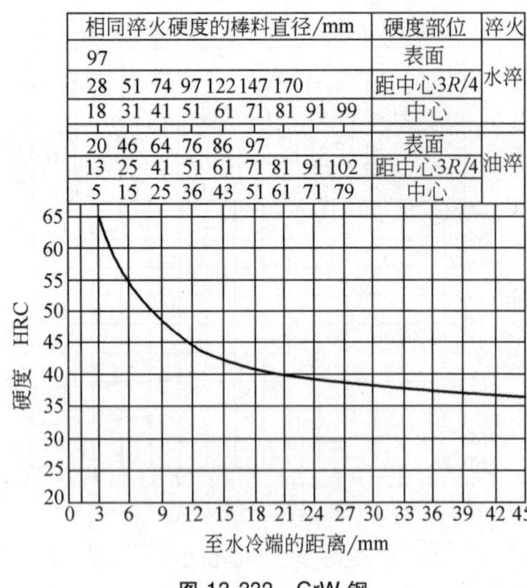

图 13-332 CrW 钢

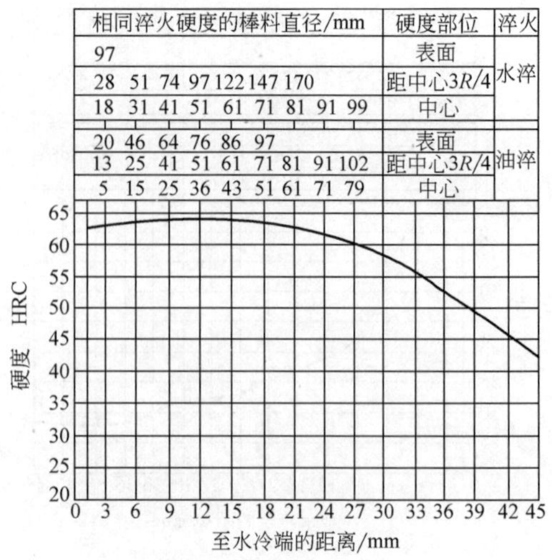

图 13-333 9CrWMn 钢

13.3 常用钢的回火曲线图和回火方程

13.3.1 常用钢的回火曲线图

常用钢的回火曲线图索引见表 13-12。图 13-334~图 13-462 所示的回火曲线图中，包括了少数非标准牌号钢的回火曲线图，考虑到这些图具有一定的参考价值，因此予以保留，以供参考使用。

本节中的回火曲线图来源分散，试验目的各不相同，给出的背景数据和处理结果很不齐全，有关规范也无从考证，难以添平补齐，且不能随意改动。为此建议使用时注意：无化学成分者可视为标称化学成分，性能数据可视为完全淬火（亚共析钢）或不完全淬火（过共析钢）组织为基础的平均值。

表 13-12 常用钢的回火曲线图索引

序号	图 号	牌 号	页码	序号	图 号	牌 号	页码
1	图 13-334	10	687	27	图 13-360	20MnTiB	695
2	图 13-335	15	687	28	图 13-361	20MnMoB	695
3	图 13-336	20	688	29	图 13-362	15Cr	696
4	图 13-337	25	688	30	图 13-363	20Cr	696
5	图 13-338	30	688	31	图 13-364	30Cr	696
6	图 13-339	35	688	32	图 13-365	38CrA	697
7	图 13-340	40	689	33	图 13-366	40CrA	697
8	图 13-341	45	689	34	图 13-367	40Cr	698
9	图 13-342	50	689	35	图 13-368	50Cr	698
10	图 13-343	55	689	36	图 13-369	20CrNi	698
11	图 13-344	60	690	37	图 13-370	40CrNi	699
12	图 13-345	15Mn	690	38	图 13-371	12CrNi3	699
13	图 13-346	20Mn	690	39	图 13-372	20CrNi3A	699
14	图 13-347	30Mn	691	40	图 13-373	37CrNi3A	699
15	图 13-348	40Mn	691	41	图 13-374	12Cr2Ni4A	700
16	图 13-349	50Mn	692	42	图 13-375	40CrNiMoA	700
17	图 13-350	50Mn	692	43	图 13-376	30CrMoA	700
18	图 13-351	35Mn2	693	44	图 13-377	42CrMo	700
19	图 13-352	50Mn2	693	45	图 13-378	35CrMoV	701
20	图 13-353	25Mn2V	693	46	图 13-379	40Cr2MoV	701
21	图 13-354	35SiMn	693	47	图 13-380	38CrMoAl	701
22	图 13-355	42SiMn	694	48	图 13-381	20CrV	701
23	图 13-356	45B	694	49	图 13-382	40CrVA	701
24	图 13-357	40MnB	694	50	图 13-383	45CrV	702
25	图 13-358	20Mn2B	694	51	图 13-384	20CrMn	702
26	图 13-359	40MnVB	695	52	图 13-385	35CrMn2	702

（续）

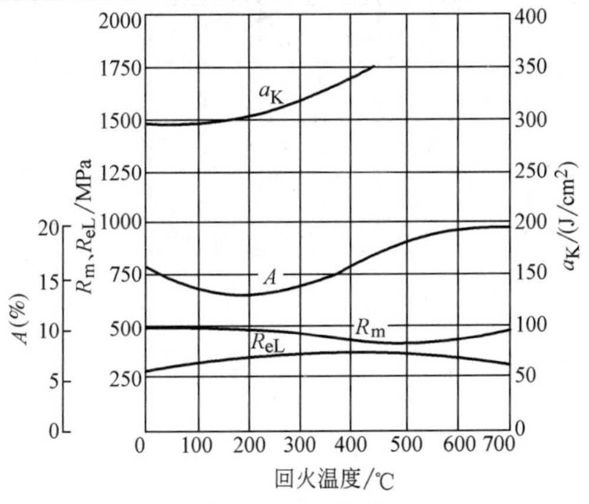

图 13-334　10 钢

化学成分（质量分数,%）

C　0.10　　Mn　0.35~0.60

Si　0.15~0.35　　水淬

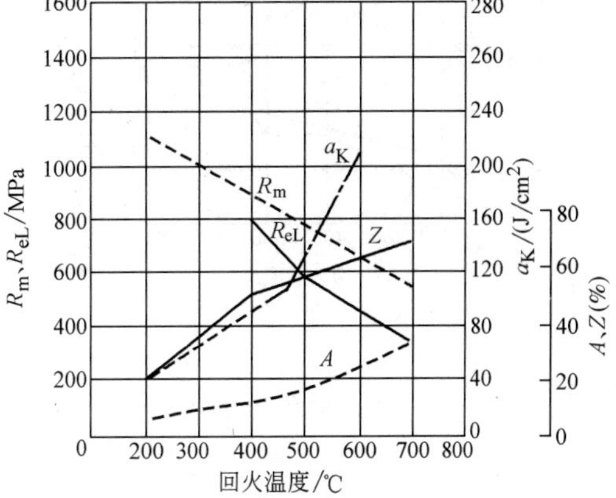

图 13-335　15 钢

化学成分（质量分数,%）

C　0.13　　Mn　0.44

Si　0.34　　水淬

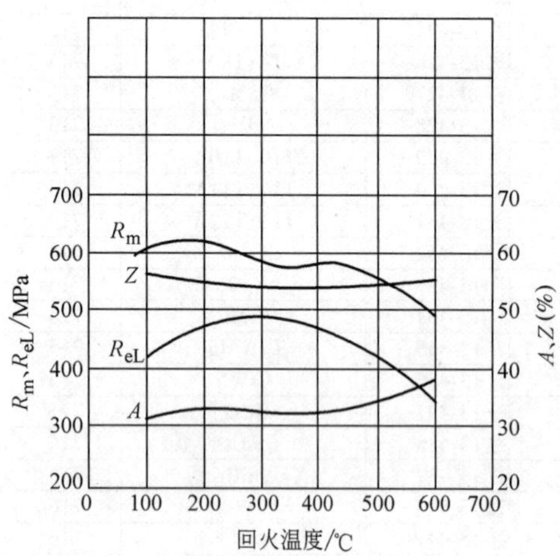

图 13-336　20 钢

化学成分（质量分数,%）

C　　0.21

Si　　0.25

Mn　　0.57

940℃正火，930℃水淬

回火 1h 空冷

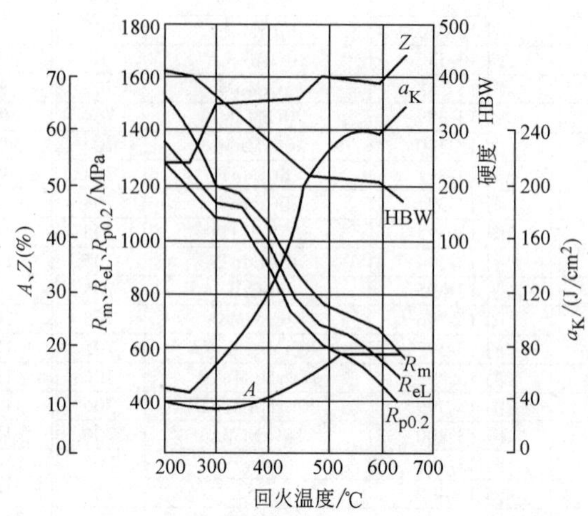

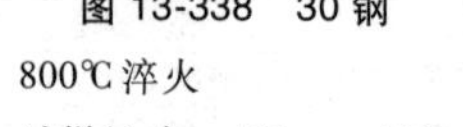

图 13-338　30 钢

800℃淬火

试样尺寸：ϕ10mm×100mm

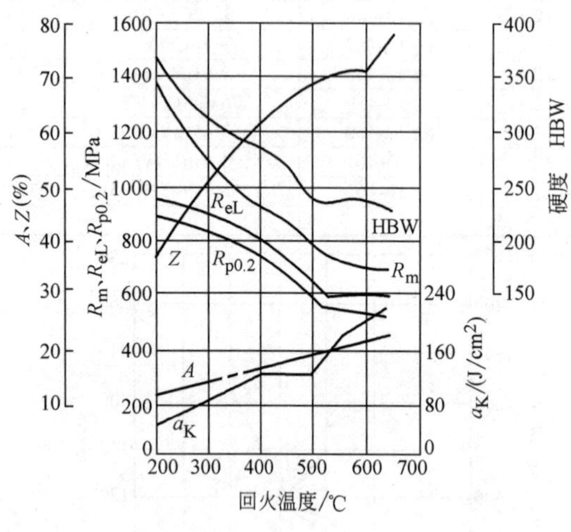

图 13-337　25 钢

800℃水淬

试样尺寸：ϕ10mm×100mm

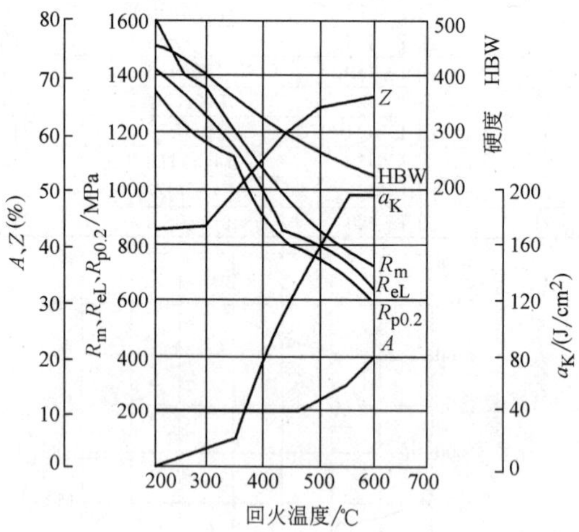

图 13-339　35 钢

860℃水淬

试样尺寸：ϕ10mm×100mm

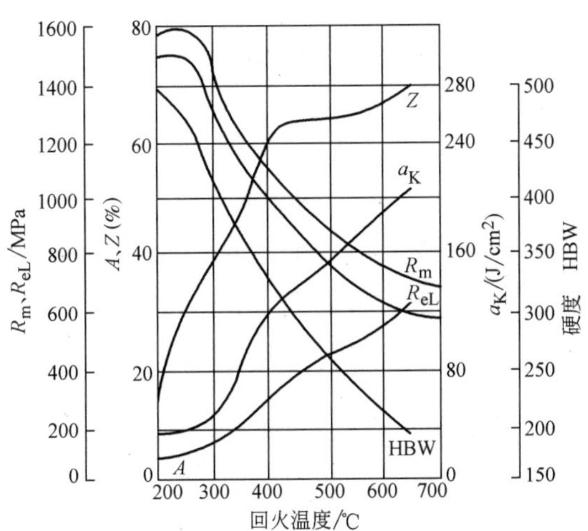

图 13-340　40 钢

化学成分（质量分数,%）

C	0.43
Si	0.27
Mn	0.61
Cr	0.05
Ni	0.10

870℃正火，840℃水淬

试样尺寸：ϕ8mm

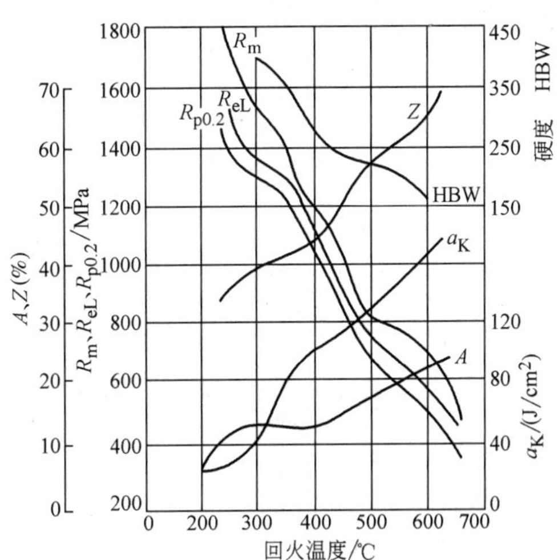

图 13-342　50 钢

840℃水淬

试样尺寸：ϕ10mm

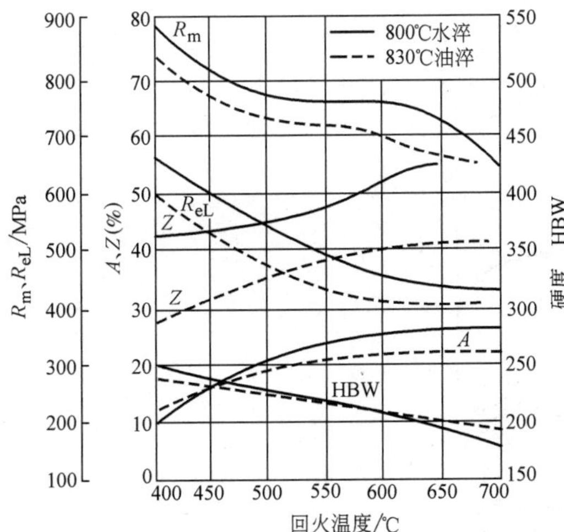

图 13-341　45 钢

化学成分（质量分数,%）

C	0.40～0.50
Mn	0.50～0.80

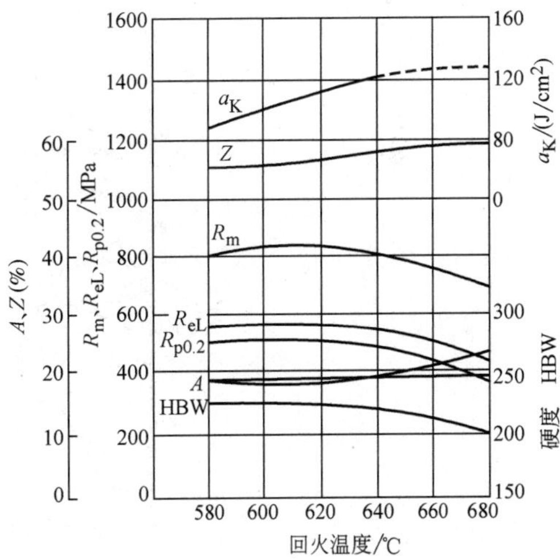

图 13-343　55 钢

820℃水淬

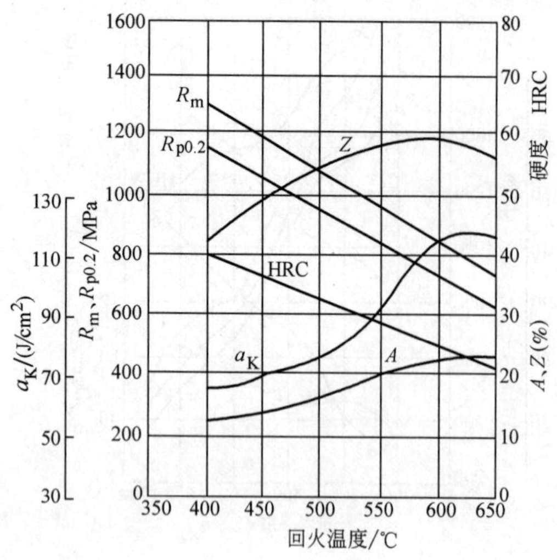

图 13-344　60 钢

化学成分（质量分数,%）

C	0.63
Si	0.30
Mn	0.67

810℃水淬 2s 后油冷

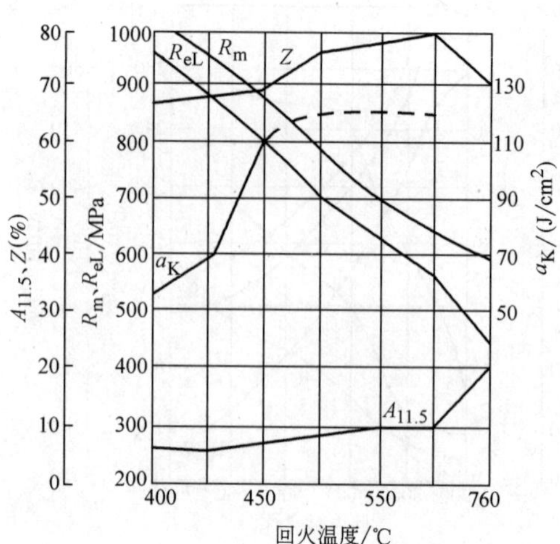

图 13-345　15Mn 钢

化学成分（质量分数,%）

C	0.19
Si	0.26
Mn	0.96

900℃正火，890℃水淬，回火后油冷

试样尺寸：ϕ23mm

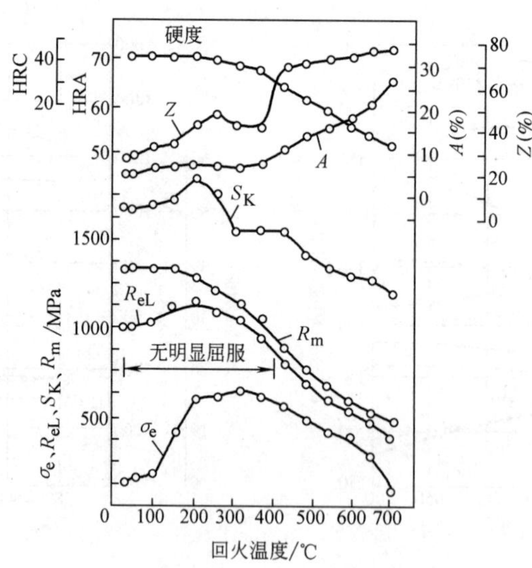

图 13-346　20Mn 钢

化学成分（质量分数,%）

C	0.20
Mn	0.89

910℃淬火

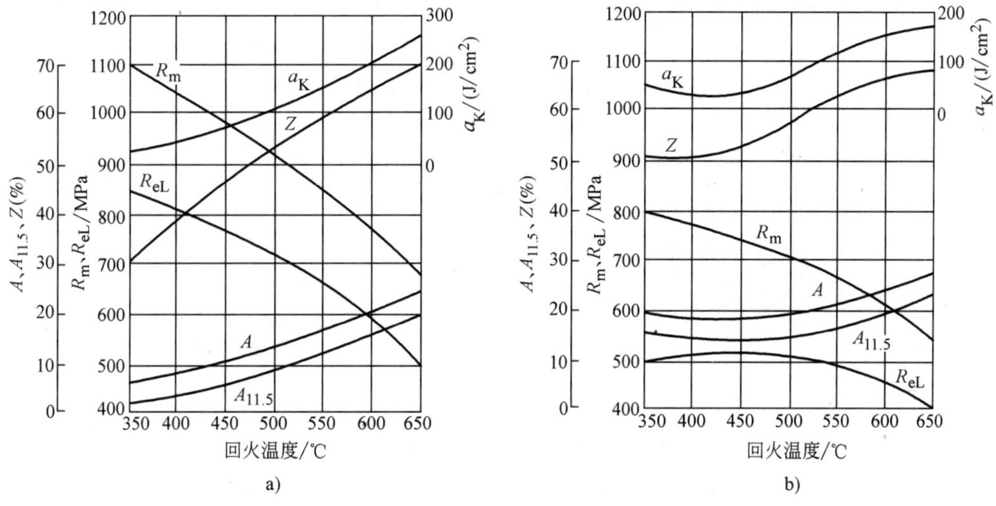

图 13-347　30Mn 钢

a）800℃水淬　b）840℃油淬

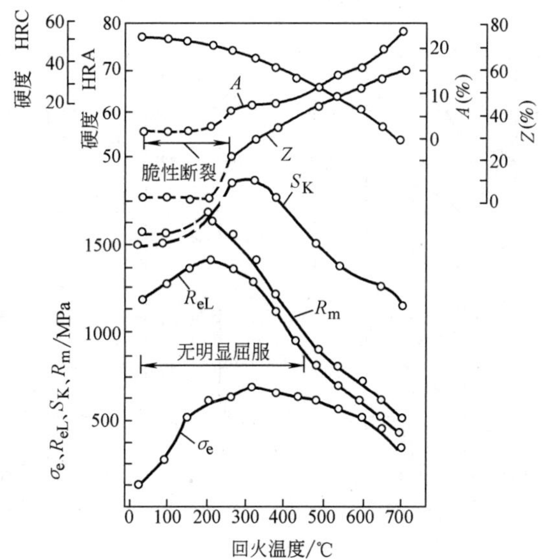

图 13-348　40Mn 钢

化学成分（质量分数,%）

C	0.41
Mn	0.72

840℃淬火

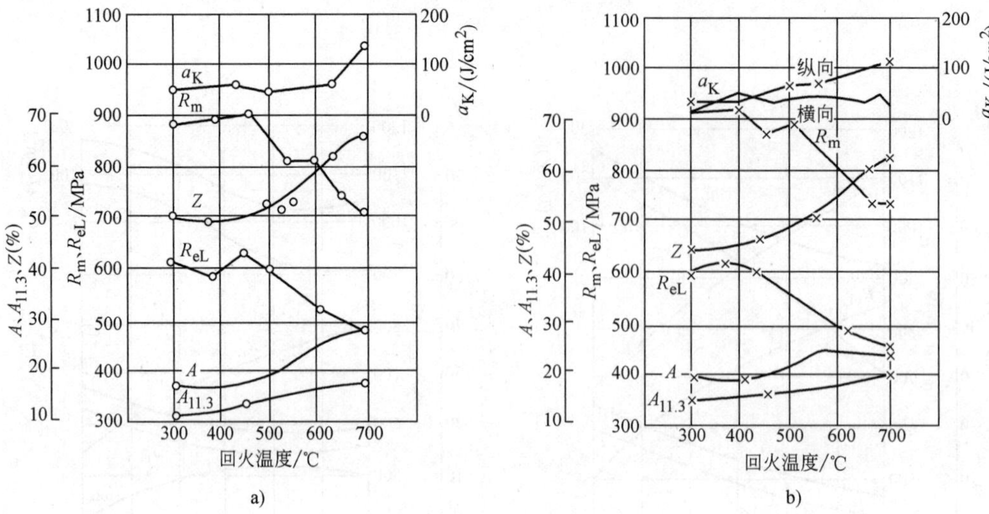

图 13-349　50Mn 钢

化学成分（质量分数,%）

C	0.46
Si	0.21
Mn	0.80

850℃油淬

夏比冲击试样尺寸：a）35mm×35mm　b）70mm×70mm

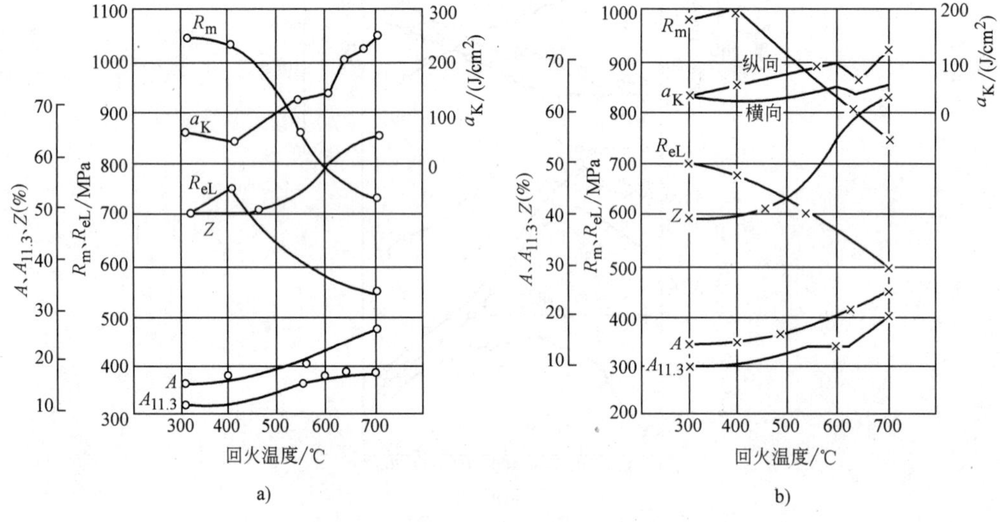

图 13-350　50Mn 钢

化学成分（质量分数,%）

C	0.46
Si	0.21
Mn	0.80

800℃水淬

夏比冲击试样尺寸：a）35mm×35mm　b）70mm×70mm

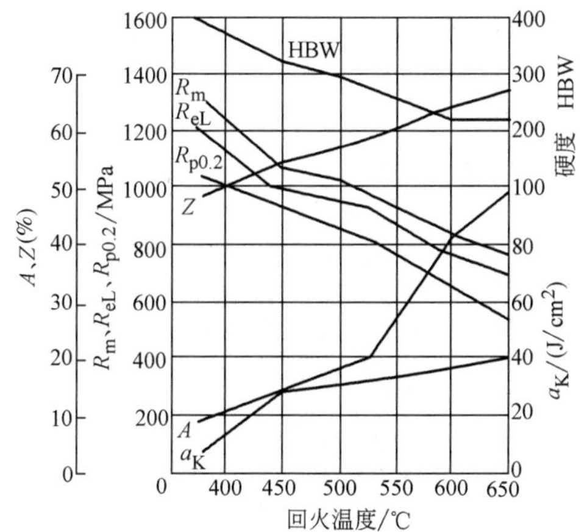

图 13-351　35Mn2 钢

化学成分（质量分数,%）

C	0.38
Si	0.28
Mn	1.80
Cr	0.21
Ni	0.32

820℃水淬，回火后油冷

试样尺寸：ϕ25mm×350mm

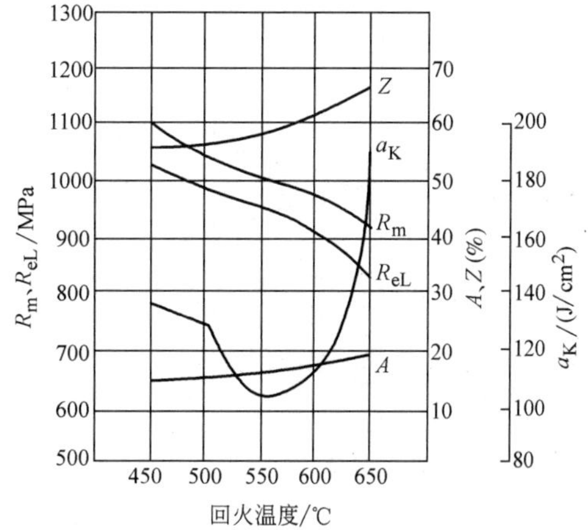

图 13-353　25Mn2V 钢

化学成分（质量分数,%）

C	0.29
Si	0.13
Mn	1.89
V	0.18

880℃油淬，回火后油冷

试样毛坯尺寸：ϕ25mm

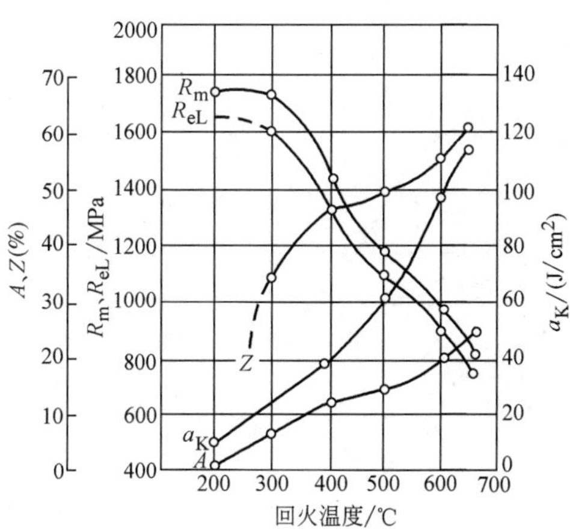

图 13-352　50Mn2 钢

化学成分（质量分数,%）

C	0.50
Si	0.20
Mn	1.46

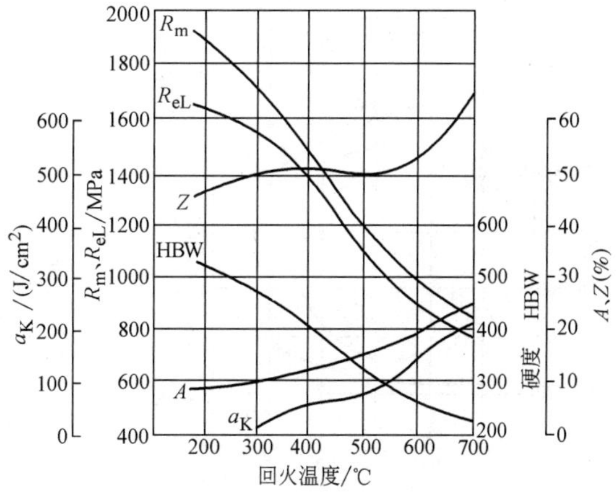

图 13-354　35SiMn 钢

化学成分（质量分数,%）

C	0.38
Si	1.32
Mn	1.30

890℃正火，850℃油淬

试样毛坯尺寸：ϕ12mm

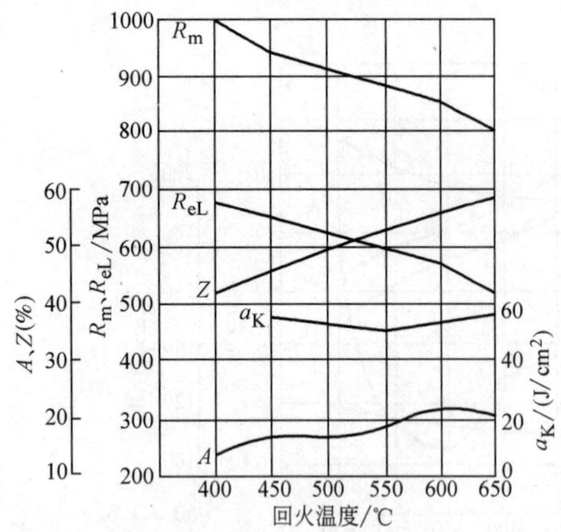

图 13-355　42SiMn 钢

化学成分（质量分数，%）

C	0.40
Si	1.34
Mn	1.21

800～900℃油淬

试样毛坯尺寸：ϕ60mm

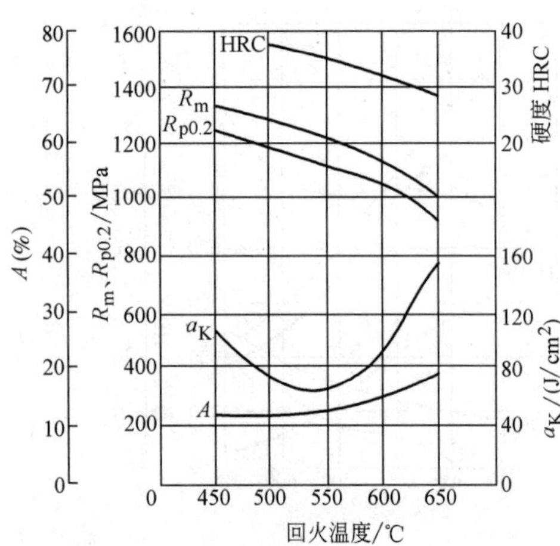

图 13-356　45B 钢

化学成分（质量分数，%）

C	0.48
Si	0.26
Mn	0.61
B	0.003

840℃水淬

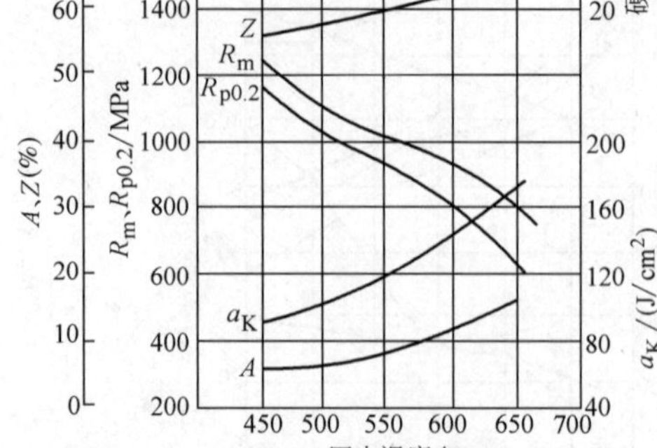

图 13-357　40MnB 钢

化学成分（质量分数，%）

C	0.43
Si	0.35
Mn	1.36
B	0.0023
Cr	0.08

850℃油淬

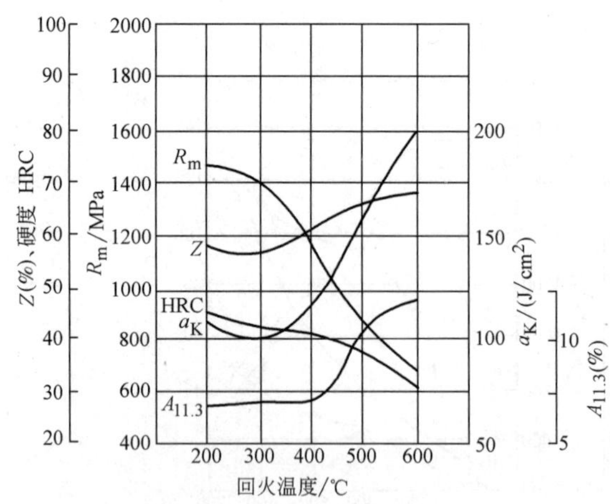

图 13-358　20Mn2B 钢

化学成分（质量分数，%）

C	0.24
Si	0.29
Mn	1.66

840℃油淬

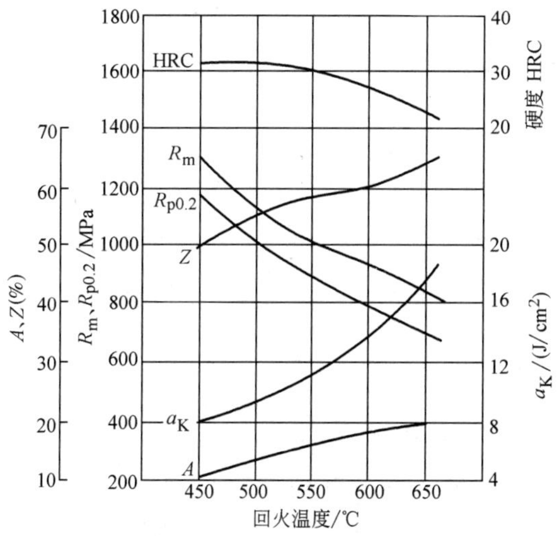

图 13-359　40MnVB 钢

化学成分（质量分数,%）

C	0.44
Si	0.28
Mn	1.24
V	0.06
B	0.0027

860℃油淬

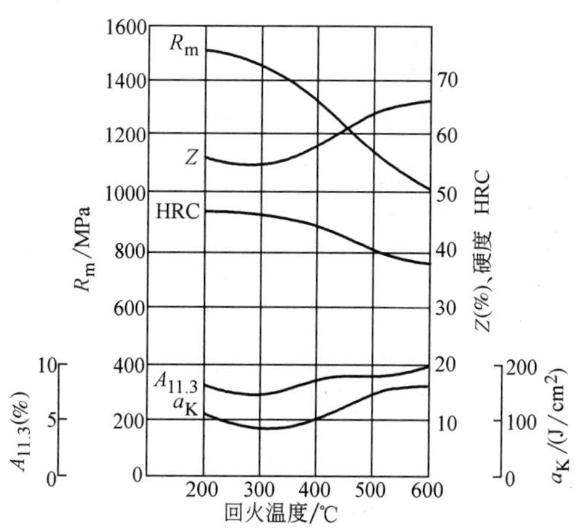

图 13-360　20MnTiB 钢

化学成分（质量分数,%）

C	0.24
Si	0.28
Mn	1.03
Cr	0.35
Mo	0.26
V	0.008
B	（未分析）

试样尺寸：ϕ10mm

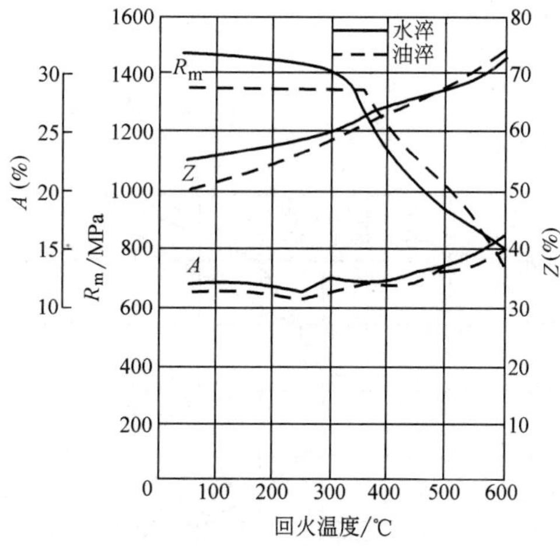

图 13-361　20MnMoB 钢

化学成分（质量分数,%）

C	0.18
Mn	1.07
Mo	0.19
B	0.001

930℃正火，890℃淬火

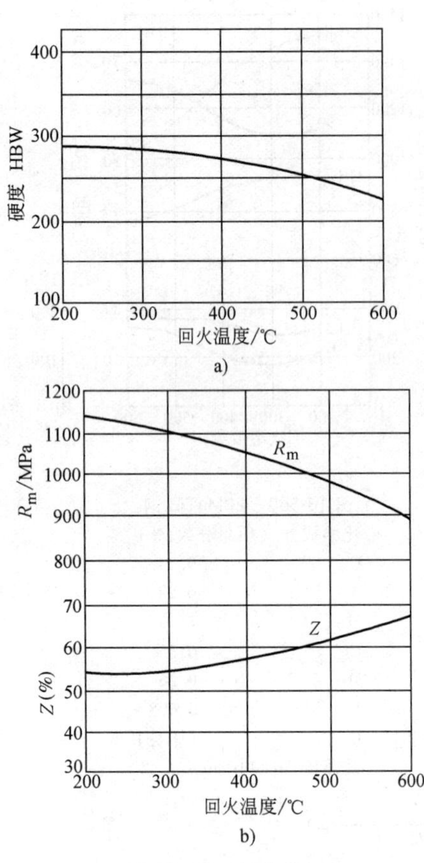

图 13-362　15Cr 钢

900℃油淬后回火

a) 硬度　b) 常规力学性能

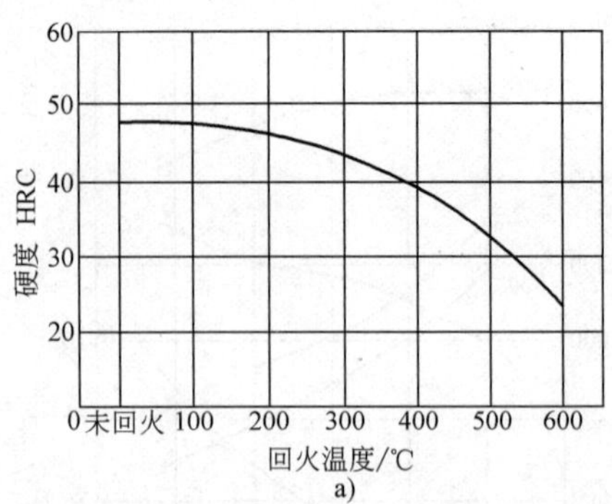

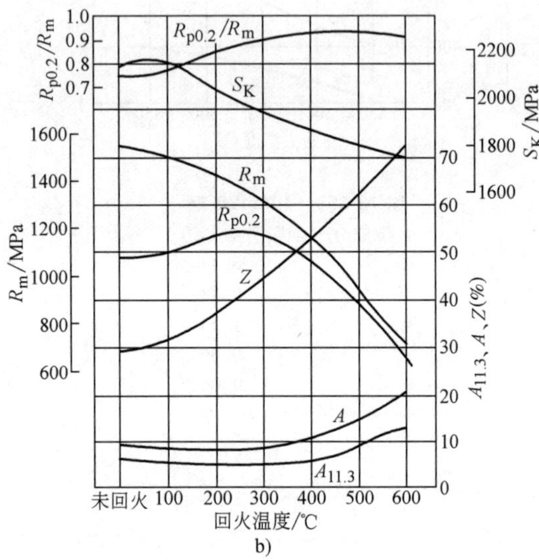

图 13-363　20Cr 钢

880℃淬 w（NaOH）8%～10%水溶液后回火

a) 硬度　b) 常规力学性能

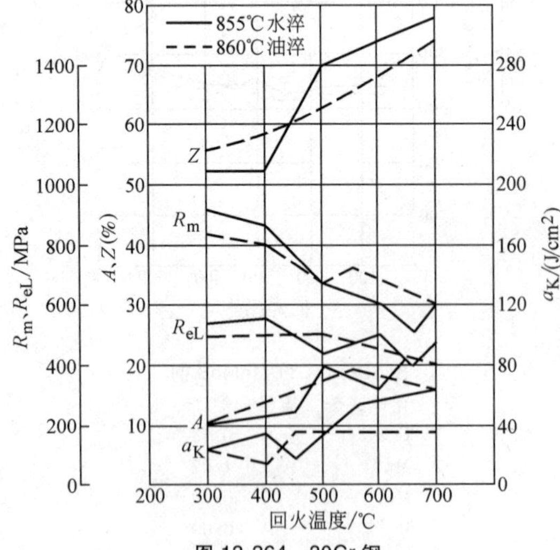

图 13-364　30Cr 钢

化学成分（质量分数,%）

C　0.31　　Cr　0.86

855～860℃淬火（水、油）

冲击试样：横向

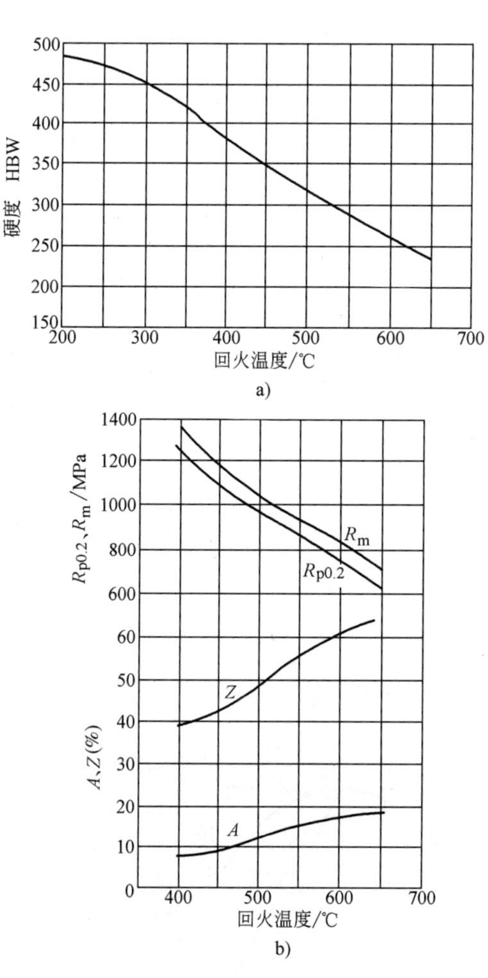

图 13-365　38CrA 钢

850℃水淬

a）硬度　b）常规力学性能

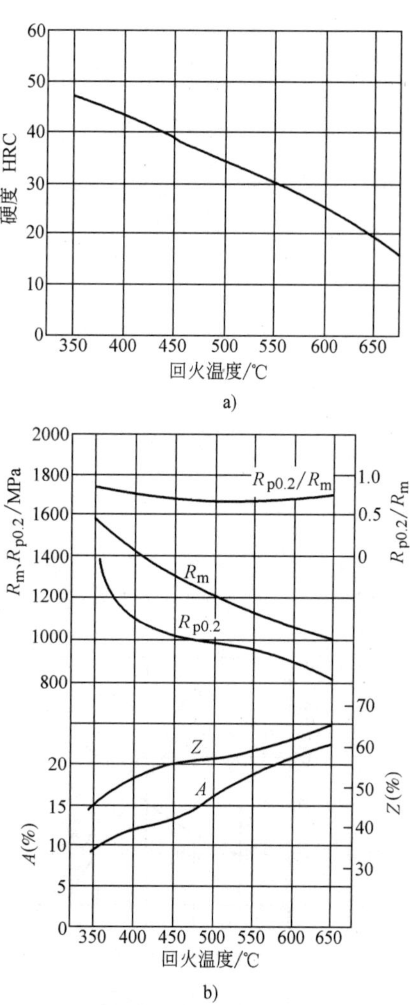

图 13-366　40CrA 钢

840℃油淬

a）硬度　b）常规力学性能

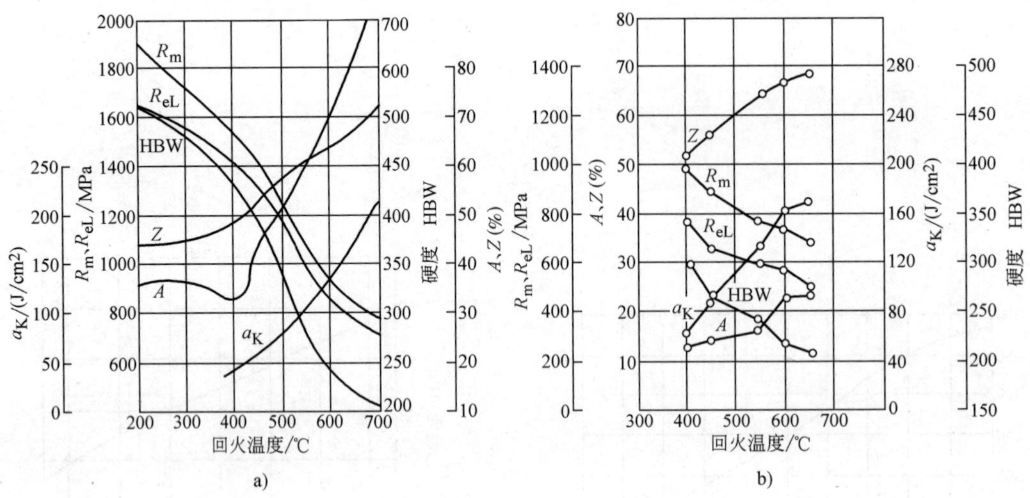

图 13-367　40Cr 钢

化学成分（质量分数，%）

	图 a	图 b
C	0.40	0.39
Mn	0.66	—
Cr	0.97	1.01
热处理：	850℃油淬	840℃油淬
试样毛坯尺寸：	ϕ12mm	ϕ25mm

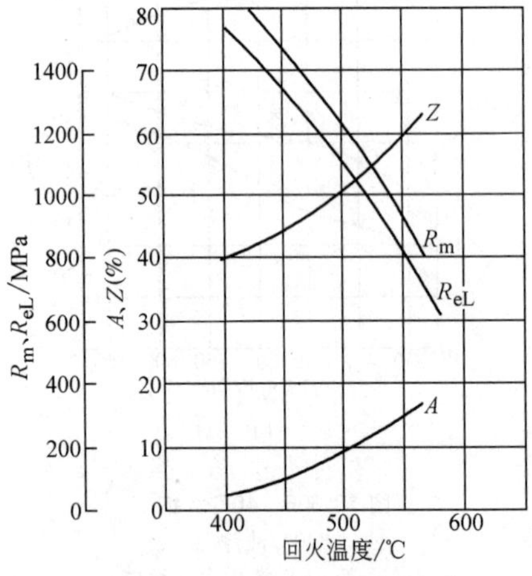

图 13-368　50Cr 钢

化学成分（质量分数，%）

C	0.47
Mn	0.27
Cr	1.25

820℃油淬

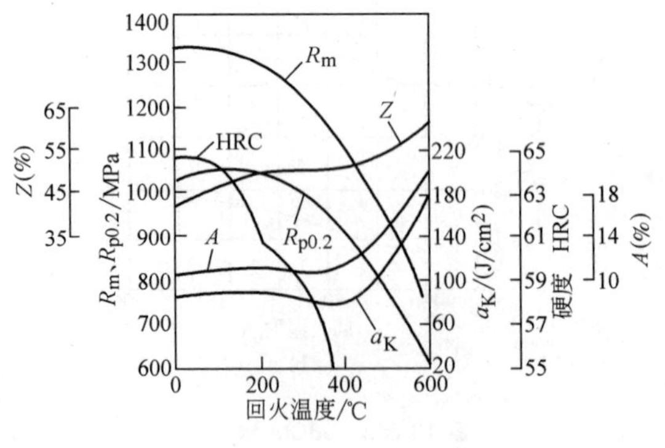

图 13-369　20CrNi 钢

化学成分（质量分数，%）

C	0.16
Mn	0.90
Si	≤0.35
Cr	0.90
Ni	1.00

850℃油淬

试样尺寸：ϕ10mm

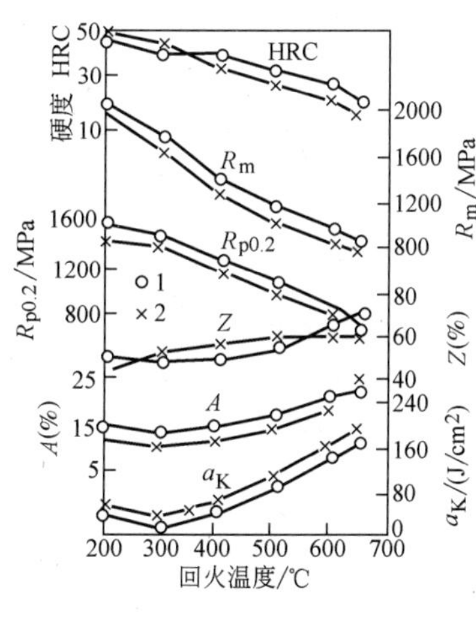

图 13-370　40CrNi 钢

化学成分（质量分数,%）

	1	2
C	0.37	0.41
Mn	0.66	0.60
Si	0.30	0.25
Cr	0.97	0.85
Ni	1.08	1.16

820℃油淬

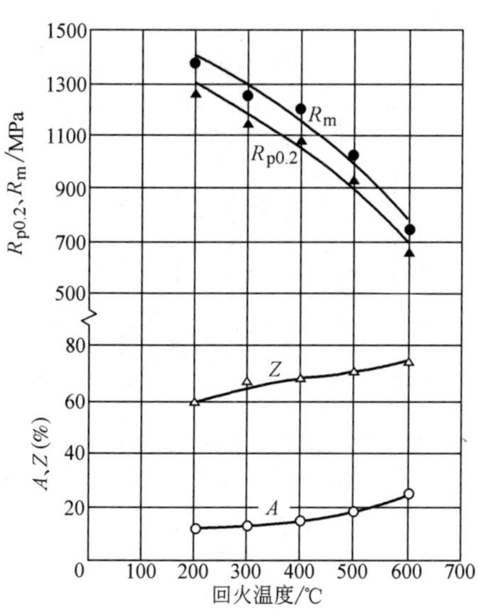

图 13-371　12CrNi3 钢

800℃油淬

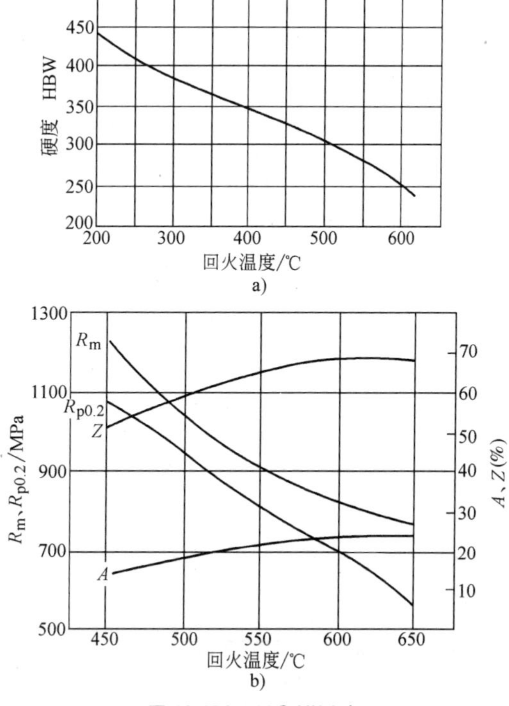

图 13-372　20CrNi3A 钢

830℃油淬

a）硬度　b）常规力学性能

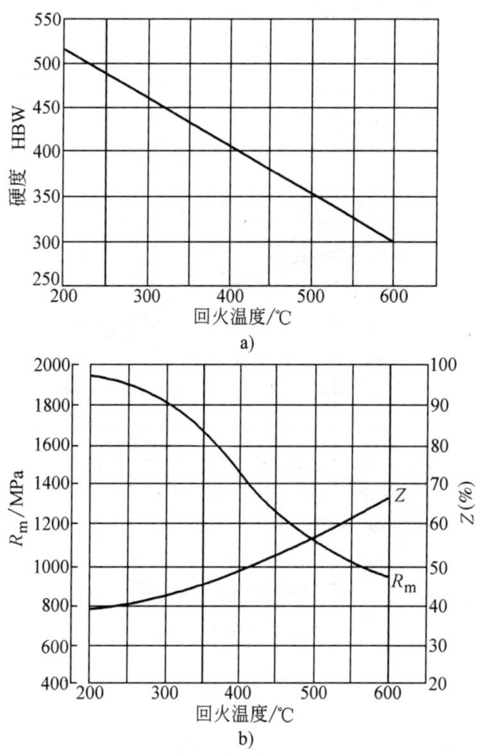

图 13-373　37CrNi3A 钢

840℃油淬

a）硬度　b）常规力学性能

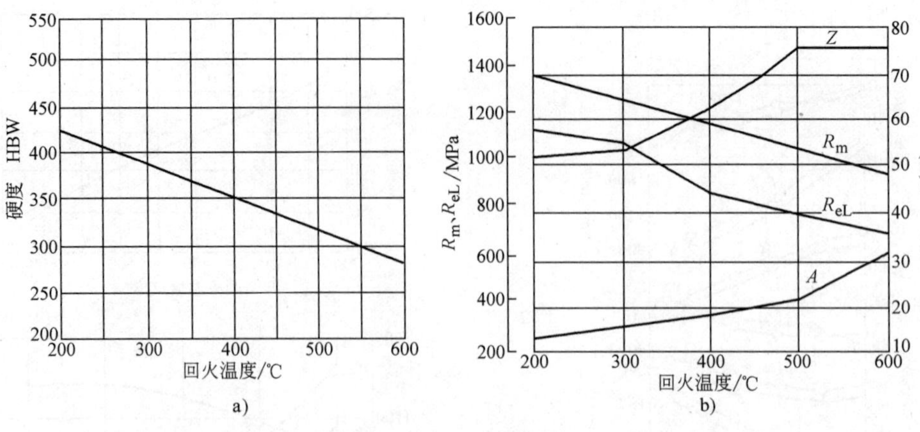

图 13-374　12Cr2Ni4A 钢

770℃油淬

a）硬度　b）常规力学性能

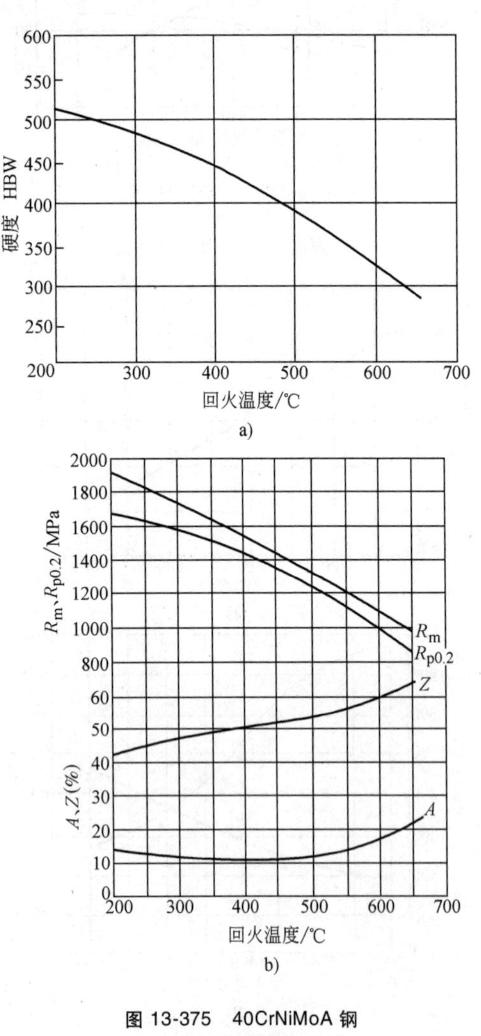

图 13-375　40CrNiMoA 钢

850℃油淬

a）硬度　b）常规力学性能

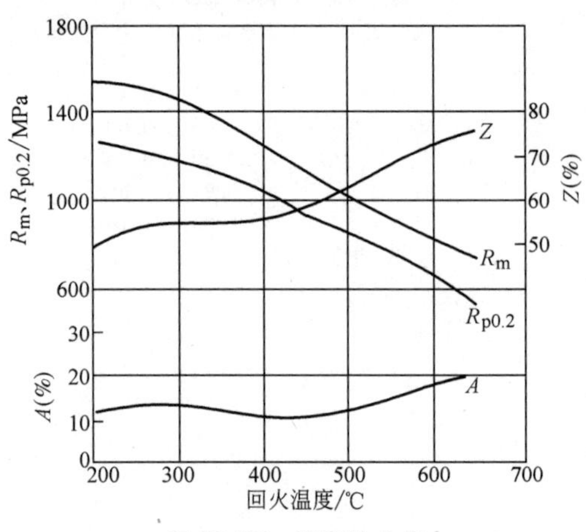

图 13-376　30CrMoA 钢

880℃油淬

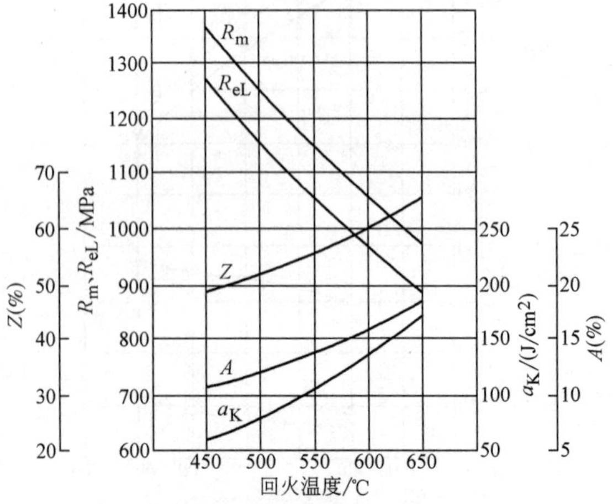

图 13-377　42CrMo 钢

化学成分（质量分数,%）

C	0.39	Cr	1.00
Si	0.21	Mo	0.20
Mn	0.59	840℃油淬	

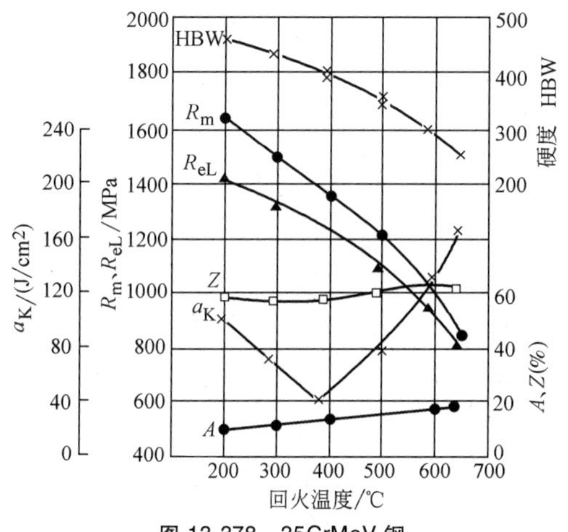

图 13-378　35CrMoV 钢

850℃水淬

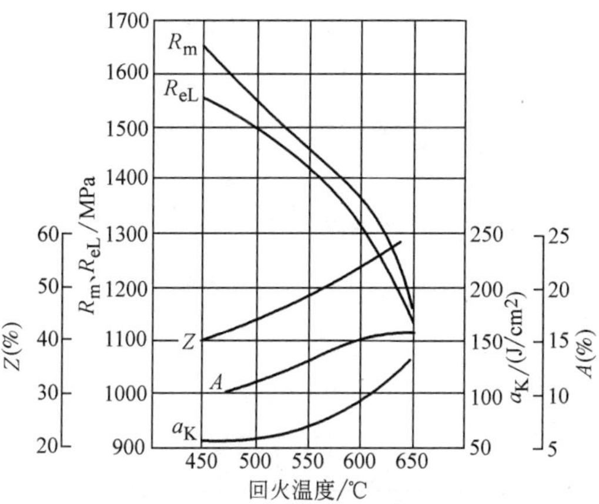

图 13-379　40Cr2MoV 钢

化学成分（质量分数,%）

C	0.43	Cr	1.78
Si	0.21	Mo	0.35
Mn	0.62	V	0.22

850℃油淬

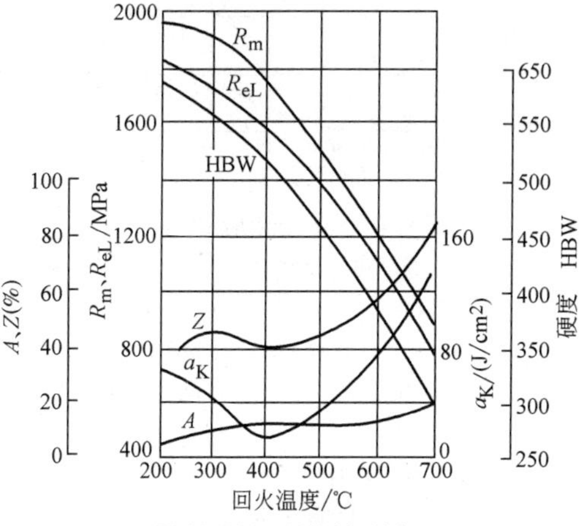

图 13-380　38CrMoAl 钢

950℃油淬

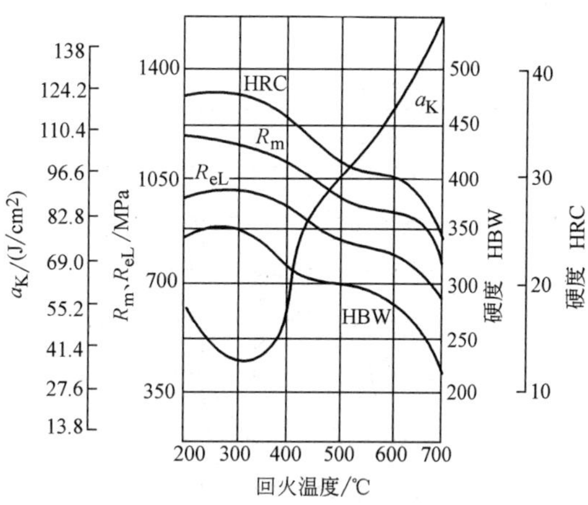

图 13-381　20CrV 钢

化学成分（质量分数,%）

C	0.23
Mn	0.75
Cr	0.96
V	0.17

850℃水淬

试样毛坯尺寸：ϕ25mm

艾氏冲击试样

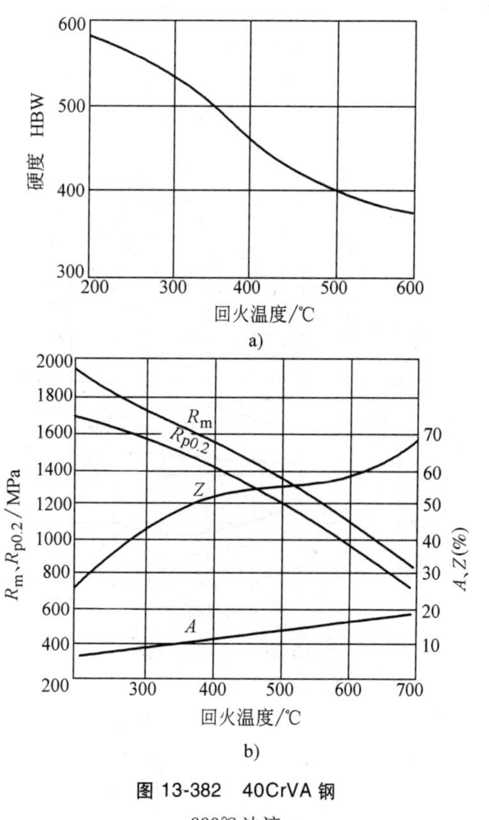

图 13-382　40CrVA 钢

880℃油淬

a）硬度　b）常规力学性能

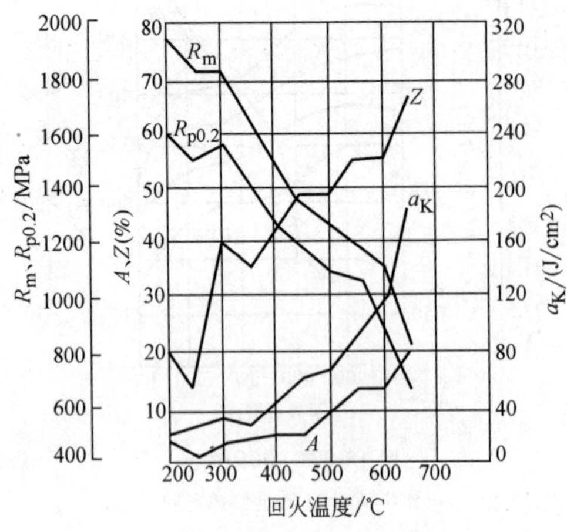

图 13-383　45CrV 钢

化学成分（质量分数,%）

C　0.45

Si　0.37

Mn　0.66

Cr　1.02

Ni　0.14

V　0.24

860℃油淬

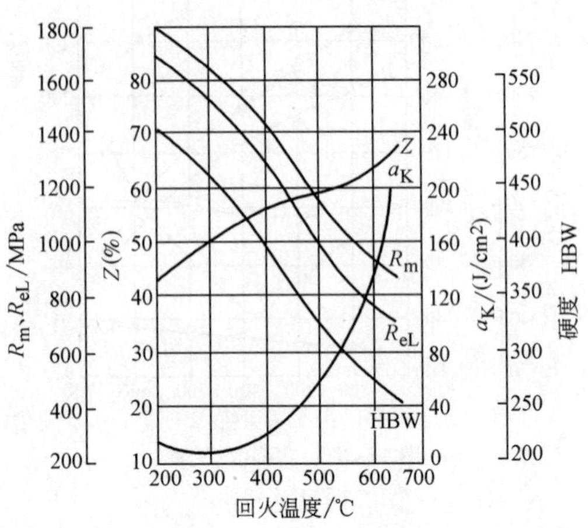

图 13-385　35CrMn2 钢

化学成分（质量分数,%）

C　0.38

Mn　1.76

Cr　0.62

880℃油淬

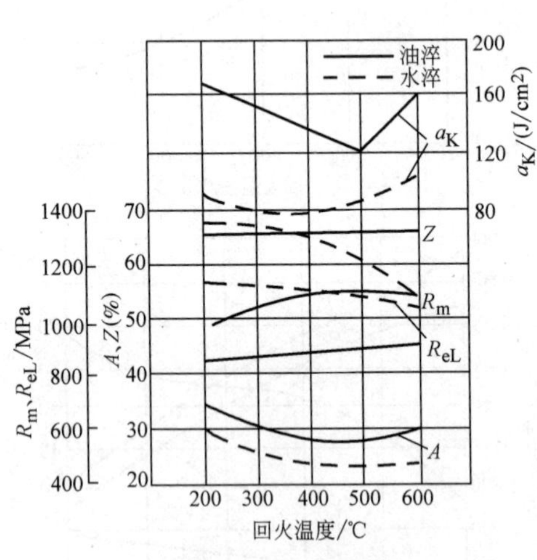

图 13-384　20CrMn 钢

化学成分（质量分数,%）

C　0.12

Mn　0.98

Cr　1.29

920℃水淬油冷

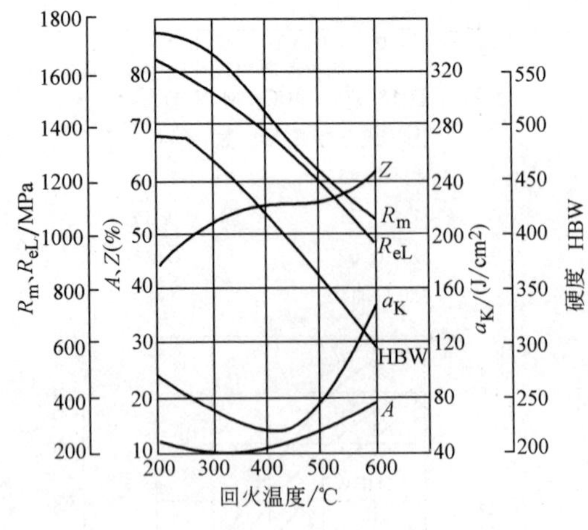

图 13-386　30CrMnSi 钢

化学成分（质量分数,%）

C　0.25~0.35

Si　0.90~1.20

Mn　0.80~1.10

Cr　0.80~1.10

880℃油淬

回火 50min 后水冷

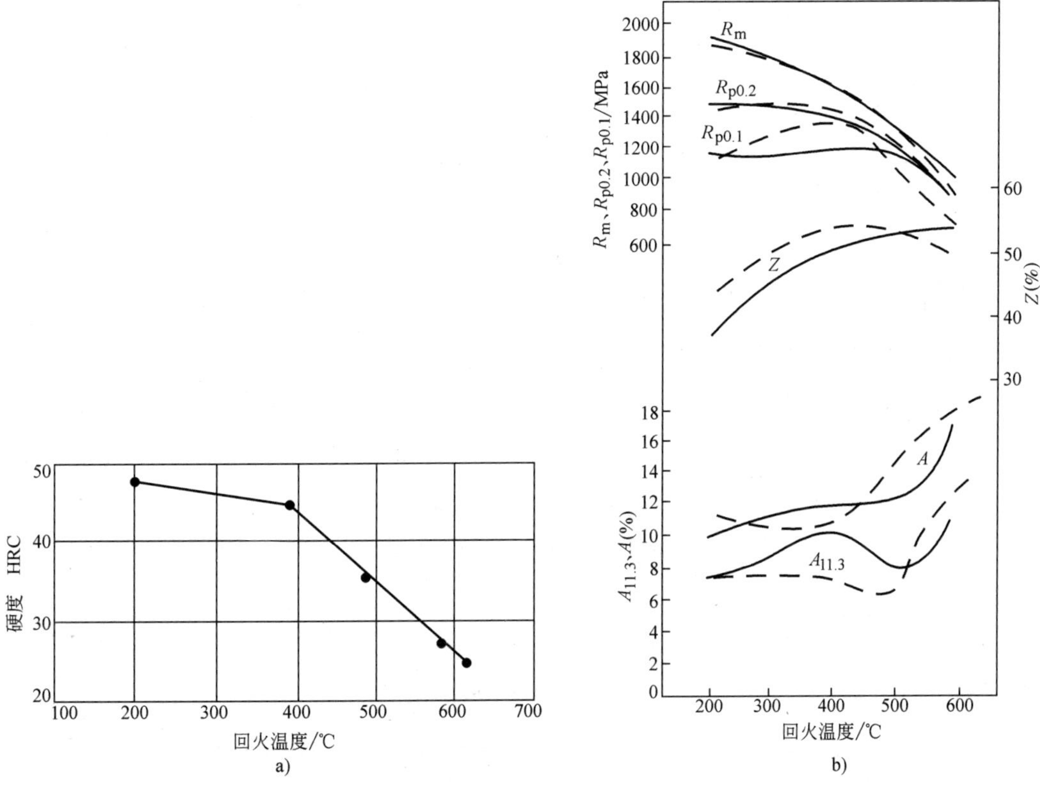

图 13-387　30CrMnSiA 钢

880℃油淬

a）硬度　b）常规力学性能

- - -　去应力回火

——　未去应力回火

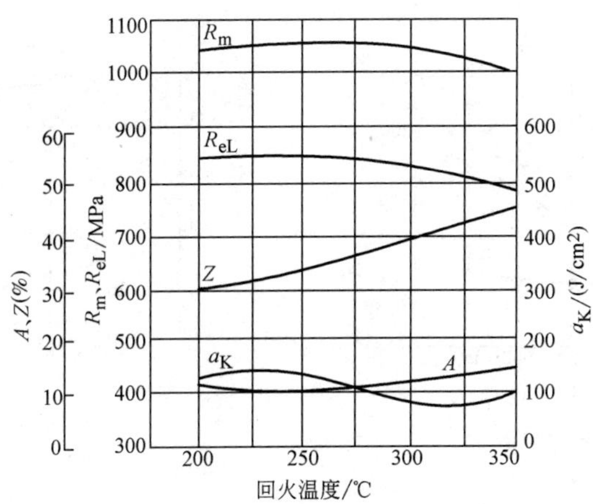

图 13-388　15CrMnMo 钢

化学成分（质量分数，%）

C	0.15	Cr	1.09
Si	0.19	Mo	0.25
Mn	0.96		

第一次 850℃油淬，第二次 800℃油淬

试样尺寸：ϕ18mm

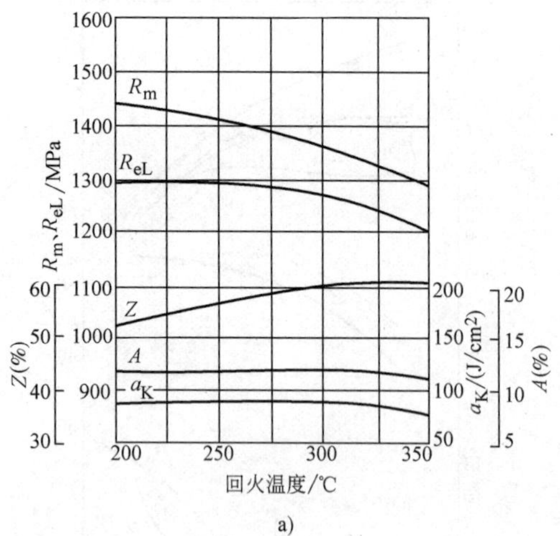

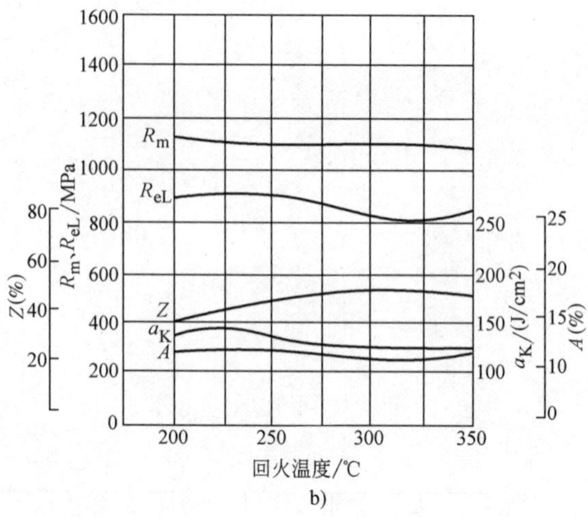

图 13-389　20CrMnMo 钢

化学成分（质量分数,%）

C	0.21	0.17
Si	0.27	0.30
Mn	0.96	1.05
Cr	1.24	1.22
Mo	0.22	0.17

a）850℃油淬　　　　　　b）第一次 850℃油淬，第二次 800℃油淬，

试样尺寸：ϕ15mm　　　　回火后空冷；试样尺寸：ϕ18mm

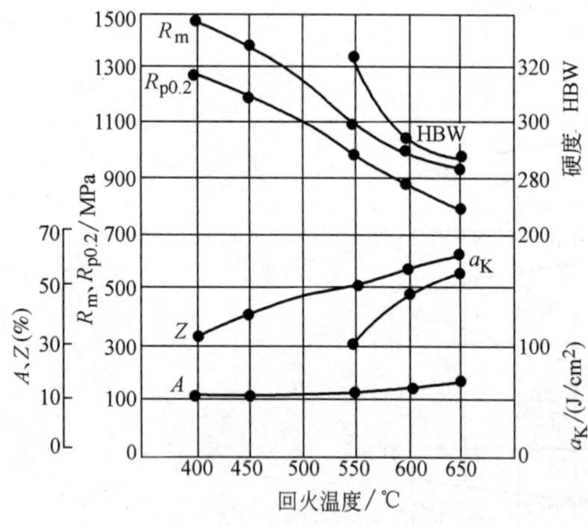

图 13-390　40CrMnMo 钢

化学成分（质量分数,%）

C	0.40
Si	0.33
Mn	0.93
Cr	1.00
Mo	0.20

860～880℃油淬，回火后空冷

热处理毛坯尺寸：ϕ16mm

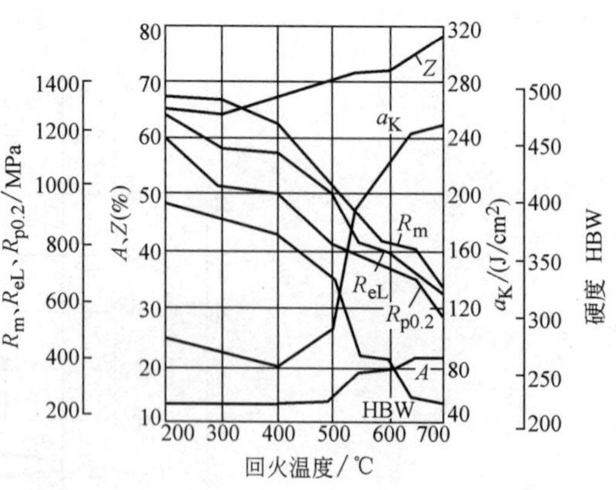

图 13-391　18CrMnTi 钢

化学成分（质量分数,%）

C	0.17～0.24
Mn	0.90～1.20
Cr	1.00～1.40
Ti	0.05～0.15

880℃油淬

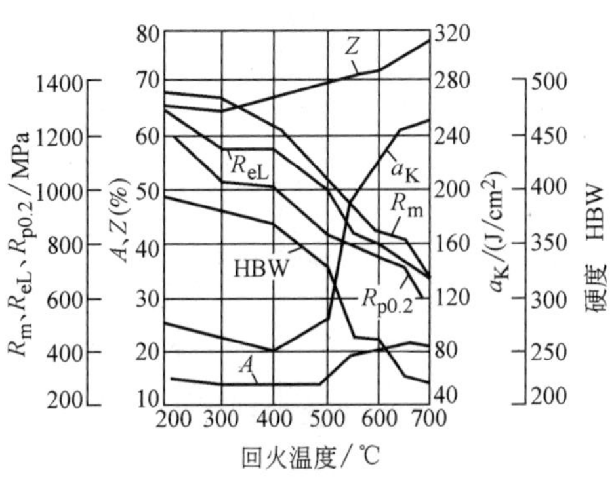

图 13-392　20CrMnTi 钢

880℃油淬

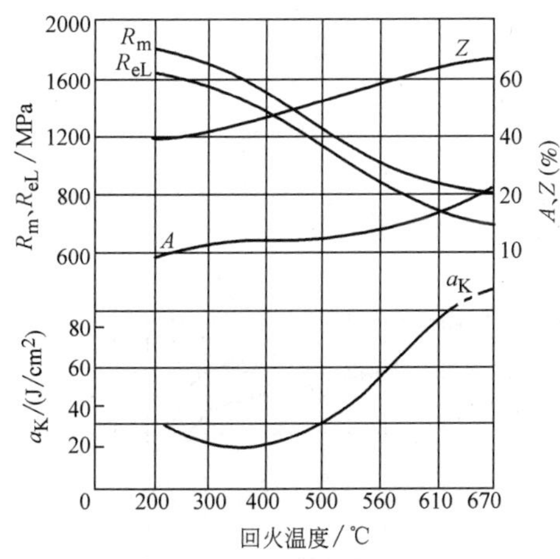

图 13-393　35CrMnTi 钢

化学成分（质量分数,%）

C	0.36
Si	0.28
Mn	1.15
Cr	1.64
Ti	0.08

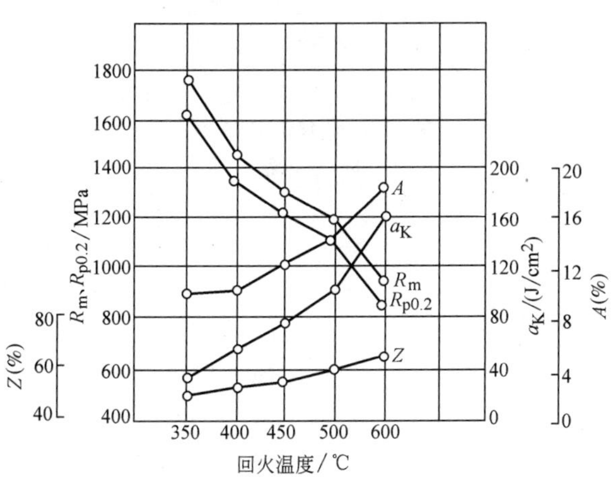

图 13-394　40CrMnTi 钢

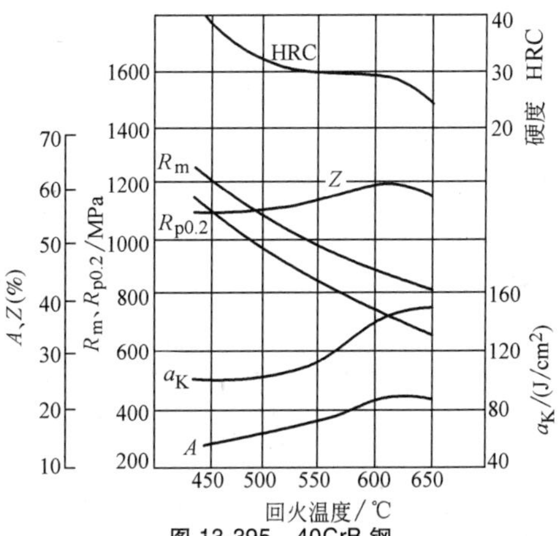

图 13-395　40CrB 钢

化学成分（质量分数,%）

C　0.42　　Mn　0.93　　B　0.0034

Si　0.28　　Cr　0.49

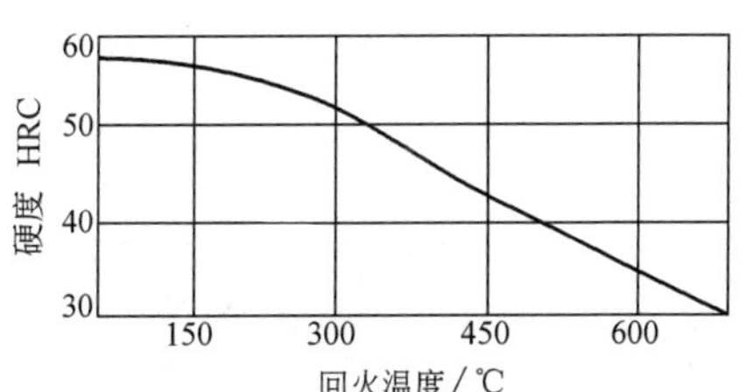

图 13-396　40CrNiMoA 钢

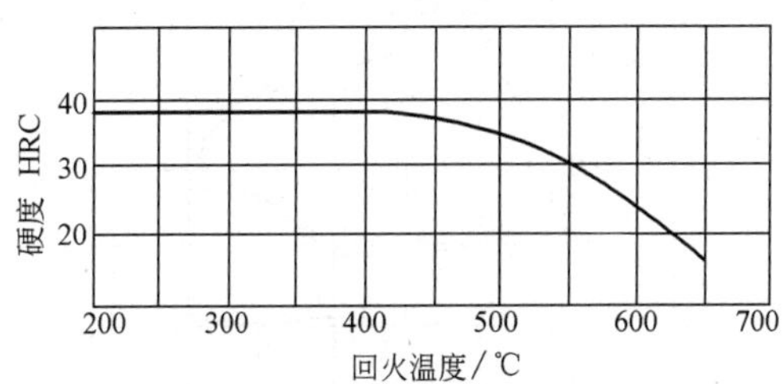

a)

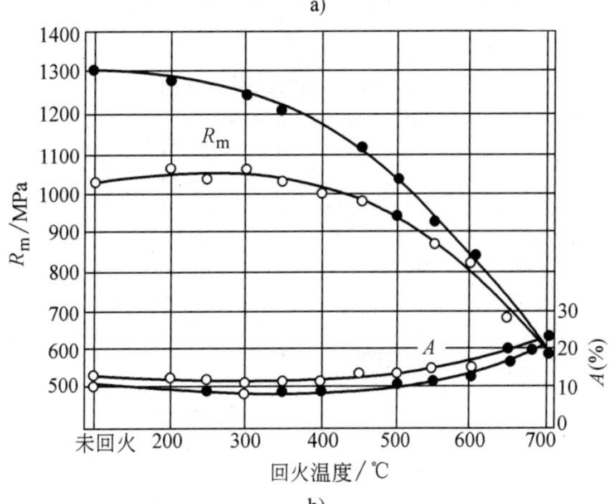

b)

图 13-397　18CrMn2MoVA 钢

—○— 920℃空冷　—●— 920℃模冷

a) 硬度　b) 常规力学性能

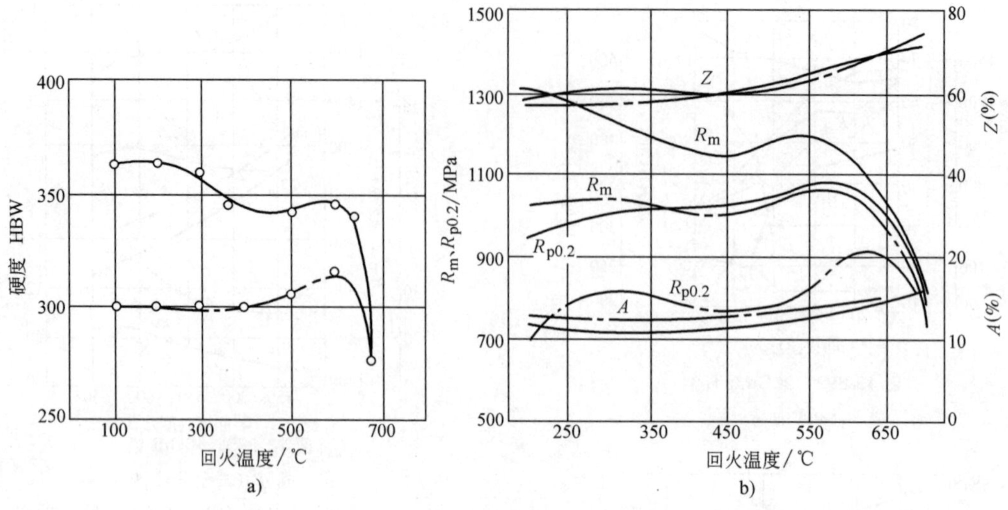

图 13-398　15CrMnMoVA 钢

975℃油淬或空冷

—— 油淬

--- 空淬

a）硬度　b）常规力学性能

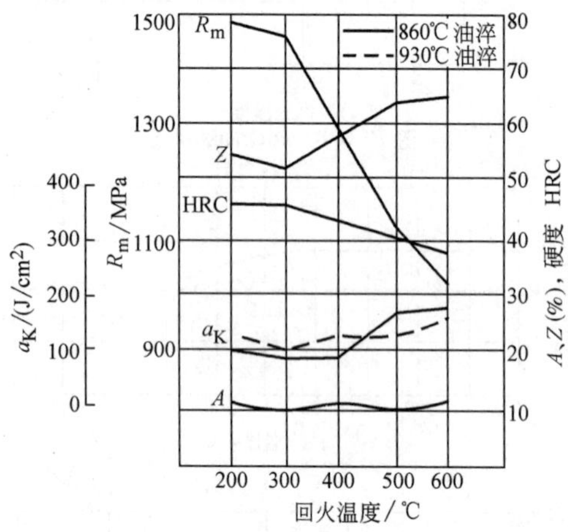

图 13-399　20CrMnMoVB 钢

化学成分（质量分数，%）

C	0.24
Si	0.28
Mn	1.01
Cr	0.35
Mo	0.26
V	0.08
B	未分析

880～900℃正火

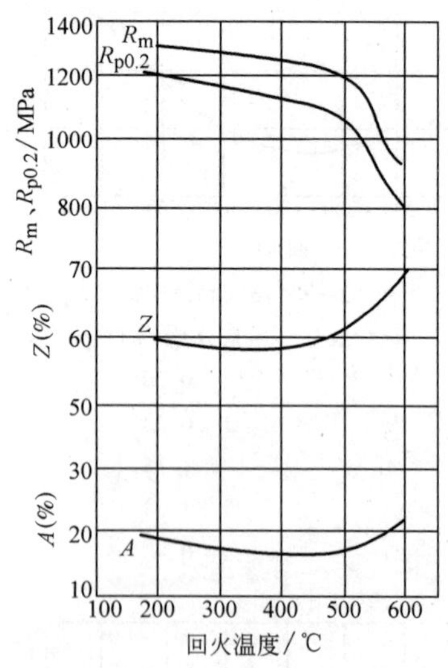

图 13-400　18CrNiWA 钢

850℃空淬

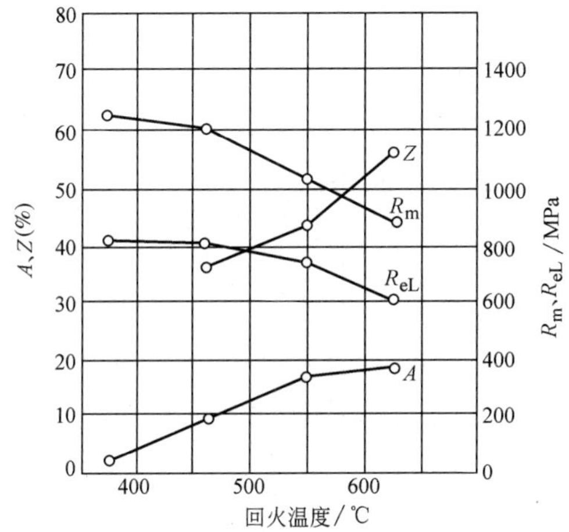

图 13-401　65 钢

化学成分（质量分数,%）

C	0.71
Si	0.15
Mn	0.67

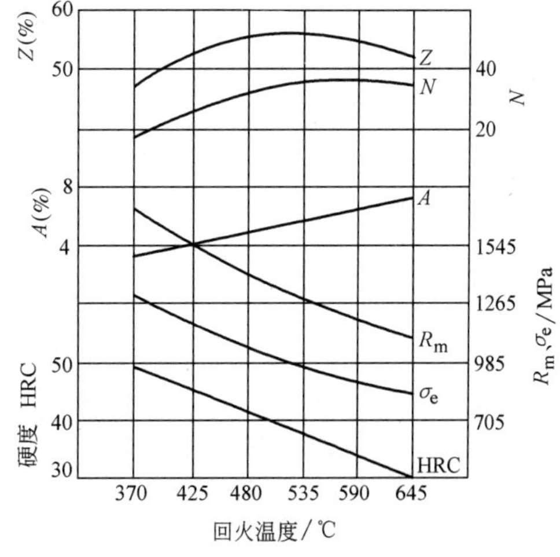

图 13-403　65Mn 钢

化学成分（质量分数,%）

C	0.65
Mn	0.85

ϕ3mm 钢丝油淬

N—完全扭转，试样长度为 100d

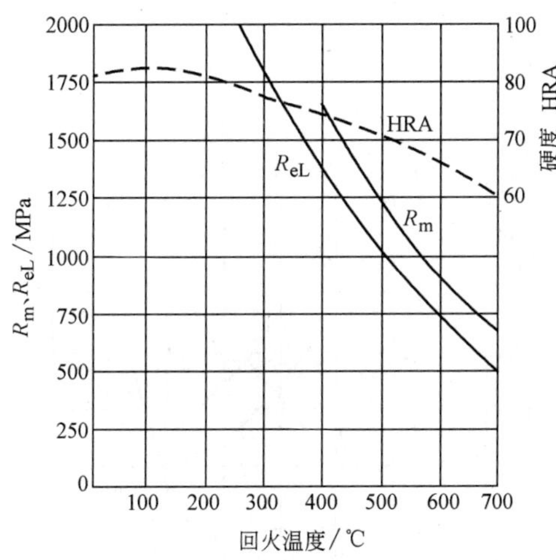

图 13-402　85 钢

化学成分（质量分数,%）

C	0.82
Si	—
Mn	0.84

840℃淬火

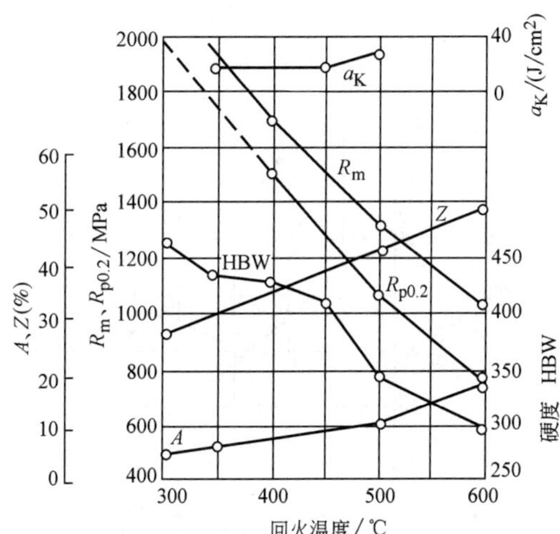

图 13-404　60Si2Mn 钢

化学成分（质量分数,%）

C	0.50
Si	1.66
Mn	0.52

850℃油淬

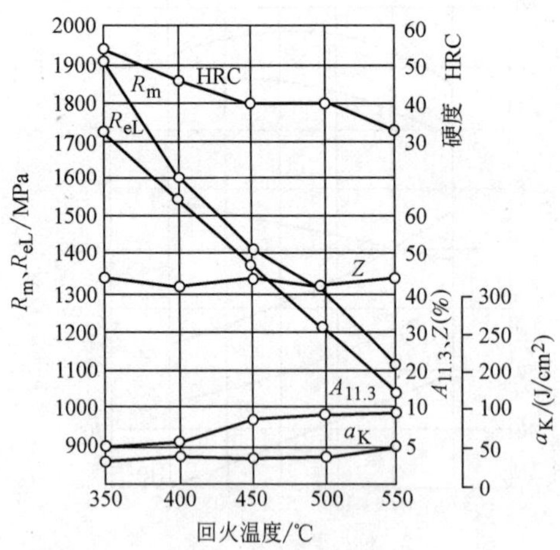

图 13-405　55SiMnVB 钢

880℃油淬

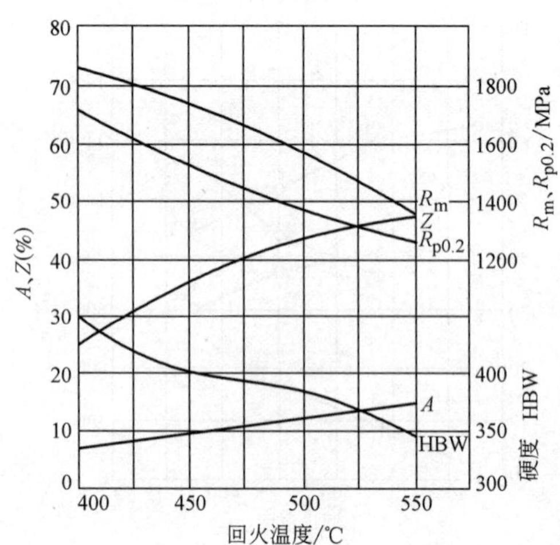

图 13-407　50CrMnVA 钢

化学成分（质量分数,%）

C	0.50
Si	0.07
Mn	0.92
Cr	1.02
V	0.20

825℃油淬

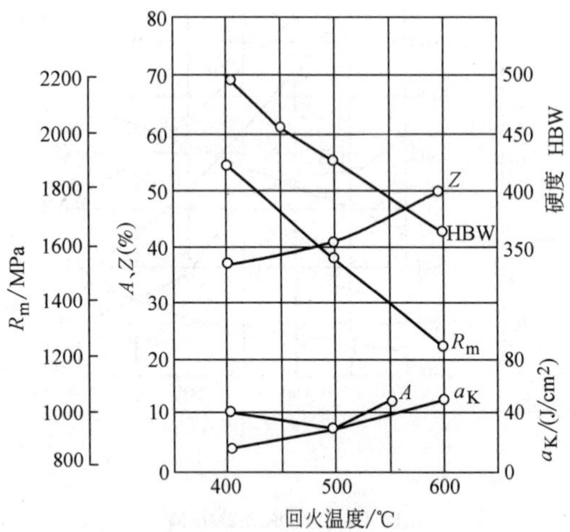

图 13-406　50CrMn 钢

化学成分（质量分数,%）

C	0.53
Si	0.17
Mn	0.77
Cr	1.36

840℃油淬

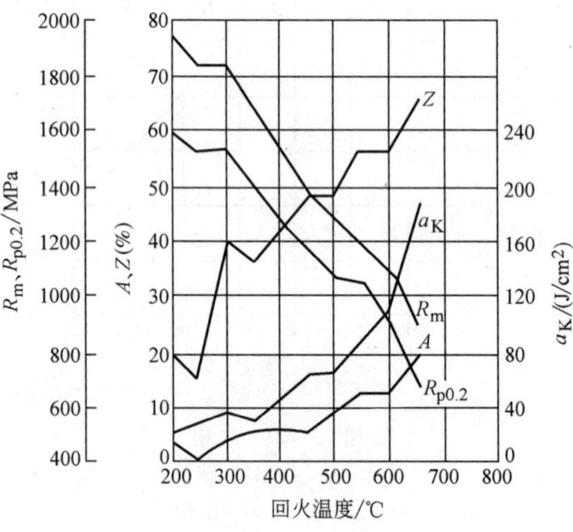

图 13-408　50CrVA 钢

化学成分（质量分数,%）

C	0.45
Si	0.37
Mn	0.66
Cr	1.02
V	0.24
Ni	0.14

860℃油淬

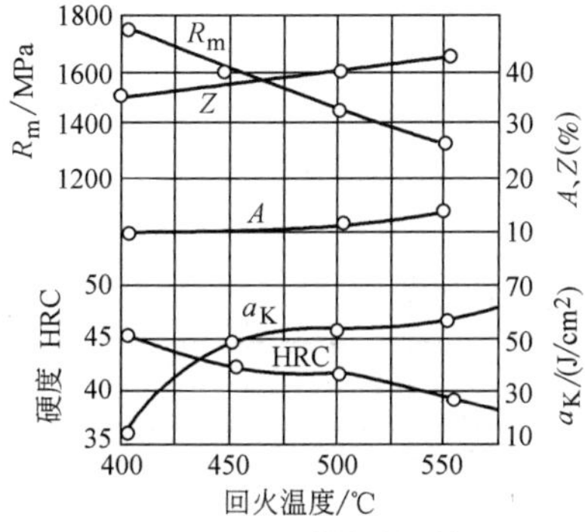

图 13-409　55SiMnMoV 钢

化学成分（质量分数,%）

C	0.57
Si	1.00
Mn	0.95
Mo	0.12
V	0.16
S	0.018
P	0.002

860℃淬火

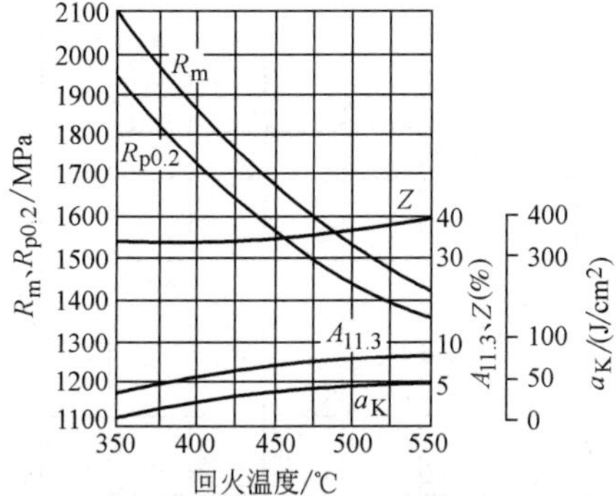

图 13-410　55SiMnMoVNb 钢

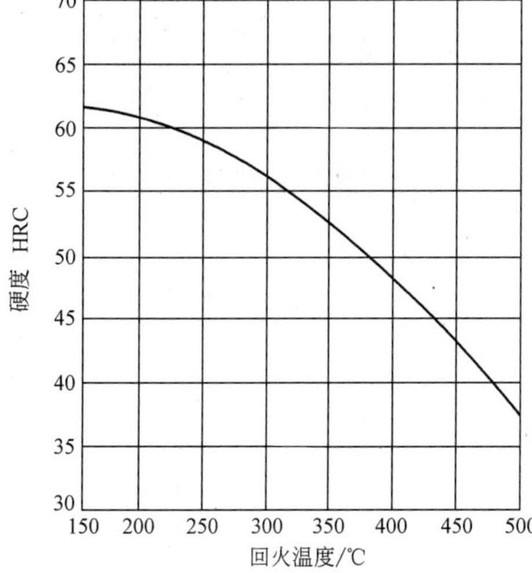

图 13-411　GCr6 钢

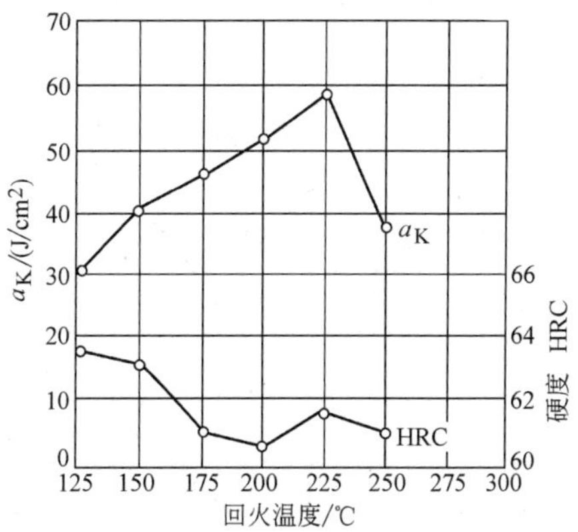

图 13-412　GCr6SiMn 钢

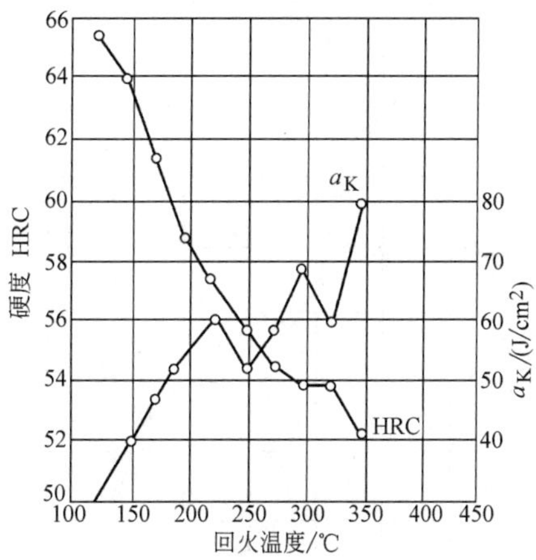

图 13-413　GCr9 钢

化学成分（质量分数,%）

C	1.09	Mn	0.35
Si	0.29	Cr	1.21

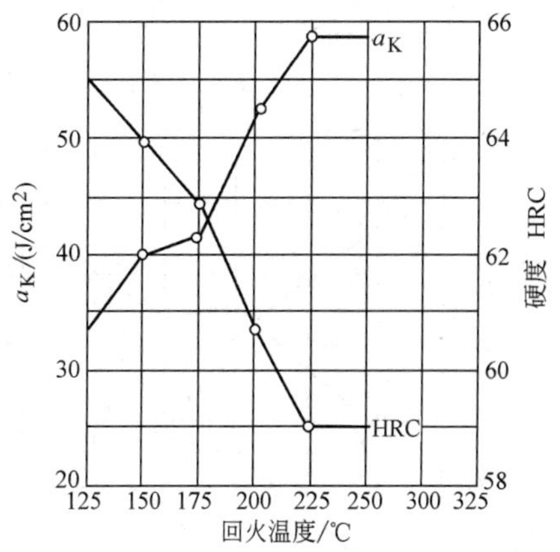

图 13-414　GCr9SiMn 钢

化学成分（质量分数，%）

C	1.07	Cr	1.08
Si	0.45	S	0.05
Mn	1.20	P	0.020

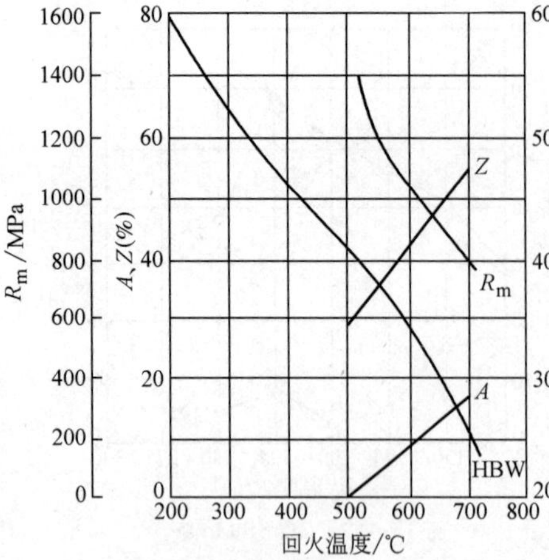

图 13-415　GCr15 钢

图 13-416　GCr15SiMn 钢

化学成分（质量分数，%）

C	1.01	Cr	1.38
Si	0.52	S	0.004
Mn	1.12	P	0.012

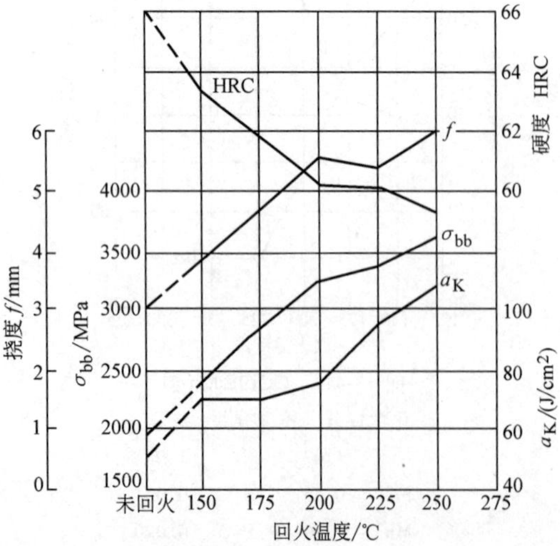

图 13-417　GCrMnMoV 钢

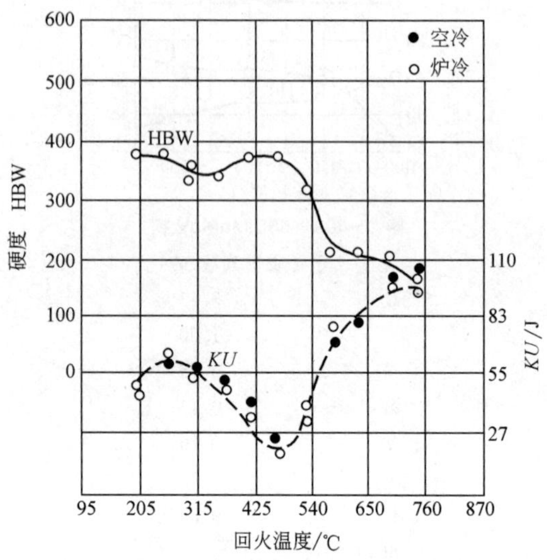

a)

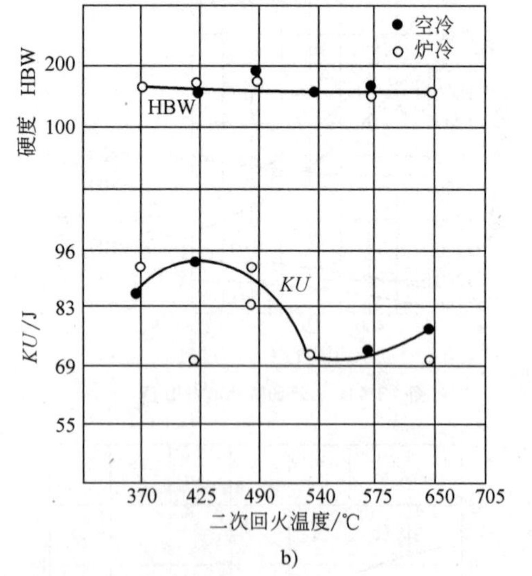

b)

图 13-418　12Cr13 钢

化学成分（质量分数,%）

C	0.07
Si	0.28
Mn	0.50
Cr	12.38

a）955℃油淬

b）955℃油淬、两次回火，第一次 760℃，第二次按图中温度回火

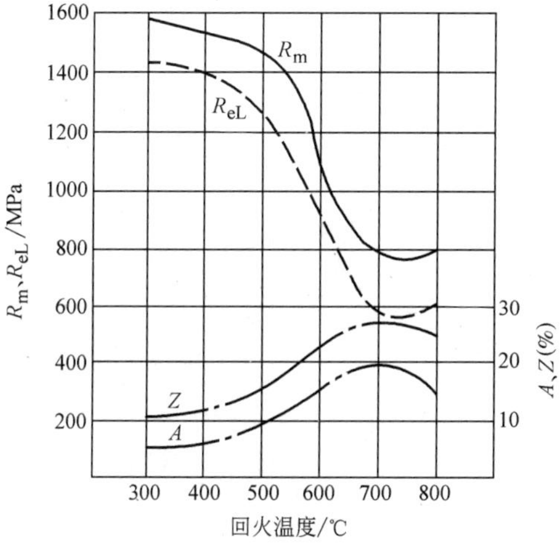

图 13-419　20Cr13 钢

980～1000℃油淬

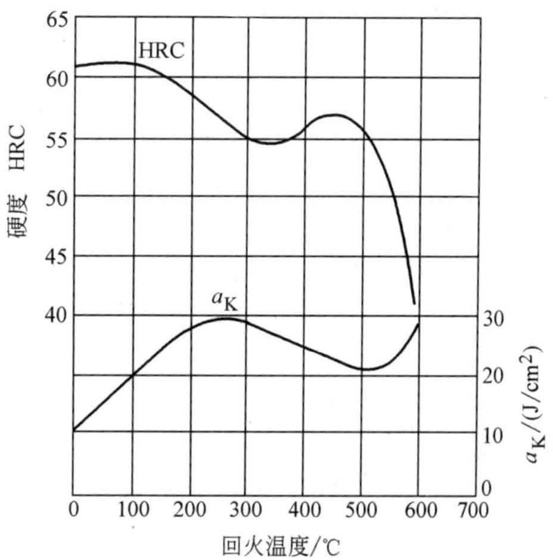

图 13-421　95Cr18 钢

化学成分（质量分数,%）

C	1.0
Cr	17.0

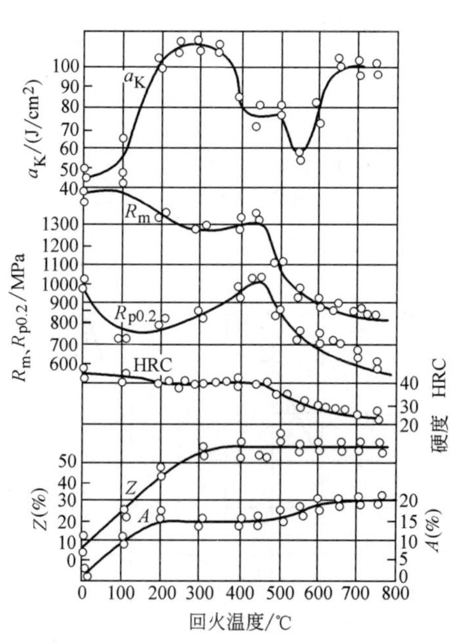

图 13-420　14Cr17Ni2 钢

化学成分（质量分数,%）

C	0.14
Si	0.47
Mn	0.62
P	0.03
S	0.005
Cr	16.87
Ni	2.00

1060℃淬火

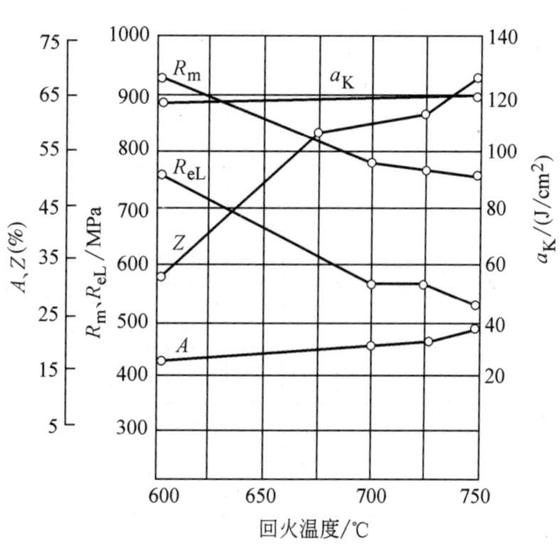

图 13-422　14Cr11MoV 钢

化学成分（质量分数,%）

C	0.17
Si	0.20
Mn	0.71
Cr	10.12
Ni	0.70
Mo	0.70
V	0.33
Ti	0.94

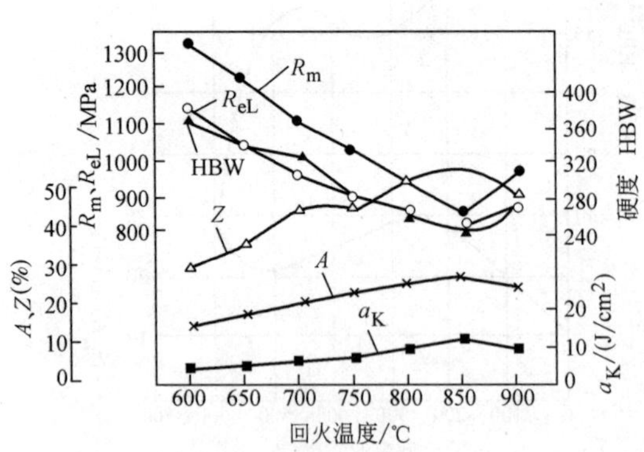

图 13-423 42Cr9Si2 钢

化学成分（质量分数，%）

C	0.48
Si	3.15
Mn	0.32
Cr	9.75

1050℃ 油淬

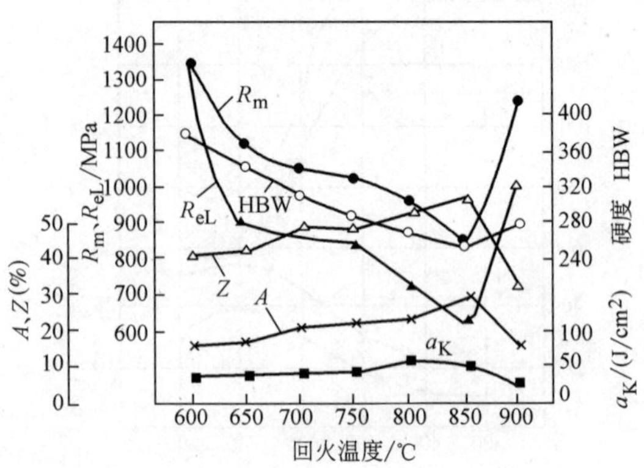

图 13-424 40Cr10Si2Mo 钢

化学成分（质量分数，%）

C	0.40
Si	2.60
Mn	0.40
Cr	11.34
Mo	0.99

1030℃ 油淬

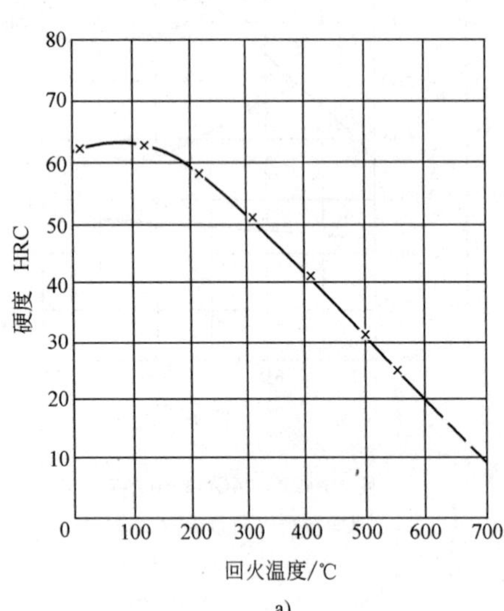

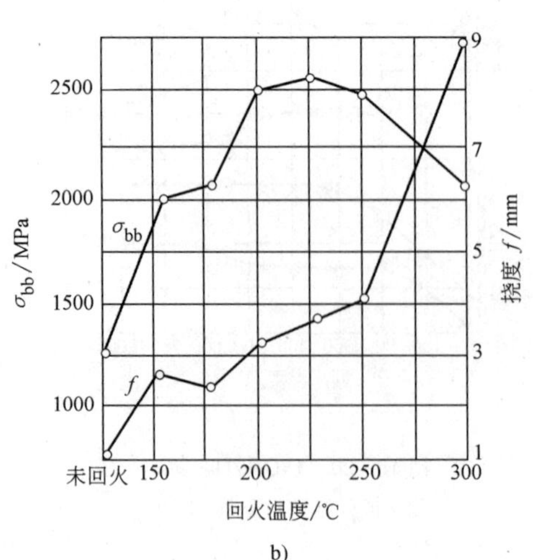

图 13-425 T7、T7A 钢

a）硬度 b）抗弯强度与挠度

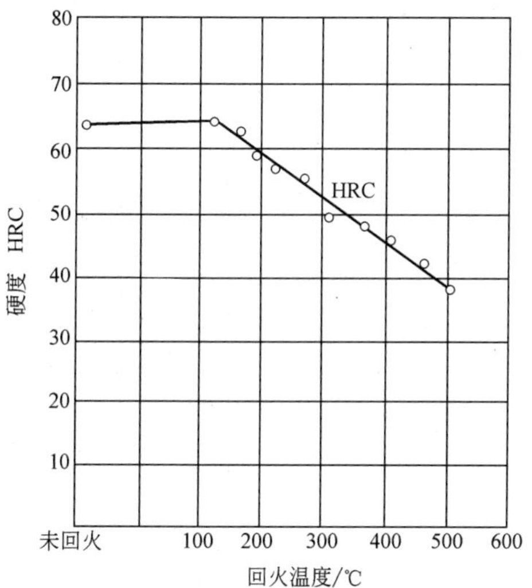

图 13-426　T8、T8A 钢

810℃淬火，回火 1h

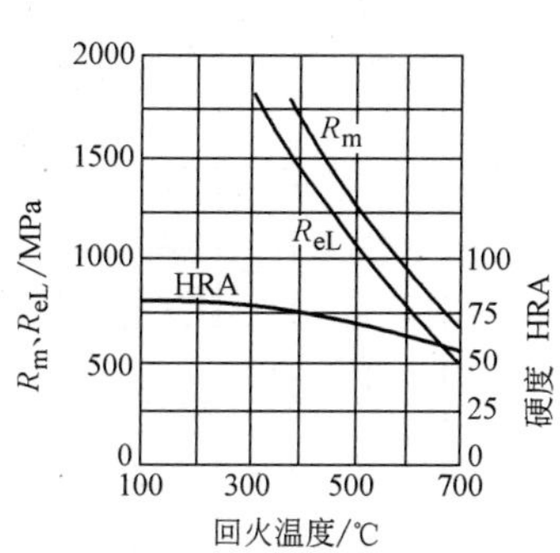

图 13-427　T8Mn 钢

化学成分（质量分数,%）

C　0.82

Mn　0.84

845℃淬火

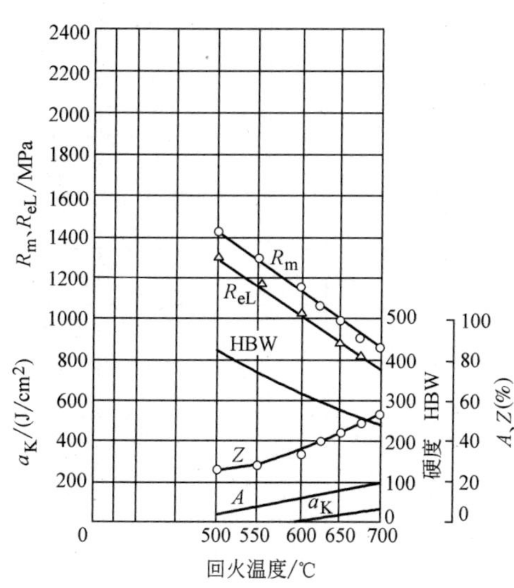

图 13-428　T9 钢

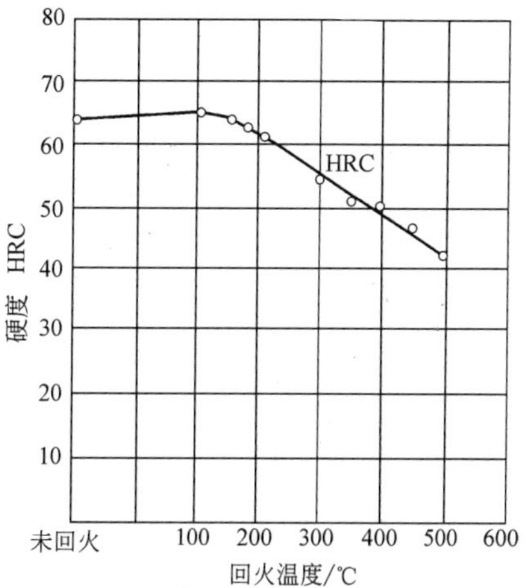

图 13-429　T10、T10A 钢

780℃水淬，回火 1h

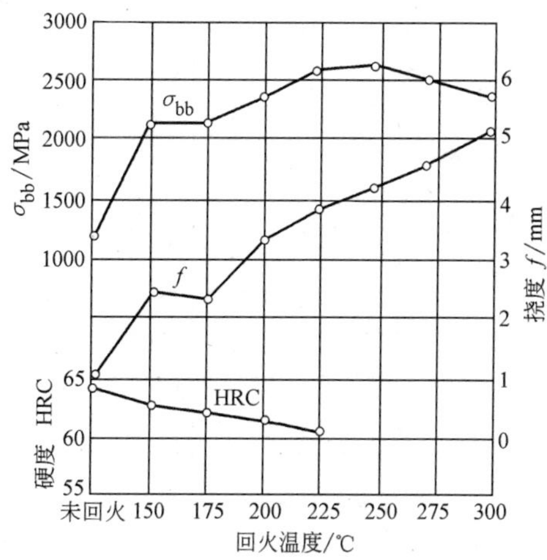

图 13-430　T11、T11A 钢

780℃水淬，回火 1h

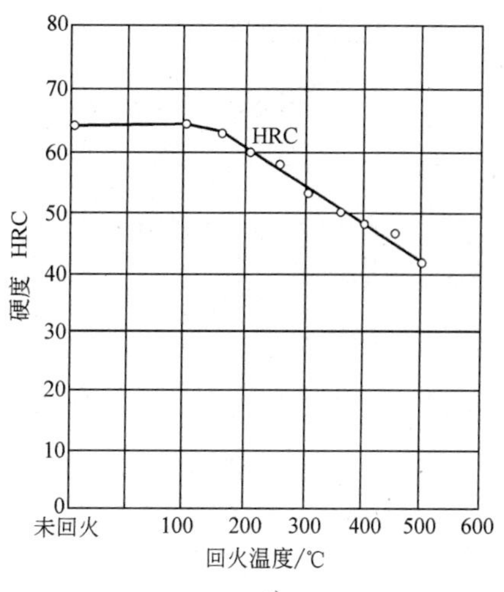

图 13-431　T12、T12A 钢

a）780℃水淬，回火 1h

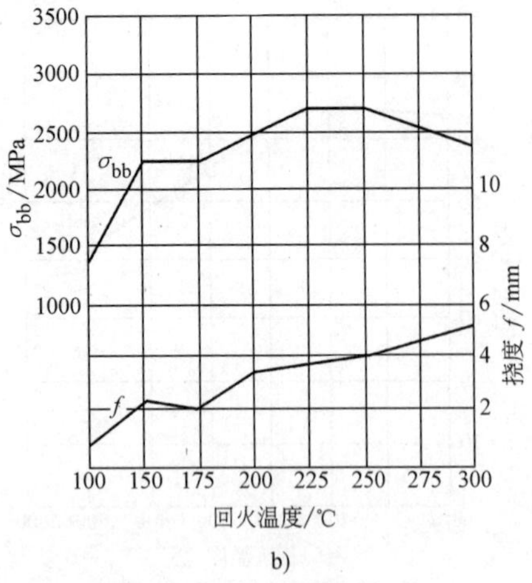

图 13-431　T12、T12A 钢（续）

b）780℃淬火

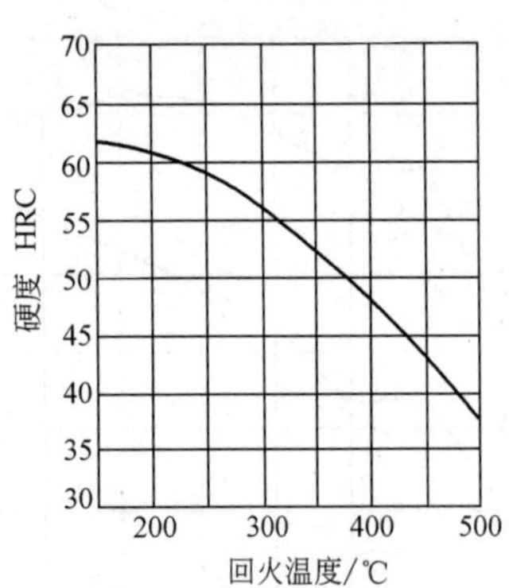

图 13-432　Cr06 钢

化学成分（质量分数，%）

C	1.30～1.45	Mn	0.20～0.40
Cr	0.50～0.70	Si	≤0.35

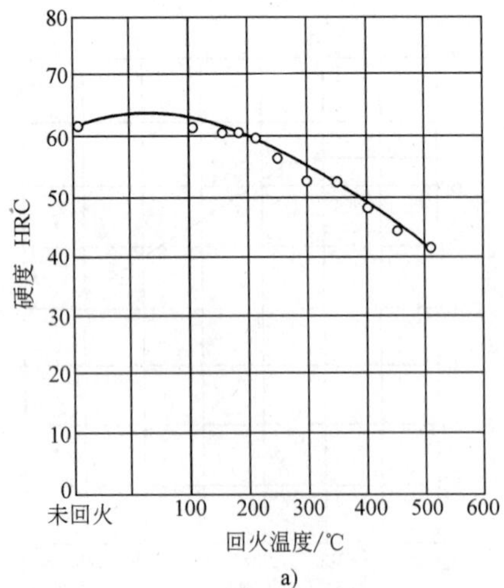

图 13-433　Cr2 钢

840℃油淬，回火 1h

a）硬度

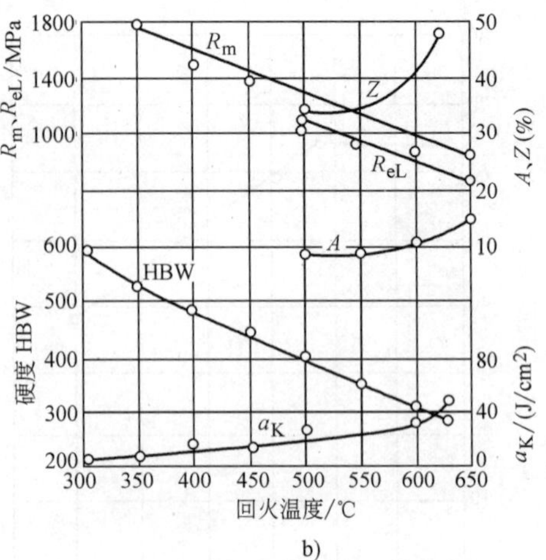

图 13-433　Cr2 钢

840℃油淬，回火 1h

b）常见力学性能

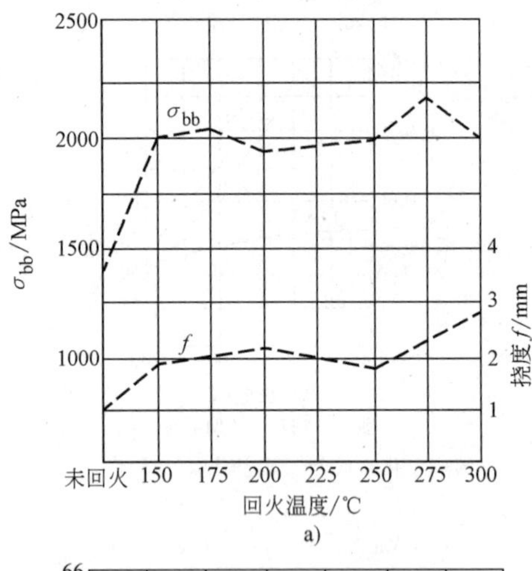

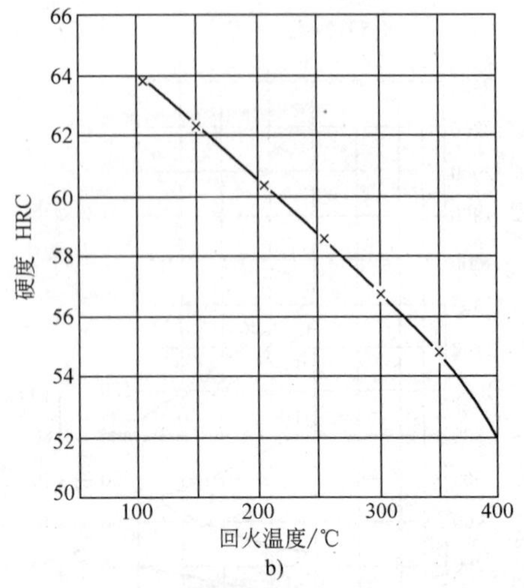

图 13-434　CrMn 钢

850℃油淬

a）抗弯强度与挠度　b）硬度

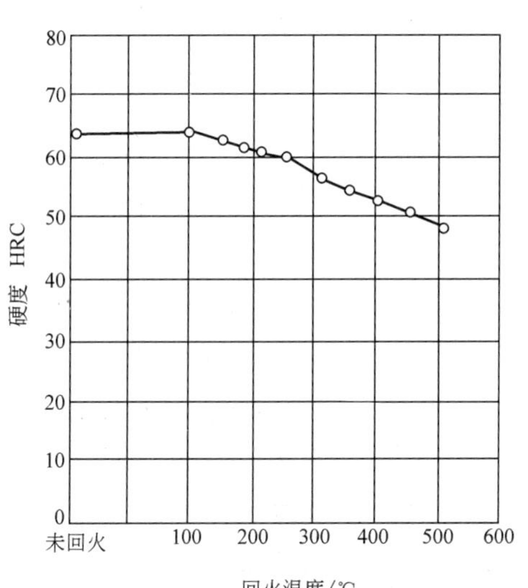

图 13-435　CrWMn 钢

830℃油淬，回火 1h

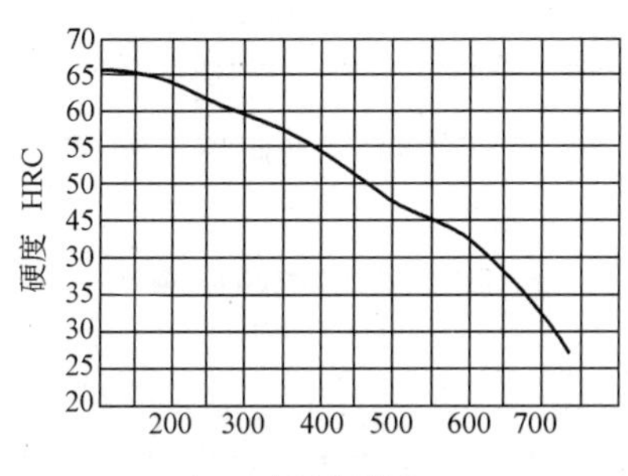

图 13-436　CrW5 钢

800～820℃水淬

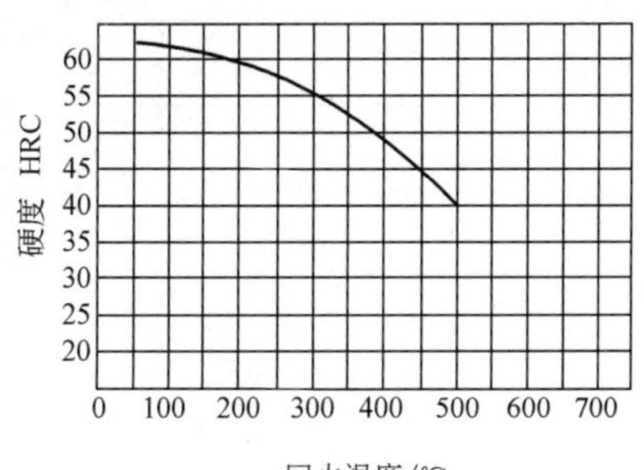

图 13-437　9Cr2 钢

840℃油淬

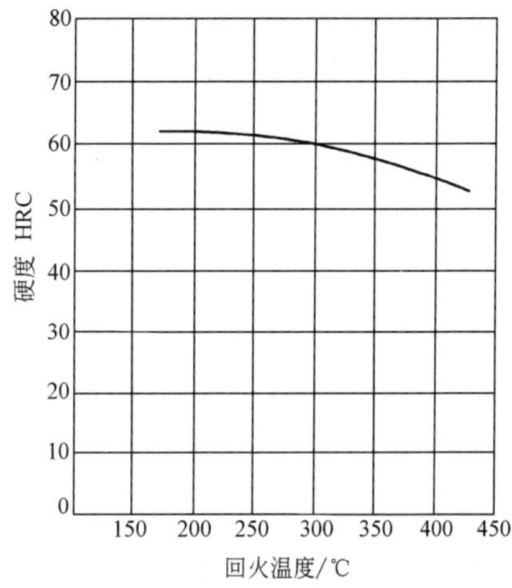

图 13-438　SiCr 钢

860℃油淬

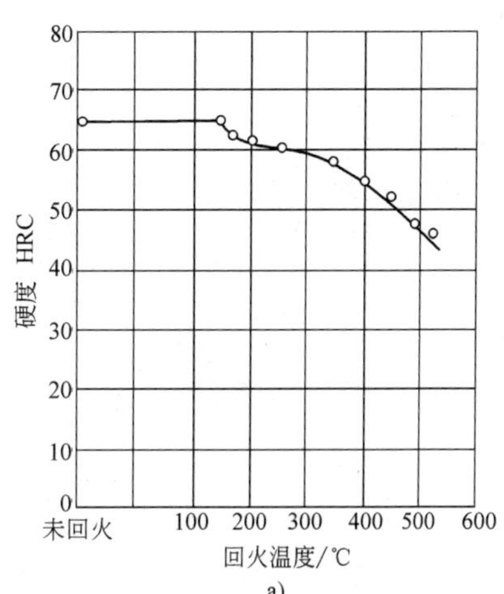

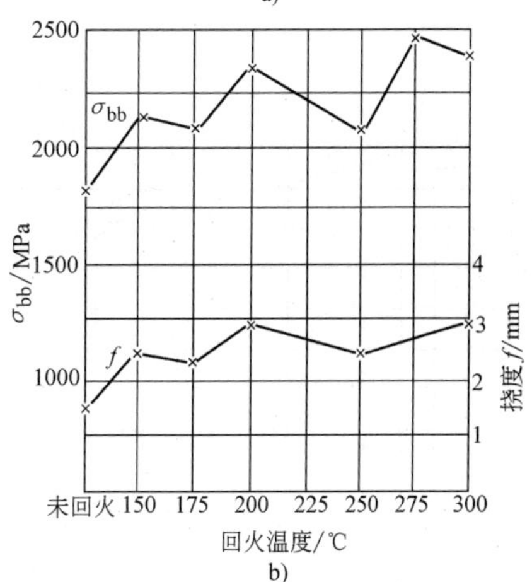

图 13-439　9SiCr 钢

870℃油淬，回火 1h

a）硬度　b）抗弯强度与挠度

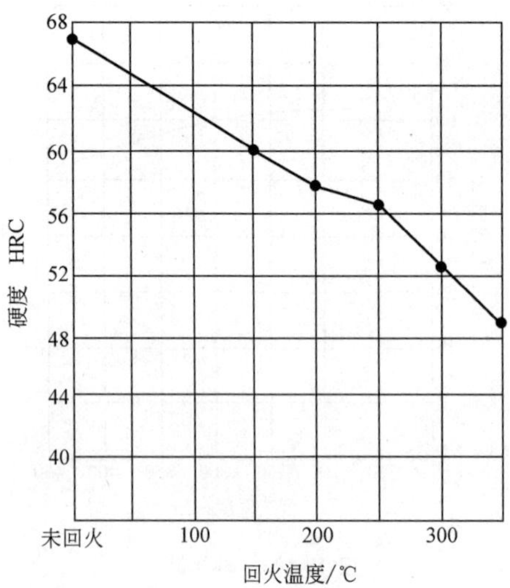

图 13-440　W 钢

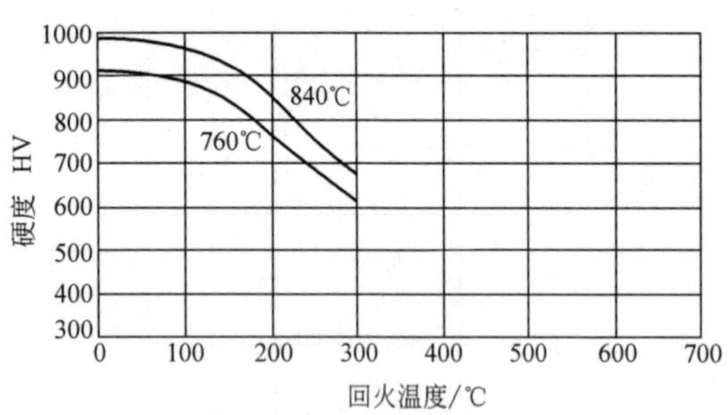

图 13-441　V 钢

840℃水淬

760℃水淬

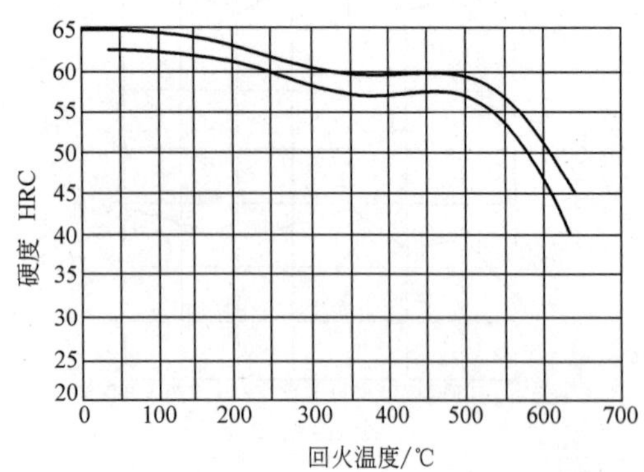

图 13-442　Cr12 钢

980℃淬火

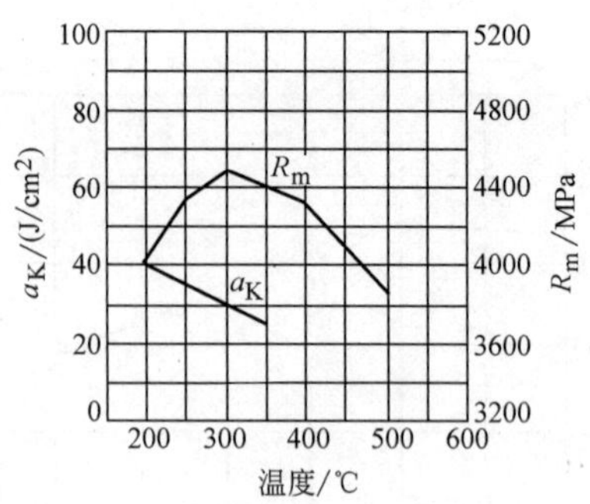

图 13-443　Cr12Mo 钢

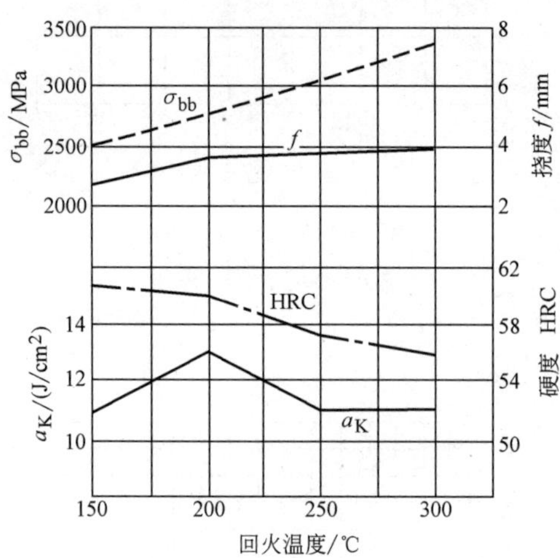

图 13-444　Cr12MoV 钢

1000℃油淬

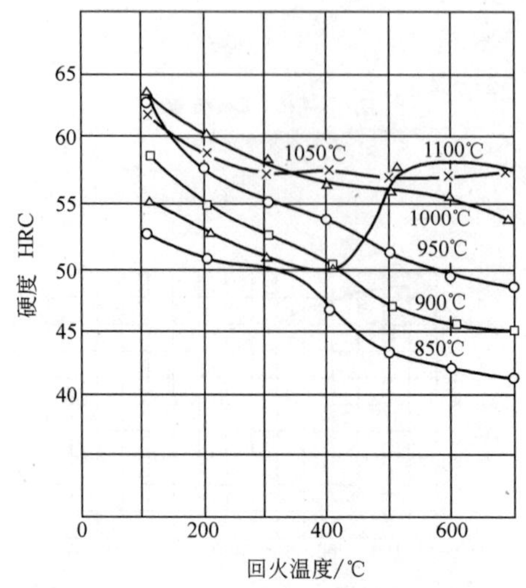

图 13-445　Cr6WV 钢

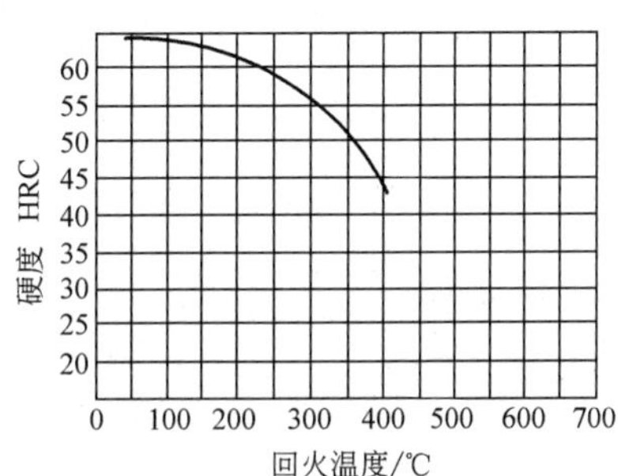

图 13-446　9Mn2 钢

760～780℃ 水淬

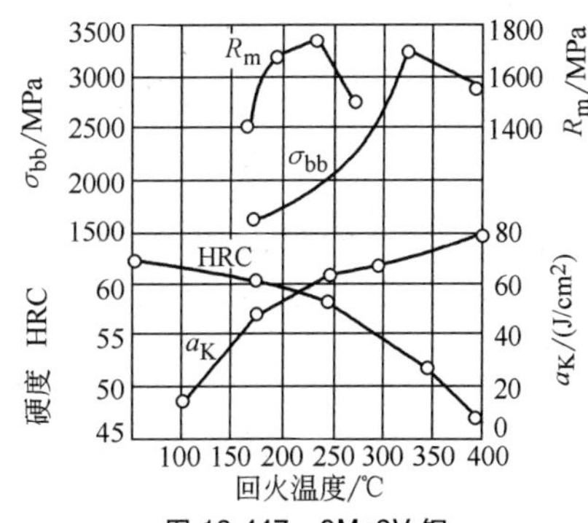

图 13-447　9Mn2V 钢

化学成分（质量分数,%）

C	0.91
Mn	1.87
Si	0.37
V	0.18

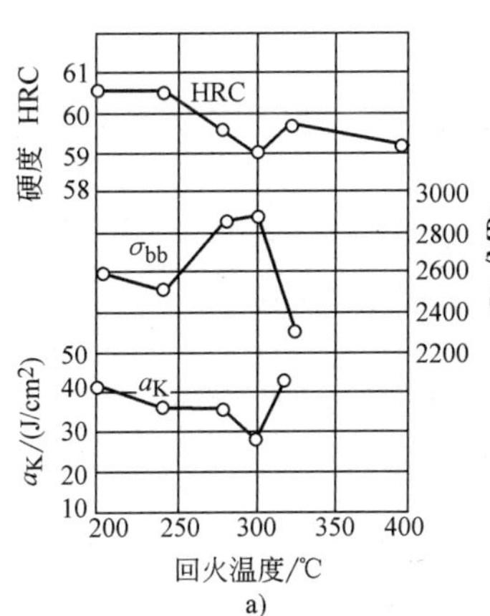

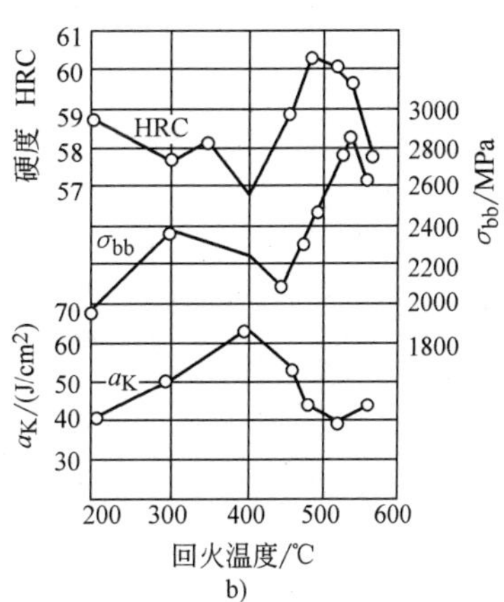

图 13-448　Cr4W2MoV 钢

a)、b) 960℃ 淬火

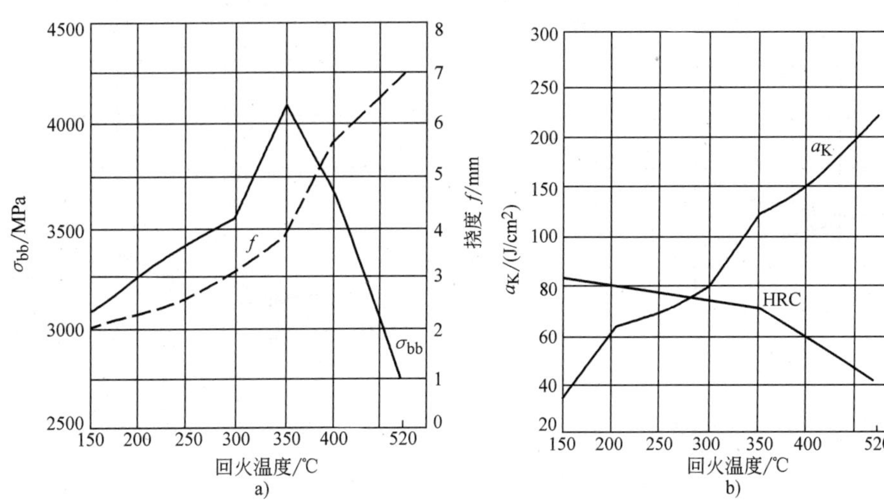

图 13-449　SiMn 钢

800℃ 淬火

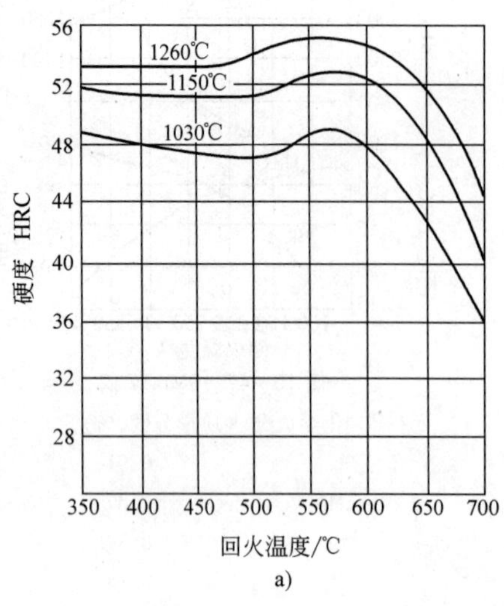

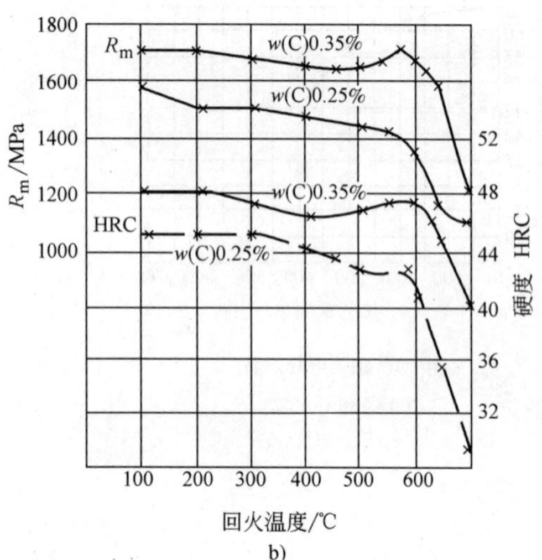

图 13-450 3Cr2W8V 钢

化学成分（质量分数,%）

	图 a	图 b
C	0.3	0.25、0.35
Cr	3.2	相同
W	10.00	相同
V	0.40	相同
热处理	1260℃	
	1150℃油淬	1100℃淬火
	1030℃	

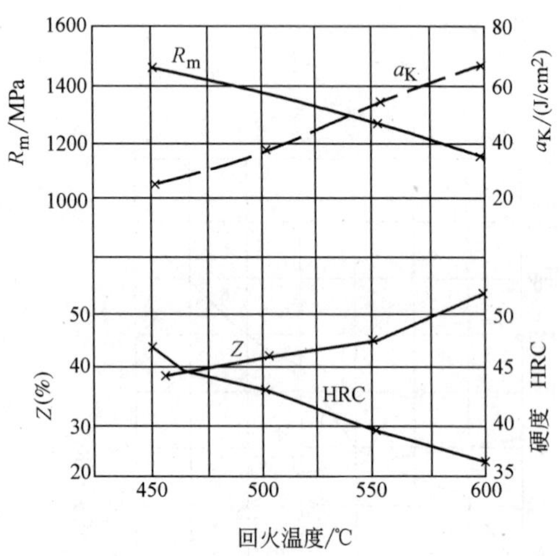

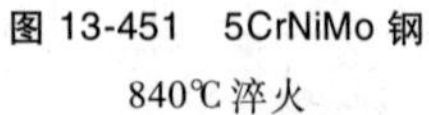
图 13-451 5CrNiMo 钢

840℃淬火

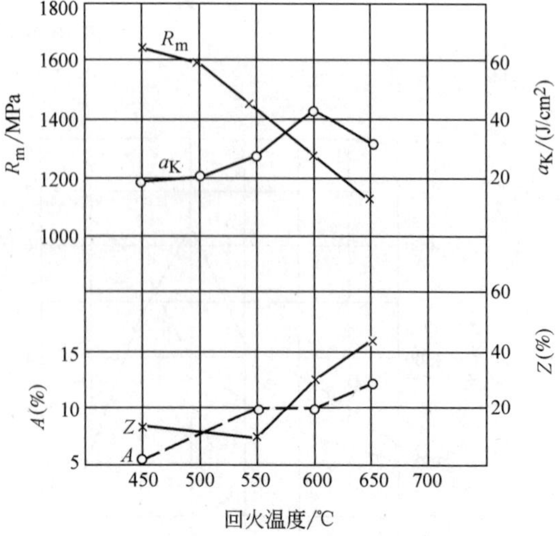

图 13-452 5CrMnMo 钢

850℃油淬

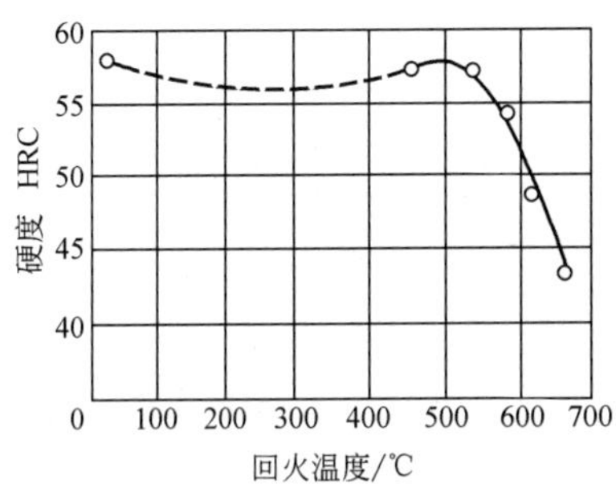

图 13-453　4Cr5W2SiV 钢

1080℃空冷淬火

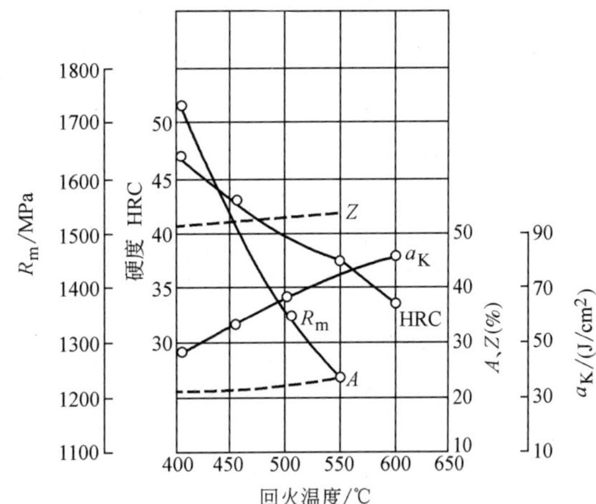

图 13-455　6SiMnV 钢

化学成分（质量分数,%）

C	0.57
Mn	0.96
Si	0.95
V	0.16
S	0.013
P	0.004

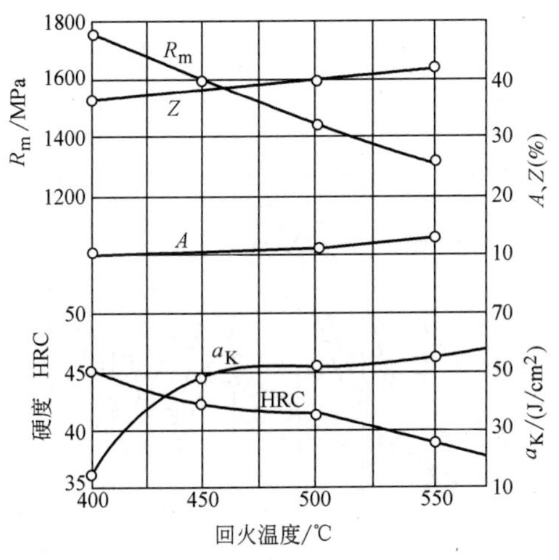

图 13-454　5SiMnMoV 钢

化学成分（质量分数,%）

C	0.57
Si	1.00
Mn	0.95
Mo	0.12
V	0.16
S	0.018
P	0.002

860℃淬火

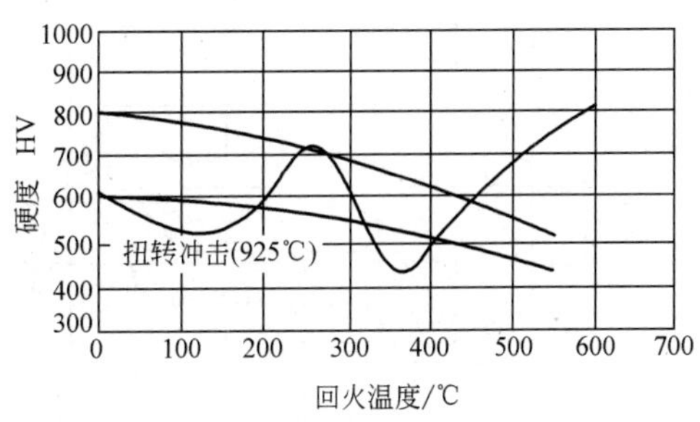

图 13-456　5W2CrSiV 钢

900~925℃油淬

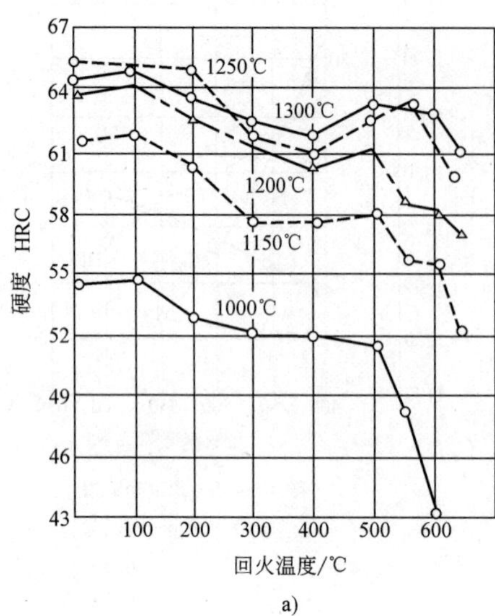

a)

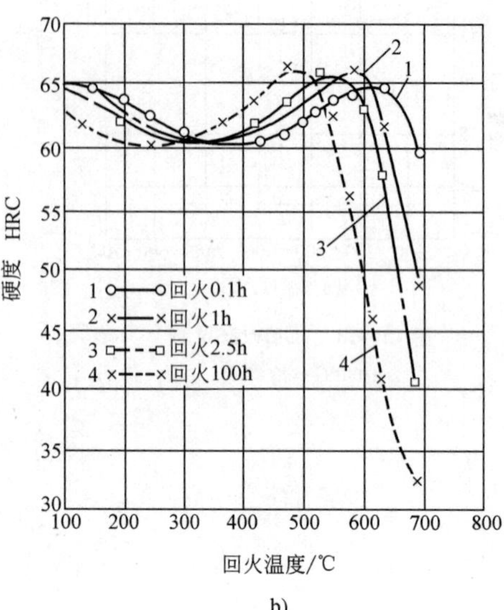

b)

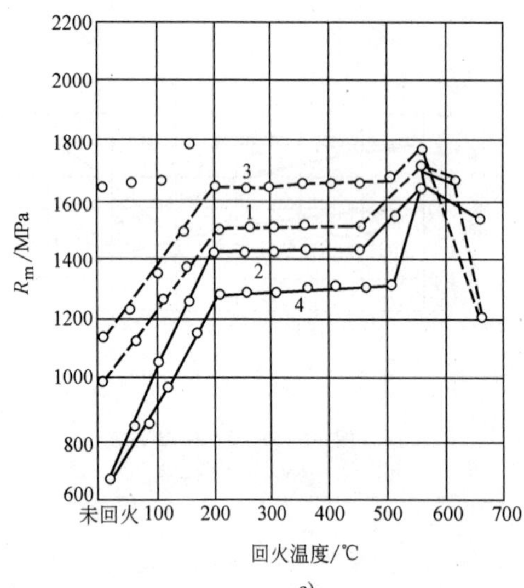

c)

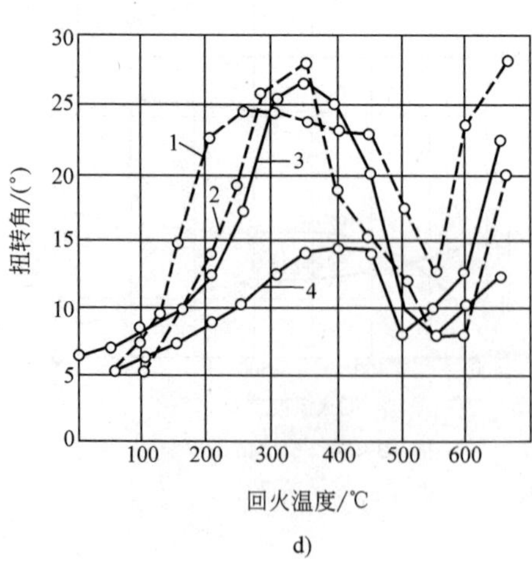

d)

图 13-457　W18Cr4V 钢

a）不同淬火温度，一次回火

b）不同回火时间

c）1—1260℃淬火，−78℃冷处理　2—1260℃淬火

3—1300℃淬火，−78℃冷处理　4—1300℃淬火

d）1—1260℃淬火，−78℃冷处理　2—1260℃淬火

3—1300℃淬火，−78℃冷处理　4—1300℃淬火

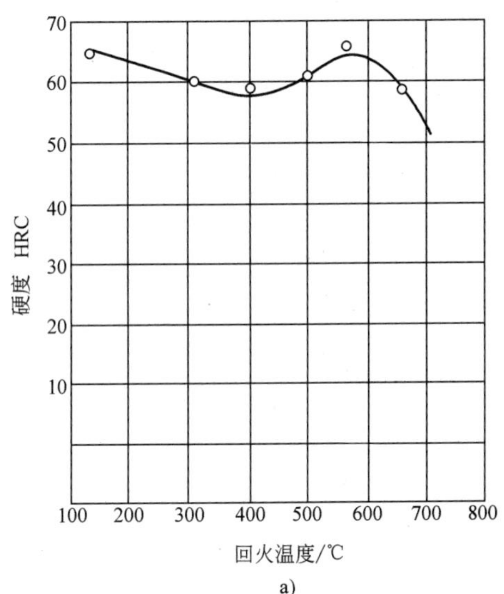

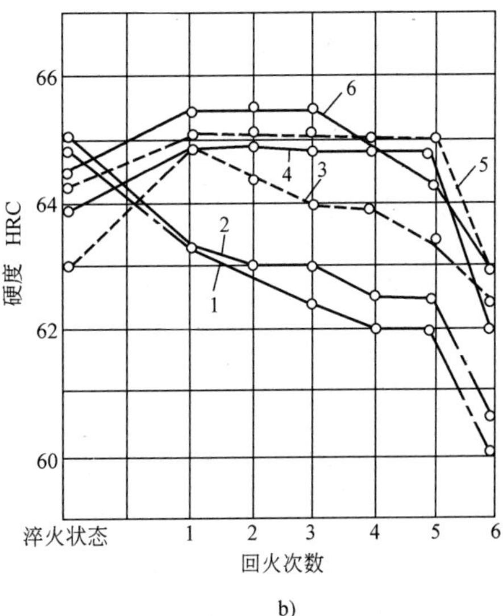

图 13-458　W9Cr4V2 钢

a）硬度与回火温度关系　b）硬度与回火次数关系

淬火温度：1—1200℃　2—1220℃　3—1240℃

4—1260℃　5—1280℃　6—1300℃

550℃回火，每次 1h

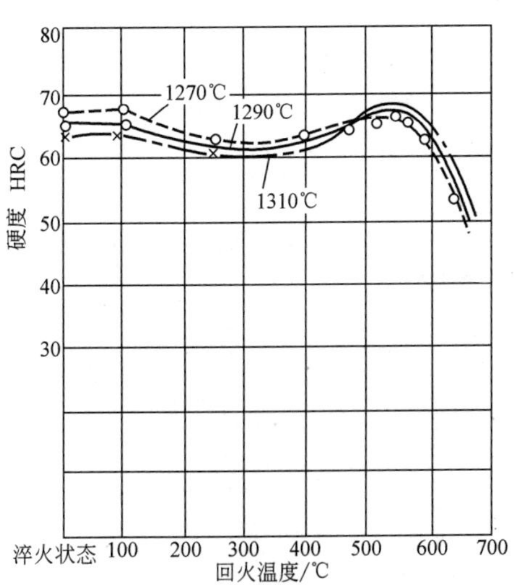

图 13-459　W6Mo5Cr4V2 钢

不同淬火温度

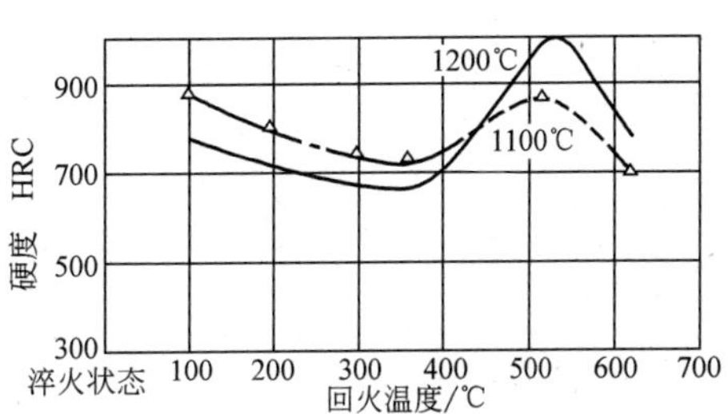

图 13-461　W2Mo10Cr4VCo8 钢

不同温度淬火，三次回火，每次 2h

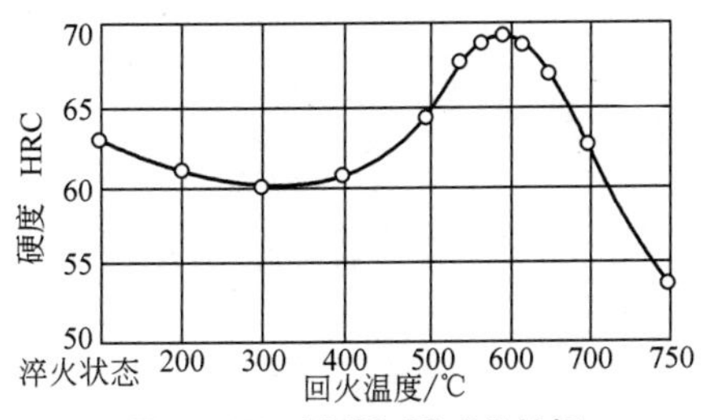

图 13-460　W6Mo5Cr4V2Al 钢

1235℃淬火

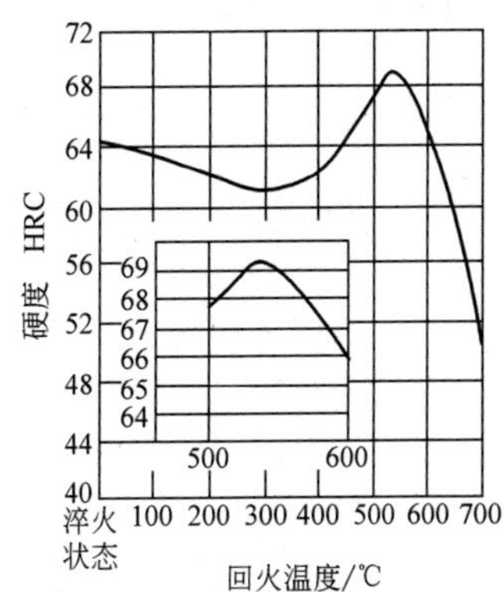

图 13-462　W12Mo3Cr4V3Co5Si 钢

1220~1240℃淬火，回火 3~4 次

13.3.2 常用钢的回火方程

常用钢的回火方程见表13-13。该表中包括了个别非标准牌号钢的回火方程，考虑到其具有一定的参考价值，因此予以保留，以供参考使用。

表13-13 常用钢的回火方程

序号	牌号	淬火温度/℃	淬火冷却介质	回火方程	
				H_i	T
1	30	855	水	$H_1=42.5-\frac{1}{20}T$	$T=850-20H_1$
2	40	835	水	$H_1=65-\frac{1}{15}T$	$T=950-15H_1$
3	45	840	水	$H_1=62-\frac{1}{9000}T^2$	$T=\sqrt{558000-9000H_1}$
4	50	825	水	$H_1=70.5-\frac{1}{13}T$	$T=916.5-13H_1$
5	60	815	水	$H_1=74-\frac{2}{25}T$	$T=925-12.5H_1$
6	65	810	水	$H_1=78.3-\frac{1}{12}T$	$T=942-12H_1$
7	20Mn	900	水	$H_4=85-\frac{1}{20}T$	$T=1700-20H_4$
8	20Cr	890	油	$H_1=50-\frac{2}{45}T$	$T=1125-22.5H_1$
9	12Cr2Ni4	865	油	$H_1=72.5-\frac{3}{40}T(T\leqslant 400)$ $H_1=67.5-\frac{1}{16}T(T>400)$	$T=966.7-13.3H_1(H_1\geqslant 42.5)$ $T=1080-16H_1(H_1<42.5)$
10	18Cr2Ni4W	850	油	$H_1=48-\frac{1}{24000}T^2$	$T=\sqrt{1.15\times 10^6-2.4\times 10^4H_1}$
11	20CrMnTi	870	油	$H_1=48-\frac{1}{16000}T^2$	$T=\sqrt{7.68\times 10^5-1.6\times 10^4H_1}$
12	30CrMo	880	油	$H_1=62.5-\frac{1}{16}T$	$T=1000-16H_1$
13	30CrNi3	830	油	$H_1=600-\frac{1}{2}T$	$T=1200-2H_3(H_3\leqslant 475)$
14	30CrMnSi	880	油	$H_1=62-\frac{2}{45}T$	$T=1395-22.5H_1$
15	35SiMn	850	油	$H_2=637.5-\frac{5}{8}T$	$T=1020-1.6H_2$
16	35CrMoV	850	水	$H_2=540-\frac{2}{5}T$	$T=1350-2.5H_2$
17	38CrMoAl	930	油	$H_1=64-\frac{1}{25}T(T\leqslant 550)$ $H_1=95-\frac{1}{10}T(T>550)$	$T=1600-25H_1(H_1\geqslant 45)$ $T=950-10H_1(H_1<45)$
18	40Cr	850	油	$H_1=75-\frac{3}{40}T$	$T=1000-13.3H_1$
19	40CrNi	850	油	$H_1=63-\frac{3}{50}T$	$T=1050-16.7H_1$
20	40CrNiMo	850	油	$H_1=62.5-\frac{1}{20}T$	$T=1250-20H_1$
21	50Cr	835	油	$H_1=63.5-\frac{3}{55}T$	$T=1164.2-18.3H_1$
22	50CrV	850	油	$H_1=73-\frac{1}{14}T$	$T=1022-14H_1$
23	60Si2Mn	860	油	$H_1=68-\frac{1}{11250}T^2$	$T=\sqrt{765000-11250H_1}$

（续）

序号	牌号	淬火温度/℃	淬火冷却介质	回火方程	
				H_i	T
24	65Mn	820	油	$H_1=74-\frac{3}{40}T$	$T=986.7-13.3H_1$
25	T7	810	水	$H_1=77.5-\frac{1}{12}T$	$T=930-12H_1$
26	T8	800	水	$H_1=78-\frac{1}{80}T$	$T=891.4-11.4H_1$
27	T10	780	水	$H_1=82.7-\frac{1}{11}T$	$T=930.3-11H_1$
28	T12	780	水	$H_1=72.5-\frac{1}{16}T$	$T=1160-16H_1$
29	CrWMn	830	油	$H_1=69-\frac{1}{25}T$	$T=1725-25H_1$
30	Cr12	980	油	$H_1=64-\frac{1}{80}T(T\leqslant 500)$ $H_1=107.5-\frac{1}{10}T(T>500)$	$T=5120-80H_1(H_1\geqslant 57.75)$ $T=1075-10H_1(H_1<57.75)$
31	Cr12MoV	1000	油	$H_1=65-\frac{1}{100}T(T\leqslant 500)$	$T=6500-100H_1(H_1\geqslant 60)$
32	3Cr2W8V	1150	油	$H_3=1750-2T(T\geqslant 600)$	$T=875-0.5H_3(H_3\leqslant 550)$
33	8Cr3	870	油	$H_1=68-\frac{7}{150}T(T\leqslant 520)$ $H_1=148-\frac{1}{5}T(T>520)$	$T=1457-21.4H_1(H_1<44)$ $T=740-5H_1(H_1>44)$
34	9SiCr	865	油	$H_1=69-\frac{1}{30}T$	$T=2070-30H_1$
35	5CrNiMo	855	油	$H_1=72.5-\frac{1}{16}T$	$T=1160-16H_1$
36	5CrMnMo	855	油	$H_1=69-\frac{3}{50}T$	$T=1150-16.7H_1$
37	W18Cr4V	1280	油	$H_1=93-\frac{3}{31250}T^2$	$T=\sqrt{968750-104167H_1}$
38	GCr15	850	油	$H_2=733-\frac{2}{3}T$	$T=1099.5-1.5H_2$
39	12Cr13	1040	油	$H_1=41-\frac{1}{100}T(T\leqslant 450)$ $H_1=1150-\frac{3}{20}T(450<T\leqslant 620)$	$T=4100-100H_1(H_1\geqslant 36.5)$ $T=7666.7-6.7H_1(22\leqslant H_1<47.5)$
40	20Cr13	1020	油	$H_1=150-\frac{1}{5}T(T\geqslant 550)$	$T=750-5H_1(H_1\leqslant 40)$
41	30Cr13	1020	油	$H_1=62-\frac{5}{6}10^{-4}T^2(T\geqslant 350)$	$T=\sqrt{7.4\times 10^5-1.2\times 10^4}(H_1\leqslant 47)$
42	40Cr13	1020	油	$H_1=68.5-\frac{20}{21}10^{-4}T^2(T\geqslant 400)$	$T=\sqrt{719250-10500H_1}(H_1\leqslant 52)$
43	14Cr17Ni2	1060	油	$H_1=60-\frac{1}{20}T(T\geqslant 400)$	$T=1200-20H_1(H_1\leqslant 40)$
44	95Cr18	1060	油	$H_1=62-\frac{1}{50}T(T\leqslant 450)$ $H_1=83-\frac{1}{15}T(T>450)$	$T=3100-50H_1(H_1\geqslant 53)$ $T=1245-15H_1(H_1<53)$

注：1. 表中符号 H_i：H_1—HRC，H_2—HBW，H_3—HV，H_4—HRA；T 为回火温度（℃）。

2. 本表方程取自经验数据，使用时化学成分应符合国家标准或冶金标准；最大直径或厚度≤临界直径；限于常规淬火、回火工艺。